中国科学院院士、中国工程院院士是我国科学技术界、工程技术界的杰出代表，是国家的财富、人民的骄傲、民族的光荣。

摘自：习近平总书记在 2014 年 6 月 9 日两院院士大会上的讲话

童晓光院士文集

《童晓光院士文集》编写组 编

石油工业出版社

图书在版编目（CIP）数据

童晓光院士文集 /《童晓光院士文集》编写组编 .
—北京：石油工业出版社，2023.10
（石油院士系列丛书）
ISBN 978-7-5183-5845-8

Ⅰ . ① 童… Ⅱ . ① 童… Ⅲ . ① 石油工程 – 工程技术 –
文集 Ⅳ . ① TE-53

中国国家版本馆 CIP 数据核字（2023）第 014821 号

审图号：京审字（2023）G 第 1237 号

出版发行：石油工业出版社
（北京安定门外安华里 2 区 1 号楼　100011）
网　址：www.petropub.com
编辑部：（010）64523604　　图书营销中心：（010）64523633
经　　销：全国新华书店
印　　刷：北京中石油彩色印刷有限责任公司

2023 年 10 月第 1 版　2023 年 10 月第 1 次印刷
787×1092 毫米　开本：1/16　印张：40
字数：920 千字

定价：360.00 元
（如出现印装质量问题，我社图书营销中心负责调换）

石油院士
系列叢書

简介

童晓光，石油地质和勘探专家，1935 年 4 月 8 日出生于浙江。1964 年，南京大学研究生毕业。曾任中国石油天然气勘探开发公司副总经理兼总地质师，现为高级顾问，教授级高工。2005 年，当选为中国工程院院士。

参加过大庆、辽河、塔里木等油田的石油勘探，中国东部渤海湾盆地和其他地区的石油地质研究。1978 年，“辽河断陷石油地质特征及油气分布规律研究”获全国科学大会奖，为第一完成人；1980 年，辽河曙光古潜山油田获石油工业部发现奖，为第一完成人；1983 年，“中国东部陆相盆地地层岩性油藏分布规律及远景预测研究”获石油工业部科技进步一等奖，为第三完成人；1985 年，“渤海湾盆地复式油气聚集区（带）勘探理论与实践研究”获国家科学技术进步奖特等奖，为主要参加者；1991 年，“塔里木盆地油气分布规律与勘探方向研究”获中国石油天然气总公司科技进步一等奖（部级），为第一完成人。

1993 年，开始从事海外油气勘探开发，是中国跨国油气勘探的开拓者之一，对世界各地数百个项目进行研究和评价，指导国外二十多个项目的勘探，取得了重大成果。2003 年，在他领导下完成的“苏丹 Muglad 盆地 1/2/4 区高效勘探的技术和实践”获国家科学技术进步奖一等奖，为第一完成人；2005 年，“迈卢特盆地快速发现大油田的配套技术和实践”获国家科学技术进步奖二等奖，为第一完成人。

1986年，国家人事部授予“国家中青年突出贡献专家”称号；1991年，中国石油天然气总公司授予“石油工业有突出贡献科技专家”称号；2003年，获孙越崎能源大奖；2005年，获李四光地质科学奖和何梁何利科学与技术进步奖。

石油是现代工业的血液、社会发展的基石、国家兴旺的命脉。随着我国经济社会的快速发展和能源消费需求的持续增长，油气资源的重要性日益凸显。

中国石油勘探开发研究院成立于 1958 年，是中国油气勘探开发领域最重要的综合性研究机构之一。建院以来，研究院一代代石油科技工作者始终牢记为国找油、科技兴油的使命，矢志创新、接续奋斗，为中国石油工业发展和科技进步作出了不可磨灭的历史贡献。

在一个多甲子发展历程中，从研究院走出一大批优秀的石油科学家，其中的两院院士是杰出代表。他们数十年如一日，孜孜不倦投身油气科学研究，在各个领域勇攀最高峰，成为支撑中国石油工业发展的脊梁、推动油气理论技术进步的中坚。他们的学术理论和精神品质，是我们全社会的宝贵财富。两院院士是国家的财富、人民的骄傲、民族的光荣。

进入新时代，为弘扬石油科学家精神，研究院提出并组织实施院士“四个一工程”，陆续为资深院士编辑出版文集、画册、传记、纪录片各一部。这项工程得到了中国石油天然气集团有限公司党组充分肯定和大力支持，引起良好社会反响。

《院士文集》是“四个一工程”的重要组成部分，甄选收录各位院士公开发表的重要学术论文和其他文献资料，集中展示各位院士在油气勘探开发各个领域取得的卓越专业建树和学术成就，为从事石油科技工作的青年学者们提供拓展学术视野和丰富专业知识的源泉。同时，文集展现了各位院士严谨的治学态度、高尚的道德情操，以及对经济社会发展和石油事业的关切和热爱，将进一步激励石油科技工作者们踔厉奋发、勇毅前行。

中国石油天然气集团有限公司和勘探开发研究院正在实现跨越发展、创建世界一流的宏伟蓝图中奋勇前进。让我们广大石油科技工作者携起手来，大力弘扬和践行石油精神和石油科学家精神，在支撑石油事业发展、保障国家能源安全、促进经济社会发展新征程上勇创佳绩、再立新功。

《院士文集》丛书编委会

自 1964 年我研究生毕业开始正式从事石油地质研究工作起，到现在马上 60 年了，回顾这些年的工作经历和工作特点，与许多老同事一样——转战单位多，工作重点转变多。我先后在大庆油田、辽河油田、勘探开发研究院、塔里木勘探开发指挥部和中油国际等单位工作过，在同事们的共同努力下，也取得了一些工作成绩。我花费时间最长，投入精力最多的工作应当是海外的石油勘探与跨国油气经营，有幸成为这一领域最早“走出去”的一批人，对世界各国的石油地质、油气资源潜力、投资环境、国外勘探开发新项目评价方法进行了系统研究，完成了数百个勘探开发新项目技术评价和部分项目的综合评价，并亲自参加了部分项目的谈判和获取工作，后期都按预期取得了良好的效益，如阿克纠宾项目收购等。同时，作为中油国际主要技术负责人，指导了世界 20 多个勘探项目的石油地质研究和勘探部署，以苏丹穆格莱德和迈卢特盆地巨大的勘探成功最为突出，也取得了显著的经济和社会效益。

本论文集分为两个部分，第二部分学术论文是主体，汇集了我多年来从事石油地质勘探、跨国油气经营的一些思考和经验总结的文章，以期对从事石油勘探和海外跨国经营的同志能有所启示。其中，第一篇为石油地质理论，第二篇为中国含油气盆地石油地质研究，第三篇为海外石油勘探，第四篇为海外油气战略、经营与管理，第五篇为全球油气资源形势分析，合计共 72 篇。

回首几十年来的工作历程，我感慨颇多。首先，石油勘探工作者必须始终牢记“我为祖国找油气”的光荣使命，青年一代油气工作者要树立“把青春交给祖国，把人生奉献给找油事业”的理念，这样才能充满奋斗的动力，才能在蹒跚跋涉、风雨兼程中奋力拼搏，保持勇于创新的锐气和毅力。其次，石油勘探研究最可贵的品质是实事求是和创新精神。一切从实际出发，以事实为依据，谨慎分析求证，并身体力行。要敢于突破，敢于合理想象，要敢于提出与前人不同的观点，只有在石油地质理论和勘探理念上不断创新，才能不断获得新的勘探突破。最后，石油勘探成果是集体智慧的结晶。石油勘探需要地质、地球物理、测井等多种学科的集成，绝对不是一个人能够完成的，成功源自所有参与者的集体智慧。做好石油勘探最需要具备三点素质：一是知识面要广，要博闻强识，融会贯通。二是工作要细致，把有限的资料研究透。三是思想方法要正确，善于总结归纳。

在本论文集材料准备和编写过程中，窦立荣教授、张兴教授、肖坤叶教授、田作基教授、牛嘉玉教授等在文集策划等方面做了大量的工作。温志新、李浩武、严增民、王兆明、边海光和梁爽等编委会同志在资料收集、整理、校对等方面做了很多细致的工作。本文集的出版工作得到了中国石油勘探开发研究院、中油国际、辽河油田、塔里木油田和南京大学等单位的大力支持。在此，对所有提供帮助的单位及相关部门、付出辛苦工作的同志们表示最诚挚的谢意！

2023 年 3 月

目录

第一部分　童晓光院士自述

第二部分　学术论文

第一部分

童晓光院士自述

我的石油之路

Tong Xiaoguang

童晓光，石油地质和勘探专家。1935 年 4 月 8 日出生，浙江省嵊州市人。1959 年南京大学本科毕业，1964 年研究生毕业。中国石油天然气勘探开发公司高级顾问。早期从事中国各盆地的石油地质研究和勘探。在油气聚集规律的认识上有很多创新，对所研究盆地的油气田发现做出了重要贡献。近二十几年从事跨国油气勘探和开发，成为这一领域的主要开拓者之一。对世界各国的石油地质、油气资源潜力、投资环境，国外新勘探开发项目的评价方法和技术进行研究。完成了数百个新勘探开发项目的技术评价和部分项目的综合评价。指导世界 20 余个勘探项目的石油地质研究和勘探部署的制定，特别是在苏丹两个盆地的勘探中做出了重大贡献。获国家科学技术进步奖特等奖、一等奖、二等奖和省部级奖多项。2005 年当选为中国工程院院士。

一

20 世纪 50 年代初，国家开始搞经济建设，大力宣传地质找矿的重要性，在这种舆论的影响下，我报考了地质专业。1955 年进入南京大学地质系，1959 年本科毕业，1964 年研究生毕业。我做的毕业论文是苏北平原地质构造。苏北在 60 年代开始石油勘探，我的论文要利用石油勘探的物探和钻井资料，从而对石油勘探发生了兴趣，再加上大庆油田发现后对石油的宣传，更增加了我从事石油勘探的决心，将到石油部门工作作为第一志愿，结果如愿以偿，来到大庆油田。

1965 年底，大庆工委听取了研究院关于东北沉积盆地研究成果的汇报后决定，不仅要搞大庆油田的开发，还要调查东北地区沉积盆地的含油气远景。大庆工委抽调了一批 1964—1965 年的毕业生组成了区域室的外围盆地研究组，选定重点调查的盆地为下辽河盆地、海拉尔盆地和三江盆地。我担任了这个研究组的组长，从此我与辽河结下了不解之缘。

我的石油之路

1966年5月19日，我带着12名大学毕业生组成的小分队，踏上了辽河大地。辽河与大庆季候至少差一个月，这时的辽河柳树已经吐出了嫩绿的小树叶，与冰天雪地的大庆截然不同，我们深深地爱上了这里。我们牢记着大庆精神，与正在当地作业的地矿部第一普查勘探大队（以下简称“地矿部一普”）建立了亲密的关系。张大队长是位解放军炮兵团长出身的老干部，要求手下的技术人员毫无保留地将地质资料向我们介绍和提供。

半个月后，我们奉召回大庆，这项调查工作就此中断了。8月中旬，我奉命重返辽河收集资料。这次我们不仅收集一普的资料，还收集辽宁省地质局、煤管局的资料，认识到辽河是渤海湾盆地的一部分，有很好的油气远景。地矿部在辽河打了13口井，有5口井获得了工业性油气流，有2口井获得了油气流，还有2口井见到了油气显示，勘探形势很好。我为中国又找到了一个新的油气基地而高兴，也被这里“鱼米之乡”的环境所吸引。

1966年10月19日，我们再次被召回大庆。当时大庆油田开发研究院已被解散，我被分到了勘探处，以为与辽河从此无缘，但是，11月石油工业部应辽宁省经委和化工厅的要求，指示大庆成立一个专家组去辽河进行调查并制定规划，我又成了专家组的成员。接受任务后，我匆匆赶到沈阳，经过一个月的调查研究，提出了我们对辽河的评价和部署方案，经石油工业部专家审查修改后，由石油工业部向国家计委作了汇报，国家计委决定由大庆派3个钻井队，2个试油队约1000人成立大庆六七三厂，接替地矿部一普，从事辽河的勘探和开发，1967年3月开赴辽河。同时，从大庆研究院的区域室、实验室等单位抽调了约100人组成了地质队，我成了地质队综合研究组组长。

辽河的第一批探井，欧1井、热1井和黄1井就是根据专家组确定的部署实施的。由于当时对辽河的地质特点和油气分布规律的认识不深，基本上是套用了大庆的地质模式，接连打了2口干井，引起了人们的责难，也给包括我在内的地质队巨大的压力。1968年清理阶级队伍开始，虽然有派性斗争的现象，但六七三厂的生产没有停，第一批探井的最后一口——黄1井发现了数十米厚的油层，后来钻探的黄5井发现油气层厚度超过200m并发生了井喷，再一次证明了辽河巨大的油气潜力。

由于原来的主要技术干部不能正常工作，我的任务就更重了，当时向上级的地质汇报工作大多由我承担。

辽河有三个凹陷。东部凹陷是地矿部工作重点，13口探井中12口在东部凹陷，六七三厂在1968年前的探井也全在东部凹陷，地震工作量也最大，构造形态明显，成排成带，一开始就吸引了大家的注意力。但西部凹陷更开阔，从唯一的一口探井看，生储盖组合更为清晰，并发现较好的油气显示，我认为要打开辽河勘探局面，必须开展西部凹陷的勘探，但辽河没有地震队，很难开展。因此，1968 年夏天，我代表六七三厂向大庆军管会汇报时，提出这一观点并要求派地震队，做好西部凹陷的地调工作。经石油工业部安排，终于在 1968 年底由徐水六四六厂（物探局前身）派来了一个地震大队。

年轻时的童晓光

这一轮地震详查证明兴隆台构造是存在的，我与地震队同志一起落实构造，立即确定了井位，经厂部批准，1969 年春开钻了兴 1 井，当年 9 月获得了高产油气流。这个消息也使石油工业部感到振奋，派出专家组来辽河调查。1970 年，国务院决定进行辽河会战，以大港油田为主，派数千人与六七三厂一起会战，并直属石油工业部领导。

会战中，我担任过区域室综合组组长，区域室副主任、综合室主任和地质处主任地质师，不论担任什么职务，每次技术座谈会上都有我的报告。

通过会战的实践，同时吸收胜利等兄弟油田的经验，对辽河的地质特点加深了认识，勘探很快有了进展。辽河地质工作难度大，最重要的原因是地震资料差，地震勘探技术比较落后。在 1971 年前，这里使用的都是五一型光点地震仪，而辽河的多次波又很发育，构造解释的难度很大，如东部凹陷北部的茨榆坨潜山是一个重力高，但地震反射是凹陷，后来证明是多次波的反映；西部凹陷的西斜坡后来证明是辽河油气最富集的地方，但当时从地震资料中看不出基底，不知道沉积岩的厚度，就在这样的条件下，我和大家一起努力工作，使辽河油田的勘探日新月异。

大庆油田的工人们

1978 年的辽河油田兴隆台地区

1975 年 4 月初，西斜坡 2 口探井从相同层位同时获得了工业性的油流，再根据正在钻探的其他井的成果，我进行了认真的研究，在 1975 年 8 月召开的辽河技术座谈会上提出西斜坡是一个地层型圈闭大油田的观点。后来的实践证明，油田圈闭机理的认识不完全，但大油田已被证实。我与综合室的同志一起进行了分块资源量预测，超过 10×10^8t，认为是继大庆油田后，我国发现的最大油田（实际上是油田群）。这一观点引起了辽河局和石油化学工业部领导的极大重视，康世恩国务委员亲临辽河油田听取汇报，并作出曙光会战的决定。

1967—1977年，通过多次技术座谈会，我不断总结实践经验，从理论上加以提高，并提出相应的勘探部署。1977年，我与同志们一起完成了《辽河坳陷石油地质特征和油气分布规律》的报告，获得了辽宁省科技成果一等奖、全国科学大会奖、石油化学工业部报告奖，我本人也被评为辽宁省先进科技工作者。

1978年秋，辽河研究院有一位研究地层的技术人员研究了西斜坡上的一口探井（曙78井），其中有一大段白云岩地层，根据区域地层对比，认为地层可能是中上元古界。这给了我很大的启发，我进一步作了分析，思路渐渐明朗了，我曾观察过的曙2井的白云岩也应是中上元古界，与任丘古潜山层位相当，而岩屑的含油级别比任丘发现井还要高，完全有可能发现古潜山油田。因此，在其他同志的帮助下，复查了上述2口井的岩屑，还复查了曙2井附近的地震剖面，发现存在一个反向断块，进一步证实了这个设想。我立即向辽河局领导建议，在曙2井场打曙古1井，迅速被局领导批准实施。1979年2月12日曙古1井试油，我怀着忐忑不安的心情，期待着它的结果。这口井终于喷出了日产超过400t的高产油流，人们欢呼雀跃，我如释重负地离开了井场。这可以说是我在辽河作出的最后一项成果，那天也是我被批准加入中国共产党的日子。我在辽河度过了12个春秋，作出了我的最大努力，我的家庭也为我作出了许多牺牲，但同时辽河也养育了我，使我成为一个比较成熟的石油地质专家。

二

1979年10月，我告别了辽河油田，来到了北京石油勘探开发科学研究院，这是中国石油工业界的研究中心，人才济济，研究领域宽广，给我提供了更广阔的天地。

我的第一个研究课题是参与渤海湾盆地油气分布规律的研究。这个课题有很大难度，我们用了两年多时间完成了它。我们围绕着这项工作又做了进一步的理论总结。我代表课题组分别向评审专业组和评委会作了报告。最终获得国家科技进步特等奖。我是主要参加者之一。此后我对渤海湾盆地的油气分布规律继续进行研究，得出了新的结论。凹陷是油气聚集的基本单元，纵向上受构造层，平面上受构造带控制。形成不同类型的油气藏，油气的分布超出复式油气聚集带，在全凹陷的圈闭中分布。

参与的第二个比较大的课题是“中国东部地层岩性油藏研究”，这项研究对成熟盆地勘探的进一步展开有重要意义。1983年在无锡召开的全国隐蔽油藏学术会上，我代表课题组向评委会作了报告，受到了一致好评，被评为石油工业部科技进步奖一等奖。

从1985年下半年起，我脱离了课题组，到了院（中国石油勘探开发研究院）总工程师室，任总工程师室成员（副总地质师），协助院长进行全院地质方面的科研技术管理、全国油气远景和勘探的宏观分析以及科学探索井的技术管理工作。这段时间，我觉得最有意义的工作是协助院领导组织第一

> 塔里木盆地是我国最大的低勘探度盆地，有机会参加塔里木石油会战是人生少有的机遇，尤其对一个勘探地质专家来说更有特殊的意义。

轮全国油气资源评价和台参 1 井、陕参 1 井的钻探。

全国第一轮资源评价工作包括分学科的基础研究、分地区的地质评价、全国性的资源评价及勘探经验总结和规划，是一次对全国石油地质的系统研究，我具体负责全国构造格架的研究。这次研究，我有两个重大收获：第一，对中国的地质格架和盆地类型有了新的认识，提出叠合盆地的概念，为日后塔里木盆地的研究打下了基础；第二，对中国石油地质条件有了比较系统的了解。

吐哈盆地第一口科学探索井——台参 1 井的钻探，使我从单纯的理论研究又回到了勘探实践中来。研究院的工作，是在物探局工作基础上优选井位，论证石油地质条件并组织实施。我作为台参 1 井探井设计的审核人，两次到现场进行调查研究和解决钻井过程中的问题。该井获得了工业性油流，打开了吐哈勘探新局面，我也对前陆（含煤）盆地的石油地质有了新的认识。

长庆陕参 1 井是由中国石油天然气总公司勘探开发科学研究院与长庆油田联合研究后确定的井位，我也是陕参 1 井钻井设计的审核人，并受院领导的委托去现场解决钻井过程中的问题。这口井是长庆大气田的发现井，也使我对克拉通盆地的勘探有了初步认识。

在研究院工作的 10 年，是我完成学术论文和参加学术会议的高峰期，在这个阶段参加了国际和国内学术会议和专业会议十几个，在国内外杂志上发表了数十篇学术论文，还是一本专著的作者之一。我自认为有些论文达到了较高的理论水平，具有一定的创造性，例如，“渤海湾盆地缓断面正断层的成因机理”“中国东部第三纪海侵质疑”“辽河坳陷与辽东湾坳陷石油地质类比”“区域盖层在油气聚集中的作用”“利用饱和压力确定油藏形成时间的探讨”“对渤海湾盆地油藏空间分布规律的探讨”。区域盖层重要性的研究，处于国内领先地位，并为以后的成藏组合研究奠定了基础。

塔里木油田

塔里木盆地

在研究院10年，研究的领域比较宽，涉及石油地质的各个方面，形成了自己的学术思路和研究风格，就学术研究而言是最丰富多彩的10年。

1986年，国家人事部授予我“国家级有突出贡献中青年专家”称号。1991年，中国石油天然气（简称总公司）总公司又授予我“石油工业有突出贡献科技专家”称号。

三

1989年3月7日，我随总公司领导来到了塔里木，担任总地质师兼地质研究大队长、党总支书记。

参加塔里木会战是我主动要求的。为祖国寻找大油田是我一生最大的乐趣和最大的追求。塔里木是我国最大的低勘探程度盆地，有机会参加塔里木石油会战是人生少有的机遇，尤其对一个勘探地质专家来说更有特殊的意义。

对塔里木的地质情况我是相当陌生的，曾经参加过几次研讨会，也去看过几天地震剖面，但没有入门，确实知之甚少。来到塔里木的第一件事是组建地质研究大队和组织好第一次技术座谈会。研究大队是由北京院、物探局、新疆局、华北局、辽河局各来一个分队以及各石油院校等组成，几乎是个小“联合国”。会战一开始，轮南的勘探形式比较好，轮南2井已获得了高产油流，大家兴高采烈，并在第一次技术座谈会上确定了以轮南、英买力为重点，侦察塔中、群克等构造的部署。

1989—1990年上半年在轮南及其周边以三叠系为主的中生界勘探取得了比较大的成

果，相继探明了轮南、桑塔木、解放渠东和吉拉克等几个油田。

然而，轮南大型古潜山的勘探却遇到难题。1989年7月4日，轮南8井在奥陶系中获得了高产油气流。同时，通过地震T0图的变速空校，发现轮南奥陶系顶面是一个2000多平方千米的大型古潜山。这两个信息促成了对轮南古潜山的整体解剖。一轮探井下来广泛地见到了油气显示或工业油流，但不是一个整装的油田，而是由一系列富集块组成，勘探难度比较大。

1989年10月19日，位于沙漠腹地的塔中1井喷出了高产油气流，塔里木人沸腾了，也轰动了总公司。塔中也有一个8000多平方千米的奥陶系顶面大背斜，希望非常大，前景令人振奋。但继续向下钻却只见显示，没有油气流，也是局部高点含油。从地质条件看，我认为塔中是塔里木最有利的地区，通过分析在1991年夏天确定了以石炭系为主要目的层的塔中4井井位。

1990年7月11日，东河1井从海相石炭系石英砂岩中获得高产油流，使我非常兴奋。看来在石炭系找油要成为今后古生界找油的首要目标。

1991年6月22日，英买9井在白垩系砂岩中高产油气流的发现，又给我打开了新的眼界，事实证明来自库车凹陷的油气可以在塔北隆起上聚集。我离开塔里木后，后继者在塔北隆起北坡及库车凹陷发现了丰度很高的油气聚集区。

总之，在塔里木的三年，我一直处于探索的兴奋中，每一个发现都给我们带来了新的希望和更大的期待。

我来到塔里木之前，就有许多单位许多人对塔里木作过研究，但是所有的报告、文章、书籍都说塔里木的远景有多么大，几乎没有人说它的不利条件和复杂性。对塔里木的研究应该说仍是很不充分的，我认为加强地质研究工作是当务之急。

因此，一到塔里木我就设立了总公司级课题，组织研究大队进行石油地质综合研究。这个课题我亲自组织和提出报告提纲，并亲自在评审会上作报告，获得了总公司一等奖。以这些成果为基础，我和梁狄刚同志一起主编了《塔里木石油勘探论文集》和塔里木石油勘探丛书。

从1989年4月起，我就开始组织塔里木国家攻关课题研究的准备工作。作为项目的主要负责人，编写了立项的可行性报告，确定了二级、三级、四级课题的主题和攻关要求，确定参与课题的单位，召开了两次课题研究人员大会，在会上对每个三级课题都提出了具体要求。但很遗憾，后因工作调动，我未参加最后的总结报告。

1991年1月，总公司领导在勘探局大会上，宣布任命我为勘探局副局长，但是我觉得塔里木的工作还没有告一段落，特别是我负责的课题还没有完成，要求延长在塔里木的工作时间至1991年12月。

1991年12月，我来到勘探局任职，很多精力还是放在塔里木，塔里木的会战场面仍然萦绕于我的脑海，我时常注意塔里木的进展和问题。1992年4月，我亲自定的塔中4井从东河砂岩中喷出了高产油流，但塔中4下部取出油砂的井段，测试出水，引起了争论和迷惑。我通过认真分析后在总公司的汇报会上指出，这是后期破坏的结果，可能通过断层油气会再次运移和聚集。

童晓光获得第九次李四光地质科学奖（2005 年）

四

中国石油天然气总公司 1991 年提出三大战略，将国际化经营作为其中一个战略。由下属的中国石油天然气勘探开发公司负责，一方面进行国内陆上油气资源对外合作，同时又进行世界油气资源勘探开发，任命我为副总经理兼总地质师。

我对参与世界油气资源勘探开发的思想形成较早，早在 1988 年就向领导部门提出过此项建议，主要分析了我国油气资源难以满足国内日益增长的油气需求，跨国油气勘探开发是必由之路。

但跨国油气勘探开发是一项全新的工作，特别是在国际环境十分复杂，国际大石油公司已占据了有利位置，而我们初次进入国际石油勘探开发市场，思想和技术准备都不充分的情况下，难度非常大，充满风险和挑战。

跨国勘探开发，首先要争取获得油气潜力大而进入成本低的勘探开发项目。必须进行大量调查研究，内容非常广泛，包括世界各国的石油地质和油气潜力、投资环境、合同条款、对外合作现状及可以合作的机会等。还要掌握油气勘探开发项目的评价方法和技术。我在这方面的工作以世界石油地质和油气潜力基础，调查了十几个世界重点盆地，对全世界分地区进行调研，已编写了世界石油勘探开发图集四本，包括亚太、非洲、独联体、中东，南美也即将完成。完成了专著《21 世纪初中国跨国勘探的战略研究》《油气勘探原理和方法》《海外油田开发新项目评价技术和方法》等。

同时，参与了数百个勘探开发新项目的评价，实地考察了数十个国家，特别是领导了哈萨克斯坦阿克纠宾油气公司项目的评价、投标、谈判和接管。这是哈萨克斯坦私有化项目。根据公开发表的介绍材料，初步评价认为是一个比较好的项目，建议投标。但我们得到投标的正式信息，离截标时间很短只有十天评价期。由于事先已经做过初评，对项目情况比较了解，这个短暂的评价期，主要是通过进资料室阅读原始材料，核实介绍材料中数据的可靠性。通过评价确认该项目的油气资源丰富，开采程度低，理清油田开发中的难题，确认中国石油具有相应的技术。最终在与美国大油公司的竞争中胜出，获得了一个石油地质储量 6×10^8t、天然气地质储量 2000×10^8m^3 的资产。接收时年产石油 260×10^4t，我们的评价结论高峰产量可达 580×10^4t。通过几年来工作，2005 年产量达 582×10^4t，证明当时的评价完全正确。

在获得国外的勘探开发项目之后，我的主要工作是指导项目的石油地质研究、确定勘探部署，提出勘探方向。从 1998 年后，我的工作重点是苏丹两个项目。苏丹穆格莱特盆地 1/2/4 区块，美国一家大石油公司勘探近 20 年发现了 5400×10^4t 可采储量，中国石油仅用 7 年时间就发现了 1.1×10^8t 可采储量。主要是我们深入研究了这个地区的地质特点和成藏规律，其中 4 区勘探的成果最明显，过去的勘探基本上没有发现油田，用我们的成藏模式指明了勘探方向和主要勘探层位，结果发现了许多油田。已建成年产 1500×10^4t 的原油生产基地。另一个项目是迈卢特盆地，美国大油公司经 10 年勘探仅发现一个小油田，因无经济效益放弃。后来进来了一家小油公司也无任何进展。中国石油进入后仅用两年时间就基本搞清了地质特点，利用少量地震资料和地质预测模式，明确勘探的主要方向，一举发现世界级大油田，已建成年产 1000×10^4t 原油的基地。这两个项目分别获得国家科学技术进步奖一等奖、二等奖。

> 跨国勘探开发项目都在第三世界，工作条件比较艰苦。但建立国外石油生产基地对中国石油安全的重大意义和充满探索的石油勘探所带来的无限乐趣，激励我不断努力。

跨国勘探开发项目都在第三世界，工作生活条件都比较艰苦。但建立国外石油生产基地对中国石油安全的重大意义和充满探索的石油勘探所带来的无限乐趣，激励我不断努力。虽然我已退居二线，但对石油地质研究仍充满激情，在有生之年还想为中国的石油事业作出力所能及的贡献。

本文摘自《今日科苑》2016 年第 6 期及中国工程院《院士自述》。

第二部分

学术论文

第一篇

PART ONE

石油地质理论技术

应用饱和压力值确定油藏形成时间的条件

童晓光

（石油部石油勘探开发研究院）

摘要： 应用饱和压力值确定油藏形成时间是一种应用比较广泛的方法。本文根据饱和压力的物理意义和大庆油田的实际资料，分析了在实际工作中往往产生偏差的原因。应用此法确定油藏形成时间，必须在全面分析油藏形成的地质条件基础上，配合其他方法使用，才能获得较好的结果。

1 研究现状和问题的提出

油藏形成时间是石油地质理论研究中的一个重要课题，曾引起不少石油地质学家的关注，并就此提出过许多方法，应用饱和压力值确定油藏形成时间，就是 A.I. 莱复生、W.C. 格索[1, 2]等提出的许多方法中的一种。该方法提出后，传播比较广泛。国外有许多人在实际工作中都予以采用。H. 鲍依格等采用此法在研究西德北部萨克森盆地北缘的油藏形成时间后就指出，利用饱和压力值来确定的油藏形成时间，与按地质发育史分析方法所确定的油藏形成时间是一致的[3]。又如 B.R. 勃朗在研究澳大利亚吉普斯兰盆地的油气田时，应用饱和压力数据，系统地分析了油气运移和聚集时间，也取得了满意的效果[4]。但也有一些人认为，这种方法是不可信的。A.Д. 索柯洛夫、A.Э. 康特罗维奇、B.Ф. 列涅茨基等[5, 6]就指出，油藏中的天然气可以由于各种原因而逸散，从而使原油的饱和压力降低。应用这样的饱和压力数据所确定的油藏形成时间，就必然要早于油藏的实际形成时间。

国内应用此种方法确定油藏形成时间也相当广泛，在许多油田的内部报告中常有报导，甚至一些高等院校所编的《石油地质学》[7, 8]中也予以引述。但同时又不同程度地指出此种方法所存在的某些问题。

笔者及其同事们曾用此法确定过辽河断陷油藏形成的时间，结果发现矛盾也很突出，相邻油田的饱和压力相差很大，据此方法确定的油藏形成时间也应相差很大。但实际的情况则是，油藏形成的地质条件比较相似，理应油藏形成的时间比较接近。如高升油田高升油层中部深度为 1337m，饱和压力为 142.5atm，推算其油藏形成时间在第四纪晚期；而相邻的曙光古潜山油藏，油层平均深度为 1850m，饱和压力为 6atm，推算其油藏形成时间在渐新世沙河街组三段沉积初期。显然单从生油岩成熟度来看，也是不能成立的。此外，即使是同一油田同一油层，相邻断块的饱和压力也有相差很大的。如兴隆台油田沙河街组二段油层在马 50 断块深度 2760.8～2811.8m，饱和压力为 173.6atm；在马 47 断块深度

2669.2～2781.0m，饱和压力为 274.2atm，两者相差达 100atm 以上。用饱和压力值推算的油藏形成时间，前者约在渐新世东营组沉积时期，后者约在第四纪晚期。

据上所述，应用饱和压力值确定油藏形成时间，就存在一个应用条件问题。本文试图从饱和压力的形成机理以及实例分析，对此问题进行探讨。

2 饱和压力的物理意义

众所周知，饱和压力是指石油中溶解天然气成饱和状态时的压力。当油藏地层压力大于饱和压力时，全部烃类呈液体状态。如果油藏地层压力小于饱和压力时，就会有天然气从石油中分离出来。

自然界中油藏饱和压力极不相同。如我国东部各油田，有的油藏饱和压力只有 4～5atm，有的油藏饱和压力超过 270atm。结合油藏的地层压力，可以分为低饱和油藏和过饱和油藏（或高饱和油藏）。过饱和油藏的顶部有气顶存在。

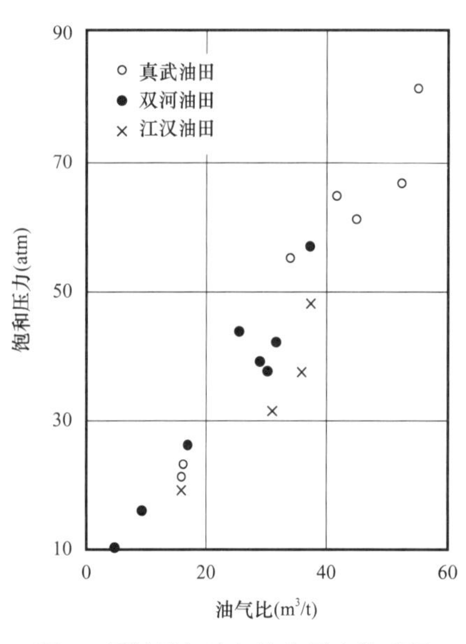

图 1 原始油气比与饱和压力关系图

任何一个油藏饱和压力的大小，首先取决于油藏内天然气的数量。如果油藏内天然气的数量很少，易于溶解，一般饱和压力都很低。例如任丘古潜山油田，原始油气比只有 4m^3/t，故饱和压力只有 14atm。反之，如果油藏内天然气的数量很多，饱和压力就很高，如兴隆台油田马 70 井原始油气比为 322m^3/t，饱和压力就高达 290atm。因此，在油藏其他条件相似的情况下，饱和压力的大小，就与油藏的原始油气比成正比，如图 1 所示。

饱和压力的大小取决于石油对天然气的溶解系数。原油性质、天然气组分和油藏地温不同，天然气的溶解系数也不同，所以各个油藏每增加一个大气压的溶解气量也就不同。此外，原油的密度越大，天然气溶解系数越小；天然气的密度越大，其溶解系数也越大；油藏的地温越高，天然气溶解系数则越小。在同一油藏条件下，地温的影响与前两个因素相比，一般较小。油质重，天然气轻，重油对轻气的溶解系数小，尽管天然气的含量并不高，但饱和压力却比较大，也可以形成过饱和油藏。如高升油田莲花油层，原油相对密度为 0.94～0.97，天然气相对密度为 0.5805，甲烷含量占天然气的 97.13%，原始油气比为 24m^3/t，油藏的饱和压力高达 124atm 之上，而且还形成了一个比较大的气顶。

由此可见，油藏饱和压力基本是由原始油气比和溶解系数这两个数值决定的。根据欢喜岭油田各个油藏的实际资料，所作的饱和压力同油气比与溶解系数比值的关系图表明，它们之间存在着十分良好的线性关系；参数中任何一个发生变化，都必将使饱和压力也发生变化（图 2）。

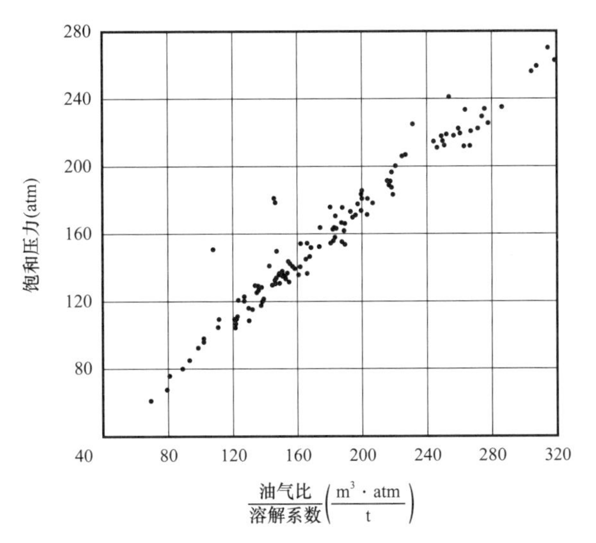

图 2　欢喜岭油田饱和压力同油气比与溶解系数比值关系图

3　应用饱和压力值确定油藏形成时间的条件

基于饱和压力的物理意义，关于应用饱和压力值确定油藏形成时间，莱复生和格索认为，石油初次聚集在圈闭中，处于饱和状态；饱和压力反映了石油聚集时的静压条件，当知道了某个油样的饱和压力和大致的静压力梯度，就有可能从地层学上指出石油聚集时的理论埋藏深度[1-3]。这就是说，应用饱和压力确定油藏形成时间时，必需的条件是：（1）油气的聚集是在饱和状态下进行的；（2）油藏形成时的古地层压力与古饱和压力相当；（3）油藏形成后，饱和压力没有变化。

满足上述条件，则

$$H = 10 p_b \frac{1}{K}$$

式中　H——油藏形成时的埋藏深度，m；

p_b——饱和压力；

K——压力系数。

但是，问题在于上述三个要点是在什么条件下可能成立的：

第一，油气的聚集是否都是在饱和状态下进行的。我国东部各含油盆地的实际资料表明，各个含油盆地的天然气丰度是不一致的。有些盆地的天然气丰度很低，属于低饱和油藏。例如，江汉盆地的油藏饱和压力，一般都在 20～50atm，最低的仅 4atm；原始油气比❶一般为 20～60m^3/t，最低的仅 0.6m^3/t。这些油藏顶部覆盖了很厚的盐层，油气封闭保存条件十分优越，油藏形成后天然气散失的可能性很小，所以目前油藏中的油气比基本上可以反映油气聚集时的原始状况。但是，这种油藏却不是在饱和状态下聚集的。相反，有

❶ 指天然气（包括伴生气）储量（m^3）与原油储量（t）之比。

些盆地天然气丰度很高，原始油气比和饱和压力也很高，还有气顶存在。例如，辽河断陷兴隆台油田马19断块，原始油气比达250m³/t以上，饱和压力274.2atm以上。从其地质历史分析，这个油藏形成后也无明显的抬升剥蚀，目前的埋藏深度也即是地质历史上最大的深度。由此推测，该油藏是在过饱和状态下形成的。据此认为，油气聚集不一定都是在饱和状态下进行的。

第二，油藏形成时的古地层压力与古饱和压力关系，一般有三种情况：

（1）油藏形成时，油藏的天然气刚好被石油全部溶解，处于饱和状态。在这种情况下，油藏形成时的古地层压力与古饱和压力正好相当。

（2）油藏形成时，油藏内尚有大量游离的天然气未被石油所溶解，若地层压力增大，天然气的溶解量亦能增大，油藏处于过饱和状态。在这种情况下，油藏形成时的古地层压力和古饱和压力也是一致的。

（3）油藏形成时，油藏内所含的天然气量较少，在较小的压力下已被石油全部溶解，若地层压力增大，也不会增大天然气的溶解量，油藏处于未饱和状态。在这种情况下，油藏形成的古地层压力就大于古饱和压力。

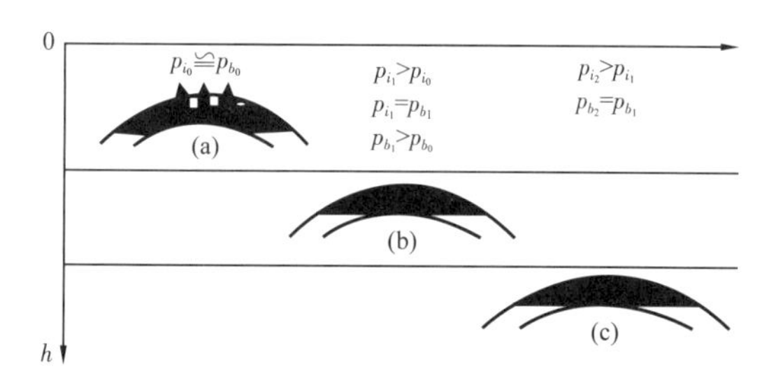

图3 不同阶段的地层压力、饱和压力和气顶变化情况图

p_{i_0}、p_{i_1}、p_{i_2}—不同阶段的地层压力；p_{b_0}、p_{b_1}、p_{b_2}—不同阶段的饱和压力

第三，油藏形成后饱和压力随沉积与剥蚀情况而变化。假设一个带有原始气顶的油藏，如图3（a）所示，为油藏形成时的情况。后来由于上覆地层沉积而使厚度加大，从而使地层压力增大，气顶天然气全部被石油溶解，如图3（b）所示。气顶天然气全部被石油溶解后，如上覆地层厚度再加大，地层压力也将继续增大，如图3（c）所示。假如油藏形成时为未饱和油藏，后来上覆地层又受到剥蚀，那么地层压力就会降低，油藏饱和压力的变化就与上一种情况相反。由此可见，只有当油藏形成的原始状况如图3（b）或图3（c）的情况，即地层压力处于p_{i_1}以下，油藏饱和压力才会保持不变，古饱和压力与今饱和压力才可能趋于一致，否则饱和压力就要变化，今饱和压力与古饱和压力就不一致。

此外，如果油藏的封闭条件不好，上覆盖层不够严密，就会出现天然气的扩散现象；或者油藏被后来的断层切割，天然气就会沿断层散失，如此等，都可以降低油藏的饱和压力。

综上所述，应用饱和压力值确定油藏形成时间，必须具备一定的地质条件，这就是：油藏形成时处于饱和状态（在当时的古地层压力下，石油最大限度地溶解了天然气，但又无游离气顶）；油藏形成后又没有由于各种原因造成饱和压力的变化。如果上述条件越差，则推算的油藏形成时间误差就越大。然而，在自然界中，完全满足上述条件的油藏是很少见的，即使存在这种藏油一般也不易判别出来。因此，在地质工作中不可简单地仅应用饱和压力数值，就推算其油藏的形成时间，而在其应用前必须对油藏的地质情况进行全面分析，以便确定是否可用，或者对应用后结果所包含的误差范围有大致的估计。

4 实例分析

大庆油田位于由七个构造所组成的一个二级构造带上；北部三个构造含油高度都超出了局部构造的闭合高度，构造之间的鞍部也含油，具有统一的油水界面和压力系统。因此，油藏形成时间应该是一致的。

图 4 为大庆油田自北向南的四个构造的饱和压力与古地层压力的关系图。

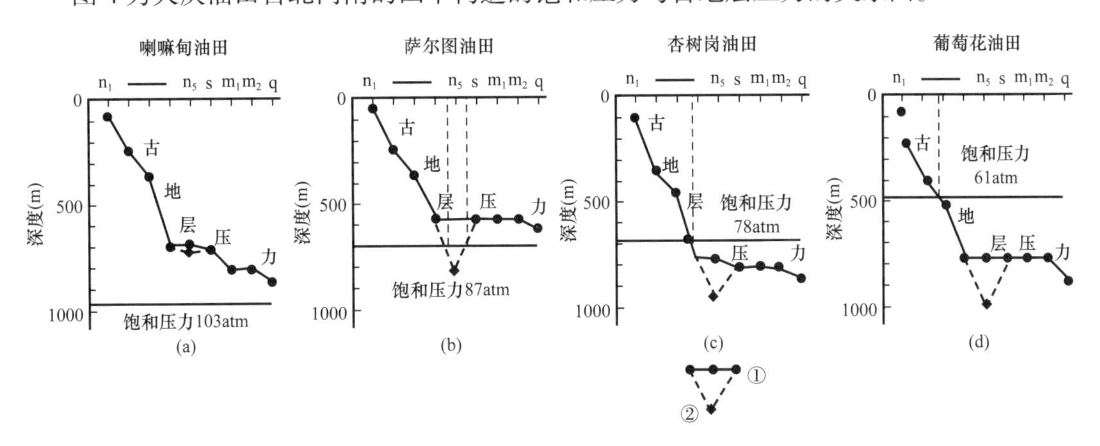

图 4　大庆油田饱和压力与古地层压力关系曲线（根据张文昭等所编之图修改）

$n_{1、2、3、4、5}$—嫩江组一、二、三、四、五段；s—四方台组；m—明水组；q—第四系；

①—嫩五段剥蚀后的地层压力；②—恢复嫩五段后的地层压力

喇嘛甸油田在大庆油田最北部，其饱和压力明显大于油藏顶部的地层压力，而且大于任何一个时期的古地层压力。这表明油气在聚集时处于过饱和状态，意味着原始气顶的存在，如图 4（a）所示，油藏饱和压力与古地层压力没有交点。据前所述，应用这样的饱和压力值来确定油藏形成时间，将会得出油藏形成时间比现今还要晚的某一个时期，显然这是不能成立的。

萨尔图油田饱和压力大于古地层压力，也有气顶存在，但在地质历史中饱和压力曾经低于过古地层压力，与古地层压力有两个交点，如图 4（b）所示。根据饱和压力值确定油藏形成时间，为嫩江组五段沉积时期，或嫩江组五段沉积后的剥蚀初期。

杏树岗油田是一个没有气顶的未饱和油田，饱和压力小于古地层压力，与古地层压力有一个交点，如图 4（c）所示，据此推算，油藏形成时期为嫩江组四段沉积时期。

葡萄花油田也是一个没有气顶的未饱和油田，饱和压力大大小于古地层压力，与古地层压力有一个交点，如图 4（d）所示，据此推算，油藏形成时期为嫩江组三段沉积时期。

根据上述四个油藏饱和压力确定的油藏形成时间，是各不相同的。总的趋势是，油藏的饱和程度越低，由这种饱和压力值所确定的油藏形成时间就越早。具有统一油水界面的油田，有几个油藏形成时间，这显然是很不合理的。

根据大庆油田构造发育史的研究，嫩江组三段沉积末期，构造已具雏形（但其幅度还很低，最大的萨尔图构造仅 22.5m）；嫩江组沉积末期，构造基本定型；明水组末期，构造最后完成。从油气运移聚集的角度分析，生油凹陷内青山口组一段和嫩江组一段生油岩的成熟期正好与此相当。显然这一结论与上述应用饱和压力值所确定的油藏形成时间是有矛盾的。分析其原因可能在于，葡萄花油田和杏树岗油田油气聚集时，都呈未饱和状态，饱和压力低于古地层压力，故依此法所确定的油藏形成时间偏早。喇嘛甸油田油气聚集时，呈过饱和状态，后来油藏埋深加大，一部分天然气被石油所溶解，从而增大了饱和压力，故依此法推算的油藏形成时间就较实际时间偏晚。萨尔图油田油气聚集时处于两者之间，所以由其饱和压力值所确定的油藏形成时间，就更接近于实际情况。

本文承胡见义高级工程师提出宝贵意见，深表感谢。

参考文献

[1] Livorsen, A.I. Time of Oil Accumulation. AAPG Bull., Vo1. 29, No. 8. 1945, 1189−1194.

[2] Gussow, W.C. Time of Migration of Oil and Gas. AAPG Bull., Vol. 39, No. 5, 1955, 547−574.

[3] 鲍依格 . H.，哈克、H.U.，肖特 . W. 西德北部下萨克森盆地北缘石油的运移和聚集 . 第六届世界石油会议报告论文集，第一卷，第一册 . 石油工业出版社 . 1965.

[4] Brown, B, R.: Gippsland's Old and New Oil. The APEA Journal., Part. 2, 1977, 47−57.

[5] Линецкий В.Ф.: Аномалънсе пластовое давление как критерий времени формирования нефтяных залежей, в кн.: Проблема миграции нефти и формирования скопленнй нефти и газа. ГОСТОПТЕХИЗДАТ, 1956, 121−135.

[6] Конторович А.Э., Трофимук А.А.: К методике изучения истории залежей нефти и газа. Геология нефти и газа. No. 7, 18−24.

[7] 西北大学地质系石油地质教研室 . 石油地质学［M］. 北京：地质出版社，1979.

[8] 张万选 . 石油地质学［M］. 北京：石油工业出版社，1981.

原载于:《大庆石油地质与开发》，1983 年 9 月第 2 卷第 3 期。

基岩油藏类型及其形成条件

童晓光，徐树宝

（石油部石油勘探开发研究院）

摘要：本文以盆地的发育时期为准则，把盆地形成前的地层统称为基岩。在基岩中的油藏称为基岩油藏。文中认为油藏分类的基础是圈闭类型，其次是储集层类型。在圈闭类型的基础上，结合储层岩石类型对基岩油藏类型作了划分。进而对基岩油藏形成的条件进行了探讨，认为基岩储油的能力主要取决裂缝和孔洞的发育程度；外部油源的存在是形成基岩油藏的基础，油源以多种通道和运移方式储集于基岩内而形成基岩油藏。

基岩油藏的定义，众说纷云，随着对基岩的理解不同而异。兰德斯将变质的结晶基底称为基岩，潘钟祥教授将下古生界及其以下的地层统称为基岩。本文以盆地的发育时期为准则，将盆地发育期沉积的地层称为盖层，把盆地形成前的地层都称为基岩，包括结晶基底，也包括盆地形成前已经存在的不同时代的沉积岩。因此本文所定义的基岩，并无固定的时代，由盆地发育时间来决定。在基岩中的油藏称为基岩油藏。它们具有共同的形成条件，可以作为统一的勘探对象，具有较大的实用意义。为了与构造地质学的基岩概念相区别，也可加引号。

基岩油藏与我国目前流行的（古）潜山圈闭油藏的概念并无重大差别。前者强调了油藏赋存的地层层位，后者强调了油藏圈闭所存在的基岩表面形态。但实际上有些基岩油藏的表面并无潜山形态，或与潜山表面形态无关。从这个意义上说，称基岩油藏更为合适。

1 基岩油藏类型

油藏分类是为了油气田勘探，要能反映出油藏的形成条件和分布特点。因此，油藏分类的基础是圈闭类型，而圈闭要素是在特定的地质条件下产生的。其次是储层类型，它对油藏特征有重要影响。分类的繁简程度要适应油气田各个勘探阶段的需要，在勘探程度较低时，油藏分类要简单些；在勘探程度较高时，油藏分类要细一些。

1.1 基岩圈闭类型

形成基岩圈闭，基本上可归纳为五种方式（图 1）。

（1）单一不整合圈闭。不整合面及其上覆非渗透性盖层是圈闭形成的唯一因素。不整合面以下的基岩表面具有潜山形态，即具有正向的构造或侵蚀地貌。

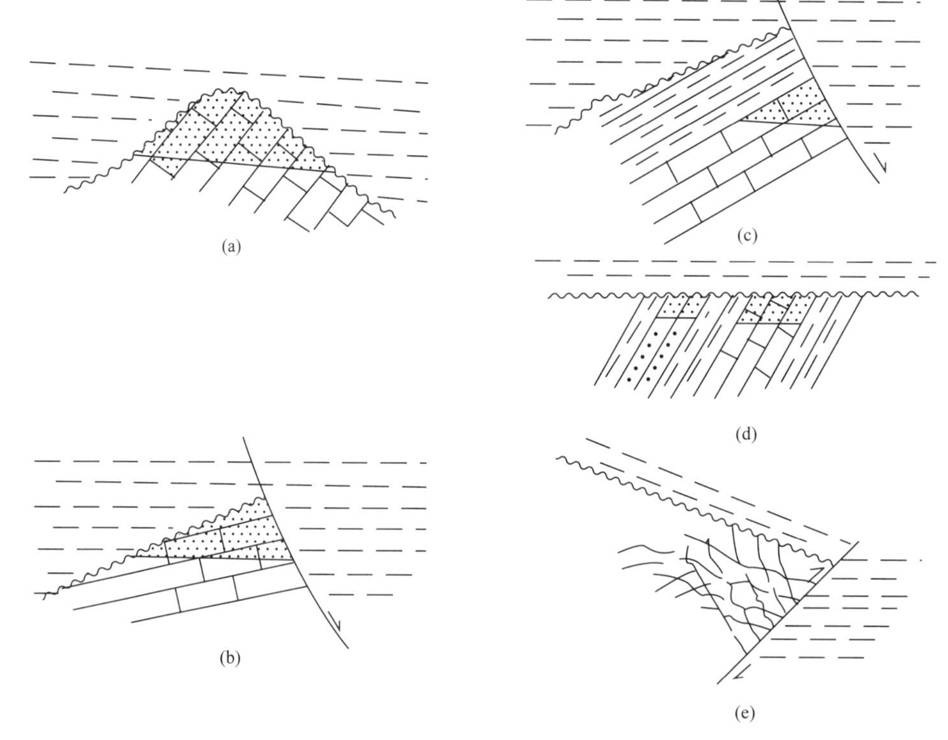

图 1　基岩油藏圈闭类型示意图

（a）不整合圈闭；（b）不整合—断层圈闭；（c）非渗透性顶板—断层圈闭；（d）不整合—非渗透性夹层圈闭；（e）不整合—渗透性空间变化圈闭

（2）不整合面和断层共同圈闭。一侧为断层，另一侧及顶部为不整合面。断层另一盘和不整合面上覆层均为非渗透性地层。这包括两种情况：一种是上覆盖层沉积时并无潜山形态，后期块断活动使基岩块体翘起；另一种是原始基岩顶面已具潜山形态，但幅度较小，与盖层沉积同时发生的块断活动，使潜山幅度增大。

（3）非渗透性顶板与断层共同形成圈闭。位于层状基岩内部，其顶板为非渗透层，侧向为断层和断层另一盘的非渗透层所遮挡。

（4）不整合面和隔层共同形成圈闭。这种圈闭都发生于基岩为渗透性和非渗透性地层间互所组成的地层组合中，它的存在与基岩表面形态无关，可以发育丁潜山山顶、山坡，甚至山谷部位。基岩倾向与顶部不整合面的倾向可以一致，也可以相反。不整合面之上为非渗透性地层。

（5）不整合面和基岩的渗透性变化共同形成圈闭。基岩中裂缝发育的不均一性，导致渗透性能变化很大，同一类岩层可以从渗透性变为非渗透性，从而形成圈闭。

1.2　基岩油藏类型

在圈闭类型的基础上，结合储集层岩石类型划分亚类，基岩中的岩石类型可以包括碳酸盐岩、砂岩、变质岩、火成岩和火山岩，其分类列表见表 1。

表 1　基岩中岩石类型分类

<table>
<tr><th colspan="2">岩类
油藏类型
圈闭类型</th><th>碳酸盐岩</th><th>变质岩</th><th>火成岩</th><th>火山岩</th><th>碎屑岩</th></tr>
<tr><td rowspan="4">不整合</td><td>不整合</td><td rowspan="2">碳酸盐岩体
不整合油藏</td><td rowspan="2">变质岩体
不整合油藏</td><td rowspan="2">火成岩体
不整合油藏</td><td rowspan="2">火山岩体
不整合油藏</td><td rowspan="2">碎屑岩体
不整合油藏</td></tr>
<tr><td>不整合—断层</td></tr>
<tr><td>不整合—隔层</td><td>渗透性和非渗透性
互层不整合油藏</td><td>—</td><td>—</td><td>—</td><td>渗透性和非渗透性
互层不整合油藏</td></tr>
<tr><td>不整合—渗透
性变化</td><td colspan="5">不整合—裂缝性油藏</td></tr>
<tr><td colspan="2">非渗性顶板—断层</td><td>碳酸盐岩
断块油藏</td><td>—</td><td>—</td><td>火山岩
断块油藏</td><td>碎屑岩
断块油藏</td></tr>
</table>

（1）碳酸盐岩体不整合油藏。基岩由碳酸盐岩组成，其圈闭方式有单一不整合面，也有不整合面加断层，后者的典型代表是任丘油田，中上元古界蓟县系雾迷山组被第三系不整合覆盖。碳酸盐岩实际上是一个岩溶体，缝洞十分发育，具有统一的压力系统和统一的油水界面，油藏内的流体性质比较均一，具有比较活跃的底水，往往成为高产油田。

（2）变质岩体不整合油藏。包括各种原始岩类和不同变质深度的变质岩体组成。其圈闭方式也是单一的不整合面或不整合面加断层。变质岩的储集空间主要是裂缝，包括基岩表面的风化裂缝，溶蚀裂缝和基岩深部的构造裂缝。这种油藏内部物性不均一，含油底界不规则，一般无活跃的底水，产能变化大。是否具有统一的压力系统，取决于裂缝连通程度。其中部分油藏的产量也很高，如东胜堡油田、郑家油田。

（3）火山岩体不整合油藏。其圈闭方式与上述两个亚类一致。其储集空间除风化和构造裂缝外，还有原生孔隙包括晶间孔隙、粒间孔隙和气孔。还可以存在岩浆冷凝收缩时所产生的节理。因此其储集性能可能比一般变质岩好。如石臼坨火山岩体不整合油藏的有效孔隙度最大可达 21.0%，最小为 4.57%，空气渗透率最大为 15.8mD，最小不足 1mD。这类油藏的基本特征与变质岩体不整合油藏相似。

火成岩体不整合油藏，我国尚未发现典型实例，从理论上分析应该存在，且其特征应与变质岩体不整合油藏相似。在储集空间方面可能还有岩浆冷凝收缩时产生的节理。

（4）碎屑岩不整合油藏。到目前为止我国尚未发现典型的碎屑岩不整合油藏。在国外存在这种实例，主要储集空间为粒间孔，也有裂缝。

（5）渗透性和非渗透性互层不整合油藏。这种油藏仅存在于沉积岩中，由渗透性砂岩、砾岩、碳酸盐岩与非渗透性页岩、泥灰岩构成互层。渗透性层中的孔隙、孔洞和裂缝成为储集空间。非渗透层成为顶底板，顶底板与不整合面一起形成圈闭。如曙光基岩油藏，其储集层为中上元古界雾迷山组白云岩、铁岭组顶部石英砂岩和下马岭组底部砾岩，中间夹有泥灰岩、页岩等非渗透层。基岩油藏呈条带状分布。每个条带构成独立的油藏，可以具有不同的油水界面。在潜山山坡部位和山谷部位的基岩油藏常常属于这种类型。

（6）不整合—裂缝性油藏。主要由于裂缝发育程度的空间变化形成圈闭。如准噶尔盆地西北缘的基岩油藏。在克—乌断裂带附近裂缝发育，离开断裂带越远裂缝越不发育。基岩上倾方向并无其他岩层遮挡，而是依赖基岩本身裂缝的逐渐消失而形成圈闭。

① 碳酸盐岩断块油藏。这种油藏在渤海湾盆地奥陶系中很普遍。奥陶系是比较好的储层，其上有石炭系—二叠系渗透性很差的碎屑岩作为区域性顶板，另一侧为断层遮挡。如刘其营、苏桥、桩西、垦古 2 等基岩油藏。寒武系内部岩性变化大，渗透性碳酸盐地层与非渗透性地层间互，也往往形成这种油藏。

② 碎屑岩断块油藏。渗透性碎屑岩与非渗透性地层间互也可能形成这种油藏。如义和庄石炭系—二叠系砂岩中的油藏和河间中上元古界常州村组砂岩中的油藏。

③ 火山岩断块油藏。当火山岩为渗透性层与非渗透性层交互成层时，也可能形成这种油藏。如义和庄中生界火山岩断块油藏。

2　基岩油藏形成条件

基岩油藏与其他油藏一样，只有具备生储盖圈条件时才能形成。但由于它特殊的地层层位，上述条件也就具有自身的特点。

2.1　外部油源的存在是形成基岩油藏的基础

一部分基岩是不生油的，另一部分基岩可能有过油气的生成过程，但没有很好保存。基岩本身缺乏油源。目前所发现的基岩油藏原油性质和原油中所含孢粉的属种表明，基岩油藏中的油气来自上覆年青地层，所以外部油源是形成基岩油藏的前提。根据油气运移通道的分析，油气自生油层进入基岩有下列几种方式。

（1）生油层直接不整合于基岩之上，生油层中的油气向下或侧向运移直接进入基岩。这种现象出现于该盆地生油层位于盆地盖层最底部，生油层与基岩有较大的直接接触面积。这是比较有利的一种供油方式。

（2）生油层中的油气沿不整合面运移进入基岩。当基岩与生油层没有直接接触时，生油层中的油气首先进入不整合面，并沿着不整合面运移，然后进入基岩。

（3）通过正断层使下降盘的生油层与上升盘的基岩直接接触，生油层中的油气侧向运移进入基岩，这种现象在拉张盆地中最为常见。

（4）通过逆断层使基岩位于生油层之上，生油层与基岩直接接触，获得油气。这种现象出现于压性盆地边缘。

（5）基岩与油气输导层接触，且位于油气运移方向。

更为常见的现象是上述两种或两种以上条件符合构成供油通道。如冀中和辽河坳陷大部分规模较大的基岩油藏都是由上述一、三两种条件所构成的。在这样的条件下，供油面积广，油源丰富，有利于形成大型基岩油藏。另一些油藏的供油方式比较隐蔽，如通过断层和不整合面的连接构成供油通道，使在表面上看来没有外部油源的基岩中，形成基岩油藏。

从油源的区域条件分析，生油层位于盆地盖层最底部的盆地和凹陷最有利。在一个凹陷内，凹陷中央各种成因的基岩隆起带最为有利，其次是凹陷边缘具有各种油源通道的基岩隆起。

2.2 基岩具有储集油气的能力

基岩时代一般比较古老，经历过比较强烈的成岩作用甚至变质作用，原生孔隙保存较差，甚至完全破坏。因此，基岩是否能够储油和储油能力的大小，主要取决于次生裂缝和孔洞的发育程度。这种次生裂缝和孔洞的发育又主要受基岩岩石类型、风化作用、岩溶作用和构造作用等诸因素的控制。

（1）风化作用。不论基岩是哪一种岩类，其表面普遍经历过物理风化和化学风化的作用，由于风化作用而在基岩表面形成一层风化壳，从而成为缝洞比较发育的储集体。风化作用只能在地面附近一定深度内进行，向基岩内部逐渐消失。当基岩由不同时代的地层构成时，其中所夹的不整合面和假整合面，都标志着下伏地层曾经遭受风化剥蚀。因此可能存在多层风化壳。一般来说，形成时间较早的不整合面之下的风化壳裂缝和孔隙易于被后来的沉积物所充填，形成时间较晚的风化壳孔隙性能较好。

风化作用对除碳酸盐岩以外的各种类型岩石，在储集空间形成方面具有最重要的意义。根据兴隆台花岗片麻岩基岩潜山表面风化壳的研究，按风化程度可以分为三个带。

① 第一带——残积带，厚 34～150m。

花岗片麻岩质角砾岩，可能为花岗片麻岩风化破碎后被砂，泥质充填胶结而成，系残积或坡积层，时差曲线为锯齿状，平均值 215～240μs/m，井径极不规则，视电阻率曲线呈梳状，岩性较疏松，但裂缝较不发育。

② 第二带——裂缝发育带，厚 76～191.5m。

为裂缝发育的花岗片麻岩，时差曲线呈波状起伏，平均值 200～215μs/m，井径比较平直，视电阻率曲线呈块状，为高电阻。根据岩心观察有三组裂缝互相穿插切割。在 10cm 长岩心中，裂缝最多达 120 条，一般为 20～80 条。裂缝宽一般为 0.25～1mm。裂缝分布不规则，多为树枝状和网状。裂缝面有平直和不平直两类。裂缝充填情况不同，分为全充填、半充填、未充填或充填物被溶蚀而形成次生溶孔及溶洞。充填物主要为方解石，其次为硅质，有机质、绿泥石及黏土。

③ 第三带——致密带。

岩性致密坚硬、裂缝不太发育的花岗片麻岩，视电阻率高，井径、时差曲线平直或微波状，平均时差值 180～200μs/m。

（2）溶蚀作用。对于碳酸盐岩地层来说，溶蚀作用比风化作用具有更重要的意义。由于地质历史中地壳运动和侵蚀作用使潜水面发生变化，溶蚀的深度很大。根据任丘油田研究，大致可以分为三类溶蚀带。第一类为沿断层溶蚀带，断层角砾岩及两侧破碎带是岩溶作用的良好通道。第二类为水平岩溶带，它与古潜水面一致，可穿越不同层位大致呈水平分布。在任丘油田有三个水平岩溶带。第三类为顺层岩溶带，在泥质层上下易于形成溶蚀带。由于溶蚀孔洞十分发育，碳酸盐岩地层成为最好的基岩储集体之一。

其他岩石也有一定的溶蚀作用。如火山岩碳酸盐化以后，地下水溶解碳酸盐矿物，又如长石水解为高岭土，但这种作用都是在风化壳中进行的。

（3）深层溶解作用。基岩被深埋后，仍有可能发生溶解作用。首先是生油岩成岩过程中可释放出大量原生水，其次是有机质在向烃类转化时会产生大量有机酸和二氧化碳，后者溶解于水就成为盐酸。含有大量有机酸和盐酸的水具有很强的化学活动性。这种原生水沿不整合面或断层面对基岩发生溶解作用，就会引起硅酸盐矿物蚀变，产生次生溶蚀孔隙和微孔隙。

（4）构造作用。构造作用所形成的构造裂缝对各种岩类都具有普遍意义。除碳酸盐岩外，其他各种岩石深部裂缝系统主要是构造作用的结果。

构造裂缝的发育首先受应力场性质控制，各个地区是不一致的，在同一地区构造裂缝的发育也是不均一的。主要沿着基底断裂分布，如东胜堡太古界花岗岩中存在北东向、北西向两组断裂，在断裂带附近的基岩裂缝就比较发育。也是高产井的部位。构造裂缝发育特点也与岩性和时代有关。据对鸭儿峡志留系基岩油藏的研究表明，粗碎屑岩裂缝少，但长度大，细碎屑岩裂缝多，但长度小；由白云质硅质胶结者裂缝少，泥质胶结者裂缝多；单层厚度薄者裂缝密度大，长度短、宽度窄，厚层者反之。

基岩油藏含油不均一性主要由于构造裂缝的不均一性。基岩裂缝的最大深度现在尚难确定。从兴隆台基岩油藏试油结果可以看出，在基岩表面以下 600m 深度，仍然存在具有渗透性的构造裂缝。

（5）基岩中某些原生储集空间，当被裂缝所沟通时，也可起储集作用。如沉积岩和浅变质岩的层理面，火成岩和火山岩在岩浆冷凝收缩时形成的节理面，火山岩中的粒间孔、晶间孔和气孔，砂岩中的粒间孔，碳酸盐岩中的粒间孔和晶间孔。但一般都经过后期改造。有少部分可能保存下来，特别在时代较新基本上未变质的基岩，其作用就更大一些。

总体上说，碳酸盐岩是比较理想的基岩储层，我国已发现的大部分高产基岩油藏都存在于这类地层中。基岩具有良好的储集性能是形成产量比较高和比较稳定的基岩油藏的基本条件。但事实已经证明，其他岩类也可以成为良好的储集层，特别是在混合花岗岩中获得高产，扩大了我们对储层的视野。

2.3 圈闭条件

基岩油藏的圈闭条件已在关于油藏类型一节中做了分析。这里需要着重指出的是基岩油藏圈闭的隐蔽性。目前的地震资料对基岩内部结构往往反映比较差，就更增加了问题的复杂性。

例如苏桥基岩油藏圈闭（图 2）的最重要因素是西降正断层。这也是斜坡带上形成基岩油藏的重要地质基础。这类断层在第三系[1]底部不整合面之上的断距较小，在不整合面以下的断距就比较大，而地震资料对前者反映清晰，对后者反映较差。这是苏桥基岩油藏发现较晚的重要原因之一。

[1] 本文中，按现在标准，第三纪已改为古近纪—新近纪，上第三系为新近系，下第三系为古近系，前第三系为前古近系。

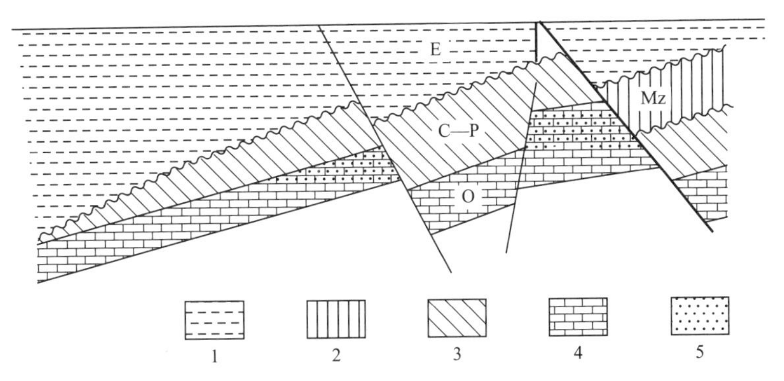

图 2　苏桥基岩油藏剖面图（据华北油田）

1—下第三系；2—中生界；3—石炭系—二叠系；4—奥陶系；5—油气藏

又如曙光基岩油藏（图 3），是在斜坡背景上由非渗透性夹层分隔形成四个呈条带状的基岩油藏。最早发现的是东南侧的一个油藏，实际上位于潜山山坡。当向潜山高部位追踪时，反而没有发现油层。当时基岩内部结构不清，连地层产状也不清楚，所以得不出确切的结论。经过进一步详探和地质综合研究，特别是细致的地层对比，才逐步搞清。并对西北侧两个油藏进行地质预测，取得了较好的勘探效果。

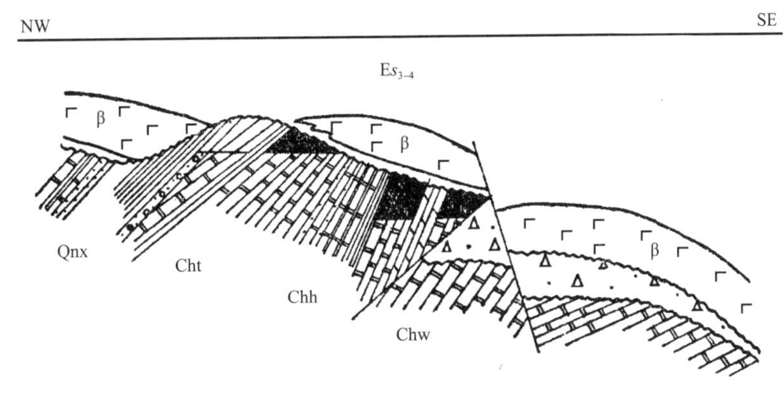

图 3　曙光基岩油藏剖面图（据王明学）

Qnx—青白口系下马岭组；Cht—蓟县系铁岭组；Chh—蓟县系洪水庄组；Chw—蓟县系雾迷山组

3　基岩油藏的区域分布特点

基岩油藏的分布十分普遍，各种类型盆地中均可能存在，但盆地类型对基岩油藏类型和发育程度具有明显的控制作用。

3.1　地台块断盆地基岩油藏发育的有利条件

地台基础上的块断盆地如渤海湾盆地是基岩油藏最发育的地区，其主要有利条件：

（1）厚度很大的地台盖层成为该类盆地基岩组成部分，而地台盖层中碳酸盐岩占较大比例，并经长期风化剥蚀，使基岩具备良好的储集性能。

（2）在盆地盖层沉积过程中发生强烈的块断活动，垂直断距巨大的基底断裂形成规模比较大的块断山，增大了圈闭幅度，并使生油层与基岩广泛接触。在拉张应力场条件下更有利于基岩中裂缝系统的发育。

（3）块断盆地中的生油层厚度比较大，有充足的油源。

在一个盆地内，不同部分的地质结构仍有差异，影响基岩油藏的形成。从区域地质角度分析，渤海湾盆地各部分存在如下差别：

（1）中上元古界在渤海湾盆地范围内厚度变化很大，且存在一个巨大的古隆起，地层厚度自坳陷向古隆起方向逐渐变薄，至古隆起上完全缺失。而中上元古界包含有很厚的碳酸盐岩地层。

（2）古生界和三叠系沉积后，全区受印支运动影响，曾经普遍褶皱隆起，并遭受剥蚀，但剥蚀的强度各处不一。

（3）侏罗系—白垩系为断陷沉积，各地区差别很大。在断陷内沉积厚度很大，在隆起区继续遭受剥蚀。

各地区前第三纪地层的沉积保存条件有很大差异（图4）。

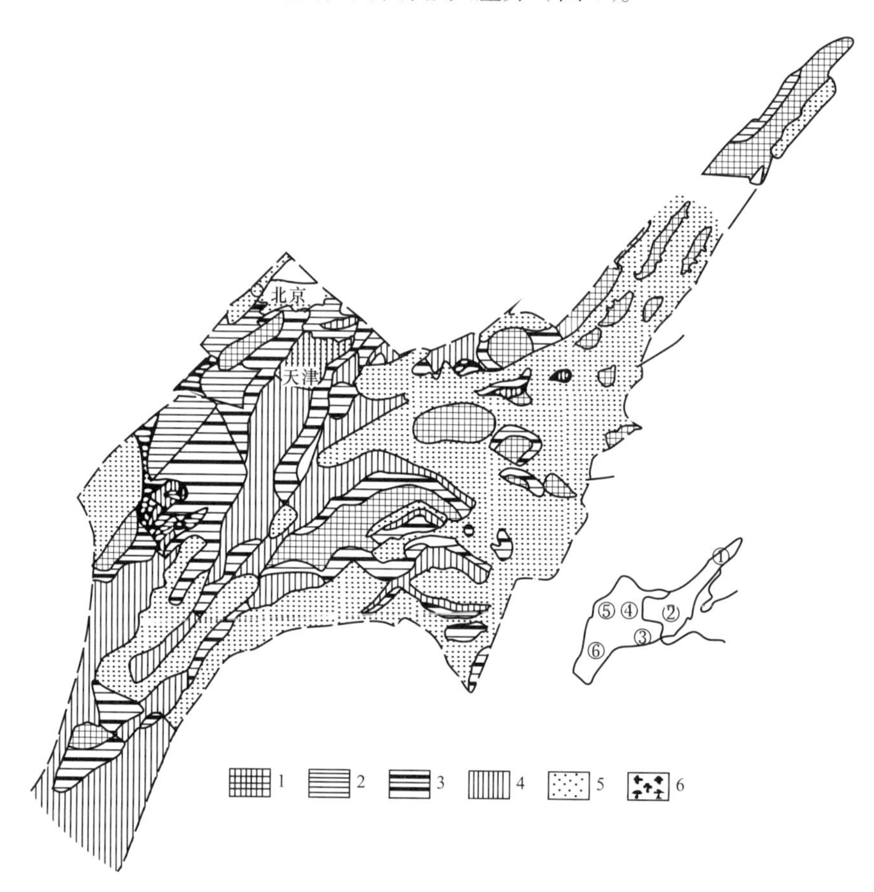

图4　渤海湾盆地前第三系古地质图

1—太古界—下元古界；2—中上元古界；3—下古生界；4—上古生界；5—中生界；6—燕山花岗岩

①—辽河坳陷；②—渤中坳陷；③—济阳坳陷；④—黄骅坳陷；⑤—冀中坳陷；⑥—临清坳陷

（4）下第三系的沉积从西向东，由南北两侧向中间迁移。所以有些地方缺失始新统。而始新统的岩性和生油能力在平画上也有较大变化。

各个地区基岩的时代和岩性、生油层的分布特点，都不相同，从而控制了基岩油藏类型和发育程度。冀中坳陷第三系不整合面之下广泛分布中上元古界和下古生界碳酸盐岩地层，以碳酸盐岩体不整合油藏为主。辽河坳陷在第三系不整合面以下广泛分布太古界变质岩，以变质岩体不整合油藏为主。济阳坳陷比较普遍地存在上古生界甚至中生界地层，主要为碳酸盐岩断块油藏。预测黄骅坳陷和东濮坳陷也主要是这种类型。

3.2 褶皱带基础上的块断盆地

这类盆地与地台基础上的块断盆地的共同特点是存在巨大断距的基岩断裂形成块断山，使之与上覆盆地盖层中的生油岩在侧向上有较大范围接触，油源条件比较优越。它们的主要差别是基岩的性质，中国大多数褶皱带体系由中浅变质的沉积岩和火山岩组成，其储集性能一般来说不如地台型的碳酸盐岩，如二连盆地。

3.3 坳陷型盆地

坳陷型盆地在盆地盖层沉积过程中缺乏大型基底断裂，不发育块断山，生油层与基岩接触状况主要取决于盆地发育前基岩构造和侵蚀地貌的特点。在大多数情况下，坳陷盆地基岩与生油层的接触面积不如块断盆地广泛。

有些盆地经历了早期断陷盆地和后期坳陷盆地两个发育阶段，每个阶段都发育有生油层。如松辽盆地作为主要生油层发育时期而言是坳陷盆地，不很有利于基岩油藏的形成。但它的早期侏罗系沉积阶段是一个断陷盆地，有可能形成以侏罗系生油层为油气源的基岩油藏（图 5）。

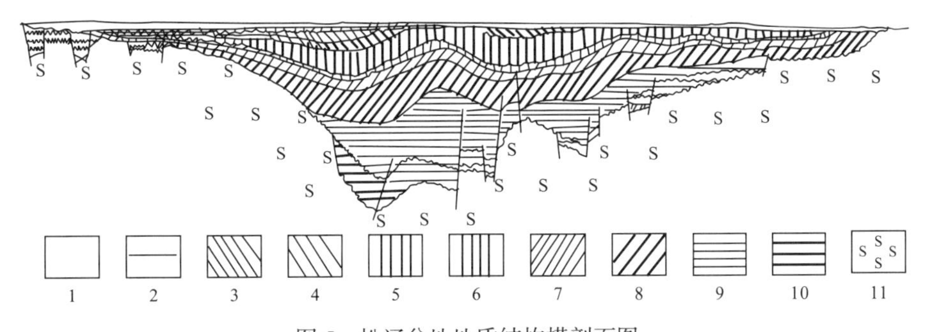

图 5 松辽盆地地质结构横剖面图

1—第四系；2—第三系；3—上白垩统明水组；4—上白垩统四方台组；5—下白垩统嫩江组；6—下白垩统姚家组；7—下白垩统青山口组；8—下白垩统泉头组；9—下白垩统登娄库组；10—侏罗系；11—基岩

3.4 挤压盆地

位于褶皱带前缘的挤压盆地，边缘伴随有逆掩断层，使基岩逆掩在生油层之上，生油层与基岩直接接触。由此而形成的基岩油藏，都分布于盆地边缘。如准噶尔盆地西北缘。

许多挤压盆地都经历了多旋回演化过程，在其早期也有断陷盆地发育阶段。这类盆地内的断块隆起区也可以形成基岩油藏。

对基岩油藏勘探可通过地质演化史的研究，详细分析盆地类型，基底性质，地质结构，搞清基岩储集性能，生油层在地层剖面中的位置，油源条件和可能圈闭因素，从而判断基岩油藏的发育程度、类型和在盆地中的展布方式。

参考文献

[1]潘钟祥.基岩油藏.武汉地院研究生部，1983.

[2]潘钟祥.不整合对于油气运移聚集的重要性[J].石油学报，1983，4(4).

[3]华北石油勘探开发设计研究院.潜山油气藏[M].北京：石油工业出版社，1982.

[4]胡见义，童晓光，等.渤海湾盆地古潜山油藏的区域分布规律[J].石油勘探与开发，1981，8(5).

[5]谢恭俭.酒泉盆地西部鸭儿峡变质岩基岩油藏的形成条件[J].石油学报，1981，2(3).

[6]童晓光.中国东部第三纪箕状断陷斜坡带的石油地质特征[J].石油与天然气地质，1984，5(3).

原载于:《基岩油气藏》，石油工业出版社，1987年。

区域盖层在油气聚集中的作用

童晓光，牛嘉玉

（中国石油天然气总公司石油勘探开发科学研究院）

摘要：盖层是控制油气聚集的重要因素，盖层厚度与烃柱高度呈正比关系。区域性盖层的作用更为重要，它是控制盆地油气富集程度和油气纵向分布的重要条件之一。区域盖层上下的油气性质有重大差异，区域盖层的发育与盆地沉降类型有关，可以通过沉降曲线判断盆地区域盖层的纵向分布。

关键词：区域地质；盖层；油气分布；油气聚集

油源在油气聚集中的控制作用已相当深入人心，在我国有人将其称为源控论。然而，地质学家清楚地知道，油源是形成油气聚集的首要条件，但毕竟只是控制油气聚集的条件之一。油气的聚集是由一系列因素所决定的，其中盖层条件在油气藏形成中也起着重大的作用，尤其是区域盖层的作用更为重要。本文试图从国内外的实例来探讨这种作用。

1 盖层

盖层指位于储层之上，能阻止油气向上运移的不渗透岩层。其毛细管压力必须等于或大于所圈闭的烃柱浮力。因此，盖层的概念是变化的。圈闭中烃类的性质和高度不同，其浮力也就不同，对盖层毛细管压力的要求也就不同。而盖层的毛细管压力与最大连通孔隙喉道半径（R）和润湿接触角（θ）成反比，与烃—水界面张力（σ）成正比，其关系式如下：

$$p_d=2\sigma\cos\theta/R$$

同样的岩性随着深度的增大，压实作用和成岩作用越来越强烈，就使优势孔隙直径变小，毛细管压力增大，盖层的遮挡能力增强。如最常见的盖层—泥岩，也是在埋深增大到一定程度后，才具备遮挡油气逸散的能力。

在同样的环境条件下，盖层的性质主要与岩性有关，其优势顺序由好至差大致如下：岩盐—富含干酪根的页岩—黏土质泥岩—石膏—硬石膏—粉砂质页岩—泥灰岩—碳酸盐岩。

分布最为广泛的盖层是泥岩。需要多大厚度的不渗透层才能够成为盖层，尚无定论。据依诺泽姆采夫对古比雪夫地区下石炭统 σ_z 层油藏的研究，认为盖层为 25m 时比较理想。

据 Hubbert（1953）的计算，一种几英寸厚的具 10^{-4}mm 粒径的黏土页岩，预计具有大约 600lbf/in^2（4.14MPa）毛细管进入压力，足以圈闭 3000in（915m）的油柱。由此看来，盖层对厚度的要求是较低的。问题在于盖层要有一定的分布面积，它必须大于油藏的面积。每一类沉积岩都与某一种岩相带密切相关。如果某一种岩性的岩层很薄，表明其纵向变化十分迅速，处于不稳定状态，也预示着横向上的变化也是很快的。如果由非渗透性岩层相变为渗透性岩层，容易出现泄漏点，而不能起到盖层的作用。

从许多油藏的实际情况看，较薄的泥岩就可以成为盖层。以辽河欢喜岭油田为例，纵向上可有十几个油气藏，泥岩盖层厚度仅几米。但是必须看到，这种薄盖层是不稳定的，只能在小范围内起作用。一般在其顶部存在一个遍布凹陷或盆地大部分地区的、厚度和面积比较大、比较稳定的盖层，这种盖层被称之为区域盖层（图 1）。它对一个盆地或地区的油气聚集起着更加重要的作用，在很大程度上决定着盆地的含油气丰度。而局部盖层只控制了盆地内油气的局部分布格局，其岩性和厚度决定了具体油藏的烃柱高度。并且，随着盖层的厚度增加，其遮挡能力增强，即所封盖的烃柱高度也随之增加。我们统计了单家寺、欢喜岭、曙光三个油田的 34 个油藏，两者具有良好的相关性（图 2）。

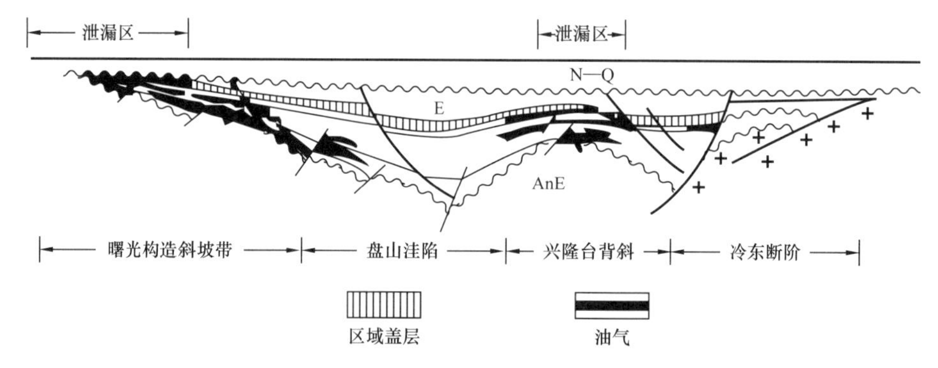

图 1　辽河西部凹陷区域盖层的纵向分布

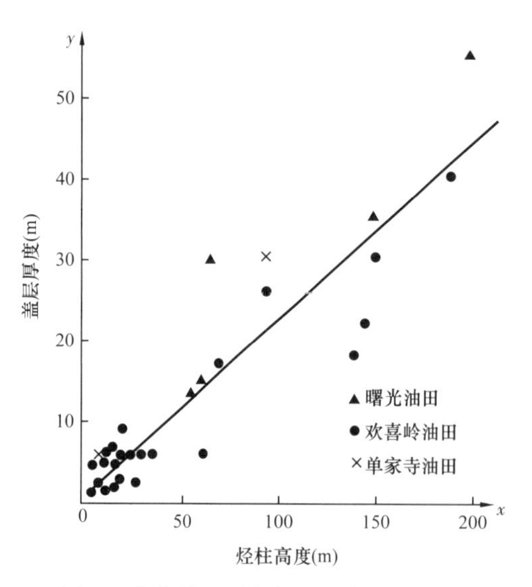

图 2　油藏盖层厚度与烃柱高度关系图

n—样本数（n=34）；r—相关系数（r=0.9206）；y=1.4059+0.2116x

值得提及的是，异常高压岩层也具有遮挡油气的能力。据目前对地下流体压力的研究，异常压力不仅存在于厚层泥岩段内，在一定条件下也可存在于泥岩单层厚度较小的砂、泥岩薄互层系之中。异常压实不仅出现在较深部位，在特殊的地质条件下也可在较浅部位产生。如黄骅坳陷孔西、孔东地区，由于石膏段和钙质砂岩的封闭，使石膏段之下的厚层泥岩在埋深 1700～2000m 的情况下普遍产生了异常压实。

上述具异常压力的岩层皆为遮挡油气的良好盖层。如在黄骅坳陷南区的压力剖面上，高产油层之上均有较高压力层段遮挡，而其本身往往处于压力较低的层段之中。

2 区域盖层对油气聚集的控制作用

一个盆地可以存在一个或几个区域盖层，有时生油层本身就是主要区域盖层。它对油气的控制作用主要表现在三个方面：第一，区域盖层和生油层分布共同控制了纵向油气分布的基本特点；第二，区域盖层的发育特点基本上决定了该地区的油气聚集条件；第三，区域盖层控制了油气性质的差异。

区域盖层上下油气的丰度截然不同，表明区域盖层聚集保存油气的重要作用。在断层不发育的盆地，这一点更为明显。如松辽盆地，最主要的区域盖层为嫩江组（图 3）。因此，油气最集中的部位为嫩江组之下的姚家组，约占全盆地已探明石油储量的 77.7%。第二区域性盖层是同时作为主要生油层的青山口组，其下伏泉头组地层的已探明石油储量约占全盆地的 6.9%。在青山口组本身所夹的储层中石油储量占 15.3%，三者合计为 99.8%。而嫩江组本身的储量约 0.2%，嫩江组以上地层基本上没有发现有工业价值的油气。

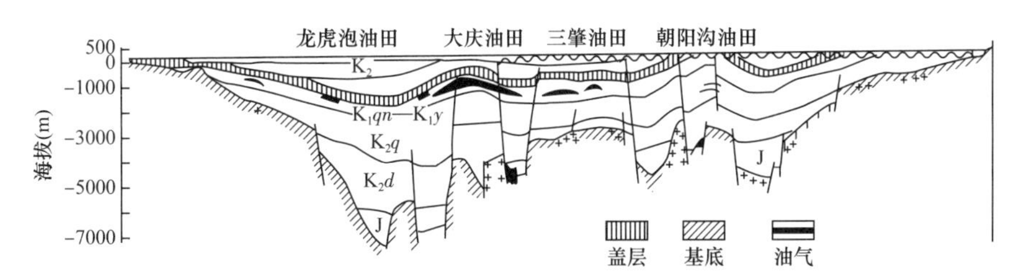

图 3 松辽盆地区域盖层的纵向分布

准噶尔盆地西北缘，最主要的区域性盖层为上三叠统白碱滩组。55.18% 的已探明储量在中—下三叠统，其次在二叠系和石炭系基岩之中。而上二叠统是主要生油层，同时又作为区域盖层，其本身及下伏地层所聚油气占已探明储量的 31.75%。但是准噶尔盆地西北边缘的逆断层比较发育，虽然在侏罗纪以后逐渐停止活动，但仍然具有一定的泄漏作用，沿断层及不整合面穿过区域盖层而进入上覆地层。上覆的侏罗系、白垩系也发育有一定的盖层，但其封堵性质较差。因此，在上三叠统区域盖层之上，在盆地的边缘形成了大规模的重油藏，由于重油的流动能力差，对盖层的要求低，仍然能够得以保存，占已探明储量的 13.08%。

渤海湾盆地全区性的区域性盖层是沙河街组一段。全区性的主力生油层为沙三段和沙四段。局部地区区域盖层有东二段和明化镇组下部。局部生油层为孔二段、沙一段和东营组。

全盆地油气在各层位的分布有以下几个特点：（1）全区性盖层沙一段及以下地层的油气占 79.68%，居主要位置；（2）沙一段之上的油气占 20.32%；（3）其中沙三段本身及其以下地层的储层占 51.00%，说明生油层本身也有重要的盖层作用。

虽然区域盖层起重要作用，但并没有形成绝对的封堵。其原因主要是渤海湾盆地为一张性盆地，发育众多的正断层。而且活动时间长，有些断层延续至上新世，使油气沿断层泄漏运移至上覆圈闭中重新聚集。另一方面在某些地区东营组本身是一个生油层，在东营组中可能形成油气聚集，如辽东湾。再由于斜坡边缘的剥蚀作用，使区域盖层缺失，所以渤海湾这样的断陷盆地，油气纵向分布受盖层发育和断层活动期两者配置关系的控制。如辽河坳陷的多数断层在新第三纪前结束活动，而且明化镇组中的盖层又极不发育，所以在上第三系中很少形成油藏。只有在非常特殊的情况下，在盆地的剥蚀边缘，与下伏下第三系油藏不整合接触，形成次生油藏，且油质很稠，自身的封堵作用使油藏得以保存。

黄骅坳陷和济阳坳陷的北部，断层活动多数都延续到上第三系。而且，明化镇组又具有盖层能力，所以这些地方上第三系的储量占很大的比例，如黄骅坳陷为44.68%，济阳坳陷的沾化—车镇约为64%。

不论何种情况，区域盖层对原油性质的控制作用，仍然是非常明显的。泄漏于区域盖层封闭范围之外的原油均是相对重质的。即重质油皆分布于盆地区域盖层的泄漏区，泄漏程度取决于区域盖层被断层的切割破坏程度和其缺失状况。如在辽河西部凹陷（图4），凹陷中心的盖层泄漏主要依赖断裂，通过断裂进入沙一段地层之上的原油，其相对密度产生了突变。而凹陷斜坡部位，由于高部位区域盖层沙一段地层的缺失，使区域封闭作用完全丧失，储层开启，原油相对密度大幅度提高，并且具一定的渐变性。

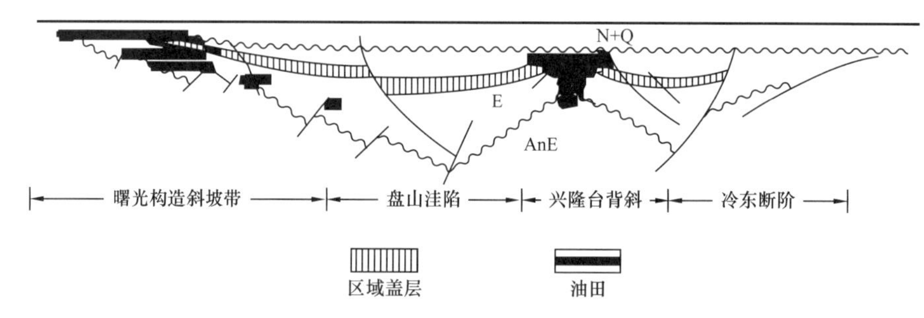

图4　区域盖层对原油性质的控制作用（原油相对密度与盖层缺失的长度成正比）

盆地边缘或盆地内部凸起上的剥蚀、超覆等作用都可以使区域盖层缺失，从而丧失封堵条件，使油气散失和稠变，形成不同层位的稠油带。

泌阳凹陷的区域性盖层是核三段上部，主力生油层是核三段下部，其油气基本上集中在核三段中下部，占89.91%。与渤海湾盆地十分相似，该凹陷在局部地区出现了泄漏和重新聚集现象。一种是沿断层泄漏和重新聚集，但由于后期断层不甚发育，故泄漏量甚少，如下二门油田。另一种是凹陷边缘剥蚀作用造成的泄漏，形成较大规模的稠油带，如泌阳凹陷的西北斜坡。

我国有些陆相盆地盐膏层比较发育，起到了区域性盖层的作用。例如，渤海湾盆地的东濮凹陷发育了三套盐膏层，每套盐膏层之下就是油气集中分布的层位。沙一下是最上面的膏盐层，在其上基本没有发现油气层。有工业价值的油气层仅在沙二段、沙三段和沙四段三个层内出现。从平面上看，北部油气富集，占已发现油储量98.77%，气储量76.66%。除油气源条件外，盖层条件也是其中的因素之一。北部膏盐发育，南部膏盐不发育，靠泥岩封堵就没有膏盐的封堵作用好。另外从横过盆地的东西方向看，其东西边缘已无膏盐层，且有大断层通过，有可能形成浅层气层和稠油带。

江汉盆地也是一个膏盐层作为区域盖层的盆地。它的盖层封堵比较严密，油气层都集中分布在潜二段以下，仅在盆地边缘的大断层可以造成油气泄漏，而形成浅层油气藏。

上述这些盆地都是区域盖层发育比较好的实例。反之，一旦一个盆地缺乏好的区域盖层，就会使油气的聚集丰度有很大的降低。如苏北盆地的主要生油层是阜宁组，生油层的平均厚度达 600m，有机质丰度和转化条件都达到好的生油层标准，应该是一个油气十分丰富的盆地。但勘探结果表明，油气丰度比较低，其重要原因是没有好的区域盖层。在阜宁组之上是三垛组和戴南组，它们是很好的砂砾岩储层。但之上也没有大面积分布的泥岩膏盐盖层，所以在三垛组和戴南组中很难形成大规模的油气聚集。当然阜宁组本身同时可以作为区域性盖层，可惜它内部的储层在大部分地区不太发育，或物性不太好，难以形成大规模的油气聚集。

国外含油气盆地的情况也是如此，如世界单位面积油气丰度最大的洛杉矶盆地，除了有很好的油源条件外，区域盖层非常好也是一个重要原因。中中新世生、储油层系沉积后至上新世前，盆地未曾发生大规模隆起和剥蚀作用。晚上新世至现在发育了很厚的泥质岩层。中更新世强烈的构造运动，除使惠梯尔断块和洛杉矶斜坡靠近盆地边缘一带受到影响，致使地表见有油、气苗外，盆地大部分地区被相当厚的泥岩层所覆盖。这为该盆地的油气富集创造了一个相当有利的条件。

又如称为世界油气之极的波斯湾盆地，具多套碳酸盐岩、碎屑岩和蒸发岩沉积旋回。晚二叠纪—三叠纪、侏罗纪—白垩纪和第三纪含油层系，均有蒸发岩盖层。其中，中—渐新统下法尔斯组石膏和盐岩，厚 1000m，为封闭该盆地的主要区域性盖层。在扎格罗斯山前带，虽经历第三纪末期强烈的褶皱断裂作用，使白垩系油气沿断裂向上运移，但由于下法尔斯组石膏和盐岩区域盖层的封闭遮挡，形成了阿斯玛里石灰岩油气藏。在阿拉伯地台部分，区域性盖层较多，油气聚集于上侏罗统至上白垩统的不同层位，形成了加瓦尔超巨型油田。

3 区域盖层发育与盆地沉降类型的关系

盖层是由一定性质的岩石组合形成，所以盖层的形成与一定的沉积环境有关。陆相盆地最普遍的盖层是较大厚度泥岩为主的岩石组合。大家都知道，陆相盆地中分布比较稳定、面积和厚度较大的泥岩为主的岩石组合，都出现于湖相沉积环境。而主要生油层同样也出现于湖相环境，即沉积于湖盆水体扩大的阶段。相反，陆相盆地的储层以砂岩和砂砾岩为主体，主要出现于三角洲和河流相，其次为浊积相。前者沉积于盆地抬升、缩小的阶段，后者与湖相沉积同时出现。

可见，正常的生储盖组合是与沉积演化阶段密切相关的。利用盆地的沉降演化曲线，结合断裂的发育特征，就能大致确定一个盆地生储盖层在纵向上的发育状况，从而可以评价一个盆地油气的纵向分布特点和它的富集程度。

在陆相盆地中也有以盐膏层作为主要区域盖层的情况，这就是在内陆盐湖盆地的情况。盐湖盆地有相对盐化阶段和相对淡化阶段。在盐化阶段是盖层的发育阶段，淡化阶段

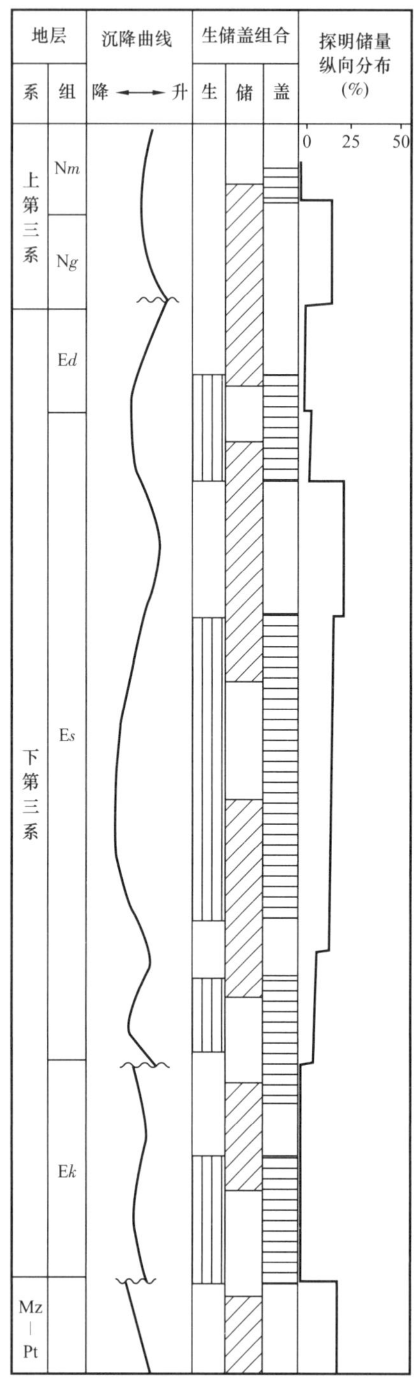

图 5 渤海湾盆地盖层发育及对油气的控制（多旋回活动型）

是生油层和储层发育阶段。做出湖盆水介质演化曲线，也就能大致确定这类盆地的存储盖组合。

很明显，沉积盆地具有两种完全不同的沉降演化特征，即多旋回型和单旋回型。多旋回型中据区域盖层沉积后的构造活动状况，可分为多旋回活动型和多旋回稳定型两类。

（1）多旋回活动型。

此类型以渤海湾盆地为代表，沉降幅度最大的时期是沙三段。向上，各个旋回的沉降幅度逐渐降低，所以油气最富集的层段在沙一段至沙四段之间。由于渐新世末期构造运动的影响，区域盖层遭受断层破坏的程度较为严重，油气在纵向上更为分散，一定数量的油气泄漏至区域盖层沙一段地层之上。从而，该类盆地含油层位多，含油井段长达1000～2000m，甚至更大（图 5）。

（2）多旋回稳定型。

此类型以松辽盆地为代表，其最大沉降期是青山口组，次要沉降期是嫩江组。嫩江组沉积后，盆地经历了一次平缓褶皱运动，形成了嫩江组与四方台组间的不整合，断裂活动较弱，并未使嫩江组地层在盆地边缘完全缺失，厚度很大的嫩一、二段地层仍覆盖于盆地边缘。因此对油气产生了完好封闭，油气主要集中于嫩江组与青山口组之间，其次在青山口组之下（图 6）。该类盆地由于具较佳的区域盖层，使油气聚集量从区域盖层开始向下，由最大逐步降低。但由区域盖层向上，油气聚集量却陡然下降，充分反映了区域盖层对油气聚集的重要控制作用。

（3）单旋回型。

此类型以苏北盆地为代表，最大沉降期是阜宁组，再往上就没有出现明显的沉降阶段。其油气在平面和纵向上都较分散，受局部盖层控制（图 7）。从储量的纵向分布来看，苏北盆地由于在主要储层之上缺乏大面积分布的非渗透层，未造成对油气的截然封盖，使储量分布曲线由最高点向上呈逐步递减状，明显地反映了局部盖层在较大面积范围内封盖油气的难度。但值得注意的是，有些单旋回型盆地，如泌阳凹陷，在沉降阶段仍发育了较厚的储层，本身构成了一个完整的生储盖组合，形成了较大规模的油气聚集。当单旋回盆地的底部或基岩中存在良好的储集层时，则也可能形成较大规模的油气聚集。

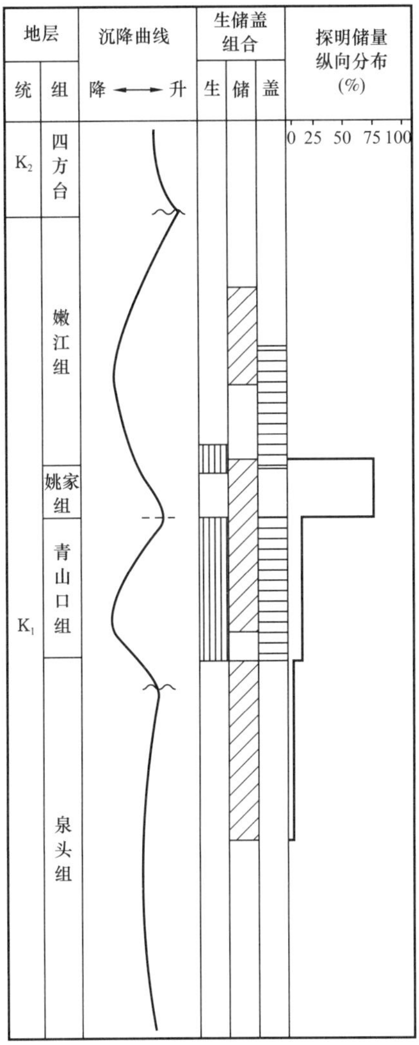

图 6　松辽盆地盖层发育和对油气的控制
（多旋回稳定型）

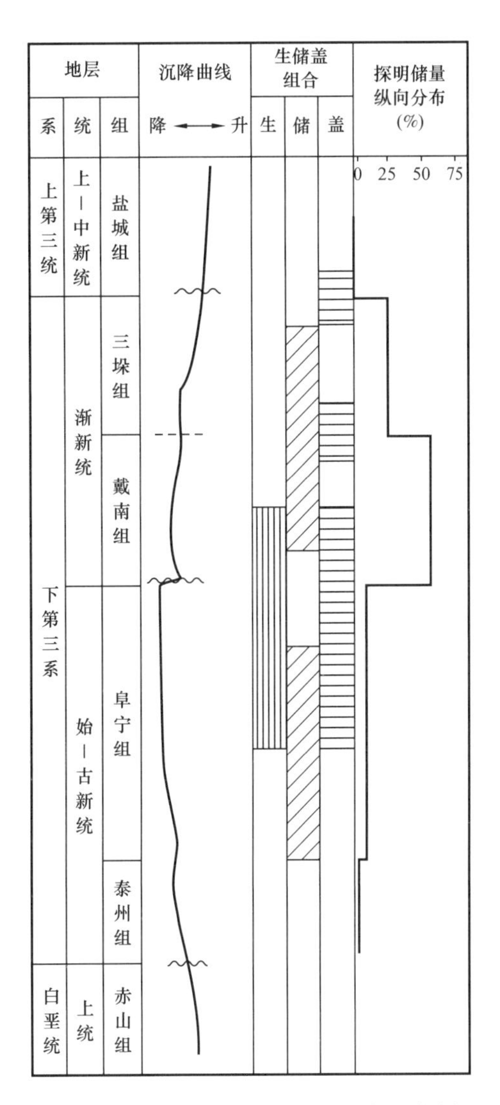

图 7　苏北盆地盖层发育和对油气的控制
（单旋回型）

4　结论

盖层厚度与油气藏高度呈正比关系；区域盖层在油气聚集和分布中起着重要作用；盆地的沉降演化特征控制了区域盖层的发育状况，从而也在一定程度上决定了油气的富集和分布特点，断裂不发育的稳定型盆地这个特点就更为突出。由于区域盖层对原油性质的控制作用，使重油只能分布于区域盖层的泄漏区。在对任何一个盆地进行早期资源评价时，做出盆地沉降演化曲线，分析区域盖层的分布状况和区域盖层断裂发育情况，有助于提高资源评价的精度和确定主力含油气层系。

参考文献

[1] M.W. Downey. 烃类聚集的封堵条件评价 [J]. 油气勘探译丛，1985（6）：13-22.

[2] 赵达忠. 第二次全国石油地质情报调研会议论文集 [C]，1985：270-282.

[3] P.H. Gardett，Petroleum Potential of Los Angeles Basin，California. AAPG. 1971，Memoir 15，Vol. 2，P. 298-308.

[4] F.A. Sharife，Permian and Triassic Geological History and Tectonic of the Middle East. Jour. of Petrol.，1983，6.1，P. 95-102.

原载于:《石油勘探与开发》，1989 年第 4 期。

老油区石油储量增长趋势预测及应用

童晓光，黎丙建

（中国石油天然气总公司石油勘探开发科学研究院）

摘要：本文选用龚帕兹（Gompertz）模型对我国成熟油区石油储量增长趋势及最终可探明储量进行了定量预测。编制了相应的软件，经实际资料验证预测效果良好。文中对参数求法、模型检验和预测结果应用进行了讨论。本文是以油区历年实际探明储量资料为直接依据、结合地质分析并运用数学模型进行老油区可探明资源量预测的一次有益尝试。

关键词：储量；数学模型；预测；老油气区；实例

长期以来，我们的油气勘探规划基本上是建立在粗略定性预测的基础之上，还没有进行过系统的定量预测。老油区储量的增长趋势对我国石油工业的发展具有举足轻重的影响。因此如果能把老油区的储量增长趋势预测得比较准确，对预测全国各油田储量增长趋势就有了比较可靠的基础。

老油区勘探时间长，投入的工作量比较大，积累的信息多，构成了一个比较稳定的系统，因而预测具充分的条件。

本文对老油区储量增长进行了系统的定量预测研究，以期为石油工业“八五”规划的制定提供理论依据。

1 预测方法及软件设计

1.1 预测方法

（1）模型选择。

对一个油区，一般储量增长具有这样的规律：油区勘探初期增长较慢，中期较快，后期又趋缓慢。储量的增长具有极限，该极限值就是油区拥有的资源量或小于该资源量。本文选择了龚帕兹（Gompertz）模型，数学表达式为：

$$Q=\exp(k+ab^{t}) \tag{1}$$

式中 t——时间变量，a；

Q——因变量，本次预测中代表累计储量值，10^8t；

k、a 和 b——模型参数。

模型具极限，即当 $t\to+\infty$ 时，$Q_{max}=e^{k}$ 为极限值，本次预测中即为最终可探明储量。

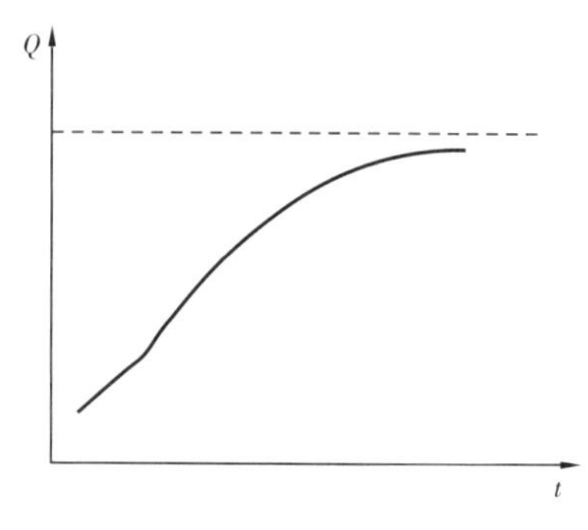

图 1 Compertz 模型曲线特征图

模型的曲线特征（图 1）能够较好地描述油区储量增长的变化规律。

（2）对原始数据的预处理。

预测模型是对预测对象内在发展规律的模拟，为了进行模拟计算，需要有能够反映预测对象正常发展规律的数据。因此在预测前，必须对原始数据进行必要的分析，对那些由于偶然因素造成的、不能说明实际问题的数据进行适当的预处理，有助于提高模型模拟的准确性。

预测采用的基础数据是历年累计储量，我们在对各油区历年累计储量数据进行分析时，发现少数油区个别年份出现与邻近年平均增长速度很不相称的高值或低值，如有的是没有及时申报储量而是累积几年才合并申报，或是由于储量计算标准的变化而对过去储量进行复查，使累计储量突然增减。在这种情况下我们采用了还原法对个别离群数据进行了适当的预处理，使原始数据尽可能接近油区储量增长的实际情况，从而有利于找到符合实际情况的储量增长规律。

（3）模型参数的估计。

本次预测主要采用了三段估计法来估算模型参数 k、a、b 值。具体做法如下：

对模型（1）取对数得：

$$\ln Q_t=k+ab^t$$

式中 Q_t——第 t 年累计探明储量，10^8t。

假设已知一时间序列 Q_1，Q_2，…，Q_t，如果该序列符合龚帕兹曲线的分布形式，则应有：

$$Q_1=k+ab^1$$

$$Q_2=k+ab^2$$

$$\vdots$$

$$Q_t=k+ab^t$$

将 t 个数据平均分为三段（如果 t 不能被 3 整除，可以通过增减个别数据使其恰为 3 的倍数），每段含 n 个数，即 $n=t/3$。对各段求和得：

$$\sum{}_1 Q_t=\sum_{t=1}^{n} Q_t=nk+ab\left(b^0+b^1+\cdots+b^{n-1}\right)$$

$$\sum{}_2 Q_t=\sum_{t=n+1}^{2n} Q_t=nk+ab^{n+1}\left(b^0+b^1+\cdots+b^{n-1}\right)$$

$$\sum{}_3 Q_t=\sum_{t=2n+1}^{3n} Q_t=nk+ab^{2n+1}\left(b^0+b^1+\cdots+b^{n-1}\right)$$

推导整理可得龚帕兹曲线的参数计算公式：

$$a=\frac{b-1}{\left(b^{n}-1\right)^{2}b}\left(\sum_{2}\ln Q_{t}-\sum_{1}\ln Q_{t}\right) \tag{2}$$

$$b=\sqrt[n]{\frac{\sum_{3}\ln Q_{t}-\sum_{2}\ln Q_{t}}{\sum_{2}\ln Q_{t}-\sum_{1}\ln Q_{t}}} \tag{3}$$

$$k=\frac{1}{n}\left[\frac{\left(\sum_{1}\ln Q_{t}\right)\left(\sum_{3}\ln Q_{t}\right)-\left(\sum_{2}\ln Q_{t}\right)^{2}}{\sum_{1}\ln Q_{t}+\sum_{3}\ln Q_{t}-2\sum_{2}\ln Q_{t}}\right] \tag{4}$$

1.2 软件设计与功能

软件设计思路如图 2 所示。

本软件的主要功能是预测计算老油区最终可探明储量及储量增长趋势。数据输入采取键盘输入与文件输入相结合的方式，输出结果包括预测报表、预测曲线、预测方程等，既可在屏幕上显示，也可在打印机上输出，同时还可与绘图软件连接在绘图仪上绘制出预测曲线。预测是在 IBM-PC 机上通过 FORTRAN 语言实现的。

2 拟合误差

了解拟合误差的方法有很多，这里我们通过均方差 S 和平均百分比误差 D 来描述拟合误差，其计算公式分别如下：

$$S=\sqrt{\frac{1}{T}\sum_{t=1}^{T}\left(Q_{t}-Q_{rt}\right)^{2}} \tag{5}$$

$$D=\frac{1}{T}\sum\left|\frac{Q_{t}-Q_{rt}}{Q_{t}}\right|\times100\% \tag{6}$$

式中 T——原始数据个数；

Q_t——第 t 年累计储量实际值，10^8t；

Q_{rt}——第 t 年累计储量预测值，10^8t。

均方差 S 反映了拟合的绝对误差，而 D 则反映了拟合的相对误差。对 13 个老油区计算结果表明：各油区的相对误差均在 10% 以内，平均为 3.92%，对中长期储量预测来说精度是较高的。

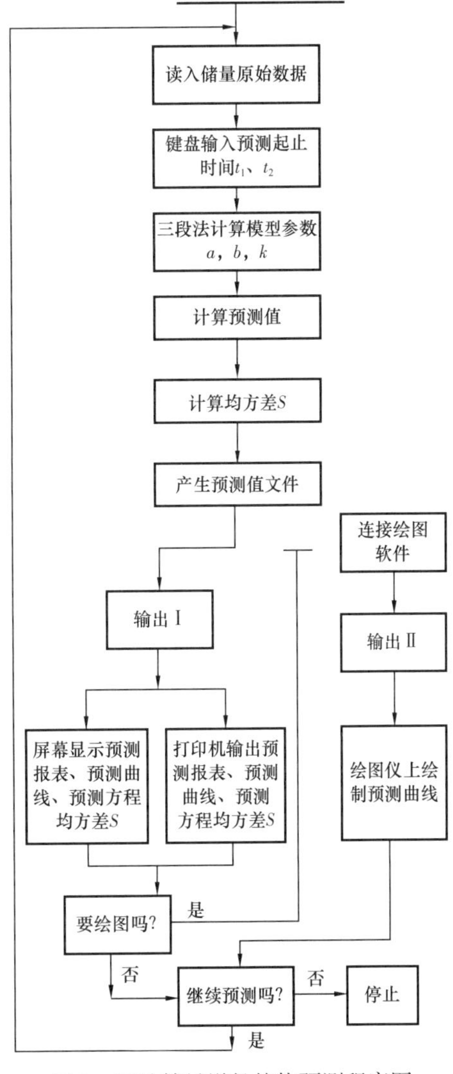

图 2 石油储量增长趋势预测程序图

3　模型检验

本文预测所采用的龚帕兹模型是否适当，是否普遍适应于各油区，还必须进行诊断检验。据定义，残差 $e_t=Q_t-Q_{rt}$ 就应该纯粹由随机干扰所产生，因此为了检验模型的拟合优度，研究残差的自相关函数就是最直观、最合理的方法。也就是说，如果模型选择合适，残差 e_t 的自相关函数就不应该存在任何可识别的结构，对所有大于 1 的延迟，残差的样本自相关函数应与零没有什么显著的不同。残差 e_t 的样本自相关函数为：

$$\hat{P}_R\left(e_t\right)=\frac{\sum_{t=1}^{n-k} e_t e_{t+k}}{\sum_{t=1}^{n} e_t^2} \tag{7}$$

构造统计量 U

$$U=n\sum_{k=1}^{m}\hat{P}_R^2\left(e_r\right) \tag{8}$$

可以证明，U 近似服从自由度为（$m-p-q$）的 X^2 分布（m 是适当选取的整数）。故可利用 X^2 分布对时间序列模型进行诊断检验。其步骤是：首先计算模型残差 e_t 的样本自相关函数 $\hat{P}_R$，然后用前 m 个 $\hat{P}_R$ 按上式计算 U 值，再用 X^2 检验诊断模型的适应性。检验时，再据 X^2 分布表查得临界值：

$$X_a^2\left(m-p-q\right)$$

若

$$U\leqslant X_a^2\left(m-p-q\right)$$

则认为模型是合适的。

若

$$U>X_a^2\left(m-p-q\right)$$

则认为模型同实际序列拟合不好，需对模型的残差做进一步识别，或重新构造模型。

4　实例分析

以某两油区 A、B 为例进行预测计算，预测结果如图 3、图 4 所示。

油区 A 的预测模型为：

$$Q=\exp\left(3.11802-3.3132\times 0.9077^t\right)$$

因为 $e^{3.11802}=22.6107$，$e^{-3.3132}=0.0364$，所以上述模型又可写成：

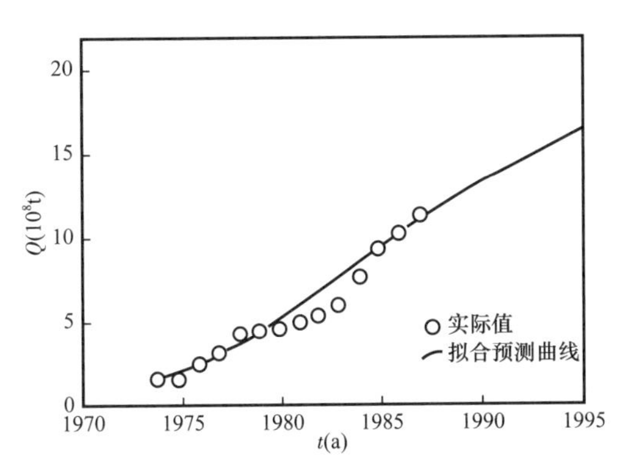

图 3　A 油区石油储量增长趋势预测曲线图

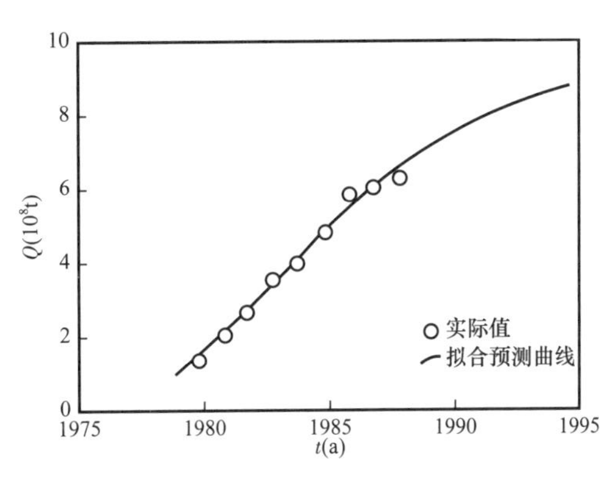

图 4　B 油区石油储量增长趋势预测曲线图

$$Q=22.6107\times0.0364^{0.9077^{t}}$$

式中　$t=t'-1972$；

t'——预测年，公元年份。

油区 B 的预测模型为：

$$Q=\exp\left(2.2996-2.8084\times0.8128^{t}\right)$$

同上模型 B 又可写成：

$$Q=9.9701\times0.0603^{0.8182^{t}}$$

式中　$t=t'-1978$。

对油区 A、B 分别进行模型检验，计算结果见表 1。

表 1

油区	m 值	U 值
A	15	18.3372
B	8	4.6032

取显著水平 $\alpha=0.05$，据 X^2 分布表查得 $X^2_{0.05}(14)=23.6850$；$X^2_{0.05}(7)=14.067$。可见 $U_A<X^2_{0.05}(14)$，$U_B<X^2_{0.05}(7)$，模型满足条件，完全可以被接受。

5　问题讨论

5.1　对模型参数 *k*、*a*、*b* 求法的讨论

本文采用的三段法估算参数是一种近似的估算方法，但采用最小二乘法，求得较精确的参数，纯数学计算又非常困难，对有极值曲线的最小二乘法是非线性最小二乘法，这种办法的估算程序很烦琐。斯托纳（Stoner）曾建议以最小二乘法为基础通过迭代对有极值的曲线的参数估算值进行精化，我们试用这种方法估算龚帕兹曲线参数时，首先建立如下

标准方程组：

$$\sum \ln Q_t = n\ln k + \ln a \sum b^t \tag{9}$$

$$\sum b^t \ln Q_t = \ln k \sum b^t + \ln a \sum b^{2t} \tag{10}$$

$$\sum t b^t \ln Q_t = \ln k \sum t b^t + \ln a \sum t b^{2t} \tag{11}$$

把参数 b 作为未知数解方程组，并整理得：

$$\frac{(b-1)(b^n-1)\sum t b^t \ln Q_t - \left[(n-1)b^{n+1} - nb^n + b\right]\sum b^t \ln Q_t}{n(b-1)\sum b^t \ln Q_t - (b^n-1)\sum \ln Q_t} = \frac{b(b^{2n}-1) - nb^n(b^2-1)}{n(b^2-1)(b^n+1) - (b+1)^2(b^n-1)} \tag{12}$$

式（12）即可用来精化由近似方法求得的参数 b 值。在式（12）的两边代入由三段法估算得到的 b 值，如果这一估计值与最小二乘法估算值相等，则式（12）左右两边恒等。如果左右两边不等，则改变 b 值。这时当左边大于右边则减少 b 值；相反如左边小于右边则增加 b 值。每次迭代 b 值的改变量取决于 b 值要达到的精度，精化估算的迭代过程一直到两边恒等为止。恒等后则可认为对参数 b 的估算已达到满意的精度。然后在式（9）、式（10）的基础上可估算 a 和 k。可以肯定，得到的估算值有某些偏差，因为标准方程不是根据原始数据而是根据对数数据建立的。

试用此法对 A、B 两油区进行了参数精化。其结果见表 2。

表 2

油区	估算方法	k'	a'	b'	均方差
A 油区	三段法	22.6017	0.0364	0.9077	0.6239
	最小二乘法	86.1718	0.0115	0.9486	0.5321
B 油区	三段法	9.9701	0.0603	0.8128	0.2096
	最小二乘法	8.5227	0.0634	0.7842	0.1884

注：$k'=e^k$；$a'=e^a$；$b'=b$。

结果表明：第一，从 A 油区的计算来看，虽然最小二乘法较三段法得到了较小的均方差，即较高的预测精度，但 k' 值差异较大。从 A 油区的地质情况来看，最终可探明地质储量 86.171×10^8t 是不切实际的，而通过三段法估计得到的 22.6017×10^8t 最终可探明储量则与实际情况比较接近。事实上两种方法所得到的均方差是同级的，差别也很小；第二，从 B 油区的计算结果看，通过两种方法求取的参数却很接近，均方差差别也很小。这是由于 B 油区的原始数据的变化更接近龚帕兹曲线。可见最小二乘法在某种程度上受原始数据的影响。

综上所述，可以认为：对于预测精度要求不很高的中长期储量预测，采用三段法求取参数能达到满意的精度。本次对 13 个老油区预测结果也表明：预测结果与实际情况是较接近的。

5.2 对影响预测结果的分析

如果油区的规模大、地质结构较均一，勘探历史长又是持续稳定地开展工作，则预测结果较为可靠。

龚帕兹模型是一个单因素预测模型，其适应范围是有条件的。在勘探系统正常稳定运转时，其预测结果是可靠的，一旦勘探系统中的某些因素突变，如停止勘探、组织会战等，都可能使预测结果出现较大误差。

6 预测结果的应用

对储量增长趋势的预测结果，有重要的应用价值，可以分析与储量增长有关的多种问题。现就如下三方面的应用进行讨论。

6.1 预测最终可探明储量与资源量的关系

龚帕兹模型中的 e^k 值就是预测最终可探明储量。把 13 个老油区作为一个系统所预测的最终可探明储量与 13 个老油区分别预测的最终可探明储量之和相比，两者数值十分接近，相对误差仅 0.3%，说明 e^k 值较稳定，是一个较为可靠的数据。

北京石油勘探开发科学研究院 1987 年曾评价全国油气资源，其中将 13 个老油区石油资源量 50% 概率值与本文预测最终可探明储量加以比较，其比值为 70%（预测最终可探明储量 / 资源量 ×100%），各油区的比值不完全相同，其范围在 52.3%～86.9% 之间。

众所周知，目前的资源评价方法主要是以生油量为基础乘以排聚系数，但排聚系数很难求取，其中聚集系数更是如此。系数的微小变化就能产生资源量的很大变化，同时资源量的估算采用概率值，概率值的变化也可能产生资源量的很大变化。上述条件限制了资源量的精度。另一方面，资源量的估算不涉及资源丰度（单位面积资源量），但资源丰度却对最终可探明储量有极大影响，资源丰度越大，最终可探明储量与资源量的比值就越大，也就是说，资源不可能被全部探明，而可探明的程度随资源丰度变化。

由此可见，本文预测的最终可探明储量实际上也是一种资源评价方法，更确切地说是估算可探明的资源量，它似乎比一般的资源量具有更现实的意义。

6.2 应用储量增长趋势制定规划和研究规划的可行性

储量增长趋势预测的目的就是为制定规划和决策服务。可以将预测值与已经制定的规划值相比较，研究规划方案实现的可能性。在制定新的规划时更可以参考预测结果。

从预测结果中还可以发现油区之间的差别，有的资源潜力大，有的潜力小，为投资重点区指明了方向。

6.3 根据预测的储量增长趋势推测产量的变化趋势

储量是产量的基础，当然同样的储量可以根据不同的开采政策，采用不同的储采比，就会有不同的产量。因此同一储量增长趋势可以推导出许多产量变化曲线。根据我国的政策和实际状况，以及参照国外的经验，储采比只能在不大的范围内变化，从而限定了产量变化曲线的范围。由此可以推算出老油区高峰产量年份和产量值的区间。以上数据对制定石油规划及能源工业的政策都有较重要的意义。

参 考 文 献

[1] 翁文波 . 预测论基础［M］. 北京：石油工业出版社，1984.
[2] 陈玉祥，张汉亚 . 预测技术与应用［M］. 北京：机械工业出版社，1985.
[3] 王勇领 . 预测计算方法［M］. 北京：科学出版社，1986.
[4] 冯之浚，何钟秀，等 . 软科学新论［M］. 杭州：浙江教育出版社，1987.
[5] 韦恩 I. 鲍彻 . 预测学和未来学研究［M］. 上海：上海科技文献出版社，1977.
[6] 孙明玺 . 经济技术预测和评价［M］. 北京：中国展望出版社，1984.
[7] S.M. Cargil，D.H. Root and E.H. Baily，Resource Estimation from Historical Data：Mercury，A Test Case，Mathematical Geology，1980，Vol.12，P.489-522.

原载于:《石油勘探与开发》，1991 年第 6 期。

油气勘探评价系统

童晓光

（中国石油天然气勘探开发公司）

勘探对象的评价与预测是油气勘探的基础，1961 年美国人怀特提出油气背斜理论，是用石油地质理论指导油气勘探的开始，到了 1917 年美国地质家协会成立，才真正确立了石油地质学的科学地位。经过一个多世纪的发展，石油地质学已经成为比较系统和完整的学科。以石油地质理论为基础，来评价勘探对象，已经成为石油界普遍采用的方法。建立科学的评价系统和评价内容，有利于更好地指导油气勘探。笔者根据国内勘探、对外合作勘探和跨国勘探实践的体会整理写成的“油气勘探评价系统”，希望能引起石油地质界同仁们的关注和进一步探讨。

1　建立油气勘探评价系统的意义和目的

1.1　世界上油气分布在空间和时间上都极不均匀

据 Klemme 和 Ulmishek（1991）的统计，可将全球划分为四个大区，分别计算出含油气域面积占总面积的百分比和储量百分比，其中特提斯为 17% 和 68%，太平洋为 17% 和 5%，北方大陆为 28% 和 23%，冈瓦纳大陆为 38% 和 4%。

如果以盆地为单位，也存在着极不均匀的油气分布，甘克文统计了全球 517 个沉积盆地，含大型油气田的为 73 个，只含中小型油气田的为 138 个，仅见油气流的 47 个，至今未见有意义发现的 259 个。

如果以油气田为单位，同样存在这种不均匀性，据 Halbouty（1970）统计，全世界烃类储量的 80% 集中在大油气田中。

油气在地层中的分布也有十分明显的差异，主要分布于侏罗系以上的地层，但不同地区，比例也不相同，也有以古生界为主的盆地。Halbouty 在 1970 年对世界大油田按地层单位数量百分比统计（苏联和中东包括在亚洲），见表 1。

表 1　世界大油气田占地层层位百分比　（单位：%）

层位	亚洲	欧洲	非洲	北美洲	南美洲	大洋洲
第三系	30	100	57	37	63	100
白垩系	40	0	22	9	30	

续表

层位	亚洲	欧洲	非洲	北美洲	南美洲	大洋洲
侏罗系	18	0	0	17	3	
三叠系	2	0	0	2	0	
古生界	10	0	21	35	4	

20世纪70年代以后各地都有新的大油田发现，但总的比例关系还是有一定的参考价值。

1.2 油气的分布是有规律的

油气聚集的最小单元是油气藏，油气藏的空间分布往往不是孤立的，而是成群和成层分布，同时油气藏的形成又受更高级次的地质单元所控制。

在一个大油气区中，可能有一个或几个盆地的油气最富集，不同盆地的主要含油气层系也不相同，同时油气总是富集在一个或几个空间，含油气最丰富的盆地也不是全盆地和盆地所有层系都含油气，油气勘探就是通过对不同级次地质单元的逐级评价掌握油气分布的规律，找出油气富集区和油气田。

1.3 油气勘探的目的是追求最大利润

以盈利为目的的油气勘探，始终追求以最小的投入获取最大的利润。而油气勘探又是一项风险事业，对地下地质的了解是一个逐渐的过程。针对油气分布的不均匀性和规律性的特点，有条件通过对不同级次的地质单元，逐步投入工作量，不断进行评价，不断排除无远景和远景较小的地区和层系，集中勘探远景较大的地区和层系。因此合理划分勘探对象的级次，建立评价系统，成为中外勘探地质家共同遵循的原则。但在具体的级次划分方法方面，可能存在某些差异，而且随着石油地质理论的发展和勘探技术的进步也随之发生变化。

2 中国传统的油气勘探评价系统及其发展

中国传统的油气勘探对象级次划分以地质构造单元为基础，或者说以构造为主线，基本理论依据是构造控制沉积，构造也控制地壳变形。这种状况的出现，可能与地质学在中国的发展过程相关。总体上看，中国现代石油地质学的繁荣是在20世纪60年代出现的，在此之前石油地质家屈指可数，往往由一些主要从事区域地质研究和其他矿床研究的地质家，有时涉及中国的石油地质问题。尤其是一些对中国地质有深入研究学者，最著名的有李四光教授和黄汲清教授，他们在地质理论上的贡献更侧重于大地构造。当他们研究中国石油地质问题时，很自然地用大地构造的观点和方法，对油气勘探，尤其是普查阶段做出了极为有意义的贡献。他们对普查区预测的正确度是很高的，如李四光的新华夏系3个沉降带的找油方向。黄汲清以多旋回槽台说为基础的预测，早在1957年3月指出了可能含油，经济价值可能很大的地区，包括准噶尔盆地、吐鲁番盆地、塔里木盆地、柴达木盆地、鄂尔多斯盆池、四川盆地、华北平原、江苏平原、松辽平原、云梦盆地等，都是后来被证实是油气富集的盆地。

随着油气勘探的深入展开，勘探对象的评价愈益深入，中国传统的油气勘探评价系统也逐渐完善，大致可以分为五个级次。

2.1 大地构造区—含油气区

中国传统的大地构造区主要有两种分类，一种是以地质力学分类即李四光的构造体系，尤其著名的是新华系3大沉降带，而更多的是用槽台说进行分类。20世纪80年代以来也结合板块学说分类，如张恺、王尚文等将中国分为东部、中部、西部3大含油气区。他们认为：东部含油气大区，由于太平洋板块向西俯冲和中国大陆的仰冲，地壳减薄，地慢上隆，热力作用明显，张性构造发育，基性岩浆活动频繁，形成一系列北北东向或北东向岩浆弧为主的扩张隆起带和扩张沉降带。西部含油气大区，由于印度板块向北推挤，印巴次大陆与中国大陆碰撞，挤压聚敛作用明显，造成地壳增厚，形成一系列北西西向挤压隆起带和挤压沉降带。中部含油气大区介于两者之间，印度板块向北推挤，使中部西缘形成近南北向的挤压断褶带和沉降带。这种分类较好地反映了中生代以来的中国构造格架，但未反映古生界的面貌。武守诚认为，含油气区的划分不仅要考虑地质特点还要考虑资源和经济条件，将中国分为东北、华北、江淮、南方、西北、青藏和海域。

以地质成因为基础的大构造区的评价，对于宏观指导油气的普查和勘探是有意义的。

2.2 沉积盆地—含油气盆地

沉积盆地在油气评价系统中的地位，早已被中国地质家所重视，普遍接受法国地质家Perrodon的一句话“没有盆地就没有石油”，当然这是对盆地广义上的理解，包括原始沉积盆地变为褶皱断裂带的部分。

朱夏教授虽然也承认大地构造区的作用，如把四川盆地和鄂尔多斯盆地作为一个含油气区，但更重视盆地，他认为“作为含油气地域区划的基本单元应该是含油气盆地”。事实上，在中国普遍将盆地作为评价和勘探的基本单元。

中国地质家在盆地研究和评价中十分重视构造成因分类和动力学机制，试图建立盆地类型与油气聚集的关系，提出了众多的盆地分类方案。随着盆地研究的深入，盆地石油地质各方面研究也在加深，朱夏教授将其总结为3T、4S、4M，所谓3T就是盆地的形成时代，盆地在板块中所处的位置和热体制。这3个因素产生了4个作用，即沉降、沉积、应力、风格。4个作用又控制了油气藏形成的基本条件，即地层、成熟性、运移和保持，从研究内容和思路仍然可以看出以大地构造为主线的理论体系。此外中国地质家在盆地研究中十分重视以地化研究为基础的资源量计算和盆地的构造发育史，沉积史和成烃史的研究。目前国外地质家所强调的含油气系统的研究内容，往往也包含在中国地质家的盆地研究中。

2.3 坳陷和隆起，凹陷和凸起

盆地内的沉降和沉积作用是不均衡的，有相对沉降幅度大、沉积厚度大，及相对沉降幅度小，沉积厚度薄的地区，构成了盆地内次级构造单元，称为坳陷和隆起。一些结构复杂的盆地，在坳陷之下又可划分为凹陷和凸起。如渤海湾盆地分为若干坳陷和隆起，每个坳陷又分出若干凹陷和凸起，如辽河坳陷是渤海湾盆地内的一个坳陷，它又进一步分为西部凹陷、东部凹陷、大民屯凹陷和中央凸起，成为油气评价中的次一级单元。

勘探实践表明，渤海湾盆地的凹陷及其相邻地区是一个油气生成、运移聚集的单元，事实上中国地质家已经把坳陷与凹陷作为油气评价中的重要级次，例如中国石油地质志对渤海湾盆地就是按坳陷进行评述，其评价方法与盆地评价方法完全一致。但在公开发表的文献很少提及这两个评价级次。很显然，中国东部裂谷盆地如果不首先进行坳陷和凹陷的评价是难以进一步做出层系和区带的评价。

2.4 二级构造带、区带、油气聚集带

二级构造带的概念是从苏联引进的。根据冯石的定义“二级构造带是位于一定的区域构造部位上，由同一种构造运动形成的若干形态相似的三级构造组成的共同构造。二级构造带不仅控制着三级构造的形态，规模、分布、发展史和力学机制，而且还控制着岩性剖面及生储盖组合，因此二级构造带直接控制着油气圈闭条件，从而形成了一群有共性的油气藏。”

事实上很难找到上述定义的二级构造带，但作为正向单元的构造带是客观存在的，而且对油气的聚集具有一定的作用。构造带的划分方法，要与盆地的具体地质特点相结合。如对于箕状断陷，可以划分为缓坡带、中央凹陷带（和中央隆起带）、陡坡带。每个带都有断裂构造带的特征，而中央隆起带又具有不同的成因类型。在正向构造带和斜坡带中可以由不同层系不同类型的含油气圈闭（油气藏）叠合连片，所以又称为复式油气聚集带。除了构造型的油气聚带外，还存在地层、岩性等非构造型油气聚集带，区带作为油气评价的一个级次，被大部分中国地质家所承认和重视。

2.5 圈闭

圈闭是油气聚集的最小单元，从圈闭的意义看，圈闭由一个具体储盖组合内由四周封闭的地质体组成。如一个被断层切割的背斜，如果断层具有封闭作用，则每个断块中的每个储盖组合可能就是一个圈闭。但在实际工作中往往将整个构造中的各个断块及所包含的各个储盖组合作为一个整体评价，这时的所谓圈闭就成为成因基本一致的圈闭组合。

随着中西方石油地质理论不断交流，西方的油气评价系统的概念也进入了中国，结合中国勘探实践经验的总结，产生了许多油气勘探评价系统。其中比较系统的有武守诚在 1994 年提出的含油气大区、盆地、区带、圈闭四级评价；1996 年丁贵明等提出的盆地、圈闭、油藏三级评价；1997 年胡见义提出的含油气地质单元序列，包括五个级次，即含油气构造沉积体系、含油气盆地、含油气系统、含油气聚集区带、油气藏。

3　西方流行的油气勘探评价系统

20 世纪 80 年代以来西方各大石油公司和学术界逐渐建立起基本上统一的油气勘探评价系统。L B. magoon 和 W.G. Dow 提出的四个互不相同勘探阶段，为沉积盆地、含油气系统、成藏组合、远景圈闭，其关系如图 1 所示。

埃克森公司提出的评价系统如下：

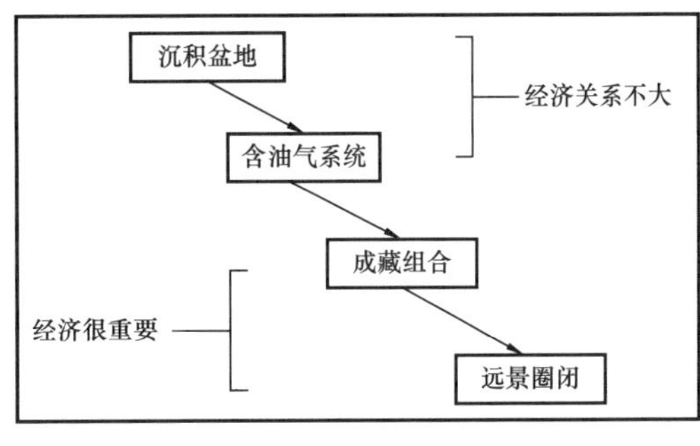

图 1　四个石油勘探阶段

此外，在含油气系统与成藏组合之间，A.Allen 等提出成藏有利区（Play fairway），也有人在成藏组合与远景圈闭之间，使用成藏带（Play Trend）的级次，下面就西方评价系统各个级次的概念及与中国评价系统之间的关系作简单评述。

3.1　大地构造—地层大区

全球可以根据板块边界、板块性质和演化划分为一系列大地构造—地层区，这是对油气分布控制的最高一级地质单元，但单元的大小范围并无严格的规定。如前面提到的 Klemme 和 Ulmishek 将全球分为特提斯、太平洋、北方和冈瓦纳 4 大块。但在实际应用中似乎还应将单元划得更小，如埃克森公司曾将墨西哥、加勒比海、中美洲和南美北部通称为 Carmex 区，作为一个统一的大地构造—地层大区进行评价，通过对已证实和待证实的含油气系统和 57 个成藏组合的评价优选出 10 个重点成藏组合。

安第斯山东侧盆地群可以作为大地构造—地层大区的典型例子，安第斯山东侧古生代为克拉通边缘，中生代为弧后盆地群，第三系为前陆盆地群。整个安第斯山东麓具有基本一致的构造—沉积演化史、地层层序和构造变形特征，在油气生成、运移、聚集上也有很大的相似性（图 2）。

地球上的大地构造—地层大区的含油气丰度、油气聚集方式都有很大差异，因此这种大区域的评价，具有一定的指导意义。

中国地质家对国内大区域的划分在前面已经叙述，对以油气勘探为目的的全球大地构造—地层大区的评价研究基本上没有开展，有待于今后的工作。但从基本的指导思想而言，中外地质家是一致的。

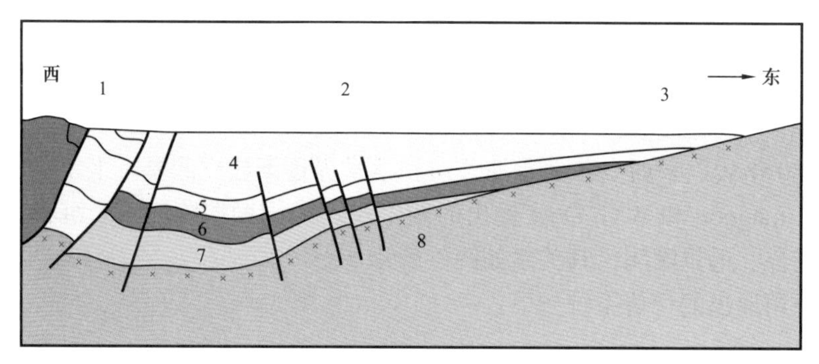

图2 哥伦比亚雅诺斯盆地横剖面示意图

1—安第斯山麓构造带；2—卡诺利蒙发现井位置；3—圭亚那地盾；4—上第三系；5—下第三系；6—白垩系；7—古生界；8—前寒武系基底

3.2 盆地

有些地质家并不重视大地构造—地层大区的评价，但对于盆地在油气勘探评价中的重要性的认识是完全一致的。大多数地质家将盆地作为第一级评价单元，油气远景评价直接从盆地入手。沉积盆地是一个基本统一的沉积单元，周边被隆起区所环绕。盆地的演化过程可以比较简单，也可以比较复杂，一个复杂的盆地可以由各种原型盆地叠合和复合而成。盆地在演化过程中对前期的原型盆地产生不同程度的改造甚至破坏。盆地也可以由于后期的构造变动，全部或部分变成隆起区。不同专业的地质家对盆地的理解也并不完全一致。但是，世界上所有商业性油气聚集都位于过去或现今的沉积盆地之中，这一点已被一个多世纪的油气勘探所证实，找油气只能在盆地范围内找，这是大家的共识。

盆地的最基本特点是具有很厚的沉积岩充填。盆地的成因、演化和结构，沉积物的充填、层序地层和沉积相，热体制和热演化，这三方面是盆地评价的基本内容。油气生成、运移、聚集的全过程都与上述因素相关。这些基本因素的研究，对于进一步深入研究油气聚集是十分重要的。

前面已经指出，已经勘探的沉积盆地油气的丰度差异极大。通过盆地评价，及时放弃无油气远景和低油气远景盆地，而继续深入勘探含油气远景较高的盆地，同时也提供如何对远景较高含油气盆地进一步勘探的途径，所以盆地评价的意义是很大的。

盆地评价和勘探与后继的评价和勘探也很难截然划分，盆地评价阶段也会涉及油气聚集的更深层次的评价，特别在进行盆地模拟时更是如此。

中西方地质家对盆地评价的理解和侧重点方面也存在一定的差异。

（1）中国地质家十分重视盆地构造类型，然而西方有些地质家，如 Bally 认为盆地构造类型与油气丰度的关系很小。

（2）中国地质家十分重视盆地内负向单元的划分，如坳陷、凹陷等，西方地质家对此不很严格，在盆地之下有时又可以分出若干盆地，即将中国地质家的坳陷和凹陷也称为盆地或次盆地。

（3）由于中国地质家长期以来没有含油气系统这个评价级次，因此在盆地评价时往往包含类似含油气系统的评价内容。

（4）中国地质家十分重视以生烃量为基础的资源量计算，甚至当盆地勘探已进入较高成熟阶段仍然如此，并将此资源量作为盆地勘探的依据，西方地质家很少这样做。

3.3 含油气系统

W.G. Dow 在 1972 提出了“石油系统”（Oil System）的概念，经过十几年的发展。1987 年 L.B. Magoon 提出了“含油气系统”（Petroleum System）的概念，在 1991 年的 AAPG 年会上举行了以此名称的专题讨论。从此含油气系统的概念广为传播。

含油气系统的理论是建立在油—油对比和油—源岩对比基础上的，20 世纪 70 年代以来地球化学的迅速发展，使这种对比成为可能。

Magoon 等将含油气系统定义为包括一套成熟烃源岩和与此相关的油气，同时又包括油气聚集所必需的所有地质要素和成藏作用，地质基本要素包括烃源岩、储集层、盖层和上覆岩层。成藏作用包括圈闭形成和油气的生成—运移—聚集。含油气系统的地理和地层范围和时间可以用图 3、图 4 说明。

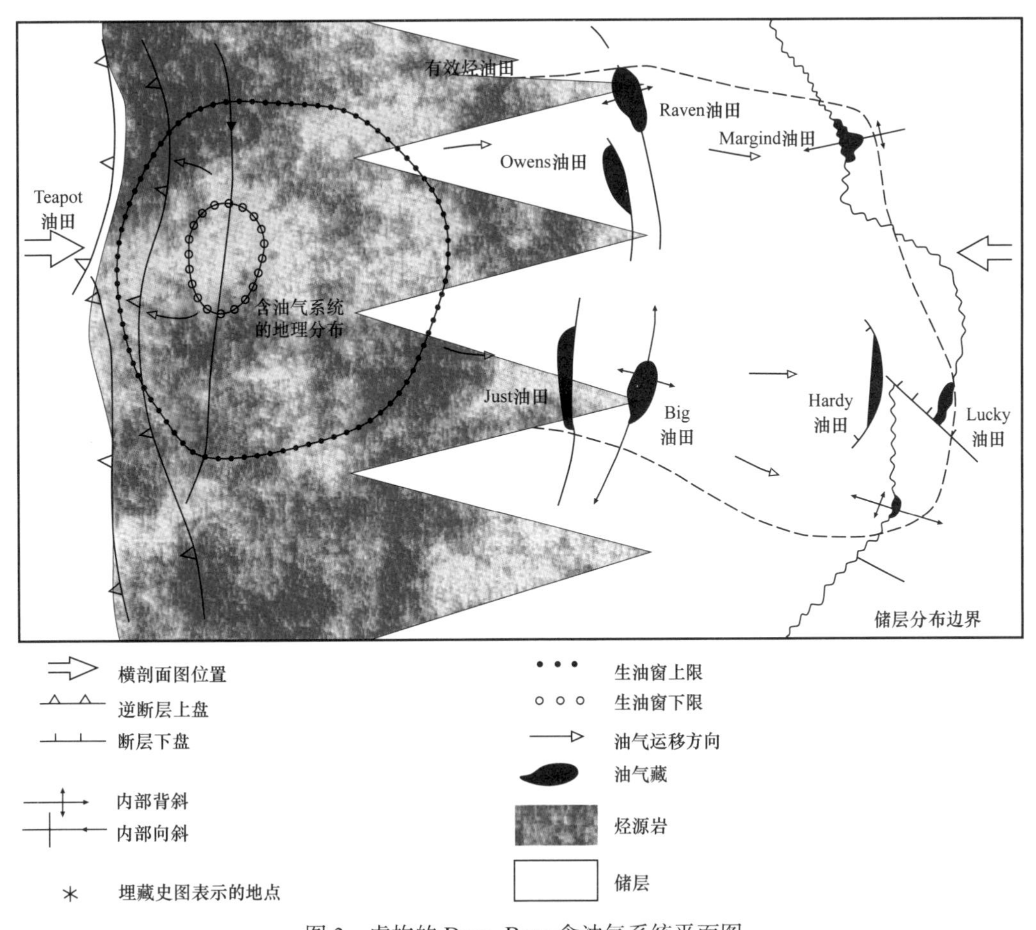

图 3 虚构的 Deer–Boar 含油气系统平面图

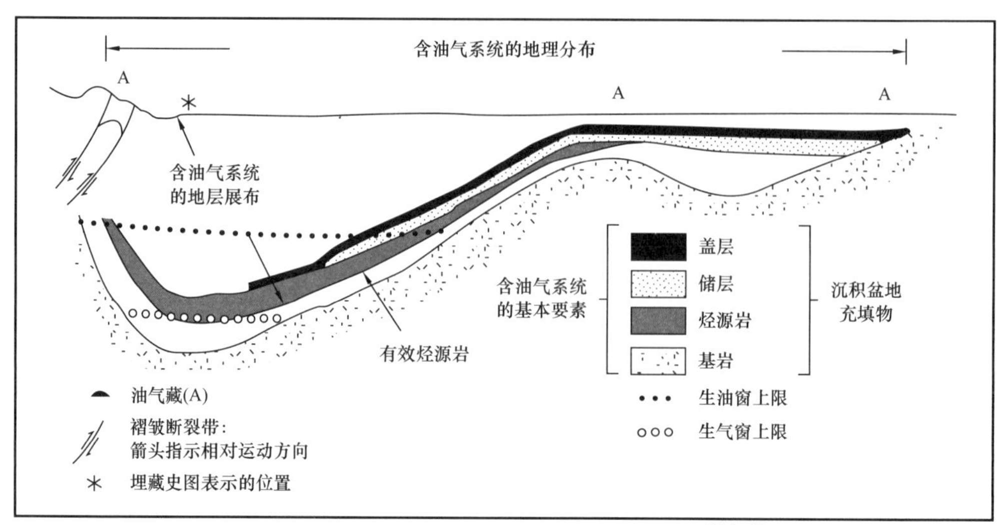

图 4　虚构的 Deer--Boar 含油气系统剖面图

含油气系统可以根据认识程度分为已知的，可能的，推测的，其命名包括烃源岩和主要储集层的层位。

含油气系统评价使评价的内容以地质为中心转移到油气为中心，它不仅是一个评价单元，也是一种评价方法和工具，受到普遍的重视和应用。中国地质家对此反映也十分强烈，已经发表了许多文章，并召开了专门的学术讨论会。对含油气系统概念大致有 3 种反映：

（1）有些中国地质家认为含油气系统概念最早的提出者应是中国地质家。确实在松辽盆地勘探初期中国地质家已提出了类似的概念，如成油系统。20 世纪 70 年代初在渤海湾盆地勘探中提出了油气聚集环绕生油中心分布，凹陷是油气生成、运移、聚集的基本单元等“源控论”的思想。由于当时的有机地化研究还没有达到油—油对比和油—源岩对比的水平，不可能建立起油气与烃源岩确切关系。后来有机地化的水平提高了，但没有与石油地质相结合，从而提出如同现在 Magoon 等对含油系统如此清晰和深刻的叙述。所以一直没有将含油气系统作为一个油气勘探的评价级次，其评价内容附加于盆地评价之中。

（2）相当多的中国地质家认为中国的含油盆地比较复杂，很难有 Magoon 等所提出的理想化的含油气系统。如胡见义教授指出：“实际上含油气系统多是复合的并相对复杂，油气藏形成于单一的成熟生油岩，单一的存储盖组合，在一个构造活动阶段内完成运移、聚集及形成分布的系统是很少见的”。

赵文智教授等针对含油气系统的空间和时间的复杂关系，提出了组合方案，试图使含油气系统的概念，不仅能适合于简单的含油气系统，也适合于复杂的含油气系统（图 5）。

（3）张厚福教授认为对多旋回构造变动区很难用 Magoon 等人定义的含油气系统。因而重新对含油气系统进行了定义，即含油气系统是一个或一系列烃源岩生成的油气相关，在地质历史时期中经历了相似的演化史，包含油气藏所必不可少的一切地质要素和作用的天然系统。并对油气系统进行历史—成因分类（图 6）。

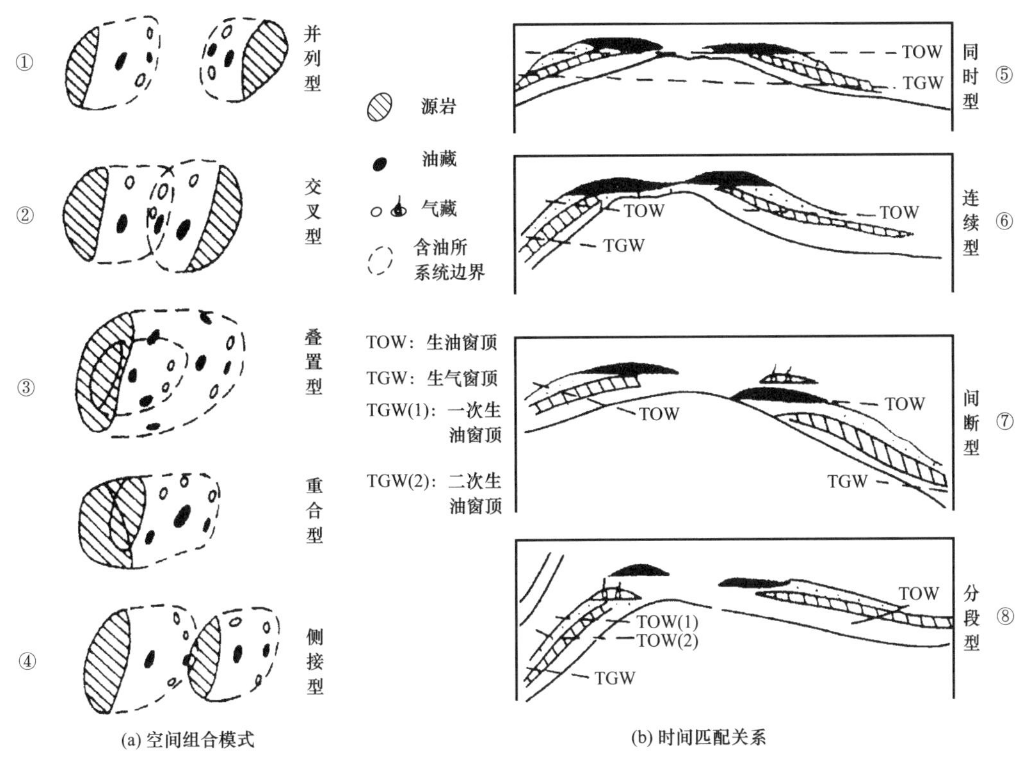

(a) 空间组合模式　　(b) 时间匹配关系

图 5　两个含油气系统的空间与时间组合关系（据赵文智，1997）

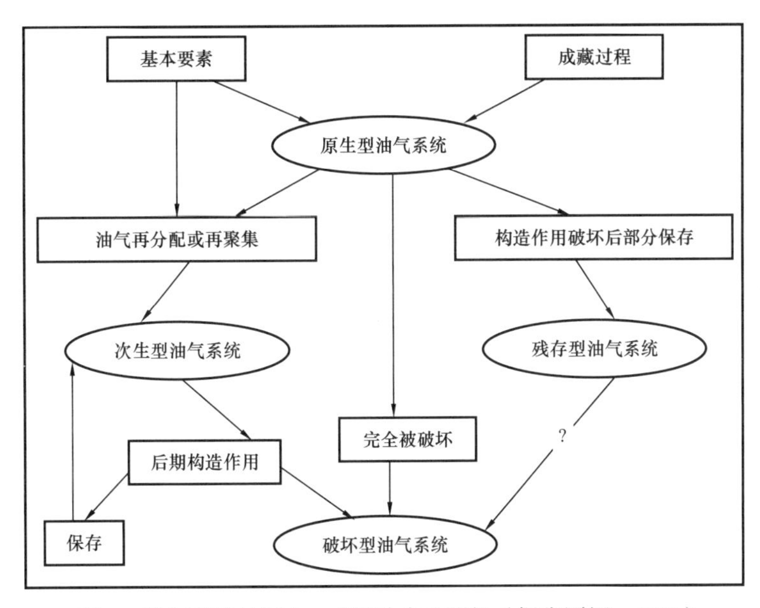

图 6　油气系统的历史—成因分类法图解（据张厚福，1999）

大量的勘探实践证明，盆地内油气的聚集确实存在 Magoon 等人所描述的比较简单的含油气系统，但在许多情况下，在纵向上可能存在多个有效烃源岩，在平面上存在多个生烃中心，因此存在多个含油气系统，油气纵向运移的存在，同一个有效烃源岩生成油气可以运聚于多个储层，同一个储层也可以接受来自不同烃源岩生成的油气。在中国沉积盆地中这种现象是十分普遍的。应该承认含油气系统的概念，给出了一个成熟烃源岩从油气的生成运移到聚集的基本图案，任何一个复杂的油气聚集可以从单个含油气系统入手，然后研究它们的叠加关系和后期演变历史。同时并非中国的含油气盆地中的含油气系统都是如此复杂，有的盆地或凹陷只有一套烃源岩，完全可以用 Magoon 等定义的含油气系统进行评价，如泌阳凹陷，有二套生油岩：核二段和核三段，为连续沉积，实际上就是一套生油岩，成熟生油门限为 1600m，所有油田的油气均由该生油岩提供。又如渤海湾盆地绝大部分地区的有效烃源岩都来自下第三系，虽然也可以分为几套烃源岩，但其平面分布为叠置关系，用含油气系统的方法进行研究仍然是可行的，每个凹陷十分近似于单一的含油气系统。

一般来说，由多个原型盆地形成的叠合盆地，必然存在多个含油气系统的叠加。上、下原型盆地及其含油系统并不重合，下伏的原型盆地及其含油气系统经历了强烈的改造甚至破坏。对于这种叠合盆地含油气系统的研究难度很大，要在 Magoon 等定义的含油气系统的基础上，进一步深化研究。这才是中国地质家应该着力研究的领域，有可能形成更为完整的含油气系统理论和方法。

3.4 成藏组合（Play）

成藏组合的定义在西方地质界也不完全统一，据 P.A. Allen 等的定义，成藏组合是一种概念或模式，在一个具体的地层段内能生产油气的储层、充注系统、区域盖层和圈闭相结合形成石油聚集，即成藏组合为一组未经钻探的分享了共同的储层、区域盖层和石油充注系统的远景圈闭和未发现的油气藏（图 7）。

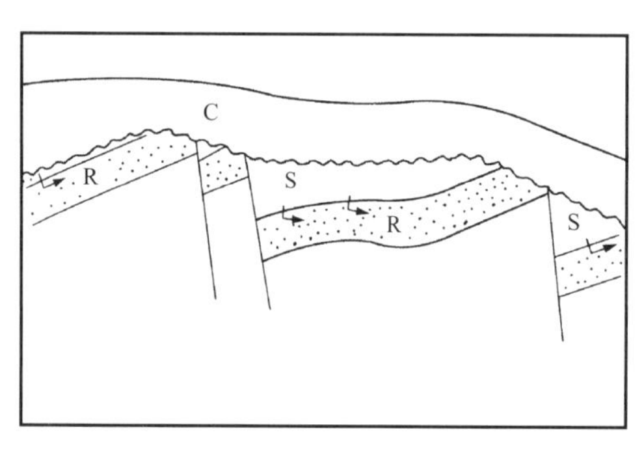

图 7 成藏组合示意图（据 P.A.Allen）

R—中侏罗统海底扇砂岩储层；S—上侏罗统海相泥岩烃源岩；C—下白垩统海相泥岩盖层；晚侏罗世侵蚀断块圈闭

M.Robert 的定义是，成藏组合是含油气系统的基本组成部分，由一个共同的地层特征—储层、圈闭、盖层、时间匹配和运移以及共同的工程特征—位置、环境、流体和流动性质。大部分西方地质家在论及成藏组合时都不谈油源问题。其基本意义是同一套储盖组合内的相同类型圈闭的组合。其命名方法是储层层位和圈闭类型，×× 层系 ×× 圈闭成藏组合，如滨里海盆地石炭系礁灰岩成藏组合，侏罗系构造圈闭成藏组合。成藏组合首先是属于特定的层位，即特定的储盖组合和储层，其次是特定的圈闭类型。这里所说的储盖组合中的盖层指区域盖层。

因此成藏组合与我国的“区带”是两个不同的概念，区带指盆地内的某个空间位置，在纵向上可以包括多个成藏组合，如披覆潜山背斜带可以包括古潜山圈闭成藏组合、下第三系沙河街组构造—断块圈闭成藏组合、下第三系沙河街组岩性地层圈闭成藏组合、上第三系构造—断块圈闭成藏组合。

但是上述成藏组合并不局限于该潜山披覆背斜带，也分布于盆地的其他地区。所以这是两种勘探单元的划分方法，成藏组合的划分方法是将盆地首先在纵向上根据储盖组合划分，而区带划分法是首先按平面的构造特点进行分割。问题在于那一种方法更加合理，更符合油气分布的客观规律。中国地质家在盆地评价时，也十分重视生储盖组合的研究，但没有把它作为评价单元。

中国地质家关于区带的概念，特别是复式油气聚集区带的概念在指导渤海湾盆地的勘探中取得了巨大的成就，油气聚集带是油气的富集部位，在这一地区，基本上是不同层位不同圈闭类型的油气藏叠合连片，探井成功率很高。但对区带内每个层位的圈闭往往不是十分清楚，这是与 20 世纪 70 年代初的地震勘探水平相一致的，如辽河地区到 1972 年才开始有多次覆盖，在此以前多次波的干扰十分强烈，要识别每个层位的构造细节几乎是不可能的。今天中国的地震勘探在渤海湾盆地甚至可以识别出几米厚的单砂层，按层系评价具备了技术条件。成藏组合的划分对于多储盖组合的盆地，特别是有多个原型盆地叠加的复杂盆地，其重要性和合理性是显而易见的。不同储盖组合的油气聚集部位是不一样的。鄂尔多斯盆地奥陶系风化壳潜山成藏组合、石炭系成藏组合与三叠系和侏罗系成藏组合的油气有利聚集位置完全没有相关性，如果不首先进行成藏组合的划分和评价很难进行区带的评价（图 8）。

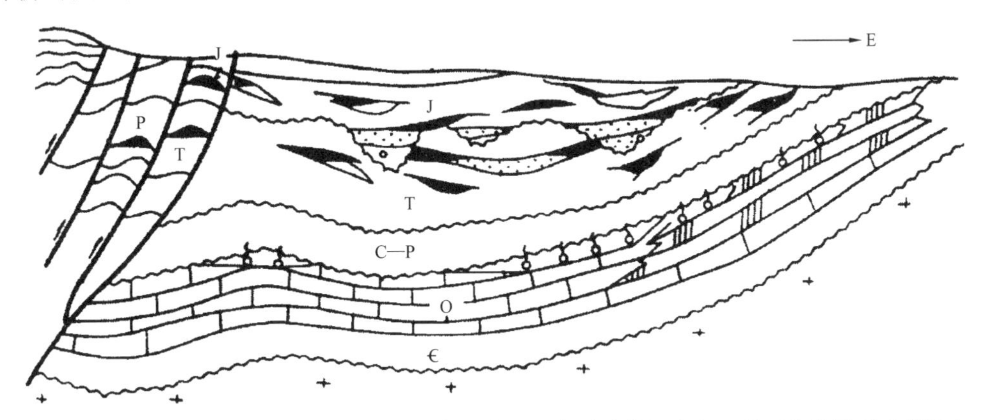

图 8 鄂尔多斯盆地奥陶系风化壳潜山成藏组合、石炭系成藏组合与三叠系和侏罗系成藏组合

在成藏组合与勘探目标 / 远景圈闭（ Prospect ）之间，有时在文献上出现 play trend 的单元可以译为成藏带，西方地质界似乎对此并没有十分重视，但大尼罗河公司在苏丹穆格拉特盆地的勘探中就用了成藏带的概念，并作为一个勘探级次。成藏带与中国的区带的差别在于成藏带是成藏组合的次一级单元，是指某一个特定层位，而相似之处在于成藏带位于某一个地质带，主要是构造带。成藏组合与远景圈闭之间确实应该有成藏带这个级次，圈闭在许多情况下是成排或成群分布的，成藏带内的圈闭在油气聚集方面有许多共性，在实际的油气勘探中，沿成藏带追索十分常见。

按照 Magoon 等人的见解在盆地和含油气系统勘探阶段与经济的关系是不密切的，自成藏组合开始的勘探与经济的关系就很密切，事实上石油公司更侧重的是成藏组合评价，许多大油公司都有全世界成藏组合数据库。

对成藏组合的评价主要有 3 个方面，即用蒙特卡洛法对储量规模评价，用主观概率法对成藏要素进行风险分析，在上述两种评价的基础上，结合其他参数，包括工程、税收、合同条款等对其进行经济评价。由于成藏组合评价是在含油气系统评价的基础上进行的，油气充注不作为重点，主要评价储层和盖层，尤其是储层及其所含的油气。

3.5 远景圈闭（Prospect）评价

远景圈闭作为最基本的评价和勘探单元这一点中西方地质家的见解是完全一致的。但西方地质家所说的远景圈闭是成藏组合的一个组成部分，也就是一个储盖组合（当然指区域盖层）内的一个圈闭，在进行储量规模、成藏要素分析时都以此为基础，但实际上两个或更多个成藏组合的圈闭在空间上相叠合的现象是存在的，在实际勘探中常采取多层勘探的方式，如前面提到的潜山披覆背斜带的预探就可以采用这种办法。这时的远景圈闭的评价就应先按储盖组合进行，然后相加。而经济评价应是根据各储盖组合评价结果的总和。

4 建立科学的油气勘探评价系统

4.1 科学的油气勘探评价系统应具有的特点

（1）评价单元（或级次）的划分应符合控制油气分布因素的级次，高级次评价单元的石油地质特点应能够包含较低级次的特点。

（2）评价单元的划分应与石油地质理论的进展和勘探技术的发展相适应，要建立在现代石油地质理论和勘探技术基础之上。

（3）评价单元的划分要成为勘探的有效工具，能够用尽可能少的投入对不同级次的勘探对象进行逐级筛选，对选中的目标进行有效勘探。

（4）评价系统的建立要适应经济全球化和油气勘探跨国化的大趋势，使所建立的评价系统不仅适合国内的勘探，也适宜于全球勘探。

（5）所要建立的评价系统应该充分掌握西方评价系统的框架和意义，也要重视中国地质家所积累的经验。

4.2 油气勘探评价系统

根据上述原则，建立的评价系统，应该有 6 个级次组成，即大地构造—地层大区、盆地、含油气系统、成藏组合、成藏带、远景圈闭。

(1) 大地构造——地层大区。

作为最高一级的评价单位，具有相似板块构造演化史的地区，这种地区的特征对盆地的形成和分布及盆地的构造—沉积类型具有控制作用，可用于大区域的选择，尤其在跨国经营时，具有一定的意义。

（2）盆地。

盆地是评价的基本单元，由一个或几个原型盆地叠加和（或）复合而成，盆地具有相同的成因和构造样式，具有基本统一的沉积充填和变形历史，油气的生成—运移—聚集都发生于盆地之内。在勘探对象选择时，盆地比大地构造—地层大区更为重要，因此许多地质家都主张勘探对象评价的起始单元就是盆地，但是这里所说的盆地是广义的，定义是不严格的，仅作为一个沉积单元而言，也可以把坳陷和凹陷作为盆地，盆地评价虽不进行定量的经济评价，但评价时首要的目的仍然是为了优选盆地，不仅要做出油气潜力的远景评价，也可以在盆地位置、作业条件和油气层的埋深基础上，定出多大规模的油气田和多高的单井产量才具有经济意义的界线。

（3）含油气系统。

是一个烃源层的油气生—运—聚单元，最简单的盆地，一个盆地只有一个含油气系统，较为复杂的盆地具有几个有效烃源岩和（或）几个生烃中心，则一个盆地有若干含油气系统，多个原型盆地构成的复杂盆地，当然具有多个含油气系统。对于单一原型盆地构成的盆地，含油气系统的评价应从单个含油气系统入手，再把多个烃类生成—运移—聚集历史相似的含油气系统进行组合成为复合含油气系统，进行统一评价。

多个原型盆地构成的盆地中的含油气系统，也要在单个含油气系统评价的基础上按原型盆地进行组合，然后再研究上下叠置和（或）平面平列复合的原型盆地中的含油系统之间的影响关系，进行评价。

含油气系统评价主要是确定生烃规模和时间，烃类运移—聚集的地层范围和地理范围。

（4）成藏组合。

成藏组合是油气聚集的基本单元。一个成藏组合中的油气可以来自一个含油气系统，也可以来自几个含油气系统，而一个含油气系统又可以向几个成藏组合供应油气。在具有油源的条件下，油气聚集的地层分布范围首先由区域盖层控制，其次为储层。圈闭类型决定油气聚集的样式。可见成藏组合主要评价油气在盆地中的纵向分布方式。

具有单一含油气系统和单一储盖组合的盆地，成藏组合也比较单一（如南襄盆地）。具有单一或多含油气系统，但具有多储盖组合的盆地通过油气的纵向运移而形成了多成藏组合，各个成藏组合都具有各自的油气聚集规律和特点，成藏组合的评价就具有重要意义。至于多个原型盆地组成的复合叠合盆地，各个成藏组合之间的油气聚集规律和特点的差别就更大，因此成藏组合评价的意义就更大。从成藏组合开始，才具备了定量资源评价、风险分析和经济评价的基础。

（5）成藏带。

成藏组合在盆地内可以有比较广泛的分布，但每个成藏组合内的油气总是富集于某些部位，即有利的成藏带，如某一个构造带，某一地层尖灭带或超覆带，这就是成藏组合与中国传统的区带评价的结合点。

（6）远景圈闭评价。

远景圈闭评价在油气勘探评价系统中的作用和意义比较统一，不再作论述。

4.3 油气勘探评价研究的内容

不同级次评价研究的内容各有侧重，图 9 是埃克森公司建议的研究内容。

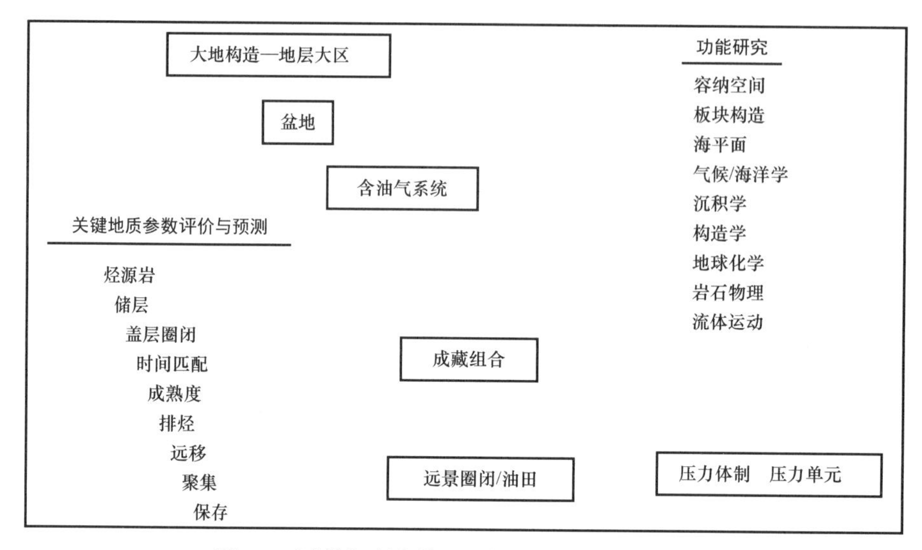

图 9 石油勘探研究体系（据埃克森公司，1995）

埃克森公司将研究分为两个部分，一部分是功能性研究，另一部分是关键地质参数的评价和预测。前一部分主要用于较高级次的勘探对象，后一部分主要用于较低级次勘探对象，从研究思路来说是正确的，可以作为参考。但具体内容要根据勘探对象的实际情况而有所变化，如图中强调了海平面变化和海洋学，对陆相盆地就没有实际意义，似乎更应该研究基准面的变化。对于单旋回盆地，多旋回盆地和叠合盆地的研究侧重点也都应有变化。

4.4 评价系统、勘探阶段和勘探区块的关系

（1）评价系统与勘探区块的关系。

评价系统是根据客观的地质规律建立起的，存在着自大至小的勘探单元（或级次），但世界通行的实际勘探对象，是由地理坐标限定的区块，它与勘探单元之间并无必然联系。一般来说区块是盆地的一部分，它可以包括各个一级评价单元或其中的一部分。作为评价系统，应该根据前面所说的级次，但实际的勘探作业则限定于区块之内。盆地和含油气系统评价是区块评价的地质背景，区块评价的重点是区块内所包括的成藏组合及其成藏带和远景圈闭。

（2）评价内容与勘探阶段的关系。

对石油公司来说，从大区、盆地、油气系统和成藏组合评价的各个阶段，注意力的重点是成藏组合，在早期阶段是根据地质背景通过类比预测成藏组合，在晚期阶段是通过关键地质参数的评价与预测，评价成藏组合。至于远景圈闭阶段更要依赖于各项地质参数的评价与预测，图 10 是埃克森公司提出的方案。

勘探阶段	前沿地区		未成熟区	成熟区	
	早期	晚期		早期	晚期
地震	区域性	详细的		大量2D 少量3D	大量3D
井	无	少量	数十口	许多	大量
发现	无	无	有	许多	大量
生产	无	无	有	增加	高峰向下降
主要技术途径	综合盆地分析			重点成藏分析	详细油田研究
评价方法	类比成藏组合评价	成藏组合评价远景圈闭评价			
评价等级	等级C	等级B / 等级A			

图 10　勘探阶段与评价技术和方法的关系

上述六个评价级次，其中比较重要的是盆地评价、含油气系统评价、成藏组合评价和远景圈闭评价。

参考文献

[1]李四光．地壳构造与地壳运动[J]．石油地质研究大队翻印，1970.

[2]任纪舜，等．天然气普查勘探[J]．石油天然气地质，1989，10(3).

[3]朱夏．论中国含油气盆地构造[M]．北京：石油工业出版社，1986.

[4]王尚文．中国石油地质学[M]．北京：石油工业出版社，1983.

[5]田在艺，张庆春．中国含油气沉积盆地论[M]．北京：石油工业出版社，1996.

[6]翟光明，等．中国石油地质志[M]．北京：石油工业出版社，1994.

[7]武守诚．石油资源地质评价导论[M]．北京：石油工业出版社，1994.

[8]赵文智．石油地质综合研究导论[M]．北京：石油工业出版社，1999.

[9]胡见义．含油气地质单元序列划分及其意义—兼论“含油气系统”，中国含油气系统的应用与进展[M]．北京：石油工业出版社，1997.

[10]胡朝元．生油区控制油气田分布——中国东部陆相盆地进行区域勘探的有效理论[J]．石油学报，1982，3(2).

[11]胡朝元．成油系统概念在中国的提出及其应用[J]．石油学报，1996，17(2).

[12]胡朝元．关于成油系统划分原则与方法的若干意见，中国含油气系统的应用与进展[M]．北京：石油工业出版社，1997.

[13]赵文智，等，含油气系统的内涵与描述方法，中国油气系统的应用与进展[M]．北京：石油工业出版社，1997.

[14]徐树宝，等．含油气系统概念、分类及其在勘探上应用，中国含油气系统的应用与进展[M]．北京：石油工业出版社，1997.

[15]吴元燕，等．利用含油气系统认识油气分布[J]．石油学报，1995，16(1).

[16]童晓光．塔里木盆地勘探论文集[M]．乌鲁木齐：新疆卫生科技出版社，1990.

[17]童晓光，等．区域盖层在油气聚集中的作用[J]．石油勘探与开发，1991.

[18]G.D. 霍布森，等．石油地质学导论[M]．北京：石油工业出版社，1984.

[19]L.B. Magoon and W.G. Dow, 1994, The Petroleum System - From Source to Trap, American Association of Petroleum Geological Memoir.

[20] L.B. Magoon and R.M.D. Sarchez, 1995, Beyond the Petroleum System, AAPG volume 79/12.
[21] Philipa Aallen and John R. Allen, 1990, Basin Analysis. Blackwell Science Ltd.
[22] Tina Tsui, John wickham and Tong Xiaoguang, 1996, Petroleum Systems of Chinese Onshore Basins. Earth Resource and Environment Center, The Unirversity of Texas at Arlington.

原载于:《中国石油对外合作勘探开发技术论文集》, 石油工业出版社, 2005。

论成藏组合在勘探评价中的意义

童晓光

（中国石油天然气勘探开发公司）

摘要：油气生成和聚集的基本单元是盆地。由于盆地内部在纵向上和平面上存在着明显的成藏条件、油气富集程度和油气藏特征方面的差异性，在盆地之下还要划分出次一级的评价单元。根据对世界上各种盆地的分析，盆地内纵向上地层层系之间的成藏条件和勘探工程条件的差异性大于盆内各个构造带之间的差异性。以层系为基础形成的成藏组合作为商业性的勘探单元适用于各类盆地，特别是对长期发育的多旋回盆地更具有重要意义。

关键词：油气勘探评价系统；成藏组合；苏门答腊；圈闭评价；鄂尔多斯；渤海湾；滨里海盆地

1 油气勘探评价系统

油气勘探基于对各地质单元油气资源潜力和分布的评价，评价程序基本上都是从大的地质单元至小的地质单元。中外地质家的认识比较一致，但在具体划分上存在一些差别，如图1所示。

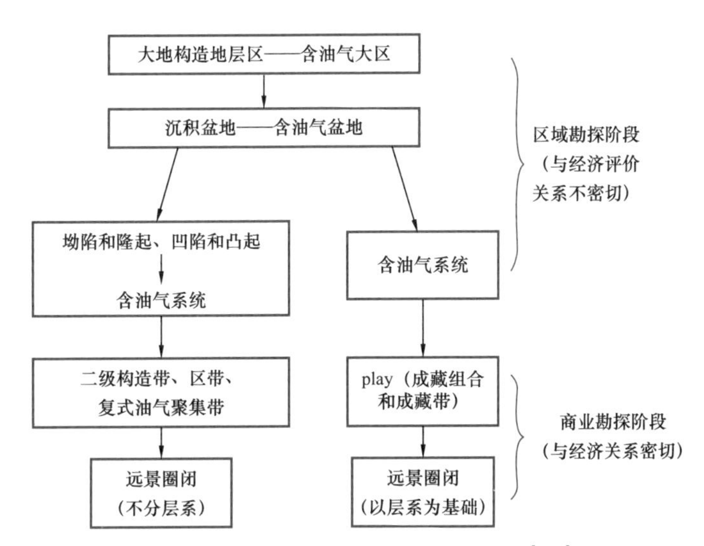

图1 两种油气勘探评价系统的比较[1-2]

油气勘探评价大致可以分成两个阶段。从大地构造地层区——含油气大区至含油气系统评价可以称为区域勘探阶段，这个阶段的勘探与经济关系不密切。评价的最大单元是大地构造地层区——含油气大区，但对其范围的界定并不严格。Klemme 等[3]将全球分为特提斯区、太平洋区、北方大陆和岗瓦纳大陆。这种划分似乎过于简单，每个大区内的地质特征差异很大，似乎难以指导勘探。

目前，比较通用的划分原则是该大区的板块位置、构造特征和发育的地层基本一致，在这种地质背景下产生盆地群。如南美可以分为安第斯山东侧弧后前陆盆地发育区、大西洋沿岸被动大陆边缘发育区、克拉通盆地发育区和弧前盆地发育区。含油气大区的评价研究，可以指导宏观的战略选区。区域勘探评价的最核心阶段是沉积盆地——含油气盆地评价。

大多数地质家都同意法国地质学家 Perodon A 的这句话："没有盆地就没有石油。"盆地的基本特点是具有很厚的沉积岩充填，盆地发育的时间长短、大小和复杂程度不一。有些盆地只有一个发育期，有些盆地由不同时期的原型盆地叠合和（或）复合而成。盆地在演化过程中对前期原型盆地产生不同程度的改造甚至破坏，盆地也可以由于后期的构造变动，全部或部分变成隆起区。盆地的成因、演化和构造，沉积物充填、层序地层及沉积相、热体制及演化是盆地评价的基本内容。油气生成、运移、聚集和保存的全过程与上述因素密切相关，所以盆地评价与含油气系统的评价是密切相关、难以截然分开的。国内外学术界对具体盆地的界定并不十分严格，有时将一个完整的盆地划分为众多盆地，如以阿尔及利亚为核心的北非盆地；中国地质家将渤海湾这样一个大型盆地按沉积单元进一步划分为坳陷和凹陷，所以盆地评价也应包括中国地质家所定义的坳陷和凹陷。

区域勘探评价的第三个阶段是含油气系统评价。含油气系统包括一套成熟烃源岩及与此相关的油气，同时又包括油气聚集所必需的所有地质要素和成藏作用。地质要素包括烃源岩、储集层、盖层和上覆层。成藏作用包括圈闭形成和油气生成—运移—聚集。含油气系统是以成熟烃源岩为中心，一个含油气盆地可以在纵向上发育一套或多套成熟烃源岩，在平面上同一套烃源岩可以发育多个生烃中心，从而一个盆地可能形成单一的含油气系统或复杂的含油气系统。一个含油气系统可以向一套或多套储集层供给油气，一套储集层也可以接受一个或多个含油气系统生成的油气。评价含油气系统时要从每套烃源岩的每个生烃灶入手，但又要评价各个含油气系统对油气聚集的综合效应。多个含油气系统在一个盆地内的组合，美国联邦地质调查局将其称为总含油气系统（Total Petroleum System，TPS）[4]。由此可见，含油气系统是一种评价的方法和工具，难以作为勘探单元。

在区域勘探评价的基础上，进入商业性（中国常称为工业性）评价阶段，这个阶段的评价与经济评价的关系非常密切，是以尽可能低的成本和尽可能短的时间发现有经济价值的油气田为目的，这就必须深入研究和掌握油气藏的空间分布规律。

对于商业性勘探评价单元的划分，地质家之间存在着分歧。中国多数地质家以二级构造带、油气聚集带和区带作为基本单元，以平面上的构造带作为控制油气藏分布的主要因素。研究最为深入的是渤海湾盆地复式油气聚集带，如分为各种构造样式和各种地层岩性圈闭带[5]，也有根据箕状断陷的构造特征分为缓坡带、中央凹陷带（或中央隆起带）、陡坡带[6]。实践证明以区带为评价和勘探单元的方法对于单一原型盆地是基本适用的，特别是在地震信噪比和分辨率都比较低的情况下更是如此，但也存在一定的缺陷。

20 世纪 90 年代以来，通过对中国一些长期发育的多旋回盆地（包括叠合盆地）进行勘探，认识到地层层系对油气藏空间分布起着更重要的作用。油气藏的分布除油源以外，主要有三个控制要素：区域储层、区域盖层和圈闭。区域储层和区域盖层主要受沉积相带和成岩作用控制，其分层性十分明显。构造圈闭的形成受相应地层年代的应力场控制，也具有分层性的特点，至于地层岩性圈闭，其受层系控制作用更加明显。因此，我们把一套具有共同成藏条件的层系称为成藏组合，并作为商业性勘探评价的基本单元。

当然在一个层系中储集层的油气聚集并非是均一的，受构造和相带控制形成的油气聚集，在此将其定义为成藏带。区带与成藏带的区别在于：成藏带是成藏组合之下的进一步划分，所以只含有一套成藏组合，各套成藏组合的成藏带的位置在多数情况下是不重合的，而区带包含了所有成藏组合，这是两者的基本区别。

在西方的文献中把“play”作为商业性勘探评价的基本单元。但对“play”的定义并非完全一致。Allen P 等[7]认为 play 实际上是地质勘探家对一系列地质因素——储集层、盖层、油气充注、圈闭 4 种因素在时间匹配上的有效性，即如何结合在一个盆地的特定地层段内形成的油气聚集模式和概念，因此进一步将其定义为一组未经钻探的分享了共同的储集层、区域盖层和油气充注系统的远景圈闭和已发现的油气藏。被世界石油界广泛应用的 IHS 资料库，根据储集层的时代与圈闭类型相结合，以地层层位为基础对 play 进行命名，如侏罗系构造圈闭 play，侏罗系地层岩性圈闭 play，与本文所称的成藏组合比较接近，其差别在于本文的定义没有根据圈闭类型做进一步划分。

在商业性勘探阶段，勘探的目标就是圈闭内的储集层，英文中储集层和油藏都是用“reservoir”，在译成中文时根据关联词译成储集层或油藏，所以很容易理解储集层在油藏形成中的重要性。

商业性勘探的最后一个评价级次就是远景圈闭。对它的评价也应按层系即成藏组合逐层评价。但探井可能要穿过多套成藏组合，一口探井可能钻遇多套油气层，所以远景圈闭评价还要进行可能钻过的各套油气层的综合评价，包括风险评价前后的地质资源量和可采资源量。

2 成藏组合作为商业性勘探评价基本单元的合理性分析

论证以地层层系为基础的成藏组合作为商业性勘探阶段的基本评价单元是否合理，比较有效的方法就是对典型盆地的具体分析。下面将自古生代以来长期发育的多旋回盆地和新生代发育的单一原型盆地作为实例，进行剖析。

2.1 自古生代以来长期发育的克拉通盆地

2.1.1 鄂尔多斯盆地

鄂尔多斯盆地是古生代以来长期发育的多旋回盆地。自下至上存在奥陶系潜山风化壳成藏组合、石炭系—二叠系成藏组合、三叠系成藏组合、侏罗系成藏组合，各套成藏组合的储集层类型、圈闭特征、成藏条件和空间分布都各具特色（图 2、图 3）。

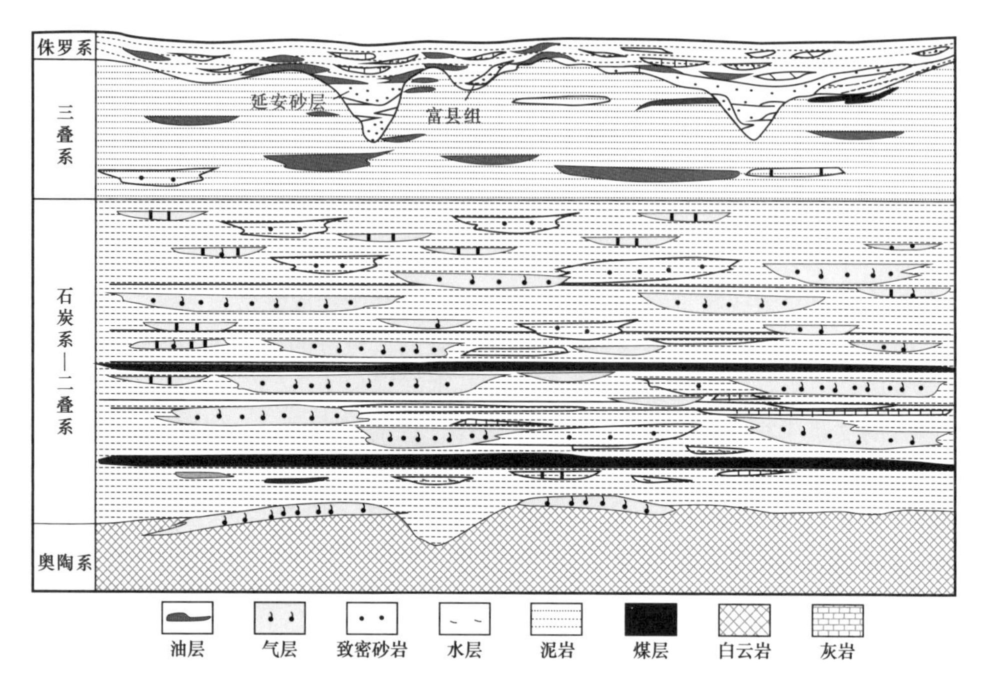

图 2 鄂尔多斯盆地成藏组合的成藏机理和模式[9-11]

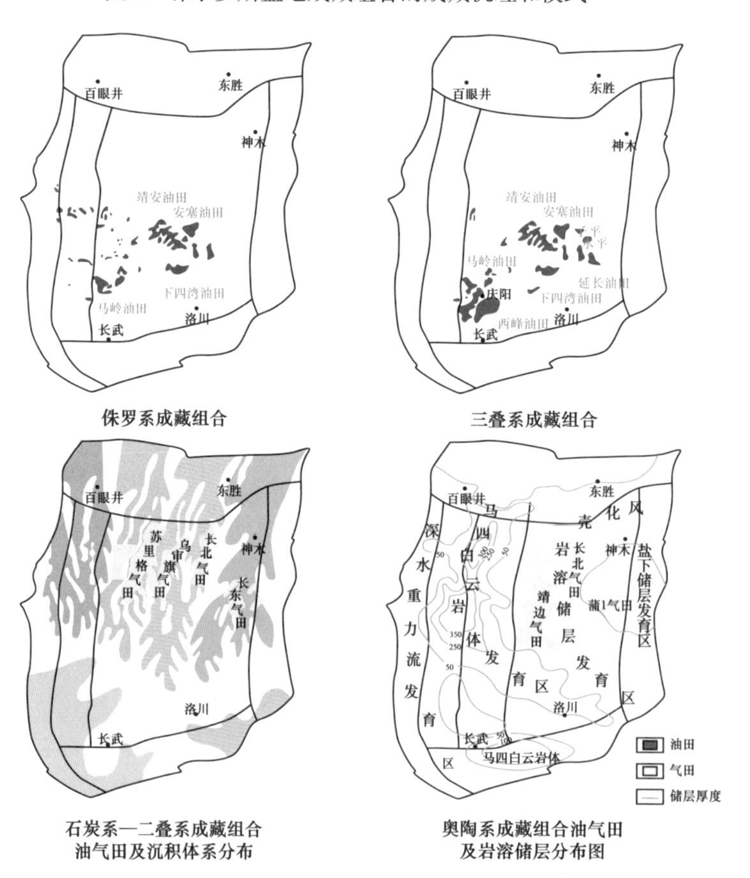

图 3 鄂尔多斯盆地各成藏组合油气田分布图[8, 12-13]

奥陶系古潜山风化壳成藏组合。由于加里东运动使鄂尔多斯盆地整体抬升，奥陶系顶面长期遭受风化剥蚀，形成了准平原化的古岩溶地貌，不整合上覆的石炭系含铝土矿泥岩作为盖层，与深切谷相结合构成圈闭。由上覆石炭系—二叠系含煤地层作为主要气源，形成纯天然气聚集，天然气储量占全盆地的37%[8]。

石炭系—二叠系成藏组合。储集层为上石炭统太原组、下二叠统的山西组和下石盒子组的分流河道和三角洲砂体，盖层为上二叠统上石盒子组泥岩，为大面积分布的低孔、低渗岩性圈闭天然气气藏，基本上为连续聚集，气源也是石炭系—二叠系煤系地层，天然气储量占盆地的63%。

三叠系成藏组合。储集层为低孔、低渗砂岩，沉积环境为低坡降的大型三角洲，储盖组合多，储集空间为原生孔、次生孔和微裂隙，圈闭受层内泥岩盖层和储集层岩性变化控制，石油储量占全盆地62%。

侏罗系成藏组合。发育在印支侵蚀面上的近东西向古河道，切割至延长统，主力储集层为下侏罗统延安组古河道充填砂岩和湖沼条带状砂岩，最好的储集层是延10段河道边滩砂岩，储集层物性较好，是该盆地之最。该套储集层与延长统侧向接触，以延长统为油源岩，在古河道两侧形成大量岩性油气藏，石油储量占全盆地的38%。

鄂尔多斯盆地的四套成藏组合的成藏机理不同，其油气田空间分布的位置也各不相同，各套成藏组合的成因和分布没有相关性，单套成藏组合便可构成商业性勘探的基本单元。

2.1.2 滨里海盆地

滨里海盆地大部分位于哈萨克斯坦境内，已经发现了一大批大型和超大型油田。该盆地沉积岩系统含古生界至新生界，以下二叠统孔谷组盐层为界，在纵向上将沉积岩层分为盐上和盐下两部分（图4），盐层形成一系列厚度最大超过3000m的盐丘[14-15]。盐上、盐下两套地层的沉积环境、岩性和构造变形特征有很大差别。盐下地层主要为海相沉积，下泥盆统以下为砂泥岩夹碳酸盐岩，中泥盆统以上—下二叠统底部在盆地周缘以台地相碳酸盐岩为主，向盆地中心相变为盆地相沉积。盐下地层的厚度变化大，在盆地周边较薄，3～4km，向盆地中央增厚至10～13km。盐下地层构造比较简单，但盆地的东侧和南侧的海西构造带使构造复杂化。盐上地层为二叠系上部至古近系，以浅海陆棚相碎屑岩夹薄层灰岩、砂岩为主要储集层，受下伏盐丘作用的影响，构造十分复杂。烃源岩主要位于盐下石炭系，盐上可能在局部地区有烃源岩发育，但主要油源来自盐下烃源岩[16]。

盐上、盐下两套地层的沉积特征、构造特征和油气充注条件存在巨大差别，使之形成了两套完全不同的成藏组合。盐上成藏组合以小型断块、构造不整合圈闭为主，因此形成的油气田规模都比较小。盐上油气聚集不仅需要有效圈闭，更需要有与盐下烃源岩相沟通的油源断层。盐上油气聚集的储量不足盆地的10%。盐下成藏组合的储集层主要为石炭系，受沉积相带控制，最好的储集层是大型生物礁，其次为滩相生物灰岩，因此有利相带沿盆地边缘分布，大油气田的分布与此相对应（图5）。盐下成藏组合的储量占全盆地的90%以上[16]。

盐上、盐下两套成藏组合的勘探工程条件差异很大。盐上储集层埋藏浅，便于勘探，

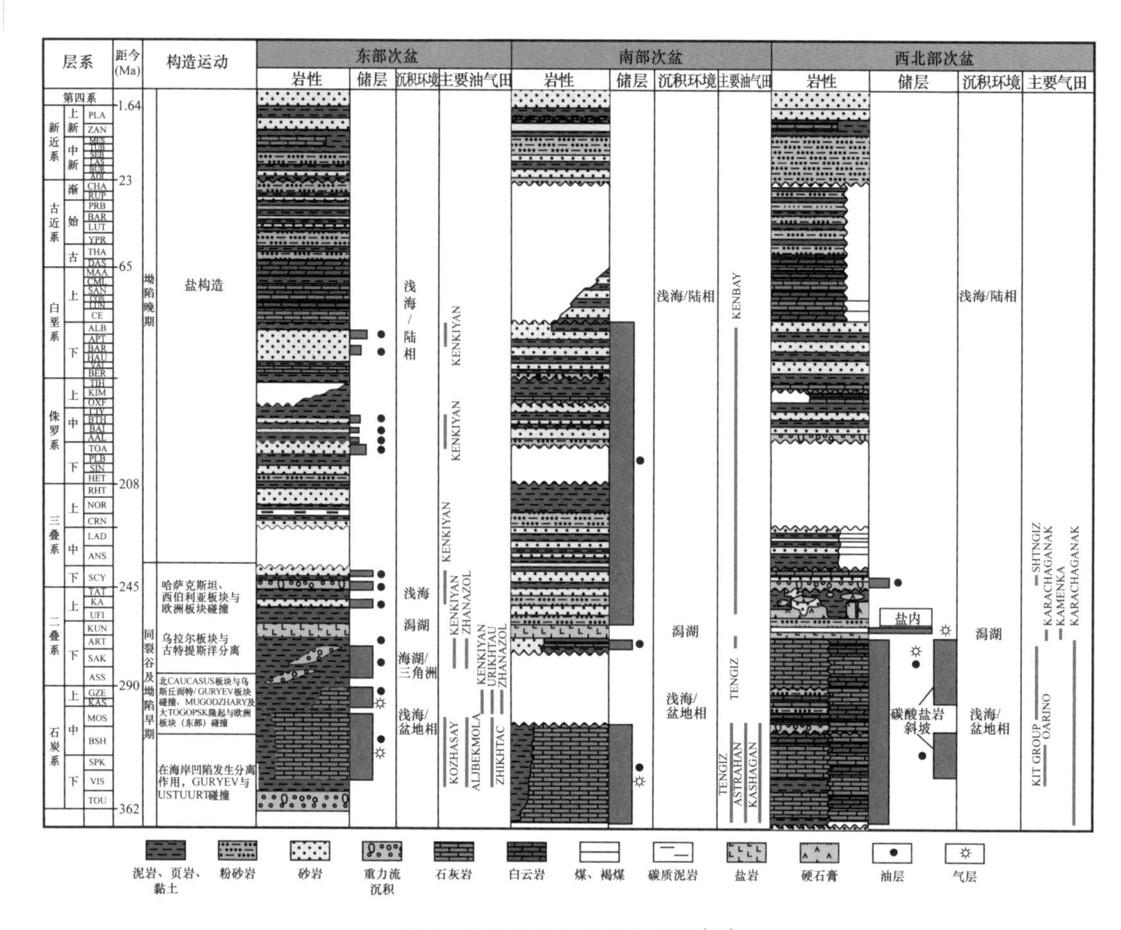

图4 滨里海盆地综合柱状图[16]

盐下储集层埋藏深，一般都大于4000m，又有盐层覆盖，因此早期的勘探都局限于盐上。1970年前发现的油气田都位于盐上成藏组合，1970年后逐渐进入盐下勘探阶段（图6）。盐上、盐下两套成藏组合在油气聚集空间位置上不具有相关性，工程条件也有巨大差异。因此将上述两套成藏组合均作为商业性勘探和评价的基本单元。

2.2 短期发育的新生代盆地

发育历史最短的是新生代盆地，时间不过几千万年。如果这类盆地纵向上仍然可以划分为若干套成藏组合，而且适合于作为商业性勘探和评价的基本单元，就可以进一步证明成藏组合评价的重要性。

2.2.1 渤海湾盆地

作为裂谷盆地，其形成始于古新世—始新世，是一个年轻的单旋回盆地。纵向上各套地层成藏条件差异较小，是中国地质家以区带作为商业性勘探和评价的典型地区，在勘探实践中证明是有效的。但即使这样一个盆地，也可以进行成藏组合的划分，而且实践证明

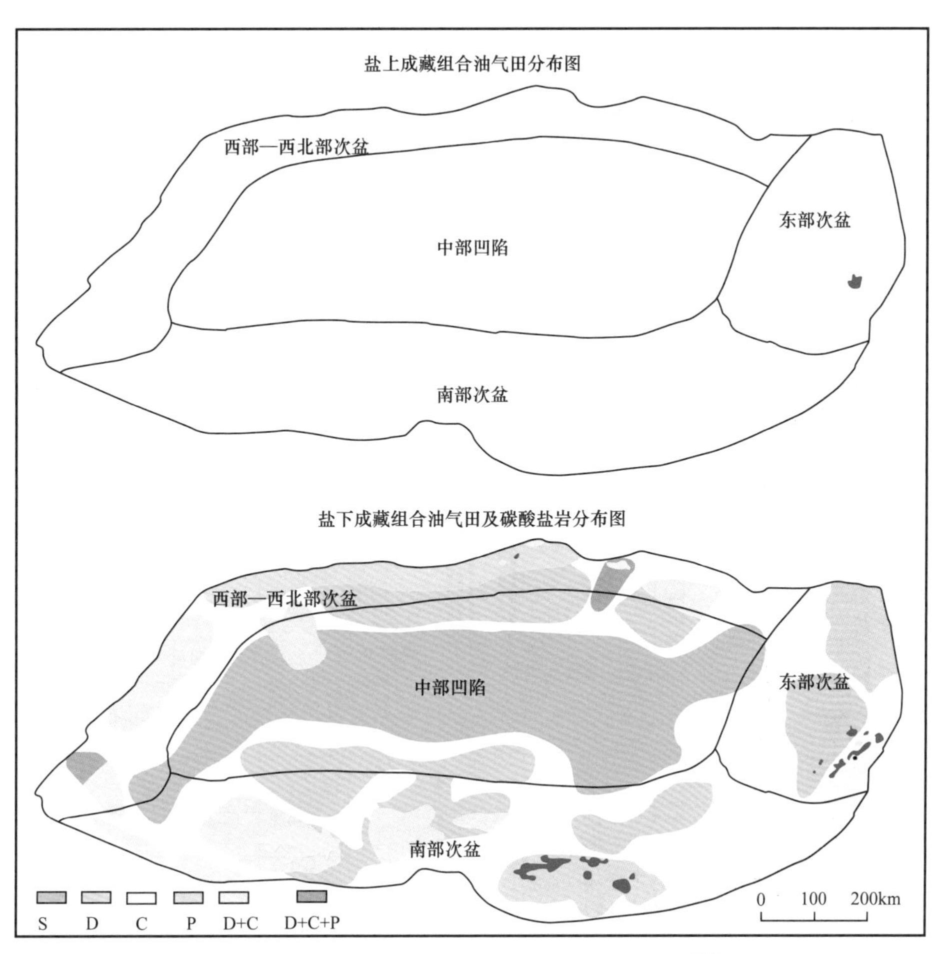

图 5 滨里海盆地两套成藏组合油气田分布图[17]

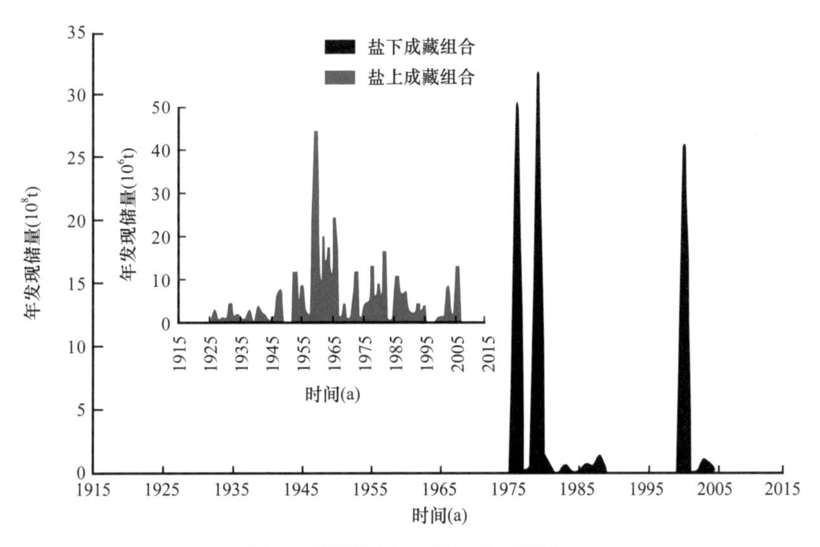

图 6 滨里海盆地储量发现历史

是有意义的。

全套地层可以分为三套成藏组合，自上至下为新近系、古近系和前古近系（图 7）。新近系以河流相砂岩地层占主导地位，不发育烃源岩，储集层很发育，盖层为分布于渤海湾海域及相邻陆上的浅湖相沉积，而其他地区基本不存在。渤海湾盆地的断裂活动有从陆地向渤海海域逐渐变新的特点，因此新近系的有效圈闭都发育于渤海湾及相邻的地区，油源为下伏的古近系烃源岩。新近系沉积时裂谷作用基本结束，属于坳陷期沉积，构造活动较弱，易于形成较大规模的披覆构造，成为渤海湾海域及相邻地区的主力成藏组合。

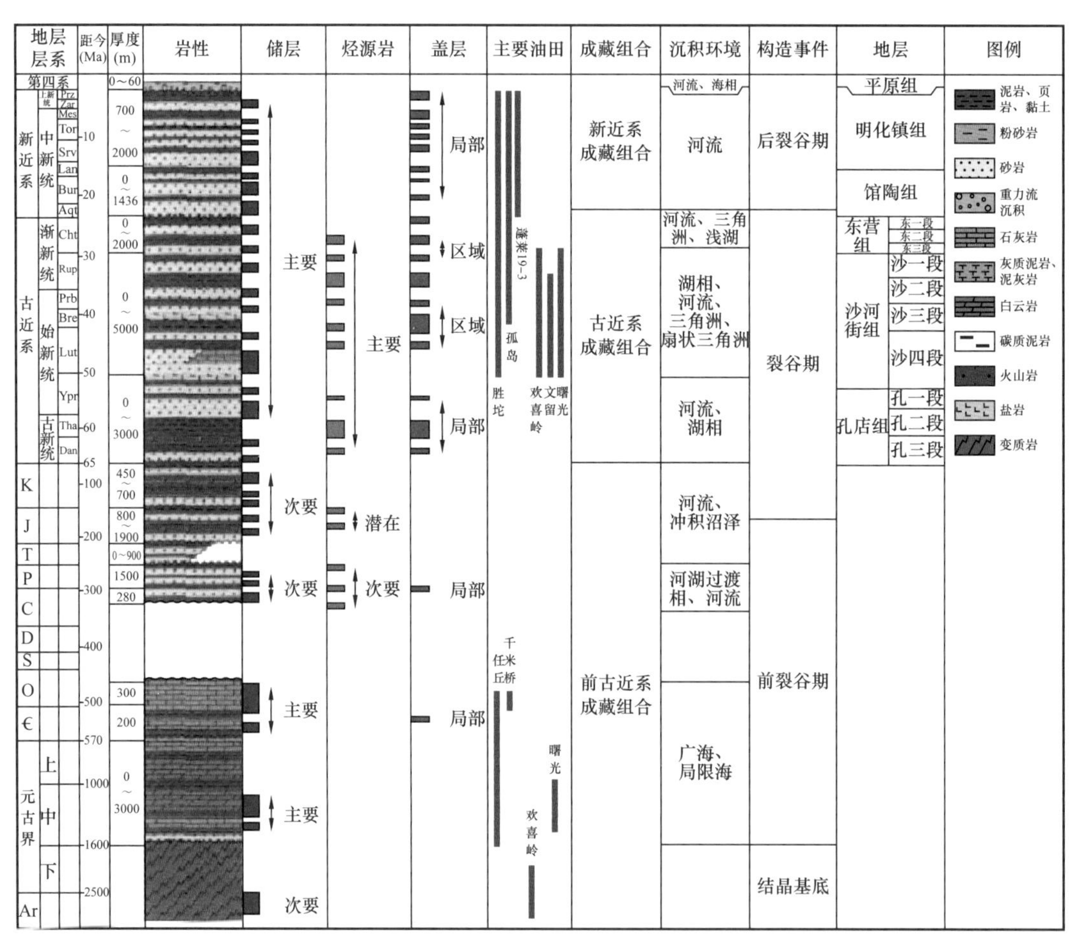

图 7　渤海湾盆地综合柱状图[18]

古近系为裂谷盆地主要发育阶段，纵向上形成多个沉积旋回，是湖盆的主要发育期，形成众多分散的深湖和浅湖，以及边缘山地入湖的三角洲和扇三角洲，广泛发育烃源岩、储集层和盖层。裂谷发育受断层控制，裂谷发育过程中的构造变动，尤其是古近纪末的构造变动使之与上覆的新近系有明显的区域不整合。古近系厚度大，烃源岩发育，圈闭类型众多，形成多套次级成藏组合。古近系成藏组合在渤海湾盆地大部分地区是主力成藏组合。

渤海湾盆地的“基岩”由太古界—下元古界的变质岩、花岗岩、中上元古界的碳酸盐岩和碎屑岩、古生界的碳酸盐岩、碎屑岩和煤系地层、中生界的火山岩和碎屑岩及煤系地层，经过多次构造运动和剥蚀风化形成，古近系不整合下伏的“基岩”各地各不相同。“基岩”地层中仅石炭系—二叠系煤系地层存在烃源岩，可以生成小规模天然气，其他地层主要起储集作用。油气源自古近系，碳酸盐岩是古潜山的优质储层，碳酸盐岩与古近系直接接触的地区最容易形成古潜山油气藏，在一定的条件下变质岩和火成岩也可以成为储集层。在有些凹陷这套成藏组合是主力油层，如饶阳凹陷、大民屯凹陷。

上述三套成藏组合的成藏条件各不相同，其分布的有利位置也不一致，所以按成藏组合评价仍很重要。如果较早认识到新近系成藏组合在渤海海域的重要性，就可能更早发现新近系的一系列大油田。

2.2.2 南苏门答腊盆地

南苏门答腊盆地是印尼弧后前陆盆地群中的一个，起始发育的时间为始新世[19-20]。盆地发育早期与裂谷盆地十分类似，但盆地后期的反转较为强烈，所以构造圈闭占主导地位。同样存在三个构造层及相应的成藏组合（图 8）。

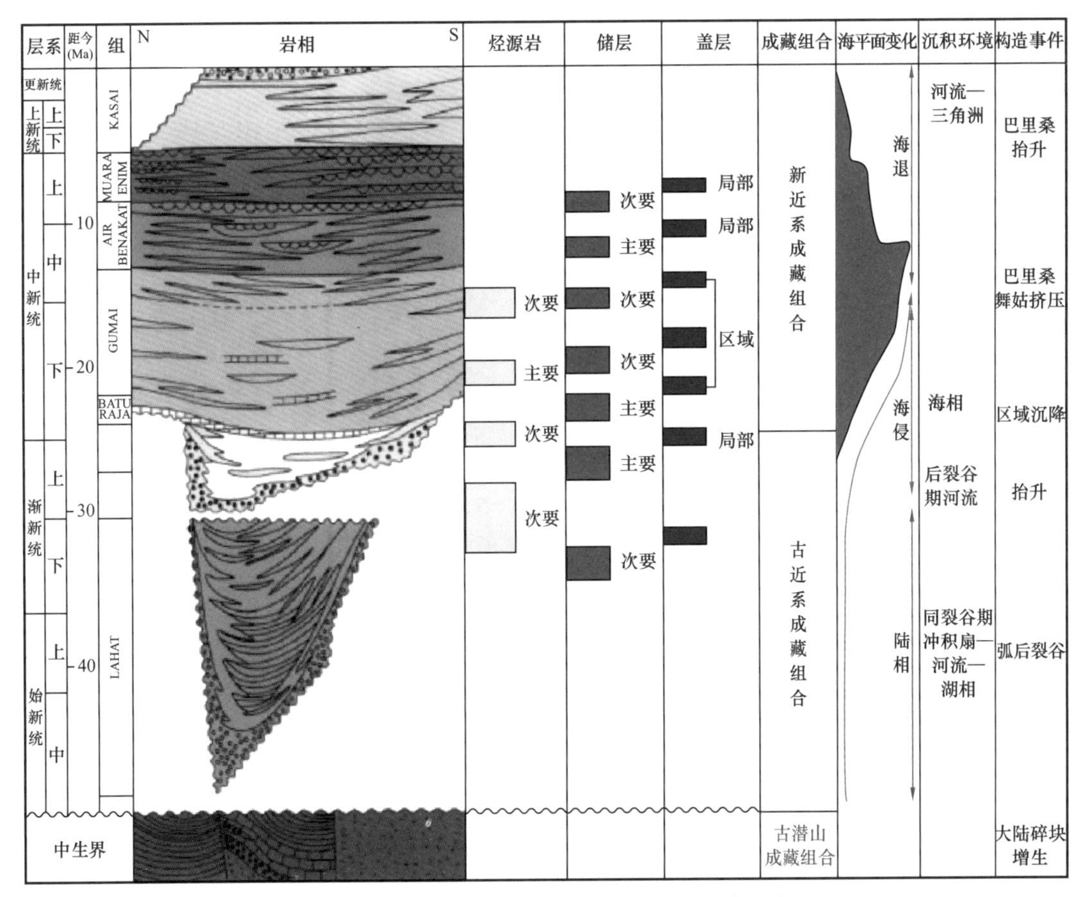

图 8 南苏门答腊盆地构造演化充填过程[21-22]

最上部为新近系组成的坳陷期构造层，占盆地沉积岩厚度的2/5左右，为海相沉积，上部为砂泥岩沉积，砂岩为主要储集层。下部以碳酸盐岩为主要储集层。圈闭以背斜，断背斜为主。该成藏组合自身不发育烃源岩，油气来自下伏地层，断层为运移通道。

古近系组成的成藏组合，分布局限于凹陷深部，地层厚度约占盆地沉积岩的3/5左右，自下而上从河湖相演变为海相沉积。下部储集层为冲积扇和辫状河砂岩，中上部为三角洲砂岩，发育有多套烃源岩。圈闭类型以背斜和断背斜为主，有少量地层岩性圈闭，是该盆地的主要产层，占油气储量的75%。

前古近系的古潜山成藏组合。前古近系经多次构造变动，地层和岩性十分复杂，由花岗岩、大理岩、石英岩、变质砂泥岩形成古潜山圈闭的储集层，甚至一个潜山就含有上述4种岩石类型，其中大理岩的物性最好。古潜山自身没有烃源岩，油源为上覆的古近系中的烃源岩。这三套成藏组合除具有共同的烃源岩外，其他成藏条件各不相同。

3 结论

（1）油气分布的控制因素纵向上的差异性大于平面上的差异性，发育历史长的盆地和多个原型盆地叠加的盆地，这种特点更加明显。因此由含油气层系构成的成藏组合，最适宜作为商业性评价勘探的基本单元。

（2）一个盆地或一个盆地内某一个区块往往存在多个成藏组合，并存在一个主力成藏组合，在进行一个盆地（或区块）的勘探时，要及时识别出主力成藏组合。应以主力成藏组合作为勘探的主要对象，从而快速发现主力油气田，大大提高勘探效率，并对所勘探的盆地（或区块）的勘探前景做出判断。

（3）盆地（或区块）的勘探部署，应建立在成藏组合评价的基础上。地震勘探可以将盆地（或区块）作为整体，但探井的部署要根据成藏组合分布的特点，按具体情况实施，在许多情况下要进行分层勘探。

参考文献

[1] 童晓光，何登发．油气勘探原理和方法［M］．北京：石油工业出版社，2001.

[2] Magoon L B，Dow W G. 含油气系统——从烃源岩到圈闭［M］．张刚，译．北京：石油工业出版社，1998.

[3] K lemme H D，Ulmishek G F. Effective petroleum source rocks of the world stratigraphyic distribution and controlling depositional factors［J］. AAPG Bulletin，1991，75（12）：1-7.

[4] USGS. World Petroleum Assessment 2000［R］.Virginia：United States Geological Survey，2000.

[5] 童晓光．渤海湾盆地油气藏空间分布规律的探讨［C］．北京：石油工业出版社，1987.

[6] 胡见义，徐树宝，童晓光．渤海湾盆地复式油气聚集（区）带的形成和分布［J］．石油勘探与开发，1986，13（1）：1-9.

[7] Allen P A，Allen J P. Basin analys is：priciples and applications［M］.Oxford：Blackwell Scientific Publications，1990.

[8] H S. Ordos Basin［R］. IHS Basin Monitor，81550_exp.pdf，IHS，2008：1-3.

[9]杨华，黄道军，郑聪彬．鄂尔多斯盆地奥陶系岩溶古地貌气藏特征及勘探进展［J］．中国石油勘探，2006，11（3）：1-5.
[10]付金华，魏新善，任军峰．伊陕斜坡上古生界大面积岩性油气藏分布与成因［J］．石油勘探与开发，2008，35（6）：664-668.
[11]喻建，宋江海，向惠．鄂尔多斯盆地中生界隐蔽油气藏成藏规律［J］．天然气工业，2004，24（12）：35-37.
[12]席胜利，李振宏，王欣．鄂尔多斯盆地奥陶系储层展布及勘探潜力［J］．石油与天然气地质，2006，27（3）：405-410.
[13]付金华，魏新善，任军峰，等．鄂尔多斯盆地勘探形势与发展前景［J］．石油学报，2006，27（6）：1-4.
[14]Barde J P，Gralla P，Harwijanto J A，et al. Exploration at the eastern edge of the Precaspian Basin：impact of data integration on Upper Permian and Triassic prospectivity［J］. AAPG Bulletin，2002，86（3）：399-415.
[15]Harris P T，Garber R A，Tyshkanbaeva A，et al. Geologic framework for Tengiz field，Kazakhstan［J］. AAPG Bulletin，1999，83（8）：762-763.
[16]IHS. Precaspian Basin［R］. IHS Basin Monitor，806200_exp. pdf. IHS，2008：1-6.
[17]刘洛夫，朱毅秀，胡爱梅，等．滨里海盆地盐下层系的油气地质特征［J］．西南石油学院学报，2002，24（3）：11-15.
[18]IHS. Bohai Gulf Basin［R］. IHS Basin Monitor，817000_ima_217220.pdf，IHS，2008.
[19]Rashid Harmen. Sosrow idjojo I B，Wildiarto F X. Musiplat form and Palembang high：a new look at the petroleum system［C］. IPA98-1-107.1998：265-276.
[20]Suseno P H，Zakaria，Mujahidin Nizar Contribution of Lahat Formation as hydrocarbon source rock in south Palembang area，South Sumatra，Indonesia［C］. IPA92-13-03，1992：325-337.
[21]薛良清，杨福忠，马海珍，等．南苏门答腊盆地中国石油合同区块成藏组合分析［J］．石油勘探与开发，2005，32（8）：130-134.
[22]H S. South Sumatra Basin［R］. HS Basin Monitor，511700_ima_132842.pdf.IHS，2008：1.

原载于:《西南石油大学学报（自然科学版）》，2009 年 12 月第 31 卷第 6 期。

非常规油的成因和分布

童晓光

（中国石油天然气勘探开发公司）

摘要：非常规油指勘探开发成本高、技术难度大的油品，主要有3大类。第一类为重油和油砂，系正常原油经过生物降解和水洗作用形成，分布广泛、潜力巨大，已被大量开采。第二类为油页岩，是干酪根与黏土和细粒无机矿物的混合物，有机质丰度高但不成熟，要经过人工加热生成石油，油页岩的发现很早，分布广泛，以美国所占比例最高。第三类为页岩（致密）油，存在于成熟度较高的高有机质烃源岩夹持的特低孔特低渗储层中，要通过对储层的压裂改造，产生人工裂缝才能生产石油。页岩（致密）油在美国、加拿大已开始生产，但其勘探潜力及其全球分布尚待研究。

关键词：非常规油；重油；油砂；油页岩；页岩（致密）油

1　油气资源分类

早在1979年Masters[1]就提出了油气资源分布的三角图概念，2004年Holdich[2]对油气资源分布三角图作了修改，但其基本思想是一致的。原油质量差或油气储层质量差的资源比原油质量好或储层质量好的资源规模要大得多（图1）。

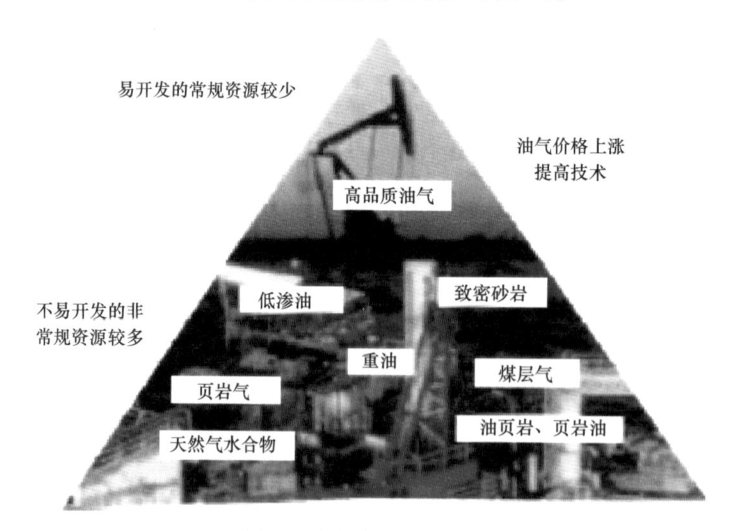

图1　油气资源类型分布

开采成本低和技术难度低的油气称为常规油气，反之称为非常规油气。随着常规油气采出量的增加和油气需求的上升，非常规油气资源的重要性逐渐增大。石油界对非常规油气的研究也不断加深。

现在石油界将“非常规”广泛用于常规技术不能采出的油气，但还没有统一的、精确的定义。对“非常规”术语的理解，不同的使用者和随着时间的变化有所差异[3-4]。美国联邦地质调查局[5]以资源评价为目的，把油气的聚集根据地质特征分为常规聚集和连续聚集。常规聚集是油气被分离聚集在构造和地层圈闭内，而且油气浮在水上；相反，连续聚集规模巨大，没有清晰的边界，与水柱无关。在许多文献中把“连续的”作为与“非常规”同义语，但是具有广泛共识的非常规油——重油和油砂圈闭机理却与美国联邦地质调查局常规油的定义相一致。Schlumberger公司油田词汇表中[6]，“非常规”用于称呼孔隙度、渗透率、流体圈闭机理或其他特征不同于常规的油砂和碳酸盐岩油气藏，其定义仍然无法包括重油和油砂。IHS[7]公司将“非常规”作为笼统的术语用于描述那些不能以经济的流速或不用人工激励和特别的采油方式和技术不能有经济产量的油气资源，这个对非常规油气资源的定义不从地质学概念出发，而是根据油气的经济性和开采技术的适用性。以此定义为依据，笔者认为非常规油应包括重油、油砂、油页岩和页岩（致密）油。

2 重油和油砂

重油和油砂的聚集机理与美国联邦地质调查局定义的常规油一致，而且其储层质量好，多为高孔、高渗的砂岩，也可以存在于其他岩石性质的储层中，但原油物性差，密度和黏度特别高。重油和油砂的成因基本一致，其差别是重油的密度和黏度相对较低，划分标准没有完全统一，但都采用密度（重度）和黏度二项指标。美国和加拿大把重油定义为在温度15.6℃时API度为10～20（即密度为0.934～1.00g/cm^3）、黏度为100～10000mPa·s的石油；把相同温度下API度小于10（即密度大于1.00g/cm^3）、黏度大于10000mPa·s的天然沥青定义为油砂[8]，这个标准已被国际石油界广泛采用。密度和黏度基本为正相关关系，但并非完全一致，密度高主要由于沥青含量高，但重金属含量也起一定作用。沥青可以进一步分为沥青质和胶质，胶质比沥青质有更高的黏度。因此用二项指标划分重油和油砂就发生矛盾，如世界上重油最集中的委内瑞拉奥里诺科重油平均API度8，达到油砂的标准，但黏度在1000～6000mPa·s，属于重油的标准[9]；世界上油砂最集中的加拿大Athabasca的油砂，基本上API度都小于10，但也有少量油砂API度大于10。

自然界生成的石油除少量早熟油的密度和黏度较高外，都是轻质油和中质油。有许多石油在形成油藏之前和之后经历了不同程度的破坏[10]，主要是生物降解和水洗作用，使正常原油变重和变稠，其中盆地演化过程中大地构造环境的变化最为重要。

2.1 盆地构造运动对原油性质变化的控制作用

盆地演化过程中各种形式的抬升使早期形成的沉积地层及其所包含的油气藏出露地表，发生侵蚀作用，使之与空气和地表水接触，原油中的轻质组分逸散，原油变重变稠。最严重的情况是古油藏被完全破坏，不再具有开采价值。如果这种地壳上升幅度较低、时间较短，继而盆地重新沉降接受新地层沉积，使古油藏得以保存，形成盆地深部不整合面之下重油油藏。规模比较大、分布比较广的重油和油砂都是晚期构造运动的产物，含油地层以新生界为主，局部为中生界，老地层比较少。这类重油和油砂的埋藏深度浅，大多数浅于1000m。

同一盆地的构造运动强度在平面上有很大差别，一般情况下盆地边缘受力较强、构造变动较大，最易形成重油和油砂。盆地陡坡所形成的重油和油砂聚集的规模相对较小，而缓坡一侧相对较大。世界上最大的油砂聚集区加拿大 Athabasca（图2）和世界上最大的重油聚集区委内瑞拉的奥里诺科超重油带就都位于缓坡带（图3）。中国的一些重油聚集区也是如此，如辽河西斜坡、泌阳北斜坡、准噶尔盆地西北缘的重油分布。

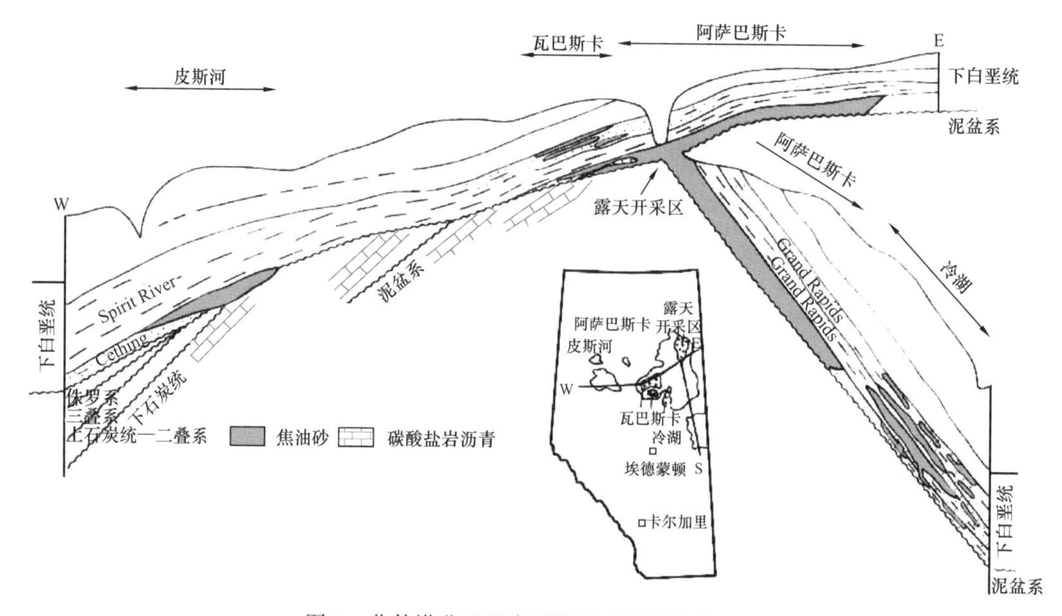

图2 艾伯塔盆地下白垩统油砂栅状综合对比

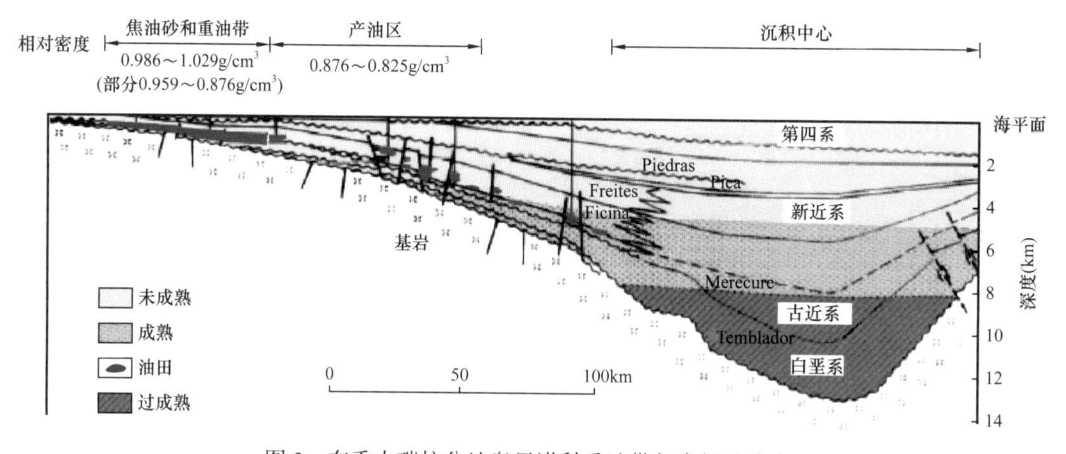

图3 东委内瑞拉盆地奥里诺科重油带与常规油分布

2.2 盖层质量对原油性质变化的控制作用

盖层阻挡油气向上逸散，盖层最主要的封堵作用是其岩石的毛细管压力。岩石越致密、孔喉半径越小，岩石的毛细管压力越大，所以盖层都由细粒岩石组成。Klemme[11]统计了世界上334个大油气田的盖层，页岩、泥岩盖层占65%，盐岩、膏岩盖层占33%，致密灰岩盖层占2%。盐岩的封盖性最好，美国联邦地质调查局还统计过世界上古生代油气系统70%的油气田的盖层都是盐岩。有些研究者认为盖层的厚度对其封盖性也有重大影响。

盖层的泥质含量对盖层封闭性有很大影响，当盖层中粉砂质甚至砂质增多就会降低盖层的封盖能力。泥岩中的黏土矿物含量和黏土矿物的成分也会影响封盖能力。有些泥岩沉积于如浅湖相等可能形成含砂较多的泥岩或细砂、粉砂岩夹层的环境，就使盖层封堵能力下降。从下伏烃源岩中或下伏地层油藏内通过断层进入这种盖层质量较差圈闭中的原油将发生生物降解和水洗作用而使原油变稠。这种现象广泛存在，中国渤海湾盆地以渤中坳陷为中心的海域及其相邻的陆地部分在新近系中大规模的重油藏就是这种类型[12]（表1）。

表1 渤海海域新近系油藏沉积环境、盖层质量与原油密度关系[12]

地区	SZ36-1-17	LD16-1	旅大Z7-2构造	LD32-2构造	曹妃甸11-1油田、秦皇岛32-6油田	蓬莱14-3油田、蓬莱19-3油田	渤中34-1油田
沉积环境	冲积扇	辫状河	辫状河—曲流河过渡带		曲流河	三角洲前缘—浅湖	三角洲远端前缘—浅湖
盖层厚度（m）	17	6	5～10	10～15	15～25、20～50	30～100	50～200
盖层岩性	杂色粉砂质泥岩	杂色泥岩	绿灰色—浅灰色泥岩	绿灰色—灰色泥岩	褐灰色、灰绿色泥岩	绿灰色—灰色泥岩	浅灰色—深灰色泥岩
原油密度（g/cm^3）	沥青	0.99～1.0	0.97～0.98	0.95～0.96	0.94～0.95	0.87～0.92	0.84

2.3 底水作用

油藏底部形成沥青垫的现象在许多油田均有发现。由于底水中的生物降解作用使石油变稠和变重，这种现象应发生在油水界面的水温低于80℃，如果水温高于80℃，就很难有生物存在，也就难以发生生物降解作用。辽河高升油田的莲花油藏就是一个例子，莲花砂体是一套陆源碎屑湖相浊积砂，埋深在1350～1600m，底水作用活跃使原油变稠和变重，底部原油比浅部原油的密度和黏度高[13]（表2）。

表 2　辽河高升油田莲花油藏各砂体原油性质[13]

砂体号	密度（g/cm^3）	50℃ 黏度（mPa·s）	（胶质 + 沥青质）质量分数（%）
4	0.947～0.948	1322～1792	43.86～46.42
5	0.948～0.956	1567～2680	40.95～45.81
6	0.949～0.959	1939～3307	41.66～46.76
7	0.953～0.959	2536～3307	43.34～45.38

2.4　重油和油砂的分布

已知全世界聚集的重油总地质资源量为 $539.964\times10^9m^3$，其中 $4.77\times10^9m^3$ 为附加的远景重油；已知全世界天然沥青总地质资源量为 $875.295\times10^9m^3$，其中 $157.887\times10^9m^3$ 为附加远景沥青，美国联邦地质调查局所说的天然沥青与笔者所说的油砂为同义词。重油分布于 192 个盆地，油砂分布于 89 个盆地[8]。

重油和油砂的分布与盆地类型密切相关，美国联邦地质调查局根据 Klemme 的盆地分类讨论重油和油砂的分布[11]。Klemme 首先将盆地分成 5 大类：Ⅰ内克拉通盆地、Ⅱ克拉通多旋回盆地、Ⅲ大陆裂谷盆地、Ⅳ三角洲（第三纪至现今）和Ⅴ弧前盆地。克拉通多旋回盆地进一步分为ⅡA 克拉通边缘（复合）盆地、ⅡB 克拉通增生边缘（复杂）盆地、ⅡC 陆壳碰撞带（聚敛板块边缘），再根据最终变形：闭合、槽状和开放，分为ⅡCa、ⅡCb、ⅡCc。大陆裂谷盆地进一步分为ⅢA 克拉通和增生带（裂谷）、ⅢB 裂谷聚敛边缘（大洋消减）和ⅢC 裂谷被动边缘（发散）。ⅢB 裂谷聚敛边缘（大洋消减）又可以进一步分为ⅢBa、ⅢBb、ⅢBc 三类。

重油最丰富的是ⅡCa 型盆地，15 个此类盆地的重油地质资源量达 $255.99\times10^9m^3$，其中阿拉伯、东委内瑞拉和扎格罗斯 3 个盆地就占 95%。其次是ⅡCc 型盆地，12 个此类盆地重油地质资源量为 $73.14\times10^9m^3$，墨西哥的 Campeche 盆地、Tampico 盆地和美国阿拉斯加北坡盆地合计占 89%。占第三位的是ⅢBc 型盆地，共有 9 个盆地，重油总资源量 $55.809\times10^9m^3$，其中马拉开波盆地占 92%。

油砂最丰富的是ⅡA 克拉通边缘（复合）盆地，共有 24 个此类盆地，油砂地质资源量为 $417.057\times10^9m^3$，占世界总资源的 48%，其中西加拿大沉积盆地占 89%，其次是俄罗斯的伏尔加—乌拉尔盆地为 $41.817\times10^9m^3$。处于第二位的是 6 个ⅡCa 盆地，总油砂地质资源量为 $398.931\times10^9m^3$。其中 83% 在委内瑞拉，大部分在东委内瑞拉的奥里诺科重油带。ⅡCa 型盆地既是重油最多的盆地类型，也是油砂丰富的盆地类型，与油砂最多的ⅡA 盆地资源量十分接近。因此ⅡCa 型盆地是重油和油砂最丰富的盆地。

牛嘉玉等[13]在研究稠油资源时指出：俄罗斯的重油和沥青主要聚集于伏尔加—乌拉尔盆地和通古斯盆地，而苏联专家 A A Megerhoff（1987）研究认为主要聚集于东西伯利亚地台，沥青地质资源量达 $102.873\times10^9m^3$，重油地质资源量 $13.038\times10^9m^3$，主要位于阿纳巴尔隆起区和阿尔丹隆起区。

综上所述，重油和油砂原始盆地必须要有丰富的原油生成，而生成和聚集的原油受到后期的生物降解作用转变成为重油和油砂。盆地的早期阶段以被动边缘盆地最为有利于油气的生成，而盆地的后期发生碰撞成为前陆盆地，适合于正常原油降解成为重油或油砂。具有这种演化历史的盆地众多，在全球广泛分布，重油和油砂是最现实的非常规油资源。

3　油页岩

油页岩是非常规油的一种特殊类型，由干酪根和黏土矿物组成，也可以含石英、长石和碳酸盐岩[14-15]。油页岩中的干酪根与一般烃源岩中的干酪根没有什么区别，但一般烃源岩的有机质丰度可以比较低，当有机碳含量大于 0.5% 时，只要有足够的埋藏深度，达到生烃的成熟度，就可以生成油气。而油页岩有机质丰度的要求要高得多，油页岩必须含有大量有机质才能具有经济价值。油页岩中的干酪根是不成熟的，要通过人工加热，使干酪根转变成为油气，要在短期内完成，平均热解温度要达到 500℃。根据 Tissot 等[14]计算，每克油页岩加热到这一温度需要热能 1.0465kJ，而干酪根的发热量为 41.86kJ/g，所以油页岩的干酪根含量必须大于 2.5%。实际应用中常以干酪根含量 5% 作为下限，每吨油页岩可以产出 25L 油。干酪根的密度一般为 0.95～1.05g/cm^3，所以油页岩的密度比一般泥页岩要小。

3.1　油页岩的沉积环境

油页岩的沉积环境可以分为大型湖盆、浅海、小湖、沼泽、伴随沼泽的潟湖等，总之要处于稳定的沉积环境[9]。

最典型的就是位于美国科罗拉多州、犹他州、怀俄明州的绿河页岩，面积达 6.5×10^4km^2。大湖盆形成于距今 60—50Ma，分为尤因塔湖和恰舒特湖，温暖气候，湖水具咸碱性，含有藻类、昆虫、苔藓等生物。湖盆存在时间超过 10Ma，后来湖盆开始萎缩直至消失。后期构造运动使 2 个湖盆演变成为 4 个盆地：皮申斯盆地、尤因塔盆地、绿河盆地和瓦沙基盆地。油页岩最富集和研究最深入的是皮申斯盆地，绿河组分为 17 个层，其中 13 个层有丰富油页岩，地质资源量达 141.87×10^8t，可采资源量 96.47×10^8t。类似还有刚果盆地三叠系和加拿大的布伦瑞维克的密西西比系阿尔伯达油页岩。

浅海环境生成的油页岩分布很广，但其厚度比较小，资源量比大湖区油页岩要少。最著名为爱沙尼亚中奥陶统库克瑟特（Kukersite）油页岩，规模最大的是巴西南部巴拉纳（Parana）盆地二叠纪依拉提（Irati）油页岩。此外有阿根廷的二叠系、北非的志留系、西欧的侏罗系、意大利西西里岛和美国加利福尼亚州的中新统等。浅海环境主要位于大面积的稳定台地，矿物质大多为石英、黏土，也可以有碳酸盐。

小型陆相湖泊沉积的油页岩，世界各地都有分布，但规模比较小，多为海西期和第三纪造山运动形成的盆地。有的湖盆下部有煤系地层，如中国的抚顺盆地。

3.2 世界油页岩的分布

3.2.1 油页岩的时代分布

寒武系—奥陶系的油页岩都分布于斯堪的纳维亚—东加拿大地盾边缘的浅海沉积中，包括美国、加拿大的中、东部，瑞典、爱沙尼亚及俄罗斯彼得格勒州。志留系—泥盆系油页岩主要分布于非洲的阿尔及利亚和利比亚，美国中、东部的陆棚浅海沉积。石炭系—二叠系的油页岩主要分布于冈瓦纳大陆，最重要的有巴西南部二叠系及乌拉圭和阿根廷的相同地层，澳大利亚二叠系塔斯曼、南非安米落，在北半球的西欧和美国东部的海西造山带的构造盆地中有较小规模的油页岩分布。三叠系的油页岩主要分布于刚果盆地，其次为瑞士、奥地利和意大利。侏罗系黑页岩组成的油页岩主要分布于法国、卢森堡和德国，西班牙和英国也有少量分布。白垩系磷灰石和燧石共生的海相黑页岩组成的油页岩以中东的约旦、以色列和叙利亚最为著名。第三系的油页岩最重要的就是美国落基山地区的绿河页岩，为陆相湖盆沉积。所以油页岩的主要沉积环境是陆相，巴西、南斯拉夫、中国、泰国、南美和北美均有分布。油页岩埋藏浅，形成后空间位置变化小，容易发现和勘探，所以油页岩的地质资源相对比较清楚。

3.2.2 油页岩的地理分布和地质资源量

全球油页岩地层资源量的数据不完全一致，美国化学家协会（2010）[16]公布的全球可采资源量为 $445.2 \times 10^9 m^3$，其中油页岩资源质量较好的国家有 14 个。资源量最大的是美国，为 $331.515 \times 10^9 m^3$，其次为俄罗斯 $39.273 \times 10^9 m^3$，第三为刚果民主共和国。美国油页岩占全球资源比例很高，一个皮申斯盆地绿河页岩就占全球地质资源的 37%，可采资源的 42%。

4 页岩（致密）油

页岩（致密）油是近年来引起重视的非常规油的重要类型，与页岩气一样属于连续聚集，与烃源岩密切相关，为源内或近源聚集。页岩（致密）油与页岩气具有共生关系。有利于形成页岩（致密）油的地质条件主要有二条：（1）形成页岩（致密）油的烃源岩的成熟度 R_o 应低于 1.3%，但应高于 0.6%，最好在 0.9%～1.3%。生成的原油为轻质油，分子量小，能够在低孔低渗条件下运移；（2）页岩油实际的含油储层主要是特低渗透率的粉砂岩，其储层的物性条件优于页岩，可能将其称为致密油更加恰当。

美国对页岩（致密）油的研究和勘探开发处于世界领先地位，最著名的是威利斯顿（Williston）盆地的晚泥盆世—早石炭世的 Bakken 组（图 4）。威利斯顿盆地发育早期为被动大陆边缘盆地，科迪勒拉运动使之成为克拉通内盆地，地层总厚度 4880m，地层间有多个不整合面，但没有地层缺失[17]。晚泥盆世—早石炭世处于北美大陆西部边缘，位于赤道附近。Bakken 组上段和下段为有机质丰富的黑色页岩，有机碳含量达 7.23%～10.60%，平均厚度分别为 7m 和 15m。中段为粉砂质白云岩和灰岩，夹少量细砂岩，呈楔状体，最厚 42.7m。Bakken 组上下有机质丰富的页岩作为烃源岩，中间夹有白云质粉砂岩作为储层，呈三明治式结构，构成了一个含油气系统。Bakken 组生成的油气都滞留在 Bakken 组，未进入上覆的 Madison 群，其可采资源量为 $4.3435\times10^8m^3$。威利斯顿盆地的页岩（致密）油年产已达 2000×10^4t。

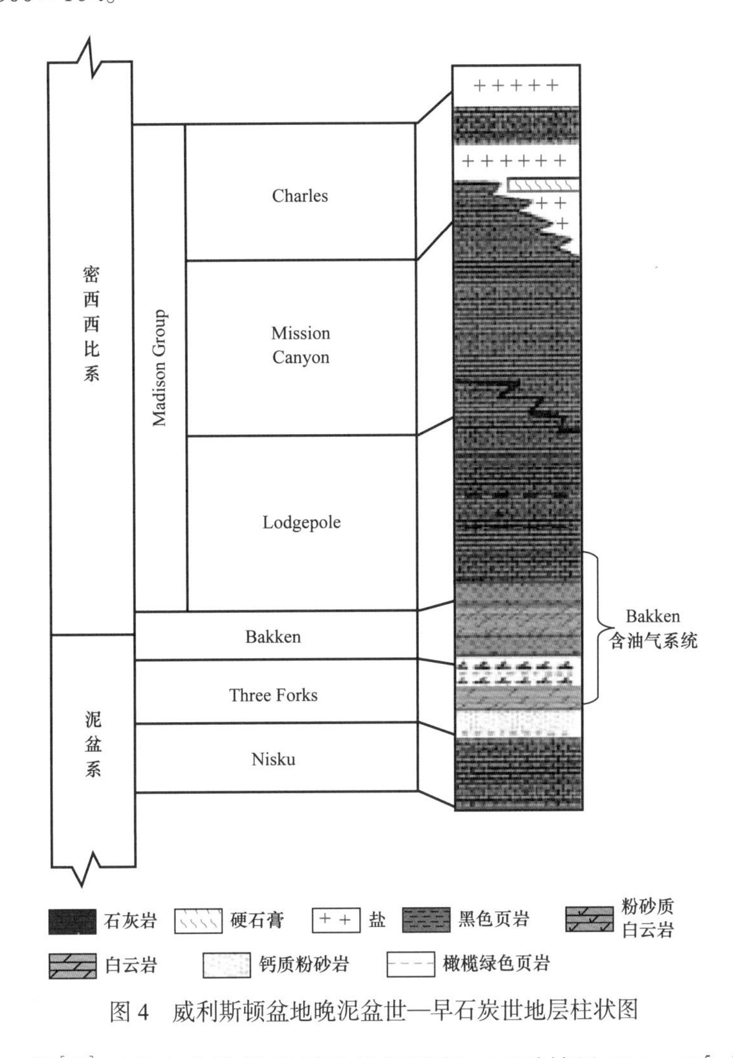

图 4　威利斯顿盆地晚泥盆世—早石炭世地层柱状图

据 Stephen 等[17]对其中艾勒姆库里油田的研究，可采储量 $318\times10^5m^3$。储层的孔隙度 3%～8%；渗透率 0.01～0.09mD，平均 0.05mD，总体上储层物性向上变好（图 5）；原油 API 度 40.9，地层条件下黏度 2.15～0.45mPa·s，气油比为（500～800）$\times10^6ft^3/bbl$。

美国得克萨斯南部和美国中东部的海相白垩系中有广泛的页岩（致密）油分布，美国总年产量可以达到 1.5×10^8t，将成为美国石油产量增加的最大亮点。相信世界上应该存在类地质条件的地区和层系，随着研究和勘探的深入必将有新发现。

页岩（致密）油的原油性质很好，只是储层物性差，现在页岩气的储层改造技术已比较成熟，完全可以应用于页岩（致密）油的开发，页岩（致密）油的前景很大。

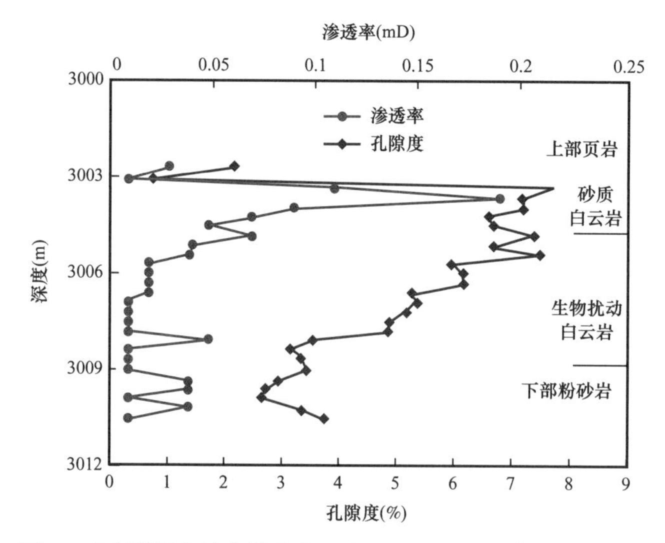

图 5　威利斯顿盆地艾勒姆库里油田 44-24Vaira 井的孔渗分布

5　结论

重油和油砂已经成为常规原油的补充，在世界原油产量中的比例将逐渐升高。页岩（致密）油的原油性质好，开采技术已经成熟，陆地部分可能最有远景。油页岩的资源丰富，资源分布清晰，随着开采技术提高和油价的上升将逐步成为有经济意义的资源。

参 考 文 献

[1] Masters J A. Deep basin gas traps，westen Canada［J］. AAPG Bulletin，1979，63（2）：152-181.

[2] Holditch S A. Tight gas sands［J］. Journal of Petroleum Technology，2006，58（6）：84-90.

[3] 孙赞东，贾承造，李相方，等 . 非常规油气勘探与开发［M］. 北京：石油工业出版社，2011.

[4] 邹才能，陶士振，侯连华，等 . 非常规油气地质［M］. 北京：地质出版社，2011.

[5] Schmoker J W.U.S. Geological survey assessment concepts for continuous petroleum accumulations［R］. Reston，Virginia：U.S. Geological Survey Digital Series DDS-69-B.

[6] Pierre Allix，Alan Burnham，Tom Fowler，et al. Coaxing oil from shale［J］. Schlumberger Oil Field Review，2010，22（4）：4-15.

[7] Prithiraj Chungkham. The unconventional and HIS［R/OL］. http：//www.ihs.com/products/oil-gas-information/source-Newsletter/international/julgz.

[8] Richard F M，Emil D A，Philip A F. Heavy oil and natural bitumen resources in geological basins of the world［R］. Reston，Virginia：U.S. Geological Surrey，2007-1084，2007.

[9] 穆龙新，韩国庆，徐宝军 . 委内瑞拉奥里诺科重油带地质与油气资源储量［J］. 石油勘探与开发，2009，36（6）：784-789.

[10] Macgregor D S. Factors controlling the destruction or preservation of giant light oilfields［J］. Petroleum Geoscience，1996，2（3）：197-217.

[11] Klemme H D. Petroleum basins：classifications and characteristics [J]. Journal of Petroleum Geology，1980，3（2）：187-207.

[12] 邓运华，李建平. 浅层油气藏的形成机理——以渤海油区为例 [M]. 北京：石油工业出版社，2008.

[13] 牛嘉玉，刘尚奇，门存贵，等. 稠油资源地质与开发利用 [M]. 北京：科学出版社，2002.

[14] Tissot B P，Welte D H. Petroleum formation and occurrence [M]. Berlin，DEU：Springer-verlag，1978.

[15] 钱伯章. 世界油页岩资源与利用 [J]. 石油科技动态，2011，303：31-47.

[16] Knaus E，Killen J，Biglarbigi K，et al. An overview of oil shale resources [G] //Ogunsola O L，Hartstein A M，Ogunsola O. Oil shale：a solution to the liquid fuel dilemma. ACS Symposium Series 1032：3-20，Washington D. C.：American Chemists Society，2010.

[17] Stephen A S，Aris Pramudito. Petroleum geology of the giant Elm Coulee field，Williston Basin [J]. AAPG Bulletin，2009，93（9）：1127-1153.

原载于：《石油学报》，2012 年 8 月第 33 卷增刊。

非常规油气地质理论与技术进展

童晓光[1]，郭建宇[2]，王兆明[3]

（1. 中国石油天然气勘探开发公司；2. 振华石油控股有限公司；
3. 中国石油勘探开发研究院）

摘要： 当前对油气的开发从常规油气扩展到开采难度较大、开采成本较高的非常规油气。在不远的将来，将实现常规和非常规油气并举的局面。根据成因，可将非常规油气分为三大类：第一类为重油和油砂，为正常原油经过生物降解和水洗作用形成，分布广、潜力大，已被大量开采利用；第二类为致密油气、页岩油气和煤层气，主要特征是储集于孔渗条件极差储层中，属于连续型—大规模聚集油气藏，目前发展迅速，也是产量增长最快的领域；第三类为油页岩，是未成熟的干酪根与黏土和细粒无机矿物的混合物，有机质丰度高，要经过人工加热生成石油，油页岩发现很早，分布广泛，美国比例最高。由于对非常规油气的评价和勘探开发，带动了石油地质理论和勘探开发技术的不断创新。同时非常规储量规模巨大，相当于常规油气资源的2～3倍，勘探开发技术日趋完善，大大延长了石油工业的生命周期，引领石油工业跨越式发展。

古代人类就发现了石油和天然气。到19世纪中叶，俄罗斯和美国相继钻成了第一口油井，美国1859年在宾夕法尼亚钻成第一口油井后，进入商业性开发，1862年的年产就达到3×10^{6}bbl。19世纪末，全世界的石油年产量为1.5×10^{8}bbl，这时期主要依靠油苗在浅层钻井，石油用于提炼煤油照明，一般称之为“煤油时代”。

20世纪以来，石油工业飞快发展。1900年起，一些石油公司纷纷成立地质研究部，开始用石油地质理论指导找油。核心问题是油气成因、油气藏的形成和油气分布规律。研究油气成藏的基本要素，即烃源岩、储集层、盖层和圈闭，油气生成的一次和二次运移。与石油地质学密切相关的学科也快速发展，如油气地球化学，基本确定了石油的有机成因，为石油地质学奠定了基础。同时配套发展了油气勘探和开发技术。油气的勘探开发从浅层走向深层，从陆地走向海洋。到2000年全球石油产量达到2.65×10^{10}bbl，天然气达到8.51×10^{13}ft^{3}。油气成为主要能源和化工原料，世界进入了”汽油时代”和”化工原料时代”。

对油气需求的快速增加，促使对油气的开发从优质油气扩展到品质较差、开采难度较大和开采成本较高的油气。

1979年，美国地质学家Masters提出了油气资源分布的三角图概念，后来也有学者对三角图进行了一些修改[1-2]，但基本概念没有变化。三角图的顶部为常规油气，开采技术难度较低和开采成本较低，油的品质好，占总油气资源量的比例较小。非常规油气开采技术难度较大，开采成本较高，油的品质较差，但占油气总资源量中的比例大（图1）。

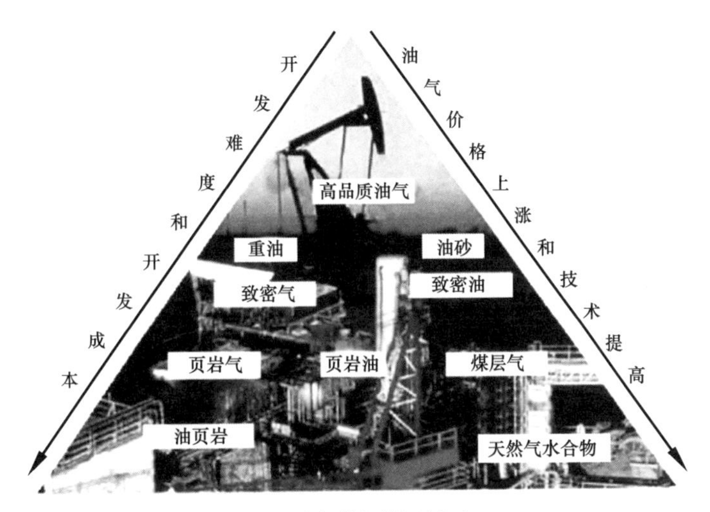

图 1　油气资源类型分布

石油工业从以常规油气为主，逐渐增加非常规油气，在不远的将来可能实现常规油气和非常规油气并举的局面。石油地质学正在发生创新性变化，不仅以常规油气为对象的石油地质学及其勘探开发技术将继续深化发展，而且正在出现和发展非常规油气地质学和发展非常规油气勘探开发技术。

根据非常规油气的成因，可以将其分为三大类：第一类是重油和油砂；第二类是页岩油气、致密油气和煤层气；第三类是油页岩。

1　重油、油砂

重油和油砂的成藏机理与一般常规油藏基本一致，都需要具有烃源岩、储集层、盖层和圈闭等成藏要素。由于重油和油砂的密度大、黏度高，虽然储层多为高孔和高渗，仍然很难流动。重油和油砂的开采难度大、成本高，并且要有新的开采技术。

全世界的重油和油砂的标准不完全相同。美国联邦地质调查局 2007 年根据原油的重度和黏度进行分类：API 度大于 25 为轻质油；API 度大于 20，不大于 25 的为中质油；API 度在 10～20 之间，黏度大于 100mPa·s 的为重油；API 度小于 10，黏度大于 10000mPa·s 的为天然沥青（即油砂）[3]。由此可见，原油的性质从常规油、中质油、重油、油砂是连续变化的。

从干酪根热演化生成的大部分原油 API 度大于 25。重油和油砂的形成是由于油藏形成之前和形成后，原油经历了不同程度破坏的结果。主要有三种因素，一是盆地后期构造运动对原油性质变化的控制作用。盆地演化过程中各种形式的抬升使早期形成的地层及其所包含的油气藏出露地表，使空气和地表水接触，原油中轻质组分逸散，原油被水洗和生物降解。最严重的情况是古油藏完全被破坏。如果暴露时间短，继续有上覆新地层沉积，可以形成不整合面之下的重油油藏。二是盖层质量对原油性质变化的控制作用。盖层阻挡油气向上逸散，盖层最主要的封堵作用是其岩石的毛细管力。最好的盖层是盐层，但分布最广泛的盖层是泥页岩地层，当这种盖层的粉砂质甚至砂质含量增多，就降低盖层的封盖能力，使下覆储层中的原油发生水洗和生物降解作用，使原油变重变稠。三是底水作用，油藏底部形成沥青垫现象在许多油田均有所发现，这是由于底水中的生物降解作用使原油变重和变稠。温度高于 80℃ 就很难有生物存在，底水降解作用必须在水温低于 80℃ 的深度。

大规模的重油和油砂聚集的先决条件是，盆地内必须要有丰富的烃源岩，从而生成大量原油。盆地演化的早期多为被动大陆边缘盆地和克拉通盆地，后期的原油变化要处于适度的范围。否则，原油全部破坏成为沥青。重油形成环境受构造运动影响弱于油砂。因此油砂多位于前陆盆地，重油可以存在于前陆盆地也可以存在于其他类型的盆地，分布更加广泛。在一个盆地内分布相对有利的位置是前陆盆地斜坡带和前缘隆起的浅部。总体上，重油和油砂的埋藏比较浅[4]。

根据美国联邦地质调查局的评价，油砂的原始地质资源量为 5.5×10^{12}bbl。其中，西加拿大盆地占 2.334×10^{12}bbl、东委内瑞拉盆地占 2.08×10^{12} bbl，共占 80%，分布非常集中，都是前陆盆地[5]。重油原始地质储量为 3.396×10^{12} bbl，约 47% 分布于阿拉伯盆地、东委内瑞拉盆地和扎格罗斯盆地。与油砂相比，重油分布的盆地类型多，分布地域也比较广泛。

重油和油砂的油质比较稠，流动性差，特别是油砂。埋藏较浅的油砂基本上都是用露天开采和巷道开采的方法。一般在油砂埋深浅于 120m 时可以用露天开采，埋深 120～750m 时为巷道开采。开采方法不断改进，生产成本有所下降。重油和埋藏较深的油砂都采取井下开采的方法，目前在加拿大采用的主要方法是水平井和蒸汽辅助重力泄油（SAGD）相结合的方法。重油的原油性质、埋深各地差异很大，必须因地制宜，但最基本的方法是注蒸汽，在合适的条件下，如奥里诺科重油带也可以利用泡沫油机理水平井初期冷采，以提高经济效益。

截止到 2012 年，全球重油和油砂累计产量分别达到 7.38×10^{9}bbl 和 1.758×10^{10}bbl。2012 年全球年产重油 4.69×10^{8}bbl，主要集中在东委内瑞拉、巴西和墨西哥湾，油砂年产 6.02×10^{8}bbl，主要集中在加拿大艾伯塔盆地。据 Hart Energy 2011 年预测[6]，到 2035 年，全球重油和油砂年产量将达到 5.672×10^{9}bbl（图 2）。

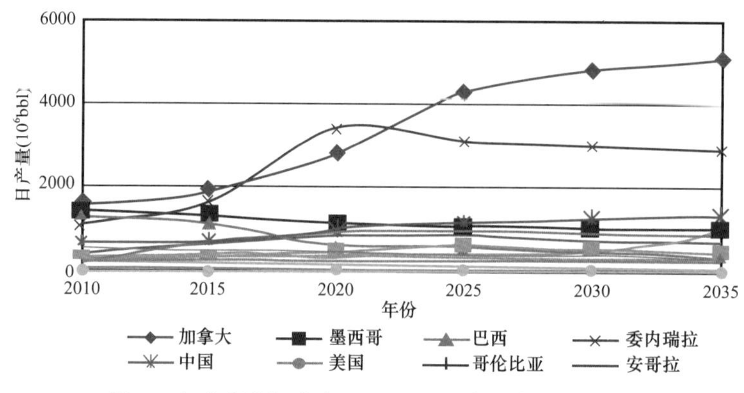

图 2　全球重油与油砂 2010—2035 年日产量预测图

可以生产的重油和油砂主要分布于较新的地层中，如白垩系、古近系和新近系。据报道，在东西伯利亚有规模巨大的沥青矿藏，相当大的部分为固体沥青，地层时代较老，是否经济上可采有待研究。

2 页岩油气、致密油气和煤层气

它们的开采技术难度大、成本高、主要是由于储层物性差，所以列为非常规油气。美国 James W. Schmoker 最早提出连续油气聚集的概念[7-9]，上述几种类型的油气都属于连续油气聚集，是目前讨论的非常规油气最热门的内容，也是产量增长最迅速的领域。

2.1 页岩气、致密气

非常规气主要有页岩气、致密气、煤层气 3 种，非常规气与常规气的储层性质是逐渐变化的（图 3）。

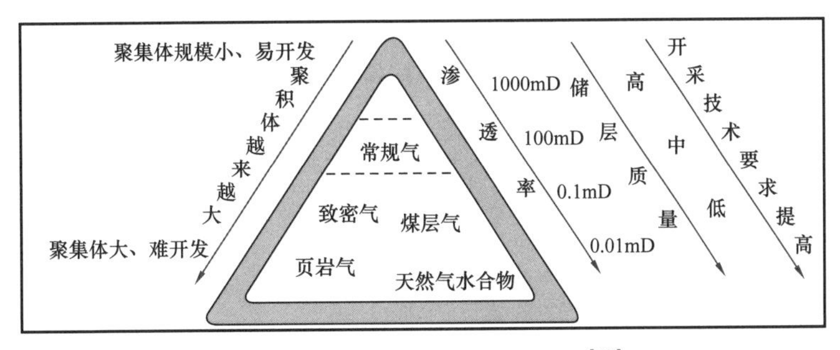

图 3 非常规天然气能源三角图[10]

页岩气以吸附态与游离态赋存于富含有机质的页岩中。页岩主要由黏土组成，含少量粉砂颗粒，也可能有薄层的碳酸盐岩，渗透率极低，实际上就是烃源岩。富含有机质，大部分气为热成因，也有部分为生物成因。这种烃源岩所生成的天然气在成熟时一部分已经排出运移到相邻的储层中，剩余部分滞留在页岩中。页岩起了储层的作用，但其孔隙度和渗透率低，渗透率为毫微达西（$<1\times10^{-9}\mu m^2$），孔隙度 6%～12%（表 1）[7-8, 11]。

页岩气的分布不受圈闭的控制，页岩气的分布范围基本上受有效烃源岩的分布范围控制。因此形成了大面积分布的连续聚集，页岩气可以大量存在于盆地中心和斜坡区，页岩气的挑战不在于发现是否含气，而在于寻找最佳区域，或”甜点”，决定其高产和采收率（表 1）。

在页岩气中许多参数极为重要，如总有机碳（TOC）含量、干酪根类型、热成熟度、矿物成分、岩性、脆性、天然裂缝、应力状态、气的储集位置和类型、热成因或生物成因系统、沉积环境、厚度、孔隙度和压力等参数（表 1）。

页岩中天然气的储存有 3 种形式：（1）游离气，包括储存于页岩基质孔隙中和天然裂缝中；（2）吸附气，包括化学吸附和物理吸附；（3）溶解气，溶解于沥青中。最先产出的是游离气，随着压力降低后产出的是吸附气，其数量后者大于前者，生产中不产水。

表 1　页岩气、致密气和常规天然气对比表[14]

油气分类	源	圈闭	地层	深度（ft）	渗透率	孔隙度（%）	天然气储存形式	采收率（%）	储藏机理	储藏分析	地层评价	井类型	完井形式	压裂目的	是否产水	人工举升	凝析油
页岩气	自生（烃源岩）	无	连续	2000～15000	毫微达西	6～12	自由气/吸附气/溶解气	25～35	扩散/溶解	特殊模拟	Conv/spect NWR/岩心分析	水平井	OH/CH	使储藏具有商业价值	不产水	是，回注和页岩油	一些/大部分为干气
致密气	运移	层状	透镜状/覆盖状/层状	20000	<0.1mD	7～15	储存于孔隙中	25～40	溶解	储藏模拟	Conv log/NWR/spect/岩心分析	直井/水平井/Dev/S 型	OH/CH	使储藏具有商业价值	可产水	是，脱水	一些
常规天然气	运移	构造/层状	透镜状/覆盖状/层状	浅—深	低渗 500mD	17～25	储存于孔隙中	95	溶解，水驱，重力驱	DCA/MB/数值模拟	Conv log+/岩心分析法	直井/Dev/水平井	主要为CH/OH	增大孔隙度/消除储层伤害	可产水	是/产水/脱水	一些

由于极低孔、极低渗的特点，页岩气的开采方式都用水平井和水力压裂，才能产出具有商业价值的天然气资源。北美对页岩气的研究深度大，已形成了配套技术。美国页岩气的年产已达 $6.35 \times 10^{12}ft^3$，预测到 2035 年将达到 $1.35 \times 10^{13}ft^3$。

美国能源信息署 2013 年 6 月公布的数据，包含了除美国以外的 41 个国家、137 个页岩地层的评价结果，风险后地质资源量为 $3.1138 \times 10^{16}ft^3$，风险后技术可采资源量 $6.634 \times 10^{15}ft^3$，加上美国分别为 $3.5782 \times 10^{16}ft^3$ 和 $7.295 \times 10^{15}ft^3$[12]。页岩气将成为未来石油地质学和勘探开发技术的重要方向。

致密气赋存的储层渗透率小于 0.1mD。致密气与页岩气和煤层气不同，致密气是从烃源岩中运移出来聚集在相邻的地层中。致密气储层由两种类型，一种是细颗粒的致密沉积岩，另一种是岩石胶结紧密，低孔隙、细喉道和毛细管连通性差。

致密气的许多特征介于常规气和页岩气之间，它不存在分离的气水接触带，但往往含有少量的水，产状呈层状和透镜状，孔隙度介于 7%～15%，气储存于孔隙中，不是标准的连续聚集。致密气的开采方式与页岩气基本相同，也以水平井为主，并要进行水力压裂，采收率略高于页岩气。

应该认识到：几乎没有相同的页岩气藏，也没有典型的致密气藏，对这两类气藏必须根据实际资料进行深入研究。目前，美国的致密气产量与页岩气基本相当，但从发展趋势来看，页岩气将大大超过致密气。

中国的非常规气以致密气为主体，在相当长的时间内仍是如此。有不少机构对致密气的潜力进行评估，但差别较大，也没有详细的评价报告。IEA（2009）指出，全球致密砂岩气可采资源量为 $3.883 \times 10^{15}ft^3$，发展潜力巨大[13]。

页岩气、致密气和常规气的地质特征具有逐渐变化的过程（表 1）。

页岩气和致密气从勘探到生产研究方法和内容已取得了相似的认识。

（1）勘探阶段。其任务是选择盆地、层系和地区、确定核心区（“甜点”）。进行储层描述，初步确定储层潜力和经济价值。具体内容有地质学数据——沉积学、地层学及沉积环境；地球化学——TOC、干酪根类型、热成熟度；储层物性——岩石类型、岩性、矿物成分、孔隙度。充分使用三维地震研究地质学数据。利用地震属性认识天然裂缝，利用地震交汇图确定“甜点”，利用声阻抗技术确定最高 TOC 地区，应用测井资料进行初期储层描述。

（2）评价阶段。其任务是钻探评价井，建立地质模型进行数值模拟，制定气田开发计划，确认储层的经济可行性。评价阶段所钻井数增加将进一步完善气藏描述。研制各种评价方法，如递减曲线分析，物质平衡法（Payne 和 Holditch），但多不完全匹配。用水力压裂后，页岩气藏和致密气藏特点已发生变化，要研究更可靠的分析和预测方法。Vassilellis 等人引进了多学科交叉的方法——“页岩工程技术方法”，该方法涉及 3 种模型（气藏模型、气井模型和裂缝模型）所用技术涉及地质学、岩石物理学、地质力学、地球化学、地震学和工程学。

（3）开发阶段。其任务是补充完善气田开发方案，进行钻井设计和优化钻井成本，细化和优化水力压裂和完井设计。开发阶段的核心技术是水力压裂，现在已普遍应用微地震检测仪实时监控页岩气和致密气的压裂作业，监控裂缝的方位角、宽度和长度（是否超出作业区到含水层）。

（4）生产阶段。其任务是检测和优化采气速度，水循环处理，防止腐蚀，细菌污染，环境保护，要管理和控制压裂液返排速度。用生产测井仪和分布温度技术（DTS）测定压裂后不产气井段，确定是否要用其他储层改造技术。对于页岩气井的压裂返排水和致密气井采出水的脱水技术和水处理。

（5）气田再生阶段。再生阶段的主要挑战在于修复低产井和低经济效益井，要评价筛选出需要再次压裂的井，再压裂可以减缓产量递减或恢复生产。有时甚至超过原始压裂后产量。根据生产状况确定加密井的井网密度。如有的致密气藏从原来井网密度为160AC，后加密到5～10AC。

2.2 煤层气

煤是有机物质和无机物质的复合体，具有明显的非均质性。煤的显微组分可以分为壳质组、镜质组和惰质组。按煤的成因可以分为腐殖煤（由高等植物形成），腐泥煤（由海藻等低等植物残骸生成）和残留煤（由细菌和分散的植物形成）。

煤层气是一种由煤层自生自储的非常规气藏。包括煤层颗粒基质表面吸附气、裂隙中的游离气、煤层水中溶解气和煤层之间薄砂岩、碳酸盐岩等储层、夹层间的游离气。煤层气俗称“瓦斯”，其主要成分是甲烷，其热值与天然气相当，可以与天然气混输混用。

煤层气有两种基本成因类型：生物成因和热成因。生物成因气是由各类微生物的一系列复杂作用过程导致有机质发生降解而形成的；而热成因气是指随着煤化作用的进行，伴随着温度升高、煤分子结构与成分的变化而形成的烃类气体。煤层气以游离状态、吸附状态和溶解状态赋存于煤层内。

世界主要产煤国都十分重视开发煤层气。美国、英国、德国、俄罗斯等国煤层气的开发利用起步较早，主要采用煤炭开采前抽放和采空区封闭抽放方式开采煤层气，产业发展较为成熟。20世纪80年代初美国开始试验应用地面钻井开采煤层气并获得突破性进展，标志着煤层气开发进入一个新阶段。

2011年，中石油对全球74个主要含煤盆地煤炭和煤层气资源量进行了重新统计核算。全球煤层气资源量约为（4.008～4.344）$\times 10^{15}ft^3$。加上中国的$1.299\times 10^{15}ft^3$，全球煤层气资源量超过$5.295\times 10^{15}ft^3$。

煤层气评价内容包括储层地质学特征评价、储集层物性特征评价、资源储量评价以及煤层气可采性综合评价技术等。煤层气储层评价参数包括含煤性、含气性、渗透性、储层压力、含气饱和度、原地应力、储层温度、煤层产状8个方面。煤层气资源量计算方法主要有类比法、体积法、压降曲线法、物质平衡法、数值模拟法和产量递减法等。

煤层气井的钻井方法与油气田开发的钻井方法相类似。当煤层深度小于1000m，地层压力正常时，钻井通常采用小型钻机或车载钻机等常规钻井设备。在煤层埋藏较深，煤层的渗透率较高，压力较大的情况下，钻井需要采用非常规的钻井方法。

目前，煤层气较为有效的增产改造技术主要有多元气体驱替技术、水力压裂增产改造技术和采煤采气一体化技术等。多元气体驱替技术指的是通过注气来开采煤层气的技术。

注入煤层的气体包括二氧化碳、氮气、烟道气、空气等气体。注入气体在地层中膨胀，能有效增加煤层的地层能量，改变压力传导特性和增大气体的扩散速率，从而达到提高单井产量和采收率的目的[15]。

由于煤层气储层孔隙度、渗透率很低，地层压力往往不足，采用常规抽汲开采的方法开发效果常常不佳，煤层气的产量往往很低，因此压裂技术和水平井技术成为了提高煤层气产量的有效技术方法。国内外工业煤层气开采已有30多年的历史，大部分煤层气都是经过压裂后才获得有价值的工业气流[16]。

煤的开采与煤层气的开采相结合的技术称为采煤采气一体化。在煤层的开采过程中会引起煤储层的裂缝移动，这种变形、移动会使煤储层内部压力下降，压力的释放有助于煤层气的开采。这种方式也使得煤储层的渗透率大大提高，为煤层气的开采建立了很好的渗滤通道。先采气，后采煤，可以有效降低煤层瓦斯含量和煤层瓦斯压力，减少煤矿瓦斯事故。

煤层气埋藏较浅，钻井费用较低，煤层气的开采通常要排水降压，初始产量低，产量递减慢。

2.3 页岩油和致密油

页岩油和致密油与页岩气密切相关。开始多称为页岩油，后来在公开场合交替使用。现在石油界一般将其称为致密油，因为这个名称有更大的包容性，更为确切，关系到在任何具体井中产油的地质层位，包括页岩以外的地层。

页岩油和致密油的成因和分布与页岩气密切相关。油的来源与页岩气一样，烃源岩受热成熟度控制，如果处于生油窗阶段，生成的是油；如果处于生气窗阶段就生气。生成的油排出，运移至常规储层，成为常规油藏，运移到致密储层就成为致密油，继续滞留在生油的页岩中就成为页岩油。油的分子量比气的分子量大，要求运移的孔隙直径更大，能够运移油的储层物性要求更高。美国的Bakken组和EagleFord组可以作为典型的代表。

Bakken组上下为页岩层，富含有机质，一直处于生油窗阶段，孔隙度在2%～4%，渗透率小于0.1mD，含油饱和度达70%～80%，而Bakken组的中间是致密层，油气运移聚集在这套地层中（图4）。

Bakken组石油主要产自中下部致密地层，但也产自经压裂改造的页岩层。Bakken页岩干酪根类型为Ⅰ、Ⅱ型，R_o为0.6%～0.9%，原油密度0.81～0.82，压力系数1.35～1.56，TOC含量11%～15%，最高达20%，为世界级烃源岩。中部储层由砂岩、细粉砂岩和灰岩组成，是主要产油层段[17]。

Eagle Ford组由层状的海相碳酸盐岩和富含有机质的页岩组成。在Eagle ford同一套页岩层系内，R_o介于0.6%～0.8%的生产井均为油；R_o介于0.8%～1.1%的生产井均为凝析油；R_o大于1.1%的生产井均为干气。R_o随页岩层埋深增加而增加，由盆地东南向西北逐渐抬高；油气相态自东南向西北依次由于气过渡为凝析油和油[11]（图5）。

中国也发现了页岩油田，三塘湖盆地马朗凹陷二叠系芦草沟组很典型（图6、图7）[18]。芦草沟组二段为有机质页岩夹碳酸盐岩薄层。由于马朗凹陷芦草沟组岩性致密，油气不

地层		孔渗性	岩心剖面 主要为北达科他州东部和北部	厚度(ft)	岩性描述	油气层类型	岩心照片
黑松组					粒泥灰岩、泥粒灰岩		
巴肯组	上段			5～19	黑色含沥青的页岩/泥岩	生油岩	TOC含量为14%
	中段			0～5.6	泥质、含黏土的微晶白云岩/微亮晶灰岩，远端丘状层理？砂—粉砂级风暴沉积的生物碎屑向上减少	差致密油层	
				0～8.7	远端丘状层理？砂—粉砂风暴层，生物碎屑层向上增加，生物洞穴普遍，薄层状含白云石的粉砂岩、极细砂岩-砂质粉砂岩，粒度从含黏土的粉砂岩和泥质页岩向上变粗		
		孔隙度：6%～10% 渗透率：0.03~1mD		0～6.7	韵律变化的薄片状到波状白云石化的粉砂岩—极细砂岩，纹层级薄片，松软沉积物变形		
		孔隙度：3%～13% 渗透率：0.03~1mD		0～5.3	薄层状含黏土的、白云石化泥质极细砂岩；向西黏土含量增加？		
		孔隙度：10%～15% 渗透率：＞1mD		0～14.5	交错层状白云石化含鲕粒的极细—细砂岩和鲕粒生物碎屑岩，方解石、硬石膏胶结受纹理控制	常规油气层	
				0～7.1	砂质为主的薄层状/波状白云石化极细泥质砂岩夹黏土盖层	差致密油层	
				0～2.7	双向波纹的白云石化泥质极细砂岩		
				0～17.2	层状白云石化粗粉砂岩到极细砂岩，通常有两变厚—薄层(平均每层4ft)，部分岩心可见藻团块(叠层石)，部分薄层见潮汐层理		
		孔隙度：8%～10% 渗透率：0.1～1.0mD			白云石化粉砂岩—极细砂岩，夹富含遗迹化石的泥质粉砂岩—极细泥质白云石化砂岩	主力致密油层	
				0～36.9	富含泥质的白云石化粉砂岩、极细砂岩，可见遗迹化石，底部海百合含量增加		
	下段			0～40	黑色含沥青的页岩/泥岩	生油岩	TOC含量为10%
					Sanish单元的4个小层 1.生物钻孔的泥质极细—细砂岩 2.砂质、泥质粒泥灰岩—泥岩 3.泥岩夹粉砂—极细砂风暴沉积 4.深灰色黏土质泥岩		
Sanish砂岩				0～21			
Three Forks组					白云质泥岩、砂岩、粉砂岩夹绿色黏土层—溶塌角砾岩		

图 4　Bakken 组岩心剖面图[17]

具有大规模运移的条件，各钻井出油多少主要取决于该井附近烃源岩物质条件。统计结果表明，试油以产水为主的井，TOC 含量分布在 2%～6%；TOC 含量统计直方图峰值为 1%～4%；钻遇差油层的井，TOC 含量分布在 3%～8%，TOC 含量统计直方图峰值为 4%～8%；钻遇油层的井，TOC 含量分布在 2%～12%，TOC 含量统计直方图峰值为 4%～12%。马朗凹陷已建成产能的芦草沟组页岩油均分布在 TOC 含量大于 4% 的范围内。

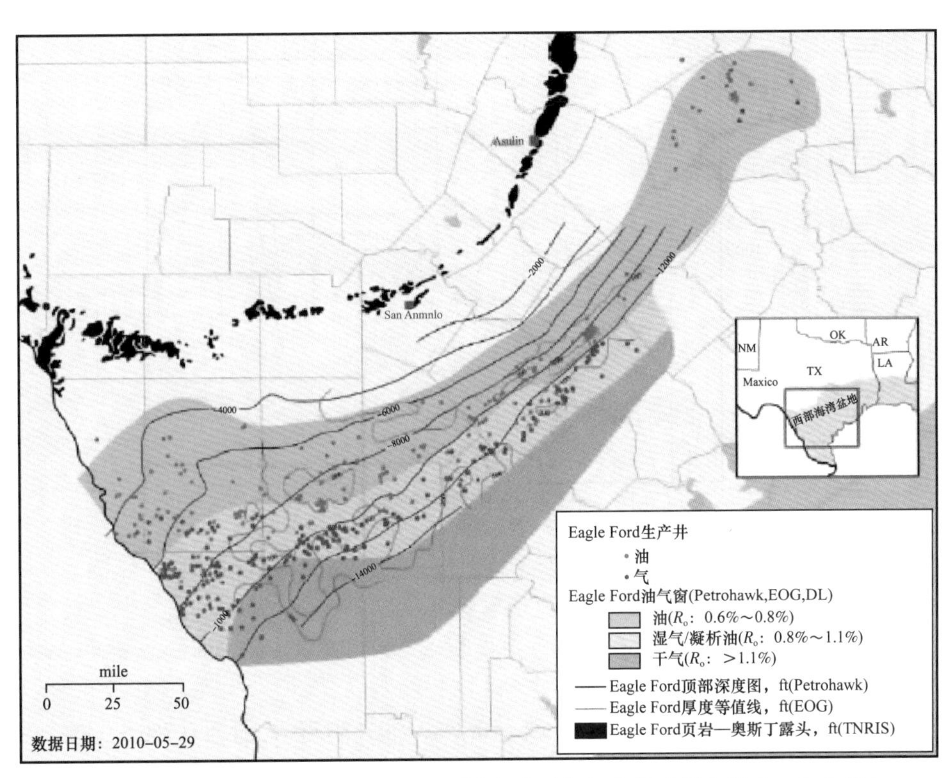

图 5　美国西部海湾盆地 Eagle Ford 页岩组合油气相态图（据文献［12］改编）

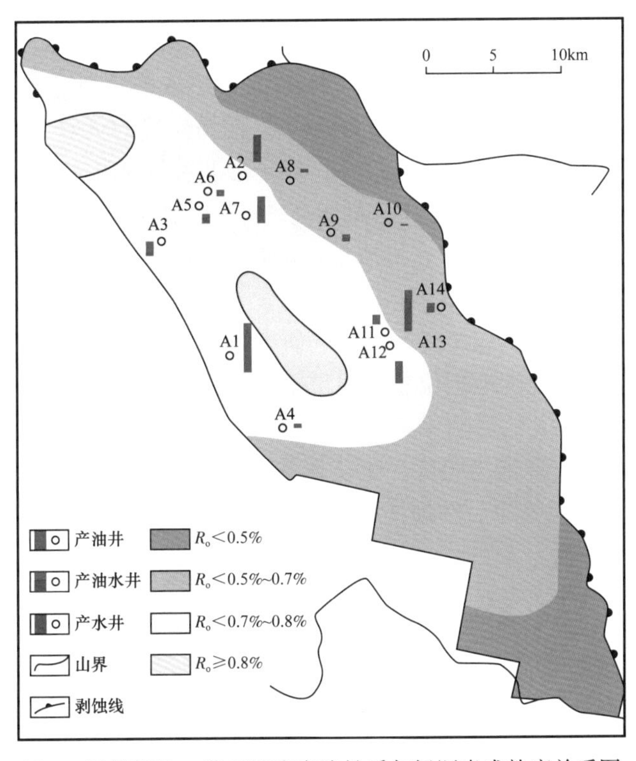

图 6　马朗凹陷二叠系页岩产液性质与烃源岩成熟度关系图

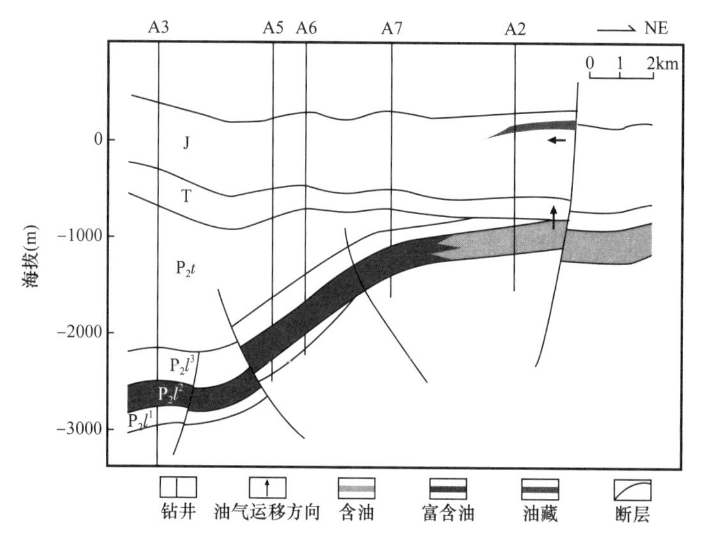

图 7　马朗凹陷疏导断裂与页岩油富集关系图

J—侏罗系；T—三叠系；P_2t—二叠系条湖组；P_2l^3—二叠系芦草沟组三段；P_2l^2—二叠系芦草沟组二段；P_2l^1—二叠系芦草沟组一段

从 R_o 值来看，产油水井附近 R_o 值为 0.5%～0.7%，油井附近 R_o 值为 0.7%～0.8%。页岩层生成的油，有少量沿断层向上运移，可形成小型常规油藏。

致密油和页岩油富集因素主要有[11]：超压地层比正常压力地层更有利；理想的孔隙度大于 7%；最小和最大经济钻井深度界限受钻井成本和储层压力控制；气和轻质油可以在微孔隙中流动；有机质类型好和 TOC 高；热成熟度处于生油窗范围，相当于 60～120℃，易生油的页岩开始生油的 R_o 为 0.6%，而易生气的页岩开始生油的 R_o 为 0.8%；从矿物成分角度来说，对于气脆性基质最好，对于油非黏性基质最好，如具有高碳酸盐岩含量或者混合岩相；较高的含气量使油产量增高，API 度高于 40 的原油在页岩中能够流动；富含有机质的页岩吸附能力决定于有机质丰度、热成熟度、干酪根类型和页岩中的矿物，石英和碳酸盐岩具有低的有机质吸附能力。

致密油和页岩油的储层比较多样，目前的研究还处于初步阶段，还要继续深化。其实储层经历的构造运动和所处的地理位置也很重要。如中国的多旋回盆地和起伏的山地对致密油和页岩油的开发有极大的影响。

页岩油和致密油的资源潜力很大，据美国能源信息署 2013 年 6 月的报告，与页岩气评价相同的国家和领域，风险后的地质资源量为 5.799×10^{12}bbl，风险后技术可采资源量 2.869×10^{11}bbl，加上美国为 6.75×10^{11}bbl 和 3.346×10^{11}bbl[12]。

页岩油和致密油的开采方式和关键技术与页岩气基本相同。

3　油页岩

油页岩为颗粒非常细的沉积岩蕴藏大量未成熟的干酪根。一般为褐黑色或黄褐色，质地细腻，用火可以燃烧，是非常规油气的第三大类。

油页岩的矿物组成有很大的差别，有的属真正的页岩，主要由黏土矿物组成，另外有一些则含有少量石英、长石和碳酸盐岩，所以油页岩可以是页岩，也可以是泥灰岩，也可以是碳酸盐岩，但不包括砂岩。油页岩的形成环境广泛，包括淡水湖、盐湖、沼泽、近岸海盆和潮下陆棚。它可能只形成小薄层，也可以形成覆盖数千平方千米和厚度达数百米的大型沉积区[4]。

油页岩中的干酪根主要来源是湖泊和海洋藻类的遗体，也可以含有少量孢子、花粉及草根和木本植物的碎片，以及动植物的残骸，大部分油页岩中的干酪根属Ⅰ类和Ⅱ类。

实际上油页岩就是未成熟的烃源岩。同一套富含有机质的页岩在埋藏深的地方成为烃源岩，埋藏浅的地方就是油页岩。如北海的Kimmeridge clay组为烃源岩，到了相邻的英格兰露头区就是油页岩。如美国尤因塔盆地的绿河页岩是盆地内Red wash大油田的烃源岩，在埋藏浅的地方就是油页岩。

油页岩与页岩油和页岩气也密切相关。实际上，上述三者是一组以Ⅰ、Ⅱ型干酪根为主的烃源岩受热成熟度控制的一个系列。当处于未成熟状态就是油页岩，当处于较低成熟度时就成为以生油为主的烃源岩，当处于高成熟度时就成为生气为主的烃源岩。油页岩就是因为页岩中的干酪根未成熟，继续保存在页岩中。页岩处于生油阶段，被排烃后还残留的游离和吸附状态的烃源岩就成为含油（页岩油）页岩，处于生气阶段的烃源岩被排烃后残留有天然气的烃源岩就是含气（页岩气）页岩。

但是它们所要解决的开采技术是完全不同的，前面已经指出，页岩气和页岩油主要因为储油气地层的孔隙度低和渗透率低，是要从改造储层入手，而油页岩是因为所含的干酪根还没有成熟，需要用人工的方法转变为可以开采的石油。

油页岩开采的主要技术是热采，从这一点讲，它与重油和油砂的开发有共性，但具体技术并不相同。迄今为止，全球几乎都是用露天开采和地下采矿的方法，将采出的油页岩输送到加工设备（干馏器），通过加热使其中的干酪根转化成为石油和少量的天然气，并将烃类与其他矿渣分开。干馏器处理后的石油还要进行深加工，提高品质，然后送到炼油厂进一步提炼。这种直接开采方法，适合于埋藏浅的矿床开采，但可能对生态环境有较大影响。

油页岩中的矿物成分对石油产量没有影响，但影响加热过程，如黏土矿物中含水，将影响干酪根转化为石油所需的能量。

这种开采方式实际上就是用人工的方式，使干酪根成熟，一般情况热解时的温度要达到500℃。因此油页岩的开采要用大量的热量，所以油页岩的含油率必须足够高。据B. P. 蒂索的研究，每克岩石加热到500℃，约需要250cal能量，而干酪根的发热量为10000cal/g，如果页岩的干酪根为2.5%，则全部发热都用于加热，所以提出5%干酪根含量作为有效油页岩的下限[19]。

21世纪开采更多地采用地下转化工艺技术，如壳牌公司研发了ICP开采油页岩技术，即采用井下电加热器进行地下加热，获得油品的API度为25～40，所获得的产品能量是消耗能量的3倍，为阻止水流入被加热的热地体，实验采用大规模的冷冻墙技术。埃克森美孚研发Electrofrac工艺采用水力压裂方式压裂油页岩，然后向裂缝中填充能导电的支撑剂，从而形成电加热体，热量通过能导电的支撑剂传给油页岩，使干酪根受热转化成油气。

油页岩的评价也是开发前的重要工作，一些公司正在探索无需取样，无需实验分析评价油页岩干酪根丰度及其他地层属性的方法。可以实现上述目标的方法包括各种常规测井方法，如地层密度、核磁共振、电阻率和核谱测井法。其中一种定量确定干酪根含量的方法综合了密度孔隙度和核磁共振两种方法。AMSO 公司在一口绿河盆地油页岩层的钻井中对上述方法进行了验证。根据密度孔隙度和核磁共振孔隙度计算除了干酪根含量（图 8）[20]。

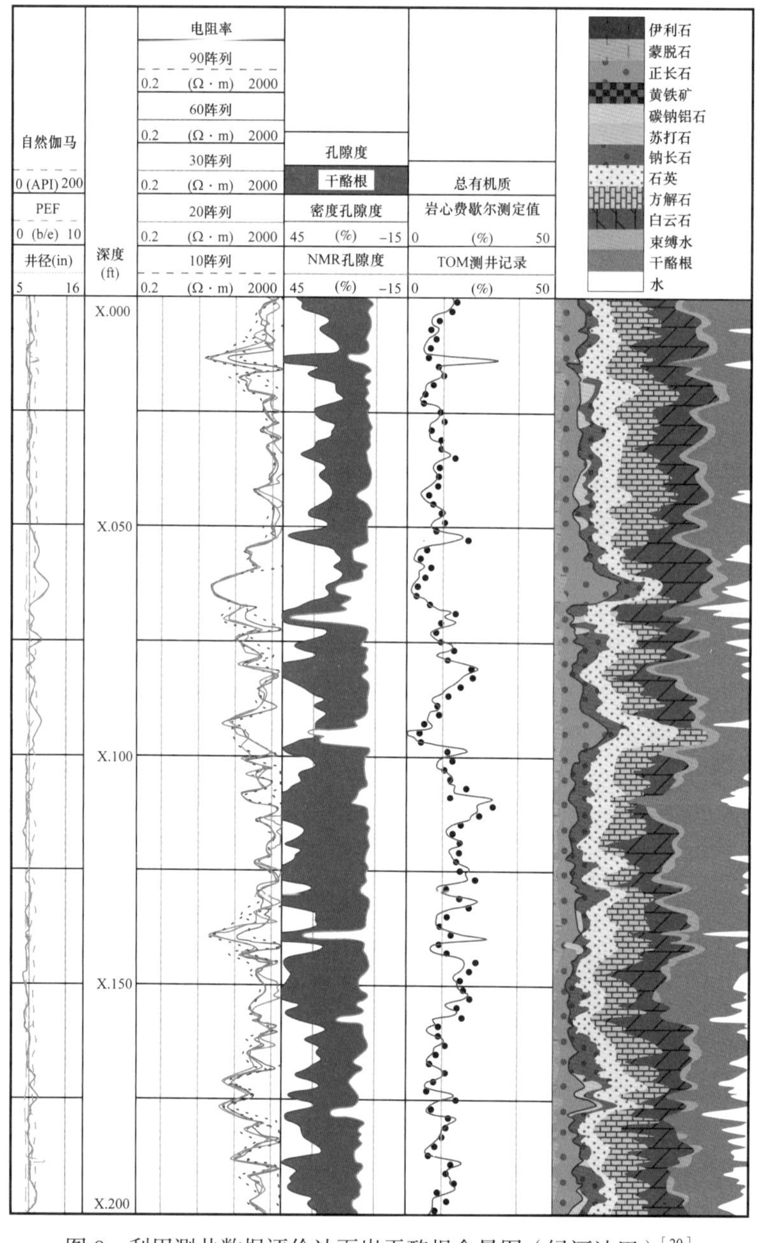

图 8　利用测井数据评价油页岩干酪根含量图（绿河油田）[20]

油页岩的开采成本高技术难度大，大多数油页岩矿目前还没有达到商业化开发的程度。据 Kanus 的评价，高质量的油页岩主要集中于 14 个国家，居首位的是美国，达 2.085×10^{11}bbl，处于第二位的是俄罗斯，达 2.47×10^{10}bbl。油页岩的资源潜力巨大，是未来石油重要的接替资源[21]。目前，由于开发成本较低，技术比较成熟的油气可以开采，油页岩的大规模开发必将推迟一段时间，但对于石油比较稀缺的国家仍将具有一定的现实性，需要继续进行评价技术和开采技术研究。

天然气水合物也是远景巨大的非常规气，但开采难度大，目前技术并不成熟，需要较长的研究阶段。近期难以成为现实的勘探开发对象，所以本文不予讨论。对于非常规油气的定义差别较大，也有人把深海油气和极地油气也列入其中，这些地区的自然条件使油气勘探开发成本很高，同时也要有适应这种自然条件的技术。从这个角度看，这种分类也是合理的。但这些地区勘探开发的油气聚集与常规油气一致，因此本文仍将其列为常规油气。

4 结语

非常规油气的发现意义非常重大，有科学依据地否定了油气供应高峰已经或即将到来的观点。石油地质理论和勘探开发技术发展的领域非常宽广，期待广大石油地质和勘探开发技术工作者做出更大的贡献。

参考文献

[1] Masters J A. Deep basin gas traps, Western Canada [J]. AAPG Bulletin, 1979, 63 (2): 152-181.

[2] Holditch S A. Tight gas sands [J]. Journal of Petroleum Technology, 2006, 58 (6): 84-90.

[3] Richard F M, Emil D A, Philip A F. Heavy Oil and Natural Bitumen Resources in Geological Basins of the World (2007-1084) [R]. Reston, Virginia: US Geological Survey, 2007.

[4] 童晓光. 非常规油的成因与分布 [J]. 石油学报, 2012, 33 (增刊 1): 20-26.

[5] USGS. Heavy Oil and Natural Bitumen Resources in Geological Basins of the World [R]. Leiston, Virgina: US Department of the Interior. Open File-Report (2007-1084), 2007.

[6] Hart Energy Research Group. Heavy Crude Oil: A Global Analysis and Outlook to 2035 [R]. Houston, Texas, USA: Hart Energy, 2011: 1-191.

[7] Schmoker J W. Method for assessing continuous-type (unconventional) hydrocarbon accumulation [C] //Gautier D L, Dolton G L, Tarahashi K I, et al. National Assessment of United States Oil and Gas Resources: Result, Methodology, and Supporting Data: US Geolical Survey Digital Data Series DDS-30.1995.

[8] Schmoker J W. US Geological survey assessment model for Continuous (unconventional) oil and gas accumulations: The "FORSPAN" model [J]. US Geological Survey Bulletin, 1999, 2168: 1-9.

[9] Schmoker J W. US Geological Survey Assessment Concepts for Continuous Petroleum Accumulations [M]. Denver, Colorado: USGS, 2002.

[10] Martin S O, Holditch S A, Ayers W B, et al. PRISE validates resource triangle concept [C] //April 2010

SPE Economics &Management. 2010：51−60.
[11] HARTENERGY. Global Shale Gas Study [M] . Houston，Texas：Advanced Resources International，INC，2011.
[12] EIA. Technically recoverable shale oil and shale gas resources：An assessment of 137 shale formations in 41 countries outside the United States [R] //World Shale Gas Resources：An Initial Assessment of 14 Regions Outside the United States. Washington DC：EIA，2013.
[13] IEA. World Energy Outlook 2009 [R] .Washington DC：IEA，2009.
[14] Kennedy R L. Shale gas and tight gas development similarities and differences [J] .The Leading Edge，2008（6）：738−741.
[15] 张亚蒲，杨正明，鲜保安 . 煤层气增产技术 [J] . 特种油气藏，2006，13（1）：95−98.
[16] 李宗田，李凤霞，黄志文 . 水力压裂在油气田勘探开发中的关键作用 [J] . 油气地质与采收率，2010，17（5）：76−80.
[17] Stephen A S，Pramudito A. Petroleum geology of the giant Elm Coulee field，Williston Basin [J] . AAPG Bulletin，2009，93（9）：1127−1153.
[18] 梁世君，黄志龙，柳波 . 马朗凹陷芦草沟组页岩油形成机理与富集条件 [J] . 石油学报，2012，33（4）：592−593.
[19] 蒂索 B P. 石油形成和分布 [M] . 郝石生译 . 北京：石油工业出版社，1978：155−156.
[20] Grau J，Herron M，Herron S. Organic Carbon Content of the Green River Oil Shale from Nuclear Spectroscopy Logs [R] .Golden，Colorado：Colorado School of Mines，2010.
[21] Knaus E，Killen J，Biglarbigi K，et al. An overview of oil shale resources [C] //Ogunsola O L，Hartstein A M，Ogunsola O. Oil Shale：A Solution to the Liquid Fuel Dilemma. ACS Symposium Series 1032. Washington DC：American Chemists Society，2010：3−20.

原载于:《地学前缘》，2014 年 1 月第 21 卷第 1 期。

第二篇

PART TWO

中国含油气盆地石油地质研究

中国东部第三纪陆相断陷盆地隐蔽油藏的发育特点和分布规律

童晓光，徐树宝，蔺殿忠

（石油工业部石油勘探开发科学研究院）

摘要：中国东部第三纪陆相断陷盆地有丰富多彩的隐蔽油藏，它是一个重要的勘探领域。文章首先论述了陆相断陷盆地形成隐蔽油藏的有利地质条件：(1）断陷分割、岸线长；(2）砂体多规模小、岩性变化大；(3）块断活动造成大量古潜山、地层不整合和地层超覆；(4）有多方向的断裂系统；(5）一部分小型断陷的构造圈闭不发育。

本文将箕状断陷划分为三个带：陡坡带、缓坡带和深陷带。根据各个带的地质条件而形成各种类型的隐蔽油藏。

中国东部有为数众多的在第三纪块断活动过程中形成的陆相断陷盆地。块断活动控制了盆地的发生、发展和消亡，控制了盆地的沉积和构造，从而也控制了盆地的油气藏类型和分布。陆相断陷盆地与海相盆地及陆相坳陷盆地相比，在多数情况下，隐蔽油藏[1]比较发育，甚至有些断陷盆地隐蔽油藏成为主要油藏类型。因此隐蔽油藏已经或正在成为一些勘探程度较高的第三纪陆相断陷盆地的重要勘探领域。

论证断陷盆地内隐蔽油藏发育的有利条件，搞清断陷盆地隐蔽油藏的分布规律，可以提高勘探成效。本文试图对上述问题进行探讨。

1　陆相断陷盆地形成隐蔽油藏的有利条件

隐蔽油藏区别于其他类型的油藏，在于圈闭形式。隐蔽油藏的圈闭因素主要有下列几方面：(1）岩性和岩石物性变化。由渗透性岩石相变为不渗透性岩石，如砂岩相变为泥岩，即形成砂岩尖灭带，也可以由同一种岩石因孔隙和裂隙发育程度的变化，形成岩性致密带。(2）地层超覆。覆盖在非渗透性地层之上的渗透性地层又被非渗透性地层所超覆。这种现象往往发生于水侵过程，位于正向沉积旋回的底部至中部。(3）地层不整合。不整合面以下的渗透性地层和正向地形被不整合面以上的非渗透性地层所不整合。或者不整合面上下的通道被稠油沥青所封堵。(4）水动力遮挡。向上倾方向运移的油气被向下倾方向流动的地下水所阻挡。除了砂岩透镜体外，大部分隐蔽圈闭都需要一定的构造因素相配合，即岩性尖灭线、物性变化线和地层超覆线等与构造等高线相交切。

[1] 按 M. T. 哈尔布蒂的定义，隐蔽圈闭包括地层、古地貌和不整合圈闭。

上述大多数隐蔽圈闭要素，陆相断陷盆地较之其他类型的盆地分布更为广泛，这是由它的基本地质特点决定的。

1.1 陆相断陷盆地的岸线长

国内外含油气盆地资料表明，沿岸地带岩相岩性变化大，地层超覆不整合现象普遍。因此岸线越长，形成隐蔽油藏的领域就越宽广。

中国东部第三纪陆相断陷盆地，是由为数众多、互相分隔的断陷所组成，每个断陷是一个独立的沉积单元。所以断陷盆地的岸线要比同样面积的坳陷盆地的岸线长得多。为了定量地表示这两种盆地的岸线长度比例关系，假设一个大型的坳陷盆地面积为 A，形状为正方形，其边长（即岸线长度）为 $L=4\sqrt{A}$ ，当这个大盆地均匀地分为四个正方形盆地，则总边长为 $\Sigma L=4\sqrt{\frac{A}{4}}\times 4=4\times\sqrt{4A}$ ，当这个盆地均匀地分为 n 个正方形盆地，总边长 $\Sigma L=4\times\sqrt{nA}$ 。可见一个被分割的盆地岸线长度为相同面积盆地岸线长度的 $\sqrt{n}$ 倍。当然断陷盆地的实际情况要复杂得多，各个断陷的形态不规则，大小不一致，断陷内部有潜山，断陷之间又有凸起，两类盆地岸线长度的比例关系并非如此简单，但通过上述计算，可以看出断陷盆地的岸线要比同面积坳陷盆地的岸线长若干倍。

1.2 陆相断陷盆地的岩相岩性变化大，砂体规模小

陆相断陷盆地的沉积以碎屑岩为主体。多数砂体由坡降大、流程短的河流或季节性洪水冲沟所携带的碎屑物质，卸载于湖盆而成，湖流的改造作用很弱。大多数砂体的规模仅数十至数百平方千米，呈扇形分布，常与湖相泥岩交错尖灭，并被深湖相泥岩所覆盖。这种砂体实际上把陆上的冲积扇、三角洲平原和三角洲前缘相压缩成为一个沉积体系，所以它的相带窄而分异不明显。一个砂体的某一部分具有牵引流的沉积特征，另一部分又具有高密度流的沉积特征，它既不同于典型的三角洲，又不同于典型的湖底扇或陆上冲积扇，但是仍然可以根据其主要沉积特征，分为三角洲砂体，湖底扇砂体和陆上冲积扇等。一般来说，沿断陷长轴方向发育的砂体，三角洲相的特点比较明显；垂直断陷走向在陡坡带发育的砂体，湖底扇或陆上冲积扇的特点比较明显；垂直断陷走向在缓坡带发育的砂体，其特点往往介于两者之间。

断陷湖盆在一定的发育阶段，有一种占优势的砂体类型。湖盆沉降速度大于沉积速度的深陷期，湖底扇砂体比较发育。湖盆沉降速度与沉积速度大致相近的湖盆稳定发育期，三为洲砂体比较发育。湖盆的沉降速度小于沉积速度的湖盆衰亡期，则从三角洲相沉积逐步转变为河流沼泽相沉积。

上述各种砂体的岩相岩性变化十分迅速，每个砂体在三个方向上被泥岩所包围。每个砂层组和砂层都有尖灭线。例如潜江凹陷潜江组按砂层组的尖灭线就达 35 条，互相交叉，密如蛛网。按小层为单元的岩性尖灭线的数量还要增加若干倍。总之砂层的单位划分越

细，砂岩尖灭线的数量就越多。每条砂岩尖灭线的平面位置变化也很大。从潜江凹陷潜四段三油组三个砂层组的砂岩尖灭线就可见一斑（图 1）。

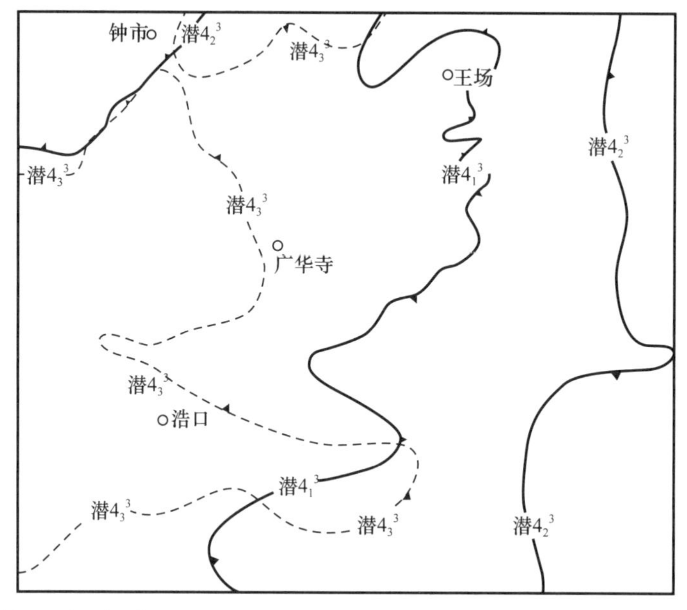

图 1　潜江凹陷北部潜四段三油组各砂层组尖灭线分布图（根据江汉油田资料编绘）

岩性变化大、砂体小、尖灭线多为岩性圈闭的形成提供了有利条件。

1.3　陆相断陷盆地有强烈的块断活动

断陷盆地是在块断活动控制下形成的，断陷内部次一级断块体的相对活动又形成块断山。大多数断块体都具有一头翘起一侧倾斜的形态，构成箕状断陷。

块断山是古潜山油藏的重要地质基础。古潜山不完全是第三系沉积前的侵蚀地貌，而是包含第三系沉积过程中持续块断活动的结果，至少古潜山的大部分幅度是由沉积时的块断活动所形成的。因此断陷盆地内古潜山的数量多、幅度大，同时通过断面和不整合面不同层位的第三系与前第三系“基岩”接触，从而形成了独特的存储盖组合关系，十分有利于古潜山油藏的发育。

翘倾式块断活动，使盖层的超覆、退覆和削蚀不仅取决于湖水的升降，也取决于断块体翘倾活动的方式。一般说来，在陡坡带地层超覆比较普遍，但超覆带的宽度较窄，在缓坡带地层的退覆和削蚀比较普遍。当湖水面上升幅度超过断块体的翘倾幅度时，也就是最大水侵时期，在缓坡带也存在地层超覆，如渤海湾盆地的沙三段和沙一段沉积。潜山的围斜部位也是超覆带发育部位。

可见，块断活动形成古潜山、地层不整合和地层超覆，为地层圈闭的形成提供了有利条件。同时也是形成砂岩上倾尖灭圈闭的重要条件。

1.4　多方向的断裂系统

断陷盆地不仅“基底”断裂发育，而且沉积盖层中的断裂也十分发育，特别是向湖盆中心倾斜的同生断层。断层的走向大致可以分为三组，即北东向、北西向和东西向，各个断陷按其地质结构，以其中一组或两组比较发育。多方向断裂系统，有利于与地层岩性因素相配合，形成复合圈闭，如许多砂体上倾方向自身不能形成圈闭时，常常借助于断层遮挡。

1.5 形态简单的箕状断陷内背斜构造不发育

盆地的构造圈闭发育程度与地层岩性圈闭发育程度具有互相消长的关系，如果构造圈闭不发育，则有利于地层岩性圈闭的发育。

中国东部第三纪陆相断陷盆地，是在拉张应力场作用下形成的。背斜的成因主要有四种类型，即同生断层逆牵引背斜、底辟拱升背斜、“基底”隆起披覆背斜和相向同生断层挤压背斜。当箕状断陷的规模比较小，内部结构比较简单，没有大厚度盐膏层，没有平行断陷边界“基底”断裂的大型同生断层，因此缺乏形成背斜的地质基础。这类凹陷基本上只有一些鼻状隆起，隐蔽圈闭就成为其主要圈闭形式。例如泌阳凹陷就是以岩性圈闭为主要类型，岩性油藏的地质储量占凹陷总地质储量的 90% 以上。在中国东部第三纪陆相盆地中类似的小型箕状断陷占相当的数量。

2 地层油藏的发育特点和分布规律

第三纪陆相断陷盆地的地层油藏主要有三种，即地层超覆油藏、地层不整合油藏和古潜山油藏。它们的分布与断陷的区域构造密切相关。按箕状断陷的基本结构，可分为陡坡带、缓坡带和深陷带三个区域。

2.1 陡坡带

按地质结构特点大致有三种类型，即断阶型、断剥面型和单断型。不同类型的陡坡带形成特定的地层油藏。

断阶型为凸起与断陷中心区之间有若干条基底大断层呈阶状下降，是古潜山油藏发育的有利地带，特别是前第三系“基底”为下古生界或震旦亚界碳酸盐岩时，比较有利，例如冀中坳陷牛驼凸起与坝县凹陷之间的坝县断阶带。

断剥面型指凸起与断陷的接触面为一个比较陡的剥蚀面，第三系逐层向上超覆。当剥蚀面为非渗透性地层组成，超覆层底部为渗透层，它的上面又超覆非渗透性地层，剥蚀面等高线与超覆线相交形成圈闭，就成为地层超覆油藏的有利部位。目前已经发现规模比较大的地层超覆油藏，主要赋存于这种构造部位，如东营凹陷单家寺油田沙三段、沙四段油藏，尚店西油田的馆陶组油藏，潜江凹陷的钟市油田等。断剥面型陡坡带也可能发育不整合油藏，其必要条件是上、下第三系之间的不整合面有封闭条件，下第三系具有鼻状构造，如尚店西油田的沙一段—东营组油藏如图 2 所示。

单断型陡坡带，凸起与断陷之间以单一的大断层相交。当相邻凸起为下第三系覆盖的低凸起，有利于古潜山油藏发育，如果为上第三系直接覆盖的高凸起，一般不利于古潜山油藏发育。

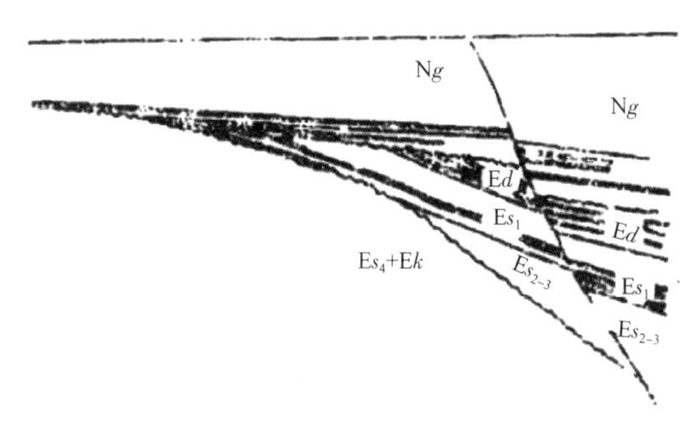

图 2　东营凹陷尚店西地层油藏剖面示意图
（根据胜利油田）
Ng—中新统馆陶组；Ed—渐新统东营组；Es_1—渐新统沙河街组沙一段；Es_{2-3}—渐新统沙河街组沙二段、沙三段；Es_4—渐新统沙河街组沙四段；Ek—始新统孔店组

2.2　缓坡带

一个结构比较简单的箕状断陷，缓坡带所占的面积很大，可以达到整个断陷面积的二分之一到三分之一。多数缓坡带都发育一组断面反区域倾向的“基底”断层，并在渐新统沉积早期就停止活动。这组断层使缓坡的前第三系“基底”形成若干排小幅度的块断山，成为古潜山油藏发育的有利部位，块断山侧翼又是第三系超覆油藏发育的有利部位，如辽河西部凹陷西斜坡，车镇凹陷南斜坡、牛驼凸起的北坡等。

在缓坡带的外侧边缘，由于断块体的翘倾活动，有可能形成范围宽广的下第三系削蚀带，并被上第三系不整合覆盖，成为发育大型地层不整合油藏的部位。如辽河西部凹陷西斜坡的边缘地带（图 3），形成大面积被稠油和沥青封堵的地层不整合油藏，东营凹陷南斜坡的边缘地带金家，形成上第三系泥岩不整合封闭的地层不整合油藏。

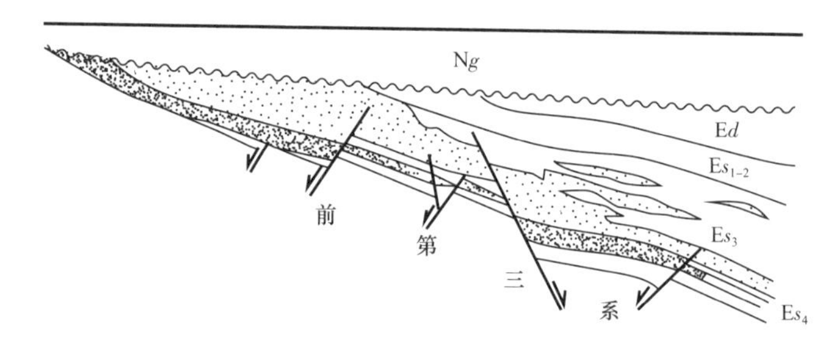

图 3　辽河西部凹陷曙光地层油藏剖面示意图
Ng—中新统馆陶组；Ed—渐新统东营组；Es_{1-2}—渐新统沙河街组沙一段、沙二段；Es_3—渐新统沙河街组沙三段；Es_4—渐新统沙河街组沙四段

2.3　深陷带

介于陡坡带和缓坡带之间，是断陷的沉积和沉降中心。深陷带的规模与断陷的规模成正比。深陷带内地层油藏丰富程度与深陷带的地质结构有关。内部结构比较简单的深陷带，一般不利于地层油藏的发育。当深陷带的内部结构比较复杂，存在次一级块断山和各种成因的背斜，则地层油藏可能比较发育。如块断山内部是古潜山油藏发育的有利部位，块断山的倾斜部位是地层超覆油藏发育的有利部位，形成时间较早的背斜翼部也是发育地层超覆油藏的有利部位。

各类地层油藏不仅在平面上有一定的展布规律，而且在纵向上也有规律可循。

不言而喻，古潜山油藏都位于第三系不整合面之下的前第三系“基岩”之中。超覆不整合“基岩”块体油藏都紧靠着第三系底部不整合面，并受不整合面控制；潜山内部断块油藏则可能远离第三系底部不整合面，也不受这个不整合面的控制。

地层超覆油藏受生储盖组合的控制，都位于第三系底部和内部的不整合面之上，在每个沉积旋回的底部和下部。其中最重要的不整合面为沙河街组底部和馆陶组底部。而地层不整合油藏都位于上第三系底部不整合面以下的下第三系之中。

各个箕状断陷地层油藏的发育状况，仍有很大差别，主要取决于下列因素：

（1）前第三系“基岩”的时代、岩性、产状和风化剥蚀程度；

（2）断陷的形态和内部结构，块断活动强度；

（3）地层超覆线的分布，超覆层的底板及储盖组合关系；

（4）地层不整合面的分布，不整合面之上覆盖层的渗透性或其他封堵条件。

一个比较理想的箕状断陷地层油藏分布模式如图 4 所示。

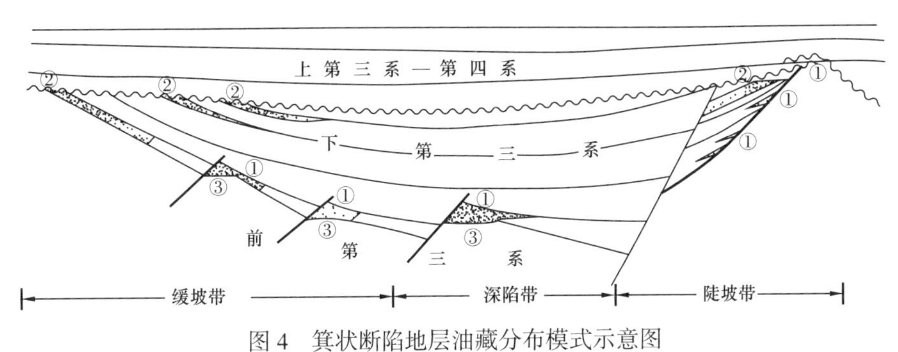

图 4　箕状断陷地层油藏分布模式示意图

①—地层超覆油藏；②—地层不整合油藏；③—古潜山油藏

3　岩性油藏的发育特点和分布规律

中国东部第三纪陆相断陷内岩性油藏的主要类型有砂岩上倾尖灭油藏、砂岩透镜体油藏、粒屑灰岩岩性油藏、裂缝油藏和断层岩性油藏。它们的分布主要与岩相带和区域构造有关，而岩相带又受沉积时期的古地貌、古构造控制，所以岩性油藏的分布基本上仍然受箕状断陷的区域构造部位控制。

3.1　陡坡带

在陡坡带上各种类型的砂体，一般都呈悬挂状，砂体的前缘下倾尖灭，砂体的侧缘向两侧尖灭，其上倾方向是砂体的根部，自身不能构成圈闭，必须有断层遮挡相配合。所以陡坡带岩性油藏的类型比较单调，几乎都是断层岩性油藏。它们沿陡坡带的断层下降盘呈“串珠”状排列，如东营凹陷陈南断层的下降盘。在少数情况下，平行断陷走向发育的砂体，向陡坡带侧向上倾尖灭，形成砂岩上倾尖灭油藏。

3.2　缓坡带

是岩性油藏发育的主要场所，规模大、类型多。砂岩上倾尖灭油藏最重要，如辽河西部凹陷高升油田和泌阳凹陷双河油田，砂体都属于洪水型湖底扇。形成大型砂岩上倾尖灭油藏的地质条件是:（1）箕状断陷比较窄或在比较窄的部位;（2）从对岸来的砂体走向与断陷走向斜交;（3）来自缓坡带外侧的砂体不甚发育;（4）缓坡带在沉积过程中或沉积后有过明显的翘倾抬升。这样就可能形成一个大型的上倾尖灭砂体，砂岩尖灭线与构造等高线相交切形成圈闭。

断层岩性油藏数量更多。缓坡带上的砂体更多的来自缓坡带的外侧，砂体的走向与斜坡的走向有一定的夹角，使砂体向下倾方向或侧向尖灭，砂体的根部由于断层的切割，下降盘的砂岩与上升盘的泥岩横向接触，形成圈闭。砂体类型往往属于浊积型湖底扇，它的根部为狭长的水下河道，前端成扇体，砂体被泥岩包围，如东营凹陷的梁家楼油藏，辽河西部凹陷的欢喜岭油田大凌河油藏。这种油藏的面积较小，但厚度较大，如图 5 所示。

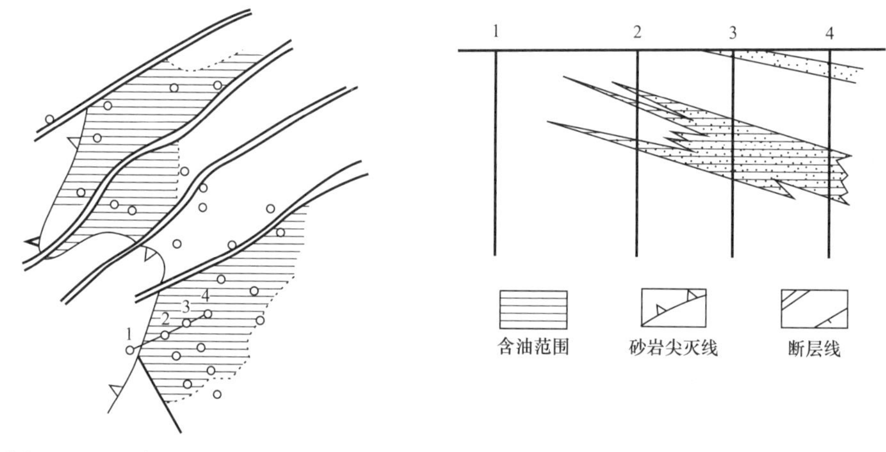

图 5　辽河西部凹陷欢喜岭油田大凌河油层二砂组断层岩性油藏示意图（根据辽河油田）

粒屑灰岩岩性油藏在缓坡带的分布也比较广泛。粒屑灰岩的发育严格地受相带制约，一般存在于块断活动较弱、地形坡度小、物源供给不充分的湖盆浅滩地区，特别当相邻隆起区的古老地层为碳酸盐岩时，更为有利。粒屑灰岩平面上的物性变化形成岩性圈闭。油藏规模主要受岩相带的控制。当岩相带的规模较大又比较均一时，可能形成较大规模的油藏，如东营凹陷南斜坡纯化镇油田。有些粒屑灰岩相带受次一级古地形影响，物性变化大，单个油藏的规模小，沿粒屑灰岩相带形成若干个油藏，如歧口凹陷西南边缘。

白云岩—泥灰岩—油页岩裂缝油藏，也严格受相带控制，发育于缓坡带和深陷带的转折部位，这种油藏的规模一般不大。

3.3　深陷带

它是砂岩透镜状油藏发育的有利部位，因为它是各类砂体的前缘带，砂岩呈透镜状，被泥岩所包裹，所以单个油藏的规模也是比较小的，但可以成群出现。如果深陷带的结构比较简单，就可能只发育这种油藏；如果深陷带内部结构比较复杂，如存在块断山或各种成因的背斜隆起，就可能在它们的翼部发育砂岩上倾尖灭油藏。

岩性油藏在纵向上也有一定的分布规律，一般说，盆地发育的深陷期所形成的砂体是岩性油藏最发育的层位，例如渤海湾盆地的沙三段。浅湖相广泛发育时期，如沙四段和沙一段是粒屑灰岩岩性油藏发育的层位。

各个箕状断陷岩性油藏的发育状况，也有很大差别，主要取决于下列因素：

（1）断陷的结构、形态和规模；

（2）进入断陷湖盆的水系方向、砂体性质和几何形态、相带分布、岩性岩相变化方式、沉积旋回特点；

（3）砂体尖灭线的分布与斜坡、背斜、鼻状构造和断层的配置关系。

一个箕状断陷的岩性油藏分布的理想模式如图 6 所示。

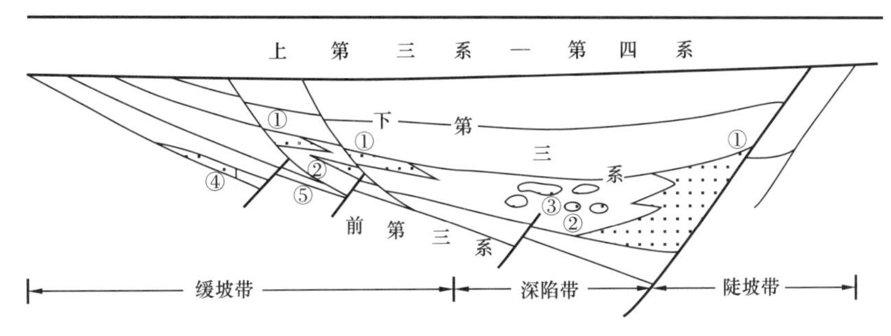

图 6　箕状断陷岩性油藏分布模式示意图

①—断层岩性油藏；②—砂岩上倾尖灭油藏；③—透镜体油藏；④—粒屑灰岩岩性油藏；⑤—裂缝油藏

上面我们分别探讨了地层和岩性油藏的分布规律，它们都是成带分布的，也就是说以油气聚集带的形式存在。地层和岩性油藏由于有它的隐蔽性，因而人们现在常常称它们为隐蔽油藏，但仍然是有规律的，如从解剖断陷的地质结构、演化、砂体类型和相带分布入手，就有可能掌握隐蔽油藏的分布规律。

本文在研究过程中曾得到胡见义同志的指导，特此表示感谢。

参 考 文 献

[1] A.I. 莱复生 . 石油地质学［M］. 北京：地质出版社，1975.

[2] 劳伯特，E. 金 . 地层圈闭油气田勘探方法［M］. 北京：石油工业出版社，1977.

[3] 胡见义，等 . 渤海湾盆地古潜山油藏的区域分布规律［J］. 石油勘探与开发，1981，5.

[4] 陈斯忠，等 . 济阳坳陷地层油藏的特点及分布规律［J］. 石油学报，1982，3.

[5] 陈溥鹤 . 大凌河浊积砂体与油气富集［J］. 石油勘探与开发，1982，2.

[6] 童晓光 . 渤海湾盆地基底正断层缓断面的成因及有关问题的探讨［J］. 石油勘探与开发，1982，5.

原载于：《石油勘探与开发》，1983 年第 8 期。

辽河坳陷石油地质特征

童晓光

（辽河石油勘探局）

摘要：本文论述了辽河坳陷的区域地质背景、构造和沉积特征、生油条件和生储盖组合关系、油藏类型及其分布规律。从而论证了它与渤海湾盆地其他坳陷的石油地质条件有许多相似之处，同时也具有一系列区别于其他坳陷的特点。构成一种很有特色的油气聚集区类型。

辽河坳陷位于辽河下游，系渤海湾含油气盆地的组成部分。它由三个基本上互相分隔的早第三纪断陷，即西部、东部和大民屯凹陷所组成。自中新世开始成为一个统一的坳陷。它的油气资源丰富，其中西部凹陷，就单位面积所具有的储量而言，是我国最富集的含油气凹陷之一（图1）。

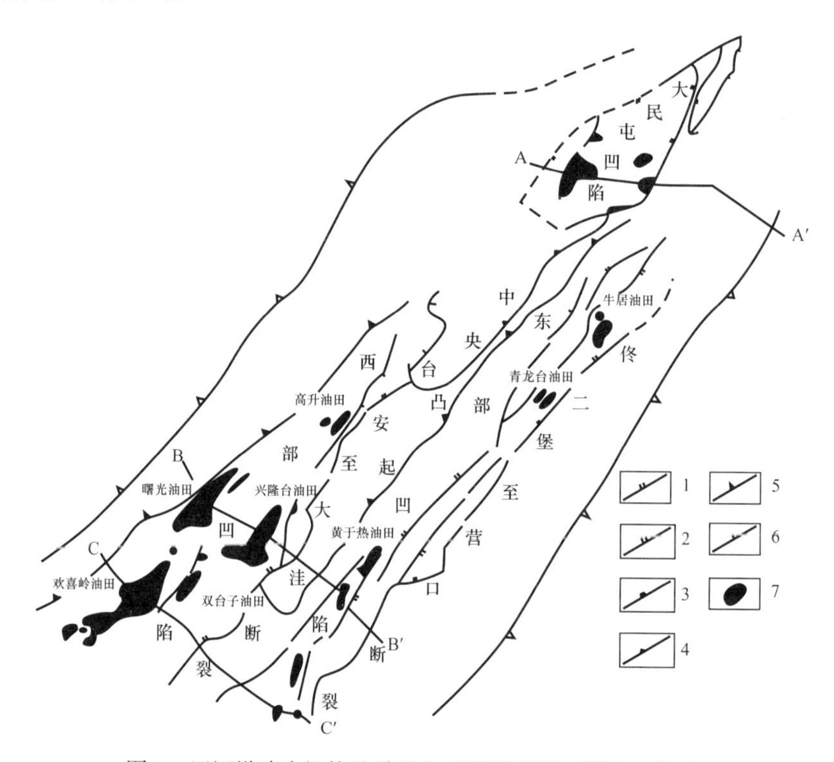

图1　辽河坳陷次级构造单元和基底断裂图（附油田位置）

1—一级断裂；2—二级断裂；3—下第三系超覆线；4—上第三系超覆线；5—下第三系尖灭线；6—上第三系尖灭线；7—油田位置

1 断陷形成的区域地质背景

辽河坳陷发育于华北地台之上，基底为前震旦亚界花岗片麻岩，绝对年龄为1787Ma。震旦亚界沉积时期，山海关—凌源古隆起通过本区中部，分隔为辽西、辽东两个沉积区。古生界的沉积与华北地台其他地区一样，广泛分布。印支运动使本区形成北东向褶皱，长期隆起，遭受剥蚀。使花岗片麻岩大面积出露，震旦亚界和古生界的保存范围十分有限。震旦亚界主要保存于西部凹陷的北段，其地层特征与辽西地区一致。东部凹陷中段的东侧，受苏家屯、寒岭—腾鳌两条断裂的控制，保存有古生界可能还有震旦亚界，已钻遇的寒武系、奥陶系各组的岩性和厚度，均与辽东太子河流域的上述地层相似。

燕山运动时期，西太平洋大陆边缘具有安第斯式大陆边缘的特点。本区与中国东部广大地区一样受这种区域地质条件的控制，产生强烈的块断活动和岩浆活动。晚侏罗世时，在以北东向为主、北西向为辅两组断裂控制下，于本区的东西两侧各形成一个断陷，堆积了一套火山岩系和煤系地层，局部为湖相沉积。下白垩统为红色砂泥岩，分布范围很局限。此后全区又处于隆起状态。

随着晚白垩世—早第三纪西太平洋大陆边缘向海沟—岛弧—弧后盆地复合体系演化，在中国东部产生了一系列大陆裂谷，辽河坳陷是其中之一。辽河坳陷裂陷作用始于始新世，强烈活动期为渐新世，沿北东向的基底断裂，断块体之间发生水平拉张和差异沉降，断块体本身往往产生翘倾，形成以箕状断陷为主要特征的地堑地垒系。晚第三纪开始裂谷消亡，成为一个发育不完全的大陆裂谷。

2 基底断裂系统及其对构造的控制作用

辽河坳陷中大多数一级、二级基底断裂都是北东走向，与燕山运动的断裂方向基本一致，但它们并不是从燕山运动的断裂继承下来的，而是在早第三纪块断块活动过程中新生的。在横切坳陷的区域剖面上有清晰的反映（图2）。

营口—佟二堡断裂把上侏罗统断陷分割成为两部分，根据上下盘地层时代推断，其活动时间为始新世晚期—渐新世。这条断裂是东部凹陷的边界断裂，由两条向北西倾斜、断距向南逐渐减小的断裂呈斜列状分布。东部凹陷内部有较多基底断裂，规模也比较大，并且具有北西和南东两种倾向，从而使东部凹陷的箕状断陷形态不太明显，而呈垒堑相间排列。因此古潜山及披覆构造比较发育，且地层超覆现象十分突出。在地堑内发育挤压背斜。

西部凹陷中起主导作用的基底断裂为凹陷东侧的台安—大洼断裂，它也是由两条向北西倾斜斜列分布的正断层组成。始新世晚期开始活动，它不仅切割前震旦亚界花岗片麻岩，也切割了下白垩统，垂直断距达4000～6000m，水平断距达4000～7000m。而凹陷内其他基底断裂的规模较小，发育时间较短，如西斜坡上一组北西向倾斜的正断层，断距小、长度短，渐新世早期就停止活动，对凹陷的基底结构影响较小，使西部凹陷具有典型

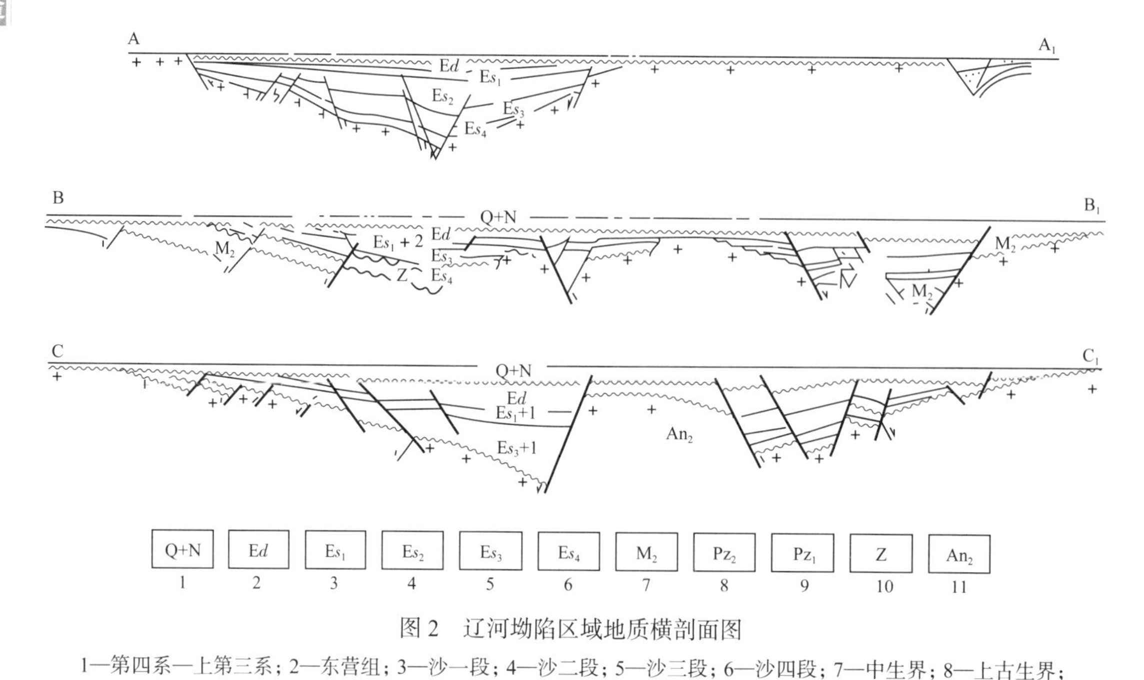

图 2　辽河坳陷区域地质横剖面图

1—第四系—上第三系；2—东营组；3—沙一段；4—沙二段；5—沙三段；6—沙四段；7—中生界；8—上古生界；9—下古生界；10—震旦亚界；11—前震旦亚界

的箕状断陷形态。随着台安—大洼断裂的长期活动和西斜坡的逐渐翘起，在斜坡部位沿基岩面和下第三系地层内部，面向凹陷中心的重力滑动断层，由老到新，由边缘向凹陷逐渐发育，伴随着不同时期的逆牵引背斜的形成，同时在次一级翘倾断块的顶部发育古潜山及其披覆构造。

大民屯凹陷呈三角形，东、西、南三边均有基底断裂，断距较其他凹陷的边界断裂为小。东南边界为超覆线。凹陷内潜山比较发育，从而形成较明显的披覆背斜和披覆鼻状构造。围绕凹陷中心发育有规模甚小的同生断层和逆牵引背斜。

3　早第三纪的沉积发育史和沉积特点

本区新生界地层自下而上为下第三系的沙河街组、东营组，中—上新统的馆陶组、明化镇组和第四系的平原群。与油气生成和聚集关系最密切的是下第三系。

在断陷张裂初期，沿基底断裂溢出了大量基性熔岩流，它的分布面积很广，除了地形上的古隆起和潜山外，都被其覆盖，最大厚度可达千余米，绝对年龄为 46.5 百万年，所以这套玄武岩及其下伏的红色砂泥岩暂定为沙四段下部。接着西部凹陷湖盆开始形成，沙四上超覆不整合在玄武岩之上。下部（即高升油层）为暗色泥岩、油页岩、白云质灰岩、钙质页岩，在高升地区有粒屑灰岩和生物灰岩的沉积，在曙光以南地区夹有薄层粉细砂岩；中部为比较统一的暗色泥岩沉积；上部（即杜家台油层）高升地区为油页岩和暗色泥岩，曙光以南地区为砂泥岩互层，属三角洲相沉积；顶部（即上特殊岩性段）为油页岩、钙质页岩与暗色泥岩互层。沙四段上亚段是一套水进层系，水域逐渐扩大，水体逐渐加深，湖水淹没了西部凹陷的大部分潜山。湖盆范围超过了目前的西部凹陷。东部凹陷迄今尚未发现肯定的沙四段上部。大民屯凹陷较为肯定的沙四段上部存在于东北部，主要为油页岩。

沙三段沉积为湖盆的深陷时期。西部凹陷湖盆范围迅速扩大，水体急剧加深，造成了广泛的深湖相暗色泥岩和水下扇砂砾岩发育的环境。沙三段也是东部凹陷和大民屯凹陷湖盆最深的时期，但水体较西部凹陷浅，湖盆范围也比较小，岩性在平面上和纵向上的变化较大。

沙三段末期整个辽河坳陷区域性上升，水体显著变浅，但各个凹陷上升强度不同，西部凹陷西斜坡抬升幅度最大，沙三段顶部普遍遭受剥蚀；东部凹陷和大民屯凹陷抬升不明显，仅表现为水体变浅，炭质泥岩发育。

西部凹陷沙二段为一个新的沉积旋回的底部沉积，与沙三段为假整合接触，湖盆范围较小，三角洲相沉积十分发育，粗碎屑岩占较大比例。东部凹陷沙二段下部为炭质岩集中段，上部为粗碎屑岩，与沙三段为连续沉积，大民屯凹陷也与此相类似。

沙一段沉积水体再次加深，湖盆范围扩大，各个凹陷都为超覆沉积，湖盆中心以暗色泥岩和油页岩为主，湖盆边缘碎屑岩增多，多为滩坝砂体，局部地区沉积生物碎屑岩，沙一段上部沉积水体变浅，湖盆缩小。

西部凹陷东三段沉积的湖盆范围比沙一段上部更小，水体更浅，以湖沼相沉积为主。东部凹陷虽然水体变浅，但沉积范围有所扩大，大民屯凹陷和东部凹陷北部，自东三段起，湖泊已经消亡，为一套河流沼泽相的粗碎屑岩夹杂色泥岩沉积。

东二段沉积的水体再次变深，中央凸起的南部沉没，使东部、西部凹陷连成一片，湖盆局限于坳陷的南部，为灰色、灰绿色泥岩与长石砂岩互层。

东一段沉积时，整个坳陷的湖盆已经消亡，在坳陷南部为浅灰色砂岩与黄绿色泥岩互层。

综上所述，辽河坳陷在早第三纪经历了三次水进和水退，水进的强度自下而上减小，水退的强度自下而上增大，最后结束湖盆的发育历史，从而形成了三个各具特色的沉积旋回。

（1）辽河坳陷早第三纪断陷湖泊的沉积，具有许多特点。首先它的沉降和沉积速度都很快，渐新统的最大厚度达6000m，但各阶段有差异，早期沉降速度大于沉积速度，中期沉降速度与沉积速度基本平衡，晚期沉降速度小于沉积速度。

（2）湖盆呈狭长状，如西部凹陷长110km，宽12～30km，东部凹陷长140km，宽8～18km，虽然不是当时湖盆的范围，但基本形态一致。湖盆窄，两岸高山耸立，地势高差大，剥蚀速度快，物源充足，有较多大致垂直岸线的小型河流注入湖盆。因此地层中的碎屑岩比例大，粒度粗、分选差，成熟度低，多属硬砂质和长石砂砾岩。

（3）湖盆两岸古地形的差别对沉积特征也有明显的控制作用，缓坡带发育的三角洲较陡坡带发育的三角洲规模要大一些，后者往往具有水下扇的特点。从缓坡带发育的水下扇一般都由水下河道和扇体两部分组成。从陡坡带发育的水下扇为统一的扇体，扇根部位往往就是陆上沉积。

4 生油条件和生储盖组合

辽河坳陷的主要生油层都位于渐新统内，主力生油层为沙三段，有机质丰富，埋藏深度适中、转化条件好，其次为沙一段。东营组中的暗色泥岩生油指标较低，埋藏深度浅，基本上尚未成熟。根据对欢喜岭油田生油层演化剖面的分析，有机质成熟度有两个明显的台阶，其深度为1700m和2200m，相应的地温为72℃和90℃，前者为低成熟带的上限，后者为成熟带上限。

辽河坳陷各凹陷之间的生油条件差别较大。西部凹陷的生油岩体积远大于其他凹陷，生油岩的有机质丰度也远高于其他凹陷，如以沙三段氯仿沥青“A”的含量为例，西部凹陷为0.0984%～0.8935%、东部凹陷为0.0318%～0.0962%、大民屯凹陷为0.0692%～0.0784%。西部凹陷的各项生油指标，可以与我国一些油气最丰富的凹陷相比较。各凹陷的干酪根性质也有明显差别，西部凹陷以腐泥型为主，大民屯凹陷以腐殖型为主，东部凹陷以混合型为主。各凹陷的原油性质差别也很明显，以敏感地反映生油母质性质的含蜡量为例，西部凹陷最低，一般在10%以下，大民屯凹陷一般为10%～40%，最高可达53%，东部凹陷介于两者之间。至于各凹陷的油气富集程度相差更为悬殊，西部凹陷探明的地质储量占辽河坳陷已探明地质储量的80%以上。

辽河坳陷的生储盖组合关系，主要有两种类型，一种类型是下第三系（尤其是沙河街组）内部“自生自储”的组合关系。沙三段、沙一段生油层上下及两侧都有各种储集体，如三角洲砂体、水下扇砂体和鲕滩粒屑灰岩等。由这套组合所构成的圈闭对油气的捕获和保存十分有利，使其成为本区油气聚集的主要形式，占已探明油气地质储量90%以上。

另一种类型是以下第三系为生油层，前第三系为储集层的“新生古储”的组合关系。下第三系生油层超覆不整合于前第三系之上，前第三纪的侵蚀残山和早第三纪同沉积块断活动所形成的块断山，都成为古潜山。它通过不整合面、断面从下第三系生油层获得油源。构成本区古潜山的地层时代和岩性比较复杂，有前震旦亚界的花岗片麻岩及其风化壳、震旦亚界的白云质灰岩和石英岩、古生界灰岩、中生界安山集块岩和砂泥岩。古潜山油藏的发育程度，很大程度上取决于组成古潜山储集层的物性条件。本区大部分古潜山由花岗片麻岩组成，含油比较普遍，但因物性差，只形成了一些产量低、规模小的油藏。震旦亚界的白云质灰岩是理想的古潜山储层，曙光古潜山油田就是这种类型。震旦亚界的石英岩在一定条件下也能成为良好的储层，但震旦亚界仅保留在西部凹陷的部分地区，其中一部分又被中生界所覆盖，与下第三系生油岩直接接触的面积较小。古生界灰岩也可能成为良好的储层，但可能保留有古生界的地区仅东部凹陷中段，大部分已被中生界覆盖。本区的中生界物性较差，对形成古潜山油藏不甚有利。因此本区“新生古储”的组合远没有下第三系“自生自储”组合重要。

迄今为止尚未发现上第三系为储集层的油藏，分析其原因，主要由于大多数断裂在新第三纪时基本停止活动，没有形成同生断层及其伴生的滚动背斜，从而缺乏油气运移的通道和油气聚集的圈闭。同时上第三系内部也缺乏区域性盖层。

中生界内已发现生油层，并在与下第三系生油层隔绝的中生界中获得低产油流。有可能存在中生界内部的生储盖组合。

5 油藏的圈闭类型和分布规律

块断活动和河湖相沉积这两大特点决定了辽河坳陷油气藏的圈闭因素很多，包括各种成因的构造、断块、地层超覆和不整合、岩性物性变化、古地貌、稠油等，一个油田往往由一群不同类型的油藏组成。一个油藏往往由两种或两种以上圈闭因素复合作用的结果，因此严格地说大部分油藏都是复合油藏。油藏的分布受主要圈闭因素发育的地质条件控制，因此根据主要圈闭因素，将辽河坳陷的油藏分为如下类型：

Ⅰ，构造油藏：Ⅰ$_1$背斜—断块油藏；Ⅰ$_1^a$披覆背斜—断块油藏，Ⅰ$_1^b$滚动背斜—断块油藏，Ⅰ$_1^c$挤压背斜—断块油藏；Ⅰ$_2$断层—鼻状构造油藏，Ⅰ$_3$断块油藏。

Ⅱ，地层岩性油藏：Ⅱ$_1$地层油藏；Ⅱ$_1^a$地层不整合油藏，Ⅱ$_1^b$古潜山油藏，Ⅱ$_1^c$地层超覆油藏；Ⅱ$_2$岩性油藏；Ⅱ$_2^a$砂岩上倾尖灭油藏，Ⅱ$_2^b$砂岩透镜体油藏，Ⅱ$_2^c$碳酸盐岩岩性油藏，Ⅱ$_2^d$裂隙油藏，Ⅱ$_2^e$断层—岩性油藏。

各类油藏的分布与地层层位有密切关系。古潜山油藏都存在于前第三系地层内。沙四段高升油层砂岩很不发育，能成为储集层者主要为粒屑灰岩，粒屑灰岩平面上相变为非渗透的白云质灰岩，油页岩，上覆层为泥岩超覆，形成碳酸盐岩岩性油藏。

沙四段杜家台油层砂岩比较发育，且为水进超覆沉积，因此在古潜山围斜部位往往形成地层超覆油藏，在斜坡带内侧形成断块油藏。斜坡带外侧形成地层不整合油藏。如曙光油田（图 3）。

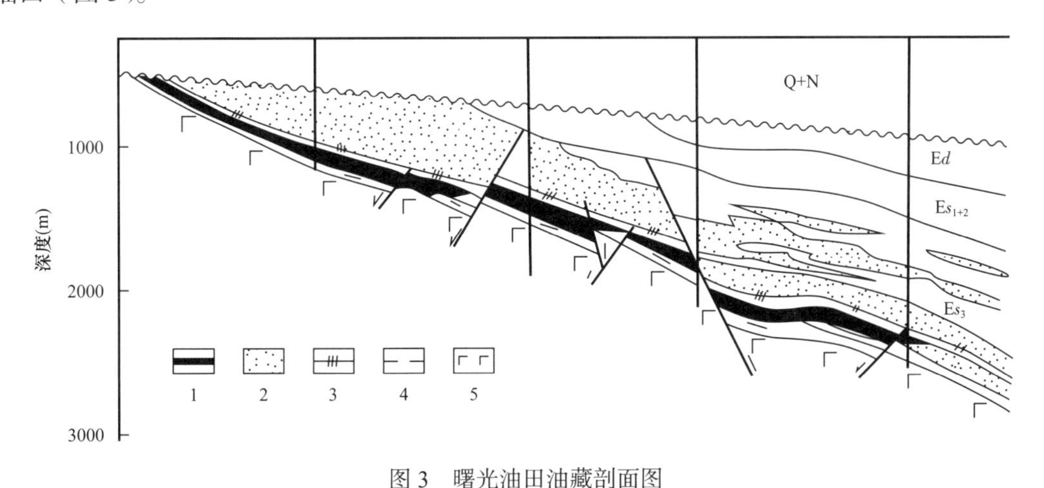

图 3　曙光油田油藏剖面图

1—杜家台油层；2—含水砂岩；3—上特殊岩性段；4—高升油层；5—玄武岩层

沙三段为深湖相沉积的大段泥岩夹砂砾岩，有利于形成岩性油藏。主要有两种类型，一种为断层—岩性油藏，来自斜坡外侧的湖底扇砂体被同生断层切割成若干级台阶，分别形成油藏，另一种为来自对岸的砂体在斜坡带上倾尖灭，油藏的规模比较大，如高升油田沙三段莲花油层砂岩上倾尖灭油藏（图 4）。

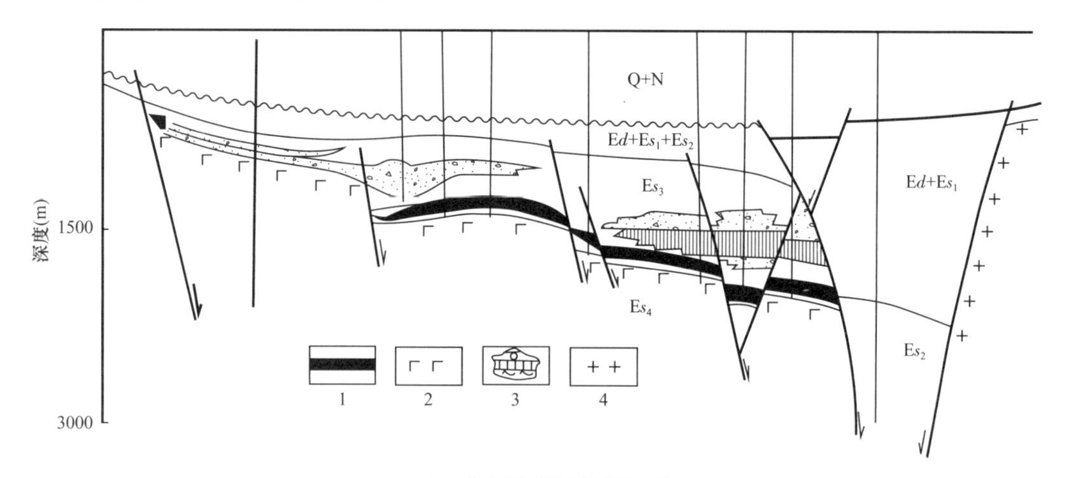

图 4　高升油田油藏剖面图

1—高升油层；2—沙四段玄武岩；3—莲花油层；4—前震旦系变质岩

沙二段是三角洲广泛发育期，砂岩十分发育，主要形成了各种类型的背斜—断块油藏。如欢喜岭油田锦 16 井油藏为滚动背斜—断块油藏，构造闭合度为 50m，油气藏高度为 181.4m，断层起了重要的遮挡作用。沙二段形成的断块油藏也较常见，局部地区还可形成地层超覆油藏和岩性油藏。

沙一段和东营组主要形成断块油藏和岩性油藏。沙一段在部分古潜山围斜部位还可形成地层超覆油藏。

油藏的分布不仅在层位上有规律可循，在平面展布上也有一定的规律。以西部凹陷为例，在斜坡的高部位，下第三系不同层位的地层被上第三系馆陶组不整合接触，形成不整合油藏。自斜坡的外侧至内侧，层位由老变新，由于馆陶组底部为砂砾岩，封闭条件不好，使原油氧化成为稠油，由稠油形成遮挡。在斜坡中部被北西向倾斜的正断层切割形成的块断山，可能形成古潜山油藏、沙四段上部地层超覆油藏和断块油藏，在斜坡带的低部位可能形成沙二段的滚动背斜—断块油藏。斜坡带的中部和低部位可能存在沙三段两种类型的岩性油藏。斜坡带的不同部位都可能形成沙三段和沙一段的断块油藏，斜坡带北段缺乏碎屑物质供给的沙四段上湖湾沉积和斜坡带南段沙二段支流间滩沉积，可能形成碳酸盐岩岩性油藏。

凹陷中央的背斜带以各种类型和层位的背斜—断块油藏为主，其中以沙二段最为重要。同时还发育各层位的断块油藏和岩性油藏。其中基底隆起披覆背斜的油藏类型更多，除上述油藏外，在潜山顶部可能有古潜山油藏，翼部可能有地层超覆油藏，如兴隆台油田（图 5）。

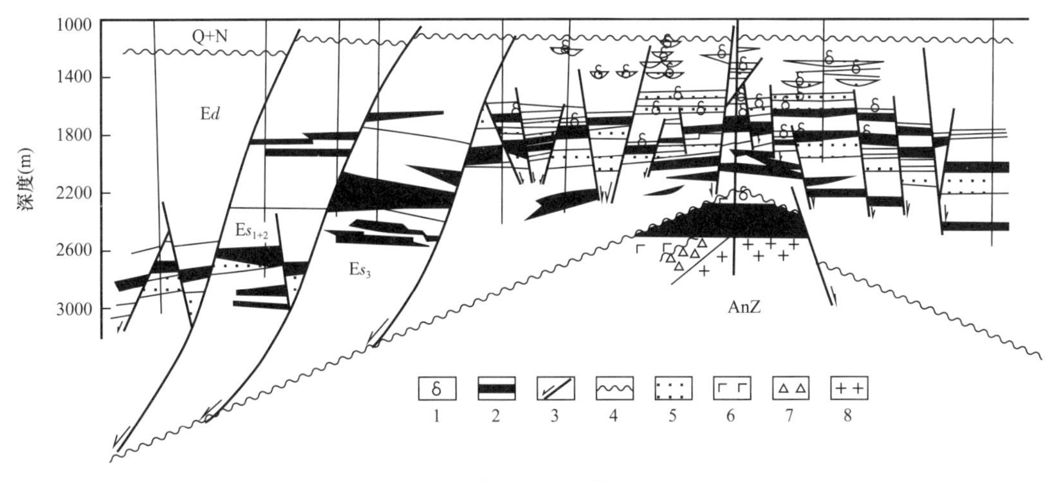

图 5　兴隆台油田油藏剖面图

1—气层；2—油层；3—断层；4—不整合；5—砂岩；6—玄武岩；7—花岗角砾岩；8—前震旦亚界

在凹陷陡坡带，目前发现的油藏不多，根据地质条件推断，主要为断块油藏，岩性油藏和地层超覆油藏。

6　结论

综上所述，辽河坳陷与渤海湾盆地其他坳陷的石油地质条件有许多相似之处，但由于它的地质结构和演化过程具有显明的裂谷特性，在油气聚集方式上也有一些特色，主要有下列几个方面：

（1）含油层位下第三系占绝对优势，第三系前的含油规模比较小，上第三系的油藏基本上没有发现。

（2）地层岩性油藏数量较多，规模较大，是重要的油藏类型。

（3）油气聚集在平面上的分布很不均一，西部凹陷西斜坡是油气聚集的主要场所。

参加本文工作的有吴振林、李杏、廖兴明、张国栋、金万连同志。

参考文献

[1] 张文佑，等. 华北断块区的形成与发展［M］. 北京：科学出版社，1980.

[2] 黄汲清，等. 中国大地构造及其演化［M］. 北京：科学出版社，1980.

[3] 朱夏，等. 国际交流地质学术论文集［M］. 北京：地质出版社，1980.

[4] 李德生. 渤海湾含油气盆地的地质和构造特征［J］. 石油学报，1979，1（1）.

[5] 阎敦实，等. 渤海湾含油气盆地断块活动与古潜山油、气田的形成［J］. 石油学报，1979，1（2）.

[6] A. G. 费希尔. 石油与板块构造［M］. 北京：石油工业出版社，1980.

[7] Stewait J.H. 盆地——山脉省构造：深部扩张产生的地垒和地堑［J］. 国外地质，1976（12）.

原载于：《石油学报》，1984 年 1 月第 5 卷第 1 期。

辽河西部凹陷隐蔽油藏的形成和分布

童晓光

（石油部石油勘探开发研究院）

摘要：辽河西部凹陷隐蔽油藏分布广泛，规模较大，地质储量占总地质储量的40%左右，分析其原因在于，该地区具有形成隐蔽油藏的良好地质条件：（1）块断结构；（2）小型断陷湖泊沉积；（3）广泛的地层超覆不整合；（4）丰富的油源。文章分析了凹陷内隐蔽油藏的七种主要类型及其具体形成条件和分布状况，并在此基础上进一步讨论陆相箕状断陷内隐蔽油藏分布的一般模式。

辽河坳陷位于渤海湾盆地的东北角，包括三个凹陷和三个凸起。其中西部凹陷油气最富集，油藏类型多样——构造断块油藏、地层岩性油藏以及多种因素的复合圈闭油藏，而且地层岩性油藏和以地层岩性为主要圈闭因素的复合油藏，即本文统称为隐蔽油藏的地质储量，占总地质储量的40%以上。

辽河西部凹陷隐蔽油藏的勘探程度较高，剖析其形成条件和分布规律，将有助于第三纪同生箕状断陷隐蔽油藏的勘探。

1 辽河西部凹陷隐蔽油藏形成的地质基础

各个地区隐蔽油藏的发育程度，油藏类型和分布规律是由其地质特征所决定的。辽河西部凹陷有利于隐蔽油藏形成的地质条件，主要有下列几个方面：

1.1 第三纪块断翘倾活动，凹陷呈块断结构

辽河西部凹陷是在华北地台基础上形成的。印支运动后，长期隆起剥蚀，致使古生界被剥蚀殆尽，前震旦亚界花岗片麻岩大面积出露，震旦亚界局部地区残存：晚侏罗世—早白垩世的块断活动，受北东向和北西向两组断层控制，在其西侧，形成了一系列断陷。因此辽河西部凹陷的前第三系“基岩”，是由前震旦亚界，震旦亚界，上侏罗统—下白垩统等三套地层所组成的。

始新世初期，西部凹陷拉张裂陷，沿断裂带溢出的玄武岩几乎覆盖了整个凹陷，但其厚度很不均一，古地形凸起部位厚度减薄甚至缺失。

始新世晚期，西部凹陷，在东侧北东向边界断层控制下，发生翘倾活动，东侧逐渐下倾，西侧逐渐上翘。斜坡的“基岩”倾角在沙河街组四段沉积时1°～2°，到早第三纪末，达到12°。此外，西部凹陷还受次一级多条断层的切割，其中主要的一组断层与东侧边界断层走向平行，倾向一致；在沙河街组三段沉积时结束活动。另一组断层与边界断层走向

一致，但倾向相反；主要是随着断块体倾角加大而产生陡坡重力滑动断层——同生断层，其时代从斜坡边缘向凹陷内部渐次变新。第三组断层为东西走向，向南倾斜，是在盆地发育晚期北部抬起，南部下降所产生的重力滑动断层，发育时间晚。第四组为北西向断层，长度较短，是北东向主要断层的伴生断层。上述不同走向和倾向、不同切割深度的断层，将“基岩”和沉积盖层都切成许多断块体，这种断块结构对于形成各种地层岩性油藏都具有重要作用。

1.2 多物源的小型断陷淡水湖泊沉积

断陷湖盆呈狭长状，以低成熟度的陆源碎屑物质沉积为主，相带窄，岩性变化快，沉积具平面上东西分带，南北分段；纵向上受湖盆演化阶段控制的特点（图 1）。

沙河街组四段上沉积时期，湖盆开始形成，但湖盆内部古地形比较复杂。由于兴隆台和曙光古潜山的分隔作用，使其凹陷北部形成了半封闭的湖湾区。湖湾周边没有充足的物源，湖盆底部比较平坦，水体具有一定的盐度；在湖盆中心沉积泥岩，油页岩、白云质灰岩和钙质页岩，湖盆边缘沉积粒屑灰岩。在沉积过程中湖水不断扩大，粒屑灰岩则被上覆的湖相泥岩逐渐覆盖，因此粒屑灰岩十分有利于形成地层岩性油藏。凹陷南部为比较开阔的浅湖区，仅有少量水流注入，除有泥岩及油页岩等沉积外，在潜山周围及湖滨地区尚有近岸浅滩的薄层粉细砂岩沉积，储层不发育。

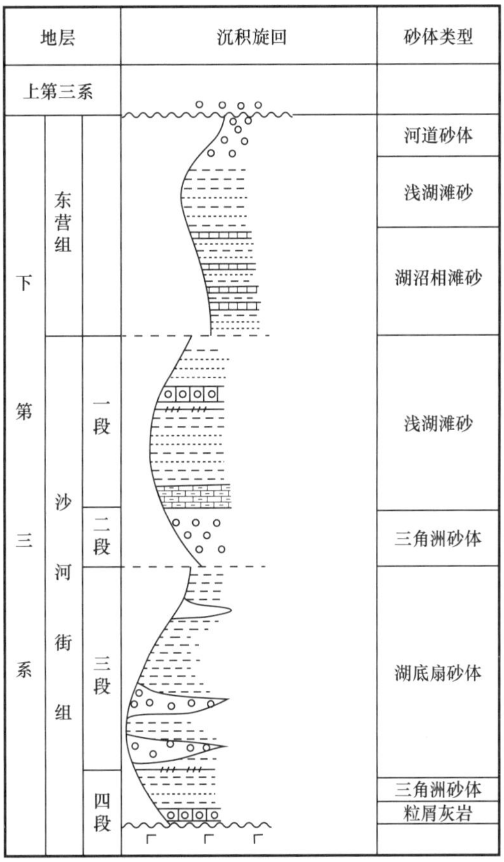

地层			沉积旋回	砂体类型
上第三系				
下第三系	东营组			河道砂体
				浅湖滩砂
				湖沼相滩砂
	沙河街组	一段		浅湖滩砂
		二段		三角洲砂体
		三段		湖底扇砂体
		四段		三角洲砂体
				粒屑灰岩

图 1 沉积旋回示意图

沙河街组四段沉积晚期，湖泊稍有扩大，水体略有加深。北部湖湾区仍以油页岩和碳酸盐岩沉积为主。而南部的定向水流进一步发育，带入较多碎屑物质，形成三角洲砂体，砂体走向与岸线斜交。

沙河街组三段沉积时期，湖泊范围迅速扩大，湖水显著加深，湖盆内部基本上没有露出水面的小岛。由于湖盆与周缘隆起之间比差较大，多条山间河流，尤其在洪水期呈高密度流，携带大量碎屑物质入湖，形成为湖相泥岩所包围的湖底扇砂体。从西侧斜坡入湖砂体，是由水下河道砂体与扇砂体两部分组成的；从东侧陡坡入湖的砂体，其形态呈扇形。

沙河街组二段沉积时期，湖泊较浅，范围较小，湖泊与周缘隆起之间比差较小。湖泊东西两侧都发育着多个小型的三角洲；其空间位置多与沙河街组三段的湖底扇继承有关系。

沙河街组一段沉积时期，湖泊再次扩大，湖水也略有加深。沉积了比较多的细碎屑岩、钙质页岩、油页岩、生物灰岩。砂体以滩坝和滩砂为主。

东营组沉积时期，湖盆进一步变浅，呈湖沼沉积，砂体以薄层透镜状为主；中部有短暂的浅湖沉积；上部以河流沉积为主，砂岩十分发育，以致湖盆完全消亡。

从上述沉积特征可以看出，沙河街组三段湖底扇砂体是岩性圈闭发育的最有利部位，依次是沙河街组四段粒屑灰岩、沙河街组四段和沙河街组二段三角洲前缘透镜状砂体以及东营组湖沼相透镜状砂体等。

1.3　地层超覆和不整合

地层超覆和不整合是形成地层圈闭的主要条件。从前面论述的沉积过程可以看出，辽河西部凹陷的下第三系由三个旋回所组成，即沙四上—沙三末、沙二—沙一末、东营组。旋回的中下部为水进过程中的沉积，形成明显的地层超覆。第一个旋回底部沉积时，湖盆内部有许多小岛，在沙四上—沙三中下部的水进过程中，这些小岛逐渐被新的沉积物所覆盖，小岛成为潜山，潜山周围则形成广泛的超覆线。沙河街组三段的湖相沉积泥岩，不仅是油源层，而且也是沙四上超覆油藏和古潜山油藏的盖层。沙河街组三段沉积后，由于块断翘倾活动，在斜坡边缘曾经有过轻微的剥蚀。第二个沉积旋回从沙河街组二段沉积开始，以粗碎屑岩为主，覆盖于以泥岩为主的沙河街组三段之上，以泥岩为主的沙河街组一段又超覆在沙河街组二段之上。这样就在披覆背斜和披覆鼻状隆起的围斜部位，形成了顶底板和油源条件都十分良好的沙河街组二段超覆油藏。第三个旋回从东营组三段开始，到东营组二段结束，水体略有加深，但相对仍然较浅，对地层超覆油藏的形成作用不大。

与地层油藏有关的不整合主要有两个：一个是沙河街组四段上与下伏地层的不整合；它与下第三系第一个沉积旋回底部的超覆过程是同时发生的、相互联系的；它为古潜山油藏提供了油源条件和盖层条件。另一个不整合是发生在上下第三系之间。早第三纪末块断翘倾活动，使斜坡边部抬升较高，遭受比较强烈的剥蚀。下第三系区域性向东倾斜，自外缘至凹陷内部地层依次为沙河街组四段上，沙河街组三段，沙河街组二段、沙河街组一段和东营组；上第三系不整合于下第三系的不同层位之上。由于上第三系底部厚达 200m 左右的粗碎屑岩，对不整合圈闭的形成是不利的；但下第三系储油层与上第三系实际接触面积比较小，油气逸散的速度较慢，在接触面附近的原油氧化，形成稠油或沥青封堵，从而有利于形成大面积的不整合油藏。

1.4　西部凹陷是渤海湾盆地中油源最丰富的凹陷之一

断陷盆地内的每个凹陷都是一个独立的成油单元，油气的生成，运移和聚集是在凹陷及相邻凸起内进行的，油气的富集程度取决于凹陷的生油能力。西部凹陷主要生油层为沙河街组三段，次要生油层为沙河街组一段，生油岩体积分别约 800m^3 和 270m^3。生油岩的有机质丰度高，有机碳含量为 1.76%～2.55%；有机质类型好，属腐泥型为主的混合型；

转化系数比较高，为 0.0466～0.0600；各项指标均可与国内各油气最富集的盆地（或凹陷）对比（表 1），因此使西部凹陷包括隐蔽油藏在内的各种油藏十分发育。

表 1　辽河西部凹陷与济阳坳陷、松辽盆地生油指标对比表（杨少华编）

盆地或坳陷	凹陷	地层	生油指标			评价指标		
			C%	A%	烃 %	CA/C—A	A/C	烃 /C
辽河	西部	沙三段	2.55	0.237	0.1190	0.261	0.093	0.0466
		沙一段	1.76	0.220	0.1055	0.238	0.125	0.0600
济阳	东营	沙三段	1.85	0.400	0.1600	0.510	0.216	0.0865
		沙一段	1.30	0.150	0.0250	0.169	0.115	0.0192
	占化	沙三段	2.80	0.280	0.1500	0.311	0.100	0.0536
		沙一段	3.00	0.358	0.1651	0.407	0.119	0.0462
	车镇	沙一段	2.50	0.180	0.0515	0.194	0.072	0.0206
松辽	古龙	青一段	2.34	0.250	0.1148	0.280	0.117	0.0490

2　辽河西部凹陷隐蔽油藏的类型和分布

辽河西部凹陷隐蔽油藏分布比较广泛。根据其圈闭条件可分为七种主要类型：

2.1　砂岩上倾尖灭油藏

这种油藏的圈闭条件是砂岩沿斜坡向上倾方向尖灭。砂岩尖灭线与构造等高线相交形成圈闭。油藏顶底板均为非渗透性岩层。例如，位于西部凹陷北段的高升油田莲花油藏。该油藏具有明显的鼻状构造，向北东，南西、南东三个方向倾斜，西南翼倾角 3°～9°，东北翼倾角 3°～6°，东南翼倾角达 10°，并被北东向为主，东西向和北西向为辅的三组断层切割储集层形成沿湖盆断槽分布的沙河街组三段下部湖底扇砂体；该砂体厚 150～500m，一般为 300m，以硬砂质不等粒长石砂岩和砂砾岩为主，粒度中值 0.09～1.85mm，分选系数 2 左右，磨圆度较差，为次尖和次圆状，泥质含量一般为 5%～15%，孔隙度一般为 20%～30%，空气渗透率几百到几千毫达西；该砂体由四个砂层组组成，各组的沉积范围依次略有扩大，底部砂层组范围较小，粒度较粗，向上粒度变细，至顶部以泥岩为主。砂体向西侧上倾方向尖灭，形成一个具有气顶和底水规模比较大的块状油藏；由于断层的切割，各个断块具有独立的油气水界面，但界面深度都比较接近（图 2）。

砂岩上倾尖灭油藏是辽河西部凹陷的重要油藏类型，是在当凹陷比较狭窄，由对岸或侧缘进入的砂体在其斜坡部位形成的一种较大规模的油藏。同时此类油藏也可能形成于凹陷内的各种正向构造的翼部。从层位上看，沙河街组三段是这种油藏最有利的发育部位。

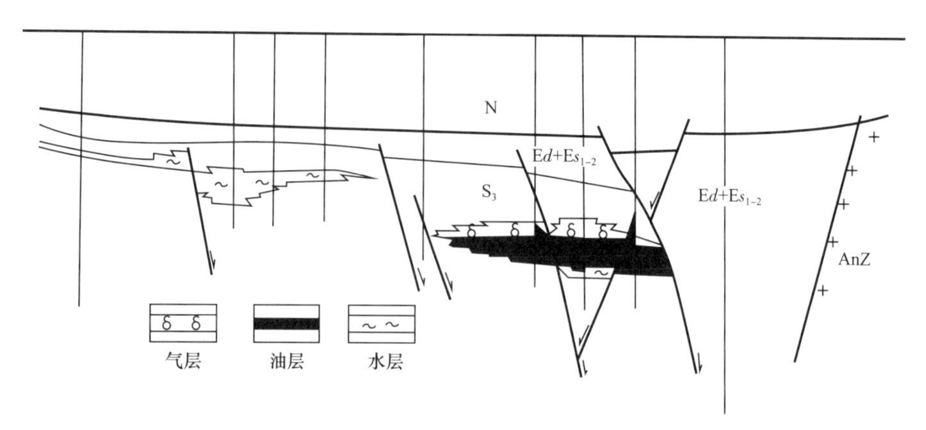

图 2　高升油田莲花油层油藏剖面示意图（李杏编）

2.2　断层岩性油藏

这种油藏的圈闭条件，是砂岩储集层上倾方向为断层遮挡，侧向砂层尖灭；有时还有鼻状构造背景。这种油藏是欢喜岭油田沙河街组三段下部大凌河油层和沙河街组三段上部热河台油层的主要油藏类型，其储集层为缓坡上的湖底扇沉积，根部在西侧，为厚层块状砂砾岩。砾径一般 3～10mm，最大可达 60～70mm，磨圆度中等，分选差，泥钙质胶结；砂体厚度大，变化也大，分布很不稳定，向两侧尖灭，层内的非均质性很明显；平行斜坡的同生断层十分发育，刚好切割了这套砂体。由于砂体上下都被泥岩包围，断层切割后的遮挡条件比较理想，从而在不同台阶上形成油水界面逐级下降的断层岩性油藏（图 3）。根据地层条件分析，在凹陷东侧的陡坡带也应该存在这种油藏。

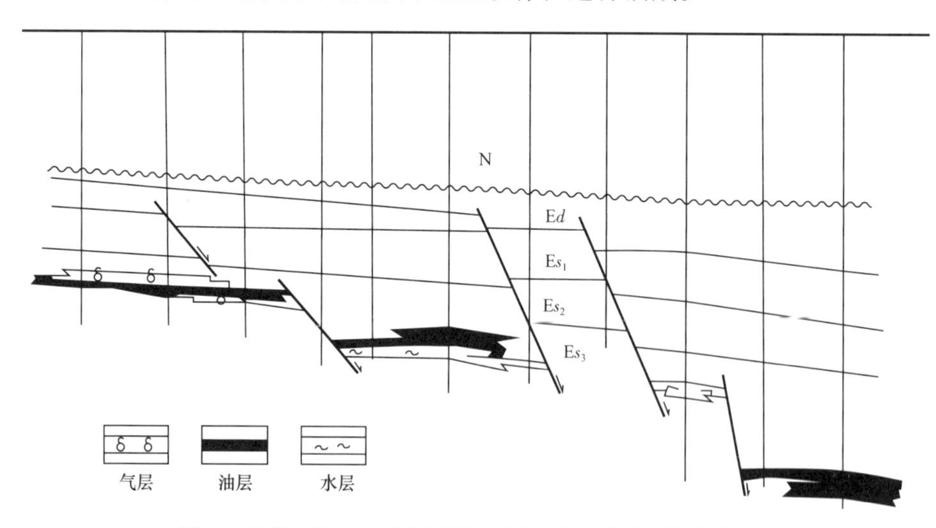

图 3　欢喜岭油田大凌河油层油藏剖面示意图（陈道秀编）

2.3　粒屑灰岩岩性油藏

此类油藏以凹陷西斜坡北段的高升油田为代表，储层为沙河街组四段上高升油层。该油层不整合于沙河街组四段下玄武岩之上，属于近岸高能带沉积，由粒屑灰岩、白云质灰岩、钙质页岩、油页岩组成。下部以粒屑灰岩为主，夹有白云质灰岩，向上变为油页岩和钙质页岩，最上部为深灰、褐灰色泥岩，系一套水进式沉积。在平面上向湖盆的内侧相变为白云质灰岩，向湖盆外侧，为泥岩所超覆。总体上粒屑灰岩含量受高能带范围内局部古地形控制，粒屑灰岩含量高的，则油层厚度大，物性好、产能高。

此类油藏除存在于上述层位外，还可能存在于沙河街组二段三角洲分流河道的浅滩部位和沙河街组一段碎屑物质供给不充分的湖滨浅滩。

2.4　砂岩透镜体油藏

砂体被四周泥岩包围形成圈闭。目前由于深凹陷部位的勘探程度较低，已经发现的为在构造背景上的透镜体油藏。例如兴隆台油田沙河街组三段上透镜状浊积砂体和东营组中下部湖沼相沉积中的透镜状砂体。

2.5　地层不整合油藏

这种类型的油藏分布于上下第三系不整合面附近的下第三系中，顶底板为非渗透性泥岩，不整合面附近为稠油封堵。其分布范围比较大，可从曙光油田可到欢喜岭油田的西侧。以曙光油田为例：该油藏构造是一个被断层复杂化的单斜，走向北东，倾向东南，倾角 11°～13°；断层以北东走向为主，延伸长，断距大，其中断面向北西倾斜的一组断层发育时间早，但仅活动至沙河街组三段底部。向南东倾斜的一组断层为沙河街组三段沉积以后的同生断层，切割斜坡成为台阶，其次尚有北西和东西向的两组断层，进一步把斜坡切割成为许多断块。该油田的主要油层是沙河街组四段上的杜家台油层，为小型的复合三角洲沉积（河流的入口处在油田的西南部）；砂体范围从下到上不断向西南收缩，其沉积特征在纵横向上有较大的变化；由下到上，从西南到东北，分流河道和河口砂坝型沉积的范围减少，滨湖薄层砂和湖泥型沉积范围增大，油层的发育程度和物性也与此相对应，油层厚度可差 10 倍左右，空气渗透率可差 3 倍左右，从而在上台阶的北段形成了砂岩尖灭带。杜家台油层之上为湖相泥岩超覆沉积，但是由于斜坡在早第三纪末的翘倾抬升及其以后遭受的剥蚀，使该油层的部分分布区反而在上覆泥岩的外侧，后来又被上第三系砂砾岩所不整合，不整合面上的地层并不起封闭作用，而是由不整合面附近的稠油和沥青起到封堵作用（图 4）。其证据有二：其一是原油性质有规律的变化。从斜坡的下部到上部，原油比重、黏度、胶质沥青质的含量等逐渐地增高，说明乃是由于随着趋近于不整合面的氧化作用增强所致。其二是油藏的饱和压力低，油气比低，基本上没有气顶。表明烃类的轻质组分可能曾沿不整合面逸出，但又由于烃类逸出的速度较慢，才使这个油藏得以保存。

地层不整合油藏分布的区域位置十分有规律，都在西斜坡边缘区，但含油层位不限于沙河街四段上的杜家台油层，下第三系的其他层位也都可以形成这种油藏；随层位由老变新，油藏也依次从斜坡的外侧向内侧分布。

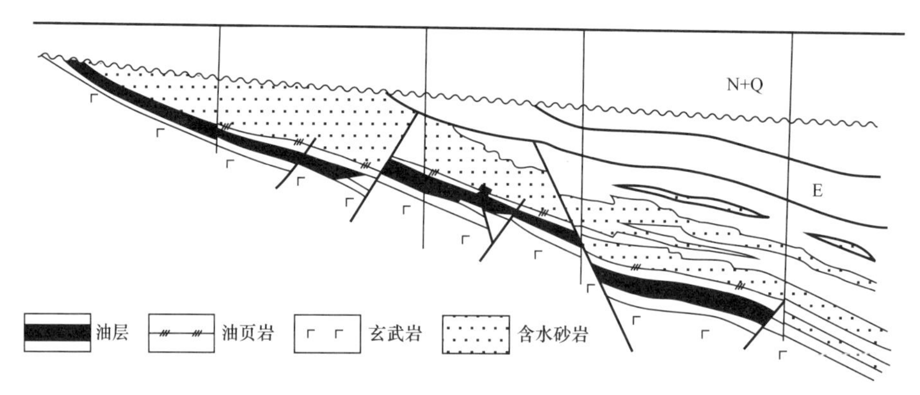

图 4　曙光油田杜家台油层油藏剖面示意图（李杏编）

2.6　地层超覆油藏

在非渗透性底板的基础上沉积的渗透性砂岩，其上又被非渗透性泥岩所超覆而形成圈闭，在储油的条件下形成地层超覆油藏。例如欢喜岭油田欢 2-17-9 井油藏沙河街组四段上部的杜家台油层超覆在一个次一级翘倾断块的围斜部位，翘倾断块由前震旦亚界的花岗片麻岩所组成。又如兴隆台油田马 79 井油藏，沙河街组二段底部砂岩，超覆在构造东翼的沙河街组三段泥岩之上。根据对超覆油藏形成条件分析，其主要层位是沙河街组四段上和沙河街组二段下；构造位置，前者为斜坡的次级翘倾断块的侧翼和古潜山的围斜部位，后者为不同成因的正向构造翼部。由于勘探程度太低，西部凹陷东侧陡坡带尚未发现地层超覆油藏，但从地质条件分析，存在的可能性是很大的。

2.7　古潜山油藏

根据储集层的时代，岩性和圈闭方式大致有三个亚类。

（1）震旦亚界灰岩古潜山油藏。如曙光古潜山油藏，震旦亚界的地层倾向与下第三系地层倾向相反；震旦亚界顶面为超伏不平的侵蚀地貌，下第三系不整合其上，而震旦亚界内部缝洞发育的碳酸盐岩渗透性地层与非渗透性地层交互成层，油赋存于渗透性地层顶部，在平面上呈条带状分布（图 5）。这种油藏都分布在有油源条件的震旦亚界灰岩分布区。

（2）震旦亚界石英岩古潜山油藏。如杜家台古潜山油藏，位于一个由石英岩组成的翘倾断块体顶部，具有构造裂缝、风化裂缝和原始的粒间孔隙，渗透性从上到下变差，上部是油层，下部为干层，没有底水。这种油藏形成关键在于石英岩的渗透性。

（3）前震旦亚界花岗片麻岩古潜山油藏。如齐家古潜山油藏和兴隆台古潜山油藏都位于花岗片麻岩组成的翘倾断块体的顶部，具有气顶和油环，但无底水，为风壳的裂缝含油，自上至下裂缝的发育程度逐渐变差，以致最后变为致密层（图 6）。由花岗片麻岩组成的古潜山，在辽河西部凹陷的分布最广、潜力最大，产能大小主要取决于花岗片麻岩的风化强度和裂隙发育程度。

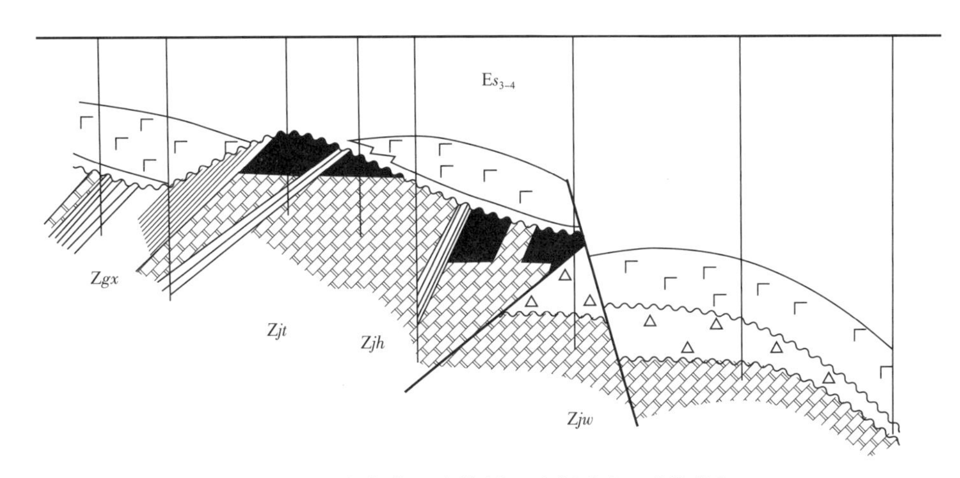

图 5　曙光古潜山油藏剖面示意图（王明学编）

Zgx—下马组岭；*Zjt*—铁岭组；*Zih*—洪水庄组；*Zjw*—雾迷山组；Es_{3-4}—沙河街组三—四段

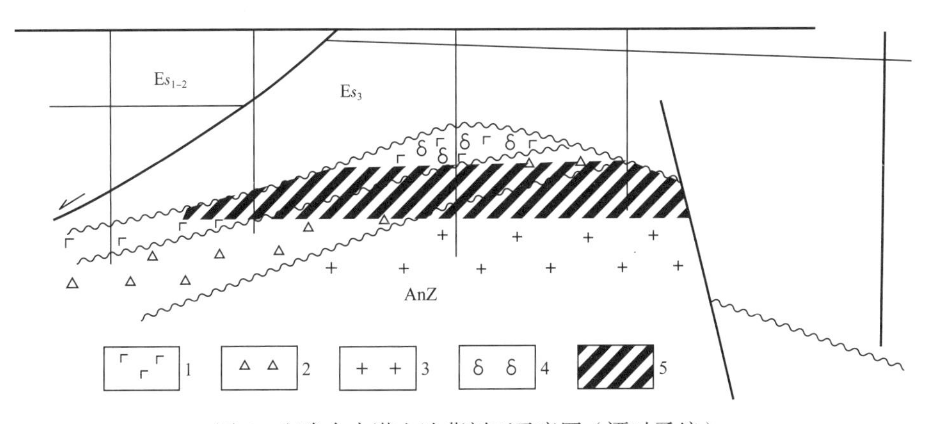

图 6　兴隆台古潜山油藏剖面示意图（谭时勇编）

1—玄武岩；2—角砾岩；3—花岗片麻岩；4—气层；5—油层；Es_{1-2}—沙河街组一二段；Es_3—沙河街组三段

除了上述七种隐蔽油藏外，还有火山岩，泥岩、白云质灰岩的裂缝油藏和以中生界砂岩为储集层的古潜山油藏。但在辽河西部凹陷，这些油藏的规模都很小，未起重要作用。

3　第三纪箕状断陷中隐蔽油藏分布的一般模式的讨论

以辽河西部凹陷隐蔽油藏分布为基础，结合其他一些断陷的情况，可以建立起箕状断陷中隐蔽油藏分布的基本模式。

隐蔽油藏的分布主要受构造带、岩相带、地层超覆不整合带的控制，归根结底受区域构造部位的控制。一个箕状断陷大致可以分为三个带：缓坡带、陡坡带、深陷带；每个带的隐蔽油藏都各具特色。

3.1　缓坡带

在下第三系沉积过程中，断块翘倾活动时有发生，其边缘部位翘起较高，早第三纪末，受到较强烈剥蚀，形成宽窄不一的剥蚀带，并被上第三系所不整合。因此，缓坡带的外侧边缘，是地层不整合油藏发育的有利场所。

缓坡带上往往发育着与斜坡区域性走向一致、倾向相反的基底断层，将该带切割成若干次一级的翘倾断块。这种翘倾断块的顶部，是古潜山油藏的有利发育部位；倾侧部位则是地层超覆油藏发育的有利部位。

在宽度比较大的箕状断陷或箕状断陷中宽度比较大的地段，缓坡带是断层岩性油藏发育的有利场所。因为在这个部位，以斜坡外侧为物源的水下河道和湖底扇比较发育，同时与斜坡区域性走向和倾向一致的同生断层也十分发育，两者相结合，砂体的根部为断层遮挡，砂体的侧缘发生尖灭，从而形成圈闭。在宽度比较窄的箕状断陷或箕状断陷中比较窄的地段，缓波带往往发育大型砂岩上倾尖灭油藏。它是由对岸斜插入湖的洪积扇砂体在缓坡带上倾尖灭构成圈闭的。上述两种岩性油藏，都位于深湖沉积区内。

缓坡带的粒屑灰岩岩性油藏也比较发育，它是由于粒屑灰岩含量变化和泥岩地层超覆相结合而形成圈闭油藏的。这种油藏的发育受岩相带的控制最明显，都位于物源供给不充分的湖盆边缘浅滩地带，其层位都发育在浅湖相沉积比较发育的时期。

3.2 斜坡带

断块体翘倾活动结果形成的陡坡带，往往不单是一个断层面，同时又是一个超剥面，并且多呈凹凸状，故对于形成各个时期的超覆油藏十分有利。

有些陡坡带是由若干条“基底”断裂所形成的断阶。在这种地质条件下，对形成古潜山油藏比较有利。特别当断阶带由碳酸盐岩地层组成时，更是如此。

陡坡带的内侧是断层岩性油藏发育的有利部位。以陡坡带外侧凸起为物源沉积而成的砂体，往往呈悬挂状向凹陷下倾尖灭，其根部借助于同生断层形成遮挡。这种油藏可能沿同生断层成带分布。当平行陡坡带发育砂体时，也有可能形成砂岩上倾尖灭油藏。

3.3 深陷带

一个结构简单的箕状断陷，深陷带内的隐蔽油藏类型是比较单一的，是砂岩透镜体油藏发育的有利部位。这是因为深陷带也就是各类砂体于此分布的前缘带，在这里砂岩呈透镜状被泥岩（生油岩）所包围，易于形成油藏。但单个油藏规模较小，且往往成群出现。当箕状断陷内部的结构比较复杂，存在次一级块断山或各种成因的隆起带时，则隐蔽油藏的类型也就比较多。断块山及其上覆盖层的油藏类型与缓坡带十分相似，除地层不整合油藏不发育外，其他各种油藏都可以发育，而且条件更为有利。凹陷内部各种背斜带可能形成砂岩上倾尖灭油藏，其中在形成时间较早的背斜带翼部，可能形成地层超覆油藏。

箕状断陷内隐蔽油藏的分布一般模式如图 7 所示。

最后必须指示，由于每个箕状断陷的地质结构、演化史和沉积特征等都有各自的特点，隐蔽油藏的发育程度和主要油藏类型也就有其差别，尚需要进行具体研究。

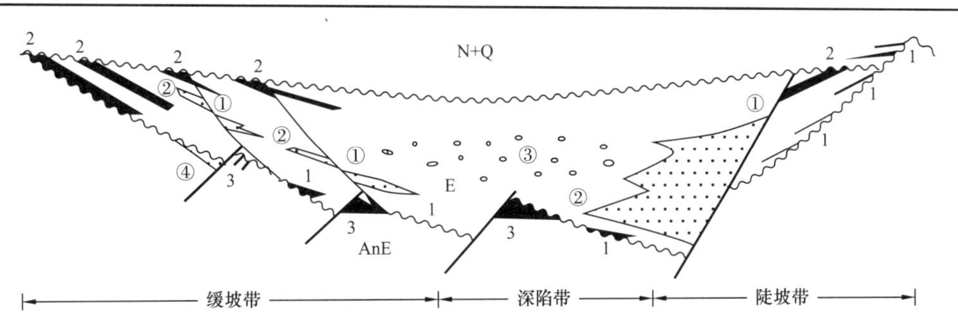

图 7 箕状断陷隐蔽油藏分布模式示意图

1—地层超覆油藏；2—地层不整合油藏；3—古潜山油藏；①—断层岩性油藏；②—砂岩上倾尖灭油藏；③—砂岩透镜体油藏；④—粒屑灰岩岩性油藏。

参考文献

[1] A.I. 莱复生 . 石油地质学［M］. 北京：地质出版社，1975.

[2] 劳伯特，E. 金 . 地层圈闭油气田勘探方法［M］. 北京：石油工业出版社，1977.

[3] 胡见义，等 . 渤海湾盆地古潜山油藏区域分布规律［J］. 石油勘探与开发，1981（5）.

[4] 陈斯忠，等 . 济阳坳陷地层油藏的特点及分布规律［J］. 石油学报，1982（3）.

[5] 陈溥鹤 . 大凌河浊积砂体与油气富集［J］. 石油勘探与开发，1982（2）.

[6] 童晓光，等 . 中国东部第三纪陆相断陷盆地隐蔽油藏的发育特点和分布规律［J］. 石油勘探与开发，1983（3）.

原载于:《大庆石油地质与开发》，1984 年 3 月第 3 卷第 1 期。

中国东部第三纪箕状断陷斜坡带的石油地质特征

童晓光

（石油工业部石油勘探开发科学研究院）

中国东部第三纪凹陷大部分是箕状断陷（即半地堑）。每个箕状断陷都由陡坡带、深陷带、斜坡带三部分组成。斜坡带一般可占箕状断陷面积的三分之一到二分之一，它是油气聚集的重要部位。近年来在斜坡带上的油气勘探不断取得重要进展。全面分析斜坡带的地质结构、油藏类型及其分布特点是有现实意义的。

1 斜坡带的地质特征

斜坡带的基底[1]埋藏较浅，沉积盖层较薄。但沿着斜坡下倾方向，基底的埋藏深度和盖层的厚度都随之加大，盖层的地层层序也变得比较完整。在此总的背景下，有一些基本地质特点。

1.1 断裂系统

斜坡带断裂系统中最显著的特点之一是有一组断层，断面走向与斜坡走向一致，但倾向相反。这是一组基底断裂，产生于箕状断陷形成初期，但较早就结束活动。它与整个箕状断陷形成机理是一致的。在水平拉张的区域性应力场作用下，产生一系列剪切面，沿着剪切面断块体之间发生差异沉降，每个断块体自身发生翘倾。一些规模较大的剪切面发育成为控制箕状断陷形成的大型基底断层，一些规模较小的剪切面成为断块体内部的次一级断层，将基岩翘倾断块体切割成“洗衣板”式的断块体（图 1）。

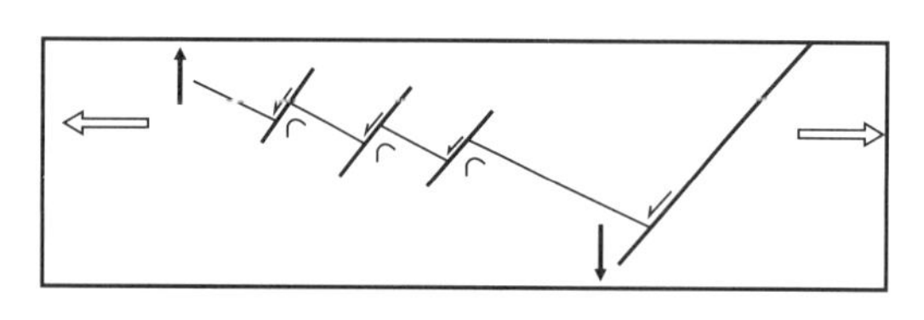

图 1 反向正断层形成机理示意图

这组断层对上覆沉积盖层的控制作用，在渤海湾盆地主要是沙河街组四段，部分断层可控制沙三段下部，在沙一段、沙二段沉积时全部停止活动。

另一组断裂，断面的走向和倾向都与斜坡的走向和倾向基本一致。它的发育时间较前一组断裂晚，是在斜坡带中已沉积了较厚的盖层，同时由于基岩断块体的翘倾活动，斜坡带的倾角逐渐加大，基岩断块体倾斜面上松软的沉积盖层发生滑塌，从而产生一系列平行斜坡带的断层。斜坡带边缘的断层发生时间较早，渐次向斜坡带下倾方向变新，呈有规

[1] 指第三纪断陷沉积的基底，后面提到的基岩亦系指此。

律分布，这些断层大都持续活动到早第三纪末，少数断层在晚第三纪仍继续活动。它们以盖层断裂为主，断面上陡下缓呈座椅状，深部断面可能与基岩面重合，顺层面滑动。仅少部分断层错断基岩而成为基底断裂，这组断层延伸长、断距大，对沉积有重要控制作用。

还有一种情况，基岩断块体的翘倾方向在不同地质时期发生变化，顺斜坡倾向的同生断层走向也可以发生变化，从而使不同时期的两组同生断层存在一定的夹角。

此外，还有与斜坡带走向垂直和斜交的断层，这组断层的延伸长度和断距都比较小，是上述断层的伴生断层。

上述各种类型的断层在辽河西部凹陷西斜坡南段发育最为完全，可作典型代表（图 2）。

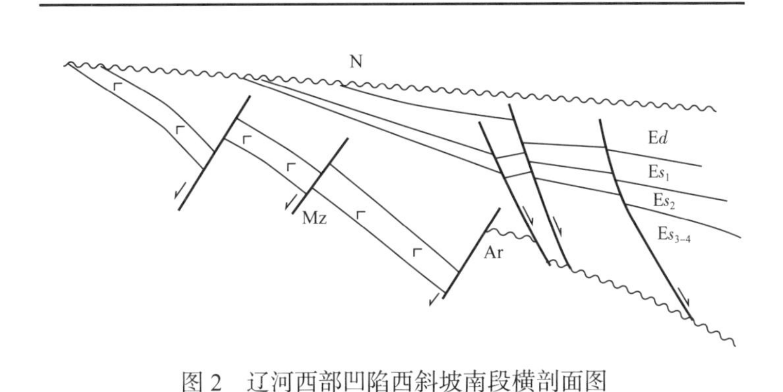

图 2　辽河西部凹陷西斜坡南段横剖面图

1.2　构造圈闭类型

斜坡带上的构造圈闭与断层都有密切关系，圈闭的数量多、面积小，幅度也较小，主要有下列几种：

1.2.1　逆牵引构造

系同生断层的伴生构造，这类同生断层大多数产生于有一定厚度的沉积盖层条件下，在渤海湾盆地多从沙二段沉积开始。至于同生断层是否能够伴生逆牵引构造，则与断距大小有关，如辽河西部凹陷西斜坡欢喜岭地区能产生逆牵引构造的，断距都在 200m 以上。该地区共有 9 个逆牵引构造，沿断层呈串珠状分布（图 3 所示 2 个规模较大的逆牵引构造已在深陷带内）。逆牵引构造的轴向与断层平行。斜坡带的同生断层规模较陡坡带小，逆牵引作用产生的回倾翼发育不够完善，有时仅表现为地层产状由陡变平，成为一个“半背斜”。

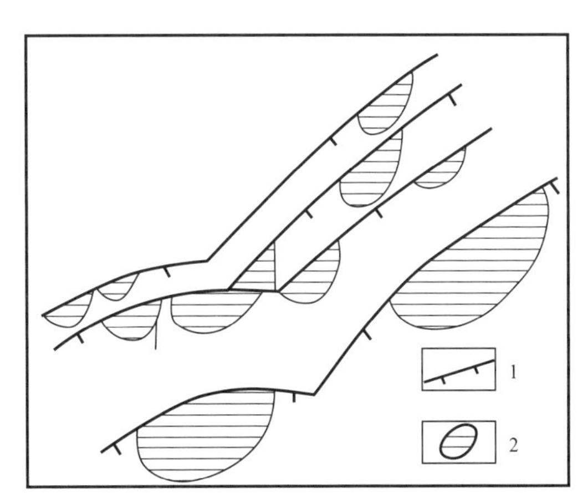

图 3　辽河西部凹陷西斜坡南段逆牵引构造分布示意图（据陈景达，1982）

1—同生断层；2—逆牵引构造

1.2.2 披覆背斜和披覆鼻状构造

由反斜坡带倾向的一组基底断裂所切割形成的“洗衣板”式的断块山，为沉积盖层所披覆，由于基岩顶面的原始倾角、基岩长期继承性隆起和沉积后的差异压实作用，使沉积盖层的顶薄翼厚现象比较明显，从而在断块山上方形成披覆背斜，它往往沿断块山顶部呈串珠状分布，披覆背斜的大小和幅度受上述断裂幅度控制。披覆鼻状构造的成因与此相似。它们的幅度自下至上变小，以致最后消失（图 4）。

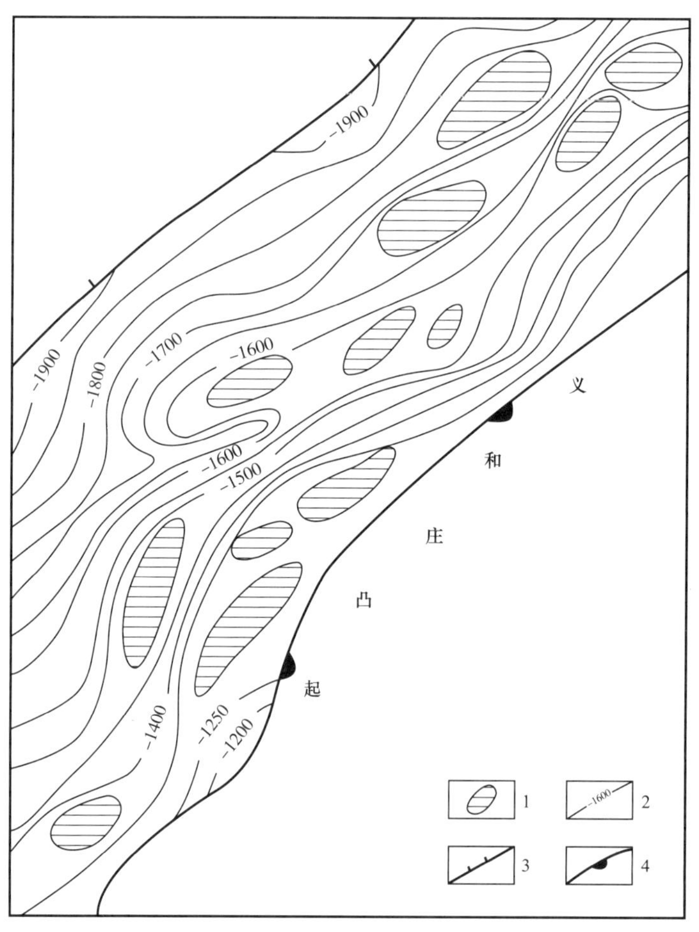

图 4 车镇凹陷南斜坡披覆构造示意图（据李娟娟等，1982）

1—披覆构造；2—构造等高线（m）；3—同生断层；4—地层超覆线

1.2.3 断块

它是斜坡带的构造圈闭中最为常见的形式。前面已经论述过的断裂系统将斜坡带切割成为许多断块。断块形成圈闭的关键是它的封闭性。大量的勘探实践证明，大多数断块是封闭的。分析其原因主要有三点：（1）断层两盘渗透性地层与非渗透性地层接触，如反向正断层上升盘的渗透性地层与下降盘的非渗透性地层接触，正向正断层的下降盘渗透性地层与上升盘的非渗透性地层接触；（2）正断层上盘（下降盘）的重量对断面的压力，使断面密封；(3) 同生断层活动时期地层处于松散状态，在断裂带附近就易于产生断层泥，它使断面的密封性增大。

1.3 地层分布和接触关系

斜坡带的地层厚度比深陷带薄，而地层的超覆、退覆、剥蚀和不整合现象比较普遍。地质演化过程中基岩断块体的沉降和上升与基岩断块体的翘倾活动是同时发生的，当断块体的沉降幅度大于翘倾幅度时，斜坡带上的地层发生超覆；当沉降幅度小于翘倾幅度时斜带坡上的地层发生退覆甚至剥蚀。所以在深陷带内地层可能为连续沉积，而在斜坡带上却出现沉积间断和剥蚀现象。各个断陷和各个时期沉降幅度和翘倾幅度的关系是不同的，因此在斜坡带上表现出不同的地层分布和接触关系。如以冀中霸州市凹陷的文安斜坡为例，孔店组—沙四段分布范围较广，而沙三段的分布范围最小。从沙二段开始逐层超覆，东营组的沉积范围最广。早第三纪末的构造运动使斜坡抬起，东营组遭受一定程度的剥蚀（图 5）。

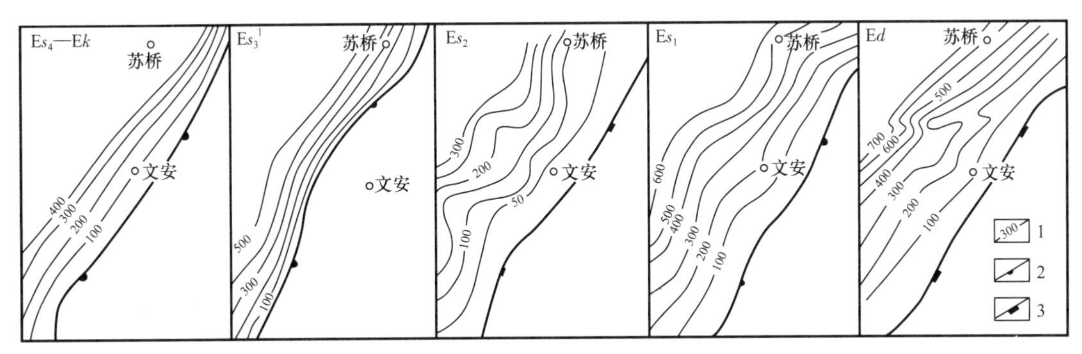

图 5 文安斜坡下第三系各组段地层等厚图（据林永洲，1983）

1—等厚线（m）；2—超覆线；3—剥蚀线

1.4 砂体类型和分布

斜坡带靠近物源区，砂体比较发育。箕状断陷都具有多物源特点，单个砂体的规模较小，砂体的数量较多，空间位置变化较大，从而形成了许多砂岩尖灭线，根据砂岩的尖灭方向与斜坡带倾向之间的关系，可以分为下倾尖灭砂体和上倾尖灭砂体。前者物源来自斜坡外侧，后者物源来自斜坡对侧或旁侧。如车镇凹陷沙三段中下段，北面三个砂体通过凹陷中心，向南斜坡上倾尖灭；西南部的一个砂体沿斜坡下倾尖灭（图 6）。

根据砂体的沉积环境可以分为三角洲砂体、湖底扇砂体、河道砂体等。砂体的类型与湖盆发育阶段密切相关。湖盆发育初期，以浅湖相占优势，而且水体的盐度较高，常发育粒屑灰岩、礁灰岩、滩沙，有时也发育顺坡下倾尖灭的三角洲砂体。湖盆发育的深陷期，沉降速度大于沉积速度，湖底扇砂体比较发育。斜坡带正好处于水下河道或水底谷发育部位，砂体呈条带状向两侧尖灭，其前端呈扇形散开。当箕状断陷比较狭窄，从对岸或旁侧发育的湖底扇砂体，可以在斜坡带上倾尖灭。湖盆稳定发育阶段，沉降速度和沉积速度大

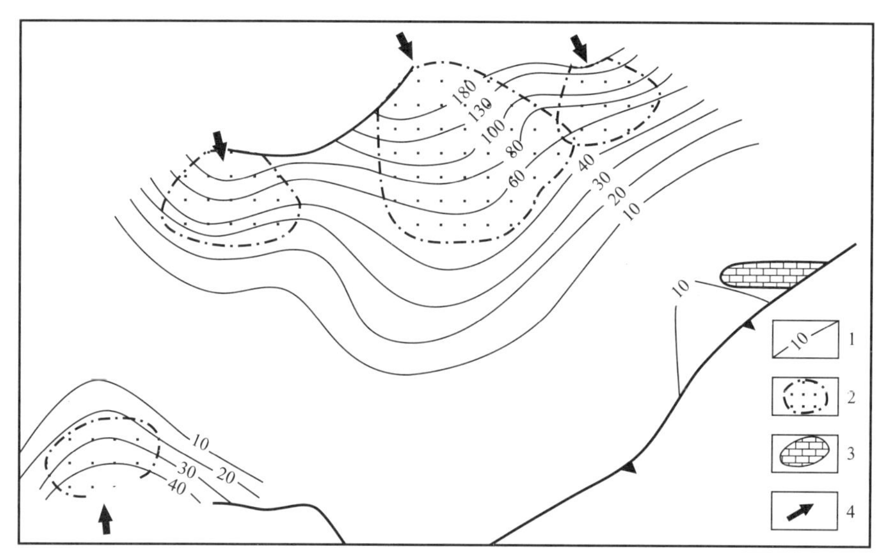

图 6　车镇凹陷西部沙三中下段砂体分布图（据李娟娟等，1982）

1—砂岩等厚线（m）；2—湖底扇；3—粒屑灰岩区；4—物源方向

体相等，这时的三角洲砂体十分发育。在斜坡带上的三角洲一般为扇三角洲，规模比较小，其沉积特征界于湖底扇和大型三角洲之间，砂体呈下倾尖灭。湖盆发育的后期，沉降速度小于沉积速度，三角洲向湖盆前积，斜坡带是河流相砂体发育部位。

1.5　斜坡带的基岩

斜坡带的基岩性质首先受该箕状断陷大地构造属性的控制。在褶皱带上发育的箕状断陷，基岩为元古界和古生界变质岩系；在古老地台上发育的箕状断陷，基岩不仅有古老的结晶岩，而且有很厚的前新生代地台型沉积岩。中国东部的大部分箕状断陷发育于地台区，所以它属于后者。但由于箕状断陷形成前的剥蚀保存条件不一，基岩出现差异。如冀中坳陷基岩主要为元古界和下古生界的沉积岩，黄骅坳陷有大面积的中生界和上古生界，而辽河坳陷主要是太古界变质岩。基岩性质还与箕状断陷的构造部位有关，在斜坡带上的同沉积过程中的剥蚀幅度较小，相对于其他构造部位，往往由较年青的地层组成。

2　斜坡带的油藏类型及其特征

斜坡带的地质结构决定其圈闭因素多，可以形成各种类型的构造圈闭、非构造圈闭以及多种因素的复合圈闭；斜坡带油藏的形成还受油源条件和输导层的制约。从而构成了独具一格的油气聚集带，主要有 10 种油藏类型。

2.1　逆牵引背斜油藏

逆牵引构造油藏位于斜坡带的较低部位，含油层位受同生断层活动时间的控制，一般为湖盆发育中期沉积的地层，如渤海湾盆地的沙二段及其上下地层。逆牵引背斜的两翼不对称，一翼为地层的区域性倾斜，另一翼为断层的逆牵引作用引起的向断层方向回倾，幅度比较小。如辽河西部凹陷西斜坡锦 16 逆牵引背斜的牵引幅度为 50m，但油藏高度不受其控制，可以达到 180m 以上，因为与背斜伴生的同生断层具有遮挡作用（图 7）。

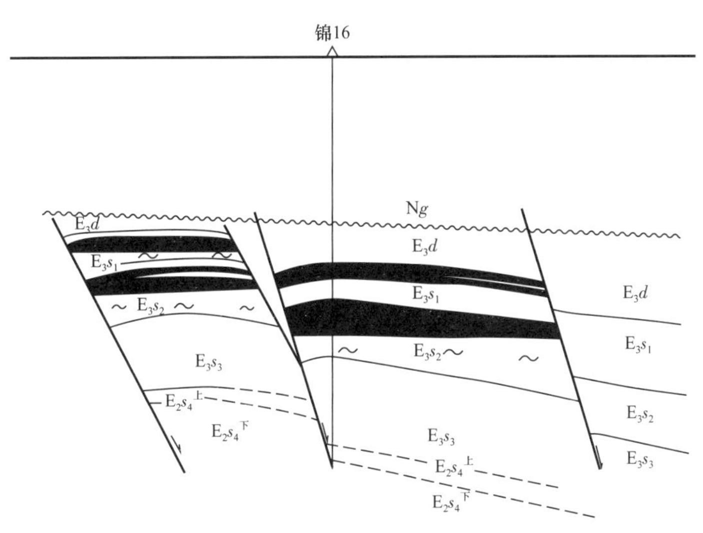

图 7　锦 16 逆牵引构造油藏剖面图（据熊崇玉，1981，简化）

由于逆牵引构造油藏的含油层位多为三角洲砂体，所以油层较厚，物性较好，油气的富集程度高。

2.2　披覆背斜油藏

披覆背斜油藏都位于斜坡断块山上覆地层的中下部。由于披覆构造的规模较小，故油藏的规模不大，但数量可能较多，成排分布。有时在披覆构造下伏的断块山中还可以形成古潜山油藏，如车镇凹陷南斜坡的车古 9 油藏（图 8）。

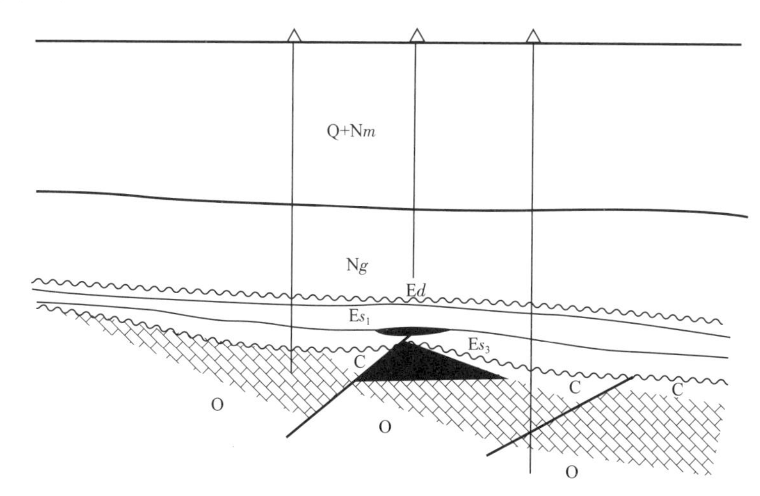

图 8　车古 9 油藏剖面图（据李娟娟等，1982，简化）

2.3 断块油藏

这是斜坡带中十分常见的油藏类型。受不同方向断层切割的断块，大都具有封闭条件，因此形成了大量断块油藏。它们的规模都比较小，油气集中在每个断块的高部位。根据断层面倾向与地层倾向的关系可以分为反向断层和顺向断层，由它们所构成的两类断块油藏的含油特点是不同的，前者为上升盘含油，后者为下降盘含油。

2.4 断层—岩性油藏

斜坡带上各个层位顺坡下倾尖灭的砂体，同时也向两侧尖灭；纵向上各个砂层组以至每个砂层之间都有泥岩夹层，平面上每个砂层组又有各自的尖灭线；斜坡带上还存在不同方向的断裂系统，特别是顺坡倾向的断层，将砂体切割为若干级台阶。从而由断层和砂岩尖灭线共同构成圈闭。这种圈闭在斜坡带上分布十分广泛。断层—岩性油藏最发育的层位是湖盆深陷期所沉积的地层，如渤海湾盆地的沙三段。单个砂层的厚度大，平面上相变快，油源条件好，因此油层厚，物性也比较好。如东营凹陷南斜坡的梁家楼油藏（图 9）。

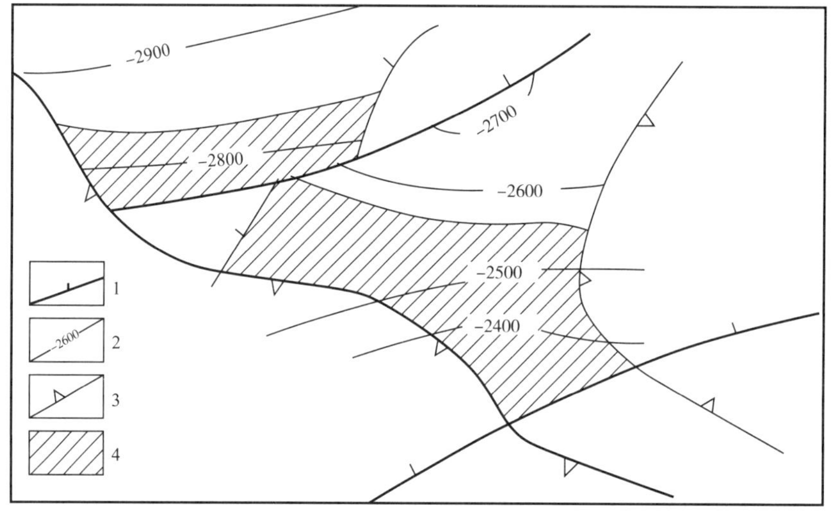

图 9　梁家楼油藏平面图（据胜利油田资料，1980）

1—断层；2—构造等高线（m）；3—砂岩尖灭线；4—含油范围

2.5 古潜山油藏

古潜山油藏多与反斜坡倾向的一组基底断层有关，因而产生次一级的断块山，当这种山直接被生油层覆盖时，就可以形成古潜山油藏。如果潜山上覆盖层是非生油层，则需要其他与油源相通的输导层配套。如文安斜坡的苏桥古潜山油藏，又如图 8 所示的车镇凹陷南斜坡的车古 9 潜山油藏。有时潜山有不同岩性的层状地层组成，渗透层与非渗透层间互，油气聚集在渗透性地层中，则一个潜山由若干个条带状的油藏组成，如辽河西斜坡的曙光古潜山油藏（图 10）。

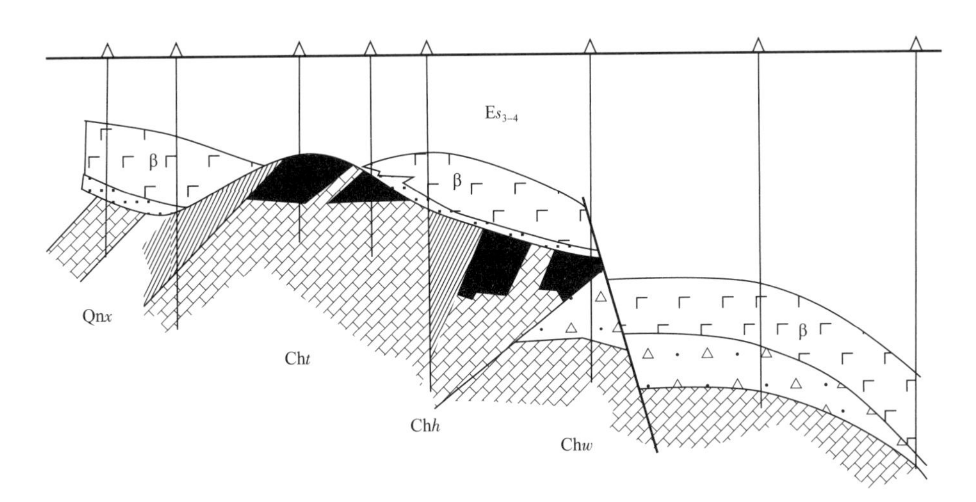

图 10　辽河西部凹陷西斜坡曙光古潜山油藏剖面图（据王明学，1981）
Qnx、Cht、Chh、Chw 分别代表青白口系的下马岭组，蓟县系的铁岭组、洪水庄组和雾迷山组

2.6　地层超覆油藏

形成地层超覆圈闭的基本条件是储层底顶板均为非渗透性地层，且其分布范围均超过储集层，从而构成圈闭。地层超覆油藏的含油层位受沉积旋回和块断翘倾活动特点控制，都位于沉积旋回的中下部，在平面上位于每一个次一级翘倾断块山的围斜部位或区域性斜坡鼻状构造上。如辽河东部凹陷西斜坡的董家岗地层超覆油藏，就是沙河街组向斜坡上方超覆，由沙三段的两条超覆线所圈闭的两个油藏（图 11）。

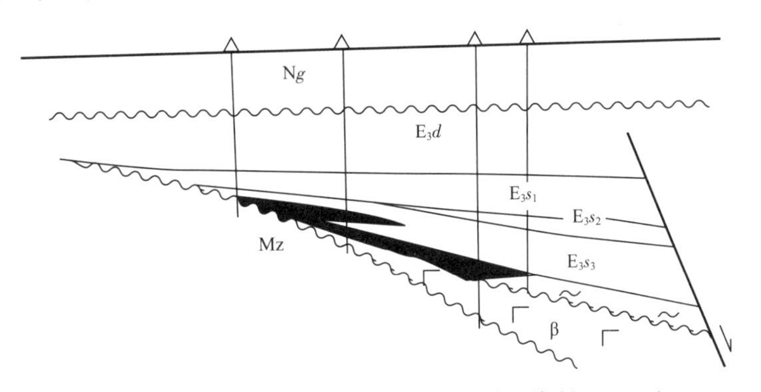

图 11　董家岗地层超覆油藏（据辽河油田资料，1981）

2.7　地层不整合油藏

位于上第三系底部不整合面之下的油藏。斜坡带是上下第三系之间不整合最显著的地方，因为斜坡带的下第三系倾角较凹陷内部要大得多，一般可以达到 10°～15°，从而使接近水平产状的上第三系与下第三系不同层位呈不整合接触。形成地层不整合油藏有两种情况。一种是上第三系底部为非渗透性地层，下第三系为鼻状构造或断块，从而具备圈闭条件，如东营凹陷南斜坡金家不整合油藏[3]。另一种情况是不整合面之上的上第三系为渗

透性砂砾岩层，不能起封闭作用，而由不整合面附近的原油氧化成为稠油或沥青，形成封堵。如辽河西部凹陷西斜坡的曙光不整合油藏[5]，原油的比重和黏度从油藏低部位向高部位逐渐增大。不整合油藏在斜坡带边缘成带状分布。它的含油层位多，油层厚度大，原油较稠，含气量少。

2.8 砂岩上倾尖灭油藏

砂岩体向斜坡带上倾方向发生尖灭形成圈闭。上倾尖灭的砂体有两种类型，一种是内部泥岩夹层不发育，由下向上砂体的规模逐渐缩小，整个砂体具有统一的尖灭线，在这种砂体内形成具有统一油气水界面的块状油藏，如辽河西部凹陷西斜坡高升油田[5]。另一种砂体内部泥岩夹层比较发育，每个砂层组以至单个砂层都有各自的尖灭线，所以在一个大砂体内由许多上倾尖灭油藏组成。如泌阳凹陷西斜坡的双河油田[2]，每个油藏都有独立的油水界面，砂岩上倾尖灭油藏一般都存在于深湖相沉积阶段的湖底扇砂体中，油藏的规模大小不一。

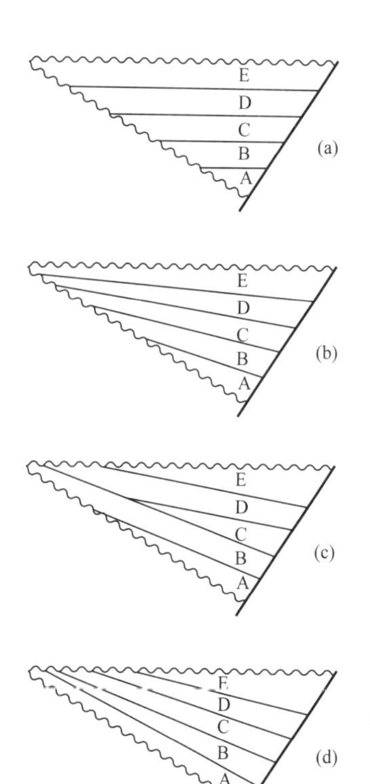

图 12　斜坡带类型剖面图

2.9 砂岩透镜体油藏

斜坡带上有些砂体属于各种类型砂体的前缘分散状砂岩透镜体和沼泽相中的砂岩透镜体，四周上下全被泥岩所包围，从而形成砂岩透镜体油藏。这种油藏的规模比较小，一般来说，在斜坡带上不太发育。

2.10 粒屑灰岩岩性油藏和白云岩裂隙油藏

当斜坡带某一个层位碎屑物质供应较少时，在斜坡带上往往形成两个相带，外侧为粒屑灰岩带，内侧为白云岩带，同时往往夹有薄层砂岩。如东营凹陷南斜坡和辽河西部凹陷西斜坡北段的沙四段，歧口凹陷西南斜坡的沙一段。这两个相带分别发育了上述两种油藏，其圈闭方式往往是岩性变化与地层超覆或构造条件相配合。

3 斜坡带的类型和对油藏的控制作用

各地箕状断陷的演化过程和沉积特征是不同的，因此斜坡带的类型也就不同。根据斜坡带的沉积特点与斜坡形成时间的关系大致可以分为三种类型，如图 12 所示。

图 12（a）表示斜坡产生于沉积以前，图 12（e）表示斜坡形成于沉积以后，但这两种情况在中国东部第三纪箕状断陷中，尚未发现，所有斜坡都介于上述两种极端情况之间，即在沉积前底面已经有斜坡但坡度较小，沉积过程中和沉积

以后坡度进一步加大，即如图 12（b）（c）（d）所示。但它们的原始坡度和后来增加的坡度是不同的。b 的原始坡度大，后来增加的坡度小，其特点较接近于 a，称为沉积斜坡；d 的原始坡度小，后来增加的坡度大，其特点较接近于 e，称为构造斜坡；c 介于两者之间，称为构造—沉积斜坡。沉积斜坡有明显的地层超覆现象。顶部的剥蚀较弱；构造斜坡地层超覆不明显，但顶部的剥蚀比较强烈；构造—沉积斜坡既有底部的地层超覆又有顶部的剥蚀，但其幅度都不如前两种类型。当然实际情况更为复杂，斜坡的特点在其演化过程中可以发生变化。不同类型的斜坡，油气的富集程度和油藏主要类型都有很大差别。

3.1 沉积斜坡

斜坡的原始倾角较大，下部地层的沉积范围较小，上部地层的沉积范围较大，有逐层超覆现象；斜坡带顶部的剥蚀很微弱，剥蚀面一般仅存在于下第三系顶部；同生断层和逆牵引构造不大发育；有时存在反斜坡倾向的基底断裂。如文安斜坡和辽河东部凹陷西斜坡。在这种斜坡上已经发现的油藏类型有地层超覆油藏、古潜山油藏、断块油藏和断层—岩性油藏，根据地质条件分析，也可能出现披覆背斜油藏。沉积斜坡的生油层薄，埋藏浅，本身缺乏油源，故存在连接深凹陷生油层的油气运移通道，是形成油藏的决定因素。

3.2 构造—沉积斜坡

斜坡的原始倾角较小，在沉积过程中，凹陷的沉降幅度有时大于块断翘倾幅度，有时小于块断翘倾幅度，从而在斜坡带上地层超覆和退覆交替出现。每个沉积旋回中最大水进时期表现为超覆，沉积旋回的上部表现为退覆。总体上看，早期以超覆为主，晚期以退覆为主，在斜坡的边缘遭受较强的剥蚀，使下第三系的不同层位与上第三系不整合接触。斜坡带的沉积盖层厚度较大，平行斜坡倾向的同生断层及其伴生的逆牵引构造和反斜坡倾向的基底断层及其伴生的披覆构造均比较发育。这种斜坡最有利于油藏的形成，它不仅可以从深凹陷中获得油源，且其本身也有一定的油源；圈闭因素也很多；前面所指出的斜坡带 10 种油藏类型都可以发育。最典型的是辽河西部凹陷西斜坡，比较接近于这种类型的有东营凹陷南斜坡和车镇凹陷南斜坡。

3.3 构造斜坡

斜坡的原始倾角很小，在沉积过程中块断翘倾活动也不强烈，不存在地层的明显超覆和退覆，只存在每段地层厚度自深凹陷至斜坡顶部逐渐变薄；早第三纪末，斜坡强烈翘起遭受明显剥蚀，下第三系的每个层位都与上第三系呈不整合接触，对砂体的产状有明显的改造作用；这种斜坡的油源条件好，但圈闭类型较少。周口盆地中大部分凹陷的斜坡带都属于这种类型，但目前尚未发现油藏。泌阳凹陷的西斜坡和廊固凹陷的牛北斜坡，基本上可以作为构造斜坡的代表，主要油藏类型有砂岩上倾尖灭油藏，其次为断块油藏、断层—岩性油藏和古潜山油藏，根据地质条件分析，还可能出现地层不整合油藏。

由此可见，斜坡带的油藏类型与该带的演化历史和地质结构是密切相关的。

4 结论

斜坡带是油气赋存的重要部位。主要有10种油藏类型，地层岩性油藏是斜坡带上油藏的主体；各种油藏的分布与一定的层位和构造部位有关。油气富集程度和主要油藏类型决定于斜坡带类型。

参考文献

[1]唐智．对渤海湾油气区斜坡带油气藏形成条件的初步认识[J]．石油勘探与开发，1979(2).

[2]朱水安，等．泌阳凹陷石油地质特征[J]．石油学报，1981(2).

[3]陈斯忠，等．济阳坳陷地层油藏的特点及分布规律[J]．石油学报，1982(3).

[4]童晓光，等．中国东部第三纪陆相断陷盆地隐蔽油藏的发育特征和分布规律[J]．石油勘探与开发，1983(3).

[5]童晓光．辽河坳陷石油地质特征[J]．石油学报，1984(1).

原载于:《石油与天然气地质》，1984年9月第5卷第3期。

中国东部早第三纪海侵质疑*

童晓光

（石油部石油勘探开发研究院）

从20世纪70年代开始，不断出现关于中国东部某些地区下第三系中发现海相化石的报道，从而提出了中国东部早第三纪发生过海侵的推论。这一推论首先是从古生物学界开始的[1-6]，很快就扩展到沉积学界，以至于整个地质界。有些作者对早第三纪海侵进行了分期，并编制了海侵范围图[7, 8]。我国一些著名地质学家[9, 10]也确认海侵的存在，并据此论证中国东部早第三纪的演化史。似乎中国东部早第三纪海侵已经成为公认的事实。但是作者认为，既存在某些可能发生过海侵的依据，也同时存在许多否定海侵的依据，这种互相矛盾的现象，意味着尚需探讨和研究。鉴于迄今为止还没有一篇公开发表的文章，否定海侵或对海侵提出疑问，本文试图在对海侵的论据作一回顾和分析的基础上，着重列举否定海侵的事实，然后对此问题加以讨论，以期引起广大地质工作者的深入研究，得出符合实际的结论。

1　海侵论依据的回顾和分析

海侵的证据不外乎化石、岩石矿物和元素地球化学等几方面，其中最主要的当然是化石，因为岩矿和地化的不肯定因素要多一些。

本区所发现的可能为海相化石的有有孔虫、多毛纲虫管、德弗兰藻、新单角介、双棱鲱等，与大量陆相介形类、腹足类、轮藻、孢粉等化石共生。

有孔虫化石都是广盐性属种，且比较单调，个体小仅0.1mm左右，变异强，畸形个体多，大部分地区数量少、分布零星。如苏北盆地发现圆盘虫 *Discorbis*?sp. 和先希望虫 *Protel phidium* sp. 两个种，分别在4口井的3个层段，数量极少，仅一颗至数颗[11]。渤海湾盆地仅在济阳坳陷沙河街组四段发现，为三玦虫 *Triloculina*、圆盘虫 *Discorbis* 等6属7种，见于11口井，其中9口井在沾化凹陷的罗家地区❶。江汉盆地的有孔虫集中于潜江凹陷和小板凹陷，且都分布于凹陷边缘❷。潜江组各段和荆和镇组均有分布。荆和镇组含圆盘虫 *Discorbis*、卷转虫 *Ammonia*、诺宁虫（九字虫）*Nonion*；潜江组以五玦虫 *Quinqueloculina*，三玦虫 *Triloculina* 为主，少数为瓶虫 *Lagena*。所有有孔虫都与典型的陆相化石如介形虫、轮藻等共生。

---

* 本文未涉及南岭以南地区。

❶ 胜利油田勘探开发规划院，1977，济阳块断盆地石油地质特征及油气运移规律。

❷ 郑元泰，1983，江汉盆地上始新统潜江组有孔虫的发现及其意义。

上述特点表明，本区下第三系中所含有孔虫化石不是生活于典型的海相环境。水介质条件不仅有半咸水（如苏北盆地），也可有超咸水（如江汉盆地）。

第二种化石是多毛纲的虫管和枝管藻等造礁生物化石。多毛纲虫管化石数量较多，但分布的地区和层位比较局限，仅见于苏北盆地阜宁组二段和四段，渤海湾盆地济阳坳陷沙河街组四段。苏北盆地多毛纲虫管化石都属于隐居亚纲 3 个科、6 个属和 7 个种，经常与钙藻叠层石共生，并可富集成似礁体状的生物灰岩或生物灰岩，往往与典型的陆相化石共生，如在一块标本中同时存在虫管化石和蜗牛化石。十分有趣的是，苏北盆地多毛纲虫管化石都出现于盆地西部边缘的金湖、来安一带，而东侧的高邮、海安、阜宁凹陷以至于南黄海盆地均未发现。济阳坳陷的多毛纲虫管化石基本上限于平方王地区，都属于龙介虫科 Serpulidae，并与中国枝管藻 *Cladosiphia sinica* 等一起造成礁体。与之共生的有各种陆相腹足类、介形虫和轮藻化石。

第三种化石是德弗兰藻 *Deflandria*，也主要出现于渤海湾盆地济阳坳陷沙河街组四段，共有 9 个种和 3 个未定种。在冀中坳陷沙四段也有发现，但数量非常稀少，个体小，变异十分明显，以缺乏古口而有别于典型的德弗兰藻，并与陆相的盘星藻等共生。据报道南襄盆地南阳凹陷大仓房组（其层位相当江汉盆地潜江组下伏的荆沙组）也发现有个别德弗兰藻。其他地区未见报道。

第四种化石是新单角介，如膨胀新单角介 *Neomonoceratina bullata* Yang et Chen。发现于苏北盆地、南黄海盆地和长河盆地的阜宁组地层。

第五种化石是双棱鲱，发现于苏北盆地阜二段、渤海湾盆地济阳坳陷和辽河坳陷的沙四段和沙三段下部。但它不仅出现于海域中，也出现于非洲和泰国的淡水湖泊中。

上述化石的特征表明，它们不是正常的海相化石，但都是源于海洋的。不过这里要指出一点，它们在渤海湾盆地的分布基本上限于沙四段，并非在下第三系的其他层段都存在这些化石。

至于岩矿特征，可能海绿石是比较公认的海相指相矿物，但国外早有报道，也存在于陆相地层中。蒋湉[1]曾系统研究了辽河坳陷下第三系中海绿石的特征和分布，指出其为陆相成因。最有说服力的是大民屯凹陷，共分析了 32 口井，其中 27 口井有海绿石，分布于下第三系的各个组段。这些地层全部含典型的陆相化石，而所产原油均以陆相成因的高蜡原油为特征。蒋湉指出该区海绿石是在水介质 pH7～8、微咸水—半咸水和弱氧化—弱还原条件下，主要由黑云母分解形成。又如方沸石化的凝灰岩，有人认为是海相沉积的标志，但它也可以存在于非海相的盐碱湖中。其他黏土矿物就更具有多种形成环境了，在此不一一列举。

2 否定海侵的依据

否定海侵的依据主要是早第三纪的古地理和沉积特征、化石群的总体面貌，尤其是至今没有发现海侵通道和海相性递增现象。

[1] 蒋湉，1980，辽河断陷下第三系陆相海绿石的初步研究。

2.1 古地理和海侵通道

有大量海相化石资料证明，正常海岸线大致在我国台湾省至日本一线。东海西部盆地北纬28°以北地区的钻井资料还没有发现肯定的下第三系海相化石❶，而东海西部盆地西侧与苏北—南黄海盆地之间存在一个巨大的浙闽—岭南隆起区。苏北—南黄海盆地与其西北侧的渤海湾盆地之间又隔着巨大的胶辽隆起区。这两个隆起区都形成于燕山运动，所以在早第三纪之前已经存在。如果海水侵入到苏北—南黄海盆地，就必须穿越浙闽—岭南隆起区，如果海水侵入渤海湾盆地，就还要穿越胶辽隆起区，因此必须有横切隆起区的狭谷，成为海侵的通道。但根据现有的地质和地球物理资料，并没有发现这样的狭谷。

此外，如果存在海侵，必然有大陆内侧的湖盆向着古海方向海相沉积特征和化石特征的渐增现象。实际上并不存在，如渤海湾盆地济阳坳陷沙四段具有海相特点的化石最多，有孔虫就有6属7种，在十几口井中见到，而在它东南侧的苏北盆地仅在4口井中发现几颗有孔虫化石，而南黄海盆地和长河盆地还没有发现有孔虫化石。江汉盆地与古东海之间也没有发现海相性增强现象，如江汉盆地有四十多口井在始新统—渐新统地层中发现了较多的有孔虫，作为江汉盆地与古东海之间唯一可能的通道是古长江，但长江沿岸的下第三系全为典型的陆相地层，在江汉盆地以东的湖北省境内❷全是红色碎屑岩，连化石都很稀少，更没有发现海相化石。在安徽境内含比较丰富的陆相化石，未见任何海相化石[12]，如潜山地区的古新统含丰富的脊椎动物化石，在芜湖、宣城、无为一带的始新统都含有陆相的介形虫、腹足类、轮藻化石，在宣城还发现脊椎动物化石。这一带的渐新统不太发育，厚度小，分布零星，也是含陆相化石的地层。苏北盆地渐新统比较发育，但也都含陆相化石。如果承认江汉盆地的始新统和渐新统是海侵沉积，而更接近古海岸钱的沿江盆地同时代地层中没有海相沉积的迹象，这是用海侵论无法说明的问题。

2.2 数量众多、门类齐全的陆相化石[3]

中国东部一些地区的下第三系中虽然存在个别以至少量可能与海水有关的化石，但与陆相化石相比，不论从属种或个体的数量看，都十分稀少。介形类化石是最常见的一类，除少数盆地中已发现少数或个别新单角介外，其他全部属种都属于陆相化石，如渤海湾盆地达37个属414个种，又以地方性属种占绝对优势，为22属406种。个体也极为丰富，在一块样品中可达上千个。单怀广等❸曾系统研究济阳坳陷沙四段中与有孔虫、多毛纲虫管和德弗兰藻化石共生的介形类化石的古生态，认为全部都是陆相的，从未发现过一个海相或海陆过渡相的介形虫化石。如果发生过海侵为什么不带入海相介形类呢？即使含有孔虫化石最多的江汉盆地，介形类化石也全部是陆相的。腹足类化石的分布也十分广泛，在渤海湾盆地就达237个种和亚种，但从未发现过海相腹足类。轮藻化石也很普遍，特别是江汉盆地，但也未见海相化石。渤海湾盆地的沟鞭藻和疑源类达64属232种，仅德弗兰

❶ 杜永林、罗志明，1982，东海盆地石油地质条件分析。

❷ 江汉油田研究院，1980，湘鄂赣陆相盆地图册。

❸ 单怀广、张慧娟，1982，济阳坳陷沙河街组四段介形类古生态研究。

藻一属可能与海水有关外，其他全部是陆相化石。此外陆相高等植物的孢粉和碎片也很丰富。而所谓海相化石也不形成单独的层次，而与大量的陆相化石共生。这一特征意味着不是由于海侵而使湖盆的环境发生变化，发育海洋生物，而是由于海洋生物通过某种途径进入湖盆，以自身的变异适应湖盆的生活环境。

2.3 具有封闭的陆相湖泊的典型沉积特点

中国东部第三纪盆地四周都被山系所环绕，甚至盆地内的坳陷或凹陷也是如此。四周的山系就是物源区，从而使沉积相带围绕湖心呈不对称环带状分布，如冀中坳陷西为太行山，北为燕山，东为沧县隆起，南为衡水隆起，是一个四周封闭的湖盆，根本没有海侵的通道（图1）。

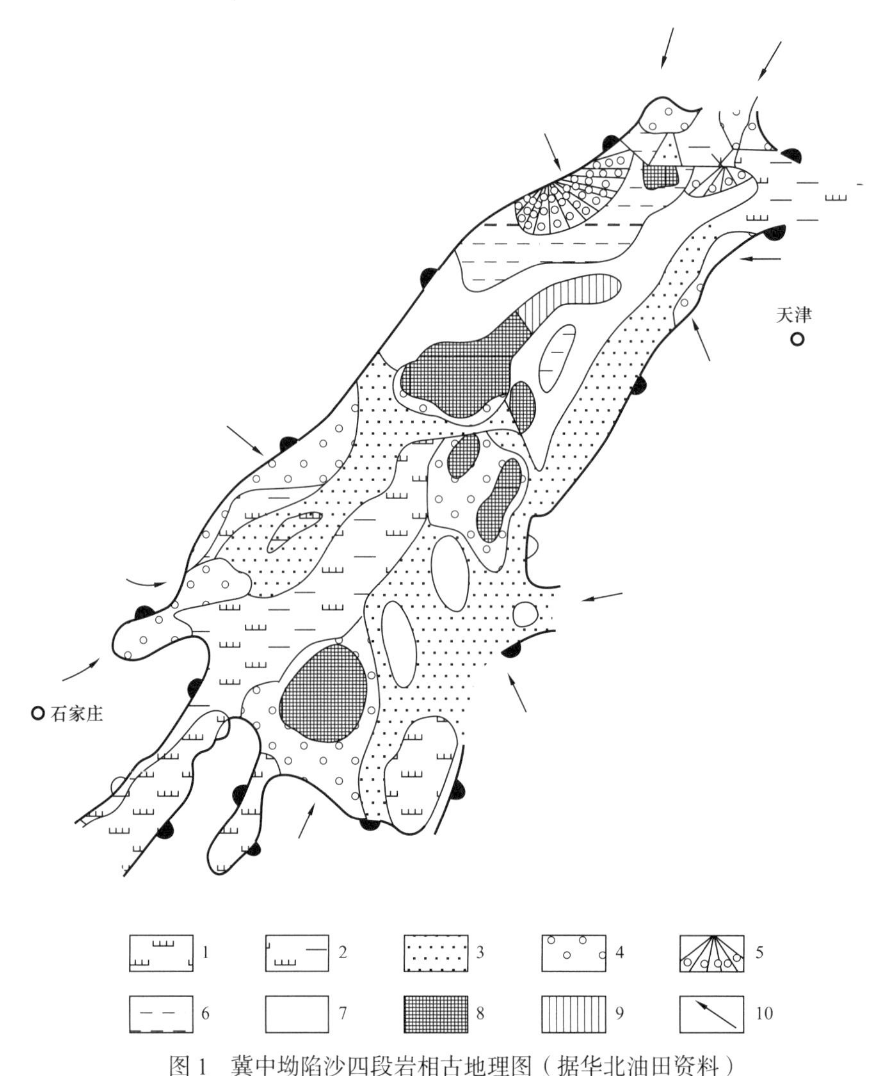

图1 冀中坳陷沙四段岩相古地理图（据华北油田资料）

1—膏盐沉积；2—沼泽沉积；3—滩砂；4—洪积和坡积；5—水下扇；6—浅湖沉积；7—较深湖沉积；8—隆起区；9—水下隆起；10—物源方向

有人认为苏北盆地金湖凹陷阜宁组二段是河口湾滨岸沉积，它的东侧应该是海相性更强的河口湾沉积，但在高邮凹陷、海安凹陷都没有这种海相性增强现象。还有人认为东营坳陷平方王地区沙四段为滨海潟湖相礁灰岩，同样也找不到礁前潟湖相沉积。相反，从东营凹陷沙四段岩相古地理图（图2）看，却是一个典型的四周封闭的湖盆。四周都是物源区，完全不同于潟湖或海侵湖区一侧高一侧低的古地形和单向物源区的特征。

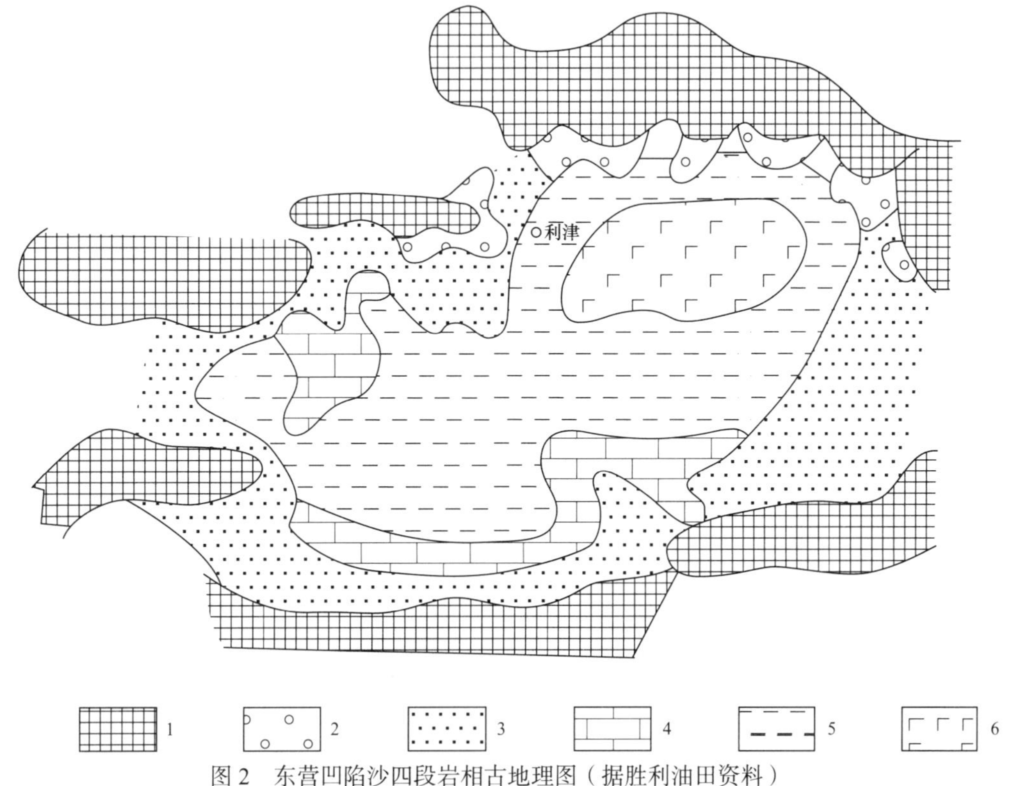

图2　东营凹陷沙四段岩相古地理图（据胜利油田资料）

1—剥蚀区；2—水下扇；3—滨湖区；4—礁灰岩或粒屑灰岩区；5—较深湖区；6—膏盐沉积区

此外，从含海相化石的层位在纵向上沉积旋回的部位看，也与海侵的推论是矛盾的（图3）。如渤海湾盆地含海相化石的层位是沙四段，但湖水最深、湖盆范围最大的是沙三段，可是在沙三段海相化石不仅没有增加，反而灭绝了。实际上含海相化石最多的沙四段上部是从沙四段下部的盐湖向上覆的沙三段半咸水—淡水湖过渡阶段的沉积。事实表明，所谓海相化石的出现与最大水侵期无关，而与水体的咸度有密切的关系。

又如江汉盆地的荆河镇组是在盆地最后萎缩衰亡阶段的沉积。这个时期不仅在江汉盆地是如此，在长江沿岸的许多盆地都是如此，因此不能用海侵来解释这个时期的沉积。又如南阳凹陷含个别德弗兰藻的大仓房组是处于盆地开始发育阶段的红色砂泥岩浅水沉积，其相邻的李官桥凹陷还发现了大量节椎动物化石，同样也不能用海侵来解释。

其他陆相标志还很多，如原油性质等，因对所讨论的问题无决定性关系，不予一一列举。

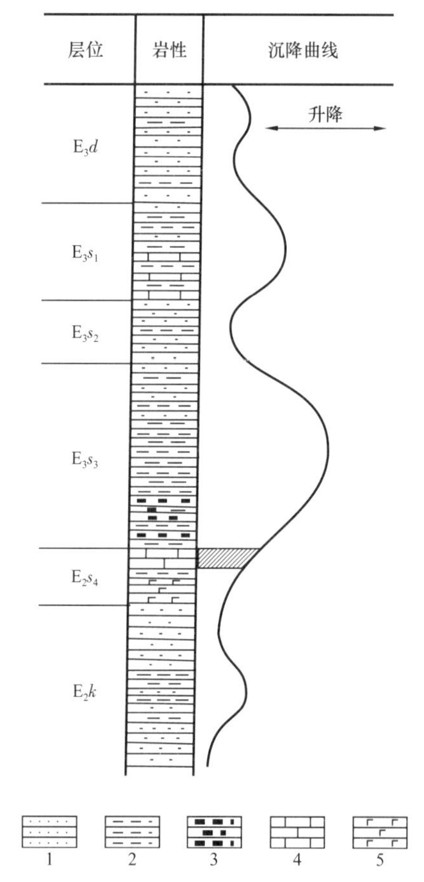

图 3　渤海湾盆地沉积旋回与含海相化石层位的关系

1—砂岩和粉砂岩；2—泥岩；3—油页岩；4—石灰岩；5—膏盐层

3　讨论

上面列举了可能发生过海侵的证据，又列举了否定海侵的证据，现在需要进一步讨论如何解决这一矛盾。

汪品先等[11, 13]在发现海相化石的同时，可能已经意识到这种矛盾，曾提出海泛说。认为中国东部第三纪不是真正的海侵而是一种海泛，“沿某种指状海湾或河谷渠道内泛。”他认为海泛都发生于最大海进期，这一点在苏北盆地或许说得通，但对渤海湾盆地、江汉盆地和南襄盆地就不合适了，我们在前面已经阐述了理由。另外海泛与海侵一样，其必要条件是海平面高于湖盆及其通道的水面。但早第三纪的海岸线与上述湖盆之间的水平距离在500～800km以上，又为数条大型隆起带相隔，海泛的通道仍然是一个难以解决的问题。

那么是否存在在没有发生过海侵或海泛的情况下，出现海生生物或化石的可能呢？世界上早已有过这样的报道，如贝加尔湖的海豹、坦噶尼喀湖的栉水母❶，苏联中亚巴尔什湖的有孔虫，还有在海拔2000多米的美国新墨西哥州艾斯坦西亚谷地发现由两个种组成的第四纪有孔虫化石群，以及在我国四川盆地白垩系中发现有孔虫（九字虫）与陆相介形虫共生等❷。众所周知，四川盆地的白垩系在时间与空间上与海相均无联系，如果把这些海相生物和化石都作为海侵的标志，那世界上的海侵就会广泛得令人难以置信。

华北第四纪海侵及有孔虫化石的分布或许对我们所讨论的问题是一个启示，因为第四纪的时代较新，与今天的地貌差异较小，便于对比。第四纪有过多次海侵，最大海岸线在北京—保定—束鹿—德州—淄博一线。但在此线以西有两个地区发现有孔虫化石。一个地区是目前海拔500m左右的河北怀来、蔚县盆地泥河湾组上部，发现九字虫一个属的有孔虫，数量十分丰富，并与陆相介形虫共生。这两个盆地与海岸线之间隔着太行山。另一个地区是在目前海拔350～400m的山西运城盆地第四系中也发现九字虫属，数量也很多，同样与陆相介形虫和瓣鳃类化石共生。它的东南侧有高近2000m的中条山，而且离开海岸线的距离就更远了，在600km以上。目前同样存在两种观点，一种认为发生过海

❶ 赵传本、张莹，1980，松辽盆地白垩纪陆相古生物特征。

❷ 单怀广、张慧娟，1982，济阳坳陷沙河街组四段介形类古生态研究。

侵[14, 15]，一种认为太行山形成很早，海水不可能横切太行山进入这些盆地[16]。作者支持后一种意见，根据保定凹陷的钻井资料，有厚达3000m以上的下第三系山麓相砾岩层，表明太行山的形成时间最低限度与渤海湾盆地是同时的。在第四纪时海水是无法越过太行山的。

第四纪时海岸线以西有孔虫的分布与早第三纪海岸线以西海相化石分布的现象十分相似。因此促使人们设想存在一种不是由于海侵或海泛，而发生海相化石扩散的途径。曾有人提出过，有孔虫是借助于海洋吹向大陆的、卷着海水的飓风和鸟类来搬运的，如印度西北部晚更新统砂丘中的有孔虫化石[16]。这仍然是一种可能的途径。当这种外营力搬运的有孔虫落到有一定咸度的适宜于生活的湖泊中，就可能生存下来，否则就死亡以至消失。这与我们所发现的有孔虫等海相生物都存在于一定咸度水介质的湖泊中而与海岸线的距离无正比关系这一特点是一致的。另外含有海相化石的早第三纪湖盆可能有河流与海相通，有利于某些海相生物自身的迁移，如营洄游生活的双棱鲱和营浮游生活的多毛纲幼虫。

根据以上分析，中国东部的南襄、江汉、渤海湾、苏北等盆地早第三纪的海侵可能是不存在的。

参考文献

[1] 汪品先，林景星．我国中部某盆地早第三纪半咸水有孔虫化石群的发现及其意义［J］．地质学报，1974（2）．

[2] 汪品先，闵秋宝，林景星，等．地质古生物论文集（第二辑）［J］．北京：地质出版社，1975.

[3] 石油化学工业部石油勘探开发规划研究院，中国科学院南京地质古生物研究所．渤海沿岸地区新生代有孔虫、早第三纪介形类、早第三纪腹足类、早第三纪轮藻、早第三纪沟鞭藻类和疑源类［M］．北京：科学出版社，1978.

[4] 张弥曼，周家健．我国东部中、新生代含油地层中的鱼化石及有关沉积环境的讨论［J］．古脊椎动物与古人类，1978，4.

[5] 朱浩然．山东滨县下第三系沙河街组的藻类化石［J］．古生物学报，1979，18（4）．

[6] 严钦尚，张国栋，等．苏北金湖凹陷阜宁群的海侵和沉积环境［J］．地质学报，1979，53（1）．

[7] 梁名胜．中国东部早第三纪海侵期的划分［J］．海洋地质研究，1982，2（2）．

[8] 陈绍周，高兴辰，丘东洲．中国早第三纪海陆过渡相［J］．石油与天然气地质，1982，3（4）．

[9] 张文佑，张抗，等．中国东部及相邻海域中、新生代地壳演化与盆地类型［J］．海洋地质研究，1982，2（1）．

[10] 王鸿祯，杨森楠，李思田．中国东部及邻区中、新生代盆地发育及大陆边缘区的构造发展［J］．地质学报，1983，57（3）．

[11] 李道琪．苏北盆地古新统泰州组、阜宁组大相环境的讨论［J］．地质学报，1984，58（1）．

[12] 陈烈祖，夏广胜．安徽沿江地区早第三纪地层［J］．地层学杂志，1981，5（3）．

[13] 汪品先，闵秋宝，卞云华．关于我国东部含油盆地早第三纪地层的沉积环境［J］．地质论评，1982，28（5）．

[14] 王乃文．山西外旋九字虫（新属新种）的发现及其地层与古地理意义［J］．地质学报，1981，55（1）．

[15] 林景星．中国第四纪有孔虫动物群的古生态、古气候、古地理研究［J］．海洋地质与第四纪地质，1983，3（1）．
[16] 乔作栻．对河北平原第四纪研究中几个问题的商榷［J］．中国第四纪研究，1980，5（1）．

原载于:《地质论评》，1985年5月第31卷第3期。

中国东部陆相盆地天然气的生成和分布

童晓光，徐树宝

（石油部石油勘探开发科学研究院）

印支运动以后海水基本上全部退出中国大陆东部，从而进入了一个新的地质发展时期。在中新生代多次构造运动作用下，该区形成了一系列互相分隔的中新生代陆相盆地，如松辽、渤海湾、南襄、苏北和江汉盆地。每个盆地甚至盆地内的次一级断陷成为一个独立的沉积单元和构造活动单元，也是烃类生成和聚集单元。各个单元的天然气丰度和分布方式都有其自身特点。但它们都是陆相盆地，在油气生成和分布上也存在一定共性。

1 天然气生成的地质基础

迄今为止，该区已发现的极大部分天然气，都是由与石油同源的中新生代地层中的生油层所生成，因此天然气生成的丰度就主要决定于生油层的有机质类型及热演化程度。

1.1 湖盆生油母质类型对烃类产率的重要影响

中国东部中新生代盆地周缘为山系或高地包围，是多水系补给的内陆湖盆。地势较为平坦和离海较近，受海洋性气候影响，雨水比较充足，成为陆源生物汇集和水生生物繁殖的有利场所。一般情况下，湖盆边缘富含陆生植物有机质，如孢子花粉，植物碎屑以及腹足类、轮藻等生物；湖盆中心水生生物明显增多，以藻类为主，其次为介形类。因此湖盆边缘以腐殖型有机质为主，湖盆中心以腐泥型有机质为主。但各个湖盆的古气候、水介质条件和沉积环境的差别，影响着生物的丰度和组合，导致形成以某一种类型生油母质为主的湖盆（图 1）。

富含腐泥型生油母质湖盆，如松辽盆地。干酪根以腐泥型或偏腐泥的混合型为主，具有高氢低氧的类脂化合物。元素的原子比值 H/C＞1.4，O/C＜0.1。生油岩热解氢指数高，一般大于 650mg 烃 /g 有机碳，氧指数低，一般小于 30～40mg CO_2/g 有机碳。有机质丰度和产烃率高。在一般情况下液态烃产量大于气态烃产量。

含腐殖质的腐泥型生油母质湖盆，如渤海湾盆地渐新世沉降中心的一些凹陷，包括东营、沾化，饶阳、歧口、辽河西部等凹陷。主要生油层为沙河街组三段。干酪根元素原子比值 H/C=1.5～1.25、O/C=0.1～0.2。生油岩热解氢指数 300～650mg 烃 /g 有机碳，氧指数 25～50mg CO_2/g 有机碳。有机质丰度和产烃率较高。一般情况下，液态烃产量大于气态烃率量。

含腐泥质的腐殖型生油母质湖盆，如渤海湾盆地边缘带的一些凹陷以及一些始新世凹陷。干酪根元素原子比值 H/C=1.25～1.0，O/C=0.1～0.3。生油岩热解氢指数 100～300mg

烃 /g 有机碳，氧指数 25～50mg CO_2/g 有机碳。产烃率较低。一般情况下，气态烃产量大于液态烃产量。

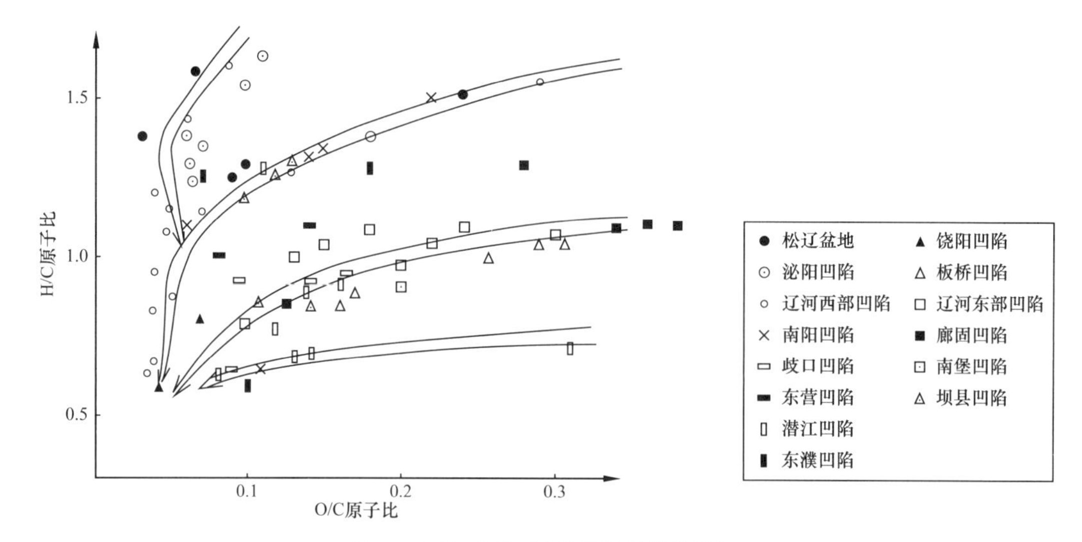

图 1　中国东部地区干酪根元素分类图

腐殖型生油母质湖盆，如廊固凹陷始新统，干酪根元素原子比值 H/C＜1.0，O/C＞0.3，生油岩热解氢指数＜100mg 烃 /g 有机碳。氧指数大于 50mg CO_2/g 有机碳。产烃率低。一般情况下，气态烃产量要大于液态烃产量。

根据杨万里等对各类干酪根的热解模拟试验结果（表 1）。

表 1　各类干酪根的热解模拟试验结果

干酪根 / 产烃率 / 温度（℃）	I		II_A		II_B		III		镜煤反射率（%）
	液态烃（%）	气态烃（%）	液态烃（%）	气态烃（%）	液态烃（%）	气态烃（%）	液态烃（%）	气态烃（%）	
250	1.74	0	1.06	0	0.51	0	0.78	0.01	0.3
300	5.46	0.06	3.40	0	1.41	0	0.57	0.01	0.4
350	17.70	0.18	—	0.21	6.12	1.02	1.08	0.11	0.5
400	41.34	0.83	18.57	2.33	9.08	2.61	1.93	1.06	0.8
450	45.49	1.52	14.88	1.67	8.87	6.18	2.56	2.31	1.4
500	29.86	3.44	13.25	4.00	11.63	14.37	3.19	5.20	1.9

数据表明，在热演化比较充分的情况下，从腐泥型到腐殖型干酪根的产烃率逐渐降低，气态烃 / 液态烃值逐渐增大。气态烃产率以混合型，特别是 II_B 型为最高。

1.2　油气亲缘共生，有机质各个演化阶段生成各种成因的天然气

生物甲烷气阶段，主要在成岩阶段。镜煤反射率小于 0.5%，处于干酪根热降解的前

期，属生油岩未成熟阶段，气成分以甲烷为主，富含 CO_2 等非烃气体，碳同位素轻，一般 $\delta^{13}C_1$=−95‰～−55‰。

液态烃及其伴生气，在深成作用阶段中早期。镜煤反射率 0.5%～1.3%，处于干酪根热降解成烃期。属生油岩成熟阶段早中期，以产液态烃为主，也产一定数量气态烃。甲烷含量较低，重烃含量较高，重碳同位素含量高（$\delta^{13}C_1$=−48‰～−36‰）。

凝析油和湿气阶段，深成作用阶段中晚期，镜煤反射率 1.3%～2.0%。属生油岩高成熟阶段。在高温高压条件下，裂解作用大于聚合作用，使早期生成的液态烃大量裂解，生成凝析油和湿气。

干气阶段，晚深成作用阶段。镜煤反射率大于 2.0%。属生油岩过成熟阶段。所产天然气以甲烷为主，重烃很低，CO_2 含量也低。重碳同位素高（$\delta^{13}C_1$=−40‰～−30‰）。该区仅少部分生油岩达干气阶段，且尚未发现该阶段生成的天然气。

众所周知，烃类的生成决定于有机质类型、丰度和热成熟度。但这三者的相对重要性是一个仍然需要探讨的问题。有人认为[1]在评价生油岩时，按其相对重要性，热成熟度占 60%，母质类型占 30%，有机质丰度占 10%。从上面所引用的热解模拟资料，热成熟度对天然气的生成要起更加重要的作用。天然气的产生从镜煤反射率>0.8% 才比较明显，而且到镜煤反射率 1.9% 的实验范围内，产率不断增加。该区各油气聚集单元内天然气的富集程度也基本上与热演化程度成正比。按天然气分布特点，可以分为两种主要类型（图 2）：（1）高天然气丰度、高气油比值区，如渤海湾盆地的板桥、东濮、歧口、辽河西部等凹陷。属于不同的生油母质类型，但都是高成熟区（图 3）；（2）低天然气丰度、低气油比值区，如渤海湾盆地的饶阳、东营、沧东、惠民、车镇等凹陷，南襄盆地的泌阳凹陷、江汉盆地的潜江凹陷和松辽盆地，其生油母质类型也各不相同，但都是较低成熟区（图 4）。

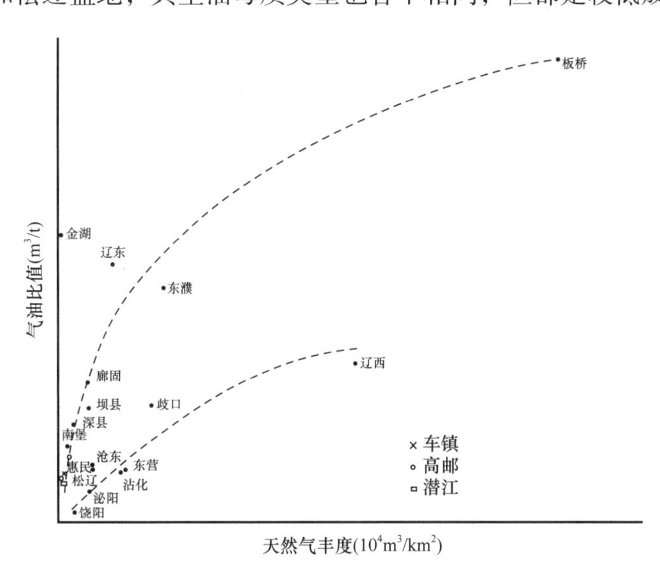

图 2　中国东部各含油气盆地气油比值及天然气丰度示意图

[1] 梁狄刚等，1983，冀中坳陷油气的生成。

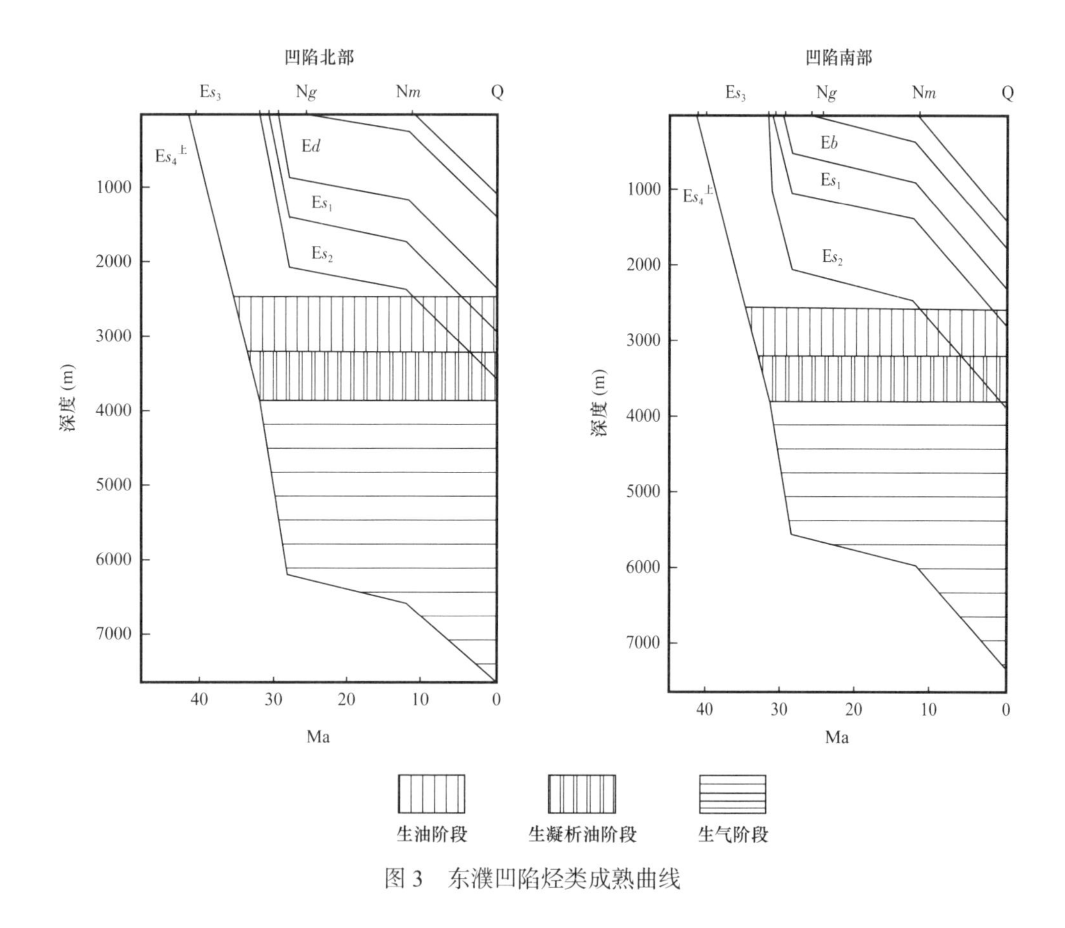

图 3　东濮凹陷烃类成熟曲线

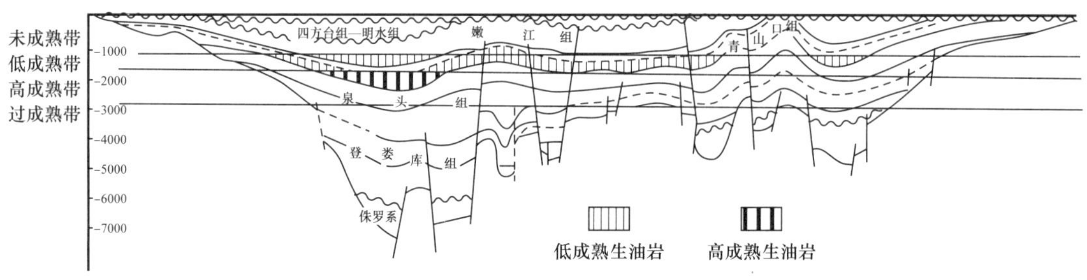

图 4　松辽盆地生油岩成熟剖面图

2　天然气的保存条件

天然气的生成条件是天然气聚集的前提，生成以后长期聚集不遭受破坏和散失，则决定于保存条件。最基本的保存条件是盖层条件。该区极大多数油气聚集单元的盖层条件是比较好的，在主力生储油层之上，都存在着区域性盖层。如松辽盆地的主力生油层为青山口组，主力储油层为姚家组，区域性盖层为嫩江组。又如渤海湾盆地主力生油层为沙河街组三段，主力储油层为沙二段—沙三段上部，区域性盖层为沙一段。在区域性盖层之上或之下还可以发育地区性和局部性盖层。油气都聚集在这些盖层之下的储层中。东濮凹陷北部是一个盖层条件十分优越的例子，沙四下至沙一下有多套生储油层与盐膏层间互出现，形成良好的生储盖组合。油气层几乎都位于盐膏层之下。沙三段下部的盐膏层使沙四段～沙三下成为主要含气层位。沙一下盐膏层成为最上部的区域性盖层。使极大部分油气层都在这套盖层之下，油气散失量小，聚集系数高。因此东濮凹陷成为全区油气尤其是天然气丰度最高的凹陷之一，不仅由于生成条件，也由于其保存条件。

相反，苏北盆地的高邮凹陷盖层条件就比较差。该凹陷的主要生油层为古～始新统阜宁组，最大埋藏深度超过 5000m，已开始进入湿气和凝析油生成阶段。主要储集层为上覆的渐新统戴南组和三垛组。在这套储集层之上无区域性盖层，仅在储集层内部有泥岩夹层可以作为盖层，但分布不太稳定，影响油气的保存，推测油气发生过一定规模散失，特别是天然气的散失量可能更大一些。因此成为该区天然气丰度和气油比值最低的凹陷之一，其主要原因不在于天然气的生成条件，而在于保存条件。但应该指出，苏北盆地阜宁组内部的生储盖组合是完整的，具有保存天然气的能力，金湖凹陷的刘庄气藏就是这种生储盖组合的气藏。

在渤海湾盆地，上新统明化镇组下部往往为大段泥岩，成为较好的盖层。但各地岩性有较大变化，如黄骅坳陷这套盖层比较发育，形成了较大规模的从明化镇组底部至馆陶组的油气富集，而辽河坳陷这套盖层不发育，基本上未形成这一层位的油气聚集。

构造运动特点对油气保存条件的作用也很大。油气藏形成后继续处于沉降状态，断层不发育则油气的保存条件较好，否则就可能使部分油气散失，降低含油气丰度。如渤海湾盆地油气藏主要形成期为渐新世末期，因此渐新世末及其以后的断裂活动和隆起剥蚀对油气藏就可能起一定的破坏作用。例如廊固凹陷主要生油层为始新统，热演化程度高，已有较大体积生油岩不仅进入凝析油和湿气生成阶段，而且一部分已进入干气生成阶段。但目前实际发现的天然气丰度比其应该具有的天然气丰度存在较大差距。分析其原因，就是后期构造运动。凹陷东南侧自沙三段沉积后就逐渐翘倾抬升，至渐新世末翘起最强烈，形成牛驼镇凸起，下第三系倾角达 40°，较大面积遭受强烈剥蚀，始新统剥蚀面积可达 800km^2。而隆起时间也比较长，部分地区缺失中新统馆陶组沉积，明化镇组才全面接受沉积（图 5），因此使部分油气散失，从而降低了该凹陷的油气丰度。

一个油气聚集单元内，各个部位的构造活动特点有一定差别，所以油气保存条件也有差异。如辽河西部凹陷，从总体上看，渐新世末以后大部分断层不活动，又处于长期沉降状态，油气保存条件较好，油气藏未经破坏，油质轻、油气比高、普遍存在气顶，并有单独的气藏。但凹陷的西部边缘受构造活动影响，使油气尤其是天然气有一定程度散失。西斜坡渐新世末翘倾抬升，使下第三系地层向东倾斜，倾角达 12° 左右。下第三系各层段都遭受剥蚀，斜坡边缘的古油气藏有过一定程度破坏，原油明显变稠，天然气散失量比油更大，油气比变小，普遍没有气顶。松辽盆地也是如此，该盆地自泉头组沉积以来断层不发育，大庆长垣及其两侧基本上处于长期沉降状态，油气的保存比较好，油质较轻，有气顶和气藏。而盆地东侧后期抬升较高，剥蚀幅度较大，油气藏的破坏也很明显。

倾没部位

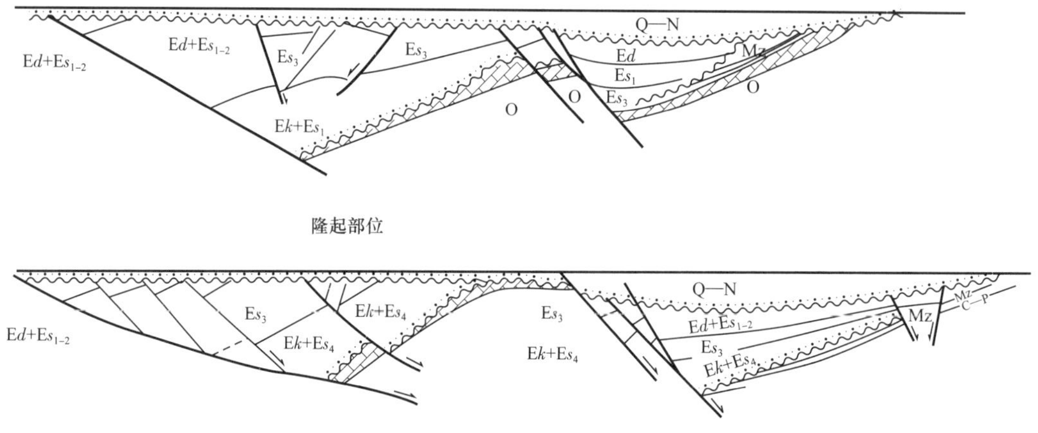

图 5　廊固—霸县凹陷上下第三系不整合剖面示意图

综上所述，每个油气聚集单元内天然气的丰度，是由生成和保存这两个方面因素所控制的。

3　天然气的产状

天然气的存在形式与其本身的组分、同一系统的原油性质、油气比值、油气藏的温度和压力有密切关系。每一种天然气产状都位于烃类混合物相图中的一定部位（图 6）。

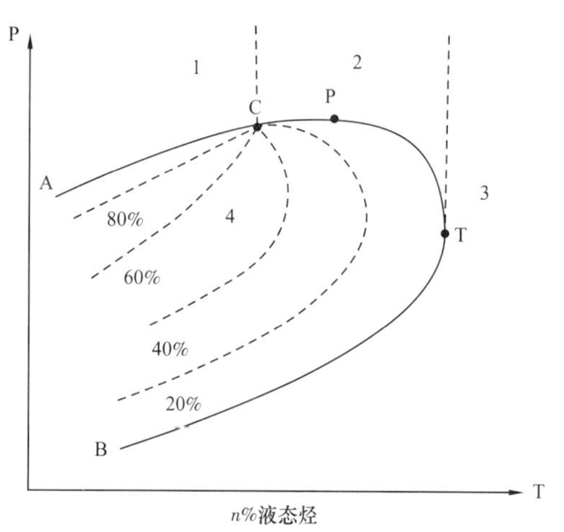

图 6　各类油气藏在相态图中的位置

1—油藏；2—凝析气藏；3—气藏；4—气顶油藏

凡是油气藏的温度低于临界温度，其压力高于泡点（饱和）压力相区内，天然气都溶解于油，以纯油藏的形式存在。该区油层中的溶解气是天然气存在的主要形式，占已探明储量的 60% 以上。凡油气藏温度在临界温度和临界凝析温度之间，其压力大于第一露点压力，是凝析气藏分布区。凡油气藏的温度及压力处于泡点曲线和露点曲线之间，为气液两相共存，即气顶油藏分布区。凡纯气藏位于温度大于临界凝析温度或第二露点曲线以下的区间内。

该区天然气除溶解气外的各种产状特征如下：

3.1　气顶

气顶，即油藏顶部的游离气顶。形成气顶的必要条件是油藏的饱和压力大于地层压力。由于高压物性取样都位于油环部分，所测得的饱和压力，既不是该油气藏最大原始饱和压力，也不是目前最大饱和压力。而该深度的地层压力也必然大于气顶的地层压力，因此所有高压物性分析数据都没有出现也不可能出现饱和压力大于地层压力的现象。随着取样点离开气顶的距离，两者关系有一定变化，但凡是具有气顶的油藏，饱和压力总是比较高的。根据该区 51 个具气顶或不具气顶油藏的高压物性分析数据，极大部分气顶油藏的饱和压力略低于但接近于地层压力，饱和压力 / 地层压力值一般都＞82%，凡是比值＜82%，都为没有气顶的纯油藏。

地层压力是埋藏深度的函数。饱和压力是多变量函数，它与油气藏内天然气含量、组分、原油性质、油藏的温度压力条件有关。天然气含量很低的油藏，饱和压力都很低，如任丘油田原始油气比仅 $7m^3/t$，饱和压力只有 14.5atm，就不可能形成气顶。在原油性质，天然气组分，油藏温度压力相似的情况下，饱和压力与油气比成正比。当原油的油质很重、天然气很轻、埋藏深度较浅的情况下，油气比虽然不太高，但天然气的溶解系数较小，就具有较高的饱和压力和较低的地层压力，从而形成气顶，如高升油田沙三段下部莲花油层，原油比重 0.94～0.97，天然气比重 0.5805，甲烷含量 97.13%，原始油气比仅 $24m^3/t$，饱和压力在 124atm 以上，形成一个较大规模的气顶。与此相反，兴隆台油田马 7 断块油藏，原油较轻，天然气较重、埋藏深度较大，虽然原始油气比高达 $200m^3/t$，仍未形成气顶。

该区气顶中的天然气大部分是烷烃。同一个油气藏内，气顶气与油藏溶解气的组分有一定变化，前者的甲烷含量相对较高，重烃含量相对较低。气顶气组分与油藏内原油性质有关，凡重质油油藏，气顶气中的甲烷含量就高，凡轻质油油藏，气顶气中重烃含量就比较高。

该区少数气顶气以非烃气体为主，如平方王油田沙四段中上部以 CO_2 为主的气顶。CO_2 含量一般为 65%～75%，个别井达 97.75%，气柱高约 100m，油柱高约 50m，气顶体积大于油环体积。CO_2 气顶的形成条件与烃类气体的气顶是一致的，即饱和压力高，在该油藏压力条件下，CO_2 气未能被油全部溶解。

3.2 浅层气藏

它的埋藏深度比较浅，多数在 500～1500m 之间。气藏之下可以没有油藏也可以存在油藏，但两者之间是独立的。这种气藏在松辽盆地都位于嫩江组二段之上到明水组，在渤海湾等第三系盆地一般都位于渐新统上部和上第三系。在这种条件下，气藏的地层温度和地层压力都比较低，如红岗油田浅气藏位于明水组一段第三砂层组中部，井深 370～390m，地层压力 38.7atm，地层温度 26℃。浅气藏一般以含甲烷为主，它的临界温度很低，在这样条件下仍都处于气态，成为纯气藏或底水气藏。

该区浅气藏的主要成因是由下伏地层中油气藏的油气沿断层向上运移再次聚集的次生气藏。极大多数浅气藏之下都有油藏，而两者之间有断层相连，浅气藏的层位受断层断达层位控制。

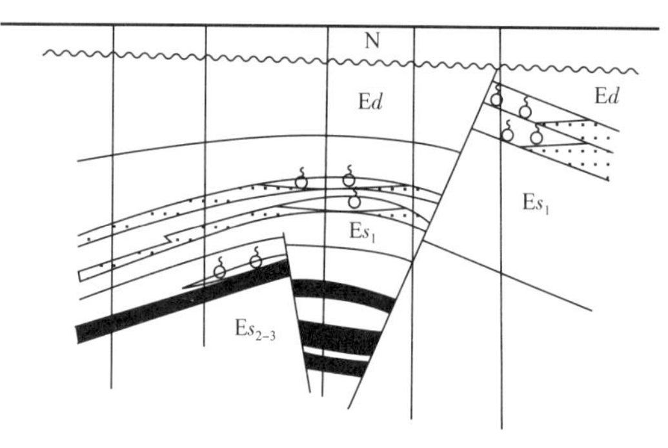

图 7 热河台油气田断层控制次生气藏剖面示意图

浅气藏与下伏油气藏的亲缘关系，还可以从一个高含非烃气顶的油藏与上复浅气藏的组分变化得到证实。前面已经指出的平方王油田沙四段中上部气顶油藏 CO_2 含量一般为 60%～70%，而其上覆沙一段浅气藏 CO_2 含量为 13.17%，其 CO_2 显然来自下伏的高含 CO_2 的油气藏。

浅气藏的另一个成因是生物成因的天然气，是在生油岩未成熟阶段细菌作用所生成。可以肯定的有苏北盆地南通地区第四系中广泛分布的天然气，天然气的甲烷含量可达 98%，都为透镜状砂岩圈闭，无深部油气来源。有一定依据的生物成因的天然气有沧东凹陷，沙一段下部井深 1810.4～1821.6m 所获得的天然气，CH_4 占 98.79%、C_2H_6～C_5H_{12} 占 0.12%、N_2 占 0.80%、CO_2+H_2 占 0.20%，甲烷碳同位素 $\delta^{13}C_1$ 占 −58.2‰，而黄骅坳陷内与油藏有明显联系的天然气甲烷碳同位素 $\delta^{13}C_1$ 一般为 −45‰。又如辽河东部凹陷欧利坨子构造辽 12 井沙一段 1579.2～1591.2m 所产天然气 CH_4 97.52%、C_2H_6 0.74%、C_3H_8 0.02%、N_2 1.67%，$\delta^{13}C_1$ 为 −61.5‰。其他实例还很多。

由于次生运移气与生物成因气都以甲烷为主，成分相似，有些气藏还可能同时存在两种成因的天然气，目前尚难严格区分。

3.3 凝析气藏

凝析气藏在开采过程中，烃类沿井筒上升，温度和压力下降，出现反凝析现象，一部分重烃变为液体，即凝析油。具有较高凝析油含量的气藏称为凝析气藏。该区第三纪盆地凝析气藏分布比较广泛，其中以板桥、东濮凹陷最发育，凝析油含量也最高，前者可达 600g/m^3，后者为 167～187g/m^3。凝析气藏天然气组分中甲烷含量一般都在 90% 以下，乙烷以上的重烃含量都在 10% 以上。

该区若干凝析气藏做过系统相态分析试验如板桥凝析气藏的板 6 井，临界温度为 0℃，临界凝析温度为 210℃，露点压力为 359 大气压。该凝析气藏的地层温度为 92℃，地层压力为 337 大气压[❶]。因此烃类在地下状态就处于露点线以内的双相区内，液态烃体积占 20% 以上。又如东濮凹陷文留南部文 72 井沙三段凝析气藏的地层压力为 369.4atm，温度为 115℃，而根据对该凝析气藏相态研究表明，在该温度下的露点压力为 192.4atm[❷]，所以全部处于气态。

大多数研究者认为，凝析油气是较高成熟阶段的产物，生成温度为 145～170℃，镜煤反射率 R_o 为 1.3%～2%，处于肥煤—瘦煤阶段。一般情况下，达到这种条件要求第三系生油层埋深大于 4000m。例如程克明根据汤姆逊提出的石蜡指数与庚烷值作为成熟度指

❶ 马永祥，1980，板桥地区凝析气藏开采特征。

❷ 程克明等，1984，东濮凹陷生油条件研究及生油量计算。

标，研究了东濮凹陷的文留、白庙、桥口的凝析油，认为成熟度都比较高，文留凝析油的成熟度更高。

L.R. 斯洛敦和鲍威尔[3]在研究了加拿大波弗特—麦肯齐盆地第三系原油和凝析油后提出，该区凝析油来自相邻的陆相生油层，镜煤反射率（R_o）为 0.4%～0.6%，是由低成熟的树脂体转化而来。实际上 M.A. 罗杰斯在其不同母质的成烃模式中也有类似观点。中国东部陆相盆地生油层中有很多Ⅲ—$Ⅱ_B$型生油母质，有可能生成低成熟的凝析油气。

3.4 油藏内部的夹层气藏

在块状油藏的油气界面和油水界面之间的低渗透夹层内所形成的独立的天然气藏，它与包围它的油藏互不连通。这种类型气藏目前仅在大庆油田发现。夹层气藏的天然气与相邻油藏溶解气在组分上有明显区别，夹层气的比重轻、甲烷含量高、重烃含量低。

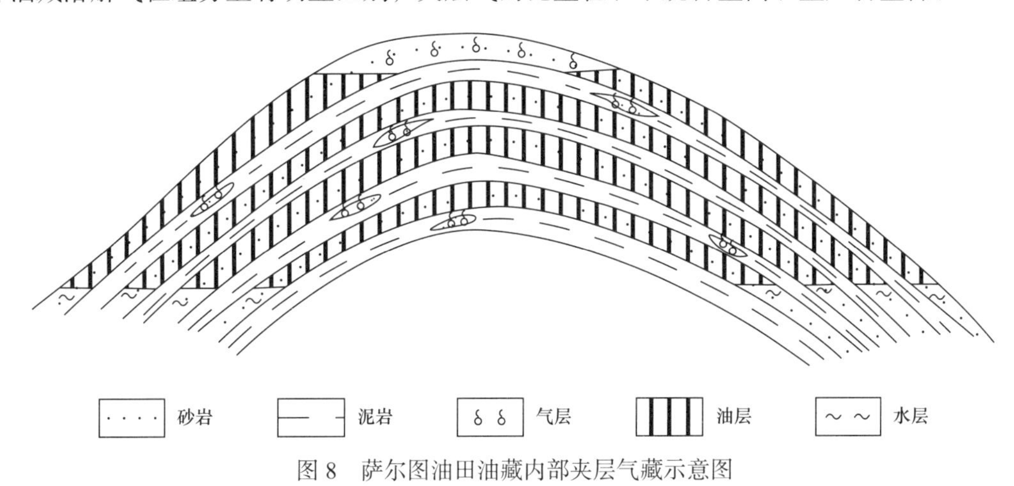

图 8 萨尔图油田油藏内部夹层气藏示意图

根据这种气藏特点，可能有两种形成方式。一种是气态烃和液态烃运移时对储层孔渗条件要求不同，液态烃进入孔渗较好的储层，气态烃进入低孔渗砂体，长期保持原始状态。另一种可是成岩作用阶段生成的天然气进入低孔渗储层，为成岩后生作用所圈闭，深成作用阶段生成的油气进入孔渗较好的储层，两者没有混合。总之夹层气都位于低渗透砂体中。

3.5 深部气藏

有些深部气藏上下都有原生油藏。埋藏深度不太大，一般在 2500～3500m 之间。辽河西部凹陷欢喜岭油田沙三下大凌河油层的锦 2-5-10 气藏，其埋深约 2500m，上下都有原生油藏。它们之间互不连通，为岩性—断层圈闭。

从理论上说，在油藏和凝析油气藏之下应该存在深部气藏，目前尚未发现肯定由该区主要生油层所生成的深部气藏。文留沙四段气藏埋深 3000m，位于油藏之下，甲烷含量达 95%～97%（$\delta^{13}C_1$ 为 −28.53‰）。根据碳同位素指标，有较多的人认为其天然气来自下伏的上古生界煤系地层。

4 天然气的垂向分布

该区各油气聚集单元内烃类在垂向上的分布是有规律的。主要受有机质热演化四个阶段控制，形成油气的原生分带，天然气生成后与原油一起垂向运移，又形成油气的次生分带。在块断盆地中的垂向运移很活跃，实际存在的油气垂向分带是上述两种分带性的综合反映。因此油气垂向分带的完整序列自上而下为气藏—凝析气藏—油藏—凝析气藏—气藏。上部的气藏和凝析气藏是次生的，下部的凝析气藏和气藏是原生的。受地质条件的控制，大部分地区这个序列的发育是不完整的。同时又受目前勘探深度的限制，许多深部气藏尚未揭露。根据天然气垂向分布特点，该区各油气聚集单元可以分为五种类型。

（1）单一的油藏，天然气全部呈溶解气存在于油藏之中。

这类油藏油气比也比较低。如江汉盆地潜江凹陷，生油层埋藏浅，热演化程度低、天然气丰度低。但后期构造运动不发育，又有良好的盖层，保存条件好。

（2）气藏—油藏。

气藏埋藏深度浅，往往有断层与下伏油藏相连。油藏有气顶或无气顶。这类油气聚集单元的热演化程度稍高，但基本上未进入凝析油和湿气形成阶段。后期构造运动有一定强度，有些油藏形成后曾发生过抬升，产生次生气顶，如东营凹陷、沾化凹陷、泌阳凹陷和松辽盆地。

（3）气藏—凝析气藏—油藏。

这类地区生油层的热演化程度较高，已进入凝析油和湿气形成阶段。断层比较发育，油气形成后沿断层发生活跃的纵向运移，凝析油可能溶解在天然气中运移，使深层形成的天然气和凝析油运移到油藏之上。如辽河东部凹陷的黄金带油田最为典型，沙二段为油藏，沙一段为凝析气藏，东营组为气藏。

（4）油藏—凝析气藏—气藏。

这类地区生油层热演化程度很高。不仅进入凝析油和湿气形成阶段，且已进入干气生成阶段。盖层条件好，油气纵向运移不活跃。油气分布基本上保持原生垂向分带状态。如东濮凹陷。

（5）气藏—凝析气藏—油藏—凝析气藏。

这类地区的生油岩热演化程度高，油气的纵向运移又比较活跃。使油气原生分带与次生分带互相叠置，是该区较完整的一种油气分布序列。如廊固凹陷。辽河西部凹陷的油气分布序列也比较完整，但上部的凝析气藏不发育，该两个凹陷随着勘探深度加大，有可能发现深部气藏。

上述油气分布特点指明了各个油气聚集单元主要气藏类型和勘探方向。

5 结论

中国东部陆相盆地有丰富的天然气资源，其中溶解气占较大比例。各个油气聚集单元的天然气丰度、产状和垂向分布特点有一定差别。热演化程度高和保存条件好的凹陷是天然气勘探的有利地区。

参考文献

[1] 杨万里，等. 松辽盆地陆相生油母质的类型与演化模式 [J]. 中国科学，1981 (8).

[2] 李运奎，吴光录. 文留油田沙三、沙二段气层天然气的相态特征试验研究 [J]. 石油勘探与开发，1980 (4).

[3] L.R. Snowdon and J.G. Powell，1982，Immature Oil and Condensate-modification of hydro Carbon generation model for terrestria organic matter. AAPG Vol，66. No. 6.

原载于:《天然气勘探》，石油工业出版社，1986 年。

Buried–Hill Discoveries of the Damintun Depression in North China

Tong XiaoGuang Huang Zuan

ABSTRACT: Several buried–hill oil fields recently have been found in the Damintun depression. All the buried hills except one consist of Archean metamorhic rocks. Of these, the Dongshenpu buried hill is the largest. The metamorphic rocks have no original porosity but have secondary porosity, such as weathering fractures, structural fractures, brecciated pores, secondary corrosion pores, and secondary replacement pores. Fractures, especially structural fractures, form the only migration passages and main reservoir spaces for hydrocarbons in the buried hill. Crude oil comes from Paleogene continental source rocks and is very waxy. Based on the interpretation of log data, the porosity averages 3.24%. According to calculations using pressure build–up curves, the effective permeability averages 0.140μm^2.

Paleogeomorphic features, commonly termed "buried hills" by Chinese geologists, form important petroleum traps in China. Various types of buried–hill oil fields are distributed widely in the North China basin. Among them, Renqiu oil field is the largest and best known (Yan et al., 1980). Recently, several buried–hill oil fields have been found in the Damintun depression of the North China basin. Most of the buried hills consist of Archean metamorphic rocks.

The Damintun depression is in the northern end of the North China basin, 20km west of Shenyang. It covers an area of 800km^2 (Fig. 1). The depression was discovered after 1955 by gravity, magnetic, and seismic surveys, but its geologic structure still is not clear. From 1971 to 1979, 81 wells were drilled (Huang, 1987). As a result, a few small oil fields were found in the southern part of the depression, and thick Tertiary oil–bearing beds and oil–bearing basement rocks have been identified in many wells in the northern part of the depression. Because the crude oils have a high wax content and have pour points in the range 47~71℃, they could not be produced. Since 1980, 24–fold seismic exploration has been carried out in the depression. These lines total 1638km and reveal the geologic structure of the depression (Fig. 2). Meanwhile, commercial oil flows in two of the old wells were induced by thermal stimulation. The Shen 84 well was tested at a rate of 42 metric tons/day (t/d) from 40.2m of net pay between 1495.2 and 1616.2m with a 6–mm choke by thermal power cable. The Shen 95 well was tested at a rate of 12 t/d from 17.5m of net pay between 1784.6m and 1970.6m by circulating hot water

(Hu, 1987). These results made exploration geologists interested in exploring the depression, which began to be drilled again (Hu, 1987; Zheng, 1987).

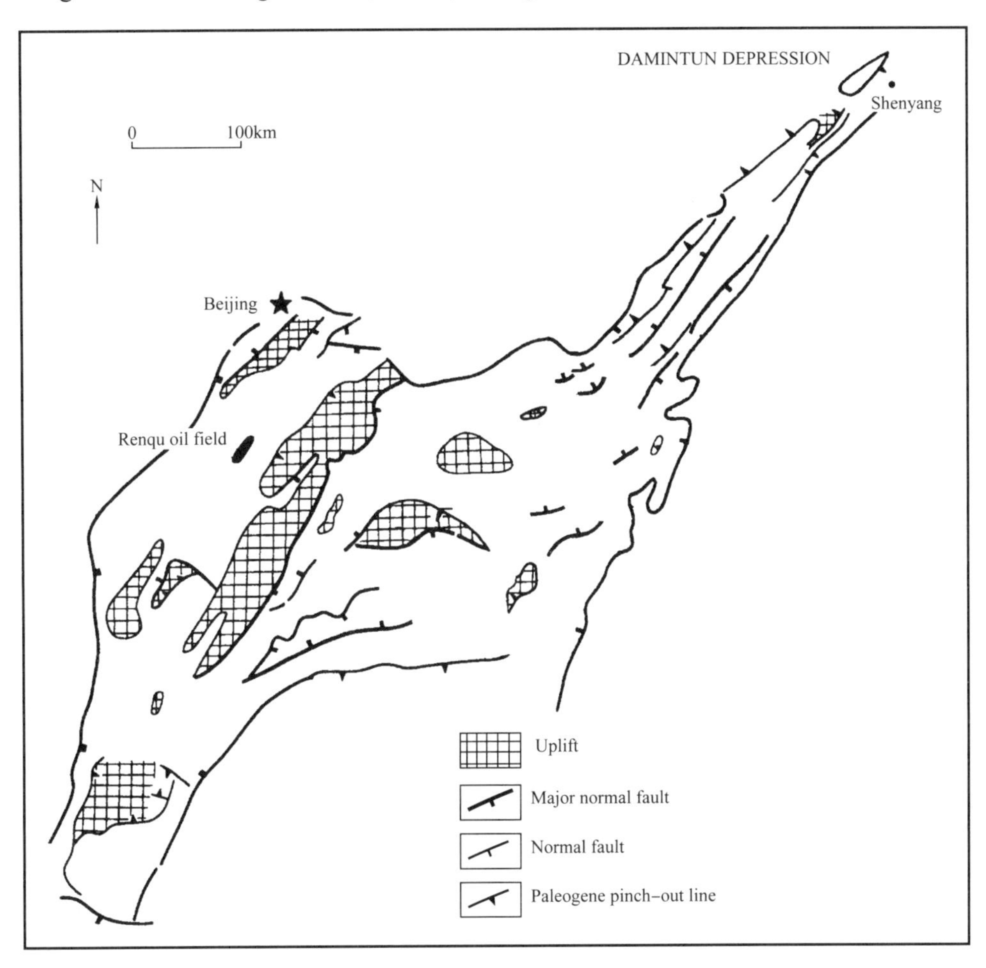

Fig. 1 Map of North China basin

The Dangshenpu buried-hill oil field was discovered in February 1983. The discovery well, Sheng 3, was tested at a rate of 214 t/d of oil and 14000m^3/d of gas from Archean metamorphic rocks between 2815m and 2878m with a 13-mm choke. In December 1983, the Jinbei buried-hill oil field was discovered with the testing of the Jin 3 well, which tested middle Proterozoic dolomite and quartzite between 2640m and 2712.84m and which flowed at a rate of 120 t/d of oil and 3568m^3/d of gas (Hu, 1987). Later, between these two fields, the Jinganpu buried-hill oil field, which consists of Archean metamorphic rocks, was discovered. In each field, the overlying Tertiary sequence forms a draping anticline, in which there are numerous pools, forming a complex hydrocarbon accumulation zone (Fig. 3). These discoveries show that though the Damintun depression is very small, its petroleum potential is great. The buried hills play an important part in hydrocarbon accumulation in the depression.

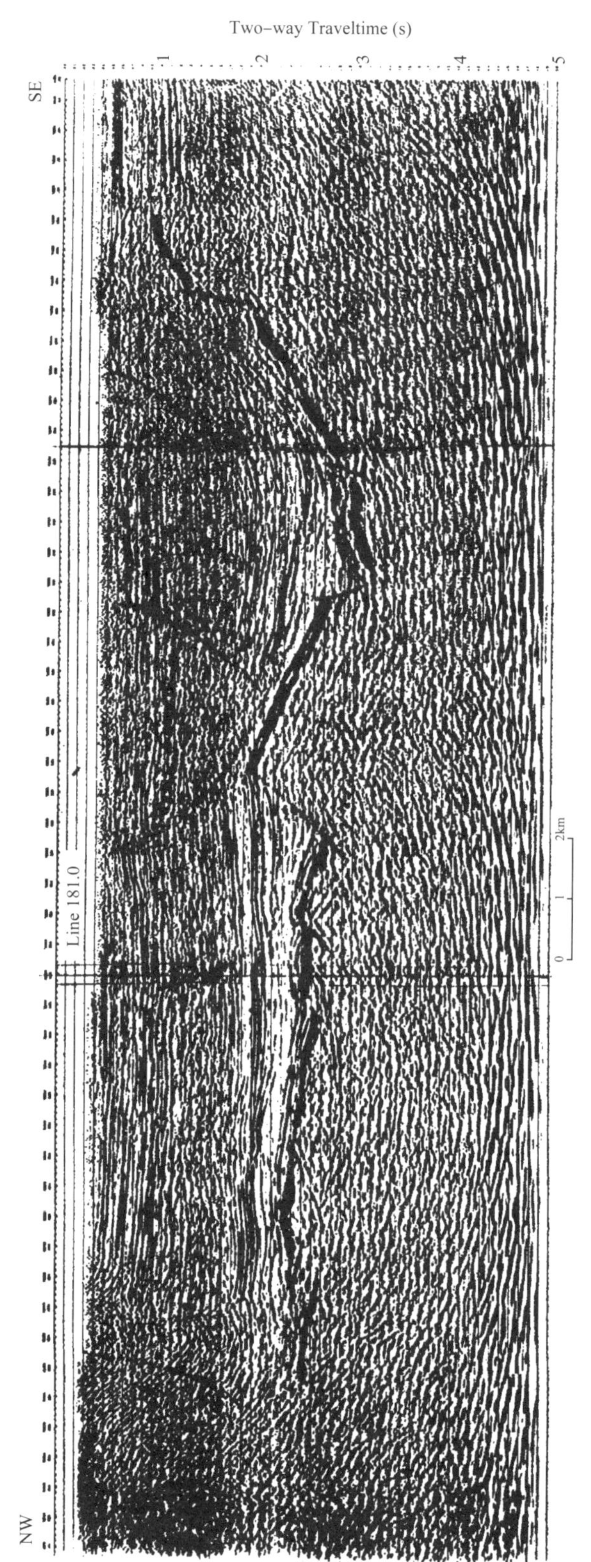

Fig. 2　Seismic survey line 181.0. S-reflection time. Location of line shown in Fig. 3

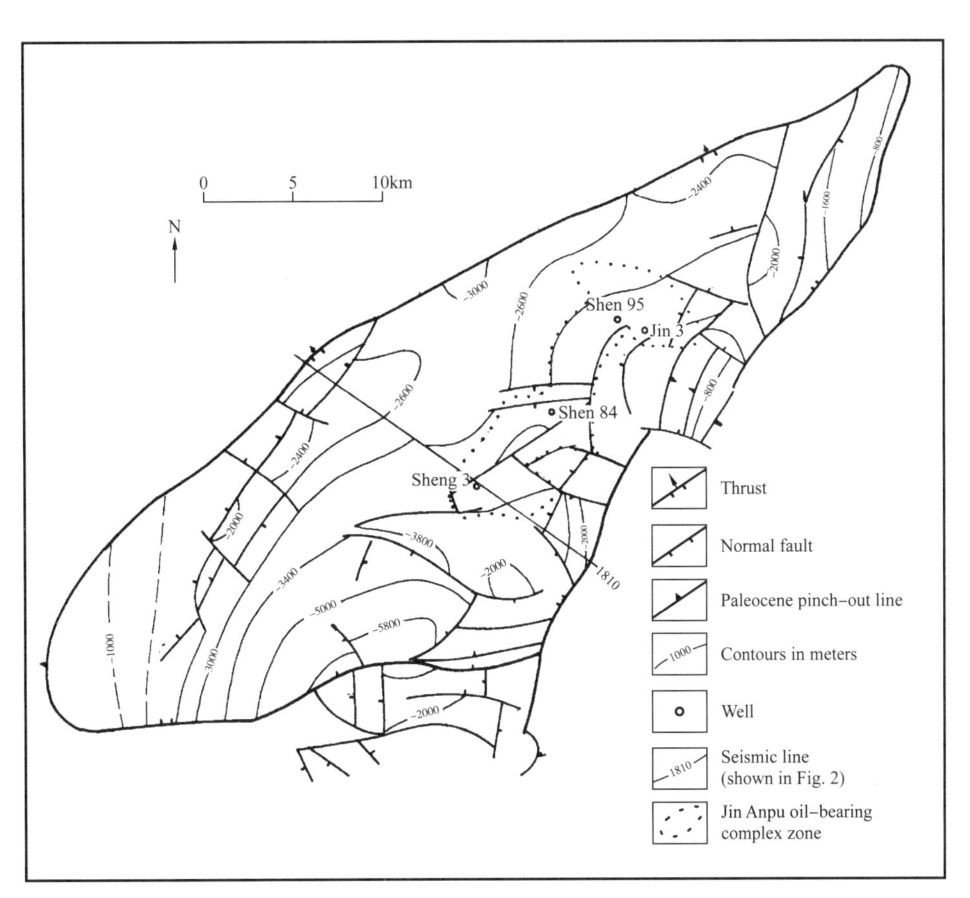

Fig. 3 Map of the Damintun depression

1 Geology

The Damintun depression is a Tertiary fault-bounded depression. The maximum thickness of Tertiary continental sedimentary rocks is 6600m. The Tertiary system uncomformably overlies the middle Proterozoic sedimentary rocks and Archean metamorphic rocks (Fig. 4).

(1) Basement Rock

The basement rocks in the depression mainly consist of Archean rocks, which are (2.01～2.04) billion years old, and middle Proterozoic sedimentary rocks, which are limited to the northern part of the depression, unconformably overlying the Archean metamorphic rocks.

Upper Proterozoic and Paleozoic rocks have not been found. However, the basin is a part of the North China platform, so there is the possibility of deposition and subsequent erosion of these strata. Cretaceous strata, mainly thin red sandy conglomerates, have limited distribution. These strata chiefly occur in the Northeastern part of the basin (Fig. 5).

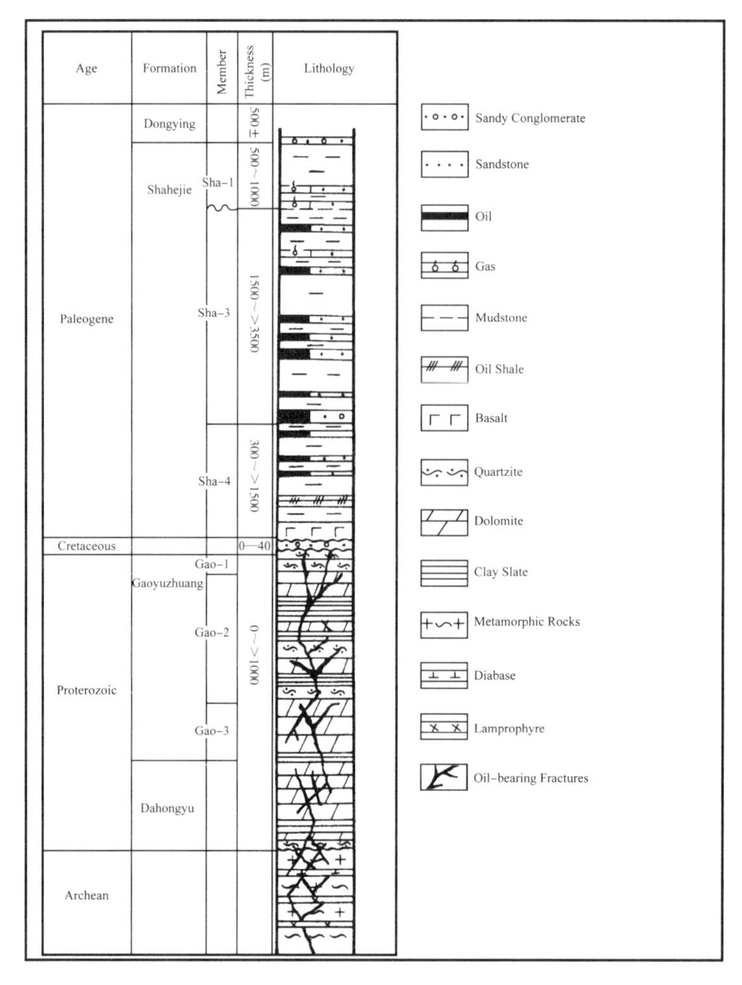

Fig. 4 Damintun depression stratigraphic column

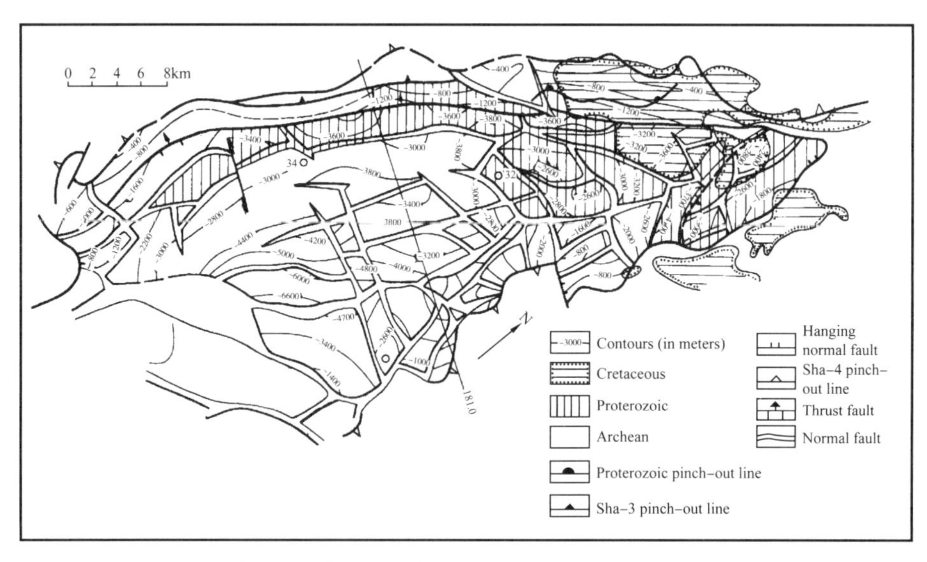

Fig. 5 Paleogeologic map of the basement surface

（2）Cenozoic

The Paleogene Shahejie Formation is divided into four members：Sha–1 at the top through Sha–4 at the base of the formation. The lower part of the lower Sha–4 member consists of two suites of dark basalts and intercalated sandstones，marlstones，carbonaceous shales，and coal beds. The upper part of lower Sha–4 consists of purple mudstones and intercalated thin basalts. The thickness of lower Sha–4 is about 44m，but the lower Sha–4 member is absent on the top of the buried hills.

The lower part of the upper Sha–4 member consists of interbedded sandstones and gray–brown mudstones and intercalated oil shales. The middle part of the upper Sha–4 consists of gray–brown mudstones. The upper part of the upper Sha–4 consists of interbedded sandstones and gray mudstones. The upper Sha–4 is 500～700m thick and is widely distributed in the depression.

The bottom of the Sha–3 member is sandstones and conglomerates and intercalated thin gray mudstones. It is 500～600m thick. The middle part of Sha–3 member is gray mudstones and interbedded sandstones，and is about 600～700m thick. The upper part of the Sha–3 member consists of gray–green and variegated mudstones and intercalated siltstones and carbonaceous shales. It is about 1000m thick.

The Sha–2 member is not deposited in this area. The lower part of the Sha–1 member consists of gray and gray–green mudstones and intercalated sandstones. The upper part of the member consists of gray mudstones intercalated in sandstones. It is more than 400m thick.

The Dongying Formation is light–gray and variegated conglomerates and interbedded gray–green mudstones，and is about 600m thick.

The lower part of the Neogene–Quaternary section contains gray–white，light–yellow，and variegated mudstones and mixed sandstones and conglomerates. The upper part consists of gravels and intercalated yellow–green clay. The total thickness of the section is 600m.

（3）Structure

The depression is triangular（Fig. 3）with a western boundary thrust striking northeast–southwest with high dip angle and a small thrust striking north–south in the northeastern part. All other faults are normal. The normal faults were simultaneous with sedimentation in the early Tertiary，and they controlled sedimentation. During the deposition of the Sha–4 member，most of the normal basement faults were formed，the majority of which strike northeast–southwest and are downthrown to the west. The Dongshengpu fault with a length of 40 km and a throw of 1400m is an example. However，eastern and southern boundary faults were formed during the deposition of the Sha–3 member，so parts of the Sha–4 member extend east of the faults. The basement faults caused formation of several buried hills. The sedimentary formations draped over them do not form complete anticlines，but rather partial anticlines and fault blocks.

(4) Source Beds

The temperature gradient is about 34℃/km in the Damintun depression. At the top of the oil-generation window, the formation temperature is 96℃ and the depth is 2500m. A major source bed is in the upper part of the Sha-4. Effective Sha-4 source rocks cover an area of 528km^2. Thickness averages 400m and reaches a maximum of 1000m. The organic carbon content averages 2.26%, the chloroform-soluble (chloroform A) content averages 0.148%, and the hydrocarbon content averages 837 ppm (Fig. 6, Fig. 7). A secondary, source bed is in the Sha-3 member, whose effective source rocks cover an area of 351km^2. The net thickness of the source-rock beds is up to 1400m and averages 500m, but every layer of source rocks is quite thin and intercalated with sandstones. Its organic carbon content averages 1.5%, its chloroform A content averages 0.0599%, and the hydrocarbon content averages 165 ppm (Fig. 8, Fig. 9). The two source beds mostly contain a mixed sapropelic-humic kerogen (Fig. 10).

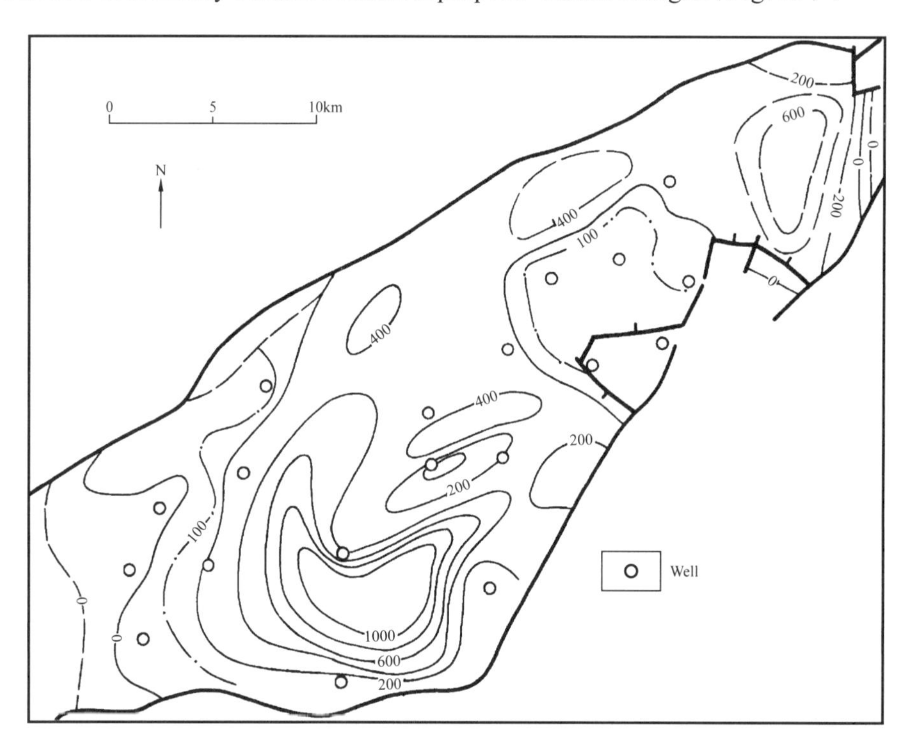

Fig. 6 Thickness of the Sha-4 member effective source rock in the Damintun depression. Contours in meters

(5) Combination of Source Beds, Reservoirs, and Cap Beds

Because the lower parts of the Sha-4 member are discontinuously distributed, and there are many basement faults with great vertical displacements, source rocks in the upper part of the Sha-4 member connect with basement rocks over a large area. It is possible that the buried-hill oils were generated from Sha-4 source rocks based on their similar distributions and contents of n-alkanes (Fig. 11). A combination of source rocks, reservoirs, and cap rock has been formed, in which the upper part of the Sha−4 member serves as both source rock and cap rock, and the basement rock is a reservoir.

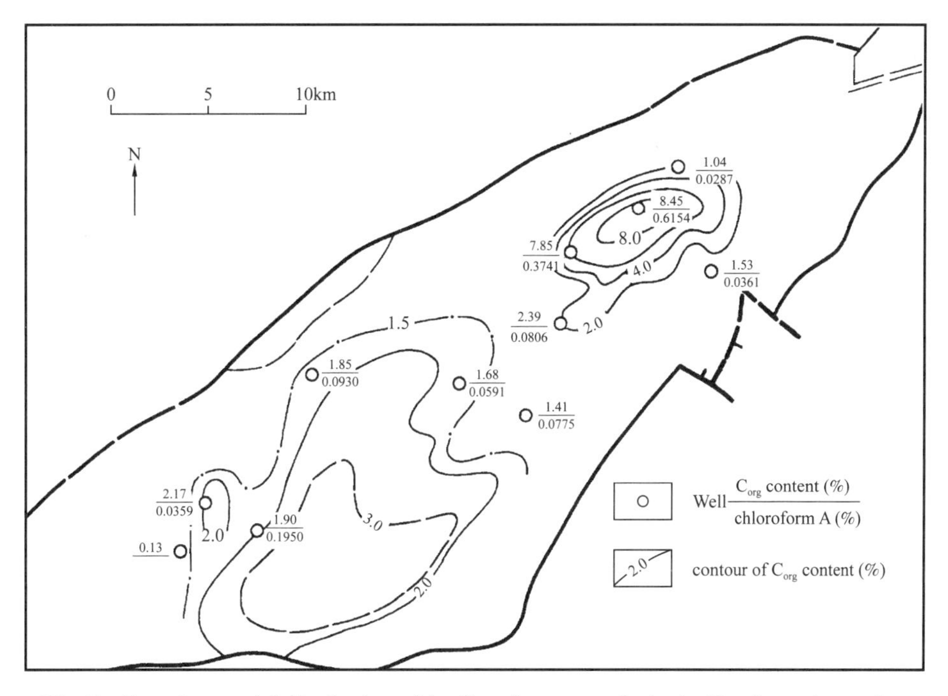

Fig. 7 Organic material distribution of the Sha−4 source rocks in the Damintun depression

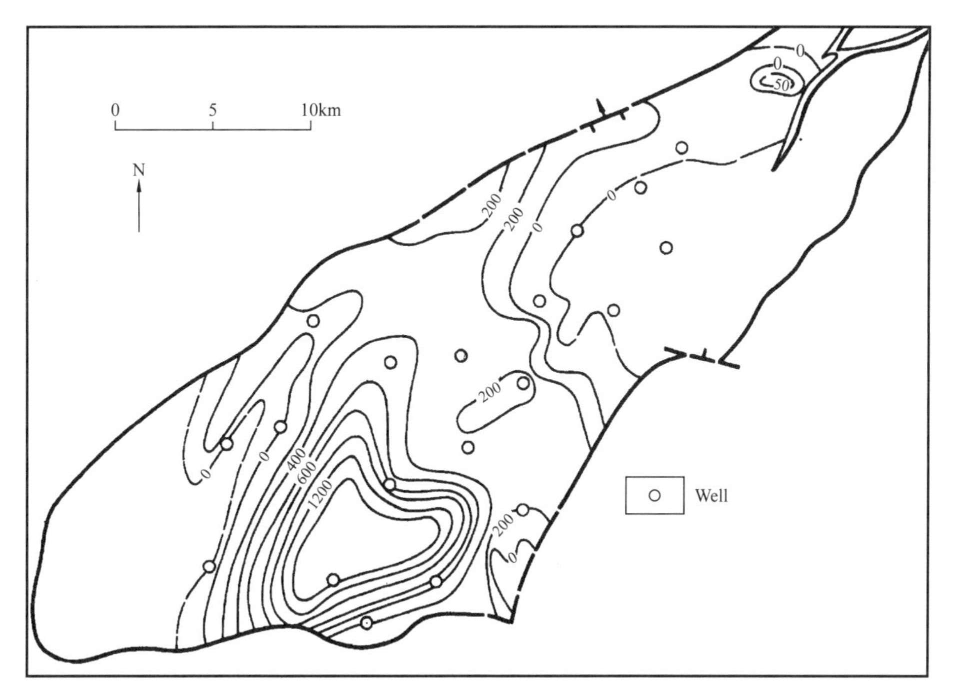

Fig. 8 Thickness of the Sha−3 member effective source rock in the Damintun depression. Contours in meters

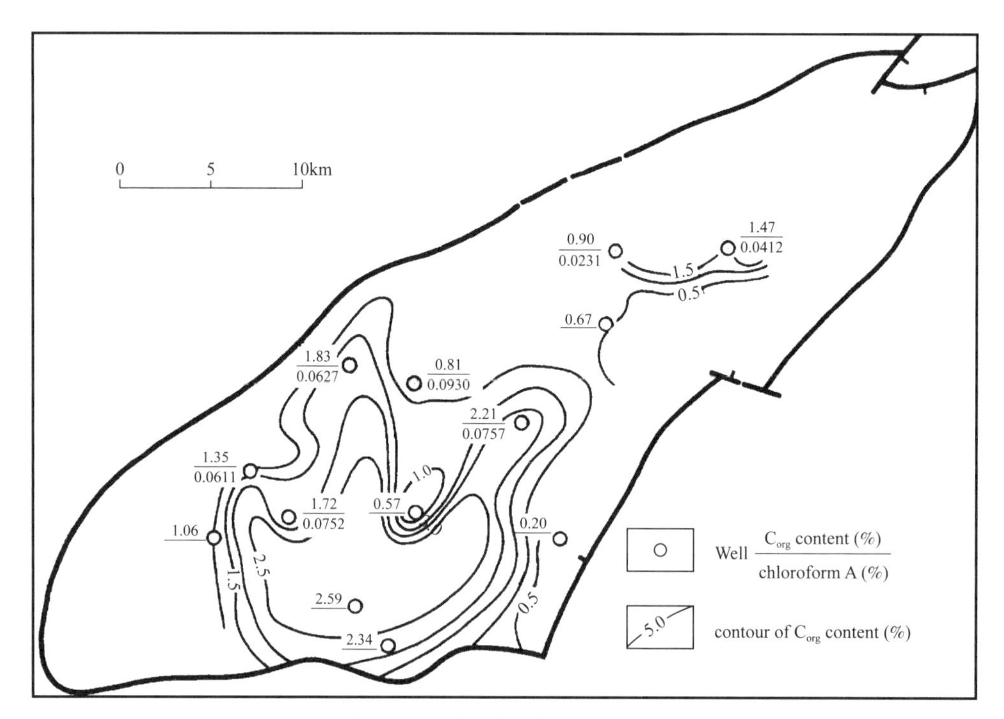

Fig. 9 Organic material distribution of the Sha−3 source rocks in the Damintun depression

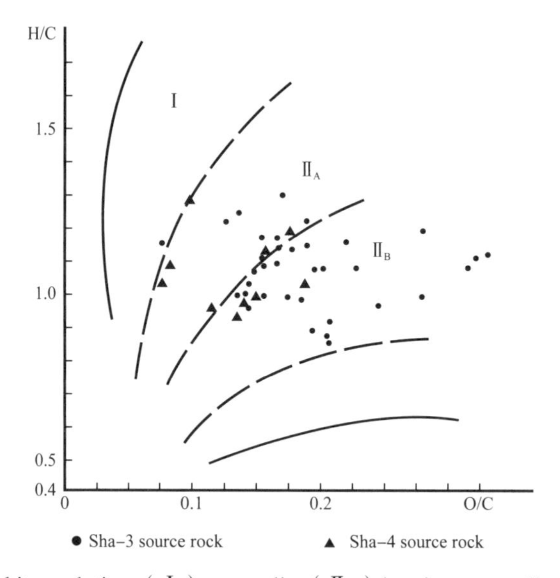

Fig. 10 Kerogen type and its evolution:(Ⅰ)sapropelic;($Ⅱ_A$) humic−sapropelic;($Ⅱ_B$) sapropelic−humic

Sandstone and shale vary vertically in the Sha−3 member. Consequently, oil reservoirs are developed in several different intervals. In the basal part of the Sha−3 member, sandstone is 40% of the total thickness, but in the overlying lower Sha−3 member, sandstone is 25% or less. The Sha−3 member, therefore, acts as a source rock, a reservoir, and a cap rock.

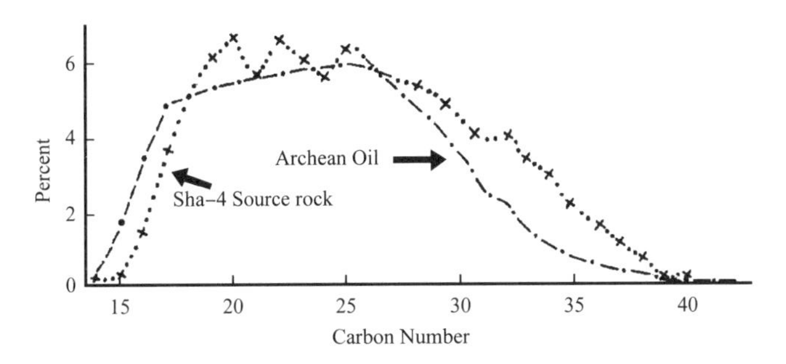

Fig. 11 Comparison of saturated hydrocarbon content of buried-hill Archean oil and that of Sha-4 member source rock
Percentage distributions of different saturated hydrocarbons are extremely similar, showing their close relationship

2 Buried-Hill Oil Fields

The geologic features in the Damintun depression provide quite favorable conditions for the formation of buried-hill oil fields, among which the Dongshenpu and Jinbei oil fields are the largest discovered so far.

(1) Dongshengpu Buried Hill

The Dongshengpu buried hill consists of metamorphic rocks, mainly biotite-plagioclase granulite, epidote-sodaclase granulite, leptite, amphibolite, and granitic migmatite (Fig. 12).

A major normal fault with a displacement of up to 1400m controlled the formation of the buried hill on the west side. The top of the buried hill was not covered by the lower part of the Sha-4 member. The upper part of the Sha-4 member and the Sha-3 member gradually overlapped near the top of the buried hill; therefore, the buried hill abuts source rocks through the unconformity of the east side and the fault surface of the west side.

The metamorphic rocks do not have original porosity, but they do have secondary porosity and fracture porosity.

Weathering fractures are scattered through the weathered crust of the buried hill. These fractures were caused by mechanical breaking. Several groups of fractures crisscross each other and cut the rocks into numerous small rhombic blocks. Linear density of the fractures is up to 450/m. Fracture porosity is up to 10%.The width of the fractures is 0.07～0.1mm. The fractures connect with dissolution pores.

Structural fractures are controlled by faults. There are two or three groups of fractures. The width of the fractures has a range of 0.01～0.05mm. The structural fractures have been filled with minerals to varying degrees. Deeper fractures have more fill material. The earlier the fractures developed, the more fill material is present.

Both weathering breccia and fault breccia possess brecciated porosity. The porosity of weathering breccia of the Sheng 3 well at 2664.43～2664.67m is up to 10.28%; the porosity of fault breccia of the Sheng 16 well at 3038～3052m is up to 12.2%.

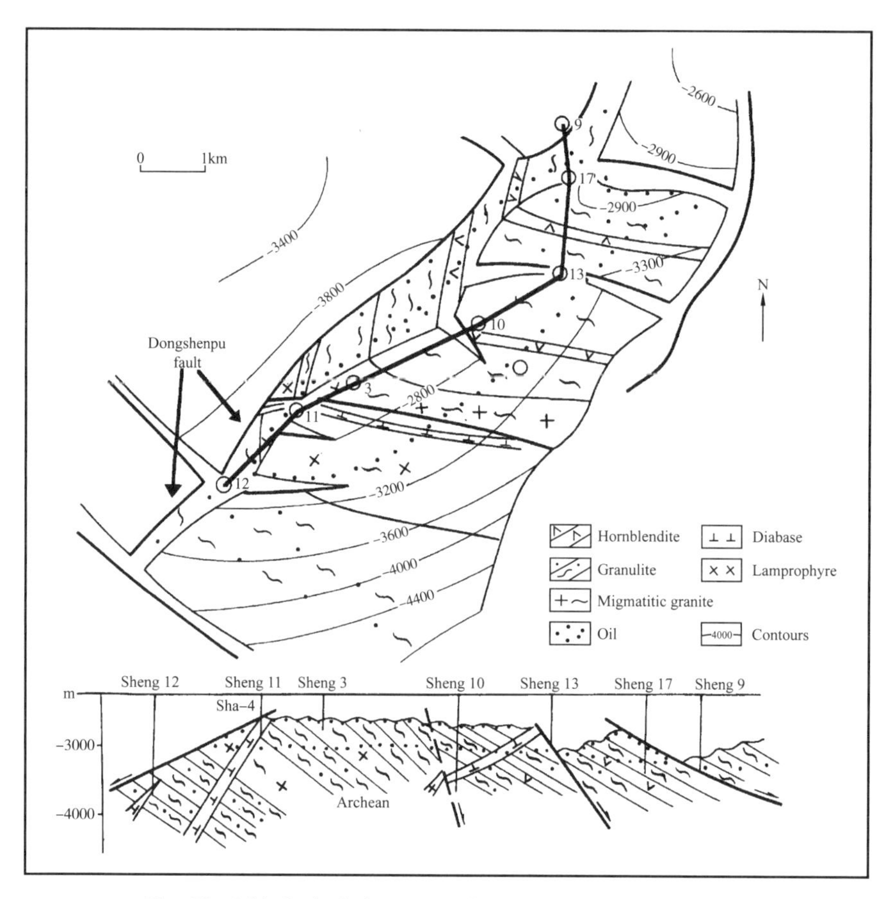

Fig. 12 Lithological characters of the Dongshengpu buried hill

Secondary dissolution porosity was formed by alteration of the metamorphic rocks and varies by lithology. For example, silicates containing iron and magnesium (such as amphibole and biotite) in a felsic migmatite vein at 2866.07～2867.19m in the Sheng 16 well were dissolved first, and dissolution porosity formed in the shape of a string of beads. Biotite in metamorphic rocks at 2866.07～2867.16m in the Sheng 11 well dissolved first, and discontinuous dissolution porosity formed.

Fractures are the sole migration passages and main reservoir spaces for hydrocarbons in the buried hill. Of these, the structural fractures are the most important. Fracture porosity comprises more than 80% of the total porosity.

Development of reservoir spaces is controlled by the following factors.

① Lithology is a basis of developing fractures. The metamorphic rocks in the Dongshengpu buried hill can be divided into six lithologic members. Four lithologic members in the southern part consist of leptite interbedded with migmatite. These rocks are brittle, and individual layers of the rocks are thick. Thus, fractures have formed readily in these rocks. Corrosion has also widely affected the rocks. Two lithologic members in the northern part consist of amphibolite with interbeds of granulite. The rocks are plastic, and individual layers are thin. Thus, few fractures have developed. The Archean lithology is quite complex due to multiple metamorphic migmatizations. On the basis of the photoelectric absorption index, compensated neutron log, natural gamma−ray log, and density log, combined with other analysis such as that of mineral components, two suites of recognizable series can be established. One is the K−Na−Si series, which mainly consists of brittle, light−mineral−bearing rocks such as leptite, granulite, and migmatite whose major components are feldspar and quartz. Their log features are higher density, higher neutron, lower photoelectric absorption index, and higher natural gamma−ray values. The other is the Fe−Mg−Ca series, which mainly consists of plastic silicates containing iron and magnesium (e. g. amphibolite) and has completely opposite log features to the K−Na−Si series (Fig. 13).

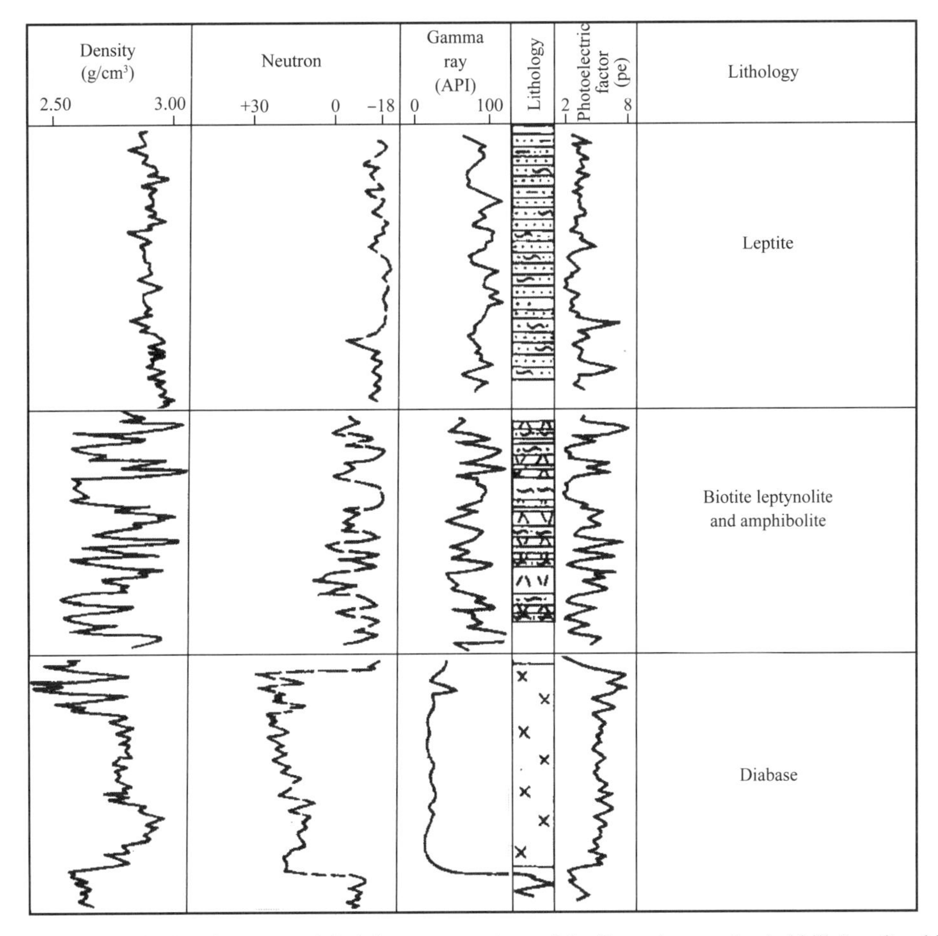

Fig. 13 The principal rock types and their log presentations of the Dongshengpu buried hill. Leptite: higher density, higher hydrogen index from the neutron log, higher gamma ray, and lower photoelectric factor (PEF). Biotite leptynite and amphibolite: lower density, lower hydrogen index from the neutron log, lower gamma ray, and higher PEF. Diabase: lower density, higher hydrogen index from the neutron log, lower gamma ray, and higher PEF

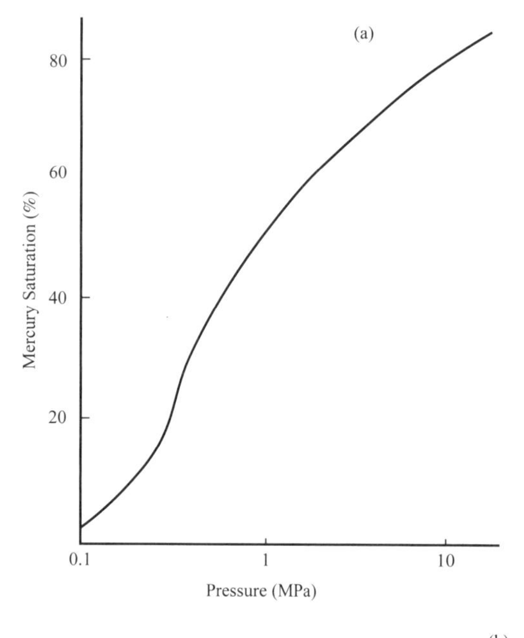

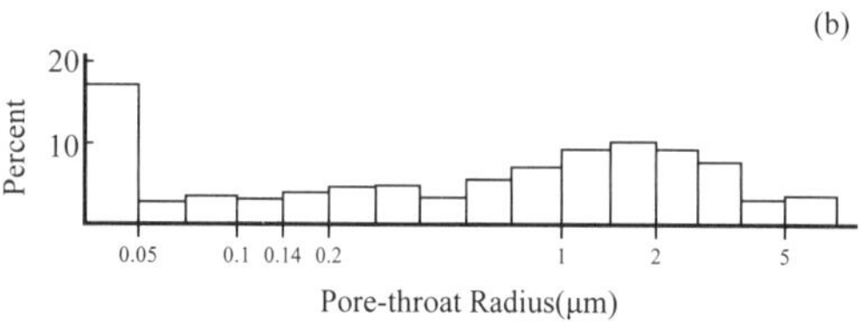

Fig. 14 Migmatite capillary–pressure curve and pore–throat radius distribution. (a) Mercuy saturation plotted against pressure; (b) percentage distribution of different pore–throat radii

② There are various types of reservoir space in the weathered crust, namely, weathering fractures, structural fractures, and brecciated porosity. Relying on the fracture width, fractures can be classified into macrofissures (visible to the naked eye and wider than 10μm) and microfractures (less than 10μm wide) . Because of the difficulty of getting complete cores in fractured sections, the measured core porosity only represents the pore space of microfractures and does not reflect that of macrofractures. To overcome this problem, a quantitative method has been devised to combine logging information with the incomplete core data. Briefly, this process begins with calculating the total porosity of a given core interval using the compensated neutron log, and then obtains the percentage of microfractures in the cores from capillary–pressure curves (Fig. 14) . The macrofracture porosity percentage is obtained by subtracting microfracture porosity from compensated neutron porosity. Reservoir types can also be distinguished with this quantitative method. For example, there are mainly macrofractures in granulites, leptite, and migmatite, in which the capability of producing liquid is higher. In contrast, the macrofractures in amphibolite buried hills are only 10% of the total porosity, and oilbearing microfractures are 48% of total porosity. Because so much of the porosity is microfractures, amphibolite buried hills have a low liquid–producing capability.

③ Structural fractures are well developed at intersections of faults. There are three methods in studying the spatial distribution and connectivity. One method is as follows. After directly measuring the basic elements of visible fractures on rock cores, the normal lines of fractures are projected on a Wulff net to find the predominant direction of fracture development. The second method uses polar–coordinate frequency diagrams and orientation–frequency diagrams of the major or minor axis of the elliptical well bore, made with dipmeter and dual caliper data. The orientation of abnormally high frequency values is generally the fracture orientation (Fig. 15) . The last method is the impulse well test, which was done on six wells of the Dongshenpu buried hills.

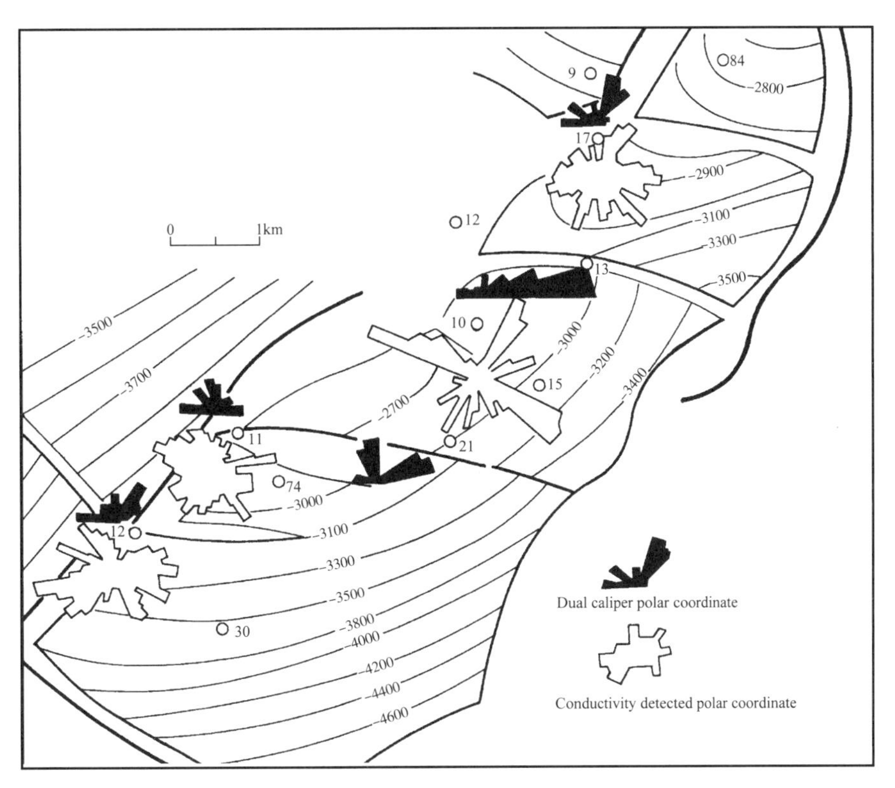

Fig. 15 Polar-coordinate frequency diagram showing the development direction of fissures, Dongshenpu

The test results confirm the above conclusions about the heterogeneity of fracture connections. For example, lines from the Sheng 3 well to the Xinsheng 74 well and from the Sheng 3 well to the Sheng 16 well are both perpendicular to the buried-hill axis, and well spacing is 1km. The pressure-response amplitude of the first well pair is 55.59cm^2/s, of the second well pair 3.54cm^2/s. Lines from the Sheng 10 well to the Sheng 16 well and from the Sheng 10 well to the Sheng 13 well are parallel to the buried-hill axis, and well spacings are between 1.8km and 1.9km. The pressure-response amplitude of the first well pair is 59.35cm^2/s, and the second well pair is 24.68cm^2/s. This evidence demonstrates there are great changes in amount of fracture connections along the same distance and same direction.

④ In fault-brecciated zones, porosity is well developed, and the pores connect with fractures accompanying faults.

At the top of the buried hills are weathering breccia and fault breccia that are formed by basement extension faults. These breccias have pore structure similar to sandstone or conglomerate. The measured porosity is as much as 12.28%. The calculated porosity by hydrogen index from neutron logs averages 11.4% with a maximum value of 24.9%. The brecciated zones are connected with the accompanying faults. These features illustrate that the breccia has sandlike pores and forms one of the important buried-hill reservoir types.

According to analyses of 51 samples from five wells, the average porosity is 2.90%, the permeability is $255 \times 10^{-3}\mu m^2$. From the interpretation of log data, the porosity is an average of 3.24%. According to calculations of pressure build–up curves, the effective permeability averages $140 \times 10^{-3}\mu m^2$.

There is an uniform pressure system and geothermal system in the field. The pressure coefficient is 0.102MPa/10m. The geothermal gradient is 34℃/km. The oil–water interface is basically uniform at 3060～3100m depth. The depth of the buried–hill top is 2600m. The specific gravity of the crude oil is 0.853. The viscosity is 5.6mPa·s at 100℃. The crude oil contains wax with a pour point of 44℃ .

(2) Jingbci Buried IIill

The Jingbei buried hill consists of middle Proterozoic dolomites and quartzites, which unconformably overlie Archean metamorphic rocks. Stratigraphic division was made based on subsurface borehole data combined with peripheral outcrop information. The buried hill is composed of the Dahongyu Formation (middle Proterozoic) and first, second, and third members of the Gaoyuzhuang Formation (middle Proterozoic), which were determined by correlation of natural gamma–ray curves in combination with a dip log. The buried hill is an incomplete syncline with only a complete western flank (Fig. 16, Fig. 17) .

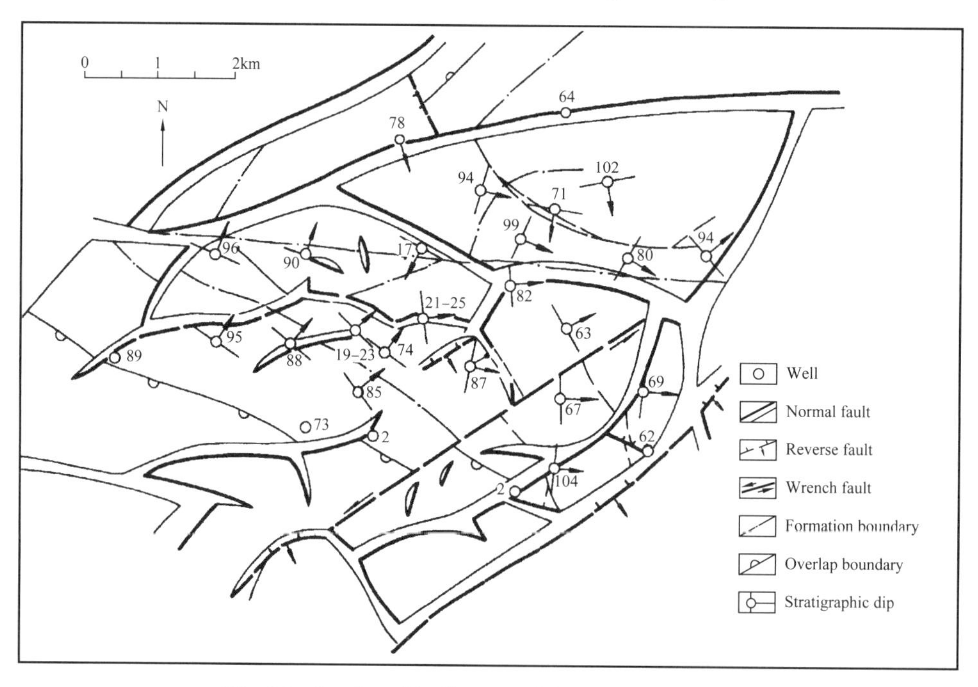

Fig. 16 Stratigraphic dip map of the Jingbei buried hill

Seventeen faults controlled the development of the buried hill, which was cut into several fault blocks. The hill was an erosional outlier with a ridge striking west–east before the Tertiary deposition. Oil distribution was not controlled by the fault blocks and the syncline, but by the buried hill shape. The buried hill consists of varied rocks, which differ in physical properties.

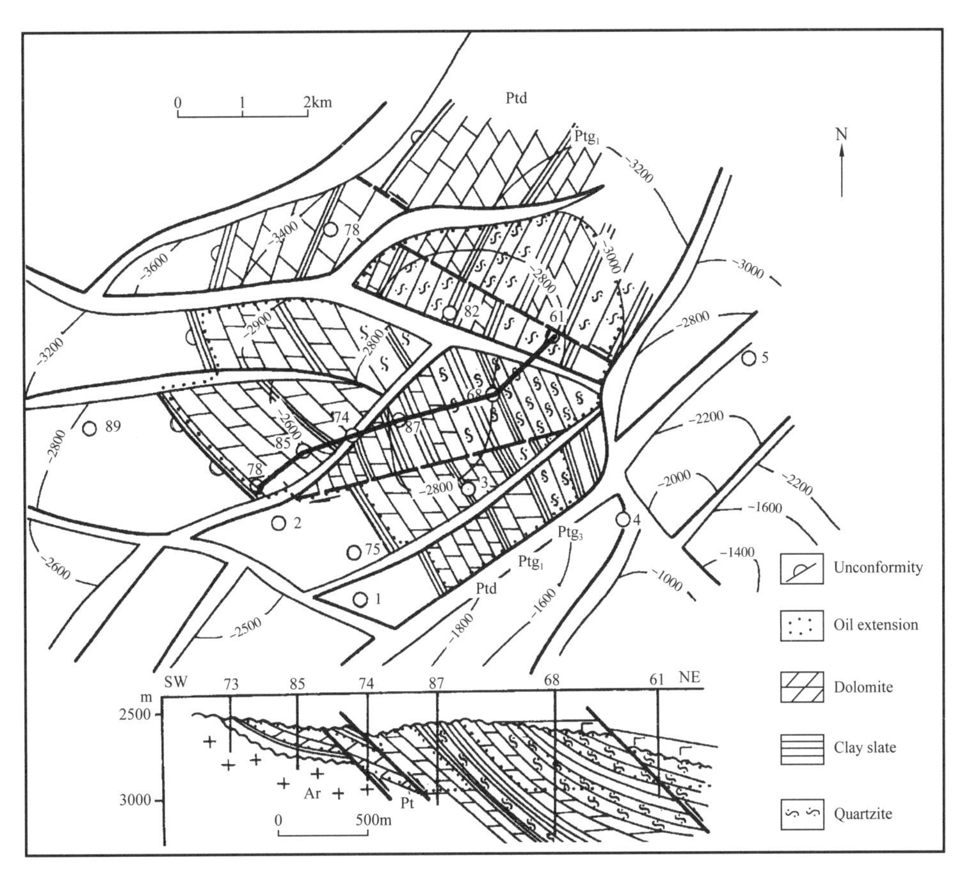

Fig.17 Paleogeologic map and section of the Jingbei area. Ptg_1, and Ptg_3= middle Proterozoic Gaoyuzhuang Formation members Gao-1 (top member), Gao-2, and Gao-3 (bottom member), respectively; Ptd = middle Proterozoic Dahougyu Formation; Pt = Proterozoic; Ar = Archean. Contours (in meters) show top of the buried hill

They have different productive capabilities, and some of them are almost impermeable. Extension fracture zones are favorable areas for hydrocarbon accumulation. Dry wells and low-production wells occur in compression fracture zones or in less fractured areas.

The middle Proterozoic rocks that make up the buried hill consist of the Dahongyu Formation and, above it, the Gaoyuzhuang Formation. The base of the Dahongyu Formation is purple to purple-brown quartz sandstones. The lower part is dark-purple shales and dolomites. The upper part is pink dolomite. The Gaoyuzhuang Formation is divided into three members. The basal member is the Gao-1 member. The lower part consists of dark-purple and purple-gray slate with purple thin-bedded clay dolomite. The upper part of this member is purple dolomite in which clay and quartzsand content increase upward. The Gao-2 member has a varied lithology. The bottom part is gray quartzite. The lower part consists of dark purple slates and intercalated thinly bedded dolomites and dolomitic limestones. The middle part is dolomite. The upper part is slates with grayish-white, thick-bedded quartzites. The Gao-3 member consists of gray and dark-gray quartzites, and intercalated thinly bedded dolomites.

The secondary and fracture porosity of the reservoir in the Jingbei buried hill is similar to that of the Dongshengpu buried hill, but the Jingbei reservoir characteristics have been more controlled by lithology. The thick dolomite and quartzite form excellent reservoirs, especially the dolomite, which possesses primary porosity between crystals as well as dissolution pores. When dolomite containing silica was exposed at the ground surface for a long time, the carbonate was dissolved. Dissolution pores and silica skeleton were formed. Therefore, dolomite of the Dahongyu Formation and the middle upper Gao-1 member are the best reservoirs in the buried hill.

In most cases, very few fractures are developed in the slate. It is not a reservoir.

The main reservoir porosity of the buried hill is fracture porosity, which is about 90% of total porosity. The porosity averages 3.8%~4.2%.The effective permeability averages 0.160μm^2.

The buried hill was overlain by red rocks and basalts of the lower part of the Sha-4 member and only connected with source rocks through the fault on the northwest side.

The crude oil resembles that in the overlying Tertiary. The specific gravity is 0.8557g/cm^3. The viscosity of crude oil on the surface is 8.11mPa·s at 100℃. The crude oil contains 35.5% wax and 13.1% resin and bitumen with a pour point of 60℃.

The depth of the buried hill top is 2450m. Rocks at 3000~3100m were dry except for rocks in the An-90 block. Bottom waters have not been found in the buried hill, but rocks at 3100m depth at the side of the buried hill contain water.

There is a uniform pressure system and a geothermal system in the buried hill. The pressure coefficient averages 0.102MPa/10m; the geothermal gradient averages 26.0℃/km. Reservoir properties change greatly in the interior of buried hills. Since the development of vertical secondary porosity may be controlled by hydrogeological circumstances, buried hills can be divided into the following zones: weathering crust, vertical leached zone, horizontal zones of dissolution, and zone of trapped water. Secondary porosity developed best in the horizontal zone, and worst in the zone of trapped water.

The Jinganpu, Caotai, Biantai, Ha-3, and Ha-19 buried-hill oil fields have also been discovered in addition to the two buried-hill oil fields described above. The buried hills all consist of Archean metamorphic rocks. Chinese geologists predict that many buried-hill oil fields will be discovered in the near future.

3 Development Practices for Buried-hill Oil Fields

Development wells have been drilled in triangular and square patterns with 500m spacing.

Overpressured sections above buried hills are sealed by casing. Then oil-bearing formations in the buried hills are drilled using nonsolid mud systems. Wells are completed with a tail pipe.

The edges and bottom parts of the reservoirs have been flooded with water at 20℃ to maintain the formation pressure.

At present, a minority of wells are flowing; the majority of wells are pumping wells. In the future, all wells will become pumping wells using hydraulic pumps for an open system.

In 1988, the production of the Dongshengpu buriedhill oil field was about 3 million metric tons/yr and was stable due to continuous improvement of the injection and production system and the scientific management of dynamic water distribution and reservoirs.

Production declined sharply before water injection (May–October 1986), and daily production decreased 16% from June to August 1986. After water injection, this decline was stabilized. In 1987, the production was basically stable. Before water injection, the reservoir pressure had decreased 5.8% from the initial pressure of 28.755 MPa. After water injection, the pressure was still in decline, but the pressure fall had been slowed to 0.3%/month. After February 1987, the injection and production system was improved and reservoir pressure began to stabilize, then rose gradually to 23.94MPa at a rate of 3.6%/month. The average reservoir pressure of the oil field rose 0.22MPa in half a year. At present, the total pressure fall is 4.815MPa.

Four wells produced small amounts of water, the composite water cut being 3.7%. Reservoir pressure dropped with increasing oil production, and quickly caused bottom–water coning. The composite water cut rose to 14.5% at a rate of 1.8%/month. Since 1987, water coning prevention measures were taken on some wells. As a result the single–well production per day has been enhanced gradually, and water cut has declined from 14.5% at the end of 1986 to 7.0% at the end of 1987.

References

[1] Hu Chaoyuan. New knowledge of small continental depression in south China [J]. China Oil, 1987, 4 (13): 93–95.

[2] Huang Zhuan. Distribution regularity and exploration method of hydrocarbon pools in Damintun sag (in Chinese with English abstract) [J]. Oil and Gas Geology, 1987, 8 (2): 189–200.

[3] Yan Dengshi, Weng Shanwen, Tang Zhi. Block faulting and the formation of oil and gas field associated with buried hill in Bohai Gulf basin (in Chinese with English abstract) [J]. Acta Petrolei Sinica, 1980, 1 (2): 2, 1–10.

[4] Zheng Changming. Strike of buried hill basement oil fields in Liaohe depression (in Chinese): Beijing Petroleum Conferece Proceedings [J]. Pretroleum Industry Press, 1987, 67–72.

原载于:《The American Association of Petroleum Geologists Bulletin》, vol. 75, No. 4, April, 1991。

塔里木盆地的地质结构和油气聚集

童晓光

（塔里木油田勘探开发指挥部）

塔里木盆地是我国最大的含油气盆地，面积达 $56\times10^4 km^2$，石油地质学家对它的远景做出了十分乐观的评价。近几年大规模油气勘探已经取得了令人鼓舞的发现，对盆地的地质结构和油气分布的复杂性也逐渐有所认识，同时还有一系列重大的石油地质问题有待我们去探索。

塔里木盆地历史悠久，发生于震旦纪，在其演化过程中存在着性质极不相同的原型盆地。构造运动十分频繁，几乎每个纪之间都曾发生过明显的构造运动，但运动的强度在平面上有显著变化。盆地演化过程的复杂性，造就了盆地独特的地质结构，这种地质结构又决定了盆地油气聚集的基本特征。本文试图从盆地的构造运动和地质结构入手，探讨该盆地的油气聚集问题。

1 塔里木盆地的构造运动

塔里木盆地从前震旦纪末到第四纪，从地震剖面上共发现了 18 个不整合面，大多数已被边缘露头区的地层接触关系所证实。其中比较重要的构造运动有 6 次，对圈闭形成最重要的是泥盆纪末的早海西运动、二叠纪—三叠纪的晚海西—印支运动和新第三纪的喜山运动。

1.1 晋宁运动

前震旦纪末的晋宁运动表现为震旦系与前震旦系变质岩之间的不整合。在西部的柯坪断隆上仅见上震旦统苏盖特布拉克组与下元古界阿克苏群不整合接触，缺失下震旦统。这次运动后形成沉积盖层，对圈闭的形成没有作用。

1.2 晚加里东运动

奥陶纪末和志留纪末都有过构造运动。奥陶纪末的这次运动，使上下地层之间的沉积环境发生较大变化，并产生低角度不整合。柯坪断隆表现为志留系分别与上奥陶统或中奥陶统直接接触。上奥陶统的分布范围很局限，在盆地内部隆起边缘也存在低角度不整合。志留系与泥盆系之间的低角度不整合在塔北隆起南缘和塔中隆起的北缘也有反映。从总体上看，晚加里东运动强度不太大，是否能形成构造圈闭尚无定论。

1.3 早海西运动

早海西运动是塔里木盆地最重要的构造运动之一，表现为石炭系与下伏地层不整合。

石炭系不整合接触的最古老地层为下奥陶统，剥蚀幅度可达3000m以上。这期不整合在塔北隆起、塔中隆起中东段和北部坳陷的东缘（孔雀河斜坡、英吉苏凹陷）最为显著，呈环带状分布。北部坳陷内部这期运动的表现很弱。早海西运动形成了塔中1号巨型背斜等一大批构造，是塔中地区的主要圈闭形成期，对塔北隆起的形成也有重要作用。除形成构造圈闭外，也形成了大量不整合圈闭。

1.4 晚海西运动

有可能存在两次运动。一次是早二叠世末，表现为上下二叠统之间的不整合。在盆地西部比较明显，如胜利十六场构造。但在塔北的大部分地区，很少见到上二叠统，而表现为三叠系与下伏地层的不整合。晚海西运动对塔北隆起及其南侧圈闭形成具有十分重要的作用，如塔北隆起西段的一些构造圈闭和不整合圈闭大多形成于这次构造运动。

1.5 印支运动

三叠纪末的印支运动以盆地东部最为显著，其次为塔北隆起。使侏罗系与下伏不同时代的地层不整合接触。但这种接触关系与早海西运动以来多次构造运动有关，是综合效应。在盆地周缘有些构造定型于这一时期，如学堂、东河塘等，也产生了一些新的构造如吉拉克。但盆地内部的大部分地区，与三叠系呈整合接触。

1.6 喜马拉雅运动

古近纪—新近纪以来尤其是中新世以后，天山和昆仑山的进一步强烈抬升和山前的强烈沉陷及中央隆起带的相对抬升，不同幅度的升降活动，对盆地内和构造有一定的改造作用。最明显的是使塔北的一些构造北倾扭转，改变了它的溢出点，也可以形成新的圈闭，如轮南大型潜山背斜。

2 塔里木盆地的地质结构

构造运动性质纵向上显著的阶段性和平面上巨大的差异性，造就了塔里木盆地独特的地质结构—分层性和分区性。

2.1 分层性——以不整合面为界的三大构造层具有不同的沉积特征、构造变形特征和热演化特征

2.1.1 下古生界组成下构造层

这一构造层分布十分广泛，除塔南隆起和塔东南坳陷缺失和库车坳陷不清外，盆地的广大地区都存在，最大厚度达9500m，约占全盆地沉积岩体积的2/5。除志留系全部为碎屑岩、中上奥陶统盆地东部多碎屑岩、西部有部分碎屑岩外，其他层系基本上都是碳酸盐岩。下古生界经历了多次构造运动，构造圈闭和潜山圈闭很发育，存在巨型和大型背斜、

潜山圈闭。大者可达数千平方千米，而数百平方千米、数十平方千米者为数甚多，而且圈闭的幅度都比较大。但储层的物性比较差，主要由于地层时代老，埋藏深度大，成岩作用强。碎屑岩中的原生孔隙大量消失，次生孔隙也不发育，裂缝数量也不多，所以总孔隙度比较低。如群克 1 井上奥陶统砂岩测井解释的孔隙度最大值 15%，最小值 4.33%，一般值 6.58%，维 1 井志留系测井解释的孔隙度最大值 11.5%，最小值 6.15%，一般值 7.7%，所以下古生界的碎屑岩只能在局部层位和地区成为有效的储集层。下古生界的主要储层为碳酸盐岩，它的原生孔隙保存也很少，主要为次生孔隙和裂缝，一般总孔隙度为 1%～4%，但在风化壳部分可局部提高，最大孔隙度达 24.24%，还可出现较大的溶洞。所以风化壳部分可以成为良好的储层，随着风化壳的深度增大，储层物性变差。白云岩与灰岩相比，白云岩要优于灰岩。下古生界自身的厚度巨大，在早古生代末下部生油岩就已经成熟和过成熟。根据热演化史分析，下奥陶统以下生油岩，大部分地区已进入或超过生油高峰期，所以下奥陶统及其以下地层生成的大部分油气，要求圈闭形成时间早，以加里东期形成的圈闭最为有利。中上奥陶统大部分地区的生油高峰期在二叠纪，所生成的油气有可能聚集在海西期形成的圈闭中，不仅给下古生界提供油气源，也给上古生界和更新地层提供油气源。

2.1.2 上古生界组成中构造层

上古生界的分布范围广，除塔南隆起、孔雀河斜坡及塔北的高部位缺失、塔东南坳陷和库车坳陷的分布不清外，其他地区都有分布。最大厚度可达 1500m，其体积约占盆地总体积的 1/5。这套地层以碎屑岩为主体，在石炭系中夹有灰岩，局部地区有膏盐层。下二叠统有较大厚度和较大范围的火山岩分布。这套地层受过海西运动以来各次构造运动的影响。海西—印支运动形成的褶皱主要分布于塔中和塔北隆起以及塔北隆起的前缘。背斜面积从几平方千米至 200km^2，幅度从几十米至数百米。后期构造运动将其一起卷入褶皱，主要分布于盆地边缘。盆地内部有许多盐层塑性拱升形成的背斜，其幅度就比较小，且向上幅度逐渐变小。此外海西—印支运动还在古隆起边缘形成一系列不整合圈闭和超覆圈闭。上古生界储层以碎屑岩为主，储层物性差别较大，首先与沉积相带有关，如石炭系的临滨相带好，潮坪相带差。同时，与次生溶蚀作用有关。物性好的储层孔隙度可达 18% 左右，差的仅 12% 左右。下二叠统火山岩裂缝很发育，根据钻井过程中泥浆的漏失和测试时水的产量推测，可能是一套好的储层。此外石炭系灰岩中的孔隙度较下古生界碳酸盐岩大体上高一倍，达 5%～6%，也是有效的储层。

上古生界厚度较薄，大部分地区依赖自身厚度，石炭系生油岩不能成熟，它的生油高峰期在白垩纪。所以石炭系生成的油气可以被燕山运动以前的圈闭，有些地方还可以被喜山运动形成的圈闭所捕获。具有很高的油气聚集系数。

因此与下古生界相比，上古生界圈闭规模不如下古生界，但储层性质优于下古生界，捕获油气的条件也优于下古生界。

2.1.3 中新生界组成上构造层

中新生界的分布更为广泛，遍布全盆地，最大厚度在西南坳陷和库车坳陷两个沉降中心可达 11000m，新生界的厚度比中生界大。中新生界体积占盆地沉积岩体积 2/5 以上，基本上都是碎屑岩沉积，但在库车坳陷及其毗邻的塔北隆起的西部下第三系有较厚的膏盐层。在西南坳陷的部分地区有上白垩统至下第三系的灰岩层。中新生界尤其是新生界在上述两个山前坳陷强烈褶皱和受逆冲断层切割，构造发育成排成带。但盆地内部构造很不发育，成因类型以披覆构造为主。构造规模小，多为数十平方公里至数平方公里，尤其是构造幅度小。目前已发现的构造最大幅度为 60m，常见为 10～30m，相对而言，隆起区构造较多，北部坳陷内构造更少。中新生界碎屑岩普遍为优质储层，高孔高渗，砂岩厚度大。如埋深在 4300 多米的吉拉克油田三叠系砂岩平均孔隙度达 24%，埋深在 4500m 左右的轮南油田侏罗系砂岩孔隙度一般为 20%，埋深在 4900 多米的英买力的白垩系砂岩平均孔隙度为 22%，塔里木盆地特殊的地质条件使一套深埋碎屑岩普遍具有良好的储层物理性质。当然因相带、岩性影响，物性局部变差现象是存在的，但总体上看物性是好的。

中生界的生油层库车坳陷为三叠系和侏罗系，西南坳陷的侏罗系，普遍处于成熟—高成熟，而塔北隆起南部和满加尔凹陷北部的三叠系处于未成熟—低成熟，因此中生界生成的油气可以被直至喜山期形成的圈闭所捕获。

2.2 分区性——三隆四坳的构造格局

塔里木盆地不仅是一个叠合盆地，同时也是一个复合盆地。由不同性质的原型盆地拼合而成，到新第三纪才逐步统一。因此盆地地质结构具有强烈的分区性。

2.2.1 库车坳陷

基本上由近 10000m 的中新生界组成。古生界发育状况不清，北侧为中生界沉降中心，南侧为新生界沉降中心。地层的褶皱和逆冲断层十分发育，构造成排成带，局部构造北翼陡南翼缓，深浅层之间存在滑脱位移，高点不一致。

2.2.2 塔北隆起

是一个中生代末中止发育的古老潜伏隆起，内部结构十分复杂。前中生界以轮台—新和为中心呈北东东走向的背斜，向西南方向倾没，背斜核部缺失古生界。同时伴随有向南突出的英买力、轮南、库南三个大型鼻状隆起。中生界向隆起核部逐层超覆，渐次缺失三叠系和侏罗系。新生界成为大规模北倾斜坡的一部分。

塔北古隆起被轮台逆冲走滑断层分割成为上下台阶，轮台断裂向西分叉尖灭，向东出现库南等断裂。走滑断层的活动基本结束于印支期，在燕山期出现小规模的张性断裂。

塔北隆起各时期构造运动都有明显表现，早海西运动和海西—印支运动形成褶皱构造、披覆背斜、盐层塑性拱升背斜，还形成大规模地层圈闭和潜山圈闭。喜山运动对塔北隆起的最主要改造作用，使构造发生倒转，改变了各种圈闭的溢出点，更重要的是轮南鼻状隆起变成为潜山—背斜。喜山运动在隆起的西段更为强烈，形成喜山褶皱构造。

2.2.3 北部坳陷

是一个震旦纪至古生代的坳陷，满加尔凹陷是古生界的沉积和沉降中心。下古生界的厚度巨大，以中上奥陶统碎屑岩为主体，越向东，中上奥陶统所占比例越大。上古生界的厚度较小，中新生界无明显的坳陷形态。东侧的孔雀河斜坡和英吉苏凹陷，下古生界性质与满加尔凹陷基本一致，海西运动后长期隆起，呈东高西低的斜坡。中生界的沉积厚度较大。西侧的阿瓦提凹陷下古生界厚度明显小于东部满加尔凹陷，上古生界厚度略大于满加尔凹陷，似乎没有明显的沉积凹陷形态。中生界发育不全，而是一个新生界的强烈断陷，西北侧和南侧以大断裂为界。

坳陷内部的断裂和褶皱构造极不发育。北部坳陷与塔北隆起之间界线不十分明显，为渐变关系。

2.2.4 塔中隆起

由性质很不相同的三段组成。中段加里东期隆起，早海西期形成以塔中 1 号为主体的一系列背斜，受过强烈剥蚀，志留系、泥盆系大面积缺失，被石炭系以上地层披覆。东段早海西期形成背斜后，隆起剥蚀时间更长，连上古生界和三叠系也全部缺失。除形成大面积的早海西褶皱背斜、大型潜山和不整合圈闭外，还有海西—印支期的断裂背斜和披覆背斜。西段以巴楚海西期背斜为核心，长期处于隆起状态，大面积缺失中生界。喜山期强烈活动，南北两侧为大型逆冲断层，对前期构造强烈改造，与中央隆起中段也以断裂相接触。沿断裂形成一系列喜山期褶皱背斜，组成中央隆起的主体是古生界地层。

2.2.5 西南坳陷

结构也比较复杂，古生代阶段东段唐古孜巴斯凹陷与塔中相似，西段与巴楚相似，中生界在喀什—叶城厚度巨大，向北迅速减薄以至尖灭，成为一个大斜坡，新生代山前进一步强烈沉降，沉积了更加巨厚的新生界。其中上白垩统至下第三系还有海相沉积。在山前形成了一系列喜山褶皱背斜和断裂。

2.2.6 塔南隆起

以巨大的逆冲走滑断裂与塔中隆起东段和西南坳陷东段相接触。由元古界变质岩组成。

2.2.7 塔南坳陷

有较厚的新生界。下伏层的结构还很不清楚。

3 油气聚集规律

盆地的地质结构决定了塔里木盆地油气聚集的五个特点。

3.1 四大套生油层，成烃高峰期差别大

根据前面的分析，下奥陶统—寒武系的成油高峰期在泥盆纪，中上奥陶统的成油高峰期在二叠纪，石炭系—二叠系的生油高峰期在白垩纪，三叠系—侏罗系的生油高峰期持续

到现今。不同时代地层生成的油气要求圈闭的形成期差别很大，古老地层所生油气，早期圈闭才能形成聚集。从总体上看，又有不同油源层分期持续供油的特点。

3.2 油气沿不整合面长距离运移和沿断层面纵向运移，使油气远离生油中心和油源层

盆地内各个时期众多的不整合面，向隆起部位逐渐交叉汇聚。不整合面及其上下的储层可以成为遍布全区的油气运移空间网络。这一特点使油气的聚集远离生油区，也可以远离生油层，在隆起区和斜坡带上各个层位的圈闭中聚集。沿断层的油气纵向运移受断裂层位控制。两个山前坳陷最活跃，其次为两个隆起，北部坳陷最弱。

3.3 以志留系底部不整合面为界存在两套性质不同的储层

上震旦统、寒武系、奥陶系以碳酸盐岩为主，好储层都位于风化壳附近，储集空间为溶孔、溶洞和裂缝。风化带的发育首先与岩性有关，白云岩主要发育溶孔和裂缝，灰岩主要发育裂缝和大溶洞。风化壳发育的厚度与古地貌坡降的大小有关，坡降大的地方风化壳的深度就比较大。此外也与原始构造裂缝有关。

志留系以上地层基本上是碎屑岩，虽然埋深较大，但普遍物性较好。

因此，碎屑岩储层与碳酸盐岩储层相比，聚集油气更为有利，易于形成高产稳产的油田。

3.4 多种圈闭聚集油气

盆地边缘两个山前坳陷，中新生代圈闭十分发育，而盆地内部又是另一种构造发育特征。构造发育程度由下向上变弱，由下古生界的巨型构造到上古生界的中型构造至中生界的中小型低幅度构造。下古生界中主要形成了潜山圈闭和背斜圈闭。上古生界除背斜圈闭外，存在大量地层圈闭，且规模比较大。中生界除构造圈闭外很可能存在岩性圈闭，由于上古生界的储层物性较下古生界好，其层位又有利于接受油气，所以地层圈闭在塔里木盆地可能具有很重要的意义。

3.5 油气聚集的分区性

由于构造格局鲜明的分区性，使各个构造单元的主力含油层系、主要圈闭类型和主力油源层以至于油气生成运移聚集历史都有很大的差别。显然这两个山前坳陷以中新生界构造圈闭为主，油气的生成和运移史较为简单。两个古隆起的含油层系多，圈闭类型多，油源多，而油气的生成运移历史也比较复杂，塔北隆起尤为突出。而北部坳陷边缘有古生界不整合圈闭，内部以低幅度背斜为主。

总之，从构造史的研究入手，分析盆地的地质结构特点，有可能解释出塔里木盆地油气聚集规律。

原载于:《塔里木盆地油气勘探论文集》，新疆科技卫生出版社，1992 年。

中国含油气盆地的构造类型

童晓光

（北京石油勘探开发研究院）

含油气盆地是油气田赖以形成的基础，对含油气盆地进行分类，对油气勘探具有实际意义，成为石油地质家的重要课题之一。

盆地分类方法很多，如按盆地大小、深浅、沉积速率、热流值、形成时代等，但以构造分类最为常见。20 世纪 60 年代以前都按地槽—地台学说分类，目前仍为某些苏联学者所提倡。20 世纪 60 年代后期板块学说兴起后，纷纷根据板块学说进行分类，如 Halbouty、Klemme、Dickinson、Bally、Kingston 等，我国学者对盆地尤其对中国的沉积盆地提出了许多分类方案，比较有影响的如朱夏提出的两个时代两种体制的分类方案。目前比较流行的一种分类方案，是以盆地形成和变形的力学机制为依据，将全国盆地分为三种类型，即东部拉张盆地，西部挤压盆地和中部过渡型盆地（或称双重力学机制的盆地）。

上述各种分类都是很有意义的。但作者认为以往的分类或对盆地的演化历史没有充分考虑，或（和）对石油地质条件没有充分反映，尚有探讨的必要。我认为中国含油气盆地的构造分类应考虑四个方面的原则。

（1）盆地的演化。盆地是一定地质时期的产物，某一个盆地在其漫长的地质历史中，往往经历了不同类型盆地发育阶段，产生了盆地的分化、组合和叠合关系，在盆地分类中对含油气有重要意义的演化阶段均应考虑。

（2）要从中国的地质特点出发。中国是一个不稳定的陆块、具有独特的构造背景，它由三个古板块（中朝、扬子、塔里木）和一系列微板块和褶皱带组成，三个古板块大部分地区都覆盖着海相和海陆交互相的古生界地台型沉积，褶皱带上的古生界大部分为变质岩，仅加里东褶皱带，上古生界为地台型沉积。印支运动及其以后的构造运动，对古生界盆地产生强烈改造作用，并形成了不同类型的中新生代盆地，主要为陆相沉积，它们叠置在古生界盆地之上。特提斯海向中国大陆的俯冲挤压，最后导致印度板块与欧亚板块在晚第三纪强烈碰撞，中国西部地壳缩短增厚，褶皱山系复活上升，在中国西北部形成了一系列碰撞山前和山间盆地，在西藏地区形成了一系列构造残留盆地。库拉—太平洋板块向西俯冲，使中国东部在拉张或拉张剪切的构造环境下，地壳破裂和变薄，形成一系列裂谷盆地和断裂盆地。而中国中部地壳活动相对较弱，以大面积稳定沉降为特征，主要形成对下构造层的继承性盆地。所以两个世代两种体制的盆地，以不同的方式互相叠置，存在于同一个位置上，应该进行统一的复合命名。盆地名称很难用板块构造的术语。

（3）同一构造类型的含油气盆地应具有相似的石油地质条件。含油气盆地的石油地质条件既受古生界构造层的控制，又受中新生界构造层的控制，两个构造层在不同类型盆地中的重要性也不相同，在分类时要综合考虑。

（4）盆地分类必须繁简适中，世界上没有完全相同的盆地，如果分类过细，那么每一个盆地都可能是一个类型，这就失去了分类的意义。如果太简，同类盆地的含油气性差别太大，对油气勘探也很难有指导意义。

根据上述原则，中国大陆的盆地采用上下构造层复合命名分类。首先分为：① 地台区上叠盆地；② 古生界褶皱带上叠盆地，然后依据中新生界上叠盆地中主要含油气层系形成和变形的构造环境分为若干亚类。大陆边缘的盆地，基本都形成于新生代，单独列为一大类，并采用板块构造的术语。

1　第一大类地台区上叠盆地

下构造层为地台型沉积，上构造层为不同类型的陆相沉积。盆地内沉积岩跨越时代长、厚度大，生储油层系多，可以进一步分为五个主要亚类。

（1）第一亚类为地台区继承性盆地。都位于中国中部，包括四川盆地、鄂尔多斯（陕、甘、宁）盆地、楚雄盆地等。它同时受到东侧库拉—太平洋板块俯冲，西侧古特提斯海关闭和印度板块碰撞的影响，西侧活动强度大于东侧。盆地两侧的演化和变形特征也有一定差异。西侧为A式俯冲带，伴随有前渊型的沉积，后期又转变成为逆掩断褶带，东侧的沉降和变形都比较弱。在下构造层地台型沉积基础上，逐渐演变成为中新生代陆相盆地，白垩纪末基本上结束盆地发育，上下构造层之间无重大的不整合，主要变形期较晚，如四川盆地为第三纪。油气的生成和演化是一个统一的单元和统一的过程，生油层和储油层共同存在于上下构造层，可以形成多套生储盖组合。深浅层生油层热演程度不同，往往下构造层形成气田，上构造层形成油田。

（2）第二亚类为地台区上叠复合盆地，典型代表为塔里木盆地，其基本特点是下构造层为海相和海陆交互相的地台型沉积，发生过比较明显的构造变动，形成了大型宽缓的背向斜，上下构造层之间存在区域性不整合。上构造层的结构比较复杂，各个时代和各个部位为不同类型的盆地，盆地周缘的中新生代凹陷与天山和昆仑山的复活上升相关，形成巨厚的沉积和复杂的断褶变形。盆地中部的上构造层厚度相对减薄，构造变形弱，上、下构造层之间很不协调。由于印度板块碰撞的影响，才重新成为一个统一的盆地。这种盆地生油层和储油层也存在于上、下构造层，有多套生储盖组合。由于盆地内各地区间地质条件存在明显差异，不整合面和断层的广泛发育，油气运移和聚集条件较之地台区继承性盆地要复杂得多，但其资源潜力也要大得多。

（3）第三亚类为地台区上叠裂谷盆地，下构造层也是海相和海陆交互相的地台型沉积，沉积之后，经历过一定程度的构造变形和剥蚀。中生代时期，处于安第斯式大陆边缘内侧，发育有一系列山间断裂盆地，并对下伏的地台型构造层进行强烈改造，离开大陆边缘较远的大陆内部，中生代盆地与下构造层有较强的继承关系。裂谷盆地的形成时期为晚白垩世以后，主要为第三纪，是在大陆边缘西太平洋沟—弧系统发育过程中产生的。与裂谷盆地相对应，深部有上地幔拱升，地壳变薄。裂谷盆地由一群半地堑和地堑组成，上覆以晚第三纪和第四纪基本统一的拗陷。主要生油层存在于裂谷盆地阶段，储油层可以存在于裂谷前期、裂谷期和裂谷后期的地层中，构成三套含油层系。古生界和中生界也可能存在局部的生油气岩系，但其重要性，不论与同一盆地的第三纪相比较，或与地台区继承盆地和复合盆地的相同层系相比较，都要小得多。

（4）第四亚类为地台区上叠断裂盆地。下构造层的特点与上述三个亚类基本一致，其形态与结构特征同裂谷盆地比较相似，其主要区别是水平拉张量比较小，沉降幅度也比较小，沉积主要为含煤地层、火山岩、红色碎屑岩、膏盐层，局部层位为湖相的暗色泥岩和油页岩，少数断裂盆地暗色泥岩占较大比例。断陷阶段后就转变为隆起状态，在盆地发育的后期一般不出现拗陷阶段。盆地分布与上地幔起伏无明显的对应关系，所以盆地成因与上地幔拱升无关。其成因有两种，一种是区域性挤压隆起背景上发生的次一级拉张，另一种是走滑断层所伴生的断陷。前者如阜新盆地，后者如汾渭盆地，含油气潜力都不太高。

（5）第五亚类为地台区残留构造盆地。基本上是一个古生界地层组成的复向斜，无中新生界覆盖。一般盆地的规模比较小，生储油层系单一，如沁水盆地。目前此类盆地尚未获得油气，是一种值得探索的盆地类型。

2 第二大类为褶皱带上叠盆地

下构造层为经过褶皱变质的古生界，加里东褶皱带上古生界为地台型沉积岩，中新生界为不同时代、不同成因类型、不同力学机制和变形特征的盆地。下构造层由于经过强烈的构造变形和变质作用，一般不存在生油层。故生油层仅存在于上构造层，储油层也主要存在于上构造层。其生储盖组合较大多数地台区盆地简单，根据盆地的成因，可以分为五个亚类。

（1）第一亚类为褶皱带上叠塌陷盆地，其基底由古生界褶皱岩系组成。但在地槽褶皱封闭后，仍保留有一定的活动性，如在上构造层的底部有较多的火山岩系，海水也不是立即从全盆地退出，有一个残留海到陆相盆地的过渡阶段。在盆地形成的初期还存在较为强烈的逆掩断层等构造活动，然后盆地逐渐整体沉降。但在它的后期发展阶段，由于印度板块的碰撞，转变成为碰撞山前盆地或碰撞山间盆地。在盆地发育过程中有多次构造变动，有不同时期形成的背斜，有若干个不整合面。早期形成的背斜顶部常遭受剥蚀，沉积范围和沉积中心多次变化，造成多次地层超覆。这类盆地如准噶尔盆地、吐鲁番盆地。其外形特征与其他褶皱山系前缘的盆地相似，但其主要生储油层系发育于盆地塌陷期，同时又存在其他演化阶段的生储油层系。如准噶尔盆地至少存在二叠系、三叠系、侏罗系和第三系四个生油层，存在石炭系、二叠系、三叠系、侏罗系、白垩系和第三系等六套储集层。所以其含油气远景比较大，但纵向上和平面上的油气分布也比较复杂。

（2）第二亚类为褶皱带上叠碰撞山前盆地。盆地为北西走向与周缘山系一致，盆地的南侧有规模较大的逆掩断裂带，断裂带前缘是上第三系厚度最大的部位，北侧为一斜坡，其成因与印度板块的碰撞直接相关，如河西走廊的酒西、酒东、民乐等盆地。但其盆地的演化过程却十分复杂。这些盆地都位于祁连山加里东褶皱带之上，石炭系为与华北地台相连的海陆交互相含煤地层，二叠系、三叠系为陆相碎屑岩，真正的成盆期可能始于晚侏罗世。据推断，古特提斯向欧亚板块俯冲挤压，在河西走廊南缘产生右旋滑动的剪切断裂带，并在其北侧派生出次一级的北东向张性断层。在这种北东向同生正断层控制下，形成一系列晚侏罗世—早白垩世断陷，实际上中生代是断裂盆地发育阶段，湖相生油岩系也发育于这个时期，对于含油气远景而言，这个阶段具有更加重要的意义。晚第三纪印度板块碰撞，使河西走廊南缘的剪切断裂带转变成为压性的逆掩断裂带，并在其前缘形成与逆掩断裂带平行的碰撞山前盆地，这一阶段对储层的发育和圈闭的形成具有重要意义。为了突出这一方面的特征，区别于其他断裂盆地，所以将此类盆地命名为碰撞山前盆地。它具有一定的油气远景。

（3）第三亚类为褶皱带上叠碰撞山间盆地。它是中国西部分布最广泛的盆地类型，规模大小不等，边界特征也有差别。有些盆地边界为逆断层，有些盆地边界为正断层，有些盆地没有明显断层，但周缘均为山岭，基底都是古生界褶皱带。在中新生代受古特提斯海俯冲挤压和印度板块碰撞的影响，构造活动性大为增强，形成沉积盆地，其中规模最大的是柴达木盆地，该盆地在其边缘山前部位形成一系列侏罗纪小型断陷，主要沉积为含煤地层，还有一部分湖相沉积。白垩纪可能没有接受沉积，或沉积范围很小。第三纪沉积范围逐渐扩大，沉降和沉积中心由盆地边缘向盆地中心迁移，然后从西向东迁移，这一过程一直延续到第四纪。形成了侏罗系、第三系、第四系三套生储油岩系。水平挤压的构造变形也持续发展，在印度板块碰撞的影响下，上新世以来的挤压作用更为强烈。碰撞山间盆地的含油气远景差别很大，以大型的、多旋回盆地的远景最好。

（4）第四亚类为褶皱带上叠裂谷盆地，就成因而言与地台区上叠裂谷盆地是一致的，而且也都分布于中国东部。其差别在于下构造层的性质不同，它的下构造层由变质岩组成，已不具备生油能力。裂谷作用产生于第三纪，生油层为单一的第三纪地层，储集层除第三系外，还可以包括基岩，其含油层系与圈闭类型和油气分布与地台区上叠裂谷盆地十分相似，具有比较丰富的油气资源。比较典型的有南襄盆地，北部湾盆地。

褶皱带上叠裂谷盆地中有一个变异性类型就是松辽盆地，形成于侏罗纪—白垩纪。就成因而言与典型的裂谷盆地比较相似，具有下伏的上地幔隆起的倒影关系和较高的地温梯度，也经历了两个发育阶段，即断陷阶段和拗陷阶段，但与一般裂谷盆地在主要含油气层系的分布上却有较大差别。断陷构造层以煤系和火山岩为主，是一套相对次要的生储气层系。对油气生成和储集最有意义的是拗陷构造层。没有明显控制盆地边界的基底断裂，构造变形与沉积同期或与沉积后的水平挤压（尽管是比较微弱的）有密切关系。松辽盆地的地质特点与西西伯利亚盆地和北海盆地比较相似，有丰富的油气资源。

（5）第五亚类为褶皱带上叠断裂盆地。其特点和成因与地台区上叠断裂盆地基本一致，只是下构造层的性质不同，与裂谷盆地也有相似之处，但没有拗陷构造层。断裂盆地的发育受盆地边界断层控制。边界断层活动终止，盆地的发育也就终止。大部分断裂盆地的沉降幅度较小，以含煤地层、红色碎屑岩和火山岩为主，湖相暗色泥岩的发育十分局限。广泛分布于中国东北和东南地区，含油气远景比较小。但也有少数面积和沉降幅度较大的断裂盆地，具有较厚的湖相沉积，其含油远景也就比较大，如二连盆地、海拉尔盆地、三水盆地。

3 第三大类为大陆边缘盆地

位于过渡型地壳之上，如珠江口盆地地壳厚 20～25km。

下构造层以至上构造层下部的性质和特点都不太清楚，盆地的类型完全由第三纪以来在板块构造中的位置来确定，盆地的名称也按板块构造的术语，主要可以分为两个亚类的含油气盆地。

（1）第一亚类为陆缘盆地，即小洋盆的被动边缘盆地。位于南海大陆架，如珠江口盆地，琼东南盆地、莺歌海盆地。以珠江口盆地为例，在侏罗纪—白垩纪时是亚洲东部安第斯式大陆边缘的一部分，有强烈的花岗岩侵入和安山岩喷发。晚白垩世至古新世早期，大部分地区处于隆起状态，仅有小范围的红色碎屑岩沉积，但在东沙—中沙一线的东南侧可能有海相沉积。

从晚古新世—中渐新世为大陆裂谷发育阶段，形成一系列陆相沉积的断陷，其特点与北部湾盆地、渤海湾盆地的早第三纪裂谷十分相似。断陷的走向为北东向，继承了中生代的断裂方向。从晚渐新世到中新世中期，由断陷向坳陷转化，构造线方向由北东转为北东东，海侵由南往北逐渐推进，地层向低隆起和断阶带超覆，但东沙—神狐暗沙隆起仍然存在，处于半封闭海环境。从晚中新世起，真正转变为陆缘盆地，这时东沙和神狐暗沙隆起已消失，整个南海大陆架处于广海环境，沉积厚度由北向南加大。

陆缘盆地可以形成断陷期和坳陷期两大套生储油岩系。圈闭类型也较多。有逆牵引背斜、滑陷挤压背斜、逆冲挤压背斜，基岩块断体（古潜山）、生物礁滩等。

陆缘盆地与典型的被动大陆边缘盆地有一定的区别，如地温梯度较高，可达 4.2℃ /100m，生油门限深度相应较浅，地壳厚度相对较大，三角洲的沉积模式不是向海加积推进，而是向陆后退叠置。陆缘盆地的含油气潜力较大。

（2）第二亚类为弧后盆地。位于太平洋西海岸的主动大陆边缘。可以识别的弧后盆地有两类，一类是早第三纪形成的东海盆地和台西盆地；另一类是晚第三纪形成的冲绳海槽盆地。具有含油气远景的是东海盆地和台西盆地。以东海盆地为例，在盆地东侧为陆架外缘隆起，主要由下第三系变质岩组成，是早第三纪形成的岛弧。由太平洋板块向西俯冲加速，俯冲带变陡，闽浙火山弧熄灭，使东海陆架外缘隆起转变成为火山弧。在该弧之后的东海地区，形成了一系列东向基底正断层控制的箕状断陷。从总体上看，由古新世盆地范围不断扩大，至晚第三纪已成为强烈沉降的坳陷。上第三系的最大厚度可达 8000m。晚中新世开始的冲绳海槽的扩张，使东海盆地形成了一系列大型背斜构造。可见东海盆地也有两个亚构造层，下部为断陷构造层，其特征与中国东部第三纪裂谷十分相似，东海盆地的西部以这一构造层为主。上部为坳陷构造层，但经历过较强的水平挤压变形，发育逆断层和伴生的背斜构造，也具有两套生储油岩系。

弧后盆地具有巨大的沉积厚度，盆地和圈闭规模大，都表明其具有很好的含油气远景。

综上所述，可将中国的主要含油气盆地的构造类型，见表 1。

表 1　中国含油气盆地构造分类简表

<table>
<tr><th>大类</th><th>地台上叠盆地</th><th>褶皱带上叠盆地</th><th>大陆边缘盆地</th></tr>
<tr><td rowspan="5">亚类</td><td>地台区上叠继承性盆地
（四川盆地、鄂尔多斯盆地）</td><td>褶皱带上叠塌陷盆地
（准噶尔盆地、吐鲁番盆地）</td><td>陆缘盆地（珠江口盆地）</td></tr>
<tr><td>地台区上叠复合盆地
（塔里木盆地）</td><td>褶皱带上叠碰撞山前盆地
（酒西盆地）</td><td rowspan="4">弧后盆地（东海盆地）</td></tr>
<tr><td>地台区上叠裂谷盆地
（渤海湾盆地、苏北盆地）</td><td>褶皱带上叠碰撞山间盆地
（柴达木盆地）</td></tr>
<tr><td>地台区上叠断裂盆地
（阜新盆地、汾渭盆地）</td><td>褶皱带上叠裂谷盆地
（北部湾、松辽盆地）</td></tr>
<tr><td>地台区残留构造盆地
（沁水盆地）</td><td>褶皱带上叠断裂盆地
（二连盆地、三水盆地）</td></tr>
</table>

参考文献

［1］朱夏．中国大地构造问题［M］．北京：科学出版社，1965.

［2］朱夏．中国东部板块内部盆地形成机制的初步探讨［J］．石油实验地质，1979（1）．

［3］朱夏．中新生代油气盆地构造地质学进展［M］．北京：科学出版社，1982.

［4］朱夏，等．论中国油气盆地的构造演化，第 26 届国际地质会议能源讨论会报告集［C］，1980.

［5］郭令智，等．华南大地构造格架和地壳演化，国际地质学术论文集（1）［C］．北京：地质出版社，1980.

［6］郭令智，等．西太平洋活动大陆边缘和岛弧构造的形成与演化［J］．地质学报，1983，57（1）．

［7］郭令智，等．论西太平洋弧后盆地区的基本特征形成机理及其大地构造意义，板块构造基本问题［M］．北京：地震出版社，1986.

［8］李德生．中国东部中新生代盆地与油气分布［J］．地质学报，1983，57（3）．

［9］王尚文．中国石油地质学［M］．北京：石油工业出版社，1983.

原载于:《现代地质学研究文集（上）》，南京大学出版社，1992 年。

Petroleum Geology of the Beach Area of the Bohai Bay Basin

Tong Xiaoguang Zhang Xiangning

(China National Oil & Gas Exploration and Development Corporation)

ABSTRACT: Bohai Bay Basin is the largest oil producing area in China. The basin covers Bohai Bay and the surrounding onshore areas including the Bohai Bay beach area. The Bohai Bay Basin formed on top of the North China craton and has a complex history. During the Mesozoic Era, the basin evolved as a back−arc basin. It then changed to an intracratonic rifted basin during the Cenozoic Era. Tilting of fault blocks led to a regular arrangement of depressions and uplifts forming a series of separated continental lacustrine depressions. These depressions gradually became one large basin during late Oligocene, and the depositional center moved from onshore to offshore. All these geological features determined the characteristics of the oil and gas accumulations in Bohai Bay and its beach area.

The Bohai Bay Basin is the largest oil producing area in China (Fig. 1), with average daily output of approximately 1.2 million barrels. The speculative reserves account for a quarter of China reserves. A large number of oil fields have been discovered in the onshore area, including Shuguang, Huangxilin, Renqiu, Shentuo, Gudao and Gudong. The offshore includes the large Shuizhong 36−1 as well as other major fields. The Bohai Bay Basin is one of the richest petroliferous provinces in the world. The beach area is a transitional belt connecting the onshore with the offshore and is little explored. Several oil fields, including Chengdao and Kuihuadao have been discovered in the area. An important discovery has recently been made by Louisiana Land and Exploration in the Zhaodong Block. A huge potential exists in the beach area.

The beach area of Bohai Bay refers to the area with a water depth of 0～5m (0～16.4 feet) covering about 13000km^2. The region has a mild climate and access is convenient.

Exploration of the beach area is still at an early stage. A gravity survey at 1 ∶ 200000 scale and aeromagnetic survey at 1 ∶ 100000 scale have been completed for the whole area. The 10000km of seismic lines and 70 exploration wells are limited to Chengdao of the Jiyang Depression, Zhangjuhe of the Huanghua Depression and Kuihuadao of the Liaohe Depression. So far, one large oil field, two middle to small oil fields and a number of oil bearing structures have been discovered. The preliminary estimate of probable recoverable reserves is 70 billion bbls.

1 The Petroleum Geology of Bohai Bay Basin

To understand the petroleum geology of the beach area, it is essential to understand the petroleum geology of the Bohai Bay Basin as a whole.

1.1 The Geological Setting of Bohai Bay Basin

Bohai Bay Basin is located in eastern China and is surrounded by the Taihang Shan Mountain in the west, the Jiaoliao uplift to the east. the Yanshan Mountain in the north and the Luxi uplift to the south. The basin covers an area of about 200000km^2(Fig. 1) .

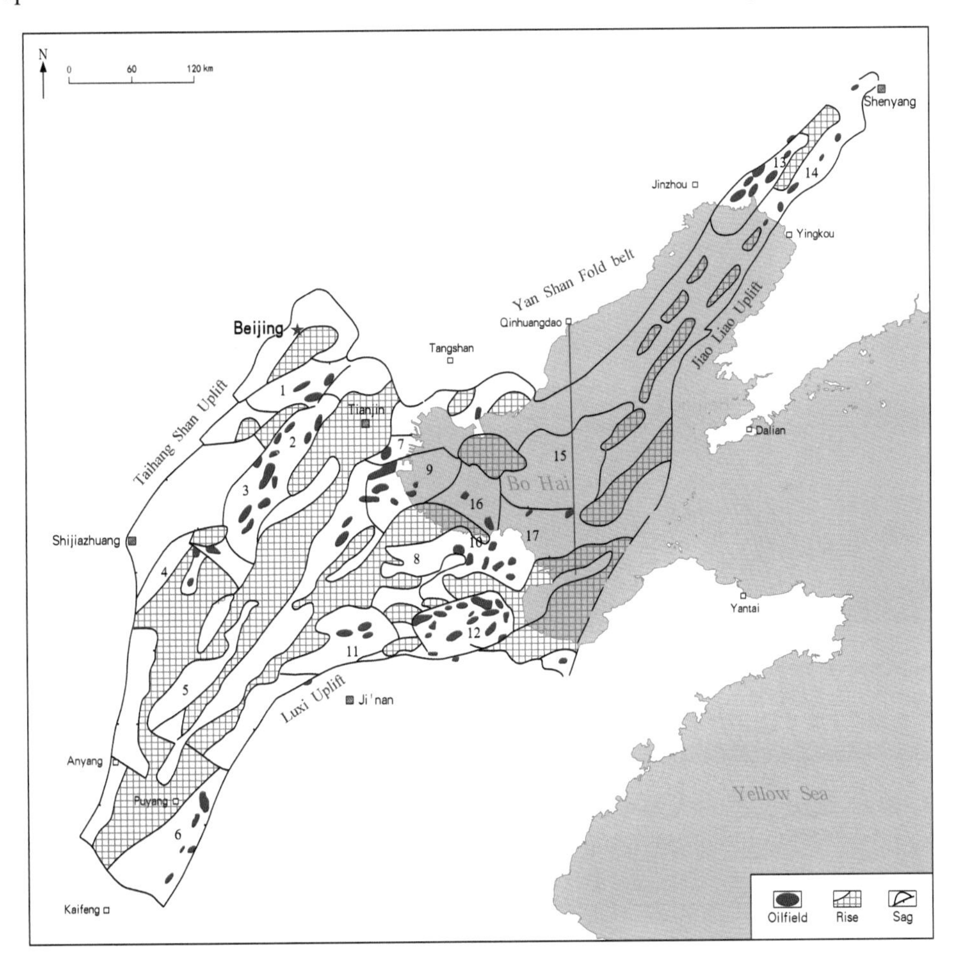

Fig. 1 Distribution of Paleogene Faulted Depressions and Oilfields in the Bohai Bay Basin

Sags : 1—Langgu ; 2—Baxian ; 3—Raoyang ; 4—Jiaxian ; 5—Qiuxain ; 6—Dongpu ; 7—Banqiao ; 8—Chezhen ; 9—Qikou ; 10—Zhenhua ; 11—Huimin Dongying ; 13—Liaoxi ; 14—Liaodong ; 15—Bozhong ; 16—Chenghei ; 17—Zhuang dong

The Basin has a complex history. Basement was formed primarily during the Archeozoic to early Middle Proterozoic approximately 1700Ma ago. From Middle-Late Proterozoic to the

Triassic period, the region was a relative stable continental margin. The rocks of Middle–Late Proterozoic, Cambrian and Ordovician consist mainly of marine carbonates interbedded with minor clastic rocks. A major depositional hiatus exists between the Late Ordovician and Early Carboniferous. The Carboniferous consists mostly of clastic rocks, and the Permian and Triassic sediments are clastic rocks of continental facies. The Indo Sinian movement during the Mid–Triassic was largely responsible for changing the tectonic framework. The North China craton was transformed into a broad, gentle anticline and syncline. During Jurassic and Cretaceous time, it was a structural feature marginal to the Pacific (Huang, 1984), and a volcanic back arc basin was developed. Coal bearing clastic formations and volcanic clastic rocks were deposited. During Cenozoic time the modern Bohai Bay Basin formed. The rising upper mantle resulted in intensive extensional stress along three mantle uplift belts, causing rifting and subsidence. A series of grabens and half grabens (Fig. 2) developed along major groups of faults having NW and NE directions.

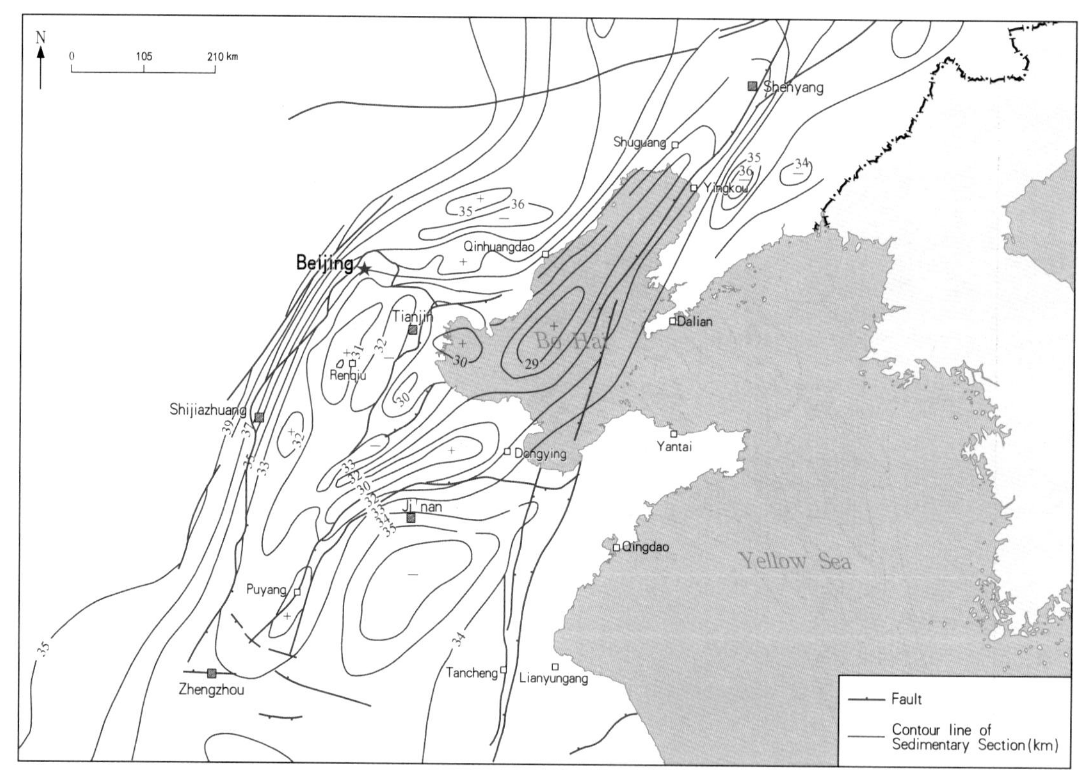

Fig. 2 Isopach Map of Total Sedimentary Section of Bohai Bay Basin (The Unit of Contour Lines is km)

1.2 Structural Features of the Bohai Bay Basin

During Paleogene time, Bohai Bay Basin was a series of fault depressions comprised of many independent depositional units. It formed one unified basin during Neogene time. The structural features are as follows: (1) the basement faults were well developed. There are approximately 50 faults, controlling the development of 50 faulted depressions. The fault planes are gently dipping and the horizontal extension is approximately 74km in NW–SE cross–section. This extension accounts for 20% of the total length of the cross–section. (2) Two groups of faults were developed, dominated by normal faults. They developed a regular framework of alternating depressions and uplifts (Fig. 1, Fig 3) . In asymmetric depressions, one side has a steep fault whereas the other side is a broad gentle slope with a deep sag between the two flanks. In the center of those broad sags are additional uplifts or anticlines. The age of rift development becomes younger toward the east and south. (3) The basin is characterized by a two–tiered structure. A rift developed in the lower section during Paleogene time, and a broad depression developed in the upper section during late Neogene time. (4) The basin underwent multiple tectonic movements and changes of tectonic regime. This led to development of superimposed traps, e. g. buried hills with overlapping anticlines (Fig. 4) .

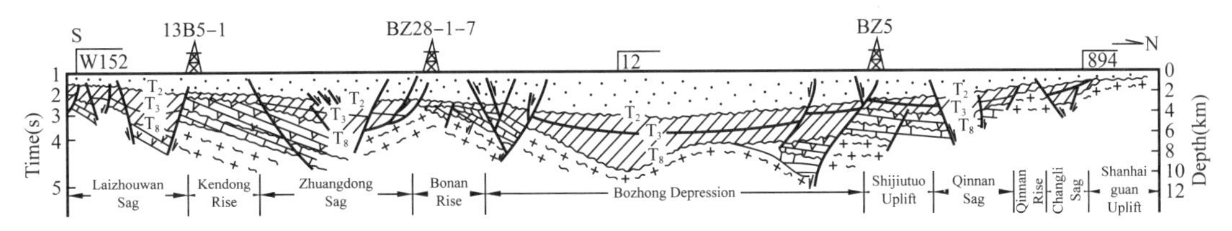

Fig. 3 Geological Section of Bohai Bay Basin

1.3 The Depositional Characteristics of the Tertiary

Continental fluvio–lacustrine deposits of the Tertiary evolved from separated faulted depressions to a unified basin, and from lacustrine facies to fluvial facies. The water changed from saline to fresh and the paleoclimate changed from hot to cool. The Paleogene sediments (4～11km) are much thicker than that of the Neogene (1～3km) . The Paleogene sequence can be divided into three formations: the Kongdian, Shahejie and Dongyin. The Neogene sequence can be divided into two formations, the Guangtao and Minhuazhen (Fig. 5) . The Tertiary unconformably overlies the Mesozoic.

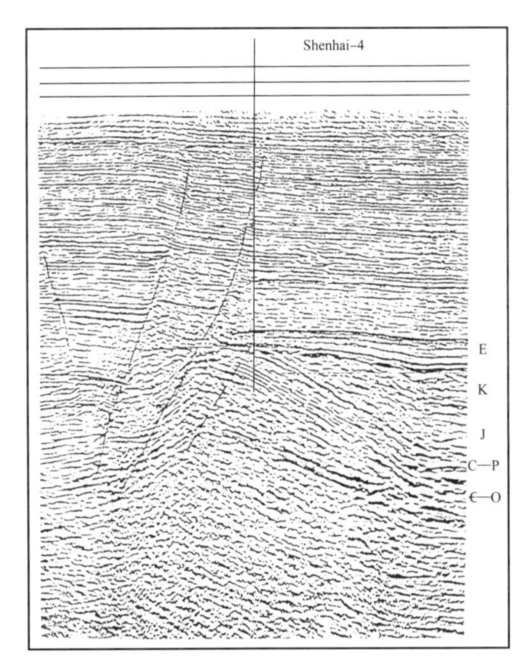

Fig. 4 Seismic Profile of No.4 Shenhai Well

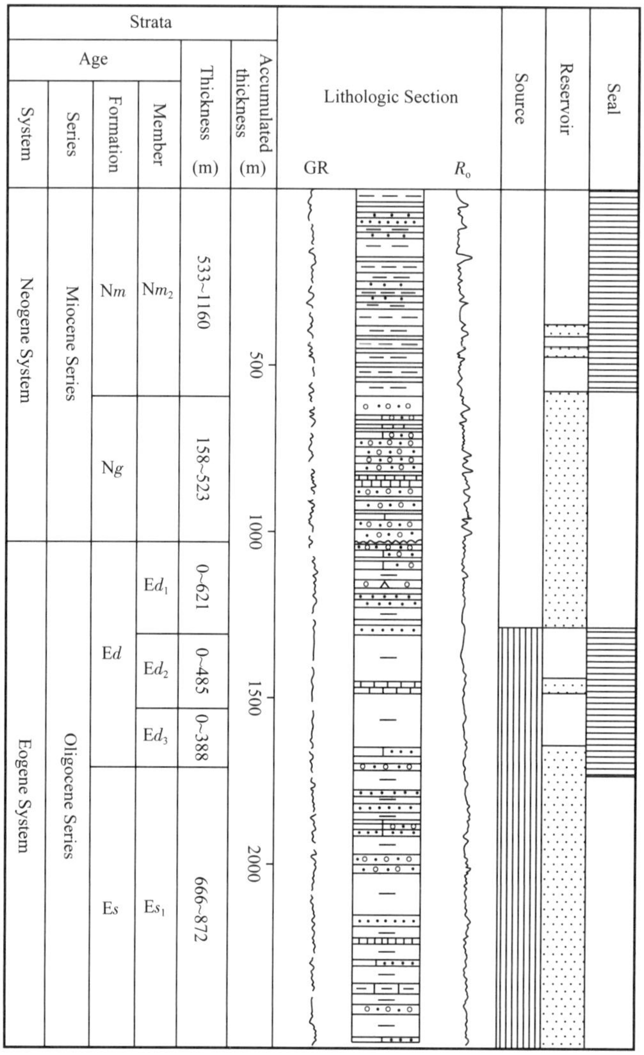

Strata						Lithologic Section	Source	Reservoir	Seal
Age				Thickness (m)	Accumulated thickness (m)	GR R_o			
System	Series	Formation	Member						
Neogene System	Miocene Series	N*m*	Nm_2	533~1160	500				
		N*g*		158~523	1000				
Eogene System	Oligocene Series	E*d*	Ed_1	0~621					
			Ed_2	0~485	1500				
			Ed_3	0~388					
		E*s*	Es_1	666~872	2000				

Fig. 5 The Integrated Stratigraphical Column of Tertiary System in Nanpu

The Kongdian Formation is widely distributed in many large depressions. It consists of three sets of coarse clastic rocks of alluvial fan, fluvial, and marsh deposits. Its color changes upward from red to grey and brown. The Kongdian Formation can be further divided into three members. The lower member (E_2k_3) typically consists of purple and brown mudstone, sandy mudstone and siltstone interbedded with sandstone. The middle member (E_2k_2) has dark grey and grey mudstone interbedded with sandstone, oil shale, carbonaceous shale, thin coal beds and limestone. The middle member has abundant fossils, and is a good source bed. The upper member (E_2k_1) is characterized by brown sandstone interbedded with mudstone.

The Shahejie Formation (E_3s), a lacustrine deposit, is widely distributed in many faulted depressions. It has a thickness of 2000～5000m and lies unconformably over the underlying formation. It is the most important oil reservoir in the basin. Based on its lithology and fossil assemblages, it can be further divided into four members. The Sha 4 member (E_3s_4) typically consists of grey and dark-grey mudstones, siltstone and fine sandstone with gypsum and halite interbeds. The upper part of the Sha 4 member also contains interbeds of shale and reef limestone as well as several beds of basalt. The Sha 3 member (E_3s_3), is composed of dark-grey and grey mudstone, interbedded with shale, siltstone and fine sandstone. It contains the best source beds in the basin. The Sha 2 member (E_3s_2), consists of pink and grey-green mudstone interbedded with grey-white sandstone and conglomeratic sandstone, and intercalated carbonaceous shale. The Sha 1 member (E_3s_1) is composed of grey and grey-green mudstone intercalated with oil shale, bio-limestone and marl.

The Dongying Formation (E_3d), typically consists of fluvial and shallow-lacustrine grey mudstone and sandstone. It can be divided into three members. The lower member (E_3d_3), consists of grey fine sandstone and gravel sandstone. The middle member (E_3d_2) is grey mudstone intercalated with sandstone. The upper member (E_3d_1) consists of grey-green mudstone interbedded with sandstone.

The Guangtao Formation (Ng) and Minhuazhen Formation (N*m*) are widely distributed as fluvial deposits, and unconformably overlie the Paleogene formations. The Guangtao Formation is composed of grey-green and grey-white sandstone and gravel sandstone intercalated with brown-red and grey-green mudstone. The overlying Minhuazhen Formation (N*m*) consists of brown-yellow and brown-red mudstone intercalated with loose siltstone, fine sandstone, gravel sandstone, and mudstone containing limestone nodules and gypsum.

Evolution of the sedimentary facies of the Bohai Bay Basin was controlled by tectonism. Below are four major characteristics:

(1) The lacustrine facies in each fault depression is a separate depositional unit, but they have a similar sedimentary facies. The fluvial system is another important feature of sedimentation in faulted depressions.

(2) The sedimentation is not uniformly developed. Deposition in rifted depressions was intensive during Paleogene time. The rate of deposition was 200～400m·Ma^{-1}, and the rate was especially fast during Eocene time, averaging 400m·Ma^{-1} (Yang and Hong, 1984) . The maximum rate of deposition in deltas reached 900～1000m·Ma^{-1}. The Paleogene sequence is thicker than the Neogene. Laterally, sediments of the Shahejie Formation in the onshore depressions range from 2000～3000m thick (Fig. 6), while sediments of the Shahejie Formation in the beach area are less than 1000m thick. During Neogene time, deposition in the depression was intensive. Sediments of the beach area are thicker than those onshore, being 2000m and 1000m in thickness, respectively (Fig. 7) .

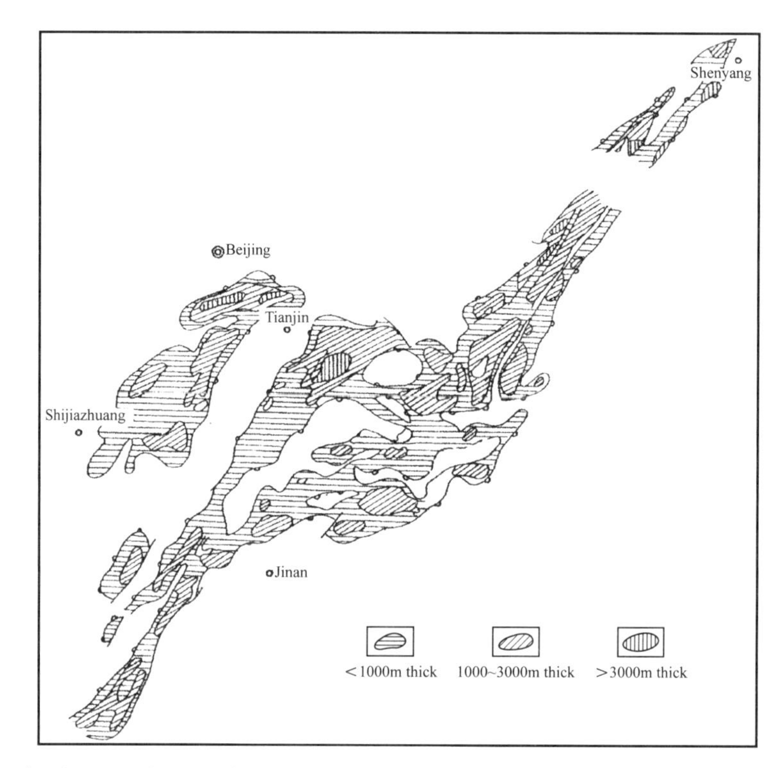

Fig. 6 Isopach Map of the Oligocene Shahejie Formation in the Bohai Bay Basin

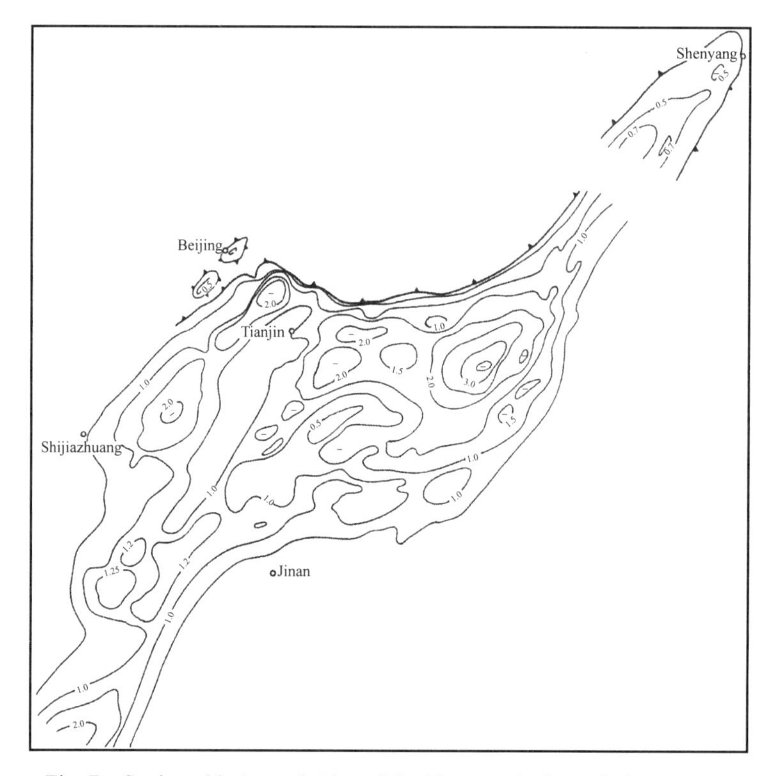

Fig. 7 Statigraphic Isopach Map of the Neogene in the Bohai Bay Basin

(3) There are multiple source beds, with a total thickness of 400 to 2000m. The organic content is generally high with 0.6%~5.0% total organic matter. The source beds include the middle member of the Kongdian Formation (E_2k_2), the Sha 4 Member (E_3s_4) (200~1500m thick), as well as the Sha 3 Member (E_3s_3) (800~1500m thick) of the Shahejie Formation. The E_3s_3, which contains lacustrine deposits that accumulated in deep water, is the main source bed in the basin. Three types of source rocks in the E_3s_3 depressions are recognized (Table 1). Type I is the best, and covers about 31% of the total area. Hydrocarbon generated from the type I source rock from the E_3s_3 Formation in the Jiyang sub-basin makes up 67% of the total hydrocarbon generated from the Tertiary source rocks.

Table 1 Geochemical Indices for Three Types of Source Rocks in the Jiyang Subbasin

Type	Dark shale thickness (m) E_3s_3	Total organic carbon (%)	Vitrinite reflectance (%)	Chloroform bitumen "A" (%)	Kerogene type	Evolution History
I	700~1500	1~5	0.5~0.9	0.2~0.6	I—II_1	Long-term successive
II	400~1000	1~3	0.5~0.7	0.1~0.3	I—II_1	successive
III	300~500	0.6~2	<0.5	0.05~0.2	II_1	hiatus

(4) The continental fluvio-lacustrine system is characterized by multiple sediment sources and multiple water systems. Consequently, many different types of sand bodies were deposited and several types of good reservoirs were developed. Examples are alluvial fans, deltas, lake-floor fans, turbiditic sand bodies, biolimestones, and algal-reef limestones.

The evolution of the tectonic and depositional systems in the Bohai Bay Basin provided favorable conditions for the generation, migration and accumulation of petroleum. Because the crust is thin, with an average thickness of 30~36km, the heat flow is high (the value of the remaining abnormal heat flow is 1.77 HFV), and the geothermal gradient is 3.5~4.5℃/100m. The threshold temperature for petroleum generation is 93~122℃, which corresponds to a depth of 2200~3000m. The multiple source beds, including the Kongdian Formation (E*k*), the Sha 4 Member (E_3s_4), Sha 3 Member (E_3s_3), and Sha 1 Member (E_3s_1) of the Shahejie Formation, as well as the Dongying Formation (E_3d), can be combined into three sets of oil bearing assemblages: ① those that formed before the period of faulted depressions; ② those that formed during the period of faulted depressions; and ③ those that formed during the period of broad depression.

2 Characteristics of the Petroleum Geology

The Bohai Beach area covers mainly the Jiyang, Huanghua and Liaohe Depressions in the Bohai Bay Basin (Fig. 8).

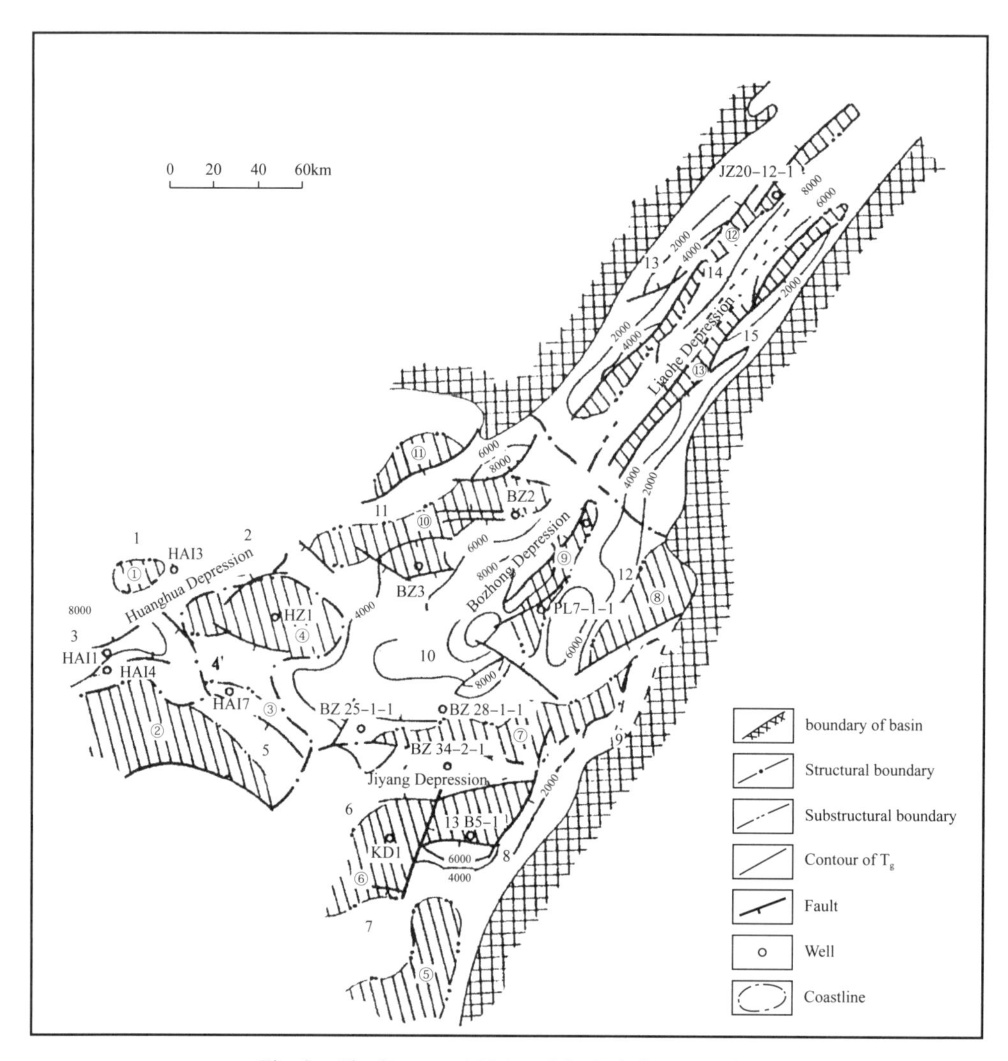

Fig. 8 The Structural Units of the Bohai Bay Basin

Sags : 1—Beitang ; 2—Huanghua ; 3—Qikou ; 4—Shanan ; 5—Chengbei ; 6—Zhuangdong ; 7—Yangjiaogou ; 8—Laizhouwan ; 9—Maixi ; 10—Bozhong ; 11—Qinnan ; 12—Bodong ; 13—Liaoxi ; 14—Liaozhong ; 15—Liaodong. Rises : ① Xingang ; ② Chengzikou ; ③ Chengbei ; ④ Shaleitian ; ⑤ Weibei ; ⑥ Kendong ; ⑦ Bonan ; ⑧ Miaoxi ; ⑨ Bodong ; ⑩ Shijiutuo ; ⑪ Qinnan ; ⑫ Liaoxi Xi ; ⑬ Liaodong.

2.1 Source Beds, Reservoirs, and Seals

In addition to the main source rock (the Sha 3 Member (E_3s_3) of the Shahejie Formation), two other matured source rocks, the grey mudstone of the Sha 1 Member (E_3s_1) of the Shahejie Formation and the lower member of the Dongying Formation (E_3d_3), are also important. These two source rocks have a total thickness of 800～2000m, a total organic content of 1.0%～4.0%, and a R_o of 0.71%～0.96%.That these two source rocks are also important sources in the beach area is supported by core data from the Lao 2-1 well.

Sandstone reservoirs are well developed in the beach area. They are characterized by multiple sandstone layers, thick single beds, and good lithologic properties. The shallow sandstone reservoirs of the Paleogene are especially good in the beach area (Table 2) .

Table 2 Sandstone Reservoirs of the Beach Area

Depression	Strata	Thickness of SS (m)	Properties		Representative Well
			Porosity (%)	Permeability (mD)	
Jiyang	Ng	10～15	25～38	500～2000	Chengbei 25 Well area
	Ng	30	35.4	2000～4000	Kendong 29
	N*m*	20	27.9	404	Zhaodong 2-1
Huanghua	Ng—N*m*	15～40	28～22	90～1500	Lao 2-1
	E*d*	10～20	32	25	
Liaohe	E*d*	10	26.4	1324	LH18-1-1

Multiple regional seals occur. Included are the green-grey mudstone of the lower member of the Dongying Formation (E_3d_3) which ranges in thickness from 300 to 500m. and the red mudstone of the Minhuazhen Formation (N*m*) which ranges in thickness from 500～1200m.

2.2 Stacked Oil and Gas Pools

There are multiple producing zones and various types of oil and gas pools in the basin. The primary pool type consists of oil and gas trapped in reverse-drag anticlines, faulted blocks, and draped structures over buried hills.

The Zhendgao oil field is located on a draped structural belt in the Zhengbei sag. Four sets of producing zones have been found: (1) the Mesozoic formations; (2) the Tertiary Shahejie Formation (E_3s); (3) the Dongying Formation (E_3d); and (4) the Minhuazhen Formation (N*m*) . These producing zones are superposed and connected, leading to complex oil/gas pools.

The Hai #4 well oil field lies on the south slope of the Qikou sag and on the west high of Zhangjuhe structural belt where the water depth is about 5m. The traps include rollover and faulted nose types in the Shahejie group (E_3s), Guangtao group (Ng), and Minhuazhen group (N*m*)(Fig. 9, Fig. 10) . The oil properties show regular changes from deep to shallow. reflecting the secondary characteristics of oils derived from Guangtao and Minhuazhen groups (Table 3) . This indicates that secondary oil pools could develop in the Neogene reservoirs. In October 1971, the Hai #4 well yielded high production oil flow from the Sha 2 Member of the Shahejie Formation. The 4-1 and 4-6 wells also produced from the Minhuazhen Formation and preliminary daily production from the platform was 360 tons.

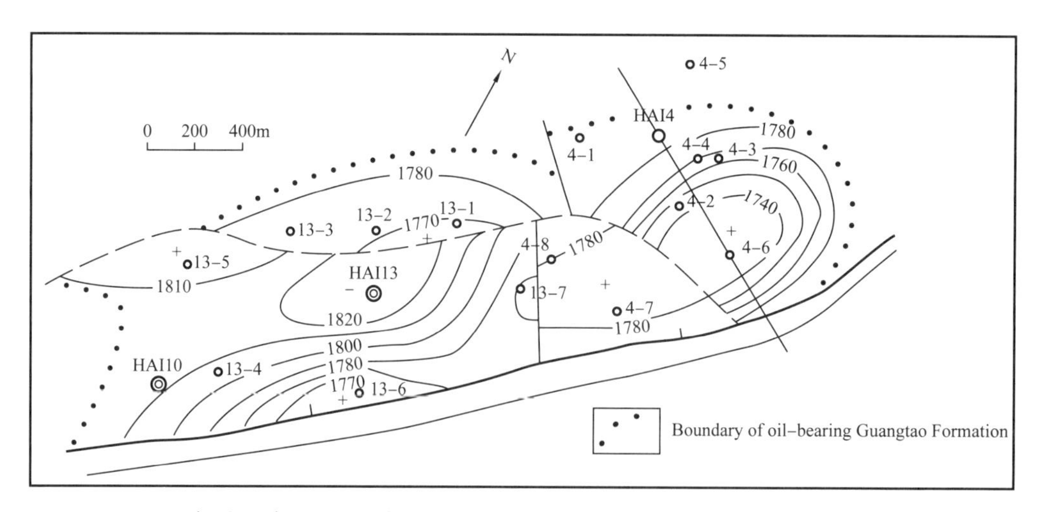

Fig. 9 The Structural Map of the Guangtao Formation in Haisi Oilfield

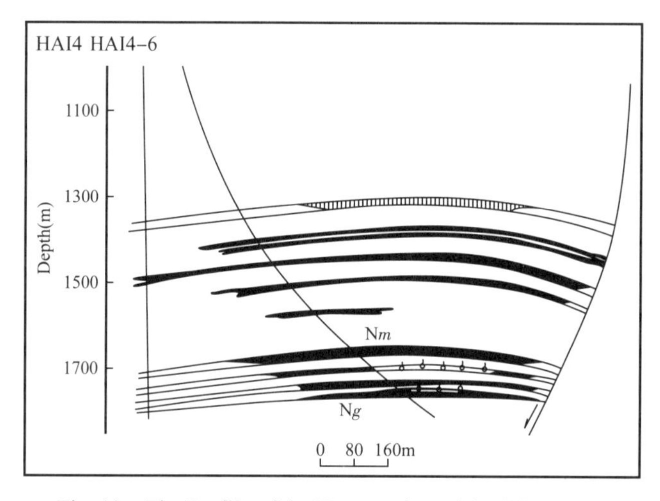

Fig. 10 The Profile of the Neogene in Haisi Oilfield Pool

2.3 Distribution of Oil and Gas

During the Tertiary the subsidence center of Bohai Bay Basin gradually changed from onshore to offshore, controlling oil and gas distribution. Laterally formed oil-bearing areas include: onshore, beach, and offshore (Fig. 11). Vertically developed reservoirs include deep, middle and shallow oil/gas pools (Fig. 12). Two types of oil-bearing systems are developed in the Bohai Bay Basin: the Paleogene faulted depressions and the Neogene depressions. The onshore area is dominated by the Paleogene medium to deeply buried systems in faulted depressions (Paleogene-pre-Tertiary). The offshore area is dominated by the Neogene shallow to medium buried systems in depressions (Paleogene-Neogene). Existing in the beach area are both types of oil-bearing systems, which are vertically superimposed and laterally connected, forming complex oil/gas-bearing assemblages (Fig. 10). The oil-bearing system in the shallow to medium buried depression is generally less than 2500m. It consists of secondary pools such as draped structural, reverse-drag structural, and stratigraphic pools. The oil-bearing system in deeply buried faulted depressions is buried from 2500～3500m, and consists of fault block, buried hill, and stratigraphic-lithologic pools（Fig. 12）.

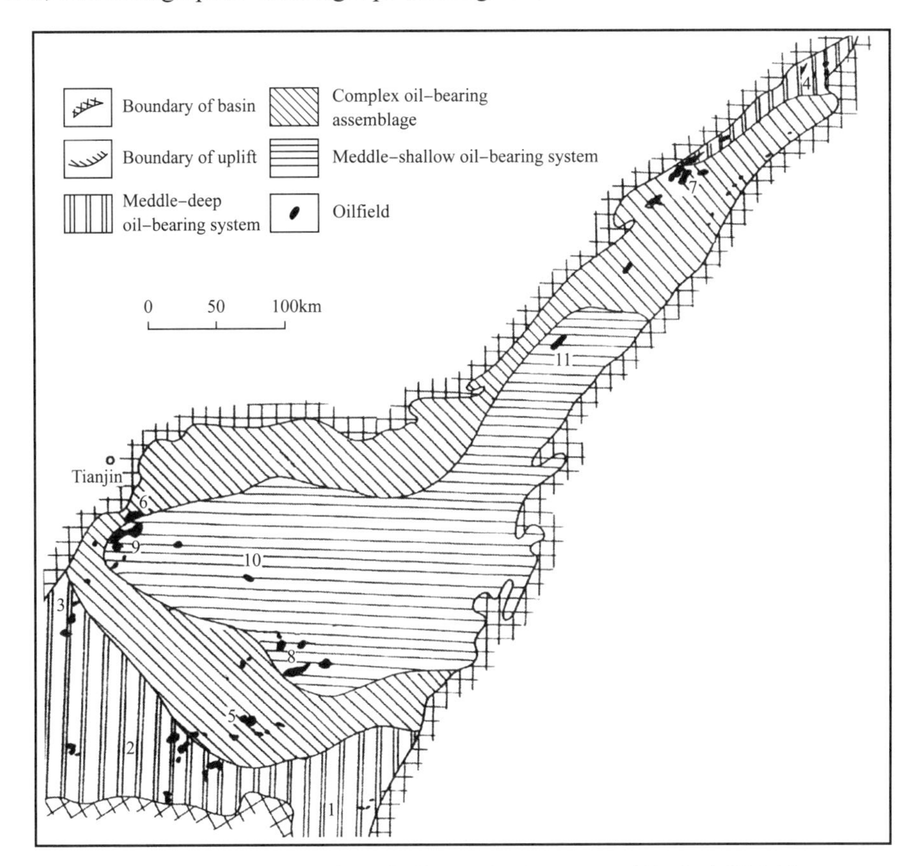

Fig. 11 The Distribution of Oil-Bearing Systems and Typical Oilfields

Oilfields：1—Zaohu；2—Piofangwang；3—Xiaoji；4—Daminton；5—Shentuo；6—Banqiao；7—Shuzotaizi；8—Gudao；9—Dagang；10—Chengbei；11—Shuizhong 36—1.

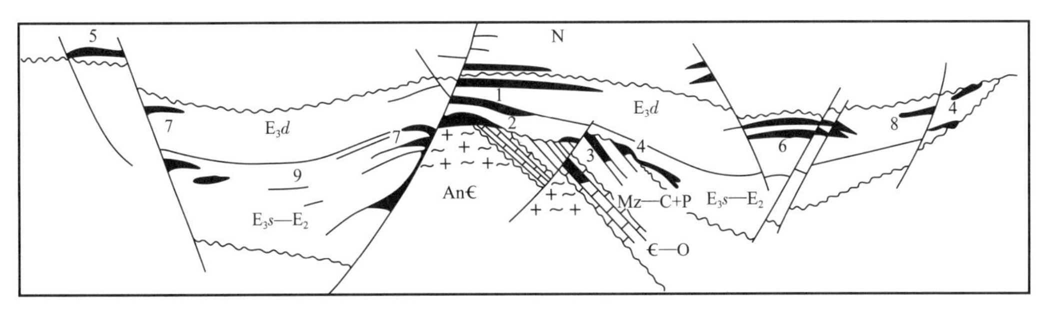

Fig. 12 Model Types of Pools in Bohai Beach Area

Oilfields：1—draping anticline；2, 3—buried hill；4—unconformity；5—secondary；6—central anticline；7—rollover anticline；8—fault-nose；9—lithologic.

第二部分 学术论文

Table 3 Oil Properties of Hai #4 Well

Well	Strata	Depth (m)	Density (g/cm^3)	Viscosity (mPa·s)	Strata Pressure (MPa) / Temperature (℃)	Saturation Pressure (M/Pa)	Volume Coefficient	G/O (m^3/t)	Pressure coefficient
4-1	N*m*	1442.8	0.8711	12.04	4.20/57	13.35	1.093	41	0.983
13-3	N*m*	1650	0.8320	5.83	—/63.50	12.7	1.132	49	
13-5	N*m*	1620	0.8247	6.0	15.97/65	14.0	1.146	51	0.986
4-2	Ng	1752	0.8666	17.4	16.97/71	11.6	1.114	35	0.969
4	E*s*	2818.4	0.6534	0.56	28.31	26.6	1.474	179	(1.00)

3 Conclusions

(1) The beach area is a natural extension of the oil-bearing structures from the onshore into the offshore, forming a series of oil-source sags and oil-bearing structures.

(2) Abundant source rocks exist in the basin. In addition to the well-developed source bed of the Sha 3 Member of the Shahejie Formation, the dark mudstone of the Sha1 Member of the Shahejie Formation and the lower member of the Dongying Formation are also effective source rocks.

(3) The beach area is one of the richest oil-bearing segments in the Bohai Bay Basin. The oil-bearing systems are vertically stacked and laterally connected.

(4) Many types of traps occur in the beach area, namely fault blocks, buried hills, reverse drag anticlines and draped anticlines. There are also stratigraphic traps.

(5) Paleogene sandstones are well developed. The sand-stones are characterized by multiple layers, thick single beds, and excellent reservoir properties.

(6) Results of exploration in the Zhendgao oil field and the Hai #4 oil field indicate that medium to large, high-production oil fields could be found in the beach area.

4 Acknowledgments

This paper was based on a presentation at a conference on the Petroleum Systems of the Chinese Concession Blocks in 1994. We appreciate the help that Dr. Tina Tsui and Dr. John Wickham have given to us.

References

[1] Huang T K. Selected works of Huang Jiqing [J]. Geological Publishing House, 1992,

[2] Hu Jianyi, Tong Xiaoguang, et al., The Bohai Bay Basin, in Chinese sedimentary basins (Editor: Zhu Xia), The sedimentary basins of the world: (series Editor: K.J. Hsu) 1989.
[3] Liu Xinli. The petroleum geology of China: v. 16.The Petroleum Publishing House, China.
[4] Yang Shenbiao, Hong, Zhihua. Simulation of hydrocarbon maturation and migration of Eogene source rocks in Jiyang lacustrine sub-basin: presented at American Association of Petroleum Geologists Annual meeting, Denver, 1994.

原载于：Earth Resource & Environment Center，University of Texas at Arlington——Conference Proceedings on Petroleum Systems of China Onshore Basins，1994。

The Petroleum Geology of Tarim Basin

Tong Xiaoguang, Zhang Tianying

(China National Oil & Gas Exploration and Development Corporation)

ABSTRACT: The Tarim Basin, located in the western part of China, has an area of 560000km^2. It is a vast superimposed and composite basin on a continental basement composed of pre-Sinian metamorphic rocks. Its sedimentary cover from the Sinian to Quaternary has a total thickness of more than 15km and has experienced two distinct developmental phases from the Paleozoic craton to the Meso-Cenozoic foreland basin.

Conditions were excellent for the generation, migration, and trapping of petroleum. Hydrocarbon resources amount to nearly 20000 million tons of oil equivalent. There are three thick, widely distributed and mature source rocks. So far, twenty-three commercial oil/gas bearing structures, seven oil/gas fields, and ten sets of commercial oil/gas bearing sequences ranging from the Sinian to Neogene have been discovered. However, because 60% of the basin is covered by the Takelamagan Desert, exploration has proceeded slowly. The basin is still at an early stage of exploration, with only about an average 480km of seismic lines and one exploration well per 2000km^2. There remains large areas to be explored and numerous large oil and gas fields to be discovered.

The Tarim Basin is located in the southern part of the Xingjiang Uyger Autonomous Region, P.R. China (Fig. 1) . It lies to the south of the Tianshan Mountain range and north of the Kunlun and Aerjin Mountain ranges. It is the largest inland sedimentary basin of China with an area of about 560000km^2, an east-west length of 1400km, and south-north width of 500km. Its central part, with an area of about 340000km^2, is covered by the Takelamagan Desert.

The average elevation within the basin is about 1000m. The climate is the typical dry continental type.

There are highways around the basin which connect the main cities and towns. The highway extending from Korla, the Tarim oil base, to the hinterland of the desert (Fig. 1) , is advantageous to oil and gas exploration and exploitation of the central Tarim Basin.

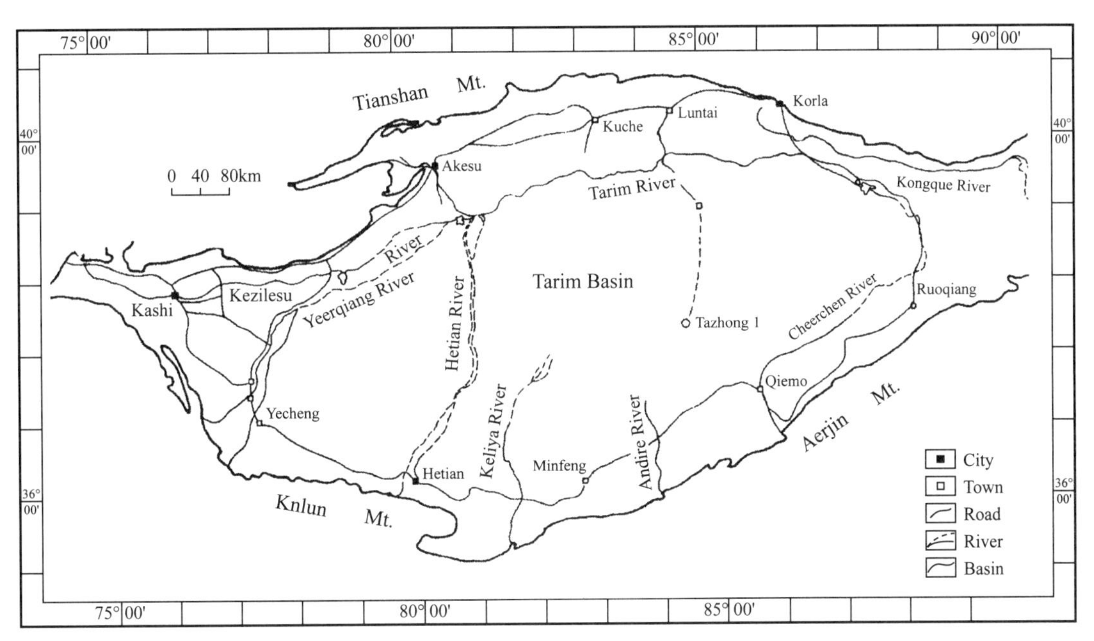

Fig. 1 Geographic-traffic map of the Tarim Basin

The oil and gas exploration efforts in the Tarim Basin, which began in 1951, have stopped several times because of the difficult surface conditions and the complicated geology. The early work concentrated mainly in the southwestern and northern margins (Kuche Depression) of the basin. Exploration of the entire basin did not start until the early 1980s following development of a desert seismic survey and deep drilling technology. By the end of 1993, cumulative exploration work completed is mainly as follows:

(1) Field geological investigation: an area of 120000km^2 at a scale of 1:200000 and an area of 60000km^2 at scales of 1:50000 and 1:25000.

(2) Gravity survey: an area of 510000km^2 at a scale of 1:500000~1:1000000 and an area of 130000km^2 at a scale of 1:100000~1:200000.

(3) Aeromagnetic survey: an area of 630000km^2 at a scale of 1:1 000000 and an area of 380000km^2 at a scale of 1:20000.

(4) Seismic survey: 137000km of 2D with 130000km being digital and 2100km^2 3D.

(5) Exploratory and appraisal wells: a total of 292 wells have been drilled.

Considering the vast area of the basin, however, exploration is still in an early stage, with an average of only 0.24km of seismic line persquare kilometer and only one exploration well per 1918km^2. Owing to the above mentioned exploration efforts, more than 100 oil seeps and nearly 400 outcropping and buried structures have been found. Over 100 of these structures have been drilled, resulting in discovery of 23 commercial oil/gas bearing structures and seven oil/gas fields (Fig. 2).

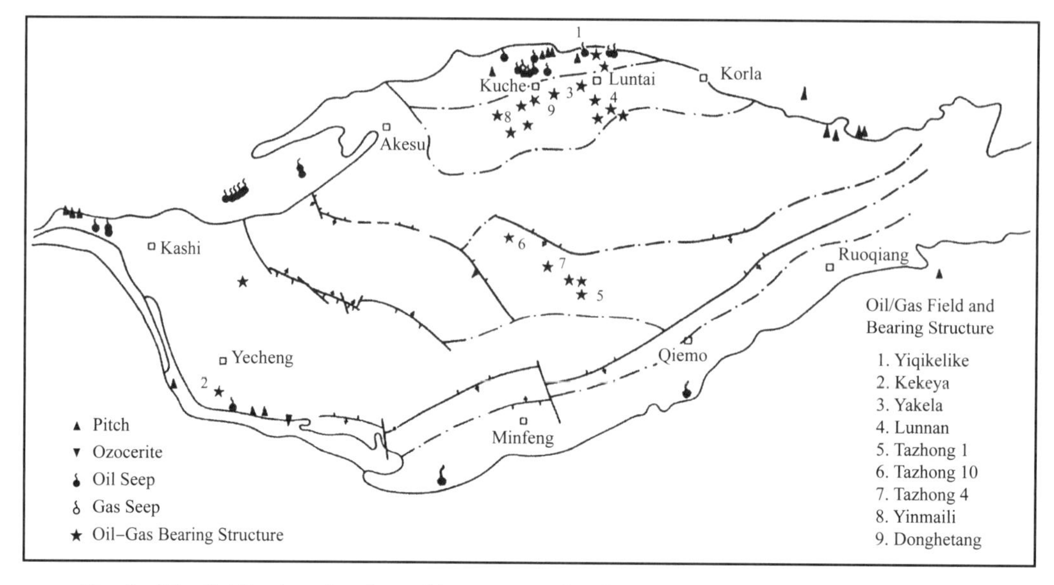

Fig. 2 The distribution of surface oil/gas seeps and major oil bearing structures in Tarim Basin

1 Regional Geological Setting

The Tarim Basin is a large superimposed and composite basin with a continental crust basement composed of Archaeozoic, Lower Proterozoic hypometamorphic rocks and Mid-Upper Proterozoic epimeso-metamorphic rocks. Its sedimentary cover is very thick with a maximum thickness of more than 15000m (Fig. 3). It comprises a complete section from Sinian to Quaternary. The geologic history involves multiple tectonic movements that have resulted in six regional unconformities (Fig. 4) and the present structural framework of three uplifts and four depressions (Fig. 5).

1.1 Polycyclic Sedimentary History

The deposition of sedimentary cover in the Tarim Basin is controlled by two distinct stages of basin development, the Paleozoic craton basin and Meso-Cenozoic foreland basin. This resulted in the formation of a first-order sedimentary cycle of marine to transitional then to continental facies. Additionally each tectonic stage has a different subsidence history, causing the formation of multiple sedimentary subcycles that made up the thick sedimentary cover (Fig. 6).

The Sinian sequence overlies the basement. It is 720~4000m in thickness and consists of continental to neritic clastic rocks, tillite, and carbonate rocks. The lower section has basalt and intermediate-acidic igneous flows.

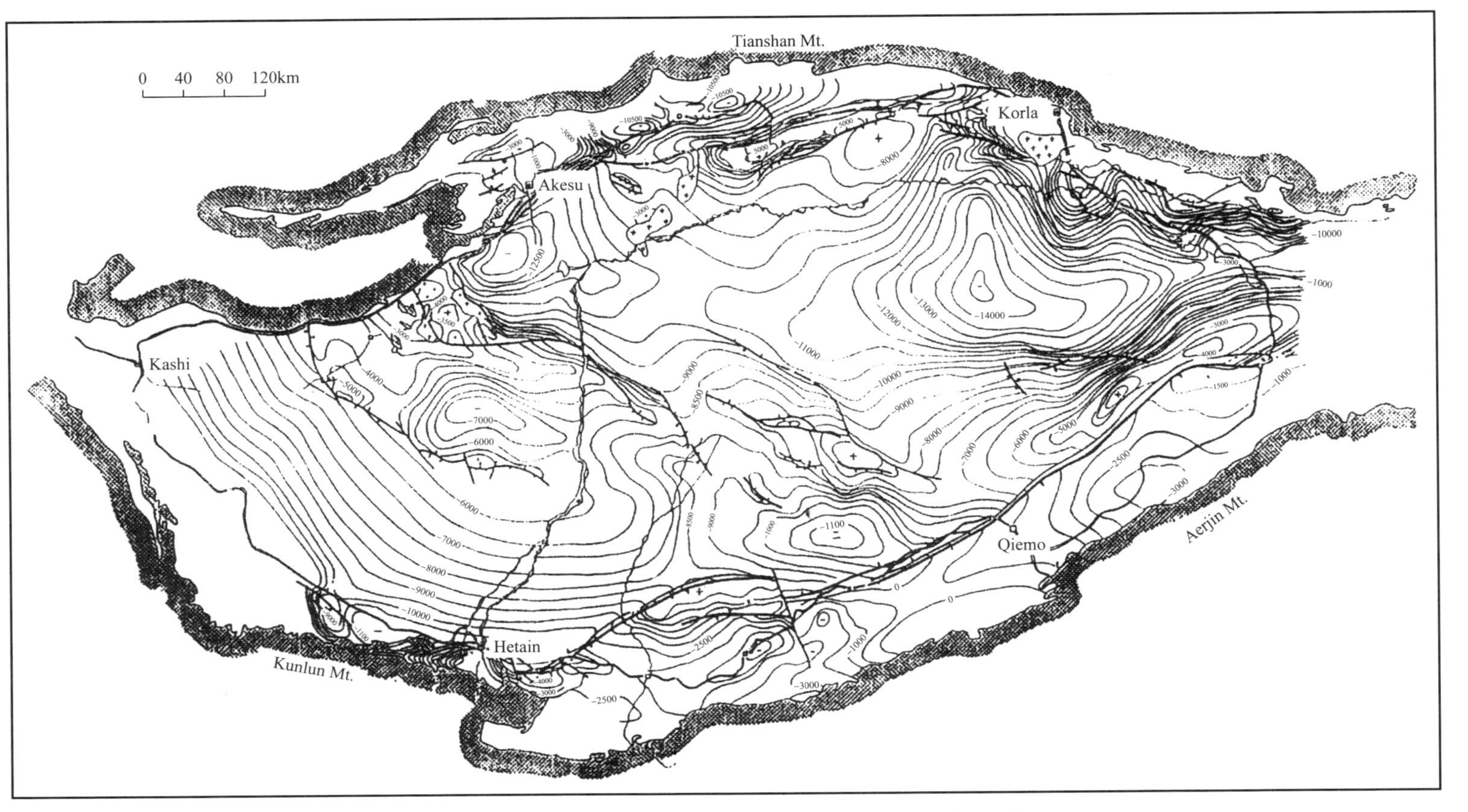

Fig. 3 Structure map of Top Pre-Sinian Basement of Tarim Basin

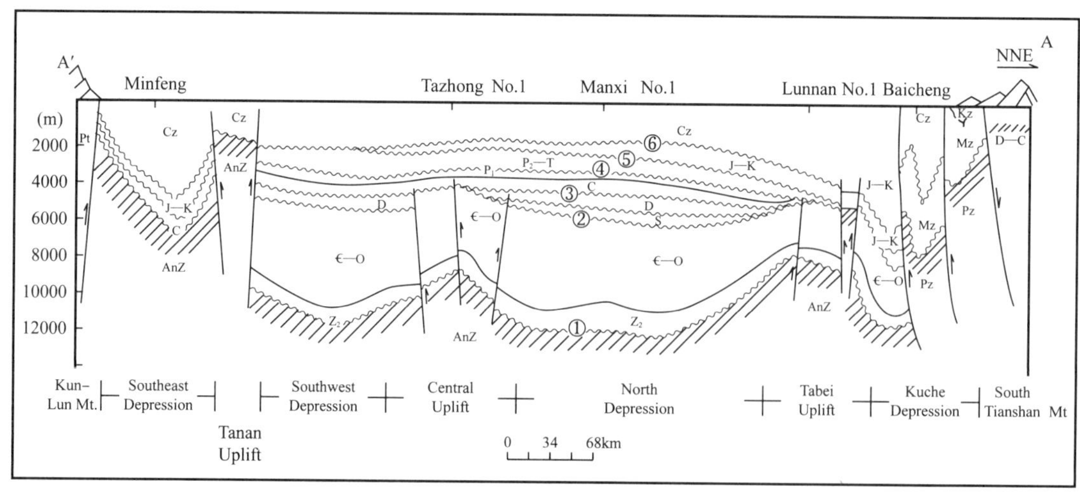

Fig. 4 Structural section from Minfeng to Baicheng, Tarim Basin (see Fig. 5 for line of section)

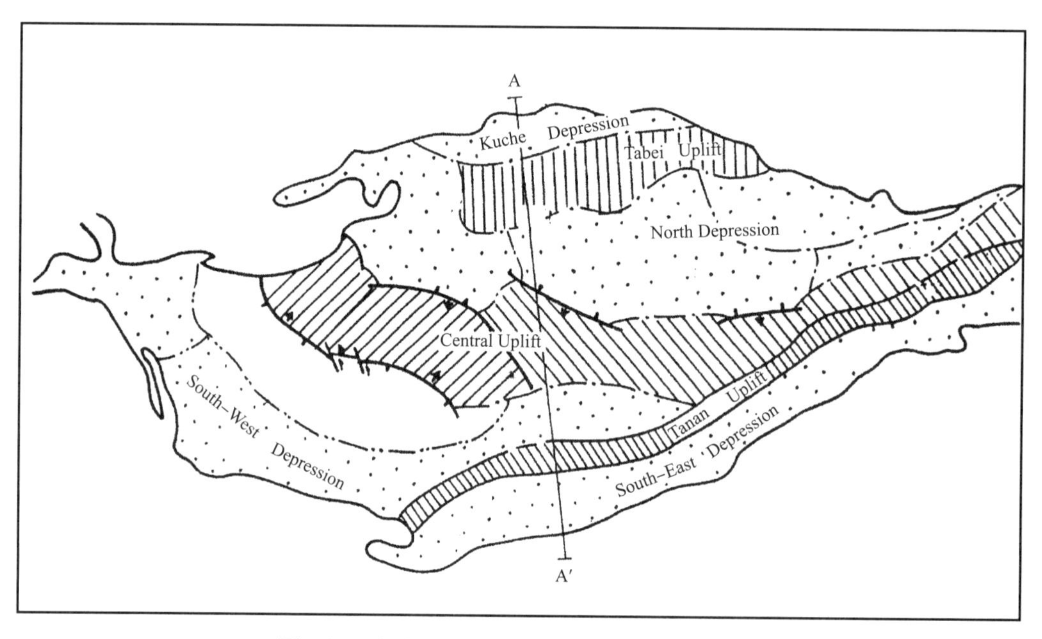

Fig. 5 Principal tectonic elements of Tarim Basin

During Cambro-Ordovician time, the entire basin subsided rapidly, receiving up to 9000m of marine sediments. The Cambrian sequence has a remnant thickness of 200~2200m. In the eastern Tarim Basin the Cambrian is dominated by deep water sediments with tillite at the bottom. Its lower section is abyssal black mudstone, interbedded siliciclastics and basalt and its upper section is black mudstone and limestone. In the western Tarim Basin, the upper section consists of dolomite, limestone and mudstone of platform facies. The Lower Ordovician is thickest to the south of the Tazhong area (up to 2400m) . In the eastern part of the basin the Mid-Upper Ordovician in the Monjiaer sag consists of interbedded dark grey mudstone of the deep basin facies and clastic rocks of turbidite origin with a maximum thickness of more than 5000m, whereas in the west it is limestone and bioclastic limestone of platform facies with a remnant thickness of less than 1000m.

Age			Lithology	Thickness (m)	Facies	Produc—Tive Beds
Cz	Q		sand	10～400	arid continental	
	N	N_2	sandstone	300～2400	arid continental	
		N_1	sandstone	700～1500	arid continental	☼ Gas
	E		sandstone saltstone	200～900	arid continental	☼
Mz	K		red sandstone	200～1400	arid continental	☼
	J		sandstone coal sandstone	200～2400	lacustrine	○ Oil
	T		coal sandstone shale	380～1900	lacustrine	○ ☼
Pz	P	P_2	sandstone red shale	290～1090	continental	
		P_1	volcanic rocks sandstone	300～1600	continental	
	C		limestone salt sandstone	400～2000	marine	○ ☼
	D		red sandstone red shale	400～2100	continental	
	S		green sandstone	400～1000	marine	○
	O		limestone thin gray sandstone shale	600～3400	marine	○ ☼
	€		dolomite black shale	200～2200	marine	☼
Pt	Z		dolomite sandstone conglomeratic basalt	720～4000	continental	☼
			basement			

Fig. 6 Stratigraphy of Tarim Basin

The Silurian-Carboniferous is dominated by strata deposited within an epicontinental sea. The Silurian is grayish green clastic rocks mainly distributed in the north depression and north flank of the Central uplift. It is thickest in the Manjarer sag (up to 2000m) . The Mid–Upper Silurian is absent in most parts of the Tarim Basin, representing marine regression and uplift at the end of the Early Paleozoic.

The Devonian, 400～2100m thick, is dominated by purple clastic rocks of neritic shelf facies with minor red clastic rock of transitional facies. The Carboniferous is 400～2000m thick. The Lower Carboniferous consists of littoral sandstone in the lower section, becoming interbedded limestone, sandstone and mudstone higher in the section and dark mudstone in the upper section. The Upper Carboniferous is dominated by widely developed and evenly distributed limestone, gypsum (anhydrite), halite and mudstone of the platform facies.

During the Early Permian time, the Tarim Basin was affected by the late Hercynian Orogeny. The sea regressed westwards and the basin entered a period of continental deposition. The lithology is dominated by clastic rocks, mainly of fluvial facies and locally of coastal–shallow lake facies. Some limestone and mudstone of relict platform facies exist in the western basin. In the late part of the Early Permian, the sea withdrew completely from the basin accompanied by extensive volcanic eruptions. This was followed by deposition of continental brown clastic rocks of the Upper Permian. The Permian is 600～1600m thick.

At the beginning of the Mesozoic, the Tarim Basin entered a period of foreland development. The Triassic is characterized by thick, grey to dark grey lacustrine mudstone interbedded with coarse clastic rocks of fan–delta and lacustrine fan. The Upper Triassic consists of sandstone and mudstone with minor interbeds of coal. The Triassic is mainly distributed in the north and central parts of the Tarim Basin, and attains a thickness of 1900m in the Kuche depression.

The Jurassic sequence contains coal and is distributed mainly in the eastern half of Tarim Basin and in the depressions to the southwest. The Jurassic consists of fluvio–lacustrine variegated clastic rock with interbeds of coal. It is widely distributed in the Kuche depression, with a thickness of up to 2000m. It is sparsely distributed in the Southwest depression. It has a maximum thickness of 3000m and is 1000m thick in the Southeast depression.

The Lower Cretaceous is characterized by red fluviolacustrine sandstone and mudstone, with sandy conglomerate in the upper section. It is chiefly distributed in the northeast part of the basin with a thickness of 200～800m. In the Late Cretaceous the Tethys Sea transgressed eastwards. A littoral–neritic environment developed in the southwest depression and 600～1400m marl, sandstone, mudstone, and lagoonal gypsum–mudstone were deposited. The Upper Cretaceous is absent in other parts of the basin representing the end of the Mesozoic cycle. The Cretaceous is thickest in the Southwest depression, reaching a maximum of more than 2000m.

In the Paleogene, the transgression extended further. In the western half of the Tarim Basin up to 1300m of tidal flat and lagoon facies, including gypsum, halite, carbonate, sandstone, and mudstone were deposited. At the same time, up to 1000m of red alluvial clastic rocks were deposited in the eastern half of the Tarim Basin.

Beginning in the Miocene, the Tarim Basin became a unified continental sedimentary basin and subsided rapidly, filling with thick Neogene sediments. The lithology is grey, red fluvio-lacustrine clastic rocks interbedded with gypsum and mudstone. Surrounding the basin is a thick section of piedmont alluvial sandy conglomerate. The Neogene is up to 6000～8000m thick in the Kuche and Southwest foreland basins, while in adjacent areas it is only 1000～2000m thick.

At the end of the Neogene, the collision between the Indian plate and the Eurasian plate intensified. The southwest foreland basin developed further, and up to 3000m of quaternary coarse clastic sediments was accumulated. In other areas the Quaternary is only 10～400m thick.

1.2 Tectonic Evolution

The Tarim Basin is structurally complicated. Its basement was formed during the Tarim movement 800m. y. ago. The basin underwent six different subsidence phases with different structural characteristics and with multiple uplifts and denudations. During each phase, because of the vast area of the basin and the complicated tectonic system, every structural element had different basinal properties. Furthermore, basinal properties differ with each phase.

(1) Sinian-Ordovician Pericratonic Aulacogen Phase.

The northeast margin of the Tarim plate was a passive continental margin. The epicontinental extensional movement resulted in the formation of the Kuluketage-Manjiaer aulacogen in the east Tarim and the Taxi intracratonic depression in the west Tarim. This aulacogen formed during Sinian to the Early Cambrian, developed in Mid-Late Cambrian to Early Ordovician, peaked in Mid-Late Ordovician, and closed at the end of the Late Ordovician. It evolved from northeast to southwest.

(2) Silurian-Carboniferous Intracratonic Depression Phase. As a result of a paleo-oceanic plate subducting beneath the Tarim plate a complicated system of island-arc and back-arc basins (marginal ocean) formed along the northern margin of the Tarim plate. The Tarim Basin was situated within the intraplate cratonic area and was dominated by an intracratonic depression with minor pericratonic depressions.

(3) Permian Intracratonic Rifting Phase. In the Early Permian, the Tarim plate became part of the Eurasian plate. As the Tethys plate subducted northwards, the Lower Permian accretion and subduction complex and the Kalakunlun-Kunlun Mountain epicontinental magmatic are formed along the south margin of the Tarim plate. Coevally, an intracratonic rifting basin formed in the central Tarim while the southeast Tarim was still an intracratonic depression.

During this phase, volcanic activity was intense and consisted of eruptions of basalt and intermediate-acidic tuffs and intrusion of large-scale basic dikes in the later part of Early Permian time.

(4) Triassic Foreland Basin Phase. The Tarim plate become the south margin of the Eurasian plate. Because of the northward collision of the Tethys plate and the Qiangtang massif

with the Eurasian plate, the Tarim Basin was in a compressive environment. In the southern Tarim Basin, the Tanan collision marginal uplift took place, and in the northern Tarim Basin, the paleo–Tianshan uplift occurred. The Kuche foreland basin formed within and was deepest in the northern part and shallowest in the southern part with a basinal area extending southward to the present Central uplift.

(5) Jurassic–Paleogene Intracontinental Depression Phase. In this phase the Tarim plate became an integral part of the Eurasian plate. Only the Kalakunlunshan area to the southwest of the Tarim Basin had Tethys influences. To the south of the Tarim Basin were the west Kunlun Mountain uplift and the east Kunlun–Arjin Mountains uplift; to the north was the paleo Tianshan uplift. An extensive intracontinental depression formed within the Tarim Basin with depocenters in the northeastern and southwestern parts.

(6) Neogene–Quaternary Composite Foreland Basin Phase. At the end of Eocene, the Indian plate collided with the Eurasian plate. This led to extensive horizontal compression and structural uplifting in the areas of Xinjiang and Qinghai. As a result, the Tianshan, Kunlunshan and Kalakunlunshan Mountains formed rapidly and the Tarim Basin became an intermountain basin. During the Miocene and Pliocene; the Tarim Basin was characterized by three foreland basins (the southwest, the north Tarim and the Awati). The subsidence amplitude was 4000～7000m.

From Pleistocene onward, the Himalayan Orogeny intensified. The south–north horizontal compression resulted in the formation of the Kuche and the southwest Tarim obduction belts. It also caused the folding and uplifting of the northern North Tarim foreland basin and the southern part of the southwest Tarim foreland basin. The depocenter of the Tarim Basin moved to the present Tarim river drainage area, establishing the present basinal structural framework and geomorphologic landscape.

1.3 Seven Regional Tectonic Movements and Uncomformities

As mentioned above, the complicated history of the Tarim Basin can be divided into six phases. The basin was subjected to seven regional tectonic movements, leading to the formation of six regional unconformities (Table 1).

The Tarim movement formed the unconformity between the Sinian and pre–Sinian. This movement marked the formation of the basement of the Tarim Basin.

The late Caledonian Orogeny at the end of Ordovician, which is called the Aibihu movement in Xinjiang, caused the unconformity between Silurian and Devonian and the underlying strata. This movement originated at the end of Ordovician during the development of the epicontinental island are system in the north Tarim plate and the matching and accretion of the epicontinental Hemantage group accretional complex in the south Tarim plate.

Table 1 Six Regional Unconformities of the Tarim Basin

Unconformity	Movement
F. Tr / Mz—Pz	Yanshan Movement
E. J / T—Pz	Indo-China Movement
D. P2—T / P1-C	Late Hercynian Movement (Xinyuan Movement)
C. C / D—Pz1	Early Hercynian Movement (Kumishi Movement)
B. S / Є—O	Late Caledonian Movement (Aibihu Movement)
A. Z / AnZ	Tarim Movement

The early Hercynian Orogeny at the end of Devonian, which is called the Kumishi movement in Xinjiang, caused the unconformity between the Carboniferous and the Devonian and the underlying strata. This movement was caused by the compression of the active continental margin in the northern part of the Tarim plate at the end of the Devonian. It caused extensive unconformities between the Carboniferous and the underlying strata in the northern North Tarim uplift, the Central uplift, and the east and south Tarim Basin. In some areas, the Carboniferous directly overlies the Mid-Lower Ordovician, the Devonian and Silurian being absent. This unconformity is significant for the formation and preservation of Paleozoic reservoirs, traps and oil/gas pools.

The late Hercynian Orogeny, which is called the Xinyuan movement in Xinjiang, formed the unconformity between Upper Permo-Triassic and Lower Permian strata. During the Permian, the Tarim plate was complicated and active. The paleo-Tianshan Orogenic belt along the northern margin of the Tarim Basin began to form, and the Tethys plate along the southern margin was subducting northwards. This led to the beginning of the intracratonic rifting within the Tarim Basin. In the Permian, this activity formed a series of unconformities at different localities and between different formations. The primary unconformity lies between the Upper Permian and Triassic ($T—P_2$) and underlying strata. In the North uplift, the Triassic commonly unconformably overlies the Ordovician or Carboniferous. In the Kuche depression, unconformities between the Upper Permian and the Lower Permian sub-volcanic rock series, and one between the Triassic and the Upper Permian are common.

The Indosinian movement at th end of the Triassic produced a widely distributed unconformity between the Jurassic and Triassic and older underlying strata. This movement was caused by collision of the Qiangtang massif with the Tarim plate at the end of the Triassic. It resulted in intensive uplifting and faulting in the Tarim Basin.

The Yanshan movement resulted in the unconformity between the Tertiary and Cretaceous and the older underlying strata. This movement at the end of the Cretaceous caused the south Tarim Basin to be evenly and slowly uplifted and subsequently eroded.

The Himalayan Orogeny, which started in Pleistocene time, led to obduction and folding in the Kuche and the Southwest depressions. This movement is important in the formation of Tertiary traps and oil/gas pools.

The six regional unconformities of the Tarim Basin, which are discussed above, played an important role in petroleum generation, migration, accumulation, and preservation. First, they are the pathways for large-scale and long-distance migration of oil and gas; second, unconformities are an important part of many traps of the Tarim Basin; and third, the unconformities have greatly improved the reservoir properties of carbonate rocks directly underneath. Most oil/gas pools of the Tarim Basin, therefore, are associated with unconformities or distributed near them.

1.4 The Present-Day Structural Framework

Based on geophysical, subsurface, and regional geological studies, the Tarim Basin can be divided into seven first-order structural elements, including three uplifts and four depressions. There are also 23 second-order structural elements. Due to the complicated evolutionary history, the development of each structural element changed continuously with the tectonic evolution.

At the end of Early Paleozoic time there were three uplifts (the North, the Central, and the Qiemo uplifts), three depressions (the Kuche, the North and the Southwest depressions), and one slope (the Southwest slope).

The present Southeast depression was the Qiemo uplift and the present Southwest depression was the Southwest slope at the end of Early Paleozoic time. The Southwest depression at the end of Early Paleozoic was situated on the Maitgaiti slope (the southwestern part of the present Central uplift) and the eastern part of the present Southwest depression. The North depression at the end of Early Paleozoic was extensive and deep in the east, shallow in the west.

At the end of Late Paleozoic time there were three uplifts (the North, the Centre, the Qiemo), and two depressions (the North, the Southwest).

During the late Hercynian Orogeny, the uplifts became larger and the depresions smaller. As the North uplift extended northwards, the Kuche depression disappeared and became part of the North uplift. Meanwhile, the Central and Qiemo uplifts continued uplifting; the depocenter of the North depression moved westwards to the present Await sag; then the North depression became deep in the west and shallow in the east; the extent of the Southwest depression became larger with the depocenter moving southwards.

During Mesozoic time there were three uplifts (the North, the Centre, the South), and four depressions (the North, the Southwest , the Kuche and the Southeast) . The Tarim Basin entered into its basinal development stage at this time. The three uplifts and four depressions are different from those of the present. In the Mesozoic the North and Central uplifts were divided into two parts (the East and the West) by shallow saddles; the Qiemo uplift separated into the South uplift and Southeast depression; the Southwest depression was limited to the narrow piedmont of Kunlun Mountain; the newly created Southeast depression was separated by a local high into two sags.

During Cenozoic time there were two uplifts (the Bachu fault uplift–Shamo low uplift, the South uplift), and three depressions (the Kuche, the Southwest, and the Southeast foreland depressions) .

The North uplift and the North depression joined together and became the South slope of the Kuche depression; the extent of the Southwest depression increased in size but the depocenter was limited to the front of the Kunlun Mountain; the depocenter of the Southeast depression was in its west part, the Minfeng sag.

The changing depressions and the moving depocenters during different evolutionary phases of the Tarim Basin is unique, and in this respect it differs from other petroliferous basins in China. This process has had important effects on hydrocarbon generation, migration, accumulation and preservation in the Tarim Basin.

2 The Petroleum Systems

2.1 Source Rocks, Generation Peaks, and Oil Kitchens

The Tarim Basin has three sets of mature source rocks within Paleozoic and Mesozoic strata: Cambrian–Ordovician, Carboniferous–Permian and Triassic–Jurassic, with the main source–beds being of Ordovician age (Fig. 7) .

The lithology includes not only dark mudstone but also dark limestone, and minor coal measures. The volume of the source rocks and the amount of the generated hydrocarbon are immense. The histories of hydrocarbon generation and discharge are long. As a result, the Tarim Basin is rich in oil/gas resources containing nearly 20000 million tons of oil equivalent.

The Cambro–Ordovician source rock contains subabyssal–abyssal dark mudstone and limestone. The total thickness is up to 1800m, with 700m of dark mudstone and 1100m of dark limestone. The source rock is mainly distributed in the Manjiaer sag and the Tangguzibasi sag in the east Tarim Basin. Both the residual organic carbon content and R_o value differ greatly between the east and west, being higher in the east. The average TOC is 0.25%; R_o is 1.1%~3.8%, and is usually larger than 1.4%. The kerogen type is sapropel. The source rock is highly mature to over mature.

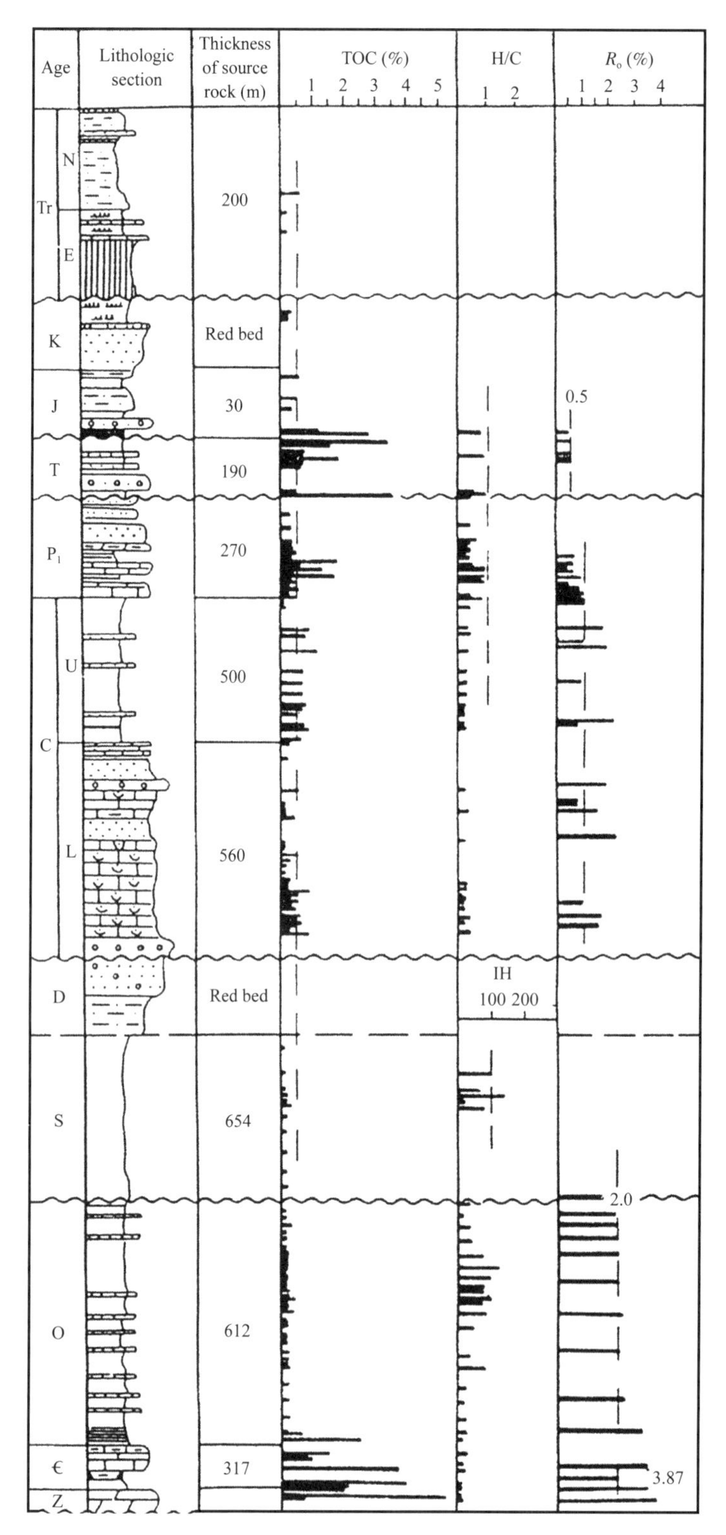

Fig. 7 Source rock of Tarim Basin

The thermal evolutionary histories differ greatly both in time and space. In the east part of the Tarim Basin, the Cambrian–Lower Ordovician source rock matured relatively early and generated a large amount of hydrocarbons. The hydrocarbon discharge peaked from Middle–Late Ordovician to Silurian. However, the Middle–Upper Ordovician source rock in the east and the Cambrian–Ordovician source rock in the west, peaked relatively late.

The Carboniferous–Permian marine dark mudstone and limestone are 300～640m thick. The average TOC of the dark mudstone and limestone are 0.75% and 0.56% respectively. The TOC is higher in the west and lower in the east. The R_o is 1%～1.5%. This is a mixed source rock with medium–high maturity and moderate richness of organic matter. It is mainly distributed in southwest Tarim.

The Triassic–Jurassic source rock is 300～800m thick. It is a humic source with low–medium maturity and high abundance of organic matter. The Triassic lacustrine dark mudstone is mainly distributed in the Kuche depression with an average TOC 1.12%. The Mid–Lower Jurassic source rock, the coal bearing sequence is mainly distributed in the Kuche depression and the south part of Tarim Basin with an average TOC of 0.53%～4.1%. This coalbearing sequence is the principal source rock of the Kuche depression.

The histories of hydrocarbon discharge for these three sets of source rocks lasted 500m. y. from Ordovician to Tertiary. There were three generating peaks: Middle–Late Ordovician to Silurian, Permian to Triassic, and Paleogene. The amount of expelled petroleum became smaller but the accumulated petroleum became larger with younger source rocks. Petroleum generated in the Paleogene is most favorable for accumulation.

These three sets of mature source rocks formed five effective oil kitchens: The Manjiaer and Tangguzibasi sag kitchens with Cambrian–Ordovician strata being the main source; the Southwest kitchen with Carboniferous–Permian strata being the main source; the Kuche depression kitchen with Triassic–Jurassic strata being the main source; the south Tarim kitchen with Jurassic strata being the main source.

2.2 Commercial Oil-Bearing Sequences

In the thick sedimentary cover of the Tarim Basin, reservoirs are well developed. Ten commercial oil/gas systems have been discovered (Fig. 6): Sinian, Cambrian, Ordovician, Silurian, Carboniferous Triassic, Jurassic, Cretaceous, Paleogene and Neogene.

Sandstone reservoirs are distributed mainly in the Carboniferous to Tertiary. These reservoirs are good quality even at burial depths from 3800～6100m. They have an average porosity of 16%～20% and an average permeability of 40～300mD. The initial production rate during testing often reached 600 tons of oil per day per well, with a maximum rate above 1000 tons. The types of porosity include both primary and secondary. In some reservoirs, primary pores predominate.

The carbonate reservoirs are concentrated in the Cambrian and Ordovician segments, occurring mainly in the weathered horizon of buried hills and structural crests. The pore types include dissolution, fractures , and intercrystal. These types occur within buried hill pools and within pools with internal structural highs (non−buried hill pools) . Large commercial oil/gas flows have been obtained in the Central and North uplifts. For example, the well TZ 1, the first well on the Central uplift, entered the weathering horizon of the Ordovician dolomite at a depth of 3579m, where solution pores and fracture systems are well developed. One 23cm long core contains more than 500 solution pores, with the biggest pore being up to 10 cm in diameter. The converted 24 hour−production from test during drilling is 576m^3 of condensate and 341000m^3 of natural gas.

Among these ten sets of reservoirs, that of the Carboniferous is most important. It is dominated by the famous Donghe sandstone. This sandstone, along with two sandstone and carbonate reservoirs above it, form the main exploration target in the Tarim Basin. The Donghe sandstone, 200～300m thick, consists of littoral fine−grained quartzarenite. It is thickest and displays the best reservoir quality in the Donghetang area. It has an average porosity of 14% (maximum, 23.4%) and an average permeability of 51mD (maximum 1991mD) . In the Donghe 1, the discovery well, a daily production rate of 837m^3 oil and 5839m^3 gas were obtained from the well completion test from the interval 5750～5800m. This reservoir is 5700～6100m deep in the Donghetang area and is the first deep, highly productive marine sandstone that was discovered in onshore China (Fig. 8) . Furthermore, all of the four Carboniferous reservoirs in the Tazhong structure of the Central uplift have high production rates (Fig. 9) .

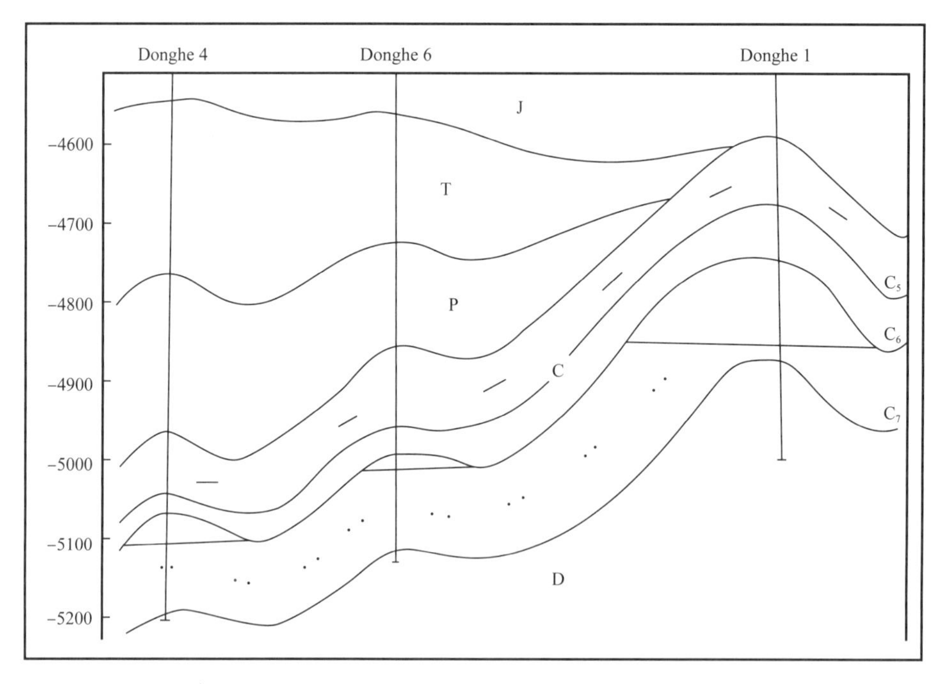

Fig. 8 Reservoir profile through well Donghe 4—Donghe 1

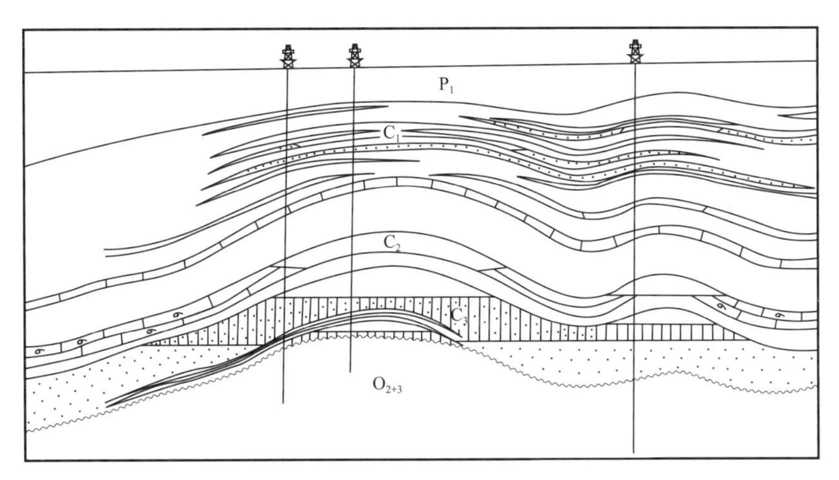

Fig. 9 Reservoir profile of Tazhong 4 Oilfield

The Jurassic is another primary reservoir in the Tarim Basin. It is also the most important exploration target in the other basins of west China. It is predominantly a fluvio-lacustrine sandstone with deltaic sandstone developed in the lower part. The total thickness of the sandstone is 100～280m. The average porosity is 10%～22%, and the average permeability of 10～500mD. Commercial oil and gas have been obtained in the North uplift and Kuche depression. Oil and gas shows and seepage were discovered in outcrops and coal mines of the southeast Tarim Basin. The southeast Tarim Basin is an important target for the future exploration.

The third most important reservoir is the Triassic sandstone. The Triassic reservoir consists of three sets of fan delta to sublacustrine sandy conglomerate and sandstone, separated by lacustrine mudstone (Fig. 10). In the Lunnan area of the North uplift, the Triassic reservoir is buried to 4500～4900m. It has an average porosity of 18%～26%, mainly consisting of primary pores, and an avreage 120～623mD. In the Lunnan area, the Triassic reservoir is the major oil/gas high producing layer.

The Neogene reservoir is dominated by Miocene sandstone. High commercial oil/gas flows were initially discovered in the Miocene sandstone in a reference well (Kecan 1) with daily production of 1647m^3 of condensate and 2.76 million m^3 of gas. The pay zone consists of Miocene alluvial sandstone and conglomerate. Later, 108m^3 of condensate and 134000m^3 gas were tested from well Ti 1 in the Luntai area of the North uplift. The pay is the Neogene fluvial sandstone with average porosity of 12% and average permeability of 42mD, which is of medium quality. The Neogene reservoir has become an important target in this area.

The lower most part of the Paleogene reservoir is dominated by fluvial sandstone. The sandstone has medium porosity and high permeability. Its thickness varies greatly. In well Yingmaili 7 of the North uplift, the reservoir has an average porosity of 17% and an average permeability of 274md. The Yingmaili 7 well has produced more than 100 tons of commercial oil/gas.

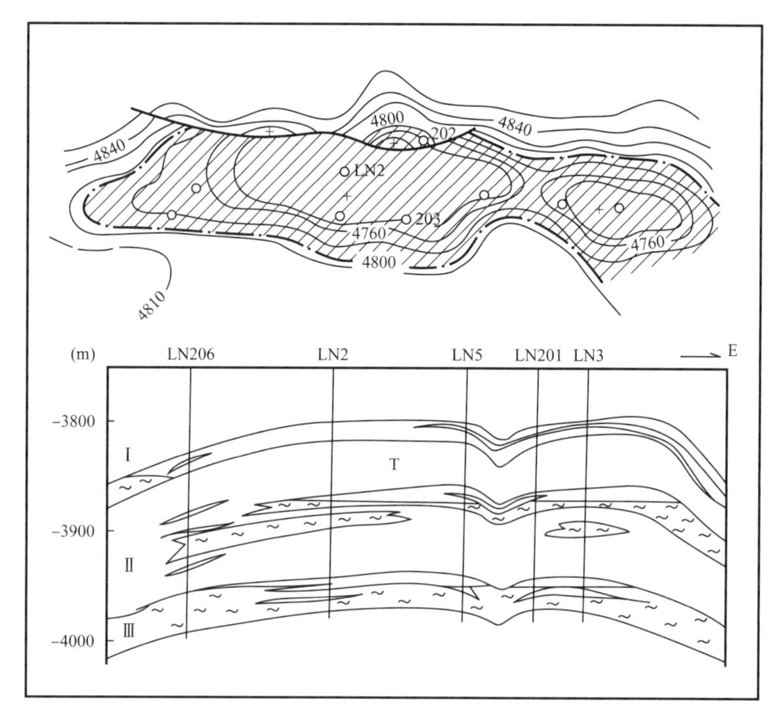

Fig. 10 Triassic reservoirs of Lunnan Oilfield

The Cretaceous reservoir is dominated by fluviolacustrine and deltaic sandstone having great lateral variation. Commercial oil/gas flows have been obtained from wells YM 7, YM9 and well T1 of the North uplift. The average porosity is 11%~22% and the average permeability is 14~443mD. These facts confirm that the northern North uplift is a rich structural belt with multiple oil/gas bearing sequences.

2.3 Regional Seals and Reservoir–Seal Assemblages

The three important regional seals of the Tarim Basin are: beds of gypsum, salt and mudstone at the mid–upper section of the Carboniferous; a coal bearing sequence at the mid–lower section of the Jurassic; and gypsum, salt and mudstone in the Paleogene. Dominated by these three seals, four sets of reservoir–seal assemblages were formed: the intra Cambro–Ordovician, the Carboniferous and underlying strata, the Jurassic and underlying strata, and the Tertiary. Almost all accumulations found in the Tarim Basin are within these four assemblages.

2.4 Types of Traps and Oil/Gas Pools

The long history and complicated structural framework of the Tarim Basin have produced traps of multiple ages and types. Among the 18 trap types (Fig. 11) 12 kinds of oil/gas pools have been discovered. The anticlinal sandstone pools are relatively common, including reservoirs in which the oil−water contact is continuous across the anticline (e. g., the oil/gas pools in wells TZ 4 and DH 1, Fig. 8, Fig. 9), and reservoirs in which the oil−water contact is truncated by impermeable rocks in the anticline core (e. g., the Triassic pools in Lunnan area Fig. 10) .

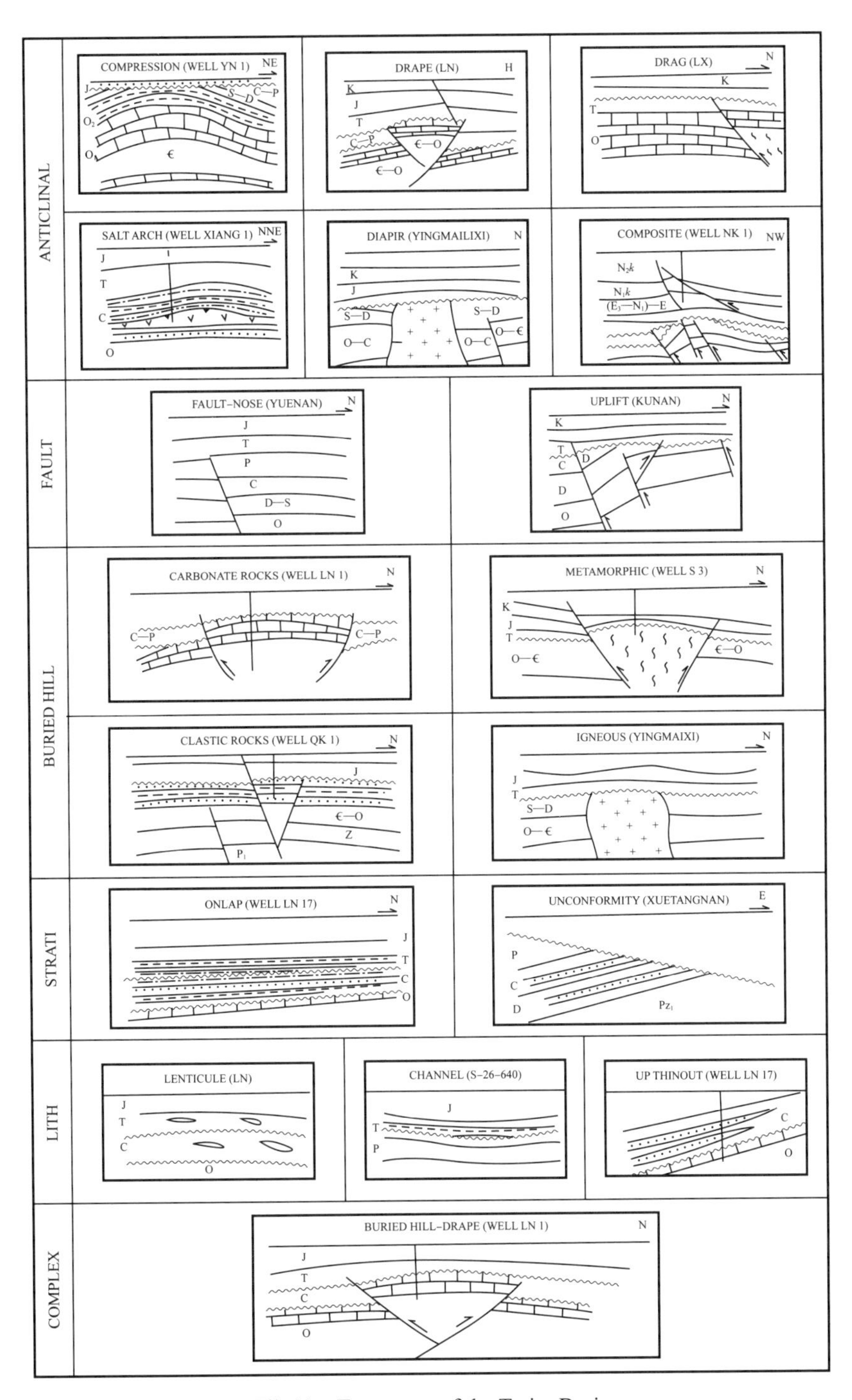

Fil. 11　Trap types of the Tarim Basin

Most contain gas caps and many are condensate pools (e. g., the Kekeya pool, Fig. 12) .In addition there are oil/gas pools in anticlinal carbonate rock and buried hill carbonates (e. g., the TZ 1 pool, Fig. 13), stratigraphic pools, and lithological pools.

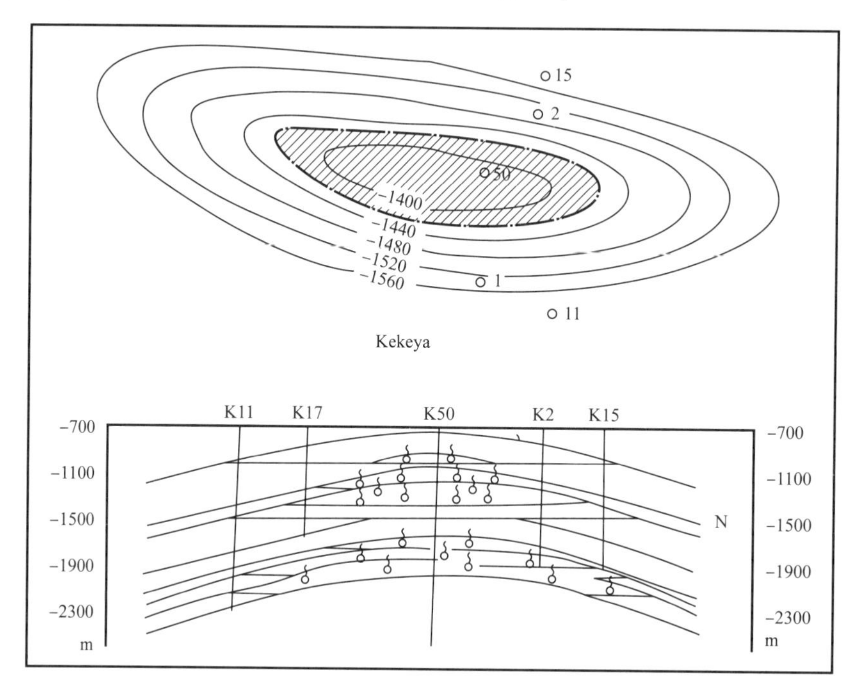

Fig. 12 Kekeya condensate gas field in S–W depression

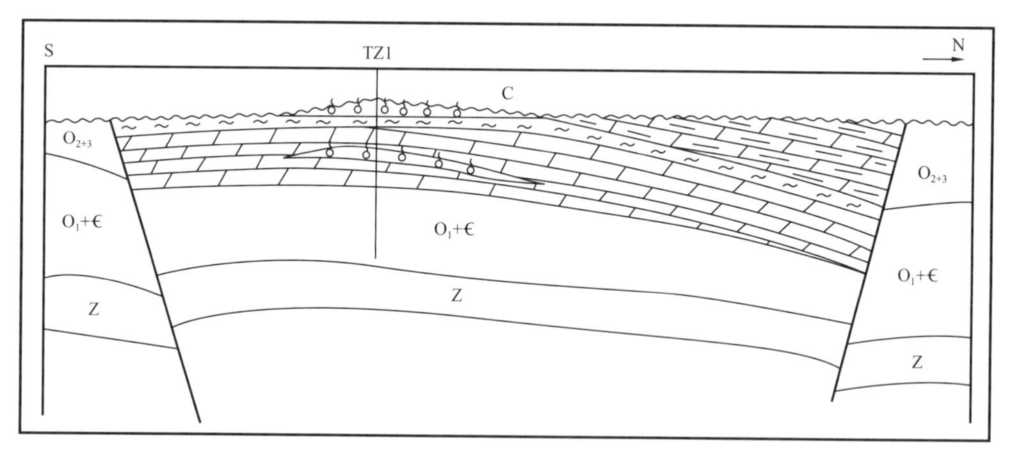

Fig. 13 Ordovician condensate oil and gas reservoirs in Tazhong number 1 buried–hill, Central Uplift, Tarim Basin

The distribution of these pools is controlled laterally by the regional structural setting. The oil/gas pools are concentrated in the areas of uplifts and slopes, and in the belts of Meso–Cenozoic foreland overthrust folding. The oil/gas pools often occur in zones along the fault belt (Fig. 14) . Each different structural element has different kinds of traps. The uplifts are

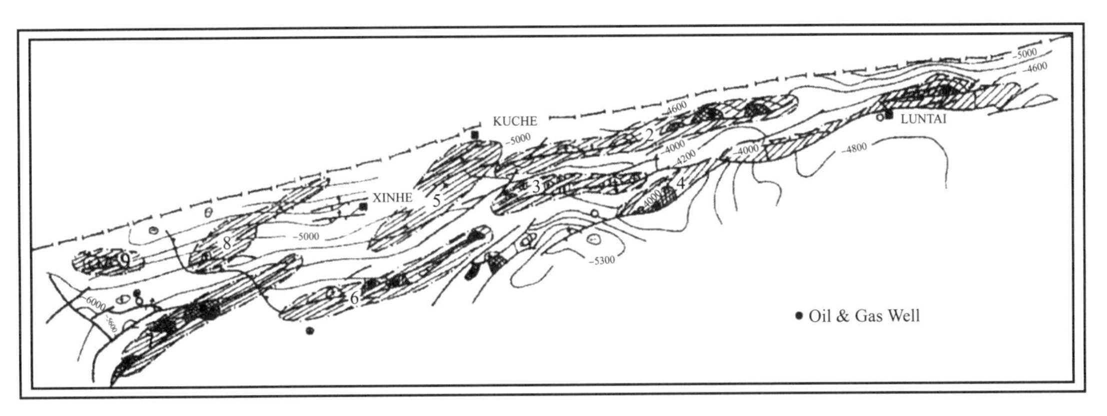

Fig. 14 Nine structural belts in Luntai faulted-uplift

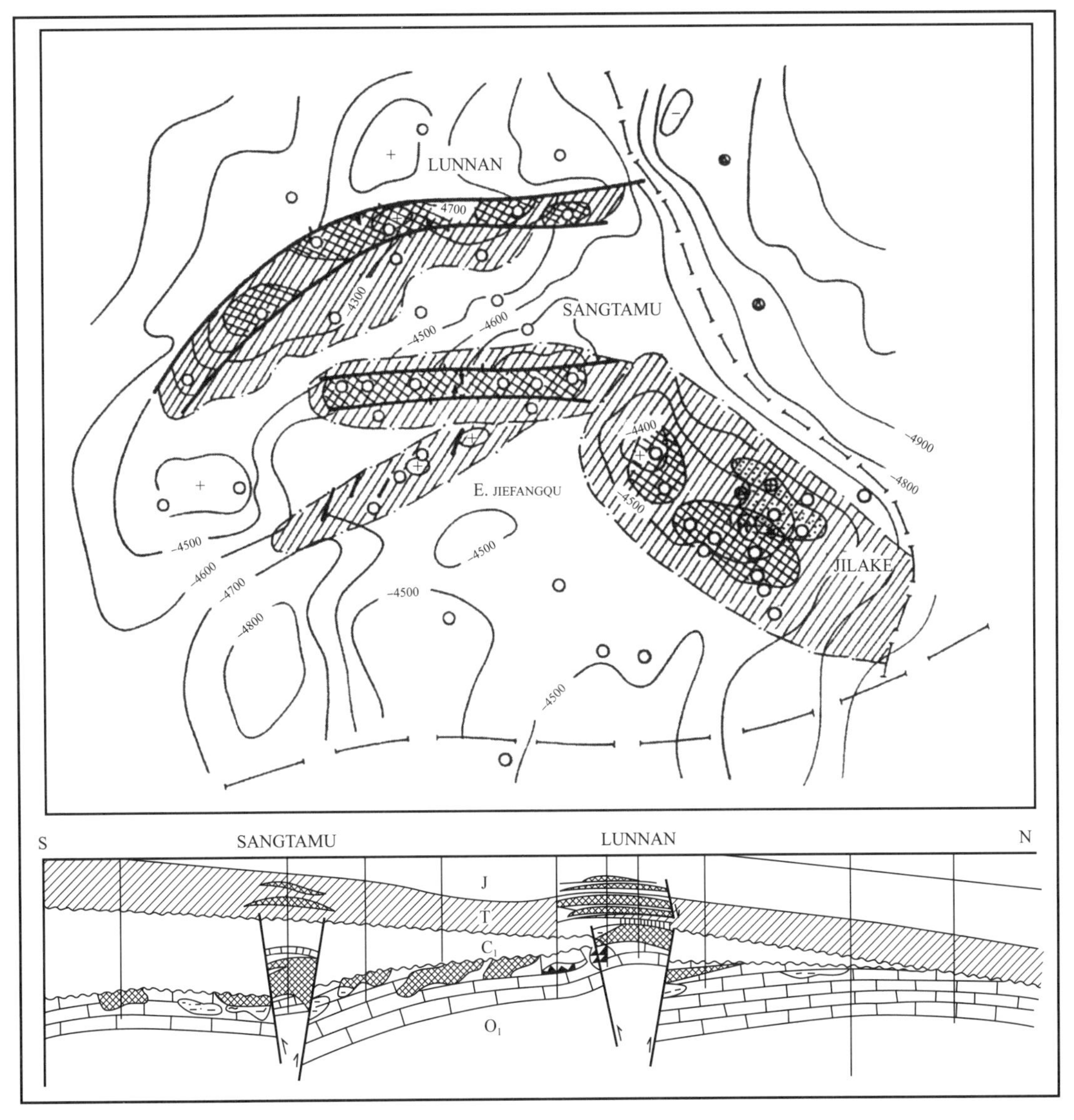

Fig. 15 Lunnan buried-hill and faulted-horst drapping anticline oilfield in North Uplift

第二部分 学术论文

dominated by various kinds of buried hills, draping anticlines, and fault anticlines (Fig. 15); the slopes areas are dominated by stratigraphic and lithologic traps. The foreland depressions are dominated by compressive anticlines (Fig. 16) . Vertically, each different structural stage also has different kinds of pools. The Tertiary is dominated by pools in secondary compressive anticlines; the Mesozoic by pools in draping compressive, and faulted anticlines. The Upper Paleozoic (mainly the Carboniferous) has many kinds of pools including anticlines, lithology, stratigraphic overlap and unconformity truncation; the Lower Paleozoic is dominated by pools of buried hills with weathering horizons as well as internal anticlines, and unconformity truncations.

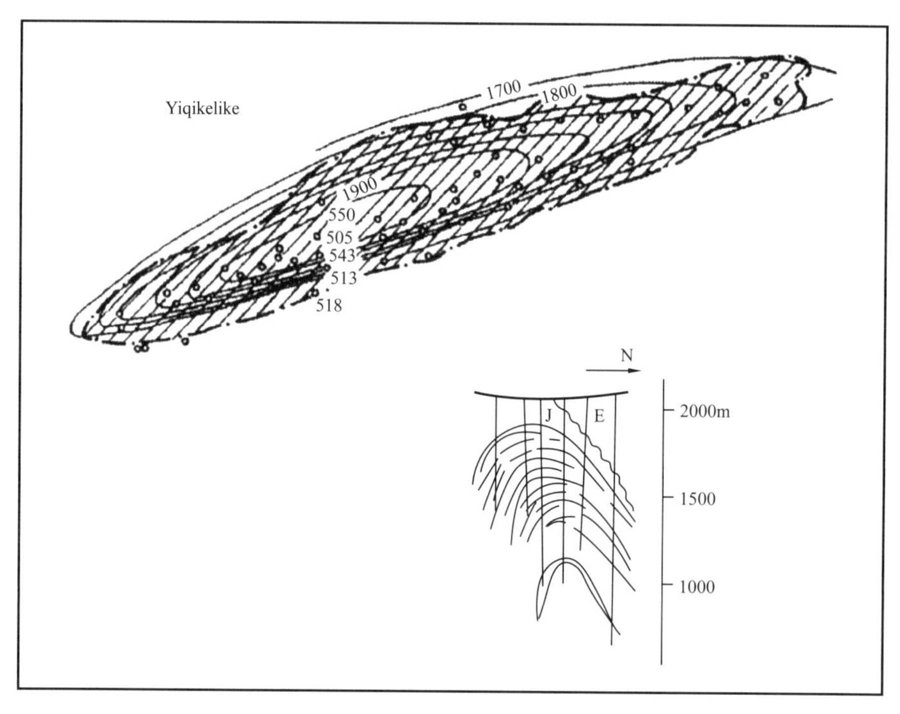

Fig. 16 Yiqikelike Oilfield of Kuche Depression

2.5 Entrapment Periods

The oil/gas in the Tarim Basin accumulated mainly in three periods:

(1) The late Caledonian to the early Hercynian stage: Accumulations that formed in this period have mostly been destroyed by later tectonic movements;

(2) The late Hercynian to the early Indosinian stage: Larger accumulations were formed during this period, and most of them have been preserved;

(3) The Himalayan Stage: A large number of primary and secondary accumulations formed at this time that are important exploration targets in the Tarim Basin.

2.6 Geothermal Gradient

The Tarim Basin is in the process of cooling (Table 2) . The present gradient is only 2℃/100m which permits the oil pools to be preserved at immense depth. For example, the Donghe sandstone pool in Donghetang area produces normal density oil even at 6100m.

Table 2 The geothermal gradient of strata of various ages in the Tarim Basin

Age	€—O_1	O_2—S	D—P	T	J	K	Tr—Q
Gradient (℃ /100m)	3.5	3.25	3	2.6	2.4	2.2	2

第二部分

学术论文

2.7 Hydrocarbon Properties

With the presence of multiple source rocks, a long history of discharging, and destruction or alteration of some early accumulations, the properties of petroleum in the Tarim Basin vary. The Neogene always produces condensate while the Ordovician produces heavy oil. Most oil, however, is normal with specific gravity of 0.83～0.88, viscosity 2～20mPa·s (at 50℃), wax content <5%～10% , sulfur content >0.5%, pour point <15℃, resinasphalt<15%, and fraction of initial boiling point to 300℃, usually >40%.

The gas is mainly condensate with minor solution and associated gas. Methane content is 50%～95%; arid coefficient (C_1/C_2+C_3) is 15～50, usually >20; non hydrocarbon is mainly nitrogen. Based on analysis of the fingerprint ratios of the light hydrocarbon and carbon isotope data, the natural gas is mainly derived from the Jurassic coal measures and the Paleozoic marine sapropel organic matter.

2.8 Salinity of the Formation Water

The formation water in the Tarim Basin is the $CaCl_2$ type. The salinity is very high, up to 297000ppm and mostly>100000ppm. This indicates that the ground water is active, which is favorable to the preservation of the oil/gas pools. One exception is in the west Tazhong uplift where the salinity of the formation water is 20000ppm. Here hydrocarbons have been partly destroyed.

3 Summary

In brief, the Tarim Basin is the most promising giant petroliferous basin in west China. It has excellent geological conditions. Seven oil/gas fields and a large number of oil/gas bearing structures have been discovered. These discoveries, however, cover only a limited area of the Tarim Basin. Large, extensive regions remain to be explored. Chances of discovering numerous large scale oil/gas fields are good. The future of the Tarim Basin is very attractive.

4 Acknowledgment

The writers thank CNPC for the permission to use the following internal reports as main references:

(1) The Law of Oil and Gas Distribution and the Direction of Exploration in Tarim Basin by Tong Xiaoguang, Liang Diang and Shen Chengxi et al., Tarim Petroleum Exploration and Development Bureau, CNPC, 1990.

(2) A brief introduction of petroleum geology of the Tarim Basin, the data of the first round of bidding, onshore China, 1993.

References

[1] Liang Diang. New progress in petroleum exploration of Tarim Basin [J]. China Oil & Gas, 1994, 1 (2): 41-48.

[2] Li Desheng. A review of the recent advances in the petroleum geology of China [J]. China Oil & Gas, 1994, 1 (1): 33-34.

[3] The paper collection of the International Scientific Conference on the Taklamakan Desert [D]. Urumqi, China, 1993: 15-20.

原载于：Earth Resource & Environment Center, University of Texas at Arlington Conference Proceedings on Petroleum Systems of Chinese Onshore Basins, 1994.

辽东湾断陷含油远景和石油地质条件预测——辽东湾断陷与辽河断陷的地质类比

童晓光

（石油工业部石油勘探开发科学研究院）

摘要：辽东湾断陷与辽河断陷的地质结构十分相似。实际上，它们同是一个地质构造单元，不同之处仅仅在于辽东湾被海水所覆盖。因此，两个断陷的石油地质特征也应该是相似的。作者根据勘探程度比较高，而且已经建成为油气区的辽河断陷的石油地质条件，结合辽东湾断陷的地震资料，分析了辽东湾断陷的含油远景和油气分布，由此得出结论，辽东湾断陷是渤海湾盆地中未经勘探的最有油气潜力的地区之一。

渤海湾盆地的东北角，为被海水覆盖的辽东湾断陷与陆地部分的辽河断陷，这是一个统一的地质构造单元。辽河断陷现已成为我国重要的油气生产基地之一，预示着辽东湾断陷的油气远景。本文试图从两个断陷地质结构的一致性和差异性，以及辽河断陷的石油地质特点，探讨辽东湾断陷的含油气远景和石油地质基本特点。

1 辽东湾断陷与辽河断陷地质结构上的一致性和差异性

两个断陷均发育于华北地台之上。中晚元古代可能有一个古陆纵贯其间，中上元古界沉积在它的两侧，古生界沉积遍布全区。三叠纪—中侏罗世，全区经历强烈隆起和剥蚀，古老的基岩大面积出露，发育并有的构造裂缝和风化裂隙。但辽河断陷剥蚀幅度大于辽东湾断陷，因此后者的中上元古界和古生界沉积岩的保存范围较大。主要在北东向断裂控制下，晚侏罗世—早白垩世，全区发生差异块断活动，形成一系列断陷，充填了较厚的火山岩和含煤砂泥岩。根据地震资料推测，辽东湾断陷内的上侏罗统—下白垩统可厚达数千米。下白垩统沉积后又是一个长期隆起剥蚀阶段，渤海湾盆地其他断陷中比较普遍存在的始新统孔店组地层在本区很不发育。始新世晚期至渐新世全区强烈块断活动，都以北北东向大规模的断裂占主导地位。辽东湾断陷的三条大断裂长度都在 100km 以上，辽河断陷的两条大断裂长度也接近 100km，实际上是一个统一的裂陷系统。许多人都认为这是郯庐断裂带向北延伸部分，作者基本赞同。但可以获得的地质资料表明，它是一个晚始新世—渐新世的张性裂陷带，具有大陆裂谷的特征。主要大断裂的断面都向西倾斜，将前第三系“基岩”切割成为长条状的翘倾断块，上覆的下第三系成为箕状断陷，其最大厚度都在 6000m 左右。作为渤海湾盆地主要生油层的沙河街组，两个断陷都很发育，平均厚度辽东湾断陷略大于辽河断陷（图 1）。东营组的厚度，辽东湾断陷的北部较小，南部与辽河断陷相似（图 2），上第三系的厚度由北向南，由东西两侧向中央加大（图 3）。所以辽东湾断陷上第三系厚度大于辽河断陷，但比其南侧毗邻区渤中断陷小得多，厚度比较适中，既有利于下伏下第三系生油层成熟，又不使主要目的层的埋深过大。

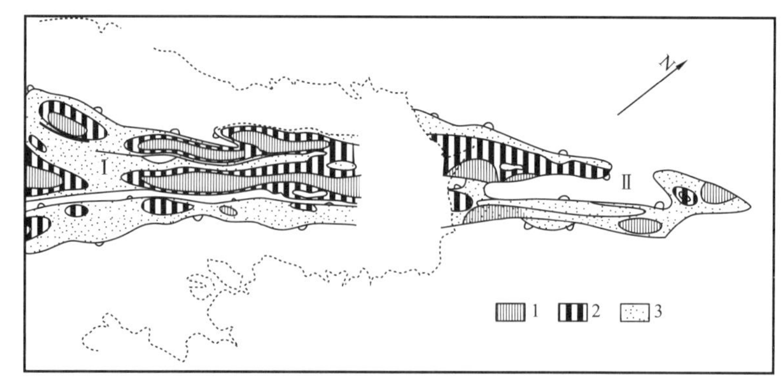

图 1　辽东湾和辽河断陷沙河街组等厚图

1—>2000m；2—1000～2000m；3—<1000m

Ⅰ—辽东湾断陷；Ⅱ—辽河断陷（图 2，图 3，图 4 同）

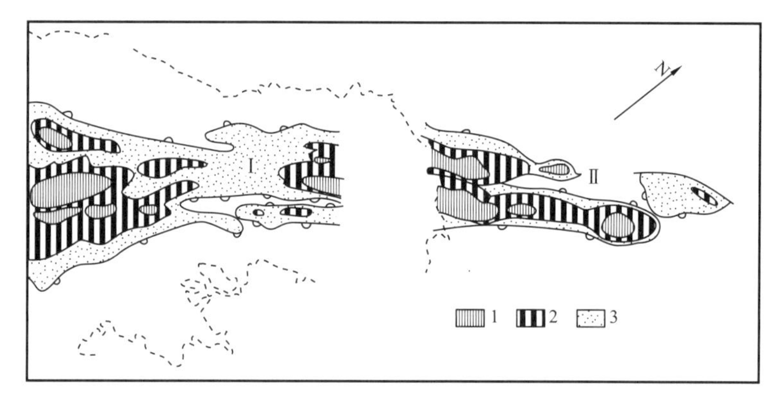

图 2　辽东湾和辽河断陷东营组等厚图

1—>1000m；2—500～1000m；3—<500m

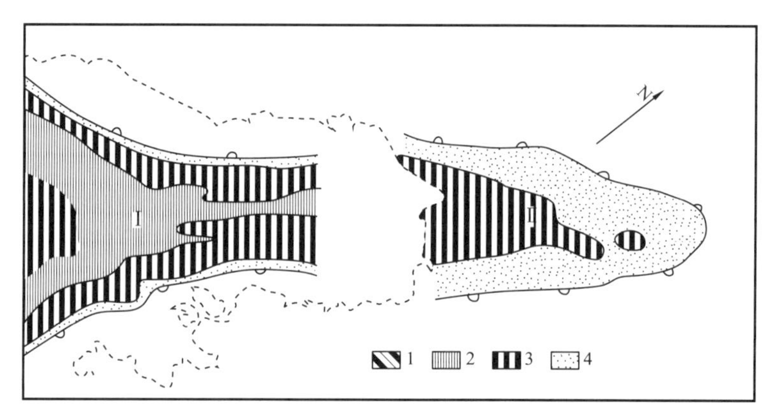

图 3　辽东湾和辽河断陷上第三系等厚图

1—>2000m；2—1000～2000m；3—500～1000m；4—0～500m

第四纪发生海侵，辽东湾与渤海湾其他地区一起为海水所覆盖。辽东湾北侧的海岸线时有进退，最远的海岸线曾经达到目前海岸线以北 40km 左右。到第四纪晚期海岸线又向南退出，所以从地质构造观点看来，辽东湾断陷与辽河断陷并无明确的界线，实际上只是同一个构造单元中的一部分被海水所覆盖罢了。

两个断陷在地质上的相似性，还表现在断陷内部次一级构造单元之间的可比性（图 4）。其对应关系如下：

辽东湾断陷　　辽河断陷

①′辽西凹陷—① 西部凹陷

②′辽西凸起—② 中央凸起

③′辽中凹陷—③ 东部凹陷

④′辽东凸起—④ 三界泡潜山带

⑤′辽东凹陷—⑤三界泡东侧凹陷

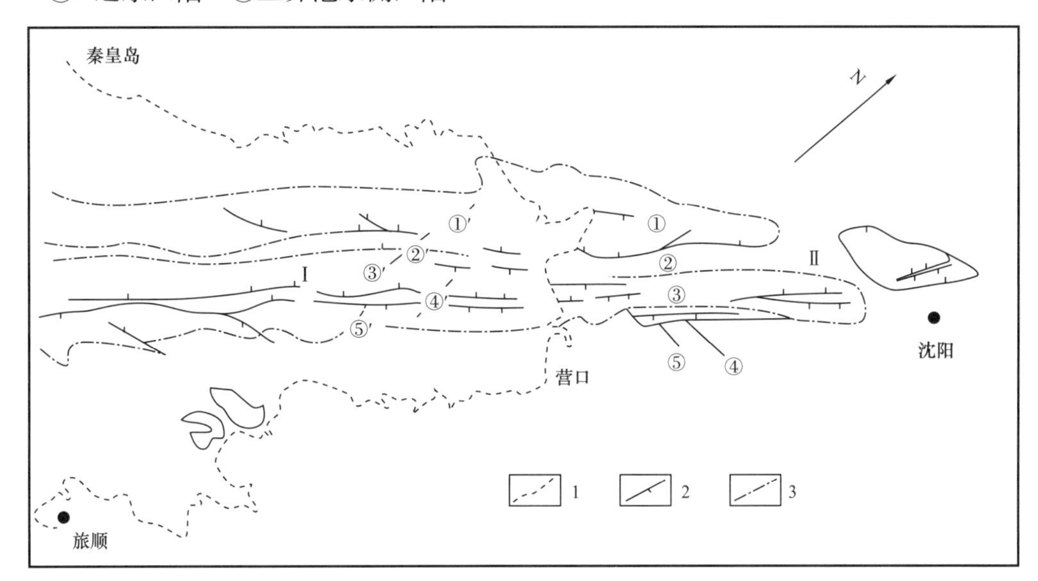

图 4　辽东湾和辽河断陷区域构造略图

1—海岸线；2—大断裂；3—构造单元界线

所有这些相对应的次级构造单元，在走向上是相连的，区域构造部位和地质结构基本上是一致的。辽西凹陷和西部凹陷都是典型的箕状断陷，东侧为基底大断裂，西侧的底部为超覆，顶部为剥蚀，上下第三系之间有明显的角度不整合；辽西凸起和中央凸起都呈西翘东倾，东侧被下第三系逐层超覆；辽中凹陷和东部凹陷都是东断西超的箕状断陷，其西侧边缘没有明显的不整合现象；辽东凸起和三界泡潜山带都是地垒状凸起带，但前者规模要比后者大得多；辽东凹陷和三界泡东侧凹陷都是西断东剥的箕状断陷，但前者规模也要比后者小得多。

两个断陷虽然互相连接又十分相似，但并不完全相同。即使辽河断陷本身在走向线上各段之间的结构也是有区别的，如东部、西部凹陷很明显地可以分为北、中、南三段。至于它们与大民屯凹陷的差别就更大。辽东湾断陷与辽河断陷全长 400km，在走向方向上的变化是十分明显的，这就表现出两个断陷的差异性。

（1）辽河西部凹陷是辽河断陷中面积最大、第三系沉积岩厚度最大的凹陷，平均宽度20余千米，而且临近海边凹陷最开阔，厚度最大。但一进入辽东湾，凹陷突然变窄，第三系厚度变小，其最大厚度仍达6400m，其中东营组约1600m，沙河街组约3000m。

（2）辽河中央凸起由北向南逐渐倾伏，北部为上第三系覆盖，向南逐渐有东营组地层，局部地区有沙河街组地层。而辽西凸起的盖层厚度明显加大，其北段大面积覆盖东营组，也有一定厚度的沙河街组，最大的“基岩”埋深可达3000m。在沙河街组上部沉积时，通过辽西凸起使辽西凹陷和辽中凹陷连成一片。辽河中央凸起的“基岩”为太古界花岗片麻岩，而辽西凸起的“基岩”比较复杂，除太古界变质岩外，还可能有中上元古界和古生界沉积岩，受北北东向断层切割，形成次一级翘倾断块，上覆沉积盖层中发育披覆构造。

（3）辽河东部凹陷的规模和第三系厚度都比西部凹陷小。但辽中凹陷是辽东湾断陷内规模最大，第三系最厚的凹陷，其中东营组最大厚度为2500m，沙河街组最大厚度在4000m以上。沉积盖层厚，且构造比较发育，包括同生断层逆牵引构造，相向同生断层挤压背斜。其西侧的地层超覆很明显，东侧北段刺穿火山锥体侧缘地层圈闭是本区一种独特的地质现象。

（4）辽河断陷中的三界泡潜山带规模比较小，向南北两端尖灭，并有下第三系覆盖，故未作为次级构造单元列出。而辽东湾断陷中的辽东凸起规模较大，隆起幅度较高，大部分凸起上均无下第三系覆盖。其南段为宽度较大的地垒状凸起，其北段为早第三纪末“串珠”状火山锥刺穿体，把原来可能统一的凹陷分割成为两个凹陷，对两侧地层产状也有强烈的改造作用。

（5）辽河三界泡东侧凹陷的规模和第三系厚度都很小，而且是山麓粗碎屑岩沉积。而辽东湾的东部凹陷具有较大的规模，北段是被火山锥分割的原辽中凹陷的一部分，南段为箕状断陷，沙河街组的最大厚度可达2000m。

2 辽河断陷的石油地质基本特征

根据辽河断陷与辽东湾断陷地质结构的一致性，两者必然存在许多共同的石油地质特点。因此，对辽河断陷石油地质特征作一简略的分析，将有助于认识辽东湾断陷的石油地质特征。

（1）辽河断陷是一个以渐新统为主体的陆相同生沉积的箕状断陷，靠断层一侧为沉降和沉积中心，具有不对称的沉积体系。

始新世基本没有沉积，有比较广泛的基性岩浆溢出。从沙河街组四段上部开始为大面积的湖相沉积，大致有三个水进到水退的沉积旋回，即沙四段上部到沙三段顶，沙二段到沙一段，东营组。自下向上每个旋回的水进幅度和规模都逐渐缩小。沙三段为深湖相沉积，水生生物十分发育，有机物质也最丰富。沙一段为浅湖相沉积，水生生物和陆源有机质都比较丰富。东二段以湖沼相沉积为主，主要为陆源有机质。再加上埋藏深度的因素，沙三段的成熟生油岩厚度大、面积广、转化程度高，是最主要的生油岩，其次为沙一段。东二段生油岩在大部分地区尚未成熟，在沿海地区东、西部凹陷中心可能已经成熟。生油层和生油中心对油气藏的形成有明显的控制作用。大部分油气藏在纵向上都位于主要生油层内部和上下，在平面上位于生油中心和相邻地区。

（2）箕状断陷两侧由多条短促的河流带入大量碎屑物质，形成插入湖盆的各种类型的砂体。

每个沉积旋回的上下是碎屑岩最发育的时期，主要为三角洲砂体。发育于陡坡带的三角洲相带窄，粒度粗，分选差，规模小，其形态特征和粒度特征类似于水下扇。而在缓坡带发育的三角洲相带分异稍好，粒度稍细，分选稍好，规模稍大。但与大型三角洲相比，仍然差别较大，属于扇三角洲类型。在沙三段深湖相沉积阶段，往往发育水下扇砂体。在沙一段浅湖相沉积阶段，除三角洲砂体外，滩坝砂体和粒屑灰岩较为发育。下第三系，尤其是沙河街组本身构成了良好的生储盖组合，使沙河街组成为最主要的含油层位。

（3）下辽河断陷是渤海湾盆地内印支运动产生的隆起幅度最高，剥蚀和风化强度最大的地区。

大面积太古界花岗片麻岩曾出露于地表，它们的构造裂缝和风化裂隙都十分发育，有可能成为较好的储层。残留的中上元古界和古生界沉积岩也是良好的储集层。全区基本上没有孔店组红层沉积，使沙四段上部至沙三段的暗色泥岩直接超覆在“基岩”之上。早第三纪的块断翘倾活动，使“基岩”块断山十分发育。有利于“新生古储”成油组合的形成。

（4）圈闭类型多。

有逆牵引背斜、披覆背斜、相向同生断层挤压背斜等构造圈闭。有各种类型的古潜山圈闭、地层超覆圈闭、地层不整合圈闭、岩性圈闭等。广泛发育不同走向和倾向的不同级次断层，往往在上述圈闭中起一定的遮挡作用或分割作用，也可以单独形成断块圈闭。圈闭在空间上的分布广泛，提供了十分有利的油气聚集空间。每个圈闭的规模往往比较小，圈闭因素比较复杂，较难在勘探初期搞清。但它们在一定的区域地质背景下，构成油气聚集带。每种油气聚集带都有一定分布规律。非背斜油藏的数量和规模超过背斜油藏，斜坡带中油气聚集的规模超过深陷带。

（5）凹陷是油气生成、运移和聚集的基本单元。

每个凹陷基本是一个独立的湖盆，所生成的油气大部分都在本凹陷内聚集，只有少量油气可能运移到相邻的凸起上。辽河断陷三个断陷地质特征的差异使油气丰度也有明显的差异。西部凹陷的存储盖组合最优越，油气藏类型最多，成为油气丰度最高的凹陷。

3 辽东湾断陷石油地质特征和远景预测

根据辽河断陷石油地质基本特征，综合辽东湾断陷中已经取得的地震和地质资料，可作如下预测：

（1）沙河街组的厚度很大，埋藏深度适中，是主力生油层。

其中沙三段最主要，其次为沙一段。因此可以根据沙河街组等厚图大致预测生油中心位置。辽中凹陷生油中心规模大于辽西凹陷，辽西凸起的一部分也属于生油区的范围。整个辽东湾断陷沙河街组生油岩体积大于辽河断陷。由于上第三系和第四系的厚度加大，一

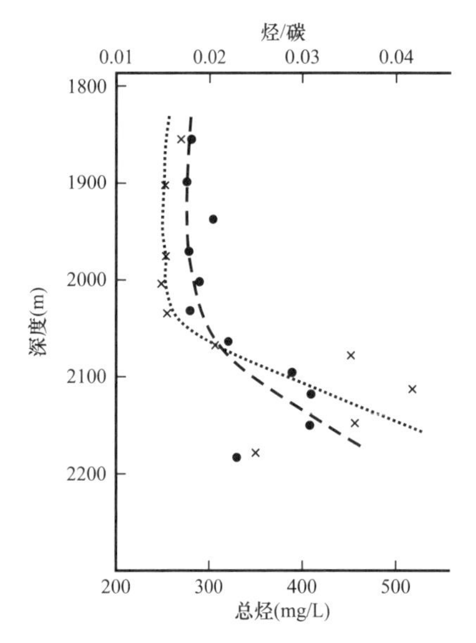

图 5　辽 1 井有机质转化系数随埋深变化曲线（据海洋石油勘探局资料）

部分东营组地层也可能成为成熟生油岩。如位于辽西凸起北段的辽 1 井，根据其有机质转化系数的变化特点，东营组底部埋深 2100m，已接近生油门限深度（图 5）。

（2）辽河断陷的沙二段是三角洲砂体最发育时期。

而辽东湾断陷的地震 T_3 和 T_4 反射层之间层次，大致也相当于沙一段、沙二段，这正是各种类型的前积结构（斜交型、迭瓦型、切线斜交型、S 型等）十分发育的部位，推测为三角洲砂体。它成为夹于沙一段、沙三段两套生油层之间的良好储集体，构成优越的存储盖组合关系，可能是辽东湾断陷中最重要的含油气层位之一。

（3）辽东湾断陷前第三系“基岩”也受过多次构造变动和较强烈的剥蚀。

构造裂缝和风化裂隙都很发育的古老变质岩可能有一定的分布范围，但中上元古界和古生界地层的保存范围较辽河断陷为大。与辽河断陷一样，由于没有孔店组红层沉积，沙河街组生油岩可以与前第三系“基岩”储层直接接触，因此古潜山油藏可能是辽东湾断陷的重要油藏类型。

（4）北北东走向，西盘下降的断裂形成辽东湾断陷的基本构造格局。

这组基底断裂将辽东湾断陷切割成为若干长条状的“基岩”翘倾断块体和上覆的箕状断陷。箕状断陷中的盖层滑动断层向深凹陷方向倾斜。伴随着断面倾向与地层区域性倾向一致的同生断层，形成逆牵引构造，翘倾断块体的翘起部位有披覆构造。辽西凸起东翼存在明显的地层超覆。辽西凹陷西斜坡的地质结构与辽河西部凹陷西斜坡十分相似。下第三系底部有地层超覆，顶部有明显的地层剥蚀，并被上第三系所不整合。辽东凹陷的东坡也有类似特点，此外辽东凸起北段火山锥刺穿作用造成地层中断和产状变化。由此可见辽东湾断陷的圈闭类型多，地层圈闭占一定位置。至于岩性圈闭肯定大量存在，其主要层位应在沙三段。

（5）辽东湾断陷中的断层延伸到上第三系中比较多，使油气具备从下第三系向上第三系纵向运移的通道。

另外上第三系中的盖层条件也可能自北向南变好。直到今天辽河断陷中尚未发现有意义的上第三系中的油气藏，而在辽东湾断陷就有这种可能。

（6）辽东湾断陷沿走向方向地质结构和与此相应的石油地质条件有一定变化。

越向南与渤中断陷的相似性就越增多。越向北，就越相似于辽河断陷。因此，和辽河断陷直接相连的海滩及浅海部分，与辽河断陷南部的石油地质条件最为相似，是辽东湾断陷内石油地质条件最优越的地区。

综上所述，辽东湾断陷的石油地质条件很好，其油气资源量应与辽河断陷大致相当。辽东湾断陷中的辽西凸起和辽中凹陷要比辽河断陷的中央凸起和东部凹陷条件好，辽东湾断陷的辽东凹陷也有一定远景，向南部变好。而辽东湾断陷的辽西凹陷比辽河断陷的西部凹陷条件差。

根据辽河断陷的地质结构和相应的油气藏分布特点，可以对辽东湾断陷的油气藏分布模式进行预测，当然对北段的适应性较强，对南段的适应性较差（图 6）。

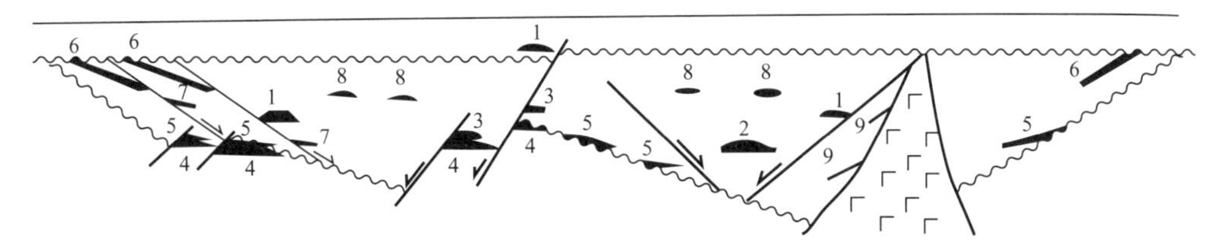

图 6　辽东湾断陷油气藏分布模式预测（北西—南东向）剖面图

1—逆牵引背斜油藏；2—挤压背斜油藏；3—披覆背斜油藏；4—古潜山油藏；5—地层超覆油藏：6—不整合油藏；7—断层—岩性油藏或砂岩上倾尖灭油藏；8—砂岩透镜体油藏；9—火山锥穿刺地层油藏

4　辽东湾断陷勘探方向的选择

据上所述，把北段作为勘探重点，是十分自然的。不仅一般石油地质条件与辽河断陷南部相似，而且辽河断陷中的许多油气聚集带直接向海域延伸，如鸳鸯沟、双台子、海外河、荣兴屯等，着手勘探最为现实。可以直接参考辽河断陷油气藏分布规律，借鉴其油气田勘探经验和方法，这将起到事半功倍的作用。当前应首先加速辽东湾北部浅滩和浅海的地震勘探，这一地区占辽东湾面积的 1/4～1/3，实际上还是地震勘探空白区。还应进行地震连片测量，编制海陆连片构造图，同时进行系统的地震地层学研究，搞清各个层次各种砂体的分布，确定圈闭的位置、形态和类型。还可以选择少量探井，起参数井和预探井的作用。其具体位置应在辽东湾断陷北部不同构造单元，主要是辽西凹陷、辽西凸起、辽中凹陷中可靠的局部构造。其中第一口井可选择辽西凸起与辽西凹陷之间的二台阶，其石油地质条件与辽河断陷的兴隆台油田十分相似，从形成古潜山油藏的条件看，可能更为优越，可以作为突破口。

5　结论

辽东湾断陷的石油地质条件与辽河断陷相似，是渤海湾盆地中没有进行过油气田勘探的最有远景和最广阔的地区之一，应该列为当前的重点勘探地区。

参 考 文 献

[1]李德生．渤海湾盆地的地质和构造特征［J］．石油学报，1980（1）：1.

[2]童晓光．辽河坳陷石油地质特征［J］．石油学报，1984（5）：1.

原载于：《石油勘探与开发》，1995 年第 5 期。

Petroleum Geology and Hydrocarbon Exploration in the Continent of China

Tong Xiaoguang

(China Nation Oil & Gas Exploration and Development Corporation)

The geological structure of the continent of China, which is formed by the amalgamation of three small–sized paleocratons and their peripheral orogenic belts, is very complex. Six big sedimentary basins developed on it: four of them are composite basins on the paleocratons; the other two basins are superimposed on the orogenic belts. In addition, there are a large number of small to middle–sized non–marine sedimentary basins. Up to now, the proved geological reserves in the continent of China are: oil, above 16 billion tons; natural gas, 1000 billion cubic meters. Last year, the annual oil output was more than 140 million tons; natural gas output reached 16 billion cubic meters. The six big basins are still the major exploration potential area. On the other hand, a lot of small to middle–sized reservoirs will be discovered in the small to middle–sized non–marine basins and coal–bearing basins in North China. Qiang Tang Basin and coalbed gas are two favorable frontiers.

Conference: Annual convention of the American Association of Petroleum Geologists, Inc. and the Society for Sedimentary Geology: global exploration and geotechnology, San Diego, CA (United States), 19–22 May 1996; Other Information: PBD: 1996; Related Information: Is Part of 1996 AAPG annual convention. Volume 5; PB: 231 p.

原载于：AAPG Search and Discover Article #91019©1996 AAPG Convention and Exhibition
19–22 May 1996, San Diego, California

Geological Structure and Petroleum System in the Continent of China

Tong Xiaoguang

(China Nation Oil & Gas Exploration and Development Corporation)

The geological structure in the continent of China is extremely complicated. It is a combination of small paleocratons, neocratons, and orogenic belts. The Paleozoic sediments are dominantly marine facies. However, sediments are gradually changed into continental facies from Permian on. Since Late Mesozoic, the geodynamic character of the continent has been controlled by the activities of Indian Plate and Pacific Plate.

There are six large sedimentary basins in the continent. They contain ninety percent (90%) of the total hydrocarbons in China. Four of them are paleocratons and their superposed basins. Two of them are neocratons.

The paleocraton basins have two petroleum systems. The lower system is in marine facies. The upper system is in various continental facies. The neocraton basin is in continental facies.

Small basins are well developed in the continent and represent a large number of rift basins and foreland basins. These basins are mainly Tertiary or Jurassic−Cretaceous sediments which form corresponding petroleum systems.

原载于：AAPG Search and Discovery Article #90942©1997 AAPG International Conference and Exhibition, Vienna, Austria

渤海湾盆地滩海地区石油地质特征

童晓光，张湘宁

（中国石油天然气总公司国际合作局）

摘要：渤海湾盆地是中国最大的产油区。渤海湾盆地包括渤海湾及其周缘陆地，渤海湾滩海地区是渤海湾盆地组成部分。渤海湾盆地发育在华北克拉通之上，中生代曾经历了火山弧后盆地发育阶段的改造。新生代转变成为克拉通内裂谷盆地，强烈的块断翘倾运动，造成凹陷与凸起相间排列，形成一系列互相分隔的陆相湖盆。晚渐新世逐渐成为统一的盆地，沉积中心逐步由陆地部分向海域迁移。这些特点决定了渤海湾盆地及其滩海地带的油气聚集特点。

中国大陆与世界上许多大陆相比，地质结构更加复杂，具有许多突出的特点，它们控制了油气的生成、运移和聚集。中国大陆的石油年产已达 1.4×10^8t，证明中国大陆油气十分丰富。但其油气聚集方式十分复杂。中国大陆的地质概括地讲有 4 个特点：

（1）中国大陆由小型古克拉通与造山带拼合组成。

中国大陆有 3 个小型的古克拉通（Craton）。即形成于中元古代的华北（中朝）古克拉通，形成于晚元古代的扬子和塔里木古克拉通，此外还有一些小型的陆块。它们被不同时代形成的造山带所拼合。造山带的总面积略大于古克拉通的面积。

（2）多期次构造运动产生较强烈的构造变形。

除了造山带有强烈的构造变形外，中国的古克拉通较之世界上其他古克拉通有更大的活动性。中国大陆古克拉通的面积小，四周都是板块边界。板块边缘多次俯冲、碰撞都影响古克拉通内部，尤其是古克拉通边缘。多期次构造运动，形成了相应的原型盆地，同时又改造了前已存在的盆地。

（3）从二叠纪开始陆相沉积逐渐占据主要地位。

随着中国大陆古克拉通之间，以及与西伯利亚板块之间的碰撞和拼合，海水逐渐退出中国大陆，首先是从中国北方，然后从中国的东南部，最后从中国西南部。

因此，中国的北方从晚二叠世起全部为陆相沉积，中国南部晚三叠世起几乎全部为陆相沉积。

（4）中生代晚期起，中国大陆的地球动力学特点受印度板块和太平洋板块活动的控制，中国西南部存在多个逐渐向南时代变新的碰撞带，最南部是印度板块与包括中国大陆在内的欧亚板块碰撞带。这一系列碰撞对中国大陆的影响极大，对新生代地质演化的控制更加明显，使中国西部受到了强烈挤压、地壳厚度巨大，发育了许多准前陆盆地。太平洋板块的俯冲，在中生代形成了中国东部的火山弧和弧后盆地，新生代俯冲带逐渐向东迁移。在太平洋板块和印度板块的共同作用下在中国东部形成了许多大陆裂谷盆地以及弧后盆地。总体上讲，这个时期，中国西部处于挤压环境，中国东部处于拉张环境，中国中部处于过渡状态。

上述中国大陆地质结构的基本特点控制了沉积盆地的地质特点。概括地讲也有4个特点：

（1）古克拉通上形成叠合盆地。古克拉通发育了巨大厚度的古生界和元古界，主要是海相沉积。中、新生代古克拉通分裂，部分地区叠加了新的盆地，主要是陆相沉积。上叠盆地成因类型各不相同。上下原型盆地的叠合方式也很不一致。形成了既有区别又有联系的两套以上成油系统。

（2）造山带上形成上叠盆地。造山带形成后，后期构造运动作用形成单旋回或双旋回盆地，可以形成一套或两套成油系统。

（3）发育数量众多的小型盆地。小盆地多数为断裂活动所伴生，同时，几乎都是陆相沉积盆地。实际上一个小盆地就是一个小型湖泊及其汇水系统。湖相沉积所占的比例大小，湖相沉积的范围和厚度，基本上决定了盆地的含油气远景。勘探实践证明小盆地也有丰富的油气。

（4）上叠盆地分区性明显。不论在古克拉通之上或造山带之上发育的中—新生代上叠盆地都受当时的地球动力学环境控制，东部为拉张盆地，西部为挤压盆地，中部为过渡型盆地，盆地类型东西向分区性十分明显。

1 概况

渤海湾盆地是中国最大的产油区（图1），日产原油120×10^4bbl。其资源量占全中国四分之一，在陆地部分已发现曙光、欢喜岭、任丘、胜坨、孤岛和孤东等大油田；在海域部分也发现了绥中36−1等大油田。它也是世界上油气最富集的盆地之一。但是，作为陆海连接的滩海地区勘探程度低，蕴藏着巨大的潜力，目前已发现了埕岛、葵花岛等油田。最近，路易斯安那勘探（中国）公司在赵东区块有了重大发现，预示着渤海滩海很好的勘探前景。

渤海湾滩海地区特指位于中国渤海0～5m水深的海滩和极浅海，面积约$1.3\times10^4km^2$。渤海湾地区气候宜人，交通便利。

滩海地区勘探程度低。除1：200000重力测量和1：100000航磁测量以外，1×10^4km二维地震和70口探井局限在济阳坳陷埕岛、黄骅坳陷张巨河以及辽河坳陷葵花岛等地。迄今，已发现1个大油田、2个中—小油田和一批含油气构造。初步预测可采资源量70×10^8bbl。

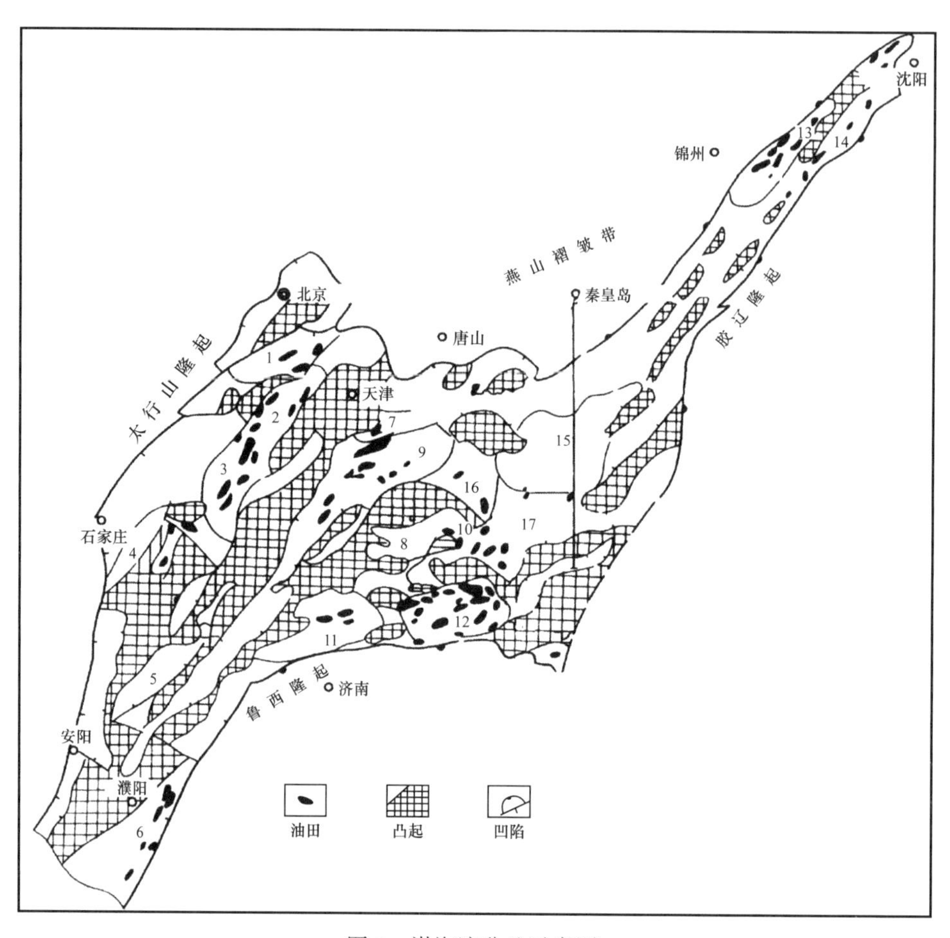

图1 渤海湾盆地示意图

2 渤海湾盆地石油地质条件

渤海滩海是渤海湾盆地的组成部分。要认识滩海的石油地质必须从总体上认识渤海湾盆地的石油地质条件。

2.1 渤海湾盆地形成的地质背景

渤海湾盆地西接太行山、东邻胶辽隆起、北抵燕山褶皱带、南达鲁西隆起，面积约 $20\times10^4km^2$（图1）。盆地基底形成于1700Ma，经历了中—晚元古代、古生代和三叠纪的稳定克拉通发育阶段。中—上元古界及寒武系—奥陶系以碳酸盐岩为主夹碎屑岩沉积，从晚奥陶世—早石炭世有一个长期的沉积间断。石炭系假整合在奥陶系之上。石炭系底部有碳酸盐岩夹层外，主要为碎屑岩。二叠系和三叠系为陆相碎屑岩。中三叠世末的印支运动导致华北克拉通形成了宽缓的背向斜，并发生构造运动性质的转变。侏罗纪—白垩纪，成为滨太平洋构造域（黄汲青，1984），发育了火山弧后盆地，沉积了含煤碎屑岩和中酸性岩为主的火山碎屑岩。新生代是渤海湾盆地真正的形成期，由于上地幔拱升，沿着三条地幔上隆带产生强大的拉张应力，形成裂陷，以 NE 和 NW 向两组断裂为主形成一系列地堑和半地堑（图 2）。

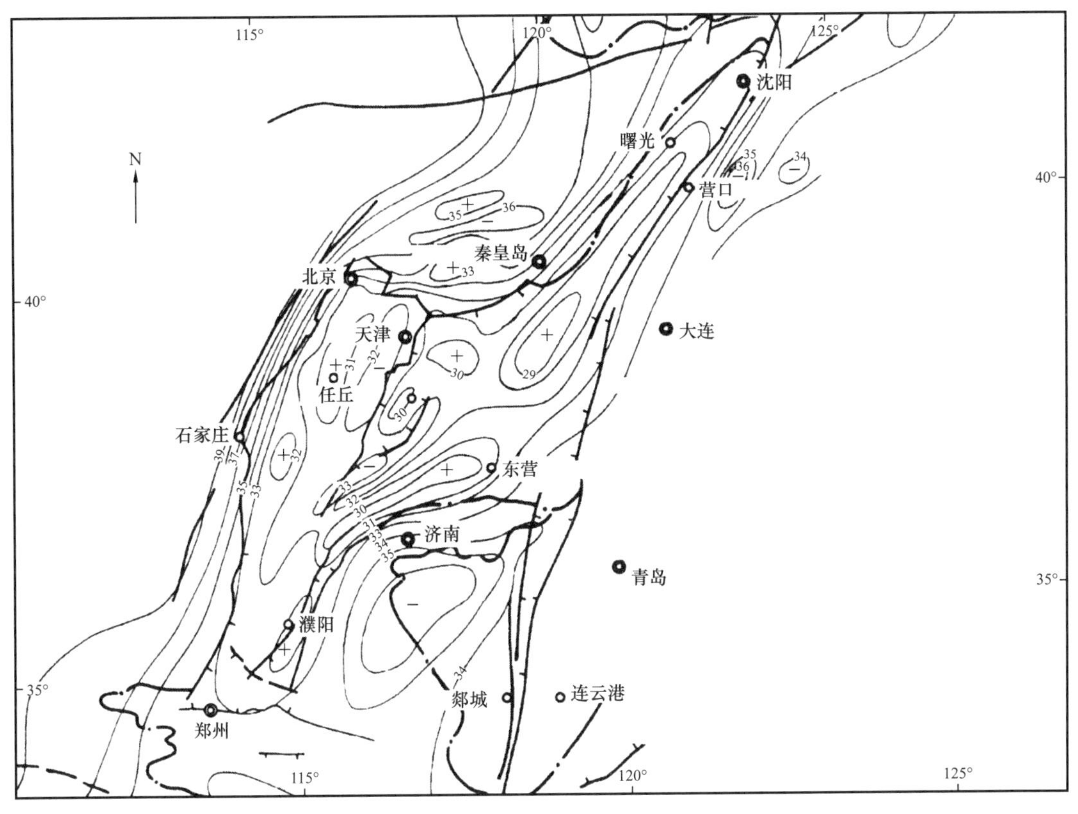

图 2　渤海湾盆地构造格局

2.2　渤海湾盆地的构造特征

渤海湾盆地早第三纪为断陷盆地群，晚第三纪才形成统一的盆地，其构造特征如下：

（1）基底断裂发育。盆地基底断裂约 50 条，控制了 50 个断陷。断面比较平缓，NW-SE 剖面水平拉张位移约 74km，拉张率 20%。

（2）盆地发育两组断裂，以正断层为主，形成凹陷和凸起相间排列的构造格局（图 1、图 2、图 3），箕状凹陷一边为陡断阶带，另一边为宽缓斜坡带两者之间为深陷带，在比较开阔的深陷带，发育有中央隆起带或中央背斜带。断裂发育的时间，由西向东，由北向南变新。

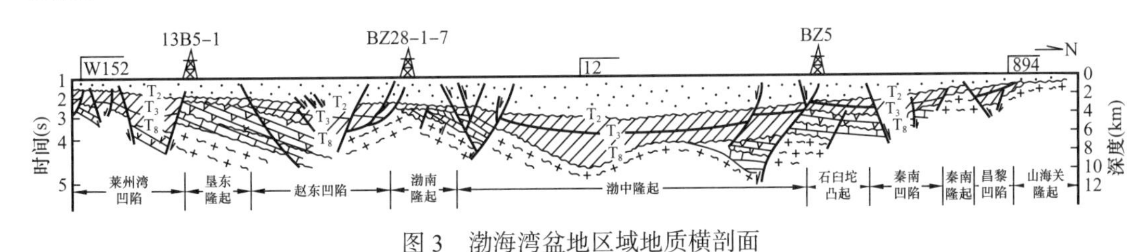

图 3　渤海湾盆地区域地质横剖面

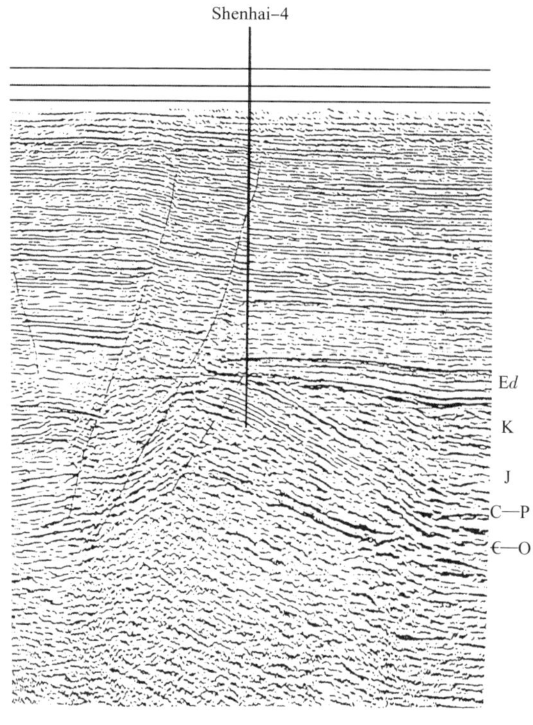

图 4　埕岛油田 W22 东西向地震剖面

（3）盆地具有明显的复合结构。早第三纪发育下部的裂谷结构，晚第三纪形成上部的坳陷结构。

（4）盆地新老构造体制变化，经历多期构造运动，形成复合构造体系，发育复式圈闭。如：在凸起上形成潜山和披覆背斜（图 4）。

2.3　第三系沉积特征

第三纪陆相湖盆沉积发育，经历了由小变大，由分割到统一，水体由深变浅，从湖相逐渐向河流相演变过程。水质由咸变淡，古气候由热转凉。

下第三系地层厚度大于上第三系，分别为 4～11km 和 1～3km。下第三系分为孔店、沙河街和东营三个组；上第三系分为馆陶和明化镇二个组（图 5）。第三系不整合于中生界之上。

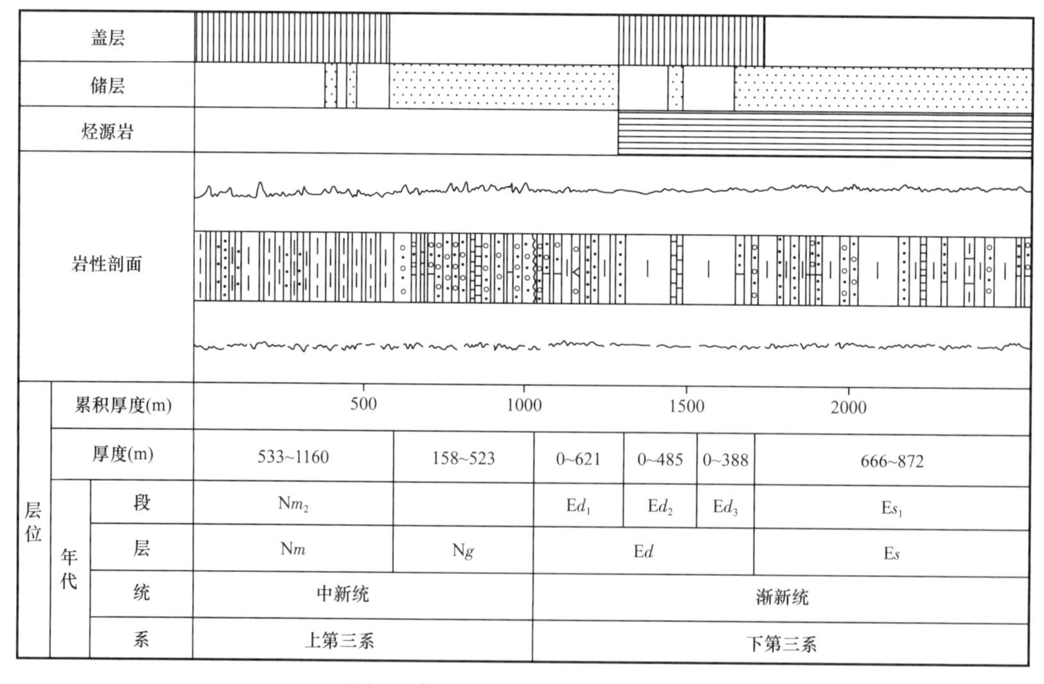

图 5　南堡凹陷第三系综合柱状图

孔店组（E_2k）在盆地分布较广，发育 3 套冲积扇、河流和沼泽相粗碎屑岩，颜色从红色变化为灰色和棕色。孔店组可以分为 3 段，下段（E_2k_3）以红色泥岩、砂质泥岩和粉砂岩与砂岩互层为特征；中段（E_2k_2）为深灰、灰色泥岩与砂岩、油页岩、碳质页岩、薄煤层和灰岩薄互层，富含化石，它是一套良好的烃源岩；上段（E_2k_1）为棕色砂岩与泥岩交互层。

沙河街组（E_3s）在许多断陷中都广泛分布，湖相沉积发育，沉积厚度 2000～5000m，不整合于下伏地层之下上，它是盆地的主力含油气层。根据岩性和化石组合可以划分为 4 段。沙 4 段（E_3s_4）为灰、深灰色泥岩、粉砂岩和细砂岩与石膏和盐岩互层，以及玄武岩；沙 3 段（E_3s_3）为深灰、灰色泥岩，油页岩、粉砂岩和细砂岩交互层，夹碳质页岩，它是盆地的主力烃源岩层；沙 2 段（E_3s_2）为粉红和灰绿色泥岩与灰白色砂岩和含砾砂岩互层，夹碳质页岩，沙 1 段（E_3s_1）为灰、绿灰色泥岩夹油页岩、生物灰岩和泥灰岩。

东营组（E_3）在许多断陷中沉积发育 3 套河流和浅湖相泥岩和砂岩。东营组可以分为 3 段：下段（E_3d_3），以灰色细砂岩和含砾砂岩为特征；中段（E_3d_2）灰色泥岩夹砂岩；上段（E_3d_1）为灰绿色泥岩与砂岩交互层。

馆陶组（N*g*）在盆地广泛发育河流相沉积，不整合于下伏地层之上。岩性为灰绿和灰白色砂岩以及砾石夹棕红色和灰绿色泥岩。上覆的明化镇组（N*m*）为棕黄和棕红色泥岩夹疏松的粉砂和细砂岩，砾石砂岩和泥岩含灰质结核和石膏。

渤海湾盆地沉积相演变受构造发展控制，主要表现在以下 4 个方面。

（1）湖盆沉积以断陷为独立的沉积单元，由于沉积环境接近，具有相似的沉积体系。河流体系也是断陷沉积的重要特征。

（2）沉积作用非均衡发展。纵向上，早第三纪裂谷沉积作用强烈，平均沉积速率 200～400m/Ma，特别是 E_3s_3，沉积速率大，平均值达 400m/Ma，三角洲侧向加积最大速率达 900～1000m/Ma，下第三系厚度大于上第三系。平面上，沙河街组，陆地断陷沉积厚度，一般为 2000～3000m；滩海断陷则小于 1000m（图 6）。晚第三纪，坳陷作用强烈，滩海沉积一般较陆地厚，分别为 2000m 和 1000m（图 7）。

（3）发育多套烃源岩，厚度 400～2000m。有机质丰度高，有机碳 0.6%～5.0%。孔店组中段发育暗色泥岩、碳质页岩、薄煤层夹灰岩，含丰富的化石；沙河街组第 4 段发育暗色泥岩、油页岩和礁灰岩，厚度 200～1500m；砂 3 段发育深湖—半深湖相暗色泥岩、油页岩和粉砂岩等 800～1500m 主力生油层。济阳坳陷 Es_3 I 类生油岩占第三系烃源岩生烃总量的 67%（表 1）。

（4）陆相河湖沉积体系多物源、多水系，塑造了多种类型的沉积砂体，发育多种类型优质储集体。如冲积扇、三角洲、水下扇体和浊积砂体，生物碎屑灰岩及藻礁等。

渤海湾盆地构造发展和沉积发育为石油生成、运移和聚集创造了良好的条件。首先地壳薄，平均厚度 30～36km（图 2）；热流值高（剩余异常 1.77HFV），地温梯度达 3.5～4.5℃ /100m。其次，地温 93～122℃ 的生油门限深度 2200～3000m。与构造和沉积旋回对应，有孔店组、沙四段、沙三段、沙一段、东营组多套生油层，形成了三套含油组合，即断陷前期成油组合（古潜山），断陷期成油组合，坳陷期成油组合。

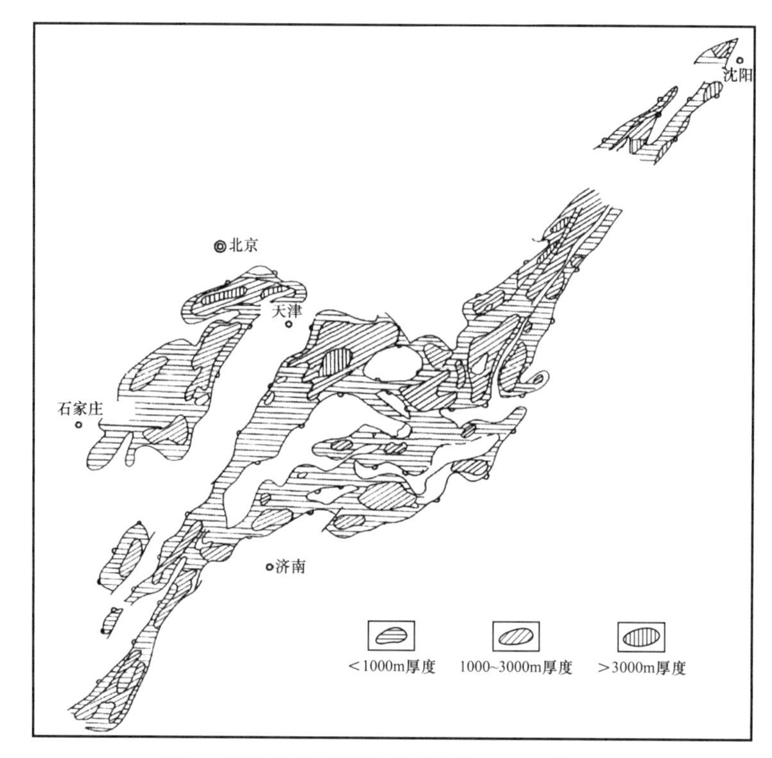

图 6　渤海湾盆地渐新世沙河街组地层等厚图

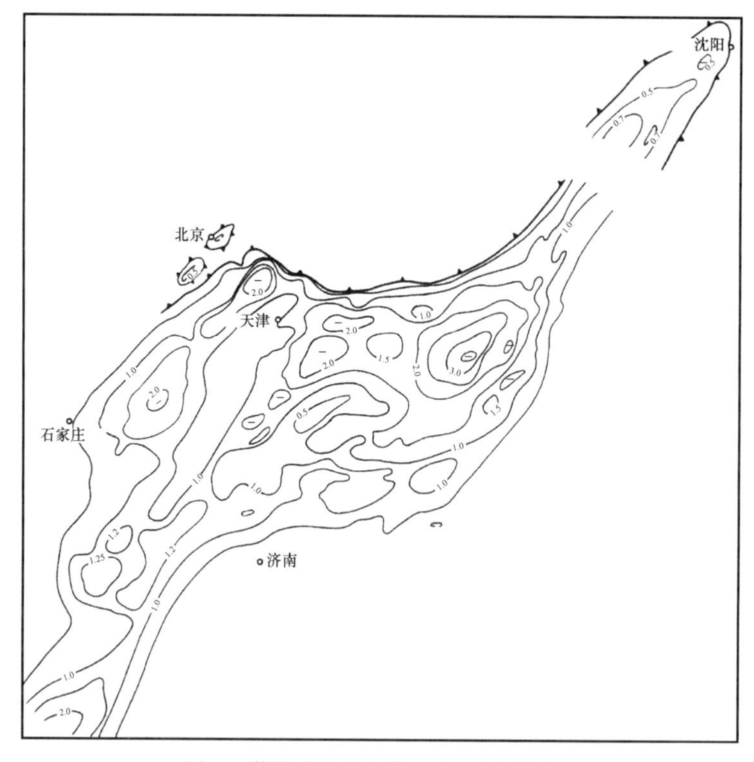

图 7　渤海湾盆地上第三系地层等厚图

表 1　济阳坳陷三种类型烃源岩地化指标

类型	Es_3 暗色泥岩厚度（m）	地化指标				演化史
		有机碳（%）	R_o（%）	氯仿沥青“A”（%）	干酪根	
Ⅰ	700～1500	1～5	0.5～0.9	0.2～0.6	Ⅰ—Ⅱ	长期连续
Ⅱ	400～1000	1～3	0.5～0.7	0.1～0.3	Ⅰ—Ⅱ	连续
Ⅲ	300～500	0.6～2	＜0.5	0.05～0.2	Ⅱ	间断

（据杨声标，1994）

3　滩海地区石油地质特征

滩海地区跨渤海湾盆地的济阳、黄骅和辽河坳陷（图 8）。

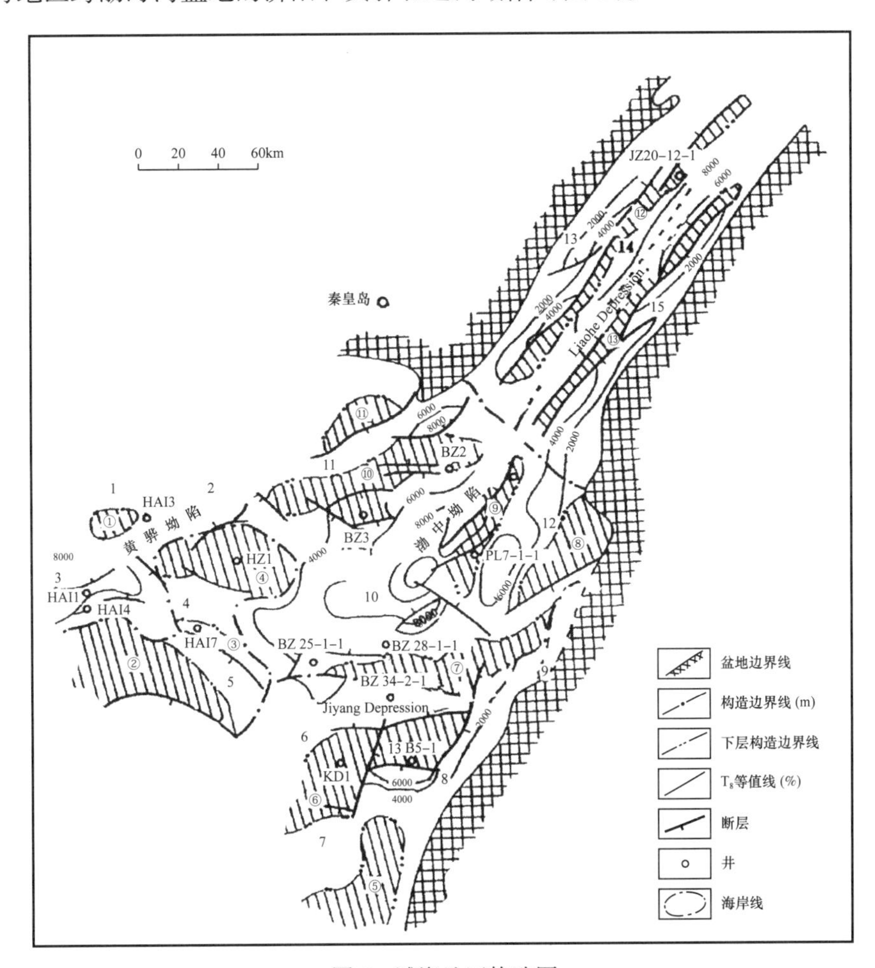

图 8　滩海地区构造图

3.1 烃源岩丰富

滩海地区除普遍发育沙三段等烃源岩外，沙一段和东三段暗色泥岩也成为有效烃源岩，其厚度 800～2000m、有机质含量 1.0%～4.0%，R_o 为 0.71～0.96。老 2-1 井岩心资料表明，沙一段和东三段生油岩已成为主力烃源层之一。

3.2 储集层优良

滩海地区砂岩储层发育，砂层组多、单层厚度较大、物性优良（表 2），尤以上第三系浅层优质砂岩储层发育为特征。

表 2　滩海地区砂岩储层简表

坳陷	层位	砂体厚度（m）	物性		代表井
			孔隙度（%）	渗透率（mD）	
济阳	Ng	10～5	25～38	500～2000	埕北 25 井区
	Ng	30	35.4	2000～4000	垦东 29
黄骅	N*m*	20	27.9	404	赵东 C-1
	Ng—N*m*	15～40	28～32	90～15000	老 2-1
	E*d*	10～20	22	25	
辽河	Ed_2	10	26.4	1324	LH18-1-1

3.3 区域盖层发育

滩海地区发育多套区域性盖层。其中东营组下部绿灰色泥岩厚度 300～500m，明化镇组红色泥岩厚度 500～1200m（图 5），他们都是良好的区域性盖层。

3.4 多层系复合油气藏

渤海湾盆地油气藏类型多样。滩海地区以逆牵引背斜、断块和潜山披覆背斜油气藏为主。

埕岛油田位于埕北凹陷埕岛披覆构造带（图 4）。从 1988 年到 1993 年底，钻井 31 口，成功率 100%，发现了中生界，第三系沙河街、东营、馆陶和明化镇组 5 套含油层系，彼此叠加、连片形成复合油气藏。目前已控制了一个含油面积 51.5km^2 的高产高丰度大油田。

海 4 井油田位于歧口凹陷南坡张巨河构造带西高点，水深约 5m。南侧主断层遮挡形成沙河街组、馆陶组和明化镇组逆牵引和断鼻复合圈闭（图 9、图 10），发育 3 个油气藏。其原油性质由深到浅规律变化（表 3），反映馆陶、明化镇组原油的次生特征，表明上第三系可以形成次生油藏。海 4 井 1971 年 10 月在沙二段首获高产油气流。海四平台于 1975 年 7 月试生产，4-1 井和 4-6 井单采明化镇组，初期平台日产量为 360t。

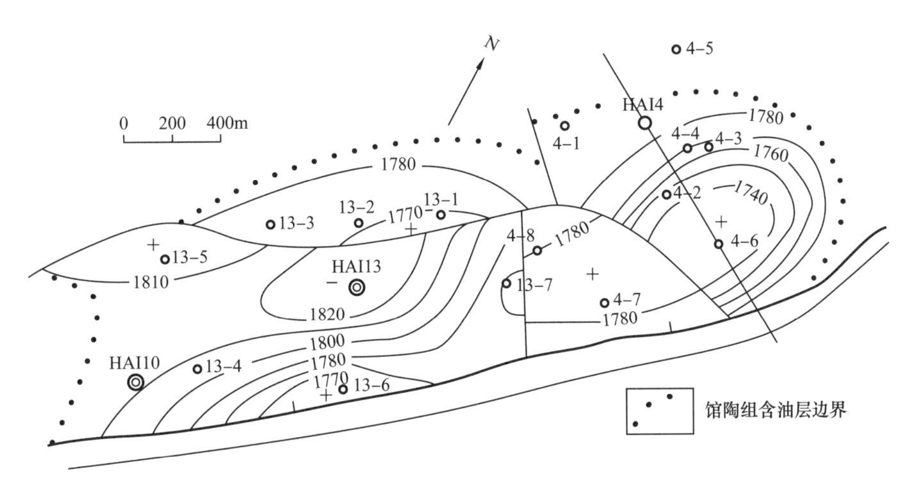

图 9 海 4 井油田馆陶组地层构造图

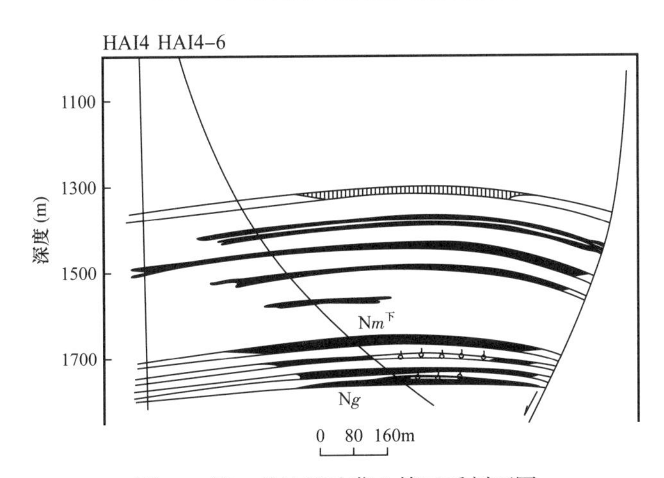

图 10 海 4 井油田油藏上第三系剖面图

表 3 海 4 井油田地下原油性质表

井号	层位	深度（m）	密度（g/cm³）	黏度（mPa·s）	地层压力（MPa）/地温（℃）	原始饱和压力（MPa）	体积系数	原始气油比（m³/t）	地层压力系数
4-1	Nm	1442.8	0.8711	12.04	14.20/57	13.35	1.093	41	0.983
13-3	Nm	1650	0.8320	5.83	/63.50	12.7	1.132	49	
13-5	Nm	1620	0.8247	6.0	15.97/65	14.0	1.146	51	0.986
4-2	Ng	1752	0.8666	17.4	16.97/71	11.6	1.114	35	0.969
4	E_3s_2	2818.4	0.8534	6.56	28.31/	26.6	1.474	179	（1.00）

3.5 油气分布规律

渤海湾盆地第三纪沉陷中心向海迁移，决定了油气分区展布的特点。在平面上形成陆地、滩海和海域3个含油气区；纵向上发育深、中和浅层多套油气藏（图11、图12）。陆地含油气区形成下第三系为主体的中—深断陷型含油气系统（下第三系—前第三系）；海域形成上第三系为主体的中—浅层坳陷型含油气系统（下第三系—上第三系）；滩海含油气区同时具有上述两套含油气系统，并垂向叠加和横向连片，形成复式油气聚集区含油气组合（图11）。中—浅层坳陷型油气组合一般埋深小于2500m，发育逆牵引背斜、断鼻、披覆背斜油气藏以及高凸起次生油藏（图12）；中—深层坳陷型油气组合一般埋深小于3500m，发育断块、潜山和地层岩性油气藏（图12）。

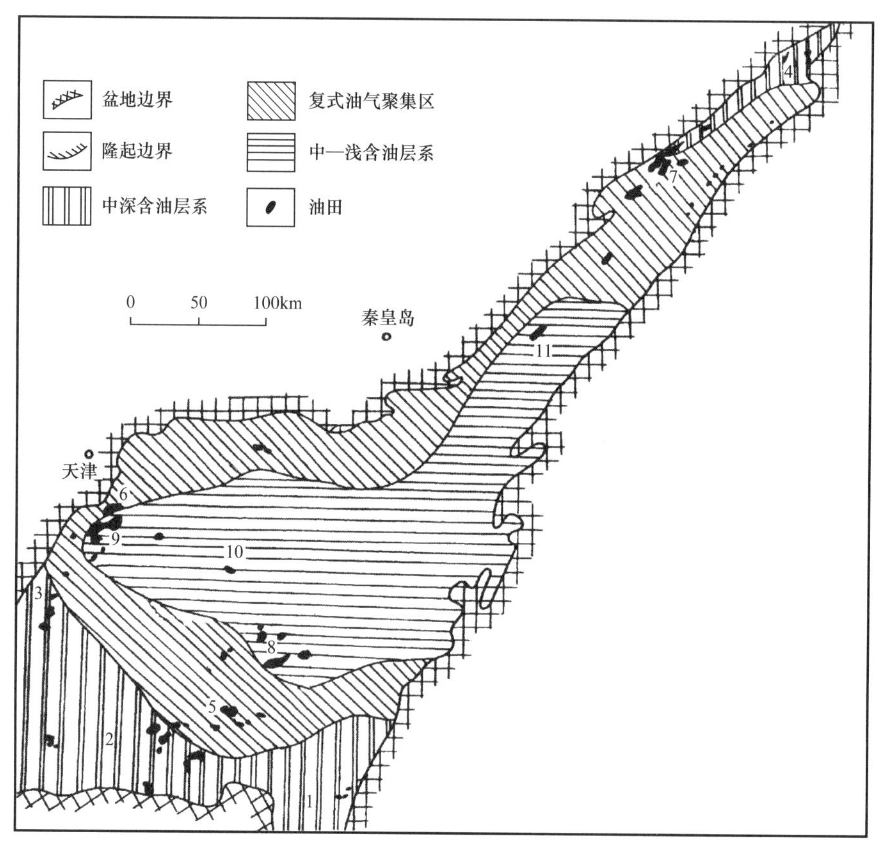

图11　滩海地区含油气系统分布模式

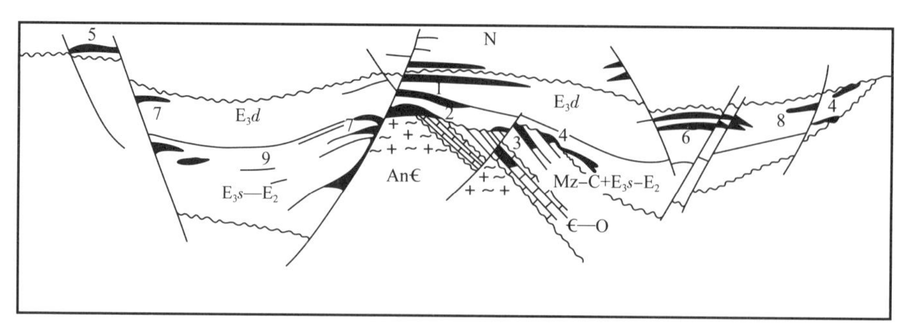

图12　滩海地区油气藏分布模式

4 结论

（1）滩海地区是陆地含油气系统向海域的自然延伸，发育一系列油源凹陷和含油构造。

（2）滩海地区烃源岩丰富。在渤海湾盆地普遍发育沙三段生油岩基础上，沙一段和东三段暗色泥岩也成为有效烃源岩。

（3）滩海含油气区同时有利于坳陷型含油气系统与断陷型含油气系统垂向叠加和横向连片，形成复式油气聚集区含油气组合。

（4）滩海地区的圈闭类型以逆牵引背斜、披覆背斜、断块和潜山为主，并发育有地层岩性圈闭。

（5）上第三系砂岩储层发育。砂层组多，单层厚度较大，物性优良，是滩海地区的重要储层。

（6）埕岛和海 4 井油田勘探开发经验表明，滩海地区可以找到高产、高丰度大—中型油田。

参考文献

[1] T.K. HUANG，1992，Selected Works of Huang Jiqing，Geological Publishing House.

[2] HUJIANYI，TONG XIAOGUANC et. al，1989，Sedimentary Basin of the World（series editor：K J. HSU）Chinese Sedimentary Basins（Editor：Zhu Xia）The Bohai Bay Basin.

[3] 刘星利．中国石油地质志（卷十六），渤海海域沉积盆地．北京：石油工业出版社，1990.

[4] YANG SHENBIAO，HONG ZHIHUA，1994，Simulation of Hydrocarbon Maturation and Migration of Eogene Source Rocks in Jiyang Lacustrin Sub-basin. Denver' 94 AAPG ANNUAL MEETING.

原载于:《中国石油对外合作勘探开发论文集》，石油工业出版社，2005 年。

第三篇

PART THREE

海外石油勘探

巴基斯坦的石油工业和石油地质

童晓光

（中国石油天然气勘探开发公司）

巴基斯坦是我国的友好邻邦，也是我们进入国际石油勘探开发市场比较合适的地区。不久前，笔者有机会对该国的石油工业和石油地质条件进行了短期考察，现将有关情况介绍给读者。

1　巴基斯坦的石油工业

巴基斯坦与伊朗、阿富汗、中国、印度相邻，面积约 $80\times10^4km^2$，人口约 1.1 亿。

巴基斯坦石油勘探开始较早。1866 年在上印度河盆地的昆达尔打了第一口探井。1886—1892 年间从 11 口浅井中共采出了 $3657m^3$ 稠油。1952 年找到了苏伊气田，可采储量达 $2264\times10^8m^3$。到目前为止共发现大小油气田约 80 个，现正生产的有 36 个，都位于印度河盆地，特点是气田规模大，油田规模小。

巴基斯坦目前年产气约 $140\times10^8m^3$，已基本上自给；年产油约 320×10^4t，远远不能满足国内的需求。

巴基斯坦的能源构成（%）：油 40.2、气 35.01、电 18.91、煤 5.48、液化气 0.39。1990—1991 年花 18 亿美元进口石油。

巴基斯坦有 3 个炼油厂，2 个在港口城市卡拉奇，主要炼制从阿拉伯进口的油；另一个在伊斯兰堡附近的拉瓦尔品弟，炼上印度河所产的油。中部地区所需的成品油，由卡拉奇至木尔坦的输油管线输送。全国已形成输气网络，以苏伊气田为中心，北至伊斯兰堡和白沙瓦，南达卡拉奇，西达俾路支省的奎达。

主管石油工业的政府机构为石油和自然资源部，设部长和国务部长，随内阁的更替而更换，长期任职的领导人是部秘书，管理日常事务。具体负责石油工业的有 4 个总监：石油租让总监、原油总监、天然气总监和新能源总监。与油气勘探开发关系比较密切的是租让总监，协助他工作的有几位副总监分别负责不同类型的租让权登记。我们在访问期间会见了租让总监和负责勘探租让权的副总监，他们对中国的态度都很友好。

巴基斯坦设有国家石油公司，称油气开发公司（OGDC），成立于 1961 年。它作为政府的代表，在勘探阶段参股 5%。一旦有商业发现，股份就增至 50%。同时它本身也申请区块勘探，作为作业者，也在其他区块进行勘探作业的劳务承包。公司共有 11 个钻井队和 6 个地震队，有些地震设备是从中国购买的。我们访问了这个公司负责生产的董事、勘探总经理、勘探部的总地质师和总地球物理师。

政府管辖的石油研究机构，巴基斯坦石油开发研究院（HDIP），成立于 1975 年，现有 300 人，在伊斯兰堡和卡拉奇各有一个大型实验室，在其他地方有 4 个测试中心，负责油气上下游工业研究。办有一个出版物为“Pakistan Journal of Hydrocarbon Research”（《巴基斯坦烃研究》）1989 年创刊，年出版 2 期。在伊斯兰堡有个岩心实验室，四川石油管理局有人参与工作。我们应邀访问了盆地研究室，他们对与中国合作表示了很大兴趣。该研究室主要集中研究新区新盆地，研究报告作为资料包出售。

巴基斯坦政府采取了积极吸引外资参与勘探开发的政策。1991 年 11 月 3 日开了国际石油勘探研讨会，1992 年 2 月 2 日召开了南亚国际地质讨论会。1991 年 11 月颁布了新的石油政策，其要点如下：

（1）所有勘探租让权的申请审批要在 3 个月内做出决定，有争议或竞争的申请，最多延长至 6 个月。由常设委员会进行公正和迅速的审批。

（2）目前规定，政府在勘探租让合同中占股 5%，商业发现后占股 50%，占股数改变可通过谈判或招标。

（3）从事勘探的油公司按股份付当地货币，外汇需求，政府将充分满足。

（4）在勘探和开发阶段进口机械和设备，税率一律定为 5.25%；而进口钻井、地震、测井等设备不收税。

（5）提高天然气价格。按热值计算，非伴生气为燃料油的 75%，伴生气为 66%。原油按可比的中东油价格减去谈判签订合同时确定的折扣。

（6）一口探井的结果就可宣布商业发现。

（7）深层的勘探开发将制定新的条例。

在新政策的影响下，外国公司比较活跃。目前有 23 个公司在 54 个区块作业，其中 17 个为外国公司。

巴基斯坦的油气勘探潜力很大。据 OGDC 宣布，石油资源量为 $69.96\times10^8m^3$，已发现约 $7950\times10^4m^3$，天然气资源量为 $5.66\times10^{12}m^3$，已发现 $8490\times10^8m^3$。整个巴基斯坦勘探程度都很低，总共只打了 200 多口探井，400 多口生产井。探井成功率较高，约为 1∶3。其原因主要与按科学程序作业有关。他们的勘探阶段划分很明确，一般先做地质普查，再做地震概查，测网密度在 10km×10km 左右。发现构造显示后，加密测线进行详查，落实构造并做出评价。如未发现构造或构造评价结果不值得钻探，可向政府申请放弃。如果评价的构造值得钻探，就先确定一口探井，区块内的其他构造和这个构造是否要进行评价性钻探都要等第一口探井的结果。由于一切工作都以经济效益为准则，结果使勘探周期较长，但钻探的成功率比较高，生产井数也较少，相对产量较高，如苏伊气田面积 $150km^2$，气井只 88 口，年产气约 $70\times10^8m^3$。

巴基斯坦的钻井成本比较高，许多井的成本超过了我国在海上自营井成本。原因之一是地质条件比较复杂，高压层与正常压力层交替存在，钻井十分困难，套管程序十分复杂。如我们参观过的 ADHI 油气田，就下了 5 层套管。这个油气田共打了 11 口井，工程报废井有 5 口。第二个原因是钻井周期较长，比我国平均水平长近一倍。最后是，有许多井是外国公司打的，可能劳务费用比较高。我国也曾在巴基斯坦钻井工程投标，但均未中标，其原因是我们报的日费太高。巴基斯坦每年地震工作量 4000～6000km，OGDC6 个地震队可以完成大部分工作量，对外来地震队的需求不大。但资料处理大多拿到国外。我国石油物探局曾免费予以处理资料，建立了一定信誉，资料处理的市场是可以争取的。每年钻井 50～60 口，随着巴政府的开放政策，钻井工作量还可能上升，对外来钻机的需求较大，是可以开拓的市场。

由于巴基斯坦的原油不能自给自足，所以外国公司在巴基斯坦生产的原油都由政府收购，按国际油价打一个折扣，要负责将原油送至炼厂，但可补贴相当从阿拉伯进口原油的运费。天然气价格很低，非伴生气每千立方英尺（$28.3m^3$）约 1.2 美元，伴生气约 0.2 美元。根据新的石油政策，气价会大幅度提高，但仅适应于新的招标区块。

2 巴基斯坦的石油地质

巴基斯坦的主体部位位于印度板块，最大的盆地是印度河盆地，位于喜马拉雅碰撞带之南和走滑断裂带之东，印度地盾之西，面积达 $36\times10^4km^2$，目前发现的油气田全部集中在这个盆地。

盆地内地层发育和变形特征从北到南，从西到东变化明显。北部和西部强烈挤压变形，向东、向南变弱，在东南部出现拉张变形。中生界自北向南、自东向西加厚，而新生界的磨拉石层在北部和西部山前急剧加厚。纵向上，印度河盆地的演化可分为 4 个阶段。

2.1 内部沉积盆地阶段

盆地从晚元古代（约相当震旦纪）开始发育，底部为红色岩层不整合在变质岩基底之上，向上依次为叠层石白云岩、蒸发岩和富含有机质的页岩互层。寒武系底部又以红色岩层开始，向上为海相的粉砂岩、海绿石砂岩和白云岩，而海侵高峰期沉积了白云岩和白云质砂岩，再向上又是广泛的蒸发岩沉积。寒武纪末沉积终止，长达 23 万年，并发生剥蚀。

2.2 内部断裂阶段

经过长期沉积间断后，二叠纪开始的热事件和初始裂谷作用，先沉积了一套冰碛和冰水沉积的碎屑岩，向上为海相碎屑岩至海相石灰岩和页岩。

2.3 边缘凹陷阶段

随着裂谷系的进一步扩张，更新了这个沿岸盆地的沉积作用，厚层中生代沉积层序代表了典型的大陆边缘盆地。有广泛海侵的边缘海碳酸盐岩沉积与河流—三角洲碎屑岩沉积交替出现。然而在印度河盆地的东南部，自早白垩世开始受到新的裂谷作用影响，发育了一系列同沉积作用的正断层。

2.4 前陆凹陷发育阶段

从中至晚始新世连续的陆—陆碰撞，北部和西北部隆起并发生侵蚀，在山前形成了巨厚的陆源碎屑岩沉积。构造变形特征也具有明显的分区性，上印度河盆地，地层强烈褶皱并发生倒转，伴随有逆断层，除受强烈挤压外，也与寒武系较厚的盐层有关。中印度河盆地西部苏莱曼山变形强烈，向东构造变得平缓简单。下印度河盆地西部的基塞褶皱带变形强烈，向东构造也变为平缓简单，西部为压性走滑断层，东部为张性走滑断层。

印度河盆地中的圈闭多，有背斜、断块，也有地层岩性，规模较大。

印度河盆地的生油层比较多，但主要存在于始新统、古新统与白垩系。这个盆地现地温梯度低，有可能油气的生成时间较晚。根据油源对比，认为上印度河盆地中波特瓦尔凹陷中的油都来自下始新统。

储层纵横向上发育比较广泛，有碳酸盐岩，也有碎屑岩。

中印度河盆地以苏伊气田为中心的含气区是巴基斯坦最大的天然气聚集区，储层为始新统礁灰岩。礁体范围内气的聚集受构造控制，各个背斜的油气组合关系不同，可为纯气，也可是上油下气，或是纯油，气油水界面的深度也不一致，但具有统一的静水压力梯度，是一个正常的压力系统。研究认为，苏伊气田的天然气属于高成熟气。

上印度河盆地多为小油田。背斜圈闭，以始新统裂缝灰岩为主要储层。古生界内也有少量产层，油源在始新统，因断层产生了运移条件。

下印度河盆地既有小油田，也有小气田，产层为中生界和下第三系。

整个印度河盆地油气产层的时代跨度很大，包括寒武系、二叠系、侏罗系、白垩系、古新统和始新统。

除印度河盆地外，还有几个有含油气远景的地区。

（1）印度河盆地向南海域部分。它是第三系三角洲沉积，厚度达 7000m，具有含油气远景，勘探程度很低。

（2）帕罗齐斯坦盆地。位于巴基斯坦西南部。主要由两大部分组成，南部为乌克兰增生楔柱体，由于南侧洋壳的消减作用形成，以叠瓦状推覆体和陡峻紧闭不对称褶皱为特征，从泥火山中喷甲烷气。北部是一个弧前盆地，有三角洲、近岸、水下扇砂岩和碳酸盐岩储层，可能存在各种断层圈闭，是一个基本未勘探的有利远景区。

（3）皮山盆地。横跨在巴基斯坦与阿富汗之上。地层为始新统、渐新统和中新统，沉积厚度 4000～6000m。盆地类型为外大陆山间盆地。据估算油气资源量为 $1.272\times10^8m^3$。

I.B. 凯德里等对巴基斯坦的含油气远景区与世界上的类似盆地做的类比研究认为，中印度河盆地与阿拉伯盆地可类比，旁遮普地台与阿曼含油盆地可对比，基塞和苏莱曼褶皱带可与怀俄明逆掩带对比，印度河海岸盆地可与尼日利亚三角洲盆地类比，皮山盆地可与阿富汗的卡拉库姆 / 阿富汉—塔吉克盆地类比。

原载于:《石油知识》，1993 年第 2、3 期。

中石油集团公司跨国油气勘探的进展和面临的挑战

童晓光

（中国石油天然气勘探开发公司）

摘要： 中国石油集团公司在近10年的跨国油气勘探开发中取得了重大进展，2001年海外项目的原油产量已达到1623×10^4t；由于跨国油气勘探有其自身的独特性，确定出了我们新的勘探思路和原则，在海外勘探项目评价中的水平不断提高；同时总结出了一系列新的勘探理论，有力地指导海外的油气勘探。在21世纪，世界油气勘探开发的竞争日趋激烈，必须做好在现有项目的基础上，加强对新项目的优选，加强总部的技术支持和管理，提高地质地球物理人员的素质等。

关键词： 中国石油集团公司；跨国油气勘探；进展；挑战

中石油（中国石油天然气集团公司简称）跨国油气勘探开发已经有近10年的历史，但较大规模的展开以1996年底至1997年获得苏丹1/2/4区块，哈萨克斯坦阿克纠宾油气股份公司和委内瑞拉英特甘布尔、卡拉高莱斯油田等三大项目为标志，仅仅只有5年时间。2001年海外项目的原油年产量已达成1623×10^4t，权益原油年产量达到831×10^4t。2000年底，剩余石油可采储量26×10^8bbl，剩余天然所可采储量$32829 \times 10^8 ft^3$。

根据中石油公司的战略设想，跨国经营首先以小项目起步积累经验，继而以新老油田开发项目为主，尽量减少风险、积累资金，再逐步增加勘探项目。目前正处于从第二阶段向第三阶段过渡时期。

实践表明，勘探与开发是互相渗透的。上述三大项目都存在程度不等的勘探工作，如苏丹1/2/4区块实际上是一个勘探开发并举的项目，阿克纠宾公司肯基亚克盐下油田目前处于评价性勘探阶段，委内瑞拉两个油田都在进行滚动勘探。甚至最老的跨国项目秘鲁塔拉拉油田六、七区的成功很大程度上是由于滚动勘探发现了新层和新块。目前勘探项目日益增多，如苏丹6区、苏丹3/7区、哈萨克扎南地区、缅甸项目正处于勘探的高潮或准备阶段。正在投标和双边谈判的勘探项目也很多。

1 跨国油气勘探在挑战中不断取得进展

1.1 在实践中不断学习，转变观念，适应跨国勘探的特点

跨国勘探是在资源国的土地上进行的。资源国在允许外国公司获得利润机会的同时，也要保护自身的利益，制定了各种法律和石油合同，归纳起来有以下几点：

（1）勘探费用全部或大部分由外国公司承担，在多数情况下还要支付资料费或前期勘探费用。如果有了商业性发现，按合同规定在油气生产中逐步回收，如果失利，勘探费用沉没。

（2）勘探区块有明确的边界，勘探作业只能在区块内进行，有时还规定了特定的层位或深度。勘探义务工作量、成本回收都以区块为单元，即所谓“篱笆圈”。

（3）勘探有期限，一般为5～10年，划分为2～3个阶段，每个阶段为2～3年。每个勘探阶段结束，都要退还一定的面积。外国公司有权在各勘探阶段结束时退还区块，结束合同。

（4）每个勘探阶段都要承诺最低义务工作量，如地震公里数、探井数（进尺数）、勘探投资金额。如果没有完成义务工作量，政府有权要求赔偿。

（5）一旦有商业性油气田发现和投产，就要向资源国缴纳矿区使用费、所得税和附加利润税。还可能有原油出口、设备进口的税收。此外还可能从勘探区块签字起就要缴纳土地租金、签字时的签字费、达到不同产量阶段的贡金。

（6）可能有雇佣当地劳动力的规定和资助当地社会的福利费。

这些条款说明跨国勘探的成本高，许多在国内可以获利的项目，在海外就要亏本。更重要的是合同条款对勘探区、勘探期和勘探区面积的放弃条款的规定，向我们半个世纪中建立起来的许多勘探思路和原则提出了挑战。

1.2 确定新的勘探思路和原则

（1）跨国勘探的时间性极强，必须加速实践—认识—再实践—再认识的周期，要速战速决，不能打持久战、消耗战。

（2）发现商业性油气田是根本目的，必须按照先肥后瘦、先易后难、先浅后深的原则。每一项勘探部署都要经过经济评价。

（3）勘探部署要以合同区块为单元。在商业性油气田发现前，对待钻圈闭的资源量要求比较大，有了商业性发现后，对待钻圈闭资源量要求大幅度下降，并可加大勘探力度。

（4）勘探时要重视盆地、含油气系统、成藏组合等地质模式和成藏模式的研究，但落脚点是圈闭评价。区域地震测网要比较稀，在有利地区加密，钻探目标要逐一进行评价。

（5）对合同区的潜力评价，要在地质条件研究的基础上，以圈闭资源量为依据。国内常用的成因法（地球化学法）计算的资源量只能作为参考，因为这种资源量可信度低，同时不能落实到具体勘探目标，也不能进行经济评价。

总之，跨国勘探必须要有强烈的经济意识，要有强烈的合同意识。我们在实践中不断学习，转变观念，适应了跨国勘探的特点，把跨国勘探的要求，贯彻在每项具体的技术工作中。不仅勘探取得了重大进展，同时也获得重大的经济效益。

1.3 海外勘探项目评价优选的能力不断提高

一个海外项目的成功与否，与项目获得后的工作关系极大，一个好的项目，由于经营不善或技术工作没有做好，也可以成为没有效益的项目。但是项目的地质条件和资源条件毕竟是项目的基础。勘探项目（当然也包括油田开发项目）的评价和优选是项目成败的关键。

跨国勘探的最大优点是有广阔的可供选择的机会，世界上的所有地区都有可能成为我们的勘探对象，同时也给我们带来巨大的挑战。首先是工作量大，仅 2001 年海外中心评价过的项目达到 22 个国家和 100 多个项目。其次是时间紧，往往海外项目的时间性非常强，要求在很短的时间内完成。最后是资料少，勘探项目实际存在的资料就少，可以获得的资料可能更少，在此基础上作出评价的难度很大。更重要的是我们的跨国勘探刚刚起步，没有对世界盆地进行过系统的研究，缺乏基础性的工作。世界上的许多跨国大油公司都有全球资料库，并且对全球的勘探地区作过系统的研究，选出了重点，如 Exxon Mobil 公司对全球 18 个大区域进行地质评价，优选出拥有世界 86% 资源量的盆地作为未来的勘探对象。

我们的项目评价工作不是主动出击而是被动应付，通过各种渠道所获得区块进行评价，区域背景没有研究，匆促上阵难度更大。我们的地质家尤其是海外研究中心的地质家，在这种情况下努力工作，完成了大量评价工作，敢于肯定也敢于否定。在具体区块评价的同时，也开始积累全球信息，对全球各个地区的石油地质和资源条件有了初步了解，基本掌握了勘探对象评价系统和方法，为今后的勘探区块评价创造了条件。

1.4 在实践中产生理论，指导勘探

世界上只有相似的盆地，没有完全相同的盆地。油气藏的形成和分布有许多共同规律，但每类盆地，以致每个盆地都有它的特殊规律。

跨国勘探面对的盆地类型更加多样化，有许多是在国内勘探没有遇到过的，都要在实践中去认识去总结。即使像苏丹 6 区和苏丹 1/2/4 区所在穆格莱特盆地也是如此。一般地说穆格莱特盆地是一个内陆裂谷盆地，与中国的渤海湾盆地十分相似，都是陆相沉积，但经过深入研究就发现它与渤海湾盆地仍有很大不同。根本原因是穆格莱特盆地是一个被动裂谷盆地，而渤海湾盆地是一个主动裂谷盆地，盆地形成前的地质背景也不同，两者地质特点有很多差别，油气聚集规律也有很多差别。可以将穆格莱特盆地的地质模式总结如下：

（1）穆格莱特盆地的基底是经过长期准平原化的前寒武纪火成岩和变质岩，原始地形的高差小，作为沉积岩的母岩石英含量高。

（2）穆格莱特盆地的形成是由于中非剪切带右旋滑动所产生的，裂谷底部没有火山岩，具有典型被动裂谷的特征。盆地的北部边界终止于中非剪切带。盆地自南至北走滑作用逐渐增强。

（3）穆格莱特盆地的正断层断面平均倾角较大，拉张量较小，大部分地区翘倾作用较弱，扭动作用相对较强。

（4）穆格莱特盆地多期断坳旋回比较明显，裂谷作用空间位置变化较大，走向也有一定变化，纵向上三期裂谷作用表现为强—弱—强。

（5）三期裂谷形成了三套生油岩，第一裂谷期 AbuGabra 组生油岩分布面积广，除盆

地边缘隆起区和高斜坡区缺失外，普遍分布，但平面上生油岩厚度、有机质类型和丰度有变化，是盆地的主力生油层。第二裂谷期的 Baraka 组生油岩的有机质丰度低，不起重要作用。第三裂谷期的 Tendi 组生油岩有机质丰度高，但未成熟。

（6）穆格莱特盆地断块山幅度低，数量少，基本上都有 Abu Gabra 组覆盖，因此潜山圈闭，披覆背斜都不发育，滚动背斜的规模比较小，主要圈闭类型为反向翘倾断块（或断鼻）和在低幅度隆起背景上的翘倾断块群，其次为相向正断层下降盘的背斜。

（7）穆格莱特盆地的断层侧向封堵性较差，滑抹（Smear）作用不明显，一般都要求对侧的岩性封堵。同一条断层对不同地层的封堵作用不同。

在上述地质特点控制下的油气藏的形成和分布也有鲜明的特点。

（1）发育了四套成藏组合（或储盖组合），以 Bentiu 组为储层、Aradeiba 组为区域盖层的组合是盆地内的最主要含油层系。主力生油层 AbuGabra 组内部储盖组合（断陷期成藏组合）和断陷前期成藏组合（古潜山）比较次要，至今尚无重要发现。第二断陷期的成藏组合，包括 Zarga 和 Ghazal 组油层在有圈闭和封堵条件下还必须存在油源断层。第三断陷期的成藏组合，包括 Nayil 组和 Tendi 组油层都是次生油藏，也必须存在油源断层。

（2）圈闭类型中以断块圈闭为主，其次为背斜圈闭。而断块圈闭主要是反向断层翘倾断块（或断鼻）。这主要由于这种断层最容易形成主力油层 Bentiu 组的侧向封堵。

（3）断层的侧向封堵在圈闭形成中具有十分重要的意义。断层性质（正向和反向）、断距和相邻一侧的地层岩性决定圈闭的有效性和含油高度。不同的含油层系对断层的封堵性有不同的要求，同一条断层对不同的含油层系可以起封堵作用也可能不起封堵作用。

（4）单个圈闭的规模以小型为主，但在一定的地质背景控制下，成带成群分布，组成成藏带。

（5）Bentiu-Aradeiba 成藏组合的分布除地质条件控制外，埋藏深度具有重要作用。此问题在苏丹 1/2 区影响很小，但对苏丹 4 区影响很大，限定了苏丹 4 区有利勘探区的范围。

（6）总体上断层的封闭性较差，使大部分油藏的油气比较低，尚未发现有商业意义的气藏。地层压力多处于静水柱压力或以下。

（7）第三纪裂谷发育区（凯康槽）使主要成藏组合 Bentiu-Aradeiba 组埋藏过深，仅能钻达上部次生油藏，成为勘探难度最大的地区。

不断实践，不断研究，逐步明确了穆格莱特被动裂谷盆地的地质特点和成藏模式，在此理论指导下，突出主力成藏组合和有利地区，突出寻找主要圈闭类型，强化断层侧向封堵性和圈闭要素研究，取得了勘探的成功。但应该指出，与穆格莱特盆地相邻且同样是被动裂谷的麦卢特盆地又有特殊的成藏规律和油气分布特点。至于像具有巨厚盐层的滨里海盆地，发育了盐上盐下两套成藏组合，碳酸盐岩成为主要目的层，是我们比较陌生的新的勘探领域。中国石油天然气勘探开发公司的一群年轻的勘探家，在短短几年的时间里，掌握了不同类型盆地和不同勘探阶段的勘探特点和勘探方法。

1.5 逐渐适应跨国勘探的工作方法

跨国勘探在工作方法上有几个明显的特点：

（1）中外地质专家在一个办公室、一个小组里工作，只能用外语作为工作语言，对中国地质家提出了很高的外语要求。

（2）跨国公司的勘探工作的落脚点是圈闭评价和探井井位，在工作站上完成。因此要以构造成图为中心，同时能够利用测井、测试资料，以及地层、沉积、油气生成和运移等综合地质研究成果，懂得经济评价的基本要领和方法。因此要求勘探地质家有比较高和比较全面的技术素质。

（3）跨国公司中的职员来自不同的国家，来自不同的公司，具有不同的文化背景、工作经验、勘探思路，甚至代表了各个公司的经济利益。在工作中会有矛盾，会有摩擦，需要有一个互相学习和互相磨合的过程。

（4）跨国勘探的油气资源属于资源国的主权，跨国公司的部署、方案、工作计划都要通过资源国政府有关部门或国家油公司批准，跨国勘探的作业是在资源国的领土上进行，会碰到各种法律问题和与当地政府的关系，勘探家要具有公关的能力。新项目评价的资料获取也会遇到相似的问题。

2 新世纪跨国勘探面临的挑战

2.1 我们面临的形势

（1）中国石油供需矛盾日益突出和中国石油集团公司自身发展的需要，必须加速海外勘探开发油气。

目前每年从海外进口油的数量已接近了消费量的30%，这种趋势还在进一步发展。中央对此十分重视，中央制定的“走出去”战略在相当程度上针对石油，中国石油集团公司是“走出去”最有成效的中国石油公司，必须义不容辞地加快走出去的步伐。

中国石油集团公司要发展壮大，不能把石油勘探开发领域局限于中国境内，要以世界为对象，寻找优质油气田，提高勘探开发效益，也为中国石油集团公司过剩的作业力量寻找出路。形势迫使我们要以比过去更快的速度走向世界。

（2）国际油气勘探开发市场的竞争十分激烈。

油气工业是全球化最早的行业，跨国油气勘探开发的历史已经有100多年。世界上已经形成了一批跨国经营的大油公司，他们的资金雄厚、技术先进、经验丰富，占据了大批勘探有利地区。世界上还有一大批跨国中小油公司，它们的经营灵活，善于获得区块。私有化的资源国，当地小油公司如雨后春笋，有许多关系网，也掌握了大量区块。资源国国家油公司，特别是一些资源丰富的国家油公司已有长期的油气勘探开发历史，有的与西方油公司有长期合作的历史，他们熟悉本国的石油地质特点和油气资源分布规律，掌握着最有利的区块。因此国际勘探开发市场竞争十分激烈，肥肉日益减少，必须要用更大的力气去寻找去争夺，同时也要面对硬骨头，要在夹缝中求发展。

在这种形势下，对地质家的要求就更高，特别是在集团公司领导提出要加大勘探力度，逐渐增加勘探项目的要求下，勘探工作的任务更加艰巨。

2.2 应对挑战，与时俱进

2.2.1 做好现有项目的勘探工作

目前我们勘探的主战场是苏丹，苏丹三大项目的合同区面积约 15×10^4km^2。苏丹 6 区和苏丹 3/7 区现在正处于勘探为主的阶段。苏丹 6 区的重油勘探已有很大突破，还要继续发展，稀油的发现和勘探，是更为重要的任务。苏丹 3/7 区接管以来勘探取得了很大进展，当务之急是扩大储量规模，为建设输油管线和油田开发提供依据。苏丹 1/2/4 区在继续苏丹 1/2 区滚动勘探的同时，要扩大 DiffraWest−1 的成果，进一步突破 4 区的勘探。哈萨克斯坦重点是肯基亚克盐下的评价性勘探和扎南的区域勘探。扎南的关键是在加密二维地震基础上，优选预探井井位，求得油气发现的突破。缅甸各区块 2002 年将开始实施作业，争取有实质性突破。阿曼五区和阿塞拜疆 K&K 区块要做好勘探的前期工作，预计正在投标的勘探项目，如利比亚四个区块的投标，2002 年可能获得其他新的勘探开发区块，都要做好综合地质研究和钻探目标评价，争取有所发现。

2.2.2 新项目的评优与优选

根据国际油气勘探开发市场激烈竞争的形势和集团公司关于海外项目大中小并举的方针，新项目评价的工作量仍将很大，任务将非常艰巨。一方面要有足够的思想准备，抢时间争速度；另一方面要继续提高评价水平，善于抓住关键问题，搜集资料，评价要有重点。评价时要讲科学性，要实事求是进行潜力和风险评价，不夸大不缩小。既不漏掉好项目，也要敢于否定没有前景的项目。在项目评价时要扩大知识面。地质家的评价当然要以地质条件和资源条件为重点，但同时也应考虑到投资环境和经济效益。报告的编写要有逻辑性，层次清楚，观点明确，便于领导决策。

海外研究中心应进一步深化全球油气资源分布和勘探机会的研究，逐步做到能够主动提出勘探合作方向、重点和具体区块。

在已有作业区的国家扩大合作范围是一条重要途径，地区公司对所在国的情况最了解，信息量最多，应该把寻找新的合作项目也作为一条任务。也可以把信息或合作机会报告总部，由总部组织专家小组评价。如果有条件，也可以由地区公司先进行初评。

为了优选项目，应建立起项目组评价和公司专家组评价二级评价制度，尽量避免项目评价失误。

2.2.3 加强总部的技术支持和技术管理

资源国愿意与外国石油公司合作的原因之一是要引进国外的先进技术，中国石油集团公司到外国去勘探开发油气田，就必须具有比资源国水平更高的技术。中油在技术上最大优势是因为它具有油田勘探开发全套技术和作业能力，又有半个多世纪勘探开发油气田的丰富经验，也培养了大批专家，有能力做好技术支持。按照集团公司的要求，今后的所有新项目的勘探部署和开发方案都要由海外研究中心提出，同时要解决海外项目的技术难题。这个决定是很正确的，这样可以充分发挥国内专家和科研设备的作用，减少海外项目人员费用，还可以从合作公司中获得科研项目的劳务承包。但是这样做，技术支持工作将更加繁重，必须大力加强海外研究中心的力量，还应充分利用其他研究单位的力量。要做好这项工作，分公司的经理要转变观念，克服小而全的思想，后方技术支持部门要树立为前方服务意识。前后方要做到经常交流、协调、配合以及信息的及时传输和反馈。

技术管理也是一项重要的工作，世界各大油公司都把勘探部署的决策权集中于总部，这是减少勘探风险、有效进行勘探投资的重要方法。因此总部要加强勘探开发部的技术管理职能。地震部署、探井井位、试油设计等审批制度和勘探信息的汇报制度，苏丹 1/2/4 项目做得最规范、最及时，海外所有分公司都要建立和严格执行这种制度。技术支持中的对外合作项目总部要统一管理。

技术管理与技术支持既有联系，也有区别，这两方面工作都要加强。

2.2.4 提高地质地球物理人员的技术素质

跨国勘探的成功，决定因素是人的政治素质和技术素质。我们的勘探家在跨国勘探实践中已有很大提高，但要适应新形势，仍然需要增加数量和提高质量，就技术素质而言，在实践中提高很重要，但是我们缺乏总结。工作任务繁重，时间太紧这是客观原因，但是对它的重要性的认识是主要原因。

原载于:《中国石油勘探》，2002 年 9 月第 7 卷第 3 期。

吉尔吉斯阿莱依盆地含油气远景分析

童晓光[1]，肖坤叶[2]

（1. 中国国际石油天然气勘探开发公司；2. 中国地质大学（北京））

摘要：阿莱依盆地是特提斯北缘盆地群中的一个，晚三叠世—古近纪与相邻的塔吉克盆地、塔里木盆地西南坳陷基本连通，中新世以后才成为分隔的周缘前陆盆地。该盆地现今面积约 5500km^2，推测沉积岩最厚达 8km，地层北薄南厚，推测南侧出露的地层为外来的推覆体，北侧出露的是原地体，其形成与帕米尔北地块由南向北俯冲有关。根据与相邻盆地的类比，结合该区十分有限的资料推测，阿莱依盆地可能存在 2 套成熟烃源岩（古近系暗色泥岩，白垩系石灰岩、泥灰岩和泥岩），可能发育的含煤侏罗系也是可能烃源岩；至少存在 2 套成熟组合（白垩系和古近系），新近系也可能形成次生油气藏；油气藏类型主要是被断层复杂化的背斜油气藏，以带气顶的油藏或凝析气藏为主。1991 年在盆地内阿莱依 1 号构造钻探的阿莱依 -1 井未发现油层，认为该井钻在油水过渡带，阿莱依 1 号构造可能是一个背斜油藏。

关键词：阿莱依盆地；塔吉克盆地；塔里木盆地西南坳陷；周缘前陆盆地；烃源岩；背斜油藏

吉尔吉斯斯坦南部奥新州阿莱依地区的阿莱依盆地勘探程度很低，海拔多在 3000m 以上，山风猛烈，气候寒冷，作业相当困难。盆地东西长 230km，南北宽 30km，面积约 5500km^2，向东延伸到我国喀什，向西延伸到塔吉克斯坦，南界为海拔 7000m 的列宁峰，向北缓慢倾斜，地势相对平坦。截至目前，盆内及周缘地区已完成 1：20 万的地质调查、区域重磁力测量及一些电测深剖面，局部地区钻过一些水文地质井（浅于 300m）；仅有约 500km 二维地震测线，1 口参数井。

2002 年 5 月 9—21 日，中国石油天然气勘探开发公司（CNODC）曾组团考察吉尔吉斯斯坦油气资源潜力。本文在考察工作的基础上，通过区域地质分析、相邻盆地类比，预测阿莱依盆地的油气勘探前景及可能的成藏组合和油气藏类型。

1　板块构造演化背景

阿莱依盆地位于中亚造山作用带（即 Sengor 所称的基墨里造山带）的中南部[1]（图 1），是特提斯北缘盆地群[2]（包括塔里木盆地西南坳陷、卡拉库姆盆地、阿富汗—塔吉克盆地、费尔干纳盆地等）中的一个，其形成演化与特提斯洋的演化密切相关。

三叠纪末—侏罗纪早期，在古特提斯洋的闭合过程中，西段的土耳其地块等与欧亚大陆之间仍存在狭长的黑海—里海古特提斯残余洋盆，此时的卡拉库姆盆地、阿富汗—塔吉克盆地、阿莱依盆地和费尔干纳盆地连为一体，海水自西向东侵入，这些盆地早、中侏罗世沉积了滨海相暗色泥灰岩与煤系间互的地层层序[3-4]。从侏罗纪晚期开始，帕米尔至地中海段的新特提斯洋向北俯冲的弧后扩张作用使黑海—里海残余洋盆扩大，西起卡拉库姆盆地、塔吉克盆地、阿莱依盆地、费尔干纳盆地，东至塔里木盆地塔西南坳陷，海侵范围进一步扩大，广大区域在白垩纪—古近纪发育了不同类型的海相层序。始新世末印度板块与欧亚大陆碰撞，但古特提斯残余洋仍有海水连通，直到中新世阿拉伯板块与欧亚大陆碰撞，扎格罗斯碰撞造山带形成，除地中海和黑海、里海等局部地区外的特提斯洋盆才整体关闭，除南里海盆地、黑海盆地外的特提斯北缘盆地群逐渐结束了海相地层沉积史。印度板块持续与欧亚大陆碰撞的作用导致帕米尔地区向北突刺，吉萨尔隆起出现，科佩特山和阿莱地堑区等抬升，卡拉库姆盆地、塔吉克盆地、阿莱依盆地、费尔干纳盆地和塔里木盆地被分隔[2]。

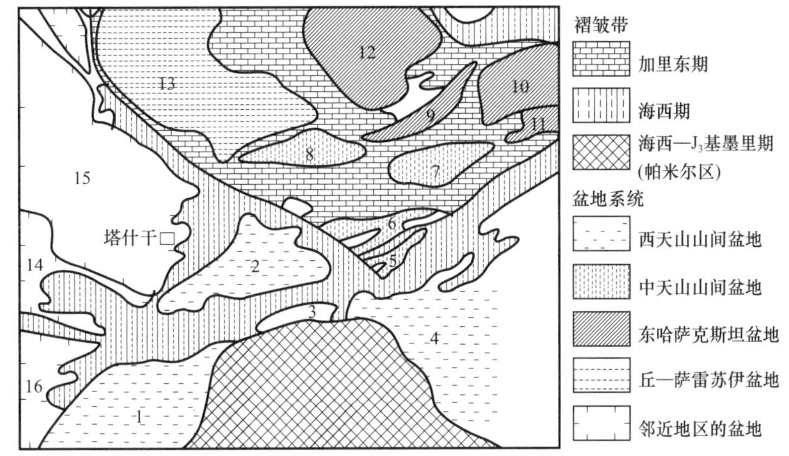

盆地：1—阿富汗—塔吉克；2—费尔干纳；3—阿莱依；4—昆仑凹陷；5—阿克萨依；6—纳伦—阿特巴什凹陷；7—伊塞—库里；8—东丘伊；9—西伊犁；10—东伊犁；11—科根—特克斯；12—滨巴尔喀什；13—丘—萨雷苏伊；14—南图尔盖；15—北克兹尔库姆；16—阿姆河

图 1　阿莱依盆地大地构造位置图[1]

这一演化过程在沉积层序上的反映就是这些盆地在中—新生代均先后发育过海相沉积，由于海侵自西向东，因而西部的卡拉库姆盆地在中侏罗世就沉积了滨海相的暗色泥灰岩，而塔吉克盆地、阿莱依盆地和费尔干纳盆地自晚侏罗世开始出现海相灰岩、膏岩沉积，东部的塔西南坳陷侏罗纪基本为陆相沉积，至晚白垩世才开始出现海相灰岩、膏岩沉积。上述海相沉积一直持续到渐新世。据研究，西塔里木海湾系古特提斯海北支，自赛诺曼初期开始形成，到渐新世末期消亡[5]。

2　周缘盆地含油气分析

由上述可见，在晚三叠世—古近纪的漫长地质历史时期中，卡拉库姆盆地、塔吉克盆地、阿莱依盆地、费尔干纳盆地和塔里木盆地西南部基本连通，中新世以后才逐渐成为现今各自分隔的周缘前陆盆地[6]。

2.1 费尔干纳盆地

费尔干纳盆地发育 E_2、K_1 及 J_{1+2} 含煤岩系等 3 套烃源岩；自上而下分布 N、E、K 和 J_{1+2} 等 4 套储盖组合，其中 J 和 K 主要产气，E 碳酸盐岩及碎屑岩主要产油，N 碎屑岩为次生油藏。储层分布在 N、E、K 和 J_{1+2}，其中，E 灰岩和砂岩储层是主力含油气层系（石油储量占全区总储量的 72%），其次为 K 和 N 含油气层系（石油储量占全区总储量的 10%），J_{1+2} 砂岩为含气岩系（其储量占全区油气当量的 8%）（图 2）。油气藏类型以背斜、断块油气藏为主，岩性油气藏、沥青或地蜡遮挡形成的油气藏次之。

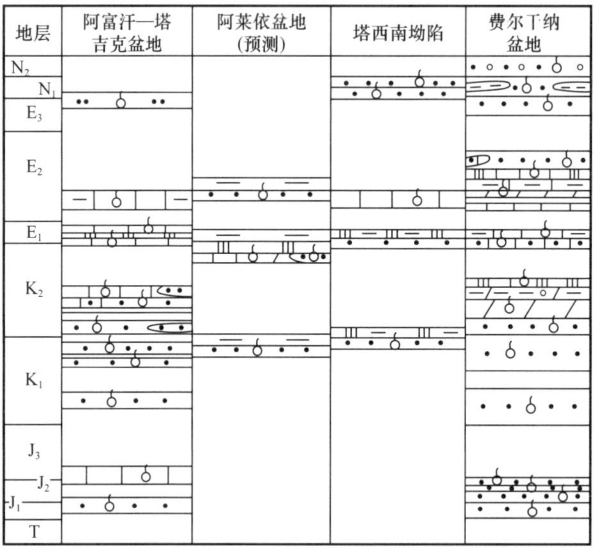

图 2　塔吉克盆地—阿莱依盆地—塔西南坳陷—费尔干纳盆地成藏组合对比图（据文献［2］，有修改）

2.2 塔吉克盆地

塔吉克盆地有 3 套烃源岩：J_{1+2} 的煤系地层，K 和 E 的海相、潟湖相石灰岩、泥灰岩和泥岩，E 烃源岩为主力烃源岩。

已发现 J、K 和 E 等 3 套成藏组合（图 2），分别为盐上 E 和 K 的成藏组合和盐下的 J 成藏组合。E 成藏组合以油藏为主，布哈拉组是主要产层，储层主要是孔隙—裂缝性白云岩和灰岩；K 成藏组合产层为 K_1 砂岩，油气藏类型以背斜、盐底辟和断块油气藏为主，受下部巨厚盐膏层变形的影响，背斜圈闭一般翼部非常陡峭，且为逆掩断层复杂化；J 成藏组合以气藏和带小油环的凝析气藏为主，埋藏较深，目前尚未钻探。

2.3 塔里木盆地西南坳陷

塔里木盆地塔西南坳陷目前已发现 C、K_1、K_3、E 和 N 等 5 套成藏组合（图 2），C、K 和 N 以凝析气、气藏为主，E 以油气藏为主。

C 成藏组合产层为碳酸盐岩；K_1 成藏组合储集层为 K_1 克孜勒苏群砂岩，盖层为 $E+K_2$ 膏岩、膏泥岩；K_2 成藏组合储集层为 K 砂岩，盖层为 E 膏岩、泥岩；E 成藏组合储

层为 E_2 卡拉塔尔组孔隙—裂缝性白云岩和石灰岩，盖层为 E_2 乌拉根组泥岩；N 成藏组合储集层为 N_1 砂岩。目前发现的油气藏阿克（K_1）和柯克亚（N）均为背斜油气藏。

3 阿莱依盆地含油气远景

阿莱依盆地位于塔吉克盆地和塔里木盆地之间，中—新生代经历了海陆环境的变迁，经历了断陷、坳陷到周缘前陆盆地的演化，将其与周缘盆地类比，有助于认识其盆地格架、烃源岩、构造样式及成藏组合，从而预测其勘探前景。

3.1 盆地构造格架

中—新生代的阿莱依盆地的形成与帕米尔北地块由南向北俯冲有关，包括原地体和推覆体两大部分，中—新生代沉积棱柱体在山前叠置。其构造特征为:（1）逆冲断层大量发育，在剖面上呈叠瓦状排列。尤其是盆地南缘的逆断层至今仍在活动，证据是中—新生界多次重复，地质填图发现白垩系逆冲在第四系之上。（2）断层早期为正断层，后期反转为逆断层。根据已有的地震资料，新近系顶面有一个明显的不整合面，因此构造反转可能发生在新近纪。（3）构造圈闭以背斜为主，受断层控制，大多分布在逆断层的上盘。

地震资料显示盆地基底埋深最大达 4s（地震传播时间），推测沉积岩最厚达 8km，北薄南厚（图 3）。盆地边缘出露 E、K、J、T、Pz，据露头地质剖面研究，盆地北部与南部的 Pz 及 K、J 在岩石学和地层学方面均存在巨大差异，尤其是 J。盆地北缘的 J 为砂泥岩，含煤夹层，厚约 145m；南缘的 J 主要为安山岩、斑岩、熔岩、凝灰岩、凝灰质角砾岩，含页岩夹层，厚度甚至超过 1000m。南北露头相距仅 18～25km，合理的推测是南侧地层为外来推覆体，而北侧出露的是盆地沉积。

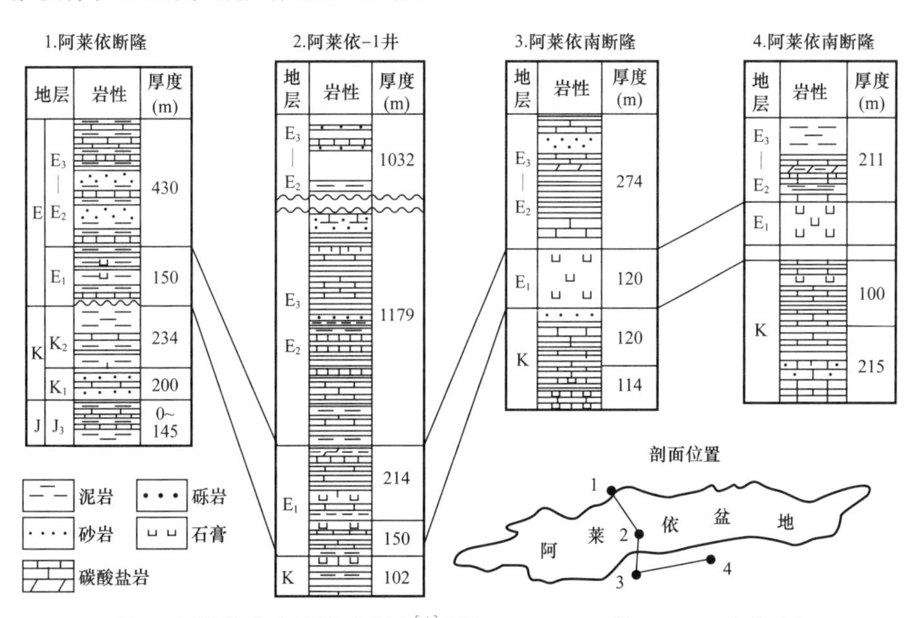

图 3 阿莱依盆地地层对比图[4]（据 Abidov A A 等，1990，有修改）

3.2 烃源岩推测

阿莱依 1 号构造位于盆地中部，是盆地内唯一已钻探的构造。1991 年在阿莱依 1 号构造钻的阿莱依 -1 井揭示的地层有：Q；N（？～3730m），为红色碎屑岩沉积；E（3730～4478m），上部为含凝灰质暗色泥岩，中、下部为砂泥岩互层（泥岩具有生烃潜力），局部出现石灰岩夹层，底部为白云岩、硬石膏、盐和泥岩，推测为白垩系。根据该井资料和对盆地周缘露头的分析，推测阿莱依盆地有 2 套烃源岩：古近系暗色泥岩和白垩系石灰岩、泥灰岩和泥岩。目前尚无阿莱依盆地的地热梯度资料，根据与邻区对比，其地热梯度应为 25～33℃/km，因此这 2 套烃源岩在盆地绝大部分地区都应已成熟甚至进入高成熟阶段。盆内可能发育的含煤侏罗系也是一套可能的烃源岩，在盆地南部可能已进人干气阶段。

3.3 成藏组合推测

根据对阿莱依 -1 井钻探结果的分析和与相邻盆地类比，推测阿莱依盆地至少存在 2 套成藏组合：K 成藏组合和 E 成藏组合，推测以带气顶的油藏或凝析气藏为主。K 成藏组合储层为 K 碳酸盐岩和砂岩，盖层为上覆盐膏层；E 成藏组合储层为 E 中下部的砂岩、石灰岩和白云岩，盖层为上覆泥岩。另外，在合适的条件下，新近系中的砂泥岩组合也可以形成次生油气藏。

3.4 可能油气藏分析

阿莱依 -1 井钻至 4478m 时发生井喷（钻井液密度为 1.32～1.4g/cm^3），目测估计日产液 600m^3，其中油 150m^3（敞喷 5h，5h 后不再出油）。该井完钻后对 3895～4353m 井段测井资料显示的几个可疑层进行测试，未发现油层，4361～4478m 井段井眼垮塌严重无法测试，因此目前难以判断井喷喷出的油产自哪个层位，推测来自井底。后来在阿莱依-1 井约 3000m 井深处侧钻至井深 4169m（图 4），也未见油气显示。

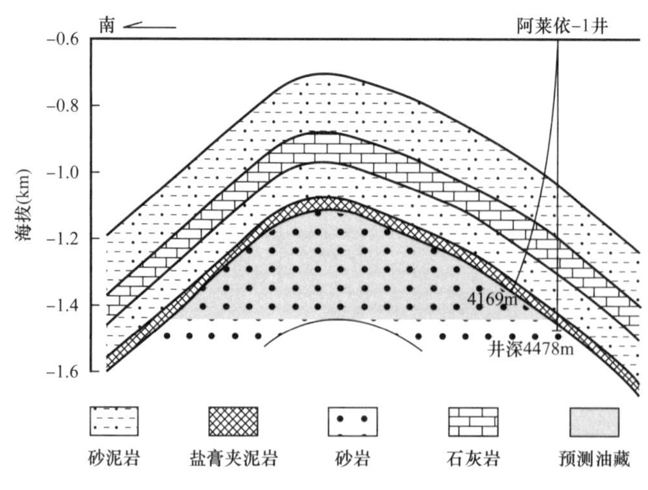

图 4 阿莱依 1 号构造预测油藏剖面图

但笔者分析[7]认为，阿莱依 -1 井钻在含油气构造的油水过渡带上（图 4），依据为:（1）井喷时油水同出，5h 后不再出油但仍旧产水;（2）1990 年采集处理的地震资料（吉方没有得到）表明，构造高点在该井以西约 5km 处;（3）喷出的原油密度很大（达 0.9531g/cm^3），喷出的地层水密度为 1.212g/cm^3、矿化度为 354g/L，在 4478m 深度喷出如此稠的原油，地层水矿化度又如此之高，合理的推测是钻入油水过渡带降解的沥青垫;（4）井底钻遇盐膏层，井口剩余压力 16MPa，计算的地层压力为 70.3MPa，压力系数为 1.56，说明存在封闭的异常高压水动力系统[8]。

3.5 盆地勘探远景

根据以下分析，认为阿莱依盆地是具有一定勘探潜力的含油气盆地:（1）区域岩相古地理研究发现，中生代时古特提斯洋海域沿塔吉克盆地、阿莱依盆地向东延伸到我国喀什凹陷，这 3 个盆地的白垩系均为海相地层；到古近纪，喀什凹陷沉积的是陆相地层，而阿莱依盆地仍然沉积海相地层。因此阿莱依盆地极有可能存在 2 套烃源岩，阿莱依-1 井已在古近系岩心中见暗色泥岩。（2）阿莱依盆地现今面积约 5500km^2，地层向南增厚，有相当一部分沉积岩被掩埋在南部推覆体之下，应该发育一定规模的烃源岩。（3）阿莱依-1 井井底钻遇的膏盐层可能构成良好的区域盖层[8]。（4）目前地震资料已发现的 4 个构造面积都在 10km^2 以上，按新资料分析，阿莱依 1 号构造面积在 20km^2 以上。通过开展新的地震勘探，肯定还能发现新的构造，尤其是背斜构造。

3.6 圈闭资源量分析

已发现的 4 个构造圈闭总面积初步估计约 58km^2，预测风险后圈闭资源量 1.49×10^8bbl 油气当量（表 1）。

表 1 阿莱依盆地圈闭要素表[5]

圈闭编号	圈闭面积（km^2）	顶面埋深	落实程度	风险后圈闭资源量（10^6bbl 油气当量）
1	17	650m	待落实	44
2	11	700m	待落实	28
3	10	1800ms	待落实	26
4	20	1300ms	待落实	51

阿莱依 1 号构造（表 1）位于盆地中部，是被断层复杂化的背斜。由于资料品质较差，且深层可能存在盐底辟活动，致使构造复杂化，需进一步落实。

4 结论

阿莱依-1 井的油气显示情况反映，阿莱依盆地是一个含油气盆地，可能存在白垩系和古近系 2 套烃源岩，可能存在包括白垩系和古近系在内的 2 套以上的油气产层，油气藏类型以被断层复杂化的背斜油气藏为主。通过新的勘探投入，可望获得一定的油气储量。

参考文献

[1] 孙永祥. 中亚西部侏罗系的含油气性 [R]. 北京：石油勘探开发科学研究院，2000.

[2] 贾承造，杨树锋，陈汉林，等. 特提斯北缘盆地群构造地质与天然气 [M]. 北京：石油工业出版社，2001.

[3] 戴金星，何斌，等. 中亚煤成气聚集域形成及其源岩 [J]. 石油勘探与开发，1995，22（3）：1-6.

[4] 戴金星，李先奇. 中亚煤成气聚集域东部气聚集带特征 [J]. 石油勘探与开发，1995，22（5）：1-7.

[5] 雍天寿，张振春，等. 古特提斯海北支塔里木古海湾岩相古地理 [M]. 北京：科学出版社，1989.

[6] PETROCONSULTANTS 公司. 世界含油气盆地图集 [R]. 日内瓦：PETROCONSULTANTS 公司，1999.

[7] CNODC 吉尔吉斯斯坦项目评价小组. 吉尔吉斯斯坦油气潜力分析和购买吉国家石油公司股份的可行性研究 [R]. 北京：中国石油天然气勘探开发公司，2002.

[8] 吕修祥，金之钧，周新源，等. 塔里木盆地库车坳陷与膏盐岩相关的油气聚集 [J]. 石油勘探与开发，2000，27（4）：20-21.

原载于:《石油勘探与开发》，2003 年 10 月第 30 卷第 5 期。

对美国地质调查局20世纪末所作的世界油气分布规律认识的分析和讨论

童晓光

（中国石油国际合作局）

美国地质调查局（USGS）在20世纪末，耗费了100人年的工作量研究了世界油气未来的供给前景，发表了新的全球待发现常规油气资源和老油田储量增长潜力的评价报告。

以Thomas S. Ahlbrandt为首的项目组审视了世界128个油气省，识别出149个总含油气系统，并进一步划分为246个评价单元或者在含油气系统中的相似实体。这项评价工作不仅用地质分析与概率方法得出了待发现常规油气资源的具体数值，而且还得出了一些USGS认为令人吃惊的地质新认识，用我们习惯的名词，就是世界油气分布规律或聚集规律。这些讨论来自统计的结果，具有很高的可信度，对于我们今后的勘探，特别是进行全球勘探，具有重要的参考价值。

一方面是向中国同行介绍世界十大油气分布规律；另一方面，对这些规律性认识作了进一步探讨。

1　石油圈闭的样式很多，世界上已知石油不到一半位于单纯的构造圈闭中

当我们按圈闭样式审视资源量时，可以把它分为地层型、古地貌型、构造—地层混合型、挤压型、拉张型和非应力作用形成（non-tectonic）的构造型。根据圈闭数量，挤压构造是最多的类型。但根据资源量观察各种圈闭类型，就会得出一个很有趣的结论；虽然人们都在寻找构造圈闭，但在其他圈闭类型中则存在大量资源。

在最近中国召开的会议上，Michel T. Halbouty指出，在世界勘探中，寻找隐蔽圈闭的作用日益增高。世界上的一些大油田，如利比亚的锡尔特盆地是地层和构造混合型圈闭。在今后，这类成藏组合将更加重要。高分辨率地球物理的进步，扩展了石油工业界寻找这些非构造圈闭的能力。在这个技术飞速发展的时代，这是非常重要的。

讨论：

非构造圈闭的重要性，中国地质家对此早已有比较深刻的认识。因此，这条规律不能说是新的认识。但在指导全球勘探时，确有重要的作用。笔者认为美国地调局的论述还太笼统，有待于深化，至少有3个问题需要考虑。

（1）圈闭类型与盆地的构造类型的关系最密切，与盆地的沉积类型也有关系。盆地内构造愈发育，则构造圈闭所占比例越大。构造发育程度的顺序应为挤压型盆地、压扭型盆

地、张扭型盆地、张型盆地。非构造圈闭的发育程度的顺序正好相反。就沉积类型而言，海相地层构造圈闭较多，而陆相地层相对非构造圈闭较多。

（2）世界上的大油气田多数为构造圈闭，且含油气丰度高。非构造圈闭中的大油气田少，非构造圈闭的数量众多，大部分规模比较小。

（3）一般来说，构造圈闭比较明显，容易发现，所以勘探的早期以构造圈闭为主要对象，而在勘探的成熟期，应以寻找非构造圈闭等隐蔽油气藏为主要对象。

2　Ⅱ型烃源岩占烃源岩的主要位置

有相当多的文献指出Ⅰ型和Ⅲ型烃源岩有重要贡献，但当我们现察一下全世界的含油气系统就很快知道，已发现和待发现的资源量来自Ⅱ型干酪根烃源岩或海相干酪根烃源岩至少10倍于其他烃源岩。在我们未做这个研究之前并没有充分认识到这一点。这个认识会影响我们到什么地方去勘探和寻找什么类型的烃源岩。湖相和煤系烃源岩在其存在的地方是重要的。

讨论：

（1）中国的特殊地质环境决定了湖相和煤系烃源岩对含油气系统的贡献起主要作用。在世界上也存在类似地质环境的地区和盆地，因此寻找这类烃源岩的含油气系统仍然十分重要。我们在苏丹发现的油田的烃源岩就是湖相烃源岩，这是一个很好的例证。

（2）Ⅱ型干酪根烃源岩在世界含油气系统中占绝对优势的事实，在全球勘探时，选择含油气盆地和含油气系统时必须充分重视这个因素。

3　自前寒武纪以来，在沉积岩中就发现有烃源岩，但中生界烃源岩，尤其是侏罗系和白垩系烃源岩规模最大

当观察与中生界特别是与侏罗系和白垩系烃源岩相关的石油储量时，发现它们4倍于古生界烃源岩和大约5倍于新生界烃源岩所贡献的石油。在我们真正审视这些烃源岩对石油的贡献时，确实令人吃惊，这些中生界烃源岩占据着统治地位。

讨论：

中生界烃源岩占据主要地位，这个事实是无可争论的，中国的情况大体上也是如此。其主要原因：

（1）烃类来源于生物界有机物，生物界的繁荣，随着地质历史有一个逐渐发展的过程，生物从低级向高级、数量由少到多。到了中生代生物界已达到了繁荣时期，提供了丰富的有机物质。侏罗系和白垩系的许多烃源岩进入新生代才逐渐成熟，大量排烃，成为有效烃源岩。

（2）中生界烃源岩的发育与全球板块演化和盆地的发育密切相关，中生代特提斯海的发育使波斯湾盆地继续发育成为全球油气最富集的盆地，同时也是大西洋两岸被动大陆边

缘形成期，也是北海、西西伯利亚、松辽、锡尔特等富含油气的大型裂谷盆地形成期。这些盆地的油气在全球油气中占据了重要的份额。

4 年青的新生代含油气系统数量上占优势，较老的含油气系统中许多油气已经损失了

根据这项研究，理想的含油气系统是具有侏罗纪和白垩纪的烃源岩，在新生代达到成熟生油窗。

这些比较年青的岩石在非常年青的含油气系统中占优势，说明大量的油气随着时间而生成，但同时随着时间散失到大气圈或地表。很明显，存在过较老的含油气系统，但遭到了破坏。油气的消失是向地表逸散，而且很明显是随着年代发生的。研究者可以看到，有些含油气系统现在是有效的，而其他一些含油气系统则处于不同的破坏阶段。

在世界上许多地方，可能生烃灶已经破坏，但可以识别出一些油气田。老含油气系统能否保存的关键因素是如岩盐这样的优质蒸发岩盖层。你可以看到阿尔及利亚三叠系的岩盐和阿拉伯湾寒武系的岩盐，较老的含油气系统仍具有丰富的油气。

讨论：

油气随着时间而散失的分析具有非常重要的意义，这是含油气系统的时代特征。油气大部分保存在年青的含油气系统中，含油气系统的年代越老，则保存的可能性愈小，只有在保存条件特别好的情况下，老的含油气系统才可能保存油气。但笔者认为保存条件仅仅局限于盖层条件的论述是不充分的，其实保存条件的重要内容还应该包括盆地的活动性，即含油气系统形成经历的构造运动强度和期次。中国石油地质家对这方面的理解是比较深刻的。中国的基本地质特征是单个克拉通的规模小，克拉通边缘多次活动都影响到克拉通内部变形，使古今含油气系统的油气大量散失和破坏。要寻找古生界的油气，应该在具备下列条件的地区：(1）具有良好的盖层条件；(2）构造活动弱，地壳相对比较稳定；(3）具备有晚期生烃或二次生烃的地区，实际上是年青含油气系统的一种特殊形式。由此可见，经过严重破坏的大规模古油藏不一定是找油的标志，相反，是古含油气系统破坏了的证明，要研究的是下倾方向有无油气保存条件，在进行全球勘探时要特别注意。

5 含油气系统的关键因素是周期性和集中于大的地层单元边界附近

这种现象降低了优质盖层、烃源岩和储层在大的地层单元边界集中的意义，而表明可能存在巨型周期对含油气系统的控制。例如，沿不整合面经常存在次生孔隙发育。在中东Arab组有非常好的孔隙发育，在储层之上盖有盐膏层，在大的不整合附近有烃源岩。在地质时期中应力和区域变化与烃源岩的大量排烃和烃类聚集的关键因素存在良好的时间匹配。

讨论：

众所周知，存在优质储层、盖层、有效圈闭和烃的充注以及成烃期与圈闭形成期时间的有机配置关系是油气聚集的基本要求。但是在世界上发现的生储盖组合，可以在一个层系的内部，也可以在两个系或两个系以上的地层中。在许多地层的许多层系的边界附近不一定存在区域性不整合。区域性不整合对下伏储层的改造作用，产生次生孔隙也主要发生在碳酸盐岩地层的情况下。而且含油气系统关键因素的形成时期具有很强的区域性，如盐岩的发育在各个盆地的时间具有极大的多样性。所以过分强调含油气系统关键因素的周期性和存在于地层单元的边界附近的观点，并不完全恰当。

6 尽管深水储层最近有大量发现，但数量上仍然是最小的，陆相储层仍占主要地位

为了研究这个问题，美国地调局首次将全世界的储层沉积环境划分为陆相、陆相—边缘海、边缘海、边缘海—浅海、浅海和深海。当定量进行所有储集岩沉积环境的分析时，发现最重要的是陆相沉积，如河流、风成和湖相沉积环境。人们通常对这个事实表示吃惊。当然，近年来大量勘探工作量投向深水沉积，所以未来深水沉积的重要性将大为增加。深水沉积有一个优势，就是Ⅱ型干酪根生成的烃类有效地供给储层——迄今仍在进行之中。

今天深水沉积的注意力日益增大，不要忘记其他类型的储层也有丰富的油气，特别不要忽视陆相沉积，因为实践多次肯定地证实其价值。

讨论：

20 世纪 90 年代以来，深海勘探已经成为世界勘探的热点，连续获得许多重大发现，对深海储层发育的机理也有许多新的认识，深水勘探的重要性是毋庸置疑的。但是碎屑岩的物源区在大陆，有利于陆相碎屑岩更加广泛发育。美国地调局强调陆相储层占主要地位的结论具有十分重要的意义，在重视深海勘探的同时，要把握住油气勘探的重点方向。

7 未来的发现碎屑岩储层将占主要地位

对于待发现的资源，我们的评价 11000×10^8bbl 位于碎屑岩储层，3000×10^8bbl 位于碳酸盐岩储层。已发现资源两者相近，碳酸盐岩还稍大一点。然而未来，碎屑岩储层大体上是碳酸盐岩储层的 3～4 倍。

例如最近沿南大西洋的西非海域和南美东岸海域的巨大发现，都是碎屑岩储层。南里海新的大发现也是碎屑岩，即使在中东侏罗系之上的沉积也有重要的碎屑岩层序，如在 Bergan 的白垩系三角洲储层（世界第二大油田）。

讨论：

不同岩性储层资源量的比例关系，已发现与待发现之间存在很大的差别，这个特点的

认识，对今后的勘探具有很重要的意义。因为这两种岩性的分布控制因素，成岩作用过程和对储层物性的影响，次生孔隙的发育规律都有很大差别。今后在全球勘探中更要重视碎屑岩储层分布和物性的预测研究。

但是，应该指出的是，储层的发育与盆地类型有密切关系，有的盆地可能碳酸盐岩储层所含的资源占据优势，如滨（北）里海盆地的主力储层是碳酸盐岩，近年来发现的沙尔干大油气田的储量规模要比南里海盆地发现的碎屑岩大油田的规模大得多。

8　盐岩是非常有效的长期盖层，盐盖层是较老的古生代含油气系统关键的保存因素

如果你观察一下新生界已发现和待发现油气数量的比例，盖层为蒸发岩者占 20%～30%，而古生界和古生界—中生界相结合的油气，有意义的盖层 50%～70% 为蒸发岩。很容易明白，对于在较老岩石中保存烃类，盐岩的重要性如此强烈。

盐岩作为盖层的重要性早已认识到了，但当你开始注意其相关数量和丰度时，很明显，盐岩是较古老含油气系统能否保存的关键因素。

讨论：

笔者认为这条规律是十分令人信服的，如与第 4 条规律一起研究就更能了解其重要性。古老的含油气系统中的油气，随着时间以各种方式向外逸散。渗透率越低的盖层，愈不容易通过其向外逸散。盐岩的渗透率最低，因此成为优质盖层。如东西伯利亚盆地中元古界储层的油气仍然得以保存的关键原因是下寒武统的岩盐起了很好的保护作用。世界上也有古老的元古界储层中聚集和保存油气，其覆盖层并非是盐岩。如中国著名的任丘油田等一些古潜山油田，其主要原因是油气的充注时期在第三纪，实际上是很年轻的含油气系统，其油气来不及逸散。因此我们进行中国和全球较古老地层勘探时，必须掌握这个规律的实际意义，一方面要重视在地层层序中是否存在盐岩；另一方面要研究古老储层的含油气系统的形成时间（即油气的充注时间）。

9　世界大多数含油气系统占主要地位的是垂向运移或者离成熟烃源岩区 20km 以内的有限侧向运移

在我们开始这个研究之前，我们并没有这个认识，这是一个令我们吃惊的发现。在我们进行各种含油气系统评价时，期望看到重要的长距离侧向运移，但并不像我们过去所想象那样普遍存在。

大约 80% 的烃类资源来自当地和附近的烃源岩，因此识别烃源岩是勘探程序中特别重要的内容。

讨论：

（1）是否存在长距离侧向运移，是石油地质家长期争论的问题，美国地调局经过系统

研究，并得出定量化的结论，是非常有意义的。在一般情况下，探井应该部署在成熟烃源区（生烃灶）范围内或生烃灶相邻地区，其距离不要超过20km。但是应该对生烃灶的形态和运移路线进行具体分析。

（2）长距离侧向运移的事实也是存在的，如在东委内瑞拉盆地就是一个很好的实例，美国地调局的研究结论也承认有20%的油气聚集来自20km以外的生烃灶。所以对每个盆地的勘探，仍然要研究较长距离侧向运移的可能性。

（3）油气的垂向运移需要有断层作为通道。断层的性质、发育程度、发育时间都将对其有影响。断层穿过的岩层的岩性包括成岩作用的程度也将对垂向运移具有影响。

10　许多大型常规含天然气系统是与巨大的非常规或连续产生的资源紧密相连的

美国的一些公司和机构对深盆气，煤成甲烷和天然气水合物等非常规天然气资源做了许多开创性的工作。而美国地调局的这个研究小组试图确认非常规或连续产生的资源存在于世界的什么地方。这个努力导致了一个有趣的和似乎是前瞻性的结论，科学家们无论在何处发现了大型的常规天然气聚集，他们就发现了更大型的非常规深盆气的聚集。

讨论：

深盆气的基本特征是存在一个目前仍在不断产生天然气的生烃灶。生成的天然气不断向上运移，在下倾部位形成非常规天然气聚集。通过纵向运移可以形成常规天然气聚集。

11　对油气分布规律总的结论

美国地调局通过对全世界待发现资源评价所得出的10条油气分布规律，涉及油气聚集各方面因素的分析，很有新意，也很有价值。由于这项研究是以含油气系统为出发点的，因此没有涉及更高级次的油气分布控制因素，笔者认为至少有两个重要方面，其一是世界油气分布在地域上的差异性；其二是油气在纵向上分布的规律性。这两个特征控制了油气的宏观分布，十分重要，对我们进行全球勘探具有重要的现实意义。

（1）油气分布在区域上的差异性。

油气分布地区差异的控制因素，众多的地质家从宏观和微观的角度进行过许多讨论，笔者认为最重要的一点是该地区应该经历过相当长地质时期在大陆边缘或大陆内部的拉张环境，如果后期转变成为挤压环境，那么，挤压强度要适中，不能强烈破坏，甚至使原来的沉积盆地消失。

（2）油气在纵向上分布的规律性。

在盆地中烃类相态分布的控制因素是很多的，首先与生烃岩的干酪根类型有关。但在一般情况下，烃源岩生成烃类的相态与热演化密切相关。埋深在1500～3000m范围最适宜于液态烃分布，4000m以下气态烃的比例将增大。埋深在1000m以上很容易出现稠油，稠油的出现，主要由于油层的后期抬升对古油藏的破坏所造成的，也可能由于次生油藏形成对油气运移过程中的降解作用。在浅层有时出现小型气藏，这是古油藏的油气向上运移时分异作用的结果。

碎屑岩的储层物性随埋深变差，所以每个盆地和每套储层都要根据具体的地质特点确定有效储层的下限深度。碳酸盐岩储层的次生孔隙发育带受不整合面控制，深部有效储层的分布与不整合面的距离密切相关。因此在勘探过程中，应该深入研究和合理确定钻井深度。

原载于:《世界石油工业》2004 年第 11 卷第 1 期。

苏丹穆格莱特盆地的地质模式和成藏模式

童晓光[1] 窦立荣[1,2] 田作基[1,2] 潘校华[1,2] 朱向东[1]

（1. 中国石油天然气勘探开发公司；2. 中国石油勘探开发研究院）

摘要：苏丹穆格莱特盆地是在中非剪切带的右旋剪切应力场背景下拉张形成的一种被动裂谷盆地，不同于地幔对流上涌产生的主动裂谷。裂谷多期断坳旋回明显，纵向上三期裂谷作用表现为强—弱—强。其盆地地温梯度比主动裂谷盆地低，而比克拉通盆地高。盆地坳陷带与隆起相间排列，具有东、西分带的特点。半地堑是最主要的构造组合形式。盆地发育多套生油岩，其中第一裂谷期 Abu Gabra 组是盆地的主力生油层。以 Bentiu 组为储层、Aradeiba 组为区域盖层的组合是盆地内的主要成藏组合，反向正断层翘倾断块为主要圈闭类型，断距和断层对盘的地层岩性决定了油藏的封闭性和油柱高度。研究结果表明，盆地具有优越的油气成藏条件和较好的勘探前景。

关键词：被动裂谷盆地；地质模式；成藏模式；穆格莱特盆地；苏丹

苏丹穆格莱特（Muglad）盆地位于非洲板块中部，是在稳定的前寒武系基底之上发育起来的中、新生代裂谷盆地。Sengor 等（1978）和 Khain（1994）将裂谷分为两种类型，一类是在板块演化过程中由差异应力引起的裂谷（被动地幔假说），即被动裂谷；另一类是地幔对流上涌产生的裂谷（主动地幔假说），即主动裂谷[1-2]。苏丹穆格莱特盆地属于差异应力引起的被动裂谷盆地。由于被动裂谷和主动裂谷的动力学过程不同，它们产生的裂陷盆地的特征是不同的。主动裂谷盆地的构造特征及其演化已有大量的讨论[3-4]。本文以穆格莱特盆地为例，探讨被动裂谷盆地的地质结构、构造特征和成藏模式。

1 盆地形成演化

穆格莱特盆地是苏丹中、新生代陆相裂谷盆地群中最大的盆地，是在中非剪切带的右旋剪切应力场背景下拉张形成的[5]。盆地形态为东南窄西北宽的长三角形，三角形短边靠在中非剪切带南侧，这表明中非剪切带的走滑活动在穆格莱特盆地转换为伸展和扩张活动。根据重力、航磁和地震资料，按不整合发育的程度，穆格莱特盆地可以划分出 7 套构造层：基底构造层，下白垩统 Abu Gabra 构造层，下白垩统 Bentiu 构造层，上白垩统 Darfur 构造层，下第三系 Amal 构造层，下第三系 Nayil—Tendi 构造层，上第三系 Adok—第四系构造层（图 1）。这些构造层反映了穆格莱特盆地经历了三次大的裂谷断陷活动及其后的三次热沉降坳陷活动。其中，Abu Gabra 组沉积期为盆地初始化裂陷构造活动期，Bentiu 组沉积期为盆地统一后的热沉降阶段；Darfur 群沉积期为盆地的第二裂陷活动阶段，Amal 组沉积期为第二热沉降阶段；Nayil—Tendi 组沉积期为第三裂陷阶段，Adok 组沉积期为第三热沉降阶段。裂谷期的断裂活动控制着盆地及坳陷的沉降和沉积中心，坳陷期则构成了盆地更广阔沉积范围。构造与沉积的发展演化共同作用构成了穆格莱特盆地的形成历史。

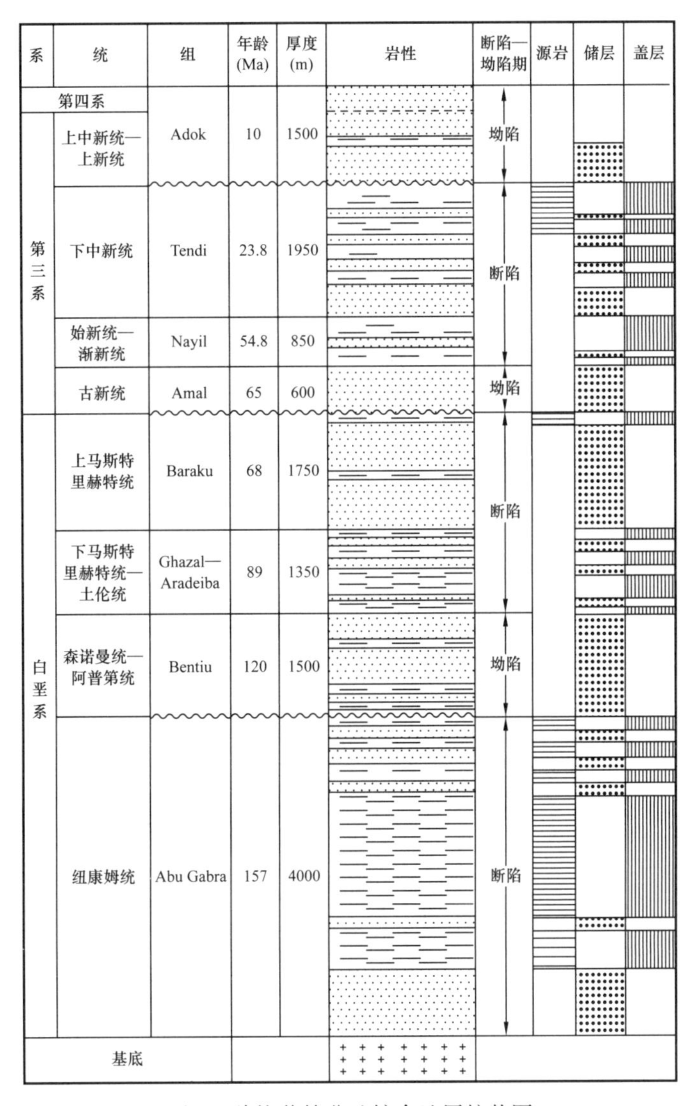

图 1　穆格莱特盆地综合地层柱状图

2　盆地结构特征

2.1　陡断面半地堑

盆地由多个半地堑组成，且以陡断面为主。以 1 区块 Unity 凹陷为例，由 1 区向 5 区延伸的重力负异常带，北窄南宽，Abu Gabra 组北部呈东断西超箕状断陷，南部断陷逐渐变缓过渡到向基底超覆斜坡接触。在 Unity 凸起的东翼 Abu Gabra 组上倾呈楔状减薄，凸起脊部 Abu Gabra 组则被严重削顶剥蚀。由于断层面产状相对较陡，盆地总体伸展量较小，约为 17.2%。而作为主动裂谷盆地的渤海湾盆地，其断层面一般较缓，伸展量一般大于 20%，多在 30% 左右，最大可达 40% 以上[6]。

2.2 多旋回半地堑的叠加

由于穆格莱特盆地是多期构造演化的结果，在不同时期，半地堑垂向上往往发生叠置。受中非剪切带的影响，不同时期半地堑在平面上走向也不尽一致。

在 Abu Gabra 期，受基底结构和中非剪切带活动的影响，发生了区域构造伸展作用，基底断块活动剧烈，沉积物明显受到凹陷边界同生断层的控制。受区域构造的控制，裂陷走向以北北东向为主。Abu Gabra 组下段为潮湿条件的欠补偿沉积，以深湖相暗色泥岩为主夹粉砂岩、砂岩；上段沉积时湖盆浅而广，以粉砂—细砂岩与暗灰色—灰色泥岩薄互层为主。Darfur 群的沉积以砂泥岩交互为沉积特点，厚度受断层控制。在 Baraka 组顶面存在白垩系与第三系的不整合面。Nayil—Tendi 组沉积期为盆地的第三裂谷阶段，以强烈的断陷活动为主要特征，裂陷方向为北东向。其特点是范围集中，厚度大，受断层活动强烈控制在盆地中央的 Kaikang 槽为沉降和沉积中心，累计厚度可达 4000m，而在 Kaikang 槽以外地区，仅有数百米厚度。由于半地堑叠置，前两期裂谷的控制断层再度活动，并沿 Kaikang 槽边缘派生出密集的断裂活动带。图 2 表明在 4 区块西北部在 Darfur 期为一东断西超的半地堑，到了 Nayil—Tendi 期则表现为西断东超的半地堑。

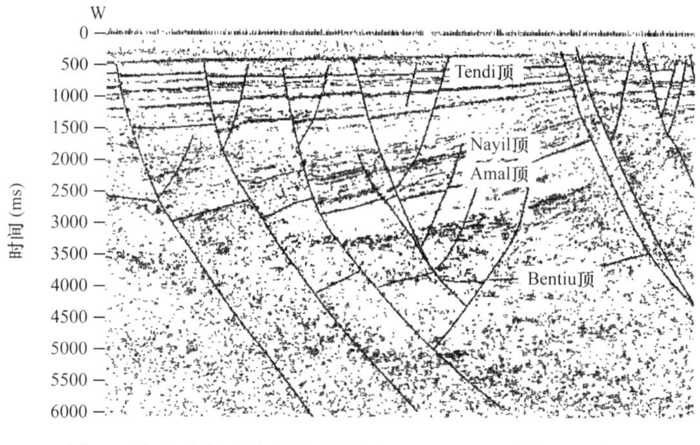

图 2 不同时期半地堑的叠置（GN98-001 测线，局部）

2.3 岩浆活动和热流特征

穆格莱特盆地在裂谷底部不存在火山岩，在中生代未发生重要意义的岩浆活动，G.J. Genik 称为“冷始”裂谷[5]。中非剪切带对苏丹新生代火山中心具有控制作用，火山中心沿着它的北边分布。1/2/4 区有若干口井钻遇火山岩，夹于 Ghazal 组和 Adok 组等，经测试其年龄均为 16Ma 左右。

对岩石流体包裹体的分析表明，现今 1/2/4 区地温梯度最小值为 2.37℃ /（100m），最大值为 3.08℃ /（100m），平均为 2.8℃ /（100m）。穆格莱特盆地地温梯度比主动裂谷盆地低［如渤海湾盆地为 3.2～3.6℃ /（100m）］，比克拉通盆地高［如塔里木盆地为 2.2～2.5℃ /（100m）］，这可能与盆地裂谷期（尤其是早期）岩浆活动少有关。在晚侏罗世到早白垩世裂谷活动前，盆地地热流值为 28mW/m^2，裂谷活动开始后增加到 50mW/m^2，然后随着裂谷活动的终止而减少[7]。

3　盆地构造带划分及其特征

3.1　构造带的划分

根据基底结构、区域断裂的展布、Abu Gabra 组的残余厚度与（推测的）原始厚度以及 Bentiu 组、Darfur 群和第三系的展布，可以把盆地（主要是 1/2/4 区块）总体划分为：一隆二坳二斜坡[8]（图 3）。

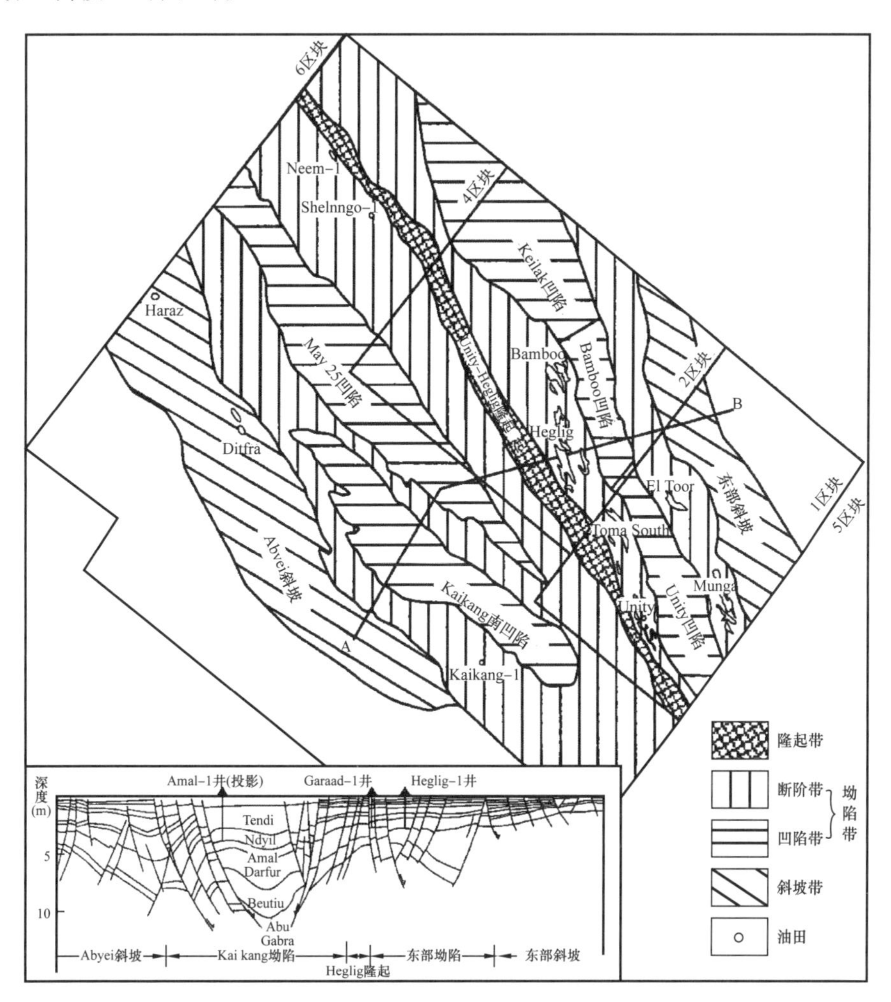

图 3　穆格莱特盆地 1/2/4 区构造单元

（1）东部斜坡带。位于盆地东部坳陷区与露头区之间的过渡带，由盆地边界断层带向外延伸，除少量的 Darfur 群延至地表外，大多数地层缺失。

（2）东部坳陷带。沿盆地东部边缘由南向北分布着 Unity、Bamboo 和 Keilak 3 个凹陷，呈雁行排列构成了盆地的东部沉降带。主要发育白垩系沉积，新生界相对不发育，是目前盆地的主要含油带，位于 1/2 区块的 Heglig-Unity 凹陷是目前盆地的主要产油区。

（3）Unity-Heglig 隆起。它由 Azraq-Heglig-Unity 凸起等组成，是受一系列北西—南东向断裂控制的构造带，由 4 区北角向南延伸至 1 区南角，为显著的重力正异常带。以受基底卷入型断裂控制的背斜、半背斜和断块为主要构造类型。其构造主要形成于 AbuGabra-Bentiu 期，在早第三纪有改造。

（4）Kaikang 地堑。它是白垩纪裂谷和第三纪裂谷叠加的结果。由两个南北呈雁列式排列的凹陷（May25 凹陷和 Kaikang 南凹陷）组成。东西两侧由边界断层控制，使得基底以上的沉积盖层尤其是第三系地层在地堑内明显加厚，其中第三系厚度最大可达 4500m，而在隆起区仅为 0～1000m。Kaikang 地堑在平面上呈北西—南东向展布。

（5）Abyei 斜坡。位于 Kaikang 地堑的西部，呈区域东倾的斜坡，Abyei 斜坡上地层总体由东向西超覆减薄，地层厚度比 Kaikang 地堑薄得多，中生代沉积厚度小于 2500m。

3.2 构造的南北分异特征及其转换带

在 Muglad 盆地，半地堑是最主要的构造组合形式。在 1/2/4 区块，尤其是在 1/2 区块，裂谷构造平面展布在南北向上具有明显的分异特征，两者以 Farasha 转换带过渡，北部（Bamboo 凹陷、Keilak 凹陷）表现为东断西超，南部（Unity 凹陷）表现为西断东超（图 4）。

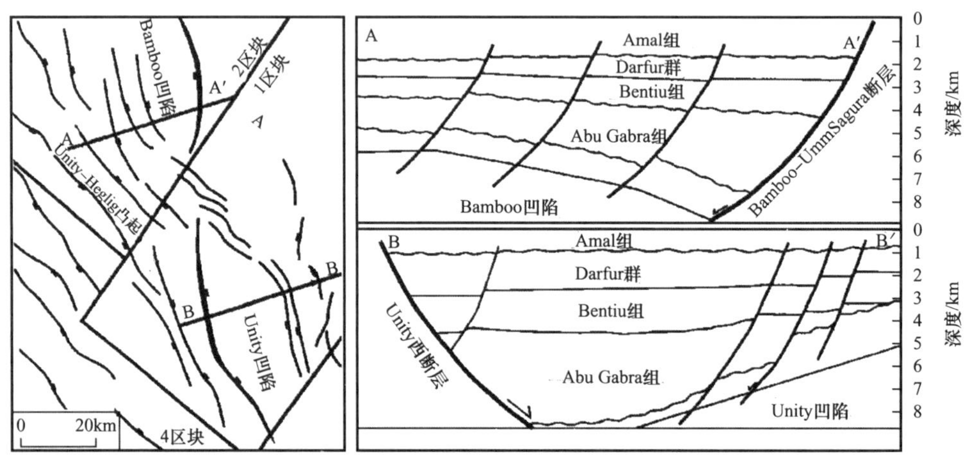

图 4　Unity 凹陷与 Bamboo 凹陷及其转换带构造

3.2.1 东断西超

东部边界断层为 Nabaq 断层和 Bamboo-UmmSagura 断层。Nabaq 断层为 Keilak-

Bamboo 凹陷之东边界断层，垂直断距达 6200m。作为同生正断层，长期活动明显控制着 Abu Gabra 组的沉积。在上升盘 Abu Gabra 组缺失或厚度很薄，而在下降盘厚度达到 5000m。断层面具有铲状特征，上升盘发育倾斜断块，下降盘滚动背斜发育。

Keilak—Bamboo 凹陷西部总体表现为上超特征，但也发育一些断层，其中 Bamboo—UmmSagura 断层规模较大，走向为 NE—SW 西倾断层。它控制着 Umm—Sagura 断阶带的形成和发展，也是 Unity 凹陷和 Bamboo 凹陷的边界断层，断层切穿基底上达第三系底，最大断距为 450m，长为 170km。

3.2.2 西断东超

南部 Unity 凹陷表现为西断东超，其东部边界断层为 Unity 西断层，走向 NE—SW 西倾基底断层，位于 Heglig 地区西边。长约 100km，最大断距超过 800m。它控制着 Heglig 凸起西边的反向断块和滚动背斜的形成和分布。

西部 Heglig East 断层为走向 NE—SW 西倾基底断层，位于 Heglig 地区东边。长约 60km，最大断距超过 1000m。它控制着 Heglig 凸起东边的反向断块和滚动背斜的形成和分布。

3.2.3 转换带构造

转换带是发育于不同半地堑间的、为保持区域伸展应变守恒而产生的伸展变形构造的调节体系[9, 10]。在 Unity 凹陷和 Bamboo 凹陷之间，即 2 个半地堑极性发生变化的部位，发育 Farasha 转换带。需要特别指出的是，这一过渡带主要发育于 Abu Gabra 期，呈近南北向展布，后经 Darfur 期和 Tendi 期裂陷作用的改造，还发育大量的北西向断裂。在转换带部位，表现出多个断层方向，具有多样化的构造和地层组合，是有利的油气聚集区。

4 盆地成藏模式

含油气盆地中油气聚集有许多基本规律是普遍适用的[11]，在穆格莱特盆地进行油气勘探时，可以借鉴这些规律[12, 13]。但是世界上只有相似的盆地，没有相同的盆地，穆格莱特盆地有自身特有的成藏模式。

4.1 生油岩

穆格莱特盆地是三期裂谷作用叠加的结果，形成了三套富含有机质的暗色泥岩（图 2），第一裂谷期 Abu Gabra 组暗色泥岩分布范围广，是盆地的主力生油层。第二裂谷期的 Baraka 组暗色泥岩的有机质丰度低，不起重要作用。第三裂谷期的 Tendi 组暗色泥岩有机质丰度较高，但未成熟。通过油—油对比和油—岩对比表明，目前发现的油气藏均来自 Abu Gabra 组生油岩[14, 15]。

4.2 储盖特征

穆格莱特盆地的石油地质储量主要集中在 Bentiu、Aradeiba、Zarqa 和 Ghazal 4 个组的砂岩储层中，其中 Bentiu 砂岩的生储盖条件优越，邻近下伏的 Abu Gabra 组生油岩，上覆又有 Aradeiba 区域盖层，拥有的储量约占总储量的 70%，是主力储层。Aradeiba、Zarqa 和 Ghazal 组的砂岩呈夹层或互层状，与各自的泥岩构成了很好的储盖组合，它们的储量约占总数的 30%。另外，分别在 Nayil 组和 Tendi 组大套泥岩段之下的砂泥岩互层中也获得了商业油流，其储量很少。这些储层全都是滨浅湖—河流相，以曲流—辫状河道砂岩为主。

4.3 油气藏特征

穆格莱特盆地以断块圈闭为主，其次为背斜圈闭。而断块圈闭主要是反向断层翘倾断块（或断鼻）。这主要由于这种断层最容易形成主力油层 Bentiu 组的侧向封堵（图 5）。断层侧向封堵性较差，滑抹作用不明显，一般都要求对侧的岩性封堵。断距 Δh 和相邻一侧的地层岩性决定了圈闭的有效性和含油高度。同一条断层对不同地层的封堵作用不同。单个圈闭的规模以小型为主，但在一定的地质背景控制下，成带成群分布。

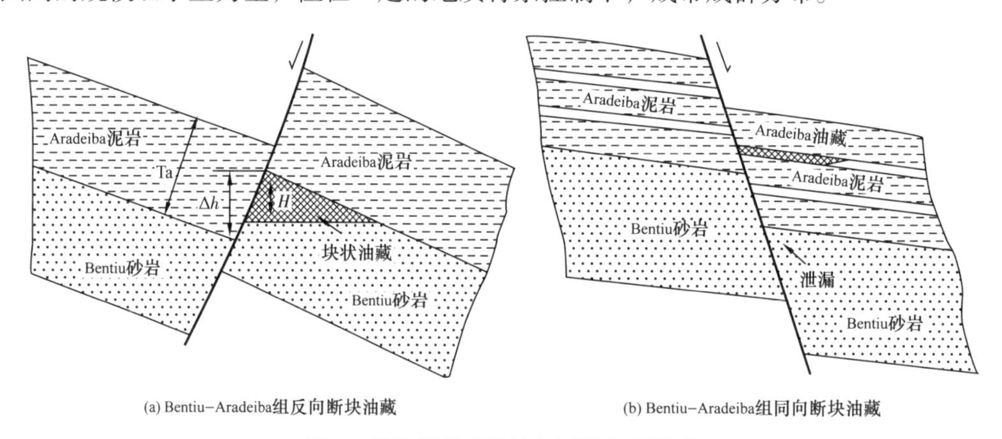

图 5　穆格莱特盆地油气运聚主要模式

由图 5（a）可见，当断距 Δh 小于泥岩厚度时有利于成藏；当 Δh 大于圈闭幅度，油柱高度小于等于圈闭幅度；当 Δh 小于圈闭幅度，油柱高度小于等于断距；当 Δh 大于泥岩厚度：风险高。由图 5（b）可见，Bentiu 组砂岩成藏风险高；Aradeiba 组砂岩可以成藏。

由于穆格莱特盆地断层相对较陡，后期的构造活动较强，导致油藏的油气比很低，油藏绝大多数为正常压力系统或偏低的压力系统，如储量达数亿桶的 Heglig 油田，其压力系数为 0.78～0.83，油气比小于 1.5。油藏的原油物性受埋藏深度的控制明显，在 1300m 以内重油油藏发育，油气比极低。油藏的这一特征是明显不同于我国渤海湾等盆地、北非的锡尔特盆地和欧洲的北海盆地等主动裂谷盆地。后者都为主动裂谷盆地，它们普遍存在异常高压和高油气比等特征。

4.4 成藏组合及运聚模式

盆地发育了 4 套成藏组合，以 Bentiu 组为储层、Aradeiba 组为区域盖层的组合是盆地内的最主要含油层系；第二断陷期的成藏组合，包括 Zarqa 和 Ghazal 组油层在有圈闭和封堵条下还必须存在油源断层；第三断陷期的成藏组合，包括 Nayil 组和 Tendi 油层都是次生油藏，也必须存在油源断层；主力生油层 Abu Gabra 组内部储盖组合（断陷期成藏组合）和断陷期前成藏组合（古潜山）较为次要。

油气的运聚模式可以分为反向断块油气运聚模式和同向断块油气运聚模式（图 6）。前者主要是白垩纪中、后期形成的反向断块圈闭，油气运移的主要通道是 Bentiu 砂岩与断裂系统，而 Bentiu 砂岩与 Aradeiba 泥岩是最好的储盖组合，Bentiu 砂岩可以形成底水油藏，Aradeiba 薄砂岩可以形成边水油藏。同向断块油气运聚模式中油气运移的主要通道是 Aradeiba 薄砂岩与断裂系统，可以在 Aradeiba 薄砂岩中形成同向断块油藏，在 Bentiu 砂岩中则不易形成油气藏。Aradeiba 薄砂岩中形成的油藏以多层边水油藏为特征。

5 结论

（1）穆格莱特盆地具有被动裂谷的成因机制，断陷结构为多旋回且断陷位置产生时空迁移，陡断面正断层，拉张量小，以断块圈闭为主（断块山幅度低、潜山圈闭、披覆背斜不发育、滚动背斜规模小），发育张扭断层控制的断背斜，裂谷初始期无火山岩，地温梯度较低。

（2）穆格莱特被动裂谷盆地油气成藏模式：① 发育 4 套成藏组合（或储盖组合），其中 Bentiu 组储层是盆地内主要的含油层系，断陷期和断陷期前的成藏组合不发育或规模小；② 断块圈闭，特别是反向正断层上升盘的翘倾断块是油气聚集的主要圈闭类型；③ 断层侧向封堵在圈闭的形成中具有十分重要的作用，断距和相邻一侧的地层岩性决定了圈闭的有效性和含油高度，同一条断层对不同层位的封堵作用不同；④ 大多数单个圈闭的规模小，但在一定的构造背景下成群分布；⑤ 断层的封闭性较弱使油藏内的油气比低，地层压力多处于静水压力；⑥ 第三纪裂谷发育区是油气聚集比较复杂的地区。

（3）根据本文建立的穆格莱特被动裂谷盆地地质模式和成藏模式，明确了主力成藏组合及其分布地区，突出寻找主要圈闭类型，强化断层的侧向封堵性和圈闭要素的精细研究，其勘探效果十分显著。

参考文献

[1] Sengor A M C, Burke K. Relative timing of rifting and volcanism on Earth and its tectonic implications [J]. Geophys. Res. Lett., 1978, 5 (5): 419-421.

[2] 宋建国，窦立荣，等 . 裂谷盆地与油气聚集 [C]. 北京：石油工业出版社，1994：1-6.

[3] 陆克政 . 渤海湾盆地构造样式 [M]. 北京：石油工业出版社，1997.

[4] 刘泽容 . 断块群油气藏形成机制和构造模式 [M]. 北京：石油工业出版社，1998.

[5] Genik G J. Petroleum geology of Cretaceous-Tertiary rift basins in Niger, Chad, and Central African Republic [J]. AAPG, 1993, 77 (8): 1405-1434.

[6] 赵重远，刘池洋，等 . 华北克拉通沉积盆地形成与演化及其油气赋存 [C]. 西安：西北大学出版社，

1990：30−42.

[7] Mohamed A Y，Pearson M J，Ashcroft W A，et al. Modeling petroleum generation in the southern Muglad Riftbasin，Sudan [J] . AAPG，1999，83（12）：1943−1964.

[8] Rene Guiraud R，Maurin J C. Early cretaceous rift of western and central Africa：an overview [J] . Tectonics，1992，11（1）：153−168.

[9] Morley C K，Patton T L，Munn S G，et al. Transfer zones in east african rift system and their relevance to hydrocarbon exploration in rifts [J] .AAPG，1990，74（8）：1234−1253.

[10] Nelson R A. Riftsegment interact ion and its relation to hydrocarbon exploration in continental rift basin [J] . AAPG，1992，76（8）：1153−1169.

[11] 童晓光，何登发 . 油气勘探原理和方法 [M] . 北京：石油工业出版社，2001.

[12] 胡见义，黄第藩，徐树宝，等 . 中国陆相石油地质理论基础 [M] . 北京：石油工业出版社，1991.

[13] 朱夏 . 朱夏论中国含油气盆地构造 [M] . 北京：石油工业出版社，1986.

[14] Schull T J. Rift Basins of Interior Sudan：petroleum exploration and discovery [J] . AAPG，1988，72（10）：1128−1142.

[15] 窦立荣，程顶胜，张志伟 . 利用油藏地质地球化学特征综合划分含油气系统 [J] . 地质科学，2002，37（4）：495−501.

原载于:《石油学报》，2004 年 1 月第 25 卷第 1 期。

Great Palogue Field in Melut Basin, Sudan

Tong Xiaoguang, Xiao Kunye, Dou Lirong and Shi Buqing

(China Nation Oil & Gas Exploration and Development Corporation)

Melut Basin is one of the Mesozoic–Cenozoic rift basin, onshore Sudan, southeast of CASZ, trending NW–SE. There are 5 sub–basins in the Basin, in which Northern sub basin (NMSB) is the biggest. All the sub basins are half–grabens initiated from earlier Cretaceous. The dominant dip and trend of master faults is NE/NEE and NW/NWW. Vertical sequences of fluvial lacustrine shale and sand were deposited in Cretaceous and Teritary. Sandstones in Yabus and Samma Formations (Paleocene to Oilgocene) act as main reservoirs. Meandering rivers and braided rivers are the main sedimentary facies. Massive claystone of Adar Formation (Miocene) is considered to be the regionally stable seals. Meanwhile, the shales of Galhak Formation (Cenomanian–Santonian) and Al Renk Formation (Albian) display good source potential. Similar to other grabens in CASZ, Melut basin has a low thermal gradient as 29.4 degrees C/km. It kept late for oil generation, expulsion and migration, which was estimated in late Miocene. Upper Cretaceous Melut formation is mainly massive sandstones. It should be the regional pathway of hydrocarbon lateral migration from the source kitchen to plays. In the half graben, source rocks were generally deposited in the deep–side and uplifted gradually towards the other side. Therefore, a large scale of hydrocarbon migration occurred laterally along mass sandstones from south to north and vertically along faults. After regional geologic study, Great Palogue oil field in NMSB was discovered in 2003 with OOIP about 2.9 Billion barrels and URR of 850 MMstb. It is a fault–complicated anticline. It is the largest field in the Central rift belt. The main pay zones are Paleogene sandstones, with high porosity.

原载于：AAPG 2005 annual convention；abstract volume。

Changing Exloration Focus Paved Way for Success

Tong Xiaoguang, Shi Buqing

(China Nation Oil & Gas Exploration and Development Corporation)

Petrodar Operation Company (PDOC) spudded the wildcat Palogue-1 in the autumn of 2002 following a dctailed study of the petroleum system of the Melut Basin. The well ultimately encountered 72.3m of net oil pay in Tertiary (Paleogene) and 9.9m in Cretaceous rocks. Paleogene sandstones constitute the main pay zone, and the interval from 1312 to 1333m was tested at an initial rate of 5100 bopd. In the deeper pay zone, Cretaceous sandstones were tested at a cumulative rate of 300 bopd. Later the same year, another wildcat found more oil 2.8km north of Palogue-1. It then became clear that a significant discovery had been made.

After only a few small discoveries in what appeared to be favourable geological conditions, a major study of the petroleum system of the huge, immature basin was conducted. The subsequent well hit oil in Lower Tertiary sandstones, and the discovery was later proven to be a giant (>500 million bbls of recoverable oil) within the prolific Central African Rift.

The Great Palogue Field in southern Sudan, 650km to the south from Khartoum, was discovered in 2003 following a major exploration campaign. The field probably contains 2.9 billion barrels of oil, of which an estimated 600 million barrels (20%) are recoverable. It is by far the largest oil field in Sudan, and also one of few giant oil fields discovered in the 21st century.

According to the BP Statistical Review of World Energy 2005, proven reserves in Sudan at the end of 2004 were 900 million m^3 of oil (6.3 billion barrels) . Sudan thus ranks as no. 5 in Africa with respect to oil reserves, only behind Libya, Nigeria, Algeria and Angola.

The reserve estimates for Sudan will most likely increase considerably in the years to come, as the prolific Muglad and Melut Basins are both largely underexplored.

Sudan has become a significant oil producer with an average output of more than 330000 bopd last year. Sudan's bedrock of output is the 300000 bopd of Nile Blend produced from the Muglad Basin with other fields adding another 30000 bopd. This year, an extra 80000 bopd is scheduled to come from block 5a and another 30000 bopd from block 6, both in the Muglad Basin. Another 150000 bopd will come from the Great Palogue field at the end of 2006.

1 Dry wells along the Red Sea

Petroleum exploration in Sudan dates back to the late 1950's when some preliminary investigations were carried out along the Red Sea coast. In 1959, Italy's A gip was granted concessions carrying out seismic surveys and drilling six wells. Following A gip into the Red Sea came Oceanic Oil Company, France's Total, Texas Eastern, Union Texas and Chevron. All yielded nothing for the next fifteen years.

The first successful results were achieved by Chevron in 1974, 120km southeast of Port Sudan, where dry gas and gas condensate were found. No oil was found, however, and most companies relinquished their concessions in the region.

Exploration for oil in southern and southwestern Sudan began in 1975, when the government of Sudan granted Chevron a concession area of 516000km^2 (equivalent to some 90 North Sea quadrants!) in blocks around Muglad and Melut basins. Chevron started geological and geophysical surveys in 1976, and drilled its first well in 1977, which was dry.

2 The Muglad Basin

In 1979, Chevron made its first oil discovery in the Muglad Basin with Abu Jabra #1, where 8 million barrels were proven.

Chevron's most significant discovery was made in 1980 in the Unity oilfield. Heglig field, which lies 70km north of Unity field, was discovered in 1982. Chevron estimated total oil reserves of 593 million barrels from the two fields combined.

Oil has been produced since 1999 from the Unity and Heglig fields and transported via a 1500 km pipeline to Port Sudan on the Red Sea coast. It has a 250000 bopd capacity that can be expanded to over 450000 bopd with additional pump stations. Sudan thus became an oil exporter in August 1999, when the first shipment of oil left Port Sudan.

3 The Melut Basin

Chevron discovered the Adar-Yale oil field in Block 3 in the Melut Basin, east of the river Nile and some 150 km west of the Sudanese border with Ethiopia, in 1981.Four exploration wells were drilled that all showed flow rates in excess of 1500 bopd from the Yabus Fm sandstones of Paleogeneage (compare Geological Time Scale p. 12) . The field covers an area of about 20km^2, but the average pay zone is only 2.9m, resulting in 168 million barrels of oil in place. The Adar-Yale oil field was therefore at that time, not considered commercial. However, after Chevron's departure in 1990, the Adar-Yale concession was awarded to Gulf Petroleum Corporation-Sudan (GPC) and it began producing 5000 bopd in March 1997.

In November 2000, Petrodar Operation Company (PDOC) was established with China National Oil and Gas Exploration and Development Company (CNODC/CNPC) as operator and one of the largest shareholders. Firstly, seismic data was acquired around Adar-Yale oil field, and drilling improved the in place estimates from 168 to 276 million barrels. In 2001, three small oil pools were also discovered south of A dar–Yale oil field, adding another 129 million barrels. To the east of A dar–Yale, several wildcats proved to be dry.

By the turn of the century, the Melut Basin was thus a proven oil province with established production. However, the fields discovered were small and could not be produced with the investment burden of long–distance pipeline construction. PDOC therefore felt the urge to restudy the whole basin with the aim of defining prospects with significant oil potential.

4 The Republic of Sudan

The Republic of Sudan with an area of 2500000km^2 is the largest country in Africa. The scale of the map could be deceiving and may not easily convince you of Sudan's immensity. So then, imagine the entire country of France fitting within the borders of Sudan: five times. From north to south it also equals the US Lower 48 from north to south. The Nile and its tributaries dominate Sudan giving it an overall flat landscape, except where the mountains rise long the Red Sea coast and the western border with Chad. The climate in Sudan is tropical in the south while arid desert conditions prevail in the north. The rainy season is from April to October. Sudan's name derives from the Arabic "bilad–al–sudan" which means "land of the blacks." Since independence from Britain in 1956, a north–south war has dominated Sudan's history, pitting Arab Muslims in the northern desert against black Christians and animists in the southern wetlands. Muslim Arabs control the government in Khartoum, but are only about 40 percent of the population. Blacks, or Africans, make up 52 percent of Sudanese, and are most numerous in southern and western Sudan. All the discovered oil and gas fields so far have been made in the interior southern part of the country, including the Mugladand Melut Basins. Pipelines are therefore built all the way to the Red Sea. The Great Palogue Field is located in the Melut Basin in the Upper Nile province, 650km to the south of Khartoum, the capital of Sudan. The field lies in Block 7, now operated by the Petrodar Operation Company (PDOC), a joint venture between CNODC/CNPC, Petronas, Sudapet, SinoPec and Thani Corporation.

5 New ideas

The study of the petroleum system in the Melut Basin led to several conclusions that had important implications for the exploration strategy. First of all, based on seismic correlation, it was apparent that the rich Lower Cretaceous source rock interval present in the Muglad Basin and other basins in central Africa, including the prolific Doba Basin in Chad, also was present in the Melut Basin. Moreover, according to the gravity data, the main source kitchen should be present in the northern part of the basin. This then shifted PDOC's exploration focus.

While the main pay zones in the Muglad basin is within the Upper Cretaceous, this stratigraphic interval is lacking in the Melut Basin. The study, therefore, also concluded that sandstones in the Paleogene Yabus and Samma formations should be the main play of Melut basin, which in consequence shifted the exploration focus from deeper Cretaceous to shallower Paleogene strata.

Two seismic surveys followed. In 2001, five 2D seismic lines with a total length of 103km were acquired in the western part of the Palogue area. The year after 22 more lines totalling 538 km were acquired. The structural features of the Palogue area then became gradually known. In October 2002, CNODC/CNPC thus proposed to drill wildcat Palogue-1 on the apex in one of the faulted-anticlines.

Following the discovery, 308km^2 of 3D seismic data and twelve 2D seismic lines with a total length of 431km were acquired and processed on the main part of the Palogue structure. The 2D seismic grid was later filled in.

Two more wildcats encountered oil in the Paleogene Yabus and Samma formations and in the Cretaceous Galhak formation. Altogether 28 appraisal wells were then designed and drill in succession up to June 2004.

According to the Field Development Plan completed in 2004, 124 developing wells have been designed including the existing 3 wildcats and 28 appraisal wells. The recovery factor is 21%, well spacing is 600 to 800m and peak oil production rateis expected to reach 187000 bopd 1.5 years after production start-up. The field will use water injection to improve the recovery factor.

The Great Palogue field is expected to start producing in June this year at a rate of around 75000 bopd, quickly rising to 125000 bopd and reaching 150000 bopd by the end of 2006.

6 Great Palogue

The Great Palogue Field is located on a huge anticline trending SW-NE with a closure of roughly 80km^2 and which is complicated by multiple faults. The closure is defined by faulting and pinch-out of the sandbodies. Each block has a different oil/water contact due to the complexity of the structure and sand continuity. The anticline developed from Late Cretaceous to Miocene.

A thick sequence of Mesozoic to Tertiary fluvial-lacustrine sediments has been penetrated in the Palogue area.

Coarse grained and conglomeratic sandstones of the Yabus and Samma formations (Paleocene to Oligocene) and the Galhak formation (Cenomanian-Santonian), all depositedby meandering rivers and braided rivers, are the main reservoirs. Sandstones in the Melut Fm (Upper Cretaceous Campanian-Maastichtian) and Al Gayger Fm (Lower Cretaceous Berriasian-Albian) also have favourable reservoir properties, but no discoveries have been made in them yet.

The porosity of lower interval of Yabus formation and Samma formation ranges from 24 to 33%, averaging 29%, while the permeability ranges from 245 to 1583mD, averaging 643 milliDarcy.

The Miocene section of Adar formation is considered the regionally stable seal for the underlying Yabus and Samma reservoirs.

The shales of Galhak Fm (Cenomanian–Santonian) and Al Renk Fm (Ablian) display good source potential.

7 Source, maturation and migration

Lower and Upper Cretaceous shales both have a good source potential in the Melut Basin. Total organic carbon determinations of ditch samples indicate intervals of good to excellent organic content within the lower part of Upper Cretaceous Galhak formation and upper part of Lower Cretaceous Al Renk formation. Results of Rock–Eval pyrolysis indicate that these intervals show variable capabilities for generating oil, mainly from type Ⅱ kerogen.

Modelling has shown that the deepest part of the northern Melut Basin entered the oil window in the Late Cretaceous. During late Miocene, the Cretaceous source rocks began to generate oil. At this time the deepest part of Melut Basin entered the gas window.

Oil in the Great Palogue field is mainly medium gravity (20°API to 34°API) and heavy gravity (15°API to 20°API), has a high pour point and high as phaltene as well as wax content. Deeper than 1250m, API gravity decreases with increasing depth. This implies that biodegration and possibly deasphaltizing by CO_2 derived from the upper mantle is entering the basin along the southern boundary fault of the northern Melut Basin.

The Upper Cretaceous Melut formation consists predominantly of massive sandstones interbedded with thin claystones. We consider these rocks to constitute the migration pathway from the source kitchen to the trap.

8 A Cretaceous rift

Both the Muglad Basin, roughly the size of the North Sea Basin, but with less than 150 exploration wells drilled so far, and the Melut Basin remain largely unexplored. Both basins are part of the huge Cretaceous rift system that extends across central Africa and which also includes the Doba Basin in Chad with significant oil production.

The richness of this rift system is related to the presence of organic–rich lacustrine source rocks deposited during the Lower Cretaceous.

The discovery of the Great Palogue field in the little explored Melut Basin was a result of a belief that both source rocks and reservoir rocks were present. Thorough geological studies using modern exploration technology proved to be successful.

原载于:《GEO ExPro》, 2006 年 5 月。

苏丹迈卢特盆地石油地质特征及成藏模式

童晓光[1]，徐志强[1]，史卜庆[2]，窦立荣[1]，肖坤叶[1]

（1. 中国石油天然气勘探开发公司；2. 中国石油勘探开发研究院）

摘要：迈卢特盆地是苏丹东南部中—新生代的一个大型陆内裂谷盆地。该盆地发育了强—弱—强 3 期裂谷，这决定了下白垩统发育主力生油岩、古近系发育主力成藏组合。利用地震资料推断出北部凹陷是主力生烃凹陷，凹陷的半地堑结构和平面斜列特征决定了缓坡带是主力成藏带。而且盆地地温梯度偏低使成藏期偏晚，为古近系提供了充足油源。据此建立了有别于邻区 Muglad 等盆地和渤海湾盆地的成藏模式，明确了盆地资源潜力和有利勘探方向，为 Palogue 世界级大油田的快速发现提供了依据。

关键词：苏丹；迈卢特盆地；石油地质特征；成藏模式；裂谷盆地；油藏特征

裂谷是全球重要的油气富集区之一。中西非裂谷系（WCARS）是世界上著名的中—新生代裂谷盆地群，可进一步分为西非裂谷系（WAS）和中非裂谷系（CAS）[1-7]。中非裂谷系除了 Muglad[8] 和 Doba 盆地勘探程度较高外，其他盆地勘探程度相对较低，待发现的石油资源量较多，具有较大的勘探潜力。

迈卢特是中非裂谷系的第二大沉积盆地，位于苏丹 3/7 勘探区块。1975—1985 年美国 Chevron 公司曾经对其进行勘探，钻 3 口探井中仅 1 口获得油流，油层薄、丰度低，不具有商业开采价值[9]。之后陆续有一些小公司为试采小油田进行了零星作业，但勘探工作完全停滞。2000 年 11 月中国石油天然气集团公司进入该区块开始勘探，从而成为中国在海外最大的以完整盆地为对象的风险勘探项目。中国石油天然气集团公司在有限的勘探期和作业期内快速摸清了迈卢特盆地的石油地质基本条件和资源潜力，并通过采取科学合理的勘探策略和技术手段，快速发现了 Palogue 油田，这是中国在海外发现的储量规模最大的油田，也是世界级大油田。

1 区域地质特征

迈卢特盆地位于苏丹东南部、中非剪切带东端南侧，是在中非剪切带右旋走滑构造应力场背景下发育起来的中—新生代陆内裂谷盆地，呈 NW-NWW 走向，与中非剪切带斜交（图 1）。其东西宽约 100km，南北长约 300km，面积约为 $3.3 \times 10^4 km^2$。盆内主断层走向为 NW-NNW，与盆地走向平行，控凹断层的断面较陡直（图 2）。盆地构造格局凹凸相间，根据重力资料，该盆地可分为南部、中部、西部、东部 4 个凹陷以及 1 个西部凸起，所有凹陷基本呈“西断东超”的半地堑形态（图 2）。

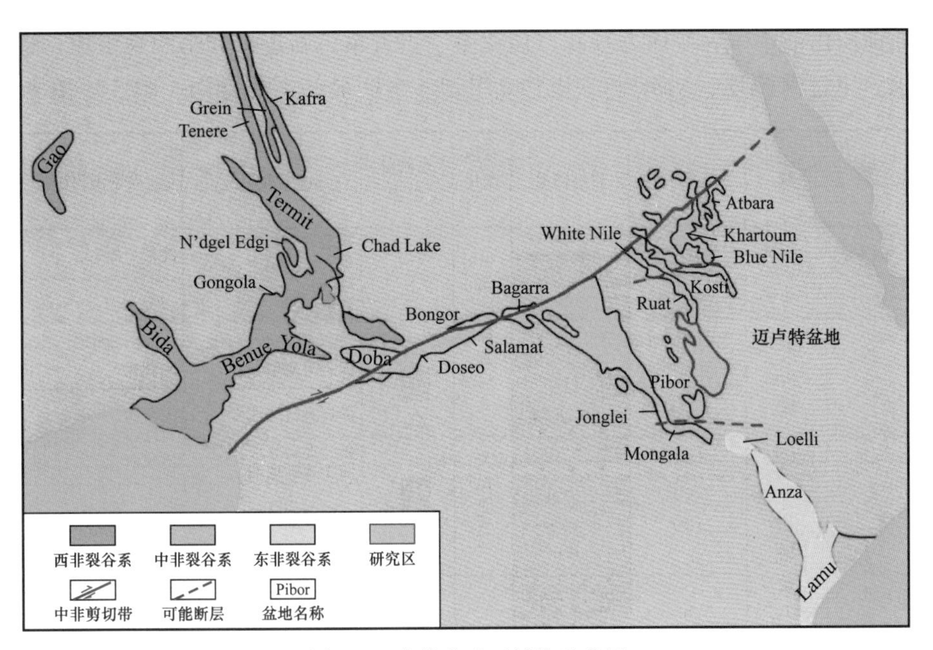

图 1 迈卢特盆地区域构造位置

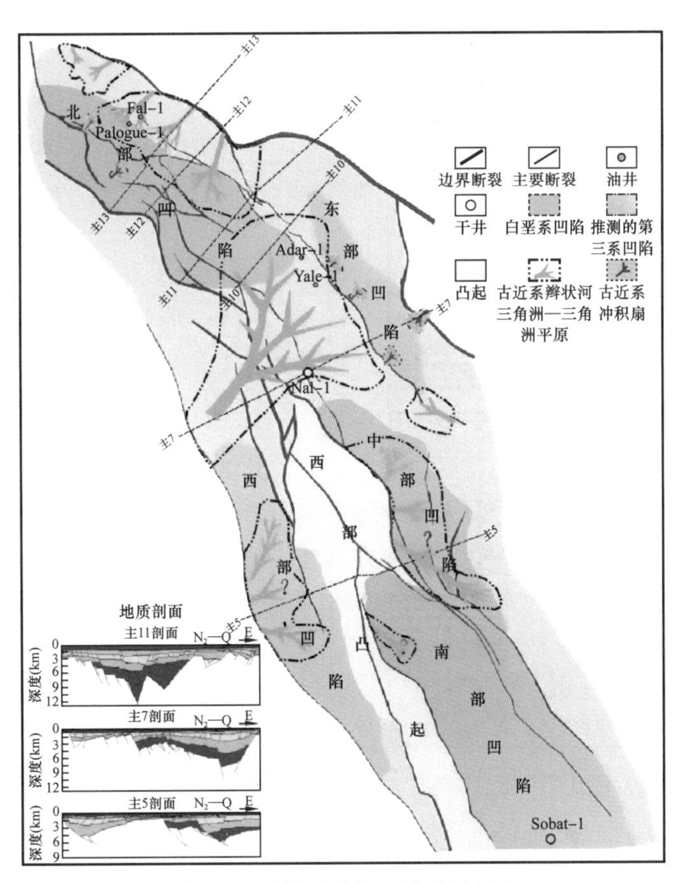

图 2 迈卢特盆地综合地质评价图

盆地地层由前中生界变质岩基底、白垩系、古近系、新近系和第四系组成，地层中存在基底顶、下白垩统顶、Adar 组顶和 Lau 组顶 4 个明显的不整合面（图 3）。在局部地区

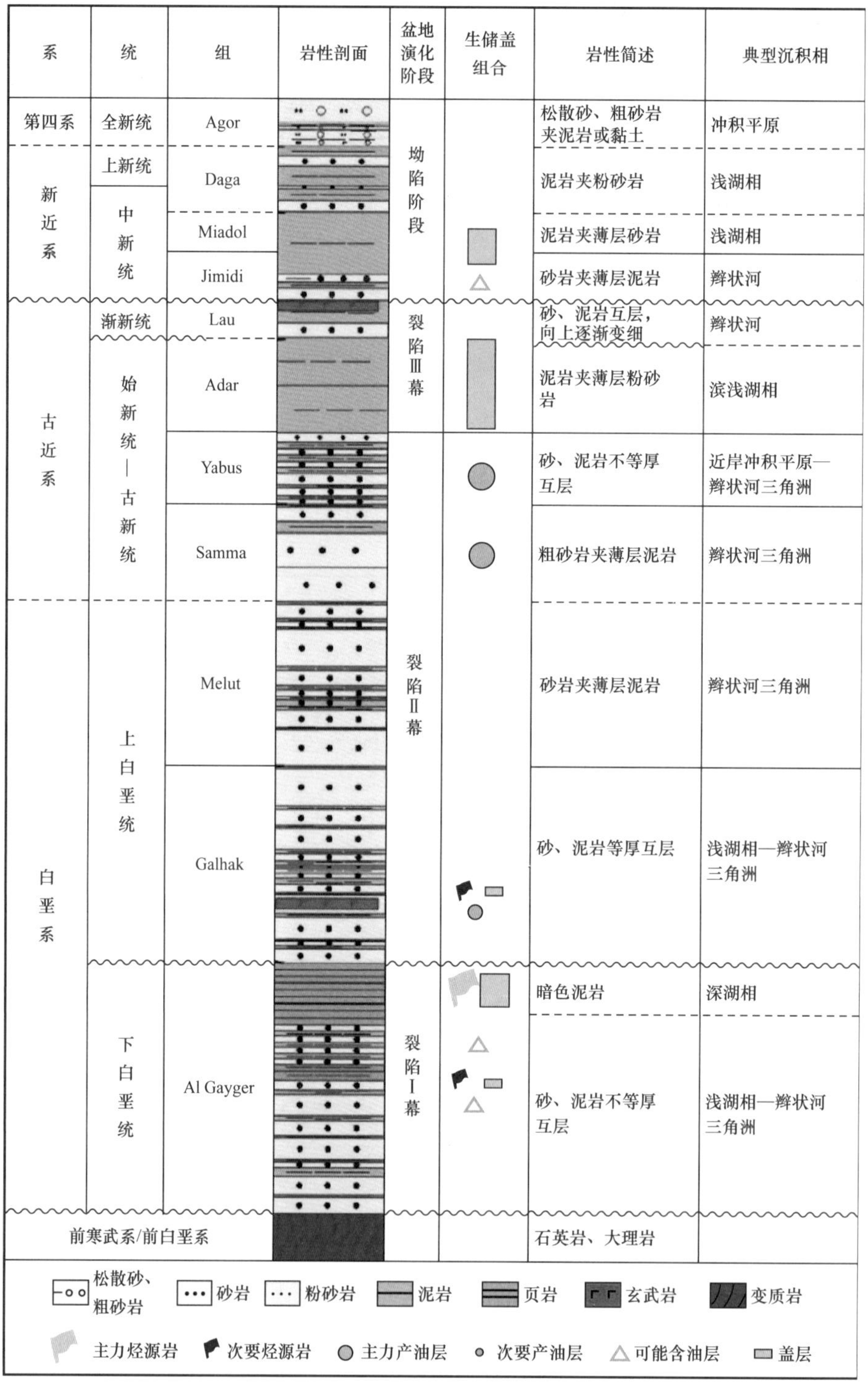

系	统	组	岩性剖面	盆地演化阶段	生储盖组合	岩性简述	典型沉积相
第四系	全新统	Agor		坳陷阶段		松散砂、粗砂岩夹泥岩或黏土	冲积平原
新近系	上新统	Daga				泥岩夹粉砂岩	浅湖相
	中新统	Miadol				泥岩夹薄层砂岩	浅湖相
		Jimidi				砂岩夹薄层泥岩	辫状河
古近系	渐新统	Lau		裂陷Ⅲ幕		砂、泥岩互层，向上逐渐变细	辫状河
	始新统—古新统	Adar				泥岩夹薄层粉砂岩	滨浅湖相
		Yabus		裂陷Ⅱ幕		砂、泥岩不等厚互层	近岸冲积平原—辫状河三角洲
		Samma				粗砂岩夹薄层泥岩	辫状河三角洲
白垩系	上白垩统	Melut				砂岩夹薄层泥岩	辫状河三角洲
		Galhak				砂、泥岩等厚互层	浅湖相—辫状河三角洲
	下白垩统	Al Gayger		裂陷Ⅰ幕		暗色泥岩	深湖相
						砂、泥岩不等厚互层	浅湖相—辫状河三角洲
前寒武系/前白垩系						石英岩、大理岩	

松散砂、粗砂岩　砂岩　粉砂岩　泥岩　页岩　玄武岩　变质岩

主力烃源岩　次要烃源岩　主力产油层　次要产油层　可能含油层　盖层

图 3　迈卢特盆地地层综合柱状图

的上白垩统和中新统发育火山岩，分别反映了欧洲与非洲大陆的碰撞和红海的开启事件[1-2]。中新生界主要为陆相湖盆沉积的碎屑岩。

根据区域地质演化、沉积间断分析和断层活动期次，可将盆地分为3期裂陷活动（早白垩世、晚白垩世—古新世和始新世—渐新世）和一个统一坳陷阶段（中新世—第四纪）（图4）。其中以早白垩世和始新世—渐新世2期裂陷作用最强，晚白垩世—古新世裂陷作用较弱。

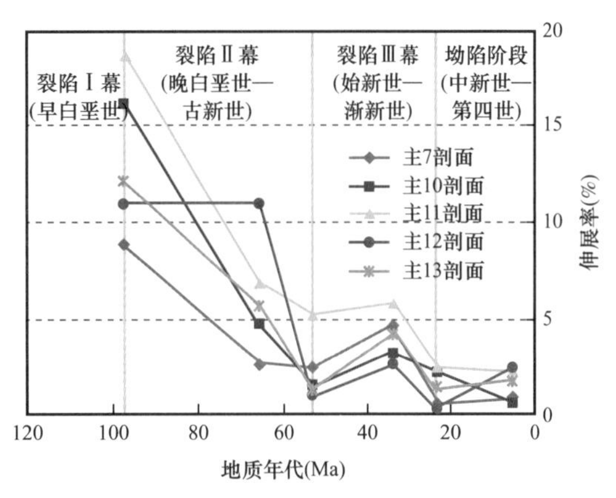

图4 迈卢特盆地骨干地质剖面伸展率变化曲线

2 石油地质基本特征

2.1 早白垩世强裂陷阶段发育厚层烃源岩

中非裂谷系一般发育早白垩世、晚白垩世和古近纪3套烃源岩[3, 6-7]，其中以早白垩世烃源岩的发育规模最大，在地震剖面上通常表现为多相位密集段反射的楔状体，并在勘探成熟区得到钻井证实，如Mug lad盆地Abu Gabra组[10-11]。受埋藏深度和勘探程度的影响，项目接手时在盆地内一直没有钻遇可靠的烃源生烃灶的分布范围，其中北部凹陷最为有利，从而基本确定了盆地资源潜力。这一推断通过后期钻井得到了证实（图5），盆地内早白垩世烃源岩干酪根类型多数为Ⅱ型，个别为Ⅰ型，有机质丰度均达到了好—极好生油岩的标准，生烃潜力高达19.53mg/g。

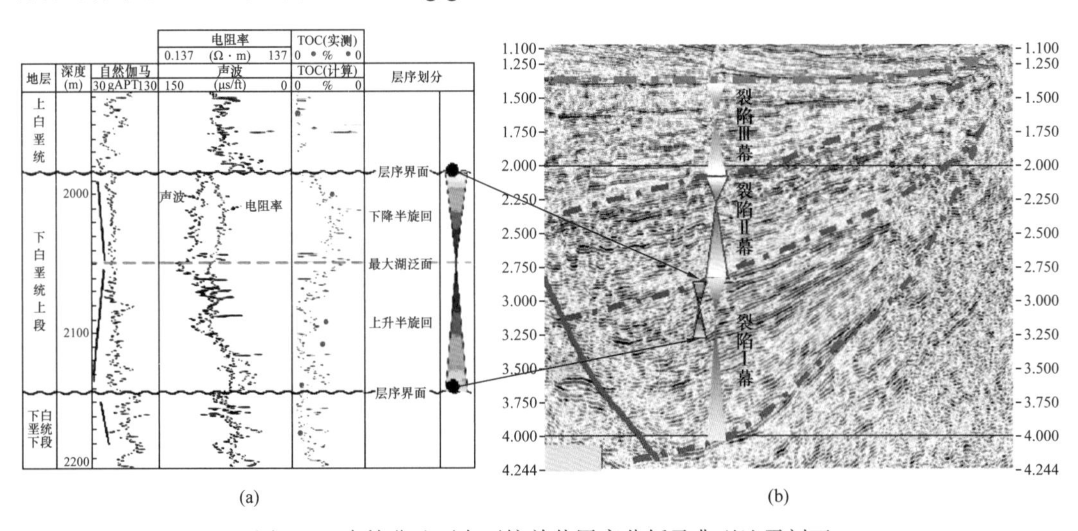

图5 迈卢特盆地下白垩统单井层序分析及典型地震剖面

2.2 始新世强裂陷阶段形成稳定泥岩盖层

始新世 Adar 组在地震上表现为大套空白—弱连续反射段。对已钻井分析发现，该组泥岩厚度平均约 300m，泥地比在 80% 以上，不仅具有毛细管封闭条件，还具有良好的欠压实封闭条件。层序地层学分析表明，该时期盖层断层大量发育，同时先存断层持续活动，基底持续沉降，在水体能量和陆源补给减弱的背景下广泛沉积了以悬浮沉积作用为主的浅水湖相泥岩。与 Muglad 盆地相比，迈卢特盆地于晚白垩世未发育完整的强裂陷旋回，因此不发育上白垩统储盖组合。这直接决定了最有利的勘探层系应为 Adar 组盖层之下的古近系砂岩，而不是类似 Muglad 盆地的上白垩统 Bentiu 组砂岩[4, 8]。

2.3 弱裂陷阶段形成粗碎屑沉积储层

晚白垩世—古新世，盆地裂陷作用较弱，构造差异升降不明显，加上水体较浅，以辫状三角洲沉积体在盆地缓坡带上的推进为主要沉积作用，成为盆地内主要岩，但是在主干地震剖面中也普遍见到“密集段”地震反射特征（图 5），深度和地震属性与其他盆地类似。通过层序地层学研究认为可能属于湖平面不断上升过程中沉积的半深湖—深湖相泥岩。因而推断研究区内也可能发育以早白垩世为主的烃源岩，并推测出可能储层的形成期。同时由于水体能量较弱，因而砂体结构成熟度较低。

受盆地古构造地形控制，盆地缓坡带和构造调节带是碎屑物质向盆地搬运的物源区。大型储集砂体往往发育在这些部位，尤其是在盆地宽缓处，如盆地中部的沉积体系规模和分布范围明显大于北部和南部（图 2）。同时，白垩纪和古近纪的伸展方向和构造格局具有一定继承性，物源区和沉积中心迁移性不大，造成了多套有利砂体在垂向上叠置、平面上分布相对集中的状况，并且岩性基本相似（图 6）。其中古新世—始新世 Yabus 和 Samma 组上部被 Adar 组厚层泥岩所覆盖，成为必然的主力勘探层系。

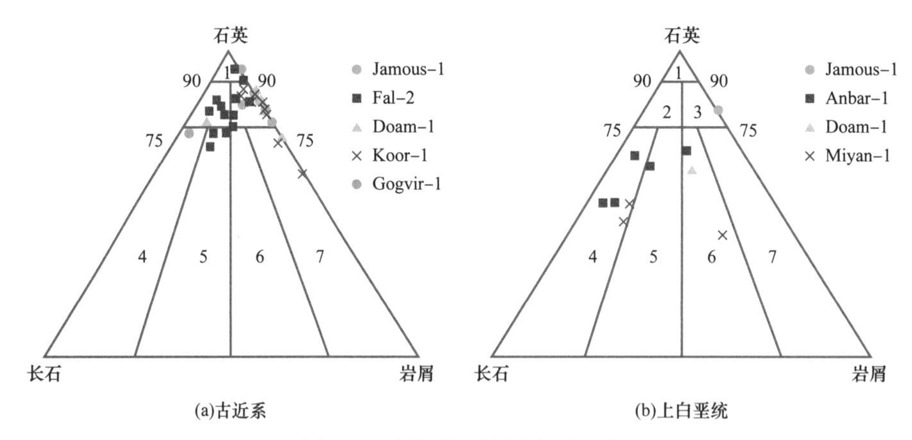

图 6 迈卢特盆地储层岩石组成

2.4 古近系油源充足

中非裂谷系发育典型的被动裂谷盆地群，早期火山岩不发育，地温梯度普遍偏低，后期火山活动逐渐增强，地温增高[8]。迈卢特盆地现今平均地温梯度为2.94℃/km，明显低于渤海湾盆地。随着古近纪岩浆活动的增强和上覆地层厚度逐渐加大，下白垩统烃源岩于Adar组沉积末期才开始进入生油窗，门限深度大于2500m。显然，地温梯度偏低使迈卢特盆地的大量生、排烃期明显偏晚，从而为古近系成藏提供了充足油源。

2.5 始新世—渐新世构造圈闭发育

受非洲—阿拉伯板块的北东向加速运动并俯冲到扎格罗斯—欧亚板块的影响[1-2]，迈卢特盆地在始新世Adar组沉积期伸展走滑作用再次增强（图4）。裂陷作用使白垩系半地堑进一步复杂化，凹凸格局更为明显。大量盖层断层发育，并伴之形成了大量断块圈闭。走滑作用使凹陷及控凹断层斜列，形成区域性横向变换带和构造调节带，背斜、断背斜构造相应产生。在渐新世末期，红海开始拉张产生了NE−SW向挤压环境[1-2]，盆地发生反转，强化了前期形成的断块、背斜和断背斜圈闭。这一构造运动过程为油气运移提供了非常有利的场所。

2.6 有效运移通道

由于迈卢特盆地上白垩统以砂岩为主，砂地比一般为55%～83%，缺乏区域性良好的泥岩盖层（图3）。因此，上白垩统并非有利成藏组合，反而为油气的大规模横向运移提供了良好通道。此外，基底断层和调节断层控制了油气聚集，陡边界断层一般使得烃源岩楔状体整体向缓坡抬升，这种斜向疏导作用使油气向缓坡的浅层进行大规模的“跨时代”运移聚集（图7）。当油气被区域性盖层Adar组泥岩遮挡时，就易于在其下伏的Yabus组和Samma组砂岩中聚集。后期的勘探实践表明，目前90%以上的储量均发现于以位于凹陷缓坡位置上的Adar组盖层、Yabus和Samma组储集层的成藏组合中（图7）。

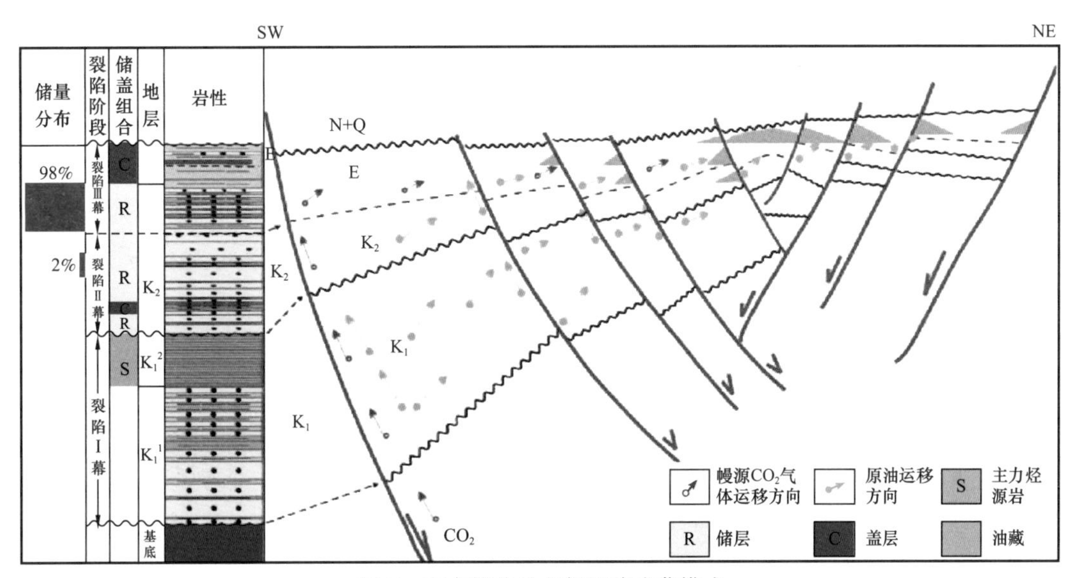

图7 迈卢特盆地北部凹陷成藏模式

2.7 油气运移的有利指向

半地堑是迈卢特盆地的基本几何构造形态（图2）。通过半地堑的继承性发育，使得凹陷缓坡带成为油气运移的长期优势指向。由于厚层的Adar组泥岩在断层两侧易于形成侧向封堵，因此缓坡带上发育的大量背斜、断背斜和反向断块为油气富集提供了场所（图7）。

3 Palogue大油田的发现及其地质特征

迈卢特盆地独特的石油地质条件决定了主力生油凹陷缓坡带上的古近系背斜—断背斜圈闭是最有利的勘探目标。据此，2002年10月在北部凹陷Palogue构造上钻探了Palogue-1井，在古近系Yabus组和Samma组获得高产油流，证实油层厚度为86.5m，单层测试最高折算产量达到810m^3/d，此外还发现了上白垩统下段油层厚度为11m。在该构造的另一断背斜圈闭上部署Fal-1井，也在Yabus组和Samma组获得商业油流，证实油层厚度为86m。这2口井的钻探成功，显现出Palogue地区大油田的雏形。

通过约1年的快速评价，揭示出Palogue油田是一个整装大油田，达到了世界级大油田的标准[12]。具有规模大（石油地质储量超过5×10^8t）、埋藏浅（主力产层小于1500m）、产能高（单层测试可以达到795m^3/d）、特高丰度（556.5×10^4m^3/km^2）、油田易于开发等特点，是一个优质、高产、高效的大油田。

3.1 构造特征

Palogue油田位于迈卢特盆地北部凹陷西北斜坡带上的古近系披覆背斜构造上（图2）。该构造是在基底隆起背景上发育而成，并被NW—NWW向断层切割成多个反向断鼻和断背斜圈闭，Yabus组最大圈闭面积近80km^2（图8）。

3.2 储层特征

Yabus组和Samma组是Palogue油田主力含油层系，岩性主要为长石石英砂岩，埋深小于1500m。其中Yabus组砂地比为10%～38.5%，平均为18.8%，单砂层厚度为1～15m，平均为6.1m；Samma组砂地比为38%～85%，平均为52.4%，单砂层厚度为3～36m，平均为11.6m。Yabus组和Samma组平均孔隙度约为30%，平均渗透率约为1μm^2，均属于高孔隙、高渗透储层。

3.3 油藏特征

受Yabus组和Samma组内各砂组储层发育情况和断层侧向封堵的油柱高度的影响，Palogue油田区存在多套油水系统和2种油藏类型。其中，Yabus组上部为层状油藏，含油范围广；Yabus组下部及Samma组为块状底水油藏（图8）。

Palogue油田主要为中质油（20°<API<34°），其次为重质油（API<20°），普遍具有高沥青质含量、高含蜡、高凝固点、高酸值、低含硫特征。其中重质油主要分布在块状底

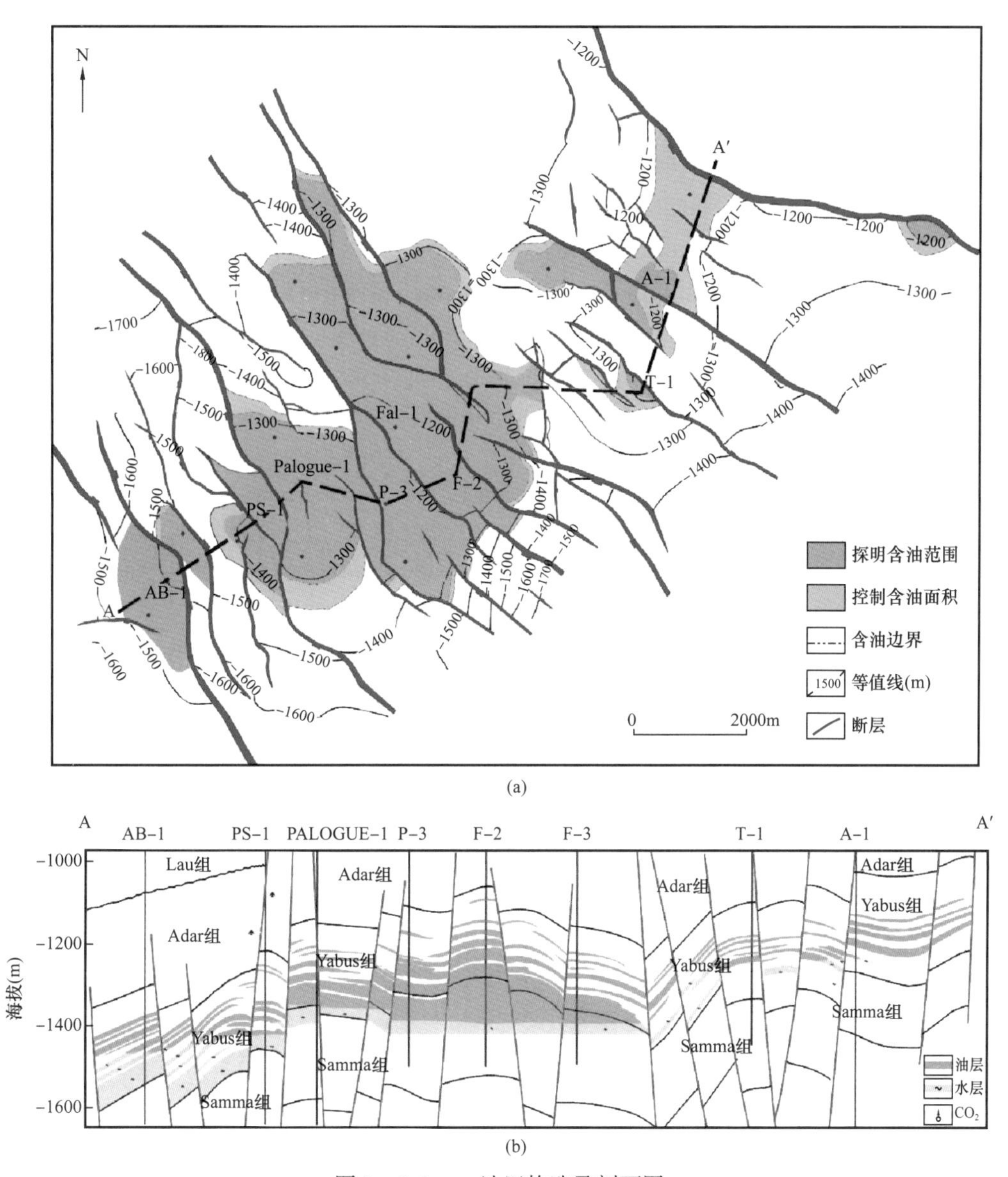

图 8　Palogue 油田构造及剖面图

水油藏的底部，原油密度自下而上逐渐变小。高蜡低硫是陆相原油的典型特征，而高沥青质、高酸值可能与生物降解和二氧化碳气体溶解作用有关。

4　结论

（1）苏丹迈卢特盆地石油地质条件优越，下白垩统生油层、Yabus 组和 Samma 组储层和 Adar 组盖层构成了良好的组合，盆地“晚期增温”使得下白垩统烃源岩成熟期和充注期较晚，为古近系成藏提供了充足的油源，上白垩统厚层砂岩和活动断层为油气运移提供了有效通道，凹陷缓坡带上的背斜和反向断块是油气运移的最有利指向。这种石油地质特征和成藏模式与 Muglad 等中西非裂谷盆地具有很大差别。

（2）Palogue 大油田是 21 世纪初世界上发现的大型油气田之一，具有规模大、埋藏浅、产能高、丰度特高、油田易于开发等特点，是一个优质、高产、高效的大油田。

参考文献

[1] Browne S E, Fairhead J D. Gravity study of the Central Africa Rift system: A model of continental disruption 1. The Ngaoundere and Abu Gabra Rifts [J]. Tectonophysics, 1983, 94 (1/4): 187–203.

[2] Bcrmingham P M, Fairhead J D, Stuart G W. Gravity study of the Central African Rift system: A model of continental disruption 2. The Darfur domal uplift and associated Cainozoic volcanism [J]. Tectonophysics, 1983, 94 (1/4): 205–222.

[3] Mchargue Tim R, Heidrick Tom L, Livingston Jack E. Tectonostratigraphic development of the Interior Sudan rifts, Central Africa [J]. Tectonophysics, 1992, 213 (1/2): 187–202.

[4] Guiraud René, Maurin Jean–Christophe. Early Cretaceous of western and Central Africa: An overview [J]. Tectonophysics, 1992, 213 (1/2): 153–168.

[5] Wilson Marjorie, Guiraud Rene. Magmatism and rifting in Western and Central African, from Late Jurassic to Recent Times [J]. Tectonophysics, 1992, 213 (1/2): 203–225.

[6] Genik G J. Regional framework, structural and petroleum as pects of rift basins in Niger, Chad and the Central African Republic [J]. Tectonophysics, 1992, 213 (1/2): 169–185.

[7] Genik G J. Petroleum Geology of Cretaceous–Tertiary Rift Basins in Niger, Chad, and Central African Republic [J]. AAPG Bullet in, 1993, 77 (8): 1405–1434.

[8] 童晓光，窦立荣，田作基，等．苏丹穆格莱特盆地的地质模式和成藏模式 [J]．石油学报，2004，25 (1): 19–24.

[9] 肖坤叶，黄人平，林金逞，等．中非迈卢特盆地 Adar–Yale 油田油藏特征及勘探方向 [J]．现代地质，2003，17 (增刊): 124–129.

[10] 吕延仓，何碧竹，王秀林，等．中非穆格莱德盆地 Fula 凹陷石油地质特征及勘探前景 [J]．石油勘探与开发，2001，28 (3): 95–98.

[11] 张亚敏，陈发景．穆格莱德盆地形成特点与勘探潜力 [J]．石油与天然气地质，2002，23 (3): 236–240.

[12] Halbouty M, Horn M. Giant oil and gas fields of the decade, 1990–2000 [C]. AAPG Memoir 78, 2003: 1–14.

原载于:《石油学报》，2006 年 3 月第 27 卷第 2 期。

成藏组合快速分析技术在海外低勘探程度盆地的应用

童晓光[1]，李浩武[2]，肖坤叶[2]，史卜庆[1]

（1. 中国石油天然气勘探开发公司；2. 中国石油勘探开发研究院）

摘要：现在中国石油企业海外低勘探程度区块逐渐增多，需要一套针对低勘探程度盆地（区块）快速确定勘探方向的方法。根据成藏组合与油气勘探的方向和勘探部署密切相关的特点，讨论了成藏组合的定义、研究内容及其与区带之间的区别，重点介绍了成藏组合快速分析技术在海外低勘探程度Melut盆地迅速确定勘探方向时的应用。在资料分辨率保证的前提下，打破了国内勘探初期先平面分区、后分层评价的传统模式，勘探伊始就以最能反映油气聚集特征的纵向划分入手，划分出不同的成藏组合。在确定油源的前提下，通过对储层、盖层、运移通道，断层封闭性、构造、有利圈闭及配套条件等方面的快速分析，迅速确定了主力成藏组合和主力成藏带，优选了勘探目标，在苏丹Melut盆地取得良好的勘探效果。

关键词：成藏组合；快速分析技术；低勘探程度盆地；Melut盆地；勘探目标

近年来，中国石油公司的海外勘探业务正在蓬勃发展，海外勘探区块存在勘探周期短，先期掌握资料少的特点。因此，如何在海外低勘探程度地区尽快发现规模储量是摆在海外地质工作者面前的难题。笔者讨论了苏丹Melut盆地在地震资料质量和分辨率保证的前提下，改变国内先平面划分区带的传统做法，首先在纵向上根据储盖组合及圈闭特点划分几个成藏组合，在确定区域性烃源岩供烃的基础上，通过成藏组合快速分析来确定主力成藏组合，在此基础上优选主力成藏带，圈定勘探目标，并在应用中取得了良好的效果。

1 成藏组合定义

西方通行的含油气地质单元共分4个层次：含油气盆地、含油气系统、成藏组合和圈闭，其中油气成藏组合是第3个层次，与油气勘探的方向和勘探部署密切相关。正由于成藏组合对勘探部署的重要性，其自提出至今即成为地质勘探家研究的热门话题之一，不同的学者也给了成藏组合稍有不同的定义。Miller B M[1]将其称为Exploration play，Exxon等公司也用此名词，指综合勘探方案得以建立有实际意义的单元，具有地理和地层的限制，常限于一组在岩性、沉积环境及构造发育史上密切相关的地层。White D A[2-3]定义成藏组合是一组在地质上相互联系具有类似烃源岩、储层和圈闭条件的勘探对象。Crovelli R A[4]将成藏组合看成具有相似地质背景的远景圈闭的集合体。Parsley A J[5]认为成藏组合是综合油气聚集必要条件的石油地质环境，每个成藏组合可以包含若干个已发现的油气田或远景圈闭。Podruski J A[6]等和 Lee[7]等认为成藏组合是由一系列远景圈闭或已发现油气藏组成，它们具有共同的油气生成、运移和储层发育史及圈闭结构，因此构成了一个局限于特定区域的自然地质总体。Allen P[8]等认为成藏组合实际上是一组分享了共同的储层、区域盖层和石油充注系统的远景圈闭和油气藏。

笔者将成藏组合定义为相似地质背景下的一组远景圈闭或油气藏，它们在油气充注、储盖组合、圈闭类型、结构等方面具有一致性，共同烃源岩不是划分成藏组合的必须条件。

2 成藏组合与区带的区别

既然成藏组合是针对勘探部署提出的，而“区带”是国内大部分地质勘探家勘探部署的基本单元之一，在此有必要讨论成藏组合与“区带”之间的区别。

大部分西方地质学家在论及成藏组合时都不谈及油源问题，其基本意义是同一套储盖组合内的相同圈闭类型的组合。其命名方法是储层层位和圈闭类型，如滨里海盆地石炭系成藏组合、侏罗系构造圈闭成藏组合。成藏组合首先是属于特定的层位，即特定的储盖组合，其次是特定的圈闭类型，这里所说的储盖组合中的盖层指区域性盖层。

武守诚[9]最早将“play”翻译为“区带”，他将区带分为构造型油气聚集带、非构造型油气聚集带及混合型油气聚集带 3 类。在实际应用中，区带被国内研究者赋予了更多平面划区的含义，通常是指盆地内某个平面空间位置所限定的区域，在纵向上可以包括好几个成藏组合（play），二级构造带、复式油气聚集带等单元都被纳入区带范畴。虽然成藏组合与区带的英文名称都是“play”，但是在中国，它们已明显成为两个不同的概念，如渤海湾的复式油气聚集带可以包括古潜山圈闭成藏组合、古近系沙河街组构造—断块圈闭成藏组合、古近系沙河街岩性地层圈闭成藏组合、新近系构造断块成藏组合等（图 1）。

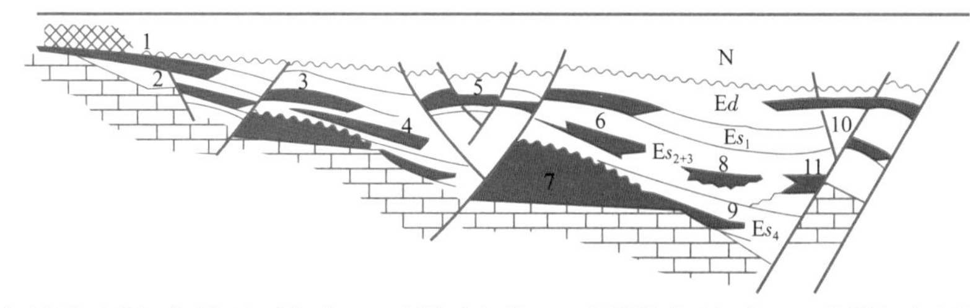

1—地层不整合（或沥青封闭）油气藏；2—断块油气藏；3—披覆构造油气藏；4—粒屑灰岩岩性油气藏；5—挤压构造油藏；6—砂岩上倾尖灭油藏；7—古潜山油藏；8—透镜状砂岩岩性油气藏；9—地层超覆油气藏；10—逆牵引背斜油藏；11—断层岩性油气藏

图 1 断陷盆地油气藏分布模式[10]

但是上述成藏组合并不在每个油气聚集带中都有分布，每个油气聚集带也不是都存在各种成藏组合，所以这是两种勘探单元的划分方法。成藏组合的划分方法是将盆地首先在纵向上根据储盖组合和圈闭类型进行划分，而区带划分法是首先按照平面的结构特点进行分割。问题在于哪一种方法更加合理，更加符合油气分布的客观规律。中国地质学家在盆地评价时，也十分重视储盖组合，但是没有将它作为评价单元。

中国石油地质工作者自20世纪50年代以来就非常关注油气聚集带的研究，如对酒泉盆地老君庙—石油沟山前挤压背斜构造带的研究，发展到对松辽盆地大庆长垣式二级构造带的研究，以至渤海湾盆地复式油气聚集带理论的基本形成。中国区带研究在东部地区油气田勘探中积累了丰富的资料，复式油气聚集带就是属于同一构造带和岩相带，具有成因联系和相同的油气聚集史，形成以一种油气藏为主、其他类型为辅的多种类型油气藏的群体。这一群体是在纵向上相互叠加，平面上由不同层系、不同圈闭类型油气藏相互连片的含油带[9]。由于中国东部复式油气聚集带具有多断层的地质特点，经过多年的勘探开发实践，已摸索出一套具有中国特色的滚动勘探开发经验，为加速中国石油天然气工业的发展，起到重要的推动作用。

中国地质家关于区带的概念，特别是复式油气聚集带的概念在指导渤海湾盆地的勘探中取得了巨大的成就，对渤海湾地区增加产量起到了决定性作用，是当时资料基础上非凡的理论创新。油气聚集带是油气的富集部位，基本上是不同层位不同圈闭类型的油气藏叠合连片，探井的成功率很高。但是对区带内每个层位的圈闭往往不是特别的清楚，这与20世纪70年代初地震勘探水平较低是相一致的，资料条件限制了理论发展和应用。如辽河地区直到1972年才有多次地震覆盖，在此之前干扰波十分强烈，分辨率也不高，要认识每个层位的构造细节几乎是不可能的。

现在中国的地震勘探在渤海湾地区甚至可以分辨出几米厚的单砂体，按层系评价具有了技术条件，成藏组合理论应用也具有资料基础。成藏组合对于多储盖组合的盆地，特别是长期发育的继承性盆地和有多个原型盆地叠加的复杂盆地，其重要性及合理性是显而易见的，不同的储盖组合的油气聚集部位是不一致的，难以形成复式油气区带。

鄂尔多斯盆地作为长期继承性发育的案例。该盆地一共可以分为奥陶系风化壳潜山成藏组合、石炭系—二叠系成藏组合、三叠系成藏组合和侏罗系成藏组合4个成藏组合[11]。加里东运动使鄂尔多斯盆地整体抬升，长期遭受风化剥蚀，导致奥陶系顶面形成准平原化的古岩溶地貌，同时石炭系底部的薄层铝土质泥岩为良好的盖层，位于区域斜坡上的天然气田形成主要由于奥陶系深切谷内沉积的铝土层的侧向封堵作用，其储盖组合构成奥陶系风化壳潜山成藏组合。对于石炭系—二叠成藏组合，石炭系为潟湖相和潮坪相沉积，仅有少量碳酸盐岩沉积。中二叠世—晚二叠世发育内陆湖泊—三角洲沉积体系，大面积分布冲积扇、辫状河、网状河以及三角洲平原河道、三角洲前缘砂体，形成了盆地最重要的储集岩系之一。晚二叠世早期广泛沉积的上石盒子组河漫湖相泥岩形成了盆地上古生界气藏的区域盖层。鄂尔多斯盆地上古生界构造相对平缓，又是生气量大的煤系地层，储层岩性致密，具有形成深盆气藏的地质条件。同时，又具有区域性的气水倒置、盆地中部普遍含气及地层压力异常等特点，勘探实践表明，石炭系—二叠成藏组合除具有丰富的常规天然气资源外还有大量的深盆气资源。对于三叠系成藏组合，上三叠统延长组属于大型三角洲及三角洲前缘砂体，在局部陡坡带发育堆积速度较快的河流相砂体和水下沉积砂体。三叠系储集体展布面积广，已成为鄂尔多斯盆地石油最主要的产层。储集层储集渗透条件依靠裂缝及浊沸石次生孔隙改善，圈闭依靠压实改造，遮挡条件靠砂岩的侧变来实现。侏罗系成藏组合储层主要是发育在印支期侵蚀面上的古河道，其切割了延长组，使油源和储层相互连通，溢出古河道的油气也向延安组上部的砂岩体和古河床两侧的边滩砂体中运移，在侏罗系形成了大量的岩性圈闭，遮挡条件主要也是靠砂岩岩性的侧变来实现。奥陶系风化壳潜山成藏组合、石炭系—二叠系成藏组合、三叠系成藏组合及侏罗系成藏组合的油气有利聚集位置完全没有相关性（图 2），成藏机理也不同，如果不进行成藏组合的划分和评价则很难确定有利地区和进行勘探部署，长庆油田的勘探历程也证明了这一点。

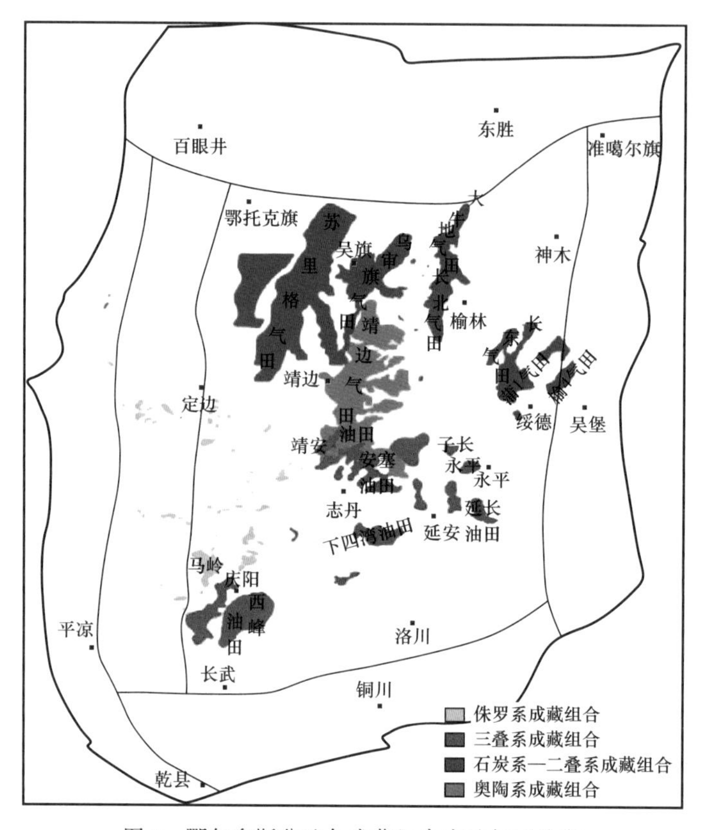

图 2　鄂尔多斯盆地各成藏组合中油气田分布

3　成藏组合的研究内容

和含油气系统有所不同，成藏组合评价时更加重视的是储层性质、盖层和圈闭等要素（图 3）。因此，储层特征与储层质量预测、盖层封闭性能评价、断层封闭性评价、构造分析与圈闭评价及关键控制因素分析是成藏组合地质评价的主要内容。

成藏组合划分在资料较少的情况下也可以进行，甚至只有一张综合柱状图即可以初步划分成藏组合。在勘探的初期，成藏组合划分不宜过细，通常以最重要区域盖层为界进行划分。

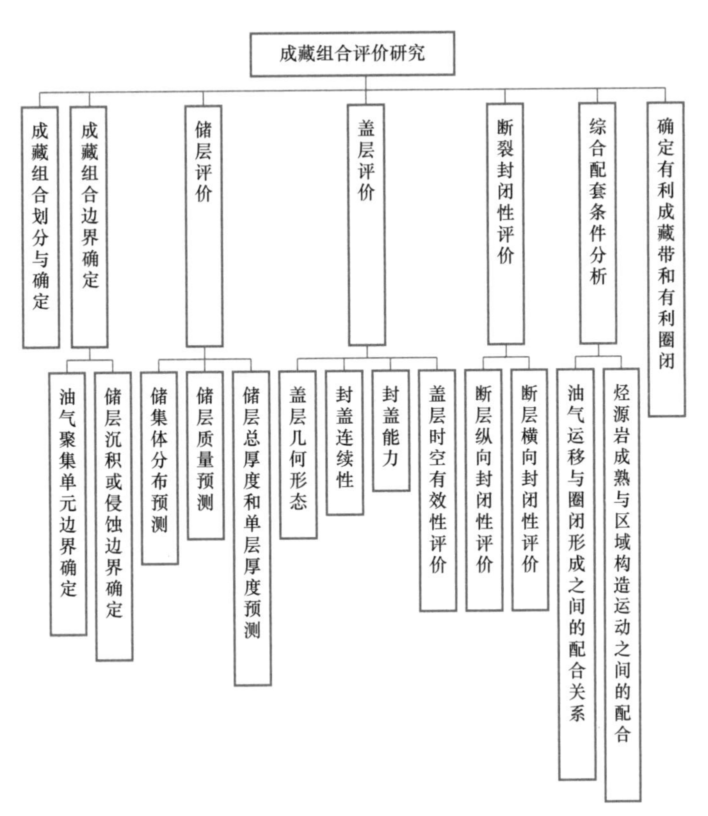

图 3　成藏组合评价主要内容

成藏组合的边界首先由油气聚集单元的边界限定，再由储层单元的沉积或侵蚀边界确定，储层的总厚度和单层厚度越大，孔隙度和渗透率越大，该储层就越有价值。对于一个未经钻探的成藏组合，预测储层就是一项十分重要的内容。

成藏组合边界划定后首先需要对储层进行评价，其主要内容包括储集体分布预测、储层的总厚度和单层厚度预测及储层质量预测。层序地层学在储集层评价中发挥的作用越来越大，体系域分析可以预测储层分布。地震横向预测技术可以做到精细储层厚度预测。另外还可以通过对盆地的构造环境和沉积相的研究，确定成藏组合所在的沉积相带。

盖层评价是成藏组合评价的另一项主要内容。主要涉及盖层的几何形态（如构造部位、厚度、岩性和空间展布）；封盖连续性（如韧性、可压缩性、裂缝发育的机率）；封盖能力（如在毛细管力和流体特征基础上，盖层封闭的烃柱）；盖层的时空有效性评价和盖层的综合封闭能力评价与有利保存区评价等。

在断裂比较发育的地区，仅仅具备盖层还往往难以具备完善的封堵条件，断层在油气成藏中也发挥了巨大的作用。断层的封闭性评价主要是断层的横向和侧向封闭性进行相应的评价，确定断层在油气运移中发挥的作用。

在分析了储盖层和断层的封闭性之后，首先要编制主力成藏组合的顶面构造图，还要进行构造分析确定油气在各个历史时期的优势运移方向，同时通过圈闭样式、圈闭机理和圈闭配套史分析确定有利圈闭。

4 成藏组合快速分析技术在苏丹 Melut 盆地的应用

总体看来，成藏组合分析在低勘探程度盆地勘探方向的制定上存在非常大的优势。第一，新区资料通常比较匮乏，只有通过少量的地震和测井资料先对盆地内的主要成藏组合进行分析，确定以后的主攻方向。第二，海外区块的勘探期很短，需要在较短时间内发现尽可能多的储量。不可能要求有大量的资料进行详细的石油地质综合研究，只有在有限的时间内尽快确立勘探方向，找出储量，使油田尽快投入开发，争取尽可能好的效益。

4.1 Melut 盆地勘探历程

苏丹 Melut 盆地是中非裂谷系的第二大沉积盆地，位于中非剪切带东端南侧，是中非剪切带斜向张裂作用诱导下发育的中—新生代陆内裂谷盆地，其形成、演化与非洲板块特别是中非剪切带密切相关，具有典型的被动裂谷特征[12-15]。盆地呈北西窄、南东宽的楔形，向北西方向收敛，向南撒开，并延伸到埃塞俄比亚境内[15]。1975—1985 年美国 Chevron 公司曾经对其进行勘探，钻 3 口探井中仅 1 口获得油流，油层薄、丰度低，不具有商业开采价值[12]。之后陆续有一些小公司为试采小油田进行了零星作业，但勘探工作完全停滞。2000 年 11 月中国石油天然气集团公司进入该区块开始勘探，从而成为中国在海外最大的以完整盆地为对象的风险勘探项目。

针对 Melut 盆地钻井资料少，成藏组合不明的难题，首先利用层序地层学、构造分析大致确定储层和盖层的发育层段，再利用测井信息，并结合少量的岩心资料综合评价盆地的储盖组合质量；结合烃源岩发育情况，确定盆地的成藏组合，并最终明确盆地的主力勘探层系。这项技术集成了层序地层学和构造分析确定主力储盖发育层段；常规测井储层评价来确定盆地的主力储层发育段的质量；测井盖层评价，利用测井方法分析泥岩的封盖能力，评价盆地盖层的发育情况；利用地震资料来进行运移通道和断层封闭性研究；并结合构造分析与圈闭分析及配套条件分析，最后根据生、储、盖在纵向上的配置关系确定盆地的主力成藏组合。采用这一技术，在勘探早期快速明确古近系 Yabus+Samma 组储层与 Adar 组盖层为盆地的主力成藏组合而不是白垩系，将勘探层系从白垩系转到古近系（图 4）。

4.2 储层条件

根据盆地内基干剖面的演化史分析得知晚白垩世—古新世盆地裂陷作用较弱，构造差异升降不明显，水体较浅。同时层序地层学分析表明，本期以辫状河三角洲沉积体在盆地缓坡上的推进为主要沉积作用，为盆地内主要储层形成期，同时由于水体能量较弱，因而砂体成熟度较低。

受盆地古构造地形控制，盆地缓坡带和构造调节带是碎屑物质向盆地搬运的物源区，大型储集砂体往往发育在这些部位，尤其是在盆地宽缓处，如盆地中部的沉积体系规模明显大于北部和南部。同时，白垩纪和古近纪的伸展方向和构造格局具有一定的继承性，物

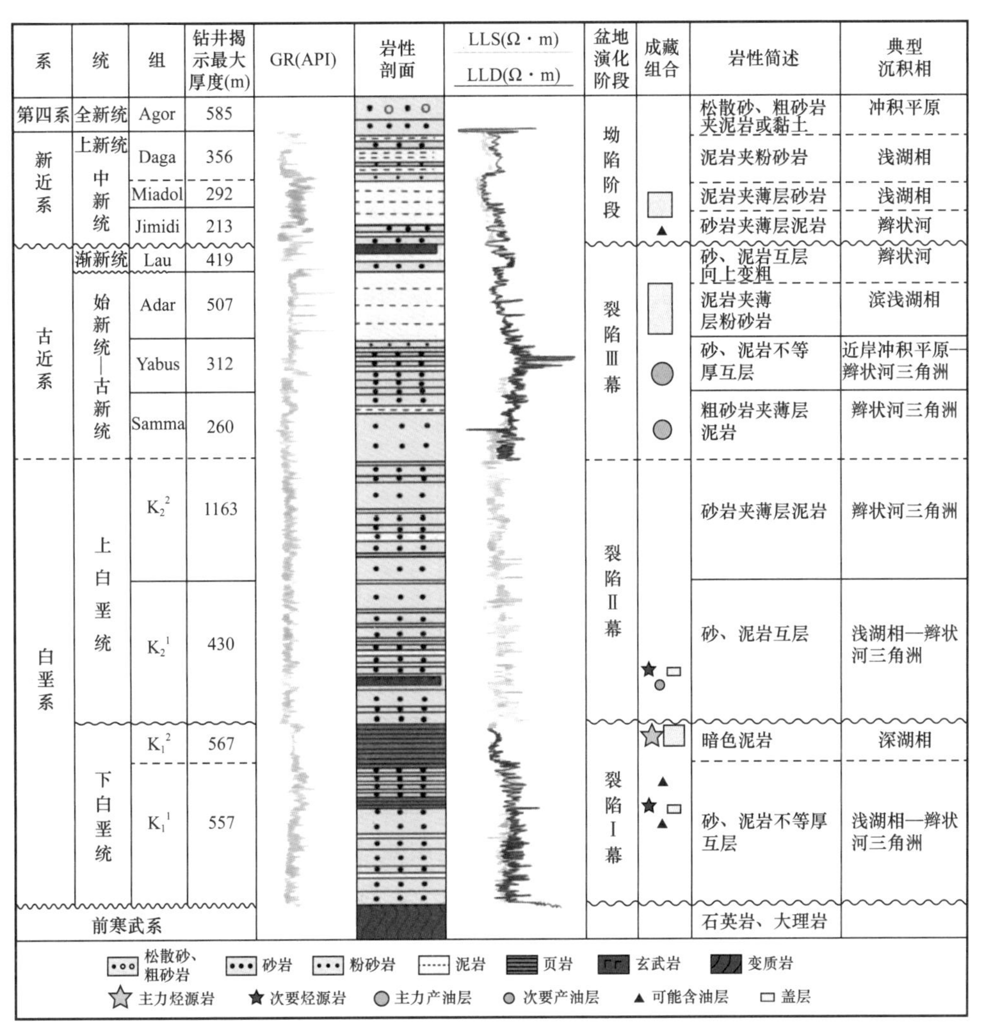

图 4　Melut 盆地综合柱状图及成藏组合

源区和沉积中心迁移性不大，造成了多套有利砂体在垂向上相互叠置，平面上分布相对集中的状况，并且岩体基本相似，其中古新世—始新世 Yabus 和 Samma 组上部被 Adar 组厚层泥岩所覆盖，同时 Melut 盆地晚白垩世末未发育完整的强裂陷旋回，因此不发育上垩统储盖组合，这就直接决定了最有利的勘探层系是 Adar 组盖层之下的古近系砂岩。同时，测井资料研究表明，Yabus 和 Samma 组单层厚度大，石英平均含量达到 80% 以上，孔隙度约 25%，渗透率大于 1000mD，是良好的储层，成为主力勘探层系。

4.3　盖层条件

成藏组合划分边界主要依据之一就是区域性盖层展布，而对于区域盖层在油气聚集中的重要作用，童晓光等[16-17]曾给予充分的论述，区域性盖层识别与研究是成藏组合评价的重要内容之一。

泥岩盖层测井评价内容主要有厚度、含砂量、总孔隙度、有效孔隙度、渗透率和排替压力等。众多研究者对测井泥岩盖层评价在很多地区做过研究，总体来讲，可以用自然电位、自然伽马等常规测井手段来评价泥岩盖层[18-20]。

始新世 Adar 组在地震剖面上表现为大套空白—弱连续反射段，根据以往研究经验，应该为均一岩性的沉积。根据盆地已有的测井资料，并结合区域性构造演化剖面及层序地层学分析，得知该地层沉积时断层大量发育，同时先存断层持续活动，基底持续沉降，其是在水体能量和陆源补给减弱的大背景下广泛沉积的以悬浮沉积作用为主的的浅湖相泥岩。根据层序地层学和自然电位等测井曲线确定泥岩盖层平均厚度为 300m，根据自然电位和自然伽马计算出泥地比为 80% 以上，通过密度测井计算得知 Adar 组具有低孔隙度和低渗透率的特征，排替压力大，物性封闭条件优越，同时处于欠压实状态，具备良好的欠压实封闭条件（图 4）。

4.4 运移通道和断层封闭性评价

由于 Melut 盆地上白垩统以砂岩为主，砂地比一般为 55%～83%，砂体横向连通性好，加上缺乏区域性的泥岩盖层，因此上白垩统并非有利的成藏组合，反而为油气大规模横向运移提供了良好通道。利用地震资料预测断层断距及断裂带内充填物泥质所占百分含量的分析方法[21]，证明盆地内大部分长期活动的生长断层封闭性普遍较差，长期持续活动的基底断层和调节断层控制了油气聚集，并为油气垂向运移提供了通道。占优势的控盆边界断层的持续生长活动使盆地发生翘倾作用，盆地斜坡带为油气区域性侧向运移的主要指向，这种斜向输导作用加上断层的垂向输导作用使油气向缓坡浅层进行大规模运移聚集。当油气被区域性盖层 Adar 组泥岩遮挡时，就会在其下伏的 Yabus 组和 Samma 组砂岩构造高部位聚集。后期的勘探表明，目前 90% 以上的储量均发现于位于凹陷缓坡位置上的 Adar 组盖层、Yabus 和 Samma 组储层的成藏组合中。

4.5 构造条件

受非洲—阿拉伯板块的北东向运动并开始俯冲到扎格罗斯—欧亚板块的影响[22-23]，Melut 盆地在始新世 Adar 组沉积时伸展走滑作用增强，裂陷作用使白垩系半地堑进一步复杂化，凹凸格局更为明显。大量的盖层断层发育，并形成大量的断块圈闭，走滑作用使凹陷及控凹断层斜列，形成区域性横向变换带和构造调节带，背斜、断背斜构造相应产生，在渐新世末，红海开始拉张产生了北东—南西向挤压环境[23-24]，盆地发生反转，强化了前期形成的断块和断背斜圈闭。

4.6 配套条件

中非裂谷系发育典型的被动裂谷盆地群，早期的火山岩不发育，盆地的地温梯度普遍偏低，后期火山活动逐渐增强，地温增高[20]，随着古近纪岩浆活动的增强和上覆地层厚度逐渐增大，下白垩统烃源岩于 Adar 组沉积末期才进入生油窗开始大量生油。同时结合渐新世末盆地发生的反转作用，前期形成的断块、断背斜圈闭进一步发育，区域性单斜背景下的圈闭形成与生排烃之间配合良好，位于 Adar 组区域盖层之下的 Yabus 和 Samma 组储层极易在合适的构造高部位形成油气聚集。

4.7 有利成藏带和圈闭

通过成藏组合分析，认为勘探初期应该以构造目标为主，渐新世盆地发生的反转运动对前期形成的断块、断背斜进一步强化，为油气运移指向提供了良好的聚集场所。对于陆内裂谷盆地，油气运移的主要方向是箕状凹陷的短轴方向，油气通常首先聚集在箕状凹陷低凸起上或者是箕状凹陷的缓坡断阶上，其次是陡坡断阶带。而由于 Melut 盆地基底以上沉积岩很少，储盖条件不好，不能成为有利成藏带，而主力凹陷的缓坡断阶带是最有利的成藏带。厚层的 Adar 组泥岩在断层两侧易于形成侧向封堵，因此位于斜坡的 Yabus 和 Samma 组构造高部位的断块、断背斜圈闭，成为优先选择的勘探目标。Palogue 构造是一个位于北部凹陷转折带上被断层复杂化的短轴背斜，其为西倾鼻状古隆起背景上长期形成发育的披覆背斜，具有构造规模大、主力产层埋藏浅等特点，是勘探初期古近系最现实和经济的钻探目标（图 5）。

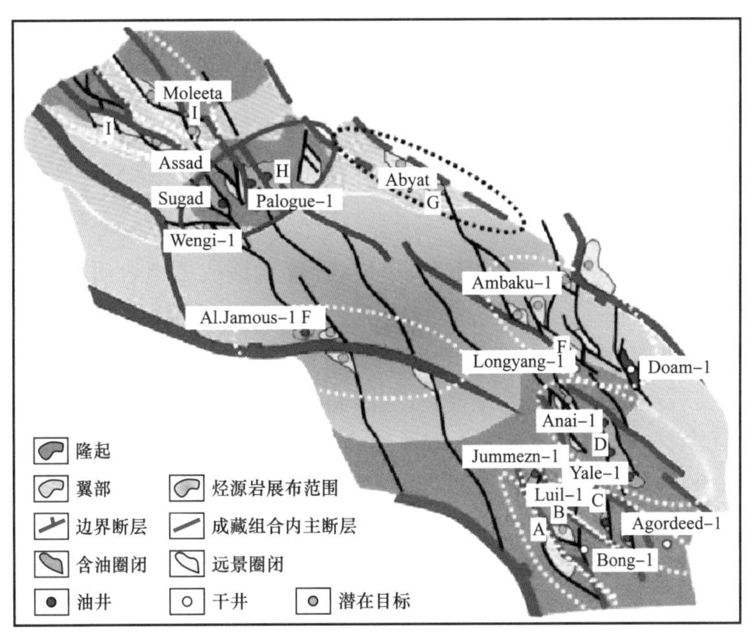

A—Bongwest；B—Bong；C—Agordeel；D—Adar；E—Longyang；
F—Jamous；G—Abyat；H—Paloguf；I-Assad；J-Moleeta

图 5 Melut 盆地北部次盆地主要成藏带

5 勘探效果分析

通过成藏组合快速分析技术及其他相关技术的应用，确定了 Yabus 和 Samma 组储层及 Adar 组盖层为盆地主力成藏组合，而位于斜坡上的构造高部位断块和断背斜是油气聚集的最有利部位（图 6），快速确定了勘探的主攻方向，成功发现世界级 Palogue 大油田，新增探明地质储量为 5.14×10^8t，可采储量为 1.33×10^8t，是中国石油跨国勘探近 10 年来在海外发现的最大整装油田。

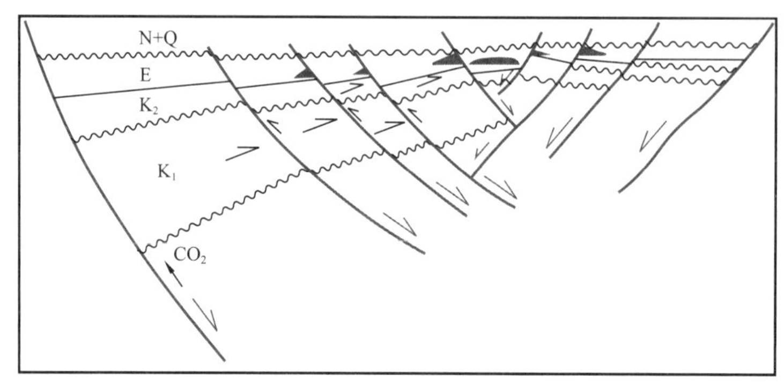

图 6　Melut 盆地 Palogue 油田剖面[23]

6　结论

（1）在地震资料分辨率保证的前提下，成藏组合快速分析技术改变了国内盆地勘探初期以纵向上划分区带为主，后期勘探再分层评价的传统做法，勘探初期即以纵向储盖组合及圈闭特征出发，划分不同的成藏组合，再在不同成藏组合内通过平面分带寻找有利成藏带和圈闭，更能反映油气的分布规律。

（2）在已经确定油源基础的前提下，低勘探程度盆地成藏组合研究的重点是储层的评价、盖层封闭性能评价、断层封闭性评价、构造分析与圈闭评价及关键控制因素分析等。

（3）成藏组合快速分析技术在低勘探程度盆地应用时具有需要资料少、过程分析简单等特点，只需要较少的地震和测井资料，并综合运用构造分析技术和层序地层学分析技术，就可在很短的时间内确定盆地主力成藏组合，确定勘探方向。

（4）成藏组合快速分析技术在苏丹低勘探程度 Melut 盆地应用较为成功，在低勘探程度地区快速勘探决策中优势明显，具有很好的推广应用价值。

参考文献

[1] Miller B M. Application of exploration play-analysis techniques to the assessment of conventional petroleum resources by the U. S [J]. Geological Survey, 1982, 47 (1): 101-109.

[2] White D A. Assessing oil and gas plays in faces-cycle wedges [J]. AAPG Bulletin, 1980, 64 (8): 1158-1178.

[3] White D A. Oil and gas play maps in exploration and assessment [J]. AAPG Bulletin, 1988, 72 (8): 944-949.

[4] Crovelli R A. Probability theory versus simulation of petroleum potential in play analysis [J]. Annals of Operations Research, 1987, 8 (1): 363-381.

[5] Parsley A J. North Sea hydrocarb on plays [M]// Glennie K W. Introduction to the petroleum geology of the North Sea. London: Blackwell Scientific Publishing, 1983: 205−209.
[6] Podruski J A, Fitzgerald−Moore P. Conventional oil resources of western Canada (light and medium) [R]. Geology Survey of Canada, 1988: 58−72.
[7] Lee P J, Gill D. Comparison of discovery process methods for estimating undiscovered resources [J]. Bulletin of Canada Petroleum Geology, 1990, 47 (1): 19−30.
[8] Allen P A, Allen J P. Basin analysis : Principles and applications [M]. London: Blackwell Scientific Publishing, 1990.
[9] 武守诚. 石油资源地质评价导论 [M]. 北京：石油工业出版社, 1994.
[10] 胡见义，徐树宝，童晓光. 渤海湾盆地复式油气聚集（区）带的形成和分布 [J]. 石油勘探与开发, 1986, 13 (1): 1−8.
[11] 童晓光，何登发. 油气勘探原理和方法 [M]. 北京：石油工业出版社, 2001.
[12] McHargue T R, Heidrick T L, Livingston J E. Tectonos−tratigraphic development of the interior Sudan rifts, Central Africa [J]. Tectonophyics, 1992, 213 (1/2): 187−202.
[13] Genik G J. Petroleum geology of Cretaceous−Tertiary rift basins in Niger, Chad and Central African Republic [J]. AAPG Bulletin, 1993, 77 (8): 1405−1434.
[14] Schull T J. Rift basins of interior Sudan: Petroleum exploration and discovery [J]. AAPG Bulletin, 1988, 72 (10): 1128−1142.
[15] Patton T L, Moustafa A R, Nelson R A, et al. Tectonic evolution and structural setting of the Suez Rift [G] // Landon S M. Interior rift basins: Tulsa, OK. AAPG Memoir 59, 1994: 9−55.
[16] 童晓光，牛嘉玉. 区域盖层在油气聚集中的作用 [J]. 石油勘探与开发, 1989, 16 (4): 1− 7.
[17] 窦立荣，张志伟，程顶胜. 苏丹 Muglad 盆地区域盖层对油藏特征的控制作用 [J]. 石油学报, 2006, 27 (3): 22− 26.
[18] 焦翠华，谷云飞. 测井资料在盖层评价中的应用 [J]. 测井技术, 2004, 28 (1): 45−47.
[19] 付广，姜振学，庞雄奇. 盖层烃浓度封闭能力评价方法探讨 [J]. 石油学报, 1997, 18 (1): 39−43.
[20] 谭增驹，刘洪亮，黄晓冬，等. 应用测井资料评价吐哈盆地盖层物性封闭 [J]. 测井技术, 2004, 28 (1): 41− 44.
[21] 吕延防，沙子萱，付晓飞，等. 断层垂向封闭性定量评价方法及其应用 [J]. 石油学报, 2007, 28 (5): 34− 38.
[22] Browne S E, Fairhead J D. Gravity study of the Central Africa Rift system: A model of continental disruption1. The Ngaoundere and Abu Gabra Rifts [J]. Tectonophysics, 1983, 94 (1/4): 187−203.
[23] Bermingham P M , Fairhead J D, Stuart G W. Gravity study of the Central African Rift system: A model of continental disruption 2. The Darfur domal uplift and associated Cainozoic volcanism [J]. Tectonophysics, 1983, 94 (1/4): 205−222.
[24] 童晓光，徐志强，史卜庆，等. 苏丹迈卢特盆地石油地质特征及成藏模式 [J]. 石油学报, 2006, 27 (2): 1−5.

原载于:《石油学报》, 2009 年 5 月第 30 卷第 3 期。

苏丹迈卢特盆地富油气凹陷成藏规律与勘探实践

童晓光[1]，史卜庆[1]，张宏[2]，苏永地[3]，
马陆琴[3]，庞文珠[2]，杨保东[1]，李章明[2]

（1. 中国石油天然气勘探开发公司；2. 中国石油尼罗河公司 3/7 区项目部；
3. 中国石油勘探开发研究院）

迈卢特盆地是苏丹东南部 3/7 区勘探开发区块的一部分。2000 年 11 月中国石油天然气集团公司进入该区块开始勘探，目前权益 41%，为第一大合作伙伴，也是联合作业公司中的技术主导公司。该盆地是中国石油、也是中国油公司在海外第一个以完整沉积盆地为对象的风险勘探项目。进入区块以来的近十年间，中国石油创新集成了海外低勘探程度区快速发现规模目标技术、建立了跨时代油气运移聚集模式，短期内发现并探明了 Palogue 世界级大油田（童晓光等，2006）。随后不断深化地质认识和成藏条件分析，以北部凹陷为重点地区，逐渐丰富和完善了具有被动裂谷特点的富油气凹陷成藏规律，有效指导了精细勘探工作，取得了巨大的勘探效益，同时也进一步丰富了富油气凹陷理论（赵文智等，2004）。

1 基本地质特征

迈卢特盆地是中非裂谷系的第二大沉积盆地，位于中非剪切带东端南侧，呈北西—北西西走向，面积 $3.3\times10^4km^2$，是在中非剪切带右旋走滑活动背景下发育的中—新生代被动裂谷盆地。盆地构造格局凹凸相间，结合重力资料可划分为北部、中部等五个凹陷和一个西部凸起（张可宝等，2007）。北部凹陷位于盆地西北部，面积约 $5500km^2$，是盆地中面积最大的中—新生代沉积凹陷，具有共轭性质的双断式凹陷（图 1）。

盆地发育三期裂陷活动，即早白垩世、晚白垩世—古新世和始新世—渐新世，中新世—第四纪为统一坳陷阶段（图 2）。其中以早白垩世被动裂陷作用最强，始新世—渐新世次之，晚白垩世—古新世裂陷作用相对最弱（S.E. Browne，1983）。三期裂陷活动在前中生界基底之上沉积了白垩系、古近系、新近系陆相湖盆沉积的碎屑岩和第四系地层。地层中存在基底顶、下白垩统顶、Adar 组顶和 Lau 组顶等四个明显的不整合面（图 2）。

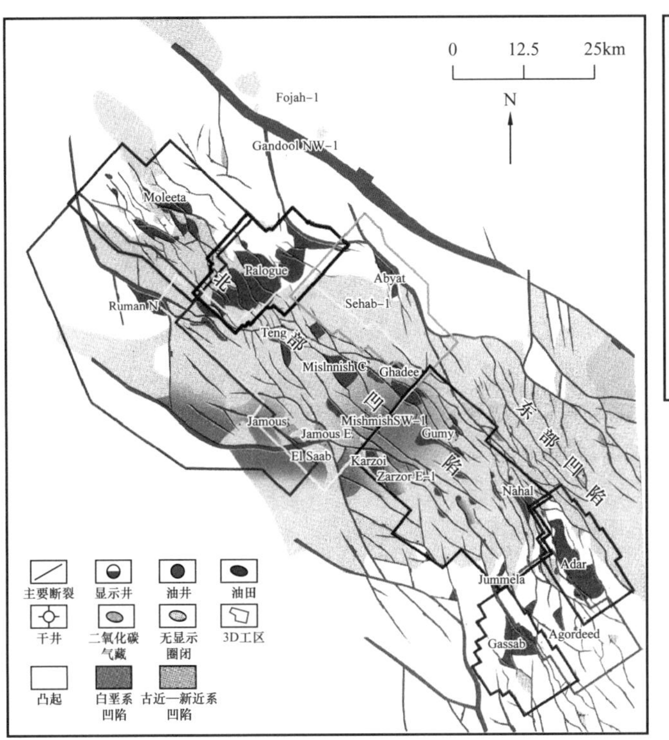

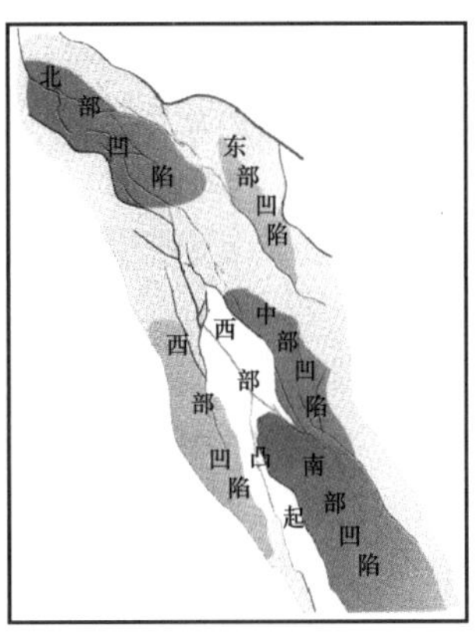

图 1 迈卢特盆地北部凹陷综合评价图（盆地区域构造位置图，据 G.J. Genik，有修改）

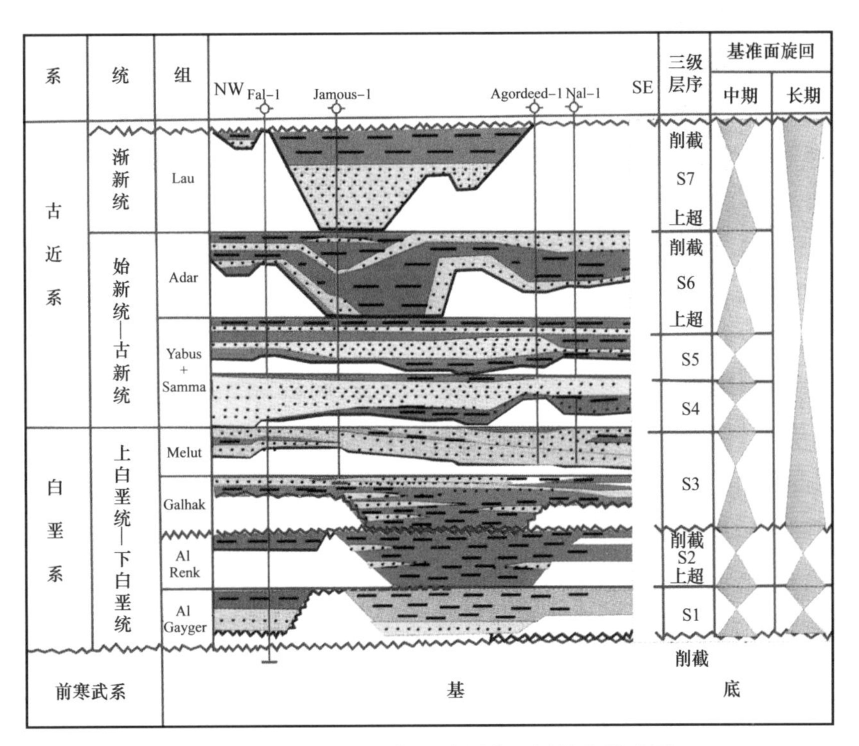

图 2 迈卢特盆地北部凹陷层序地层演化模式图

2 大油田的快速发现与探明

在进入区块前，美国雪佛龙公司勘探十年、投资上亿美元仅发现一个边际油田并最终退出，之后勘探工作完全停滞（肖坤叶等，2000）。中国石油进入区块后，在面对面积广阔、勘探程度低、资源潜力不清、勘探方向不明等地下地质难题的同时，还面临着勘探期短暂、安全形势不稳等海外新挑战。

通过运用综合地震资料早期预测生烃凹陷、测井地质综合评价早期预测主力成藏组合等技术，短期内快速摸清了盆地石油地质基本条件，发现盆地内、尤其是北部凹陷发育白垩系优质烃源岩；建立了不同于苏丹穆格莱德盆地（童晓光等，2004），适合迈卢特盆地具体地质条件的油气跨时代运移聚集成藏模式（图3），从而科学地预测出北部凹陷为主力生烃凹陷，其缓坡带古近系目标为主力勘探区带，并通过采取以成藏带—经济规模目标为核心的低勘探程度区高效快速筛选勘探目标的思路和方法，使勘探周期大大缩短、勘探节奏明显加快、勘探成本显著节约，在短期内一举发现了 Palogue 世界级大油田。并通过油藏早期预测和钻井—地震资料交互利用方法，进行了大油田的快速评价，在一年之内基本探明了 Palogue 大油田。

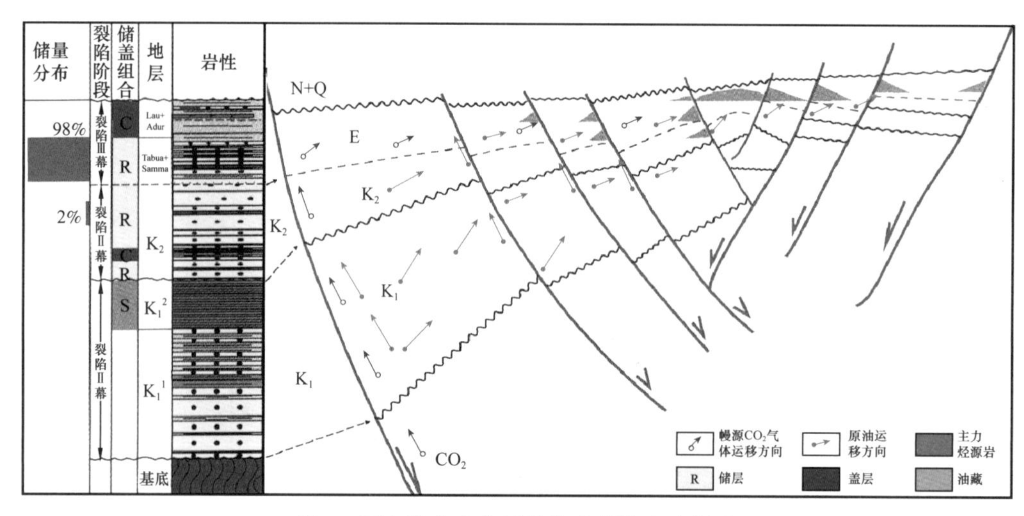

图3 迈卢特盆地北部凹陷成藏模式示意图

3 富油气凹陷成藏规律

2003—2006年，立足大油田的快速发现和探明，通过不断深化地质认识和成藏规律，以北部凹陷为重点增储地区，先后发现了 Moleeta 亿吨级油田和 Gumry 等中型油田，形成了油气满凹分布的格局。2006—2009年又发现了一批中小油田，证实了北部凹陷为一富油气凹陷。在千万吨级油田稳产的资源基础不断稳固的同时，北部凹陷成藏条件的认识不断得到丰富和扩展，逐步揭示出了具有被动裂谷性质的富油气凹陷成藏规律。

（1）烃源岩条件优越、分布范围广泛，为富油气凹陷提供了充足油源。

迈卢特盆地被动裂谷的活动性质决定了盆地只发育一个完整的被动裂陷旋回。北部凹陷早白垩世伸展和裂陷作用强，占总伸展最大的 50%～70%，其被动裂谷的性质决定只发育一个完整的沉积旋回和一套优质烃源岩。晚白垩世伸展和裂陷作用较弱，但初期受早白垩世裂陷阶段古地形的影响，有机物具备持续沉积的有利背景，沉积了上白垩统 Galhak 组烃源岩。因此，北部凹陷的主力烃源岩仅发育在被动裂陷的初始旋回中，次要烃源岩发育在次级被动裂陷旋回中。同时早晚白垩世裂陷位置发生了迁移，裂陷活动方式发生变化，北部凹陷由东深西浅的不对称地堑转换为西深东浅的不对称地堑，因此下白垩统 Al Renk 组和 Galhak 组沉积中心的平面分布有所迁移（图 4）。

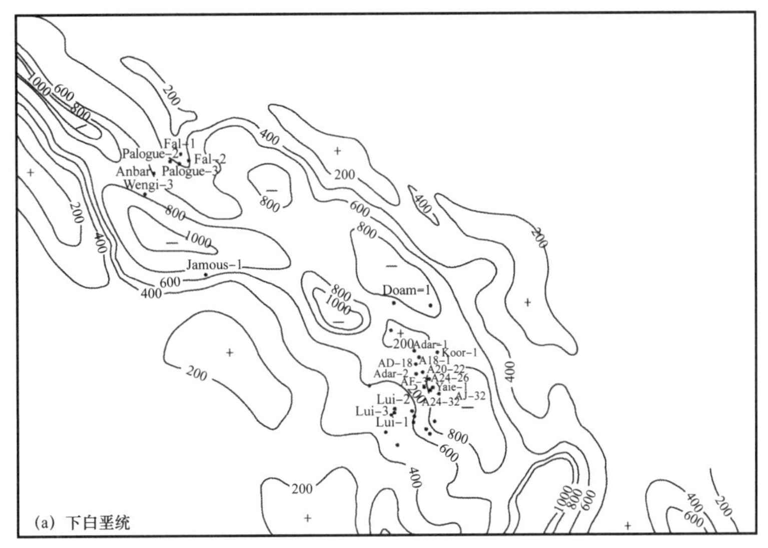

(a) 下白垩统

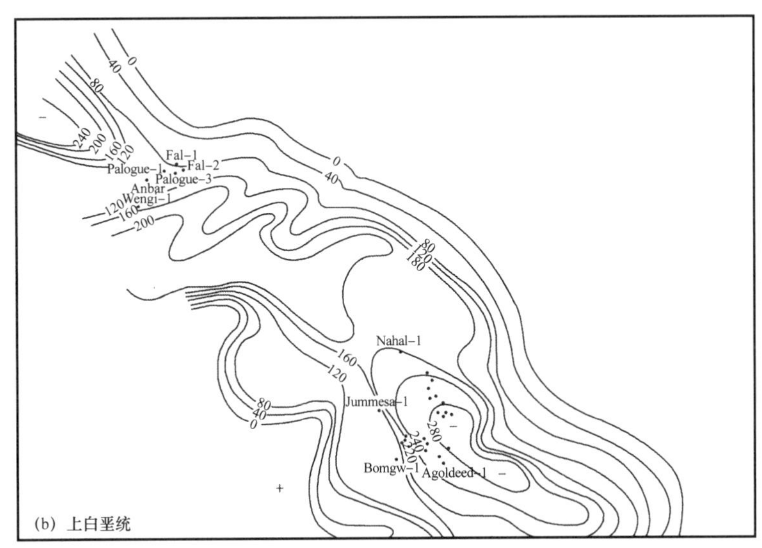

(b) 上白垩统

图 4　北部凹陷白垩系生油岩分布趋势图

主力烃源岩下白垩统 Al Renk 组泥岩有机质丰度高（TOC=0.1%～3.24%），沉积于淡水—微咸水的弱还原—弱氧化沉积环境，有机质类型以混合型（Ⅱ型）为主，在凹陷内分布广泛。次要烃源岩上白垩统 Galhak 组泥岩有机质丰度较高（TOC =0.1%～5.02%），沉积于淡水弱氧化沉积环境，有机质类型以腐殖型（Ⅲ型）为主，主要分布在凹陷西部及南部。两套烃源岩均已成熟并在凹陷深部达到高成熟或过成熟，分别形成了两类原油，一类不含双杜松烷和奥利烷，且重排藿烷和重排甾烷含量较低，分布在凹陷北部（如 Palogue、Moleeia 油田）；另一类具高含量的 C_{30} 未知萜、较高含量的重排藿烷和重排甾烷、微量奥利烷，分布在凹陷南部（如 Adar-Yale 和 Agordeed 油田）。此外，推测在凹陷中还存在两类原油的混合类型。

北部凹陷西北部 Moleeta 亿吨级油藏的发现，证实了北小次凹虽然面积小、远离北部凹陷白垩系沉积中心，但仍是一个相对独立的下白垩统成熟生烃次凹，不仅大大扩展了该地区的甩开勘探范围，并且也为其南侧 Ruman 次凹可能具备生烃能力奠定了地质依据。

2008 年在 Moleeta 构造上针对白垩系钻探的 Moleeta G-1 井，不仅发现了 Galhak 组油藏，而且揭示了大套 Galhak 组暗色泥岩，证实了该区存在上白垩统成藏组合，并且在次凹较高部位仍分布有效烃源岩（图 4）。

现今下白垩统烃源岩埋藏普遍较深（t>3s），上白垩统烃源岩埋深 t>2s。但在 Palogue 构造和 Moleeia 构造钻井揭示出的优质烃源岩，地震剖面也反映出在构造较高部位仍可见密集反射段（图 5），表明在 Adar 组沉积后期曾经发生过局部构造隆升，而原始的白垩系烃源岩分布范围，尤其是上白垩统 Galhak 组的成熟烃源岩范围要大于现今，从而进一步拓宽了该区的勘探范围。

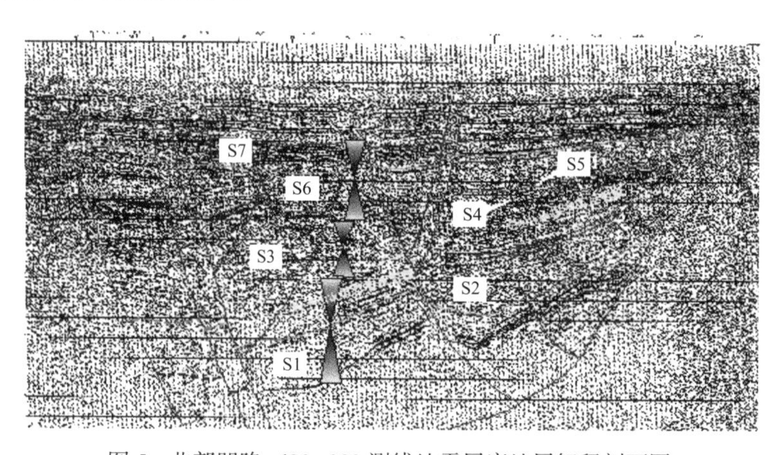

图 5　北部凹陷 sd80-082 测线地震层序地层解释剖面图

（2）幔源二氧化碳气体促成油气再次运移和油藏调整聚集，进一步提高了富油气凹陷的油气聚集丰度。

古近纪末的 Lau 组沉积期北部凹陷构造重新活动，多数断层呈现开启状态。控凹断层持续活动并逐渐沟通地幔，深部的二氧化碳气体沿边界断层向浅层侵入，从盆地底部向上沿断层运移，并沿渗透性砂岩储层横向运移（图 2）。其有助于烃源岩中已形成的油气快速向上发生一次运移，提高了运移效率和聚集丰度，促进了大油田及其周边油藏的形成。Palogue 油田 F2 井 Yabus 组油层砂岩中石英加大边中有含油包裹体，在荧光下发褐黄色，说明有重质油充填，且是在石英加大过程中油开始进入孔隙。激光拉曼光谱分析表明，含油包裹体中含有较高的二氧化碳成分（表 1），表明在原油运移过程中伴随有二氧化碳的运移过程。

表 1　Yabus 组含油包裹体拉曼光谱分析结果

井号	井深（m）	油层	CO_2	SO_2	H_2O	CH_4	C_2H_6	C_2H_4	C_2H_2	C_3H_8	C_3H_6	C_4H_6	C_6H_6
F2	1213.8	Y6	85.12%	—	—	—	1.46%	—	2.97%	3.15%	4.5%	1.24%	1.58%

与此同时，二氧化碳气体的侵入使已形成的油气藏重新进行调整。一是二氧化碳气体进入油藏，对油藏进行改造，引起了原油性质变重；二是气体的强烈驱替作用破坏了之前在气源附近形成的油藏，圈闭中原油被二氧化碳气体取代。Jamouse 构造 Yabus 组测试最高日产二氧化碳达 7 万多立方米，纯度为 90%～95%，碳同位素 $\delta^{13}C$ 为 −7.19‰，属源于地壳或上地幔深部的无机成因气藏。目前在 Jamous 地区已发现了三个大型次生二氧化碳气藏，即 Jamous-1、Jamous E-1 和 ElSaab-1，估算气藏的原始石油地质储量共约 4.35×10^8bbl。原始油藏被二氧化碳侵入破坏后，圈闭中的原油重新进行运移分配，不仅为优势运移指向区提供了更为丰富的油源，进一步提高了聚集丰度，同时沿凹陷边界断层为南侧潜山带和新近系浅层提供了部分油源，丰富了凹陷油藏类型；三是部分气体穿越油层进入浅层 Adar 组薄层砂岩中聚集成藏。Palogue-1 井 Adar 组砂岩测试最高日产二氧化碳 5 万多立方米、纯度 98% 以上，在凹陷南部断阶带 Zarzor 构造 Adar 组也发现了纯二氧化碳气藏。

（3）被动裂谷凹陷构造沉积的阶段演化特点决定了古近系为最优势储盖组合、分布也最为广泛，成为富油气凹陷满凹勘探的主要目标。

虽然北部凹陷的多期裂陷作用形成了多套储盖组合，但最佳组合发育在距离被动裂陷期最近的层序中。迈卢特盆地北部凹陷晚白垩世—古新世裂陷作用较弱，沉积了大套上白垩统和古近系优质砂岩储层，但直至始新世—渐新世的强烈裂陷作用才形成大套稳定分布区域泥岩盖层，同时地温升高，烃源岩大规模生烃，断层活化成为油气运移通道。因此古近系 Yabus 组厚层砂岩、Adar 组区域稳定的泥岩为凹陷最优势储盖组合。

凹陷构造演化分析和层序地层研究表明，古新世—始新世地形高差不大，属于大型浅水湖盆，水体能量较弱。湖盆沉积作用主要发生凹陷缓坡带，以大型浅水辫状三角洲沉积体为主。缓坡带斜坡延伸长、地形坡角小，使得辫状三角洲分布范围非常广。受构造伸展以及走滑活动的控制，大型辫状三角洲沉积体系主要分布在区域转换构造带上。构造转换作用造成凹陷盆地北段和中段盆地形态的明显差异，即北部西陡东缓、西断东超，中部双断，南部东陡西缓、东断西超，从而导致了湖盆形态、沉积地形及沉积格局的变化（图 6a）。同时凹陷相对稳定的构造格局使得物源方向具有继承性，岩石成分相对单一，利于厚层优质储层的形成。

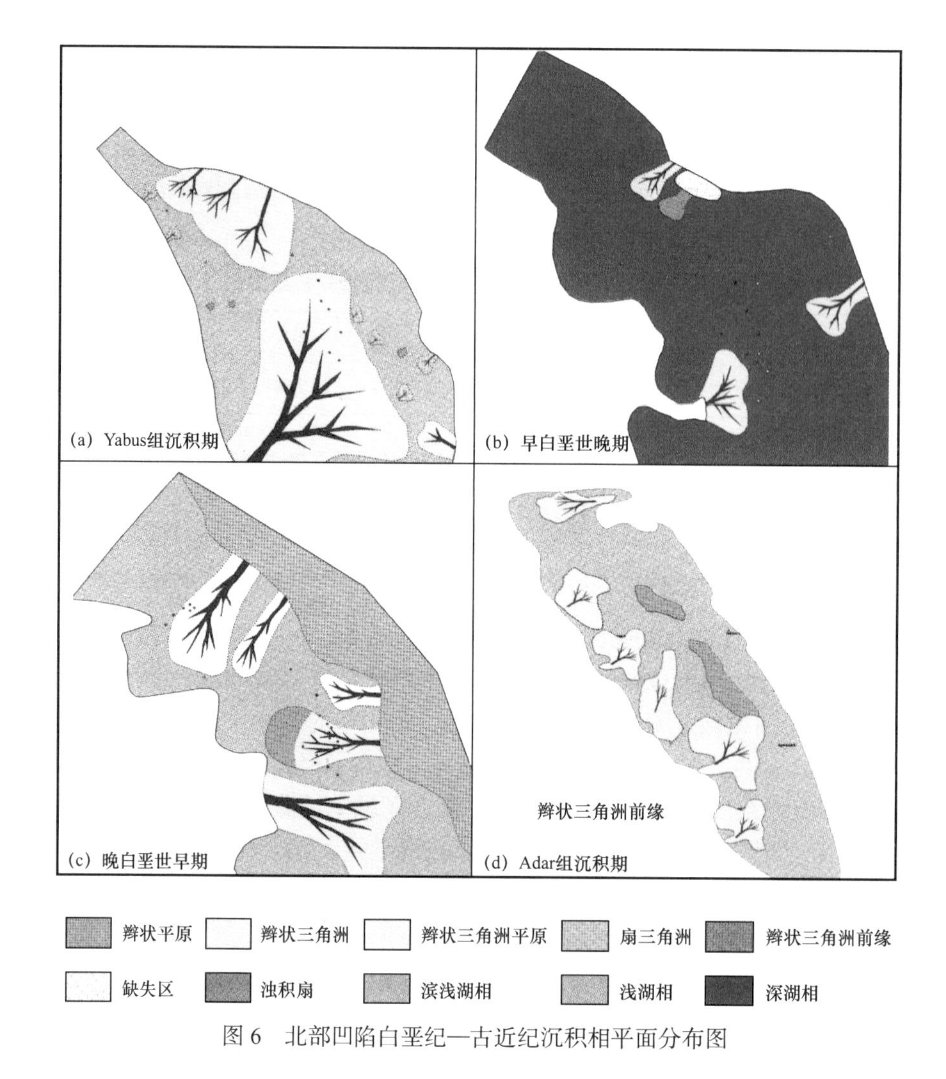

图6 北部凹陷白垩纪—古近纪沉积相平面分布图

因此，古近系浅水大型辫状三角洲的广泛分布，造成凹陷内部依然发育良好的砂体。为凹陷区构造油藏勘探指明了方向。在该认识指导下，在北部凹陷中央深凹带的 Yabus 组发现了 Gumry 中型油田，从而打开厂在全凹陷找油的新局面。

同时，在浅水沉积环境中，由于地形平缓，水体的频繁振荡易于引起岸线位置的剧烈摆动，这造成了辫状三角洲前缘相、平原相、水上分支河道和水下分支河道亚相在平面上复合叠置，形成了不同的宏观沉积体几何形态和砂体组合类型，为发育河道砂体和上倾尖灭圈闭提供了沉积背景。2009 年，Abyat 三维工区第一口针对 Yabus 组地层油气藏部署探井 Sehab-1，在目的层累计见油气显示 28m，其中有 3 个流体样品见到 1%～3% 的油，初步揭示出古近系地层圈闭的勘探潜力。

（4）晚白垩世早期的继承性被动裂陷形成了次要储盖组合，成为富油气凹陷深层的主要挖潜领域。

早白垩世早期，凹陷处于被动初始裂陷期，断裂的伸展和走滑活动强烈，盆地地形高差较大，沉积旋回相对简单，总体上是一个湖水持续上升的过程，主要发育辫状三角洲、扇三角洲和浅湖相三种类型，大部分区域为浅湖相沉积。早白垩世晚期凹陷处于被动强烈裂陷阶段，盆地水体总体较深、水动力能量弱，是凹陷主力烃源岩沉积期。陆源碎屑仅在盆边局部凸起的斜坡位置沉积，包括辫状三角洲、扇三角洲和滑塌浊积扇（图 6b），其余大部分为深湖相沉积。

因此，早白垩世期间受地形高差较大的影响，辫状三角洲和扇三角洲等陆源碎屑沉积相带较窄，烃源岩与砂体的平面和垂向接触程度较差。且现今埋藏普遍超过 3s，勘探难度大、潜力有限。

晚白垩世早期凹陷受早白垩世强烈裂陷作用的影响，继承性地出现短暂的上升半旋回，沉积了 Galhak 组次要烃源岩及砂岩互层，之后盆地基本处于构造沉降阶段，地形高差相对较小，沉积了厚层砂岩为主的地层（图 2）。晚白垩世下降半旋回持续的时间远远大于早期的上升半旋回，凹陷总体水体较浅，末期在较高部位发育面积较大的辫状平原亚相、三角洲平原和前缘亚相，其余区域均为浅湖相（图 6c）。在这一沉积格局形成过程中，地形高差由大变小、湖盆水体南深变浅、中间伴有频繁振荡，为陆源碎屑逐步向凹陷内部推进并与烃源岩大面积广泛接触提供了有利条件，具备了形成 Galhak 组岩性构造油气藏的地质背景，成为凹陷的次要成藏组合。该组合埋藏深度适中（一般在 2s 左右），是富油气凹陷的最主要挖潜领域，与 Galhak 组侧向接触的岩性圈闭、正向和顺向断块圈闭均可作为勘探目标。

（5）Adar 组厚层泥岩盖层内部的砂体和凹陷外围凸起带仍可具备一定成藏条件，进一步丰富了富油气凹陷的油藏类型。

始新世—渐新世为强烈裂陷期，基底沉降快、可容纳空间增加速率较大，湖水扩张作用十分明显，成为古近纪湖泛作用规模最大的时期。北部凹陷基底整体沉降幅度大、持续时间长，广泛沉积了以悬浮沉积作用为主的 Adar 组浅水湖相泥岩，厚度最小也在 100m 以上，最厚可达千米，形成了得天独厚的区域盖层条件。地震上表现为空白或弱振幅中连续平行地震相，中部的最大湖泛面对应连续强反射，将 Adar 组分为上、下两大段。其中在 Adar 组下段的上升半旋回中，凹陷内泥岩含量最高；而在 Adar 组上段的下降半旋回中，随着湖平面下降，陆源碎屑供应能力增强，在凹陷富泥环境下局部沉积了薄层砂岩、粉砂岩体（图 6c）、钻井结果表明，只要这些砂体具备构造背景，且有油源断层与之沟通，也可以在拗陷内聚集成藏。目前 Zarzor E-1 井在 Adar 组首次发现商业油流，证实了 Adar 组盖层厚层泥岩内部的砂体也是富油气凹陷勘探的目标。此外，因 Adar 组 Yabus 上段地层泥质含量高，其沿断层的较强涂抹作用也易于形成顺向断块构造圈闭，目前已发现了 Mishmish SW-1 等多个顺向断块油藏，也是下一步挖潜目标。

在北部凹陷内，因 Adar 组的良好封盖能力使油气难以突破到其以上地层中。但是对凹陷外围而言，在古近系主力储盖组合缺失情况下，新近系 Miadol 组（盖）-Jimidi 组（储）仍具备一定条件，白垩系岩性—地层圈闭、基岩潜山圈闭也具备一定的勘探潜力。因此，富油气凹陷的环凹勘探也具有一定的前景。目前在南部 Ruman 凸起带发现了新近系 Jimidi 组油藏、白垩系 Galhak 组地层油藏和基岩潜山油藏（图 7），北部 Ghandool 凸起带也发现了新近系 Jimidi 组油藏。

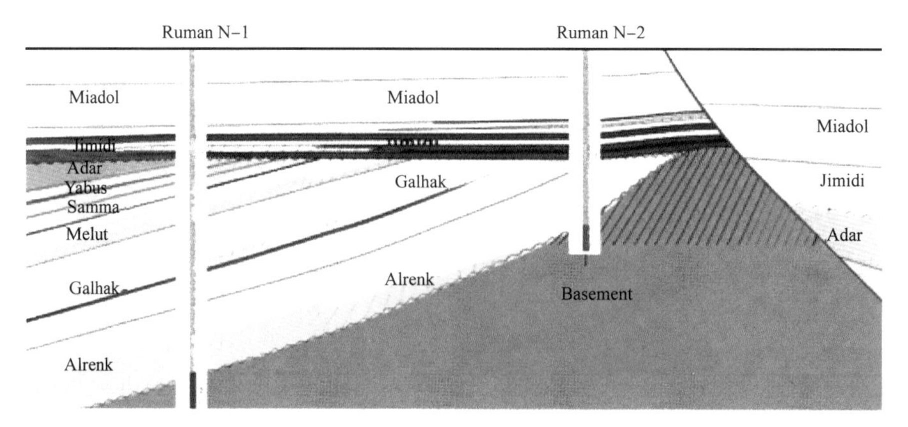

图 7　Ruman 凸起油藏剖面图

4　勘探效果及特色技术

自 Palogue 世界级大油田发现以来，不断丰富和发展被动裂谷盆地富油气凹陷成藏规律的认识，并以其为指导，立足区带评价、浅深兼顾、以点促面，精细勘探小型断块、大胆部署凹陷外围凸起带，着手探索岩性地层圈闭，继续保持了储量的稳步增长。至目前，在北部凹陷已累计发现油田百余个，探明石油地质储量在一亿桶以上，占整个 3/7 区探明储量的 99% 以上。2006 年 8 月千万吨级油田投产，2009 年 4 月 1500×10^4t 产能扩建工程投产。

在勘探实践中，逐渐形成了具有海外特色的大面积连片三维地震勘探技术。对北部凹陷进行三维地震的整体部署，并结合海外勘探实际和勘探进程，分年度、分片实施，最终实现了北部凹陷三维地震全覆盖。并通过有针对性的大三维连片的采集、处理和解释技术，为开展富油气凹陷勘探提供了可靠的资料基础。在连片三维采集设计中，所有三维的接收线、炮线方位保持一致，两块三维重合部的炮点、检波点相互重合、排列参数一致，检波器和炮点组合参数一致，重合部静校正量严格闭合，重合部的远、中、近偏移距的覆盖次数给予满足，处理时的记录参数、静校正方法和表层模型都要保持一致，从而形成一个无缝连接的三维数据体。

在勘探过程中，始终坚持勘探开发一体化。受合同条款及期限、投资回收周期、国际原油价格和政治环境等多种复杂因素的影响，海外油气勘探具有极大的特殊性，必须尽快缩短油田的评价时间，快速实施油田开发、建设产能并回收投资。因此，在勘探早期就开展油田开发方案的编制和研究工作，避免脱节或重复，各项工作部署即符合勘探评价的要求，也满足了开发方案编制的需要。同时，开发与勘探人员一起边钻井、边测试、边认识、边部署，实现了油藏发现后的科学评价，快速确定了产能规模，明确了滚动勘探方向和部署。

此外，良好的勘探效果，很大程度上还取决于不断向苏丹政府积极争取勘探期的延长。苏丹 3/7 区的原始合同规定勘探期分三期，分别为 3 年、1.5 年和 1.5 年，每个勘探期结束后需要向政府退地 25%，其中第三勘探期自 2005 年 9 月开始，已于 2007 年 3 月到期。按照合同规定，勘探期结束后需要退还所有未取得勘探发现的区块面积，仅保留开发区块，政府不再允许开展勘探工作。通过加强公关，成功争取了第三勘探期第一延长期（2007.3—2009.3），之后又争取到了第三勘探期第二延长期（2009.3—2012.3），并且成功保留了所有勘探面积，从而为开展富油气凹陷的精细勘探赢得了宝贵的时间和空间。因此，海外开展精细勘探和隐蔽油气藏勘探，保证获得足够的勘探期和勘探面积是最为重要的前提。

5 北部凹陷勘探现状分析及下一步勘探方向

现今，北部凹陷已进入了勘探高成熟阶段，构造圈闭探明率超过 70%，剩余构造圈闭面积小、埋深大、风险高。2007 年北部凹陷构造圈闭而积小于 0.4km^2 的探井达到 9 口，2008 年为 5 口，2009 年可钻探的构造圈闭更少、更小。

面向未来新的三年勘探延长期，立足大面积连片三维地震资料，充分利用叠前信息，运用地震—地质综合解释、储层预测和烃类检测等技术，采用必要的钻井新工艺和储层改造措施，以被动裂谷富油气凹陷成藏规律为指导，精细解剖古近系地层圈闭，深入挖潜白垩系岩性和构造圈闭的资源潜力，积极探索环凹凸起带的非构造圈闭，北部凹陷仍有望实现储量稳步增长。

6 结论

迈卢特盆地在快速发现世界级大油田后，在跨时代油气运移聚集成藏模式的基础上，不断丰富和扩展，逐步形成了具有被动裂谷特点的富油气凹陷成藏规律，其不仅指导了凹陷精细勘探，也为下一步深化勘探和挖潜提供了理论依据、指明了方向。归纳起来有以下几点：（1）白垩系两套烃源岩条件优越、分布范围广泛，为富油气凹陷提供了充足油源；（2）后期幔源二氧化碳气体促成油气再次运移和油藏调整聚集，进一步提高了富油气凹陷的油气聚集丰度；（3）构造沉积的阶段演化特点决定了古近系为最优势储盖组合、分布也最为广泛，成为富油气凹陷满凹勘探的主要目标；（4）主力烃源岩形成于同裂谷期，层系相对单一，沉积相带较窄，烃源岩与砂体的平面和垂向接触程度较差，现今埋藏较深（$t>3s$），勘探难度大、资源潜力小；而晚白垩世早期的继承性被动裂陷形成了次要储盖组合，成为富油气凹陷深层岩性圈闭勘探的主要领域；（5）Adar 组区域厚层泥岩盖层内部的砂体和凹陷外围凸起带仍具备一定成藏条件，进一步丰富了富油气凹陷的油藏类型。

参 考 文 献

[1] 肖坤叶，黄人平，林金逞，等．中非迈卢特盆地 Adar-Yale 油田油藏特征及勘探方向［J］．现代地质，2003，17（增刊）：124-129.

[2] 张可宝，史卜庆，窦立荣，等．苏丹 Melut 盆地的形成和演化［J］．内蒙古石油化工，2007，（12）：137-140.

[3]赵文智，邹才能，汪泽成，等.富油气凹陷“满凹含油”论—内涵与意义[J].石油勘探与开发，2004，31(2)：5-13.
[4]童晓光，徐志强，史卜庆，等.苏丹迈卢特盆地石油地质特征及成藏模式[J].石油学报，2006，27(2)：1-5.
[5]童晓光，窦立荣，田作基，等.苏丹穆格莱特盆地的地质模式和成藏模式[J].石油学报，2004，25(1)：19 -24.
[6]童晓光，窦立荣，史卜庆.第二届中国石油地质年会论文集[M].北京：石油工业出版社，2006.
[7]G J Cenik. Regional framework，structural and petroleum aspects of rift basins in Niger，Chad and the Central African Republic [J]. Tectonophysics，1992，213 (1-2)：169-185.
[8]G J Cenik. Petroleum Geology of Cretaceous-Trertiary Rift Basins in Niger，Chad，and Central African Republic [J]. AAPG，1993，77 (8)：1405-1434.
[9]P M Bermingham，J D Fairhead and G W Stuart. Gravity sludy of the central African rift system：A model of continental disruption-The Darfur domal uplift and associated Cainozoic volcanism [J]. Tectonophysics，1983，94 (1-4)：205-222.

原载于:《第三届中国石油地质年会论文集》，石油工业出版社，2009 年。

阿根廷库约和内乌肯盆地油气特征与勘探潜力

童晓光[1]，琚亮[2]

（1. 中国石油天然气勘探开发公司；2. 中国石油勘探开发研究院）

摘要： 位于阿根廷中西部地区的库约盆地和内乌肯盆地是南美次安第斯盆地群南段的两个较独特的弧后前陆盆地。俯冲角度的变化导致二者岩石圈及冲断带构造的不同。两个盆地经历了相似的4个盆地演化阶段：基底、裂谷期、后裂谷沉降期、前陆期。库约盆地发育一个已证实的含油气系统，以上三叠统富有机质湖相泥岩为主力烃源岩，主要以三叠系河流相砂砾岩为储层，盖层为三叠系层内盖层和白垩系区域盖层，圈闭形成和油气生成高峰在新近纪。内乌肯盆地发育1个已证实的和3个推测的含油气系统，除裂谷期上三叠统源岩外，其余下—中侏罗统、凡兰吟阶—巴列姆阶、提塘阶—凡兰吟阶的源岩均发育在裂谷后沉降单元内，储层范围从二叠系至新生界，最富产层为上侏罗统—下白垩统砂岩和灰岩储层，油气系统关键时刻为晚白垩世—新近纪。海陆相沉积环境的不同造成烃源岩质量的巨大差异，直接体现在其成藏组合中赋存悬殊的油气资源量；各阶段中相对独立的构造-沉积环境造成了油气地质特征与勘探潜力的差异。

关键词： 油气特征；勘探潜力；弧后前陆盆地；库约盆地；内乌肯盆地；阿根廷；南美

库约盆地位于阿根廷中西部，面积约 $4.26\times10^4km^2$ [1]；内乌肯盆地位于库约盆地之南，南北长约700km，东西宽400km，面积约 $11.48\times10^4km^2$（图1）[2]。截止到2008年，

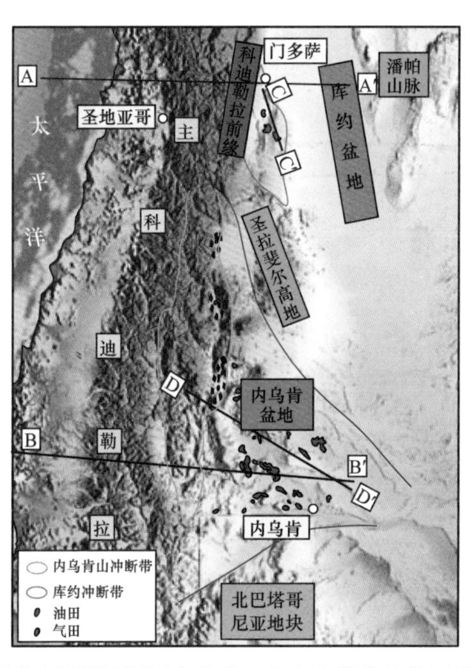

图1 阿根廷中西部地形及库约盆地和内乌肯盆地位置示意图[3, 4]

库约盆地累计发现油藏 43 个，总油气发现 16.4×10^8bbl（油当量）[5]；内乌肯盆地累计发现油藏 517 个，油气发现 98.82×10^8bbl（油当量）[6]；勘探程度均已达成熟—非常成熟。

1 板块构造背景

南美克拉通西部边缘之下的洋壳在整个显生宙间歇性俯冲，最后一次开始于早侏罗世，并一直持续至今[7]。晚白垩世—新生代，安第斯火山弧向西推进了数百公里，此过程中伴随产生的挤压应力造成了前陆盆地层序的进积变形。

相对于包括内乌肯在内的安第斯前陆其他段，库约褶皱冲断带的板块俯冲过程较独特，为低角度的平板俯冲，构造变形样式为基底卷入式。内乌肯段板块俯冲为正常角度俯冲，构造样式为基底卷入 – 滑脱混合式，该段主科迪勒拉下的地壳厚度比北部的库约薄很多，约 42km（图 2）[8-10]。

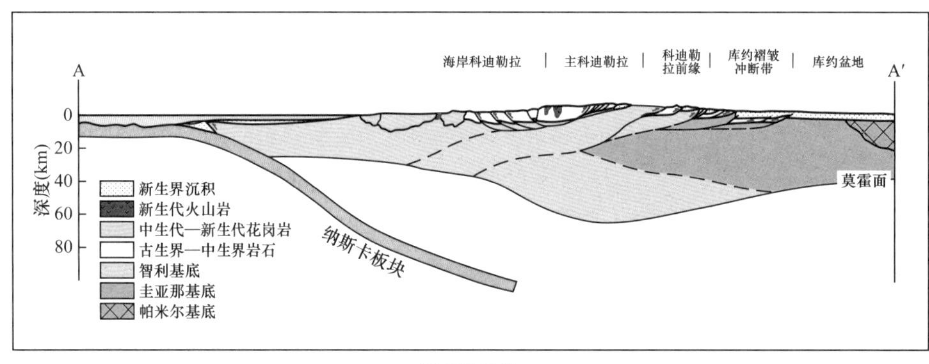

(a) 库约盆地

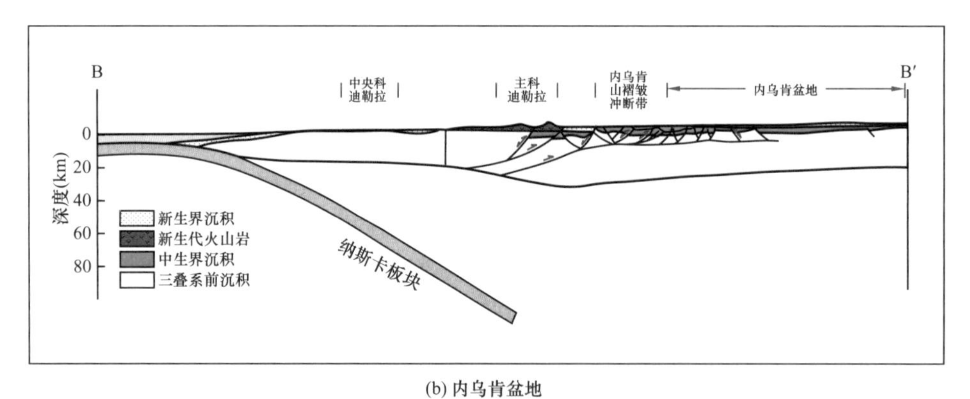

(b) 内乌肯盆地

图 2 构造剖面示意图[11]

2 盆地演化

库约和内乌肯盆地大体都经历了 4 个阶段的演化：裂谷前基底、裂谷期、裂谷后沉降期和安第斯前陆期（图 3）[12]。

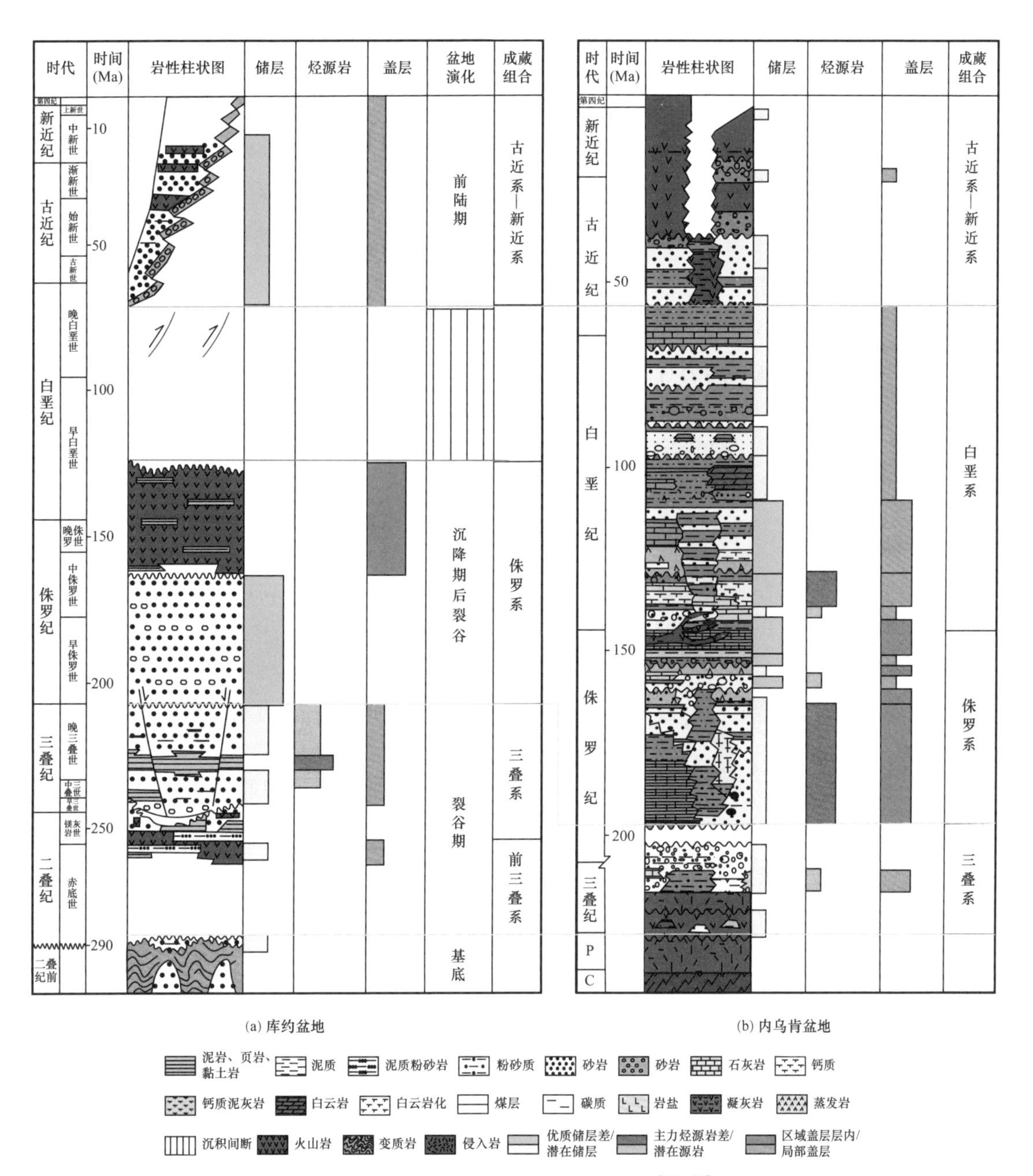

图 3　库约与内乌肯盆地地层柱状图[22, 23]

2.1 基底

在晚元古代—古生代，走向为西北—东南的地体向冈瓦纳古陆的太平洋边缘斜插俯冲，并拼贴于南美克拉通上[13, 14]。约在二叠纪—石炭纪，巴塔哥尼亚板块在右旋走滑变形下产生了库约陆相盆地；内乌肯盆地继承性地发育在潘帕山脉前寒武系—古生代基底之上。

2.2 裂谷期

在冈瓦纳古陆边缘的内克拉通挤压变形和地壳增厚之后，晚古生代造山运动产生了大陆弧后环境。晚二叠世—早三叠世，原始太平洋板块向冈瓦纳边缘俯冲，冈瓦纳大陆从造山运动中的挤压应力变为中生代的以拉张为主的应力机制，拉张应力产生于弧后背景下的造山坍塌[15-17]。

2.3 后裂谷沉降期

侏罗纪以后裂谷作用减少，断层控制的沉降逐渐停止，热沉降成为盆地形成的主要机制。内乌肯盆地各独立的裂谷沉积中心逐渐合并为一个广阔的盆地，沉积轴走向仍为北西—南东向，与先期裂谷断裂平行。库约盆地侏罗系—白垩系层序跟裂谷期沉积物相比有较大的沉积厚度。差异沉降影响了沉积相类型：低位发育富砂岩相，高位发育页岩相。晚白垩世以隆升侵蚀为特征。

2.4 前陆期

从马斯特里赫特期开始二盆地进入安第斯造山运动，发生构造挤压和隆升，并沉积了巨厚磨拉石层序。库约盆地东部的新生界沉积物直接超覆在基底隆起之上。古新世—中新世在盆地西部发生次一级变形，上新世—更新世安第斯造山运动的挤压应力产生了构造反转和构造顶点的差异隆起。构造高点东西向收缩并发生走滑作用，前期的沉积中心成为背斜的顶点。

内乌肯盆地的造山运动在中新世和上新世达到顶峰。向北延伸的安第斯山脉冲断带侵蚀到盆地的西部边缘，并使中生界地层发生变形。构造南北走向，冲断作用从西到东。中—晚白垩世存在较小的基底冲断，下白垩统沉积发生抬升遭受侵蚀。古近系和新近系主要是火山碎屑岩夹陆源碎屑岩，被较新的玄武岩流覆盖，盆地北部有保存良好的火山锥和熔岩流。盆地南部新生界沉积有限，此处安第斯造山挤压抬升较小，发育一些较小的安第斯褶皱带和断层[18-21]。

3 油气特征及对比分析

3.1 源岩

在同裂谷层序中二盆地均发育湖相烃源岩。库约盆地中最重要的生油岩是上三叠统Cacheuta组泥岩（图4），平均厚度200m，TOC平均4%，属于Ⅰ型或Ⅰ/Ⅱ型易生油藻类干酪根。其成熟度取决于埋藏深度和新生代前陆盆地的沉积[4, 20]。

内乌肯盆地中上三叠统的Puesto Kaufmann组湖泊相烃源岩，属于最早的同裂谷期层序；发育在盆地东南部，200多米厚，为湖泊相、三角洲相和河流相的页岩、砂岩和黏土岩。黏土的总有机碳（TOC）含量2%～8%，生油母岩为Ⅰ型干酪根，无定形的藻质层占优势。

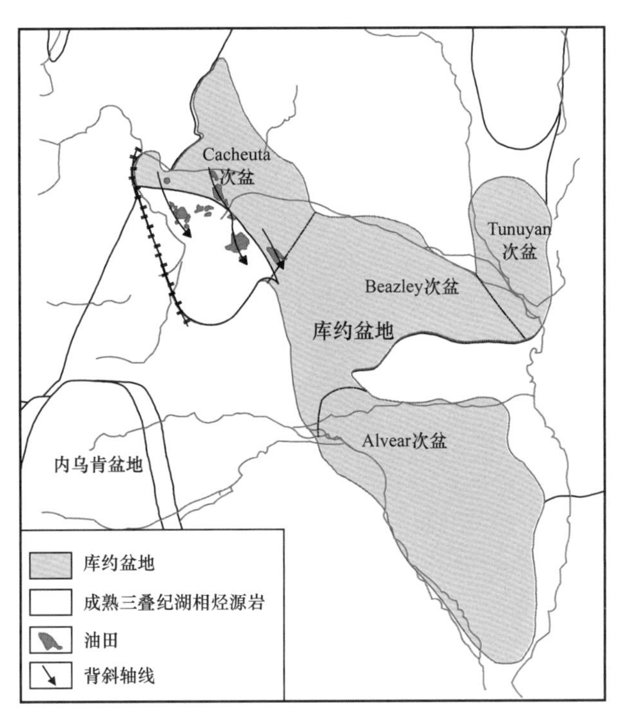

图 4　库约盆地三叠系源岩分布图[22]

除三叠系同裂谷层序段的湖相烃源岩外，内乌肯盆地的主要源岩层段是发育于后裂谷沉降期的层序（图 3），物质基础要比库约盆地丰富得多。其中，LosMolles 组由黑色页岩、石灰岩、石灰质泥岩和 Cutralco 段（中间段）的砂砾岩组成，反映受限盆地中央—边缘的海洋沉积环境。TOC 值为 0.45%～4.00%。在盆地的中央，地层埋藏很深，因此达到过成熟。在白垩纪—古近纪时页岩开始成熟，因此是较年轻圈闭的油源（图 5a）。

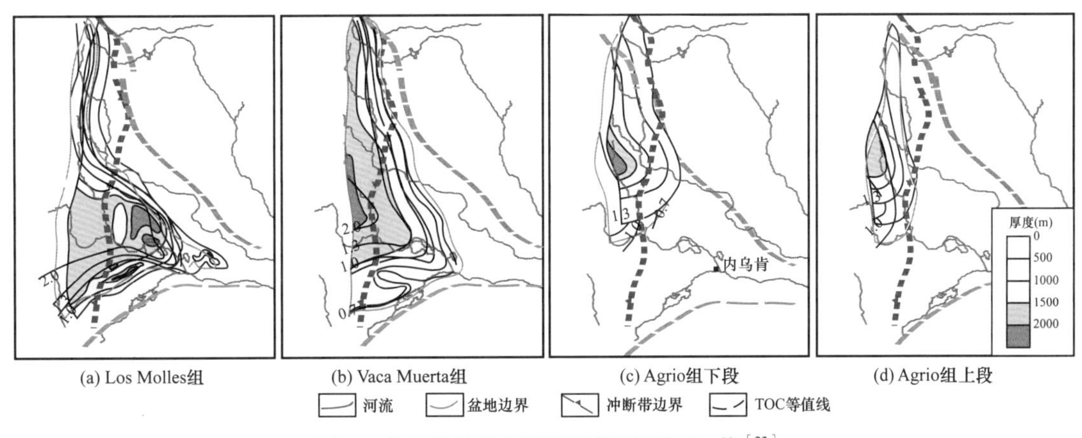

图 5　内乌肯盆地主要源岩等厚图与 R_o 值[23]

Vaca Muerta 组是内乌肯盆地最重要的源岩，厚度 30～1200m，由层状的黑色页岩、泥灰岩和石灰质泥岩组成。TOC 值 1.07%～6.00%（最高可达 10.00%～12.00%），Ⅰ或Ⅱ / Ⅲ类型干酪根。R_o 为 0.39%～1.52%。烃源岩在晚白垩世时期进入生油窗（图 5b）。

Agrio 组源岩为海相斜坡—陆架环境。TOC 值为 0.3%～3.0%，最高可达 5%；R_o 值为 0.67%～1.16%，干酪根为Ⅱ型—Ⅱ/Ⅲ型。基本存在于整个盆地中，但在西北部的内乌肯和南部的门多萨地区尤其多，其厚度最大可达 1600m。在港湾地区已经成熟，在褶皱带达到过成熟（图 5c 和图 5d）。

3.2 储层

库约盆地中大多数油气田的主要储层都是 Bar-rancas 组，其储层总厚度一般为 50～100m，有时可达 200m，有效厚度与总厚度比值平均为 15%，孔隙度为 17%，渗透率为 280mD，最高可达 550mD。

在内乌肯盆地，除 Choiyoi 组的储层性质较差外，其他同裂谷层序至前陆层序的所有地层中都有储层。主要的储层发育于后裂谷层序，包括海相、非海相砂岩和一些灰岩，碎屑岩储层一般性质较差。Quintuco 组灰岩储层占盆地最大的油气储量。Malargue 组前陆层序磨拉石砂岩储层性质较差，仅有少量产出。

3.3 盖层

库约盆地三叠系储层的盖层主要为组内泥岩，Punta de las Bardas 组玄武岩成为侏罗系储层的区域盖层，侧向封堵主要为非渗透性阻挡地层和横向断层。前陆磨拉石沉积层序中泥岩和硬石膏层仅在局部地区（Vizcacheras 油田）提供封盖。

内乌肯盆地没有区域盖层，各旋回的海相泥岩为下伏海进砂岩的局部盖层。油气大量聚集于灰岩储层，其侧向封盖为沉积相变和层序尖灭。新生界磨拉石层序中以泥岩为盖层，但一般不连续且有效性差。白垩纪早期生成的大多数油由于缺乏圈闭而散失。

3.4 构造与圈闭

库约盆地油气聚集的 3 个背斜构造带位于安第斯前缘东部 20～80km，长约 30～75km，其形成主要受控于两个阶段：第一阶段是拉张裂谷阶段，形成了正断层、地堑和地垒；第二阶段为东西向挤压前陆期的构造活动，伴随着安第斯山脉从古新世一直延续至今的隆起，在冲断带地区形成低角度逆冲断层以及主要断裂的反转。

内乌肯盆地二叠纪—三叠纪裂谷作用开始于南北向和北西—南东向的正断层，这些断层对后来的构造发育有重要影响。在侏罗纪—白垩纪间隙性地发育右旋转换挤压作用，形成了许多重要的构造圈闭。盆地其他的构造以缓和拉张为特征。安第斯山脉的逆冲作用集中发育于盆地北部 2/3 的地区，形成薄皮背斜。

3.5 油气生成与聚集

新生代库约前陆盆地沉积的埋藏深度使 Cacheuta 组湖泊相源岩成熟，并沿着山前逆冲断层运移。新近纪—第四纪油气向东运移，向三叠系—侏罗系碎屑岩储层发生侧向运移，并向古近系储层进行垂向运移。油气从生油区运移至 3 条产油背斜带中，其他大多数垂向运移的油气因缺少圈闭而散失（图 6）。

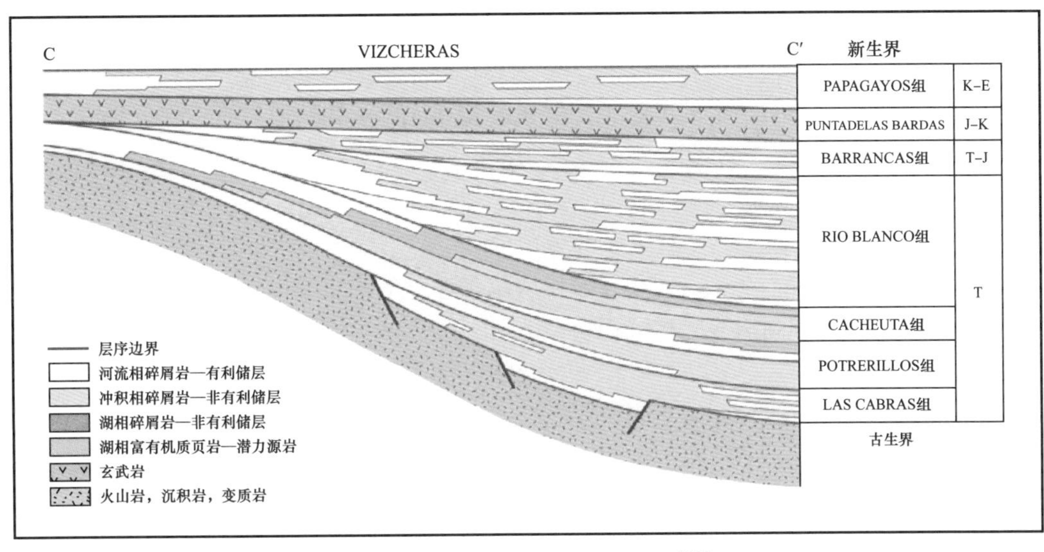

图 6　库约盆地油气系统剖面图[20]

内乌肯盆地的源岩有进入生油窗早且停留时间长的特点（早白垩世至今）[23]。内乌肯盆地中油气发现多与 Vaca Muerta 组有效源岩的范围有关，生成的油气沿着半地堑向上运移（图 7）。至基底和正断层相关圈闭中，西部沉积高页岩含量地层和 Auquilco、Huitrin 组厚蒸发岩层，阻碍了大规模的垂向运移；盆地东部和南部的蒸发岩缺失，粗粒碎屑岩含量增加，从而发生大量的垂向运移；所以西部沿着盆地中心轴的石油较轻，盆地东部边缘的油较重。在盆地边缘，侧向和垂向渗透性阻挡而形成地层圈闭，运移至盆地边缘的距离可达 20～30km。在盆地的东部地区，油气聚集在基底倾斜断块或渗透性封闭的逆断层

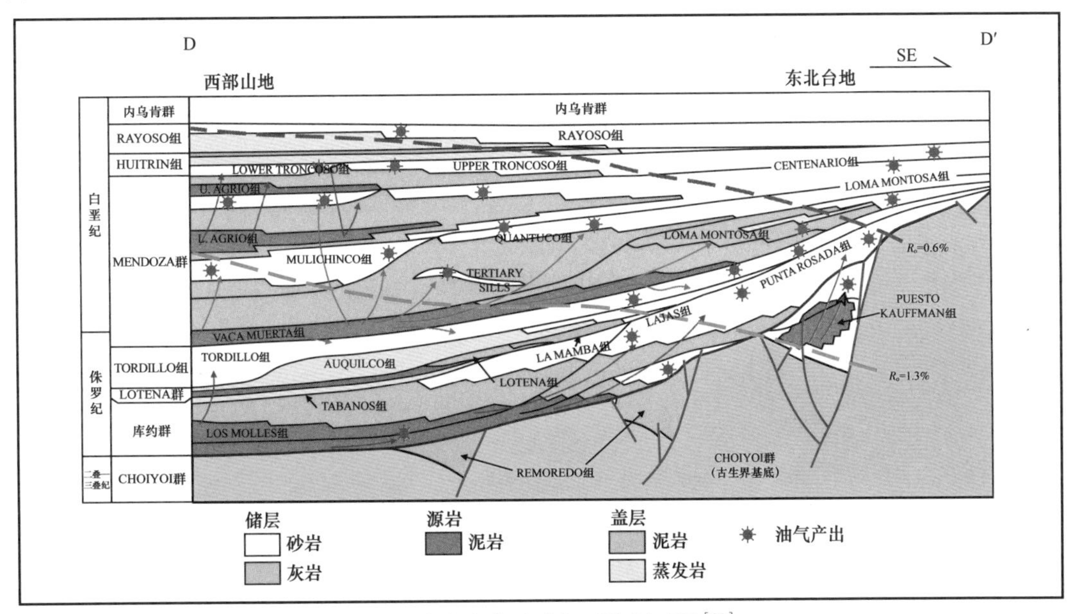

图 7　内乌肯盆地油气系统剖面图[23]

圈闭中；西部的构造加厚导致较高层位的源岩产生更多的油气，沿逆断层运移，聚集在Huitrin组蒸发岩下的褶皱或圈闭中。在白垩纪，早期生成的油气向东运移到盆地边缘的储集层和圈闭中，运移中有一定的散失。侏罗系源岩在安第斯构造后发育成熟，形成的圈闭依靠下白垩统源岩供给，或早期聚集油气的再次运移。

3.6 油气成藏差异性分析

在二叠纪—三叠纪，两个盆地均属于弧后拉张环境下的陆内裂谷盆地。盆地主要充填三叠系冲积扇、河流和湖泊等陆相沉积物，下伏不整合古生界基底，沉积物沉降受断层控制。在两个盆地内均形成了一套烃源岩，以及陆相相关沉积储盖层。从晚三叠世开始，两个盆地进入拗陷沉降阶段，此时断层作用逐渐停止。在此阶段，内乌肯盆地众多孤立的裂谷沉积中心逐渐合并成一个广阔的盆地；在早侏罗世时发生了一次来自西面的海侵，盆地形成一个海湾，并发育了厚的侏罗系—下白垩统的海相沉积，主要为海相陆架沉积；除发育多套烃源岩外，次级海进海退形成了3个沉积旋回，成为盆地重要的成藏组合。相比之下，库约盆地在拉张作用后缺乏长期的热沉降阶段，而且海水未侵入库约盆地，其侏罗系沉积地层较薄，仍主要发育陆相沉积物，而白垩系至古近系沉积缺失。

总体来看，库约盆地以裂谷期烃源岩为主，而内乌肯盆地烃源岩以热沉降期海相碳酸盐岩和泥岩为主。储层均以碎屑岩为主，内乌肯盆地发育少量碳酸盐岩储层；储盖组合匹配好。两个盆地赋存的油气资源量相差悬殊，其根本原因是烃源岩质量的不同，反映了盆地内海陆相沉积环境的差异。

4 勘探潜力

库约盆地的Cacheuta次盆是唯一有油气产出的地区，其他次盆缺少新生界沉积，烃源岩可能未达生油窗。盆地东部缺少构造圈闭，下部缺少成熟的烃源岩，勘探潜力有限。勘探目标的选择应关注古近系和新近系层序中的地层相变与尖灭位置（类似于Vizcacheras油气田）。

内乌肯盆地中潜在的勘探远景区包括石炭系—二叠系海相、部分陆相和火山堆积构成的基底（Choiyoi群），东北台地中的火山岩和火山碎屑岩组成了储集物性较好的储集层。Mendoza组中上部层段为东部陆相碎屑岩沉积，有较高的勘探潜力，浅层构造和复合圈闭中油气聚集的可能较大。在内乌肯盆地，寻找大型油气田主要集中在那些沿着褶皱带和隆起（褶皱—前陆过渡带）的构造区。最好的储集层发育在东部稳定的台地，其构造幅度小，主要是地层圈闭，同时应考虑非常规油气资源。盆地北部安第斯构造圈闭的形成与烃类的生成运移同时，因此也具备较大潜力。

5 结论

（1）阿根廷中西部的库约和内乌肯盆地是南美次安第斯弧后前陆盆地群中位于南段的

两个盆地。二者发育的板块构造背景不同，弧后环境中不同的构造变形样式受板块俯冲角度的控制。

（2）二盆地的构造沉积演化都可分为 4 个阶段：裂谷前基底、裂谷期、后裂谷沉降期和安第斯前陆期。库约盆地以裂谷期烃源岩为主，而内乌肯盆地烃源岩以热沉降期海相碳酸盐岩和泥岩为主。储层同以碎屑岩为主，内乌肯盆地发育少量碳酸盐岩储层；以沉降期沉积地层为主要成藏组合。库约盆地发育区域盖层，内乌肯盆地盖层多为层间或层内泥岩或碳酸盐岩；生储盖组合匹配关系好。前陆期构造运动影响了圈闭的形成，其巨厚沉积对烃类成熟起到重要作用。

（3）勘探潜力区有：库约盆地东部变形较弱地区；内乌肯盆地后裂谷期层序以及盆地深部的 Choiyoi 群；两个盆地的西部冲断带。

参考文献

[1] IHS. Cuyo Basin [R]. IHS Basin Monitor，106600 ovr. pdf，IHS，2008.

[2] IHS. Neuquen Basin [R]. IHS Basin Monitor，105900 ovr. pdf，IHS，2008.

[3] USGS. Digital Elevation Data，South America：US Geological Survey [R]. http：//edc.usgs.gov/products/elevation/gtopo30.html. 2006.

[4] Urien C M. Present and future petroleum provinces of southern South America [J]. AAPG Memoir，2001，74：373–402.

[5] IHS. Cuyo Basin [R]. IHS Basin Monitor，106600 exp. pdf，IHS，2008.

[6] IHS. Neuquen Basin [R]. IHS Basin Monitor，105900 exp. pdf，IHS，2008.

[7] Cobbold P R，Rossello E A. Aptian to recent compressional deformation，foothills of the Neuquen Basin，Argentina [J]. Marine and Petroleum Geology，2003，20（5）：429–443.

[8] Ramos V A，Zapata T，Cristallini E，et al. The Andean thrust system— latitudinal variations in structural styles and orogenic shortening [J]. AAPG Memoir，2004，82：30–50.

[9] Jordan T E. Retroarc foreland and related basins [J]. Tectonics of sedimentary basins，1995，331–362.

[10] Ramos V A，Folguera A. Tectonic evolution of the Andes of Neuquen：constraints derived from the magmatic arc and foreland deformation [J]. Geological Society，London，2005，252：15–36.

[11] Giambiagi L B，Ramos V A，Godoy E，et al. Cenozoic deformation and tectonic style of the Andes，between 33° and 34° south latitude [J]. Tectonics，2003，22（4）：15–18.

[12] Light M P R，Keeley M L，Maslanyj M R，et al. The tectono–stratigraphic development of Patagonia，and its relevance to hydrocarbon exploration [J]. Journal of Petroleum Geology，1993，16（4）：465–482.

[13] Uliana M，Biddle K T，Cerdan J. Mesozoic extension and formation of Argentine sedimentary basins [J]. AAPG Memoir，1989，46：599–614.

[14] Vergani G D，Tankard A J，Belotti H J，et al. Tectonic evolution and paleogeography of the Neuquen Basin，Argentina [J]. AAPG Memoir，1995，62：383–402.

[15] Franzese J R，Spalletti L A. Late Triassic–early Jurassic continental extension in southwestern Gondwana：tec–tonic segmentation and pre–break–up rifting [J]. Journal of South American Earth Sciences，2001，14（3）：257–270.

[16] Franzese J，Veiga G D，Schwarz E，et al. Tectono_stratigraphic evolution of a Mesozoic graben border system：the Chachil depocentre，southern Neuquen Basin，Argentina [J]. Journal of the Geological Society，2006，163 (4)：707–721.
[17] Giambiagi L B，Alvarez P P，Godoy E，et al. The control of pre-existing extensional structures on the evolution of the southern sector of the Aconcagua fold and thrust belt，southern Andes [J]. Tectonophysics，2003，369 (1/2)：1–19.
[18] Dellape D，Hegedus A. Structural inversion and oil occurrence in the Cuyo Basin of Argentina [J]. AAPG Memoir，1995，62：359–367.
[19] Ramos V A. The southern central Andes [J]. Rio de Janeiro，2000，561–604.
[20] IHS. Cuyo Basin [R]. IHS Basin Monitor，106600 ima 129574. pdf，IHS，2008.
[21] IHS. Neuquen Basin [R]. IHS Basin Monitor，105900 ima 235631. pdf，IHS，2008.
[22] IHS. Cuyo Basin [R]. IHS Basin Monitor，106600 ima 129573. pdf，IHS，2008.
[23] Urien C M，Zambrano J J. Petroleum systems in the Neuquen Basin，Argentina [J]. AAPG Memoir，1994，60：513–534.

原载于:《西南石油大学学报：自然科学版》，2011 年第 33 卷第 3 期。

中美致密砂岩气成藏分布异同点比较研究与意义

童晓光[1]，郭彬程[2]，李建忠[2]，黄福喜[2]

（1. 中国石油天然气勘探开发公司；2. 中国石油勘探开发研究院）

摘要：致密砂岩气已成为全球非常规天然气勘探的重点领域。中国致密砂岩气分布范围广，目前已在鄂尔多斯、四川等盆地实现了规模开发；美国落基山地区是致密砂岩气十分发育和勘探相对成熟的地区。对比研究中美致密砂岩气的形成条件和成藏特征是加快中国致密气开发利用与开拓勘探思路的有效途径。中国与美国致密气藏对比研究表明，中美致密砂岩气具有以煤系地层为主要烃源岩、储层致密、存在异常地层压力、源储紧邻与气藏大面积分布等共性特征；差异性主要体现在致密气源岩沉积环境与热演化程度，储层非均质性及其致密化因素，气藏纵向和平面分布特征等方面；控制中美致密砂岩气成藏条件和特征差异性的主要因素是沉积盆地性质、沉积环境和后期构造作用。针对中国致密砂岩气的特殊性，加强储层非均质性、优质储层预测、气藏的分布规律的研究以及加强工程技术攻关提高单井累计产量是致密砂岩气勘探开发工作的重点。

关键词：致密砂岩气藏；成藏特点；差异性

致密砂岩气已成为全球非常规天然气勘探的重点领域。据统计，全球已发现或推测发育致密砂岩气的盆地有70个，主要分布在北美、欧洲和亚太地区[1]。美国是目前全球致密砂岩天然气年产量最多的国家，美国本土现有含气盆地113个，其中发现致密砂岩气藏的盆地有23个，主要分布在落基山地区。据EIA（U.S. Energy Information Administration）评价结果（2008，2010），美国致密砂岩气资源量为（19.8～42.5）$\times 10^{12}m^3$，为常规气资源量（$66.5\times 10^{12}m^3$）的29.8%～63.9%，可采资源量$13\times 10^{12}m^3$，2010年美国致密气年产量达$1754\times 10^8m^3$，其成功的开发实践为中国致密砂岩气开发提供了宝贵经验。

中国致密砂岩气藏发现较早，勘探领域广阔，鄂尔多斯、四川、松辽和渤海湾等盆地都具有形成致密砂岩气藏的有利地质条件。据李建忠等人2010年资源评价初步结果，中国致密砂岩气技术可采资源量为（8～11）$\times 10^{12}m^3$。经过近年努力探索，中国致密砂岩气发展较快，形成了鄂尔多斯和四川盆地两大致密气现实区，以及塔里木库车深层等5个突破区，2011年致密气产量突破$256\times 10^8m^3$。

目前，中国致密砂岩气发展不平衡，资源探明率低，理论技术起步晚、利用水平低，特别是与美国等理论技术先进的国家相比，尚存在较大差距。诸多学者对致密砂岩气藏开展过深入的研究[1-9]，从盆地背景、生储条件、气藏气水关系、压力特征和圈闭类型等方面探讨了致密砂岩气藏的成因和特点。但针对中美致密砂岩气藏成藏的对比研究尚有待深入。文章试图通过对比研究中美致密砂岩气成藏地质条件与气藏分布特征，来探讨中美致密砂岩气藏分布规律的差异性，开拓中国致密砂岩气的勘探思路，进一步挖掘中国致密砂岩气资源勘探潜力。

1 基本地质特征对比研究

1.1 中美致密砂岩气地质特征共性明显

对比研究中美致密砂岩气的基本地质特征表明，其共性特征明显，主要体现在致密气发育于煤系地层中，烃源岩分布广、热演化程度高，储层物性差、含水饱和度高和具有异常压力等相似的特征。其中，最典型的共性有两点：一是致密气与煤系烃源岩伴生；二是储层致密，覆压渗透率多小于 0.1mD。

中美致密砂岩气与煤系烃源岩伴生，源岩生烃强度大。煤系源岩均以煤系地层的Ⅲ型干酪根为主，分布面积广，有机碳丰富，热演化程度高，广覆式生烃特征为大气田的形成奠定了丰富的资源基础。美国落基山地区白垩纪—古近纪沉积背景为克拉通边缘前陆盆地，发育广覆式煤系地层，造就了致密砂岩气藏良好的烃源岩条件。白垩系煤层和煤系泥页岩是落基山地区致密砂岩气的主要气源岩，具有厚度大、分布广、有机质含量丰富的特征，源岩有机质类型主要为适于生气的腐质型Ⅲ型干酪根。中国致密砂岩气也与煤系地层密切相关。在晚古生代、中生代和新生代 3 个聚煤时期中[3, 4]，虽然各时期煤系地层的聚集环境与地区存在差异，但是煤系地层普遍具有发育广泛、分布稳定、有机质丰富和演化程度高等特征，为致密砂岩气藏形成奠定了资源基础。

关于北美地区和中国主要盆地天然气储集层特征已有学者进行了大量的研究[4~15]，中美致密气储层的主要共性之一是储层致密，孔隙度、渗透率均比较低。其中，储层平均孔隙度值相近，主要为 4%～10%；覆压渗透率多小于 0.1mD。统计表明，中国鄂尔多斯盆地苏里格气田与四川盆地须家河气区的覆压渗透率小于 0.1mD 的样品比例占 80%～92%，与美国 60%～95% 的比例相近。

1.2 中美致密砂岩气地质特征差异性

由于中美致密砂岩气发育的盆地背景、构造演化与沉积充填作用等方面存在差异，造成中美致密砂岩气的基本地质特征主要差异为沉积环境和储层特点。一是美国以海相—海陆过渡相为主、中国以陆相与海陆过渡相为主；二是不同的沉积环境与构造演化特征是致密气源岩特征有别的主要原因；三是美国致密砂岩储层分布稳定、厚度大，孔隙度较高，中国致密砂岩储层非均质性较强，厚度相对较小。

中美致密砂岩气的主要差异性之一是沉积环境不同。美国落基山地区白垩系储层主要发育于前陆盆地背景的海相与海陆过渡相聚煤环境（图 1a）。而中国致密砂岩气发育背景多样，以陆相与海陆过渡相为主，如鄂尔多斯盆地石炭系—二叠系为陆表海的河流—三角洲沉积环境，四川盆地须家河组为海陆过渡相—陆相前陆盆地（图 1b），库车坳陷为白垩

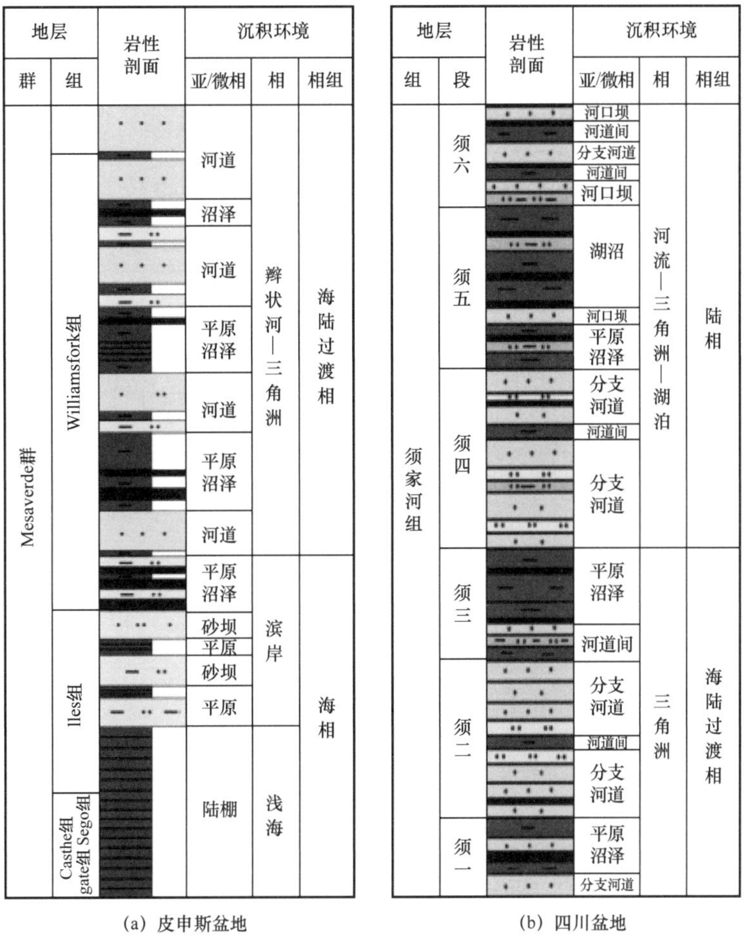

(a) 皮申斯盆地　　(b) 四川盆地

图 1　皮申斯盆地与四川盆地沉积柱状图

系—古近系的陆相前陆盆地以及东部白垩系—古近系的断陷盆地等聚煤环境。

中美致密砂岩气源岩的主要参数特征不同，主要影响因素是沉积环境与构造演化。分析认为，美国落基山地区优越的海相—海陆过渡相聚煤环境、中—高适度的热演化程度、高生烃强度与晚期持续生气充注成藏等特征，为该地区致密砂岩气的形成提供了有利条件。中国诸多盆地虽然不乏煤系源岩条件，但是受沉积环境、源岩厚度、热演化程度与构造作用等因素的影响，在勘探实践中，应围绕生气强度相对较高与成藏条件好的地区寻求发现。

中美致密砂岩储层分布的性质有所差异。致密砂岩气储层的发育与展布，受沉积环境和盆地性质控制。美国致密气储层分布稳定、厚度大，中国致密气储层非均质性强、厚度相对较小。美国皮申斯盆地梅萨默德群以海陆过渡相三角洲沉积为主，砂体以透镜状展布为主，气层累计厚度超过 600m（表 1），饱和气连续分布，含气面积超过 $1\times10^4km^2$；南部的圣胡安前陆盆地梅萨默德群以河流相与三角洲分流河道沉积为主，砂体呈透镜状展布，砂岩有效厚度大（24m），含气砂岩面积 $410km^2$，纵向多层叠置。中国鄂尔多斯盆地石炭系—二叠系为陆表海缓坡沉积环境的三角洲与分流河道席状砂，透镜状与层状砂体共生，砂体有效厚度为6.3～8.3m，含气砂岩面积1716～6748km^2；四川盆地须家河组须二段为海陆过渡相三角洲沉积，须四、须六段致密气砂体为前陆盆地性质的河道砂和水下分流河道砂体，呈透镜状，砂体有效厚度大（10～34m），含气砂体面积200～656km^2（表1）。因此，相比而言，美国致密气储层分布相对稳定、厚度较大。

表1 中美致密气储层主要参数对比表

	丹佛	圣胡安	阿巴拉契亚	鄂尔多斯			四川		
油气田	Wattenberg	Blanco Mesaverde	Appalachian	苏里格		榆林	合川		广安
层位	Muddy	Mesaverde	Clinton-Medina	盒 8	山 1	山 2	须二（潼南 2）	须六	须四
目的层埋深（m）	2070～2830	1677～1900	1220～1829	2850～3600	2900～3700	2500～3000	2000～2200	1860～2560	2300～2650
目的层厚度（m）	50～100	121～274	45. 7	45～ 60	40～50	40～ 60	60～ 100	94～172	72～129
孔隙度（%）	8～12	9.5	5～10	6～12	6.57	6.2	6～10	1～8	2～12
渗透率（mD）	0.05～0.005	0.5～2	< 0.1	0.88	0.67	0.15～1.2	0.1～0.8	0.1～0.13	0.38
地层压力（MPa）	异常低压	异常低压	低压	26	25	27.2	30. 64	21.63	超压
含水饱和度（%）	44	34	自由水饱和度高	36	37	26	39. 2	46	44
含气饱和度（%）	56	66	—	63.7	63.2	74.5	60	53.7	56
含气面积（km^2）	300（估算）	410	44 011	6 748	4 015	1 716	656	200	415
有效厚度（m）	3～15. 2	24	30～ 45	7.8	6.3	8.3	10～22	34. 2	10. 6

2 成藏特征与分布规律对比研究

2.1 气藏特征共性是普遍存在的，但差异性更明显

对比研究表明，中美致密砂岩气藏的共性主要表现在以下几个方面：气藏类型多样，

包括构造型、岩性型、地层型、动态圈闭型和复合型等；气体以近距离垂向运移为主；气藏规模大，储量丰度低，一般自然产能低、递减快；普遍具有异常压力；气水关系复杂、物性“甜点”区和裂缝发育区与气藏富集、高产关系密切。中美致密砂岩气藏的共性固然是普遍存在的，但受气藏形成的沉积环境、成藏过程与区域构造特征等因素的控制，中美致密砂岩气藏特征的差异性更加明显，主要体现在以下 3 个方面。

2.1.1　异常压力

异常高压或异常低压是中美致密砂岩气储层的普遍现象，但是导致异常压力的原因存在差异。北美落基山地区致密砂岩气储层普遍具有异常高压，压力系数一般为 1.4～1.7，压力系数最高达 1.94，具有明显的起压深度（2400～2740m）[16, 17]，导致异常高压的主要原因是具有活跃的烃类生成、高的烃柱和高地形的补给区引起的承压状态[18]。中国致密砂岩气储层在鄂尔多斯盆地为异常低压，平均压力系数为 0.85～0.95，气藏负压主要是抬升剥蚀和气水密度差引起[4, 19]。四川盆地、库车前陆盆地与渤海湾断陷盆地为异常高压，压力系数分别为 1.2～1.5，1.5～1.8 和 1.2～1.4。其中，四川盆地须家河组虽然普遍具有异常高压，但是没有统一的起压深度，压力系数随埋深而增大，导致须家河组致密气层压力增大的原因除了烃类生成、欠压实作用和构造作用外[4]，还包括岩石致密化导致储层孔隙体积缩小[20]。

2.1.2　气水关系

美国落基山地区致密气藏在盆地中部为气水倒置，盆地斜坡区无明显气水界面的现象；自盆地向斜坡区气、水含量百分比呈逐渐过渡趋势，气含量减少、水含量增加。中国致密砂岩气储层气水关系受强烈的储层非均质性和构造作用等因素影响，表现出气水倒置、气水间互和气水界面不明的多样性与复杂性。中美致密气局部“甜点”区受构造、储层和裂缝控制，产量变化大，一般（1～3）$\times 10^4 m^3/d$，最高超过 $100 \times 10^4 m^3/d$，产量高低与次生（溶蚀）孔隙和裂缝发育程度密切相关。致密砂岩气层含水饱和度普遍较高，一般为 35%～50%，中国致密砂岩含气饱和度介于 50%～65%，而北美致密砂岩含气饱和度相对较高，可达 55%～70%（表 1）。

2.1.3　成藏过程

普遍认为致密砂岩气藏是通过扩散作用与构造破裂和水力压裂形成的裂缝进行近距离运聚成藏，不同地区受构造背景、源岩热演化与生烃过程，以及圈闭条件等因素控制具有不同的成藏过程。北美阿尔伯达盆地煤系烃源岩天然气生成于古新世以后，西部坳陷部位的深盆区先生成的天然气就近聚集于动态平衡圈闭中，随后不断成熟的烃源岩生成的天然气向东北方向扩散聚集于坳陷斜坡—缓坡带的岩性与地层圈闭和西部逆掩冲断带的构造圈闭中。中国鄂尔多斯盆地上古生界煤系烃源岩于中—晚侏罗世开始生气，经历了由南向北不断成熟并扩散运聚于南北向展布的河道砂体形成的岩性圈闭中。四川盆地须家河组煤系烃源岩则在晚侏罗世，先后在川西和川中地区生成天然气，通过扩散作用和断裂作用向周缘多物源形成的河道砂体储集层运聚成藏，形成构造—岩性型、构造—地层型和岩性型气藏。

2.2 气藏空间分布规律

2.2.1 气藏分布规律共性特征

中美致密砂岩气分布规律的最大的共性是源储一体、“三明治”式紧密接触、大面积连续分布。如美国大绿河盆地白垩系 Frontier 组和 Mesaverde 组储集层主要由河流和三角洲环境下沉积的砂岩和粉砂岩组成，平面上连片、纵向上叠置分布，含气储层由厚 3～30m、宽 45～1210m 的单砂体大范围叠合分布，一般埋深 2480～3580m。中国的鄂尔多斯盆地下二叠统山西组和下石盒子组砂岩储层平面上连片分布，展布范围广，面积约 10 万 km^2；纵向上多层位砂体叠置，砂层厚度大，一般累计厚度 30～100m，砂体南北向延伸距离较长，达 150～200km，一般埋深 2000～3500m。四川盆地须家河组须一、三、五段煤系烃源岩与须二、四、六段砂岩储层呈大面积交互式叠加发育，纵向上形成多套优质生储盖组合，气层累计厚度 20～50m，一般埋深 1860～2800m（表 1）。

2.2.2 气藏分布规律差异性

受不同构造背景、盆地性质、沉积特征与成藏过程影响，中美致密砂岩气具有不同分布特征。美国致密砂岩气以盆地中心气为主，主要分布于凹陷区，纵向层系跨度小、平面气藏产状与气藏类型有规律性分布（图 2）。中国致密砂岩气主要分布在斜坡区和山前构造带，层纵向层位跨度大、不同盆地横向分布规律差异大。

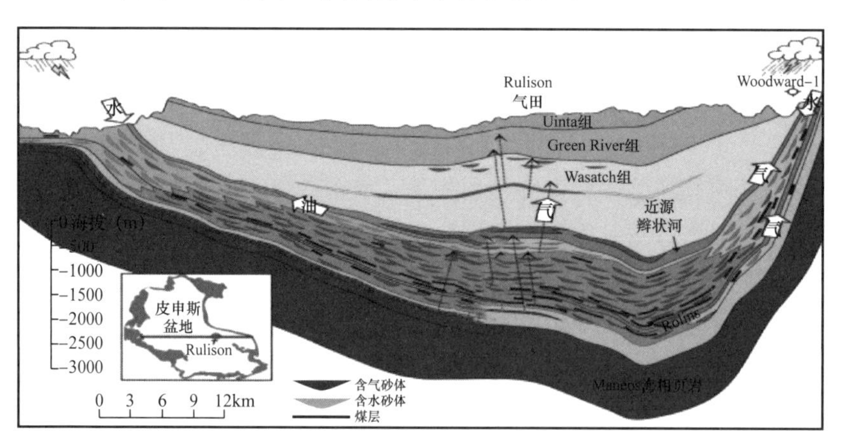

图 2 皮申斯盆地致密气藏东西向剖面示意图

注：据 D.A. Yurewiez，2005，修改

（1）美国致密砂岩气主要分布在盆地凹陷区，中国致密砂岩气主要分布在盆地斜坡区或山前带。北美落基山地区在前陆盆地构造背景下，气藏类型包括深盆气（动态圈闭型）、构造型、地层型和岩性圈闭型等，虽然气藏类型多样，但是以分布在盆地中心凹陷区的动态圈闭型为主，平面上呈规律性分布，即西缘逆掩断层带和盆地边缘以构造圈闭型气藏为

主，盆地中部前渊凹陷区以动态圈闭型气藏为主，前陆斜坡区为地层与岩性圈闭型气藏。而且由于后期构造稳定，圈闭保持相对稳定。中国致密砂岩气主要分布在斜坡区和山前构造带，以岩性和复合圈闭型为主。如四川盆地须家河组致密砂岩气虽然具有前陆盆地的构造背景，但是经历了多期构造运动对圈闭进行改造叠加，往往发育构造—岩性型、构造—地层型和岩性—地层型等复合型气藏（图 3a），圈闭类型更丰富多样。鄂尔多斯盆地上古生界致密砂岩气圈闭在克拉通背景下形成，经后期差异性隆升改造，以岩性型、地层圈闭型气藏为主（图 3b），类型相对单一。

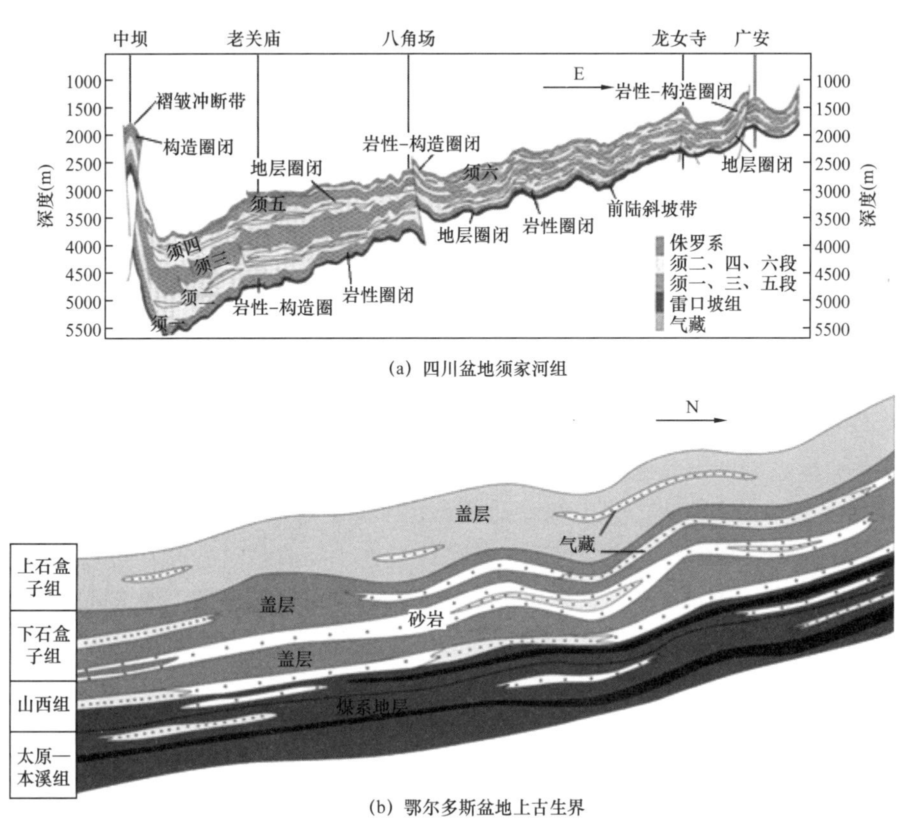

(a) 四川盆地须家河组

(b) 鄂尔多斯盆地上古生界

图 3　中国典型盆地致密砂岩气分布模式图

（2）美国致密砂岩气纵向层系跨度小、平面气藏产状与气藏类型呈规律性分布。纵向上，北美前陆盆地致密砂岩气主要分布在晚侏罗世—古近纪的沉积地层中，而且主要分布在白垩系，储盖组合层位纵向跨度小、厚度大（图 4a）。平面上，美国致密砂岩气藏在不同地区具有不同分布特征，西部的大绿河、尤因他和皮申斯等盆地为透镜状气藏，埋深较大，介于 1500～4000m，气层厚度一般 60～150m；中部的丹佛、圣胡安、风河和棉花谷等盆地为中浅—中深层层状气藏，埋深 700～2700m，气层厚度一般 10～30m；北部大平原（包括威列斯顿盆地）为浅层层状气藏，埋深较浅，介于 200～800m，气层厚度一般 10～20m（表 1）。值得指出的是，该地区的气藏源岩为海相页岩。落基山地区以阿尔伯达盆地为代表的前陆盆地致密气分布特征是在逆掩断层带发育背斜型致密气藏，前渊深盆地区以深盆气动态圈闭型气藏为主（图 4b），东部斜坡区以大面积分布的地层与岩性型气藏为主。

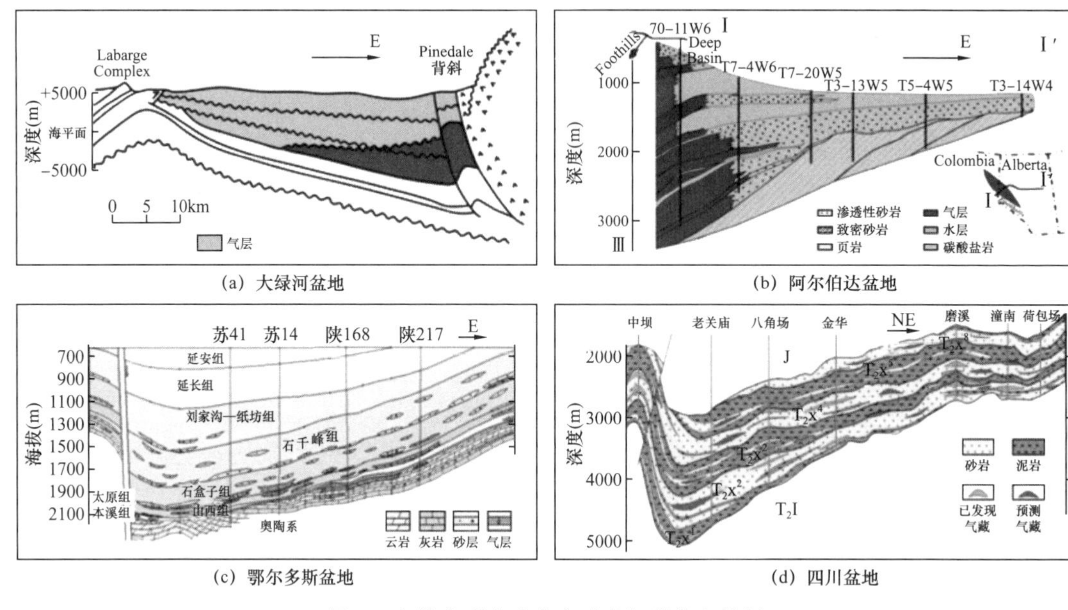

(a) 大绿河盆地

(b) 阿尔伯达盆地

(c) 鄂尔多斯盆地

(d) 四川盆地

图 4 中外典型盆地致密砂岩气藏分布特征

（3）中国致密砂岩气纵向层位跨度大、不同盆地横向分布规律差异大。中国致密砂岩气的层位分布与聚煤时期相对应，自晚古生代至新生代均有分布，鄂尔多斯盆地主要分布在石炭系—二叠系，四川盆地主要分布在三叠系，库车前陆盆地主要分布在侏罗系—白垩系，松辽盆地分布在白垩系，渤海湾盆地分布在古近纪等，整体特征为层系多、跨度大。平面上，由于盆地性质、沉积充填特征、构造改造作用与成藏过程等方面的差异，气藏具有不同的分布规律。如鄂尔多斯盆地石炭系—二叠系为克拉通背景上的大陆型陆表海盆地沉积，发育海陆过渡相、陆相河流与三角洲的储盖组合，后期以整体抬升为主，形成区域性北东高西南低的斜坡式气藏分布特征，圈闭类型以岩性圈闭为主（图 5c）。四川盆地须家河组为古生代克拉通背景上的陆相前陆盆地沉积，发育陆相河流与三角洲为主的储盖组合，后期经历多期构造运动改造，西部逆冲掩覆带以构造型气藏为主，前渊深盆区发育动态圈闭型和岩性型气藏，中—东部前陆斜坡区发育构造—岩性型、构造地层型和岩性型等多种气藏类型（图 5d）。

总体而言，北美落基山地区中新生代致密砂岩气盆地是由克拉通边缘盆地前渊阶段发展演化而来的前陆盆地，沉积盆地的形成和演化受西缘褶皱造山带的隆升、褶皱、挤压和推覆作用控制，致密砂岩气藏的形成和分布特征与盆地的基底性质、稳定构造特征和沉积埋藏演化过程等因素密切相关。中国致密砂岩气盆地虽然具有古生代稳定的克拉通基底背景，由于后期普遍经历多期构造抬升与挤压的强烈改造作用，沉积体系频繁迁移变化，煤系烃源岩成熟演化差异与成藏过程差异等因素，致使气藏特征与分布规律复杂多变。

3 结语

（1）中美致密砂岩气成藏分布有诸多相似之处。致密气与煤系烃源岩伴生，致密气储层覆压渗透率小于0.1mD，为低孔低渗的致密砂岩，具有异常地层压力，储盖组合与聚煤时期的沉积地层对应，具有源储紧邻、自生自储、短距离运移，以及汽水关系复杂、自然产能低与气藏大面积分布等特征。

（2）受沉积盆地性质、煤系地层沉积环境变化、烃源岩成熟演化过程与后期构造改造作用等因素影响，中美致密砂岩气成藏特征差异性较为明显。① 美国致密气以海相—海陆过渡相为主，中国致密气以陆相与海陆过渡相为主；② 美国储层分布稳定、厚度大、孔隙度较高，中国储层非均质性较强、厚度相对较小；③ 美国致密砂岩气以盆地中心气为主，主要分布于凹陷区，纵向层系跨度小、平面气藏产状与气藏类型有规律性分布，中国致密砂岩气主要分布在斜坡区和山前构造带，纵向层位跨度大、不同盆地横向分布规律差异大；④ 美国致密气含气饱和度较高，中国致密气普遍含水。

（3）针对中国致密砂岩气的特殊性，加强储层非均质性、优质储层预测与气藏的分布规律的研究，以及加强工程技术攻关提高单井累计产量是致密砂岩气勘探开发工作的重点。

参考文献

[1] 胡文瑞，翟光明，李景明．中国非常规油气的潜力和发展［J］．中国工程科学，2010，12（5）：25–29.

[2] Holditch S A，Tschirhart N R. Optimal stimulation treatments in tight gas sands［J］. SPE，2005：96–104.

[3] 程爱国，林大扬．中国聚煤作用系统分析［M］．北京：中国矿业大学出版社，2001.

[4] 张水昌，米敬奎，刘柳红，等．中国致密砂岩煤成气藏地质特征及成藏过程——以鄂尔多斯盆地上古生界与四川盆地须家河组气藏为例［J］．石油勘探与开发，2009，36（3）：320–330.

[5] 刘民中．美国、加拿大深层致密砂岩气勘探［M］．黑龙江：大庆石油管理局勘探开发研究院，1989.

[6] Masters J A. Elmworth. Case Study of a Deep Basin Gas Field［M］. USA：American Association of Petroleum Geologists，1984.

[7] 谷江锐，刘岩．国外致密砂岩气藏储层研究现状和发展趋势［J］．国外油田工程，2009，25（7）：1–5.

[8] 应凤祥，罗平，何东博．中国含油气盆地碎屑岩储集层成岩作用与成岩数值模拟［M］．北京：石油工业出版社，2004.

[9] 张哨楠．致密天然气砂岩储层：成因天然气地质［J］．2008，29（1）：1–10.

[10] 何东博，贾爱林，田昌炳，等．苏里格气田储集层成岩作用及有效储集层成因［J］．石油勘探与开发，2004，31（3）：69–71.

[11] 黄月明，黄建松，刘绥保，等．鄂尔多斯盆地上古生界低渗透致密砂岩储层研究［J］．低渗透油气田，1998，3（2）：24–28.

[12] 蒋凌志，顾家裕，郭彬程．中国含油气盆地碎屑岩低渗透储层的特征及形成机理［J］．沉积学报，2004，21（1）：13–18.

[13] 朱筱敏，孙超，刘成林，等．鄂尔多斯盆地苏里格气田储层成岩作用与模拟［J］．中国地质，2007，34（2）：276–282.

[14] 胡江柰，张哨楠，李德敏．鄂尔多斯盆地北部下石盒子组—山西组成岩作用与储层的关系［J］．成都理工学院学报，2001，28（2）：169-173.

[15] 戴鸿鸣．川西北异常高压区须家河组砂岩孔隙演化特征［J］．天然气工业，1992，12（1）：16-19.

[16] 周康，彭军，耿梅．川中—川南过渡带致密砂岩储层物性主控因素分析［J］．断块油气田，2008，15（2）：8-11.

[17] 王瑞飞．特低渗透砂岩油藏储层微观特征［M］．北京：石油工业出版社，2008.

[18] Law B E. Basin—centered gas accumulation，dneiper—Donetsk basin and donbass region，ukrain［J］. AAPG Bulletin，1997，81（8）：1394.

[19] Spencer C W. Hydrocarbon generation as a mechanism for over-pressuring in Recky Mountain region［J］. AAPG Bulletin，1987，71（4）：368-388.

[20] 李剑，罗霞，单秀琴，等．鄂尔多斯盆地上古生界天然气成藏特征［J］．石油勘探与开发，2005，32（4）：54-59.

原载于:《中国工程科学》，2012 年第 14 卷第 6 期。

阿根廷内乌肯盆地 Vaca Muerta 组页岩油地质特征与勘探开发潜力

童晓光[1]，李浩武[2]

（1. 中国石油海外勘探开发公司；2. 中国石油勘探开发研究院）

摘要： 基于对阿根廷内乌肯盆地 Vaca Muerta 组页岩油成藏条件、富集特征、勘探开发历史、单井产量特征等因素的解剖，以及与北美页岩油气产区系统对比，认为 Vaca Muerta 组具有分布面积广、厚度大、地球化学指标优等特征，且成熟度相对适中，以页岩油聚集为主，又具有明显的超压特征，为一套优质的页岩油层。但由于 Vaca Muerta 组非均质性强，纵横向岩性变化大，能干层与软弱层间互分布，且石英含量总体偏低，碳酸盐矿物含量普遍超过 40%，储层品质中等，在一定程度上将会影响压裂效果，岩石力学特征也将更加复杂。对于 Vaca Muerta 组，位于构造稳定带的井单井产量和 EUR（估算最终可采储量）将明显高于走滑伸展断块内的井；推测位于凝析油气区的井 EUR 也将明显高于生油区的井。由于尚处于勘探开发的初期阶段，Vaca Muerta 组钻井投资、单井产量和单井 EUR 指标均明显差于北美页岩油气产区，经济性偏差，但呈现出逐渐变好态势，后期仍存在较大的改善空间。阿根廷页岩油气开发目前仍面临政治、经济、原材料供给等一系列问题和困难，在低油价形势下商业性大规模开发尚待时日。

关键词： 内乌肯盆地；Vaca Muerta 组；页岩油；地质特征；勘探开发潜力

1 概况

内乌肯盆地位于阿根廷西部，是南美安第斯型前陆盆地的重要组成部分，盆地平面呈三角形展布（图 1），南北长约 700km，东西宽约 400km，面积约 $12\times10^4km^2$。

内乌肯盆地为阿根廷境内最重要的含油气盆地，具有丰富的油气资源。截至 2009 年，内乌肯盆地累计发现油气藏 517 个，原油和凝析油 2P 可采储量为 48.1×10^8bbl，天然气可采储量为 $31.6\times10^{12}m^3$，总油气当量为 100.69×10^8bbl[2]，常规油气勘探已经达到相当成熟阶段。

随着北美页岩油气的快速发展[3-5]，内乌肯盆地以其丰富的非常规资源逐渐成为世界关注的热点，据 EIA（美国能源署）2013 年估算数据，阿根廷页岩气技术可采资源量为 $798\times10^{12}m^3$，页岩油可采资源量为 270×10^8bbl，分别位列世界第二位和第四位，内乌肯盆地为主要贡献者，页岩气和页岩油技术可采资源量分别为 $583\times10^{12}m^3$ 和 199×10^8bbl（表 1）。内乌肯盆地的非常规油气资源多集中于上侏罗统 Vaca Muerta 组内，由于其埋藏浅，成熟度适中，页岩油可采资源量达到 162×10^8bbl，占整个盆地的 81.4%；而下侏罗统 Los Molles 组由于埋藏深度大，热演化程度高，目前以页岩气资源为主，页岩油资源规模相对偏小。

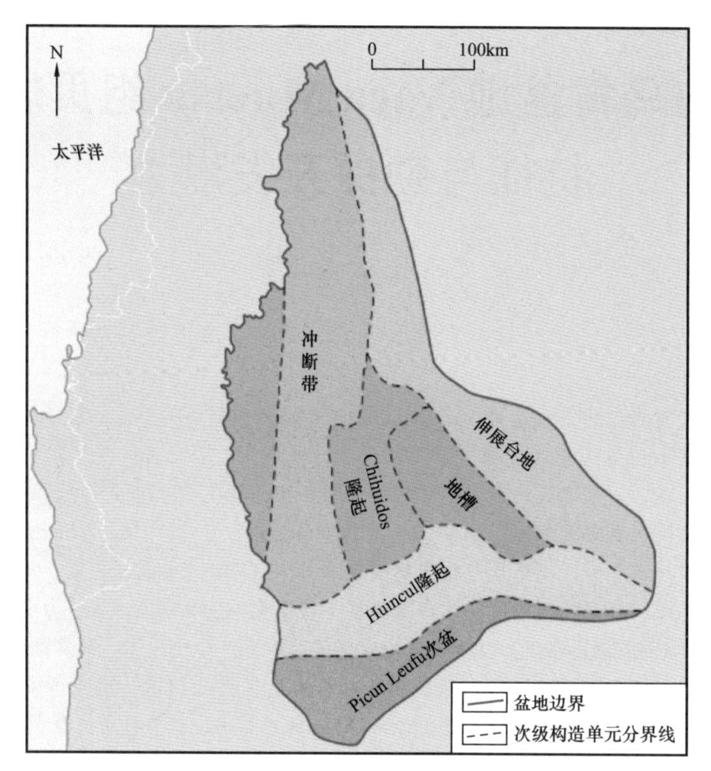

图 1　内乌肯盆地构造分区（据文献［1］修改）

表 1　阿根廷页岩油气资源量估算[1]

盆地	地层	页岩气资源量（$10^{12}m^3$）		页岩油资源量（10^8bbl）	
		地质	技术可采	地质	技术可采
内乌肯	Los Molles 组	982	275	61	37
	Vaca Muerta 组	1202	308	270	162
San Jorge	Aguada Bandera 组	254	51	0	0
	Pozo D-29 组	184	35	17	5
Austral-Magallanes	L. Inoceramus-Magnas Verdes 组	605	129	131	66
合计		3227	798	479	270

2　内乌肯盆地油气地质特征

内乌肯盆地成盆动力与冈瓦纳大陆西部边缘构造变形作用有关，盆地构造演化可划分为 3 个大的阶段:（1）同裂谷期（晚三叠世—早侏罗世），此时构造活动以大致平行西部大陆边缘的走滑作用为主导，并形成了一系列的细长、狭窄且独立的半地堑;（2）后裂谷期（早侏罗世—早白垩世）;（3）前陆期（晚白垩世—新生代）（图 2）。

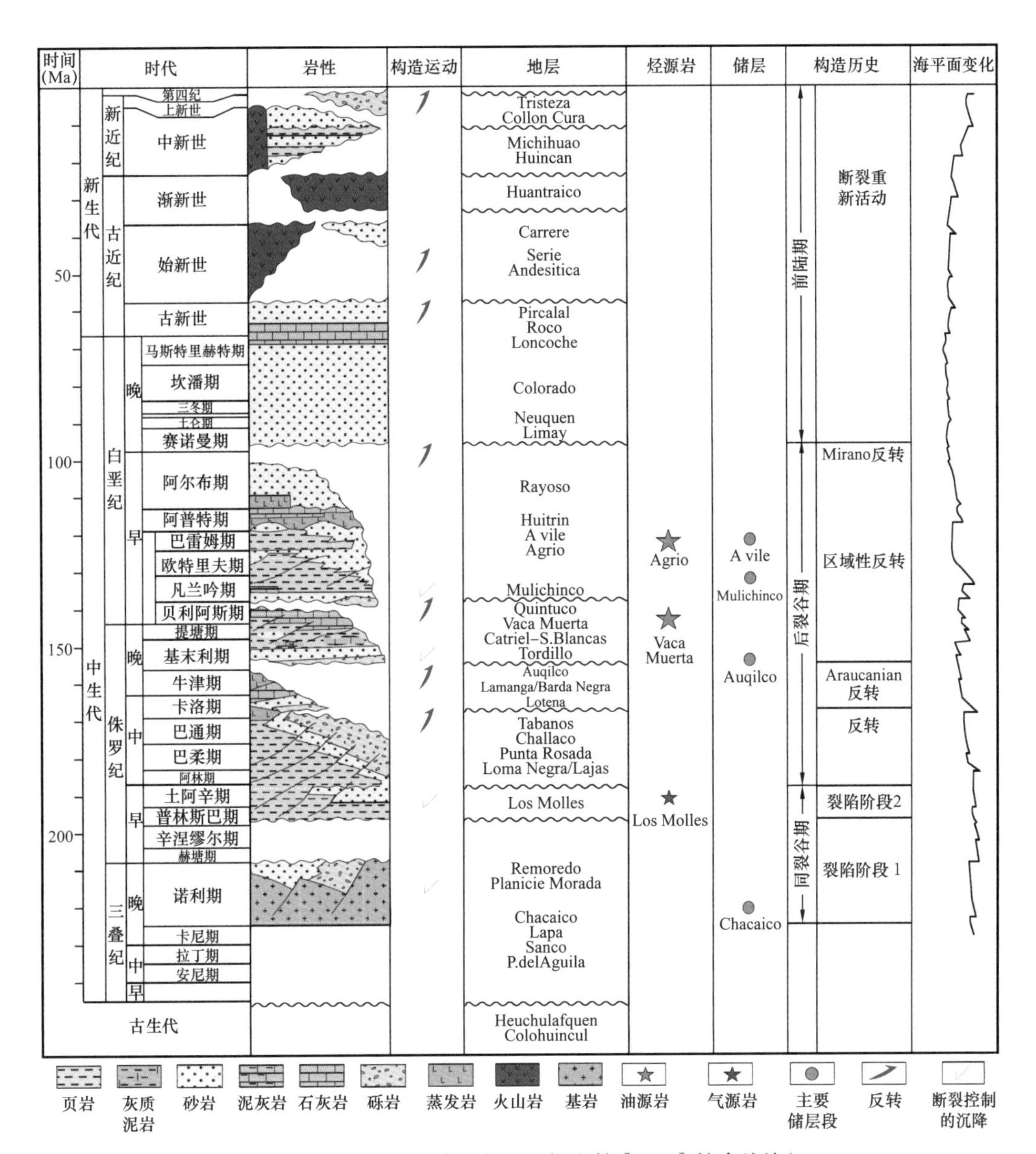

图 2　内乌肯盆地综合柱状图（据文献［6-8］综合编绘）

内乌肯盆地烃源岩主要沉积于后裂谷期，最主要烃源岩为 Vaca Muerta 组和 Los Molles 组。Los Molles 组主要由黑色页岩组成，反映受限盆地中央—边缘的海相沉积环境，TOC 为 0.45%～4.0%。

Vaca Muerta 组厚度介于 25～450m，自西向东逐渐减薄尖灭，分布面积可达 $3.0 \times 10^4 km^2$，为内乌肯盆地最重要的烃源岩[9-11]，阿根廷 75% 的油气发现均由 Vaca Muerta 组供烃[12]。Vaca Muerta 组有机碳含量介于 3.0%～8.0% 之间（峰值为 10%～12%），纵向上总体呈现出下高上低态势，下部最大可达 15%，向上逐渐减小至 2% 左右。干酪根类型主要为 I 型，其次为 II 型和 III 型。Vaca Muerta 组烃源岩自晚白垩世即已进入生油窗[13]，现今除东部盆地边缘的少数区域外，R_o 均大于 0.7%，已经大面积进入成熟生烃窗，R_o 在山前带已超过 2.0%，达到过成熟阶段（图 3）。

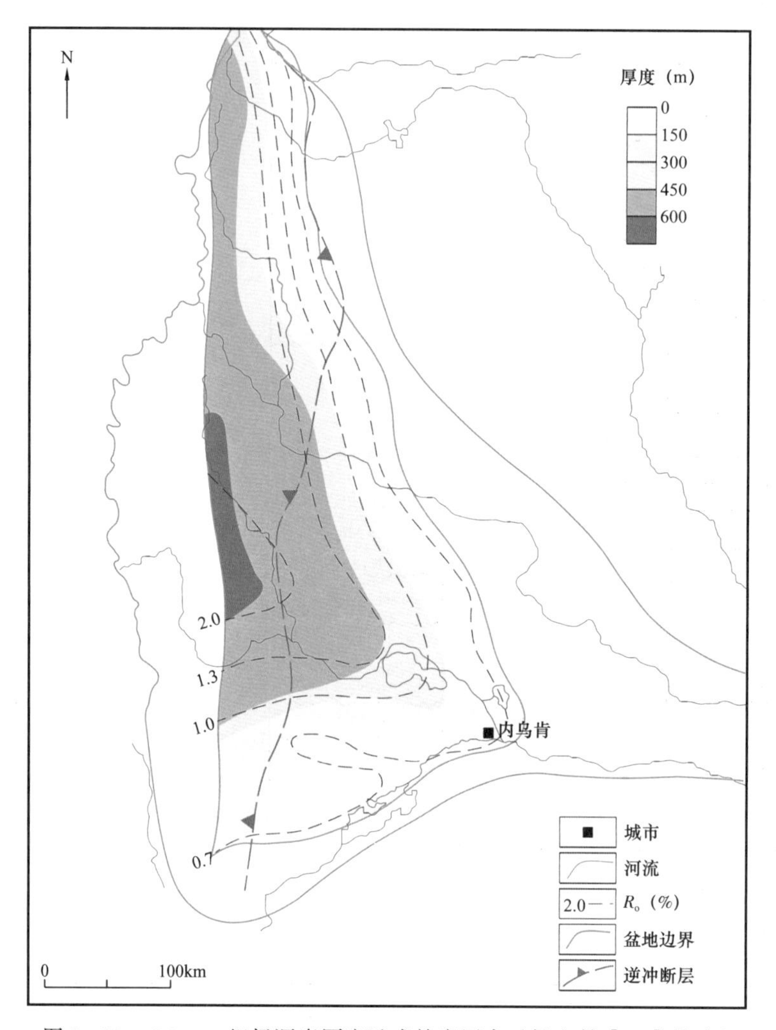

图 3　Vaca Muerta 组烃源岩厚度及成熟度展布（据文献［13］修改）

内乌肯盆地主要油层为上侏罗统—下白垩统砂岩和石灰岩，共发育 10 余套储层，包括海相、非海相砂岩和部分石灰岩，主要储层包括 Avile 组、Mulichinco 组、Auqilco 组等（图 2）。

3　Vaca Muerta 组页岩沉积环境

前人对 Vaca Muerta 组沉积环境已经开展了较为系统的研究，受限于资料条件，前期研究大多依托内乌肯地槽内中—低品质的地震解释资料、井和露头资料得出，并未开展详细的沉积分析，多数认为 Vaca Muerta 组为盆地和斜坡相沉积[9, 14-15]。在内乌肯盆地南部，Vaca Muerta 组被划分为 9 个次级沉积层序（Mi1—Mi9）[9, 14]，相应的大层划分有上、下两段式和上、中、下三段式乃至更细化的分法[16-19]。

总体而言，Vaca Muerta 组在平面上和纵向上岩性变化较大，具有很强的非均质性（图 4），包含页岩、泥灰岩、石灰岩和砂岩等[17-18, 20-21]。Kietzm ann 等[21]在大量井、薄片和岩性地层分析的基础上，提出了与前人差异较大的观点，认为 Vaca Muerta 组主要沉积于水体深度更小的宽缓碳酸盐岩斜坡，而非盆地斜坡，并将其划分为 7 个微相。

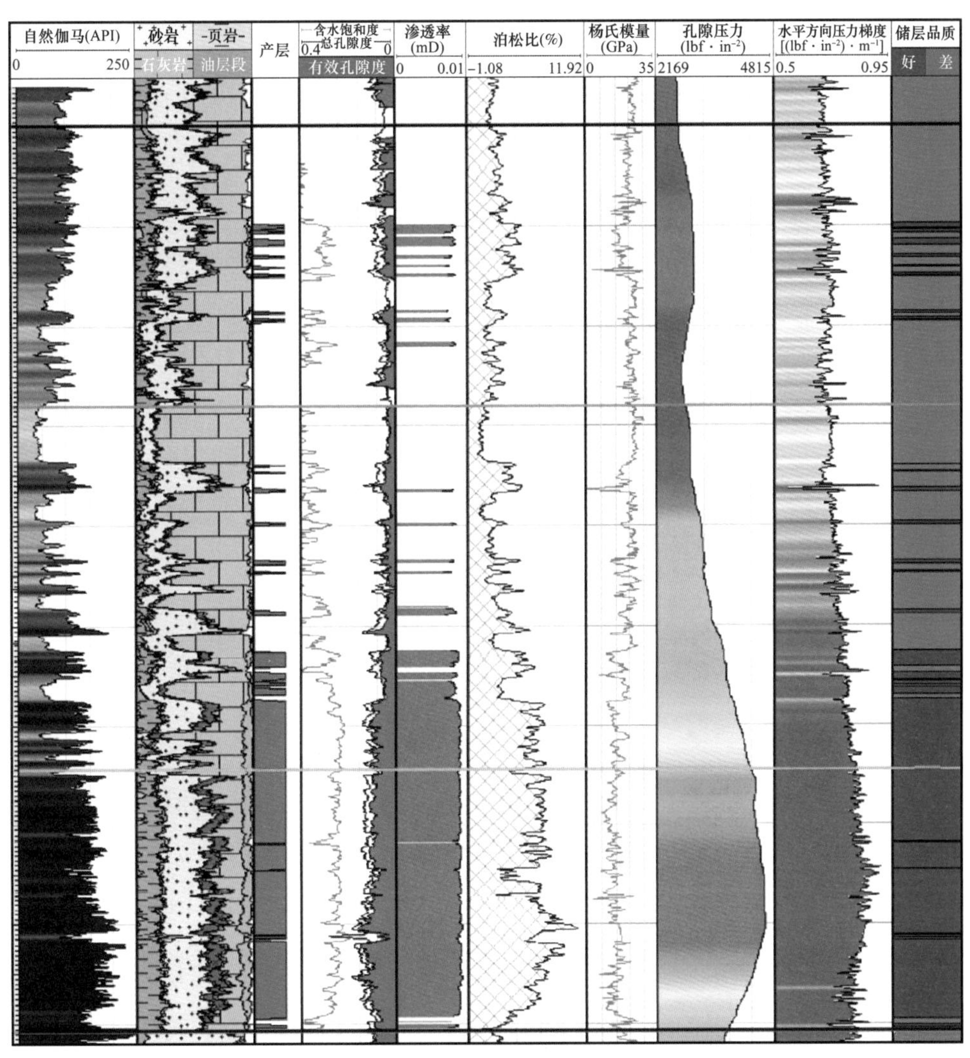

图 4　Vaca Muerta 组典型测井曲线（据文献［19］修改）

在 Kietzm ann 等[21]的研究中，Vaca Muerta 组 TOC 呈现出 5 个下降旋回，与 5 套沉积层序相对应，每一个旋回底部 TOC 可达 4%～7%，与海侵体系域相对应；之后 TOC 下降至 0.8%～1.0%，与高位体系域相对应。TOC 的这种变化旋回主要是由于快速的海侵使得碳酸盐岩沉积向浅海区迁移，而斜坡远端沉积速率显著下降，沉积环境转变为缺氧，有利于有机质的沉积。相反，在海退阶段，碳酸盐岩进积使得剥蚀作用加强，沉积物迁移至沉积环境的远端，有机质被稀释和氧化。

4 Vaca Muerta 页岩地质特征

一般而言，决定页岩油气井产量的主要先天性因素为储层，其中包含孔隙度、渗透率、含油气饱和度、厚度和压力等，但也与本地烃源岩成熟度具有密切的关系[22-24]。

Vaca Muerta 组烃源岩孔隙度介于 8%～13%，渗透率为 50～200m·D，与世界其他页岩油气产区相近。但 Vaca Muerta 组内压力系数较高，为 1.47～2.26（表 2），地层能量充足，明显优于 Bakken 等页岩油气区。同时，由于 Vaca Muerta 组烃源岩厚度较大，最大可达 450m，是其他页岩油气层的数倍厚，直井开发具有一定的优势。

表 2　世界主要页岩油气层储层品质对比

参数	Vaca Muerta 组	Barnett 组	Haynesville 组	Marcellus 组	Eagle Ford 组	Bakken 组
TOC（%）	3～5	5	2	12	3～5	5～10
厚度（m）	25～450	15～61	50～80	60～150	75～300	＜100
深度（m）	500～3000	1950～2550	3000～4300	1220～2600	1800～2400	2100～3300
孔隙度（%）	8～13	4～5	4～14	6～13	4～15	8～12
渗透率（nD）	50～200	500～200	100～500	100～200	100～1500	100
含水饱和度（%）	15～45	15～40	20～40	20～45	15～45	15～25
面积（km^2）	25000	16276	13310	245773	5180	51800
储层压力（$lbf·in^{-2}$）	1065～11500	2900～4200	6900～12500	1800～5000	2900～6300	3400～7600
压力梯度［（$lbf·in^{-2}$）·m^{-1}］	2.13～3.28	1.50～1.64	2.31～2.90	1.46～1.94	1.64～2.62	1.64～2.3
压力系数	1.47～2.26	1.04～1.13	1.6～2.0	1.01～1.34	1.13～1.81	1.13～1.58
镜质组反射率（%）	0.7～2.0	1.0～2.1	2.2～3.0	1.5～3.0	0.5～1.3	0.5～1.3
气油比（m^3/m^3）	100～500	100～1200	—	—	100～500	100～300
石英与碳酸盐矿物含量（%）	70～90	65～85	55～75	75～85	88～91	＞90
石英含量（%）	0～50	8～58，平均 34.5	8.4～53.1	20～65	15～26	37.6～84.3
黏土矿物含量（%）	15～40	7～48，平均 24	3～65.4	15～45	15～30	8.4～45.4
脆性	中等	中等	中等	中等	中等	中等
重度（°API）	40～45	35～45	—	—	40～60	36～42

Vaca Muerta 组内产出的页岩油具有较好的品质，其重度为 40°～45°API，气油比为 100～500m^3/m^3，黏度为 0.3～0.8cP，不含 H_2S，含微量 CO_2。

4.1 烃源岩地球化学特征

宏观而言，Vaca Muerta 组 TOC 纵向变化较大，下段有机质含量普遍高于上段，自然伽马测井响应明显（图 4），孔隙压力也明显高于上段，相应页岩油产层也主要集中于层序下段。

Garcia[17] 将内乌肯盆地南部分为南区、东区和西区（图 5），利用 38 口井的 1000 多个岩心资料，对 Vaca Muerta 组地球化学特征开展了系统的研究。

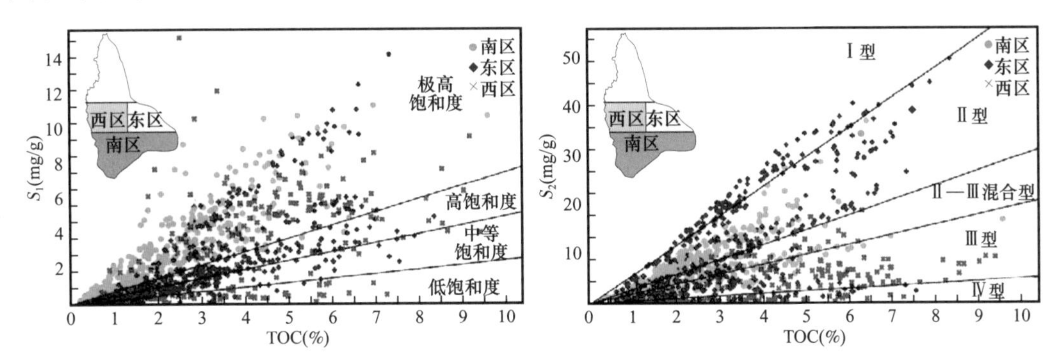

图 5 Vaca Muerta 组不同区域地球化学指标（据文献［17］修改）

对 3 个区域而言，烃源岩品质均较好，TOC 超过 1.0% 的样点占 90% 以上，游离烃含量（S_1）南区和西区总体最高，普遍达到高含油状态，东区指标相对偏低，但也普遍超过中等含油状态。裂解烃含量（S_2）指标显示，东区有机质类型复杂，从Ⅰ型至Ⅳ型均有分布，既可生油，也可生气；南区主要为Ⅱ型和Ⅱ—Ⅲ型，Ⅰ型样点很少；而西区有机质类型以倾向于生气的Ⅲ—Ⅳ型为主，少量为Ⅱ—Ⅲ混合型。

4.2 矿物成分和脆性

就矿物成分而言，内乌肯盆地 640 个 X 射线衍射样品表明，Vaca Muerta 组黏土矿物含量通常小于 30%，碳酸盐矿物和石英的比例在不同区域发生变化，但碳酸盐矿物含量普遍大于 40%[17]。Garcia 等[17] 的研究表明，在深井中，Vaca Muerta 组下段脆性指数平均为 45；在浅井中，Vaca Muerta 组上段、中段、下段脆性指数平均值分别为 33、46 和 33。

Vaca Muerta 组碳酸盐矿物含量较高，但碳酸盐矿物在泥页岩中起的作用非常复杂，当含量相对较低时，碳酸盐矿物难以胶结成岩，一方面破坏了粒间孔隙，另一方面却增加了泥页岩的脆性，在压裂中适当地添加酸能提高水力压裂的效果；而当碳酸盐矿物含量较高时会胶结成岩，形成碳酸盐岩条带，当其规模较大时会形成碳酸盐岩夹层，对页岩气储层岩石力学性质和水力压裂有重大影响。

在页岩储层品质评价中，常规岩心矿物成分计算脆性指数常用下式表示：脆性指数 =（石英含量 + 碳酸盐矿物含量）/（石英含量 + 碳酸盐矿物含量 + 黏土矿物含量），石英和碳酸盐矿物所占比例越高，脆性越好，可压裂性越强。Jarvie[25] 和 Rickman[26] 等通过研究 Barnett 页岩脆性与矿物学的关系，发现石英、碳酸盐矿物和黏土矿物的相对比例影响岩石脆性，石英含量越高，脆性越好；黏土矿物含量越高，脆性越差；而碳酸盐矿物含量的影响居于前两者之间，但脆性要比石英低很多。如将碳酸盐矿物与石英看作脆性相同，计算的结果将明显偏大。

总体看来，在内乌肯盆地的不同区域，Vaca Muerta 组的矿物组分基本类似，石英含量相对偏低，碳酸盐矿物含量较高（图 6），应被划分为中等储层。偏高的碳酸盐矿物含量使 Vaca Muerta 组脆性受到一定影响，并使得岩石力学特征更加复杂。

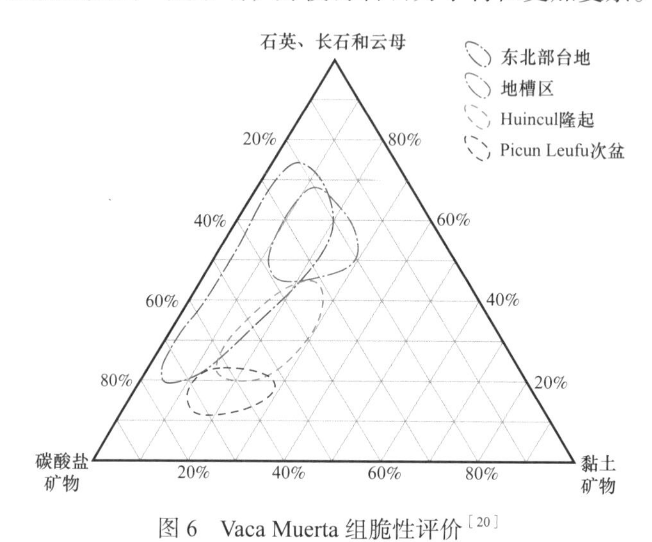

图 6　Vaca Muerta 组脆性评价[20]

4.3　裂缝发育特征与机理

现有的岩心和测井分析表明，Vaca Muerta 组岩性横向和纵向变化较大，非均质性较强，在 Customize 油田，大部分自然裂缝均为开启状态[18]。

由于 Vaca Muerta 组内压力系数为 1.47～2.26，处于超压状态，在压裂时必须充分考虑层间的非均质性，其直接影响着裂缝的发育模式[17]。总体而言，对于坚硬地层，裂缝宽度通常较大；对于软弱地层，裂缝宽度通常较小。软弱地层通常会形成层间裂缝或引起裂缝的侧向偏移（图 7a），从而限制垂直裂缝的进一步发育，在野外露头中也有明显的偏移特征（图 7b）。由于裂缝宽度在软弱地层中较小，所以支撑剂容易发生堵塞，压裂效果偏差。

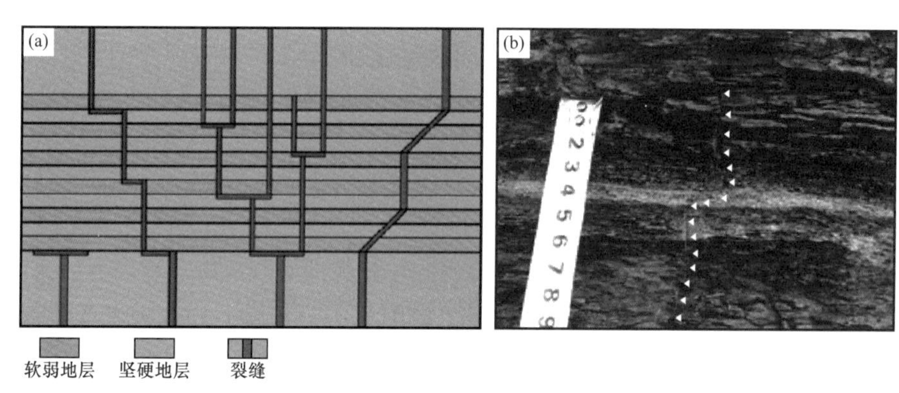

图 7　非均质性岩层裂缝发育理论模型与野外露头特征

（a）非均质性岩层裂缝发育理论模型；（b）Vaca Muerta 组野外露头裂缝偏移特征[18]

5 Vaca Muerta 组页岩油富集特征

5.1 不同构造部位产量特征

由于内乌肯盆地相当一部分面积受走滑作用控制，而走滑作用会在很大程度上影响 Vaca Muerta 组的产量。Garcia 等[27]对同一油田内深度类似，完井、压裂方式相同，且邻近的几组井开展了系统分析[27]；位于构造稳定带的井被定义为 A 型井，位于走滑伸展断块内的井被定义为 B 型井（图 8）。结果表明，同一油田内，对于常规致密储层，在钻完井方式相同的情况下，B 型井的平均产量要比 A 型井高很多，但 B 型井单井控制的平均资源量却要比 A 型井少。与此相反，对于页岩储层（不仅仅限于 Vaca Muerta 组），A 型井的产量要远高于 B 型井[17]，同时，A 型井控制的资源量也要明显高于 B 型井，B 型井的产能更容易耗尽[27]。对于 Vaca Muerta 组，Sagasti 也认为位于伸展断块内的井具有较高的产量风险[18]。

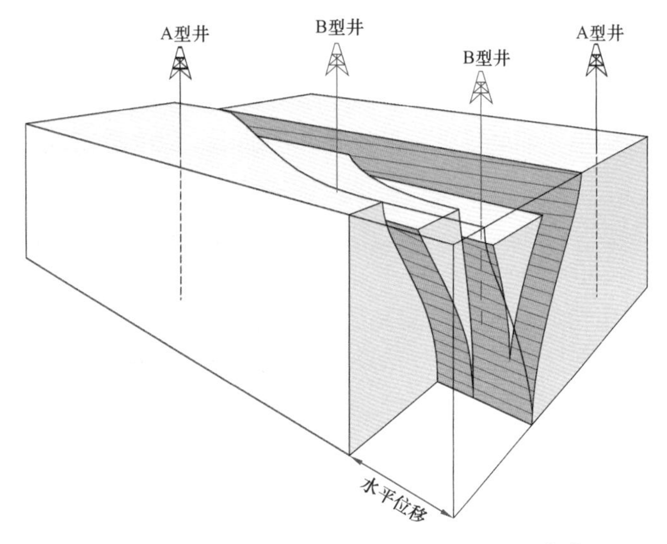

图 8 Vaca Muerta 组不同构造位置井示意图[27]

5.2 不同烃源岩成熟区产量特征

页岩油资源中，凝析油或轻质油可能为最现实的工业开采类型[29]。凝析油和轻质油分子直径为 0.5～0.9nm，理论上讲，其在地下高温高压下纳米级孔喉中更易于流动和开采，在烃源岩生凝析油气区，单井产量明显比纯生油区的高。Eagle Ford 地区的数据表明，处于生油窗内的井单井 EUR（估算最终可采储量）为 35.1×10^4bbl，而处于凝析气窗内的井单井 EUR 可达 65.1×10^4bbl，几乎可达到生油窗内井的两倍。此外，当井位于生油区内且产出量 90% 为油时，单井平均日产最大为 170bbl；当井位于凝析油气区内且产出量 75% 为油时，单井平均日产最大可达 750bbl，5 年内单井累计产量为生油区内井的 3.7 倍。

因此可以推断，在 Vaca Muerta 组主要凝析油气区，产量规律将与其他页岩油气产区类似，单井产量将普遍较生油区大，属于有利的目标区。

6 与北美等页岩油气区的对比

6.1 勘探开发阶段

与北美页岩油气生产相比，内乌肯盆地 Vaca Muerta 组仍处于勘探开发初期阶段。YPF 公司（阿根廷石油公司）为内乌肯盆地最早开展 Vaca Muerta 组页岩油气勘探开发的公司之一，2007—2008 年即已开展区域性地质研究和 Vaca Muerta 组储层品质评价工作。2009 年，钻探了首口页岩气井，但未能钻及 Vaca Muerta 组目标，最后作为浅层油气发现井处理。2010 年 8 月，LLLK-x1 井成为首口页岩气发现井，同年 12 月，LLL-479 井在 Vaca Muerta 组首次获得页岩油。2011 年先后在 Loma La Lata、Loma Campana 和 Bajada de Anelo 地区获得页岩油发现，钻探了首口水平井，并开始对盆地其他地区开展勘探和评价。

2011 年之后，内乌肯盆地 Vaca Muerta 组页岩油气勘探逐渐进入快速发展阶段。截至 2014 年 3 月，生产井总数达到了 161 口，钻机 19 台，产量达到 2×10^4bbl/d（油气当量）。至 2015 年 5 月，生产井总数为 300 口，总日产为 4.5×10^4bbl（油气当量），其中水平井约占 10%。目前，在阿根廷非常规油气勘探开发活动中，YPF 公司承担了 80% 的工作量，居于绝对主导地位。

6.2 地质条件

页岩油气井的产量与储层品质和完井质量直接相关。总体来看，Vaca Muerta 组储层品质与北美地区相当，部分指标更优（表 2）。最突出的特征为较高的超压和较大的厚度，Vaca Muerta 组内压力系数普遍超过 1.47，最大可达 2.26，总体优于北美页岩油气产区。Vaca Muerta 组直井钻揭的厚度通常为 150～300m，为北美页岩层的数倍厚，具有一定的直井开发优势。但由于地层的纵向非均质性，巨厚的地层也给钻探水平井带来了较大的挑战，在目前技术手段受限和认识程度较低时，较难决定侧钻位置。

6.3 单井产量

历史统计数据表明，Vaca Muerta 组直井单井产量偏低（图 9），2011—2013 年新钻井单井第一年累积产量并无明显差别，2011 年和 2012 年均为 3.2×10^4bbl，2013 年为 3.45×10^4bbl，差别很小。10 口高产井第一年累积产量为 5.05×10^4bbl，比 2013 年新钻井高 1.6×10^4bbl，YPF 公司估算高产井单井 EUR 为 29.3×10^4bbl。

从 Vaca Muerta 组水平井投产最初 24 个月的产量数据可以看出，除 Soila-2h 井之外，其他井单月平均日产最高为 140bbl，至第一年年末已降至 50bbl 以下；投产的最初 45 天内，最高日产量也普遍未超过 200bbl（图 10）。但考虑到其尚处于勘探开发初期阶段，Vaca Muerta 组水平井数量少，尚不能代表完全产能水平，后期仍有提升空间。

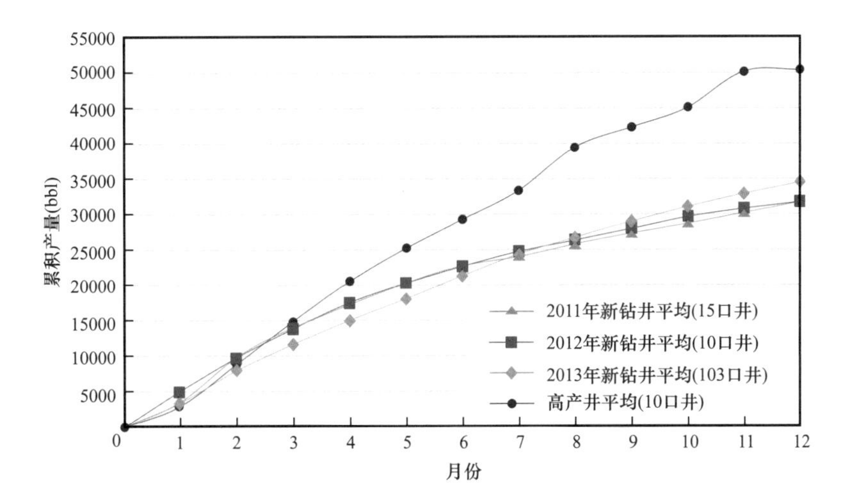

图 9　Vaca Muerta 组平均单井年累积产量曲线[28]

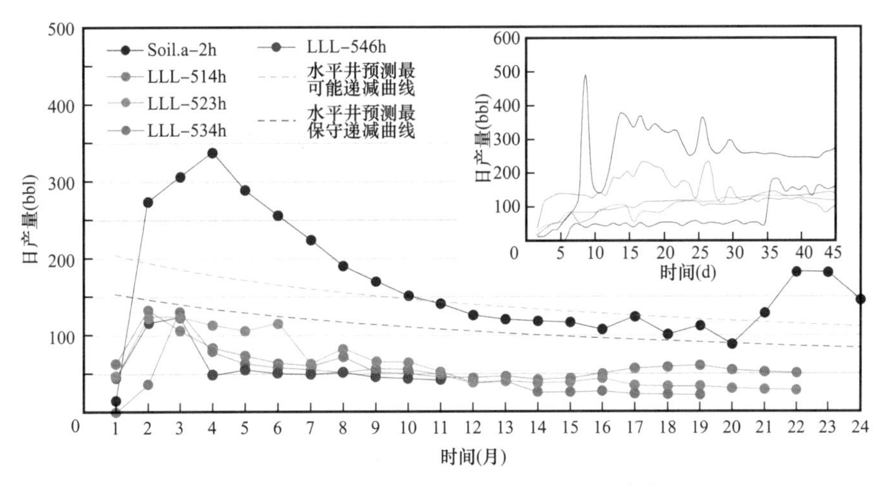

图 10　Vaca Muerta 组水平井产量情况[28]

根据 Bakken 地区的统计规律，水平井单井 EUR 为 54.6×10^4bbl，其中前 10 年累计产量为 34.8×10^4bbl，前 20 年累计产量为 46.6×10^4bbl；单井 EUR 的 19% 在第一年产出，46% 在前 5 年产出，前 10 年累计产量为其总 EUR 的 64%。

北美页岩油气产区第一年单井产量递减率普遍超过 60%，第二年也可达到 29%～70%，3 年综合递减可达 85% 以上（表 3）。

如将内乌肯盆地 Vaca Muerta 组单井日产量数据与北美地区进行对比（图 11），在前 12 个月单井日产曲线中，Vaca Muerta 组直井显示出与北美页岩油气产区类似的递减特征。若用图 10 中 Vaca Muerta 组水平井预测最可能递减曲线进行对比，可发现水平井递减明显较北美地区慢，仅从第一个月的 200bbl 递减至第 22 个月的 120bbl，但由于 Vaca Muerta 组水平井数量有限，未来递减曲线的预测具有一定的不确定性。

表 3 北美典型页岩油气井产量递减率

层系	产量递减率（%）				3 年综合递减（%）
	第一年	第二年	第三年	第四年	
Bakken 组	69	39	26	27	86
Three Forks 组	70	39	25	23	85
Eagle Ford 组	59	29	76	58	91
Barnett 组	61	32	24	18	
Haynesville 组	81	70	30	15	
Marcellus 组	47	66	71	47	

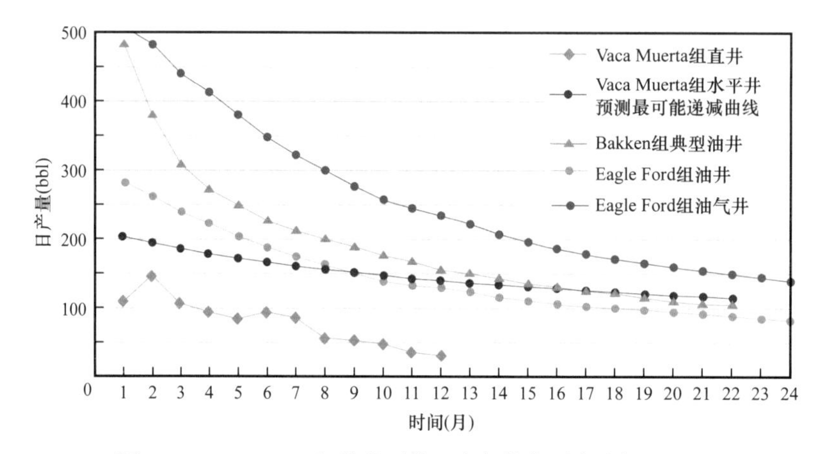

图 11 Vaca Muerta 组单井平均日产与其他页岩油气层对比

统计数据显示[30]，Eagle Ford 组后期钻井单井产量明显较前几年有显著提升，新钻井单井高峰产量由 2009 年的 25bbl/d 稳步增长至 2014 年的 380bbl/d，充分表明了技术进步对单井产量的提升作用。

Dirección De Estudios[31] 曾对 Vaca Muerta 组产量递减曲线和单井 EUR 开展了相应的研究，结果表明，直井 25 年内 EUR 中值为 17.6×10^4bbl，水平井单井 EUR 为（27.6～38.9）$\times10^4$bbl，水平井产量为直井的 1.57～2.2 倍。

由于 Vaca Muerta 组尚处于勘探开发初期阶段，生产时间较短，历史产量数据有限，2014 年压裂级数平均为 5 级，仅为北美的 25% 左右，因此递减规律和单井 EUR 估算具有一定的不确定性。相信随着技术的进步，后期钻井产能仍有较大的提升空间。

6.4 钻完井投资

就历史投资来看，内乌肯盆地页岩油气钻井和压裂投资较北美地区明显偏高，但随着时间的推移已呈现明显的下降趋势。2011 年，Vaca Muerta 组页岩油气井单井平均钻完井投资为 1100 万美元，之后逐年下降，至 2014 年 3 月已降至 760 万美元；压裂级数也由平均 3.1 级增长为 5 级；钻井周期平均由 43.2 天缩短至 24.6 天，每级压裂费用由 137.5 万美元降至 52.1 万美元（表 4），各项投资指标均有大幅度降低和改善。

表 4　内乌肯盆地页岩油气井单井钻完井历史投资数据[28]

项目		年度			
		2011	2012	2013	2014
钻完井总投资（万美元）	钻井	480	470	407	373
	完井	421	432	304	288
	其他	199	118	99	99
	合计	1100	1020	810	760
压裂级数		3.1	4.5	4.8	5
钻井周期（d）		43.2	40.3	31.7	24.6
每级压裂费用（万美元）	压裂	52	51	31.4	27.2
	支撑剂	27	19.8	17.9	14.2
	其他	56.7	25.1	13.8	10.7
	合计	135.7	95.9	63.1	52.1

YPF 公司认为，还可通过一系列手段进一步优化和降低钻完井投资，包括采用套管钻井技术、自动化钻机、重新谈判合同、从当地采购支撑剂、建立水网供给系统等。据 YPF 消息，2015 年 5 月，Vaca Muerta 组内直井平均钻完井费用已经降至 690 万美元，水平井为 1300 万～1400 万美元。YPF 公司 CEO Miguel Galuccio 宣称，公司 2016 年的目标计划将钻井成本再下降至少 10%。

从目前数据来看，Vaca Muerta 组页岩油气钻井和压裂投资明显较北美地区偏高，但已呈现出快速递减趋势，考虑到其处于勘探开发初期，后期仍可能存在较大的下降空间。

6.5 商业开发门槛

据摩根士丹利估算，在油价降至 57 美元 /bbl 左右时，美国的 18 个页岩油产区中，只有 4 个尚能勉强保持不亏损，80% 的产区无法保本，各产区平均盈亏平衡点油价为 68 美元 /bbl。对于 Vaca Muerta 组而言，参考目前水平井 1300 万～1400 万美元的钻完井投资，如果油价按 50 美元 /bbl 估算，水平井产量必须至少达到 28×10^4bbl，在其他所有花费均不考虑的情况下，销售收入方能与钻完井投资持平。在当前的油价和技术水平下，商业性开发绝非易事。

7 制约阿根廷非常规油气开发的原因

总体而言，阿根廷虽然存在丰富的非常规油气资源，但大规模商业性开发仍存在较多困难，主要原因有：(1) 政治、经济因素导致油公司和服务商不愿意大规模投资，其中影响较大的事件包括 2012 年 YPF 公司国有化、通货膨胀和外汇管制、政策的多变性等。(2) 由于开发非常规油气需要钻大量的井，投资巨大，只有降低单井投资、加快基础设施建设等才可能使其投入到商业开发。(3) 至内乌肯盆地的运输不够通畅，而本地可供建设使用的支撑剂和化学制剂生产尚无基础，水净化和废水处理设施远远不能满足未来生产的需要。(4) 目前阿根廷压裂车严重不足，仅有 119 辆，如果按照阿根廷的计划，需将压裂能力提高 12 倍，方能达到计划生产目标的需求。(5) 原材料供应主要依靠进口，且进口周期偏长，脆弱的供应链和本地劳动力使得钻井成本很难在短期内显著降低。(6) 由于缺乏铁路等其他手段，内乌肯盆地原油只能依赖槽车外运，一方面运力不足，另一方面大部分油田的路况很差，需要重新铺设道路[19]。(7) 缺乏熟练的技术工人。

8 结论

(1) 内乌肯盆地具有良好的油气成藏条件和丰富的页岩油气资源，Vaca Muerta 组烃源岩以其得天独厚的优势成为页岩油气资源最为富集的层系。

(2) Vaca Muerta 组由于石英含量相对偏低，碳酸盐矿物含量普遍高于 40%，碳酸盐矿物脆性指数低于石英，因而多被划分为中等储层。此外，Vaca Muerta 组横向、纵向岩性变化较大，非均质性较强，坚硬地层与软弱地层间互分布，在一定程度上将会影响压裂效果。

(3) 对于 Vaca Muerta 组，位于走滑伸展断块内的井单井产量和控制储量将明显低于位于构造稳定带的井；推测与 Eagle Ford 等地区类似，凝析油气区的井单井产量和 EUR 将明显优于生油区内的井。

(4) 内乌肯盆地页岩油气生产尚处于初期阶段，单井产量、钻完井投资等指标均明显高于北美页岩油气产区，目前开发的经济性偏差，但随着时间的推移，将会有明显的改善。

(5) 阿根廷页岩油气开发仍面临政治、经济、原材料供应、设备、技术人员等诸多方面的问题，在目前低油价的形势下，Vaca Muerta 组页岩油气商业性大规模开发存在较多尚需克服的困难。

(6) 总体而言，内乌肯盆地 Vaca Muerta 组 TOC 高，有机质类型较好，且厚度大、成熟度适中、烃源岩内普遍存在较高超压，属全球最有利的页岩油气区之一。目前 Vaca Muerta 组页岩油气勘探程度偏低，商业性开发也存在一些困难，竞争压力不大。中国石油公司可将内乌肯盆地列为重点关注目标，充分利用现有技术优势和工程队伍，在低油价背景下，早日获得页岩油气区块，实现战略布局，抢占先发优势。

参考文献

[1] EIA. Technically recoverable shale oil and shale gas resources: an assessm ent of 137 shale form ations in 41 countries outside the United States [R]. Energy Information A dministration, DC 20585, 2013: 1–730.

[2] IH S Company. IH S Basin Monitor–22217–Neuquen Basin [R]. IH S Company, 2009: 1–32.

[3] 陈晓智，陈桂华，肖钢，等. 北美 TMS 页岩油地质评价及勘探有利区预测 [J]. 中国石油勘探, 2014, 19 (2): 77–84.

[4] 秦长文，秦璇. 美国鹰滩和尼奥泊拉拉页岩油富集主控因素 [J]. 特种油气藏, 2015, 22 (3): 34–37.

[5] 孟庆峰，侯贵廷. 阿巴拉契亚盆地 Marcellus 页岩气藏地质特征及启示 [J]. 中国石油勘探, 2012, 17 (1): 67–73.

[6] Legarreta L, Cruz C E, Vergani G D, et al. Petroleum mass- balance of the Neuquén Basin, Argentina: a comparative assessment of the productive districts and non–productive trends [C]. Proceedings AAPG International Conference and Exhibition, 2004: 1–6.

[7] C & C Reservoir. Field evaluation report–Rio Neuquen field–Neuquen Basin, Argentina [R]. C&C Company, 2012: 1–45.

[8] C&C Reservoir. Reservoir evaluation report–25 De Mayo–Medanito Sefield Quintuco reservoir reserves 1P (Proved) –Neuquen Basin, Argentina [R]. C&C Company, 2014: 1–53.

[9] Mitchum R M, Uliana M A. Seismic stratigraphy of carbonate depositional sequences, Upper Jurassic–Lower Cretaceous [A]. In: Berg R B, Woolverton D G. Neuquen Basin, Argentina. seismic stratigraphy: an integrated approach to hydrocarbon exploration [C]. AAPG Memoir 39, 1985: 255–274.

[10] Cruz C, Boll A, Gómez Omil R, et al . Hábitat de hidrocarburosy sistem as de carga Los Molles y Vaca Muerta en el sector central de la Cuenca Neuquina, Argentina [J]. V Congreso de Exploración y Desarrollo de Hidrocarburos IA PG, CD–ROM, Mar del Plata, 2002: 1–8.

[11] Uliana M A, Legarreta L. Hydrocarbons habitat in a Triassic–to–Cretaceous Sub–Andean setting: Neuquén Basin, Argentina [J]. Journal of Petroleum Geology, 1993, 16 (4): 397–420.

[12] Uliana M A, Legarreta L, Laffite G A, et al. Estratigrafíay geoquímica de las facies generadoras de hidrocarburos en las cuencas petrolíferas de Argentina [J]. IV Congreso de Exploración y Desarrollo de Hidrocarburos, 1999, 1: 1–66.

[13] Monreal F R, Villar H J, Baudino R, et al. Modeling an atypical petroleum system: a case study of hydrocarbon generation, migration and accumulation related to igneous intrusions in the Neuquen Basin, Argentina [J]. Marine and Petroleum Geology, 2009, 26 (4): 590–605.

[14] Legarreta L, Uliana M A. Jurassic–Cretaceous marine oscillations and geometry of back–arc basin, Central Argentina Andes [A]. In: Mcdonald D I M. Sea level changes at active plate margins: process and product [C]. International Association of Sedimentologists, Special Publiocation, 1991, 12: 429–450.

[15] Spalletti L A, Franzese J R, Matheos S D, et al. Sequence stratigraphy of a tidally dominated carbonate–siliciclastic ramp; the Tithonian–Early Berriasian of the southern Neuquén Basin, Argentina [C]. Geological Society of London, Special Publication, 2000, 157: 433–446.

[16] Fantín M, Crousse L, Cuervo S, et al . Vaca Muerta stratigraphy in central Neuquén Basin: impact on emergent unconventional project [C]. SPE–AAPG–SEG Unconventional Resources Technology Conference, URTe C 1923793, 2014: 2741–2751.

[17] Garcia M N, Sorenson F, Bonapace J C, et al . Vaca Muerta shale reservoir characterization and description: the starting point for development of a shale play with very good possibilities for a successful project [C]. SPE-AAPG-SEG Unconventional Resources Technology Conference, URTe C 1508336, 2014: 863-899.

[18] Sagasti G, Ortiz A, Hryb D, et al. Understanding geological heterogeneity to Customize field development: an example from the Vaca Muerta unconventional play, Argentina [C]. SPE-AAPG-SEG Unconventional Resources Technology Conference, URTe C, 2014: 1923357: 1-20.

[19] Ejofodomi E A, Estrada J D, Peano J. Investigating the critical geological and completion parameters that impact production performance [C]. SPE-AAPG-SEG Unconventional Resources Technology Conference, URTe C 1576608, 2013: 669-679.

[20] Stinco L, Aires B, Barredo S, et al. Vaca Muerta formation: an example of shale heterogeneities controlling hydrocarbon's accumulations [C]. SPE-AAPG-SEG Unconventional Resources Technology Conference, URTe C: 1922563, 2014: 2584-2568.

[21] Kietzmann D A, Palma R M, Riccardi A C, et al . Sedimentology and sequence stratigraphy of a Tithonian-Valanginian carbonate ramp (Vaca Muerta formation): a misunderstood exceptional source rock in the southern Mendoza area of the Neuquén Basin, Argentina [J]. Sedimentary Geology, 2014, 302 (1): 64-86.

[22] 吴奇，梁兴，鲜成钢，等. 地质—工程一体化高效开发中国南方海相页岩气 [J]. 中国石油勘探，2015，20 (4): 1-23.

[23] 郑民，李建忠，吴晓智，等. 海相页岩烃源岩系中有机质的高温裂解生气潜力 [J]. 中国石油勘探，2014，19 (3): 1-11.

[24] 李霞，周灿灿，赵杰，等. 泥页岩油藏测井评价新方法——以松辽盆地古龙凹陷青山口组为例 [J]. 中国石油勘探，2014，19 (3): 57-65.

[25] Jarvie D M, Hill R J, Ruble T E, et al. Unconventional shale-gas systems: The Mississippian Barnett shale of north-central Texas as one model for thermogenic shale-gas assessment [J]. AAPG Bulletin, 2007, 91 (4): 475-499.

[26] Rickman R, Mullen M, Petre E, et al. A practical use of shale petrophysics for stimulation design optimization: all shale plays are not clones of the Barnett shale [C]. SPE paper 115258, 2008: 1-11.

[27] Garcia M N, Sorenson F, Halliburton H S, et al. Shale and tight reservoirs: a possible geomechanical control in the success of producing wells, Neuquen Basin, Argentina [C]. SPE paper 167707, 2014: 1-10.

[28] YPF Company. YPF Vaca Muerta Update [R]. YPF Company, 2014: 1-36.

[29] 邹才能，陶士振，白斌，等. 论非常规油气与常规油气的区别和联系 [J]. 中国石油勘探，2015，20 (1): 1-16.

[30] This is why US production is rallying [EB/OL]. http: //oilquests.com/wp- content/uploads/2014/09/Eagle-Ford-Production-EIA.png, 2014.

[31] De Estudios D. Assessment of Vaca Muerta formation shale oil: production decline-curve analysis [R]. Ministerio de Energia, Ambientey Servicios Publicos, 2013: 1-31.

原载于:《中国石油勘探》，2015 年 10 月第 20 卷第 6 期。

跨国油气田勘探开发合作的评价研究实例——哈萨克斯坦阿克纠宾公司私有化招标项目

童晓光，杨瑞琪，崔耀南

（中国石油天然气勘探开发公司）

1991年苏联解体，哈萨克斯坦共和国成立。1995年5月12日，哈萨克斯坦政府发布政府令，宣布一系列油气生产和炼油企业实行私有化，国外公司可以通过购买哈萨克斯坦油气企业的股份，取得油气田的开采和经营权。此前已有国外公司购买了哈萨克斯坦油气公司的股份，如1993年4月美国雪佛龙以50%的股份联合组建田吉兹—雪佛龙石油公司；1997年成立了卡拉恰干纳克国际油气公司，英国天然气公司（BG）占股32.5%，意大利阿吉普占股32.5%，美国雪佛龙占股20%，俄罗斯卢克公司占股15%。1996年加拿大Harrican公司购买了哈萨克南方公司60%的股份。此时，中国石油正处于实施“走出去”战略的初期尝试阶段，在分析了中亚各国的油气资源潜力和投资环境后，将哈萨克斯坦定为优先进入地区之一，一方面进行乌津油田合作的地质评价和谈判，同时抓住阿克纠宾油气公司股份私有化的机会。此外，有意参与阿克纠宾油气公司股份购买的还有美国的埃克森、阿莫科、德士古及加拿大、俄罗斯公司。

阿克纠宾油气公司的油田位于滨里海盆地东部，该公司拥有两个油田的许可证，即扎纳若尔油田和肯基亚克盐上油田。此外公司还拥有一个肯基亚克盐下油田，已进行了一定程度的勘探，有3口井在产，但没有许可证。

1996年9月我们获得了上述3个油田比较详细的地质和储量介绍材料，1997年3月下旬被允许进入资料室阅读比较具体的资料，如苏联的储量计算报告、开发方案、方案的实施情况及阿克纠宾公司1996年年报等，从而对油田的开发现状、油气采出程度等有了进一步了解。招标书规定，必须在10天内完成资料阅读和分析，并完成对该油气公司的购买标书。1997年6月4日，中国石油中标。

1 扎纳若尔油田

1.1 油田地质概况

扎纳若尔油田是该公司的主力油田，发现于1978年，面积约为232km^2，油气聚集在石炭系碳酸盐岩内，分为KT-Ⅰ和KT-Ⅱ两套油层，中间被一套厚200～400m的泥岩和砂岩的碎屑岩所分隔，上覆区域盖层为下二叠统底部孔谷组盐岩层。KT-Ⅰ和KT-Ⅱ分别组成凝析气顶油藏，KT-Ⅰ层气顶气的凝析油含量为283g/m^3，KT-Ⅱ层气顶气的凝析油含量高达 614g/m^3。

1.2 储层特征

KT－Ⅰ层厚 400～550m，有南北两个高点，油水界面 −2650～−2631m，气柱高度 200m，油柱高度 71～90m。原始地层压力 27.4～29.98MPa。KT－Ⅱ层厚 600～830m，只在北高点有凝析气顶，气油界面 −3370m 左右，油水界面 −3580m，气柱高度 210m，油柱高度约 350m，原始地层压力 37.2～40.8MPa。

KT－Ⅰ层储层的物性较好，油层的平均空气渗透率为 70～138mD，可分为 A 、Б 和 B 三个油层组，物性有一定差别。KT－Ⅱ层储层物性较差，其中 г 层空气渗透率为 45mD；д 层更差，为 13～14mD。KT－Ⅰ层平均孔隙度为 11%～14%，KT－Ⅱ层平均孔隙度为 9.8%～12.6%，总之，A、Б、B、Г、Д 5 个油层组物性、渗透率有差别，油藏具有层状特征。

1.3 原油物性与地质储量

原油地面密度 0.8～0.83g/cm^3，含硫 0.91%～1.21%，含蜡 7.67%～10.3%，凝点 −13～−6 ℃，地面原油黏度 0.28～0.39mPa·s，饱和压力 29.5～35MPa，溶解气油比 257～352m^3/t，体积系数 1.45～1.8。

苏联从 1982 年到 1986 年曾 3 次计算扎纳若尔油田的油气储量。经苏联国家储委批准，C1 级石油地质储量为 3.9992×10^{8}t，溶解气储量 1098×10^{8}m^3，气顶气储量 1076×10^{8}m^3，凝析油储量 4027.2×10^{4}t。根据对苏联储量计算结果的了解，总体上比较严格，可信度比较高，而且油田勘探程度较高，钻井密度大，储量是可信的。

到 1996 年底共有油井 362 口，开井 342 口，年产油 242.2×10^{4}t，溶解气 6.88×10^{8}m^3，年产水 2.52×10^{4}t，综合含水 1.1%。油田共有注水井 81 口，年注水 434.96×10^{4}t。采出原油为地质储量的 6%，采出天然气为地质储量的 5.9%，可见扎纳若尔油田处于油田开发的早期阶段。

1.4 评价结论

经过技术评价认为：

（1）苏联编制的开发方案尚有 73 口井未钻，井网不完善，储量动用程度低，在平面上和纵向上都不充分，油田的产能提高潜力较大。

（2）目前单井产量较低，多数油田没有发挥气顶能量作用，油田为碳酸盐岩孔隙—裂缝型储层，没有进行酸化和压裂改造，也没有进行水平井钻探。

（3）屏障式注水限制了气顶的利用，使气顶中 1004×10^{8}m^3 的天然气和 4070×10^{4}t 的凝析油地质储量完全没有动用。

（4）油田注水量不足，地层压降大，压力保持水平低。

（5）油田地面集输系统回压过高，限制了油田生产能力的充分发挥。

因此，完善生产井网、增加水平井数、对油井加大酸化压裂、增加注水量和注气量、开展气举采油等，完全可以大幅度提高原油产量，可以将产量提高到 400×10^4t，并保持一定时间。总之，扎纳若尔油田是一个潜力较大的油田。

2　肯基亚克盐上油田

2.1　油田地质概况

1956 年发现该油田，1959 年完成探井 42 口，1962 年证实可工业性开发。共发现 9 套含油层系，自上而下依次为白垩系 2 套、中侏罗统 3 套、下侏罗统 1 套、下三叠统 2 套、上二叠统 1 套。其中主要储层为中侏罗统的Ⅱ、Ⅲ油组，占该油田总储量的 95%。油田为一个东西走向的短轴背斜，构造面积为 8.5km × 4.5km，产状比较平缓。中、下侏罗统之间为平行不整合，与下三叠统和上二叠统之间为角度不整合。

2.2　储层与原油物性

主力油层中侏罗统Ⅱ、Ⅲ油组主要为胶结疏松的砂岩和粉砂岩，埋深约为 250m，平均有效厚度为 25m，孔隙度 30%～35%，空气渗透率 250～500mD，含油饱和度 78%。地面原油密度为 $0.897g/cm^3$，地层原油黏度为 200～400mPa·s，溶解气油比为 $4.6m^3/t$，饱和压力 1.14mPa，原油体积系数 1.02。地面原油密度 $0.915g/cm^3$，地面原油黏度 50～150mPa·s，可见肯基亚克盐上原油为黏度较低的稠油。

2.3　原油地质储量

1970 年苏联石油部储委批准的地质储量为 8509.6×10^4t，可采储量为 2551.1×10^4t。截至 1997 年 1 月 1 日，累计采出原油为 1057.9×10^4t，剩余可采储量为 1493.2×10^4t。

肯基亚克盐上油田自 1966 年正式投入开发，到 1996 年共钻各类井 1634 口，其中侏罗系Ⅱ、Ⅲ油组开发井 1558 口，生产井 1153 口，注气井 97 口。地质储量采出程度 11%，可采储量采出程度 36%。正常生产井 1000～1005 口，平均单井日产 0.76t，年产量 28.5×10^4t。1996 年注气井 22 口，平均单井注汽量 $130m^3/d$，全年注汽 $100 \times 10^4m^3$，累计注汽 $2257 \times 10^4m^3$。注汽后油井含水上升较快，现有含水井 927 口，占开发井数的 80.8%，油田含气 64%。

2.4　评价结论

经过对该油田的快速评价认为：

（1）具有良好的地质基础：① 有一部分储量尚未动用，如白垩系地层和下侏罗统以下的地层；② 稠油的性质比较好，原油密度低、黏度低；③ 油层埋藏浅，钻井成本低。

（2）油井数量多，但平均单井产量仅为 0.76t/d，生产井数量达 1153 口，具有提高产量的潜力。

（3）现有的原油处理能力备用系数大，供、排水能力强，完全满足油田开发的要求。

因此，通过全面实施注蒸汽开发，开辟实验区进行加密井网试点，寻找出合适的开发方式，从经济效益出发，保持或适当提高生产能力，油田年产量可在 20×10^{4}t 以上，并保持较长时间。

3　肯基亚克盐下油田

3.1　油田地质概况

该油田已完成二维地震 15 条，探井 41 口，油田已经基本探明，但尚未开发。根据钻探结果，该油田在二叠系孔谷组巨厚盐层之下存在两套含油层系：一套为下二叠统，一套为石炭系。

二叠系为一平缓向西南倾斜的单斜，地层倾角约 1.5°。在盐丘中心部位形成鼻状构造，但无明显圈闭。石炭系（KT—Ⅱ）形成了明显的背斜圈闭，按 −4250m 构造线圈定的背斜面积约 $204km^2$，闭合高度 170m。南北两侧不对称（图 1、图 2）。

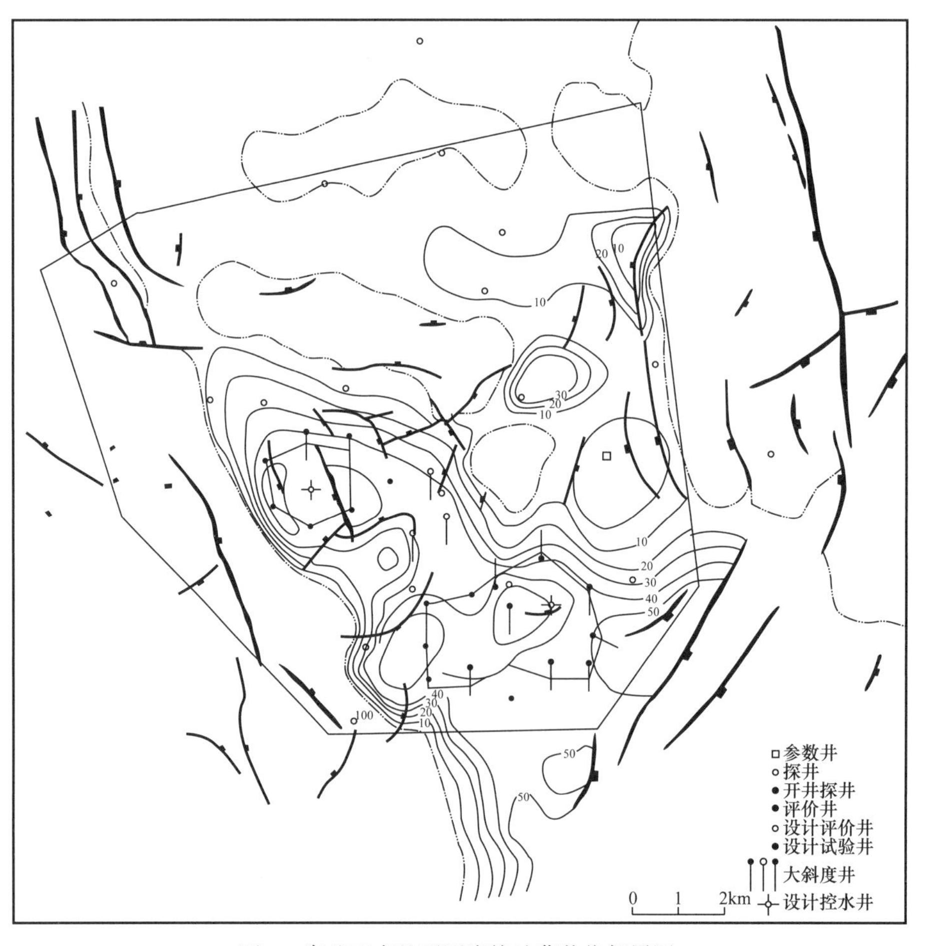

图 1　肯基亚克盐下石炭统油藏井位部署图

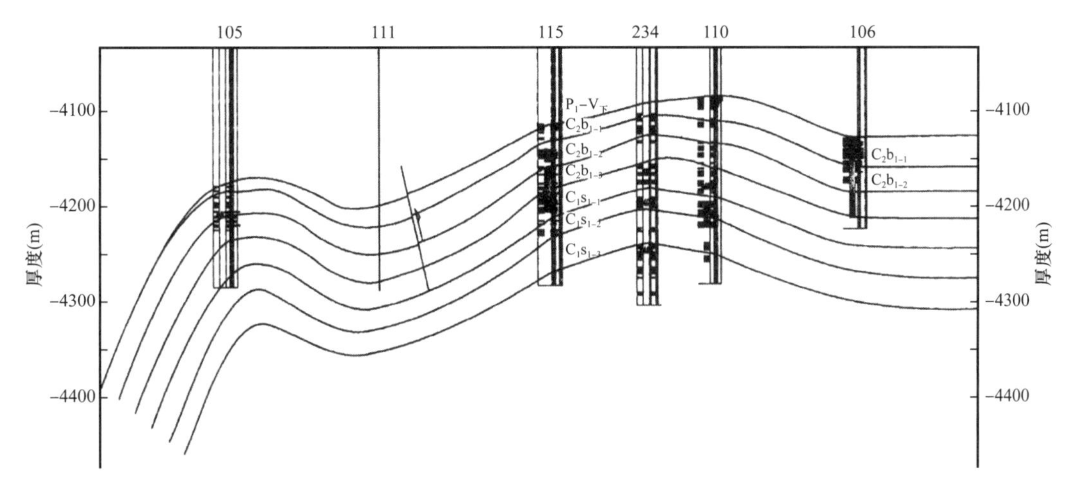

图 2　肯基亚克油田石炭系油藏过 105-106 井构造剖面图

下石炭统为维宪组和谢尔普霍夫组，岩性为复杂的石灰岩、白云岩、层状泥岩和粉砂岩，厚度 500m；中石炭统为巴什基尔组，为石灰岩三角洲冲积特征，厚度为 54～100m；再往上为不整合沉积的下二叠统的砾岩、砂岩和粉砂岩，厚度 400～800m；在二叠系之上沉积了一套厚度变化范围很大（46～3578m）的盐岩层。

3.2　储层特征

下二叠统储层总厚度约为 600m，可划分为 5 个砂岩小层（即 $P_{Ⅰ}$、$P_{Ⅱ}$、$P_{Ⅲ}$、$P_{Ⅳ}$、$P_{Ⅴ}$），埋藏深度 3750～4280m。薄层呈条带状分布，油藏呈透镜状。储层孔隙度 7.5%～13%，渗透率 10～20mD，含油饱和度 57%～65%。

石炭系油藏之上的上石炭统已被剥蚀，油层位于下石炭统 KT-Ⅱ组碳酸盐岩储层，埋深为 4300～4470m，最大油层厚度为 63m，平均油层厚度 20m。储层平均孔隙度 10.8%，平均空气渗透率 19mD，平均含油饱和度 83%。

3.3　流体物性

下二叠统的原油流体性质较好，地面原油密度 0.789～0.802g/cm^3，地面原油黏度 5.9mPa·s，含硫 0.14%～0.77%，含胶 2.2%～2.7%，含蜡 6.8%～7.6%。在地层条件下，溶解气油比 245～382m^3/t，原油体积系数 1.59。天然气所含甲烷 60%～66%，乙烷 13.8%～16.1%，丙烷 5.1%～6.0%，戊烷以上 3.4%～3.6%，氮气 1.5%～1.9%，不含 H_2S 和 CO_2，天然气为不含酸性有害气体的富气。

石炭系地层原油密度 0.631～0.698g/cm^3，地层原油黏度 0.16～0.836mPa·s，饱和压力 28.4～38.6MPa，溶解气油比 268.8～417.8m^3/t，体积系数 1.639，压缩系数 21.7×10^{-4}MPa^{-1}。地面条件下原油黏度 4.8mPa·s，含硫 0.73%，含胶质 4.45%，含沥青 0.38%，含蜡 7.65%，300℃ 前馏分为 48.5%。天然气中甲烷含量 68%～73%，乙烷 8.2%～11.5%，丙烷 6.8%～9.2%，丁烷 3.8%～5.1%，戊烷以上含量 1.8%～3.8%，氮气 0.97%～1.9%，

H_2S 为 0.7%～2.8%，CO_2 为 0.2%。

总体看来，肯基亚克油田盐下两套含油层系的油质轻、黏度小、溶解气油比高、体积系数大，天然气为湿气，重烷含量 20% 以上，含一定量酸性有害气体。

3.4 油气藏类型

从各种地质油藏资料来看，肯基亚克油田的盐下二叠系油藏为分布比较零散、油层薄、受岩性控制的透镜状砂岩油藏；石炭系油藏为具边底水的块状孔隙性石灰岩油藏。上述两个油藏均为异常高压和高地饱压差，下二叠统油藏原始地层压力 60.3MPa，压力系数为 1.59，饱和压力 26.1MPa；石炭系油藏原始地层压力为 80.6MPa，压力系数为 1.86，饱和压力为 33.5MPa，都具有很大的弹性产量，尤其是石炭系油藏。

3.5 试油试采成果

肯基亚克油田盐下两套含油层系在 1997 年均未投入开发，在油田勘探和评价阶段已经完钻 2 口参数井、38 口探井和评价井。试油 165 井层（其中 116 井层为二叠系油藏，49 井层为石炭系油藏）。

二叠系试采井 11 口，试采时间 20～230d，单井日产量变化在 1.6～136m^3，日产气量 1000～18000m^3，其中初产较高的有 96 井，25mm 油嘴日产油 756m^3，气油比 225m^3/t，生产两年后日产下降到 0.3m^3。但也有生产较为稳定的井，如 110 井稳定生产 5 年以上，日产量一直保持在 20～30m^3；88 井也已稳定生产 4 年。

石炭系 KT－Ⅱ含油层系共试采 5 口井，生产时间 7～100d，单井日产油量变化在 7～126m^3，平均只有 48m^3。其中产量较高的 106 井日产量达到 126.1m^3；118 井裸眼井内试采日产油 108m^3。

由此可见，肯基亚克油田盐下油藏是一个低孔低渗油藏，多数油井产能低，有的井试油产能上百吨，主要靠大压差和酸化措施。提高该油藏开发经济效益的根本出路在于充分利用先进的钻井完井工艺、千方百计提高单井日产水平。

3.6 原油地质储量

肯基亚克盐下油田的储量，按容积法计算过两次，一次是 1993 年，C_1 级地质储量为 1.24×10^8t，可采储量 3325×10^4t。在 1997 年 1 月 1 日平衡表储量中，地质储量为 11134.9×10^4t，可采储量 2864×10^4t，其中下二叠统地质储量为 3418×10^4t，按采收率 16.1% 计算，可采储量为 550.1×10^4t。KT－Ⅱ地质储量为 7716.3×10^4t，按采收率 30% 计算，可采储量 2314.9×10^4t。评价组研究了盐下储量计算单元划分和主要储量计算参数后，认为二叠系为分散的受岩性控制的透镜状油藏，用容积法计算原油地质储量时含油面积和有效厚度难以准确确定，所算储量有待进一步核实；但油田范围内已经完钻 40 口井，油田的构造简单，主力层系石炭系为块状底水油藏，油层分布稳定，作为 C_1 级（相当于我国的控制储量级别）应该是可信的。

3.7 评价结论

在哈萨克斯坦阿克纠宾公司的投标问题中，对于该公司具有许可证的扎纳若尔油田和肯基亚克盐上油田意见是一致的。据了解，包括美国埃克森公司在内的国外公司都没有提及肯基亚克盐下油田的要求，因此他们的标书中报价相对较低，而中国石油包括了肯基亚克盐下油田，所以报价就比较高。

评价组认为，肯基亚克盐下油田具有以下有利条件：

（1）当时的勘探程度很低，如果进行三维地震后，对地下地质情况会有更清晰认识，钻井位置将更正确。

（2）过去打的都是直井，都要穿过巨厚的盐丘，现在已经广泛应用斜井和水平井，既可以避开过厚的盐层，又可以增加穿过油层的厚度。

（3）油藏具有异常高压和高地饱压差的特征，开采早期不需要注水，在早期也不会发生地层压力下降而引发地层孔隙度下降的风险。

（4）两套油层的原油物性好、比重轻、黏度小、气油比高，具有提高单井产量的条件。

（5）主力储层为石炭系碳酸盐岩，适宜于通过酸化压裂改造储层物性，提高孔隙度和渗透率，从而提高单井产量的条件。

3.8 油田开发试验方案及实施效果

中国对碳酸盐岩油田开发比较少，缺乏经验，因此大部分专家对肯基亚克油田开发的评价持怀疑态度，直至 1999 年 9 月 23～24 日召开的中国石油天然气勘探开发公司阿克纠宾项目油田开发及前期评价部署方案评审会上，对肯基亚克盐下油田也没有做出明确的结论。到 2000 年 3 月，在有关研究机构完成的肯基亚克盐下油田开发可行性概念设计中，共提出 6 个开发方案，最高的年产量仅为 109.62×10^4t。

中石油勘探开发公司决定在三维地震的基础上开始以石炭系为目的层进行钻探和测试，其结果大大超出了原来的设想。

从盐下油藏目前开发生产的情况看来，1997 年 CNPC 技术经济评价组对该项目的评价结果是正确可行的，主要体现在：

（1）近年来开发生产资料证实，评价组对盐下两套储油层的构造形态、储层特征、油藏类型的认识与目前油田研究结果基本上相一致。评价组评价认可的石炭系 C_1 级石油地质储量 7716.3×10^4t，根据目前进一步复算是落实、可靠的，而且储量级别可以达到探明级别。

（2）评价组提出先开发下部石炭系，再开发上部二叠系的开发程序也是正确的，目前不论工业试验方案还是将来的正式开发方案都是按此程序进行开发部署。

（3）评价组提出石炭系以打斜井、水平并为主；先利用天然能量开发，待地层压力下降一定程度再转入注水开发的开发方式选择也是正确的，目前油田也是按此方式实施开发。

（4）评价估算的单井日产油量为直井 50t/d，斜井 100t/d，水平井 150t/d。在油田全面开发高峰时，年产油量达到 160×10^4t 产能目标是完全可以达到或超过的。由于这两年钻井用了近平衡钻井、裸眼完井，大大减轻了钻井液对油层的伤害，油井产能有了突破性提高。例如 2003 年完钻、投产的 8001、8002 井，7～8mm 油嘴，日产油 135～121t，口油压 9.3～13MPa；8011 水平井 10mm 油嘴，日产油 448t，井口油压 27.2MPa；8017 井（裸眼完成）11mm 油嘴，日产油量 486.6t，井口油压 35.4MPa；8010 水平井 9mm 油嘴，日产油量 538.9t，井口油压高达 49.7MPa，8010 井油管双翼生产时，油嘴为 8mm 和 15mm，日产油达到 1000t 以上，实现了历史性突破。

到 2004 年 2 月底，肯基亚克盐下油田共完成各类井 49 口，投产 15 口，日产水平 2197t，平均单井日产 145.26t。其中石炭系 9 口，日产 1995t，平均单井日产 221.7t；下二叠统 6 口，日产油 184t，平均单井日产 30.7t。预计 2004 年再投产 10～12 口井，年底日产水平可达 4650～5175t，相当于年产能力（169.7～188.9）$\times10^4$t，超过了项目评价组年产 160×10^4t 的指标。

哈萨克斯坦阿克纠宾公司私有化项目是中石油最早走向海外的三大项目之一，该项目的科学正确评价和后续的经营发展，使其成为中国海外最成功的较大合作项目之一。

原载于:《跨国油气勘探开发研究论文集》，石油工业出版社，2015 年 3 月。

印尼油气资源及中国石油合同区块现状

童晓光[1]，杨福忠[2]

（1. 中国石油天然气勘探开发公司；2. 中国石油勘探开发研究院）

摘要：印度尼西亚地处欧亚、印度洋—澳大利亚、太平洋三大板块交汇处，构造十分复杂。印尼约有60个沉积盆地，具有油气远景的陆上盆地面积80多万平方千米，目前已有11个盆地产油气。油气盆地分别位于苏门答腊油气区（印尼最主要的产油区）、爪哇油气区、东加里曼丹油气区、东部油气区和南海海域油气区。印尼的石油勘探起步很早，20世纪70年代原油产量达高峰，超过8000×10^4t，2002年石油产量为5600×10^4t，天然气产量$590\times10^8m^3$。印尼从60年代开始就引进外资进行油气勘探，曾有30多家西方石油公司在印尼投资。中国公司自20世纪90年代开始介入印尼的油气生产领域，目前中国海洋石油有限公司在印尼9个区块拥有权益；中国石油在印尼7个合同区块拥有权益；中国石化股份有限公司在印尼也拥有一个勘探区块。2003—2004年，中国石油印尼项目勘探上取得可喜的成果，共发现了11个含油气构造。

关键词：印尼；苏门答腊；礁灰岩；区块

印度尼西亚共和国简称印尼，位于亚洲东南部，东靠太平洋，并与巴布亚新几内亚毗邻，西南临印度洋，北跨赤道，并与马来西亚接壤，东南为澳大利亚。面积190多万平方千米，东西长5500km，南北宽1600km，是世界上最大的群岛国家，有“千岛之国”之称，它由13667个岛屿组成。印尼是亚洲唯一的欧佩克成员国，是东南亚目前主要产油国，是世界液化天然气主要出口国。

1 区域地质背景

印度尼西亚地处欧亚、印度洋—澳大利亚、太平洋三大板块交汇处，构造十分复杂。北部加里曼丹岛是亚洲大陆向南延伸部分，称“巽他古陆”或马来—巽他板块；南部为岛弧—海沟—盆地系统；东部是澳大利亚板块向北延伸至阿拉弗拉海和西伊里安，称为萨胡尔大陆架或阿拉弗拉台地。

巽他古陆在古生代时为与特提斯相通的海槽，古生代末褶皱上升成陆。中新生代时因两侧海槽不断向中间俯冲，伴生岩浆活动，使陆块增生扩大，形成了巽他古陆及其外围的岛弧。早第三纪时弧后和部分陆地因断陷形成沉积盆地。苏门答腊—爪哇双岛弧系由上古生界至下第三系沉积岩、变质岩及酸性至基性侵入岩和火山岩组成，主体为内火山弧，与南侧的第三系外弧隆起间为弧间盆地，内弧背后与巽他陆架之间为一系列弧后盆地。加里曼丹东部在晚第三纪时有一排大陆边缘的三角洲盆地，以望加锡海槽与苏拉威西弧相隔。印度尼西亚西部的含油气盆地主要是上第三系的弧后盆地和大陆边缘的三角洲盆地。澳大利亚西北大陆架有巨厚的未变质的元古界，中新生界为稳定的陆缘浅海沉积。伊里安岛北部是早第三纪岛弧，中新世时与伊里安碰撞，在伊里安中央形成毛克山脉褶皱带，山脉南侧为萨拉瓦提蒂和阿基莫伊加前陆盆地，山脉北侧为北海岸弧间盆地，均为油气远景区。澳大利亚与欧亚板块的交汇处地质结构十分复杂，在晚第三纪形成班达岛弧（苏门答腊—爪哇岛弧系的向东延伸部分）、苏拉威西岛弧和哈马黑拉岛弧以及一些弧间盆地。

2 含油气盆地特征

印尼约有60个沉积盆地，分布在海上的占73%，陆上的占27%，具有油气远景的陆上盆地面积80多万平方千米。到1992年已对其中的36个盆地进行过勘探，目前已有11个盆地产油气。已发现油气田340多个，其中大油气田5个，其储量占全国总储量的57%。目前已投产油田140多个，其中1967年以后发现的油气田80多个，占全国已投产油气田的62%。中西部油气的储层主要是第三系，圈闭有背斜、断层遮挡、礁和地层圈闭。而东部地区中生界储层可能很重要。油气盆地分别位于下列含油气区。

2.1 苏门答腊油气区

该区是印尼最主要的产油区，面积$20.8\times10^4km^2$，包括如下盆地：

北苏门答腊盆地面积$8\times10^4km^2$，有几排基本平行盆地轴向的背斜带，下第三系覆盖在基岩上，为夹有碳酸盐岩的云母石英砂岩，上第三系由海侵页岩及碳酸盐岩沉积变为海退相砂、页岩，最后是湖泊和陆相沉积。油田以多套砂岩产层的断层背斜圈闭为主，也有少量碳酸盐岩油田。

中苏门答腊盆地由北西向的凹陷和地堑构成，面积$5\times10^4km^2$。沉积岩厚度只有2750m，却是长期高产油气盆地，主要由于6℃/100m的高地温梯度弥补了沉积岩厚度薄的缺点。1973年产油量占全国总产量的60%。产油层主要是中新统海侵砂岩，上覆中—上新统海退的产气砂岩。储层平均孔隙度28%，渗透率$1\mu m^2$。油田主要为背斜圈闭。该盆地含有印尼最大的米纳斯油田、杜里油田和高产的贝卡萨普油田。

南苏门答腊盆地与中苏门答腊盆地相似，中间被蒂加普卢隆起分隔，东南部以楠榜隆起为界，面积$7.8\times10^4km^2$。油气一般产于渐新统至上新统的海侵砂岩和上部海退砂岩，个别为台地碳酸盐岩储层。含油砂层多达52个，孔隙度为20%～30%，渗透率$250\times10^{-3}\mu m^2$。生油层主要是中新统页岩。盆地内有油田70个，成群分布在复背斜带上，大部分属背斜圈闭油田。

2.2 爪哇油气区

南界为爪哇火山弧，北部为巽他大陆架，基底断裂发育。第三系在南部厚达7600m，向大陆架逐渐变为1000～3000m。由北东—南西向的卡里蒙爪哇弧形拱起分成两大盆地。该区是印尼第三大油气区。西北爪哇盆地面积$22\times10^4km^2$。基底为前第三系浅变质岩和白垩系岩浆岩，断裂纵横交错。盆地有多种类型储层，有前第三系变质岩，渐新统凝灰岩、角砾岩、砂岩，中新统礁灰岩和砂岩。产层平均孔隙度 18%～27%。目前已有 20 多个油气田，其中只有 4 个在陆上，其他都在海上。盆地内有重要的贾蒂巴朗火山岩油田。

东北爪哇盆地的北部经大陆架与东加里曼丹的一些盆地相连。陆地部分有东西向断裂，海上有北东向断裂。盆地分为三个较大的构造单元。产层为中、上新统砂岩和石灰岩。油田分布在复背斜带上。泗水及炽布油田的储层以中新统至上新统海退碎屑岩为主。近年在海上的中新统碳酸盐岩和砂岩中发现了油气。

2.3 东加里曼丹油气区

该区是印尼第二大产油区，位于加里曼丹地块以东。默腊土斯隆起以西为巴里托盆地，以东为打拉根、库特和塞布库盆地。

打拉根盆地的南北分别以曼卡利哈隆起和沙巴的马格达雷那山为界，东为苏拉威西海，西为加里曼丹地块。基底断裂沉陷形成盆地。从始新世开始发育海侵和海退碎屑岩夹石灰岩。油田位于盆地西侧的打拉根岛和崩尤岛上，均为大型穹窿构造，储层为上新统的砂岩和砾岩。已发现 4 个背斜圈闭油田。

库特盆地为望加锡海峡扩张断陷形成的三角洲盆地。西部为加里曼丹地块，东为望加锡深海槽，南为帕特诺斯特隆起，面积 $10 \times 10^4 km^2$。产层主要是中、上新统三角洲和海退砂岩。印尼最大的海上油田阿塔卡有 34 个含油砂层，孔隙度达 35%，渗透率为 4～$5 \mu m^2$。汉迪尔油田的油层总厚达 200m。该盆地现已发现 20 多个油气田，它们呈近于平行的两带分布，北东向延伸约 350km。第十五届世界石油大会介绍了马哈坎三角洲地区油气勘探技术及效果，认为勘探第一阶段主要集中在构造圈闭上，发现了阿塔卡等几个油田，后来产量下降。第二阶段通过区域地质研究，主要是层序地层学和石油系统的研究，终于在三角洲薄层砂岩分布区发现了吐努、波西科、悉悉等大型气田，它们是新概念、地层圈闭和新技术互相结合的产物。

巴里托盆地位于默腊土斯隆起与加里曼丹地块之间，有始新世到更新世沉积。西部地区厚度小于 1500m，向东靠近默腊土斯隆起地层加厚到 7000m，褶皱剧烈、断层发育。在过渡带上发现了丹容油田，产层为始新统和上新统砂岩，属背斜圈闭。

2.4 东部油区

萨拉瓦提盆地位于伊里安中央山脉南侧，面积近 $10 \times 10^4 km^2$。储层主要是中新统礁灰岩和孔隙性碎屑灰岩，平均孔隙度 19%～30%。现已发现 15 个油气田。

斯兰盆地是印尼最小的盆地，上新世—更新世地层发育，厚度在 3000m 以上。已发现的 3 个油田分布在岛的东北岸，产层为上新统近岸砂岩，深度只有 100～250m。在三叠系也发现了油田。

2.5 南海海域

部分已进入中国传统领海边界内，目前只有西纳土纳盆地产油。此盆地呈北北东向，西侧是彭尤盆地。它们都是泰国湾马来盆地内的凹陷或次盆地。西纳土纳盆地北部由腾格水隆起与马来盆地南部分开，东部则由纳土纳隆起与东纳土纳盆地分隔开。上渐新统和下中新统的页岩为良好的生油层和盖层，产层为渐新统三角洲及河道砂岩。该盆地中已发现乌当、特鲁布克和卡卡普油田，自 20 世纪 70 年代投入开发。近年发现的纳土纳气田，位于纳土纳岛东北 225km，水深 145m，产层为第三系礁灰岩，估计储量 $1.3\times10^{12}m^3$，二氧化碳含量达 71%。

3 勘探开发简史及对外合作情况

印尼的石油勘探起步很早，公元 8 世纪就曾采用原始方式在苏门答腊开采原油。1859 年开始了石油调查。1889 年在苏门答腊、爪哇、加里曼丹（当时婆罗洲）进行陆上油苗地质调查，并于 1885 年在苏门答腊北部钻出了第一口具有商业价值的油井。1890 年荷兰殖民者在印尼建立荷兰皇家石油公司，并进行了普遍的石油勘探。1907 年成立皇家荷兰—壳牌集团，1933 年在苏门答腊南部发现了油田，1936 年在苏门答腊中部进行大规模的石油勘探。1922 年印尼发现了塔郎阿卡尔油田，1937 年发现打拉根油田，1940 年发现桑加油田，1941 年发现杜里油田，1944 年发现米纳斯油田。第二次世界大战期间，原油产量大幅度下降，从 1940 年的 900×10^4t 降到 1945 年的 103×10^4t。

1963 年印尼政府规定石油和天然气资源归国家所有。1967 年政府按照新的外国投资法与 11 个外国石油公司签订了勘探开发合同，后来发展到 8 个西方国家 35 家石油公司向印尼投资 17 亿美元。1968 年成立了印尼国家石油公司，石油勘探活动逐渐向海上发展，先后发现了 90 多个油气田，包括阿米纳、邦科、贝卡派、汉迪尔等大油田。1972 年发现了海上阿塔卡大油田和阿隆气田。1979 年以来，又陆续发现了 48 个油气田。据 1995 年初统计，印尼可采油气储量分别为 7.92×10^8t 和 $18220\times10^8m^3$。勘探活动仍然比较活跃，1995 年就打了 82 口探井，其中 59 口为野猫井，主要集中在西部的爪哇、苏门答腊、加里曼丹，在东部仅 5 口井。约有 50% 的盆地尚未勘探，但多位于水深超过 200m 的海域。

20 世纪 70 年代以前，印尼的原油生产基本处于上升趋势。1977 年的原油产量达 8426×10^4t，之后由于发现的油田规模都较小及国际油价下降，1985 年油产量下降到 5763.5×10^4t。目前印尼的大油田都进行了二次和三次采油，如米纳斯油田进行注水 / 打加密井，杜里（DURI）油田注蒸汽热采。现在石油产量基本维持在 20 世纪 80 年代初的水平。2002 年石油产量为 5600×10^4t，天然气产量 $590\times10^8m^3$。

印尼从 20 世纪 60 年代开始就引进外资进行油气勘探。从 1966 年后期至 1992 年 8 月，印尼国家石油公司共签订了 195 个产量分成合同，大部分作业者是世界上一些著名的大公司，如壳牌公司、莫比尔、谢夫隆等。印尼政府为了发展石油天然气工业，不同时期制定了不同的政策。对外合作开发石油政策不断完善，如 1960 年的“工作合同制”变为 1966 年政府与外国石油公司在新区的“产量分成合同”；1977 年为了鼓励外国石油公司投资，政府实行“联合经营产量分成”或“50/50 产量分成”的新合同形式。自 80 年代以来，印尼不断放宽对外国投资的限制。例如把限制外商投资的部门从原来的 1311 个减少到 110 个，把外资最低投资限额从过去的 100 万美元降到 25 万美元。总之，印尼石油政策的首要目标是保证出口、赚取外汇。

中国公司自20世纪90年代开始介入印尼的油气生产领域，中国海洋石油有限公司于1994年购买了阿莫科公司在印尼马六甲海峡区块32.58%的权益，1995年又从日本公司购买6.93%的权益，从而使总权益达到39.51%。之后，又在2002年成功收购了西班牙瑞普索（Repsol-YPE）公司在印尼五个产品分成合同区的部分权益。这些权益包括：东南苏门答腊（South East Sumatra）65.34%权益，西北爪哇海上（Offshore NW Java）36.72%权益，西马杜拉（West Madura）25.00%权益，坡棱（Poleng TAC）50.00%权益，布劳拉（Blora）16.70%权益，成为印度尼西亚海上最大的石油生产商。2003年初又购买了印度尼西亚TANGGUH项目12.5%的权益。

2002年中国石油购买了美国Devon公司在印尼的油气资产，共有6个区块，中国石油在其中5个区块成为作业者。2003年又购买了马来西亚IMR（International Mining Resources）公司在印尼Selat Panjiang（简称SP）区块45%的权益。

中国石化股份有限公司也在印尼拥有Binjai勘探区块100%的权益。

4 中国石油合同区块现状

目前中国石油在印尼拥有7个合同区块，分别是位于中苏门答腊盆地的SP区块；位于南苏门答腊盆地的Jabung区块、South Jambi“B”区块和Bangko区块；位于东爪哇盆地的Tuban区块和位于东印尼萨拉瓦蒂盆地的Basin区块及Island区块。

Jabung区块位于南苏门答腊盆地的北部，面积为1643km^2，勘探程度整体上处于中—高级阶段。已发现11个含油气构造，拥有N.Betara、Gemah、NE.Betara、Ripah、N.Geragai、Makmur等六个油气田。主要储层有两类：一是下第三系Talang Akar组河流相砂岩为主，砂体横向变化大，物性较好，孔隙度20%～28%；渗透率（10～900）$\times 10^{-3}\mu m^2$，埋藏深度比较深，一般5300～6900ft。二是中新统Gumai和Air Benakat组海相砂岩，由海退三角洲前缘层序组成，砂岩分布广，储层物性好，埋藏深度较浅（3700～5100ft），储层产量高。中国石油进入后，已发现了W.Betara，SW.Betara和Kabul3个含油气构造。

South Jambi“B”区块位于南苏门答腊盆地的中部，面积为1538km^2，勘探程度中等，目前已有6个圈闭证实为气藏，待开发。主要储层有前第三系基岩、下第三系Talang Akar组和中新统Gumai组和Air Benakat组，由于该区块位于盆地中部，因此以气藏为主。

Bangko区块位于南苏门答腊盆地的南部，面积为1922km^2，该区块为勘探区块，勘探程度最低，中国石油购买时仅有一口井见低产油流。主要储层为中新统Gumai组。中国石油进入后，已发现了Piano、W.Piano、Gambang和Suling4个含油气构造。

Tuban区块位于东爪哇盆地，面积为1478km^2，已发现Mudi和Sukowati 2个油气田和2个含油气构造。主要储层为上渐新统—下中新统的Kujung组和Tuban组生物礁灰岩，其次为渐新统中下部Ngimbang组湖泊—三角洲砂岩或生物建造灰岩。中国石油进入后，主要开展了地震勘探。

Salawati Basin和Island区块位于东印尼萨拉瓦蒂盆地，面积分别为872km^{2}和

1097km^2。两区块生、储层特征基本相同，主要储层为渐新统—中新统的 Kais 组碳酸盐岩和生物礁灰岩。Basin 区块是一个老油区，自 1970 年投入勘探，共发现了 20 个油气田，有 8 个油田投入开发，7 个已枯竭，5 个未开发。Island 区块共发现了 12 个油气田，有 4 个油田投入开发。中国石油进入后，已发现了 NEO、Matoa-34、NE.Aja 和 Wakamuk4 个含油气构造。

Selat Panjiang（简称 SP）区块位于中苏门答腊盆地，面积为 926km^2，西与米纳斯和杜里油田相距不远，并且为同一个生烃凹陷。目前仅有一个小油田（Ponak）。中国石油进入后，经过三维地震勘探，落实了 3 个有利圈闭，将于 2005 年陆续上钻。

2003—2004 年，中国石油在印尼项目勘探上取得可喜的成果，共发现了 11 个含油气构造，新增探明 + 控制油气可采储量约 1×10^8bbl，展现了该地区的良好发展前景。

参考文献

［1］童晓光，关增淼．世界石油勘探开发图集（亚洲太平洋地区分册）［M］．北京：石油工业出版社，2001.

［2］吴耀文．世界产油国（亚太分册）［M］．北京：石油工业出版社，1998.

［3］童晓光．21 世纪初中国跨国油气勘探开发战略研究［M］．北京：石油工业出版社，2003.

［4］Fraser A J，Matthews S J，Murphy R W. Petroleum Geology of Southeast Asia. Geological Society Special Publication No.126. The Geological Society，London.1997.

［5］Bishop M G. South Sumatra Basin province，Indonesia：The Lahat/Talang Akar-Cenozoic total petroleum system［N］. USGS Open-file report 99-50S. 2000.

［6］Howes J V C，Noble R A. Petroleum Systems of SE Asia & Australasia，Indonesian Petroleum Association，1997.

［7］Oil & Gas Journal，Jan.2004.

［8］Eastern Indonesia oil and gas infrastructure of Kalimantan and Irain Jaya，Petromin，Oct. 1994.

［9］John H S，Stephen C H，Edward P S，Extentional Fault-bend folding and synrift deposition：An example from the central Sumatra basin，Indonesia，AAPG Bulletin Vol.81，No.3，Mar. 1997.

原载于:《中国石油勘探》，2005 年第 10 卷第 2 期。

中国跨国油气勘探开发的进展和苏丹勘探成功的经验

童晓光，窦立荣，史卜庆

（中国石油天然气勘探开发公司）

摘要：自1993年我国成为石油净进口国，同时开始了海外油气勘探开发事业。中国四大油公司正以积极进取的姿态挺进，在实施“走出去”战略上大踏步前进，在海外已经建立了稳定的油气生产供应基地。中国石油天然气集团公司自1993年开始走出国门，目前正在进行的海外勘探开发项目有22个国家58个项目，形成五大油气生产区。2005年海外各项目年产原油3582×10^4t，天然气作业产量$40.2\times10^8m^3$；其中权益原油年产超过2002×10^4t。中国石油在苏丹拥有三大勘探项目：1/2/4区项目、6区项目和3/7区项目。自1995年以来，中国石油在借鉴中国和世界裂谷盆地勘探取得的理论和技术的基础上，通过近10年的勘探实践和研究，建立了不同于中国东部主动裂谷盆地的被动裂谷盆地的地质模式和成藏模式，发现了Palogue等世界级大油田。为建成3000×10^4t/a的生产基地提供了可靠的储量基础，为海外的快速发展积累了理论、技术和人才。

关键词：跨国勘探开发；苏丹；被动裂谷盆地；地质模式；成藏模式

1 中国跨国油气勘探开发的进展

中国石油天然气集团公司（以下简称中国石油）自1993年开始走出国门，至2005年底，已签订海外投资项目58个，分布于四大洲22个国家，海外业务包括油气勘探开发、生产销售、炼油化工及成品油销售。形成五大油气生产区，即非洲地区的苏丹、阿尔及利亚、乍得、尼日尔、尼日利亚、毛里塔里亚、利比亚和突尼斯，中东的叙利亚、阿曼、伊朗、伊拉克，中亚的哈萨克斯坦、乌兹别克斯坦、土库曼斯坦和阿塞拜疆，南美的委内瑞拉、秘鲁和厄瓜多尔，东南亚的印度尼西亚、泰国和缅甸。2005年海外各项目年产原油3582×10^4t，天然气作业产量$40.2\times10^8m^3$；其中权益原油年产超过2002×10^4t；天然气权益产量$29\times10^8m^3$。

中国海洋石油总公司在印度尼西亚、澳大利亚、加拿大、哈萨克斯坦和尼日利亚等国拥有多个区块。2005年海外各项目年产油气当量1424×10^4bbl。2006年在非洲的肯尼亚获得多个勘探区块，在海外拥有风险勘探面积近$40\times10^4km^2$（据中国海洋石油总公司2005年年报）。

中国石油化工集团公司积极加大境外油气资源投资力度。2005年，新签订海外油气勘探开发项目11个，新增权益石油可采储量1623×10^4t，权益探明石油地质储量5518×10^4t，获得权益油产量88×10^4t（据中国石油化工集团公司2005年年报）。

2003 年初中国化工进出口总公司完成了对 Atlantis 有限公司和 CRS 资源（厄瓜多尔）有限公司的收购，前者拥有突尼斯、阿曼和阿联酋 3 个国家的多个勘探开发区块的权益，后者拥有厄瓜多尔 16 区块全部或部分油气勘探开发权益。2005 年份额油当量产量达 50×10^4t（据中国化工进出口公司 2005 年年报）。

经过 10 年的艰苦探索和实践，在国际石油领域开发了市场，积累了经验，锻炼了队伍，赢得了信誉，获得了很好的经济效益和社会效益，海外石油开发事业得到快速健康发展。

2 苏丹裂谷盆地的石油地质特征

中国石油天然气集团公司成功地在中非苏丹共和国获得了 3 个大型的勘探开发项目，即 1/2/4 区项目、6 区项目和 3/7 区项目，分别位于 Muglad 盆地和 Melut 盆地。

苏丹南部裂谷盆地（Muglad 和 Melut 盆地等）位于非洲板块中部，是在稳定的前寒武系基底之上发育起来的中、新生代裂谷盆地。通过对中非剪切带的构造演化史、盆地发育特征和沉积充填层序的对比分析认为，苏丹裂谷盆地群具有典型的被动裂谷盆地的性质。多期裂谷的叠置增加了盆地的复杂性，也增加了油气勘探的难度。

2.1 地质背景

2.1.1 盆地的形成机制

早白垩世中非剪切带的活动强烈影响和控制着盆地的形成（图 1），盆地经历了剧烈的拉张沉降。裂谷作用一直持续到阿尔布期，与南大西洋的初次分离、Benue 海槽的扩张在时间上相当。这一区域性的裂谷作用在非洲中部形成了一系列的沉积盆地，如尼日利亚的 Benue 裂谷、尼日尔的 Termit 盆地、乍得的 Doba、Doseo、Bongor、Salamat 盆地等、苏丹的 Muglad、Melut 和肯尼亚的 Anza 裂谷等，沉积了巨厚的下白垩统（图 3）。中非剪切带实际上是由一系列的走滑断层组成的断裂带，走滑作用的强度由西向东变弱，在西非的 Doba 盆地走滑作用形成的花状构造十分发育，而到 Muglad 盆地的北部 Sufyan 坳陷，典型的花状构造不发育。

第二次裂谷作用主要发生在晚白垩世。非洲和南美板块在 105Ma 完全分离，到晚白垩世末，中非剪切带的走滑活动停止。而与此同时，由于非洲板块与欧洲板块开始碰撞，区域应力场发生变化，在非洲板块内形成南北向挤压构造环境，造成中西非大多数东西向盆地发生反转，如在 Bongor 和 Bagarra 等东西向分布的盆地发生反转。而在北西向的 Termit、Muglad、Melut 和 Anza 等盆地没有上隆而是继续加深，在晚白垩世沉积了另一套裂谷期沉积地层，如在 Muglad 盆地，上白垩统主要发育在中部的 Kaikang 凹陷和 Nugara 东部凹陷，发育厚 300～1000m 的滨浅湖相地层，两侧的凹陷上白垩统很薄，并且以砂岩为主。在 Melut 盆地也是以砂岩为主（图 2）。

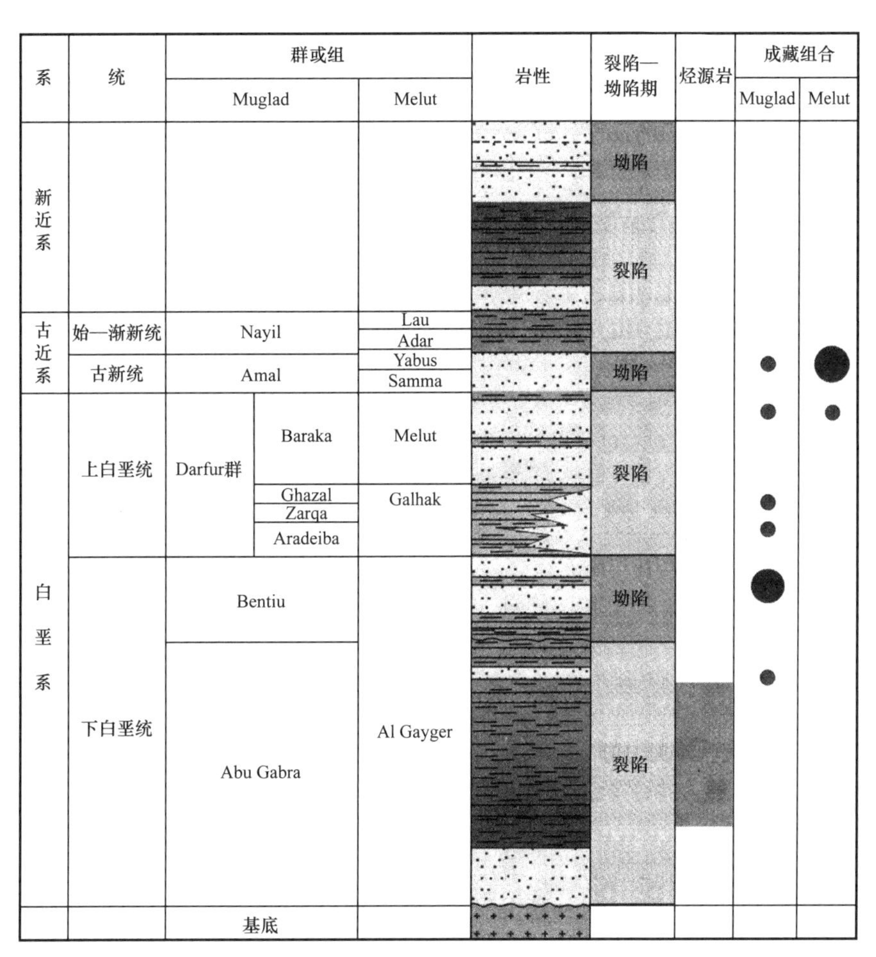

图 1　苏丹 Muglad 和 Melut 盆地综合柱状图

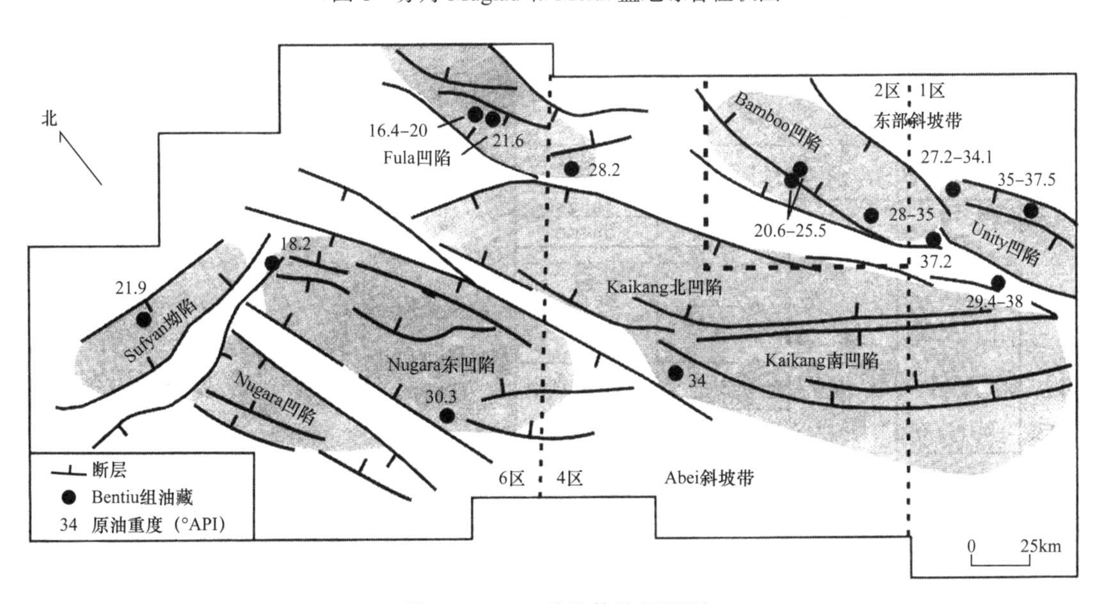

图 2　Muglad 盆地构造纲要图

进入古近纪，中非剪切带活动停止。在 Doba 和 Doseo 等盆地，断层活动基本停止于白垩系顶。北西向分布的裂谷盆地进入了一个新的裂谷发育期。在西非的 Termit 盆地古新世是裂谷的又一次发育期，沉积了近 5000m 厚的地层。而在东部的 Muglad、Melut 和 Anza 等盆地，受红海的分离和东非裂谷作用的影响，第三纪进入了一个新的裂谷发育时期。裂谷作用一直延续到渐新世末，沉积了近 3000m 厚的地层（图 3）。

2.1.2 热环境特征

苏丹北部裂谷扩张量小，没有重要意义的岩浆活动。Genik（1993）称之为“冷始”裂谷。苏丹裂谷盆地探井流体包裹体和镜质组反射率测定推算，该地区的地温梯度在早白垩世为 24～31℃ /km，热流值 56～62mW/m^2，古近纪地温梯度达到 46.5℃ /km。具有早期低地温梯度、晚期增温的特征。而渤海湾盆地古近纪热流值可以达 83.7mW/m^2 左右，地温梯度达到 35～45℃ /km，与苏丹古近纪接近。

2.2 盆地的构造样式

Muglad 盆地多期断——坳旋回明显，裂谷作用空间位置变化较大，走向上也有一定变化，纵向上 3 期裂谷作用表现为强—弱—强。裂谷翘倾作用较弱，扭动作用相对较强。半地堑是最主要的构造组合形式。

2.2.1 陡断面半地堑斜列分布

Muglad 盆地由多个半地堑组成，且以陡断面为主。Muglad 盆地不同凹陷边界断层的统计和计算发现，边界断层普遍较陡，边界断层和主干断层的倾角在 30°～60°，集中分布在 45°，以多米诺式为主。通过典型地震大剖面的平衡剖面分析发现，裂谷的主要伸展期在早白垩世，占总伸展量的 50% 左右。由于断层面产状相对较陡，盆地总体伸展量较小，约为 17.2%，而渤海湾盆地由于莫霍面隆起的幅度很大，产生一系列的缓断面的正断层呈有规律地展布，多数断层的倾角为 30°～50° 呈上陡下缓的犁式断面。古近纪同裂谷期伸展率一般大于 20%，最高可达 100% 以上。因此，绝大部分凹陷的总体构型为大型半地堑。

2.2.2 多旋回半地堑垂向叠加

苏丹裂谷盆地是 3 期裂谷活动演化的结果，不同时期半地堑垂向上往往发生叠置。如在 Muglad 盆地 Abu Gabra 期，受基底结构和中非剪切带活动的影响，发生区域构造伸展作用，基底断块活动剧烈，沉积物明显受到凹陷边界同生断层的控制，裂陷走向以北北东向为主。Abu Gabra 组下段为潮湿条件的欠补偿沉积，以深湖相暗色泥岩为主夹粉砂岩、砂岩；上段沉积时湖盆浅而广，以粉—细砂岩与暗灰色—灰色泥岩薄互层为主。Darfur 群的沉积以砂泥岩交互为沉积特点，厚度受断层控制。在 Baraka 组顶面存在白垩系与古近系的不整合面。Nayil−Tendi 组沉积期为盆地的第三裂谷阶段，以强烈的断陷活动为主要特征，裂陷方向为北东向，其特点是范围集中，厚度大，受断层活动强烈控制，在盆地中央的 Kaikang 凹陷和努东凹陷为沉降和沉积中心，累计厚度可达 4000m。

2.3 含油气系统特征

被动裂谷型含油气系统形成的构造环境与主动型裂谷的差异，决定了含油气系统的特征有其特殊性，烃源岩相对单一，储集体的来源决定了其物性相对更好一些，圈闭类型相对单一，但后期新生裂谷的叠置使得油气分布规律明显不同于主动裂谷型含油气系统。

2.3.1 发育一套优质烃源岩

Muglad 和 Melut 盆地早白垩世强烈伸展断陷活动，为形成断陷型深湖盆和优越的成烃环境提供了先决条件，广泛发育富含湖生生物的半深湖—深湖相暗色泥岩沉积，形成下白垩统主力烃源岩。有机质类型以Ⅱ型为主，烃源岩热演化分析表明，白垩系生油岩成熟深度在 2500～2900m。苏丹裂谷盆地的早白垩世低地温、古近纪增温，导致下白垩统的烃源岩在古近纪末才大量生烃，油气具有晚期成藏的特点。

2.3.2 石英砂岩和长石石英砂岩是优质储集体

Muglad 和 Melut 盆地的基底都是古老的前寒武系结晶基底，在白垩纪前经历了长期的风化剥蚀作用，这就决定了沉积物源中岩屑含量低，抗压实的石英含量高，导致主力储层以中—高孔的石英砂岩和长石石英砂岩为主，但盆地的构造位置和演化的差异，决定了 Muglad 和 Melut 盆地之间的储层在时间和空间上的分布和作用有明显差异。如 Melut 盆地 Yabus 和 Samma 组砂岩的石英含量平均达到 80% 以上，孔隙度在 25% 以上，渗透率大于 $1000 \times 10^{-3} \mu m^2$。Muglad 盆地 Bentiu 组砂岩的石英含量平均达到 74%。明显高于渤海湾盆地的主力储集层。

2.3.3 盖层

在 Muglad 盆地上白垩统 Aradeiba 组区域盖层的广泛分布使得大量油气直接聚集在 Bentiu 和 Aradeiba 组储层中。而 Melut 盆地，古近系 Adar 组泥岩作为油气聚集的区域盖层。

3 苏丹成功勘探的经验——建立了被动裂谷盆地地质模式和成藏模式

在与中国东部主动裂谷盆地对比分析的基础上，确认 Muglad 和 Melut 盆地是由于中非剪切带右旋滑动诱导产生的被动裂谷盆地，首次提出了盆地的地质模式，建立了成藏模式（表 1）。

3.1 Muglad 盆地反向断块油气成藏

在 Muglad 盆地，晚白垩世和古近纪裂谷叠置，使得下白垩统的构造更加破碎，大量早期的隆起和背斜进一步被断裂切割，形成一系列的反向断块圈闭。上白垩统 Aradeiba 组区域盖层的广泛分布使得大量油气直接聚集在 Bentiu 组和 Aradeiba 组储层中，形成了大量的反向断块油气藏（图 3）。统计结果显示，70% 以上的探明储量分布在 Bentiu 组、Aradeiba 组的反向断块圈闭中。

表 1　主动和被动裂谷盆地石油地质特征对比表

特征	主动裂谷（以渤海湾盆地为例）	被动裂谷（以苏丹裂谷盆地为例）
伸展模式	隆起伸展：重力扩张和底辟作用；后裂谷期热沉降较大	以拉张剪切为主，后裂谷期沉降量较小
火山活动	早期强烈火山活动，典型的碱性镁铁质 – 长英质的双态成分	早期缺乏火山活动，晚期火山岩发育

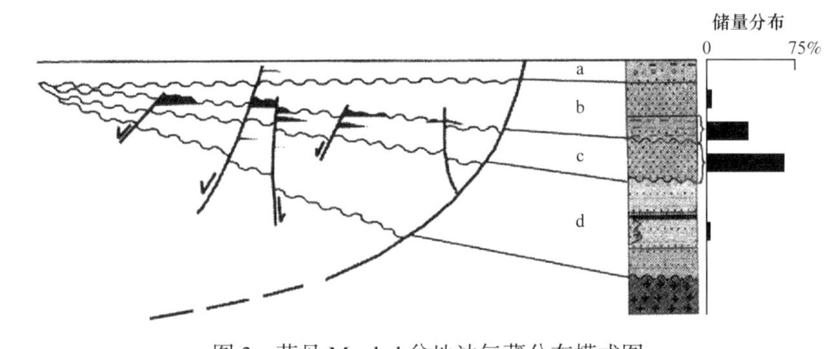

图 3　苏丹 Muglad 盆地油气藏分布模式图

a—后裂谷期（晚白垩世晚期）；b—同裂谷期（晚白垩世早期）；c—后裂谷期（早白垩世晚期）；d—同裂谷期（早白垩世早期）

3.2　Melut 盆地跨时代油气聚集成藏

Melut 盆地在晚白垩世由于沉降不明显，缺乏大型滨浅湖相沉积，代之以巨厚的大面积分布的砂岩为主，因此地层的砂地比远高于 Muglad 盆地。同时统计得出，上白垩统上段的砂地比高于下段（上段砂地比一般为 55%～83%，而下段为 47%～65%），所以上白垩统缺乏区域性分布的大套泥岩作为油气聚集的盖层条件，导致下伏的下白垩统烃源岩生成的油气沿断层垂向运移到古近系裂谷期层序中聚集。到目前为止，发现有 95% 以上的探明储量分布在古近系，如 Palogue 油田等（图 4）。

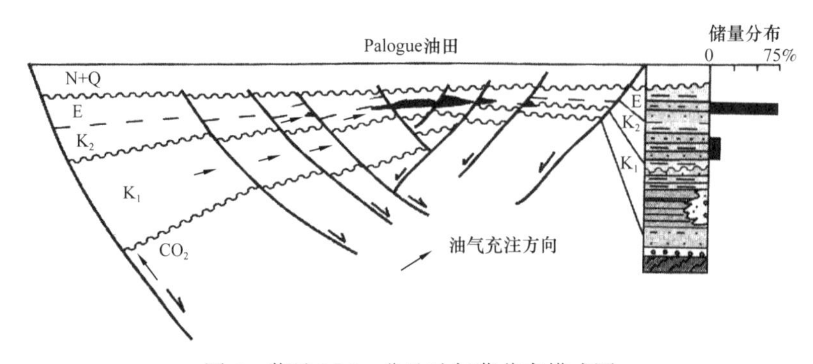

图 4　苏丹 Melut 盆地油气藏分布模式图

（1）苏丹 4 区。

苏丹 4 区面积为 32583km^2，主要是 Kaikang 槽，是一个 3 期裂谷叠置的次级盆地，后期巨厚地层的覆盖导致下伏的下白垩统很难钻遇。前人曾在 4 区钻多口探井，试图寻找第三系油藏，但没有取得突破。为了解决这一难题，只有借助地震资料，准确确定地震相，特别是区域地震大剖面的处理发现，在 Abu Gabra 组中段发育以泥岩为主的砂泥岩互层沉积，表现为一组中频、连续、强能量密集反射段，标志着发育好—极好烃源岩。然后在油源对比的基础上，通过构造研究、成烃和成藏史分析，推断 4 区仍应以寻找白垩系 Bentiu-Aradeiba 组原生油藏为主，确定了勘探的有利成藏组合，突破 Chevron 以寻找古近系次生油藏的思路，改为在深凹陷两侧寻找白垩系原生油藏，相继发现了 Shalonga、Diffra、Neem 等油田，新建 350×10^4t 的年生产能力。

（2）苏丹 6 区。

苏丹 6 区原始勘探面积近 6×10^4km^2，前人在该区块钻探井和评价井 32 口，仅在 Nugara 坳陷的中央隆起带钻探井和评价井就有 28 口，仅发现 Abu Gabra 和 Sharaf 两个小油田，主要产层为 Abu Gabra 组。在 Sufyan、Fula 和 Kaikang 坳陷都没有获得好的油气显示。两个油田原油饱和烃的气相色谱图与 m/z217 和 191 质量色谱图更直观地说明了原油组成的差异，Abu Gabra 油田原油三环萜和孕甾烷含量较高，Sharaf 油田原油的三环萜和孕甾烷含量较低，说明它们虽然都是以 Abu Gabra 组中上段为源岩，但它们的烃源岩的沉积环境却明显不同，Abu Gabra 油田来自东侧的努东凹陷，Abu Gabra 组烃源岩沉积时的水体深度要比努西凹陷要深，水生生物含量高，而努西凹陷陆源高等植物含量相对高一些。

突破前人以凹间隆起背斜为主要勘探目标的思路，以区域展开、寻找凹中隆起，在 Fula、Kaikang 北、Nugara 东和 Sufyan 等凹陷相继获得发现，并已在 Fula 建成 4×10^4bbl 原油年生产能力。

（3）苏丹 3/7 区。

项目接手时，迈卢特盆地勘探程度很低，在已钻 3 口探井中仅 1 口获得油流，且油层薄、丰度低，不具商业开采价值。资料也显示探区内断裂非常发育，盆地演化和邻区 Muglad 盆地截然不同，生油和储盖条件也不清，因此能否发现规模储量尚有很高的地质风险。

自中国石油接手以来，在有限的勘探期内快速摸清了迈卢特盆地的石油地质基本条件和资源潜力，并通过采取科学合理的勘探策略和技术手段，快速发现了 Palogue 油田，这是中国在海外有史以来发现的储量规模最大的油田，也是世界级大油田。在盆地内还发现了其他若干含油带。

① 根据地震资料推断下白垩统发育厚层烃源岩。

与 Muglad 盆地对比分析发现，下白垩统烃源岩在地震剖面上通常表现为多相位密集段反射的楔状体，并在勘探成熟区得到钻井证实。受埋藏深度和勘探程度的影响，项目接手时在盆地内一直没有钻遇可靠的烃源岩，但是在主干地震剖面中也普遍见到“密集段”地震反射特征（图 5），深度和地震属性与其他盆地类似。通过层序地层学研究认为可能属于湖平面不断上升过程中沉积的半深湖—深湖相泥岩。因而推断研究区内也可能发育以早白垩世为主的烃源岩，并推测出可能生烃灶的分布范围，其中北部凹陷最为有利，从而基本确定了盆地资源潜力，为发现规模储量奠定了信心。这一推断通过后期钻井得到了证实（图5），盆地内早白垩世烃源岩干酪根类型多为Ⅱ型，个别为Ⅰ型，有机质丰度均达到了好—极好生油岩的标准，生烃潜力高达19.53mg/g。

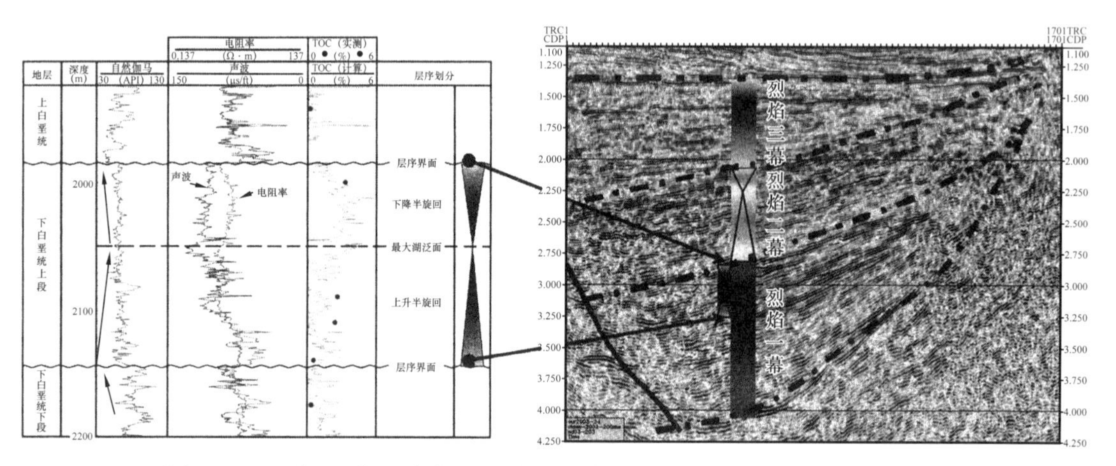

图5　Melut盆地北部凹陷典型地震剖面反射特征及下白垩统烃源岩单井层序

② 古近系裂谷期层序是油气聚集的最有利层系。

在白垩纪，由于边界断层一般较陡，缺乏大型隆起、断块等构造，因而披覆构造和差异压实背斜不发育。在后裂谷期由于沉降不明显，缺乏大型滨浅湖相沉积，代之以巨厚的大面积分布的砂岩沉积为主，不易形成各种构造。古近纪新生裂谷的发育和叠置，使得早期的构造进一步破碎成若干断块，油气聚集的几率大大降低，而断层的沟通使得油气直接运移聚集到古近系区域盖层Adar组之下，95%以上的石油储量分布在Yabus和Samma组砂岩中。

③ 背斜构造是油气聚集的主要圈闭类型，其次是反向断块。

古近纪背斜构造一般发育在长期活动的大断层上盘或新伸展断层的上盘，这些断层一般都沟通到白垩系烃源岩。

特定的成藏组合决定了背斜构造和反向断块是油气聚集的有利圈闭，排烃高峰期下伏的烃源岩体的几何形态决定了油气的优势运移方向和油气聚集带的分布，缓坡是大型三角洲发育的场所，也是油气优势聚集的场所。基底断层和调节断层控制了油气的聚集，陡边界断层一般使得烃源岩楔状体整体向缓坡抬升，生成的油气90%以上运移、聚集到缓坡。如在北部凹陷，大型油气田Palogue就是一个典型的背斜构造。

④ 凹陷缓坡带是油气运移的最有利指向。

半地堑是Melut盆地的基本几何构造形态。通过半地堑的继承性发育，使得凹陷缓坡带成为油气运移的长期优势指向。由于厚层的Adar组泥岩在断层两侧易于形成侧向封堵，因此，缓坡带上发育的大量张性断裂构造为油气富集提供了场所。

4 展望

根据预测，到2010年和2020年我国油气进口量分别为石油（1.5～1.6）×10^8t和（2.0～2.2）×10^8t。到2010年权益油产量达到进口总量的30%左右，占总消费量的15%左右。2020年权益油产量达到进口总量的35%左右，占总消费量的20%。跨国勘探开发发现新的油气田，建立油气生产供应区是保障国家石油安全的重要途径。苏丹勘探开发的成功，为进一步扩大海外勘探开发领域提供了可靠的理论和技术。

参考文献

[1]童晓光，窦立荣，田作基，等.苏丹穆格莱德盆地的地质模式和成藏模式[J].石油学报，2004，25（1）：19-24.

[2]童晓光，徐志强，史卜庆，等.苏丹迈卢特盆地石油地质特征及成藏模式[J].石油学报，2006，27（2）：1-5.

[3]肖坤叶，黄人平，林金逞，等.中非迈卢特盆地Adar-Yale油田油藏特征及勘探方向[J].现代地质，2003，17（增刊）：124-129.

[4]胡见义，黄第藩，徐树宝，等.中国陆相石油地质理论基础[M].北京：石油工业出版社，1991.

[5]陆克政，漆家福，戴俊生，等，渤海湾新生代含油气盆地构造模式[M].北京：石油工业出版社，1997.

[6]赵国良，穆龙新，计智锋，等.苏丹M盆地P油田退积型辫状三角洲沉积体系储集层综合预测[J].石油勘探与开发，2005，32（6）：125-128.

[7]窦立荣.苏丹迈卢特盆地油气成藏机理和成藏模式.矿物岩石地球化学通报[J].2005，24（1）：50-57.

[8]窦立荣，程顶胜，张志伟.利用油藏地质地球化学特征综合划分含油气系统[J].地质科学，2002，37（4）：495-501.

[9]窦立荣.陆内裂谷盆地的油气成藏风格[J].石油勘探与开发，2004，31（2）：29-31.

[10]Benkhelil J，Dainelli P，Ponsard J F，et al. The Benue Trough：Wrench fault related basins on the border of the Equatorial Atlantic. Triassic-Jurassic rifting-continental breakup and the origin of the Atlantic Ocean and Passive Margins（Developments in Geotectonics，22.）Elsevier，Amsterdam，1988. 789-819.

[11]Breitkreuz C，Franz G，Urlacher G. Volcanological and tectonic features of the Meidob volcanic field（West Sudan）in relation to the Late Cretaceous intraplate evolution of Central Africa Intraplate dynamic processes-examples from Africa. Workshop Tech. Univ. Berlin，1991，4-5/ July，Sonderforschungsbereich 69（Abstract）.

[12]Girdler R W，Fairhead J D，Searle R C，et al. Evolution of rifting in Africa[J]. Nature，1969，94：241-252.

[13]Genik G J. Petroleum geology of Cretaceous-Tertiary rift basins in Niger，Chad，and Central African Republic[J]. AAPG，1993，8：1405-1434.

[14]Guiraud R，Maurin J C. Early Cretaceous rift of Western and Central Africa：An overview[J].

Tectonophysics, 1992, 213: 153−168.

[15] Guiraud R, Basworth W. Senonian basin inversion and rejuvenation of rifting in Africa and Arabia: synthesis and implications to plate−scale tectonics [J]. Tectonophysics, 1997, 282: 39−82.

[16] Lowell J D, Genik G J. Sea floor spreading and structural evolution of Southem Red Sea [J]. AAPG, 1972, 56: 247−259.

[17] Mascle J, Blarez E, Martinbo M. The shallow structures of the Guinea and Ivory Coast−Ghana transform margins: their bearing on the Equatorial Atlantic evolution [J]. Tectonophysics, 1988 (188) 193−209.

[18] McHargue T R, Heidrick, T L Livingston, J E. Tectonostratigraphic development of the interior Sudan rifts, Central Africa [J]. Tectonophysics, 1992 (213) 187−202.

[19] Mohamed A Y, Pearson M, Ashcroft W A, et al. Modeling petroleum generation in the southern Muglad Rift Basin, Sudan [J]. AAPG. 1999, 83 (12): 1943−1964.

[20] Mohamed A Y, Ashcroft W A, Iliffe J E, et al. Burial and maturation history of the Heglig field area, Muglad Basin, Sudan [J]. Journal of Petroleum Geology. 2000, 23 (1): 107−128.

[21] Schull, T J. Rift Basins of Interior Sudan: Petroleum Exploration and Discovery [J]. AAPG Bulletin, 1988, v. 72: 1128−1142.

[22] Wilson M, Guriaud R. Magmatism and rifting in Western and Central Africa, from Late Jurassic to recent times [J]. Tectonophycics, 1992, 213: 203− 225.

[23] Wright J B. Review of the origin and evolution of the Benue Trough in Nigeria [J]. Earth Evolution Scenes, 1981, 2: 98−103.

[24] Wycisk P, Klitzsch E, Jas C, et al. Intracratonal sequence development and structural control of Phanerozoic strata in Sudan [J]. Berl Geowiss Abh, 1990, 120 (1): 45−86.

原载于:《第二届中国石油地质年会论文集》, 石油工业出版社, 2006 年。

第四篇

PART FOUR

海外油气战略、经营与管理

对我国进入国际石油勘探开发市场的探讨

童晓光，朱向东

（中国石油天然气总公司国际合作局）

摘要：石油短缺是一个严重制约我国国民经济发展的因素，利用国外油气资源已成为保障我国石油供应的必由之路。世界油气资源潜力巨大，国际石油勘探开发市场有不少机遇，并有一些规范化的惯例和做法可供借鉴，而且我国已具有相当的技术水平和足够的作业能力，因此我国进入国际石油勘探开发市场是可能的。进入国际勘探开发市场可以说是我国石油工业的第二次创业。在起步阶段，拟采取“多途径、多区块、少股份”的方针，并需解放思想、转变观念，争取政策支持，统一规划，集中决策，精心组织实施。

石油与天然气是优质能源和高品位基础原料、是国家工业化与经济发展的重要支柱，也是重要的战略物资和国际交往中的经济与政治筹码。我国石油工业自力更生、艰苦创业，为我国经济和社会主义事业的发展作出了巨大的贡献。但随着经济的飞速发展和社会主义市场经济体制的形成，我国的能源供应和石油工业遇到了严重的困难。本文拟从石油供需矛盾出发，探讨利用国外资源的必要性、迫切性和可能性，并就进入国际石油勘探开发市场提出一些具体的措施。

1　利用国外油气资源的必要性和迫切性

我国经济正处在向工业化高速发展的时期，石油的短缺已成为一个严重制约国民经济发展的因素。

近年来，我国石油产量的增长大大低于需求的增长。按目前的石油消费弹性指数计算，要适应两位数的经济增长率，石油供应年增长率应在5%以上；但实际上，我国石油产量的增长乏力，1990—1992年的年增长率分别只有0.46%，1.09%和1.6%。

不断增长的需求对老油田生产的压力越来越大。我国现已开发的多数主力油田都已进入开采的后期，综合含水率高达70%～80%，自然递减率达10%以上[1]，综合递减率7%左右[2]。为弥补这部分递减，保证产量不降，必须投入大量的开发调整井，从而使采油成本直线上升，也使递减速度难以控制。

近几年的油气勘探虽有进展，但新增储量仍抵偿不了当年采出量，储采比逐年下降。据日本石油公司和《亚洲油气》顾问坎布拉博士估计，储采比已由1985年的18.6下降到1990年的15.9，现已跌至12以下。

从油气资源和生产潜力看，提高东部老油田的采收率和在东部老区强化勘探发现新

---

[1] 世界银行1984年经济考察报告《中国：长期发展的问题和方案》附件三：“能源问题”

[2]《石油消息》1992年1月22日

的储量仍有一定潜力。“六五”、“七五”期间陆上新增储量75%以上来自该区。该区资源丰富，但勘探程度高，目前探明的储量占资源量的42%，占全国已探明储量的90%。由于探明程度较高，勘探难度加大，每年探明的储量数和平均工作量探明储量数均呈下降趋势。所以东部老区每年探明储量已难以弥补每年的采出量。稳定现有产量已相当困难。

中国西部尤其是新疆三大盆地具有较大的资源潜力，目前的探明程度低，正处于储量增长的高峰期。但那里地处边远地区，地面作业条件差，大多数油层埋藏深，勘探开发和作业成本高，运输距离大，产量很难大幅度增加。

中国近海大陆架，也有丰富的油气资源，经过十几年大规模勘探，已探明一批储量，90年代中后期将出现产量的高峰期。但其目前产量仅占全国产量的5%左右，难以发挥重大作用。大陆架的作业成本高，根据勘探开发现状，很难大幅度增加储量和产量。

由此可见，我国的石油产量维持现有产量已很困难，要使产量的增长适应需求的增长，可能性极小。

因此，世界石油与能源界纷纷预测，中国将成为石油纯进口国。例如，国际能源经济协会主席费沙拉基最近预测，作为石油生产国的中国，在12年内将成为石油纯进口国，2000年将从中东每天进口（60～100）$\times 10^4$bbl（8×10^4～13×10^4t）原油。日本石油公司原油供应部主任伊藤说，到20世纪90年代中期，中国很可能成为石油纯进口国。美国《石油情报周刊》据1992年年底原油与油品进出口情况认为，中国1993年就可能成为纯进口国，并认为中国作为石油纯进口国的存在将不可避免，该刊还报道了以日本为主的国际石油业界已在考虑中国作为石油纯进口国存在将对国际石油市场的重大影响。

应该看到，中国的油气资源按人均拥有量计，是一个贫国。我国探明的石油储量排在世界的第10位，天然气储量排在第17位。从绝对量来看，石油不到世界总量的2.5%，天然气不到1%；人均资源拥有量仅为世界的1/9（石油）和1/25（天然气）。因此，仅仅依靠本国的油气资源难以支持国民经济的高速发展，利用国外油气资源已成为保障我国石油供应的必由之路！

2 利用国外油气资源的可能性

利用国外资源，主要有进口原油、油品和进入国际石油勘探开发市场两种途径。前者是显而易见的，本文要讨论的是进入国际石油勘探开发市场的可能性，拟从全球油气资源潜力、国际石油勘探开发市场和中国的实力三个方面加以论述。

2.1 全球油气资源潜力

据世界石油大会等机构的统计与预测，在当前油价水平下，全球常规石油可采储量约为3000×10^8t，其中已采出量、剩余探明可采储量和待发现可采储量大致各占1/3（待发现量约为800×10^8t，略少于1/3）；另有潜力更大的非常规油和天然气资源量。因此，全球油气资源还有很大的潜力，存在许多待勘探开发区，随着勘探工作量的增加和地质认识程度的提高或油价的上涨，还会出现新的远景区。从勘探效果看，中东、苏联、南美等一些国家大大好于我国。每米探井进尺和每公里地震所获的储量，这些地区是我国的数倍甚至更多！以每口探井所获储量计，我国甚至略低于世界上勘探程度最高的美国。从勘探开发效益看，由于我国劳动力价格低等因素，同等工作量的综合成本低于国际水平，即便如此，我国部分地区的勘探开发成本还高于世界大部分地区。

此外，国外油气区虽远离中国市场，但往往具备海运条件，在某些情况下运费低于中国西部向东部的运输；而且海洋船运较管道和铁路运输有便利之处，受储量和产量规模的制约较少，便于投入运营；产出的油气若国内一时不用，还可就地销售。

2.2 国际石油勘探开发市场的基本特征与各国石油公司面临的机会

国际石油勘探开发市场虽受世界政治、经济和各国政策、法规的影响，但跨国经营的形式是不变的，并在资源国与油公司之间逐步形成了一些规范化的经营方式。

2.2.1 油气资源的勘探开发具有跨国经营的传统，形成了跨国经营的格局

由于工业化进程中的地区差别和石油资源地域分布的极端不均匀，石油业从一开始就是跨国经营的。

油气勘探开发需要很多的资金投入和很高的技术，需要较长的周期和冒较大的风险；而且，不同地区可能具有很不相同的石油地质条件，适用不同的配套技术；即使对同一地区，由于地质认识上的差别和经济、政治条件的不同，评价也会很不一样，这就形成了目前油公司在资源国进行勘探开发作业，在全球营销原油的跨国经营格局。而且，经历70年代和80年代油价的来回冲击之后，市场的供需关系在这种格局中日益成为主导因素，跨国经营本身也形成了一些规范化的惯例与做法。

2.2.2 跨国经营格局为各国油公司着眼于全球资源来组织油气的勘探开发提供了均等的机会，主要有以下四类

（1）许多国家（不管是发达的还是发展中的）对油气资源的勘探与开发多采取开放的政策，有些第三世界国家甚至将此作为其重要的国策，因此，可向各国政府提出勘探开发申请的区块很多。另外，这几年一些具有相当储量的资源国的石油工业管理体制发生了变化，原来由国家石油公司专营油气勘探开发，现正在变为向私营企业和外国公司出售区块或股份。目前，苏联、中东、南美、亚太、北非的许多国家正在进行风险勘探与合作开发的招标。

（2）各油公司，甚至大公司，大多采取分散风险的办法来提高投资效益，一般都不愿单独占有某个区块，从而提供了大量区块股份转让与合作的机会。

（3）存在许多拥有一定储量和产能的小油公司可供收购，一些大油公司也拍卖一些盈利能力较低的油气储量。

（4）许多国家提供了老油田提高采收率的招标项目。

2.3 中国的实力

中国石油天然气总公司（CNPC）经过40年的发展，在油气勘探、开发、集输诸方面

积累了丰富的经验；拥有大量地震、钻井、测井、测试、油建、采油等方面技术全面的作业队伍，作业成本总体上低于国际水平，在国际上具有一定的竞争力；在石油地质理论、勘探技术和油田注水开发等方面基本达到世界水平，某些方面还具有一定的特长。因此进入国际石油勘探开发市场已具有相当的技术水平和足够的作业能力。

从资金情况看，每年我国要投入大量资金进行国内油气勘探开发，但成本较高。据《亚洲油气》1992 年 1 估计，探明 1 亿吨地质储量的投资已由 1986 年的 5.6 亿元增加到 1989 年的 13.6 亿元，建成百万吨产能的投资已由 1985 年的 4.7 亿元上升到 1990 年的 9.4 亿元。这种投资的增长趋势这几年又有所发展。如果从全球范围进行评价、筛选，有可能找到勘探效果和投资效益更好的地区。譬如拿出每年国内石油勘探投资的 1/30，就可能在国外参股 20～30 个项目，而对国内的勘探不会有很大影响。一旦发现油气田并证实具有商业价值后，开发阶段的投资可采取多种融资渠道。因此，转移部分国内油气勘探开发资金投向海外是可行的。

另外，CNPC 已在国际石油界具有一定的知名度和信誉，各国油公司一般都乐于和我们合作，许多外国石油公司已主动提出合作进行风险勘探的建议。

3　进入国际石油勘探开发市场的途径

进口原油与油品自然是一条利用国外资源的现实途径。然而，目前我国经济对国际油价的波动尚缺乏应变能力；进口原油和油品需支付大量的硬通货；进口还会进一步加剧石油与石化行业人员与设备的闲置；而且，伴随着全球的迅速工业化，下个世纪可能又会出现全球石油供应紧张和油价的上升。因此，在世界范围内拥有丰富的油气资源储备和足够的生产能力是关系到我国经济稳定增长和民族腾飞的重要战略举措!

由于我们尚无这方面的经验，根据前述国际石油勘探开发市场的特点，进入国际石油勘探开发市场目前的方针拟为“多途径、多区块、少股份”，争取以多种方式、在世界许多地区、每个区块尽量不独自承担风险来参与国际油气勘探开发，获得国外油气资源。具体途径与方式有：

3.1　购买储量

例如，直接收购业已探明但尚未开采的油气储量，收购拥有一定储量的小油公司，购买业已开采、但还有一定剩余可采储量的老油田等。这种做法的风险小，但一般利润也比较少。有些老油田进一步提高采收率的难度较大，开采成本较高。因此，各大油公司仅将其作为储量替补的辅助手段。以埃克森公司为例，该公司 1985 年以来购买的储量最多，累计达 2.73×10^8t 油当量，相当于美国第十大油田的储量，但其用于购置储量的投资仅为同期勘探开发投资的 1.5%。

目前世界油气储量年交易量约为 1×10^8t 油当量，不到储量的千分之一，约相当于年新增储量的 1/40～1/30。价格约为 20～30 美元 /t（可采储量），略高于我国大部分地区的勘探开发成本。

3.2 获得勘探开发股份的转让

国际上许多油公司为了分散风险，会将其已获许可证区块之部分勘探开发股份出让。对参与方来说，其优点是在区块评价期间无须投入资金，由对方提供全部资料，可利用这些资料对区块进行深入评价，从而减少失误。缺点是，转让方要求参与方支出比已发生费用更多的资金，作为对先期风险的补偿。

这是进入国际石油勘探开发市场的一条重要途径，在我们尚缺乏经验的现阶段也是一条最现实的途径。

3.3 独自或组成集团向资源国申请勘探开发权利

这种方式是指从资料包购买、评价、投标、谈判签约到勘探、开发作业全由我们自己（或参与）决策、实施。其优点是，可主动地从全球范围来筛选有远景的区块；与上述两种方式相比，成功后的利润最大。缺点是，需要较多的投入，风险大，而且先期购买资料包的费用及报名费等可能完全沉没。

在上述途径中，以 CNPC 的经验、技术和作业能力，利用国内外投资集团的资金组成合资企业或勘探开发投资集团，可能为较现实的途径。

为了减少钻探风险，在获许可证后，可先投入一定数量的地震等前期勘探作业，再部分或全部转让出勘探股份，从而收回部分或全部已发生的费用。这样还可解决地震队伍过剩的问题。

这些做法都是为了减少某个区块的勘探风险，争取获得最佳的勘探开发利益。但作为整个国家和 CNPC 来说，只有冒一定的风险，才能获得国外油气资源！对某一地区来说，风险勘探有点像赌博，但这决非零和博弈，从历史现实看，伴随油气勘探开发巨大风险而来的是极大的收益！

4 进入国际石油勘探开发市场的几点建议

进入国际石油勘探开发市场，可以说是我国石油工业的第二次创业，其组织实施需要认真的讨论。这里仅提几点原则性的意见。

首先要解放思想、转变观念。到海外找油，必须首先改变几十年形成的油气勘探开发对象仅限于中国国土的观念，建立起在全球范围内按经济效益选择勘探开发对象的思想。

政府应积极支持中国石油天然气总公司跨国经营石油勘探开发，授予投资权与经营权。主要有两个方面，首先是简化投资决策程序。石油勘探开发项目具有很强的时间性，如果按目前的有关法规（如“关于在国外开设非贸易性合资经营企业的审批程序和管理办法”和“境外投资外汇管理办法”）执行，报批周期太长，很难抓住时机。建议国家有关部门负责审批年度计划，具体项目由中国石油天然气总公司自行决策。其次，税收方面的优惠，按许多西方国家的做法，在国外风险勘探失利而沉没的资金可在税收方面得到补偿。

国际石油勘探开发较国内有很大的不同，在起步阶段必须集中力量、统一规划、统一组织和集中决策。信息获取、项目评估、谈判签约和合作经营这几个环节都要精心组织实施。

参照各大油公司已行之有效的方式，建立机构，先选项目后设点，人员必须精干；油公司与专业公司分离，但针对我国的特点，要力争投资出口带动劳务出口。

原载于:《国际石油经济》，1993 年 4 月。

国际石油勘探开发项目的评价

童晓光，朱向东

（中国石油天然气总公司国际合作局）

摘要： 在全球范围内经营石油上游业务，是保障我国经济长期发展的重要因素，也是石油工业自身发展的必然趋势。我国石油跨国经营在目前起步阶段的经营方针应为“多途径、多区块、少股份”。不管何种途径以及在区块中占有多大的股份，首充要做的是区块选择，即国际石油勘探开发项目的评价。境外投资要考虑的是项目本身的经济效益与风险和项目所在地区的长远发展前景，结合我国的具体情况还要考虑能否带动技术、设备与劳务出口。

主题词： 油气勘探；石油法律；税法；资源评价；勘探评价；经济评价

石油上游项目与一般长期投资项目的主要不同在于风险大。风险来源于项目诸因素的不确定性。评价的主要任务是对各项风险做出科学的估计，分析不同风险条件下项目的投入与产出。本文从近两年所接触到的一些国际项目实际出发，重点讨论评价的一般过程与原则，着重指出石油风险分析的内容与方法。

1 投资环境分析

1.1 石油法规与税收

资源国的石油法规与税收政策直接关系到项目的收益及合同的执行，各国的具体条法宽松程度不同、差别很大，但都集中体现在它为石油国际合作而制订的石油合同模式（标准合同）中。就石油勘探开发合同而言，主要有两种基本类型，一种称为产量分成合同模式（Production Sharing Contract，PSC），其基本点是：勘探期的投资与风险由承包商（油公司）承担，有油气发现后这部分费用在生产期回收。开发与生产由资源国政府（或其国家石油公司）同油公司合股经营，一般油公司的股份少于 50%。勘探费用回收之后，或在税前或在税后按股份进行利润分成。另一种是租让制（Concession），油公司同样要承担勘探风险。但在开发与生产期，资源国参股很小或不参股，油气勘探、开发、生产、集输与销售等基本都由油公司“自主经营”，资源国主要通过定金、矿区使用费与税收等来获取经济利益。

不管何种类型合同，对油公司来说可从下述四个主要方面（指标）来评估条法的宽松程度。

（1）政府所占油气田总收益或总产量的比例，与之相对应的是油公司实际收益占总产量的比例；

（2）勘探期限与合同期限，勘探期各阶段最低义务工作量或投资额，以及各阶段终结时区块面积归还的比例；

（3）费用回收方式与年限；

（4）技术设备及劳务进入的可能性与进口税。

另外，环境保护条例、土地租金、生产定金、签字费、货币能否自由兑换、利润能否汇出资源国、油气定价原则、有无篱笆圈等也都直接影响油公司经济利益。

各国石油法规与税收政策会发生变化。因此，不但要深入细致地了解资源国的现行条法，还要把握它的发展趋势。

1.2 政治经济与社会环境

国际石油勘探开发项目属于境外投资项目，对主权国投资环境的分析具有重要意义。一个效益很好的项目，由于政府的更迭或政策的改变而收归国有，则不仅没有效益，一切投资都将化为乌有。事实上，资源条件好的国家并非一定是外国公司投资的热点。

政治、经济和社会环境的分析是评价的重要内容，如主权国的经济状况与发展前景、法制是否健全、中央政府的管理能力、政治派别与宗教信仰、社会治安、所在区块是否有领土或领海主权之争、石油需求以及与我国的关系等。另外，项目评价还涉及经营作业时必须考虑的当地劳动力的生活方式、工资水平、文化素质与业务能力，以及中方人员在生活习惯等方面的适应性等。

1.3 自然环境与交通条件

勘探开发区块的地形地貌、气候条件、交通条件、离石油与天然气市场或管线的远近等因素直接决定作业难度、作业成本与油气定价，对此须作认真、全面地调查。

2 地质资源评价

区块的石油地质条件与资源潜力是投资决策的基础，地质评价得出的结果是经济评价所必需的基本依据，这是石油勘探开发项目区别于其他境外投资的根本特征。石油深埋地下，对它的评价是间接的，可利用的资料极其有限，不确定因素很多。石油上游业务的风险主要就来自这些因素的不确定性。地质评价不能提高它们的确定程度，但能使我们对诸因素的不确定程度有一个科学的认识。

地质评价的具体方法与国内的相同，但评价原则应有一重要转变。国内勘探是分地区进行的，勘探者只能在所从事工作的地区找油，唯一的工作内容是千方百计把油找出来，从而形成这么一种习惯，即更多地侧重于有利方面，忽视或不愿正视不利因素，很少考虑经济效益。到国外找油，首要的事是通过世界各地许多区块的石油地质条件的分析、比较，以效益原则进行筛选，不仅要能正确评价区块的有利方面，同时必须深入认识到它的不利之处。尤其是对已有探井的失利原因要作中肯分析。在全球范围内选择区块的最大优点是机遇很多，有较多的机会选到效益好的钻探对象；同时也是对勘探者的考验，那就是在短时间内从石油地质条件可能很不相同的众多区块中发现有利者。

地质评价的方法和内容取决于项目的勘探开发程度、项目的性质和可获得的资料。作为勘探项目，主要评价下列两个方面：

（1）成藏条件分析。应落实到对探井成功率与区块发现油气田的机率的估计。

（2）圈闭评价。评价圈闭的诸要素，如面积、幅度，圈闭的类型和落实程度，以及计算资源量；评价产层诸要素，如厚度、岩性、孔隙度、渗透率、含油气饱和度以及埋深，预测单井产能和油气藏类型。为使评价尽量客观，诸参数值的估计应给出最小值、最大值、最可能值、期望值（或均值）四套数据。

评价区块是否具备形成油气藏的条件，首先要从整个盆地的评价开始，分析盆地的生储盖条件。对盆地进行构造分区和油气聚集分带，分析区块所在的区域地质位置，这样可从宏观上把握区块的石油地质基本特征。这项工作可通过世界上公开发表资料的收集整理进行，应把对全球各沉积盆地的分析与评价作为一项经常性的和基础性的工作来做，这样有利于主动地、有目的地选择有利区块。

其次，在盆地分析基础上进行区块评价。这项工作一般情况下要在确定参股意向或投标意向后进行，资料需从主权国购买或从转让方获得。研究的内容要根据具体情况决定，但都要围绕项目的可行性进行。由于地质评价的不确定因素很多，对许多不确定性目前尚无真正有效的定量分析方法。因此，我们特别要强调专家评估法（德尔菲法）。信息理论认为，m 个专家各自独立评价结果的综合的可信度是单一评价的 $m^{1/2}$ 倍。如果我们选取的专家具有相当的广泛性，他们的评估结果对我们估量资源国与竞争对手及对区块的评价就具有重要的参考价值，对标书确定、谈判乃至合同执行时多种作业方案的择优也会很有帮助。

有必要指出，由于资料的获取是有偿的，而且一般从资料获取到投标只有几个月时间。因此，评价时不能有国内研究项目那样“占全所有资料，作全面深入的研究”的指导思想。评价的目的是了解项目的可行性，要抓住最主要的问题，资料够用就行，评价内容没必要具体细致到具体井位的设计与论证。

3 开发与工程评价

勘探的目的是发现油气，一旦发现具有商业价值的石油储量，储量规模与油气藏诸地质参数值基本确定，开发与生产就成为经营的主要内容。为对今后可能发现的油气田的商业价值、油公司的投资和日常费用以及收益情况有一个基本了解，在投资决策时就要作产量的预测和开发方案的初步设计。开发与工程评价主要是为经济评价确定开发与生产的工作量（投资）与产量。关于劳务、技术与设备的出口种类与数量也主要是在这个阶段的评价中考虑。

4 经济评价

就项目本身而言，经济评价是上述各项评价的综合体现，是决策的直接依据。国内外关于石油勘探开发项目的经济评价一般都包括常规分析（投入产出、现金流、会计成本分析）、风险分析与敏感性分析三个方面。本文不讨论具体的方法，风险与敏感性直接在评价内容中讨论。但有必要指出，现行的敏感性分析方法并未完全反映数值估计不准的影响，就方法而言误差传递分析更为优越。

投资决策不仅要追求将来的最大收益（投资预期理论），还涉及投资者对风险的承受能力。因此，我们认为经济评价的主要内容应分为两大部分。

第一部分是投资额，尤其是勘探投资额。因为一旦签约就必须发生勘探费用，这部分资金很有可能完全沉没。

投资额大小极大地影响投资决策，这是常人皆知的事实。但要定量化为经济评价指标，目前尝试的人还不多。为方便定量分析，我们举例来说明：

若你有 10 万元资金，某个项目的成功与失败的可能性为 0.4 与 0.6，成功的收益率是 100%，失败则资金全部沉没。那么投资额 10 元与 10 万元的决策会很不一样。效用理论（Utility Theory，也有人译为偏爱理论）认为，这是因为人们对不同投资额情况下，成功的满足感抵偿失败的不快程度是不同的。这确实是一种极重要的消费与投资心理，但在个性心理因素下蕴藏着理性的共性，即小额投资可承受多次失败，而一旦某次获利就可补偿多次损失。在本例中，如果能承受得起连续两次的失利，则投资 3 次总的失利概率为 21.6%，不赔不赚的概率为 43.2%。但继续投下去（如 100 次），在 100% 收益率下并不能保证总的失利的概率小到认为不可能发生的地步（如 1%）。

投资决策不但与风险承受力和成功率有关，与成功后的收益率也直接有关。设一次投资额（如一口探井费用）为 C*，成功率为 P，成功后的收益率为 R，若能承受连续 N−n 次的失利，即风险承受能力为（N−n）C*，则投资 N 次的总收益小于零（亏本）的概率为：

$$\sum_{i=1}^{n} C_{i-1}^{n} P^{i-1} \left(1-P\right)^{N-i+1}$$

其中，$n=\left[\frac{N}{2+R}\right]+1$，表示总收益为正时的最少成功次数，[ ] 表示取整。如果案例中成功的收益率为 900%，则投资 10 次，失利的概率不到 1%。据介绍，Amoco 等石油公司要求一个项目成功后的收益足以抵偿另外三个失利项目的损失。据此可以认为 Amoco 等公司期望收益率为 300%。那么投资四次，亏损的概率为 41%（在 20% 成功率下）或 24%（在 30% 成功率下）。需说明的是，这里的收益率是勘探成功后油田生产期间所获利润与勘探投入的比，同下文的 ROR 不是一个概念。目前，国际上石油勘探开发项目的勘探投入一般占总产值的 3% 左右，国际油公司要求 ROR 在 20% 以上，则要求收益率应在

600% 以上。

因此，作为项目经济评价的一个重要指标，我们认为油公司的实际收益必须大到足以补偿勘探投资的 D 倍（D 可取探井成功率的倒数，如 20% 成功率时 D=5；也可采用较为复杂的停止问题分析方法求得），而且一个项目的勘探风险资金应控制在其所能承受的最大风险资金的 1/D。有些经济评价方法则用利润投资比来刻画投资额与风险大小的关系，但还是没有考虑风险承受力问题。

第二部分是常规内容，即在假设勘探成功基础上，根据上述三个评价所提供的参数值以及资源国的有关法规，来定量分析项目的经济效益。就石油上游项目而言，分析主要针对圈闭进行。

衡量项目经济效益的指标很多，我们认为可重点分析下述几项：

（1）投资回收期（Pay-Out Time，POT）。

从油田生产投资开始之时起到累计现金流由负值转为正值时为止的这段时间。当然，投资回收期短的项目优于投资回收期长的项目。

POT 并不能衡量回收期后的效益，这是它的最大不足。

（2）净现值（Net Present Value，NPV）。

将合同期内历年投入和产出值都在某折现率下换算成现值，两者之差即为净现值，它综合反映了整个合同期的经济效益。

有必要指出，在谈判、签约时可要求在 NPV 计算中用提高折现率的方法来补偿风险性。但折现率与地质风险是不相干的两类事，在经济指标的计算过程中，地质参数的不确定性与经济参数的不确定性应当共同进入计算。

（3）收益率（Rate of Return，ROR）。

扣除费用、捐税等后的净收入与总投资之百分比，也即税后利润率，又称回收率或盈利率。

由于石油上游项目具高风险、高投资、周期长的特点，ROR 一般都要求大于同期银行利率。另外，如前所述，不同风险下对 ROR 的要求也不相同。目前，国际上一般要求 ROR 应为 20%～30%。

由于上述这三个指标所基于的地质与经济参数值都是不确定的。因此，我们认为与诸参数估计值中最小值、最大值、最可能值、期望值（或均值）相对应，这三个指标也会有四套数据。

实际上经济指标的计算有三个过程：一是由地震、钻井资料求得的基础数据（如面积、厚度等）；二是由基础数据求得的数据（如产量、储量等）；三是据上述两类数据以及一些经济参数（如折现率、油价等，也可归为第一类）求得的经济指标值。因此，在经济指标的计算过程中同时可作误差传递分析与敏感性分析。

（4）收益指数。

有些时候作为衡量第一部分对投资额风险的承受力的一个参考指标，可求收益指数，即区块发现油气机率与收益率的乘积。

（5）综合收益率。

上述诸评价指标都未考虑技术、设备、劳务出口的收益，综合考虑项目投资收入与出口作业服务收入（可用国内作业费用作为基值求净收益），这两项之和与总投资的百分比称为综合收益率。

对投资者来说，有的项目可能意味着收益率为负值，但是，如果项目的风险很小，投资也小，并能保证作业服务与技术、设备的出口收益，即综合收益率为正值，那么，这样的项目是可以考虑上的。

参考文献

[1] 童晓光，朱向东. 对我国进入国际石油勘探开发市场的探讨[J]. 国际石油经济，1993，1（4）.

[2] 何付. 亚太地区产油国石油勘探开发合同的新发展[J]. 国际石油经济，1993，1（2）.

[3] 纽文道 PD 著，狄其中等译. 石油勘探决策分析. 江汉石油学院，1984.

原载于：《国际石油经济》，1995 年 5 月第 3 卷第 3 期。

利用国外石油资源的可能性与途径

童晓光，朱向东

（中国石油天然气总公司国际合作局）

我们在《从我国石油工业状况看利用国外资源的必要性》（见《科技导报》1994 年 12 期）一文中，讨论了利用国外石油资源的必要性与迫切性。本文进一步讨论利用国外石油资源的可能性和具体途径。

1 利用国外石油资源的可能性

在《必要性》一文中，我们通过国内外石油资源条件的比较，表明国际上许多地区的勘探开发地质效果和经济效益要好于国内。这使利用国外石油资源成为现实可能。这种可能性可从外部条件和内部条件两个方面来论述。

1.1 外部条件

（1）这种可能性首先由全球的油气资源潜力决定的。据世界石油大会等机构的统计与预测，在当前油价水平下，全球常规石油可采储量估计为 3000 亿吨左右，其中已采出量、剩余探明可采储量和待发现可采储量大致各占 1/3；另有潜力更大的非常规油和天然气资源量。因此，全球油气资源还有很大的潜力，存在许多待勘探开发区，随着勘探工作量的增加和地质认识程度的提高或油价上涨，还会出现新的远景区。在《必要性》一文中已介绍了中东、北非、苏联、南美等许多地区勘探效果和资源潜力都好于我国大部分地区。

（2）20 世纪 80 年代中期以来，世界石油市场基本上是一种供略大于求的局面，价格疲软。这种形势总的来说有利于消费，有利于我国直接进口原油和油品；在这种低油价形势下，国外许多油公司纷纷出卖一些处于边际或盈利不高的油田，或转让部分股权，以集中资金用于重点项目，从而提供了大量参与的机会。

（3）国际石油勘探开发市场的基本特征与机遇也增大了这种可能性。

国际石油勘探开发市场虽受世界政治、经济和各国法规、政策的影响，跨国经营的方式方法在不断变化，但“跨国经营”这种经营方式是不变的。由于石油资源地域分布的极端不均和工业化进程中的地区差别，石油业从一开始就是跨国经营的，早已形成了跨国经营的格局。

石油勘探开发需要很大的资金投入、很专门的技术；具有较长的周期和较大的风险；不同地区可能具有很不相同的石油地质条件，因而适用不同的配套技术；即使对同一地区，由于地质认识上的差别和政治经济条件的不同，评价也会很不一样。这些都是形成目前油公司在资源国进行勘探开发作业、在全球营销原油和油品的跨国经营格局的重要原因。

这种格局为各国油公司着眼于全球资源来组织油气的勘探开发提供了均等的机会，也为石油专业服务公司参与石油勘探开发作业项目的竞争提供了大量的机会。从资源国与油公司间的关系看，目前世界上的石油合同主要有以下四种：

① 租让制（Concession）。资源国划出一个区块出租给油公司从事勘探开发和生产。其基本特点是：石油业务由油公司自主经营，资源国仅从定金、矿区使用费与税收等来获取经济利益。

② 产品分成（Production Sharing）。油公司也是在资源国划出的区块内从事石油上游业务，其基本特点是：勘探期的投资与风险由油公司承担，有油气发现后这部分费用在生产期回收；开发与生产由资源国政府（或其国家石油公司）同油公司合股经营，一般油公司的股份少于 50%，费用回收后，或在税前或在税后按股份进行利润分成。

③ 联合经营（Joint Venture）。就资源国指定的区块，资源国政府或其国家石油公司与油公司组成一个合资企业（独立法人）或联合经营机构（不是独立法人），由它从事区块的石油勘探开发与生产。其基本特点是：双方共担风险、费用、分享产品和利润。

④ 风险服务合同（Risk Service Contract）。就资源国指定的区块，油公司提供全部勘探开发费用，油田投产后资源国偿还这些费用，并按产量水平支付一定的报酬。

许多国家为石油合作制定的标准合同文本一般是以某种类型为框架，设置了许多属于其他类型的条款，称为混合制。如我国石油对外合作以产品分成为主，同时考虑了联合经营与租让制的一些条款。

从风险程度和经营业务来看，石油合同项目可分为三种基本类型：

① 风险勘探。区块的石油地质储量尚不明确，油公司首先须寻找石油储量。

② 未动用储量的开发。区块的石油地质储量（一般为可采储量）已得到证实，油公司来从事开发与生产。

③ 老油田提高采收率项目。区块内已采出相当数量的石油，油公司主要通过提高采收率使采出量增大而获得利益。

目前，苏联、中东、北非、南美、北美和亚太许多国家正在进行风险勘探与合作开发的招标，也有许多提高采收率的招标项目；另外还有大量勘探、开发或生产股份转让与合作的机会；也有许多正在拍卖的储量。

1.2　内部条件

（1）从技术水平与作业能力来看，中国石油天然气总公司（CNPC）经过 40 年的发展，在油气勘探、开发生产、集输等方面积累了丰富的经验；拥有大量地震、钻井、测井、测试、油建、采油等各方面技术全面的作业队伍，其作业成本总体上要低于国际水平，在国际上具一定的竞争力。在石油地质理论、勘探技术和油田注水开发等方面基本达到世界水平，陆相生油理论、高含水油田的稳产增产措施、复杂断块油气田的勘探开发技术等方面还具有优势。

（2）每年我国要投入大量资金进行国内油气勘探开发，但成本很高，目前探明

1×10^8t 地质储量平均成本已达 14.5 亿元，建成百万吨产能平均成本为 12.25 亿元。如果从全球范围进行评价、筛选，有可能找到勘探效果和投资效益更好的地区。如拿出国内石油勘探年投资的 1/30，在对国内勘探不会有很大的影响下，就可能在国外参股一二十个项目。一旦发现油气田并证实具商业价值后，开发与生产阶段的投资可采取多种融资渠道。

（3）中国石油天然气总公司已在国际石油界有一定的知名度和影响，许多国家和各国油公司一般都乐于和我们合作，一些外国石油公司主动提出合作进行风险勘探的建议。

2　进入国际石油勘探开发市场的途径

进口原油和油品自然是一条利用国外资源的途径。然而，目前我国经济对国际油价的波动尚缺乏应变能力；我国的经济军事实力尚不足以保障海外石油供应线的安全；进口原油和油品需支付大量的硬通货；进口还会进一步加剧石油与石化行业的人员与设备过剩；而且，伴随着全球的迅速工业化，下个世纪可能又会出现全球石油供应紧张和油价上升。因此，在世界范围内拥有丰富的油气资源储备和足够的生产能力是更为重要的途径，也是石油行业跨国经营的主要方面。

由于我们尚无这方面的经验，根据前述国际石油勘探开发市场的特点，目前的方针拟为“多途径、多区块、少股份”。具体途径与方式有以下 3 条。

2.1　购买储量

如直接收购或投标参与未动用储量的开发；收购拥有一定储量的小油公司；购买业已开采，但还有一定剩余可采储量的老油田等。这种做法风险小，但利润也小，有些老油田进一步提高采收率的难度较大。因此，各大油公司仅将其作为储量替补的辅助手段。

目前世界油气储量年交易量约为 1 亿吨，约相当于年新增储量的 1/40～1/30；价格约为 20～30 美元 / 吨，略高于我国大部分地区的勘探开发成本。

2.2　获得勘探开发股份的转让

国际上许多油公司为分散风险或筹集资金，将其已获许可证区块的部分勘探开发或生产股份出让。其优点是在区块评价期间无须投入资金，由对方提供全部资料，可利用这些资料对区块作深入的评价。缺点是，转让方要求参与方支出比已发生费用更多的资金，作为对先期风险的补偿。这是现阶段最现实的途径。

2.3　独自或组成集团向资源国申请勘探开发权利

由资料包购买、评价、投标、谈判签约到勘探开发作业全由我们自己完成或参与共同决策、实施。其优点是，可以主动地从全球范围来筛选有远景的区块；与上述两种方式相比，成功后的利润最大。缺点是需较多的投入，风险大。

从我们这几年的经验看，中东、北非及巴布亚新几内亚等亚太地区具有丰富的石油资源条件，但缺乏经验、技术和人员，正好与我们形成互补，可将其作为重点地区；北美、南美等经营的政治、经济环境较好，但主要是一些老油田项目，需独特的技术专长；苏联，尤其是俄罗斯，虽具优越的资源条件，但主要缺乏的是资金投入，进入较难。

3 几点建议

进入国际石油勘探开发市场，可以说是我国石油工业的第二次创业，其组织实施需要认真的讨论。这里提几点原则性的意见。

（1）解放思想、转变观念。到海外找油，必须首先改变几十年形成的石油勘探开发对象仅限本土的观念，建立起在全球范围内按经济效益选择勘探开发对象的思想。

（2）政府应积极支持中国石油天然气总公司跨国经营，授予其投资权与经营权。具体地说，一要简化投资决策程序。石油项目具很强的时间性，若按现有法规（如"关于在国外开设非贸易性合资经营企业的审批程序和管理办法"和"境外投资外汇管理办法"）执行，报批周期太长，很难抓住时机。建议国家有关部门负责审批年度计划，具体项目由中国石油天然气总公司自行决策。二要在税收方面给予优惠，使因在国外风险勘探失利而损失的资金可由税收优惠得到一定的补偿。

（3）在起步阶段须集中力量，统一规划、统一组织、集中决策。

（4）建立机构要先选项目后设点，人员必须精干。油公司应与专业服务公司分离。

原载于:《科技导报》，1995 年第 2 期。

立足国内外两种资源发展石油工业

童晓光，朱向东

（中国石油天然气总公司国际合作局）

摘要：本文分析了陆上老油田的稳产潜力和陆上石油资源、沿海大陆架石油资源、海陆天然气资源勘探的基础，又对世界石油资源分地区进行了分析与评价，得出结论：发展我国石油工业要以国内资源为主，合理利用国外资源。这是长期的具指导性的我国石油工业发展战略。

主题词：石油工业；石油资源；石油储量；石油勘探开发；石油工业发展战略

四十多年来，中国石油工业的发展速度是很快的。1993 年原油产量达到了 1.4×10^8t（其中陆上 1.392×10^8t，海洋 0.0463×10^8t），成为世界第五大产油国。1964 年中国石油已达到自给，1973 年开始向日本出口原油 3004×10^4t，成品油 661×10^4t，达到出口量的高峰。20 世纪 80 年代后期，石油的增长速度明显趋缓，年增长 1%～2%，而国民经济高速度发展，对石油需求年增幅度在 7% 以上。因而，原油和成品油的出口量逐渐下降，而进口量逐年增加，至 1993 年，出口原油 1943×10^4t，进口原油 1565×10^4t，进口各种成品油 1750×10^4t，出口成品油 456×10^4t，油品的总量已经进大于出。这种趋势预计还要进一步发展。人们对此十分焦虑，提出了各种解决的办法，归纳起来主要有两种意见。一种意见认为中国的石油资源是丰富的，主要由于油价不合理，造成勘探资金短缺，勘探工作量少，因此探明储量少，产量上不去。这种意见有一定道理，增加资金投入必将增加探明储量。但也必须看到资源条件的制约作用。勘探的难度在增大，勘探的效益也将降低，投入与储量的增长比例不可能永远是一个常数。另一种意见是依靠进口原油。这确是一种现实办法，但对石油这样重要的战略物资过多依赖进口有较大的风险，连日本、韩国这样的石油资源小国也在努力改变纯进口的现状，而积极从事国外的石油勘探开发。

中央关于石油工业的方针中指出，发展石油工业要以国内资源为主，合理利用国外资源。这为中国石油工业的发展指明了方向，一方面要挖掘我国自身的资源潜力，尽快把原油价格提高到国际油价，从而增加石油工业的资金积累，增加勘探工作量，还要引进国外的资金和技术，加深我国的石油勘探和开发，增加石油的探明储量；同时也要开拓海外的石油勘探开发，利用国外石油资源。下面将对此问题作进一步分析。

1 充分发挥陆上老油田稳产的潜力，力争延长稳产年限

中国陆上共有 21 个油区，约有 56500 口油井，日产约 385000t；23000 口注水井，日注水量达 $220\times10^4m^3$。主力油田均已达采油的中后期，含水率达 80%。油井自然递减率

达 14%～15%，油田保持稳产已经十分困难。目前采取的主要办法：第一，加密钻生产—调整井，如 1993 年完井 8000 口，但每口新井增加的产量和新控制的储量逐年下降；第二，对老井的大量作业，但作业的效果也逐年下降；第三，大力开采稠油油田，稠油年产量已超过 1000 万吨，但生产稠油的作业费用较高。即使如此，有几个老油区的总体产量已成为负增长，如华北、中原、胜利、河南、玉门。

不过，老油田的潜力还是巨大的，如大庆油田在年产 5000×10^4t 以上已稳产 18 年，含水上升速度得到控制而减缓。从总体上说，老油田提高采收率还有余地，除了继续上面提到的几项办法外，还可采取一系列技术措施，如剩余油分布的研究和油藏数值模拟，三维地震和井间地震确定砂体形态和储层参数，改进注水和生产剖面，堵塞大孔道，提高水驱效率，在高含水井中侧钻，扩大注聚合物的规模等，从而力争将采收率提高 3%～5%。要继续动用老油田附近已探明的质量和丰度较差的储量。当然，也应该看到老油田的稳产是有限度的，而且是以大量的投入为代价。预计这种稳产可能持续到 2000 年左右。

2 进一步勘探陆上石油资源

据 1993 年的资源评价，陆上石油资源为 600 多亿吨，现有三级储量约占资源量的 27%，还有大量资源有待勘探。从宏观分析，中国陆上资源潜力很大，但必须指出具有具体勘探目标的潜在资源量只有约 100×10^8t，其余为没有具体勘探目标的推测资源量。因此勘探是有风险也有难度的。从 1986 年起，每年实际新增石油储量（5～6）$\times10^8$t。预计在今后一段时间内总体上可保持在这一水平。近年来新增储量的质量有所下降，尚有相当数量的储量因质量较差而尚未投入开发。

分区的勘探现状和潜力分析，将提供更为清晰的图案。

（1）东部地区是我国石油的主要生产区，石油资源最丰富，勘探程度最高。剩余的潜在资源量约为 45×10^4t，是比较现实的勘探潜力。因此，东部地区加大力度勘探仍可增加储量，目前仍然是储量增长的主要地区。

（2）中部地区剩余的潜在资源量约 8×10^8t，为现实的勘探潜力，但该地区以岩性油藏为主，或勘探难度较大，或开发建设成本较高。

（3）西部地区勘探程度最低，潜在资源量约 48×10^8t 西部储量增长的速度，近年来有所提高，今后可能还会进一步提高，已成为勘探的重点。但或勘探的难度较大，或开发的难度较大。要依靠新的找油理论和先进的勘探开发技术。目前除了我们自己加强勘探外，经国务院批准，分期分批地向外开放陆上石油勘探区块，对外招标，利用外国公司的资金和技术，加快勘探开发的速度。

3 开发沿海大陆架的石油资源

大陆架经过十几年的大规模勘探，已探明的储量约为 10×10^8t，尚未充分动用。现在进入油田开发的高峰期，今后几年内产量将有较大幅度的增长。1993 年产量为 463×10^8t，预计 1997 年可达 1200×10^4t。

另一方面，大陆架的总资源量约 246×10^8t，储量探明程度很低，今后必将会有新的油气发现。

此外，南沙海域，在我国传统边界线内，沉积面积为 29 万平方千米，有万安、曾母、文莱—沙巴、四拉望和礼乐滩 5 个大中型含油气盆地，是一个潜在的远景区。由于各种因素的限制，还不是一个现实的油气生产区。

海洋石油勘探有其特殊困难，勘探投资大，开发成本高，往往使许多油田由于经济效益低而不能投入开发。从 20 世纪 80 年代对外开放以来，到 1992 年底在对外开放区，共投入勘探资金 27.89 亿美元，开发资金 16.01 亿美元，合计 43.90 亿美元。在自营区投入勘探资金人民币 18.3 亿元，开发资金人民币 23 亿元，合计 41.3 亿元。与新发现的储量和新形成的产量规模相比，代价是比较高昂的（上述资金还发现了天然气储量并形成产量）。

4　海陆两部分的天然气都将有较大的发展

天然气的资源量为 30 多万亿立方米，已发现的储量比例很低，尚有潜在资源量约 $5\times10^{12}m^3$，推测资源量约 $29\times10^{12}m^3$。所以发展的潜力很大。长期以来由于过低的价格使天然气的勘探开发受到限制，也由于对天然气的聚集规律认识程度较低，储量产量的增长都比较缓慢，天然气的年产量从 1979 年的 $137\times10^8m^3$ 到 1993 年的 $162\times10^8m^3$，在油气总产量中所占比例很小。然而从 20 世纪 90 年代起储量的增长明显加速。1991 年以来连续 3 年年增储量超过 $1000\times10^8m^3$，出现了一个天然气储量的高峰。仅长庆油田近年来探明的天然气就超过 $2000\times10^8m^3$，沿海大陆架也发现了崖 13-1 大气田。海陆的输气管线已开始建设，必将随之出现天然气产量的高速增长期。在陆地部分有可能在 20 世纪末年产达（200～250）$\times10^8m^3$；在大陆架部分预计 1997 年年产可达 $40\times10^8m^3$，20 世纪末可达到 $200\times10^8m^3$。即全国 20 世纪末的天然气产量可达到 $400\times10^8m^3$。

此外，世界上已经突破了煤层气的开采技术，如美国煤层气年产量约为 $150\times10^8m^3$，与中国天然气总产量相似。中国是个煤炭资源大国，煤层气的远景巨大，据估算埋深小于 1000m 的煤层气可采资源量为 $7.45\times10^{12}m^3$。外国公司对开发中国煤层气表现出极大兴趣，预计煤层气的产量也会有大的增加。

5　国内原油供求的总形势

我国油品的需求有各种预测，根据中国石化总公司对未来 15 年的预测，国民经济按 9% 的速度增长，油品需求的弹性系数为 0.7（2000 年）～0.5（2010 年）。油品需求量如下：

1995 年，（1.4～1.5）$\times10^8$t；2000 年，（1.9～2.0）$\times10^8$t；2010 年，（3～3.5）$\times10^8$t。

据海洋石油总公司预测，20 世纪末，大约能产油 2000 万吨，似乎是比较可靠的。中国石油天然气总公司预测20世纪末陆上年产油（1.4～1.5）$\times 10^8$t，达到这个指标有一定的难度，但有可能实现。

天然气的高速增长有可能对石油的需求有一定的替代作用。因此，20世纪内石油有一定的缺口，但年缺口量不会超过（2000～3000）$\times 10^4$t。

预计21世纪开始，老油田递减将进一步加速，石油缺口将继续加大，石油供需的形势将更为严峻。因此，站在长远的战略高度考虑问题，未雨绸缪，是十分必要的。

6 积极利用外国资源

改革开放以来，中国石油行业在引进外资和外国技术方面已取得了巨大成绩，在国外的石油工程劳务承包方面也有一定进展，但在跨出国门从事油气勘探开发方面，还处于初始阶段。中国有可能利用外国的油气资源，主要是因石油资源在全世界的分布极不均匀，这是由石油地质条件的差异性决定的。

世界各地的石油资源，不同机构和不同年份的估算值不完全一致，但相对比例是近似的。

1991年油气杂志所作的报道见表1。

表1 《石油杂志》报道世界主要产油国的石油资源

位次	国家	原始可采资源量（10^8t）	探明储量（10^8t）	待发现资源量（10^8t）	至1990年年底累计石油产量（10^8t）	剩余可采资源量（10^8t）	储采比
1	沙特阿拉伯	499.2	356.2	57.5	85.7	413.7	112
2	苏联	401.6	78.1	169.9	153.7	247.9	14
3	美国	349.3	35.6	97.3	216.4	132.9	11
4	中国	236.0			*22.7	213.3	
5	伊拉克	229.3	137.0	61.1	30.7	198.6	132
6	伊朗	211.1	86.3	71.2	53.6	157.5	55
7	委内瑞拉	194.1	80.8	52.1	61.2	132.9	77
8	科威特	174.1	132.9	5.5	36.3	138.4	194
9	阿联酋	161.4	77.0	67.1	17.3	144.1	75
10	墨西哥	146.4	37.5	84.9	24.0	122.5	29
11	加拿大	72.7	7.9	45.2	19.6	53.2	11
12	利比亚	66.0	31.2	11.0	23.8	42.2	46
13	尼日利亚	54.1	23.4	12.3	18.4	35.8	26
14	印度尼西亚	47.5	15.1	13.7	18.8	23.8	23

续表

位次	国家	原始可采资源量（10^8t）	探明储量（10^8t）	待发现资源量（10^8t）	至 1990 年年底累计石油产量（10^8t）	剩余可采资源量（10^8t）	储采比
15	挪威	46.0	10.4	30.1	5.5	40.6	13
16	英国	37.1	5.2	17.8	14.1	23.0	6
17	阿尔及利亚	26.7	12.6	2.7	11.4	15.3	32
18	埃及	20.1	6.2	6.8	7.1	13.0	14
19	印度	19.2	11.0	4.1	4.1	15.1	32
20	巴西	18.8	3.8	10.9	4.0	14.8	12
21	澳大利亚	13.6	2.2	6.8	4.5	9.0	8
22	阿曼	13.2	5.9	2.7	4.5	8.6	18
23	阿根廷	13.2	3.2	2.7	7.3	5.9	14
24	马来西亚	12.5	4.0	5.5	3.0	9.5	13
25	卡塔尔	12.3	3.7	2.7	6.0	6.3	19
26	哥伦比亚	9.7	2.7	2.7	4.2	5.5	12
27	突尼斯	8.9	2.3	5.5	1.1	7.8	57
28	罗马尼亚	8.8	0.9	1.4	6.4	2.3	12
29	也门	8.5	5.5	2.7	0.3	8.2	57
30	厄瓜多尔	8.4	1.9	4.1	2.3	6.0	14
31	安哥拉	7.9	2.9	2.7	2.3	5.6	12
32	文莱	7.4	1.9	2.7	2.7	4.7	28
33	秘鲁	7.1	0.5	4.1	2.5	4.7	8
34	特立尼达	7.0	0.7	2.7	3.6	3.4	8
	合计	3149.8				2271.1	

注：* 国外报道的数据。（据张绍海）

这个表清晰地表明了三个问题：

（1）石油资源的分布是极不均匀的，中东 8 个国家占中国以外剩余可采资源量的 52.40%，南美 7 国占 14.4%，苏联占 12%，北美 2 国占 9%，非洲 6 国占 5.6%，欧洲 3 国占 3.2%，亚太 5 国占 3%。

（2）现有的剩余可采石油储量也极不均匀，剩余可采储量最多的国家，仍然在中东，储采比最大的国家也是中东诸国。这些国家如按当年的年产量计算，已探明的储量就可生产 50 多年到 100 多年。

（3）目前已采出的石油为800多亿吨，不足总资源的三分之一，已探明和待发现的资源占三分之二以上，随着勘探技术的提高和勘探的进展，总资源量还可能增长，全世界还有石油勘探的潜力。

上述石油资源分布特点和存在的潜力是跨国勘探开发的物质基础。

另一方面石油资源比较丰富的国家，多属第三世界，经济较不发达，石油勘探开发技术与设备比较落后，急需引进外国的资金和技术。有许多国家一直采取各种形式与外国公司合作开发石油资源。一度依靠自己力量开发石油的国家，现在也逐渐与外国公司合作引进其技术和资金。一些资金雄厚、技术先进的国家，石油资源的勘探开发一直由私营企业经营，并不排斥外国公司进入。因此，石油勘探开发的跨国经营已成为世界石油工业的一大特点，世界上一些大石油公司，往往国际部分的业务大大超过了国内部分。如EXXON公司，国外部分约占70%。即使一些中小石油公司也都采取跨国经营的方针，在世界范围内选择勘探开发市场；有些第三世界的国家石油公司，虽然技术力量比较弱，起步比较晚，仍然积极从事跨国经营，如马来西亚、印度的国家石油公司。日本是一个缺乏资源的用油大国也不满足于单纯进口石油，在技术十分薄弱的情况下，各私营石油公司积极参与国外油气勘探开发，日本政府通过石油财团给予财政上的大力支持：70%左右的资金由政府支出，如果勘探失利就自沉没。韩国也采取了与日本相似的方针。

石油勘探开发的跨国经营，出现了石油资源主权国和外国石油公司这样既矛盾又统一的两个方面。资源主权国与外国公司合作的目的是了加速本国石油资源开发和经济发展，力争获得较多的利益，从而制定出有关的法律和条例；外国公司进入的目的也是为了获得利润。只有双方找到一个结合点，合作才有可能。一般来说石油资源丰富，作业条件好的国家，要求的条件比较苛刻，因此，当中国石油公司要跨出国门到国外勘探开发石油时，就要全面分析各个国家的法律条款和社会、政治、经济、交通、油气集输条件，评价各个国家及其合作区块的资源条件。

6.1　中东地区

中东是世界上油气最丰富的地区，已探明的剩余可采储量、总资源量和目前的原油产量都居世界首位。至1994年底剩余可采储量石油为904.51×10^8t，天然气为$45.15\times10^{12}m^3$；而1994年中东各国石油总产量为9.3×10^8t，平均储采比接近100。有一批相当大油气田没有开发生产。近年来仍有油气田发现，所以是一个勘探开发潜力很大的地区，由于有一批已经探明的油气田可以合作开发，大大降低了地质风险。

中东的资源大国为沙特阿拉伯，其次为伊拉克、科威特、伊朗、阿布扎比。各个国家对外合作政策不同，沙特阿拉伯对外石油合作集中于下游工业。

由于联合国对伊拉克的贸易禁运，目前的油气勘探没有正常开展，原油生产维持在比较低的水平，1994年年产2600×10^4t。一大批已探明油气田有待开发，对各大石油公司都有很大吸引力。伊拉克正通过各种途径与其他国家政府和石油公司秘密商谈合作，如法国的道达尔和埃尔夫与伊拉克达成了共同开发两个油田的原则协议。伊拉克还与俄罗斯政府草签了价值100亿美元的贸易、工业及石油项目合同，此外，伊拉克正与德国、英国、美国、土耳其及韩国等国的石油公司商讨合作勘探开发油气资源问题。与伊拉克的石油合作有较大的政治风险，但同时又是一个极好的机遇，贸易禁运解除后，再谈合作可能为时已晚。因此，抓住这个机遇，签订一个油田开发生产的协议是十分有利的，更何况伊拉克对中国有数额较大的欠款，通过开采出的石油偿还是最现实的途径。

科威特的石油资源也很丰富。现有的可采储量按现在的年产量可开采 180 年，而且还有一定勘探潜力。海湾战争后，恢复生产和扩大勘探开发均需资金，目前正与外国石油公司商谈联合开发日产达 2050～2736t 的 Ratqa 油田。另外，出于安全考虑与包括中国在内的安理会常任理事国进行石油合作也是政治上的需要。中国在科威特油井灭火及其他石油工程项目承包中都已建立起良好的信誉。所以科威特是一个值得重视的合作油气勘探开发国家。

伊朗的剩余石油可采储量为 122.26×10^8t，略低于科威特，但天然气可采储量达 $21\times10^{12}m^3$，是中东最大的天然气资源国。勘探也有潜力，最近发现了地质储量约 9.58×10^8t 的大油田和储量为 $3\times10^{12}m^3$ 的大气田。伊朗的资金短缺，钻井数量大幅度下降，开发投资大大减少，一些大型油田开发工程不能获得国际财团的资金；部分老油田地层压力降至很低的水平，地面生产设施老化，难以维持正常的生产。因此，伊朗急于引进外资，与一些外国公司谈判联合开发油气田。最近美国对伊朗实行贸易制裁，而中国与伊朗的关系较好。通过双边谈判，争取较好的合同条款和较好的油气田共同开发，也是可能的。

阿联酋也是中东五大石油资源国之一，剩余可采石油储量为 134.38×10^8t，天然气 $5.79\times10^{12}m^3$，近年来也有新油田发现。除项目承包外，油田勘探开发通过公开招标和双边谈判两种形式与世界石油公司合作，所以，也是一个可供选择的地区。

中东其他国家的油气资源与上述五国相差很大，但依然是有前景的，如阿曼、卡塔尔、也门等，也都值得探索。

6.2 独联体地区

独联体的油气资源也是比较丰富的。石油可采储量达 471.5×10^8t；天然气可采储量达到 $107.2\times10^{12}m^3$，占世界的 32.73%。

独联体的资源约四分之三在俄罗斯境内，俄罗斯的勘探工作量、新增储量及油气产量均呈下降趋势。俄罗斯采取了积极对外开放的姿态，如 1994 的科米地区的三个区块对外招标，阿斯特罕州的一个大型含硫凝析气田和两个勘探区块进行国际招标，萨哈林地区进行了四轮招标，秋明地区有 15000 平方千米分成 21 个区块对外招标，1995 年东西伯利亚的 7 个区块对外招标；同时还采取成立合资企业等形式进行合作。目前已签订了一大批项目，其中最大的项目可能是五家外国公司联合开发萨哈林两个油田，预计投资 100 亿美元。

俄罗斯丰富的石油储量，尤其是估计有数百亿吨未发现资源，对外国公司的吸引力极大。主要问题是税收不断变化，1990 年 11 月前只有 4 种，1994 年增加到 12 种；其次是政局的稳定性。

中国进入俄罗斯的障碍除了上述问题外，主要是资金。俄罗斯急需资金，我们资金也短缺；另外，俄罗斯的作业费用与人员成本与我国相当，我国低廉的劳动力成本等失去优势。但从资源条件看，俄罗斯依然是中国跨国勘探开发油气的重要选择对象，如从东西伯利亚引进天然气就是一个可能性较大的项目。

独联体还有一些油气资源比较丰富的国家，尤其是中亚与我国相邻的土库曼斯坦和哈萨克斯坦，是可供选择的重点地区。这些国家积极对外开放，政局和税收政策也较稳定。但这些国家处于内陆，油气运输，尤其是气的运输是一个重大的制约因素。

6.3 亚太地区

资源的丰富程度与上述两地区相比，明显较差，但其优点是多数国家法制健全，又邻近我国，相当多的地区邻近海岸，油气运输方便。仍然是可供选择的地区，可根据各国的合同条款和区块的资源条件逐块评价。

6.4 南美地区

南美的油气资源相对比较丰富，主要集中在委内瑞拉、巴西、哥伦比亚、阿根廷和秘鲁。近几年这些国家不断有新的油气发现，有的规模还比较大。其中委内瑞拉是世界级油气资源大国，剩余可采储量石油 $88.3\times10^{8}t$，天然气 $3.7\times10^{12}m^{3}$；估算的待发现资源规模也比较大，这些国家采取了石油工业私有化和积极引进外资的方针；但如委内瑞拉这样资源条件比较好的国家，合同条款比较苛刻。对拉美也应该积极寻找有利的区块。

6.5 非洲

油气资源与亚太相似。但分布极不均匀，北非较丰富，其次是西非。近年来非洲中西部的勘探成功率很高，如喀麦隆达53%，刚果50%，扎伊尔41.2%，加蓬和安哥拉为32%，大大高于世界平均水平。非洲大部分地区勘探程度低，油气发现的机会较多，后又急需引进外资，是一个有吸引力的地区，其主要问题是政局不够稳定。

6.6 北美地区

北美是一个油气产量大，储采比相对较低的地区，所以不能作为我国的主要选择对象，但美国的体制决定了其区域勘探程度低，在老油区和老油田中的进一步发现是完全可能的，可以找到投资很少的区块。通过中国比较丰富而又低劳务成本的人力资源，详细研究老资料，寻找合适的区块仍然是可能的。但北美的环保条例非常严格，这是一个需要十分重视的问题。

进行国外的油气勘探开发，首先要取得勘探开发的权利，目前在世界上获得油气勘探开发的权利，主要有以下几种形式：

（1）独资或组成集团向主权国申请勘探许可证。

（2）从已获得勘探许可证的公司（或公司集团）的转让获得股份。

（3）从获得生产许可证的公司（或公司集团）购买正在开发生产油田的部分或全部

股份。

（4）通过双边谈判获得勘探开发的权利，或与主权国合作开发。

各种途径都有相对的优缺点，关键是做好项目的投资环境评价、地质资源评价、工程评价和经济评价。

中国石油天然气公司、中国海洋石油总公司和中国联合石油公司都已经有了少数小型国外油田开发项目，但规模极小。当前国际油价较低，从而提供的石油勘探开发机会较小。这正是中国石油工业走向世界的大好时机，完全可以依靠我国强大的石油工业技术力量和丰富的勘探开发经验，开拓石油跨国经营的新局面。当前，中国的跨国石油勘探开发急需解决的问题还很多，归纳起来大致有以下几点：

（1）认识问题，即跨国石油勘探开发的必要性。

中央已明确要利用两种石油资源，以国内为主，国外为辅。然而这一方针要被大家所普遍认识和接受却需要一个过程。只有认识提高了，才可能采取积极的步骤。

（2）资金问题。

跨国勘探开发的基本条件是资金，目前资金没有来源。跨国勘探开发石油，尤其是勘探阶段，风险很大，不能依靠银行贷款；中国石油天然气总公司自身的资金也比较紧张，独立承担风险也有较大困难。最好能建立石油风险勘探基金，其来源由国内石油储量使用费中按一定比例提取。

（3）政府应授予中国石油天然气总公司海外石油勘探开发项目的投资权。海外石油勘探开发项目具有很强的时间性，如果按目前的有关法规，报批的周期太长，很难抓住机遇。建议由国家有关部门负责审批年度计划，具体项目由石油天然气总公司自行决策。

（4）实行税收优惠。

按许多西方国家的做法，税收统一计算。一个地区勘探失利沉没的资金，可以充抵公司的税收，从而鼓励中国的石油公司跨国经营。

（5）人才问题。

跨国经营必须要有相应的管理人才。虽然在对外合作过程中已经培养了一些人，但从数量和质量上均不能满足需求，培养跨国经营的人才，也是当务之急。

原载于：《西南石油学院学报》，1996 年第 1 期。

21 世纪的中国石油勘探将逐步走向世界

童晓光

（中国石油天然气勘探开发公司）

油气勘探不仅是一种科学探索，而且首先是一种经济活动。

中国地质家的主要力量长期集中在国内工作，对全球了解甚少；石油信息机构过去对国外地质、勘探开发调研的目的，主要是为了“洋为中用”，对全球的石油地质基本上没有研究。当务之急是要拓展视野，系统地对全球石油地质和勘探开发现状进行研究，寻找有利地区和项目。

一

半个世纪以来，中国的油气勘探取得了举世瞩目的光辉业绩，从所谓贫油国一跃成为世界第五大产油国，1963 年达到了原油自给，此后又成了石油出口国。高峰出口原油曾达 3004 万吨 / 年（1973 年）。然而，从 1993 年开始，中国又成了石油进口国，进口量呈不断上升趋势。

在这种形势面前，中国石油界和经济界，出现了两种不同的观点。

一种观点认为，中国有丰富的油气资源，现已探明地质储量约 200×10^8t，预计还可以探明 300×10^8t。目前的产量不能满足国内的需求是由于勘探工作量不足所造成的。只要加强勘探，中国有可能油气自给自足，中国的石油工业应该立足于国内，也必须立足于国内。

另一种观点认为，中国的油气资源还有较大的勘探潜力和开采潜力。总体上看，陆相地层（包括煤系地层）的潜力较大，海相地层的潜力较小。勘探和开采难度正在逐渐增大，有经济效益的储量大大小于 300×10^8t，仅仅依靠中国自身的油气资源，难以满足国民经济发展对油气的需求。这种供需的缺口将越来越大。

据国外 8 家机构的 10 次预测，中国石油的需求在 21 世纪初的二十年内将以平均每十年 50% 的速度增长，到 2020 年达 5×10^8t。而国内 8 家机构的预测，每十年的增速为 30%，到 2020 年达 3.5×10^8t。

石油的供需关系决定于供给和需求两个方面。需求决定于国民经济的发展速度，国民经济的结构变化，能源的结构变化和人民生活水平的提高，这方面的内容完全是经济学讨论的范畴。而供给问题在相当程度上是石油地质学和石油经济学的问题。国内的石油供给能力由现有老油田经济产量的变化趋势和待发现经济可采资源的预测决定。

因此，不同的学者得出的结论，具有较大的差异，但总的趋势是一致的。严绪朝等的预测，国内原油需求和国内原油产量 2000 年分别为 2×10^8t 和 1.65×10^8t，2005 年为

2.5×10^8t 和 1.73×10^8t，2010 年为 3×10^8t 和 1.8×10^8t，2015 年为 3.6×10^8t 和 2×10^8t，2020 年为 4.1×10^8t 和 1.8×10^8t。

二

两种不同的观点，对未来石油工业的发展将产生两种方针。根据第一种观点，中国还可以探明 300×10^8t 石油，近似地折算成 100×10^8t 可采储量，约占全球待探明可采储量的五分之一，那么，可以得出结论：应该集中全部力量于国内勘探。在国内勘探有许多有利条件，最根本的是资源国与油公司在利益上的统一，并大大有利于现有专业服务队伍的劳动力市场，而且对中国的石油安全是最好的保证。

但从第二种观点出发，在继续强化国内的勘探开发力度、发展中国石油工业的同时，要充分利用国外油气资源，尤其是加大国外油气勘探开发的力度，补充国内供应的不足。

1991 年 CNPC 提出了跨国经营作为三大战略之一，尤其是 1993 年中央提出利用国内外两种资金，两种资源和两个市场的方针以来，CNPC 的跨国勘探开发逐渐起步，已取得了明显的效果，1999 年 CNPC 国外份额油产量达到 250×10^4t。2000 年预计可达到（500～600）$\times 10^4$t，为 CNPC 产量的二十分之一以上。必须看到，这是在投入的人力、物力极有限和投资极为困难的情况下取得的。从事跨国勘探开发的人员仅 300 人，平均年龄只有 33 岁。在国外进行勘探开发还带动了劳务和物资的出口，仅苏丹 1/2/4 区块一个项目出口金额约 14 亿美元。

苏丹 1/2/4 区块，合同区面积约 5×10^4km^2，是中新生代裂谷盆地—穆格莱特盆地的组成部分，累计探明石油地质储量 4.24×10^8m^3，在短短一年半时间内建成日产 2.19×10^4t 的能力，平均单井日产在 205.5t 以上，主力产层白垩系的本蒂组，生油层为白垩系的阿布加布拉组，区域盖层为阿勒台巴组，构成了良好的生储盖组合，储层为石英砂岩，物性好，孔隙度为 25% 左右，渗透率为数百二次方微米至 2 二次方米，主力油田黑格里格油田和尤尼克油田，以及其他 4 个油田已投入生产。还有 2 个油田和 2 个稠油油田待开发。

哈萨克斯坦阿克纠宾油气公司有三个许可证，二个油田是已开发的老油田，一个油田待开发，都位于滨里海盆地的东侧。扎纳诺尔油田，产层为石炭系碳酸盐岩，平均孔隙度约 10%，平均渗透率为 51.1～69.9 二次方微米，探明地质储量约 4×10^8t，可采储量 1.18×10^8t，溶解气储量 1098×10^8m^3，可采 321×10^8m^3，采出程度约 7%，1999 年年产 205×10^4t，预计 2～3 年内可将产量提高到 340×10^4t 以上。

肯基亚克盐上油田，产层自侏罗系至上二叠统的砂岩，主力产层为中侏罗统，埋深约 400m。地质储量 8645×10^4t，可采储量 2585×10^4t，已采出 1134×10^4t。据最近复算在白垩系和中侏罗统上部尚有地质储量 3567×10^4t 尚未动用。1999 年年产 25×10^4t，预计 2～3 年内可将产量提高到 50×10^4t 以上。

肯基亚克盐下油田有两套储层。下二叠统地质储量 3398×10^4t，可采储量 529×10^4t，为低孔低渗的岩性油藏，石炭系地质储量 7716×10^4t，可采储量 2313×10^4t，平均孔隙度约 10%，平均渗透率约为 19 二次方微米，为异常高压油藏，压力系数达 1.8。目前尚未投入开发。

此外较大的项目有委内瑞拉的英特甘布油田、卡拉高莱斯油田、秘鲁塔拉拉油田的六、七区块，较小的项目有加拿大、泰国等项目，已签合同尚未作业的伊拉克艾哈代布项目。

三

进入21世纪经济全球化的趋势正在加速。由于全球石油资源分布极不均匀，全球各国之间资源的富集程度差别极大，再加资金、技术、消费水平的差别，石油工业一开始就具有全球性，涌现了一批跨国石油公司，不仅存在全球范围的石油贸易，而且有石油资本的输入和输出，石油技术的输入和输出，还直接从事跨国的石油勘探和生产。20世纪50年代中东的国有化曾使跨国公司的活动受到压制，但后来又逐渐恢复。除欧佩克组织各国的国家石油公司以外，世界上的大石油公司无不是跨国经营的。美国是一个油气资源丰富的国家，但美国的大石油公司，包括一些独立公司都是既经营本国的石油业务也从事国外的石油业务，如1998年埃克森原油产量为0.8×10^8t，而国内生产仅0.34×10^8t，美孚原油产量为0.28×10^8t，国内产量为0.12×10^8t，国外产量大大高于国内产量。

CNPC的石油勘探与生产要从中国走向世界不仅是中国石油供求的需要和中国石油安全的需要，也是CNPC公司业务自身发展的需要。跨国经营将使CNPC在全球范围内挑选有利的勘探开发区块，从而提高勘探成功率和经营效益，也能带动更多的劳务和物资装备出口，使CNPC真正跻身于世界跨国大石油公司的行列。

四

石油勘探开发进入国际市场，将产生一些新的特点，最基本的一点是出现了油气资源国与外国石油公司的关系，两者之间有共同的利益，也有矛盾，资源国为了保护自身的利益，制定了一系列法律和标准合同。外国公司的勘探开发活动必须遵循法律和所签订的合同。国际大油公司所以在全球勘探开发中取得成功，就在于它有雄厚的资金，先进的技术和科学的管理。这是许多资源国所缺乏的，因此，形成了优势互补。

CNPC在上述各方面都还有差距，但也有许多优势。如中国与资源国良好的关系，人力资源丰富、人工成本较低，有深入进行地质研究的传统。在资金、技术、管理方面一般也好于资源国，通过努力，仍然可能进行合作。

中国地质家的主要力量长期集中在国内工作，对全球了解甚少，过去石油信息机构，对国外地质、勘探开发调研的目的，主要为了“洋为中用”，对全球的石油地质基本上没有研究。当务之急，是要拓展视野，系统地对全球石油地质和勘探开发现状进行研究，寻找有利地区和项目。在确定项目时最重要的是观念的转变。我们许多地质家长期在一个地区工作，坚韧不拔地构思出各种油气聚集的模式进行勘探，取得了丰硕的成果，这是非常可贵的精神。但在全球范围内挑选勘探开发区块，就要进行深入的客观的评价和比较；既要看到有利方面，也要看到不利方面。就一个具体的成藏组合和圈闭而言，就要作出定量的资源评价和风险分析，以及经济评价，进行风险和可能收益之间的比较。油气勘探不仅是科学探索，首先是一种经济活动。

在一个项目的经营中必须按照合同的规定，合理地进行投资、部署、建设、生产，尽量降低风险，获取最大利润。

原载于:《石油科技论坛》，2000年第5期。

21世纪中国石油勘探应加速走向世界

童晓光

（中国石油天然气勘探开发公司）

半个世纪以来，中国油气勘探取得了举世瞩目的光辉业绩，不仅1963年达到原油自给，而且高峰年出口达3004万t。然而1993年起，中国又成了石油进口国，进口量呈上升趋势。2000年第一季度净进口超过2000万t。

对于中国石油供给的未来前景，石油界和经济界出现了两种观点，一种较为乐观，认为21世纪上半叶仍可立足国内；另一种观点认为在2015年左右，自给率将降到50%以下。两种不同的估计，就会产生不同的石油工业发展指导方针。根据前一种观点应将主要力量集中于国内；根据后一种观点，要加大国外油气勘探开发的力度。

1991年CNPC就提出了跨国经营作为三大战略之一，尤其是1993年中央提出利用国内外两种资金，两种资源和两个市场的方针以来，CNPC的跨国勘探开发逐渐起步，取得了明显效果。预计2000年海外项目的总产量可达1100万～1200万t，份额油产量可达500万～600万t。

经济全球化趋势正在加速发展，除资源丰富的国家石油公司外、世界大石油公司无不都是跨国经营，在世界范围内选择勘探开发项目。西方的大石油公司往往国外产量远远大于国内产量。中国石油勘探与生产要从中国走向世界不仅是中国石油供求的需要和中国石油安全的需要，也是各大石油公司自身发展的需要，从全球范围挑选有利勘探生产区块，从而提高勘探成功率和经营效益。

原载于:《西部大开发科教先行与可持续发展——中国科协2000年学术年会文集》，2000年。

中国在俄罗斯东西伯利亚地区油气合作如何起步？

童晓光

（中国石油天然气勘探开发公司）

俄罗斯是油气资源大国，探明剩余石油可采储量 67×10^8t，探明剩余天然气可采储量是 $48\times10^{12}m^3$，天然气储量排名世界第一。

俄罗斯是中国的近邻，因此把俄罗斯作为中国油气来源的最重要国家之一，积极在俄罗斯寻找油气勘探开发的机会是正确的。

俄罗斯国土辽阔，面积达 $1707.54\times10^4km^2$，东西宽约 7800km，南北长约 3200km，各地区之间的差别很大，包括经济发展水平、基础设施和交通条件、气候和人文等。

因此，在把俄罗斯作为油气合作的重点国家的前提下，需要进一步探讨俄罗斯哪一地区应该作为中国的首选目标。对此问题许多专家都进行过探讨，相当多的人都认为东西伯利亚地区应该作为重点地区。其依据是油气资源丰富，离中国最近，并且中俄双方已签订过许多合作备忘录和协议。但也应该看到，东西伯利亚地区多数已知油气田的勘探程度低、储量级别低、储量丰度低和油气田比较复杂。同时缺乏基础设施、作业环境差、交通运输困难，而投资又十分巨大。因此，对东西伯利亚地区的合作机会必须作具体深入的研究。

1 东西伯利亚地区的天然气项目合作机会分析

东西伯利亚地区天然气资源很丰富，已探明天然气储量估计在 $2\times10^{12}m^3$ 以上，主要集中在 3 个地区。

1.1 科维克金气田

位于伊尔库茨克东北 350km，离铁路和勒拿河较近，交通比较方便，是东西伯利亚基础设施和交通条件比较好的地区。

该气田是在区域单斜背景上的岩性上倾尖灭圈闭。圈闭面积约 $4000km^2$。初步控制含气面积 $2861km^2$，探明含气面积 $1404km^2$，预测和控制天然气储量 $8000\times10^8m^3$。而且不断有勘探工作量投入，据报道储量已增加到 $1.4\times10^{12}m^3$。

储层的有效厚度变化也比较大，平均有效厚度为 11～16.5m，孔隙度平均 14%，空气渗透率平均 $16.45\times10^{-3}\mu m^2$，为低孔低渗气田。储量丰度平均为 $2.2\times10^8m^3/km^2$，在中部实验区、储量丰度（5～6）$\times10^8m^3/km^2$，储量丰度比较低。

气井的生产能力较低，探井的无阻流量为（2.36 ～46.6）$\times10^4m^3/d$，大于 $15\times10^4m^3/d$

的高产区 590km^2。

对科维克金气田对外开放，已完成各项法律程序，开发许可证归露西亚石油公司所有。BP 公司是主要股东。

科维克金气田作为利用俄罗斯天然气项目的气源，中国石油进行可行性研究的时间较早，工作的基础比较扎实，应该作为首选项目，其有利条件如下：

（1）气田的规模大，可达年供气 $300\times10^8m^3$ 的潜力；

（2）是所有俄罗斯大气田中离中国最近的一个；

（3）东西伯利亚人口稀少，经济不发达，当地缺少大的天然气市场；

（4）中国是科维克金气田可供选择的最好市场。即使要将气送向韩国和日本，也需经过中国；

（5）科维克金气田是东西伯利亚各气田中，交通条件最好的一个。

最主要的不利条件是气田的储量丰度较低和单井产量较低，气田的建设费用较大，需要用新技术改造气层，努力提高单井产量。

1.2 萨哈共和国南部油气田群

地质上位于涅普—鲍图奥滨隆起，距科维克金气田约 900km。已探明 16 个油气田，天然气储量约 $1\times10^{12}m^3$，其中 $6700\times10^8m^3$ 在中鲍图奥滨、塔斯尤里亚赫、恰扬金和中维柳昌 4 个油气田，均为带油环的凝析气田，为构造背景上的断块—岩性气藏。气藏的主力产层是寒武系中鲍图奥滨组砂岩，其次为裂缝性碳酸盐岩，气层厚度较薄 10～20m，孔隙度 15%～20%，渗透率 $10\times10^{-3}\mu m^2$，单井产量（10～30）$\times10^4m^3/d$。

由于这些气田离中国的距离比科维克金气田要远 900km，而且基础设施差，交通和作业条件困难，可以作为科维克金气田的后备接替项目。

1.3 维柳伊气区

属于萨哈共和国，地质上位于维柳伊盆地，探明天然气储量 $4650\times10^8m^3$，其中中维柳伊和中秋恩格气田达 $3200\times10^8m^3$，占 68%。气层主要为下三叠统—上二叠统砂岩，储层物性好，孔隙度 20%～22%，平均渗透率（200～400）$\times10^{-3}\mu m^2$，单井产量高，平均单井日产 $40\times10^4m^3$，最高可达（75～100）$\times10^4m^3/d$，气田储量丰度达（11～19.2）$\times10^8m^3/km^2$。该气田位于科维克金气田东北 1645km，距离远，作业环境困难。气田储量规模小，不能成为单独的气源。该地区天然气待发现资源量较大，而且与中国东北的直线距离约 1000km，应该引起重视。

2 东西伯利亚的石油项目合作机会分析

东西伯利亚初步探明加控制的石油地质储量约 20×10^8t，比较现实的有两个目标，一是上乔油气田和塔拉坎油田，相距 150km，可以作为一个项目。另一个是尤罗勃金油气田。

2.1 上乔油气田

位于伊尔库茨克城北约900km。含油面积1200km^2，原油C_1+C_2级可采储量约2×10^{8}t，但储量丰度低。地质结构复杂，属于复杂油气田。储层分为4层，其中上乔组砂岩占全油田储量的82.5%，有效厚度6～10m，孔隙度10%～15%，渗透率几十至几百10^{-3}μm^2。轻质低凝油，相对密度0.84，已钻井108口，井距2～3km。

上乔油田位于伊尔库茨克州，开发许可证为露西亚石油公司所有。油田的交通和作业环境很差，大面积覆盖原始森林和沼泽化地区，无四季可通的公路，离铁路线约500km。

2.2 塔拉坎凝析油气田

位于上乔油田以东150km，属萨哈共和国。含油面积约210km^2，原始C_1+C_2级可采储量7573×10^{4}t（有报道为1.14×10^{8}t）。主力油层为下寒武统奥辛层碳酸盐岩，有效厚度约30m，孔隙度14%～15%，平均渗透率135×10^{-3}μm^2、单井产量12～15t/d。从1993年起开始生产，1996年8月修建从塔拉坎至维季姆镇的临时管线。油田开发许可证的申请已有萨哈国家公司、尤科斯公司和苏尔古特公司提出，萨哈国家石油公司有意与CNPC合作。

上述两个油田如建输油管线至伊尔库茨克约1000km，其储量太小。如果中方与其合作年产量有可能达1000×10^{4}t，所以可以合成一个项目进行可行性研究。主要的问题是投资量巨大，输油距离较长，在目前条件下经济效益是否可行，尚待研究。

2.3 尤罗勃钦油气田

位于克拉斯诺亚尔斯克州库尤姆宾村西南70km，为里菲系碳酸盐岩古潜山油气田。含油面积约3000km^2，探明和控制石油可采储量约3.6×10^{8}t。

此外还有天然气和凝析油储量规模也相当大，天然气的C_1+C_2地质储量达4148×10^{8}m^3，并含凝析油。

从地质与油藏的角度分析，该油田的勘探程度还不够高，对油藏的认识有待提高，目前以控制储量为主。探明储量比较小，合理的开发方案和采油工艺都有待研究。

尤罗勃钦油田位于中西伯利亚高原，平均海拔高程500～600m，冰雪覆盖期180～190天。作业环境很困难，但交通条件好于上乔油田和塔拉坎油田，离主要输油管线约500km。

尤罗勃钦油田的许可证由尤科斯公司所拥有。在尤罗勃钦油田的北面还有一个库尤宾油田，其许可证为斯拉夫公司拥有，该公司表示愿意合作。据该公司宣称A+B+C_1级石油可采储量1.97×10^{8}t，凝析油可采储量0.139×10^{8}t，天然气1746×10^{8}m^3。从已掌握的实际资料分析，勘探程度低，储量级别更低，而且油气藏很复杂。

3 合作策略

综上所述，东西伯利亚是一个油气资源丰富的地区，对我国来说，具有很大的吸引力。但同时也存在很大的难度，主要由于当地缺乏基础设施，作业环境困难、交通条件差，离油气市场的距离远，油田开发建设的投资大，要求有较大的储量规模。上述的 3 个可能项目之间也有一定的差别，应该区别对待。

3.1　科维克金气田项目客观条件基本成熟，应该作为首选目标，当前应尽快着手具体落实

（1）通过谈判获得科维克金气田的参股权，包括参股的百分比、股金购买金额和在气田开发生产中的地位，气田气价的定价原则，出口气量，俄罗斯用气量，中国用气量及其他国家用气量。

（2）输气管线的投资集团组成、选定管线的走向、位置、管径、管线所在国的土地租金、管输费的计算原则。

（3）中国用气量的市场调查。在中国境内销售气价的确定和天然气用户的调研和协议的签订。

（4）作出从气田建设、开采、管输以及俄罗斯的税收等全部内容的经济评价。

在此基础上作出科维克金气田天然气项目的可行性报告，报政府批准。

3.2　上乔和塔拉坎油气田项目

近期建设输油管线的条件还不具备，然而又是一个有希望的地区。如果急于求成，就可能投入大量资金无法回收。要采取稳妥的方针，逐步进入。

（1）先进行塔拉坎油气田的合作，以当地市场为目标的小规模开采。

（2）在萨哈共和国南部，塔拉坎油气田周围进行风险勘探，争取发现更多的油田。为了减少风险，可以先做联合研究（图 1）。

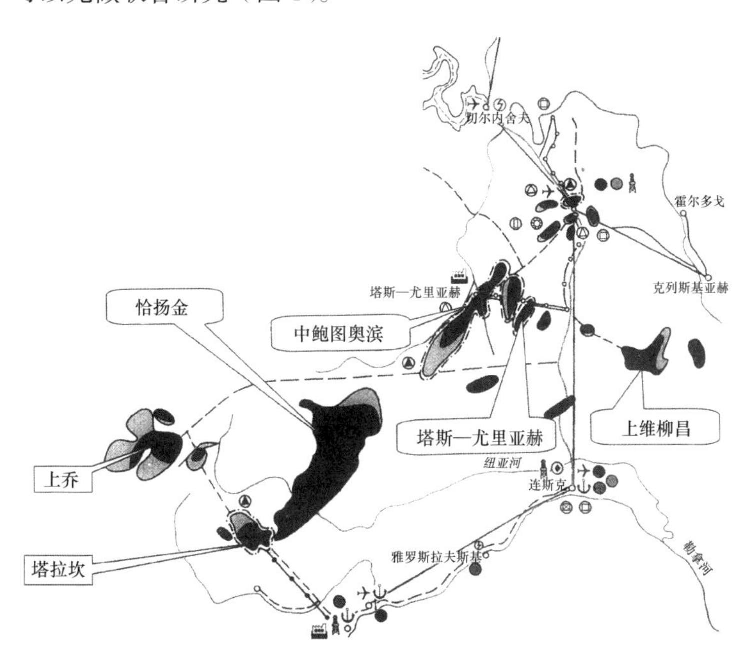

图 1　萨哈（雅库特）共和国东南部油气田

第二部分 学术论文

3.3 尤罗勃钦油气田

该油气田也没有达到合作决策的时机。储量规模较大，但探明储量较少，开采方式和采油工艺还有许多问题有待研究。现已收集到该油田较多的地质资料，可以在国内先做一个油藏和采油工艺的专题研究，如果结果较好，争取签订一个先导性试验的协议，在现场进行开采试验，然后作出全面评价和进一步决策。

原载于:《世界石油工业》，2002 年第 5 期。

实施“走出去”战略充分利用国外油气资源

童晓光

（中国石油天然气勘探开发公司）

2003年5月26日，“中国可持续发展油气资源战略研究项目”正式启动，“海外油气资源开发和进口”是项目的重要内容之一。石油的供给安全已成为举国上下关注的问题。中国各大石油公司响应党中央号召，加大力度走出国门，勘探开发国外油气田，已经取得了初步成果。作为勘探开发国外油气田的参与者和亲历者、“中国可持续发展油气资源战略研究”海外油气资源开发和进口战略专题负责人之一，笔者就我国跨国勘探开发的现状、面临的任务和挑战，以及应采取的战略论述如下。

1　利用国外油气资源的必要性

长期以来，国人的头脑中一直保留着“地大物博”的传统观念，这种观念在石油领域也很突出。在大庆油田发现后，中国向世界宣布，中国利用洋油的时代一去不复返了，同时还批判了个别外国地质学家的所谓“中国贫油论”，中国具有丰富的油气资源成为中国石油地质学家的主流学术观点。中国油气资源确实比较丰富，目前原油总产量居世界第五位，但按人均计算，中国却是一个油气资源相对比较贫乏的国家。随着经济高速发展、人口的增加和人民生活水平的不断提高，中国对作为优质能源的油气的需求快速增长，供需矛盾日益突出成为必然趋势。

自1993年成为石油净进口国后，中国的石油进口量逐年快速增长，到2003年原油进口量已达9100×10^4t。预计2005年的进口量将达到1×10^8t左右，2010年将达到（1.3～1.5）$\times10^8$t，2020年将达到（2.3～2.5）$\times10^8$t。

自20世纪90年代初开始，中国对利用国外油气资源的重要性逐步有所认识。

1991年，作为当时中国唯一的陆上上游国家石油公司，中国石油天然气总公司把国际化经营作为三大战略之一，首次从比较高的层次提出了到国外进行油气勘探开发的战略设想。石油界和经济界的许多专家也提出了利用国外油气资源的见解。如1992年安郁培提出：“尽快以我们的优势跨出国门走向世界，探索利用国外的资源和市场”；1993年杨志勋提出：“中国石油工业必须在面向国内外市场、开发利用油气资源中求发展”；1995年著名经济学家马洪著文《加快中国石油工业发展的关键是深入改革扩大开放》，提出：“从长远看，发展我国石油工业要坚持‘两条腿走路’的方针，在加快西部及海洋石油勘探开发的同时，走出国门，直接到海外投资，建立海外石油基地。近期则应抓紧国际原油价格下跌的机会，进口原油，储备国内石油资源。”“对大型老油田，要采取细水长流的政策，延长油田开采和油田城市寿命。”

1988 年，笔者曾向中国石油天然气总公司建议在世界范围内选择勘探开发目标。1993 年，对跨国油气勘探开发问题又作了进一步思考，提出：（1）利用国外油气资源的必要性和迫切性，明确中国的油气资源按人均拥有量计算相对贫乏，难以支持国民经济的高速发展；（2）利用国外油气资源的可能性，即全球油气资源潜力巨大，存在国际油气勘探开发市场和中国石油公司拥有的实力；（3）进入国际石油勘探开发市场的途经；（4）若干政策性建议。1996 年在既有认识基础上，增加了对国内油气资源潜力的分析，预测 20 世纪末中国国内石油产量在（1.6～1.7）$\times 10^8$t 之间，与需求之间存在较大缺口。

从 1997 年起，我国石油供需矛盾进一步显现，提倡利用国外油气资源的呼声日高。虽然对未来需求量的预测，国内油气资源潜力和产量预测，对利用国外油气资源重要性的强调程度还有一些差别，但在总体上，石油界、经济界以及政府主管部门及其智囊团的主流意见是转向积极利用国外油气资源。

2 各大石油公司积极实施“走出去”战略

1993 年 12 月，中央提出“充分利用‘两种资源、两个市场’”发展我国石油工业的方针。1997 年 1 月 14 日，江泽民同志在听取中国石油天然气总公司汇报时指出：“要积极开展国际合作经营，我国人均石油资源比较贫乏，你们要努力开拓国际石油市场，特别要到非洲、中亚等发展中国家去搞石油，这些国家对中国友好。石油产业不‘走出去’，不努力开拓国际市场不行，既要立足国内为主，又要积极参与和利用国际石油资源，要两条腿走路”。2000 年十五届五中全会关于“十五”计划（建议）的报告中明确提出“实施‘走出去’战略，努力在利用国内外‘两种资源、两个市场’方面有新的突破”。之后，各大石油公司按照中央的战略方针，积极实施“走出去”战略，取得了初步成果。

中国石油天然气集团公司由其全资子公司中国石油天然气勘探开发公司负责海外项目投资和运作，早在 1993—1995 年间就开始了秘鲁两个区块和加拿大阿奇森等老油田开发项目、巴布亚新几内亚一个区块和苏丹六区块勘探项目。1997 年是中油跨国勘探开发较大发展时期，相继签订了苏丹 1/2/4 区块勘探开发项目、哈萨克斯坦阿克纠宾油气股份公司购股协议、委内瑞拉英特甘布尔油田和卡拉高莱斯油田开发项目。1997—2000 年，中油集中力量对已获得项目精心组织勘探开发，从 2000 年下半年起又加大了新项目的开发力度，尤其是 2003 年获得了分属于 5 个国家的 10 个项目。目前共有海外石油投资项目 45 个，分布于四大洲的 18 个国家。

海外原油的作业产量（总产量）和权益产量（总产量中我方所占份额）分别从 1998 年的 325×10^4t 和 209×10^4t，提高到 2003 年的 2305×10^4t 和 1203×10^4t。截至 2003 年底，累计生产原油 8193×10^4t，累计权益产量 4285×10^4t，而且产量增长的幅度有加速的趋势。与 2002 年相比，2003 年原油作业产量和权益产量分别增加 21.2% 和 28%；天然气分别增长 23% 和 62.5%。

此外，还拥有一座年炼油能力 250×10^4t 的炼厂，年生产聚丙烯 1.6×10^4t 的化工厂，加油站 13 座，成品油库 2 座，输油管线 2766km，年输能力 1800×10^4t。

2003 年，我国在国外的油气勘探有重大进展，在苏丹 3/7 区发现了一个可采储量在 8×10^8bbl 以上，达到国际标准的高产大油田，预计 2005 年建成后可年产原油 1000×10^4t。届时苏丹三个项目的作业产量将达到 2500×10^4t。

由中国石油天然气集团公司控股的中国石油天然气股份公司，于 2002 年 4 月从美国戴文公司收购了印度尼西亚六个区块的部分股权，以 2.16 亿美元购买了 1.06×10^8bbl 油气当量的 P_1 可采储量和 5700×10^4bbl 油气当量的 P_2 可采储量和勘探权益，并成为 5 个区块的作业者，2002 年的作业产量达 228×10^4t 油气当量，其中权益原油产量为 78×10^4t。2003 年完成的 3 口探井均获得高产油气流。

中国海洋石油总公司的跨国勘探开发起步很早，1994 年 9 月收购了印度尼西亚马六甲油田 32.59% 的权益，第二年又收购了 6.93% 的权益，每年可获得权益油约 40×10^4t，3 年时间收回全部投资。但后来相当长一段时间内无新的进展。2002 年 4 月以 5.91 亿美元收购了瑞普索公司在印尼五个油田的部分权益，包括 3 个油田的作业权，成为印度尼西亚海上最大石油公司。2002 年在印度尼西亚各项目的权益产量原油为 500×10^4t，天然气为 $14.9\times10^8m^3$，2003 年权益油产量达到 781×10^4t，权益天然气产量达 $38.1\times10^8m^3$。2003 年 1 月收购了印度尼西亚东固液化天然气项目的部分权益，预计从 2007 年起将向福建每年提供液化气 260×10^4t。2003 年 5 月收购了澳大利亚西北大陆架天然气项目 5.3% 的权益和向中国广东供气的合资企业 25% 的股权。通过上述一系列并购，中海油在海外油气产量已占公司总产量的 20%。

2000 年 1 月，中国石油化工集团公司与伊朗国家石油公司签订了伊朗卡山区块勘探服务合同。2001 年与德国普鲁士格公司签订了也门 S_2 勘探开发项目权益转让协议。2002 年 10 月在阿尔及利亚扎尔扎亭油田提高采收率项目招标中中标，2004 年 1 月 27 日对沙特阿拉伯天然气项目 B 区块招标中中标，更为可喜的是，伊朗卡山区块第一口探井——阿旺 -1 井已于 2003 年 11 月 16 日钻达井深 3860m，经酸化放喷获得高产油流，折算日产 $1000m^3$。

中国化工集团公司也向跨国油气勘探开发领域扩展，2003 年初完成了对 Atlantis 公司的收购。该公司拥有突尼斯、阿曼、阿联酋三个国家的多个勘探开发区块的权益，拥有原油剩余可采储量 1280 万吨，并有通过勘探发现新储量的潜力。

此外，一些非专业石油公司，如中信公司、北方公司等，对跨国油气勘探开发，也表现出强烈的兴趣。

综上所述，2003 年中国各石油公司在国外的石油权益产量已经超过 3000×10^4t，天然气的权益产量超过 $50\times10^8m^3$，取得了很大成绩。

与此同时，带动了石油行业相关的技术、劳务、设备、物资出口。

中油集团公司所属的中油国际工程公司国外项目完成合同金额 2001 年为 5.48 亿美元，2002 年为 8.23 亿美元，2003 年为 12 亿美元；在国外作业的钻机数逐年增加，2003 年已超过 100 部；带出的工程技术服务队伍 2003 年已达 163 支，工程服务项目已扩展到 28 个国家，物资装备已出口至 59 个国家。中油集团公司的东方地球物理公司海外业务已发展到四大洲 18 个国家和地区，作业队伍达 34 支，资料处理研究中心达 7 个，已占全球地震勘探市场的 12%，陆地地震勘探市场份额跃居全球第一位。

中国石化集团的国际石油工程公司在对外工程承包、油田技术服务、劳务合作方面也取得了较大进展，目前共有物探、钻井、测井、录井、固井、修井和油建等 60 多支队伍，为国际石油工程技术市场 30 多个项目开展合资合作或提供技术服务。

3 跨国油气勘探开发的前景和面临的挑战

3.1 跨国油气勘探开发具有广阔的前景

（1）利用国外油气资源的前提是世界上待开发的油气储量和待勘探的油气资源十分丰富。据近日美国《油气杂志》发表的《世界石油产量和油气储量年终统计》数据，世界上已探明待开发的原油储量达 1734×10^8t，天然气储量 $1720\times10^8\mathrm{m}^3$，分别比 2002 年增长 4.36% 和 10.45%。据美国联邦地质调查局估计，待发现的原油资源为 7316×10^8bbl，天然气 $5196\times10^{12}\mathrm{m}^3$，已知油田储量增长的期望值原油为 6880×10^8bbl，天然气为 $103.6\times10^{12}\mathrm{m}^3$。此外还有大量非常规油气资源，其中重油和沥青砂的一部分资源，以目前油价计已具有商业价值。

（2）许多油气资源国经济较不发达，油气勘探开发技术水平较低，要发展石油工业必须引进外国石油公司的资金和技术。资源国与外国石油公司之间存在互补性，为互利双赢合作提供了基础。苏丹通过与中国公司的合作，从石油进口国成为出口国，并且建立了上下游一体化的石油工业体系，成为互利合作的典范。

（3）长期以来，中国石油公司独立自主地进行中国的油气勘探和开发，具备了石油工业上下游一体化的作业能力，积累了丰富的油气勘探开发的实践经验，形成了一套比较有效的勘探开发理论和方法，有爱国主义、集体主义和艰苦奋斗的传统，有一支优秀而成本较低的职工队伍，也有较强的融资能力。所以，中国石油公司在国际上具有一定的竞争力，有能力经营国外的勘探开发项目。

3.2 跨国勘探开发对于中国石油公司充满挑战

对于中国石油公司而言，跨国勘探开发是全新的领域，面临的困难、风险很多，充满挑战，主要表现在如下几个方面。

（1）相当一部分资源国具有较强的勘探开发能力，推出的合作区块勘探开发难度大，有些资源丰富的国家对外不开放石油上游领域；

（2）跨国大石油公司捷足先登占据有利地区，许多中小石油公司经营灵活具有较强的公关能力，国际勘探开发市场竞争十分激烈；

（3）剩余的有潜力的地区，往往作业条件困难或远离市场，成本较高，投资较大；

（4）跨国勘探开发项目受资源国法律和合同制约，经济门槛高，运作难度大；

（5）跨国勘探开发存在多方面的风险，包括政治风险、投资环境风险、项目评价的可靠性风险等。

因此，实施“走出去”战略，既要看到它的可能性和紧迫性，同时必须看到它的艰巨性，要做好思想准备、人才准备和技术准备，应对各种挑战。

4 油气资源战略的讨论

跨国油气勘探开发面临的问题十分复杂，必须要有一个正确的指导方针和战略构想。

4.1 油气勘探开发要以全球为对象，以资源丰富又有条件进入的国家为重点，力争在国外建立若干大型油气生产基地

世界的油气资源分布极不均匀，对外开放程度各异，投资环境也不相同。只有进入资源丰富的重点国家，才能建立起比较大的油气生产基地，因此要把我们的主要力量放在这些重点国家。但是必须看到，许多资源丰富的重点国家的进入难度大，短期内不一定见到效果。俄罗斯就是一个典型的实例，至今尚未获得勘探开发项目；中东主要产油国也很难进入。在这种情况下必须兼顾资源虽较不丰富，而进入比较容易的国家，否则就可能长期徘徊不前，丧失有利时机。

4.2 利用好未来15年到20年的有利时机，加大“走出去”力度

目前世界油气资源比较丰富，石油的供给也比较充足，是“走出去”的相对比较有利的时机。据许多国际能源机构和石油地质学家的预测，石油产量高峰将在2020年左右出现。而包括中国在内的发展中国家，对石油的需求还以较快速度上升，供需矛盾届时将会显现，国际石油勘探开发市场的竞争也将更加激烈，政府和各石油公司应对国内外的石油勘探开发通盘考虑，加大利用国外油气资源的力度，抓紧时间积极实施“走出去”战略。

4.3 进入勘探开发项目方式的多样化

传统的获得勘探开发项目的方法是通过资源国政府招标或双边谈判，20世纪90年代，苏联剧变后出现了一批新国家，东欧和拉美的一些国家实行私有化，出售国家石油公司的股权，曾经是当时获得项目的重要途径。但目前政府直接掌握的有吸引力的区块日益减少，私有化的高潮也已经过去，许多有利区块和项目都在各石油公司手中，因此我们除继续从政府手中获得区块，特别是勘探区块外，还要通过从其他石油公司购买股权或区块权益，购买石油公司股票，直接购买中小石油公司，甚至对较大石油公司实行兼并。收购可能提高进入成本，但可以较快得到现已建成的油气生产能力，关键在于掌握收购时机和对资产做出比较正确的评估。多样化进入项目，可增加获得项目的机会，加快“走出去”的速度。

4.4 实现项目类型的多样化

项目类型的多样化可以优化资产组合和扩大勘探开发领域。

从项目的性质上要从目前以油田开发项目为主，逐渐增加勘探项目，实现油田开发项目与勘探项目相结合。勘探项目风险大，但一旦成功回报也大，是国际上大石油公司的普

遍做法。

在勘探开发领域上也要扩大，要有选择地进入天然气项目。进入天然气项目的机会比石油项目多，除管道之外，液化天然气的市场在不断扩大。天然气的液化技术进展也很快，成本大幅度下降，天然气项目的吸引力正在加大。进入重油和沥青砂项目的机会比正常原油项目多，而且待开发的资源非常丰富，开采成本也已大幅度下降，中国对重油的需求也比较大。

要扩大进入海洋勘探开发领域。海洋的勘探程度比陆地低，潜力较大、机会较多。中国石油公司在技术上与国际大石油公司有比较大的差距，主要表现在深海勘探开发方面。可以从参股起步，逐渐扩大。

4.5 按国际化的标准经营项目

国外项目的经营严格受合同条款的约束，不同的合同模式就有不同的条款。必须改变国内长期形成的以产量指标作为考核的主要标准的传统观念，要以经济效益为中心，产量高不一定效益好，要在合同允许的范围内合理投资，合理生产，达到效益最大化。

对于勘探项目按合同规定的勘探阶段义务工作量为基础投资，分阶段采集资料，快速研究和认识，用尽可能小的投资作出区块的勘探潜力评价，及时作出决策，放弃勘探区块或进入下一个勘探阶段。勘探区块的拥有和延长是以义务工作量的承诺为代价，有严格的时间界线，不可能长期占有。因此在国内勘探中的一些理念，如坚持长期勘探是不可能的，也是不可取的，当发现勘探的结果与预期的设想有重大的差别时，就要设法退出区块。

4.6 政府要大力支持中国石油公司实施“走出去”战略

（1）制定有利于中国石油公司“走出去”的政策。如将中国石油公司在国外生产的份额油视同国内生产，免除进口税，这样可以降低国外项目的经济门槛。放宽石油跨国经营的审批权限。石油项目投资大、投标时间紧，按现有的规定将失去很多机会。

（2）大力开展能源外交。石油不仅是商品还是战略物资，其重要性不言而喻。所以能源特别是石油合作开发已成为国家外交的重要内容。政府应该加大能源外交的力度和深度，为中国石油公司“走出去”创造有利的外部环境。

（3）协调各石油公司“走出去”的具体运作，既要充分发挥各石油公司的积极性和长处，同时也要避免在同一个项目上的恶意竞争和“自相残杀”。

原载于:《国土资源》，2004 年第 2 期。

中国与哈萨克斯坦石油合作的回顾和前景分析

童晓光

（中国石油国际合作局）

为了落实利用两种资源、两个市场的方针，中国能否从中亚获得油气供给已成为大家共同关心的问题。中国石油天然气集团公司（CNPC）确定哈萨克斯坦作为合作重点，自1995年评价哈萨克斯坦的乌津油田恢复项目开始，经历了7年多的时间，至2002年底，CNPC在哈合作项目日产原油已超过11000t，份额日产原油超过6710t。回顾中哈石油合作历程，分析合作的前景，以及寻找扩大合作的途径具有重要的现实意义。

1　哈萨克斯坦石油工业和对外合作概况

哈萨克斯坦国土面积$271\times10^4km^2$，人口1679万，于1900年开始生产石油，20世纪90年代以来年产原油2500×10^4t左右。近年来有较大幅度上升，2000年达3375×10^4t，2001年达3935×10^4t，剩余可采储量73888×10^4t（实际数据可能更大）。主要含油气盆地有滨里海盆地、北乌斯土尔特盆地、南曼格什拉克盆地，均位于哈萨克斯坦西部，滨邻里海；其次为南土尔盖盆地，位于哈萨克斯坦中部。至今共发现204个油气田，大油气田主要位于西部几个盆地，特别是滨里海盆地。

哈萨克斯坦国内用油量在1991年曾达到2170×10^4t，后来急剧下降，近年来国内用油量在1200×10^4t左右，增长比较缓慢。2001年哈的出口量已达2700×10^4t以上。哈境内苏联时期建立了许多输油和输气管线：最主要的外输油管线是从阿特劳通向俄罗斯萨马拉，进一步通向欧洲；最主要的进口油管线是从俄罗斯奥姆斯克至哈萨克斯坦的契姆肯特炼厂。

哈萨克斯坦独立以来，西方大油公司和中、小油公司纷纷进入，所谓里海石油的争夺，首先就是哈萨克石油的争夺。

最早入哈的西方大油公司是美国的雪佛龙公司。1993年4月，雪佛龙公司与哈政府达成协议，以50%对50%的股份建立了田吉兹雪佛龙公司（TCO），共同开发田吉兹油田。1995年3月，阿吉普、德士古、BG组成的集团与哈政府签订了开发卡拉恰甘纳克凝析气田的合同。1996年8月，加拿大的Harricarl公司购买了哈萨克南方油气公司90%的股份。

1995年前，在哈萨克斯坦的石油公司只有50家，到1998年底已达到200家，其中股份公司100家，合资公司60家，外国独资公司30家，本国独资公司10家（图1）。

图 1　中国人勘探石油的脚步已经迈出国门（童晓光 供图）

2　中国争取哈萨克斯坦石油合作机会的回顾

1995 年 5 月，哈政府宣布石油企业私有化。当时存在的大型石油合作机会有 3 个大项目，即乌津油田的恢复生产项目、阿克纠宾油气股份公司私有化项目和曼格斯托乌油气股份公司私有化项目。

但当时哈萨克斯坦的投资环境存在不少有待改善之处：（1）通向国际石油市场的销售渠道不畅，哈至中国没有输油管线，上游输油管线要通过俄罗斯，俄罗斯对管线的输油量实行配额制，有的公司得不到配额，俄罗斯中间商就趁机压价；（2）哈国内销售原油的回款率低，1998 年哈国内销售原油只有 30% 左右付现款，40% 左右采用易货方式，30% 左右基本付款；（3）法律的稳定性比较差，第一部税法于 1995 年 4 月出台后，不到 3 年时间就进行了 17 次共 190 处修改；（4）哈政府部门工作效率较低；（5）大批外国石油公司已先期入哈，并已建立了较良好的投资氛围，而哈各界对中国石油公司的实力却并不了解。

但是必须明确的是，哈萨克斯坦投资环境中存在的问题大部分属于经济转型国家和第三世界国家中普遍存在的问题，对于我们来说，只能适应这种环境，通过工作去克服。同时也应该看到许多有利条件：哈萨克斯坦与中国相邻，如果利用新疆油田的实力，进行技术支持比较方便；中哈两国政府的领导人已建立起良好关系，中国政府对中哈石油合作十分重视，大力支持；哈萨克斯坦丰富的石油资源是中亚其他国家难以替代的；法制不健全的问题也正在逐步完善，外国投资已经有一定程度的法律保障。为此，CNPC 领导层作出了果断决策，对尚存的 3 个大型石油合作项目进行投标，抱着“志在必得”的决心。

2.1　乌津油田恢复生产项目

该油田地质条件与大庆油田有许多相似之处，构造面积 405km^2，原始地质储量

10.99×10^8t，至 1996 年底累计产油 2.6×10^8t。剩余可采储量 1.09×10^8t（按 32.5% 的采收率计算）。最高年产量为 1624.83×10^4t（1975 年），1996 年产量 273×10^4t。产量的大幅度下降与投资不足和油田生产制度有关，若经过合理开发调整，预计高峰年产可达（700～800）$\times10^4$t，最终采收率可提高到 35.8%。乌津油田的外输条件较好，已有管线连接通向俄罗斯的主管线，也有管线通至里海海岸城市阿克套。

该项目于 1995 年底由 J.P. 摩根公司（当时为哈国代理）介绍，CNPC 组织专家组进行技术、经济评价、决策投标。经过第一轮竞标，哈国选中美国阿莫科公司、马来西亚国家石油公司与美国联合石油公司的公司集团和 CNPC 为优胜者。1996 年 10 月召开 3 家优胜者的标书解释会，会后要求 3 家公司继续对乌津油田进行考察。哈政府的石油主管部门和乌津油田的领导对 3 家公司的技术实力进行实地考察，并委托麦肯齐公司提出了合作模式的新方案，于 1997 年 3 月和 4 月进行第二次投标。1997 年 8 月 1 日哈政府宣布 CNPC 中标，1997 年 9 月签订合同，合同规定，中方将建设自乌津油田至中哈边境的管线，但由于油源得不到保证，管线暂停修建，乌津项目因而搁浅。

2.2 阿克纠宾油气股份公司私有化项目

哈政府早在 1996 年初就宣布要出售阿克纠宾油气股份公司 90% 的股份（后修改为 60%），在 1996 年 9 月获得介绍材料后，CNPC 进行了初步研究，并于 1997 年 3 月派出专家组进行评价和投标。1996 年底该公司拥有固定资产 6 亿美元，1996 年产原油 262×10^4t，销售收入 1.357 亿美元。公司应收款 8600 多万美元，应付款 1.158 亿美元，收支相抵负债 2900 万美元，应付款中欠政府税金（含滞纳罚金）7000 多万美元，占应付款的 64%。

该公司拥有两个油田开发许可证，一个是扎纳诺尔油气田，一个是肯基亚克盐上油田。在投标期内又申请并经政府批准了肯基亚克盐下油田开发许可证。

扎纳诺尔油气田是该公司的主力油田。含油气面积 $70km^2$，原油地质储量 39992×10^4t；溶解气地质储量 $1098\times10^8m^3$；气顶气地质储量 $1004\times10^8m^3$；凝析油地质储量 4070×10^4t，是一个高丰度的油气田。至 1996 年底，累计采出原油 2404×10^4t，溶解气 $65\times10^8m^3$，气顶气及其所含凝析油未动用。综合含水 1%，采出程度不足 5%，油田储量规模大，具有很大生产潜力。

肯基亚克盐上油田面积约 $45km^2$，至 1996 年底累计采出原油 1057×10^4t，剩余可采储量 1493×10^4t。肯基亚克盐下油田位于盐丘之下，与肯基亚克盐上油田的平面位置有一点错动，由于开发难度比较大，该油田未投入开发。要开发好该油田必须在技术上解决两个难题：一是研究有针对性的钻井技术，降低钻井费用，缩短钻井周期；二是通过三维地震勘探对盐下油田的构造、地层和油藏特征进行深入研究。

在上述评价基础上，CNPC 于 1997 年 3 月 30 日投标，参加投标的还有美国德士古、阿莫科、埃克森，以及加拿大和俄罗斯公司。经过 2 次修改标书，1997 年 5 月 14 日，哈政府宣布 CNPC 竞标获胜，获得与哈政府的谈判权。经过艰苦谈判，1997 年 6 月 4 日，CNPC 与哈政府正式签订了股份购买协议，占公司总股份的 60.3%，占公司普通股的

66.7%，购股费3.2亿美元。

2.3 曼格斯托乌油气股份公司私有化项目

该公司拥有15个油气田，最大的油田是卡拉姆卡斯，其次为热得拜，另外还有13个小油田。SCOTIA公司对其进行了评价，剩余可采储量见表1。其中卡拉姆卡斯油田日产油7×10^4bbl，热得拜油田日产1.1×10^4bbl，其他13个小油田日产5000bbl。油田都位于里海东岸，其交通输油条件和作业环境与乌津油田相似。但由于哈国政府招标很不规范，CNPC未获得正式招标信息，未能及时投标，结果由印尼中亚石油公司中标获得60.3%的股份。

表1 卡拉姆卡斯等油田的储量评价结果 单位：10^6bbl

储量分类	卡拉姆卡斯	热得拜及其他油田	合计
探明	324	33	357
控制	18	27	45
预测	65	136	201

1997年底，印尼中亚石油公司表示愿意向CNPC转让部分股权，但后来该公司将最大的卡拉姆卡斯油田从项目中撤销，同时又出现了1998年的东南亚金融危机，外汇十分困难，对此项目的合作谈判因而终止。

总之，CNPC以3个大项目为中心的投标活动取得了较理想的结果，阿克纠宾油气股份公司的购股成功和管理权的接管使CNPC在哈萨克斯坦有了立足点。经过CNPC的领导和中油阿克纠宾油气股份公司中方人员的努力，生产蒸蒸日上，与哈政府已建立起良好的关系，有条件成为进一步发展和扩大的起点。

3 哈萨克斯坦的油气潜力和中油集团应采取的对策

哈萨克斯坦已探明储量具有很大的生产潜力，同时还具有巨大的勘探潜力。据美国联邦地质局2000年1月1日发布的评价结果，哈萨克斯坦待发现的石油可采资源21094×10^6bbl，其中13163×10^6bbl在里海；待发现的轻烃3586×10^6bbl，海陆各占约一半；待发现的天然气$722550\times10^8\text{ft}^3$，海陆也各占约一半；总待发现资源量里海要大于陆地。

2000年7月里海北部卡沙干油田的发现证明了上述待发现资源的可信性，且有超过的可能。迄今为止已钻了3口探井，估计可采石油储量（64～200）$\times10^8$bbl以上，是近30年来世界上发现的最大的油气田之一。该油田面积是田吉兹油田的3倍以上，原油性质、储层特征都非常相似，目前正在讨论修建从巴库—第比利斯—杰伊汉的输油管线。

回顾中哈石油合作历程，中油在哈萨克斯坦的战略应该采取更加积极进取的态度，总目标是通过几年的努力，包括份额油在内能够控制年输2000×10^4t的油源，实现中哈管线建设的宏伟规划。

（1）开采好现在生产的阿克纠宾油气公司油田，尽快开发肯基亚克盐下油田，加速勘探扎南 3200km^2 的勘探区块。

（2）以滨里海盆地为重点，积极寻找新的合作机会，包括收购小油公司，从其他公司转让中获得油气田和风险勘探区块等。

（3）通过收购。参股等方式获得南土尔盖盆地的库姆科尔油田（目前 90% 的股份属加拿大 Harrican 公司）。该油田位于哈萨克斯坦中部，与中国的距离最近，其原始地质储量 1.532×10^8t，可采储量 8838×10^4t。周围还有一些小油田都属于各小油公司。

（4）设法进入里海海域。里海的北部是滨里海盆地南部。向南为北乌斯土尔特盆地和南孟格斯拉克盆地向里海延伸部分，对油气的聚集也比较有利。要设法申请卡沙干油田东西两侧的勘探区块，争取参股卡沙干大油田的开发。

原载于:《世界石油工业》，2003 年第 10 卷第 2 期。

中国油公司跨国油气勘探的若干战略

童晓光，窦立荣，田作基

（中国石油天然气勘探开发公司）

摘要：在总结我国油公司10年跨国经营的基础上，参照国际大油公司跨国勘探的经验，提出了我国油公司今后跨国勘探的一些战略问题，包括跨国油气勘探的战略布局和战略选区、有效获取项目的战略、项目类型多样化战略、项目技术评估战略和项目组织灵活性战略等。这些战略方针对指导我国油公司今后的跨国勘探有重要意义。

关键词：中国油公司；跨国经营；油气勘探；勘探项目；战略

20世纪90年代初中国油公司开始了海外油气勘探开发事业[1, 2]。目前国际国内形势为我们开拓海外石油市场、利用海外油气资源提供了良好的环境。自中国政府“走出去”战略实施以来，有中国石油天然气集团公司、中国石油化工集团公司、中国海洋石油总公司、中国中化集团公司等在海外进行勘探开发工作。

至2003年底，中国石油天然气集团公司共签海外投资项目43个，分布于四大洲19个国家，业务包括油气勘探开发、生产销售、炼油化工及成品油销售等。2003年海外各项目年产原油2509×10^4t（其中权益油1288×10^4t），年产天然气16×10^8m^3（其中权益天然气13×10^8m^3）。中国石油化工集团公司目前海外在执行项目有11个，其中勘探项目7个，包括也门S2区块项目、印尼宾伽项目、阿尔及利亚扎尔则油田提高采收率项目、伊朗卡山区块风险勘探服务项目和沙特天然气项目等，其中伊朗卡山区块4950km^2，2003年底第一口预探井发现了高产油流，展现了良好的前景。中国海洋石油总公司在印尼拥有6个油田生产和勘探区块。近期通过购买，拥有印尼东固液化天然气项目16.96%的权益，已与澳大利亚西北大陆架天然气项目（简称“NWS项目”）的现有股东就收购该项目上游油田的产量及储量权益签订了购买协议，将取得在西北大陆架天然气项目内新组建的合资实体——中国液化天然气合资企业25%的股权。2003年原油作业产量（全产量）586.78×10^4t，其中权益油产量423.23×10^4t；天然气作业产量14.85×10^8m^3，均为中方权益产量。中国中化集团公司2003年初完成了对Atlantis公司的收购，该公司拥有在突尼斯、阿曼、阿联酋三个国家的多个勘探开发区块的权益，资产涉及勘探、开发和生产各个环节。2003年12月收购了厄瓜多尔16区块项目，该项目有7个正在生产的油田和2个未开发油田。总之，中国四大油公司已经在海外建立了一些稳定的油气生产基地，2003年在海外勘探新项目上又取得了重要进展，为实现公司利益的最大化提供了新的经济增长点，为保证国家石油安全探索出了一条成功的道路。

世界存在丰富油气资源和资源国对资金与技术的需求，为中国实行“走出去”战略提供了有利条件[3-7]。但是国际勘探市场激烈的竞争、国际投资环境众多的不确定因素、资源国政府的高额分成、勘探开发项目的地下风险等，决定了在从事跨国勘探时必须要有明确的战略思考和正确的指导方针。本文试图从跨国勘探的布局和选区、如何有效获取项目、项目类型要多样化、项目技术评估和项目组织的灵活性等几个方面探讨我国油公司在从事跨国勘探中的战略问题。

1 关于跨国勘探的战略布局和战略选区

世界的油气资源分布极不均匀，投资环境也很不相同[8, 9]，必须以全球为对象，重视重点国家，也要兼顾一般国家，同时区别对待周边国家；沿海地区优先，也要具体分析内陆地区。

1.1 重视重点国家，兼顾一般国家

制定公司战略方向时，重点国家的选择是十分重要的，突出重点才能使公司的财力、人力发挥最大的作用，取得最大的效益。

从石油资源而言，中东首屈一指，其次是独联体、非洲和拉美，最后为亚太。中东已探明的石油储量占世界的66.5%，未发现的石油资源约占世界的30%。中东有一些很大的油田尚未投入开发，有机会参加新油田开发和老油田提高采收率项目。中东的石油地质条件好，勘探风险小，可能发现较大规模油田。所以从战略的角度中国油公司必须想方设法进入中东，把中东放在第一位。但同时必须看到中东的政治形势复杂，竞争对手强大，国家石油公司具有丰富的对外合作经验和雄厚的资金，而且合同条款很严，一些公开招标的区块地质资源条件也不是都好。有的国家上游不对外开放，如沙特阿拉伯，近来开放了大型天然气项目，为有限招标。从理论上讲伊朗应该是首选重点国家，美国制裁，因而美国公司不能进入，减少了竞争对手，但从几年的实践来看，中国油公司进入伊朗也非易事。伊拉克是仅次于沙特的中东石油大国，但政局动荡。俄罗斯是独联体中资源最丰富的国家，中国油公司几经努力，至今尚未获得合作区块，可见难度之大。北非的油气资源以阿尔及利亚和利比亚为最大，但公开招标区块投标难度大，至今只在阿尔及利亚取得进展。西非资源丰富，但主要位于海上，非中国油公司强项。

重点地区和重点国家无疑是工作重点。只有突破重点地区和国家，中国油公司在海外的资源和产量才可能有大幅度增加。要寻找多种途径克服困难，争取进入。同时，也不要把非重点国家排斥于我们的视野之外，一些不被人们重视的国家，竞争程度相对低，合同条款相对较好，由于技术相对落后，可能还有一些资源未被探明和开采，往往可以通过双边谈判获得区块。非重点国家在总体上难以成为我们“走出去”战略的主体，一些有较大潜力而未被认识的国家，也可能发展成为大项目，一般情况下有可能获得能赢利的中小项目，起到补充的作用。

1.2 区别对待周边国家

周边国家邻近中国，而且大多数周边国家与中国陆地相接，油气运输更加安全。所以把周边国家作为中国油公司“走出去”战略的特定目标，有一定的实际意义。但周边国家

的油气资源条件、投资环境差别很大，要具体分析区别对待。

中国的东邻为日、朝、韩及菲律宾，前三国油气贫乏，菲律宾的远景也不太大，且主要在海上。北邻俄罗斯和蒙古，蒙古的盆地相似于中国的二连和海拉尔盆地，远景不是很大。俄罗斯是油气资源大国，石油剩余可采储量为 82.19×10^8t，天然气剩余可采储量 $48\times10^{12}m^3$，石油最高年产曾达 4.62×10^8t，2000 年产 3.23×10^8t。利用周边国家的油气资源，首先是俄罗斯，中国油公司做过许多努力，至今仍未进入俄罗斯的油气勘探开发市场，主要原因是投资环境。

西邻独联体中亚诸国，油气较丰富。中亚独联体各国中，哈萨克斯坦是石油大国，土库曼斯坦是天然气大国，乌兹别克斯坦有较大气资源但油资源不算太丰富，塔吉克斯坦和吉尔吉斯斯坦的油气资源很少。所以哈萨克斯坦应作为中亚对中国石油供应的唯一国家，而且两国有较长的共同边界。从中国的石油安全战略考虑，进入哈萨克石油勘探开发市场，应优先考虑，广泛参与。在管线未建成前可以通过与俄罗斯换油、出口欧洲销售、铁路运往中国等多种方式。

中国南部接壤的国家有印支三国、泰、缅、巴、孟、印。印支三国中越南油气资源较丰富，但主要在海上，而且这些海上油田多与中国存在边界争议，在领海边界未解决前，难以进行合作。泰、缅、巴、孟、印均为油气生产国，但油气不能自给，不可能成为中国的油气供应国，但小规模合作的可能性是存在的。印尼是这些国家中油气资源最丰富的国家，许多地方的勘探程度较低，应力争进入。巴基斯坦国家石油公司正在私有化，这是一个很好的机会。

1.3 沿海地区优先，具体分析内陆地区

从地理环境划分，全世界陆地可以分为沿海地区和内陆地区。这种划分主要因为油气的运输，特别对石油的影响非常大。油气不同于其他矿产的最大特点是流体，这就决定了它的运输有特殊要求。天然气的运输一般要有管道，其次是为压缩容器。石油的运输可以用管道、轮船、火车、汽车等，就运输费用而言轮船最便宜，其次为管道、火车、汽车。

沿海地区不受当地市场的制约，原油可以通过码头的油轮运输直接进入国际市场，运输设施投资少，运输费用低，而且不受油田产量规模的限制，投产的周期比较短。同样，油田所需的作业设备和油田建设的物资设备的运输也比较方便。因此沿海有很大的优越性，在其他条件相同的情况下，石油勘探开发项目应优先选择沿海地区。

内陆地区很大程度决定于自身的经济发达程度和对油气的需求。如果存在油气销售市场，油气的运输距离短、运费少，内陆地区的油气田也很有竞争性。如果内陆的市场很小或没有市场，油气必须外运。在这种情况下，油气田离开市场的距离或离开海岸线的距离，成为一个十分重要的因素，有时成为决定因素。

2 关于获取项目战略

油气勘探开发项目进入方式很多[10]，归纳起来大致有五类。

2.1 政府招标和双边谈判

政府招标是获得勘探开发项目尤其是勘探项目的常见形式，包括定期招标和连续招标，公开招标和有限招标。政府公开招标，往往举行新闻发布会和（或）在网上公布招标消息。连续招标不同于定期招标，没有截止日期，只要是公开招标的区块，在没有被公司中标之前，可以继续投标。公开招标是对所有公司开放，有限招标是资源国政府或国家石油公司选择若干认为可能感兴趣和具有这类项目技术优势的公司分别通知。招标的特点是公开、公平、公正，而且比较规范，但投标的公司多，竞争比较激烈。关键是要在高水平的技术经济评价基础上确定投标指标和填写好投标书，还要考虑其他竞标者的态度，标价要恰到好处。如果与第一标差距很小，没有中标，会非常遗憾。如果中标但高出第二标的指标太大，很可能说明我们的技术经济评价有误，造成重大经济损失。但投标指标的确定是一件非常困难的工作。

有些国家不是世界上勘探开发的热点地区，为了吸引投资者往往采用招标和双边谈判相结合的方式，或全部进行双边谈判。有时投资者还可以主动提出合作区块的建议。在这种情况下，对投资者的压力就比较小，投标的起点报价可以比较低，提出较有利于投资者的合同条款，在谈判过程中可逐步提高报价和降低合同条款。许多发展中国家资源国的招标和双边谈判并不规范，具有很大的任意性，这时寻找与招标权力部门有密切关系的代理公司和代理人，往往可以起到事半功倍的作用，但要防止上当受骗。

2.2 国家石油公司私有化时购买股权

苏联剧变后，苏联各国和东欧各国都出现了私有化浪潮。随着阿根廷国家石油公司私有化，拉美许多国家石油公司也实行私有化。其国家石油公司或地区国营石油公司通过出售股权实现私有化。国家石油公司或地区国营公司都拥有正在开发和待开发的油气田、配套的基础设施、各种设备和资产，没有勘探风险，是外国投资者取得油气勘探开发项目的好机会。但这种项目的评价内容和方法不同于一般勘探开发区块。要对私有化的公司进行整体评价，除了对公司所属油气田的储量、产量、生产状态、各项开发指标和生产潜力进行评估外，还要对公司的油气田地面设施、固定资产、流动资金、债权、债务进行评估，对公司和经营现状、操作费和作业单价，油气的销售渠道和价格，税收等进行分析，还要调查公司的组织结构、职工人数、素质和工资水平等。这种股权购买实际上也是通过投标、竞标实现，竞争性也很强。它的最大优点是购股协议签订后，立即拥有了按份额的油气产量，见效比较快，法律陷阱比较小，应该努力争取。

对国家石油公司私有化的股权购买，一般要达到控股的程度，取得经营的主动权。如果仅少量购买股权，则风险较大。

2.3 石油公司之间的区块权益转让和股权转让

区块权益转让不涉及公司的股权。有的石油公司拥有某些区块的部分或全部权益，由于种种原因，如分担风险、资金筹措困难、经营方向改变、地区重点转移等，转让部分甚至全部权益。有的小油公司把获得区块许可证和转让许可证获利作为他们经营的主要方法，有时小油公司在获得区块后也做了一些地质研究或少量勘探工作，然后转让。有的大油公司的管理费用较高，一些老油气田的经营已无经济效益而转让。

石油公司之间权益的转让和交换是一种十分普遍的现象，不失为一种获得项目权益的机会。特别是跨国经营初期，对世界各地的情况不甚了解，石油公司的转让不仅对区块本身有意义，而且可以对区块所在国家的合作机会提供信息。权益转让的区块类型很多，有纯勘探区块，有发现的勘探区块和不同采出程度的油气田；有部分权益转让和全部权益转让。区块权益转让的报价，应在技术评价、合同评价和权益转让条款评价基础上所作的经济评价为基础。权益转让协议一般要经资源国政府批准才能生效。如果只获得部分权益，还要签订伙伴间的联合作业协议。

2.4 购买中小私营石油公司

通过公司收购获得储量和产量的规模扩大，时间快、效益好。近 20 年来的世界勘探效果分析表明，由政府招标所提供的勘探区块，远景逐渐下降，从勘探做起，周期很长。收购的储量价格一般都低于勘探成本。如 1992 年美国、加拿大、英国的勘探成本每桶油当量为 5 美元以上，而当年的储量价格每桶油当量为 4.28 美元。1995 年加拿大的勘探成本每桶油为 5～7 美元，而储量价格为 4.1 美元。购买公司也是打开新市场的快捷办法之一，如 1996 年美孚看中了澳大利亚西北部大陆架的油气前景，收购了当地一家上游油气公司 Ampolex，获得了 2.7×10^8bbl 桶油当量的储量和正在生产的油气田，使美孚进入了一个新的油气远景区。

一些在世界油气勘探开发市场上活跃的国家石油公司，也主要通过收购和参股油公司的方式，如马来西亚国家石油公司、巴西国家石油公司、印度国家石油公司、科威特国家石油公司等。中国油公司目前还没有能力兼并国际大油公司，但完全有能力收购中小油公司。应该在比较国内项目的投资效益与海外收购效益的基础上，在财力允许的范围内，收购上市或未上市的中小油公司。做好收购的关键是公司资产的评估，要详细调查公司的财务状况，并应获得中立会计公司的审计报告。中小油公司资产的透明度比较高，收购的风险比较小。

2.5 公司兼并

石油公司之间股权购买和全公司并购这种活动是长期存在的。早在 1988 年，全球储量交易额就达 258.55 亿美元。从 1989 到 1995 年有所下降，从 1996 年开始重新上升，到了世纪之交并购风达到了高潮，首先是 BP 兼并阿莫科，后来又兼并了阿科，接着是埃克森兼并美孚，道达尔兼并菲纳和埃尔夫，雪弗龙兼并德士古。这都是大油公司之间的兼并，每个兼并涉及金额达数百亿美元，是通过股票的交换。而大油公司收购中小油公司或中小油公司之间的收购，一般采用现金交易，涉及金额达数十亿美元。有的小油公司只要几千万美元。

根据几年来的实践，中国油公司可以根据自己的实力、自己的投资能力和战略要求，确定收购公司的规模。

3 关于项目类型多样化战略

3.1 勘探与开发相结合，早期以油田项目为主，逐步增加勘探项目

在跨国经营的早期，应以油田项目为主。新油田的地下资源风险最小。只要有足够参数，地质储量、可采储量、采油指数等油藏特性都可以计算出来，也可以编制出开发方案和合同期的生产剖面。因此新油田项目比较接近确定性项目。如果有新油田合作机会，应该成为首选项目。而老油田的评价相对比较复杂，油田项目的进入费用高，评价不当损失可能就会很大。

勘探项目的特点是风险大，一旦失利投资全部沉没。但是它的进入费用比较低。勘探又划分阶段，每个阶段的义务工作量不是很大。然而勘探一旦成功，其收益可能很高。国际上的大油公司都有勘探项目，上游工业的获利，主要从勘探开始。它们每年都有一定数量的风险勘探投资。

3.2 逐步进入海洋勘探开发领域

目前，陆地的勘探程度总体上比较高，而海洋的勘探开发程度比较低，深海区和极地海域的勘探程度更低。海上剩余油气储量增长速度比较快，随着勘探开采技术的进步，海洋勘探从浅水区进入深水区。海上的墨西哥湾、巴西和西非海域、里海成为世界勘探的主要热点。Exxon 公司在 2000 年在全球拥有 62 个项目，仅在水深超过 400m 的地区就拥有 800 个区块，面积达到 $625 \times 10^4 km^2$。总体上讲，海上勘探开发的重要性日益呈现，而且像里海这样的海域，作业条件相对较好，中国各油公司应该争取进入，可以从参股开始。

3.3 大力参与和积极进入天然气项目

由于受各种条件的限制，国外大多数天然气项目中所生产的气难以供中国利用，所以在跨国勘探开发中对天然气项目不太重视。鉴于天然气存在巨大的剩余可采储量和勘探潜力，而且近年来天然气的液化技术有很大进展，又由于天然气是更为清洁的能源，应适当选择天然气勘探开发项目。

天然气在世界能源中的比重和作用将日益增大，而且资源国愿意合作的天然气项目较多，相比而言，中国各油公司更易进入。通过天然气项目的合作，也可促进石油勘探开发项目的获得。从长远战略看，中国各油公司应大力参与和积极进入天然气项目。

3.4 重视重油和油砂矿项目

重油、沥青砂资源在地质上主要分布在盆地边缘，在地理上主要在加拿大、委内瑞拉、苏联和美国的阿拉加斯加州等地[11]。世界最大的三个沥青矿（委内瑞拉 Orinoco、加拿大 Athabasca 和俄罗斯 Aldan）拥有的原始地质储量是世界 300 个巨型常规油田储量的

总和。而加拿大西部与委内瑞拉东部重油的原始地质储量分别相当于整个中东地区的原油原始地质储量。加拿大的沥青砂的桶油成本已降低至 17.5 美元，2003 年加拿大的储量增至 245×10^8t，主要是由于沥青砂成为经济可采储量。目前，国际大油公司正在加大重油和沥青砂的勘探开发力度，中国也要抓住这个机会，积极进入重油和沥青砂勘探开发项目。

4 关于项目技术评估战略

找到勘探开发项目是跨国石油经营的第一个环节，也是基础。但是如果所获得的项目评价的结论与实际情况相差很大，也很难有好的结果。因此项目的寻找、评价和优选是关键环节。

4.1 项目技术评估难度和风险大

项目评估是一项难度很大的工作，存在着多方面的风险，主要表现在如下几方面：

（1）时间紧。有时获得一个项目机会的信息与投标时间非常短，在很短的时间内要对一个项目投标其风险很大。

（2）评价的内容多。对于勘探开发项目有地质方面的评价和作业条件的评价，还有大量经济评价的内容。如果是一个公司的参股或收购还涉及公司的资产、债务等财务状况和整个公司结构方面的调查，还有公司法律方面的事务，内容多而杂。

（3）项目评估时不能获得足够的资料。有时某些招标的资源国有意隐瞒某些关键性的资料，如已钻的干井。有的资源国分批提供资料，在投标时仅提供好的资料，从而得出错误的结论。有时，资源国或权益转让方有意夸大有利方面的信息，而缩小不利方面信息，诱导一些没有经验的项目评估者得出错误的结论。

（4）项目评估者自身的技术素质对项目评估结论的影响。由于过高估计项目的经济价值或不了解项目的潜力，从而不切实际地做出肯定或否定的结论，都会造成损失。

4.2 建立项目评估机构和程序

中国各油公司要实施“走出去”战略，必须建立高水平多学科的项目评价机构，不仅能评价来自外界提供的机会，更重要的是能够对全世界的地质资源、投资环境和合同条款研究中产生出勘探开发目标，根据公司战略主动寻找和获得区块。这种评价研究机构不同于一般研究机构，它是以公司的战略为指导，又具有项目评价的综合功能，熟悉国际项目评价的基本方法。

建立一套勘探开发项目的评价程序，即按机会选择、预可行性研究、可行性研究的层次确定评价的内容、要求和审批程序。实行分级淘汰制，在广泛的机会选择的基础上，优选预可行性项目，在预可行性项目评价基础上，确定可行性项目。建立项目评价责任制，项目组应对所评价项目数据、资料的正确性负责，所用的评价方法应根据公司的技术规范，推论必须有依据，评价者应签名表示负责，要在项目实施后进行后评价制度。评价正确者应予奖励；评价失误者应予记录，分析原因，以作为工作业绩考核。

建立项目组评价和公司专家组评价两级评价制度。项目组评价是基础，首先要对项目进行全面、系统评价，并得出项目评价结果和建议。然后应将全部材料交公司专家组进行深入仔细的复评，独立得出结论。这种复评不是简单的听汇报，而确实要做具体的补充工作，首先要对资料进行核实，保证达到公司目前具有的最高评价水平，同时也可避免情绪因素对项目评价的影响。

建立项目决策标准。对公司所获得项目进行排队筛选。由公司领导层听取项目评价结果和排队结果的详细汇报。结合公司的经济状况、投资战略和投资时机做出决策。总之，项目评价优选要有机构、制度和程序，力争减少评价风险。

5 关于项目组织灵活性战略

5.1 争取当作业者，也应参与非作业者项目

一个油气勘探项目如果不是一家公司单独经营，而由一个公司集团经营，则有两种组织形式，一种是成立作业公司，另一种是由一家公司担任作业者，其他公司为非作业者。世界上大多数项目是后一种形式。对于作业者和非作业者的能力要求是不同的，对作业者的要求比较高。

从能力而言，中国油公司经过几年来的跨国经营的实践，基本上已经有能力当作业者，而且当作业者有利于带动自己公司的劳务、物资、设备出口，比较容易贯彻自己的战略意图。但能否当作业者还由多种因素决定，当一个公司集团中有其他公司也愿意当作业者时，就有所占权益大小和能力的相对比较问题。如其他公司对某区块的作业更有经验、有针对性强的技术，或与区块所在国政府已建立了良好的关系，或者一个项目已为某公司所有仅愿意转让部分权益而不愿转让作业权等。

我们不应以作业权作为获取项目的先决条件，虽然带来劳务、物资、设备出口会有一些影响，但可以扩大项目选择的范围，特别是增加了与国际大油公司合作的机会，可以从合作中，学习跨国经营的各方面经验。事实上世界上的国际大油公司也不是所有项目都当作业者，例如壳牌在46个国家有勘探开发项目，仅在24个国家当作业者。

5.2 努力带动劳务、物资、设备出口，但不应作为必要条件

中国油公司，尤其是中国石油天然气集团公司和中国石化集团公司的跨国经营对带动劳务、设备、物资出口创造了有利条件。中国油公司在国外的投资很大一部分转化为劳务反承包和设备物资输出，如苏丹1/2/4区块。中国石油天然气集团公司的专业技术服务公司通过海外项目作业，取得跨国作业的经验，提高了他们在国际市场上的知名度，有利于在国际技术和工程服务市场上进行投标。同时，各技术服务公司对中国油公司海外投资项目也是强大的支持。

但是另一方面也必须看到，国内的石油工业重组中，油公司与专业公司的分离是最重

要内容之一，是国际石油工业组织结构的大趋势。两者既应合作，又应分离，各有各的利益，各有各的战略。油公司是通过上下游运营中获得利润，而专业服务公司是通过专业技术服务获得利益。各自要根据自己的发展战略做大做强。今后的路要依靠专业服务公司自己去闯，应该以国际大型专业服务公司为样板，发展成为国际工程技术服务公司。

5.3 国营（或国家控股）石油公司之间在跨国经营中的合作和协调

中国四大油公司正根据中央的“走出去”战略和公司自身发展的需要，积极寻找国外油气勘探开发项目的合作机会。这就可能出现几家公司同时到资源国投标同一个区块，或向同一个其他油公司谈判同一个区块的权益转让或公司股份转让，使各公司在投标报价或权益和股份转让中处于互相竞争的地位，从整体上说，这对中国是不利的。因此建立起既能发挥各油公司的积极性，又能互相合作和协调的机制十分重要。

各油公司可以发挥各自的优势，去寻找合作机会，独立经营跨国项目。也可以建立战略联盟，联合寻找合作机会、经营跨国项目。也可以一方找到的机会介绍给另一方，共同参股。如果两个或两个以上公司同时对一个招标区块感兴趣，或对其他公司的转让区块感兴趣，应该通过协商进行联合，也可以一些公司退出，保留一家公司。因此，非常有必要建立协商机制。还应制定若干各公司应该共同遵守的准则。

5.4 跨国油气勘探开发要采取积极而谨慎的方针

总体上看，跨国勘探开发的重要性在政府领导层，石油经济界和各油公司认识基本一致，跨国经营的积极性很高，势头十分强劲。各油公司都制定了“十五”期间海外份额油的指标。在跨国项目的选择上，必须要有很强的风险意识，特别是对于那些进入门槛代价高，或投资量大的项目，更要谨慎。

特别要掌握好规模与效益的关系。有较大规模的海外产量有利于国家的石油安全，也有利于公司利润的需要。但也要看到利润与规模并不都成正比，油公司在获得项目时，应以利润为前提，项目的规模是手段，两者不能倒置。在比较高产量指标条件下，不能用降低项目标准的办法完成任务，而是应该积极寻找项目，精心评价，进行比较和优选。

跨国经营中的谨慎从事，不仅表现于项目的选择，也要贯彻在项目的经营中，每一步投资都要经过精细测算。因此不仅有项目的进入也有项目的退出。油公司要有能力确定勘探生产项目的退出点。如勘探过程中原来设想的成藏组合的概念被否定了，应该及时退出，不能再进行投资。对于油田项目通过进入后的作业，核实的储量和产量比评价时的预计有所减少，也要重新制定开发调整方案，尽量减少投资，或根据实际情况争取转让甚至退出。

参考文献

[1] 21世纪中国石油战略高级研讨会编委会.21世纪中国石油发展战略［C］. 北京：石油工业出版社，2000.

[2] 童晓光. 中油集团公司跨国油气勘探的进展和面临的挑战［J］. 中国石油勘探，2000，7（3）.

[3]童晓光，窦立荣，田作基.21世纪初中国跨国油气勘探开发战略研究[M].北京：石油出版社，2003.
[4]窦立荣，田作基，邵新军.中国石油实现海外经营跨越式发展的思考[J].中国石油勘探，2003.30(4).
[5]安郁培.关于我国石油工业发展跨国经营的思考[J].世界石油经济，1992(1).
[6]陈淮.进攻是最好的防御——我国石油安全战略要立足于“走出去”[J].中国石油，2001(7).
[7]单洪青，秦庆军.世界石油石化公司跨世纪发展战略剖析.国际石油经济，2001.8(5).
[8]George E Kronman. International oil and Gas Ventures. The American Association of petroleum Geologists，2000，11.
[9]Marlan W Downey，Jack C Threet，William A Morgan. Petroleum Provinces of the Twenty-First Century. AAPG Memoir，2001，74.
[10]Peter R Rose，窦立荣等译.油气勘探项目的风险分析与管理[M].北京：石油工业出版社.2002.
[11]Perrodon A，Laherrere J H，Campbell C J. The World's Non-conventional Oil and Gas.Petroleum Economist，1998.

原载于:《中国石油勘探》，2004年4月第9卷第1期。

苏丹石油工业与中国石油天然气集团公司
——中油集团在苏丹石油工业发展中起了决定性作用

童晓光

（中国石油国际合作局）

苏丹位于非洲东北部，面积约 $250 \times 10^4 km^2$，是非洲国土面积最大的国家。人口 2810 万人，阿拉伯人占 39%，黑人占 30%，土著居民占 31%。73% 居民信伊斯兰教，南部地区居民多信基督教，其次为拜物教。终年炎热，年降雨量北部约 100～500mm，比较干旱，而南部为 500～1000mm，比较潮湿。起源于乌干达的尼罗河纵贯全境。南部是世界最大湿地之一，东北部毗邻红海，自然地理条件较好。但由于长期内战，经济落后，人民贫困，石油长期依赖进口。首都喀土穆人口 48 万人，商业很不发达，主要商业区，俗称“欧洲街”，也只有少量低层楼房。

1999 年，随着中油集团为首的大尼罗石油作业公司所经营的 1/2/4 区油田投产，苏丹的经济、政治形势正在向好的方向发展。苏丹政府与南方苏丹民族解放军的和谈有了很大进展，有望实现全国性和解。石油产量逐年上升，估计 2004 年，产量将超过 $1500 \times 10^4 t$。苏丹政府与中油集团公司合资的苏丹喀土穆炼油厂年加工量 $250 \times 10^4 t$，除供国内用油外，尚可出口。目前还在扩大炼油规模。中苏合资的聚丙烯厂，不仅满足国内需要，还向周边国家出口。由于苏丹成为重要的石油出口国，从 2001 年开始成为 OPEC 会议的观察员。位于伦敦的全球能源研究中心预测，2009—2010 年，苏丹日产原油将达到 $80 \times 10^4 bbl$。

1　苏丹石油工业发展历史回顾

苏丹油气勘探始于 20 世纪 20 年代，首先进行红海沿岸的地质调查。20 世纪 50 年代，发现有黑色页岩，肯定红海沿岸可能有油气勘探远景。阿吉普等外国油公司进行了地震勘探并钻了 6 口探井。国际石油公司（IPC）苏丹分公司在 1975 年和 1976 年分别在 Halaib 区块和 Delta Tocar 区块发现了巴沙耶和萨瓦金凝析气田。

苏丹内陆的油气勘探相对较晚，始于 20 世纪 70 年代，主要由雪佛龙公司进行了大规模勘探，至 80 年代末，累计投资约 11 亿美元，先后发现了 100 多个有利圈闭，2 个中型油田，1 个小油田，3 个含油构造。于 1985 年首先放弃了 3/7 区块和 6 区块。1992 年因苏丹内战等原因，放弃了已发现 2 个中型油田的 1/2/4 区块。

1993 年加拿大 state 公司（SPC）获得了 1/2/4 区块的作业权，又发现 Toma South 和 El Toor2 个油田，但未完成义务工作量，苏丹政府通过重新招标，中油集团一举中标，1997 年 6 月组成了以中油集团为首的大尼罗石油作业公司。作业权分别为中油集团 40%，马来西亚 Petronas 30%，SPC 25%（后转给加拿大的 Talesman，继而又转让给印度的 ONGC），苏丹国家公司干股 5%。1996 年苏丹政府与中油集团签订了 6 区块的产品分成协议。1977 年苏丹政府又与国际石油公司（IPC）签订了 5 区块产品分成协议，后来将其分为 5a 区块和 5b 区块，前者转让给 ONGC、Petronas、Sudapet，后者转让给 Lundin、ONGC、Petronas、Sudapet。

1993 年，由 Al Thani（苏丹）和 Gulf（卡塔尔）获得了苏丹 3/7 区，经过 2000 年底以来的重组和工作股益的转让，目前中油集团为 41%，Petronas 40%，Gulf 5%，中石化 6%，Sudapet 8%，组成了以中油集团为首的 PetroDar 石油作业公司。

在中油集团为首的大尼罗石油作业公司经营下，一方面开发建设已发现的油田，并建成从油田至苏丹港长 1506km 的输油管线，一面进行大规模勘探，累计发现可采石油储量超过 12×10^8bbl。建成产能 1500×10^4t/a，自 1999 年 6 月开始产油，目前日产水平达 32×10^4bbl。6 区块在中油集团作业下，已发现地质储量约 10×10^8bbl，建成了从油田至喀土穆的输油管线，已开始试生产，预计建成年产 200×10^4t 的产能。

3/7 区在中油集团公司为首的 PetroDar 石油作业公司经营下，已发现了 10×10^8bbl 可采储量，包括一个世界级的 Palague 大油田及一批小油田，油田建设和至苏丹港的输油管线铺设的准备工作已完成，正在进行大规模建设，预计在 2005 年第二季度建成年产油能力 1000×10^4t。

5a 区块已发现了 TharJath 稠油油田，但尚未开发。

此外，苏丹政府与中油集团合资建成了苏丹喀土穆炼油厂，年加工能力 250×10^4t，目前正在扩建，还合资建了一个以石油液化气为原料的聚丙烯厂。

苏丹已经从一个石油进口国成为石油出口国、成品油出口国和石化产品出口国，成为一个石油工业上、下游一体化的国家。

2 中油集团在苏丹石油工业发展中起了决定性作用

1999 年，在苏丹 1/2/4 区块投产大会上，苏丹总统对中国和中油集团在苏丹石油工业发展中所作的贡献，作出了高度评价。他深情地说："贡献最大的是中国，干得最好的是 CNPC。"中国石油集团确实在苏丹石油工业发展中起了重大作用。在迄今为止真正生产的区块和即将投入生产的区块中，中油集团都是联合作业公司的领导者或作业者。苏丹喀土穆炼油厂和聚丙烯化工厂的管理经营者也都是中油集团。

中油集团在苏丹石油工业发展中的作用是多方面的，主要表现在以下 3 个方面。

2.1 实现了石油勘探开发过程中全面的技术支持

中油集团首先在石油勘探理论和技术方面提供了卓有成效的支持。苏丹地域辽阔勘探程度低，虽然美国雪佛龙公司十几年来做了大量地震勘探和钻了一大批探井，也有发现，但因达不到经济开采的界限而逐步退出。苏丹的主要含油盆地都是大陆裂谷盆地，中国地质专家有比较丰富的勘探开发经验，但不能照套照搬。我们通过苏丹穆格莱特盆地和迈卢特盆地与中国渤海湾盆地的比较性研究，找出它们之间的共性，更重要的是发现它们之间的差异性，从而揭示了苏丹上述两个盆地的基本成藏规律和油气分布规律。通过采取针对性的勘探部署、技术和方法，如苏丹 1/2 区石油主要集中于一个层系和一种油藏类型，我们的工作重点明确，效果非常显著。中油集团的物探专家苏永地仅用了 2 个月时间就完成了 1/2 区的地震解释，拿出了 1/2/4 区作业公司成立以来的第一张构造图，为探井井位的确定提供了依据。苏永地等中方技术人员确定了 9 口探井，全部成功。相比之下，有一家公司的技术人员提出的 11 口探井，只成功了 8 口，而另一家公司确定的 1 口探井，结果是干井。中油集团技术人员用中国的勘探经验说服其他公司的技术人员同意在含油带上做三维地震，结果发现和落实了许多新圈闭。4 区的勘探难度最大，其他公司技术人员提出的 2 口探井都打空了。中方技术人员总结经验，提出了应在凯康槽两侧布井的指导思想，经过精心研究，结果由中方技术人员提出的在东西两侧的探井井位都获得突破。

3/7 区勘探的效果更加明显。2001 年才接手开始勘探，到 2002 年底就发现了地质构造 4×10^8t 的大油田，探井井位也由中方技术人员提出。在油田开发方面也是如此，苏丹各区块主要油田的开发方案都是中方人员编制的，1/2/4 区开发初期由中方技术人员确定的 48 口生产井 100% 成功。许多关键技术措施也多由中方技术人员提出，如低压注水、用生物方法进行污水处理。还对开发过程中出现的新情况及时编制调整方案，保持了油田高产稳产、高效开发。

当中油集团公司的领导在回答苏丹高层领导问及的中油集团的勘探开发技术特长时，幽默地说，中油的技术人员知道油在什么地方，而且能把油采出来。

中油集团在勘探开发技术上的优势被伙伴公司普遍承认。而且对苏丹周边国家也产生了很好的影响。

2.2 发挥中油集团整体优势，成为油田勘探、开发、作业建设的主力军

中油集团与其他国际油公司的显著区别之一是自身拥有勘探、开发和油田建设的配套技术和作业能力。苏丹各个项目的地震勘探基本上由 BGP 完成，相当数量的钻井、录井、测井分别由长城钻井公司和中油测井公司完成，大部分油田建设由中油工程建设公司完成，已完成的 2 条长输管线由管道局建成，相当数量的物资、装备由中油物资装备公司提供。中油集团各公司大体承担了工程量的 60% 左右。该工程质量要求高、建设周期短、作业环境差、任务非常艰巨，中油集团公司的作业队伍发扬了艰苦奋斗、爱国奉献的光荣传统，在 1/2/4 项目建设中，在百年不遇的特大水灾的情况下，用半年时间完成 98 口生产井建设，又用半年时间完成 1000×10^4t 产能的地面工程配套建设。这在中国石油建设史上尚属首次，在世界油田建设史上也是罕见的。1506km 长，管径 28in 的长输管道建设，更是一场硬仗。1998 年 5 月 1 日按合同规定时间开工，1999 年 4 月 30 日按合同准时机械完工。仅仅用了 1 年的时间，创造了世界管道建设史上的奇迹。

一位国际大油公司的总裁对苏丹 1/2/4 项目如此之快的建设速度也感到吃惊，他说：“只有中国石油集团才能做到。”

2.3 中油集团与苏丹政府合资建成喀土穆炼油厂

喀土穆炼油厂是中油集团第一个海外下游项目。由中油集团设计和建设，采用中国标准，全部设备由中油集团提供。

炼厂于 1998 年 5 月动工，2000 年 5 月建成一次投产成功，历时 2 年。中油集团负责运营。初期派出的中方人员达 400 多人，投产以来强化对苏丹职工的培训，现在中方职员已减到 270 人，逐渐扩大苏丹本土化。至 2003 年底累计加工原油 885×10^4t，生产汽、煤、柴及液化气石油产品 783×10^4t。产品能满足苏丹国内市场 80% 的需求，还有每年 20 多万 t 成品油出口。

喀土穆炼油厂已经成为苏丹工业化进程的一个亮点，外国政府元首和官员到苏丹访问，喀土穆炼油厂成为一个主要的参观点，至 2003 年底已接待了肯尼亚总统、吉布提总统、冈比亚总统、布隆迪总统、尼日利亚总统、叙利亚总理、乍得总理、印尼副总统及阿尔及利亚能矿部长等。通过交流宣传了苏丹的进步，同时也扩大了中油集团的影响。

原载于:《世界石油工业》，2005 年 12 月第 1 期。

国家石油公司的国际化经营

童晓光

（中国石油天然气勘探开发公司）

世界上存在大量国家石油公司，它们在世界石油工业中占据了重要地位。据美国“石油情报周刊”的统计，在50家大石油公司中，100%国家股的有18家，55%～90%国家股的有6家，占据了石油、天然气储量的绝大多数，石油为88%，天然气为92%；也占据了石油、天然气产量的大多数，石油为62%，天然气为76%。

国家石油公司有3种发展趋势。其一，大部分油气资源丰富国家的国家石油公司的性质没有变化，继续从事本国的石油、天然气业务以及负责与外国公司合作，如大多数欧佩克产油国；其二，部分国家石油公司大幅度降低国家股股份或全部私有化；其三，有少部分国家石油公司大力扩大国际化经营业务。

1 国家石油公司国际化经营的现状

目前在进行国际化经营的国家石油公司主要有：科威特国家石油公司、挪威国家石油公司、马来西亚国家石油公司、印度国家石油公司、巴西国家石油公司和中国国家石油公司等。

1.1 科威特国家石油公司

进入国际油气上游市场的有：美国、澳大利亚、阿曼、土耳其、刚果、安哥拉、厄瓜多尔、中国、土库曼斯坦、埃及、突尼斯、阿尔及利亚、印尼、越南、马来西亚。进入油气下游市场的有：荷兰、瑞典、意大利、美国、东欧、东南亚。还有与土耳其、中国的石油化工合作项目，此外还拥有总量达300×10^4t的30艘油船的运输公司。进入国外项目的方式有兼并、合资、合作方式。

1.2 挪威国家石油公司

挪威国家石油公司在世界上29个国家有石油项目，计划在2007年日产油气（1.35～1.40）$\times10^6$bbl，其中1.1×10^6bbl为国内，其他为国外。今后油气产量的增加主要依赖国外项目。挪威国家石油公司国际化经营主要依赖公司的核心技术优势：提高石油采收率技术；水下完井作业技术——是世界上水深大于100m油气田的最大作业者；发展天然气产值链的经验；大型复杂项目的技术诀窍。确定了重点地区是巴伦支海、中东、北非；次重点地区为委内瑞拉、里海、西非。

1.3 马来西亚国家石油公司

马来西亚国家石油公司目前国外项目已分布于世界35个国家，其中非洲17个，亚洲13个。马来西亚国家石油公司的国际化经营的发展速度很快。从1990年起步，现在已有45个项目，分布面广，以亚洲、非洲两大洲为主，并以参股为主，很少当作业者。国际化经营的营业额已占整个公司1/3以上。

马来西亚国家石油公司国际化经验有许多方面值得借鉴。首先是国家领导人有远见卓识。马来西亚是一个产油国，人均年产油约2t，有较大比例的石油出口。在这种情况下，国家领导人仍积极鼓励国家石油公司开展国际化经营，并得到政府大力支持。马来西亚早在20世纪60年代就对外开放石油合作。从1985年开始签订了大批石油对外合作合同，积累了国际化经营的经验，然后走出去跨国经营。在跨国经营中又采取了多种形式，与有技术的公司参股合作，因此合作的领域比较广，积极构造企业形象和建立全球信息网络。

1.4 印度国家石油公司

印度国家石油公司国际化经营起步较晚，但近年来石油进口大幅度增加，获得国外能源基地成为印度国家石油公司的重大战略。目前已在世界上14个国家：越南、俄罗斯、苏丹、伊拉克、伊朗、利比亚、叙利亚、缅甸、澳大利亚、科特迪瓦有15个项目。其中最重要的有越南一个气田、缅甸一个气田、苏丹两个油田项目和俄罗斯Sakhalin−1项目，都是通过参股方式，为非作业者。印度国家石油公司制定了宏伟的计划，2020年权益油气产量为2000×10^4t，2025年为6000×10^4t。

1.5 巴西国家石油公司

巴西国家石油公司的国际化经营比较早，但其国有股的份额一直在减少，目前仅占30%。巴西国家石油公司的国际业务涉及三大洲15个国家，覆盖石油工业整个作业链。它有两个明显的特点：第一，以美洲为主，特别是南美洲。在阿根廷、厄瓜多尔、委内瑞拉和秘鲁共有21个区块25个油气田。2004年末日产19.3×10^4bbl油当量，储量为850×10^6bbl油当量。在玻利维亚，主要投资天然气，已达10亿美元，储量$466\times10^8m^3$。在哥伦比亚上马格莱特盆地有3个区块，雅诺斯盆地有2个区块，目前日产2.9×10^4bbl油当量。最近又获得哥伦比亚加勒比海的一个水深3000m的探区，面积达45000km^2。在美国海上区块212个，其中73个为作业者。第二，发挥深水区的技术优势，除在美洲的深水区外，还有西非的安哥拉和尼日利亚的深水区。

1.6 中国国家石油公司

中国多家国家石油公司都从事国际化经营，包括中国石油天然气集团公司、中国石油化工集团公司、中国海洋石油总公司、中国中化集团公司，还包括一些其他行业的国家控股公司。其中规模最大的是中国石油天然气集团公司（以下简称“中油集团公司”），2004年国外原油作业产量3011×10^4t，权益产量1642×10^4t。共有48个石油项目，分布于世界

20个国家。还有352支作业队伍在32个国家从事工程服务。中油集团公司国际化经营的最大特点是：海外投资与海外劳务承包共同发展。

2 发展中国家的国家石油公司国际化经营中面临的挑战

2.1 油气丰富的资源国对外国投资石油上游项目的限制

如石油资源世界排名前列的沙特、科威特、墨西哥等国的上游项目，基本上不对外开放。伊朗采用回购合同，外国公司当作业者的时间很短，俄罗斯对外国国家石油公司参与石油上游项目阻力较大。石油丰富而且已探明未开发油田较多的伊拉克，目前的政治环境，难以进行实质性的合作。有些资源国的石油合同条款很苛刻，如委内瑞拉政府把矿费提高到30%，又如利比亚今年初的招标，据克格·麦克马淇的分析，政府的收益达98%。

2.2 国际大石油公司占据大片有利地区

国际大石油公司具有雄厚的资金、技术和经验，而且有长期的国际化经营的历史，熟悉国际化经营的方法，往往与资源国政府有比较良好的关系。国际大石油公司在世界主要油气区的布局已基本完成，占据了比较有利的位置，从而使发展中国家石油公司要获得资源潜力大、作业条件好的区块难度很大。如西非20世纪90年代兴起的勘探热点安哥拉，出租的25个海上区块中22个为国际大石油公司所占有；如20世纪90年代开始私有化的哈萨克斯坦几个超级大油气田：田吉兹、卡拉恰甘内克、卡萨甘都由国际大石油公司拥有。

2.3 发展中国家石油公司在技术上的局限性

发展中国家石油公司长期在本国范围内勘探和开发，其技术特长有明显的地区性特点。如中国国家石油公司对陆上勘探开发有配套技术，但对海洋，特别是深水区的勘探开发技术，与国际大石油公司有很大差距。一些国家石油公司一般的勘探开发技术已达或接近国际水平，但前沿技术还有差距。发展中国家石油公司对本国的石油地质和油气资源分布有深入研究，但缺乏对全球地质和油气资源分布的研究，主动寻找勘探目标的能力较弱。这些技术上的局限性，影响国家石油公司获得区块的能力。

2.4 发展中国家石油公司在国际化经营能力上的差距

主要表现在国际化经营的理念，对国际化经营规则的理解和运用、对不同文化国家相溶性和不同语言国家的沟通能力，以及全球化油气勘探开发的战略研究。所有这些因素使发展中国家石油公司在国际竞争中处于相对弱势的位子。

2.5 当前处于高油价条件下，增大了获得项目的风险

2004年以来，油价一直在高位运行，近几个月的油价在50～60美元/bbl摆动，有时

甚至超过 60 美元 /bbl，远远超过了欧佩克原定的 22～28 美元的范围，因此石油项目的转让价格很高。

未来的国际油价很难预测，一种意见认为高油价是今后油价的长期趋势，另一种意见认为今后不可能长期保持高油价。如果后一种意见是正确的，那么现在用高代价获得的石油项目在经济上将会有很大损失。

3 中国国家石油公司国际化经营

讨论国家石油公司国际化经营的目的是从宏观上了解世界上国家石油公司，尤其是发展中国家石油公司国际化经营的现状和经验，促进中国国家石油公司的国际化经营。

3.1 中国国家石油公司国际化经营的任务

（1）从国外获得稳定的油气来源。中国对油气的需求在不断增长，加快国内油气自供能力，发展替代能源和节能，可以减缓对国外油气需求的增长速度，但不能改变这种增长。目前对外石油依存度已达 40% 以上。获得国外油气的主要方式是贸易，自营国外油气生产项目是重要的补充，其优点是稳定性有保证。

（2）通过石油上游的国际化经营，降低国际油价波动对中国经济的影响。油价的上涨会影响运输业及其相关产业的成本，对石油进口国的国民经济产生负面影响。石油已成为我国单一商品第一进口用汇大户，2004 年进出口逆差已达 378.8 亿美元。如果石油来自中国国家石油公司生产，其利润就可以部分补偿高油价进口油的负面影响。

（3）为中国国家石油公司的业务发展提供更大的空间。石油公司国际化经营大大扩展了全球选择勘探开发区的范围，其经营空间从本国走向世界，经营规模扩大，项目的选择余地增多，增强公司的实力和利润规模。同时，中国的国家石油公司从其组成之初就有作业队伍和工程服务体系，目前其规模和综合性居世界前列，作业能力已远远超过国内的需求，向国际发展是其唯一的选择。

3.2 中国国家石油公司国家化经营的战略选择

3.2.1 充分发挥中国国家石油公司已有技术优势

（1）陆相盆地地质研究和勘探技术，处于世界前列，可以在类似地质特点的盆地勘探中充分发挥作用。

（2）地质复杂的成熟盆地精细滚动勘探开发技术和经验。中国有一批地质条件复杂，而且勘探程度较高，已经历了 40～50 年勘探开发的盆地，每年仍有较多储量发现，充分证明中国石油公司有丰富的滚动勘探开发的技术和经验，可以用于世界其他地区。

（3）复杂陆地地形和地质条件的地球物理勘探技术。中国油气区的地形条件复杂多样，如高山、黄土、沙漠、滩海等，盆地类型有裂谷、前陆和以长期发育的克拉通盆地为基础的叠合复合盆地，中国石油公司都有相应的地球物理勘探技术，可在世界范围应用。

（4）老油田的二次采油和三次采油技术。以注水为主的二次采油已用于中国大部分油田。三次采油的规模处于世界领先，技术配套可广泛用于世界上的老油田。

（5）中国石油公司有大批素质较高又比较年轻的各专业的石油技术专家，同时，还有大批在校大学生、硕士生和博士生。这与美国等西方国家石油地质师、地球物理师、石油工程师数量大幅度下降，技术人员年龄老化，在校石油专业学生减少，形成明显对比。使中国国家石油公司有丰富的人力资源，有能力经营更多的国外项目，包括使用人力多、规模小和情况复杂的项目。

3.2.2 发挥中国国家石油公司的整体实力

发挥中国国家石油公司同时具有油公司和专业技术工程服务公司两种职能。拥有油气田勘探、开发建设、油气生产、油气运输、炼油化工等专业门类齐全的作业能力和设备制造能力，能够承担石油项目整个链条中的各个环节的工程。所以，可以通过各种专业能力的整体运作，缩短建设周期，降低作业成本，减少项目风险，能够承担一些国际油公司不愿经营或难以承担的项目。

3.2.3 与国际石油公司建立战略联盟

与国际石油公司建立战略联盟，可以克服中国国家石油公司在国际化经营方面的弱点和技术上的局限性；同时又可以充分发挥中国国家石油公司所具有的技术优势、人力资源优势，以及与许多第三世界国家良好关系的优势。起到优势互补的作用，达到双赢的目的。

3.2.4 与资源国政府和国家石油公司建立密切合作关系

首先是中国国家石油公司已经有项目的国家，以现有项目为基础扩大合作范围。如中国石油天然气集团公司有石油勘探开发项目的国家有 20 个，有石油工程技术服务的国家 32 个。已经与许多资源国国家石油公司建立了密切的合作关系，如苏丹、委内瑞拉、哈萨克斯坦，为扩大合作奠定了基础。事实上往往也是由一个项目开始，扩大为多个项目。对于目前无合作项目的资源国，要做好前期准备，发挥国际关系的优势，积极争取合作。

3.2.5 拓宽油气合作领域

除常规石油勘探开发项目外，还要进入竞争相对较弱的领域。

（1）老油区和老油田的滚动勘探项目。

这类项目规模较小、工作量大，国际大石油公司往往不感兴趣。但这种项目发现油气的风险小，这正可以发挥中国国家石油公司石油技术人员比较多、经验比较丰富的优势。中国石油天然气集团公司在这方面已有许多成功的先例。世界上老油区和老油田很多，是一个可以大力发展的领域。

（2）积极进入重油和油砂开发领域。

重油和油砂是最重要也是最现实的非常规石油资源，资源最丰富的国家是加拿大和委内瑞拉。委内瑞拉已在奥利诺科重油带有多家国际油公司进入开发（包括中油集团）。加拿大的油砂在目前技术经济条件下可采储量达 1750×10^8bbl，美国油气杂志因而把加拿大作为仅次于沙特阿拉伯的石油资源大国，也有许多国家石油公司进人油砂开发。如果利用加拿大的油砂提炼的石油，其运输路线可以通过太平洋，而不涉及风险很大的马六甲海峡。中国国家石油公司应积极进入这个具有远大前景的领域。

（3）积极进入天然气开发。

天然气开发的先决条件是要有销售市场。中国油气能源短缺是难以改变的事实，过分增大煤炭产量对环境和安全都有负面影响。应大量利用天然气。中国用气量大的地区是中国东南部沿海，便于 LNG 的利用。中国可以利用其巨大的市场优势，参与天然气开发。而中国相邻国家的天然气资源比较丰富，特别是伊朗、卡塔尔等天然气资源大国处于开发初期，有较多进入机会。

（4）进入海洋（包括深水）领域。

海洋是油气勘探开发的重要领域，石油年产已达 12.57×10^8t，占世界产量的 34.1%。海洋的勘探程度较陆地低，存在较多的发现机会。中国国家石油公司总体上对海洋，尤其是深水区的作业能力弱，这也是影响中国进入海洋（特别是深水）的重要原因。中国国家石油公司可以通过参股等方式与国际大石油公司合作，逐步进入深水区。

（5）与中东国家开展石油下游合作。

中东一些资源大国对石油下游合作的兴趣大于对石油上游合作的兴趣。如沙特阿拉伯石油上游至今未对外开放。而对下游对外合作持较积极态度，如在福建的炼油乙烯一体化合资项目最近开工，加工沙特含硫原油。可以由资源国长期提供石油，在中国建合资炼厂。也可以在资源国建立合资炼厂，炼制后引进成品油，从而获得稳定油源。通过下游合作寻找上游合作机会，充分发挥中国国家石油公司上、下游一体化的优势以及中国巨大的市场优势。

本文出自中国石油学会跨国油气勘探开发国际研讨会文章，2005 年 5 月，成都。

伊拉克的石油合作机会已经出现
——中国石油公司应积极参与投标，重视寻找合适的合作伙伴

童晓光

（中国石油天然气勘探开发公司）

伊拉克是中东重要产油国之一。据 BP 2008 年发布的世界能源统计，伊拉克 2007 年底石油剩余可采储量为 1150×10^8bbl，占世界总储量的 9.3%，2007 年产油 1.053×10^8t，占世界产量的 2.7%，储采比为世界之最。1990 年受联合制裁，此后长期处于战乱，石油勘探开发停滞。萨达姆政府签订的对外石油合作的合同被废除或停止执行，石油对外合作完全停止。

2005 年开始在美国帮助下，伊拉克石油部开始起草新的石油法，2007 年 2 月石油法草案颁布。石油法采用外国公司比较欢迎的产品分成合同，但引起伊拉克国会的激烈争论，被国会长期搁置。但伊拉克石油工业的恢复在很大程度上有赖于国际合作。2008 年 6 月伊拉克石油部宣布 6 个油田和 2 个气田对外招标。这些油田包括伊拉克著名的大油田，引起国际石油界的热烈反响，申请竞标的有 120 家公司。伊拉克希望通过国际石油合作，使该国石油日产量增加 50×10^4bbl，达到日产 277×10^4bbl。这轮招标标志伊拉克石油国际合作的大门正式打开。

1 伊拉克有丰富的石油资源

在中东，沙特阿拉伯的石油资源居首位，而伊拉克与伊朗比较接近。1985 年以前伊拉克的储量为 650×10^8bbl，而伊朗为 590×10^8bbl；至 2002 年伊拉克为 1150×10^8bbl，而伊朗达到 1300×10^8bbl；到 2007 年伊朗达到 1384×10^8bbl，而伊拉克没有变化。主要原因可能是伊朗不断有新的大油田发现，如发现了地质储量约 44×10^8t 的 Azadegan 油田和地质储量约 24×10^8t 的 Yadavaran 油田，而伊拉克自 1990 年后基本停止勘探，再没有大油田发现。从产量看，1989 年伊拉克日产 2838×10^3bbl，伊朗为 2894×10^3bbl/d，十分相似。但从 1990 年开始两国的产量差距拉大，1991 年伊拉克日产仅 285×10^3bbl，到 1996 年才升到 580×10^3bbl/d，直到 2007 年升到 2145×10^3bbl/d，还没有恢复到 1989 年的水平。而伊朗的日产量长期保持在 3000×10^3bbl/d 以上，2003 年日产超过了 4000bbl。伊拉克长期低产除了一段时间受制裁限产外，开采技术落后、设备老化、没有新油田投产，是主要原因。但可挖掘的潜力很大。同时也使伊拉克成为世界上储采比最高的国家之一，储采比为 149，伊朗为 115，沙特为 69，科威特为 106，阿联酋为 92。伊拉克的储采比居中东各国

之首，依靠现有储量就可以大幅度提高产量。

2008 年 7 月伊拉克副总理表示，伊拉克已探明储量达到 3500×10^8bbl。据他说是根据可信赖的国际公司作出的评估，如果果真如此，伊拉克的储量超过沙特，成为全球第一。但没有明确的依据，可信度比较低。

据 Moham-mad 等在 1996 年的《OGJ》上提出的伊拉克勘探潜力，伊拉克共发现 526 个构造，均为长轴背斜，构造长 1～74km，最长达 112km。

在 Mesopotamian 前渊识别的构造超过 100 个，多为长轴背斜。其中 49 个长度超过 20km。部分构造已钻探，发现 Kirkuk 等一大批油田。

在中央断裂带圈定了 110 个构造，其中 25 个构造长度超过 20km，个别超过 50km。也已发现一大批油田。

在 Mesopotamian 前渊近地台一侧，Anah 地堑长 215km，Khlesia 地堑长 130km，Tayarat 地堑长 30km，这些地堑自然延伸到叙利亚的 Euphrates 地堑已发现 38 个油气田。这个带识别出构造 160 个，大多数以白垩系为目的层，有些已证实为大油田如 Rumaila，Nahrumr，Halfaya。在 Baghdad 同时存在三叠系，古生界远景层位。

阿拉伯稳定地台的 NE 斜坡，面积占伊拉克 1/3，约 $15 \times 10^4 km^2$，有 155 个构造，目的层为三叠系和古生界。其中 7 个构造长大于 20km，构造形态有圆、椭圆、次圆等。这个带只打过 10 口探井，发现了 Khema，Diwan，Samawa，Ekhaidher 和 Akkas 等油田。

总之，526 个构造只钻了 125 个，是已发现构造的 20%。钻探的深度都比较浅，钻达侏罗系及其以下地层的井仅 59 口，39 口钻达侏罗系，12 口钻达三叠系，4 口钻达二叠系，1 口钻达石炭系，3 口钻达奥陶系。可见总体上勘探程度很低，深层勘探程度更低。已探明油田中尚有 74 个尚未开发。

由于勘探程度低，少量勘探工作就可以有油田发现。据报道，2005 年挪威公司在库尔德地区发现 Tawke 油田，发现井测试，日产 8000bbl。2006 年土耳其公司在 TagTag 地区发现了 3 个小油田。预计产能可达到 7.5×10^4bbl/d。

Louis Christian 在 2008 年 5 月的《Explorer》上列举了一些例子，说明伊拉克的石油勘探开发潜力。巴格达以西 Abujir 断裂带的中生界和古生界滚动背斜基本上没有勘探。在 Baghdad 西北约 175km 的 Hith 地区地表有个沥青湖，Christian 评估含有 50×10^8bbl 重油或沥青。沿着 Hith—Abujir 断裂带有许多吸引人的重力高未勘探。他认为伊拉克古生界的前景主要决定于志留系的烃源岩，它的热成熟度经历了冷、未成熟到成熟，有时达到过成熟，决定当时的地温梯度和埋藏深度以及再隆起的历史。他画出了具体的目标，如 Bayhdad 西南 175km，在 Kifl 油田有 1 口井从下白垩统 Zubair 组三角洲砂岩中日产 5600bbl，但此井并未与管线连接。如果像 Kifl 这样的地区可以开发，在幼发拉底河以西的许多油田也可以生产石油。

2 联合国制裁后，伊拉克的石油对外开放

在联合国制裁后，萨达姆政府一直试图对外开放，相继与许多外国公司签订了一系列

油田的合作协议：

（1）West Qurna 油田。

准备合作的储量（7～80）$\times 10^8$bbl。合作的权益俄罗斯 Lukoil 为 52.5%、Zarabezhneft 11.25%、Machinoimport 11.25%、国家石油公司为 25%。

（2）Majnoon 油田。

已有评价井 20 口。储量估算数差别很大，David Kmott 估计为（70～100）$\times 10^8$bbl，合作公司为法国 Elf。

（3）Nahr umr 油田。

1949 年发现，已部分开发。储量约 60×10^8bbl，合作公司为法国 Total。

（4）A1Halfaya 油田。

储量约 40×10^8bbl，尚未开发。合作公司为印度 ONGC。

（5）Ahdab 油田。

打过 7 口探井，未开发。储量约 14×10^8bbl。合作公司为中国 CNPC。

（6）Ar Ratawi 油田。

储量约 40×10^8bbl。合作公司为马来西亚 Petronas。该公司同时获得了 1 个勘探区块进行合作。

由于联合国制裁，上述合同实际上并未执行。

3 中国与伊拉克合作史

中国公司与伊拉克政府的石油合作起步较早。伊方提出合作开发艾哈代布的合作意向后，1994 年 6 月 CNPC 首次组团访问伊拉克，对艾哈代布油田进行考察，并于 1994 年 8 月初步完成了艾哈代布油田开发规划方案。CNPC 向国务院上报了艾哈代布油田项目建议书，1996 年 4 月国务院批准了这个建议书。1996 年 11 月 CNPC 又向国家计委提交了项目可行性研究报告。1997 年 6 月 CNPC 总经理赴伊拉克，与该国石油部长签订了艾哈代布油田开发合同。由于联合国制裁，无法进行作业。在这种情况下，CNPC 进行了一些研究工作。对该油田周围 800km^2 范围内伊拉克石油部在 20 世纪 80 年代采集的 700km 的二维地震资料和所钻的 7 口探井的测试井资料重新进行处理解释，进行地层、储层对比，精细构造解释、速度场研究、层序地层分析、试油成果分析、多井约束反演、油藏地质建模。提出该油田的油气分布不仅受构造控制，还受储层的岩性物性控制，于 2001 年完成报告。

1997 年伊拉克石油部曾表示愿意与中方合作开发哈法亚油田，这个油田的储量约为艾哈代布油田的 3 倍，油田结构更为简单。限于当时的国际环境和 CNPC 的实力，此油田未签订合同。伊拉克方面转而与印度国家石油公司签订合作协议。

萨达姆政权倒台后，艾哈代布油田合作协议暂时终止。2006 年伊拉克石油部长访华，双方重启艾哈代布油田合作开始谈判。2008 年 11 月正式签订了新的协议，从产品分成合同变为油田开发服务合同。此协议已得到伊拉克政府的批准。是伊拉克政府与外国公司签署的第一个石油合作协议，也标志着今后伊拉克对外合作方式为服务合同。按协议规定在

3 年内建成日产 2.5×10^4bbl 生产能力，6 年内建成日产 11.5×10^4bbl 生产能力。

4 新一轮招标给中国石油公司提供的合作机会

2008 年 6 月伊拉克石油部宣布招标的油气田包括巴士拉省的 Rumaila（鲁迈拉）油田，Zubair（祖拜尔）油田和 West Qurna（西古尔纳）油田，基尔库克省的 Kirkuk（基尔库克）油田（图 1）、Bai Hassan（巴伊哈桑）油田（图 2），米桑省的 Missan（米桑）油田，安巴尔省的 Akkas（阿卡斯）气田和迪亚拉省的 Mansariya（曼苏里耶）气田。

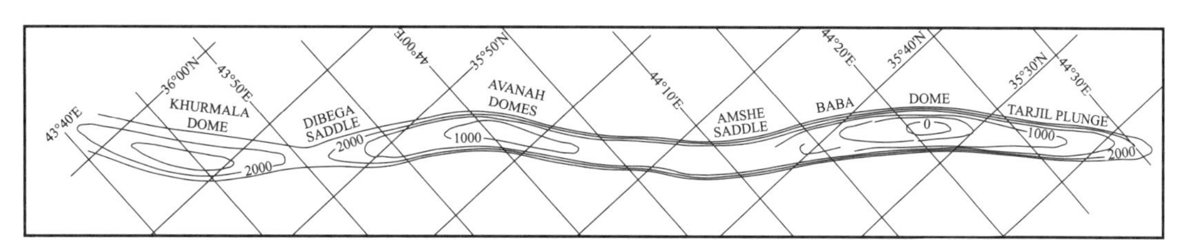

(a) Fars组底砾岩顶部构造等值线图

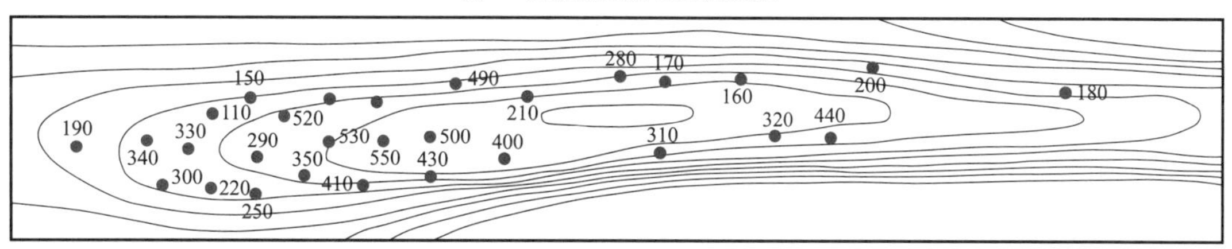

(b) 中白垩统Qamchuga组顶面构造图

A带 B带 C带

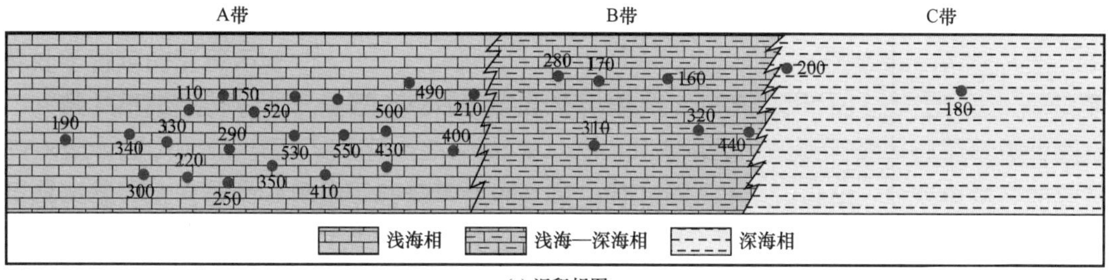

(c) 沉积相图

图 1 KIRKUK 油田

这些油田大部分为老油田再开发，而且规模很大，具有很大的潜力。如发现于 1927 年的 Kirkuk 油田。1999 年发布的地质储量为 385×10^8bbl 油，标定采收率为 42%，其中石油可采储量 161×10^8bbl，伴生气 4TCF，圈闭为长轴高陡背斜，面积 95km × 4km。有 3 个高点组成，油柱高度从东南向西北逐渐变低。储层为渐新统—始新统的裂缝碳酸盐岩（称为主灰岩），其次为两层白垩系灰岩。1934 年投产，到 1980 年已产出 90×10^8bbl，油田开发靠气顶膨胀和溶解气驱以及弱边水驱。在 1957—1961 年注气保持压力，后来在其中两个主力油藏注水保持压力。最西北端的 Khurmala 油藏在 1988 年才投入开发，估计油田再开发的潜力还是很大。

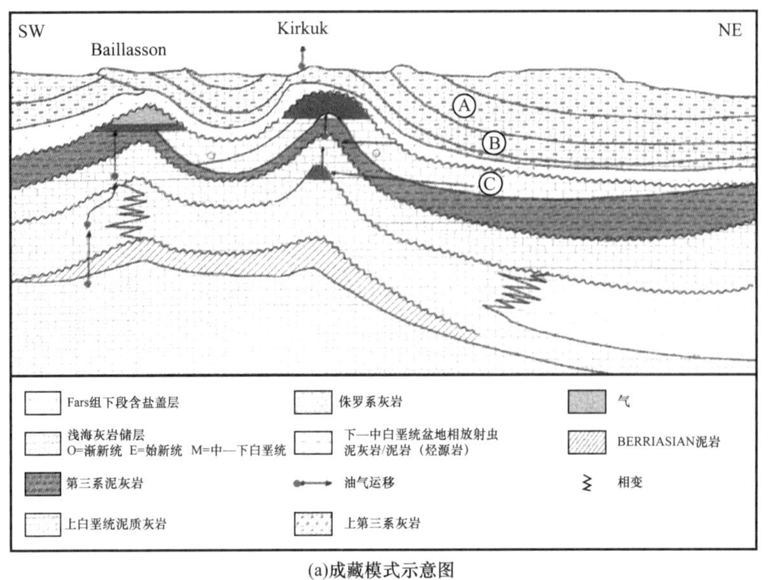

(a)成藏模式示意图

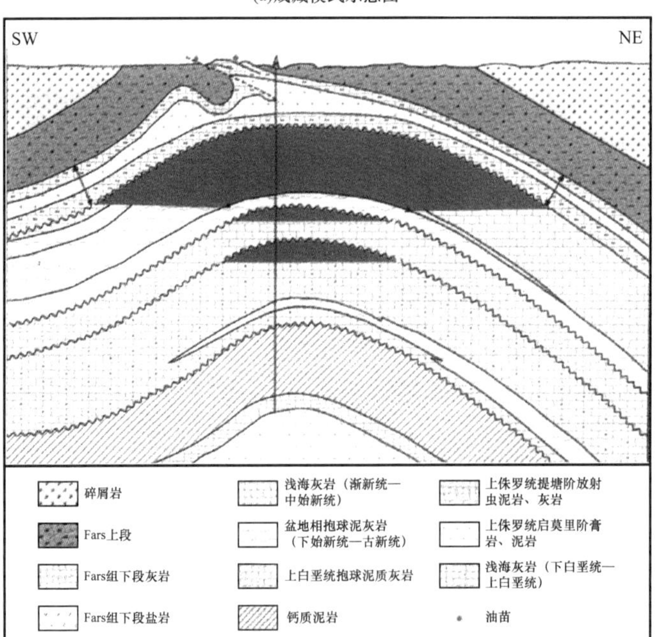

(b)南部高点（Baba）油藏剖面图

图 2　KIRKUK 和 BAIHASSAN 油田成藏模式及油藏剖面

因此报名的公司很多，经伊拉克审查，批准入围的公司有 41 家，西方公司 23 家，其中美国公司 7 家、英国公司 3 家，中国和日本公司各 4 家，印度、印尼、马来西亚、韩国、阿尔及利亚、安哥拉、巴基斯坦、泰国、土耳其和越南公司各一家，根据招标要求，各公司可组成公司集团进行投标。

伊拉克石油合作最大的吸引力是油气资源丰富，可以说是陆地上油气勘探开发地质和工程风险最小的地区，然而也存在巨大的政治风险，最主要是作业的安全。所以对中国石油公司既是极好的机会，又要面对严峻的安全形势。笔者认为要降低风险可有两个途径。第一，合作区最好选择在北部库尔德地区，该区的民族矛盾较小，库尔德地区有较大的独立性。所以投标的油田可以选择 Kirkuk 油田和 Bai Hassan 油田，以及紧邻叙利亚的 Akkas 气田。第二，与其他公司组成公司集团时首先选择穆斯林国家，如巴基斯坦、土耳其国家的公司，由穆斯林国家负责具体作业，更有利于项目的实施。当然也可以有西方公司参加，有利于采用先进技术。

总之，中国石油公司要抓住这次伊拉克的石油合作机会，积极参与投标，但在策略上要重视寻找合适的合作伙伴。在项目实施过程中不要急于求成，要重视安全。

原载于:《世界石油工业》，2008 年第 6 期。

引进海外天然气资源存在的问题及应对措施

童晓光[1]，李浩武[2, 3]，张映红[3]，王建君[3]，徐树宝[3]

（1. 中国石油天然气勘探开发公司；2. 中国石油勘探开发研究院研究生部；
3. 中油国际海外研究中心）

摘要：根据我国天然气产业的发展和引进现状，探讨了在引进海外天然气过程中出现的主要问题：① 国内天然气气价过低是引进海外天然气资源的最大障碍；② 跨国天然气引进存在着资源和政治风险，已签订协议也面临较大变数；③ 天然气需求变化增加了引进海外天然气企业的经营风险。在深入分析上述问题的基础上，提出了相应的解决措施：① 加快中国国内天然气市场培育与价格体制改革，逐步实现与国际接轨；② 积极开展能源外交活动，扩展进口天然气来源；③ 逐步实行分季使用价格制度、完善国内供气合同模式、加大储气库建设力度，化解季节性销售变化的风险。只有未雨绸缪，提前做好准备，才能更好地分享世界天然气资源，促进我国经济发展。

主题词：中国；引进；国外天然气；资源；管道输送；液化天然气；问题；对策

1　国内勘探生产、消费及引进现状

1.1　天然气勘探生产现状

随着我国经济建设的高速发展，对清洁能源的需求量也越来越大。天然气作为污染小、热能高的优质能源，越来越受到重视，勘探开发力度也在不断加大。经过多年的技术进步和积累，中国天然气勘探和生产正呈现出快速增长的态势。目前已经在前陆盆地、海相碳酸盐岩、大面积地层岩性及火山岩等领域取得了喜人的勘探成果，形成了塔里木、四川、鄂尔多斯、准噶尔、柴达木、松辽、东海、莺—琼盆地等八大气区，为实现我国天然气产业加速发展奠定了坚实的资源基础。

“八五”至“十五”期间，我国常规天然气储量呈现出了快速增长的势头。3 个五年计划期间分别新增天然气探明地质储量 $0.7\times10^{12}m^3$、$1.16\times10^{12}m^3$ 和 $2.54\times10^{12}m^3$。

截至 2006 年底，我国累计探明天然气（含溶解气）地质储量 $5.39\times10^{12}m^3$，探明可采储量 $3.33\times10^{12}m^3$（含溶解气），累计产气 $7772\times10^8m^3$，剩余可采储量 $2.55\times10^{12}m^3$，目前全国控制和预测天然气储量超过 $5.0\times10^{12}m^3$[1]。

在探明储量的资源保证基础上，我国天然气生产也进入了快速发展的阶段。特别是 2000 年以来，天然气产量增长“一年一小步、五年一大步”，2007 年产量达到 $693.1\times10^8m^3$，比 2006 年增长 18%。

1.2 天然气供需矛盾

2004 年以来，在国际能源市场持续高位运行和中国经济持续快速增长的大背景下，我国天然气消费也呈现出快速增长态势。天然气消费量从 2001 年的 $264 \times 10^8 m^3$ 增加到 2005 年的 $460 \times 10^8 m^3$，2006 年又进一步增加到 $556 \times 10^8 m^3$。“十五”期间，中国天然气消费量年均增长 13%。

与其他国家相比，我国天然气在一次能源中的比重还处于非常低的水平，仅占我国一次能源消费总量的 3%，远低于世界 24%、亚洲 11% 的平均水平，我国天然气消费还存有巨大的发展空间[2]。

作为优质的环境友好型能源，与石油相比，等热值天然气价格则要低得多。据测算，2006 年国际等热值天然气到岸价格大致分别为原油的 82%（欧洲）、63%（美国）、73%（英国）[2]。而我国实行天然气国家定价制度，其等热值价格仅为国际原油的 30% 左右。目前国内已修建完成的天然气管线总长超过 $3 \times 10^4 km$，总管输能力达到 $810 \times 10^8 m^3/a$。根据《天然气管网布局及“十一五”发展规划》，在“十一五”（2006—2010 年）期间，我国将基本形成覆盖全国的天然气基干管网，到 2010 年我国天然气管道总长度将达到 $4.4 \times 10^4 km$。低气价和管道铺设范围扩大这两点共同引发了国内天然气消费热潮，下游市场呈爆炸式增长。同时，随着国家环境保护力度的加大，天然气消费量很快将超过其产量，供需矛盾会随着时间推移而越来越突出。

根据现在的产量和消费量增长趋势，不同的学者给出的产销量预测数据稍有不同。据笔者[3]预测，我国未来十几年内天然气产量将会大幅度增加，预测到 2010 年可达到 $800 \times 10^8 m^3$，2020 年达到 $1200 \times 10^8 m^3$；而按照目前消费增长的速度和逐渐加快的趋势，2020 年消费量可达到 $2100 \times 10^8 m^3$，对外依存度达到 43%。邱中建[4]预测 2010 年我国天然气产量达到 $800 \times 10^8 m^3$，2020 年达到 $1200 \times 10^8 m^3$；而需求量则分别达到 $1000 \times 10^8 m^3$ 和 $2000 \times 10^8 m^3$，对外依存度 40%。这两种预测都说明在今后我国天然气供需之间存在着很大的矛盾，必须加大对海外天然气资源的研究和引进力度，才能更好地保证我国的能源安全。

1.3 天然气引进现状

1.3.1 管线天然气引进现状

现今已经达成协议并已经开始修建的管线只有中国—土库曼斯坦一条，管线设计输送能力 $300 \times 10^8 m^3/a$，2010 年开始供气，2013 年达到满负荷，合同期限为 30a。根据中土两国签署的能源合作协议，同意中方进入土库曼斯坦阿姆河右岸气区，进行天然气合作勘探开发，其可作为中土输气管线的供气基地。如阿姆河右岸年产气量不足 $300 \times 10^8 m^3$，可根据中—土双方签订的购销协议补足。土库曼斯坦天然气资源丰富，剩余可采储量 $2.86 \times 10^{12} m^3$，2006 年产量 $622 \times 10^8 m^3$，土库曼斯坦天然气历史高峰产量达 $850 \times 10^8 m^3$（1989 年），规划 2010 年产量将达到 $1200 \times 10^8 m^3$。其国内消费量小，仅为（100～150）$\times 10^8 m^3$，预计 2010 年为 $200 \times 10^8 m^3$。目前，土库曼斯坦与伊朗和俄罗斯已签署的购气协议

第二部分 学术论文

2008 年之后的供气量为（780～880）$\times 10^8 m^3$。今后土库曼斯坦可能会面临向多方供气而自身产量略有不足的矛盾。

考虑到上述因素，土库曼斯坦向中国供气 $300\times 10^8 m^3$，除阿姆河右岸区块的 $130\times 10^8 m^3$ 外，其余 $170\times 10^8 m^3$ 近期有可能靠现有已开发油气田供给，远期考虑应该主要依靠东部新区（如南尤洛屯和雅什拉尔区块）的投产供给。

正在论证的管线有中—缅、中—俄东线、中—俄西线 3 条，设计输送能力分别为 $120\times 10^8 m^3/a$、$380\times 10^8 m^3/a$ 和 $300\times 10^8 m^3/a$。

（1）中缅管线。

政府之间积极推动，进展迅速，但资源瓶颈难以逾越。缅甸 RANKIN 海域是一个新兴的天然气探区，地质区域为孟加拉湾盆地的东南隅，其天然气资源潜力还有待进一步钻探发现。目前在缅甸 RANKIN 海域已经发现 SHWE 和 SHWE PHRU 气田，以及 MYA 含气构造，2P 地质储量为（992～1420）$\times 10^8 m^3$。但是 2005 年下半年以来，该海域的勘探一直没有取得突破性进展。因此，这个地区的最终可以获得的天然气储量还是未知数，其能否在经济上支持长输跨国管线还有待证明。

（2）中俄管线。

俄罗斯天然气工业股份公司计划修建两条通往中国的天然气管道。东线管道分为两个分支，分别为伊尔库茨克—满洲里—北京输气管线和萨哈林—沈阳输气管线。西线管道将运送西西伯利亚开采的天然气，由俄罗斯阿尔泰共和国出境，进入中国新疆。根据中国提出的要求，俄罗斯准备从 2011 年开始向中国出口天然气，每年对中国输气量为 $680\times 10^8 m^3$，其中东线 $380\times 10^8 m^3/a$、西线 $300\times 10^8 m^3/a$。

东西伯利亚地区南部是俄罗斯油气勘探开发的后备接替地区，天然气资源十分丰富，但勘探程度低，预测天然气总资源量约 $46\times 10^{12} m^3$，其中探明和控制天然气储量分别为 $3.8\times 10^{12} m^3$ 和 $2.8\times 10^{12} m^3$。萨哈林地区科维克金等气田可作为伊尔库茨克—北京天然气管线的主供基地。

根据中俄双方专家早期研究成果，先后对科维克金和恰雅金等其他 4 个大型气田进行了预可研性和可行性研究，最终结论为这 5 个气田全面开发，联合供气，从科维克金气田经满洲里、哈尔滨至北京建输气管线。科维克金气田探明天然气可采储量 $1.9\times 10^{12} m^3$，并编制了产量剖面，高峰天然气年产量达 $350\times 10^8 m^3$，稳产期限 20 年。恰雅金气田探明天然气储量约 $1.2\times 10^{12} m^3$。还同时开发中鲍图奥宾、塔斯—尤里亚赫和上维柳昌等 3 个气田，探明天然气储量约 $3500\times 10^8 m^3$，预计高峰天然气年产量在 $200\times 10^8 m^3$ 以上。

萨哈林 I 区块油气田位于萨哈林岛东北部海域，距海岸 15～50km，由 3 个油气田组成。在 2007 年上半年以前，萨哈林 I 区块操作者埃克森—美孚公司准备通过恰伊沃和阿尔库图—达金等两个气田向中国供气。但从 2007 年下半年开始俄政府高层先后在不同场合表示，萨哈林天然气必须用于国内的需要，否则就将违背俄罗斯法律。俄罗斯现总统梅德韦杰夫在任第一副总理时曾明确指出，俄罗斯在实现东西伯利亚和远东的全面天然气化之前，不会出口“萨哈林 -1 号”项目的天然气。这就可能使萨哈林—沈阳输气管线计划近期内基本无法实现。

西西伯利亚盆地是世界上油气资源最富集的地区之一，具有南油北气的特征，天然气主要富集在北部亚马尔半岛和乌连戈伊地区，剩余探明天然气地质储量为 $34.2\times10^{12}m^3$。2006 年天然气产量约 $6000\times10^8m^3$，占俄罗斯天然气总产量的 92%。

总之，从资源基础来看，俄罗斯西西伯利亚地区从西线向中国西部供应 $300\times10^8m^3$ 天然气，科维克金和恰雅金等气田从东线向中国供应 $300\times10^8m^3$ 天然气，是有资源保证的。而萨哈林Ⅰ区块向中国东北供气 80×10^8～$100\times10^8m^3/a$ 在近期内可能无法实现。目前谈判难度较大的主要原因是价格问题。

1.3.2 LNG 引进现状

现已签订的 LNG 引进合同主要有 3 个，引进总量 $900\times10^4t/a$（约相当于 $112.5\times10^8m^3$）。中海油印度尼西亚东固项目约定自 2007 年开始向中国福建省每年提供 LNG 260×10^4t，合同期限 25a。中海油澳大利亚西北缘项目现可提供 $340\times10^4t/a$，合同截止日期为 2031 年。

2008 年 4 月 10 日，卡塔尔天然气公司 Qatargas 与中石油签订了 $300\times10^4t/a$ 的 LNG 供气协议。协议规定，2011 年开始供气，合同期限为 25 年[5]。

考虑到在中国天然气剩余储量中，低品位储量占大部分，而这些储量动用难度比较大，储层非均质性强，大多属于低孔低渗储层，开采成本高，稳产难度也大。消费和生产之间的矛盾导致引进国外天然气步子只会越迈越大。现今我国还处于进口的初级阶段，对很多问题研究不足，认识有限，这就影响了我们的海外天然气引进工作。从全球性天然气资源供应—消费分布看，中国具有得天独厚的资源环绕型结构特征，即：北接中亚—俄罗斯、西邻中东、南望太平洋诸多天然气出口国。因此，如何合理利用海外天然气资源、合理规划和保护自有资源就成为了当前十分重要的战略研究内容，需要对引进中的若干现实重大问题予以解决。

2 存在的主要问题

2.1 国内天然气气价过低是引进海外天然气资源的最大障碍

目前全球天然气市场已经基本形成，北美、欧洲、太平洋三大市场的天然气价格和定价方式已逐渐趋同。受供求关系及国际原油价格高位震荡的影响，进口天然气价格也居高不下。目前 LNG 到岸价格水平在 8～12 美元 /MMBtu（1Btu=1055J，下同），陆上进口气边境交接价格在 2.0 元人民币 $/m^3$ 左右，到门站价格将超过 3.0 元 $/m^3$，是现在涩宁兰管道平均销售价格的 3 倍，为陕京线、西气东输、忠武线销售价格的 2.4 倍[6]。由于国际、国内天然气市场不接轨，以国际价格购买的天然气在国内无法被充分消化，国内企业和民众无法承受国际价格，这也就使得我们在引进海外天然气时报价过低，进而导致我国在全球天然气买方市场的竞争力急剧减弱，并将直接限制对国外优质天然气资源的利用。

我国天然气价格不能反映市场供求关系的问题，已经引起了国家有关部门的重视。在国务院下发的《关于2005年深化经济体制改革的意见》中提出，要加快天然气价格形成机制的改革。同时国家发改委领导亦明确表示，国内天然气价格偏低，要逐步提高天然气价格，完善天然气价格形成机制，理顺天然气价格与可替代能源的价格关系，建立与可替代能源价格挂钩调整的机制。

2.2 跨国天然气引进存在资源和政治风险，已签订协议也面临较大变数

由于目前全球政治经济格局尚处在微妙的变革之中，为了使本国政治经济利益最大化，资源国大力开展能源外交。石油天然气资源是资源国在国际政治环境中调整政策的一张“王牌”。由于管线天然气合同具有长期性的特点，一旦管线开始修建并开始供气，资源国和引进国两者之间的战略合作关系至少要保持30年左右，跨国天然气管线建设无论对于资源国还是消费国，都是国家的重大战略行为。因此，在现今天然气市场为卖方市场的前提条件下，资源国为了谋求其政治经济利益的最大化，可能在管线规划和设计中出现摇摆、观望和对比，这就给我国引进国外天然气管线的修建增添了不确定性。

同时，有时为了实现国家的政治经济利益，资源国会有意无意夸大能够提供的资源数量，但到了项目执行之时，则可能会因为资源不足而使计划延迟或终止。这种情况在以前原油管道敷设的时候就曾经遇见过。例如，在中石油和哈萨克斯坦政府签订乌津油田开发合同之时，就约定中方负责修建一条至中哈边境的石油管线，但最后因为资源得不到保证，项目也因此搁浅。中缅天然气管线谈判就是由于资源得不到保证而暂停的。这就提示我国在跨国天然气引进尤其是管道敷设之前仔细论证，慎重行事，尽量避免天然气引进过程中产生的不稳定因素。

国际政治、经济、资源结构异常复杂，为了更好地维护国家利益，资源国有时会对已签订的合同进行单方面调整甚至终止。典型的例子如俄罗斯在乌克兰供气问题上的行为。同样，尽管LNG市场已经实现全球化和大区市场格局，但是中国在世界主要LNG产区的大单合同依然具有较强的国际政治敏锐性，受政治活动影响较大，随时都可能因为某些大国力量的介入而难以实现甚至终止。

另外管线敷设过境争议、过境费收取争议、自然灾害及国家间战争等，均可能导致供气中断或减少。为了确保国家能源安全，需要政府在国际社会中不仅要和资源国搞好关系，而且还要努力协调同各个主要引进国之间的关系，努力形成政治经济利益共同体，争取出现双赢或多赢的局面，以保证已签订协议的执行。这就需要极富技巧的能源外交策略。

2.3 天然气需求变化增加了引进海外天然气企业的经营风险

从我国天然气产业的长期规划和《天然气利用政策》的导向来看，季节变化影响天然气销售主要表现于城市燃气。对于城市燃气用户，天然气主要用做燃料，除了平时烹饪、热水需要外，在冬季主要用做供暖，气温偏低时天然气销售量增加。最严重的2004年，部分地区月度最高消费量和最低消费量之间的比值达到13 ∶ 1。冬季4个月的消费量一般要占全年消费量的60%以上。这种极度的不平衡性给海外天然气引进造成了很大的困

难。国际上引进天然气资源，通常是按照“照付不议”模式执行，若引进的天然气在淡季无法消费，这就会给天然气引进企业造成巨大损失。

3　应采取的应对措施

3.1　加快中国国内天然气市场培育与价格体制改革，逐步实现国际接轨

由于引进海外天然气的管道气和 LNG 两种形式都采用国际化合同模式和价格标准，因此，一旦按照国际价格引进的天然气进入本土市场，最首要的问题就是价格。LNG 方面，除了中海油和澳大利亚签订的合同具有特殊优惠价格外，其余均为当前国际价格（接近原油 Btu 价），这部分资源大约 2009 年前后将陆续进入中国市场；管线方面，土库曼斯坦到中国的管线天然气在 2010 年将进入中国市场。因此，中国天然气市场改革大体上需要在 2010 年前完成。对于一个地区经济差异悬殊的人口大国，这个时间非常紧迫。

（1）加快统一国内、国际价格，通过差异税收及补贴逐步过渡。

我国现行天然气定价机制海上为市场定价，陆上天然气流通各环节的价格均由政府管制，实行政府定价或实行政府指导价。应充分吸收国外经验，在短时间（2～3 年内）使国内天然气价格与国际接轨，形成统一定价机制，以满足海外资源竞争需要。

采用差异性税收、差异价格、地区性补贴等方式维持国内消费市场的稳定，逐步引导消费市场向更加国际化的方向发展。如加大建材、机电、轻纺、石化、冶金等环境污染型工业企业的纳税力度，促使其在政策允许情况下向使用天然气转变；同时提高属于《天然气利用政策》限制类或禁止类天然气化工企业用气价格，用价格杠杆表明政府态度。

实行分地区消费价格制度，东部沿海地区可根据实际情况将天然气价格适当调高，而在西部欠发达地区由国家进行适当的补贴，使天然气价格维持在一个相对较为合理、群众可以接受的水平上。由于我国将来天然气利用主要以改善广大人民群众生活水平为目标，所以这个方面改革要稳，要通过政府反复试点、调整、修正，使国内市场平稳过渡。

（2）必须先试点、后滚动、再普及，分区对待。

中国天然气生产体系与消费市场不同于世界其他大多数国家，必须针对中国自身的情况，以试点方式首先发现和暴露问题，找到解决问题的途径、减小向洁净能源转型阶段的社会震荡。要根据地区性能源结构特征，将油气和煤资源均贫乏地区、富油气—贫煤地区、富煤—贫油气地区、风能和水力丰富地区区别对待，分析天然气价格接轨的影响和应对措施。

3.2　积极开展能源外交活动，扩展天然气进口来源

随着中国经济建设的高速发展和国内天然气市场的逐渐成熟，天然气生产和消费之间的缺口呈日渐增大的趋势是肯定的，加强与之相关的国家能源外交也就日益迫切，需要进一步加大现在的工作力度。有些天然气引进合同的谈判单单依靠油公司已难以推动并取

得实质性进展，只有政府高层出面进行推进，开展国家层面的能源外交活动，方能取得成功。例如中国—土库曼斯坦天然气管线引进合同的签订就是政府之间大力推动的结果，也是我国能源外交取得的胜利。

从现今情况来看，我国引进国外天然气主要有三大战略目标区域：① 中亚—俄罗斯；② 亚太—澳大利亚；③ 中东，主要是卡塔尔和伊朗。这些国家和地区需要从能源外交的策略考虑，各大国有石油公司应配合政府外交策略，加大公关力度。

中亚国家包括天然气资源比较丰富的哈萨克斯坦、土库曼斯坦和乌兹别克斯坦。这些国家及俄罗斯和我国具有良好的传统关系，中—哈、中—俄具有较长的共同边境线，中—土、中—乌管道过境国少，都具有跨国管道修建的地缘优势，是跨国管道建设的首选地区。

俄罗斯拥有全球第一的天然气储量，截至2006年底，剩余可采储量为$47.65\times10^{12}m^3$，年产量$6120\times10^8m^3$，储采比78。哈萨克斯坦剩余可采储量$3.0\times10^{12}m^3$，年产量$239\times10^8m^3$，储采比126。土库曼斯坦剩余可采储量$2.86\times10^{12}m^3$，年产量$622\times10^8m^3$，储采比46。乌兹别克斯坦剩余可采储量$1.87\times10^{12}m^3$，年产量$499\times10^8m^3$，储采比37。其中，中国已经和土库曼斯坦签订了供气合同。

哈萨克斯坦80%以上的探明储量都分布在该国西部地区，主要油气田为田吉兹、卡拉恰克纳克以及海上卡萨甘、扎纳诺尔、伊玛舍夫、乌里赫套等6个大型气田，在探明天然气储量中又有50%储量属于油田中溶解气储量。由于哈国天然气资源主要是高含硫凝析气和油田中的溶解气，在开发卡拉恰克纳克凝析气田、田吉兹和卡萨甘油田时，采用回注气，保持地层压力，提高原油采收率。因此，该国商品气产量有限。估计满足国内天然气需求后，可供出口气量2010年将为$116.2\times10^8m^3$，2020年将为$124\times10^8m^3$，2030年将达$156\times10^8m^3$。每年稳定出口气量约为$100\times10^8m^3$。

乌兹别克斯坦2006年天然气产量为$554\times10^8m^3$，乌方规划2010年之前产量达到$600\times10^8m^3$，2010年之后为650×10^8～$700\times10^8m^3$。国内年需求量基本稳定在$500\times10^8m^3$左右，目前向俄罗斯出口约$70\times10^8m^3/a$，另外还向哈萨克、塔吉克、吉尔吉斯出口（20～30）$\times10^8m^3/a$。

分析产量、国内消费及现有的出口情况，乌兹别克斯坦有可能向中国供气，但规模不大，依靠该国内部调剂和中石油在乌兹别克的项目新发现，年供气规模可能在（20～50）$\times10^8m^3$。

在中亚—俄罗斯地区，以俄罗斯谈判难度为最大，迟迟不能取得进展。俄罗斯希望以国际价格向我国输送天然气，但是就我国目前消费承受能力来看，很难消化。我国目前所能够承受的到国内的门站价格大致为175美元/10^3m^3[7]。在现今石油价格高涨的情况下，俄罗斯宣布要提高其对欧洲的天然气出口价格，达到300～350美元/10^3m^3，而对乌克兰的出口价格也从2007年的130美元/10^3m^3提高到2008年的175美元/10^3m^3。同时俄罗斯供白俄罗斯的天然气价格也在2007年的基础上提高20%，达到2008年的119美元/10^3m^3。因为苏联各国和俄罗斯之间关系复杂，我国不可能按照俄罗斯供应苏联国家的价格获得合同，若参照欧洲价格标准，就会使引进工作的谈判难度进一步加大。

同时，近些年俄罗斯能源问题政治化的倾向也十分明显。典型的例子就是俄罗斯对乌克兰和白俄罗斯减少了天然气供应量并相应提高了价格。俄罗斯在通过政治外交手段推动对外能源合作和获得相关能源利益的同时，把能源外交作为实现外交和政治目标的重要手段。我国应当加大政府层面的公关力度，争取以双边贸易和经贸合作带动相关能源产业之间的合作，早日签署合同。

亚太国家和我国一衣带水，澳大利亚与我国海运畅通，是我国沿海地区引进 LNG 的重点地区之一。其中印度尼西亚、澳大利亚、马来西亚探明剩余天然气可采储量分别为 $2.63 \times 10^{12} m^3$、$2.61 \times 10^{12} m^3$、$2.48 \times 10^{12} m^3$，居世界第 14、15、16 位。印度尼西亚 2006 年出口 LNG 达 $295.7 \times 10^8 m^3$，马来西亚紧随其后，为 $280.4 \times 10^8 m^3$，澳大利亚为 $180.3 \times 10^8 m^3$。三国加上文莱 2006 年 LNG 出口量约占世界 LNG 贸易总量的 39%。

总体说来，这几个国家在资源上是有保证的。我国已经和澳大利亚、印度尼西亚签定了总量为 $600 \times 10^4 t/a$ 的合同，但是现在世界 LNG 贸易已经进入卖方市场阶段，LNG 的 Btu 价格已经接近原油，另外还要面对日本和韩国对亚太天然气强大需求的压力，需要进一步努力以签订更多的协议。

中东的伊朗和卡塔尔天然气资源非常丰富，是我们 LNG 引进的主攻方向。截至 2006 年底，伊朗剩余天然气可采储量为 $28.13 \times 10^{12} m^3$，居世界第 2 位，年产量 $1050 \times 10^8 m^3$，储采比 268。卡塔尔剩余天然气储量 $25.36 \times 10^{12} m^3$，居世界第 3 位，年产量 $495 \times 10^8 m^3$，储采比 512。这两个国家天然气资源开发程度都很低，上产的空间巨大，同时国内人口不多，消费量有限，出口潜力很大。

伊朗正在受到联合国和美国的制裁，在伊朗的石油勘探生产中没有美国公司。另外我国和伊朗政府的关系良好，这就给我们提供了较好的进入机会。伊朗 LNG 产业不发达，与其天然气资源大国的形象不符，随着国际天然气供需关系的日益紧张，伊朗天然气出口必将大幅增长。中国应该抓住这个机会，以政治和双边贸易带动能源产业的合作。但伊朗的合同条款苛刻，谈判过程艰难，变化大、不规范。所以同伊朗的上游石油天然气合作也比较困难。但是相对而言伊朗是我国在中东地区油气资源丰富国家中进行石油合作最现实的国家，其在笔者[8]的重点国家分地区投资环境排序中列中东第二位。

卡塔尔 LNG 产业比较发达，2006 年是世界排名第 1 的 LNG 出口国，为 $310.9 \times 10^8 m^3$，约占世界总出口量的 15%。该国人口少（大约为 70 万），国内消费量很少，绝大部分天然气产量用来出口。卡塔尔政府计划到 2010 年产量达到 $1241 \times 10^8 m^3$，2020 年达到 $1642 \times 10^8 m^3$[9]。卡塔尔无石油法，上游对外合作产品分成合同条款可协商，勘探区块可竞标。中国的最大弱点是目前缺乏 LNG 和 GTL（天然气制油）生产技术，最大的优点则是具有广阔的市场，所以最好的办法是与西方大石油公司共同建立投资集团，参与卡塔尔天然气开采和 LNG 及 GTL 工厂的建设，引进该国的天然气资源。

现今全球政治局势微妙多变，只有积极开展能源外交，同有关资源国建立良好的政治关系，用政治推动石油企业之间的合作，才能长久地保证国家的天然气引进安全。同时还要注意加强和主要消费国的合作，在不损害我国政治经济利益的前提下，努力形成一个利益共同体。这样才能在国际形势动荡或某些国家政权更替的情况下，最大限度地保证我国海外油气合作项目的利益。

要积极实行天然气来源多元化的政策，与世界各个主要天然气出口国广泛接触，加强高层互访，带动能源产业的合作，同时也可分散进口风险。争取将各个地区引进的天然气控制在一个比较合理的比例水平上，避免对一个国家的依赖度过大。这就需要我们在世界天然气市场上有重点的全面出击。

3.3 逐步实行分季使用价格制度、完善国内供气合同模式、加大储气库建设力度，化解季节性销售变化的风险

当天然气由市场定价时，价格就成了调节季节性销售量的重要手段。从我国的现实情况和《天然气利用政策》导向来看，将来很长一段时间内，城市燃气及工业燃料可能是影响消费量变化的主导因素。在保证广大人民群众生活质量的前提下，针对非居民用户实行高峰气价和低谷气价制度，鼓励大家在低谷时加大用气量，在高峰时间削减用气量。充分发挥市场的调节制度，通过试点实施，确定合理的差异价格。

在消化引进的海外天然气时，可以参照西气东输供气合同模式进行操作，负责引进的单位也与消费城市及企业签订“照付不议”合同，共同承担风险。其中上游企业承担资源引进风险，下游消费城市和企业承担消费市场开拓风险，努力实现风险共担、利益共享的目标。

与世界天然气工业发达国家相比，我国的储气调峰设施发展落后，目前仅有大张坨和板876、板中北高点、江苏金坛盐矿及江苏刘庄气田等储气库，年总工作气量为$40\times10^8\mathrm{m}^3$[10]。我国已建成的储气库总容量偏小，不能满足大规模调峰和平稳供气的需要。为确保我国长输管道的安全、平稳供气、优化天然气的供气系统，处理好用户用量的不均匀与安全调峰的关系，与这一系统工程相配套的地下储气库建设也到了刻不容缓的地步。只有加快储气库的规划和建设速度，才能更好地化解季节性需求的风险。

在现今能源供需矛盾突出的形势下，很多国家都尽量不使用本国现有资源。海外天然气资源不仅是国内资源的有效补充，同时也是对国内资源的保护。因此在空间和时间上科学配置两种资源需要发挥政府的重要调节职能。建议如下：

（1）管线天然气。将跨国管线附近的国内气田部分作为战略储备，在海外天然气资源引进正常情况下限产，在出现风险时放开。这样就可以有效规避由于政治和资源等方面引起的风险，效果上类似于储气库。

（2）LNG 引进。大公司到国外拿大单，同时鼓励民营企业到国外拿小合同 LNG，由地方分销公司统一运营和协调，解决 LNG 调峰和储备问题。

4 结束语

我国现在正处于经济建设飞速发展的阶段，国内天然气产业发展及居民用气发展也进入了快车道；加之面临的环境问题压力也较大，使用清洁能源的要求日益迫切。因此，国内天然气需求缺口也将越来越大。为了更好利用国外天然气资源，只有正确分析引进过

程中存在的问题，才能辨证施治，为今后的天然气引进工作铺平道路，更好地促进经济发展。

参考文献

[1]李景明，魏国齐，赵群. 中国大气田勘探方向［J］. 天然气工业，2008，28（1）：13-16.

[2]BP 公司 .BP 能源统计 2007［R/OL］.

[3]童晓光. 世界石油工业和中国天然气供需分析［J］. 上海电力，2008（1）：1-3.

[4]邱中建，方辉. 中国油气资源可持续发展分析［J］. 中国石油勘探，2005（5）：1-5.

[5]中国政府网. 中石油与卡塔尔签署 25 年液化天然气销售购买协议［EB/OL］.

[6]汤亚利，徐文满. 中国天然气市场将面临的一次洗牌［J］. 天然气工业，2008，28（1）：9-12.

[7]新浪财经. 西气东输二线确定国内走向［EB/OL］.

[8]童晓光，窦立荣，田作基，等 .21 世纪初中国跨国油气勘探开发战略研究［M］. 北京：石油工业出版社，2003：240-242.

[9]童晓光，胡江浩. 中国与中东各国石油合作的方针探讨［M］. 北京：石油工业出版社，2006：40-60.

[10]苏欣，张琳，李岳. 国内外储气库现状及发展趋势［J］. 天然气与石油，2007，25（4）：1-5.

原载于:《天然气工业》，2008 年 6 月第 28 卷第 6 期。

中国石油工业的国际合作
——中国石油通过不断摸索和积累经验，在海外油气生产和供应上已经初具规模并取得了巨大的经济和社会效益

童晓光，史卜庆

（中国石油天然气勘探开发公司）

随着经济全球化的迅猛发展，石油工业的国际化经营成为全球石油公司普遍采取的战略手段。从20世纪90年代初开始，在国家“走出去”方针的指引下，中国石油工业较早地参与国际合作、积极开展跨国经营。其中中国石油是石油石化企业中“走出去”比较早、规模最大的企业，通过不断摸索和积累经验，在海外油气生产和供应上已经初具规模并取得了巨大的经济和社会效益，率先走在了中国大型企业的前列。

1　20世纪90年代初中国石油国际合作开始时的国际环境

20世纪90年代初，在经济全球化和国内石油供需矛盾两大因素的推动下，中国石油企业开始走上发展海外投资、开拓国外石油资源的道路。当时的稳定低油价、苏联解体后的中亚地区对外开放政策以及拉丁美洲的石油企业私有化等国际政治、经济形势，为中国石油工业的国际合作提供了良好的外部环境和机遇。

1.1　低油价时期导致新项目机会增多

与20世纪70年代和80年代相比，20世纪90年代国际市场原油价格急剧降低，也是持续低迷的一个时期（图1）。其中1993—1997年石油价格在15～20美元/bbl区间波动。1998年，受亚洲金融危机影响，国际油价平均下降至13.5美元。1998年底和1999年初，原油价格曾一度低于10美元/bbl，90年代石油的平均价格年增长率仅为6%（图2）。

与此同时，石油产量和剩余可采储量依旧呈现上升趋势。1991—2002年间，世界石油产量从31.555×10^8t，上升到35.568×10^8t，年均增长率为1.09%。世界剩余石油可采储量1991年为1361×10^8t，2002年为1427×10^8t，年均增长率为0.43%。

在此背景下，垄断性大油公司纷纷缩减上游投资，世界石油市场形成了多极化的格局。这为中国石油企业寻求国际合作、获得海外油气资源提供了机会和保障。

1.2　苏联解体后独联体国家纷纷对外开放

20世纪90年代，尤其是90年代中期以后，发展中国家纷纷改善投资环境、吸引外资，世界经济全球化进程加快，中国石油工业走出去的步伐逐步加快。

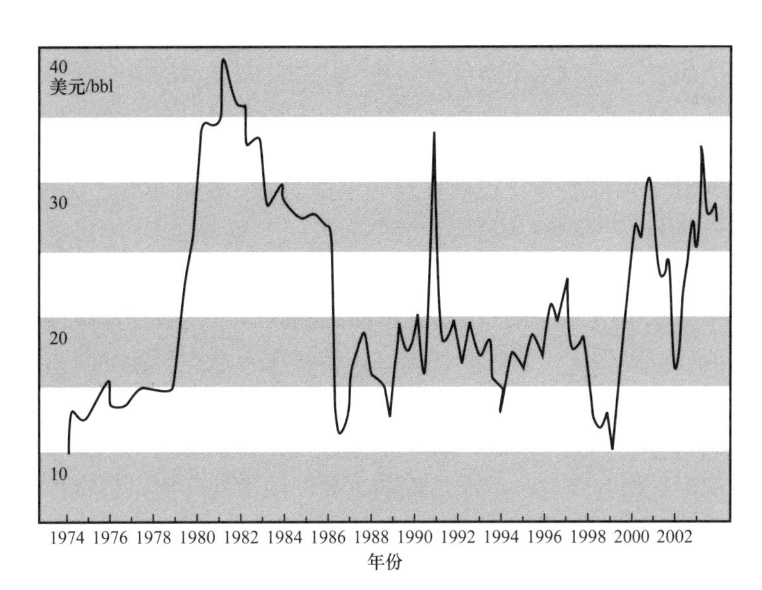

图 1　石油价格长期走势图

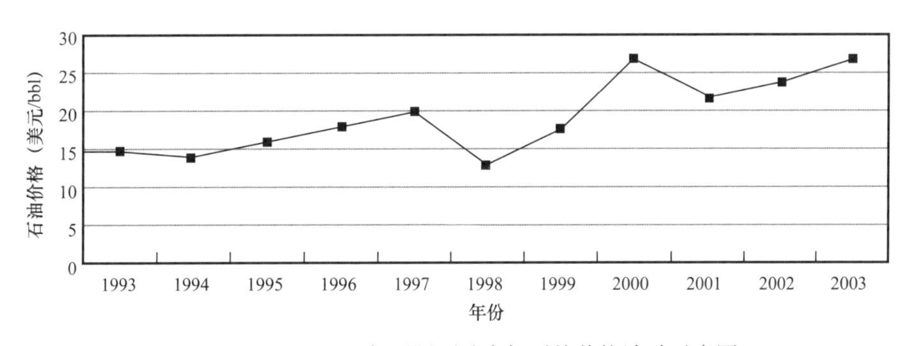

图 2　1993—2003 年国际石油市场平均价格波动示意图

20 世纪 90 年代初苏联剧变，如何由原来的封闭、半封闭的经济尽快转变为积极参与国际交换和合作的开放型经济，使国内市场与国际市场接轨，优化资源配置就成为独联体各国面临的问题。独联体国家以地缘经济为依托，积极寻求与作为近邻的中国的双边合作。在石油资源方面，独联体国家不同程度地实现了私有化，陆续开放了以里海地区为重点的油气资源市场。因此这成为了中国石油公司进入中亚地区的良好时机。

1997 年中国石油成功获得了哈萨克斯坦阿克纠宾油气公司项目，积极参与到哈萨克斯坦国内油气资源的开发，哈萨克斯坦总统称赞哈中两国石油领域的合作文件是“世纪合同”。

1.3　拉丁美洲石油工业的私有化和对外开放政策

拉丁美洲是油气资源丰富的地区之一，目前拉美已探明的石油储量占世界石油总储量的 12%，居世界第 2 位。

为了使石油工业在国民经济中发挥更大的作用，从 20 世纪 80 年代起，尤其是 90 年代，拉美各国逐步对石油工业进行了改革，实行石油开放政策，扩大投资，大力发展石油工业。如委内瑞拉在20世纪90年代实行了石油开放政策，因此成为各国大石油公司投资的首选之地，也为中国石油企业进入委内瑞拉提供了较好的机会。此外，拉丁美洲的一些产油国陆续宣布对本国石油工业搞“私有化”，主要目的是开放上游、吸引外国公司参与油气勘探和开发，其中包括秘鲁、巴西、玻利维亚等国。秘鲁出台了多项税收优惠政策，以促进石油天然气勘探开发领域的投资。为吸引外资，秘鲁2003年完成了石油工业的完全私有化。

在上述背景下，20世纪90年代以来，中国石油的国际化经营具备很好的内部和外部条件，加上国内油气资源供求矛盾不断加剧，使得中国石油向国际油气市场迈出了历史性的一步。

中国石油天然气总公司自1992年将国际化经营作为公司的三大战略之一。1993年中央提出充分利用国内外两种资源、两个市场的方针，使中油开展油气勘探开发的跨国经营的方向更加明确。

中油集团国际化经历了几个阶段。第一阶段自1992年到1995，为探索起步阶段，积累经验、锻炼队伍、培养人材、熟悉国际环境为目标，签订了巴布亚新几内亚、秘鲁6/7区和加拿大3个小型项目，进行了各种合作形式的实践，并认识到国际合作的早期应该以老油田开发为主。第二阶段自1996年进入稳定发展阶段，这一阶段的主要目标是寻求风险较低、效益较好、可以增加资源的大中型项目，占有资源，投资开发，形成规模。为了降低资源风险，暂不进行新区风险勘探，不参与市场没落实的天然气项目；选择收购成熟的生产区块以获得产量增长，积极参与开发项目以获得产量和储量的增长，收购规模适合的公司以进行资产经营。先后获得了苏丹、哈萨克斯坦和委内瑞拉等大、中型勘探开发项目，特别是苏丹和哈萨克斯坦阿克纠宾项目成为了中国石油合作的重点地区。1999年8月30日，苏丹1/2/4区首船原油出口，标志着中油集团海外石油项目由前两年投入阶段进入投资回收阶段，中油集团国际化经营从此进入了自我积累、滚动发展的良性循环。

2 中国石油工业国际合作的现状

在中国石油集团经历了探索起步和迅速成长两个阶段后，现已进入加快发展的新阶段。目前，公司的海外业务已经扩展到世界25个国家，运作着65个油气投资项目。形成海外的原油生产能力6000×10^4t/a，天然气生产能力60×10^8m^3/a。公司在境外运营的管道总里程超过5300km，原油年输送能力达5800×10^4t；原油加工能力达1160×10^4t/a，聚丙烯也具备了一定的生产规模。同时，公司在海外拥有83座加油站和10座成品油库，初步形成了集油气勘探开发、管道运营、炼油化工、油品销售于一体的海外油气产业链，并形成了北非、中亚、中东、南北美和亚太五大海外油气合作区。

在北非地区的苏丹、阿尔及利亚等9个国家运作着27个项目，形成了2800×10^4t/a的原油生产能力、3600km的原油长输管道和500×10^4t/a的原油加工能力，是中国石油海外油气生产最大的合作区。在中亚地区的哈萨克斯坦、阿塞拜疆、土库曼斯坦、乌兹别克等4个国家运作着15个油气合作项目，形成了1800×10^4t/a的石油生产能力、40×10^8m^3/a

的天然气生产能力、1600km 的原油长输管线及 600×10^4t/a 的炼油能力。在中东地区的阿曼、叙利亚等 4 个国家，公司运作着 6 个项目，现已形成了 200×10^4t/a 原油生产能力。在南北美地区，公司在委内瑞拉、厄瓜多尔、秘鲁等 4 个国家运作着 12 个项目，现已形成了 400×10^4t/a 原油生产能力。在亚太地区，公司在印度尼西亚、泰国和缅甸 3 国运作着 5 个项目，形成了 250×10^4t/a 原油生产能力和 $10\times10^8m^3$/a 的天然气生产能力。

通过十几年的努力，中油集团逐步积累、掌握了宝贵的国际化项目经营管理的经验，初步形成了国际化公司的企业文化，建立了一套国际化管理程序，锻炼和培养了一支国际化经营的队伍，并大大带动了石油物资、装备、技术和工程、劳务出口，产生了良好的公司整体效益。

除了国际化经营规模最大的中国石油集团以外，中国多家国家石油公司都从事国际化经营，包括中国石油化工集团公司、中国海洋石油总公司、中国中化集团公司以及一些其他行业的国家控股公司。目前中国石油工业在海外的年份额原油产量超过了 4000×10^4t。

中国石油化工集团公司成立于 1998 年，2001 年开始开展国际石油合作，目前在中东、中亚和非洲、东南亚等 31 个国家和地区实施 22 个油气勘探开发项目，2007 年计划权益产量 700×10^4t。

中国海洋石油总公司成立于 1982 年，从 1994 年开始海外勘探开发，目前在印度尼西亚拥有 5 个生产油田，并在 10 个国家拥有勘探区块 45 个，2006 年海外权益产量 580×10^4t。

中国中化集团公司成立于 1950 年，从 2003 年开始以收购形式进行海外油气勘探开发，现在突尼斯、厄瓜多尔、阿曼等国家拥有 14 个合同区块。2006 年海外生产份额油 560×10^4bbl。

3 中国石油集团的重点海外油气合作区介绍

3.1 苏丹油气合作区

1995—1996 年，中国石油天然气集团公司通过公开投标先后获得了苏丹 1/2/4 区块、6 区块；1999 年获得了苏丹 3/7 区块。

苏丹 1/2/4 区块位于穆格莱特盆地中部，是一个中新生代裂谷盆地，面积 48880km^2。在中石油获得项目之前，雪佛龙和 SPC 公司先后发现了 4 个油田，探明石油地质储量 15×10^{12}bbl，可采储量 3.93×10^8bbl。在此基础上，中石油采取了油气开发和勘探并举的方针，仅仅 2 年时间就建成了年产 1000×10^4t 的大油田和 1506km 的输油管线，同时大力进行油气勘探，在充分利用中国陆相裂谷盆地勘探理论和经验的基础上，深入研究穆格莱特盆地的地质模式和成藏模式，在 1/2 区以 Bamboo–Unity 凹陷的两侧继续寻找 Bentiu–Aradeiba 成藏组合的油田。确定了 4 区仍应以寻找白垩系原生油藏为主，确定了勘探的有利成藏组合，突破雪佛龙公司以寻找古近系次生油藏的思路，改为在深凹陷两侧寻找白垩系原生油藏，相继发现了 Diffra、Neem 两个百万吨级油田和 Suttaib–Haraz 油气富集区，

第二部分 学术论文

新建生产能力 200 多万 t/a。此外，滚动勘探都取得了重大进展，从而仅 5 年多时间内，新增可采石油储量 7×10^8bbl，接近原有储量的一倍。目前的年产能力已达到 1500×10^4t/a，成为中国石油工业在海外最大的石油生产基地。

苏丹 6 区位于穆格莱特盆地北部，原始勘探面积近 6×10^4km^2，前人通过大量勘探工作仅发现了 Abu Gabra 和 Sharaf 两个小油田。通过精细研究，突破了前人以凹间隆起背斜为主要勘探目标和以 Aba Gabra 组为主要成藏组合的思路，通过区域展开，在 Fula 等凹陷和 Bentiu-Aradeiba 组成藏组合发现了油气富集区，并已在 Fula 建成 4×10^4bbl/a 原油生产能力，并具备了日产 6×10^4bbl 的储量基础。目前年生产原油 200×10^4t。

苏丹 3/7 区主要由迈卢特盆地组成。在中石油接手时，该区勘探程度很低，在已钻 3 口探井中仅 1 口获得油流，且油层薄、丰度低，不具商业开采价值。中石油接手后，在有限的勘探期内快速摸清了迈卢特盆地的石油地质基本条件和资源潜力，并通过采取科学合理的勘探策略和技术手段，快速发现了 Palogue 油田，这是中国在海外有史以来发现的储量规模最大的油田，也是世界级大油田。加上在盆地内发现的其他若干含油带，区块已经建成了千万吨级大油田并于 2006 年 8 月成功投产，一个新的原油生产基地业已形成，为苏丹地区形成 3000×10^4t/a 产能规模的总体目标做出了突出贡献。

与此同时，中油与苏丹政府合资，在苏丹首都建设了一座 250×10^4t/a 的炼油厂。该炼厂采用中国标准、中国技术、中国制造的设备，由中国公司施工。经改建，现在炼油能力已达到 500×10^4t/a。之后又与苏丹政府合资建成了聚丙烯厂、在首都建设了多个加油站。

通过十多年的努力，在中国和苏丹两国政府的共同推动下，中国石油天然气集团公司积极在苏丹进行投资，为苏丹的经济发展和社会进步作出了重要贡献，使得苏丹从一个原油进口国转变为一个原油出口国，并建起了完整的石油工业产业链。在石油行业快速发展的带动下，苏丹整体经济蓬勃发展，迎来了一个经济繁荣期。中国—苏丹的石油合作，不仅成为中石油开拓国际市场的成功典范，而且通过这个项目，培养了掌握科学技术、熟悉项目管理、熟悉法律商务的国际化人才队伍，而且被国家主席胡锦涛高度评价为“南南合作”的典范。

苏丹项目也使中国与苏丹建立了更加友好的关系，可以说是资源国与外国油公司互惠双赢的典范。中油在苏丹的石油合作项目还在继续增加，合作的规模在继续扩大。2005—2007 年又获得了苏丹海上 15 和 13 区块，成为中国石油集团公司在海外海上勘探开发业务的新拓展。

3.2 中亚油气合作区

（1）中国近邻哈萨克斯坦是中石油海外事业的另一个重点地区。苏联剧变、哈萨克斯坦独立后，西方大石油公司和中小油公司纷纷进入。1995 年 5 月 12 日，哈萨克斯坦宣布哈国石油企业私有化。1997 年中石油经过剧烈竞争，成功中标阿克纠宾项目，拉开了中哈石油合作的序幕。阿克纠宾油气股份公司是哈国第四大石油公司，拥有 2 个油田的开采许可证。

扎纳诺尔油田含油面积约 200km^2，探明石油地质储量约 4×10^4t，可采储量

11814×10^4t，至 1996 年底累计采出原油 2405×10^4t，剩余可采储量 9409×10^4t；气顶气地质储量 $1005\times10^8m^3$，可采储量 $704\times10^8m^3$，基本未动用；溶解气地质储量 $1098\times10^8m^3$，可采储量 $322\times10^8m^3$，剩余可采储量 $257\times10^8m^3$；凝析油地质储量 4070×10^4t，可采储量 2654×10^4t。投标时的原油采出程度不到 5%，综合含水 1.1%。开发方案确定的生产井还有 73 口未钻。是一个比较新的油田，具有很大的生产潜力。

肯基亚克盐上油田含油面积 $90km^2$，石油地质储量 9649×10^4t，可采储量 2948×10^4t，至 1996 年底累计采出 1058×10^4t，综合含水 64.5%。渗透率 295～300mD，孔隙度 33%，原油相对密度 0.911～0.923，地层原油黏度 200～400cP，主力油层埋深 400～500m，是一个采出程度达 11%、含水已较高的普通稠油油田。采用行列注蒸汽，开发中存在较多问题，浅部还有油层可以储量升级，已有生产井多密度大，仍然存在生产潜力。投标时还申请并获得了肯基亚克盐下油田许可证，该油田包括下二叠统砂岩和石炭系碳酸盐岩，其中以石炭系碳酸盐岩为主，地质储量为 11135×10^4t。经过 3D 地震落实发现盐下油田以石炭系油层为主，复算后地质储量达 8668.58×10^4t，增长了近 1000×10^4t，建成了年产 200×10^4t 的能力并全面投入开发。

从 2000 年开始，中石油加大投资力度，在开发扎纳诺尔和肯基亚克盐上油田的同时，积极投产肯基亚克盐下油田。2001 年的产量达历史最高峰 325.8×10^4t，2006 年生产原油 590×10^4t、天然气 $29.5\times10^8m^3$。2007 年估计产量可以超过 600×10^4t、天然气超过 $20\times10^8m^3$。

该项目在增产、稳产的同时，大胆探索新探区。2000 年 11 月成功中标位于扎纳诺尔以南的滨里海盆地东缘中区块，面积 $3262km^2$，通过 6 年的探索，突破了盐下构造识别和储层预测的技术难关，发现了 2 号构造和北特鲁瓦油藏，累计探明地质储量超过 1×10^8t，有可能成为一个比较大的油田。为了解决原油销售，与哈方合资修建从肯基亚克油田至阿特劳（里海北岸）的输油管线。

（2）中—哈石油合作另一个重要亮点是，中石油成功收购哈萨克斯坦老牌石油企业——PK 石油公司，并使之顺利转型。2005 年 10 月中国石油天然气集团公司成功收购哈萨克斯坦 PK 石油公司 100% 的权益。PK 公司是在加拿大注册的国际石油公司，油气田、炼厂等资产全部在哈萨克斯坦境内，年原油生产能力超过 700×10^4t。PK 公司在哈萨克斯坦拥有 12 个油田的权益、6 个区块的勘探许可证，具有较大的勘探潜力。中石油进入后，通过发挥资金、技术和管理优势，以及在哈萨克斯坦油气合作中积累的宝贵经验，加强勘探力量，提升作业水平，PK 公司所属油田的生产规模进一步得到扩大，2006 年原油作业产量 1005×10^4t、原油加工量 403×10^4t，均超过了 PK 公司历史最高水平，实现了 PK 公司正式接管后第一年的开门红。PK 项目的成功收购和顺利过渡，不仅为促进哈国经济发展发挥积极的作用，而且为中哈原油管道提供了稳定可靠的油源，更稳固地维护了国家石油安全。

中国石油集团成功收购 PK 公司，积累了宝贵的大型跨国兼并、收购的成功经验，标志着中国石油集团国际化发展战略迈出新的步伐，也标志着中哈油气合作进入一个新的发展阶段。哈萨克斯坦总统把中哈石油合作称为“中哈合作的典范”。

（3）2007 年 7 月，中国石油天然气集团公司分别与土库曼斯坦油气资源管理利用署和土库曼斯坦国家天然气康采恩签署了中土天然气购销协议和土库曼斯坦阿姆河右岸天然气产品分成合同。两个文件的签署，是中土两国领导人和两国政府积极推动的结果，也是中土两国扩大经济务实合作、实现互利双赢共同发展的结果。根据协议，在未来 30 年内，土库曼斯坦将通过规划实施的中亚天然气管道，向中国每年出口 $300\times10^8\text{m}^3$ 的天然气。中土天然气合作，是中国与中亚国家之间开展天然气互利合作的重要组成部分。中国石油的国际合作又开始了一个新的里程碑。

4 中国石油工业国际合作的展望

随着国际政治经济形势和油气贸易与投资环境的不断变化，在给中国石油国际合作带来机遇的同时，也构成了巨大的挑战、加上中国石油企业自身技术、经验和管理不足，海外投资依然面临很大风险。

在未来发展过程中，可利用中国国家石油公司的国际信誉，充分发挥已有技术优势，包括陆相盆地地质研究和勘探技术、成熟盆地精细滚动勘探开发技术和经验、复杂陆地地形和地质条件的地球物理勘探技术、老油田的二次采油和三次采油技术等，利用中国石油公司大批素质较高又比较年轻的各专业的石油技术专家，发挥石油公司整体实力和油公司专业技术工程服务的两种职能，整体运作，缩短建设周期，降低作业成本，减少项目风险，以效益为中心，经营好现有项目，积极介入风险勘探。同时力争与国际石油公司建立战略联盟，采取收购、兼并、参股的方式，实现新项目开发方式多样化、市场多元化；与资源国政府和国家石油公司建立密切合作关系，并且不断扩宽油气合作领域，积极竞争老油田挖潜、进入重油和油砂以及天然气开发、参与海洋（包括深水）勘探开发。

未来，中国石油集团公司将坚持“讲究效益、注重保障、培育规模、协调统一”的原则，积极实施重点突破战略、核心业务战略和多元开发战略，努力实现海外业务又好又快地发展。

原载于:《世界石油工业》，2008 年第 15 卷第 1 期。

对中国石油对外依存度问题的思考

童晓光，赵林，汪如朗

（中国石油天然气勘探开发公司）

摘要：本文利用石油对外依存度和石油净进口量两个指标对世界主要国家进行分类，分析中国石油进口在世界石油贸易中的地位，在综合不同学者与机构研究成果的基础上，分析并预测世界石油可贸易量与中国石油净进口量的发展趋势，最后分析典型石油净进口国应对高石油对外依存度的做法，提出了中国应对高石油对外依存度的六点对策与建议。

关键词：石油安全；石油净进口；对外依存度；石油行业；对策

石油是关系国家经济发展和能源安全的重要战略物资之一，分析和研究石油安全问题至关重要。常用石油对外依存度描述石油安全的程度，石油对外依存度是指一个国家石油净进口量占本国石油消费量的比例，表现了一国石油消费对国外石油的依赖程度。一般来说，一种商品的对外依存度越高，表明该种商品对外贸易的依赖程度越大，与世界的关系也就越密切，受世界市场价格波动等国际因素的影响也就越大。

1　中国石油进口在世界石油贸易中的地位与风险

本文认为，石油对外依存度只反映了石油安全的一个方面，石油净进口量也是一个重要的指标，例如印度的石油净进口量大约是 8700×10^4t，其对外依存度近 70%，比中国高，但是由于石油净进口量比中国小很多，所以风险就没有中国大。利用石油对外依存度和石油净进口量两个指标，可以将世界主要国家进行分类，从而进一步分析中国石油进口在世界石油贸易中所处的地位和面临的风险。收集了 22 个石油进口国 2006 年的对外依存度和石油净进口量数据，作于图 1 中，将这些国家分成四类。第一类国家是美国、日本和中国，它们的石油对外依存度和石油净进口量都比较高，例如美国的石油对外依存度约为 60%，而其石油进口绝对量为世界第一，高达 6×10^8t 以上，日本的石油对外依存度达到 97.5%，石油净进口量也超过 2.5×10^8t，中国的石油对外依存度接近 50%，石油净进口量超过 1.7×10^8t；第二类国家石油对外依存度在 90% 以上，如法国、德国等欧洲国家和韩国，但这些国家石油进口的绝对量并不高，石油净进口最多的德国，约 1.2×10^8t；第三类国家石油对外依存度和石油净进口量都处于中等水平，石油对外依存度只有 40%～60%，石油净进口量都在 1×10^8t 以下；第四类是石油对外依存度和石油净进口绝对量都不大的国家，主要有英国和巴西。高风险的国家是石油对外依存度和石油净进口量“双高”的第一类国家，主要是美国、中国和日本。

为了减少对石油的依赖，近年来许多国家纷纷采取措施来降低对石油的依赖，如日本，2006 年其石油净进口量约为 2.5×10^{8}t，石油对外依存度高达 98%，但从发展的趋势来看，如图 2 所示，近十几年来日本的石油净进口量总体呈不断下降趋势；德国 2006 年石油对外依存度也很高，达到 94%，石油净进口量为 1.2×10^{8}t，但近几年其净进口量也在不断下降。据美国能源部能源信息署的预测（图 2），到 2030 年，美国的石油对外依存度将达到 67%，中国达到 78%，日本略有下降，为 96%，但其石油净进口的绝对量将小于中国。

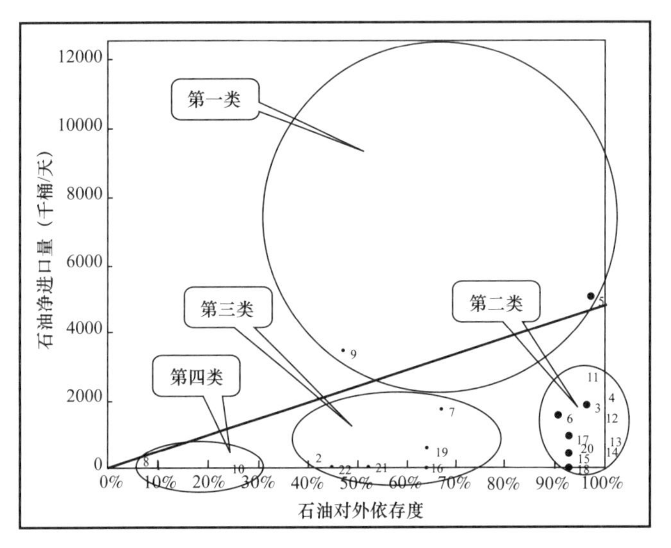

图 1　全球主要石油进口分类

1—美国；2—澳大利亚；3—法国；4—韩国；5—日本；6—意大利；7—印度；8—英国；9—中国；10—巴西；11—德国；12—西班牙；13—新加坡；14—比利时；15—波兰；16—古巴；17—荷兰；18—孟加拉国；19—泰国；20—土耳其；21—罗马尼亚；22—缅甸

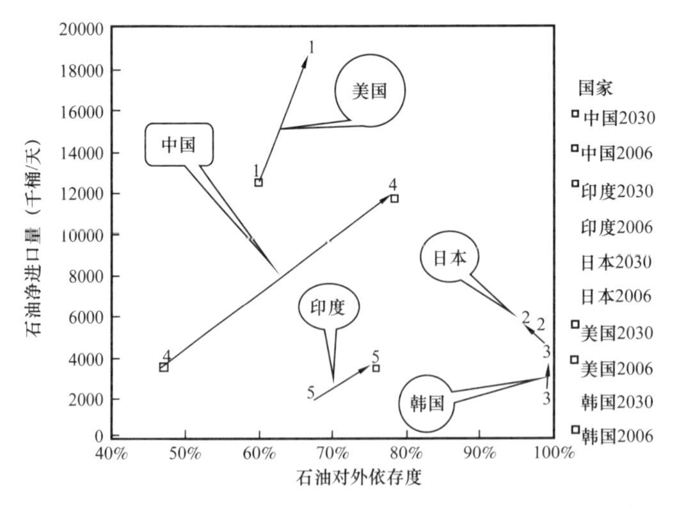

图 2　典型国家石油对外依存度发展趋势预测（2006—2030 年）

数据来源：美国能源部能源信息署（EIA）

2 中国石油对外依存度的趋势展望

中国目前正处于重工业化的发展阶段，随着经济的不断增长，必将消耗愈来愈多的能源，在较长时间内石油需求将保持相对较高增长。因此，有必要对未来石油对外依存度的变化做出合理的预测，从而了解中国经济发展对国外石油资源的依赖状况，以便采取有针对性的策略，满足中国经济发展对石油的需求。

2.1 不同学者与研究机构对中国未来石油产量与需求的预测

定性来看，一方面，中国正处于重工业化时期，第二产业在中国产业结构中的比例还很大，国民经济的快速发展依然依赖于第二产业，而第二产业在短期内对石油的依赖性仍然很大，因此石油需求量呈快速增长趋势。这将导致2020年之前中国的预测石油消费量依然很大。

另一方面，从历年国内石油产量来看，国内东部主力油田（大庆，胜利等）都已经进入递减期，长期来看中国增加石油产量的可能性不是很大，只能尽可能地延长高产时期（即延长平台期），为了满足2020年中国经济建设目标，将供应量维持在（1.8～2.0）$\times 10^8$t。可见，国内的产量难以满足中国经济发展对石油的需求，从而造成中国石油对外依存度的进一步提高。

定量来看，国内外很多学者和研究机构对中国未来石油生产量和消费量进行了预测，分别见表1和表2。

表1 不同学者与研究机构对中国未来石油产量预测

研究者	预测时间	石油产量预测结果（10^8t）	
		2010年	2020年
贾文瑞	2003	1.75	1.6
牟书令	2004	1.8～1.9	1.8～2.0
周总瑛	2003	1.76	1.68
沈平平	2000	1.7～1.8	1.9～2.0
中国可持续发展油气资源战略研究课题组	2004	1.77～1.91	1.81～2.01
国际能源署（参考情景）	2007	1.8304	1.8291
美国能源信息署（参考情景）	2008	1.8	1.9

从我国的石油生产实践来看，普遍观点认为，2020年前中国国内的石油产量基本上在（1.8～2）$\times 10^8$t之间，国内石油产量增长幅度很小。

综合上述分析，可以看出对于2020年中国石油需求的预测，各方的预测结果差异较大。但是从时间上来看，随着预测时间的临近，预测结果在不断变大。值得一提的是，2004年中国可持续发展油气资源战略研究课题组预测2020年中国石油需求为（4.3～4.5）$\times$

10^8t，这个预测结果已经考虑了节能技术、能源效率等多方面因素，从客观情况来看，节能控制石油消费难度很大，目前时间上离2020年还有12年，石油消费量离4.5×10^8t只有约8200×10^4t，这个数据肯定要被突破。石油供给与石油需求两者之间的矛盾随着国民经济的快速发展而不断加深，将使得中国石油对外依存度不断增大。

表2 不同学者与研究机构对中国未来石油需求预测

研究者	预测时间	石油需求预测结果（10^8t）	
		2010年	2020年
中国国家能源综合战略和政策研究组	2003	—	4.5～6.1
2020年中国可持续能源情景课题组	2003	2.56～3.36	4.01～5.27
中国可持续发展油气资源战略研究课题组	2004	3.2	4.3～4.5
中国社科院中国能源发展报告课题组	2008	4.07	5.63
国际能源署（参考情景）	2007	3.9	5.6
美国能源信息署（参考情景）	2008	4.4	5.8

2.2 本文的分析与预测

2.2.1 石油净贸易量的概念与计算

计算世界石油贸易量时，需要注意两点，一方面，石油贸易的形成必须有买方和卖方同时存在，计算石油可贸易量时只需从一方去考虑，否则可能会重复计算；另一方面，有些贸易商只是以盈利为目的，进行买卖石油的贸易，其本身并不消费石油，计算石油可贸易量要剔除这部分贸易的影响。因此，本文使用石油净贸易量来计算石油可贸易量。所谓石油净贸易量，是指一个国家或地区净进口（或净出口）石油（包括原油和成品油）的数量。以2007年世界石油可贸易油为例，只从净进口一方来计算可贸易量，不考虑净出口一方的数据，具体计算见表3。

表3 2007年世界石油净贸易量的计算

	原油进口	成品油进口	原油出口	成品油出口	原油净贸易量	成品油净贸易量	石油净贸易量合计	占总净贸易量比例
美国	501.6	170.3	6.1	63.0	495.4	107.3	602.8	29.6%
加拿大	48.8	17.9	93.6	27.7	—	—	—	
墨西哥	0.5	21.1	91.0	7.1	—	14.0	14.0	0.7%
中南美洲	42.2	37.0	115.2	60.2	—	—	—	
欧洲	542.2	146.5	29.1	80.8	513.1	65.8	578.9	28.4%
苏联	0.1	6.3	316.7	94.4	—	—	—	

续表

	原油进口	成品油进口	原油出口	成品油出口	原油净贸易量	成品油净贸易量	石油净贸易量合计	占总净贸易量比例
中东	5.8	9.9	859.5	115.7	—	—	—	
北美	8.9	8.5	135.5	29.4	—	—	—	
西非	3.4	11.2	234.3	5.9	—	5.3	5.3	0.3%
东南非	25.6	8.4	19.2	1.1	6.4	7.4	13.8	0.7%
大洋洲	27.3	13.5	15.4	11.2	11.9	2.4	14.2	0.7%
中国	163.2	39.9	3.6	15.6	159.5	24.3	183.9	9.0%
日本	205.1	43.7	0.0	11.5	205.0	32.2	237.3	11.6%
新加坡	51.2	62.2	0.8	68.1	50.4	—	50.4	2.5%
亚太其他	357.9	120.5	44.1	96.0	313.8	24.4	338.2	16.6%
未确认	—	—	19.5	29.5	—	—	—	—
合计	1983.6	717.0	1983.6	717.0	1755.6	283.1	2038.7	100.0%

数据来源：原始数据来自 BP Statistical Review of World Energy，June 2008。

考虑到现阶段世界石油贸易中绝大部分都是常规油，本文作简化处理，认为由表 3 计算出来的世界石油净贸易量即为世界常规石油可贸易量，再加上非常规石油产量，就得到世界总石油可贸易量。

2.2.2 世界总石油可贸易量的情景设定

世界常规石油资源量是有限的，近几年来世界常规石油产量的增长率都在 1% 以下，本文认为，世界常规石油产量的增长将进入一个长期持续的平台期。国际能源署（IEA）的研究报告《Energy to 2050—Scenarios for a Sustainable Future》，认为 2020 年前世界常规石油可贸易量年均增长率不会超过 1%，这是一个世界常规石油可贸易量的“顶板”；同时，由于非常规资源将在未来石油供应中将占据一席之地，美国能源部能源信息署（EIA）在报告《国际能源展望 2008》中对 2030 年前世界非常规石油资源产量增长率的设定分 5 种情景，分别为 2.9%、4.2%、5.6%、6.2%、8.5%。参考上面两份研究报告，本文设定 2020 年前世界常规石油贸易量年增 1%，非常规产量年增 5.6%。

2.2.3 中国石油供需的情景设定

对于中国石油产量的预测，采用普遍的观点，认为中国石油产量将从 2007 年的 1.86×10^{8}t 增长达到 2020 年的 2×10^{8}t；对于中国石油需求的预测，从 1993—2007 年以来，中国历年石油消费增长率变化非常大，最小为 0.5%，最大为 17.4%，2006 年和 2007 年的增长率为 7.8% 和 4.2%，EIA 在《国际能源展望 2008》中对 2030 年前中国石油需求的增长率预测的 5 种情景分别为：2.5%、3.0%、3.4%、3.8%、3.9%，综合来看，本文认为 EIA 参考情景的数据 3.4% 相对合理。

2.2.4　预测结果

按照设定情景的发展趋势，如图 3 和图 4 所示，2020 年世界总石油可贸易量（含非常规）的“顶板”为 25.8×10^8t，其中常规石油可贸易量为 23.0×10^8t，非常规石油 2.8×10^8t，中国的石油需求将达到 5.7×10^8t，石油进口量将达到 3.7×10^8t，占世界常规石油可贸易量的 16.3%，占世界总石油贸易量（含非常规）的 14.5%。

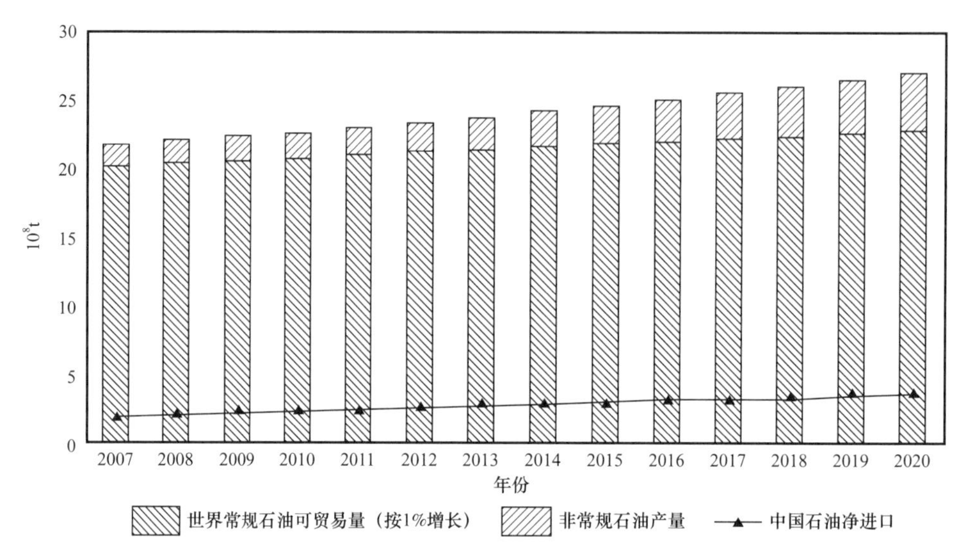

图 3　世界石油可贸易量与中国石油净进口量的趋势预测

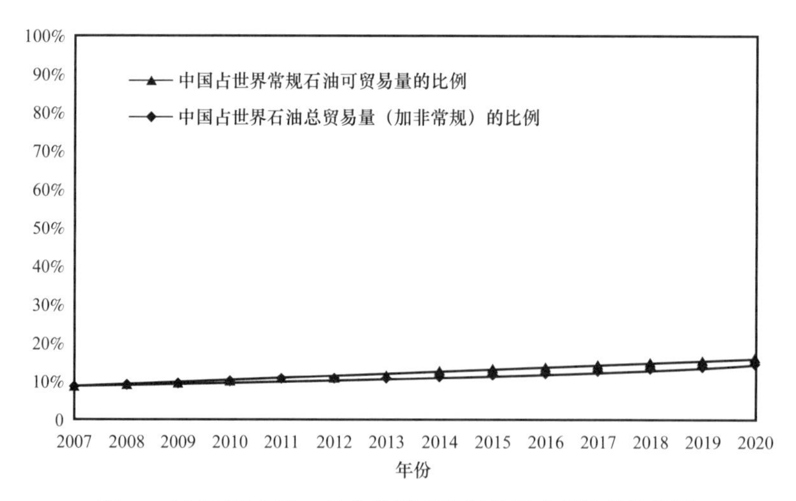

图 4　中国石油净进口量占世界石油贸易量比例的趋势预测

在这样一个对外依存度发展趋势下，石油进口量大幅度的上升必然要压缩其他国家石油的进口空间，由此将产生一系列的经济与政治矛盾，这是一个非常危险的趋势。因此，对整个中国而言，需要一个石油消费顶板，用这个顶板来确定中国石油的最高消费量，而国家必须要在这样一个顶板的基础上来制定长远的能源政策和能源发展战略。

3 中国应对高石油对外依存度的对策

3.1 典型石油净进口国应对高石油对外依存度的做法

选取四个典型的石油净进口国，分析其应对本国石油对外依存度的成功措施，具体列于表4中。

表4 典型石油进口国应对高石油对外依存度的措施

国家	背景情况	措施
美国	世界最大石油消费国和净进口国，2006年对外依存度已达59.7%，预测2030年达到67%	1. 鼓励节能降耗，发展替代能源； 2. 大力开发国内非常规石油资源； 3. 关注美洲，拓宽进口来源； 4. 逐步开放国内剩余常规石油资源的勘探开发； 5. 凭借强大经济军事实力，打“石油美元”牌
日本	国内资源匮乏，石油几乎全部依赖国外进口，2006年对外依存度已达97.5%，预测2030年达到96.3%	1. 供给多元化； 2. 建立石油战略储备体系； 3. 大力发展新能源，减少对石油消费的依赖； 4. 鼓励企业走出去，努力扩大海外石油权益； 5. 大力发展节能技术与节能政策，开展“领跑者”节能计划
德国	国内的资源有限，大部分能源依赖进口，2006年对外依存度已达94.3%	1. 节约传统能源，大力发展可再生能源与新型能源； 2. 调整能源结构，削弱火电比例，提高其利用率；放弃初具规模的核电；大力发展风能发电，2007年风电机装机总量世界排名第一；加大对水力发电站、生物能及地热开发资助；大力开发利用太阳能等； 3. 制定、实施了一系列鼓励生产和使用可再生能源、新型能源的法规和计划，如《可再生能源法》等
印度	和中国同为发展中国家，2006年对外依存度已达67%，预测2030年达到75.6%	1. 能源体制改革，建立公平、自由能源市场，提高能源利用效率； 2. 开发海外油气资源，获取份额油； 3. 开放能源勘探市场、降低进口关税； 4. 加强石油储备，保障能源安全

3.2 对中国的启示及对策建议

通过分析上述国家成熟的对策，中国可以结合自己的国情，借鉴他国经验，制定相关策略，保证经济和社会的稳定发展。具体来说，可以考虑以下几点对策：

（1）强调节能。一方面，与日本等发达国家相比，由于经济结构和能源利用技术本身的问题，中国的能源效率很低，这同时也说明中国的节能潜力巨大，通过加强技术和经济结构调整，可以大幅提高能源效率；另一方面，要积极改革国内现有的油价政策，把石油作为一种稀缺的能源，使价格跟世界接轨，用现代市场经济制度来促进能源节约。

（2）现阶段在继续开发中国油气资源的同时，要大力利用国外油气资源。在利用国外油气资源战略上主要有三种方式：直接到国外去“找油”、通过贸易来“买油”，还有一种方式就是引进资源国到中国来“炼油”，这是一个双赢的道路，既可满足资源国利润最大化的要求，又可保障消费国的石油安全。在较低的油价条件下，更应该多用国外的石油，降低国内油田的开采速度。

（3）不仅要开采常规油，还要大力开采非常规油，现在剩余的非常规油的资源比常规油大得多，去国外不仅可以勘探开发常规石油，而且可以着手非常规油气资源，比如适度购买加拿大的油砂资源，或者参股到美国去搞油页岩，非常规这条路也非常重要。

（4）加速天然气的发展。首先，天然气的形成条件要求比石油低，分布更广泛，全球天然气的储采比比石油大许多；其次，天然气素有“绿色能源”之称，是清洁高效的优质燃料；再次，随着运输管道的大规模建设和液化天然气技术的进步，使得天然气的全球贸易成为可能；此外，目前天然气的价格比石油便宜许多，在天然气的具体利用上，一是可扩大城市用气，二是尽量把天然气用作运输材料。

（5）开发替代能源。21 世纪世界是能源多元化时代，整个世纪将都是能源多元化的时期，既有化石能源也有非化石能源，到 2050 年左右，其他能源可能会超过化石能源。最有可能有大发展的是核能，其次是各种可再生能源，包括风能、水能、太阳能、地热能生物质能等。

（6）加大能源技术的研发。现在中国虽然有很多能源技术，但是跟世界相比还有很大差距。例如海洋技术水平跟世界水平差距还很大。

4 结论

石油对外依存度只反映了石油安全问题的一个方面，石油净进口量以及净进口量占世界石油贸易量的比例也是值得关注的两个重要指标。未来中国的石油对外依存度和石油净进口量将出现“双升”的情况，石油进口量的上升必然将压缩其他国家石油的进口，这个矛盾将产生许多经济和政治摩擦，因此，对中国而言，需要一个石油消费顶板，政府相关职能部门必须在这样一个顶板的基础上来制定国家能源政策和长远的能源战略，趋利避弊，保障中国经济健康可持续发展。

参考文献

[1] 中国工程院．中国可持续发展油气资源战略研究［R］. 2004.

[2] 刘伟．印度的能源政策对中国的启示［J］. 国土资源情报，2006（10）.

[3] 中国现代国际关系研究院经济安全研究中心．全球能源大棋局［M］. 北京：时事出版社，2005.

[4] 孙健．印度能源战略及其对中国能源发展战略的启示［J］. 东南亚纵横，2007（6）.

[5] 郝吉．美国石油安全的策度分析及其对中国的启示［J］. 中国石油和化工经济分析，2007（5）.

[6] 姚枝仲．英国的石油安全战略［J］. 国际经济评论 2005（4）.

[7] 唐黎标 . 德国的能源发展策略 [J]. 节能，2004 (11).
[8] 邹伟进，陈伟，易明 . 德国发展可再生能源的实践及启示 [J]. 理论月刊，2008 (6).
[9] 刘宏杰，李维哲 . 中国石油消费与经济增长之间的关系研究 [J]. 国土资源情报，2007 (12).
[10] 倪建民 . 国家能源安全报告 [M]. 北京：人民出版社，2005.
[11] 管云杰 . 高油价时代：煤制油提速 [J]. 金融时报，2008 (3).
[12] 贾文瑞，徐青，王燕灵 . 2020 年中国 GDP 翻两番目标下石油天然气（工业）发展战略 [J]. 中国能源 . 2003 (7)：2-5.
[13] 牟书令 . 从我国油气资源现状与未来发展看中国石化油气勘探开发战略 [J]. 当代石油石化，2004，12 (1)：7-9.
[14] 周总瑛 . 我国石油生产形势与发展潜力分析 [J]. 中国矿业，2003，12 (9)：4-7.
[15] 沈平平，赵文智，窦立荣 . 中国石油资源前景与未来 10 年出量增长趋势预测 [J]. 石油学报，2000，21 (4)：1-6.
[16] Huei-chu Liao，Yi-huey Lee，Yu-bo Suen. Electronic trading system and returns volatility in the oil futures market [J]. Energy Economics，2008 (30)：2636-2644.
[17] Departement of Energy of the United States. Energy Information Administraton [EB/OL]. http//www.eia.doe.gov.

原载于:《经济与管理研究》，2009 年第 1 期。

抓住机遇，加快步伐，开创跨国经营的新局面

——中国石油企业从20世纪90年代初开始实施“走出去”战略

童晓光

（中国石油天然气勘探开发公司）

中国是一个油气资源总量比较丰富的国家，但中国人口众多，油气资源的人均拥有量比较贫乏。新中国成立后，中国独立自主、自力更生建立起完整的石油工业体系，大庆油田的发现，使中国石油自给有余，在20世纪七、八十年代，石油成为中国最重要的出口商品之一，1978年开始的改革开放，中国进入了工业化和城市化的快速发展期，对石油的需求日益增长，1993年开始成为石油净进口国。到了2008年，中国的原油和成品油的净进口量，达到表观消费的50%，石油供给安全成为中国面临的重大问题。积极利用国外油气资源，石油企业实施“走出去”战略成为必然选择。

1 石油企业“走出去”战略的提出和起步

石油对外合作，首先实施的是“引进来”，即引进外国石油公司来中国进行合作勘探开发。海洋是中国石油勘探开发比较薄弱的环节，所以“引进来”首先从海洋开始，然后逐渐扩大到陆地。“引进来”的结果开阔了石油界进行国际合作的思路。石油工业是国际化程度比较高的行业，早在100多年前就出现了跨国（国际）公司，后来出现了国家石油公司在进行国内勘探开发的同时，也到国外进行石油勘探开发。

作为经营石油上游业务的唯一国家石油公司——中国石油天然气总公司开始认识到“走出去”的重要性。1991年2月4日中国石油天然气总公司总经理王涛在工作报告中提出，“按照中央关于对外开放的方针，积极扩大对外经济技术合作与交流，扩大各种形式的对外贸易，努力开拓国际市场，在参与国际竞争中发展和强大自己”。以此作为总公司三大战略之一，简称为国际化战略。明确指出，“按国际标准组织力量，培训队伍，发挥自己优势，努力打到国外去。要选择有利地区，到国外进行勘探开发，增加油源”。为了执行“引进来”和“走出去”的国际合作业务，中国石油天然气总公司于1992年11月2日组建国际公司（后改称为国际勘探开发合作局和中国石油勘探开发公司）。1993年2月26日王涛总经理在总公司的外事工作会议上作了“抓住机遇，加快步伐，开创跨国经营的新局面”的报告，明确提出“要在继续扩大国内石油对外合作的同时，积极走向国际，利用两种资源、两种资金、两个市场，加快我国石油工业成长壮大的步伐”。中国石油天然气总公司的国际化经营方针，也受到了国务院领导的赞赏。

1993 年 12 月中央正式提出“充分利用国内外两种资源，两个市场”发展我国石油工业的方针。1997 年 1 月 14 日江泽民同志在听取中国石油天然气总公司汇报时指出“要积极开展国际合作经营，我国人均石油资源比较贫乏，你们要努力开拓国际石油市场，特别要到非洲、中亚等发展中国家去搞石油，这些国家对中国友好，石油产业不走出去、不努力开拓国际市场不行。既要立足国内为主，又要积极参与和利用国际石油资源，要两条腿走路”。并将石油行业的“走出去”战略列入国家的十五规划。“走出去”战略迅速成为政府各职能部门、石油界和经济界的共识。

中国石油天然气总公司（简称中石油），于 1993 年开始实施国际合作的“走出去”战略。为了降低风险积累经验，以小项目起步，1993—1995 年分别获得秘鲁 6、7 区块和加拿大阿奇森等老油田开发项目，巴布亚新几内亚和苏丹 6 区块勘探项目。同时组织力量对世界各国的油气资源潜力、投资环境、合同条款、油气合作机会，国外油气项目的技术、经济评价方法以及“走出去”的具体战略进行研究。

2　1997 年苏丹、哈萨克斯坦和委内瑞拉三大项目中标，奠定了非洲、中亚、南美三大合作区的基础

2.1　非洲合作区——苏丹项目

1996 年底中石油在苏丹 1/2/4 区块对外合作招标中中标，于 1997 年 3 月与其他伙伴公司一起与苏丹政府签订产品分成合同，公司之间签订联合作业协议，并成立以中石油代表为总裁的联合作业公司。中石油占权益 40%，为大股东，在项目运营和技术支持方面均起主导作用。确定以油田开发、管道建设和油气勘探并举的方针。以项目接收时的石油可采储量 4.02×10^8bbl 为基础，进行油田开发建设和由油田至苏丹港的输油管建设。在短短的两年时间内建成年产原油 1000×10^4t 的能力和 1506km 的长输管线。于 1999 年 8 月 20 日原油输送到苏丹港。同时开展深入的石油地质研究，全面进行勘探，到 2001 年就新增原油可采储量 5.73×10^8bbl，新增可采储量的发现成本仅 1.17 美元 /bbl。同时又建成了 250×10^4t/a 的炼厂（后扩大到 500×10^4t/a）。使苏丹从一个石油进口国变成出口国。苏丹总统高度赞扬了中国和中石油的杰出贡献，他说“为苏丹石油工业的开创作出最大贡献的是中国，干得最出色的是中石油”。2000 年 11 月获得苏丹 3/7 区 23% 权益，于 2001 年 9 月成立联合作业公司，中石油代表成为联合作业公司总裁，并于该年底将权益增加为 41%，中石油在公司的运作和技术支持方面起主导作用。从接管时的地质储量 1.68×10^8bbl，到 2005 年底，储量增长到 48.38×10^8bbl。在 2002 年 12 月发现 Palogue 大油田，2006 年建成年产原油 1000×10^4t 生产能力，2009 年日产原油达到 28×10^4bbl。早在 1995 年获得的苏丹 6 区块，地质条件复杂，勘探难度大，又受苏丹政治形势和多次作业者转换的影响，进展稍慢。中石油进行深入石油地质研究和勘探，发现石油地质储量超过 2×10^8t，建成原油生产能力超过 200×10^4t。苏丹三大项目 2008 年生产原油 2512×10^4t。苏丹成为中石油目前在海外的最大石油生产基地。在非洲还有乍得、尼日尔、阿尔及利亚、突尼斯、尼日利亚、赤道几内亚和毛里塔尼亚等多个国家的勘探开发区块，

形成了中石油非洲合作区。

2.2 中亚合作区——哈萨克斯坦项目

1997 年 6 月 4 日中石油在哈萨克斯坦阿克纠宾油气股份公司私有化招标中标，签订了购股协议，获得了 2 个正在生产的油田和一个基本探明待开发的油田，剩余可采储量 1.7×10^8t。1996 年年产 260×10^4t，据中石油技术小组的评价，预计可将产量提高到 580×10^4t，具有很大的发展潜力。在 2006 年就达到了预计的产量目标。2003 年又收购了北乌斯秋尔特盆地北布扎奇油田开发项目和南土尔盖盆地 ADM 勘探开发项目。特别是 2005 年 8 月以 41.8 亿美元收购了年产水平达 1000×10^4t 的南土尔盖盆地 PK 项目。哈萨克斯坦 2008 年原油产量达到 1826×10^4t，天然气 $51\times10^8m^3$，成为中石油中亚合作区的核心。中石油中亚合作区还有土库曼斯坦、乌兹别克斯坦、阿塞拜疆等多个国家的合作项目，特别是土库曼斯坦天然气项目，已经成为中石油中亚合作区新的亮点，按照协议将从土库曼斯坦每年引进天然气 $300\times10^8m^3$，其中阿姆河右岸将建成年产气 $130\times10^8m^3$ 的气田，中土间的跨国输气管线正在施工。

2.3 南美合作区——委内瑞拉合作项目

1997 年 6 月中石油在委内瑞拉英特甘布尔油田项目和卡拉高莱斯油田项目相继中标。2001 年签订 MPE3 合作协议（2007 年改签），该区块地质储量 178×10^8bbl，中方占股 40%，合同期 25 年结算合同期产油 26×10^8bbl，2008 年产油 384×10^4t，奠定了委内瑞拉作为中石油南美合作区核心的基础。2006 年 8 月又签订了苏马诺油田合资经营协议，苏马诺油田剩余可采储量 4×10^8bbl，中石油占股 40%。此外在秘鲁分别于 1993 年和 1995 年签订 6、7 区块生产服务合同，2003 年 11 月购置了 1-AB 和 8 区块 45% 的权益。2005 年在厄瓜多尔收购加拿大英卡纳公司的 55% 的油气项目权益。中石油在厄瓜多尔和秘鲁各有一个勘探区块。中石油在南美各国 2008 年的石油作业产量达 1055×10^4t，成为中石油在海外第三大合作区。

图 1 积极利用国外油气资源，石油企业实施“走出去”战略成为必然选择（刘军强 供图）

除上述三大合作区外，中石油在中东、亚太和加拿大都有合作项目。2008 年底中石油海外合作已遍布 29 个国家和 76 个项目。不仅有上游项目，也有中下游项目。2008 年海外作业产量达到原油 6220×10^4t，权益产量 3050×10^4t，天然气作业产量 67×10^8m^3，权益产量 46.6×10^8m^3。海外 3 个炼厂加工原油 917.9×10^4t。中石油的海外经营初具规模。

图 2　看苏丹六区含油岩心

3　中国各石油公司纷纷“走出去”成绩显著

中石化、中海油、中化国际和中信能源等公司也纷纷进行跨国油气勘探开发，取得了显著成绩。

中石化在 1998 年中国石油工业改组时才有石油上游业务，但发展很快。在 2001 年成立国际油气勘探开发公司，至 2007 年底海外油气勘探开发项目达到 30 个，初步形成非洲、中亚俄罗斯、南美、中东等战略重点区，权益可采石油储量达 1.55×10^8t，权益产油量 687×10^4t。尤其值得称道的是较早进入了西非深海区安加拉 18 区块，成功收购了俄罗斯乌德穆尔特石油公司 51% 的股份，获得了伊朗亚特瓦兰大油田的合作开发权。

中海油“走出去”较早，在 1994 年就获得印尼马六甲油田项目 39.51% 的权益。2002 年开始加快了“走出去”步伐。2002 年以 5.85 亿美元收购了雷普索尔 -YPE 在印尼的 5 个海上油田 3.6×10^8bbl 可采储量的作业权，当年权益油产量 540×10^4t。2003 年收购澳大利亚西北大陆架 NWS 天然气项目 25% 的权益和印尼东固天然气项目 16.96% 的权益。2006 年以 22.68×10^8 美元收购尼日利亚深海 130 区块（OM L130）45% 权益。该区块已有 4 个重大发现，可采储量 6×10^8bbl。此外还获得赤道几内亚 S 区块和刚果（布）HautemerA 区块。最近与中石化一起进入安哥拉 32 区块，西非已成为中海油的海外合作核心区。中海油在海外 10 个国家有 13 个合作项目，总面积约 65×10^4km^2。

中化国际和中信能源是 21 世纪新成立的从事海外石油勘探开发的公司，在国内没有经营石油上游业务，基础较为薄弱，但也在石油行业“走出去”战略中作出了贡献。中化国际和中信能源海外权益产量都达到了100多万t，而且发展势头很好。

4 2008年世界金融危机后“走出去”的新发展

2008年的世界金融危机后，中国石油企业对外合作有两个重大的发展。其一，对海外石油项目的并购规模加大，速度加快。世界金融危机使许多国家的资金紧张，而中国巨大的外汇储备显示出中国的收购实力，给中国石油企业提供了前所未有的对油气项目收购的机会和实力。2008年11月中海油以25亿美元收购挪威海上油田服务公司，2008年12月中石化以130亿人民币收购加拿大TYK公司，2009年6月21日中石油宣布以10.2亿美元收购新加坡石油公司45.5%的股份，2009年中石化宣布以72.4亿美元收购加拿大Addax公司，该公司权益2P石油可采储量5.37×10^8bbl，年产700×10^4t，成为迄今为止最大油气收购项目。中国石油企业还紧盯其他大型石油收购项目。

2009年2月以来，利用国外油气资源另一个突出特点是“以贷款换石油”。中国与俄罗斯、巴西、委内瑞拉、安哥拉、哈萨克斯坦、厄瓜多尔6国签订了“以贷款换石油”协议。总金额达540亿美元，可以在未来15～20年内换取每年约3000×10^4t的石油。2009年8月18日，中石油与美国埃克森所属的美孚澳大利亚资源有限公司签订的液化气购销协议，金额达500亿澳元，预计2014—2015年开始向中国供气，年供应量为225×10^4t，期限20年。

其二，世界金融危机之后，中国石油对外合作新发展的重要标志是大规模进入两伊石油合作。

众所周知，中东是世界上石油最丰富的地区，石油储量占世界59.9%，天然气储量占41%，但是中东的油气分布极为不均匀。中石油现有的合作区主要位于叙利亚和阿曼。虽有作业年产量数百万吨，但与中东作为世界之最的油气区完全不相适应，要使合作区产量上规模，必须进入油气最丰富的国家。

处于世界石油储量第一的沙特阿拉伯和处于世界石油储量第四位的科威特，这两国石油上游都不对外合作。中东石油对外合作潜力和可能性最大的是伊朗和伊拉克，分别占世界石油储量的10.9%和9.1%，天然气储量的16%和1.7%。

伊朗长期受美国制裁，又加合同条款苛刻，石油对外合作受到限制，有一批大型油气田等待开发，也有一批油气田需要引进先进技术，提高采收率。中石油早在2003年获得已开采百年的MIS老油田项目和2005年获得伊朗3区勘探项目，但规模都比较小。近一、二年中国各石油企业加快了与伊朗石油合作的步伐，首先是中石化获得地质储量达24×10^8t的Yadavaran油田的合作权，2009年中石油获得地质储量44×10^8t的Azadegan油田北部（地质储量约11×10^8t）的合作权，中国石油企业还有可能获得南帕斯和北帕斯气田的合作权。中国石油企业与伊朗石油的合作取得了较大进展。

伊拉克从1990年以来长期战乱和受联合国制裁，石油工业受到严重破坏，油气勘探近乎中断。正因如此对外合作的潜力很大。

早在1997年中石油与伊拉克政府签订了阿哈代布油田的产品分成协议。阿哈代布是一个未开发的油田，地质储量（5～6）$\times 10^8$t，年产可达 500$\times 10^4$t 左右。由于联合国制裁，合同无法执行。战后中石油与伊拉克石油部一直保持接触，建立了良好关系，终于在 2008 年 11 月重新签订了服务合同。合同期 25 年，投资 30 亿美元。3 年内日产油达到 2.5$\times 10^4$bbl，6 年内日产油达到 11.5$\times 10^4$bbl，成为伊拉克政府战后与外国公司签订的第一个合同。

图 3　2002 年 4 月 18 日，中原油田物探队出征埃塞俄比亚进行物探施工（刘宗志 供图）

2009 年伊拉克石油部进行战后首轮石油招标，均为技术服务合同模式，提供了 6 个油田和 2 个气田。油田可采储量达 430$\times 10^8$bbl，目前日产油 200$\times 10^4$bbl。由伊拉克确定的具投标资质的 30 家公司和后来追加的 6 家公司投标。几乎包括了世界著名的国际石油公司和一批从事跨国经营的国家石油公司。中国多家石油公司都参加投标，开标结果，几乎所有油田的投标都搁浅。仅伊拉克最大油田鲁迈拉由 BP 和中石油组成的集团，以比其他公司更低的报价而中标。鲁迈拉油田是世界十大油田之一，位于伊拉克与科威特边境，发现于 1953 年，1972 年投产，剩余可采储量约 170$\times 10^8$bbl，合同期 20 年，可延长 5 年，目前日产约 110$\times 10^4$bbl，要求将日产提高到 285$\times 10^4$bbl。初步确定的作业权益 BP 为 50%，中石油为 25%，伊拉克南方公司为 25%。BP 与中石油的权益可以变动。

阿哈代布油田开始作业和鲁迈拉油田中标，使中石油成为战后最先进入伊拉克石油对外合作的外国公司之一。

中国石油企业快速进入两伊标志着中国石油对外合作进入了新阶段。

5　中国石油企业“走出去”任重而道远

中国石油企业“走出去”的主要目的是为了中国石油供给的安全。据多数中国石油地质家的估计，中国国内石油产量，有可能保持长期稳定的年产量约在 2$\times 10^8$t 左右，不足部分需要依赖进口。2004 年中国工程院完成的“中国可持续发展油气资源战略研究”指出，石油消费按年均增长 2000×10^4t 计算，2020 年的石油消费将达到 6×10^8t。建议采取各种措施将石油消费量控制在 4.5×10^8t。但 5 年来的实践表明，控制在 4.5×10^8t 的目标很难实现，多数专家和研究机构的估计在（5.5～6）$\times10^8$t 之间。2020 年石油进口量将在（3.5～4）$\times10^8$t 之间，对外依存度在 63.6%～66.6% 之间。完全依靠国际贸易，石油的供给和价格风险都比较大。多数石油进口国都提出跨国合作项目的权益产量要占一定比例，如韩国目前国外权益产量仅占进口量的 4%，争取在 2013 年达到 18%，2030 年达到 35%。如果中国的权益油也以 35% 为目标，则应达到（1.225～1.4）$\times10^8$t。2008 年中国各石油企业合计权益产量约 4200×10^4t，还存在较大差距。目前世界石油合作的合同模式变化很大，石油资源丰富的多数国家把合同模式变为服务合同、回购合同和资源国控股的合作经营，与传统的产品分成和许可证制度合同有很大差别。因此要达到石油的稳定来源要占有更大的权益，这就要求合作的规模更大。

“走出去”战略也是中国各石油公司成为综合性国际能源公司的必然选择，要使企业经营中有更大国际化业务，才能成为国际公司。现在中国各石油公司的海外资产的比例与世界上的国际公司还有很大差距。

中国各石油公司具有很多优势，有国家的大力支持，有较强的经济实力，有石油工业上下游一体化的经营能力，特别是具有全套石油工业作业力量。通过近十几年的国际化经营，管理层驾驭国际经营的能力有很大提高，又培养了一批初步具有国际化经营的管理干部和技术干部，有条件使“走出去”的速度更快、规模更大。

原载于:《世界石油工业》，2009 年第 16 卷第 5 期。

大力提高天然气在能源构成中比例的意义和可能性

童晓光

（中国石油海外勘探开发公司）

摘要：天然气属于清洁能源，其二氧化碳排放量比煤炭和石油都低，在中国能源需求量快速增长和降低温室气体排放量、改善能源结构的大前提下，提高天然气在能源构成中的比重，是我国近期内迈向低碳经济的桥梁。截至目前，世界天然气的资源潜力已超过先前的认识，全球至今仍具有丰富的天然气资源。分析预测结果认为，2030年中国理想的天然气消费量目标为$5000\times10^8m^3$，而届时国内产量大致为$2500\times10^8m^3$，除常规天然气外，煤层气和页岩气是最现实的非常规天然气来源；此外还需从国外进口天然气$2500\times10^8m^3$，世界金融危机使全球天然气需求量下降，美国页岩气的高速发展和全球范围内LNG大量投产造就了大规模利用国外天然气资源的大好时机，制约进口国外天然气的主要问题是气价，只有解决了气价问题，进口国外天然气的方针才能得到较好的实施。

关键词：中国；提高；天然气；能源构成；比例；低碳经济；引进海外天然气；气价

目前，应对全球气候变化，节能减排、发展低碳经济已成为世界各国的共识。我国提出了到2020年单位GDP的CO_2排放量比2005年降低40%～45%的目标。为减少CO_2排放，全世界提倡非化石能源的呼声最为响亮，然而非化石能源的起点很低，其发展需要一个较长的过程。能源界的预测普遍认为，直到2050年化石能源仍将是能源的主体，我们必须面对这个现实。石油、天然气和煤炭这3种化石能源的CO_2排放量有着较大的差别，天然气排放量最低，故提高天然气在能源构成中的比重是迈向低碳经济的桥梁。

1 世界能源面临两方面挑战，中国的形势更加严峻

1.1 世界能源需求量逐年提高

世界一次能源消费量除2009年的金融危机造成下降外，其他各年均逐渐上升，10年总计上升了12.4%。中国的一次能源消费量，一直处于上升状态，金融危机也没有影响其上升的势头（表1），10年总计上升了133%。中国的一次能源消费量从1999年占世界的10.3%提高到2009年的19.5%，共提高了9.2个百分点，成为全球一次能源消费量增长最快的国家。中国正处于工业化和城市化发展阶段，未来一次能源消费量仍将快速增长，对中国能源供给能力产生了巨大的压力，化石能源消费量在相当长的时间内仍将增长。

表 1 世界和中国一次能源消费量表[1] 百万吨油当量

年份	1999	2000	2001	2002	2003	2004	2005	2006	2007	2008	2009
世界	9030.0	9259.6	9333.5	9498.2	9824.3	10270.4	10565.4	10828.5	11124.2	11315.2	11164.3
中国	934.7	967.3	1000.6	1058.3	1229.3	1429.0	1572.2	1724.2	1864.4	2007.4	2177.0
占世界百分比	10.35%	10.45%	10.72%	11.14%	12.51%	13.91%	14.88%	15.92%	16.76%	17.74%	19.50%

1.2 降低碳排放要求改善能源结构

与世界相比，中国一次能源消费结构更不合理（表 2），单位能耗的 CO_2 排放量较大。中国化石能源占总量的 92.8%，而世界为 87.89%；中国化石能源的主体是煤炭，占 70.62%，而世界为 29.36%。化石能源中 CO_2 排放量相对较低的天然气，在中国能源构成中仅占 3.66%，而世界为 23.6%；非化石能源中水电的比例中国与世界相近，但核能仅为 0.73%，而世界为 5.47%（表 2）。由此可见，中国降低 CO_2 排放、改善能源结构的任务更加艰巨。

表 2 2009 年世界和中国一次能源消费的构成情况表[1]

	石油		天然气		煤		核能		水电		总消费量（百万吨油当量）
	消费量（百万吨油当量）	所占比例	消费量（百万吨油当量）	所占比例	消费量（百万吨油当量）	所占比例	消费量（百万吨油当量）	所占比例	消费量（百万吨油当量）	所占比例	
世界	3882.1	34.77%	2653.1	23.76%	3278.3	29.36%	610.5	5.47%	740.3	6.63%	11164.3
中国	404.6	18.58%	79.8	3.66%	1537.4	70.62%	15.9	0.73%	139.3	6.4%	2177

2 大力发展天然气在中国改善能源结构、降低二氧化碳排放中的作用

2.1 中国政府对节能减排、改善能源结构、降低 CO_2 的排放十分重视

中国政府提出了两个指标：（1）2020 年，非化石能源要达到一次能源消费量的 15%；（2）单位 GDP 的 CO_2 排放量，2020 年要比 2005 年降低 40%～45%。

要完成上述指标的任务十分艰巨。一次能源总需求量仍在高速增长，预计完成工业化在 2030 年左右，这段时间内化石能源总产量不仅不可能下降，反而仍将继续上升。可再生能源和核能在 2009 年占总能源消费的 7.13%，要达到 2020 年的目标，需要提高 7.87%。目前来看核电最为现实，而太阳能和风能的间歇性、不容易控制和难以储存等问题在技术上尚未得到圆满解决，成本也较高。如风能近几年发展十分迅速，2009 年装机总容量已达 25805MW[2]（图 1），但发电量却仅为装机容量的 12%（269×10^8kWh）。太阳能热发电比燃煤发电的用水量多 68%。仅仅依靠核能和可再生能源实现一次能源总量增长和 CO_2 减排，也存在相当大的困难。

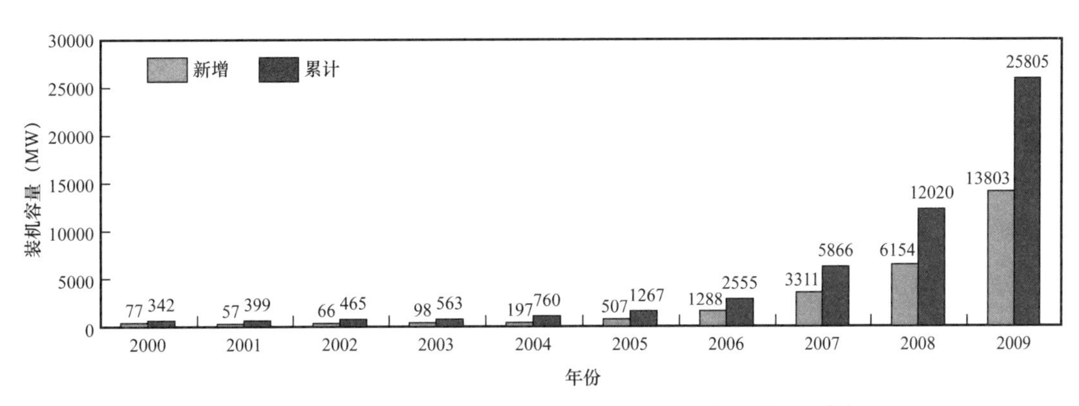

图 1　2000—2009 年中国每年新增和累计风电装机容量图[2]

2.2　发挥天然气在减少 CO_2 排放和优化能源结构中的作用

根据 2008 年日本能源统计年鉴的计算，煤、石油和天然气的 CO_2 排放系数各不相同，煤为 2.66t CO_2/t 标准煤，石油为 2.02t CO_2/t 标准煤，天然气仅为 1.47t CO_2/t 标准煤[3]。天然气的 CO_2 排放量明显低于煤炭，提高天然气在能源构成中的比例，非常有利于减少 CO_2 的排放。如果用天然气替代 4×10^8t 标准煤的消费，就可以减少 CO_2 排放量 4.76×10^8t，还可以减少 SO_2 和氮氧化物的排放量。如果利用天然气发电，发挥天然气发电机起停迅速的特点，用于对电网的调峰，可以大大提高风电设备的利用率。

国家能源局提出，到 2015 年将天然气在一次能源中的比例提高到 8.3%，2020 年提高到 12%。中国能源消费基数很大，天然气在能源构成中要如此大幅度提高，是一项艰巨的任务，必须深入研究其可能性和实施的条件。

3　天然气的资源潜力超过先前的认识

对天然气已探明储量的认识大家比较一致，对于已知气田的储量增长量、待发现天然气的常规资源量和非常规资源量，有许多机构和学者做过预测。在此基础上国际能源署（IEA）在 2008 年对世界天然气产量进行了预测（表 3）。

表 3　IEA 对世界天然气产量的预测表[4]（参考情景）　10^9m^3

地区和组织	1980 年	2007 年	2015 年	2020 年	2025 年	2030 年	2007—2030 年年均增长率
经合组织	888	1124	1145	1183	1179	1181	0.20
其中：① 北美	657	777	791	819	829	831	0.30
美国	554	541	570	585	600	606	0.50
② 欧洲	219	294	279	260	239	222	−1.20
欧盟	—	214	167	139	116	103	−3.10

续表

地区和组织	1980 年	2007 年	2015 年	2020 年	2025 年	2030 年	2007—2030 年年均增长率
③ 太平洋地区	12	53	75	104	111	128	3.90
澳大利亚	9	44	66	95	103	119	4.40
非经合组织	647	1918	2249	2495	2817	3132	2.20
其中：① 东欧及中亚俄罗斯	480	858	903	958	1023	1097	1.10
俄罗斯	—	646	655	688	723	760	0.70
② 亚洲	70	354	434	480	529	555	2.00
中国	14	69	104	127	136	125	2.60
印度	1	29	60	66	73	80	4.60
③ 中东	38	357	493	569	700	812	3.60
卡塔尔	3	66	165	180	201	225	5.50
④ 非洲	23	206	257	303	352	414	3.10
⑤ 拉丁美洲	36	143	162	185	213	254	2.50
巴西	1	11	17	23	35	49	6.80
世界	1535	3042	3394	3678	3996	4313	1.50

这个预测结果表明，俄罗斯的天然气产量将以 0.7% 的速度持续增长，长期保持世界第一产气国的地位；美国天然气以 0.5% 的速度增长，长期保持第二产气国的位置；世界产气量以 1.5% 的速度增长，产量将会从 2007 年的 $30420 \times 10^8 m^3$ 提高到 2030 年的 $43130 \times 10^8 m^3$。然而，2009 年的天然气年产量美国反超俄罗斯成为世界第一产气大国。

表 4 表明，2009 年美国的天然气储量为 $6.93 \times 10^{12} m^3$，而俄罗斯为 $44.38 \times 10^{12} m^3$，美国的储量仅为俄罗斯的 15.6%。如果从储量和产量的相关性而言，很难理解美国的产量超过俄罗斯这个事实。其根本原因是，由于非常规天然气的特殊性，虽已有很高产量，但仍未计入储量数据统计。2009 年美国的非常规天然气的产量几乎与常规气相当。根据剑桥能源的预测[5]，未来的美国和整个北美（包括加拿大）的非常规天然气产量将超过常规气，其中页岩气将起到重要作用（图 2）。

表 4　2009 年世界主要产气国的产量和储量表[2]

产气国	产量（$10^8 m^3$）	占世界份额	储量（$10^{12} m^3$）	占世界份额
美国	5934	20.1%	6.93	3.7%
俄罗斯	5275	17.6%	44.38	23.7%
加拿大	1614	5.4%	1.75	0.9%

续表

产气国	产量（10^8m^3）	占世界份额	储量（$10^{12}m^3$）	占世界份额
伊朗	1312	4.4%	29.61	15.6%
挪威	1035	3.5%	2.05	1.1%
卡塔尔	893	3.0%	25.37	13.5%

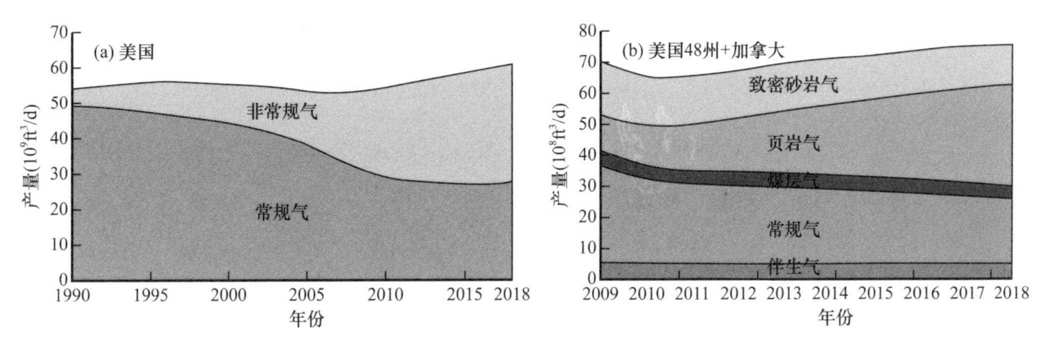

图 2　北美天然气的产量构成和产能预测图[5]

（$1ft^3=0.028317m^3$）

美国对页岩气的评价技术和开采技术已经比较成熟，而且采气的成本也较低，有可能在全球推广。从而可以得出一个重要的推论：世界页岩气分布广泛，开采技术成熟，使全世界有商业价值的天然气资源量大幅度增加，未来全世界的天然气产量也可能大幅度增加，其增长速度可能大于 IEA 预测的 1.5%。据 BP 预测，全球 2030 年天然气在一次能源构成中的比例将与石油接近（图 3）。

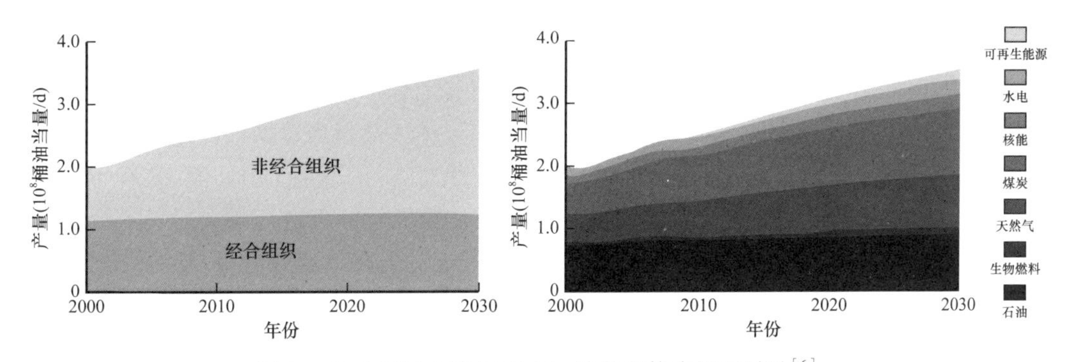

图 3　BP 公司对全球 2030 年一次能源构成的预测图[6]

4　2030 年中国天然气年消费量的理想目标为 $5000\times10^8m^3$

前边已经讨论了提高天然气消费量在一次能源构成中的重要性和全球天然气的潜力，中国应该将天然气消费量定在一个比较高的目标，结合到实现的可能性，应将 2030 年天然气消费量目标定在 $5000\times10^8m^3$，是 IEA 预测值 $2420\times10^8m^3$ 的 1 倍以上，与能源研究机构 Wood Mackenzie 新预测的中国 2030 年天然气需求量 $5400 \times 10^8 m^3$ 基本相当[6]。要达到这个目标必须做到 2 个结合：即常规气与非常规天然气相结合，国内天然气和利用国外天然气相结合。

4.1 国内天然气产量将达 $2500 \times 10^8 m^3$

IEA 预测中国天然气产量 2030 年为 $1250 \times 10^8 m^3$，我们将目标值提高 1 倍（即 $2500 \times 10^8 m^3$）。中国的天然气在 21 世纪进入了储量高速增长期，每年的新增地质储量在 $4000 \times 10^8 m^3$ 左右，至 2008 年底剩余可采储量为 $3.46 \times 10^{12} m^3$，2009 年新增地质储量预计超过 $9000 \times 10^8 m^3$。与石油相比，中国天然气储量丰富、储采比高。因此近 10 年来产量也快速上升，如图 4 所示。

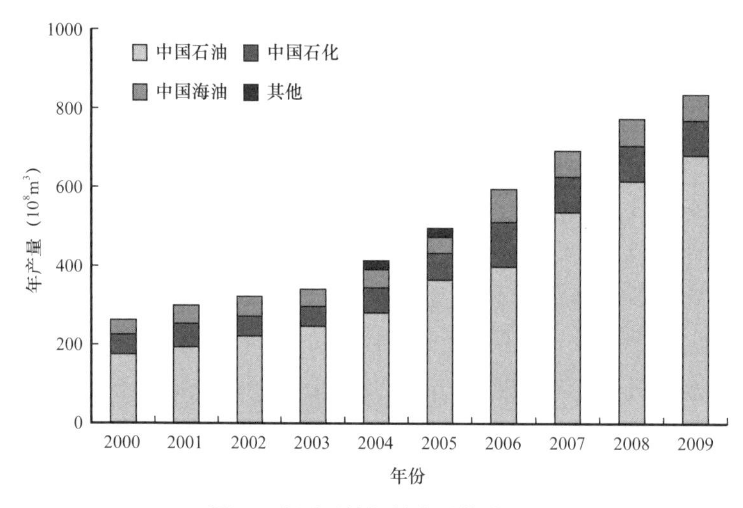

图 4　中国天然气的产量构成图

中国陆地的塔里木盆地、鄂尔多斯盆地、四川盆地和中国南海天然气资源潜力大，勘探形势好，仍可能有较大的气田被发现。预计中国天然气储量高速增长期还将持续一段时间，相应的天然气产量也将持续高速增长。如果按照 5.4% 的速度上升，至 2030 年，即可达到年产 $2500 \times 10^8 m^3$。中国天然气的供应除常规天然气外，煤层气和页岩气是最现实的非常规天然气来源。中国第 3 次资源评价结论认为煤层气远景资源量为 $36.8 \times 10^{12} m^3$，可采资源量为 $10.87 \times 10^{12} m^3$[7]。而斯伦贝谢公司将中国列为世界 4 大煤层气资源国之一，达 $1307 \times 10^{12} ft^3$[8]。虽然煤层气现在的产量还不高，但前景很好。

页岩气起步更晚，与美国的页岩气类比，以四川盆地为中心的上扬子地区最为现实，目前有多个区块正在进行评价，并且过了采气关。Wood Mackenzie 公司预测 2030 年中国页岩气产量将达 $1.84 \times 10^8 m^3/d$，煤层气将达 $1.13 \times 10^8 m^3/d$，非常规气年产量将达到 $1000 \times 10^8 m^3$ 的规模[9]。因此可以说中国常规天然气和非常规天然气合计年产 $2500 \times 10^8 m^3$ 的预测值有较大的可靠性。据中石油的一个课题组预测，中国天然气将从 2010 年的年产量 $988 \times 10^8 m^3$，增长至 2030 年 $3220 \times 10^8 m^3$（按 6.1% 的速度），商品气量将达 $2910 \times 10^8 m^3$。此外中国的煤资源丰富，目前煤制气的产量发展速度也比较快，将对天然气的供应起到补充作用。

4.2 每年引进国外天然气 $2500\times10^8m^3$

世界金融危机使全球天然气需求量下降，美国页岩气的高速发展和全球范围内 LNG 大量投产造就了大规模利用国外天然气的大好时机。主要有以下特点：

（1）世界天然气剩余可采储量为 $187.49\times10^{12}m^3$，储采比达 62.8。2000 年美国联邦地质调查局预测的已知气田储量增长量为 $3660\times10^{12}ft^3$，待发现天然气为 $5296\times10^{12}ft^3$，资源潜力巨大。

（2）世界天然气剩余可采储量处于高速增长期，近 20 年来增长 53%，而同期石油仅增长 32%。这种情景预计还将继续。

（3）美国页岩气异军突起，使美国成为世界天然气产量第一大国，进口量大幅减小，同时带动了全球页岩气的勘探开发热潮。

（4）在天然气高需求时投资建设的 LNG 产能在 2009—2010 年先后投产，产量大幅增加，LNG 的价格优势，使俄罗斯的管道天然气（与油价挂钩）的销售受到制约，俄罗斯 2009 年的天然气产量下降了 12.1%，减少了从中亚进口天然气，俄罗斯天然气急于寻找东亚市场。

（5）中东在建的 LNG 项目在未来几年还将投入生产。澳大利亚煤层气液化的 LNG 将有大的发展，正建或待建的项目共有 8 个，产能超过 $5000\times10^4t/a$。据 IHS（Information Handling Service）公司的资料，2009—2012 年新增的 LNG 产能将达到 $8660\times10^4t/a$（表 5）。

表 5　2009—2012 年世界 LNG 液化能力增加情况表

生产项目	投产时间	液化能力（名义）（$10^8t/a$）
Qatargas Ⅱ Tr4	2009 年 3 月	7.8
Sakhalin Train 1	2009 年 3 月	4.8
Sakhalin Train 2	2009 年 6 月	4.8
Tangguh Train 1	2009 年 7 月	3.8
RasGas Train 6	2009 年 8 月	7.8
Qatargas Ⅱ Tr5	2009 年 9 月	7.8
Yemen Train 1	2009 年第四季度	3.4
Tangguh Train 2	2009 年第四季度	3.8
RasGas Train 7	2010 年第一季度	7.8
Dua Debottleneck	2010 年第一季度	0.4
Qatargas Ⅲ	2010 年第三季度	7.8
Yemen Train 2	2010 年第四季度	3.4

续表

生产项目	投产时间	液化能力（名义）（10^8t/a）
Peru Train 1	2010 年第四季度	4.4
Pluto	2011 年第二季度	4.8
Qatargas Ⅳ	2011 年第四季度	7.8
Angola Train 1	2012 年第二季度	5.2
Sengkang Phase 1	2012 年第二季度	1.0
合计		86.6

中国公司已与外企签订的 LNG 供气项目有 12 个，年供 LNG 2815×10^4t（约 $400\times10^8m^3$），签订管道气协议年供气能力 $440\times10^8m^3$，框架协议（830～880）$\times10^8m^3$。

中国公司在若干海外项目中成为股东之一，如中石油与澳洲壳牌公司收购了 Arrow 公司的 2 个煤层气项目。

从全球天然气的供需形势和中国公司在海外掌握的天然气资源分析，引进海外天然气的基础条件好，进口 $2500\times10^8m^3/a$ 的可能性大。

5 引进海外天然气的制约条件主要是气价

天然气的利用主要有 4 个方面，即城市燃气、工业燃料、化工原料和发电。它与其他能源之间都有互相替代作用，所以天然气的利用与气价密切相关，当其他能源的价格低于天然气的价格时，天然气的发展就受到了制约，最直接是煤的竞争。从减少 CO_2 排放的角度，应该降低煤在能源构成中的比例，但目前中国煤价要比气价低很多，天然气很难与煤竞争。在天然气的用途中最能与煤竞争的是城市用气。城市燃气的优势与煤相比是明显的，在气价高一些的城市，居民也愿意承担，而不会选择用煤，但对发电等其他用途，在现今的气价条件下，就可能选择用煤。

现在国内的气价基本上是由政府定价，地区之间有差别，比较复杂，但总体上价格偏低。而进口气价又大幅度高于目前国内的气价，如中亚天然气价格与油价挂钩，当国际油价为 80 美元 / 桶时，每立方米到岸价为 2.12 元人民币，输送至消费城市还要再加上运费，如到北京的气价每立方米经过最近的加价后售价为 1.78 元，这样每立方米进口气成本与售价之间的差价在 1 元以上。这种差价现在由石油公司负担，如果每年进口 $400\times10^8m^3$ 天然气，亏损将超过 400 亿元人民币，如果进口量达到 $2500\times10^8m^3$，亏损也将超过 2500 亿元。所以气价问题不解决，引进国外天然气的方针就很难实施。

有人可能会说美国的天然气价格比中国还低，这也是事实。这是因为天然气不同于石油，没有形成世界统一的价格，全球大致形成了亚太、欧洲、北美 3 大市场，亚太地区价格最高，欧洲较低，北美最低（表 6）。不可能因为中国的生活水平低，就能得到廉价的天然气，气价是由市场决定的。

表 6 天然气价格统计表[1]

美元 /10^6Btu

年份	LNG	天然气				原油
	日本到岸价	欧洲到岸价	英国（Heren NBP 指数）	美国加拿大	经济合作与发展组织	到岸价
1984	5.10	4.00	—	—	—	5.00
1985	5.23	4.25	—	—	—	4.75
1986	4.10	3.93	—	—	—	2.57
1987	3.35	2.55	—	—	—	3.09
1988	3.34	2.22	—	—	—	2.56
1989	3.28	2.00	—	1.70	—	3.01
1990	3.64	2.78	—	1.64	1.05	3.82
1991	3.99	3.19	—	1.49	0.89	3.33
1992	3.62	2.69	—	1.77	0.98	3.19
1993	3.52	2.50	—	2.12	1.69	2.82
1994	3.18	2.35	—	1.92	1.45	2.70
1995	3.46	2.39	—	1.69	0.89	2.96
1996	3.66	2.46	1.87	2.76	1.12	3.54
1997	3.91	2.64	1.96	2.53	1.36	3.29
1998	3.05	2.32	1.86	2.08	1.42	2.16
1999	3.14	1.88	1.58	2.27	2.00	2.98
2000	4.72	2.89	2.71	4.23	3.75	4.83
2001	4.64	3.66	3.17	4.07	3.61	4.08
2002	4.27	3.23	2.37	3.33	2.57	4.17
2003	4.77	4.06	3.33	5.63	4.83	4.89
2004	5.18	4.32	4.46	5.85	5.03	6.27
2005	6.05	5.88	7.38	8.79	7.25	8.74
2006	7.14	7.85	7.87	6.76	5.83	10.66
2007	7.73	8.03	6.01	6.95	6.17	11.95
2008	12.55	11.56	10.79	8.85	7.99	16.76
2009	9.06	8.52	4.85	3.89	3.38	10.41

随着LNG产量的增加，有可能在若干年后形成全球统一的气价，但何时形成还不好估计。俄罗斯天然气进入中国目前的主要障碍就是气价双方很难取得一致。

要进行气价调整，一个重要因素是合理、科学的确定煤价。目前的煤价偏低是因为没有考虑煤的开采和使用对环境造成的影响。中国年产 30×10^8t 以上煤的产量过大，对环境的破坏作用也很大，已达到不科学、不可持续的程度，代价是很大的。如果考虑这一因素，并把它计入成本，煤价应该会提高。这样做就会使气价与煤价的差距缩小，为利用天然气提供条件。

6 结论

中国一次能源需求仍处于高速增长期。能源结构极不合理，煤的比重过大，气的比重过小，核能和可再生能源基数小，需要一个发展的过程。提高天然气的比重极其重要，一方面要大力开发国内的常规气和非常规气资源，同时还要大力利用国外天然气资源，调整气价是实施这一措施的关键。

参考文献

[1] BP公司 . BP能源统计 2010 [R/OL].http：www.bp.com.

[2] 中国可再生能源学会风能专业委员会 . 风能统计资料 [EB/OL]. http：//www.cwea.org.cn /download/display_list.asp？ cid=2.

[3] 日本公务省统计局 . 日本统计年鉴 2008 [R/OL]. 东京：日本公务省统计局，2009.

[4] IEA.World Energy Outlook 2008 [EB/OL]. http：//www.world energy outlook.org.

[5] CERA（剑桥能源）. North American Natural Gas Watch—A Brave New World：Shale Production Redefines North American Natural Gas Landscape [R]. 波士顿：IHS 剑桥能源，2010.

[6] Wood Mackenzie 公司 . 中国液化天然气需求将在 2020 年达到峰值 [EB/ OL]. http：//cn.reuters.com/article/ChinaNews/idCNCHINA-2720920100726.

[7] 国土资源部 . 新一轮全国油气资源评价结果表明，我国石油可采资源量 212 亿吨 [EB/OL]. http：//www.mlr.gov.cn/xwdt/jrxw/200808/t20080818_679413.htm.

[8] 斯伦贝谢公司 . 煤层气藏评价与开采技术新进展 [R]. 巴黎：斯伦贝谢公司，2009 夏季季刊：5.

[9] Wood Mackenzie 公司 . 中国非常规天然气展望 [R]. 伦敦：Wood Mackenzie 公司，2010：7.

原载于:《天然气工业》，2010 年 10 月第 30 卷第 10 期。

再论石油企业“走出去”战略

——“走出去”没有回头路，要坚定不移推进“走出去”战略，积极优化现有资产组合，解放思想优化新项目开发，培育融合国际化运营模式

童晓光，赵林

（中国石油天然气勘探开发公司）

摘要：针对近年来对中国石油企业“走出去”的争论，结合石油企业18年海外创业的发展现状，从保障国家油气安全、带动劳务和技术出口、提升企业国际竞争力、改善中国与世界多国关系等方面论述了对石油企业“走出去”的认识。剖析了新形势下石油企业“走出去”战略在油气资源、新项目获取、资源国政策和风险控制等方面面临的严峻挑战，认为“走出去”没有回头路，要坚定不移地继续推进“走出去”的深度与广度，积极优化现有资产组合，解放思想，策略性优化新项目开发，培育融合国际化运营模式。

1993年，在党中央和国务院提出的“充分利用国内外两种资源、两个市场”、“走出去”战略方针的指引下，中国石油企业开始走出国门从事海外油气投资业务，迄今海外创业已有18年。这期间，中国石油工业的国际化经营从无到有，从小到大，实现了跨越式发展，取得了举世瞩目的成绩。近年来，国内一些学者和媒体撰文针对中国石油企业“走出去”提出了争议，主要观点有两个：（1）石油企业“走出去”并没有为保障国家石油安全作出多少贡献；（2）石油企业海外投资效益低下，存在巨亏。本文针对这些争论，结合当前中国石油企业“走出去”的新形势，剖析新形势下石油企业的“走出去”战略。

1　对石油企业18年海外创业的回顾及现状

国际油气勘探开发市场是一个竞争激烈的市场。创业之初，在国际石油市场中，面对的资源情况是大多数规模优质资源已经基本被划分完毕，面临的竞争对手是跨国经营已经长达百年的老牌国际石油公司，以三大石油公司为代表的中国石油企业国际化经营经验不足，国际化技术和管理人才匮乏。

在这样的艰难困境下，中国石油企业白手起家，从“引进来”中汲取国际石油公司先进的技术和管理经验，不断加快“走出去”的步伐。经过18年的海外艰苦创业，中国石油企业跨国经营经历了探索发展阶段、加速发展阶段、快速发展阶段，在2009年实现中东地区两伊的战略突破后，进入了规模发展阶段。

从整体规模来看，截至2010年底，中国石油企业在全球45个国家运作着超过170个海外油气投资项目，逐步形成了以非洲、中亚、南美、亚太和中东为主的五大油气生产区。2010年海外油气权益产量首次突破7000×10^4t油当量，同比增长超过15%，远高于同期国内油气产量增速。在2004年中国工程院向国务院的报告中，对石油企业国际化经营的规划是中国石油公司的海外石油权益产量到2020年达到7000×10^4t，而实际上2010年海外石油权益产量就已经超过6000×10^4t，预计在“十二五”期间，海外石油权益产量会超过1×10^8t，海外的发展速度和步伐出人意料。

从发展亮点来看，18年来中国石油企业国际化经营的最大亮点是建立了苏丹和哈萨克斯坦油气合作区。这两个合作区的产能规模都已经超过2000×10^4t，是中国石油企业目前最现实和最重要的产量和利润来源之一。从资源类型来看，中国石油企业能够勘探开发的资源已经从常规油气拓展到加拿大的油砂、委内瑞拉的重油、澳大利亚的煤层气和美国的页岩气等非常规油气，实现了资源类型多元化。从合作方式来看，中国公司已从与资源国政府合作通过招投标获得油气资产，逐步发展成公司并购、联合收购等多种资本运营方式相结合，实现了合作方式多元化，如对PK公司和Addax公司的成功收购曾一度成为当时中国最大的跨国收购案例。同时，18年的跨国经营积累了国际合作经验，也锻炼培养出了一批国际化经营技术和管理人才。

2 对中国石油企业“走出去”的认识

回顾这18年来的跨越式发展，可以看出石油企业“走出去”的决策是明智的，“走出去”获得的成果和成绩是举世瞩目的，“走出去”战略的实施是坚定不移的。

2.1 石油企业“走出去”保障了国家油气安全

石油企业“走出去”为我国实现资源进口多元化、增强能源供应保障能力起到了重要的促进作用，主要体现在如下几个方面：

（1）中国石油企业积极将权益油气运回国内。在矿税制合同和产品分成合同模式下，中国石油公司对可以自行处置的权益油或分成油拥有支配权，通过积极联系国内的买家，将权益油气运回国内。在苏丹，1999年以来，中国石油企业累计将8400×10^4t原油运回国内；在哈萨克斯坦，截至2010年底，中哈原油管道实现累计输油3039×10^4t；在土库曼斯坦，截至2011年5月底，中亚天然气管道累计向国内输送天然气超过$100\times10^8m^3$，已占我国同期天然气进口总量的50%，为快速增长的国内天然气市场需求提供了有力保障。

（2）中方积极努力将政府份额油和伙伴份额油运回国内。在进口的8400×10^4t苏丹原油中，就含有一部分政府油和伙伴油；在伊拉克，由于其石油合同为服务合同，中国石油公司仅拥有以实物形式支付的服务费，但中方积极优先购买政府和合作伙伴的份额油运回国内。2011年5月28日，伊拉克鲁迈拉项目第一船200×10^4bbl中方份额油装船起运，6月17日抵达大连港，6月26日第二船190×10^4bbl原油离港。

（3）中方通过贸易在全球范围内高效购买合适油气资源。在一些地区或国家由于距离较远或油品性质与国内炼厂不匹配，可以卖出权益油或分成油，进而购入距离较近或品种匹配的油气，这样可以有效节省运输费，并购买到更合适的资源。经过多年的努力，东北、西北、西南和东部海上四个方向的油气进口战略通道已经基本形成，包括东北方向的中俄原油管道、西北方向的中哈原油和中亚天然气管道、西南方向的中缅油气管道、以及东部沿海数十个原油和液化天然气码头。

2.2 石油企业“走出去”带动了劳务出口和技术出口

通过石油企业跨国油气投资，有效带动了工程技术服务、装备制造等业务劳务和技术的出口。截至 2010 年底，中国石油通过投资带动工程技术服务“走出去”队伍 597 支，技术服务和物资装备出口业务年收入保持在 100 亿美元以上；中国石化现有 382 支海外技术服务队伍在执行 448 个石油工程技术服务合同，合同额 94.8 亿美元；此外，一大批民营石油技术服务企业也随着三大石油公司“走出去”实现了劳务和技术的出口。

同时，中国各技术服务公司也对中国石油企业的海外投资项目给予了强大支持。尤其是许多时间紧、周期短的项目，更是凸显了中国公司艰苦奋斗的精神和甲乙方一体化的优势，形成了相互促进、协调发展的格局。而国际上大石油公司一般仅强调要与专业服务公司建立战略联盟，很少具备甲乙方一体化的优势和条件。中国公司的一体化优势在激烈的国际竞争中凸显。

2.3 石油企业“走出去”提升了企业国际竞争力

石油企业通过实施“走出去”战略极大地提升了企业自身发展空间和国际竞争力。一方面，中国石油企业将整个世界作为活动舞台，扩大了资源的地域分布和空间范围，也找到了更多的优质储量，夯实了资源基础；另一方面，通过“走出去”，石油企业接触到世界先进的勘探开发技术，深入了解跨国石油公司的经营理念和管理模式，提升了自身的国际竞争力。以中国石油为例，在美国《石油情报周刊》2010 年底公布的世界 50 大石油公司中，10 年前中国石油集团位居第 11 位，总资产相当于埃克森美孚公司的 66%，但销售收入仅为埃克森美孚的 32%，净利润仅为其几十分之一，而到 2010 年底，中国石油的综合排名已经上升到第 5 位，跨国指数已经达到近 20%。而在英国《金融时报》公布的世界 500 强排名中，2010 年中国石油的市值超过埃克森美孚，成为全球市值最大的公司，2011 年中国石油位居第二，仅次于埃克森美孚，实现了国有资产大幅增值。

18 年的国际化经营中，中国石油企业在许多西方石油公司不成功的地区和国家取得了成功。例如在苏丹，美国雪佛龙石油公司勘探多年无果，中国石油人凭借锲而不舍的精神和扎实的理论和实践功底，实现了被动裂谷盆地油气地质成藏模式理论及勘探技术的原始性创新，在西方石油公司未取得认识的地方实现了突破；在厄瓜多尔，由于近年来政府要求将原石油合同改制成服务合同，西方石油公司纷纷退出，而中国公司在同样的合同模式下，通过积极增进与资源国政府的关系、进一步控制投资和成本等方式，发挥了自己的主观能动性，取得了较好的效益。

跨国经营将继续成为中国石油企业未来发展的重点。根据各大石油公司在拟定的“十二五”规划，预计到“十二五”末，中国石油海外油气作业当量将达到2×10^8t，权益产量达到1×10^8t，占中国石油集团公司“半壁江山”，陆上跨境油气输送通道将全面建成；2010年中国石化海外油气产量占其公司总产量的比例约为37%，“十二五”期间这一比例甚至可能超过50%。

2.4 石油企业“走出去”改善了中国与世界多国的关系

石油企业跨国经营有效改善了中国与世界多国的关系。在中亚，能源合作显著拉近了中国与哈萨克斯坦、土库曼斯坦等国的外交关系。2009年12月14日，中国—中亚天然气管道投产通气仪式在土库曼斯坦阿姆河右岸天然气处理厂举行，我国领导人与土库曼斯坦总统别尔德穆哈梅多夫、哈萨克斯坦总统纳扎尔巴耶夫、乌兹别克斯坦总统卡里莫夫共同出席庆典并致辞祝贺，创造了四国领导人共聚一个项目的先例。中国石油企业在哈萨克斯坦投资修建民用输气管线，以满足地方的用气需求，建设全光温室大棚，以满足当地人民冬季吃菜的需要，修建学生夏令营，为当地职工的后代创造良好的教育环境等，在当地受到了广泛的好评。

在非洲，中国石油企业与苏丹合作建设的喀土穆炼厂成为苏丹的标志性工程；中苏的成功合作吸引并促使乍得与中国建交；中国石油公司在非洲项目的执行过程中帮助当地人民打水井、建医院和医疗点、建学校，资助培训石油专门人才，这些都极大地拉近了与当地人民的关系，促进了当地人民生活水平的提高，践行着互利共赢与和谐发展的理念。苏丹总统巴希尔对中国石油为中苏两国合作所作出的贡献称赞道：“如果没有中国，没有中国石油的真诚帮助，苏丹的石油工业就没有今天的规模。中国石油不仅给我们带来了石油，也给我们带来了和平。”

此外，由于中国跨国石油勘探开发活动的发展和扩大，越来越多石油国家的政府官员、普通百姓来了解中国、参观中国、求学深造。以中国石油大学（包括北京和华东）为例，来自中亚、非洲、南美的石油行业选送生和留学生已经超过600人，不但促进了中外文化交流，也提高了中国国际化水平。

3 石油企业“走出去”面临的新形势

在跨国经营已经进入规模化发展阶段的今天，中国石油企业“走出去”在油气资源、新项目获取、资源国政策和风险控制等方面面临着新的挑战和机遇。

3.1 常规资源发现难度加大，非常规资源方兴未艾

经过近一个半世纪的勘探开发，全球主要含油盆地易发现、易开采的油气资源大部分

已经被发现和开采完毕。常规油气资源中，剩余资源分布地区的地表条件和自然环境日趋恶劣，包含深水、极地、高山和沙漠等；勘探对象日趋复杂，高陡构造、小断块和深层油气藏越来越多地成为勘探工作对象。根据 Wood Mac 的统计，2010 年世界前十大油气勘探发现中，有 7 个属于深水发现。油气资源发现难度明显加大。

同时，全球范围内非常规油气资源进入了发展阶段，包括加拿大的油砂、委内瑞拉的重油和美国的页岩气与（致密）油。未来非常规油气的资源潜力巨大，但开采的技术和成本要求较高。目前加拿大已宣布的油砂探明可采储量为 1740×10^8bbl，主要分布在 Athabasca、Cold Lake 和 Peace River 三地，开采成本为露天开采 20～130 美元 /bbl，地下开采 20～100 美元 /bbl，未来生产能力主要取决于油价和环保的制约。委内瑞拉的重油资源主要集中在奥里诺科重油带，根据 OPEC 的数据，2010 年委内瑞拉已探明原油储量 2965×10^8bbl，同比增加 40%，超过沙特成为全球已探明原油储量最大的国家。委内瑞拉重油地质条件好，生产成本和改制成本低，但合作条款比较苛刻。美国的页岩气近年来异军突起，美国国内页岩气产量的急剧增长使美国减少了 LNG 的进口量，国际市场多余的 LNG 转向欧洲市场，使得欧洲相应地减少了对俄罗斯管道天然气的进口，极大改变着世界天然气市场的格局，但面临着环境保护和水资源短缺的技术挑战。

3.2 资源所有者惜售心理加重，资源获取难度加大

近年来，国际油价持续在高位震荡，全球油气市场进入“资源为王”时代，对于油气项目和公司并购来说，资源所有者对油气资源的惜售心理加重，投入国际油气市场的上游项目数量减少。根据 IHS Herold 的数据，2011 年全球油气并购市场中，卖方市场拥有的油气项目价值约 1000 亿美元，而买方市场拥有的资本却超过了 3000 亿美元，总体上全球油气并购市场属于卖方市场。在长期持续的高油价和资源所有者惜售心理的共同影响下，市场中油气公司或项目的卖方期望值陡增，惜售心理高企，项目估值时的溢价明显增加，买方获取资源的成本持续增加，新项目获取难度不断加大。

3.3 资源民族主义抬头，资源国合作政策趋严

在“资源为王”心理和国家利益的驱动下，很多资源生产国出现了资源民族主义。一些资源民族主义者明确反对外国石油企业收购和开发本国石油资源，认为国际石油合作使资源国在全球油气产业链上陷入了原料生产供应国的地位，损害了国家利益。资源民族主义的盛行导致很多资源国的油气合作政策不断趋严，主要体现在合同改制和税收政策两个方面。

合同改制上，资源国政府从传统常见的矿税制和产品分成合同逐渐转向更加偏好服务合同、回购合同和合资公司模式。服务合同方面，在 2009 年伊拉克的两轮国际招标中，国际石油公司就被迫接受了政府提出的服务合同模式及较低的服务报酬费，充分展现了资源国政府的强势地位和高议价能力。回购合同方面，主要是伊朗政府通过条款苛刻和需要

层层审批的回购合同，使石油公司实质上成为“打工仔”，实现政府对油气资源的控制。合资公司方面，主要是 2007 年以来委内瑞拉要求将原石油合同改制成公司制，由其国家石油公司占多数股份并担任作业者，极大压缩了石油公司的生存空间。

税收政策上，资源国政府通过税收等手段攫取高油价的收益。如 2011 年委内瑞拉进一步征收油气行业暴利税，将 95% 的高油价收益收归政府；哈萨克斯坦将石油出口税从 20 美元 /t 增加到 40 美元 /t 等等，这都进一步压缩了石油公司的利润空间。

3.4 国际合作环境多变，合作风险空前加大

鉴于中国石油企业实施跨国经营起步较晚的现实，目前中国石油企业拥有的海外主要资产大多分布在高风险和高敏感地区，面临国际合作风险巨大。政治风险方面，油气富集地区地缘政治形势复杂多变，资源国政局不稳，政治暴力事件频发和法律法规不完善等不稳定因素给石油项目的稳定运营带来巨大风险。经济风险方面，随着国际油价持续在高位宽幅震荡，资产交易价格和资源国要价不断上升，工程技术服务价格和原材料成本上升，都将提高海外项目成本，侵削项目经济性；一些资源国经济不稳、汇率波动较大、产业结构不完整、财政收支不平衡、油气国际合作政策多变等因素也给项目的效益带来不确定性。社会风险方面，一些国家社会不稳、劳工罢工常态化和文化差异较大等因素经常影响石油公司合作项目的正常有效运行。安全风险方面，一些资源国的社会动荡频发、社会治安不稳等因素给海外项目人员和资产安全带来了严重影响，如 2010 年末爆发的突尼斯“茉莉花革命”引发阿拉伯世界的整体动荡，中东北非进入内部纷争加剧的多事之秋，对中国石油企业海外业务的安全稳定运营及员工人身安全造成了影响。

4 石油企业“走出去”的未来之路

面对跨国经营的新形势，如何更好更高效地“走出去”？这是值得我们每个人思考的战略问题。笔者尝试给出自己的思考。

4.1 坚定不移地推进“走出去”战略

回顾石油企业海外创业 18 年的成就，可以看出，“走出去”战略有效保障了国家油气安全，成功带动了一批劳务和技术的出口，大幅提升了企业的国际竞争力，明显改善了中国与世界多国的关系。尽管当前面临着资源发现难度大、新项目获取难，政策趋严、风险加大等诸多严峻挑战，但是我们必须坚定信心、统一思想，坚定不移地继续推进“走出去”的深度和广度。“走出去”就像已经开弓射出的箭，没有回头路。中国石油企业只有继续发扬自己的比较优势，以冷静的头脑剖析内外部环境，从技术、管理、人才等方面统筹考虑，不断创新经营理念和经营模式，迎接挑战克服困难。

“走出去”参与跨国油气勘探开发是大多数油气短缺国家采取的战略。如中国近

邻韩国，从2009年以来就投资100亿美元收购海外油气项目。目前海外项目产油达到24×10^{4}bbl/d，计划到2012年达到30×10^{4}bbl/d，中国的油气高度依赖进口，中国的“走出去”战略必须加快速度和扩大规模。

4.2 积极优化现有资产组合

在资产组合优化上，笔者认为中国石油企业的国际化经营仍有三方面的工作需要加强。首先是优化不同投资环境和不同地区的油气资产。目前中国石油企业进入的多为发展中国家和地区，下一步可以增加获取一些发达国家的资产，尤其是北美地区的非常规油气资源，但需要关注发达国家完善的法律法规可能带来的法律风险和环保风险。其次是在资产类型上需要进一步优化组合，中国石油公司要有意识地多元化不同类型资源组合，形成常规与非常规、海上与陆上、油与气、效益型与战略型项目合理配比的资产组合。再者是要改变以往“只进不出”的局面，进一步优化业务布局和资产结构，重点获取规模性优质资产，对没有资源潜力的风险勘探区块和低效油气资产进行包装，通过有效的资本运作进行处置或转让，建立“有进有出”的资产组合动态优化机制。

4.3 解放思想策略性优化新项目开发

针对高油价下新项目获取难度大的现状，中国石油公司要解放思想，针对不同类型项目，策略性优化新项目开发。对于大型陆上油田等优势项目来说，国际大石油公司采取了归核化战略，中国石油企业将面临更大的竞争压力，但可与国际大石油公司加强合作，联手开展在第三方资源国的勘探开发，实现国际石油公司经验技术与中国石油公司资金及成本优势的互补，如中国石油与BP联合中标并成功开发伊拉克最大的鲁迈拉油田，已经成为国际石油公司和国家石油公司合作的典范。

对于海上、非常规等技术短板项目来说，中国石油公司可以调整以前“争当作业者”的战略，以参股的形式与国际石油公司合作，学习深水、页岩（致密）油、页岩气等先进勘探开发技术和成熟管理经验。这样可以有效缩短中国企业在陌生领域的学习曲线。目前中国石油企业已经成功进入了加拿大的油砂、澳大利亚的煤层气、委内瑞拉的重油、巴西的深水和美国的页岩气领域，但是在深水和非常规油气领域仍然有进一步拓展和推进合作的空间。

4.4 培育融合国际化运营模式

面对资源国政策趋严和项目面临风险增大的挑战，从中国石油企业自身能力来说，要在保持中国石油企业原有比较优势的基础上，培育融合国际化运营模式，提高海外项目的运营管理水平和抗风险能力。客观地说，由于中国石油企业国际业务起步晚，尽管发展速度较快，但中国石油企业的国际化程度还比较低。目前中国石油企业的跨国经营指数均较低，如中国石油的跨国经营指数约20%，而国际化经营已过百年的埃克森美孚、BP、壳牌等国际大石油公司已达到50%～70%。中国石油公司的国际化经营尚处于建立全球化运营模式的初级阶段。中国石油企业要充分学习国际同行的先进成功做法，将中国石油企业的特色和实际与国际先进管理模式有机结合起来，在业务管理，人才保障、技术支持和文化建设等方面有所创新和突破，培育融合中国特色的国际化运营模式，创建属于自己的核心竞争力。同时也要发挥中国与某些第三世界国家的良好关系，在一些国际大石油公司难以运行的项目上，中国石油企业通过发挥自身的优势，可以取得合作成功。

原载于:《世界石油工业》，2012 年第 1 期。

对“马六甲困局”与中国油气安全的再思考

童晓光[1, 2]，赵林[1, 2]

（1 中国石油天然气勘探开发公司；
2 中国石油大学（北京）中国能源战略研究中心）

摘要：许多专家学者担心马六甲海峡的安全特别是油气运输的安全问题，提出了各种避开马六甲海峡的解决方案。但本文认为，海洋运输在国际石油运输中占有主导地位，世界油气海洋运输多数都要通过海峡，因此，油气运输不可能避开海峡，而是要利用海峡。文章在对原油等货物通过马六甲海峡时面临的常规外部风险、常规内部风险以及封锁风险进行详细分析的基础上，提出了应对之策，认为我国解决“马六甲海峡困局”的关键在于：与印尼、马来西亚、新加坡三国建立良好的合作关系；与日本、韩国等东亚国家努力构建能源共同体；与美国建立良性的竞合关系；必要时利用巽他海峡和龙目海峡的替代通道。文章还指出，中缅管线有利于云南等西南地区的石油供应安全，但不是解决中国石油安全的根本途径。

关键词：马六甲海峡；石油安全；海上运输通道；运输风险；中缅油气管道

马六甲海峡是由印度洋进入太平洋的主要通道。中国超过 65% 的石油进口需要依赖这条水道，同时该海峡也是中国与西亚、西欧和非洲各类货物的运输通道，其重要性不言而喻。

许多人担心马六甲海峡的安全特别是油气运输的安全问题，提出了各种避开马六甲海峡的解决方案。最早由日本人提出穿过泰国克拉地峡的方案，由于工程费用昂贵等原因没有实现；近年来，云南大学的学者（2004）[1] 提出修建中缅油气管线的方案，不少学者也持相同的观点。本文试图简略讨论“马六甲困局”的性质及其解决途径。

1 世界油气海洋运输多数都要通过海峡

世界石油市场是一个国际化的市场。在国际石油运输中，主要有海洋油轮运输和管道运输两种方式，其中海洋运输占主导地位。世界油气海洋运输主要有 7 条主要航线[2]，各条航线的名称、路径、限制条件和年货运量详见表1。七大石油运输咽喉的具体介绍见表 2。

海洋运输在国际石油运输中占有主导地位，世界油气海洋运输多数都要通过海峡。例如来自中东的石油，首先要经过霍尔木兹海峡，来自苏丹的石油首先要经过红海及其南部海峡。油气运输不可能避开海峡，而是要利用海峡。

表 1　世界油气海洋运输主要航线

序号	航线名称	航线路径	限制条件	年货运量（10^8t）
1	中东波斯湾至东南亚、东亚航线	西亚（途经霍尔木兹海峡）—阿拉伯海—印度洋（南亚科伦坡）—马六甲海峡 / 龙目海峡—东亚各国（中国、日本、韩国等）	马六甲海峡限制水深 21m（69 英尺），20 万吨级以下油船可走此线。若绕道印尼龙目海峡，其水深可达 30.5m（100 英尺），对 ULCC（载重在 25 万吨以上的巨型油轮）也不构成限制	4.5
2	中东波斯湾经好望角至西欧或美洲航线	西亚（途经霍尔木兹海峡）—阿拉伯海—印度洋—东非（达累斯萨拉姆）—莫桑比克海峡—好望角（开普敦）—大西洋—西欧 / 美洲东海岸	航线沿途水深对船型基本没有限制，VLCC（载重在 20～30 × 10^4t 的超大型油轮）和 ULCC 均可自由运行	1.7
3	中东波斯湾经苏伊士运河至西欧或北美航线	西亚（途经霍尔木兹海峡）—阿拉伯海—曼德海峡（亚丁）—红海—苏伊士运河—地中海（突尼斯、热那亚）—直布罗陀海峡—大西洋—西欧各国 / 北美东海岸	苏伊士运河满载吃水 17.68m，最大船宽限制为 49.91m。满载时限制最大吨位为 15 × 10^4 载重吨。吨位超过 15 × 10^4 载重吨的油轮，可走好望角航线	1
4	北非至西北欧航线	北非地中海地区—直布罗陀海峡—西北欧各国（比利时安特卫普、荷兰鹿特丹等）	直布罗陀海峡航道水深限制为 21.3m（70 英尺），该航线上运行的油轮一般不超过 20 万吨级	0.9
5	西北非至北美航线	经由大西洋到北美		0.9
6	西非至西欧航线	西非—英吉利海峡—西欧各国		0.4
7	拉美至北美、加勒比海航线	拉美产油国—北大西洋—北美东 / 西海岸—巴拿马运河—加勒比海	经过巴拿马运河的船舶吨位一般在 6 × 10^4t 以下	1.8

注：资料来源于《世界海运》2007 年第 2 期。

表 2　全球七大石油运输咽喉情况

<table>
<tr><th>序号</th><th>海峡名称</th><th>连接通道</th><th>石油通过量</th><th>石油出口主要目的地</th></tr>
<tr><td>1</td><td>曼德海峡</td><td>连接红海和亚丁湾、印度洋</td><td>（320～330）$\times 10^4$bbl/d</td><td>欧洲、美国和亚洲</td></tr>
<tr><td>2</td><td>霍尔木兹海峡</td><td>连接波斯湾和印度洋</td><td>1300 $\times 10^4$bbl/d</td><td>欧洲、北美、东南亚和大洋洲</td></tr>
<tr><td>3</td><td>博斯普鲁斯海峡（伊斯坦布尔海峡）</td><td>连接黑海和马尔马拉海</td><td>200 $\times 10^4$bbl/d，主要是原油，外加部分成品油</td><td>西欧和南欧</td></tr>
<tr><td>4</td><td>巴拿马运河 / 穿越巴拿马的石油管线</td><td></td><td>61.3 $\times 10^4$bbl/d</td><td>北美</td></tr>
<tr><td>5</td><td>苏伊士运河 / 萨米德石油管线</td><td colspan="2">目前石油通过量为 380 $\times 10^4$bbl/d，其中萨米德管线的输量（石油全部来自沙特阿拉伯）为 250 $\times 10^4$bbl/d，剩余 130 $\times 10^4$bbl/d 通过运河运输</td><td>绝大部分运往欧洲，小部分运往美国</td></tr>
<tr><td>6</td><td>俄罗斯油气出口港口 / 管线</td><td colspan="2">石油出口量超过 450 $\times 10^4$bbl/d，天然气出口量超过 67000 亿立方英尺（合 1896 $\times 10^8 m^3$）</td><td>包括东欧、荷兰、意大利、德国、法国以及其他西欧国家</td></tr>
<tr><td>7</td><td>马六甲海峡</td><td>连接太平洋和印度洋</td><td>1030 $\times 10^4$bbl/d</td><td>中国、日本、韩国和其他环太平洋国家</td></tr>
</table>

注：根据《国际石油经济》2003 年第 10 期《影响全球石油贸易的七大运输“咽喉”》整理补充。

2　马六甲海峡现状

马六甲海峡是全球七大石油运输咽喉之一，位于马来半岛和苏门答腊岛之间，因马来半岛南岸古代名城马六甲而得名。马六甲海峡全长约 1080km，西北部最宽达 370km，东南部最窄处仅 37km，有“东方直布罗陀”之称。马六甲海峡是连接太平洋和印度洋之间的最短航线，也是亚、非、欧三洲海上交通要道，是世界上仅次于多佛尔海峡（英吉利海峡的东部）的第二大海上通道，同时也是世界上最繁忙的航道之一。世界贸易的 1/3 和全球石油供应的 1/2 都经由马六甲海峡运输，每年进出船只达 10×10^4 多艘，年输送量约为 6×10^8t 以上，海峡的运输能力已接近饱和状态。马六甲海峡是中、日、韩等远东各国的“海上运输生命线”。

马六甲海峡对我国石油进口具有重要的战略意义。目前我国石油进口的海运航线主要有 4 条：第一条是中东航线：波斯湾—霍尔木兹海峡—马六甲海峡—南海—中国；第二条是非洲航线：北非—地中海—直布罗陀海峡—好望角—马六甲海峡—南海—中国；第三条是东南亚航线：马六甲海峡—南海—中国；第四条是拉美航线，经太平洋到达中国。除拉美航线外，我国石油运输的主要航线都要经过马六甲海峡。

图 1 展示了 2009 年我国原油进口来源的构成。2009 年，在我国的原油进口中，来自中东、非洲等地区的原油运输都要经过马六甲海峡，占原油进口总量的比例超过 65%。

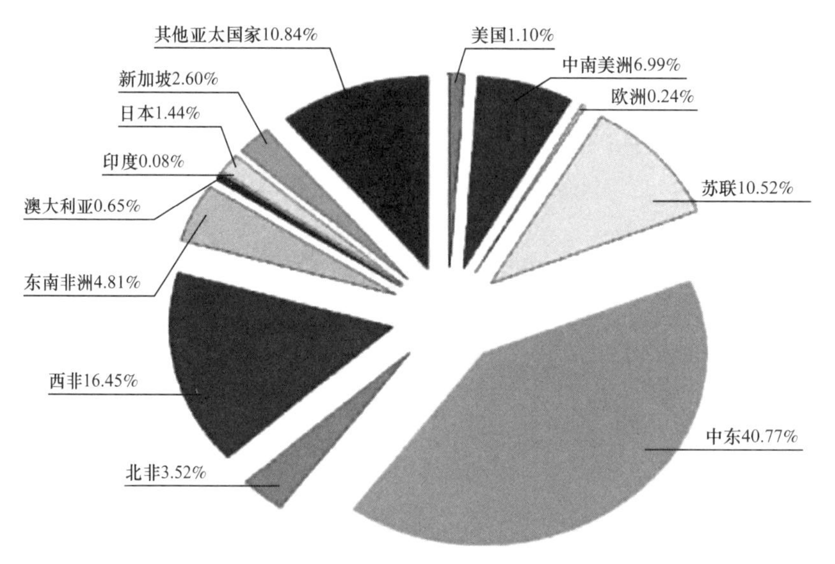

图 1　2009 年我国原油进口来源的构成

数据来源：BP 世界能源统计 2010。[4]

3　马六甲海峡面临的风险及对策建议

3.1　马六甲海峡面临的风险

原油等货物通过马六甲海峡时，面临多种风险。本文将马六甲海峡的风险大致划分为两大类：常规风险和封锁风险。

常规风险又可以分为海峡外部和海峡内部两种风险。海峡外部风险主要是指不断猖獗的海盗活动和恐怖主义的威胁。自 19 世纪以来，马六甲海峡的海盗活动就非常猖獗，1994 年发生海盗袭击案 25 宗，2000 年增长到 220 宗，2003 年约 150 宗，大约占世界海盗事件的 1/3。近年来，在多国联合协同行动下，马六甲海峡海盗劫船越货事件有所减少，2007 年发生海盗事件共计 7 起。另外，从恐怖袭击来看，由于马六甲海峡宽度最窄处只有 37km，而其深度只有 25m，若恐怖分子将一些船只弄沉在这些地区，将会对世界海上运输甚至世界经济造成巨大损失。

海峡内部风险主要是指水深渐浅、易发生搁浅事故，以及海峡通路狭小、交通秩序比较混乱。前者是指海峡海底平坦，多为泥沙质，而且水流平缓，容易淤积泥沙，所以水下有数量不少的浅滩与沙洲，巨大的邮轮搁浅事故时有发生；后者是指海峡南部出口，一条在新加坡附近的水道，虽然有 805km 长，但最窄处只有 37km 宽；加上沉船、流沙、淤泥等使航道情况经常改变，导致交通秩序混乱，造成交通不便。

马六甲海峡面临的封锁风险是指存在美国对马六甲海峡实施封锁的可能性。对此，笔者的判断是：第一,二战后世界总体处于和平时期，从全球来看和平力量的增长超过了战争力量的增长，和平与发展是当今时代的两大主题；第二，石油市场是国际化的，任何地方石油供应中断都将对全球石油市场造成冲击，威胁全球石油安全，影响世界经济增长，在全球化条件下，美国也难以独善其身；第三，即使在极端情况下马六甲海峡被实施禁运，封锁不会仅局限于石油，而可能是全面的经济和贸易封锁，中、日、韩所有通过海峡的货物都将受到巨大影响，而且不仅影响货物进口，也将影响对世界各国的货物出口，对世界经济将产生巨大影响；第四，随着经济全球化的深入发展和中美在贸易、投资等诸多领域的相互依赖程度日益加深，尽管中美之间存在经济、政治和军事的斗争，但在可预见的时间内两国并没有发生战争的可能性。

3.2 应对马六甲海峡风险的对策

对于常规风险中的外部风险，建议加强安全防范，增加军舰巡逻。新加坡、马来西亚和印度尼西亚三国共同拥有马六甲海峡的合法控制权，从 2004 年以来，三国已经增加了巡逻次数，中国可以联合日本、韩国等国，与三国加强合作，予以经济支持，增加巡逻频率，加强安全防范。同时，鉴于马六甲海峡的安全不是中国一个国家的问题，可以与远东国家尤其日本和韩国建立能源共同体，形成良好的合作机制。

对于常规风险中的内部风险，建议疏浚海峡，改善海峡交通条件。中国可以联合日本、韩国等东亚国家与新加坡、马来西亚、印尼三国加强合作，予以经济支持，挖深淤泥堆积较多与浅滩处，拓宽海峡过于狭窄之处，构建联合交通管理机制。

对于封锁风险，主要解决途径是与美国建立良性的竞合关系。马六甲海峡是连接太平洋和印度洋的最优路线，一旦出现极端情况，也存在替代路线——绕行巽他和龙目海峡。但是，这一替代路线的劣势也比较明显:（1）距离增加导致运费上升;（2）需经过印尼的近海;（3）改变的航道处于地震最频发的地带。

4 关于中缅油气管道

中缅油气管道是继中哈石油管道、中亚天然气管道、中俄原油管道之后的我国第四大能源进口通道。建设目的之一是缓解中国对马六甲海峡的依赖程度，降低海上进口原油的风险。

中缅油气管道规划从缅甸西海岸起至中国西南地区。中缅原油管道在缅甸境内段长 771km，中缅天然气管道在缅甸境内段长 793km。原油管道设计能力为 2200×10^4t/a，天然气管道年输气能力为 120×10^8m^3/a。两条管道从云南瑞丽进入我国境内后，原油管道经贵州到达重庆，干线长 1631km，天然气管道经贵州到达广西，干线长 1727km。2010 年 6 月 3 日，中缅油气管道境外段正式开工建设；2010 年 9 月 3 日，中国境内段开工建设。中缅油气管道中国境内段途经 3 个省 1 个直辖市 23 个地级市 73 个县市，穿越或跨越大中型河流56处，山体隧道76处。沿线地形地貌、地质条件复杂，地质灾害频发，是目前我国管道建设史上难度最大的工程之一，境内段工程预计于2013年建成投产[5]。

（1）关于中缅原油管道的讨论。

中缅原油管道可以将来自中东的石油直接运到缺油的中国西南地区，对云南贵州等西部经济的发展有重要意义，同时也大大缩短运输距离，比绕道马六甲海峡从广州上岸转运的历程缩短1000多海里。

但是，中缅管道对于解决所谓“马六甲困局”的作用极小。2000×10^4t的石油进口量不足中国原油进口量的1/10。随着中国石油对外依存度和石油进口量的提高，其比例将更小。

（2）关于中缅天然气管道的讨论。

中缅天然气管道目前落实的天然气资源仅有韩国大宇、印度石油公司、缅甸国家石油公司共同拥有的缅甸天然气资源，产量约（50～60）$\times10^8$m^3，能生产20年。因此管道建成后，有可能出现气源不足的问题。另一方面，气价问题尚未解决，存在天然气的市场问题。将气引入经济承受能力较低的贵州省，加上西南地区经济相对不发达，远离国内主要天然气消费市场，在可预见的时期内，市场将难以承担进口气的高价格，天然气市场的经济性尚需进一步提高。

5 结论

鉴于上述讨论和分析，笔者认为，解决“马六甲海峡困局”的关键在于：（1）与印尼、马来西亚、新加坡三国建立良好的合作关系，保障马六甲海峡的安全通航；（2）与日本、韩国等东亚国家努力构建能源共同体，塑造合作架构；（3）与美国建立良性的竞合关系；（4）必要时利用巽他海峡和龙目海峡的替代通道；（5）中缅管线有利于云南、贵州等西南地区的石油供应安全，但不是解决中国石油安全的根本途径。

参考文献

[1]李晨阳，翟健文，吴磊．中国破解“马六甲困局”的战略选择［N］．参考消息．2004.

[2]苏洁，施玉清，苏德勤．世界石油贸易及陆海油运链网通道现状［J］．世界海运．2007，30（2）：34-36.

[3]陆如泉，傅阳朝．影响全球石油贸易的七大运输“咽喉”［J］．国际石油经济，2003，11（10）：16-20.

[4]BP. BP statistical review of world energy 2010［DB/OL］．［2010-06-17］. http：//www.bp.com/.

[5]张立岩，郭影．中缅油气管道中国境内段开工［N］．中国石油报．2010.

原载于：《国际石油经济》，2010年11月。

中国石油公司跨国风险勘探面临的挑战

童晓光，张湘宁

（中国石油国际合作局）

油气是现代人类赖以生存的重要能源。有人把 20 世纪称为油气时代，世界上几次重大战争都与争夺石油控制权有关。据美国联邦地质调查局 2000 年预测，2025 年前全世界待发现的常规可采资源（6573×10^8bbl）和老油田的可采储量增长（6196×10^8bbl）总计石油为 12769×10^8bbl，天然气为 8856×10^{12}ft^3。待发现的常规油气资源主要分布在中东、非洲、苏联、南美洲和北美洲。21 世纪上半叶，油气勘探仍将是人类重要的生产活动。

2001 年 3 月 5 日，第九届全国人民代表大会第四次会议提出：能源特别是石油问题，是资源战略的一个重要问题。国内石油开发和生产不能适应经济和社会发展的需要，供需矛盾日益突出。要实施“走出去”战略，鼓励有比较优势的企业到境外投资，合作开发资源。2002 年是中国加入世界贸易组织后的第一年，面对经济全球化的挑战，中国政府坚持把发展作为主题，以结构调整作为主线，将改革开放和科技进步作为动力，推动国民经济持续稳定地增长。国内外经济形势的新格局给中国石油公司的发展带来了新的挑战，中国石油公司将主动融入世界跨国风险勘探行列。

1　油气勘探的特性

油气具有在地球表面的区域上和纵向层位上不均匀分布，在一些地区的含油气盆地构造单元富集的特点。

1.1　油气分布的特点

油气在时空上不均匀分布。据 Klemme 和 Ulmishek（1991）统计，全球划分成 4 个含油气大区域，计算其面积和储量所占的比例，特提斯区分别为 17% 和 68%，太平洋区分别为 17% 和 5%，北方大陆区为 28% 和 23%，南方冈瓦纳大陆区为 38% 和 4%。据甘克文统计全球 517 个沉积盆地，其中 73 个盆地发现有大型油气田，138 个盆地只有中小型油气田，47 个盆地仅见油气流，其余 259 个盆地至今未见有意义的发现。

世界探明石油可采储量仍然相对集中，中东占世界常规石油储量 67%，中、南美洲占 9%，非洲占 7%，东欧和苏联占 6%，北美占 5%，远东和大洋洲占 4%，西欧占 2%。

油气在地层中的分布也有十分明显的差异，主要分布于侏罗系以上的地层中，但是不同地区，分布的比例也不相同，也有以古生界地层含油为主的盆地。

油气在时空上有规律分布。油气聚集的最小单元是油气藏，油气藏的分布不是孤立的，而是成群和成层分布。油气藏的形成受更高级次的地质单元和地质作用控制，只有形成时间较早、距烃源岩近、保存条件好、规模大的圈闭才能够形成有商业价值的油气藏。特别是含油气盆地的二级构造带对油气藏的形成具有重要的作用，例如：塔里木盆地库车坳陷的克依构造带发现了克拉 2 等油气田，秋里塔格构造带发现迪那 2 等油气田，哥伦比亚雅诺斯盆地山前带发现了库西亚纳和库皮亚瓜等油气田。但是，含油气最丰富的盆地也不是全盆地及其所有层系都含油。因此，油气勘探就是通过对不同级次地质单元的逐级评价掌握油气分布规律，发现油气富集区和油气田。

1.2 油气勘探的特性

油气分布的特点决定了油气勘探的特性，油气勘探具有四大特性，即经济性、科学性、风险性和系统性。经济性指油气勘探的商业目的，科学性指油气勘探的认识过程，风险性指勘探经营（投资）性质，系统性指勘探的多学科技术方法和作业过程。全面地理解油气勘探的特性是实施科学勘探的前提。

油气勘探是经济活动。油气勘探的目的是发现具有商业价值的油气田，属于商业经营活动。为了有效地进行勘探，必须用最小的投入对勘探对象及时做出正确的评价以得到肯定或否定的结论。例如：一般在跨国风险勘探的初期确定勘探对象潜在的商业价值非常困难，通常采取联合研究的方式，用少量的资金投入评价勘探对象，及时获得肯定或否定的结论，正式启动或放弃勘探项目。勘探经济效益的最终体现是探明的可采储量价值或油气田开采利润，因此勘探对象选择要求预测可能发现油气田的各项地质参数并分析各项经济评价指标。

油气勘探是科学探索。油气田埋藏在地层中，大部分油气田的发现是根据各种间接的信息，通过分析研究做出的预测，经常需要反复认识，才能正确判断。因此，勘探发现油气田是一个探索和研究的过程。随着石油地质科学理论日臻完善、勘探技术和方法不断提高，发现油气田的成功率也在提高。例如：三维地震技术广泛应用以及地质与物探综合研究水平提高，大大提高了探井成功率和油气田发现的成功率，以及单井控制的油气田可采储量规模和经济效益。

油气勘探是风险活动，包括地质风险和环境风险，风险是油气勘探的固有属性。油气勘探自始至终伴随着各种不确定因素，首先是由于对地下地质情况认识不完整所具有的不确定性。油气勘探有成功的希望也有失败的可能，这就是油气勘探的风险。油气勘探与可以比较精确计算投入产出比值的确定性项目不同，也与一个已探明储量的油气田开发项目有较大差别。科学勘探就是要努力降低风险，并在风险与可能获利的关系中权衡利弊。降低风险需要在 4 个方面努力工作，第一，提高勘探对象的地质评价水平，减少失误；第二，提高勘探技术水平，提高圈闭评价的精度；第三，优化战略选区，优选勘探对象，尽量避免在有多重风险的高风险区钻探井；第四，科学划分勘探阶段，按程序反复评价勘探对象，不在同一认识程度下盲目增加工作量投入。在目前技术条件下完全避免地质风险是不可能的，但是，要根据勘探项目所承担风险与可能获利的关系进行取舍。

环境风险包括自然环境保护和社会环境变化的风险。在油气资源丰富的地区几乎都存在这样或那样的风险，像环境保护、宗教和社会动荡等风险，例如：委内瑞拉马拉开波湖的环保非常敏感，哥伦比亚的游击队骚扰，巴布亚新几内亚首都莫尔兹比港的社会治安，中东的宗教问题，非洲的政治动荡等等，这些问题都是影响跨国油气勘探的环境风险因素。

总之，跨国风险勘探要求地质研究和综合评价精细缜密，要求项目决策权衡利弊，趋利避害，慎之又慎。

油气勘探是系统工程。油气勘探是按项目管理组织，应用多学科、使用多工种协同作业，分阶段实施的系统工程。跨国风险勘探项目是以区块为单元的油气勘探活动，大致包括立项（可行性研究）、签订合同（协议）、组成投资集团、建立管理机构、编制项目设计、制定年度工作计划和预算、组织专业技术服务招标、组织实施作业及作业监督、跟踪作业的地质研究、信息反馈与计划修改、成果验收与项目的后期评估工作。油气勘探项目实施需要多工种使用高技术协同作业，包括地震、钻井、录井、测井、测试及其相关的辅助工种。由于这些工种的功能不同，在勘探过程中的活动有各自相对的独立性，然而，他们之间在技术上相辅相成，互相制约，而且，都要服从于勘探发现油气田、探明储量的整体目标。因此，油气勘探系统工程要求勘探项目形成并实施应用的整体化技术和方案，从整体上建立标准或依据（包括技术、经济和时间等方面），使各个专业技术服务子系统的作业在效率、效果上与整体同步，在相关环节上和谐，最终实现勘探发现油气田、探明储量的总体功能。

2　跨国风险勘探的挑战

跨国风险勘探除了风险勘探的一般特性之外，还有四个方面的挑战，包括广泛选择勘探机会；综合评价优选勘探区块；获得勘探工作权益；经营管理勘探项目。在一个明确的战略思想和战略目标指导下，广泛选择勘探机会，择优评价获得勘探区块，有效地实施勘探作业是跨国风险勘探成功的关键。

2.1　广泛选择勘探机会

油气在全球广泛分布以及油气资源国纷纷打开国门对外开放，给跨国风险勘探提供了许多选择机会，同时，太多的机会也是挑战。我们要在一个明确的战略思想和战略目标指导下，在战略重点地区广泛选择勘探机会。因此，首先要进行大区域和重点含油气盆地的地质、资源条件的比较和筛选，不仅要能够正确地评价有利条件，而且也要能够深入地认识不利条件；既要充分认识勘探区块的地质风险，还要考虑发现油气后开发生产的商业价值。例如 EXXON 公司 1995 年完成了全世界 18 个大区域的地质评价，优选出 18% 的盆地拥有全球石油资源的 86%。只有在广泛选择勘探机会的基础上，才有条件择优评价获得有利的勘探区块。在战略重点地区广泛选择勘探机会，一方面要开展基础研究工作；另一方面要通过各种渠道获得资源国和油公司在区块招标和区块转让以及资产置换方面的动态信息。

2.2 综合评价优选勘探区块

综合评价勘探区块也就是勘探项目的可行性研究。跨国风险勘探项目的可行性研究必须要从跨国和风险这两大特点出发，由浅入深滚动进行。可行性研究从项目初选到立项的全过程，可以分为机会研究、预可行性研究和可行性研究，可行性研究最终为科学决策提供依据。跨国风险勘探项目的可行性研究主要包括投资环境分析、技术评价和经济评价以及 HSE 评价。

投资环境分析指资源国的自然和社会环境，包括自然地理、交通运输，政治、经济、法律法规（特别是石油法）、财税体制和市场体系。根据投资环境分析可以给石油资源国打分，评定其投资风险的大小。自然地理和交通运输条件对油气勘探和开发生产的成本影响很大，因此，石油公司总是倾向于自然地理和交通运输条件较好的地区。资源主权国国际关系是值得重视的评价因素，根据跨国公司与资源国的关系不同，对投资的政治环境评价也有较大的差异。例如：某石油资源国被某西方大国制裁，同时与中国有友好邦交关系，则可能对中国石油公司是一个机会。石油法规和政策是投资环境分析的重点，它一般都反映在合同模式之中。目前，世界上主要有 4 类合同模式：产品分成合同（Production Sharing Contract），现代租让制（Concessionary System License），联营合同（Joint Venture Association Contract），服务合同（Risk Service Contract，Technical Assistance Contract）。合同模式及其条款的宽松程度与油气资源的品位相互平衡，例如：南美安第斯北部 4 国委内瑞拉、哥伦比亚、厄瓜多尔和秘鲁，从北向南石油地质条件由好变差，相应的合同模式及其条款由严格变为宽松。

风险勘探项目的技术评价主要是研究区块的地质资源条件。跨国风险勘探首先要通过勘探对象之间地质资源条件的比较，进行项目的筛选。不仅要能够正确评价区块的有利条件，看到油气资源远景，而且必须深入认识评价对象的不利条件，特别要对已有探井的失利原因逐一做出中肯的分析。跨国风险勘探可以在世界范围选择勘探地区的最大优点就是机遇多，但是对石油地质家也是严峻的挑战，要及时发现有利地区，又不至于盲目投资造成损失。深入评价区块必须获得实际资料，地质资源评价要与经济评价互相衔接，必须完成区块油气成藏组合和圈闭的风险评价、预测资源量和油气藏类型以及开发生产规划设计，为经济评价提供基本参数。

油气资源经济评价以静态（未贴现）和动态（贴现）的有关经济指标评价优选勘探目标。静态评价指标主要是净利润、最大现金流出和投资回收期。因此，需要进一步作出 3 个方面的评价：（1）在经营整个项目期间，每年净现金流的总额；（2）现金流出最大累计金额；（3）收回全部现金支出需要的时间。动态指标包括净现值和盈利率。一般风险勘探期为 5～10 年，划分为 2～3 个阶段，每个阶段结束后，外国公司有权决定进入下一个阶段或终止合同，所以合同规定外国公司承担的最低义务工作量关键在第一阶段，因此，要尽量降低第一阶段义务工作量的报价。经济评价要计算出最低义务工作量与可能获得利润的比值，这是风险勘探项目不同于确定性项目的主要特点。

通过地质评价和经济评价研究建立地质—经济评价模型，评价油气田规模分布、发现概率和商业价值，为勘探开发项目投资决策提供科学依据。EXXON 公司通过建立地质—经济评价模型在全球优选出 9% 的盆地和 5% 的成藏组合区带作为有商业潜力的勘探目标。这样有限的目标却拥有世界油气资源的 32%，其中 28% 的资源分布在新的成藏组合区带，4% 的资源属于已经评价勘探的有利成藏层系。

2.3 获得勘探工作权益

外国石油公司通过参与资源国的招标活动或双边谈判方式可以获得勘探区块，另外，通过兼并其他公司、购置资产（储量、产量）和区块转让等方式也可以获得区块的工作权益。获得勘探工作权益关键要在综合评价的基础上，通过谈判力争签订最有利的合同。凡是通过投标方式申请获得勘探区块，谈判的余地较小，因此，必须根据可行性研究报告的评价和投标形势提出可以承诺的条件。通过双边谈判方式获得勘探区块，谈判的余地相对较大。通过兼并其他公司、购置资产（储量、产量）和区块转让等方式获得勘探区块的工作权益情况比较复杂，要在综合评价的基础上，重点谈判转让费用和工作权益的确定以及项目的作业权等关键问题。

2.4 经营管理勘探项目

风险勘探项目的经营管理方式与合同模式密切相关。产品分成合同要求外国公司（作业者）与资源国政府授权的机构成立联合管理委员会作为最高权力机构，按合同规定的工作程序实施作业。租让制合同要求外国公司按资源国的法律和合同规定独立自主经营。服务合同规定外国公司只有有限的承包作业权，必须严格按主权国规定的合同条款执行批准的作业计划和预算，按授权支出制度和特定的会计程序经营。跨国风险勘探项目通常由多家石油公司组成集团分享工作权益，共担风险，分享利益，这样就需要签订联合作业协议，规范公司之间的行为和关系，包括权利和义务。项目运作采取项目管理的方式，一般由工作权益较大的公司当作业者，必须与资源国政府有关部门、区块所在地方政府以及所有合作伙伴建立良好的工作关系，还要与当地的其他公司建立良好的协作关系，从而保证作业计划顺利实施。跨国风险勘探项目的作业者必须有国内强大的技术支持，各项勘探部署和作业计划应当由国内相关部门在深入的研究工作基础上提供方案，然后结合现场实际情况实施。

中国国民经济发展和国家能源安全以及中国石油公司成长都迫切需要开拓海外勘探开发业务。中国加入世贸组织，中国石油公司重组改制，以及 20 世纪 90 年代以来海外探索的实践，给跨国风险勘探创造了有利条件。目前，大油公司纷纷重组，需要置换资产，这也给中国石油公司开拓海外勘探开发业务提供了更多的机会。只要中国石油公司充分认识油气勘探的特性和跨国风险勘探的特点，善于抓住机遇，勇于迎接挑战，跨国风险勘探事业必将取得成功。

原载于:《世界石油工业》，2002 年第 3 期。

Forecast and Analysis of the "Roof Effect" of World Net Oil–exporting Capacity

TONG Xiaoguang[1,2], ZHAO Lin[1,2], WANG Zhen[1] and ZHANG Haiying[1]

(1. China University of Petroleum ; 2. China National Oil & Gas Exploration and Development Corporation)

Abstract: Oil is extremely crucial to the development of the modern economy. It is important to forecast the oil supply capacity due to its scarcity and non–renewability. This paper attempts to forecast and analyze thirty–five current and potential net oil–exporting countries. Integrating both qualitative and quantitative methods, the oil production and consumption are predicted based on historical data, so that the world net oil–exporting capacity can be obtained. The results show that the "roof effect" of the world net oil–exporting capacity may appear before 2030. Unconventional oil will play an important role in the future world oil market. The competition and cooperation relationships between OPEC and non–OPEC will last for a long time.

Key words: Oil production, oil consumption, net oil–exporting capacity, roof effect

Oil, known as the life–blood of industry, is an important commodity and strategic resource. It is widely used in various sectors, such as transport, petrochemical industry and so on. According to the statistics of U.S. Energy Information Administration (EIA), oil accounts for 34.8% of the world's primary energy consumption in 2008, showing that oil plays an important role in promoting the development of the global economy.

In the 21st century, with the soaring oil price and its significant fluctuation worldwide, the value and scarcity of oil is highlighted, attracting many academic organizations and scholars to study the supply of oil. On the one hand, different researchers have obtained different results. According to the study of Jan and Filip (2009), the short supply of crude oil will last for a long time. Some researchers forecast that the production of conventional oil will suffer an irreversible decline somewhere between 2004 and 2037, by 22 to 42 billion barrels per year (John et al, 2004a; 2004b) . Some believe the global oil production will most likely peak at 4.2–4.7 billion tonnes a year in 2020–2030 (Kontorovich, 2009) . The "International Energy Outlook 2009" (EIA, 2009) also forecasts the world's future oil consumption and production, and suggests that the oil consumption will keep increasing, the oil production will be affected by oil price and oil demand, and the non–OPEC will play an important role in the future incremental oil production. On the other hand, different mathematics models are applied. The Hubbert model and modified

Hubbert models are commonly applied worldwide to forecast oil production and consumption (Hubbert, 1949; 1962; 1967; Aleklett, 2006; Deffeyes, 2002; Maggio and Cacciola, 2009; Zhang et al, 2009) . Chinese researchers instead prefer the Generalized Weng Model and their self-developed mathematics model (Weng, 1984; Chen, 1996; Hu et al, 1995; Feng et al, 2006; 2008; Tang et al, 2009; Zhao and Yang, 2009) .

In general, almost all the current studies focus on oil production or oil consumption, rather than oil-exporting capacity in certain countries or areas. Furthermore, the methods used for predicting the future oil production and consumption are mostly based on pure mathematic models. The qualitative analysis and quantitative models are not combined together, and unconventional oil production is not taken into account, either.

Tong et al (2009) propose the concept of "net oil trading volume" for the first time and forecast the trend of world net oil trading volume. This paper is a further study based on the academic achievements of Tong et al (2009) . In this paper, the "net oil-exporting capacity" means the difference between oil production and oil consumption for each oil-producing country during a specific time. By combining the qualitative and quantitative methods, taking the reserve-production ratio, policy of oil-producing countries and other practical factors into consideration, this paper investigates thirty-five current and potential oil-exporting countries, with their oil production including unconventional oil and oil consumption, to forecast the net oil-exporting capacity from 2010 to 2030 and takes this as reference scenario. Meanwhile, we set the scenarios of "the supply of conventional oil" and "OPEC limiting production and price maintenance" as the benchmarks to make the results more comprehensive.

1 Data and methodology

1.1 Data

This paper aims to predict and analyze the world net oil-exporting capacity to the year 2030. Thirty-five countries are selected as the current and potential oil-exporting countries shown in Table 1, including thirty-four current oil-exporting countries and one potential oil-exporting country, Brazil. For each country, we forecast its oil production and consumption, and then obtain the oil-exporting capacity. The world net-exporting capacity can be obtained through summarizing all the thirty-five countries. The oil production and consumption data of the thirty-five countries between 1980 and 2009 comes from "BP Statistical Review of World Energy 2010" (BP, 2010) and EIA web site (see U.S. Energy Information Administration (EIA) . http: //www.eia.doe.gov/), while the future growth rate data of oil consumption between 2010 and 2030 is cited from "International Energy Outlook 2009" (EIA, 2009) as reference.

Table 1 Selection of net oil-exporting capacity countries

Units: million tonnes

Countries	Net oil exporting capacity in 2009	Countries	Net oil exporting capacity in 2009
Canada*	58.8	Saudi Arabia	337
Mexico	61.9	Syria	6.2
Argentina	11.5	United Arab Emirates	98.7
Colombia	25.3	Yemen	7.0
Ecuador	15.3	Algeria	63.6
Trinidad & Tobago	5.04	Angola	84.4
Venezuela*	97.4	Chad	6.1
Azerbaijan	47.9	Republic of Congo (Brazzaville)	13.7
Denmark	4.72	Egypt	3.75
Kazakhstan	66.0	Equatorial Guinea	15.1
Norway	98.6	Gabon	10.7
Russian Federation	369	Libya	65.5
Turkmenistan	4.96	Nigeria	87.1
Iran	118	Sudan	20.1
Iraq	93.9	Brunei	7.50
Kuwait	102	Malaysia	8.82
Oman	33.5	Brazil**	−3.95
Qatar	49.7		

Notes: *The oil in Canada and Venezuela consists of unconventional oil and conventional oil;

** Brazil is a potential oil-exporting country.

1.2 Methodology

The method used for forecasting the oil production and consumption is the integrated qualitative and quantitative method.

1.2.1 Method for forecasting oil production

The world's oil producing countries in this paper are classified into three types: policy-oriented countries, resource-constrained countries, and semi-resource-constrained countries which is between the two former types. The methods for forecasting oil production are shown in the Table 2. The policy-oriented countries means that these countries are rich in resource, and their oil production will not be restrained by the resource before 2030, so that their oil production will not decline before 2030, but is mainly influenced by the governments' energy policies. These countries are mainly the OPEC countries. Resource–constrained countries are those whose oil production will decline after 2009. The oil production of these countries is restrained by the oil resource. Semi– resource–constrained countries means that the oil production in these countries has not declined so far, but may decline before 2030.In our work, when the reserve–Production ratio is reduced to 10, the oil production of the country is assumed to enter the decline period. Before the decline period, the oil production is forecast with the highest goodness–of–fit curve, which is obtained by the curve–fitting method based on historical data; In the decline period, the reserve–production ratio is assumed to be 10 so as to forecast the oil production based on the remaining reserves. This assumption about the reserve–production ratio of 10 is proposed by john et al (2004).

Table 2 Methods for forecasting oil production

No.	Country–type	Description	Criteria	Method	Countries
I	Policy–oriented	Before 2030, the oil production will not be restrained by the resource and hence not decline	The reserve–production ratio is more than 60 in 2009	(1) *Qualitative analysis*: Making qualitative judgment on energy policy because the oil production is more influenced by the governments' energy policies; (2) *Quantification*: Oil production increases by a certain percentage	Canada, Venezuela, Kazakhstan, Iran, Iraq, Kuwait, Qatar, Saudi Arabia, United Arab Emirates, Libya
II	Semi–resource–constrained	Before 2030, the oil production will increase first, and then may decline because of the constrained resource by the end of 2030	The reserve–production ratio is between 10 and 60 in 2009	(1) *Decline point*: When the reserve–production ratio is reduced to 10, the oil production enters the decline period; (2) *Before decline*: the highest goodness–of–fit curve, obtained by the curve–fitting method based on historical data, is used to forecast the oil production; (3) *After decline*: the reserve–production ratio is kept to be 10 and to forecast the oil production based on the remaining reserve.	Mexico, Argentina, Ecuador, Trinidad & Tobago, Azerbaijan, Russian Federation, Oman, Syria, Yemen, Algeria, Angola, Chad, Republic of Congo (Brazzaville), Egypt, Equatorial Guinea, Gabon, Nigeria, Sudan, Brunei, Malaysia, Brazil
III	Resource–Constrained	Since 2009, the oil production has declined because of the constrained resource	The reserve–production ratio is less than 10 in 2009	The oil production is calculated by a fixed decline rate. The decline rate is an average value in the decline period	Colombia, Denmark, Norway, Turkmenistan

The remaining oil reserves is forecast as follows:

$$r_t=r_{t-1}+\Delta r_t-p_t$$

where, r_t is the remaining oil reserves of t year, r_{t-1} the remaining oil reserves of the ($t-1$) year, Δr_t the increment of remaining oil reserves of t year, and P_t the oil production of t year.

When forecasting the remaining oil reserves of the current year, we take the remaining reserves of last year plus the incremental increases in oil reserves of current year minus the production of the current year. The method of forecasting the incremental oil reserves of t year is as follows: Firest, the highest goodness-of-fit curve, obtained from historical data, is used to forecast the future incremental oil reserves; then qualitatively judge the reasonableness of the fitting curve according to the further potential petroleum resources to make corresponding revisions.

1.2.2 Method for forecasting oil consumption

The method for forecasting the oil consumption is shown in Fig. 1

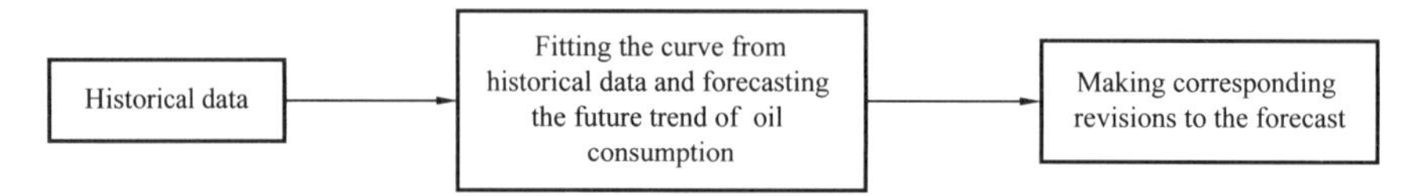

Fig. 1 Method for forecasting oil consumption

The method follows two steps:

First, forecast the trend of oil consumption using the highest goodness-of-fit curve obtained from historical data;

Second, the curve fitting method is feasible in a short-term, but the forecast error will continually rise in a long-term, so for a long-term, the forecast value of oil consumption need to be corrected. The principle of correction is to take the smaller value between the growth rate from the fitting curve and the forecast growth rate supplied by EIA as the revision value.

2 Results and discussion

2.1 The "roof effect" of the world net oil-exporting capacity appearing by 2030

With the methods and data mentioned above, the net oil-exporting capacity of each oil-exporting country can be forecast. The sum of the net oil-exporting capacity of the 35 countries will be a reference to the world total net oil-exporting capacity, The forecast result is shown in Fig. 2.

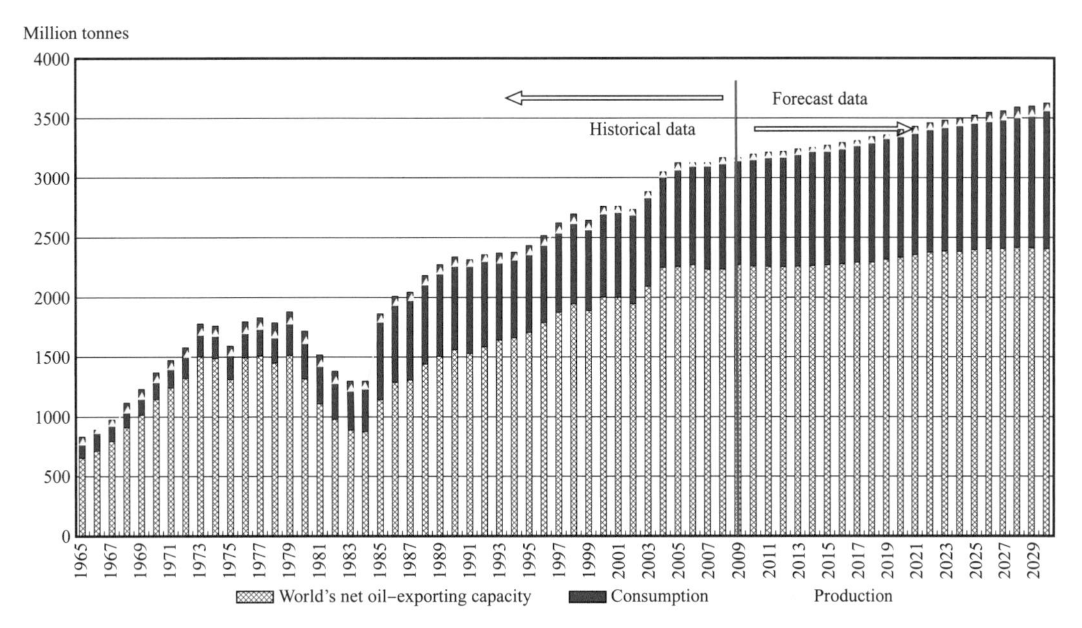

Fig. 2 Forecast result of world total net oil-exporting capacity

As shown in Fig. 2, the "roof effect" of the world net oil exporting capacity may appear in 2028. The net-exporting capacity will reach its highest point of 2.40 billion tonnes, followed by a gradual decrease. This phenomenon is known as the "roof effect" of world net oil-exporting capacity. In this paper, the "roof effect" of world net oil-exporting capacity means that the world oil consumption increases continually but the oil production begins to decline at a time in the future due to the limitation and non-renewability of oil resources, causing the world net oil-exporting capacity decline. The world net oil-exporting capacity will increase by 9.1% from 2.2 billion tonnes in 2009 to 2.40 billion tonnes in 2030, with the oil production increases by 14.7% from 3.13 billion tonnes in 2009 to 3.59 billion tonnes in 2030 and the oil consumption increases by 32.2% from 0.93 billion tonnes to 1.23 billion tonnes. The increased oil demand is mainly from the developing countries.

2.2 Structural change of world net oil-exporting capacity and analysis of world's major oil-producing countries

The net oil-exporting capacity of thirty-five countries in 2009 (actual value) and in 2030 (forecast value) are shown in the Fig. 3. It can be seen that by the year of 2030, the net oil exporting countries will decrease from thirty-four to thirty world wide, the oil production of Mexico, Denmark, Turkmenistan, Syria, and Egypt will no longer meet their domestic consumption. Thus, these four countries will become net oil-importing countries. Brazil, the net-importing country in 2009, is expected to become a net-exporting country soon with an exporting capacity of 67 million tonnes in 2030. In 2009, the largest two oil exporting countries are Russia and Saudi Arabia. Although the net oil-exporting capacity of Russia will decrease by

26.5% by 2030, the absolute volume of its net export will be still large enough. Saudi Arabia will still hold its unshaken position in terms of world net oil-exporting capacity. Rich in oil resources, Iraq will become the third largest oil-exporting country behind Saudi Arabia and Russia. However, with the world's fastest net export growth rate of 167%, Iraq has a great potential to catch up with or even surpass Russia in net oil export. The net oil-exporting capacity of Venezuela and Canada will increase by 56.2% and 138% respectively. Such a large increase is due to the production of unconventional oil resources, Among the thirty-five countries, twenty countries' oil-exporting capacity will decrease at diffent extents, contributing directly to the "roof effect" of world net oil-exporting capacity.

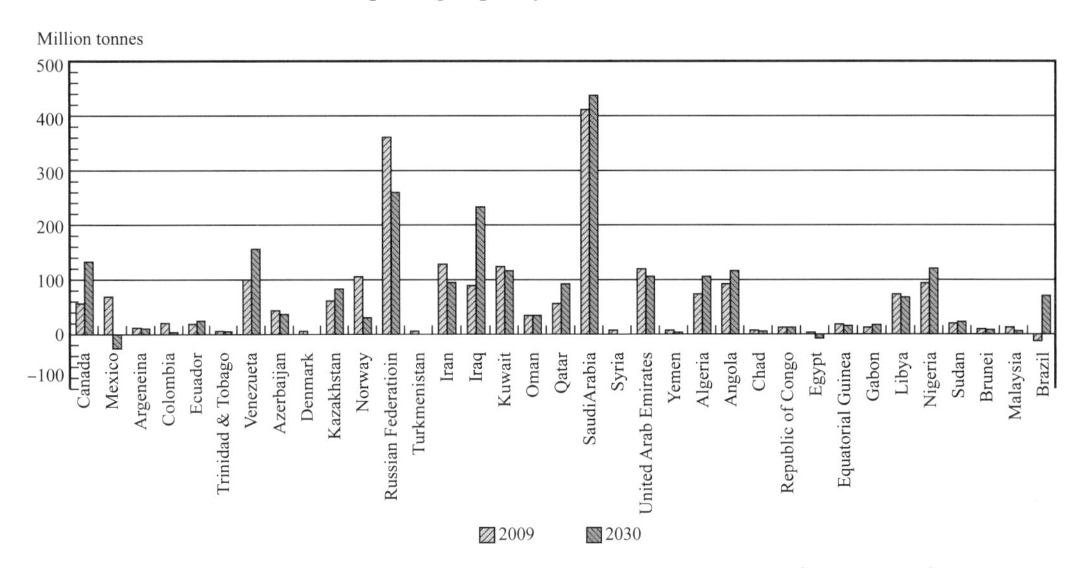

Fig. 3 Comparison of net oil exporting capacity of thirty-five countries in 2009 (actual value) and in 2030 (forecast value)

2.3 Unconventional oil as an important part of world oil export

In order to investigate the role of unconventional oil in the future world oil export, this paper sets the scenario of "net conventional oil export" . The world net oil-exporting capacities including and excluding unconventional oil are show in Fig. 4 The unconventional oil mainly refers to oil sand and heavy oil. Since Canada and Venezuela are both rich in unconventional oil, the unconventional oil is mainly from Canada and Venezuela. Their conventional oil production are cited from EIA's (EIA, 2009) forecast data.

As show in fig. 4, if the unconventional oil is not taken into consideration, the roof effect of world net oil export will appear in 2023, five years ahead of the time suggested in reference scenario. Affer 2023, the world net oil export will decrease at the rate of 0.31%.While in the reference scenario, the decrease rete of the world net oil export is only 0.05%. In the reference scenario, the proportion of unconventional oil in world net oil export will increase from 3.9% in

2009 to 11.6% in 2030, indicating that unconventional oil will play an important role in future net oil exports, and will bring challenge and diff culty for the petroleum ref ining industry.

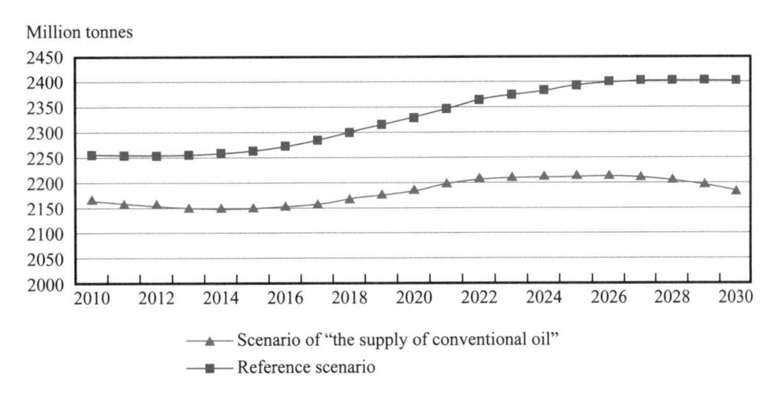

Fig. 4 The world net oil-export under the scenario of "the supply of conventional oil" and reference scenario

2.4 Competition and cooperation between OPEC and non-OPEC countries

In the reference scenario, the oil production of OPEC countries will increase from 1.57 billion tonnes in 2009 to 2.15 billion tonnes in 2030. the non-OPEC oil production will remain 1.45 billion tonnes level, with a slight f uctuation in the study period. However, the oil consumption of the non-OPEC countries will increase rapidly by 25.5% from 0.6 billion tonnes in 2009 to 0.751 billion tonnes in 2030. In order to investigate the role of OPEC countries in world oil export, this paper sets the scenario of "OPEC limiting production and price maintenance" as the benchmark. Assuming that OPEC countries take the limiting production and price maintenance policy to reduce the production by 10%, the forecast of world net oil-exporting capacity is shown in Fig. 5.

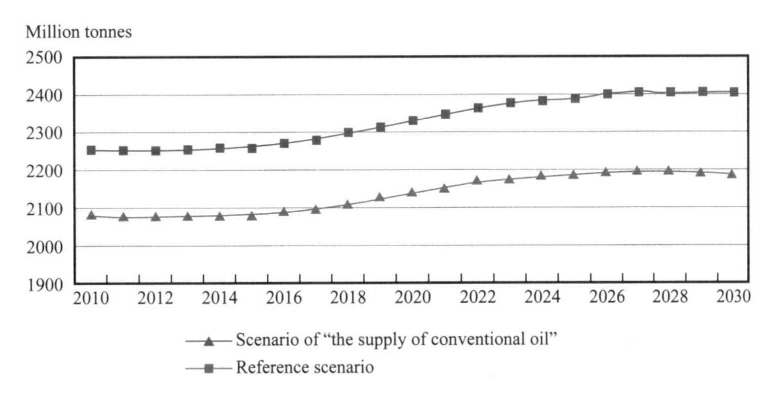

Fig. 5 World net oil export under the scenario of "OPEC limiting production and price maintenance" and reference scenario

As shown in Fig. 5, if the production of OPEC countries decreased by 10%, the "roof effect" of world net oil-exporting capacity would not come ahead of the time suggested in reference scenario. It fully proves that non-OPEC countries will take certain positions and have an influence on world oil exports. Russia has the greatest influence among those countries. Although Russia's oil production continuously decreases, the proportion of its oil export in the world will still account for 11% in 2030. The forecast result also shows that if the OPEC countries do not limit their productions, the proportion of OPEC oil export in the world oil export would continuously increase from 61.7% in 2009 to 69.5% in 2030. However, if they limit their production by 10%, the proportion of OPEC oil exports in the world oil exports would still increase from 58.5% in 2009 to 66.5% in 2030. In other words, OPEC countries are still the main contributors to the future oil exports. Among the OPEC countries, Saudi Arabia retains the most powerful influence and the proportion of its oil export in the world total will maintain at 18%.

3 Conclusions and limitations

3.1 Conclusions

Oil plays an important role in the development of the world economy. Forecasting world net oil-exporting capacity has a crucial significance to China's relevant policy formulation and implementation. This study makes a systematic research on the production and consumption of thirty-five net export countries by 2030. It also analyzes the net oil-exporting capacity of each country in detail and comparatively. Study was made concerning world net oil-exporting capacity under different scenarios. The conclusions are as follows:

(1) With the development of global economy, this paper considers that oil consumption will continuously increase to the year of 2030. Meanwhile, the limitation of oil resource will lead to the "roof effect" of world net oil-exporting capacity. The forecast conclusion indicates that the "roof effect" of world net oil-exporting capacity may appear in 2028. In the study of thirty-five countries, the oil export capacity of twenty countries will decline at various degrees, and the number of net exporting countries will reduce by five. That is to say, the world remaining oil reserves will be concentrated in a few countries, thus improving their influence on the oil price and the oil market.

(2) Contrast analysis shows that unconventional oil will delay the time of the "roof effect" of world net oil-exporting capacity and slow down the decline rate after reaching "roof effect" . It is thus clear that unconventional oil will play an important role in future oil exports. The authors consider that the unconventional oil resources are very rich and are not yet being fully utilized. Thus, developing unconventional oil can provide suff cient energy to guarantee the development of the world economy effectively by covering the conventional oil demand gap.

(3) Through predictive analysis, if OPEC countries adopted limiting production and price maintenance policies, the time of "roof effect" of world net oil-exporting capacity would not

be affected. It shows non-OPEC countries have certain influences on the world oil exports. However, the influence of OPEC countries cannot be discounted. The proportion of OPEC net oil-exporting capacity in world total will increase continuously and OPEC countries are still the main contributors to future supply. The authors hold the view that China should strengthen the contact with OPEC countries and establish long-term cooperation relations in order to guarantee China's energy supply to support continuous economic development.

3.2 Limitations

The future development worldwide is full of uncertainties. The main limitations of this paper are as follows:

(1) The paper did not take the emergence of other new oil production countries into consideration. Oil production country with export capacity is one of the important factors influencing the world oil export capacity. Pushed by the technology progress, a number of new oil production countries may appear. For example, according to "the Statesman" of Ghana, along with more and more companies conducting exploration and drilling operations, more oil resources will be discovered in Ghana. Ghana will become the representative of new oil production countries. New oil production countries will delay the forthcoming of "roof effect" of net oil-exporting capacity. But the probability of emergence of larger oil production countries is quite small. In that case, the impact on the stability of analysis results could not be signifcant.

(2) The paper did not take the discovery of new large oil and gas fields into consideration. The discovery of new large oil fields can effectively enlarge world net oil-exporting capacity. With the development of petroleum exploration technology and the rise of global oil prices, more and more oil f elds are being discovered. According to the assessment report of the United States Geological Survey (USGS) in 2008, Arctic takes 13% of the global unproved oil reserves. With further exploration and development of oil and gas resources, the pressure of world oil shortage might be relieved. But the exploitation of Arctic oil and gas resources faces signifcant challenges concerning technology and costs, and the huge uncertainty still remains.

4 Acknowledgements

The authors are grateful for financial support from Key Projects of Philosophy and Social Sciences Research of Ministry of Education (09JZD0038).

References

[1] Aleklett K. The Global Energy Supply Situation Today and Tomorrow [C]. The Energy and Environment Conference. Shijiazhuang, China. 2006.

[2] BP. Statistical Review of World Energy. 2010.

[3] Chen Y Q. Derivation and application of the Generalized Weng Model [J]. Natural Gas Industry Journal. 1996. 16 (2): 22–26.

[4] Deffeyes KS. Hubbert's peak: The impending world oil shortage [J]. Resources Policy. 2002, 28 (1–2): 75–77.

[5] Feng L Y, Li J C, Zhao Q F, et al. Forecast and analysis of China's oil supply and demand based on the peak oil model [J]. Oil & Gas Journal. 2008, 1: 43–47.

[6] Feng L Y, Zhao L, Zhao Q F, et al. Peak oil theory and forecast on world peak oil [J]. Acta Petrolei Sinica. 2006, 27 (5): 139–142.

[7] Hu J G, Chen Y Q and Zhang S Z. A new model to predict production rate of oil and gas fields [J]. Acta Petrolei Sinica. 1995, 16(1): 79–86.

[8] Hubbert M K. Degree of advancement of petroleum exploration in the United States [R]. AAPG Bulletin, 1967, 52 (11): 2207–2227.

[9] Hubbert M K. Energy resources. National Research Council Publication 1000–D. 1962, 237–242.

[10] Hubbert M K. Energy from fossil fuels [J]. Science. 1949, 109 (2823): 103–109.

[11] Jan K and Filip J. Resources and future supply of oil [J]. Energy Policy. 2009, 37 (2): 441–464.

[12] John H W, Gary R L and David F M. Long–term world oil supply scenarios: The future is neither as bleak or rosy as some assert [J]. EIA. 2004a.

[13] John L H, Pradeep J T, Charles A S H, et al. Forecasting the limits to the availability and diversity of global conventional oil supply [J]. Energy. 2004b, (24): 1673–1696.

[14] Kontorovich A E. Estimate of global oil resource and the forecast for global oil production in the 21st century [J]. Russian Geology and Geophysics, 2009. 50 (4): 237–242.

[15] Maggio G and Cacciola G. A variant of the Hubbert curve for world oil production forecasts [J]. Energy Policy. 2009, 37 (11): 4761–4770.

[16] Tang X, Feng L Y and Zhao L. Prediction and analysis of world oil supply pattern based on Generalized Weng Model [J]. Resources Science. 2009, 31 (2): 238–242.

[17] Tong X G, Zhao L and Wang R l. The consideration of the problem of China petroleum dependence degree [J]. Research on Economics and Management. 2009, (1): 60–65.

[18] U.S. Energy Information Administration (EIA) [R]. The International Energy outlook, 2009.

[19] Weng W B. The Foundation of the Forecasting Theory [M]. Beijing: Petroleum Industry Press. 1984.

[20] Zhang Y H, Lu B P and Yin X L. Application of modified Hubbert Model to prediction the critical point of oil production in the world [J]. Acta Petrolei Sinica. 2009, 30 (1): 108–112.

[21] Zhao J and Yang Y H. Prediction analysis of Chinese recoverable oil in 2010 and 2020 [J]. Global Geology. 2009, 1 (28): 82–85.

原载于:《Petroleum Science》, 2011 年第 8 卷。

中国利用海外油气资源的一些认识
——深入研究世界各国油气资源潜力、投资环境的变化，采取符合实际的战略对策，具有决定性的作用

童晓光

（中国石油天然气勘探开发公司）

摘要：中国人均油气资源量低，完全依靠国内产量，难以满足不断增长的需求，利用海外油气资源是必然途径。利用海外油气资源主要有3个渠道：在国际市场上购买油气，引进石油资源国在中国建炼油厂，中国石油公司通过招标、收购、参股等方式在油气资源国建立生产基地。跨国油气勘探开发地区和国家的选择要综合考虑资源条件、投资环境和中国各石油公司的自身特点。建议中国石油公司深入研究世界各国油气资源潜力，并及时跟进各国投资环境的变化，积极与富含油气资源和具有合作条件的国家进行合作，采取符合实际的战略对策，确保中国的能源安全。

中国是世界第五大产油国，第六大产气国，但中国人口众多，消费量大，完全依靠国内产量难以满足不断增长的油气需求。在开发好国内油气资源的同时，利用海外油气资源是必然途径。利用海外油气研究主要有两个方面的问题：第一是对于海外资源需求的预测，第二是如何利用海外资源。

1 中国未来油气需求的预测

国内外专家们对中国油气需求做过多次预测，但要完全符合实际，难度很大，主要是因为影响油气消费量的因素很多，有很大的不确定性，如国家经济增长速度和节能技术的提高速度影响能源需求总量。在能源需求总量相同的前提下，国家的能源政策对油气需求有很大影响。如中国的煤炭资源丰富，生产潜力较大，但从降低CO_2排放的角度出发，就会要求降低煤炭在能源构成中的比例，增加油气需求；反之，如果加快可再生能源和核电的发展速度，油气需求就可能降低。

党的十八大报告提出，2020年全面建成小康社会，实现国内生产总值和城乡居民人均收入翻一番的宏伟目标，能源需求不断增长是必然的。但十八大报告同时提出，“推动能源生产和消费革命，控制能源消费总量，加强节能降耗，支持能源产业和新能源、可再生能源的发展，确保国家能源安全”。根据这一精神，今后能源消费的上升速度将会有所下降。这在2013年1月23日发布的能源规划中有清晰的体现。2015年，中国能源消费总量为40×10^8t标煤，年均增长4.3%，非化石能源占11.4%，天然气占7.5%，煤占65%。

要实现这个目标有极高的难度，如天然气要达到 3×10^8t 标煤当量，增长幅度非常大，必然要增加进口气数量，但目前的进口气价与国内气价不协调，矛盾较大。

结合近年的实际情况，2011 年石油消费量较 2010 年增加 5.5%，2012 年较 2011 年增加 4.6%。天然气消费量从 2010 年的 $1076\times10^8m^3$ 提高到 2011 年的 $1307\times10^8m^3$，增加了 21.5%，2012 年增加到 $1475\times10^8m^3$，增加了 11.4%，总的增长趋势在下降。今后石油消费按年均增长 4% 计算，2015 年将达到 5.383×10^8t，按国产油 2.1×10^8t 计算，对外依存度接近 61%。天然气对外依存度 2012 年已达到 29%，预计 2013 年将达到 32%，这时天然气在能源构成中的比例为 5.8%。如果按国家"十二五"规划的目标，天然气对外依存度将会更高，预计 2015 年将接近 40%。因此，合理利用海外油气资源对保证中国的能源安全具有重要作用。能源安全包括量和价两个方面，既要能够获得足够的油气，又要争取以较低成本获得油气。

2 利用海外油气的途径和中国石油公司"走出去"的意义

利用海外油气资源主要有 3 个渠道，它们之间具有相关性。

（1）通过国际贸易，在国际现货和期货市场上购买油气，这是最基本的方法。目前中国大部分油气进口都依赖这种途径。也可以与油气出口国或油气公司签订长期协议，按合同条款定期购买石油，如中国从俄罗斯购买石油，从土库曼斯坦购买的天然气都是这种方式。目前，世界上 LNG 贸易以长期合同为主，现货市场为辅。

（2）引进石油资源国在中国建炼油厂，由资源国提供原油，现已实现的有沙特和科威特，引进委内瑞拉重油的炼油厂正在建设。俄罗斯也有意愿在中国建炼油厂。这种合作方式与资源国的利益密切相关，油源比较稳定。

（3）中国石油公司对油气资源国内通过招标获得的区块进行勘探开发油气，通过对已发现或已开发油气田进行收购、参股等建立油田生产基地。2011 年，中国各石油公司在海外的权益产量达到 8500×10^4t 油当量，这种方式被称为"走出去"战略。但舆论界对中国石油公司"走出去"有不同的看法，最主要的质疑是中国石油公司的份额油气没有运回国内，其次认为中国石油公司在海外经营亏损很大，有 2/3 的项目亏损。了解清楚中国石油公司在海外经营的实际情况和中国石油公司"走出去"的战略目的和意义十分重要。中国石油公司"走出去"首先是为了保证中国的油气安全，同时也符合党的十八大报告所提出的"加快走出去步伐，增强企业国际化经营能力，培育一批世界水平的跨国公司"的要求。

海外经营项目的油气是否能够运回国内和如何运回国内，情况十分复杂，首先取决于项目的合同类型。如果是服务合同，中国石油公司得到的是服务费，在通常情况下可以折算成油气。如果是产品分成合同和矿税制，就可以按份额获得油气，但是否直接运回国内还要考虑具体条件和经济利益。如果所合作的国家是石油进口国，一般就不应运出石油，而可以利用经营的收益在国际市场上购买原油，这并不影响中国石油公司要在海外获得石油的目的。下面举几个例子：

在中东的伊拉克是服务合同，如正在开发建设的哈发亚油田，中国石油公司 2012 年底运回国 200×10^4bbl 石油，2013 年 1 月将再运回 200×10^4bbl 石油。阿曼实行的是产品分成合同，中国石油公司有一个合作项目，年产油 180×10^4t，中国在 2011 年从阿曼进口油 1815×10^4t，实际上包括了中国石油公司生产的石油。

在非洲实行的多数为产品分成合同。如在苏丹大部分合同区都有中国石油公司参与，占全部项目作业产量 90% 以上，这几年苏丹每年向中国出口的石油都超过 1000×10^4t，这些石油主要都由中国石油公司生产。

安哥拉目前是中国进口石油的主要国家。中国石油公司在安哥拉也有合作项目，所以这些进口石油实际上也包括了中国石油公司生产的油。

从哈萨克斯坦每年进口的石油也超过 1000×10^4t，哈萨克斯坦实行矿税制合同，这些石油都来自中国石油公司生产或转换的油。

委内瑞拉实行的是合资企业制，国家公司占大股并为作业者，以委内瑞拉国油的名义，每年向中国出口石油超过 1000×10^4t，实际上也包含了中国石油公司的份额油。

印尼实行的是产品分成合同。印尼现在是天然气出口国和石油进口国，中国石油公司在印尼有多个合作项目。以中国石油的项目为例，因为印尼是石油进口国，中国石油的份额油自然不运回中国，而用其转变为资金收益再在国际市场买油。所生产的天然气由于有直通新加坡的输气管线，而且起价较高，所以就卖给新加坡。实际上所产天然气量不太大，制成液化气运回中国也没有经济效益。

在土库曼斯坦中国石油公司有合作项目，同时又将土库曼斯坦的天然气通过中亚气管线输往中国。至 2012 年底，运往中国的天然气约 $400\times10^8m^3$，其中中土合作区的产量约 $130\times10^8m^3$。

上面所说的事实说明，中国石油公司的跨国经营对利用海外油气资源已经起了一定作用，当然与国家的期望值相比还有很大差距。如 2011 年净进口原油 2.5126×10^8t，而中国石油公司在海外的权益油气约 8500×10^4t 油当量，其中原油约 7000×10^4t，约为进口量的 28%，而且相当部分没有直接运回。中国石油公司应该继续努力，但把这个成果说成“微不足道”，显然与事实不符。

关于中国石油公司在海外合作项目的经济效益问题，现在还难以作出结论。因为目前处于对外较大规模投资阶段，仅 2012 年中国收购海外油气项目的全额达到 332 亿美元，许多项目还没有生产。但是中国石油公司从 1993 年开始“走出去”有些项目已经营 10 年以上，如苏丹项目、哈萨克斯坦项目、委内瑞拉项目、印尼项目、秘鲁项目、阿曼项目和泰国项目均有不同程度的收益。中国各石油公司海外项目在各公司收益中的比例逐渐上升。众所周知的苏丹项目，由于南北苏丹分裂，南苏丹占原苏丹的石油产量的 3/4 以上，因为管输费和边界划分没有彻底解决而长期停产，对中国石油的投资造成很大损失，但中国石油公司采取了国际石油公司通常的战略——快速回收投资。因此，投资早已收回并取得很好的经济效益。所以总体上来看，海外油气合作的效益十分显著，当然亏损的项目也存在，主要是风险勘探项目，不可能全部成功，也有失利的项目。对海外油气的评价应从整体出发。

中国石油公司的跨国勘探开发发挥了中国石油公司在国内积累的技术和经验，在世界一些不被国际大公司重视的地区，发现了大型的油气田，增加了储量，有利于世界整体油气生产能力提高。中国石油公司“走出去”战略还带动了中国石油行业的技术设备和劳务出口，仅中国石油在海外作业队伍就达到600支左右，如中国石油的东方地球物理公司已成为世界陆地物探的最大公司之一。中国石油公司的跨国经营对于中国与第三世界国家建立良好的外交关系也起到了一定作用。

3 抓住机遇选择好重点合作的国家

跨国公司油气勘探开发领域宽广，但各国的油气资源丰富程度、合作（投资）环境随时发生变化。跨国油气勘探开发地区和国家的选择要根据资源条件、投资环境和中国各石油公司的自身特点精心选择。

4 中东

中东是中国石油进口最主要地区。进口量逐年增加，从2006年的6500×10^4t上升到2011年的1.3×10^8t，占中国海外进口原油的51.2%。美国国内石油产量不断上升，对中东石油依赖不断减少。中东也将更加依赖中国石油市场，中国与中东的石油合作有很强的互补性。

中东各国的油气富集程度和石油对外合作体制有很大差别，合作规模和合作方式也各不相同。沙特和科威特油气勘探开发不对外合作，主要合作形式是对中国出口石油和在中国建立炼油厂。但沙特是对中国最大的石油出口国，占中国进口量的19.8%。科威特也是对中国石油重要出口国之一。其他国家都可以进行油气勘探开发合作。伊拉克的剩余可采储量达1431×10^8bbl，是中国石油公司在海外最大合作区，但都是服务合同，收益相对较低。中石油有3个油田正在建设和开发，其中两个是新油田建设，目前艾哈代布油田生产能力为600×10^4t/a，哈发亚油田生产能力为500×10^4t/a，计划在2016年扩建至年产3000×10^4t/a。老油田——鲁迈拉油田2012年达到日均产量135×10^4bbl。这3个油田2012年合计作业产量3500×10^4t，它们的合作带动了油田勘探开发的技术，设备和劳动输出，如艾哈代布油田建设90%以上的工作量由中国石油的各工程公司完成，从而提高了合作项目的经济效益。目前还有两个大型合作项目，由于回报率低等原因，有的国际石油公司要退出合作，也给中国石油公司提供了新的机会。中国石油公司与国际石油公司的最大差别是中国有全套石油勘探开发的作业能力，可以通过作业提高经济效益。而且伊拉克油气田又都位于陆地，可以发挥中国石油公司的技术优势。伊拉克库尔德地区石油资源丰富，且实行产品分成合同，合作条件好，具有相对独立性，与中央政府存在矛盾，中央政府宣布一旦与库尔德地区石油合作，就要取消在伊拉克其他地区的石油合作项目，所以在伊拉克主要地区已有合作项目的中国石油公司就不能再到库尔德地区进行石油合作。伊拉克还有待勘探地区，而且大部分地区的勘探深度较浅，没有达到侏罗纪以下地层，所以存在合作勘探的机会。但2012年伊拉克勘探区块招标，合同条款比较苛刻，勘探风险大，中国石油公司没有进入。如果合同条款改善，区块位置合适，中国石油公司也应进入。伊拉克有一定政治风险，要加强安保。

伊朗的石油储量略大于伊拉克，天然气储量$33.1\times10^{12}m^3$，为世界第三大产气国，天然气储量约1/3位于海上。伊朗是中国石油长期进口国，2012年在西方制裁下，仍进口原油2192×10^4t，是中国进口油的第四大国。中国三大石油公司在伊朗都有合作项目，而且规模很大。伊朗合同条款苛刻，是世界上唯一使用回购合同的国家。由于国际社会对伊朗核活动的谈判一直没有取得进展，目前伊朗项目的政治风险很大，不敢大规模投资。在现阶段应采取缓慢投资的策略，保持合作项目的继续，等待时机。从长远看，伊朗油气资源丰富，应是中国长期主要合作区。

阿曼石油储量7×10^8t，年产石油4200×10^4t，也算是一个比较大的产油国。2012年向中国出口石油1956×10^4t，成为中国第五大石油进口国。阿曼原油出口无须经过霍尔木兹海峡。阿曼的油气与中东其他国家相比不算丰富，但具有一定的出口能力。已有中国石油公司进入合作勘探开发，年产达到180×10^4t，累计生产量达到1000×10^4t。合同条款较好，要继续争取合作机会。

叙利亚和也门的油气不太丰富，但中国石油公司已有合作项目，在环境稳定的情况下仍可继续合作。

中东的阿联酋也是石油大国，中国目前还没有大的合作项目。卡塔尔是天然气大国，也没有大的合作项目，都该积极争取。

5 非洲

非洲的油气资源比较丰富，是目前中国第二大石油进口地区，占进口量的23.7%。其中，安哥拉2012年向中国出口石油4015×10^4t，仅次于沙特，成为中国的第二大石油进口国。总体上，非洲油气分布比较分散，有多个产油气大国，可以分为北非、西非、东非和南非。

北非主要产油气国为利比亚、阿尔及利亚，其次是苏丹、乍得、埃及、突尼斯、尼日尔。中国石油公司在这些国家都有油气合作项目，可能与这些国家都处于陆地有关。其中合作规模最大的是苏丹，苏丹90%以上油气产量来自中国石油公司参与的合作区块。2011年，苏丹产油2270×10^4t，向中国出口1300×10^4t。但由于南北苏丹分裂，而产油区3/4以上在南苏丹境内。2012年大部分油田停产，也影响了对中国的出口。中国石油公司在苏丹有3个石油合作区块和一个炼油厂，建有通向红海的输油管线。要鼓励促成南北苏丹之间的和谈，恢复各合作项目的正常生产。乍得是中国在北非的又一个主要合作国家，合作面积较大，其中邦戈盆地全部属于中乍合作区。从最初的勘探开始，已有重大的石油发现和建成了一个较小规模的炼油厂。预计乍得的合作规模将会扩大。利比亚是非洲石油资源最丰富的国家，中国石油公司基本上没有勘探开发项目，目前又处于社会、政治不稳定环境，难以进入，但从长远的角度，应积极争取合作。其他北非国家也要努力进行合作。

西非油气资源丰富，中国石油公司在尼日利亚，安哥拉有较大的合作区块，在加蓬，刚果（布）、赤道几内亚、喀麦隆均有合作区块，但主要油气均位于海上，中国作业队伍难以进入，缺乏利用作业回收投资的机会。但中国在安哥拉参与基础设施建设，提供大笔贷款修建炼油厂，建立良好的国家关系。西非勘探开发潜力较大，中国石油公司应积极争取进入合作项目。

东非最近几年才有重大油气发现，主要为莫桑比克和坦桑尼亚的天然气和乌干达、肯尼亚裂谷带的石油。预计在东非裂谷带西支的南部、索马里、埃塞俄比亚、刚果（金）都有勘探潜力。东非基本上是一个石油勘探开发新区，应积极争取进入合作。

6 俄罗斯和中亚

俄罗斯石油储量达 121×10^8t，天然气储量 44.6×10^{12}m^3，是世界油气最丰富的国家之一。2012 年，中国从俄进口石油 2432×10^4t，是中国第三大石油进口国，对中国石油进口多元化起很大作用。但油气上游合作的难度很大，经过 20 年努力，中国石油公司仅有小型合作项目，没有很大突破。在现阶段难以成为主要油气合作国，但要不断追踪，寻找合作机会，最有希望的是非常规油气的合作。扩大油气进口的规模，双方都有强烈需求。比较现实的合作区是中亚各国。石油最主要合作国家是哈萨克斯坦，天然气最大合作国家是土库曼斯坦。2012 年从哈萨克斯坦进口原油 1070×10^4t。中国石油公司在哈萨克斯坦有多个合作项目，作业产量约 3000×10^4t，有比较好的合作基础，并已建成中哈输油管线。在该国生产的石油，最易直接运回中国。因此还应进一步扩大合作范围。

土库曼斯坦近几年天然气有重大发现，储量达到 24.3×10^{12}m^3。与天然气储量达到 25×10^{12}m^3 的第三大国卡塔尔十分接近。由于大规模储量发现时间较晚，处于气田开发建设期，有大幅度增产的潜力。中国石油公司阿姆河右岸的合作区已投入生产，还有较大的勘探潜力。中国石油公司还进入土库曼斯坦大气田的开发建设的技术和劳务合作。中国政府已与土库曼斯坦签订年供气 650×10^8m^3 的协议，并已建成中亚天然气管线。中国 2012 年进口管道气 228×10^8m^3，基本来自土库曼斯坦。中国已成为世界天然气消费量最大的国家中唯一需要进口天然气的国家。

中国石油公司与乌兹别克斯坦、阿富汗等国也有油气合作区块，应进一步扩大与东亚各国的油气合作。

7 亚太地区

亚太地区主要指亚洲东南部和大洋洲。亚洲东南部包括印尼、马来西亚、泰国、越南、缅甸、巴布亚新几内亚等都有油气分布，总体上规模并不算大。目前的合作区主要在印尼，其他国家的合作规模都比较小。印尼曾经是欧佩克产油大国，石油产量后来逐渐下降，从鼎盛期的年产超 8000×10^4t 降至目前的 4800×10^4t，成为石油进口国。天然气储量 3×10^{12}m^3，年产 756×10^8m^3，年消费量 379×10^8m^3，仍是一个天然气出口国，但消费增长较快。中国石油公司在该国也有多个油气合作项目，印尼仍有油气合作机会，应努力争取。中缅油气管线已建成，急于寻找气源，应积极加快和扩大缅甸孟加拉湾海域的油气合作。

大洋洲主要包括澳大利亚和新西兰，主要产油气国是澳大利亚，但其仍是石油进口国。天然气储量 $3.8\times10^{12}m^3$，是天然气出口国，天然气主要位于西北大陆架，正在进入大规模开发。其东部昆士兰州有丰富的煤层气资源，目前也已开始开发。中国石油公司的合作项目主要是这两个区域的天然气。澳大利亚的天然气都以液化气的方式外销，与中国距离较近。澳大利亚的合作机会也要积极争取。最近林肯能源公司宣布，在南澳大利亚的阿卡林加盆地发现巨型页岩油资源，储量达 2330×10^8bbl，有 $6.5\times10^4km^2$ 的矿权区需要巴克莱银行寻找合作的战略伙伴。中国石油公司也应争取参与调查，落实资源。

8 南美洲

南美洲产油气的国家较多。其中油气最丰富的是委内瑞拉，其次是巴西。委内瑞拉石油储量达到 463×10^8t，其中超重油占 353×10^8t，已超过沙特，位居世界第一。此外，委内瑞拉还有 $5.5\times10^{12}m^3$ 的天然气。委内瑞拉的超重油位于奥里诺科重油带，储层为第三系，孔隙度可以达到32%。重油含有少量溶解气，所以有一定流动性，其中10%以上可以用冷水方式生产，平均单井日产量超过100t，具有很好的经济价值。中国已在广东揭阳建设专门炼制委内瑞拉重油的炼油厂。中国给予委内瑞拉大笔长期贷款，建立了较好的合作关系，中国石油公司有多个油气合作项目。其中奥里诺科重油项目就有3个，合计生产能力约 4000×10^4t。委内瑞拉20世纪90年代就与国际石油公司有广泛合作，成立了6家国际公司与委内瑞拉国油的合资企业，重油日产量达 60×10^4bbl。在2007年5月1日宣布国有化后，规定合资企业中国家石油公司占股60%，并成为作业者，外国石油公司占股40%，因此部分外国公司退出合作。委内瑞拉制定的目标是，到2013年，委内瑞拉重油带的日产量提高到 200×10^4bbl，这肯定不能实现。由于委内瑞拉国油的管理体制存在问题，投资严重不足，全国石油产量已从高峰期的年产 1.796×10^8t 下降到2011年的 1.396×10^8t，下降幅度达 4000×10^4t，但其目前仍是中国的重要石油进口国，2012年中国从委内瑞拉进口石油 1529×10^4t。由于查韦斯总统重病、社会不够稳定等原因，给中国石油公司在委内瑞拉的石油合作造成很多困难。但中国与委内瑞拉存在良好的外交关系，委内瑞拉因其巨大的石油资源潜力，可能会成为未来世界最大的石油生产国之一，中国具有扩大石油合作的机会，使其成为最大海外石油来源国之一。俄罗斯可能会成为中国在委内瑞拉的主要竞争者。最近，俄罗斯在委内瑞拉签订了5个合作项目，石油年作业产量可达到 5000×10^4t，俄油权益产量 1500×10^4t，俄油准备投资 100×10^8 美元。

巴西是南美第二大油气资源国，石油储量达 22×10^8t，又是生物燃料的生产大国。目前石油基本用于国内消费，2011年向中国出口 670×10^4t。巴西油气田多位于深海，其中有一批油气田还位于盐下，油气田开采技术难度大、投资规模大、成本高，中国的技术和劳务出口到巴西机会少。目前中国石油公司在巴西已有多个合作项目，主要是参股的形式。巴西存在一批待开发的油气田，但缺少资金，正是中国石油公司进入的好机会，应积极争取。

南美还有许多产油气国，包括阿根廷、哥伦比亚、厄瓜多尔、秘鲁、智利、特立尼达和多巴哥，其中前4个国家中国石油公司都已有合作项目，以中小项目为主，对中国出口量也不大。但有的项目经济效益较好，如秘鲁六、七区是开采了100多年的老油田，经中国石油公司的精细挖掘，取得了较好的效益。又如厄瓜多尔的合作方式也是服务合同，但具体方式优于其他一些国家的服务合同。哥伦比亚的剩余石油储量并不高，但2012年储产量均有所上升，主要由于政府干涉少，哥国油按商业规则自由经营。

南美合作区主要以委内瑞拉为重点，但要重视其他国家，争取更多合作机会，为中国利用海外油气资源发挥重要作用。

9 北美

美国、加拿大、墨西哥都是油气资源丰富的大国。最现实的油气合作区是加拿大。1999年，加拿大突然宣布油砂储量从431×10^8bbl提高到1740×10^8bbl，石油总储量达到282×10^8t，仅次于委内瑞拉和沙特。石油产量也在不断上升，2011年达到1.726×10^8t，石油产量上升主要是因为油砂产量。加拿大油砂集中在阿尔伯塔盆地。按美国联邦地质调查局的评价，阿尔伯塔盆地油砂可采资源达到383×10^8t。随着开采技术提高，油砂储量还可能上升。20世纪90年代末，油砂已成为巨大的商业资源，2012年产量达到170×10^4bbl/d，预计2020年将达到300×10^4bbl/d，加拿大的总石油产量可达400×10^4bbl/d。

油砂的勘探成本很低，但开采成本很高，并需要有高油价支撑，按目前的油价发展趋势，油砂具有长期的经济效益。油砂开采需要大量天然气，由于非常规天然气的开发，天然气有了保证，有利于油砂的开采。原来加拿大生产的油砂和天然气出口美国，但美国页岩气的快速发展致使进口需求减少，加拿大需要找新的出口国，包括中国在内的亚洲是最大的油气进口市场。虽然现在中国进口加拿大的石油数量很少，主要因为加拿大没有通向太平洋的输油管线，一旦输油管线建成，加拿大将成为重要的石油出口国。现在中国三大石油公司都已经在加拿大获得较大规模的油砂合作项目，今后可能还将增加。加拿大是中国在北美最重要的油气合作区。

美国是重要的石油进口国，随着页岩油气的快速发展，石油进口量会逐渐减少，天然气将可能出口，但中国不可能从美国大量进口。中国已经有三大石油公司进入美国进行合作开采页岩油气，规模达数十亿美元，这不但可以学习勘探开发技术，也可以是以利润为目的的商业性运作。美国这种方式合作对外是开放的，也适合中国私营公司的进入。

墨西哥是一个石油资源大国，石油储量16×10^{12}t，年产量1.45×10^{12}t，产量呈现逐渐下降的趋势，消费量8970×10^4t，有一定的出口能力。但迄今油气勘探开发不对外开放，所以没有中国的油气合作项目。从地质条件分析，墨西哥具有油气勘探开发潜力，一旦有合作机会，应积极进入。

10 结论

（1）中国的人均石油和天然气资源量决定了中国必然要利用世界油气资源。

（2）中国企业的“走出去”战略是利用海外油气资源的重要途径，同时能增强企业国际化经营能力，培育一批世界水平的跨国公司。

（3）深入研究世界各国油气资源潜力和及时跟进各国投资环境的变化，采取符合实际的战略对策，具有决定性的作用。

原载于:《世界石油工业》，2013 年第 1 期。

世界油气上游国际合作的形势和机会

童晓光

（中国石油天然气勘探开发公司）

摘要：指出中国利用国外油气的必要性，重点分析了伊拉克、伊朗、巴西、加拿大、委内瑞拉和北美油气上游合作的机会及世界油气国际合作的合同变化趋势，提出了当前扩大油气上游国际合作的主要方向。

关键词：油气上游国际合作；伊拉克；深水油气勘探；重油和油砂；非常规天然气

自 1993 年中国成为石油净进口国后，中央明确指出，能源安全中最重要的是石油安全。中国石油资源总量比较丰富，但人均资源量大大低于世界平均水平。中国必须利用国内、国外两种石油资源，走出去勘探开发国外油气资源成为石油工业的重要战略[1]。未来 20 年左右中国仍将处于工业化和城市化的重要时期，对石油的需求高速增长。2009 年中国自产油 1.9×10^8t，而石油消费达 4.04×10^8t，对外依存度达 52.7%。中国石油消费仅占一次能源消费的 18.6%，而世界石油消费为一次能源消费的 34.8%，虽然中国政府大力促进非化石能源的发展，但从实际情况分析，石油消费量在相当长时间内仍将快速增长，美国能源署预测 2010 年中国石油需求的增速将达到 8.8%。

利用好国外油气，必须研究世界油气的可供性和油气上游国际合作的机遇[2]。

1　中东是世界油气最丰富的地区，伊拉克油气对外开放，对世界油气上游国际合作影响很大

中东的剩余石油可采储量达 7542×10^8bbl，占世界 56.6%，其中伊拉克为 1150×10^8bbl，最近伊拉克宣布储量数为 1431×10^8bbl。20 世纪 80 年代以来，伊拉克一直处于战乱之中，长期封闭，石油工业停止发展，是世界上石油勘探开发潜力和石油产量上升潜力最大的地区之一，也是少数勘探开发成本较低的地区。2009 年伊拉克政府吸引外国公司参加合作的步伐加快，在 2009 年 6 月和 2009 年 12 月进行两轮招标，抛出了大部分已探明油田，其中多数为正在生产的油田。大部分国际石油公司都参加投标。但由于合同条款比较苛刻，首轮招标签订并不踊跃[3]。但基于现实的考量，最后各大国际石油公司接受了伊拉克政府的条款，两轮招标共签订了 10 个合同。这 10 个项目投标书承诺的峰值目标达 1044.5×10^4bbl/d，增加产量目标 881×10^4bbl/d（表 1）。

两轮招标之后，中海油与伊拉克政府通过双边谈判，签订了米桑油田群的合作协议，承诺石油产量从现在的 10×10^4bbl/d 提高到 45×10^4bbl/d。此外在两轮招标之前，中石油与伊拉克政府签订了艾哈代布油田的合作协议。

表 1　伊拉克两轮招标预期产量（单位：百万桶 / 日）

油田	中标公司	峰值产量	净增产量
鲁迈拉油田	BP、CNPC	2.850	1.185
西古尔纳 −1 油田	Shell	2.325	2.045
祖拜尔油田	Eni、OXY、Kogas	1.125	0.900
马吉努油田	Shell、Petronas	1.180	1.750
哈法亚油田	CNPC、Petronas、Total	0.535	0.500
凯亚拉油田	Sonangol	0.120	0.120
西古尔纳 −2 油田	Lukoil、Statoil	1.800	1.800
巴德拉油田	Gazprom、TPAO、Kogas，Petronas	0.170	0.170
哈拉夫油田	Petronas、Japex	0.230	0.230
那吉玛油田	Sonangol	0.110	0.110
合计	—	10.445	8.881

后来伊拉克政府又进行气田开发合作招标，最近又宣布油气勘探合作招标。这一切都表明伊拉克是全世界油气对外开放最活跃的地区，也是未来石油上产的最重要的地区之一。2009 年库尔德地区自行对外合作就发现了两个大油田，储量都超过 10×10^8bbl，成为全球陆上最大发现。

伊拉克石油部宣称，到 2017 年石油日产目标为 1200×10^8bbl。但根据统计，这个目标的实现比较困难。如 *Pipelines International* 杂志认为，要达到这个目标要新建 7000km 管道，投资约 120 亿美元。伊拉克政府缺乏经济实力。老油田保持压力稳产需要注水，需要配套建设。更重要的是伊拉克达到如此高的产量必将影响欧佩克的限产计划，欧佩克会采取制约措施。

但伊拉克上产的动力也很大，伊拉克政府财政收入的 95% 依靠石油，需要尽可能提高石油的产量。而外国公司根据合同条款，回报来自产量的增加，合同规定，必须在 3 年内实现产量增加 10%，并保持 30 天不降，才能开始回收成本。到 2010 年 12 月，鲁迈拉项目和祖拜尔项目都达到了目标。石油界比较一致的预测是伊拉克的石油日产量达到 600×10^4bbl 左右是完全可能的。

伊朗是中东储量产量可能较大幅度增长同时又是对外开放的地区。2009 年由伊朗国家石油公司发现了两个大气田，合计储量 2446×10^6bbl 油当量。伊朗石油部宣称石油储量从 1380×10^8bbl 增加到 1503×10^8bbl。伊朗有新油田需要合作开发，如 2000 年前后发现阿扎德干和亚特瓦兰大油田，有更多的油田需要提高采收率，也有巨大勘探潜力。由于伊朗的政治形势，联合国和美国制裁，使西方公司纷纷退出石油合作。中国公司在伊朗的石油合作也有很多困难，进展缓慢，合同比较苛刻也是原因之一。一旦形势改变，伊朗又将是一个对世界油气合作产生重大影响的国家。伊朗是世界第二天然气大国，也将对世界天然气和天然气液产量产生重大作用。

2 深水油气勘探取得重大进展，近年来巴西最为活跃

油气勘探的总趋势，作业条件先易后难，地区选择从陆地到海洋，从浅海到深海。世界上深海油气田主要集中在西非（40%）、北美墨西哥湾（25%）、南美巴西（20%）。近几年来巴西的勘探最为活跃。2009 年巴西大陆架发现两个油田，合计储量 2018 百万桶，2010 年在桑托斯盆地盐层发现了 Libra 大油田，储量达到（79～160）$\times 10^8$bbl，在坎波斯盆地的“鲸园公园”海区发现储量约 24 亿桶的大油田。巴西深海区盐下石油储量近 1000×10^8bbl[4]。

巴西是一个石油净进口国，但是近年来产量不断上升。2010 年产量与消费量已经持平，将成为新的石油净出口国。巨大的新发现石油储量使石油产量快速上升。巴西政府计划到 2014 年日产可达 390×10^4bbl，预计出口量将达到 1×10^8t/a，是未来石油增长的主要国家之一。巴西的深海盐下层系油气的勘探潜力大，勘探程度低，具有合作机会。但中国深海勘探开发技术相对落后，以参股的方式比较现实可行。巴西大批深海盐下油田的开发需要大量资金，有利于提供中国公司参股合作的机会。

近年来西非转换带深水区加纳和科特迪瓦境内有很多发现，如科特迪瓦已发现了 5 个小油田和 5 个小气田，尤其是加纳发现了 Jubilee 油田，是加纳发现的最大油田，也是西非转换带发现的最大油田。该油田可采储量在 12×10^8bbl 以上，计划于 2010 年底开始商业性生产，2011 年一季度可达日产 10×10^4bbl，之后可以增加到 12×10^4bbl/ 日。该油田周围还有待钻探，可能有新发现，加纳已成为新的石油出口国。

3 重油和油砂等非常规石油将在产量增长中起重要作用

国际能源署认为常规石油产量在 2006 年已达到顶峰，未来石油产量的增长要依靠非常规石油，包括油砂、重油、天然气液和生物燃料。

常规石油产量达到顶峰的预测从全球而言基本可信，但对某个国家而言，完全可能超过目前的产量。前面已经论证的伊拉克、巴西、加纳等国是毫无疑问的。还有很多这样的国家如哈萨克斯坦、乌干达等也是如此。中国 2010 年的产量增加了一千多万吨就是一个实例。

但从整体而言，非常规石油将起重要作用，规模大而且最现实的是油砂和重油。它们与常规油的差别主要在于比重和黏度，两者之间的变化是渐变的。采油工艺和成本也是渐变的。世界上许多盆地较易开采的重油已与常规油一起开发。

美国联邦地质调查局对全世界的油砂和重油资源进行了初步调查[5]，全世界的油砂地质资源量为 26183×10^8bbl，技术可采资源量为 6507×10^8bbl，其中 81.6% 在北美洲，主

要在加拿大。全世界重油地质资源量为 32685×10^8bbl，技术可采资源量为 4343×10^8bbl，61.2% 在南美洲，主要在委内瑞拉。2010 年初美国联邦地质调查局仅对委内瑞拉奥利诺科重油带进行重新评价，技术可采储量达 5130×10^8bbl，使重油可采技术资源量大幅度增加。世界上对油砂和重油进行大规模开发的就是加拿大和委内瑞拉两个国家。

加拿大油砂集中在艾尔伯达盆地的东翼，分成阿萨巴斯卡、冷湖和皮斯河三个区，80% 位于阿萨巴斯卡，它的东北角由于埋深小于 75m 可露天开采，其他地区只能用井下热采。储层为下白垩统砂岩。油砂矿面积为 75000km^2，剩余探明可采储量为 1700×10^8bbl。主力储层孔隙度为 28%～30%，平均渗透率为 6000md，原油密度为 1～1.03g/cm^3，含硫 4.8%。目前井下热采的最主要方法是蒸气辅助重力泄油技术（SAGD），阿萨巴斯卡矿区已投产的 24 个项目中有 13 个项目采用这种技术。由于地质条件的差异和各石油公司的技术水平和经营水平的差别，开采加改制的成本据剑桥能源的统计，每桶油从 20 美元至 130 美元不等。控制油砂生产成本是加拿大油砂开采发展的关键因素。目前加拿大油砂的产量约 200×10^4bbl/d，预计到 2015 年将达到 300×10^4bbl/d，加拿大将以油砂油的产量为主，约占全国石油总产量的 3/4。

在委内瑞拉盆地南翼北倾单斜的高部位形成了面积达 54000km^2 的奥里诺科重油带，呈东西向分布。储层主要为第三系河流相和三角洲相砂岩。储层埋深浅，物性好，含油饱和度高（78.2%）。原油密度高（934～1050kg/m^3），高含硫，平均 35000mg/L，黏度相对较低，在油藏条件下可以流动，水平井冷采可达到 200t/d[6]。目前日产 100×10^4bbl，委内瑞拉石油部预测，2014—2015 年达到日产 200×10^4bbl，2020 年达到日产 460×10^4bbl。委内瑞拉重油的开采成本较低，但合同条款比较苛刻，国际石油公司的利润低。中国石油公司已在上述两个地区有合作项目，还应扩大合作规模。

生物液态燃料也是液态燃料的重要组成部分。2010 年世界产量是 180×10^4bbl/d，46% 产于美国，30% 产于巴西，13% 产于欧洲。国际能源署预测，2015 年将达到 244×10^4bbl/d，BP 预测到 2030 年将上升到 650×10^4bbl/d，主要产地仍然是美国、巴西和欧洲。上述国家和地区已广泛混合利用乙醇汽油和生物柴油。目前利用纤维质生产的所谓第二代制乙醇技术已经基本成熟，必将促进生物燃料的发展。微藻制乙醇技术正处于研发阶段，预计在 10～15 年后可能突破，一旦成功其前景非常广阔。中国企业也应进行技术研发和抓住国际合作机会。

4 非常规天然气异军突起加快和加大了天然气的作用

非化石能源的发展需要一个比较漫长的过程，在相当长时间内，化石能源仍将是能源的主体。而天然气单位热能的 CO_2 排放量是煤的 55%，石油的 72.8%。石油界的主流意见认为天然气将成为化石能源走向非化石能源的桥梁。天然气在能源中的比重将逐渐上升。

根据 BP 统计数据，2009 年世界天然气剩余探明储量为 187.49×10^{12}m^3，储采比为 62.8。USGS2009 预测天然气待发现资源量和已知气田储量增长量合计为 253×10^{12}m^3，经过 1996—2009 年实际增加的储量约 $40\times10^{12}m^3$。在 2025 年前尚可能发现和增长储量 $213\times10^8m^3$。

非常规气的资源更加丰富[7]，据 USGS 和法国石油研究院的预测其资源量煤层气为 $256\times10^{12}m^3$，页岩气为 $456\times10^{12}m^3$，致密气为 $210\times10^{12}m^3$。非常规气中致密砂岩气的特点与常规气最为相似，利用也最早。煤层气的利用首先是为了安全采煤，先排出煤中所含天然气。到 20 世纪七八十年代开始大规模利用。致密砂岩气和煤层气一直是非常规气的主体。但从 21 世纪起，水平钻井和水力压裂技术带来“无声的变革”，使美国页岩气的开采成为能源界的最大亮点[8]，在 2009 年产气 $900\times10^8m^3$，成为美国最便宜的能源供应。而页岩气的分布广泛，产量增长势头十分强劲。据剑桥能源的预测，美国页岩气将成为非常规气的主体，而非常规气又将超过常规气。

美国页岩气成功开采，兴起了全球性的页岩气等非常规气热，也成为世界油气上游国际合作热点之一。

5 油气国际合作合同条款趋紧

世界油气上游合作的合同条款类型有五种：产品分成、租让制、合营制、服务合同、回购合同。按照合同的数量，大多数为产品分成，其次为租让制。但一些资源比较丰富的国家开始采取后三种合同。

一般而言，资源条件较差的国家合同条款宽松，资源条件较好的国家合同比较苛刻。如资源条件比较好的哈萨克斯坦虽采用租让制合同和产品分成合同，但不断修改税收政策，增加资源国的收益，减少外国石油公司的收益。如将矿区使用费改为矿产资源开采税，这项税费从 8% 增加到 16%，还用各种办法提高政府参股的比例，如将卡沙干大油田的参股比例翻倍为 16.8%，对卡拉恰甘纳克大油气田的参股比例也正在谈判，争取政府参股比例的提高，恢复石油出口税，并从税额 20 美元 /t 提高到 40 美元 /t，使油气行业综合税费提高到 68.4%[9]。

合营制是近几年委内瑞拉大力推进的国际合作形式，强行取消产品分成合同。委内瑞拉国家公司占股 60%，是项目的作业者，外国公司占股 40%，作为参股者，经营大权由国家公司控制。大幅度降低了外国公司的收益。

服务合同是伊拉克 2009 年以来招标所采取的合同模式，现在仅在油田项目中应用。以增加产油的数量计算回报。在第一轮招标时许多国际大公司不愿意接受低回报而退出。但在第二轮招标时，不得不接受这种苛刻的条件。油气丰富的资源国在国际合作中已处于主导地位。厄瓜多尔仿效伊拉克的合同模式，将与外国公司的合作重新签订为服务合同。

回购合同是伊朗采取的合同[10, 11]，回购合同规定油气田开发由外国公司投资，建成后通过产量回收投资和回报。这种合同外国公司承担的风险大，回报低。近来有些改善，但条款仍然很苛刻。

中国的石油公司必须适应国际合作的形势，寻找合适的项目。

6 抓住时机扩大油气国际合作

（1）中东油气丰富，作业条件好，成本低是扩大油气上游国际合作最有前景的地区。合作规模最大的是伊拉克和伊朗，合同条款苛刻，政治风险大。相对而言，伊朗的政治风险比伊拉克大，要以伊拉克为重点。对伊朗要多找合作项目，根据国际形势变化，确定投资节奏。对中东的卡塔尔、阿曼、叙利亚等也要积极寻找机会。

（2）深海油气勘探开发主要是巴西、西非和澳大利亚西北大陆架。东非也是一个重要的领域。深海勘探开发的技术要求高，投资大，但合同条款较好。应以参股方式进入，积累经验和技术，然后扩大合作规模。

（3）加拿大油砂规模大，成本高，但合同条款较好。中国三大石油公司均已进入合作开发，应进一步扩大合作规模。

（4）委内瑞拉重油规模大，开采的地质条件好，作业成本较低，但合同条款苛刻。中石油已有较好合作基础，仍应继续扩大合作。

（5）非常规天然气发展前景大，开采技术已比较成熟，应以北美洲和澳大利亚作为重点，也是进入美国合作的现实途径[12]。

（6）独联体国家要以现在与中国合作比较成功的哈萨克斯坦和土库曼斯坦为重点，要积极探索与俄罗斯合作的机会和领域。

参考文献

[1] 童晓光，窦立荣，田作基，等.21世纪初中国跨国油气勘探开发战略研究［M］.北京：石油工业出版社，2003.

[2] Global exploration and production challenges and opportunities. www.lhs.com.

[3] 剑桥能源.伊拉克石油产量前景预测及其对世界石油市场的影响［J］.世界石油工业，2010，17（3）.

[4] Ken White. Brazil discoveries set 2010 pace［J］. AAPG Explorer，2011，1.

[5] Thomas S Ahlbrandt，et al. Global Resource Estimates from Total Petroleum Systems［M］. AAPG Memoir 86.

[6] 穆龙新，韩国庆，徐宝军.委内瑞拉奥里诺科重油带地质与油气资源储量［J］.石油勘探与开发，2009，36（6）：121–126.

[7] Perrodon A，et al. The World's Non–conventional Oil and Gas［M］. The Petroleum Economist Ltd，London.

[8] Chirstopher Smith. Shale Gas Development［M］.美天然气培训项目讲课材料，中国国家发展和改革委员会和美国贸易发展署主办，2010.

[9] 陈建荣，卢耀忠.哈萨克斯坦税制变化及其对油气合作项目的影响［J］.国际石油经济，2010（11）：20–24.

[10] 方小美.国际制裁将直接冲击伊朗油气生产［J］.国际石油经济，2010（10）：17–23.

[11] 迟愚，李嘉．伊朗油气回购合同执行中的风险及对策分析［J］．国际石油经济，2010（10）：24-29，96-97.

[12] Jarvie D M. Unconventional shale-gas systems：The Mississippian Barnett Shale of North-central Taxes as one model for thermogenic shale-gas assessment［J］. AAPG Bulletin，2007，91（4）.

原载于:《中国工科科学》，2011 年第 13 卷第 4 期。

对我国构建天然气交易中心的战略思考

童晓光[1, 2]，郑炯[1, 2]，方波[2]

（1. 中国石油大学（北京）；2. 中国石油天然气勘探开发公司）

摘要：自 2010 年以来，亚太天然气市场的进口溢价不断走高，对我国国民经济发展的影响显著；同时，我国天然气对外依存度也呈现出快速增加的趋势，迫切需要构建天然气交易中心，以保障国家能源安全，争夺定价机制的话语权，并优先形成地区基准价格。通过对内部优劣势和外部竞争力的对比分析，结果认为，我国现阶段天然气产业政策密集推出、现货和期货交易市场开始起步、天然气产量快速增长、基础设施建设快速推进，同时上海的区位优势明显，相对于新加坡、日本、马来西亚等国，已经基本具备构建区域性天然气交易中心的时机和条件。通过 SWOT（优势、劣势、机会和挑战）分析和市场化演进进程分析，提出了“依托供给格局，逐步推进天然气交易中心构建；顺应政策预期，大力推进储备体系建设；发挥比较优势，形成区域性利益共同体；借鉴国外经验，加强市场化改革与监管体系设立”的发展战略。该成果系统地梳理了我国构建天然气交易中心的必要性、可行性和阶段性战略路径，可为推进我国天然气交易中心的构建提供决策支持。

关键词：中国；天然气；交易中心；竞争力；战略分析；实施路径；进口溢价；定价机制；决策支持

随着我国国民经济的发展，对能源的需求量越来越大，特别是天然气。自 1993 年以来，我国天然气消费量在能源总消费量中的比重逐渐加大。2013 年我国天然气表观消费量为 $1676 \times 10^8 m^3$，位居全球第三。据《天然气发展“十二五”规划》（以下简称《规划》）预测，2015 年我国天然气需求量将达 $2300 \times 10^8 m^3$，进口量较 2013 年将翻一番，达到 $935 \times 10^8 m^3$，天然气对外依存度将超过 35%。天然气供给的稳定性和经济性对保障我国能源安全非常重要。其中，“经济性”指的是天然气供给价格，体现在亚太天然气进口溢价降低、天然气定价话语权争夺、购销价格倒挂难题破解等方面；“稳定性”指的是天然气供应量能够满足常规市场需求，并灵活应对突发性需求变化。构建天然气交易中心，有利于搭建市场化交易平台，建立实时反映供需的气价机制，从而保障天然气供给的“经济性”和“稳定性”，推进我国能源安全建设，增强我国在亚太乃至全球天然气市场的定价话语权。

所谓天然气交易中心，在实体层面，是各种来源（本国生产气、进口管道气和进口 LNG）的天然气进行实物交易的场所；在金融层面，是天然气期货合约电子化交易的平台。因此，天然气交易中心一般由现货市场和期货市场组成（图 1），两者的主要区别体现在交割期限[1]，前者一般在一周内，合同由交易双方直接谈判达成，价格取决于市场短期供需；后者交割期限较长，交易双方同意按照协定的价格、数量和质量在未来某个时点完成交割。这种金融期货市场与实物现货市场相结合的方式，不但可以让天然气定价更加合理，而且也能帮助交易商回避与分散供求风险和价格风险。本文所提天然气交易中心为实体现货市场和金融期货市场的结合，也可统称为天然气交易市场。

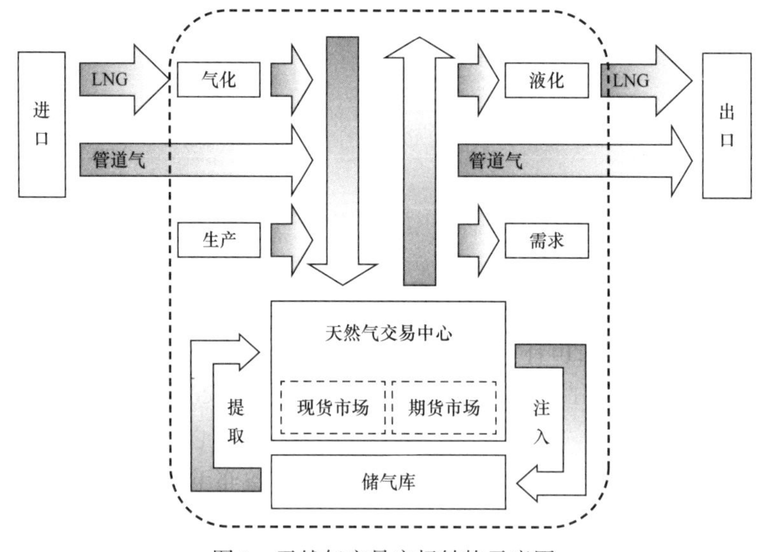

图 1　天然气交易市场结构示意图

当前，《规划》提出要“研究”建立国家级天然气交易市场。然而，国内针对现货交易[2]、期货交易[3]、市场结构[4]、定价机制[5]等方面的研究较为零散，对我国争建天然气交易中心竞争力的分析也比较缺乏；国外针对欧美市场经验[1, 6]、定价机制[7-9]等的研究比较充分，但仍需结合我国的具体实践。本文针对天然气现货和期货市场的构建，系统梳理了构建的必要性，并借鉴欧美国家市场发展经验，归纳出我国构建天然气交易中心的条件，分析自身优劣势和外部竞争力，从而理清战略选项，并提出阶段性实施路径。

1　构建我国天然气交易中心的必要性

我国进口 LNG 挂钩日本清关原油价格（Japan Crude Cocktail，缩写为 JCC），国产气定价采用市场净回值法。一方面，前者因挂靠油价而价格高企，后者因刚实现与可替代能源挂钩而尚不完善，内外气价失衡又导致进口 LNG 购销价格倒挂；另一方面，天然气交易因采取中长期合同而难以适应供需形势变化。因此，我国构建天然气交易中心的必要性主要体现在价格和供需两个方面，用价格反映供需，以供需形成价格，以此共同促进天然气市场良性运转。

1.1　价格方面的必要性

1.1.1　降低亚太天然气进口溢价

北美、西欧和亚太地区是全球主要的区域性天然气消费市场。对比上述三地气价（图 2）发现，2013 年 1 至 7 月三者气价平均值分别为 3.71、10.74、16.63 美元 /10^6Btu（Btu

代表英热单位，1Btu ≈ 1055J，下同），亚太市场相对北美市场的溢价明显，价差倍数从2010年的2.5倍扩大为2012年的6倍。同时，亚太地区的气价也因油价走高而不断攀升，2012年环比上涨1.72美元/10^6Btu，而欧美气价则基本上没有上升（美国亨利中心气价2012年较2011年下降1.25美元/10^6Btu，英国NBP气价仅上升0.075美元/10^6Btu）。因此，2013年我国进口的$245 \times 10^8 m^3$LNG[10]需多支付进口额15.77亿美元（仅计算2012年亚太进口气价上涨造成的支付金额增加值，未考虑通货膨胀的因素），即每吨LNG多支付进口额约100美元，对天然气市场的经济性产生了不利影响。

亚太市场的天然气进口溢价可以通过构建天然气交易中心来降低甚至消除。因为现货交易形成的价格体现了市场对天然气价值的公允判断，期货交易形成的价格体现了市场对天然气价值的中长期预测，两者相互作用，共同决定天然气贸易价格和市场走势，形成我国乃至亚太地区的天然气基准价格。因此，天然气交易中心的构建对于传递价格信号，引导价格回归，降低进口溢价，并获得天然气定价主动权具有重要的作用和意义。

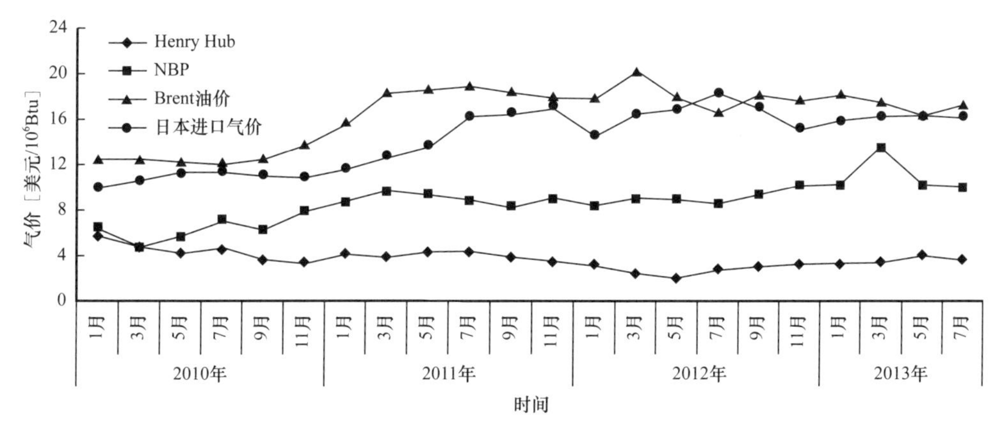

图2 北美、西欧和亚太三大区域市场的天然气价格变化图

注：据 Wood Mackenzie Global Gas 数据库

1.1.2 推进国内定价机制改革

我国不同来源的天然气采用不同的定价机制。其中，国产气采用净产值法挂钩燃料油和液化石油气，进口LNG挂靠JCC价格，进口管道气采用“双边垄断”的政府谈判价[8]。不同的定价机制导致国产气价与进口气价衔接不畅，需要深化市场化定价机制改革，理顺我国的天然气价格体系。

欧洲传统气价定价机制与原油价格挂钩，随着各国交易中心（如英国NBP、荷兰TTF、德国NCG和Gaspool、比利时Zeebrugge等）的设立，天然气用户、经销商和进口商发现，现货气价对供求变动反应灵敏，更能反映市场价值，更加符合自身利益，最终形成了与油价挂钩定价为主、现货气价挂钩为辅的混合定价机制[7, 11-12]，近5年与气价挂钩的天然气消费比重从16%增加到47%[8-9]（图3）。可以说，天然气交易中心的建立和发展，是欧洲定价机制改革的催化剂。天然气交易中心的构建，也将有利于我国深入推进天然气定价机制改革，建立不同来源的天然气价格相互关联、有效联动的统一定价机制。

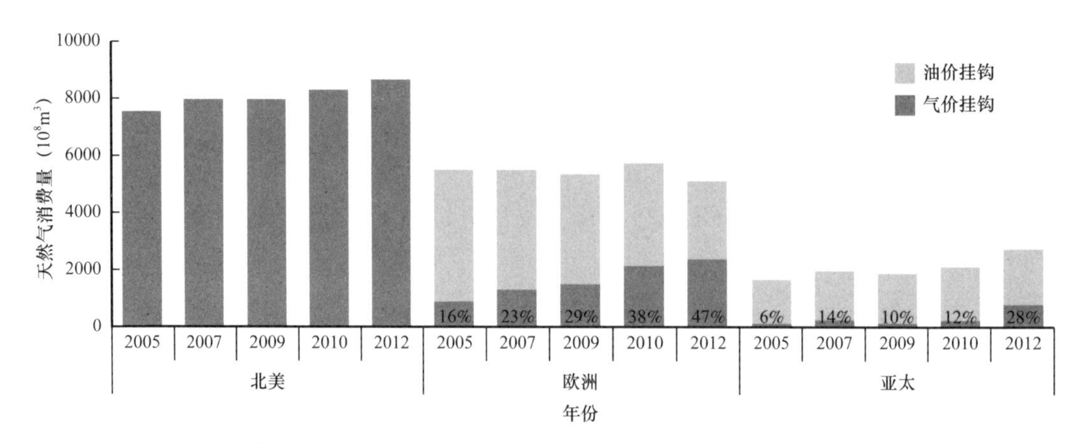

图 3　北美、西欧和亚太三大区域市场与气价挂钩的天然气消费比例图

1.1.3　破解 LNG 购销价格倒挂难题

进口 LNG 气化进入管网后需按管道气价格统一销售，而国内管道气销售价格低于 LNG 进口价格，因此部分地区面临 LNG 销售价格低于进口价格的问题，即 LNG 购销价格倒挂。以江苏省为例，天然气门站价格存量部分为 11.1 美元 /10^6Btu，增量部分为 15.1 美元 /10^6Btu；而 Wood Mackenzie 的数据则显示，2013 年江苏如东接收站从卡塔尔进口 LNG 价格为 18.8 美元 /10^6Btu，即每销售 1×10^6Btu 天然气就要亏损 2.3～7.7 美元。LNG 购销价格倒挂问题的本质就在于进口气与国产气定价机制迥异。因此，有必要考虑构建天然气交易中心，引导亚太地区天然气进口价格与气价挂钩，并推动构建反映市场供需的天然气定价机制，理顺进口气与国产气的价格关系，破解 LNG 购销价格倒挂难题。

1.2　供需方面的必要性

1.2.1　反映常规情况下的市场需求

当前我国 LNG 液化厂产能过度建设，项目集中上马，供给未能真实反映市场需求。据 ICIS 数据库的资料，截至 2013 年 5 月，我国已建成投运的天然气液化厂超过 50 座，总液化能力达 $2300\times10^4m^3/d$，另外尚有在建天然气液化厂 60 多座，新增 LNG 产能为 $4000\times10^4m^3/d$。天然气液化厂的过度建设态势一方面会导致原料供应不足，另一方面也加剧了 LNG 市场的竞争，造成国内天然气液化厂运营效率较低。2012 年多数企业的开工率都不足 70%，LNG 产量排名前十企业的生产负荷平均仅为 45%。天然气交易中心的构建，能使天然气供应商与终端消费者根据期货价格预测未来供需状态，从而引导天然气生产与进口，调节终端消费需求，稳定市场供需平衡，引导企业有序生产。

1.2.2　满足特殊情况下的需求变化

我国天然气交易采用每年一签的中长期交易合同，供气量固定且有最大供气量限制，已经无法适应市场的快速发展和用户的急剧增长，无法适应不同季节、不同气候、不同供给状况下的突发性需求变化。而构建天然气交易中心、开展灵活便捷的现货交易则有助于解决这个问题，满足气候变化（夏冬季）、自然灾害、替代燃料紧张等状况下的特殊需求，促进资源有效配置，保障能源安全供给；另外，构建天然气交易中心还有助于促进政府、天然气生产和运输企业、城市燃气公司和大型工业用户等市场主体参与储气库的投资，为灵活调峰提供基础设施保障。

除了价格和供需两个主要方面之外，构建天然气交易中心还有利于促进全社会认识天然气的价值，增加天然气贸易量与使用量，减少温室气体与 SO_2、粉尘等大气污染物的排放量。在等热值条件下，燃烧天然气排放的 CO_2、SO_2 和粉尘分别是燃烧煤排放量的57%、1/700、1/1478，这有助于完成我国提出的“到 2020 年单位 GDP 二氧化碳排放量比 2005 年下降 40%～45%”的能源强度目标，也有助于降低大气中总悬浮微粒和 SO_2 对人体健康和生态环境造成的危害；另外，《规划》还提出了优化能源结构的主体目标，即“天然气占一次能源消费比重提高到 7.5%”。天然气交易中心的构建能够促进天然气市场发展，助推我国能源结构优化调整，建立起以气为主的清洁能源消费体系。

2 构建区域性天然气交易中心竞争力分析

为争取天然气定价话语权、抢占地区性基准价格建立的先机，亚太主要港口城市纷纷提出在 2014—2020 年间构建天然气交易中心：新加坡将打造全球天然气贸易中心作为其未来 5 年的发展战略；日本政府提出 2014 年以前在东京商品交易所推出全球第一份 LNG 期货合同；马来西亚投资 13 亿美元修建边加兰 LNG 终端，目标直指 2020 年建成亚洲 LNG 交易中心。紧迫的外部形势倒逼着我国加速推进天然气交易中心的构建工作。笔者总结了相关研究[1, 6, 13]，认为构建天然气交易中心需要满足内在基础、硬性条件、软性条件 3 个方面的要求（表 1），其中内在基础包括成熟的天然气现货和期货交易平台、充沛的天然气供给量；硬性条件包括良好的港口和国际交通位置、完备的基础设施、国际天然气能源与金融公司；软性条件包括自由开放的市场结构和健全的法律监管体系。对照这 3 个方面的条件，笔者从内部自身优劣势和外部国家竞争力两个角度分析了我国构建区域性天然气交易中心的可行性。

表 1 构建天然气交易中心的条件表

条件	具体要求
内在基础	1. 成熟的天然气现货和期货交易平台 2. 充沛的天然气供给量
硬性条件	1. 良好的港口和国际交通位置 2. 完备的基础设施 3. 国际天然气能源与金融公司
软性条件	1. 自由开放的市场结构 2. 健全的法律监管体系

2.1 我国自身的优劣势

2.1.1 整体满足内在基础要求

（1）现货与期货市场已开始起步。

我国天然气现货竞买交易已处于起步阶段，最早于2010年12月17日在上海石油交易所（SPEX）推出。2012年至今，SPEX先后4次推出天然气现货交易（表2），首日交易量从不足4000t上升到11.18×10^4t，交易规模发展迅速；同时，天然气现货交易正积极探索运输模式拓展，由槽车运输发展到通过中石油长输管线交收，交收地域也由长江三角洲地区（以下简称为长三角）延伸到了用气紧张的珠江三角洲地区（以下简称为珠三角），交易模式不断升级。

表2 上海石油交易所天然气现货交易情况表

交易	上线时间	窗口期（月）	交易总量（10^8m^3）	首日交易量（10^4t）	运输模式	交收地域
迎峰度夏	2012-07-02	3.0	1	0.396	槽车运输	长三角
迎峰度冬	2012-12-01	3.0	3	—	管道交收	长三角
迎峰度夏	2013-08-13	4.5	—	4.148	管道交收	珠三角
迎峰度冬	2013-12-05	—	—	11.180	管道交收	珠三角

注：据上海石油交易所网站资料整理

我国天然气期货市场虽尚未形成，但已呈现出萌芽态势。2013年8月22日上海自由贸易区设立，开始推进转口离岸业务和大宗商品流通，为天然气交易提供了平台支持；2013年11月22日，上海国际能源交易中心揭牌成立，业务范围包括组织天然气等能源类衍生品上市交易、结算和交割，有利于推动能源期货市场建设，发挥其风险管理、价格发现、供需调节等功能，标志着天然气期货交易迈出了关键一步。

（2）充沛且快速增长的天然气供给量。

我国天然气供给主要来源于国产天然气、进口管道气和进口LNG这3个部分。根据BP全球能源数据[10]（图4），我国天然气总供给量已由2008年的$847 \times 10^8m^3$增加到2013年的$1661 \times 10^8m^3$，复合年增长率达到14.4%。根据IEA的预测[1]，2015年我国国产气、进口管道气和进口LNG将分别达到$1700 \times 10^8m^3$、$450 \times 10^8m^3$、$450 \times 10^8m^3$，总供给量为$2600 \times 10^8m^3$，较2010年翻了一番，能够满足政府提出的2015年“$2300 \times 10^8m^3$消费量”的目标；另一方面，我国还有非常规天然气发展潜力，预计2020年国内煤层气和页岩气产量将达到$400 \times 10^8m^3$，占国产气的15.4%[14]。充沛且快速增长的天然气供给量为交易中心的构建奠定了坚实的内在基础。

2.1.2 基本满足硬性条件

（1）上海的区位优势明显。

天然气交易中心构建的部分硬性条件为良好的港口和国际交通位置，以及国际能源与金融公司。而上海在这些方面的优势十分突出，主要集中体现在以下 5 个方面：① 上海地理区位得天独厚，航运可辐射全球主要 LNG 市场，是亚太地区重要的港口城市；② 上海正致力于建设国际金融中心，金融市场配套齐全，金融人才资源和管理经验丰富，有助于构建金融期货市场；③ 上海 LNG 接收站设施完备，洋山深水港附近的接收站便于国际买家交割，五号沟 LNG 站便于国内买家交割；④上海是国内唯一能够实现西气东输、川气东送、进口 LNG 互联互通的城市，天然气输运便捷；⑤上海市场环境良好，能源消费集中，所处长三角地区是重要的重化工业基地。上海的上述区位优势将在很大程度上推动天然气交易中心的建设和发展。

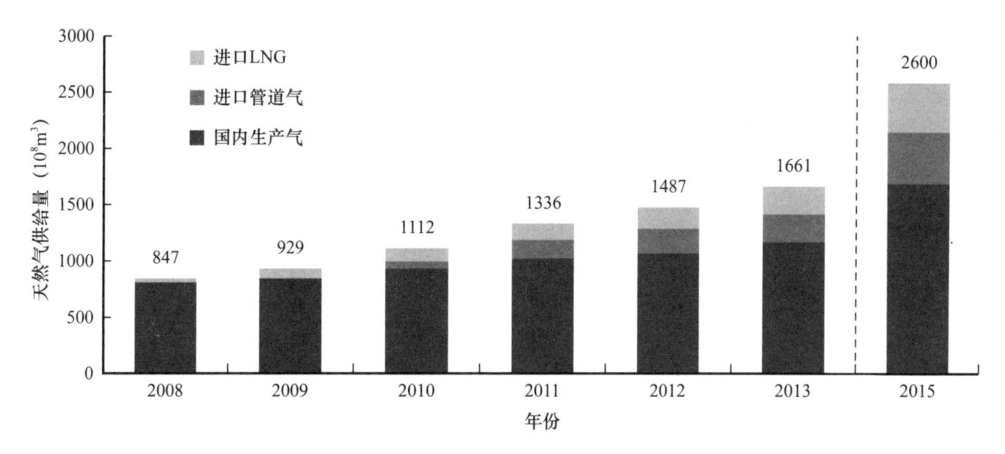

图 4　我国天然气供给量变化及 2015 年预测图

（2）储气库是基础设施中的短板。

储气库容量不足和储备体系不健全是我国天然气基础设施建设中的短板。从储气库容量的角度来看，2013 年我国储气库容量仅为全球总容量的 0.2%，储气能力为全球总能力的 0.3%，而美国这两项数据分别达到 29.8% 和 29.7%（据 Wood Mackenzie GasTool 数据库的资料）。《规划》也提出“目前储气库工作气量仅占消费量的 1.7%，远低于世界 12% 的平均水平”，储气库容量建设需要加速推进；从储备体系的角度来看，当前我国所建储气库主要为战略意义上的储气库且多位于西部地区，离用户较远而无法发挥调峰的作用，调峰型和商业型储气库严重缺乏，天然气储备体系亟待建立和完善。

我国天然气市场的其他基础设施较为完备，LNG 接收站方面，当前我国共有接收站 7 个，在建 9 个，拟建 8 个（据 Wood Mackenzie LNG Tool 数据库的资料）；跨国管道方面，我国初步构建了西北方向的中哈油气管道和中亚天然气管道、东北方向的中俄原油管道、西南方向的中缅油气管道及海上四大油气进口通道，从原来单一依赖马六甲海峡，逐渐发展到海运与陆地管道进口并存、四大油气战略通道并举的多元化供气格局；国内管道方面，目前已建成以西气东输、川气东送、西气东输二线（西段）、陕京线、忠武线和永唐秦管道为骨干，兰银线、淮武线、冀宁线为联络线的国家级基干管网，全国性供气管网基本形成。由此可以看出，除储气库外，我国天然气基础设施条件良好，能够基本满足交易中心构建的硬性条件。

2.1.3 软性条件较为不足

（1）市场化结构改革尚未到位。

借鉴欧美国家的经验，天然气交易中心的构建几乎都伴随着合同模式、定价方式的转型。现阶段，我国开始了市场化进程，但仍未到位：天然气定价机制改革方面，我国于2013年6月开始采用“市场净回值法”计算天然气价格，初步实现了从政府管制下的“成本加成法”到与可替代能源（燃料油和液化石油气）挂钩的定价机制的转变，并将价格管理由出厂环节调整为门站环节，但不足之处在于门站价格调整频率为每年一次，无法快速有效地反映市场波动和供需变化，同时未将天然气在发电领域真正的竞争产品——煤炭的价格考虑进去，天然气价格改革仍未到位[15]；合同模式方面，SPEX推出LNG现货竞买，但成交量比较有限。市场化改革还需要在顺应我国天然气市场现有格局和发展阶段的基础上继续深入和推进。

（2）法律监管体系还不健全。

现阶段我国尚未出台相关天然气法律，市场监管权力也分散在不同的政府部门和机构之间，并未形成独立的天然气监管机构，需要学习借鉴欧美国家的发展经验。美国联邦政府于1938年出台了第一部天然气法规《天然气法案》，随后出台了《天然气政策法（1978）》《436号法令（1985）》《放开天然气井口价法案（1989）》《636号法令（1992）》等，逐步推进了天然气市场的发展；美国联邦电力委员会FPC（1938）和联邦能源管理委员会FERC（1978）的设立，在很大程度上确保了市场规范有序。英国于1982年颁布的《石油与天然气企业法案》迈出了市场化改革的第一步，之后天然气市场的发展无一不是在《天然气法案（1986）》《90：10条例（1990）》《天然气法案（1995）》《管网准则（1996）》等法律法规和天然气供应办公室（Ofgas，1986）、英国天然气和电力市场办公室（Ofgem，2000）等机构的监管下向前推进。可以说，天然气交易市场的建立和发展全都伴随着法律法规的健全及其对市场的规范，这是天然气市场发展的软性条件要求。

2.2 外部国家竞争力

在明确了我国的内在优劣势之后，再放眼亚太地区争建天然气交易中心的主要国家（新加坡、日本和马来西亚），对各国相对优劣势进行比较。根据下述的7项条件（如表3所示），对亚太四国进行打分，分值共分4个等级：“+ + +”表示竞争优势明显，“+”表示具有一定的优势，“-”表示具有一定的劣势，“---”表示存在明显劣势，分别以8、6、4、2分来表示。通过权重（Delphi法确定）计算并绘制气泡图（图5），图5中横坐标表示硬性条件符合程度，纵坐标表示软性条件符合程度，气泡大小表征内在基础要求满足程度，气泡越大越符合天然气市场构建的内在要求，后发优势越明显。以下仅简述得分靠前的3个竞争者。

2.2.1 新加坡软性条件突出，中长期竞争力受限

新加坡的软性条件优势突出，自由开放的市场化结构良好，2001年出台的《天然气法》明确了输配和销售分离，规定新加坡能源市场监管局（EMA）负责监管、新加坡贸

易和工业部（MTI）负责能源定价，2008 年颁布的《燃气管网准则》进一步明确了燃气管网第三方准入的具体管理框架；新加坡硬性方面基础设施建设不足，仅有一条跨国天然气管道（从马来西亚进口管道气）和一个 LNG 接收站（裕廊岛 LNG 接收终端），LNG 接收站 2014 年扩建后依然仅有 900×10^4t 的容量（折合 $125.1 \times 10^8 m^3$），略高于其国内市场规模（$100 \times 10^8 m^3$），用于天然气贸易的能力有限；新加坡内在基础方面劣势明显，市场规模小且产量、需求量、气化能力、储气能力等方面均弱于中国和日本，中长期竞争力受到较大限制。

表 3　亚太四国构建天然气交易中心竞争力分析表

构建条件		权重	中国	新加坡	马来西亚	日本
内在基础	天然气现货和期货交易平台	20%	+	+ + +	−−−	+ + +
	充沛的天然气供给量	20%	+ + +	−−−	−	−−−
硬性条件	良好的港口和国际交通位置	10%	+ + +	+ + +	+	+
	完备的基础设施	10%	+	−	−−−	−−−
	国际天然气能源与金融公司	10%	+ + +	+ + +	−	+
软性条件	自由开放的市场结构	15%	−	+ + +	−	+ + +
	健全的法律监管体系	15%	−	+	−	−

注：关于竞争力分值的依据，因篇幅所限，文中未能一一列明，若有需要可联系作者。

2.2.2　日本仅定位于建设 LNG 期货市场

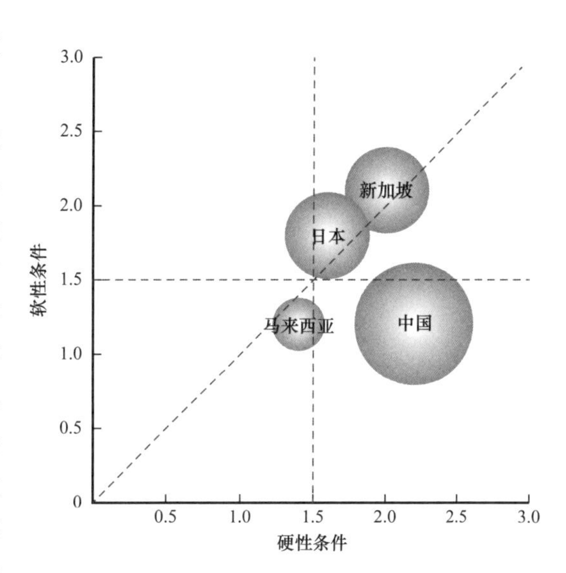

图 5　亚太四国构建天然气交易中心竞争力分析图

现阶段，日本政府提出计划于 2014 年推出 LNG 期货交易，运用期货市场交易形成 LNG 长期虚拟价格。日本仅定位于金融期货市场有利于其扬长避短：优势主要集中在天然气进口量大，为全球最大的 LNG 买家，且自福岛事件后 LNG 进口量继续大幅提升，与 JCC 挂钩的 LNG 定价机制让日本在亚太地区天然气定价中占据主动地位，金融市场发展成熟使其拥有良好的大宗商品交易所；不足之处在于天然气需求量几乎全部依靠进口，缺乏自产气使其无法对冲国际天然气价格波动，对外议价能力缺乏，同时垄断的电力市场在一定程度上将阻碍新进入者，改革进程缓慢。

2.2.3　我国后发优势突出

尽管新加坡在软性条件方面略胜一筹，但我国也拥有自己的比较优势，主要体现以下 3 个方面：(1) 供给方面，新加坡和日本的天然气对外依存度几乎达到 100%，而我国拥有国产气、进口管道气和进口 LNG 等多元化气源；（2）储气能力方面，根据 Wood Mackenzie Global Gas 数据库的资料，当前日本储气能力最强（2013 年为 $216\times10^{8}m^{3}$），而 2015 年我国就将超过日本达到 $480\times10^{8}m^{3}$，增长潜力巨大；（3）LNG 接收站和管道建设等方面，我国也远远超过亚太地区的其他国家。充沛的天然气供给量、现货期货交易平台、LNG 接收站、国际国内管网等是构建天然气交易中心的重要内在基础和硬性条件，将在中长期给我国带来强劲的后发优势，还必将随着市场结构、监管体系等软性环境的改善而进一步展现出惊人的爆发力。

3 构建我国天然气交易中心的战略选择与实施路径

必要性是交易中心构建的内因，外部紧迫性则是外因，内外因素都在推动着我国将构建天然气交易中心提上议事日程。我国具备天然气供给量充沛、现货期货市场已起步、上海区位优势突显等优势，但也存在着市场化改革尚未到位和法律监管体系还不健全的短板。笔者运用 SWOT 分析框架总结我国构建天然气交易中心的优势、劣势、机会和挑战（表 4），从而提出 SO（利用机会、发挥优势）、WO（利用机会、规避劣势）、ST（发挥优势、减小威胁）、WT（规避劣势、减小威胁）4 条发展战略。

表 4　我国构建天然气交易中心的 SWOT 分析及战略选择表

内部能力 / 外部环境	优势（S）	劣势（W）
	现货与期货市场起步 快速增长的天然气供给量 上海的区位优势明显	储气库投资建设不足 市场自由开放不够 法律不健全
机会（O）	利用机会、发挥优势（SO）	利用机会、规避劣势（WO）
亚太地区交易活跃 我国政策支持	依托供给格局 逐步推进天然气交易中心构建	顺应政策预期 大力推进储备体系建设
威胁（T）	发挥优势、降低威胁（ST）	规避劣势、降低威胁（WT）
新加坡、日本、马来西亚等国	发挥比较优势形成区域性利益共同体	借鉴国外经验加强市场化改革与监管体系设立

静态的战略选项需要结合动态的天然气市场化演进过程。总结欧美国家的发展经验后认为，天然气交易市场的发展伴随着市场结构、合同模式、定价方式和监管机构的演进。一般来说，随着市场化结构的演进，定价方式将从政府管制（成本加成法）过渡到与油价挂钩（净回值法），再逐步过渡到与气价挂钩；合同模式将以“长期合同—短期合同—现货交易—期货交易”为发展过程（某些过程也可能几种合同模式共存）；管理机构转变过程体现为“政府—监管机构—竞争主导”。我国天然气交易中心的构建也将伴随市场化过程，不同阶段需要完成不同的市场化改革任务。笔者将 4 条发展战略与市场结构的阶段化演进过程相结合，归纳提出了我国构建天然气交易中心的实施路径，如图 6 所示。

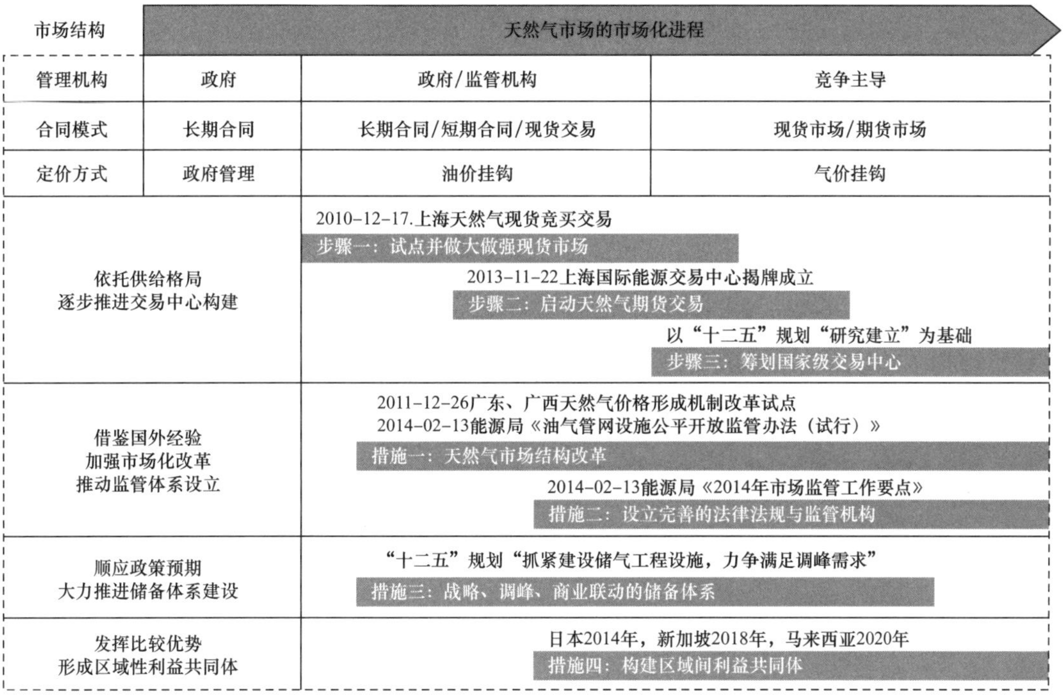

市场结构	天然气市场的市场化进程		
管理机构	政府	政府/监管机构	竞争主导
合同模式	长期合同	长期合同/短期合同/现货交易	现货市场/期货市场
定价方式	政府管理	油价挂钩	气价挂钩

依托供给格局
逐步推进交易中心构建

2010-12-17.上海天然气现货竞买交易
步骤一：试点并做大做强现货市场
2013-11-22上海国际能源交易中心揭牌成立
步骤二：启动天然气期货交易
以“十二五”规划“研究建立”为基础
步骤三：筹划国家级交易中心

借鉴国外经验
加强市场化改革
推动监管体系设立

2011-12-26广东、广西天然气价格形成机制改革试点
2014-02-13能源局《油气管网设施公平开放监管办法（试行）》
措施一：天然气市场结构改革
2014-02-13能源局《2014年市场监管工作要点》
措施二：设立完善的法律法规与监管机构

顺应政策预期
大力推进储备体系建设

“十二五”规划“抓紧建设储气工程设施，力争满足调峰需求”
措施三：战略、调峰、商业联动的储备体系

发挥比较优势
形成区域性利益共同体

日本2014年，新加坡2018年，马来西亚2020年
措施四：构建区域间利益共同体

图 6　我国构建天然气交易中心的阶段性实施路径图

3.1　依托供给格局，逐步推进天然气交易中心构建

交易中心的构建需要依托供给格局和天然气交易的地域特征，从上海入手搭建天然气现货和期货交易市场，然后在天然气富集区多点开花，遵循“做大现货交易—启动期货交易—加强地区联动—筹划国家级交易中心”的实施路径：（1）以 2010 年上海首推天然气现货竞买交易为窗口，以季节性调峰为切入点，推进现货交易市场发展，该过程将贯穿于整个市场化发展进程中；（2）以 2013 年上海国际能源交易中心揭牌成立为契机，推进期货交易试点，协同发展现货市场与期货市场，随着期货市场的建立和发展，合同模式将逐步向现货和期货合同转变；（3）依托我国天然气供给格局和资源禀赋，促进其他具备条件的区域市场发展，如资源基础好、产量高、输供气基础设施相对完善、天然气交易制度成熟的川渝天然气市场，以塔里木、克拉玛依、吐哈油气田为核心的新疆天然气市场，以涩北气田为核心的青海天然气市场，以苏里格气田、靖边气田等为核心的陕甘宁天然气市场，以大庆油田、庆深气田为核心的东北天然气市场，以中原油田和河南油田为核心的河南天然气市场等[2]，协调跨地区天然气交易，推进双边乃至多边天然气交易；（4）在《规划》“研究建立国家级天然气交易市场”的基础上，以 2016 年“十三五”开局之年为起点，筹划推进国家级天然气交易中心的构建。

3.2　借鉴国外经验，加强市场化改革与监管体系设立

以 2013 年 6 月天然气价格改革政策和 2010 年上海石油交易所天然气现货竞买交易为

起点，推进市场化改革进程，借鉴欧美国家市场演进经验，推动定价机制从与油品挂钩过渡到与气价挂钩，合同期限从长期过渡到短期，合同模式发展到现货合同和期货合同，该过程需要确保市场结构、合同模式、定价机制的平稳过渡，且契合我国天然气市场发展的现有格局和演进过程；在监管体系方面，2014 年《市场监管工作要点》拉开了市场监管规范化的序幕，建议构建以《天然气法》为核心的法律体系，让天然气现货和期货市场在法律框架内稳步发展，建议建立专门的天然气交易监管机构（单设或与电力部门合设），统筹制定生产、运输、销售、消费等方面的规章制度，协调天然气交易各环节的供给、需求、运输、配给关系，建立市场准入、定价机制、费用计算等方面的产业标准，对天然气市场进行统一监管。

3.3 顺应政策预期，大力推进储备体系建设

以 2011 年《规划》提出“抓紧建设储气工程设施，力争到‘十二五’末能保障天然气调峰应急需求”为契机，推动各利益相关方协同建设天然气储备体系：(1) 政府部门有必要加大投资，在进口通道和重要城市建设战略或应急储气库；(2) 天然气生产与供应企业、大型工业用户和城市燃气公司建设商业型季节储气库和调峰储气库；(3) 第三方出资建设商业型储备设施。通过储备体系的建设，一方面扩大天然气储气容量，增强天然气储气能力；另一方面从整体上推进战略型、季节型、调峰型和商业型储备库协调联动，为天然气交易市场的发展奠定重要的硬性基础。

3.4 发挥比较优势，形成区域性利益共同体

构建区域性利益共同体，需要做好以下 3 个方面的工作：(1) 需要发挥我国的特有优势，如多元化的天然气来源、海陆并举的战略管网通道、充沛且快速增长的天然气供给量等；(2) 需要强化国际合作意识，着眼于亚太整体区域性交易市场的构建，发挥各个国家的比较优势，如日本定位于 LNG 期货市场并重在制定虚拟价格，新加坡发挥实体枢纽的作用；(3) 还需积极参与日本、印度主导的液化天然气进口国集团（LNGIG）等组织，发挥全球 LNG 最大进口区域的地缘优势，共同搭建区域性利益共同体。2014—2020 年是日本、新加坡、马来西亚纷纷推出天然气交易市场的时间窗口期，区域性利益共同体的构建工作若在这个阶段推出，将有利于我国天然气交易中心的准确定位和优势突显，也有利于区域性天然气交易中心的整体筹划、协调推进。

4 结论与建议

构建天然气交易中心在降低溢价、调节供需、优化能源结构等方面具有重要意义。我国基本符合构建区域性天然气交易中心的内在基础和硬性条件，但市场结构和监管体系等软性条件比较欠缺。通过必要性分析、竞争力分析、SWOT 分析和市场化演进过程分析，提出了战略选项和实施路径。结论和建议如下：

亚太地区天然气交易活跃，2018 年就将超过北美成为全球第一大天然气消费区域，

天然气交易中心的构建对于所属国家保障国家能源安全、争夺定价机制话语权、优先形成地区基准价格、促进市场平稳有序等都具有重大意义，引发新加坡、日本、马来西亚等国竞相争建，我国有必要梳理优势与不足，以区域性视野明确定位，尽早整体筹划。

我国相对于北美的天然气进口溢价已从2010年的2.5倍上升到2012年的6倍，气价走高造成2013年多支付天然气进口金额15.77亿美元，对国民经济发展造成了一定压力；交易中心的构建除了可以保障天然气供给的安全性和经济性外，还能推进气价形成机制改革、破解LNG购销价格倒挂难题、消除液化天然气厂过度建设、优化调整能源结构，对于规范我国天然气市场具有重大意义。因此有必要将天然气交易中心的构建工作提上议事日程并加速推进。

我国常规和非常规天然气供给量充沛且快速增长，现货与期货市场已开始起步，上海具有5大明显的区位优势，LNG接收站建设快速推进，需求、供气、储气、气化等方面的能力将远超亚太地区其他国家，在构建交易中心的内在基础和硬性条件方面优势突出，并将在中长期发挥出巨大的后发优势。

我国现阶段需要依托供给格局和资源禀赋，按照“现货交易—期货交易—地区联动—国家级交易中心”4个阶段，逐步推进天然气交易中心的构建。在此过程中，不仅需要在硬性条件方面“强身健体”，推动各利益相关方加强战略型、商业型、调峰型联动的储备体系建设；而且更需要在软性条件方面“修身养性”，加强以《天然气法》为核心的法律法规体系建设，推进合同模式、定价方式等方面的市场结构改革。以“软硬兼备”为基础，在2014—2020年间加强区域性利益协调，以整体视野推进区域性天然气交易市场的构建。

参考文献

[1] IEA.Gas pricing and regulation：China’s challenges and IEA experience［R］. Paris：OECD/IEA，2012.

[2] 胡奥林，秦园，陈雪峰．中国天然气现货交易构思［J］．天然气工业，2011，31（10）：101-104.

[3] 徐彬，李杰，郭小哲．建立我国天然气市场体系的形势和思路［J］．天然气工业，2005，25（9）：133-135.

[4] 吴建雄，吴力波，徐婧，等．天然气市场结构演化的国际路径比较［J］．国际石油经济，2013，21（7）：26-32.

[5] 罗伟中，涂惠丽，张智勇，等．对中国天然气市场价格机制改革的若干建议［J］．国际石油经济，2012，20（12）：7-12.

[6] IEA. Developing a natural gas trading hub in Asia：Obstacles and opportunities［R］. Paris：OECD/IEA，2013.

[7] STERN J，ROGERS H. The transition to hub-based gas pricing in continental Europe［R］. Oxford：Oxford Institute of Energy Studies，2011.

[8] IGU.Wholesale gas price formation 2012-A global review of drivers and regional trends［R］. Fornebu，Norway：International Gas Union，2012.

[9] IGU.Wholesale gas price survey-A global review of price formation mechanisms 2005-2012［R］. Fornebu，Norway：International Gas Union，2013.

[10] BP. Statistical review of world energy 2009−2014 [DB/OL]. http: //www.bp.com/statisticalreview.

[11] HEATHER P. Continental European gas hubs: Are they fit for purposes [R]. Oxford: Oxford Institute of Energy Studies, 2012.

[12] ROGERS H V. The impact of a globalizing market on future European gas supply and pricing: The importance of Asian demand and North American supply [R]. Oxford: Oxford Institute of Energy Studies, 2011.

[13] ROGERS H V, STERN J. Challenges to JCC pricing in Asian LNG markets [R]. Oxford: Oxford Institute of Energy Studies, 2014.

[14] GAO F. Will there be a shale gas revolution in China by 2020 [R]. Oxford: Oxford Institute for Energy Studies, 2012.

[15] STERN J. The pricing of internationally traded gas [R]. Oxford: Oxford Institute of Energy Studies, 2012.

原载于:《天然气工业》，2014年9月第34卷第9期。

第五篇

PART FIVE

全球油气资源形势分析

近10年世界储量增加的特点和未来趋势
——世界储量的增加由勘探新发现和已知油气田储量增长两部分组成

童晓光

（中国石油天然气勘探开发公司）

美国联邦地质调查局（USGS）。以1995年的资料为基础，于2000年1月1日发表了1996—2025年世界（除美国之外）待发现常规油气资源量和已发现油气田的储量增长量的评估。2005年8月USGS的T.R.Klett等，根据IHS资料库的资料，对1996—2003年世界（除美国以外）勘探新发现和老油气田储量增长的油气分别进行了统计和比较。T.R.Klett等的原意是通过1996—2003年的8年实践，讨论USGS于2000年对世界资源评估的可靠性。但通过这项分析，提供了这8年储量增加的构成和地区分布，有助于认识世界储量增长形式和未来的趋势。

1 2000年USGS世界油气资源评估

USGS最新的世界油气资源评估发表于2000年1月，而依据的资料主要是IHS能源（前Petrocomsultants）1996年的商业资料库。预测的时间为1996—2025年的30年。USGS将油气储量潜在的增加分为两种类型，一种为新发现的油气田，另一种为已发现油气田的储量增长。第一种类型的评估方法是将世界分为937个地质省，其中406个地质省存在油气资源。根据油气勘探和开发史选出了128个地质省（不包括美国），其中76个所评估的省，占世界已知油气（1995年）的95%。在每个所评估的省，识别总油气系统，再进一步划分评估单元。待发现的油气聚集的评估采用概率法。另一种是先前已发现油气田的储量增长，即老油田通过深化勘探和提高采收率增加的储量，以美国油气田的历史数据为依据，确定增长系数。其数值随发现的年龄下降，到第60年下降为1，也采用概率法。剩余储量和累计产量为1995年底的实际数据。待发现常规资源和储量增长为1996—2025年间的预测值（图1、图2和表1）。

表1　世界常规油气资源和储量增长预测

分类	原油（10×10^8bbl）				天然气（1×10^{12}ft^3）				天然气凝析液（10×10^8bbl）			
	F95	F50	F5	总数	F95	F50	F5	总数	F95	F50	F5	总数
待发现常规资源	334	607	1107	649	2299	4433	8174	4669	95	189	378	207
（常规）储量增长	192	612	1031	612	1049	3305	5543	3305	13	42	71	42

续表

分类	原油（10×10^8bbl）				天然气（1×10^{12}ft^3）				天然气凝析液（10×10^8bbl）			
剩余储量				859				4621				68
累计储量				539				898				7
世界总数（不包括美国）				2659				13493				324

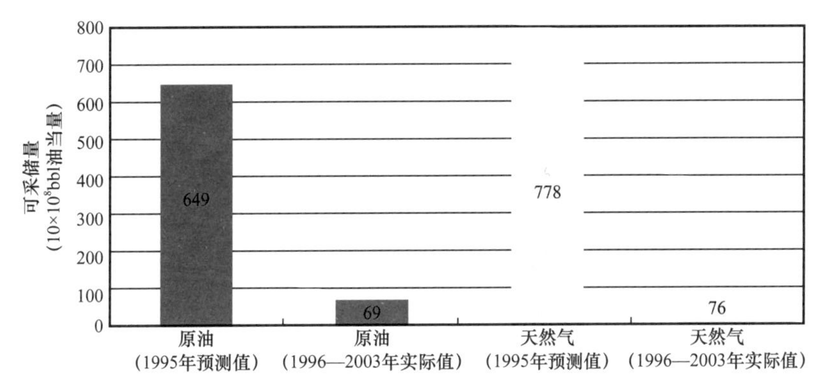

图 1 待发现常规资源预测值与近 8 年发现储量的对比

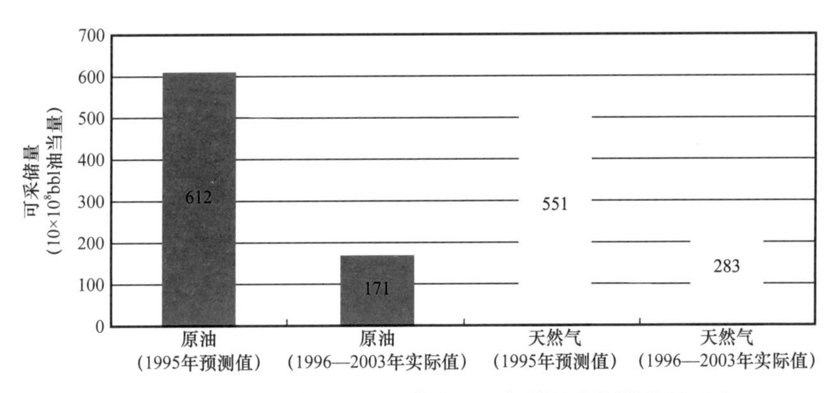

图 2 储量增长（常规）预测值与近 8 年储量实际增长的对比

2 1996—2003 年储量的增加与 USGS 预测值的比较

T.R.Klett 等人根据 IHS 资料库对储量的增加进行勘探新发现和老油田储量增长分类统计。

勘探新发现油田的原油储量为 690×10^8bbl，天然气的储量为 458×10^{12}ft^3（即 760×10^8bbl 油当量），仅分别占图 1 中预测待发现常规资源量（总数）原油的 11% 和天然气的 9%。

老油田储量增长原油为 1710×10^8bbl，天然气为 1699×10^{12}ft^3（即 2830×10^8bbl 油当量），分别占图 2 中预测原油储量增长量的 28%、天然气储量增长量的 51%（图 3）。

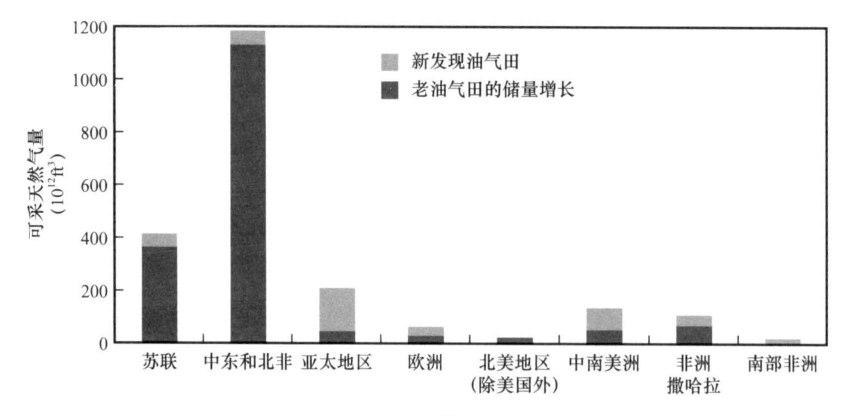

图 3　天然气储量增加的地区分布

从上述结果可以得出如下结论：

（1）两种方式 8 年的石油储量的总增长为 2400×10^8bbl，平均每年增加 300×10^8bbl，天然气储量的总增长为 $2157\times10^{12}ft^3$，平均每年增加 $269\times10^{12}ft^3$，都大于这 8 年的平均油气产量，所以全球的油气剩余储量继续增加。

（2）勘探发现的储量在总增加储量中的比例比较小，原油为 29%，天然气为 21%。而老油气田原油和天然气储量增长分别占总增加储量的 71% 和 79%。两者之比约为1：3。虽然全球储量继续增长，但主要贡献者是老油气田而不是勘探新发现。

（3）虽然勘探发现的天然气比较少，但老气田的储量增长数比较大，气总储量的增长值是油总储量增加值的 1.5 倍，使天然气的储采比进一步提高。

3　1996—2003 年储量增加的地区分布

将全球油气储量的增加分为 8 个地区，其区域性特点如下：

（1）油气储量的增长，集中在中东北非地区，原油约占 40%，天然气约占 55%。

（2）原油的储量增加在中东北非之后，依次为中南美、非洲撒哈拉和苏联。而天然气的储量增加在中东北非之后，依次为苏联、亚太、中南美、非洲撒哈拉。

（3）原油的储量增加大多数地区都是老油田储量增长大于勘探新发现，唯有非洲撒哈拉与亚洲勘探新发现大于老油田储量增加。

（4）天然气储量增加中也是大多数地区都是老气田储量增长大于勘探新发现，只有亚太新发现明显大于老气田增长，而欧洲和中南美新发现略大于老气田储量增长。

4　世界油气储量和产量问题讨论

T.R.Klett 等对世界 1996—2003 年的储量增加的分析表明，世界储量的增加是由勘探新发现和已知油气田储量增长两部分组成，而后者所占比例更大。其他作者对此也有分析，如 IHS 能源的 Sandy Rushworth 和 Philip H.Stark 在 2006 年 AAPG 年会上的报告“The Challenging Role for Giant Fields：Can We Expect Giant Fields to Meet Increasing Oil Demand

Trends？”（“挑战大油田的角色：我们可以指望大油田去满足日益增加的石油需求趋势吗？”）中提出2000—2005年全世界共有2400多个发现，总储量是1200×10^8bbl，规模大于1×10^8bbl者为237个，有39个大于5×10^8bbl，仅11个大于10×10^8bbl，多数位于中东。大油田的数量仅占2%，但储量约占1/2。他们指出新油田发现和老油田储量相结合，使储量大大超过油气的消费量。

他们还指出老油田储量增长的主要问题，是许多潜力巨大的地区难以进入。如果我们在中东周围画一个圈，有政治、恐怖和其他原因限制进入的有6000×10^8bbl储量地区，那里没充分生产、开发和开采，而世界上有10个巨型油气田位于沙特、伊朗、卡塔尔、科威特和委内瑞拉，其中4个国家在中东。他们又举了一个俄罗斯的例子，某个大油公司打算购买60×10^8bbl油的油田，经过对资料的核实和采用新技术、提高采收率等，该公司认为其潜力可能大于300×10^8bbl；他们认为西半球的油砂采收率提高5%，就可增加2200×10^8bbl；在深海的产量，从技术上到2009年可以提高原日产量的7.5%。

虽然老油田的作用还没有充分发挥，但近10年储量增加主要来自老油田的储量增长。主要有两个原因：其一，投资者采取了低成本、低风险战略，将资金主要投在老油气田开发，而不是新油气田勘探。2003年前油价较低，钻井总数比较少，也降低了油气的新发现。其二，待发现资源量的分布，多位于环境、经济和政治上困难地区，如格陵兰东部等北极地区、深海地区、中东北非和俄罗斯等。或者成本高、技术难度大，或者政治等原因而难以进入。

未来油气储量的增加，老油气田储量增长仍将起重要作用。老油田具有现存的生产设施，风险也比较小，只要提高勘探开发技术水平就可以增加储量和产量。但老油田储量的增长，随着时间的推移，其增长系数将逐渐降低，这将是今后储量增长的主要制约因素。但如果俄罗斯和中东一些油气资源大国的老油气田对外合作，有可能出现一个老油气田储量增长的高峰期。

勘探发现新油气储量是一个重要途径。新区勘探时，盆地分析等基础研究必须走在前面。Wood Mackenzie对近些年来的勘探回报作了分析，地区之间的差别是很大的，回报最大的是挪威海域、哈萨克斯坦、阿尔及利亚、埃及、安哥拉、墨西哥湾、印尼等，其次为北海、苏丹、利比亚、尼日利亚、巴基斯坦、澳大利亚陆架、中国大陆架。2004年以来的高油价为新区勘探创造了条件，勘探区块竞争激烈，地震和钻井等服务市场红火，都说明将出现新一轮勘探高潮，预示着勘探新发现的增加。

参考文献

[1] T. R. Klett，Donald L.，Gautier and Thomas S. Ahlbrandt，An Evaluation of the U.S.Geological Survey World Petroleum Assessment 2000，AAPG Bulletin，V.89，No.8（August 2005）.

[2] Louise S. Durham，Big Potential is Hard to Access，Explorer January 2006.

[3] Louise S. Durham，Discoveries Just Part of the Story—Recovery Expands Reserves，Explorer January 2006.

[4] David Brown，Success Strategies Explored，Explorer August 2005.

原载于：《环球石油瞭望》，2006年第4期。

The Future of Oil Industry

Tong Xiaoguang

(China National Oil & Gas Exploration and Development Corporation)

Abstract: Oil and gas are the major energy resources all over the world but are not renewable. According to their present reserves, the resource volumes yet to be found and the large amount of non-conventional oil and gas resources, there is still great potential in oil and gas production. The proportion of oil and gas in energy structure will be influenced by four major factors: (1) Potential of the world oil and gas resources; (2) Technological progress of oil and gas exploration and development; (3) Speed of the development of substitute energy resources; (4) Variation of oil price. It is estimated that, oil and gas will still retain an important proportion in energy structure by the first half of the 21st century.

Key words: Oil and natural gas, production potential, energy structure, alternative energy

Petroleum and natural gas are two important aspects of oil industry. They are important factors that restrain China's economic development and affect the security of its energy supply as well. The issues related to oil and gas are a very hot topic, and arouse extensive attention globally.

1 Introduction

Energy structure varies constantly with time. At present, the main forms of the world energy resources are such fossil fuels as coal, petroleum and natural gas. The future of oil industry is in essence the variation of the proportion of oil and gas in energy structure. More than one score years ago, Bookout (1985) made a prediction of both the supply and demand of the world energy resources (Fig. 1) .

It can be seen from Fig.1 that coal has always been the major constituent of global energy resources. In the late twentieth century, oil and gas gradually became the major constituents. In the future, coal will still make up a considerable proportion of the total energy. When some day oil and gas become in short supply, coal will replace oil and gas and assume a major proportion in energy supply instead.

Fig. 2 is a relatively detailed prediction of the energy supply by Edwards (2001) from the University of Colorado. From this figure it can be seen that the time of peak output of conventional oil is perhaps the year of 2015. Then the ratio of all such kinds of energy resources as coal, hydropower, nuclear energy and substitute energy resources will increase gradually.

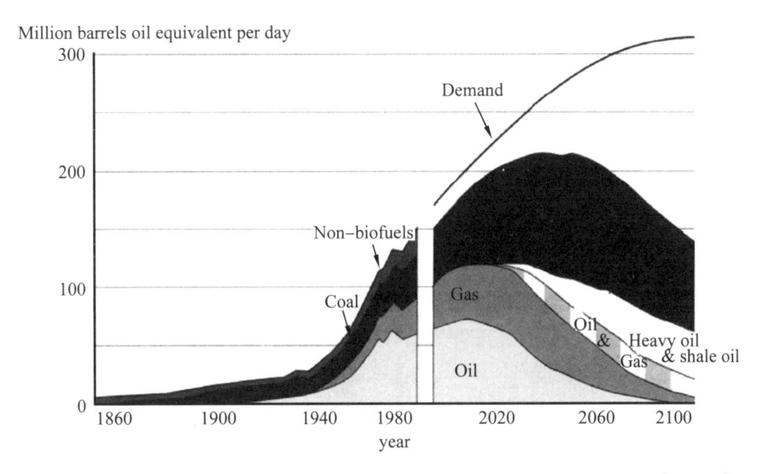

Fig.1　Bookout's prediction chart for the world energy resources（1985）

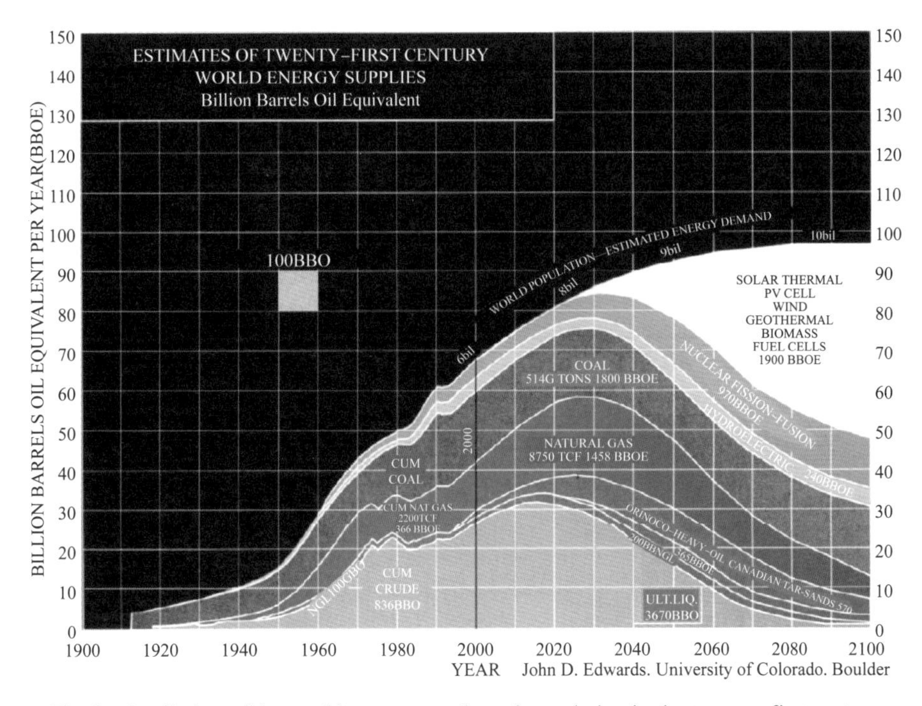

Fig. 2　Prediction of the world energy supply and population in the twenty-first century

Source：John D. Edwards，University of Colorado，Boulder

This prediction was based on the size of population. He believed that the world population will reach ten billion in the 21st century，four billion more than the present. This will inevitably lead to a sharp rise of the demand for energy resources. However，the increase of demand for energy resources is related not only to the population but to the living standards of mankind as well. According to a prediction by the US Department of Energy，by 2025 the total oil consumption will rise by an annual average of 1.9%. The consumption of oil will be 40% of the total energy consumption and the total consumption of oil and gas will be close to 65%，both of which are obviously big in proportion. This shows that by the year of 2025, oil and gas will still remain the principal energy resources of the world. Fig.3 indicates that in the upcoming twenty years the energy structure will not change much, only with the proportion of natural gas on the increase. But recently, countries across the world have changed their policies for energy resources. Thus, the proportions of nuclear energy and renewable energy resources may be much bigger than what has been predicted.

Table 1 Prediction of the consumption of all kinds of energy resources (2025), in billion tons of oil equivalent

Year	1990	2000	2001	2010	2015	2020	2025	Proportion of 2025 (%)	Average rate of increase (%) 2001 ~ 2025
Petroleum	31.9	36.8	37	43.8	48.2	52.9	57.9	39.4	1.9
Natural gas	17.7	21.6	22	25.6	28.8	32.8	37	25.1	2.2
Coal	21.6	22.1	22.6	25.5	27.5	29.9	33.1	22.5	1.6
Nuclear energy	4.8	6	6.2	7	7.4	7.5	7.2	4.9	0.6
Renewable energy	6.2	7.7	7.6	9.2	10.2	11	11.9	8.1	1.9
Total	82.3	94.2	95.4	111.2	122.2	134.1	147.1	100	1.8

Source: US Energy Information Administration.

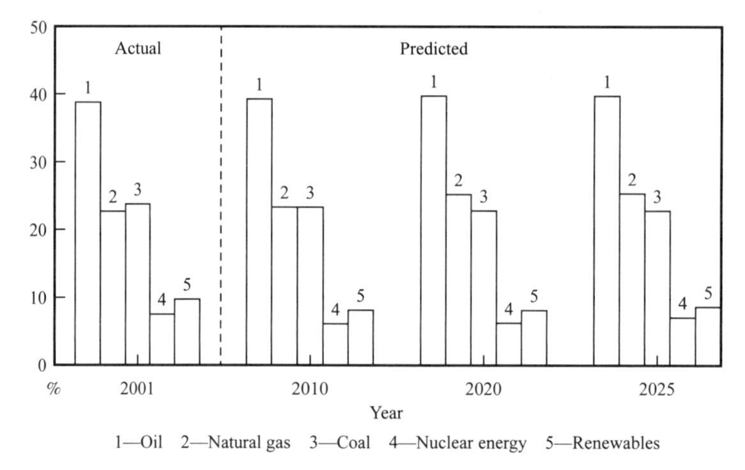

Fig.3 Percentage chart of the world energy consumption
(Source: US Energy Information Administration)

2 Factors that influence the future oil industry

In light of the above analysis, the proportion of oil and gas in energy structure will be dominant in the twenty years to come and the important factors that influence the future oil industry chiefly include (1) Potential of the world oil and gas resources; (2) Technological progress of oil and gas exploration and development; (3) Speed of the development of substitute energy resources; and (4) Variation of oil price.

2.1 Potential of the world oil and gas resources—basis of oil industry

The potential of the world oil and gas resources is the basis of oil industry. It is seen from Table 2 that since 1993, the claimed remaining recoverable reserves of the world oil have always been on the increase. The period from 2001 to 2002 was an important stage at which oil reserves rose sharply by more than 20 billion tons. This is not due to the natural growth of the reserves but due to the changes in the calculation method — the *Oil & Gas Journal* included the 24 billion tons of economically recoverable oil sand in Canada as remaining recoverable reserves of oil, and the reserves of natural gas are also on the increase. Therefore, the oil industry is still at a stabilize rising stage on the whole at present. USGS (2000) made a prediction of the increase of the reserves between 1996 and 2025, and a statistical analysis of the actual increase of the reserves between 1996 and 2003. The statistics shows that the reserves discovered really through exploration were not many, only about one third of the increase of the reserves, while an increase of the reserves was realized chiefly by tapping the potentials of matured oil fields.

Table 2 Variation of the world oil and gas reserves

(According to the year-end issues of the *Oil & Gas Journal* each year)

Year	World oil (billion ton)	OPEC oil (billion ton)	World gas (trillion m^3)
2005	177.1	119.1	1.73
2004	175.0	121.3	1.71
2003	173.4	123.5	1.72
2002	166.1	112.2	1.56
2001	141.2	112.2	1.54
2000	140.9	111.6	1.49
1999	139.2	109.9	1.46
1998	141.7	109.7	1.46
1997	139.7	109.2	1.44
1996	139.6	108.0	1.40
1995	138.0	106.4	1.40
1994	137.0	105.5	1.41
1993	136.9	105.8	1.42

Table 3 is the research by USGS in 2000, which, with the 1995 data as its basis, shows that the conventional resources to be discovered are 89 billion tons and that there was an increase of 84 billion tons in matured oilfields. There is not much difference between the two, so matured oil fields will play an important role in the future increase of the reserves.

Table 3 Prediction of both oil & gas resources and the increase of reserves

Classification	Oil (billion tons)				Gas (trillion m^3)				Liquefied gas (billion tons)			
	F95	F50	F5	Total	F95	F50	F5	Total	F95	F50	F5	Total
Conventional resources to be discovered	45.8	83.2	151.6	88.9	66	124	234	133	13.4	25.9	51.8	28.4
Increase of reserves (conventional)	26.3	83.8	141.2	83.8	30	94	158	94	1.8	5.8	9.7	5.8
Remaining reserves	—	—	—	117.7	—	—	—	132	—	—	—	9.3
Cumulative output	—	—	—	73.8	—	—	—	26	—	—	—	1
World total (exclusive of US)				364.2				386				44.4
United States												
Conventional reserves to be discovered	9.0	—	14.2	11.4	39.3	—	2.0	1.5	Combined with oil			
Increase of reserves (conventional)	—	—	—	10.4	—	—	—	1.0	Combined with oil			
Remaining reserve	—	—	—	4.4	—	—	—	0.5	Combined with oil			
Cumulative output	—	—	—	23.4	—	—	—	2.4	Combined with oil			
World total (including US)				438.5				44.0				

Fig.4 compares technically recoverable reserves of the non-conventional resources like heavy oil with those of the conventional oil resources. It can be seen that the non-conventional oil resources like heavy oil are slightly larger than the conventional oil resources, so it can be said that there still exist quite many non-conventional oil resources in the world. The output of Canada and Venezuela, two principal countries that are abundant in non-conventional oil, is on the increase with each passing day. The output of oil sand in Canada was 50 million tons per year in 2005, and predicted to be 110 million tons per year in 2010 and up to 250 million tons per year in 2030. The output of heavy oil in Venezuela was 30 million tons per year in 2005, and there were four projects altogether that went into production between October, 1998 and October, 2001. With reference to the recoverable reserves of non-conventional oil, calculated at a production rate of 1%, the output of oil sand and heavy oil can come up to one billion tons annually over a span of forty years. Besides, oil shale is a very important non-conventional oil resource too. Lampard Company predicts that the geological reserves of oil shale in three states of USA reach 100 billion tons. This proves that there are rich non-conventional oil resources worldwide. At present, the overall production cost of oil sand in Canada has been as low as around US$ 30 per barrel. It can be recovered undoubtedly at an oil price of US$ 70 per barrel.

Table 4 Statistical data of the global heavy oil and natural asphalt resources (USGS)

Regions	Sum of the reserves of heavy oil and natural asphalt (billion tons)	Heavy oil			Natural asphalt		
		Teachnically recoverable reserve (billion tons)	Geological reserves (billion tons)	Percentage of recoverable heavy oil (%)	Technically recoverable reserve (billion tons)	Geological reserves (billion tons)	Percentage of recoverable heavy oil (%)
North America	252.7	4.8	25.5	8.1	72.7	227.3	81.6
South America	280.1	36.4	280	61.2	0	0.2	—
Africa	64.4	1.0	5.5	1.7	5.9	58.9	6.6
Europe	4.7	0.7	4.5	1.1	0	0.2	
Middle East	89.3	10.7	89.3	18	0	0	0
Asia	65.6	4.1	29	6.8	5.9	36.6	6.6
Russia	49.6	1.8	14.1	3.1	4.6*	35.5*	5.2*
Global total	806.4	59.5	447.7		89.1	358.7	

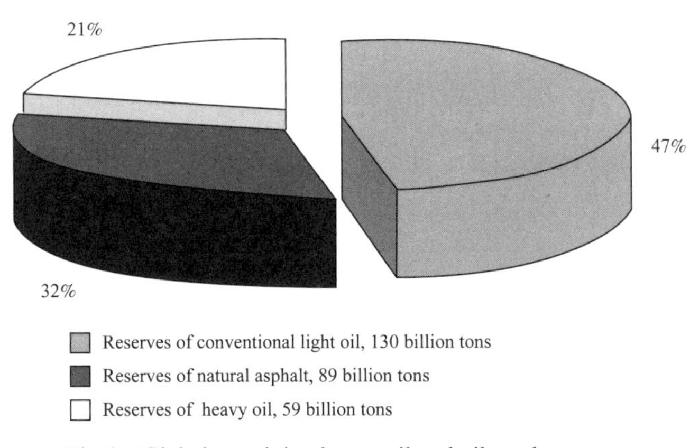

Fig.4 Global remaining heavy oil and oil sand resources

Non-conventional natural gas resources are rich, too. According to Perrodon's prediction, the coalbed methane is 112000～196000 billion cubic meters; shale gas being 112000 billion cubic meters; compact sandstone gas being 175000 billion cubic meters; and methane hydrate being 18700Gtoe (Perrodon, et al., 1998). Methane hydrate is the largest non-conventional natural gas resource. If converted into conventional natural gas, it is perhaps twice that of the latter. This is a very spectacular amount. There is no distinct boundary between non-conventional oil and gas and conventional oil and gas. The output of non-conventional oil and gas will gradually increase as against the total output of oil and gas. It is an important factor, which keeps a relatively big proportion of oil and gas in the energy structure.

2.2 Oil and gas exploration and development technologies (2004)

Technological progress can discover reserves that remain undiscovered, recover reserves that are difficult to produce, and obtain more recoverable reserves from the same geological reserves, too. Therefore, it plays an important role. However, the areas for future exploration and development, except countries in the Middle East and those in the Commonwealth of Independent States, which are politically difficult to access, are chiefly in deep seas, polar regions and mature basins. Deep seas over an area of 55 million km^2 require high-end exploration and development technologies and a high output of an individual well. The cost is high. Polar regions, over an area of 33 million km^2, are very rich in oil and gas resources, but they require very high technologies, too. In addition, the climate there is extremely cold, they are far from the market; and the infrastructure there is under-developed. Reservoirs in mature basins are subtle. They require high-end exploration and development technologies too. Besides, most large oil fields in mature basins have already been found, so it is very difficult to discover more reserves.

At present, the development of non-conventional oil and gas mainly includes the production and processing of heavy oil and oil shale, the production technology for non-conventional gas, and the improvement of recovery technology. When technologies are being improved, the production cost is expected to reduce as well.

2.3 Developmental speed of substitute energy resources

Both coal and nuclear energy are substitute energy resources when analyzed from the perspective of oil and gas, so substitute energy resources can be classified into three major kinds: fossil energy—coal, mineral energy—nuclear energy, and renewable energy resources—wind energy, solar energy, water energy, biomass energy, etc. In the future, there may appear some other new energy resources.

(1) Fossil energy—coal.

Coal resources are very rich. Table 5 indicates the proven recoverable reserves of coals worldwide at the end of 2004.

Table 5 Proven recoverable reserves of the coal across the globe at the end of 2004, million tons

Countries	Bituminous and anthracite	Sub-bituminous and brown coal	Total	Percentage	Ratio of reserve to production
United States	11130	13530	24660	27.1%	245
Canada	350	310	660	0.7%	100
Mexico	90	40	120	0.1%	135
Total of North America	11570	13880	25440	28.0%	235
Brazil	—	1010	1010	1.1%	*
Columbia	620	40	660	0.7%	120
Venezuela	50	—	50	0.1%	53
Others	100	170	270	0.3%	*
Total of Mid-South America	770	1220	1990	2.2%	290
Bulgaria	0	220	220	0.2%	84
Czech	210	350	560	0.6%	90
France	0	—	0	w	17
Germany	20	660	670	0.7%	32
Greece	—	390	390	0.4%	55
Hungary	20	320	340	0.4%	240
Kazakhstan	2820	310	3130	3.4%	360
Poland	1400	—	1400	1.5%	87
Romania	0	5	5	0.1%	16
Russian Federation	4910	10790	15700	17.3%	*
Spain	20	30	50	0.1%	26
Turky	30	390	420	0.5%	87
Ukraine	1630	1790	3420	3.8%	424
UK	20	—	20	w	9
Others	150	2190	2350	2.6%	341
Total of Europe	11230	17480	28710	31.6%	242
South Africa	4880	—	4880	5.4%	201
Zimbabwe	50	—	50	0.1%	154
Others	90	20	110	0.1%	490

续表

Countries	Bituminous and anthracite	Sub-bituminous and brown coal	Total	Percentage	Ratio of reserve to production
Middle East	40	—	40	w	399
Total of Africa and Middle East	5060	20	5080	5.6%	204
Australia	3860	3990	7850	8.6%	215
China	6220	5230	11450	12.6%	59
India	9010	240	9240	10.2%	229
Indonesia	70	420	500	0.5%	38
Japan	40	—	40	w	268
New Zealand	0	50	60	0.1%	115
DPRK	30	30	60	0.1%	21
Pakistan	—	310	310	0.3%	*
R O K	—	10	10	w	25
Thailand	—	140	140	0.1%	67
Vietnam	20	—	20	w	6
Others	10	20	30	w	34
Total of the Asian and Pacific regions	19260	10430	29690	32.7%	101
Total of the world	47880	43030	90910	100.0%	164

Source: BP energy resource statistics (2005).

Notes:

(1) Proven recoverable reserves refer to the quantity of coal produced from the coal fields that have been identified to have a relatively high reliability of geographical and engineering data under the available economic and production conditions;

(2) The ratio of reserves to production refers to the number of years, obtained when the remaining reserve at the end of a year is divided by the output of that year and still can be produced at the current production level;

(3) + is the symbol of less than .05Mt;

(4) * is the symbol of 500 years and above.

At the current production level the coal worldwide can be produced for 164 years, higher than the 59 years of China. It is estimated that the output of coal will not drop in the twenty-first century and instead may even climb up.

(2) Mineral energy—nuclear energy.

Nuclear energy is a very realistic substitute energy resource, which has so far come up to 6.5% of the world energy resources consumption. At present, there are over 400 nuclear power stations across the world, with a generation capacity of 263.5 billion KWh, equivalent to a daily production of 28.7 million tons of oil. Of the nuclear power generation, 85% comes from light water reactors with enriched U_{235}, and, according to the estimated data, the resource of U_{235} can last 100 years. Arlie M. Skov, former chairman of the Society of Petroleum Engineers, believes that secondary processing of spent nuclear fuels and blending with plutonium oxide to produce mixed oxide fuel will make nuclear energy increase by 100 times and the use of fast breeder neutrons reactor enables us to acquire even more energy. In accordance with this viewpoint, the amount of nuclear energy is huge, so we say that nuclear energy is the most realistic energy resource that can be developed at a fast speed. China is now developing its nuclear energy. Its nuclear energy resources are abundant, and its technology is mature, but the problems chiefly involve safety and prevention of nuclear radiation from affecting mankind. Yet, according to Chinese nuclear experts, the present Chinese nuclear technology is safe, which is also the reason for fast development of nuclear energy.

(3) Renewable energy resources—wind energy, solar energy, water energy and biomass energy.

Among those substitute energy resources, what attracts most attention are renewable resources, for they are environmentally-friendly, do not give rise to high CO_2 emission, and have good safety performance. Table 6 shows the present use and prediction of long-term potential of renewable resources.

Table 6 Prediction of the present use of renewable energy resources and their long-term potentials

Energy resource	Used at present, Million tons oil equivalent/year	Potential, Million tons oil equivalent/year
Solar energy	0.05	5820
Water energy	23	200 ~ 300
Wind energy	0.25	300 ~ 1400
Biological fuels	88.5	2900

Source: International Energy Agency (IEA), 2006; World Energy Outlook, 2004.

Nowadays, only a tiny amount of solar energy is utilized, but its potential is great. It is a resource that has the greatest energy among all renewable resources. The potential of water energy is not small but much less than that of solar energy. Yet it is convenient to utilize. Wind energy is also a bigger volume of resource, waiting to be developed. Another is biomass fuel, whose potential is great too, but is scattered here and there.

At present, the countries across the world attach great importance to renewable sources. In China, for instance, it is estimated that renewable sources will have made up 15% of the total energy consumption by 2020. It is predicted that renewable sources will have constituted 25% of the total energy consumption in the United States by the same year. Japan has initiated a "Sunshine

Project" . At present, Japan stays at the world advanced level in utilization of solar energy, wind energy, biological energy, marine energy and fuel batteries. India has likewise enacted its "Green Energy Resource Program" . It attaches much importance to biological resources. For instance, it plans to plant 40 million hectares of Jatropha curcas trees, whose seeds can be used to produce bio-diesel. India plans to replace 20% of diesel with bio-diesel from Jatropha curcas seeds in five years. The countries in North Europe are comparatively advanced in utilizing renewable energy resources. The European Union's plan is that its biological fuels account for 20% of its transportation fuels.

Of course, there are many constraints in developing renewable energy resources.

So far as biomass energy is concerned, Shi Yuanchun, a member of both the Chinese Academy of Sciences and the Chinese Academy of Engineering, actively advocated the utilization of biomass resources. His calculation is as follows: If 50% of the stalks of crops, 40% of the droppings of livestock and poultry, and 30% of the wastes of forestry across the country can be completely utilized, and if 5% of the marginal land over an area of about 5.5 billion hectares is opened up to grow energy resource plants, and if 1000 biomass transformation factories are set up, then the production capacity of the above three is equivalent to that of the Daqing Oilfield. But due to the scattered raw materials and the small scale of transformation factories, such an ambitious plan is difficult to realize. When a large amount of solar energy is to be utilized, it needs to be transformed into electric energy and stored for use in nights and rainy days. At present, multicrystalline silicon batteries are chiefly used to store solar energy. China depends on import for 90% of the batteries to store solar energy, so the cost of such batteries is comparatively high. The reduction in this cost is dependent chiefly on the developmental level of the technologies concerned. Wind energy is also a good aim of development. The key problem lies in technology and cost. Biological fuels certainly will develop as well. China-type marsh gas tanks, for instance, are convenient for common people to use.

At present, the whole world is optimistic about its estimation of the development trend of renewable energy resources. Of course, there are also pessimistic estimations. Tillerson (2006), the president of Exxon-Mobil, for instance, issued an article, saying that by the year of 2030, 80% of the energy demand will still have to be met by using fossil fuels, and wind energy and solar energy will constitute only 1%. I believe that there will not be so pessimistic a case, but it will be difficult too if the proportion is to be increased to 20% or 25%. That depends on the speed of technological innovations concerning renewable energy resources and on the support by the government.

2.4 Impacts of high oil price on energy structure

The impacts include:

(1) To promote the use of high-cost oil and gas and non-conventional oil and gas.

In the future, there will be more difficulties to be encountered in exploration and development and the cost will climb up. The utilization of non-conventional oil and gas is also costly. If there is no incentive from high oil price, it is not economical to utilize non-conventional oil and gas and the conventional oil and gas in the areas difficult to explore and produce. Therefore, a high oil price will inevitably promote the utilization of high-cost oil and gas and non-conventional oil and gas.

(2) To promote the utilization of high-cost substitute energy resources.

The reason that substitute energy resources have not appeared on a large scale is that the cost is rather high, apart from the technical issues. Only when oil price is high enough to surpass that of substitute energy resources, can substitute energy resources be developed rapidly. If oil price is kept at US$ 70 and above, then the majority of substitute energy resources will go into the market. If the oil price stays between US$ 30 to 40, then the majority of substitute energy resources will find it difficult to enter the market.

Generally speaking, the cost of conventional oil and gas difficult to produce and that of non-conventional oil and gas are lower than that of most renewable energy resources. If the oil price is more than US$ 40 per barrel, most of the oil and gas resources can be utilized.

What will the future oil price be? It is hard to predict. If we make a sure judgment, gone is the time of a low price of US$ 22~28 per barrel set by OPEC, but the present price of more than US$70 is a little too high and there is still some room for it to drop. Another feature of oil price is that it is influenced by nearly all kinds of political and economic incidents and may fluctuate by a big margin. In 1998, oil price dropped to US$ 10 per barrel, while the recent price is US$ 72. No other substance can claim itself a rival of such a fluctuation during this period. This fluctuation often affects the confidence of those resource countries in their investment, making the Middle East unwilling to increase its surplus production capacity, which is not in accord with the wish of oil importers that oil-producing countries could intensify their exploitation so as to ensure oil security.

3 Summary

Table 7 shows the prediction of the 2050 energy consumption structure by WPC (IEA, 2006; World Energy Outlook, 2004). In 2050, oil and gas will make up about 43% of the total of energy resources, lower than in 2025. By then the period of peak oil and gas output will have gone by, but the proportion will still remain high.

It can be seen from the above table that oil industry has a promising future, providing upcoming oil workers a stage to display their talent. Young people still have very good prospects in the oil industry in the future.

Table 7 Prediction of the energy consumption structure in 2050 by WPC

Structure	1990		2050	
	Billion tons of oil equivalent	Percentage (%)	Billion tons of oil equivalent	Percentage (%)
Coal	2.2	24.4	4.1	20.7
Petroleum	3.1	34.4	4.0	20.2
Natural gas	1.7	18.9	4.5	22.7
Nuclear energy	0.5	5.6	2.7	13.6
Hydraulic power	0.4	4.4	0.9	4.5
Renewable new resources	0.2	2.2	2.8	14.1
Traditional biological energy	0.9	10	0.8	4
Total	9		19.8	

References

[1] Bookout J. F. Two Centuries of Fossil Fuel Energy [C]. International Geological Congress, 1985, 12, 257–262.

[2] Edwards J. D. Twenty–first century energy: decline of fossil fuel, increase of renewable nonpolluting energy resources, in petroleum provinces of the twenty–first–century [C]. The World's Non-conventional Oil and Gas. The Petroleum Economist Ltd., London, 2001.

[3] Poupean J. F. Technological progress key to industrial Development of Global petroleum Exploration and Development [J]. World Petroleum Industry, 2004, 11 (1/2), 14–17.

[4] Skov A. M. Global Energy Situation in middle of 21st century [J]. World Petroleum Industry, 2003, 10 (3), 15–19.

[5] Tillerson R. W. Global energy in 21st century—oil and natural gas will remain as the world's main energy resources before 2030 [J]. World Petroleum Industry, 2006, 13 (1): 12–15.

原载于:《Petroleum Science》, 2006 年第 3 卷第 4 期。

世界石油供需状况展望
——全球油气资源丰富，仍具有较强的油气供给能力

童晓光

（中国石油天然气勘探开发公司）

目前石油在全球能源消费中占36.4%，是最重要的优质能源，特别在运输燃料中起着很难替代的作用。石油是化石能源之一，按人类存在的时间尺度，不可再生，越用越少。许多石油科学家，担心今后的石油供应能力。早在20世纪80至90年代，就有人预测石油产量的高峰即将来临，此后产量将急剧下降。主张石油产量高峰即将来临的一些人，组成了瑞典乌普萨拉市的ASPO组织、伦敦石油枯竭中心等，不断宣传他们的观点。现任ASPO主席瑞典Uppsala大学Kjell.Aleklet教授，在2006年11月1日应邀来石家庄出席能源和环境会议，作了“全球能源供应状况的今天和明天”（The Global Energy Supply Situation Today and Tomorrow）的报告。认为石油产量高峰将在2010年出现。2007年1月13日美国资深能源专家马修·西蒙斯先生的专著《沙漠黄昏——即将来临的沙特石油危机与世界经济》（Twilight the Desert：the Coming Saudi Oil Shock and World Economy）的中文版首发仪式在北京进行。西蒙斯先生没有对全球石油资源进行分析，而集中于普遍公认的全球已知石油储量最多和最具潜力的沙特，尤其是其中最大的油田——加瓦尔（Ghawar）油田进行分析，得出十分悲观的结论。同时他认为2005年12月已达到世界石油产量的高峰。

石油产量高峰即将来临的观点，有其积极的意义，可以促使人类改变生活方式，节约使用石油，提高石油使用效率，及早研发利用新能源。但是如果对石油产量高峰出现时间和产量曲线特征的预测与事实不符，各国以此为依据制定战略和政策，则将带来负面影响。有必要根据多方面专家的意见，对未来石油供需前景作出实事求是的分析。

1　对未来石油产量研究现状

（1）ASPO 2007年3月在网上发表的石油产量高峰时间为2010年，高峰产值为日产9000×10^4bbl，其中常规油为6200×10^4bbl/d，非常规油（重油、深水油、极地油、天然气液）2800×10^4bbl/d。并按美国48州、欧洲、俄罗斯、中东、其他国家和全球列出其产量剖面和数据，总可采石油为25500×10^8bbl（表1）。

ASPO的观点代表了目前对世界石油潜力的最低估计，也是对石油产量高峰年的最近预测。

（2）美国Colorado大学John D.Edwards教授也十分关心世界石油产量的高峰年和估计的最终石油采出量。他在1997年所作的预测，高峰年为2020年，最终石油采出量为27360亿bbl，他在2001年所作的预测高峰年为2020—2030年，最终石油采出量为36700

亿 bbl。可见，同一位专家的预测结果也会随着时间的推移而有新变化。

表 1　ASPO 预测石油产量（至 2050 年）

<table>
<tr><td colspan="4">数量（10×10^8bbl）</td><td colspan="7">常规油年产量</td><td rowspan="2">高峰日期</td></tr>
<tr><td colspan="4">常规油</td><td>10×10^8bbl</td><td>2006</td><td>2010</td><td>2015</td><td>2020</td><td>2050</td><td>总数</td></tr>
<tr><td>过去</td><td colspan="2">未来</td><td>总数</td><td>美国 48 州</td><td>3.2</td><td>2.6</td><td>2.1</td><td>1.7</td><td>0.4</td><td>200</td><td>1970</td></tr>
<tr><td colspan="2">已知油田</td><td>新油田</td><td></td><td>欧洲</td><td>4.5</td><td>3.6</td><td>2.5</td><td>1.7</td><td>0.2</td><td>75</td><td>1997</td></tr>
<tr><td>994</td><td>775</td><td>131</td><td>1900</td><td>俄罗斯</td><td>9.5</td><td>9.5</td><td>7.7</td><td>6.2</td><td>1.7</td><td>230</td><td>1987</td></tr>
<tr><td></td><td colspan="2">906</td><td></td><td>中东海湾</td><td>20</td><td>20</td><td>20</td><td>20</td><td>11</td><td>693</td><td>2015</td></tr>
<tr><td colspan="4">全部液态烃</td><td>其他</td><td>29</td><td>27</td><td>23</td><td>19</td><td>6</td><td>702</td><td>2004</td></tr>
<tr><td>1102</td><td colspan="2">1448</td><td>2550</td><td>世界</td><td>66</td><td>62</td><td>55</td><td>49</td><td>19</td><td>1900</td><td>2005</td></tr>
<tr><td colspan="4" rowspan="7">2005 年基础情景
中东产能（经过修改的不规则报告）
常规油不包括重油（包括油砂、油页岩）、极地油、深水油和天然气液。2007 年 2 月 13 日修改</td><td colspan="8">其他油年产量（10×10^8bbl）</td></tr>
<tr><td>重油等</td><td>2.4</td><td>3</td><td>4</td><td>4</td><td>5</td><td>152</td><td>2030</td></tr>
<tr><td>深水油</td><td>2.7</td><td>10</td><td>12</td><td>7</td><td>1</td><td>69</td><td>2012</td></tr>
<tr><td>极地油</td><td>0.9</td><td>1</td><td>1</td><td>2</td><td>4</td><td>52</td><td>2030</td></tr>
<tr><td>天然气液</td><td>6.9</td><td>12</td><td>13</td><td>14</td><td>14</td><td>355</td><td>2035</td></tr>
<tr><td>差值</td><td></td><td>1</td><td>0</td><td>−1</td><td>−3</td><td>23</td><td></td></tr>
<tr><td>全部</td><td>79</td><td>90</td><td>85</td><td>75</td><td>40</td><td>2550</td><td>2011</td></tr>
</table>

Edwards 教授 2001 年的预测，从人口的增长，对整个能源的需求出发，不仅预测了油气，还预测了其他能源。

（3）美国联邦地质调查局（USGS）2000 年对世界最终可采油气资源进行了系统评价。美国能源信息署根据 USGS 的高、中、低 3 种资源量的估算，再按 0、1%、2%、3% 4 种产量增长率，计算出石油高峰产量出现的日期和年产量及其变化（表 2、图 1）。

表 2　美国能源信息署对世界石油产量情景预测

最终可采储量概率	最终可采储量（10×10^8bbl）	年产量增长率（%）	预测高峰年	预测高峰产量	
				100×10^4bbl/a	100×10^4bbl/d
95%	2248	0.0	2045	24580	67
	2248	1.0	2033	34820	95
	2248	2.0	2026	42794	117
	2248	3.0	2021	48511	133
众数（期望值）	3003	0.0	2075	24580	67
	3003	1.0	2050	41328	113

续表

最终可采储量概率	最终可采储量（10×10^8bbl）	年产量增长率（%）	预测高峰年	预测高峰产量	
				100×10^4bbl/a	100×10^4bbl/d
众数（期望值）	3003	2.0	2037	53209	146
	3003	3.0	2030	63296	173
5%	3896	0.0	2112	24580	67
	3896	1.0	2067	48838	134
	3896	2.0	2047	64862	178
	3896	3.0	2037	77846	213

注：根据 USGS 世界石油评价 2000

资料来源：美国能源信息署

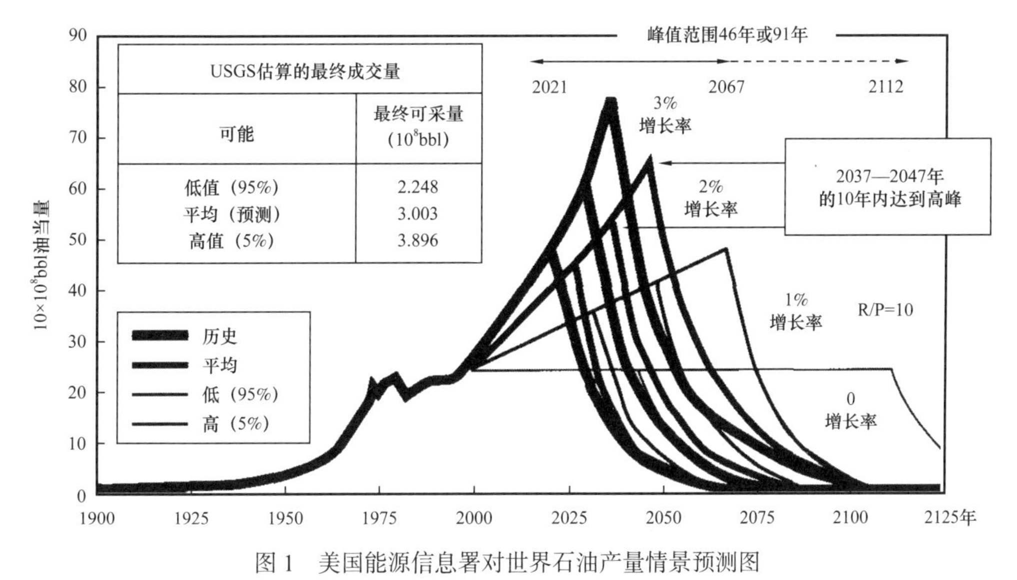

图 1　美国能源信息署对世界石油产量情景预测图

注：世界总计为 USGS 国外数据加美国数据。资料来源：美国能源信息署

从表 2 和图 1 可以看出，如石油年产量增长率为 0，则目前产量已达到高峰，保持到 2112 年。其他情况下高峰产量出现的时间在 2021—2067 年之间，如果资源量为低值，产量高峰时间为 2021—2033 年之间，如果资源量为中值，产量高峰时间为 2030—2050 年之间，如果资源量为高值，产量高峰时间在 2037—2067 年之间。

上述对世界石油产量的 3 种预测，基本上代表了当前这一领域的研究现状，虽然对产量高峰出现的时间和产量数值有区别，但有两个共同特点。第一，对石油产量的预测，主要基于对石油资源量的预测，没有与其他能源相联系，所有预测的产量曲线呈钟形特征；第二，石油资源的预测，对重油潜力没有充分考虑，甚至没有考虑（如 USGS 的资源评价），因此所预测的石油总资源量偏小。所以很有必要对未来石油产量的特点，作进一步研究。

2 石油产量的影响因素讨论

影响石油产量的因素是多方面的：第一是对能源（包括石油）的需求，第二是石油资源的潜力，第三是其他能源进入的速度，第四是节能。这些因素又受其他因素的影响，所以是一个十分复杂的问题。

对于能源的需求，最重要的影响因素是人口及人均能源的需求，具有不断上涨的趋势，只是增长的速度会发生变化，为了简化问题的分析，本文将不讨论这个因素。节能效果也不具体讨论，实际上反应在能源需求增长速度上。

石油资源是预测未来石油产量的最重要因素。产量的基础是资源。石油可以分为常规油和非常规油。从经济角度讲，常规油又称为廉价油（如 Colin J.Campbell）。上节所列的对石油潜力的估计，USGS 没有包括非常规油，而其他预测则包括了非常规油。而常规油包括已探明的剩余储量和待发现资源以及已知油田的储量增长，对后二项数据具有预测性质，USGS 用概率方法，按高、中、低 3 种概率进行预测，根据近 10 年的已知油田储量增长情况，基本上与概率的中间值一致。但勘探待发现储量的情况，略大于概率低值的 1/3，大大小于中间值。所以总体上近 10 年新增储量要小于 USGS 预测的中间值即期望值。可见仅仅依赖常规油，不可能与美国能源信息署预测的高峰产量和出现日期一致。但世界上存在大量非常规油资源。ASPO 等关于非常规油的定义包括重油、深水油、极地油和天然气液，而 USGS 则已将重油以外的各种油列入常规油。其中真正有巨大潜力的是重油。USGS 虽然在 2000 年的世界资源评价时未包括重油，但实际上也进行了统计，见表 3。

表 3 全球重油和天然沥青资源统计（USGS）

地区	重油和天然沥青资源量合计（10×10^8bbl）	技术可采资源（10×10^8bbl）	重油地质资源（10×10^8bbl）	占可采技术资源（%）	技术可采资源（10×10^8bbl）	天然沥青地质资源（10×10^8bbl）	占可采技术资源（%）
北美	1844.9	35.3	185.8	8.1	530.9	1659.1	81.6
南美	2044.9	265.7	2043.8	61.2	0.1	1.1	–
非洲	470	7.2	40	1.7	43	430	6.6
欧洲	34.1	4.9	32.7	1.1	0.2	1.4	0
中东	651.7	78.2	651.7	18	0	0	0
亚太	478.9	29.6	211.4	6.8	42.8	267.5	6.6
俄罗斯	362.3	13.4	103.1	3.1	33.7①	259.2①	5.2
全球	5886.8	434.3	3268.5		650.7	2618.3	

注：① 东西伯利亚小沥青矿未统计。

世界重油资源非常丰富，仅技术可采资源就超过 4343×10^{8}bbl，目前开采技术已比较成熟，开采加改制成本也低于目前的油价。如果把现有 1.317×10^{12}bbl 的常规油剩余可采储量与重油技术可采资源量相加约为 2.4×10^{12}bbl，按目前产量的储采比达 90 年。

除了重油和天然沥青外，还有一种非常规油就是油页岩，据 IEA2000 年的预测可采资源为 2.7×10^{8}bbl。1980 年曾达到年产 4540×10^{4}t。如果加上油页岩，则全部石油的储采比更高。

重油、天然沥青、油页岩相对于常规油而言，基本上没有勘探风险，只存在储量丰度、开采难度等差异，在开采前要进行评价，从而降低了勘探成本。主要挑战是开采技术和改制技术。

非常规油的巨大资源可保证至少在 21 世纪上半叶油气仍然能在能源构成中占主要位置。

第三个问题是其他能源进入的速度。石油占全部能源的比例已从 1977 年的 46.8% 降到 2005 年 36.4%。但绝对量从 29.46×10^{8}t 上升到 38.37×10^{8}t，仍然是占比例最大的能源。但从表 4 也可以看出，天然气不仅绝对量增加，比例也增加；煤绝对量增加，比例保持基本不变；核电和水电虽基数小，但绝对量和比例都有所增加，尤其是核电。

表 4　近 20 年全球一次能源消费量比较

项目	1977 年①		2005 年②	
	消费量（10^{6}t）	构成（%）	消费量（10^{6}t）	构成（%）
石油	2946	46.8	3837	36.4
天然气	1173	18.6	2475	23.5
煤	1725	27.4	2930	27.8
核电	121	1.9	627	6.0
水电	337	5.4	669	6.3
合计	6302	100	10537	100

注：① 据 BP；② 据 Davidwood & Associates。

天然气的剩余可采储量与石油剩余可采储量比较接近，但产量相差较大，液化气的生产和运输技术的提高为天然气产量的增加创造了条件，近期天然气产量和在能源中比例的提高最为现实，规模也较大。

煤产量还可能会有小幅度增加，最主要的动力来自中国，但在能源构成中的比例不会增大。煤的储采比很大，达到 164 年，由于环保的要求，一些能源消费大国纷纷采取限产的措施。

核电虽被少数国家限制，但多数国家仍主张发展核电。核电技术成熟，成本也较低，是比较现实的替代能源，核电在能源构成中的比例将逐渐上升。

水电利用程度较高但还有一定潜力，预计在能源构成中的比例不会有大的上升。生物质能，全世界生物质能约 300×10^{8}t，每年消耗量仅 13×10^{8}t，如将其改制成乙醇、生物柴油对石油具有直接替代作用，各国都非常重视。美国提出 2025 年用生物燃料替代 25% 石油，到 2020 年有 20% 化工产品来自生物质；欧盟到 2010 年由生物燃料替代 6% 的石油运输燃料，2020 年达到 20%；印度计划到 2020 年麻疯树生物柴油达年产 5000×10^4t。生物质能技术成熟，但成本较高，又有与粮食争地的风险，其发展速度受到限制。近期全世界生物燃料的发展势头较好，可对促使石油增长速度下降起着一定的作用。从长远来说，还需改进工艺、降低成本。

风能潜在能力大于水能，又是清洁能源，全世界的利用率都很低。随着技术进步和成本降低，终将成为重要能源。目前的利用率大于太阳能。

太阳能是最有潜力的能源，但利用率极低。目前最普遍的是直接应用热能。将来主要利用方式应转变为电能，用光伏电技术的关键问题是要降低成本。有关政府和国际能源公司正在投入较大的研发力量，可以预期在未来 10～20 年时间内太阳能发电将成为有竞争力的能源。

此外还有地热、潮汐能等，都在逐渐开发利用。

总之，以化石能源为主的能源结构短期内难以改变，但石油在能源构成中的比例将逐渐降低。其他能源的比例将逐渐提高，其变化速度决定于替代能源发展速度。再加上引起全世界重视的节能技术的应用，未来的石油需求量的增长速度将不断下降。

3 世界石油供需前景讨论

对未来石油消费量的影响，一般都按某一增长率进行推算。如美国能源信息署对 2001—2025 年的增长率均按 1.9% 进行预测，所以得出世界石油消费量到 2025 年为 57.9×10^8t。

根据国际能源机构（IEA）对各种一次能源的历史数据和按可持续发展的情景的预测数据，世界石油的增长率 2020—2040 年为 0.77%～0.01%（表 5）。

表 5 可持续发展情景：全部一次能源产量年增长率统计 （%）

	历史数据			可持续发展情景			
	1971—1990 年	1990—2000 年	2000—2010 年	2010—2020 年	2020—2030 年	2030—2040 年	2040—2050 年
生物能源	1.74	1.5	1.4	2.7	2.9	2.5	3.00
其他可再生能源	3.23	3.4	5.75	6.00	4.5	5.6	4.65
核能	11.5	2.5	3.55	4.5	8.00	7.00	4.00
煤	1.7	0.7	1.10	1.37	1.41	−1.6	−2.45
石油	1.3	1.3	0.67	0.75	0.77	0.01	−0.55
天然气	3.00	2.2	3.55	2.57	2.76	1.77	1.00

注：资料来源于 IEA WEO 2002，IEA 可再生能源信息 2003。

根据前面对石油产量影响因素的分析，笔者比较倾向于国际能源机构的预测。按 IEA 从 1976—2000 年石油产量实际增长率为 1.3%，而根据表 4 的数据，1997—2005 年的消费量数据，年增长率仅 1%，虽然 2003、2004 年增长率分别达 4.1% 和 3.6%，但这是暂时的现象，2005、2006 年又降到 0.8% 和 0.2%。美国能源信息署 1.9% 的增长率预测显然不合理。随着世界各国对可再生能源的重视和大力研发，对石油替代作用的增强，未来石油的年增长率很难超过 1%，而且将呈进一步下降趋势。按照这种观点，对 2030 年前的石油产量分别以油气杂志 OGJ 和 BP 的数据为基数进行预测（表 6）。

表 6　世界石油产量预测

年份		2005 年	2006—2010 年	2011—2015 年	2016—2020 年	2021—2025 年	2026—2030 年
年增长率（%）			0.8	0.6	0.4	0.2	0.1
期末产量（10^8t）	OGJ 预测	36.18	37.65	38.79	39.57	39.97	40.17
	BP 预测	38.95	40.53	41.76	42.60	43.03	43.25

根据这个预测，在今后的 25 年间年石油产量仅增长 4×10^8t 左右，仅占总产量 1/10，高峰产量在（40.17～43.25）$\times10^8$t，并不出现明显的高峰，而是一个略有升高的平台。2030 年后可能出现零增长，然后再缓慢下降，这种缓慢上升和下降并非由于石油资源的枯竭，而是由于其他能源的增长所致。其他能源逐渐替代石油的过程是漫长的，在 21 世纪不可能完成，但石油在能源中的比例将逐渐缩小，其重要性也会逐渐降低，至少在 21 世纪的上半叶石油仍然是主要能源之一。

4　结论

（1）常规石油资源还有潜力，非常规石油资源丰富，世界仍具有较强的石油供给能力。

（2）天然气资源较丰富，近期产量增速将加快。

（3）可替代能源的增长速度将逐步增强，使包括石油在内的化石能源在总能源构成中的比例缓慢下降。

（4）预测从现在开始世界石油产量的年增长率将小于 1%，而且增长率将不断下降，到 2030 年左右进入零增长，然后变为负增长。产生这种变化的原因并非缺乏石油供应能力，而是由于替代能源的增加对石油的替代作用。

（5）石油产量随时间的变化曲线并没有明显的峰值，而是缓慢上升，缓慢下降，呈有起伏的平台状。

原载于:《世界石油工业》，2007 年第 14 卷第 3 期。

世界石油工业和中国天然气供需分析

童晓光

（中国石油天然气勘探开发公司）

摘要： 石油和天然气资源是世界主要能源，其供需发展趋势得到广泛的关注。文章介绍了世界以及中国油气资源的概况，提出勘探技术的提高、高油气价格以及替代能源的发展将影响世界油气的供需趋势。

关键词： 石油；天然气；勘探；储量

石油和天然气都是化石能源，不可再生，越用越少，这是必然结果。但对于何时达到产量的高峰以及今后的变化趋势，却存在不同的观点。有些学者对油气的供给能力比较悲观，有些学者比较乐观，比较悲观的学者以 ASPO（石油峰值研究会）这个组织为代表，他们认为常规油的产量高峰大约在 2010 年，常规气产量的高峰在 2015 年，包括常规油、常规气、非常规油和非常规气在内的油气产量高峰也在 2015 年左右（图 1）。

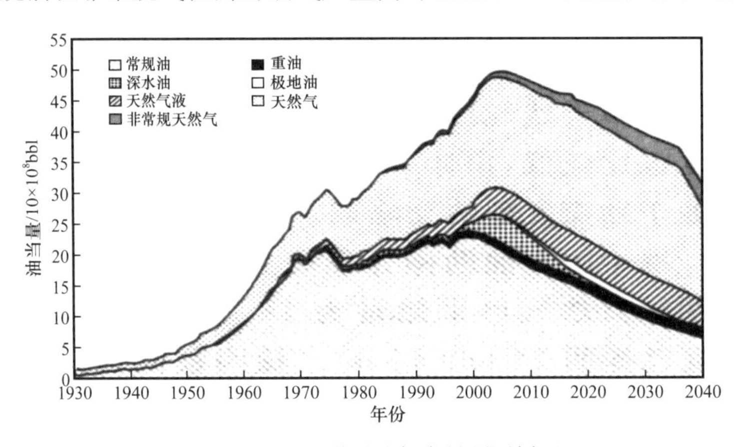

图 1　ASPO 的世界油气产量预测剖面

但是更多的学者并不同意这种观点。认为油气资源还比较丰富，在 21 世纪上叶，仍然是世界主要能源。

1　世界油气供需趋势

1.1　油气资源潜力是石油工业的基础

1.1.1　较丰富的油气剩余可采储量

据 BP 石油公司的统计到 2006 年年底，剩余常规石油可采储量为 1645×10^8t，如果加上加拿大已探明的沥青砂，则达到 1910×10^8t。2006 年的产量还不到 40×10^8t，如果按此产量，还可开采 40～47 年。剩余天然气可采储量 $181.46 \times 10^{12}m^3$，2006 年的年产量为 $28360 \times 10^8m^3$，如果按此产量可开采 64 年。

1.1.2 油气待发现的潜力还很大

据美国联邦地质调查局（USGS）对 1996—2025 年期间常规油气可能发现量的预测如下：

已知油气田增加勘探工作量和采收率技术的提高，可增加石油储量 7300×10^8bbl（1 桶约合 $0.159m^3$），天然气储量 $1036402.2 \times 10^8m^3$；通过勘探可能发现新的油气，石油 9390×10^8bbl，天然气 $1499668.3 \times 10^8m^3$。从 1996—2006 年期间已经增加和发现了一批储量进入剩余可采储量系列，应从待发现资源中减去，但待发现的潜力仍然很大。

1.1.3 非常规油气资源

世界上存在大量原油性质较差、开采难度大，成本高的油气资源，这些油气资源目前已逐步进入工业开采，是石油工业发展的巨大潜力。根据美国联邦地质调查局和有关机构的评估，其潜力如下：

（1）非常规油：重油技术可采资源 658×10^8t，天然沥青技术可采 1067×10^8t，油页岩资源 2770×10^8t；

（2）非常规天然气：煤成气 $144 \times 10^{12}m^3$，致密气 $91 \times 10^{12}m^3$，页岩气 $45 \times 10^{12}m^3$，还有潜力更大的气水化合物。

1.2 勘探开发技术的提高和应用

勘探开发技术的提高可以发现过去难以发现的油气，开采过去难以采出的油气，从而扩大可利用的油气资源和降低发现成本和开采成本。

（1）勘探技术提高，扩大勘探领域，可以进入深海和极地勘探，进行深层找油气，在勘探程度高的成熟区寻找比较隐蔽的油气藏。目前主要发展的勘探技术有三维地震勘探，多分量采集和先进的资料处理解释技术及深井钻探和水平井技术。

（2）开发（采）技术，最主要是提高采收率，尽可能多采出地下油气。采用各种方式的二次采油和三次采油。目前多数情况下，地下的储量只能采出 20%～30%，如果将采收率提高到 40%～60%，就可使已知油田的可采储量提高一倍。

（3）扩大先进勘探开发技术的应用范围。目前世界上还有许多地区不对外开放或不充分对外开放，如中东、俄罗斯等。如这些地区充分对外开放，有可能增加勘探领域和增加可采储量。

1.3 高油价对石油工业起促进作用

从 2001 年以来全世界的油价一直处于上升的趋势。从每桶 20 多美元，升到 2006 年的每桶 60 多美元。最近甚至达到每桶 90 多美元，石油已经进入高价格时代。天然气的价格也随着油价上升而上升。

油气价格的上升，促使须高成本投入的油气储量和非常规油气资源投入勘探开发，这就增强了油气的资源基础，为石油工业的继续繁荣创造条件。非常规油进入市场，油品将进一步重质化和劣质化也给炼油工业提出了新的挑战。

高油价也使替代能源的经济性增强，为替代能源的高速发展创造了条件。

1.4 替代能源的迅速增长和节能效率的提高

可再生能源虽然基数比较小，但随着环保意识的增强，发展速度很快。如德国风能发电量 2007 年达全国发电的 14%。世界各大经济体提出的目标，到 2020 年要达到一次能源的 15%～25%。再加节能效率的提高，石油 2006 年增速已下降到 0.7%，主要西方经济大国已出现负增长。特别是日本石油消费量 2006 年比 2005 年下降 3.7%。但全世界天然气消费量仍以较快速度继续增长。2006 年达 2.5%，日本增速达 7%。但美国和欧盟 25 国已出现负增长。

2 中国天然气的供给能力分析

2.1 中国天然气储量

中国天然气勘探程度比石油低，资源的探明程度也比较低，预计可能探明的储量相对较大，目前处于勘探发现的高峰期。

据中国石油勘探开发研究院的评价，中国可探明的天然气可采储量为 $14\times10^{12}m^3$。至 2003 年底已探明 $24660\times10^8m^3$。探明程度为 17.6%，中国天然气的潜力主要集中在 12 个盆地，可以分为 3 个等级。第一级为四川、鄂尔多斯和塔里木盆地，可探明的可采资源都在 $20000\times10^8m^3$ 以上。第二级为柴达木、准噶尔、东海、琼东南、莺歌海盆地可探明的可采资源在 $5000\times10^8m^3$ 以上。第三级为珠江口、渤海湾、松辽吐哈盆地可探明可采资源量在 $5000\times10^8m^3$ 以下。

由此可见，中国天然气主要分布于中国西部，其次为海域。中国东部比较少。中国的南部深水区的天然气潜力还没有系统研究评价，是一个有潜力的远景区。

如图 2 所示，中国天然气储量的增加速度逐渐提高，在“八五”期间新增可采储量 $4444\times10^8m^3$，“九五”期间新增 $7898\times10^8m^3$，“十五”期间新增储量 $10060\times10^8m^3$，预计“十一五”和“十二五”期间也将超过 $1\times10^{12}m^3$。从“十三五”以后将逐渐下降。

2.2 中国天然气消费量

中国天然气消费量从 1982 年的 $117\times10^8m^3$ 到 1998 年的 $197\times10^8m^3$，增速比较缓慢。但从 1999 年的 $209\times10^8m^3$，达 2006 年的 $556\times10^8m^3$，增速上升很快。2006 年比 2005 年的增长速度高达 21.6%。

天然气是优质能源，但按热值比较，天然气的价格比石油要低得多，再加天然气的输气管线逐渐建成，天然气的需求量的增长速度必然超过石油（中国石油消费量 2006 年比 2005 年增长 6.7%）。

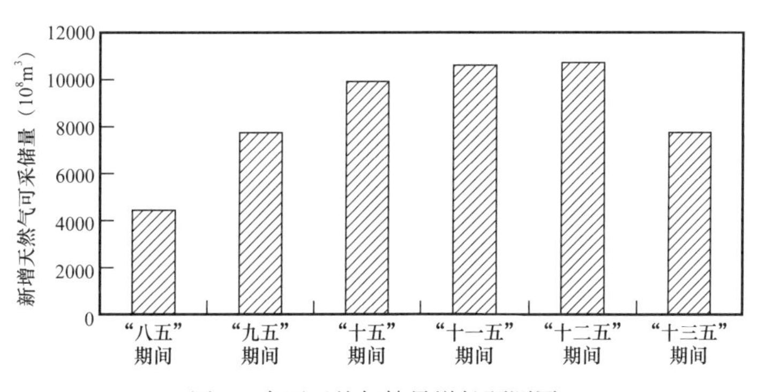

图 2　中国天然气储量增长预测图

迄今为止，中国天然气的消费基本依赖国内自有资源。天然气与石油相比，储采比较高。2006 年剩余探明可采储量为 $2.45\times10^{12}m^3$，2006 年的产量为 $586\times10^8m^3$，储采比为 41.8。具有增加产量的潜力，预测待发现的储量比较大，未来 20 年内天然气的产量将会有大幅度增加，预测到 2010 年可达 $800\times10^8m^3$，2020 年达 $1200\times10^8m^3$。但按目前消费量的增长速度，2020 年将达到 $2100\times10^8m^3$，对外依存度达到 43%。

2.3　天然气的进口和价格

天然气的进口有两个方向，第一是中国东部沿海进口液化气。第二是中国西部和北部进口管道气。

液化气的进口贸易 2006 年全世界达到 $2110\times10^8m^3$，其中最大的进口国是日本，达 $818.6\times10^8m^3$，最大的出口国是卡塔尔，达 $310.9\times10^8m^3$，其次为印尼，达 $295.7\times10^8m^3$。中国的进口比较现实的来源国是印尼、澳大利亚、文莱、马来西亚和卡塔尔。比较有潜力扩大出口量的是卡塔尔和澳大利亚。亚太的日本、韩国是主要液化气进口国，它们的地理条件与中国相似。中国已建和将建的液化气接收站都在中国东部和南部沿海，共计有 18 个。

世界管线输气贸易 2006 年达到 $5370.6\times10^8m^3$，主要进口国是美国（$998.3\times10^8m^3$），德国（$908.4\times10^8m^3$）和意大利（$742.7\times10^8m^3$），主要出口国为俄罗斯（$1514.6\times10^8m^3$）、加拿大（$997.5\times10^8m^3$）和挪威（$840\times10^8m^3$）。

中国进口管输气的地理位置比较好，其气源主要是俄罗斯和中亚，与日本、韩国相比有较大竞争趋势。

从俄罗斯进口管输气的谈判时间已经超过 10 年，初步确定西线是由新疆进入，东线由黑龙江进入。中亚的管输气主要气源国为土库曼斯坦，已签订了正式合同，气田的勘探开发、输气管线的建设已开始启动，甚至可能早于俄罗斯管线建成。但管输气进入中国后，距离主要市场仍然比较远。

利用国外天然气的最大问题是价格。世界天然气贸易按 2006 年的液化气和天然气的到岸价，每立方米约为 2 元。现在仍然保持强劲的上涨势头。要大量利用国外的天然气，必须具备高价格的承受能力。

原载于:《上海电力》，2008 年第 21 卷第 1 期。

可持续发展：能源和石油

童晓光

（中国石油天然气勘探开发公司）

1 世界和中国能源现状及中国面对的挑战

人类使用的能源有一个历史演变过程，19 世纪上半叶以柴薪作为燃料，于 20 世纪中叶石油超过煤炭。目前，世界上的一次能源主要由石油、天然气、煤炭三种化石燃料所组成。据 BP 统计，2007 年一次能源总量为 11099.3 百万吨油当量，化石燃料占世界一次能源的 88%，其中石油 35.6%，天然气 23.8%，煤炭 28.6%。其他一次能源主要为核电和水电，核电占 5.6%，水电占 6.4%。

化石能源属于非再生能源，随着时间将逐渐减少，同时化石能源对环境污染也影响人类生存环境。寻找和发展新能源和可再生能源将成为能源发展的趋势，近年来受到全世界的重视，发展速度相当迅速，但由于基数太低，其增长需要有一个比较长的过程，预计在 21 世纪的上半叶，仍将以化石能源为主。

据 BP 对中国 2007 年的一次能源统计，总量为 1863.4 百万吨油当量，化石能占 93.4%，其中石油 19.75%，天然气 3.25%，煤炭 70.38%，水电 5.85%，核电 0.75%。

中国能源与世界能源面临相同的问题，又有一些特殊性，形势更加严峻。

中国一次能源构成中化石能比例高于世界平均水平，而煤炭的比例又特别高，形成了以煤炭为主的生产方式和生存方式，造成对环境污染的巨大压力。

中国一次能源消费的增长速度大大超过世界平均水平。2007 年世界能源消费增长为 2.4%，而中国为 7.7%（2002 年以来的最低值）。2007 年世界石油消费出现负增长为 −0.2%，而中国增长 4.1%（也是 2002 年以来的最低值）。石油对外依存度接近 50%。

中国的核能仅占一次能源的 0.76%，而世界平均为 5.6%。中国的核电发展存在很大空间。

中国的单位 GDP 能耗大，是世界平均水平 2 倍多，美国的 3.5 倍，日本的 9 倍。既由于产业结构的因素，也存在能源效率低的问题，据统计，汽车的单车年用油量日本为 1t，欧洲 1.1～1.2t，中国为 1.55t。存在巨大的节能潜力。

2 解决中国能源问题的基本途径

降低单位 GDP 能耗是解决中国能源的首要问题。要努力调整产业结构，提高第三产业的比例；要以工业节能、交通节能和建筑节能为重点，提高能源利用率；以市场为导向树立全社会的节能观念。

继续开发中国石油资源的同时，要大力利用国外石油资源。中国石油人均占有量比较低，这是难以改变的现实，中国石油储采比在12左右，而世界超过40。在低油价的形势下，应适度调整国内石油产量，加大利用国外石油。

据中国国家统计局的数据，2007年的一次能源总消费量为26.6×10^8t标煤。其中煤炭占69.5%，石油19.7%，天然气3.5%，核电和水电为7.3%。

加大天然气在中国一次能源中的比重。天然气是优质能源，但中国天然气的消费水平与世界平均水平相比处于极低状态。近年来，天然气的产量已有较大增长。2008年产量已达$760\times10^8m^3$。按现有的储量，可以将天然气的产量提高到年产$1500\times10^8m^3$左右。按热值计算，天然气世界平均价格大致为石油的60%左右，应增加天然气对石油消费比例，加大加快利用国外天然气，对经济有利。天然气应首先满足城市燃气，然后作各运输燃料和工业用气。过低的天然气价格，不利于天然气工业的发展，天然气价格必须由市场确定。

大力开发替代能源。21世纪是能源多元化时代，中国应将新能源和可再生能源发展作为能源战略的重要内容。替代能源的种类很多，要根据技术的成熟度、成本和发展前景做出规划。水电是再生能源中已广泛建设和规模最大的类型，技术成熟、成本低、潜力大，近期可以见效，并具有防洪、灌溉等综合效益，应积极发展。核电的技术成熟，成本也较低，发展的潜力很大，而中国的核电比例极低，应该作为近期大力发展的新能源。风电与太阳能发电相比，技术比较成熟，成本也相对较低，资源潜力大，是近期可积极发展的可再生能源，需要解决的是风电发电量波动大的问题。太阳能是可再生能源中潜力最大的能源，中国太阳能热利用已处于世界领先，还应继续发展，而更重要的是太阳能光伏发电，主要由于成本高，新一代光伏电池还处于研发阶段，加大技术研发力度是太阳能光伏发电发展的关键。地热能中的热水资源利用成本低，技术较简单，中国利用量处于世界领先。但热水资源的总量较小，只能起辅助作用，但仍有发展余地。固体地热的利用要加大技术研发。生物质能总量大，但能源的密度低，种类繁多。首先应该发展废弃物的利用，如农业废弃物、畜禽废弃物，工业废水建设沼气池、城市垃圾发电。目前可以因地制宜发展燃料乙醇和生物柴油。从长远看，生物质能具有巨大的潜力，但必须科技创新，包括能源植物的优选和改良。科技的发展也有可能出现更为先进的潜力巨大的新能源。

3 中近期能源安全中最重要的是石油安全

通过节能和大力发展替代能源，可以使中国能源消费增速减缓，能源结构发生变化，但21世纪上半叶化石能源仍然是能源的主体的现实难以改变。而化石能源中中国供需缺口最大的是石油，2008年中国自产原油18973×10^4t，净进口原油17472×10^4t，净进口成品油2152×10^4t，石油表观消费量为38597×10^4t，对外依存度达到50.7%。

2008年下半年的全球经济危机使世界石油需求量大幅度下降。据世界能源署和美国能源署的预测，2009年世界石油需求将负增长，下降5000×10^4t左右，即−1.25%。中国2008年11月以来的石油进口量不断下降。经济危机何时结束，石油需求何时恢复上升很难估计。但经济危机终将结束，石油需求终将上升。因此，宏观估计以2008年的石油消费量为基数，按2%、3%、4%的增长速度计算，2020年中国的石油消费量分别为5×10^8t、5.5×10^8t和6.18×10^8t。按照多数中国石油地质家的预测，中国石油产量约2×10^8t/年左右，以此为依据估计，中国到2020年每年进口石油将达（3～4.18）$\times10^8$t。而世界上可供购买的原油（净出口量），据BP统计2007年为17.6×10^8t，如果净出口量按1%增加，到2020年为19.66×10^8t，中国进口油量将达到世界进口量的15.6%～21.3%。所占的比例较大，风险也较大。

为了提高石油安全系数，除尽量提高天然气和新能源的替代作用外，拓宽利用国外石油渠道，成为唯一的选择。中国获得国外石油主要要有三个途径：第一，通过跨国勘探开发，在国外建立石油生产基地；第二，由资源国提供原油，在中国建立炼厂；第三，通过国际贸易。

从1993年开始，中国石油公司就实施“走出去”战略，进行跨国石油勘探开发，建立油气生产基地，经过十几年努力，已经建立了以苏丹为核心的中北非基地，以安哥拉—尼日利亚为核心的西非基地，以哈萨克斯坦和土库曼斯坦为核心的中亚基地，以委内瑞拉为核心的南美基地，以印度尼西亚为核心的亚太基地，以伊朗和伊拉克为核心的中东基地。在世界各地的石油权益产量已超过4000×10^4t，超过石油进口量的20%，所占比例还比较低。进口量还在不断增加，所以必须进一步提高国外石油和天然气的权益产量。获取世界油气资源的难度大，竞争非常激烈，实施“走出去”战略将遇到强大挑战，要有各种对策。在获得资源方式上要多元化，石油公司和油气田收购和勘探发现油气相结合。在油气品种上也要多元化，常规和非常规油气结合。而且要抓住目前低油价的时机，多得到项目，尽快使国外油气权益产量达到进口量的30%以上。

由资源国在中国建立炼厂是获得原油稳定供应的互利双赢方式，资源国有了稳定的原油出口市场，同时还可以获得一部分下游利益，而对中国来说获得了稳定的石油来源，增大石油供给的安全系数。这种方式的合作现在已经起步，如沙特阿拉伯与中国合资建设福建和青岛炼厂，即将建设的委内瑞拉重油为原料的炼厂。俄罗斯、科威特等资源国也有合作建炼厂的意向。由于沙特阿拉伯和科威特规定石油上游不对外合作，俄罗斯的石油上游合作难度也很大。用合作建设炼厂的方式可以化解这一难题。所引进石油的规模可能比较大，应该作为利用国外石油资源的重大战略之一。

通过国际贸易利用国外油气是普遍采用的方式，中国目前利用国外油气主要是这种方式。根据近几年石油的进口统计，实际上中国各公司在国外的权益油进口仍要通过国际贸易方式。中国通过国际贸易引进国外石油的最主要问题是当国际油价上涨时引进国外石油的数量大，当国际油价下跌时国外石油的数量也下降，使进口国外石油的成本加大。解决这个问题的关键是中国国内的石油调剂能力。第一是石油储备能力。现在的能力比较薄弱。第一期建成的储备库库存能力为1400×10^4t，现在正建第二期，建成后石油储备能力会增大，可在低油价时多进口油。第二是统筹国内外两种石油资源，在低油价时压低国内石油产量，多利用国外石油，在高油价时，尽量提高国内石油产量，少用国外石油。第三，提高应用期货的能力，在低油价时多买入国外石油。

中国政府十分重视利用国外石油资源。2009 年新年伊始，就出现了一系列利用国外石油的重大事件，签订了向俄罗斯贷款 250 亿美元，在 20 年内供油 3×10^8t 的协议；中国与委内瑞拉协议共同设立合作基金 120 亿美元，在委内瑞拉现在日出口油 36.4×10^4bbl 的基础上，到 2020 年达到每天 100×10^4bbl，同时两国合建 4 艘油船和在中国建三家炼厂；中伊（朗）间签订投资 17.6 亿美元，开发伊朗北阿札德甘油田；巴西承诺每天向中国出口石油 16×10^4bbl；向中国出口油最多的沙特阿拉伯承诺长期向中国供油。相信通过各种举措，中国石油安全问题一定能够解决。

原载于:《科学对社会的影响》，2009 年第 1 期。

世界石油供需新趋势

——随着天然气、核能和可再生能源的快速增长，煤的清洁化利用，能效的提高和节能见效，石油需求的增长速度将逐渐下降

童晓光

（中国石油天然气勘探开发公司）

2009 年中国石油国内原油产量为 18949.4×10^5t，净进口原油 19860.5×10^5t，净进口成品油 1191.84×10^5t，对外依存度达到 52.7%，可能一部分进口原油已转化为石油储备，但总体上石油对外依存度已超过 50%。此外进口了石油液化气 324.25×10^5t，其他石油产品 461.58×10^5t。未来中国石油自身产量增长主要来自海上，但增长潜力有限，估计年产量上限约在 2×10^8t 左右。按照近十年的中国石油需求增长趋势，即使在大力提倡节能和利用替代能源的情况下，估计到 2020 年石油对外依存度仍将超过 65%，2030 年将超过 70%。未来世界石油的供需趋势对中国石油安全具有十分重要的意义。

世界石油的供需趋势，首先在于世界石油的供给能力，不同学者的认识差别很大，大致可以分为两大派。一派较悲观，最为悲观的要推美国资深石油专家马修·R·西蒙斯，他认为 2005 年 12 月已达石油产量高峰，最新的是 2010 年 3 月科威特大学和科威特石油公司的地质学家们认为 2014 年将要达到石油产量的峰值。然而美国联邦地质调查局和剑桥能源研究协会的预测要乐观得多，多数地质家认为石油产量高峰在 2030 年左右。

随着天然气、核能和可再生能源的快速增长，煤的清洁化利用，能效的提高和节能见效，石油需求的增长速度将逐渐下降，石油需求高峰有可能早于石油供给高峰出现。而近年来也出现了许多产量增加的新因素，有必要研究石油供需的新趋势。

1　伊拉克对外开放给石油供应注入了新的活力

伊拉克的剩余石油可采储量为 1150×10^8bbl，其常规石油剩余储量占世界第三位。自 1990 年海湾战争之后，勘探几乎停止，采油设施和技术没有更新，约 2300 口油井仅开井约 1600 口，石油产量停滞不前。近 20 年来大部分年份石油年产量仅为伊朗的 1/2 左右，而其石油储量占伊朗的 84%，伊拉克具有近期迅速提高产量的潜力。伊拉克的油田都位于陆地，主要油层位于白垩系，其次为第三系，埋深在 3000m 左右，采出程度低，生产成本低。伊拉克由于长期政治动乱和没有对外开放，经济十分困难，急需快速发展石油工业。为此，伊拉克政府采取了石油对外开放政策。

2009 年 3 月 11 日，伊拉克首次签订了与中石油的艾哈代布油田开发合作项目，这个项目早在 1997 年签订了产品分成合同，由于联合国制裁，长期没有执行，这次改为服务合同，成为战后伊拉克与外国公司所签合同中第一个，也是唯一一个重新签订的合同。合同要求 3 年内年产量达到 300×10^5t，6 年内达到 600×10^5t，项目已经启动，预计将超过上述产量指标。

2009 年 6 月伊拉克首次公开对外招标，2010 年 1 月第二轮对外招标，这两轮招标，包含了伊拉克已开发和已探明的大部分油田。结果第一轮招标签订了 3 个项目，第二轮招标签订了 7 个项目（表 1）。

表 1　伊拉克勘探开发招标结果

油田名称		财团（* 为作业者）	稳产目标（10^4bbl/d）	服务费（美元 /bbl）
第一轮	鲁迈拉	英国石油公司 *，中石油	285	2
	祖拜尔	埃尼 *，Occident，Kogas	120	2
	西库尔纳油田一期	埃克森美孚 *，壳牌	232.5	1.9
第二轮	马吉努恩油田	壳牌 *，马来西亚国家石油公司	18	1.39
	哈发亚油田	中石油 *，马来西亚国家石油公司，道达尔	53.5	1.4
	凯亚拉油田	安哥拉国家石油公司 *	12	5
	西库尔纳油田二期	鲁克 *，挪威国家石油公司	180	1.15
	哈拉夫油田	马来西亚国家石油公司 *，Japex	23	1.49
	巴德拉油田	俄罗斯天然气工业股份有限公司 *，土耳其国家石油公司，Kogas，马来西亚国家石油公司	17	5.50
	奈季迈油田	安哥拉国家石油公司 *	11	8

资料来源：中东经济观察。

鲁迈拉（Rumaila）油田是伊拉克最大油田，剩余可采石油储量 170×10^8bbl，目前产量约 100×10^5bbl/d，招标目标为 180×10^5bbl/d，英国石油公司和中石油中标，承诺产量达到 285×10^5bbl/d。

西库尔纳（West Qurna）油田一期估计剩余石油可采储量为 86×10^8bbl，目前日产 28×10^5bbl，目标日产 60×10^5bbl，埃克森美孚和壳牌承诺日产 232.5×10^5bbl。

祖拜尔（Zubair）油田剩余石油可采储量 54×10^8bbl/d，目前日产 19.5×10^5bbl，目标日产 60×10^5bbl，埃尼和 Occident 等承诺日产 120×10^5bbl。

马吉努恩（Mainoon）油田剩余石油可采储量 118.77×10^8bbl，目前日产 5×10^5bbl，目标日产 18×10^5bbl，壳牌和马来西亚国家石油公司承诺日产 18×10^5bbl。1998 年伊拉克

石油部报告马吉努恩油田可采储量为（60～70）$\times 10^8$bbl。

哈发亚（Halfayh）油田剩余石油可采储量 41$\times 10^8$bbl，目前日产约 3100bbl，中石油和道达尔承诺日产 53.5$\times 10^5$bbl。

西库尔纳油田二期，剩余石油可采储量约 76$\times 10^8$bbl，鲁克和挪威国家石油公司承诺日产油 180$\times 10^5$bbl。

上述两轮招标所签 10 个项目国际油公司承诺的日产量达到 952$\times 10^5$bbl。招标后伊拉克又与中海油签订了米桑油田群的合作协议，剩余可采储量约 25$\times 10^8$bbl，目前日产约 10$\times 10^5$bbl，承诺日产 45$\times 10^5$bbl。还有一批油田招标未达成协议，如基尔库克大油田以及基尔库克地区的其他油田仍在继续生产。

伊拉克石油部预计到 2017 年石油产量将达到 1200$\times 10^5$bbl/d，这将使世界石油年产量增加约 4.8$\times 10^8$t。从伊拉克拥有的储量而言，并不是没有可能。如 Rumaila 油田，经 BP 评价认为其原始地质储量有 650$\times 10^8$bbl，已经采出 120$\times 10^8$bbl，采收率达到 40%，完全可信，所以剩余可采储量大约为 200$\times 10^8$bbl，通过优化油藏管理、注水和注气可能达到，现已开始再开发作业，2010 年准备打 70 口生产井。伊拉克的对外开放确实提供了新的石油产量潜力，而且还有可能带动沙特、科威特和墨西哥的对外合作。这 3 个国家的法律规定石油上游不对外合作，而伊拉克服务合同的形式，或者可能打开一条新的合作通道，对提高这 3 个国家的产量十分有利。但伊拉克产量的提高必将与欧佩克国家的产量配额发生矛盾，所以要真正达到伊拉克石油部的产量目标可能性不大。

2 有可能出现新的石油出口国

巴西是最重要的可能成为新的石油净出口的国家。巴西长期以来是石油净进口国，但石油产量一直在上升，1990 年为 5630$\times 10^5$t，2008 年为 9390$\times 10^5$t。巴西 2009 年的剩余可采储量达 19.5636$\times 10^8$t，储采比较中国高很多。巴西近几年来在桑托斯盆地深水区盐下成藏组合有一系列重大发现，据 IHS 的数据，从 2006 年开始一共发现了 8 个油气田，2P 石油地质储量近 495.5$\times 10^8$bbl。此外，在坎波斯和圣埃斯皮里图盆地也有发现。

巴西国家石油公司预测巴西大西洋沿岸整个盐下成藏组合延伸长约 800km，宽约 200km，水深 1500m，埋深 3000～7000m，估计还可能有重大发现。预计巴西 2020 年产量将达 570$\times 10^5$bbl/d，超出巴西国内需求 200$\times 10^5$bbl/d，成为重要的石油净出口国。

巴西同时又是一个乙醇产量大国，约占世界乙醇产量的 1/3，占世界出口量的 50%。巴西使用的汽油全部为乙醇汽油，乙醇比例达 25%。巴西自 2006 年 2 月启动了生物柴油计划，从 2008 年开始，巴西销售的柴油中必须添加 2% 的生物柴油，到 2013 年这一添加量将达到 5%。这也是使巴西成为石油出口国的重大潜力之一。

西非转换带的科特迪瓦和加纳深水区，近年来有很多发现。特别是在加纳深海区的 Tano 盆地，发现了 Jubilee 油田，含油层位为上白垩统浊积砂岩，地层一构造圈闭，油气柱高度超过 200m，探井多层测试，合计产量超过 1$\times 10^5$bbl/d，估计可采储量（5～18）$\times 10^8$bbl。最近新探井在更深层发现新的油层，油田的含油范围也有扩大的可能，还有一批待钻圈闭，有继续发现的潜力。位于盆地主体的科特迪瓦，已发现了5个油田和5个气田，2009年在Acajou油田的探井，在油柱顶部13m油层测试，日产油3500bbl。科特迪瓦已发现的油田可能扩大，还有新的圈闭待钻。加纳和科特迪瓦很有可能在近期成为石油生产国和出口国。

3 超重油和油砂潜力巨大正逐步进入市场

非常规的液态烃包括超重油、油砂和页岩油，其资源潜力有多家机构进行过评价，其中最现实的是重油和油砂。

美国联邦地质调查局2005年的评价结果：全世界油砂的地质资源量达26183×10^8bbl，技术可采资源量6507×10^8bbl，其中81.6%在北美，主要在加拿大。全世界重油的地质资源量为32685×10^8bbl，技术可采资源量4343×10^8bbl，61.2%在南美，主要在委内瑞拉。

加拿大油砂的一部分已升级为可采储量1760×10^8bbl，其中350×10^8bbl可地面开采，1410×10^8bbl需地下开采，早已投入开发。2010年的日产可达200×10^5bbl，预计2015年可达300×10^5bbl/d。加拿大的油砂开采技术成熟，但开采成本较高，改制成本也比较高，生产1bbl合成油需21～42m^3天然气。加拿大油砂的储量潜力巨大，有大幅度提高产量的可能性，未来生产能力取决于油价。

对于委内瑞拉的奥里诺科重油带，美国联邦地质调查局根据新的资料进行重新评估，并升级为技术可采储量达到5130×10^8bbl，超过了2005年评估的全世界重油技术可采资源量。根据委内瑞拉政府2010年3月19日宣布的数据，整个委内瑞拉的探明储量2009年底达到2111.7×10^8bbl，增长了23%，主要增长来自重油，储量接近沙特阿拉伯。奥里诺科重油带的面积为54000km^2。委内瑞拉政府已对外国公司全面开放，但控制60%的股权，并且将全区分为四大区，然后进一步划为若干区块。Carabobo区总面积2665km^2，分为6个区块，其中4个区块已投入开发。Ayacucho区划分为8个区块，其中1个已投入开发。Junin区划分为12个区块，其中3个已投入开发，Boyaca区划分为6个区块。奥里诺科重油带原油比重（API）基本上都小于10°，均为超重油，原油黏度在5000mPa·s左右，最大优点是储层物性好，孔隙度在32%左右，含油饱和度多数为82%，平均埋深500m，最深1000m，用冷采的方法采收率可达到10%以上，所以，许多国际油公司对奥里诺科重油加开发都很有兴趣。如俄罗斯国家石油财团已签了Junin6区块，中石油已签了Junin4区块，意大利埃尼集团签订了Junin5区块，以雪佛龙为首的财团签订了Carabobo2sur、Carabobo3Norte和Carabobo5，以雷普索为首的财团签订了Carabobol、Centroy、CarabobolNorte。至今已签合同的区块有13个。

奥里诺科重油带的产量在2009年约为60×10^5bbl/d，如此多家外国公司的加入，再加上本身丰富的储量，产量必将迅速上升。其主要制约因素是转化厂的建设需要时间，转化需要大量天然气，并且未来的油价对重油的生产影响很大。

除了上述主要油砂和重油产区外，世界上还有许多地方存在油砂和重油，多数地区没有做深入评价。总之，重油和油砂的资源潜力可能超过常规石油，成为石油长期供给能力的重要保证。

油页岩的资源远大于重油和油砂，页岩中的油实际上就是烃源岩中排烃后剩余的部分。世界上烃源岩排出的烃远小于剩留烃，因此页岩中的油数量大，分布范围广，保存要求条件低，不容易散失。据评价，仅美国绿河盆地的资源量就达到 2130×10^8t，一些条件较好的地方已有长期生产历史，如爱沙尼亚北部的 Kukersite。

美国能源部 2008 年 7 月公布商业化开发油页岩计划，计划拟开发美国西部罗科拉多州、犹他州和怀俄明州 1700$mile^2$ 区域拥有的可采储量 8000×10^8bbl 资源，这个数量大约是沙特阿拉伯储量的 3 倍。技术进步、开采成本降低是开发油页岩的关键，这可能还需要有一段时间的努力才能形成较大规模的商业性生产，但这个时代必将出现。

总之，对石油供应能力的悲观观点是不符合客观实际的。

4 天然气的替代作用正在加强

从化石能源向低碳的核能和再生能源过渡需要一个相当长的时期，天然气单位热当量的 CO_2 排放量约为石油的 72%，并且资源丰富，开采技术成熟，它可以起到替代一部分石油消费的作用，在过渡时期将扮演重要角色。

目前已经探明天然气剩余可采储量达到 $187 \times 10^{12}m^3$，2009 年的产量为 $3.04 \times 10^{12}m^3$，储采比为 61，比石油约高 50%。美国联邦地质调查局预测的常规天然气待发现资源和已知气田的储量增长量合计 $253 \times 10^{12}m^3$。非常规天然气更加丰富，它的分布更加广泛。非常规天然气中的致密砂岩估计为 $200 \times 10^{12}m^3$，煤层气估计为 86×10^{12}～$283 \times 10^{12}m^3$，页岩气估计为 $450 \times 10^8m^3$。

2009 年世界天然气产量的最大变化是美国非常规天然气大幅度增加，达到 $3089 \times 10^8m^3$，占美国天然气总产量的 50%。非常规天然气正在发挥重大作用。

天然气资源潜力大，同时与石油相比，单位热值的价格较低，又是一种优质能源，对天然气的需求也必然以较快速度增加。LNG 技术的发展，使天然气的运输较方便，并逐渐形成世界性市场。IEA 预计到 2015 年，天然气剩余产能将达到 $2000 \times 10^8m^3$。

据埃克森美孚的预测，全球能源需求年增长 1.2%，从 2005～2030 年增长 35%，其中天然气需求增速最快，2030 年将比 2005 年增长 55%，天然气在整个能源中的比例将会有轻微上升。

如果把日本作为一典型加以分析，其石油需求不断下降，天然气需求不断上升，可以看出天然气对石油的替代作用。日本石油消费在 1997 年为 2.65×10^8t，2007 年为 2.289×10^8t，11 年共下降了 0.361×10^8t，而天然气的消费却从 1997 年的 57.7×10^5t 油当量增至 2007 年的 81.2×10^5t 油当量，11 年上升了 23.5×10^5t 的油当量。日本石油消费量的下降有多种因素，但天然气的替代作用也是因素之一。

天然气对石油的替代最直接的是天然气合成油（GTL），目前世界上有 3 个合成油厂，分别是卡塔尔的 Orgx，南非的 Mossgas 和马来西亚的 Bintula，还有在建和规划中的合成油厂。据国际能源署的预计，2030 年 GTL 产量可达 $500 \times 10^8m^3$。

压缩天然气作为运输燃料也是天然气直接替代石油的方式之一，最主要用于城市的公交车，如果压缩天然气加气站分布广泛，也可以作为出租车和民用车的燃料。

5 发达国家对石油需求开始缓慢下降，新兴国家成为石油需求增长的主要动力

世界各国的石油需求增长存在明显的差异，可以分为以下几种类型：

第一类为经济发达国家，人口增长和经济增长都比较缓慢，整个能源需求增长较慢，单位 GDP 的能耗低，能源结构中石油的比例高，替代能源发展较快。石油的需求开始缓慢下降，据 IEA 的预测，2010—2030 年，美国年下降率为 0.7%，欧洲发达国家年下降率为 0.4%，日本年下降率为 1.8%。

第二类为发展中国家中的新兴国家，中国为典型代表，笔者预计中国的石油需求在 2030 年之前年增长率将在 3.5% 左右。印度和中东国家可能也与中国相似。

第三类为发展相对缓慢的发展中国家，但各国差别很大，在 2030 年前的平均年增长率约为 1%。

发达国家石油需求将缓慢下降，而发展中国家尤其是新兴国家成为石油需求增长的主要动力是可以肯定的，但是上述预测的增长速度仍然存在很大不确定性，主要原因是替代能源的发展速度、替代能源代替运输燃料的速度、节能技术的发展和应用速度很难确定。而石油需求的增长速度将低于总能源需求的增长速度，石油在整个能源中的比例将下降，这是可以肯定的。

6 结论

（1）以伊拉克为中心的产油国石油产量将在近 5～7 年内大幅度增长，全球石油供应潜力较大，世界石油供应充足，这将持续相当长的时期。

（2）天然气的产量高速增加，将对石油起一定替代作用。

（3）石油需求增长主要由发展中国家推动，中国等新兴国家和中东各国是石油需求增长的主力。

（4）石油资源丰富，供应潜力大，主要风险是石油价格。

原载于:《世界石油工业》，2010 年第 17 卷第 4 期。

全球油气资源潜力与分布

童晓光[1,2]，张光亚[2]，王兆明[2]，田作基[2]，牛嘉玉[1,2]，温志新[2]

（1. 中国石油天然气勘探开发公司；2. 中国石油勘探开发研究院）

摘要：随着中国国民经济的快速发展，中国油气对外依存度日益增加，这就要求合理有效地利用国外油气资源，为此首次开展了全球油气资源评价的专项研究。油气资源评价以成藏组合为评价单元，针对不同勘探程度采用不同评价方法，高勘探程度盆地采用发现过程法，中等勘探程度采用主观概率法，低勘探程度采用类比法，最后采用蒙特卡罗模拟法进行汇总。针对世界不同储量分类体系，采用 4 类储量增长函数预测了全球到 2030 年的已知油气田储量增长量。对非常规油气资源主要采用体积法与类比法，评价了全球重油、油砂、油页岩、页岩气、煤层气、致密气 6 个矿种的地质资源量与可采资源量。评价结果表明全球常规和非常规油气资源潜力仍然巨大，应该积极参与国际油气合作，分享世界油气资源。这是中国首次对全球开展系统的油气资源评价，获得了自主评价的盆地、大区及全球的油气资源量，分析了资源量的分布与特点，指出了未来的潜力与方向，为中国油气公司“走出去”和国家制定能源战略提供重要的参考与支持。

关键词：常规油气资源；非常规油气资源；待发现油气资源；已知油气田储量增长；全球油气资源评价

随着我国国民经济的快速发展，国家对石油和天然气的需求越来越大，2013 年国内石油对外依存度达到 59.8%，天然气对外依存度达 21%[1]。据 BP 预测，到 2030 年，中国的石油对外依存度将高达 80%，天然气的对外依存度高达 42%[2]。供需缺口逐年增大，这就决定了必须长期大规模利用海外油气资源，开辟多种渠道利用海外油气资源，以确保国家能源安全。合理有效地利用国外油气资源的前提是要对全球油气资源的分布及潜力有自主的评价和判断，据此，国家重大专项以及中国石油天然气股份有限公司分别设立了重大专项“全球剩余油气资源研究及油气资产快速评价技术（2008—2010）”开展攻关研究。通过 3 年的研究，自主评价了全球 143 个主要含油气盆地的待发现资源量；采用 4 种储量增长模型预测了全球已知油气田储量增长的规模与潜力；自主评价了全球 6 个主要矿种的非常规油气资源量，并分别提出不同类型资源的合作潜力与方向。

1 总体评价思路与评价方法

油气资源评价是根据评价单元的油气地质条件对该单元内可能聚集资源量的一种估算。前人研究开发了众多油气资源的评价方法，这些方法各具特点并具有不同的适用性，评价单元的选择以及对油气地质条件的掌握决定了采用的评价方法[3-10]。

1.1 常规待发现油气资源评价方法

本次对油、凝析油、天然气分别开展评价，资源量级别为最终可采资源量（Ultimate Recoverable Reserves），它是指在整个油气田开发生命周期中，储层中可以采出的石油体积。由于其没有考虑经济条件对于油藏储量的影响，因此可充分客观地评价一个盆地的油气富集程度及未来的勘探开发潜力[8]。从油气成藏的角度而言，油气资源评价的最小单元的范围应该是相似地质背景下的一组远景圈闭和 / 或油气藏，它们在油气充注、储盖组合、圈闭类型、结构等方面具有一致性[11-13]。因此确定成藏组合为本次油气资源评价的最小评价单元。

针对不同勘探程度及不同资料掌握程度采用不同的评价方法，所有评价方法的参数选取均要以综合的地质评价为基础。对于 6 个以上油气田的高勘探程度评价单元，采用发现过程法进行评价[9]；对于 CNPC 资产区采用圈闭加和法；对于 6 个以下油气田的中等勘探程度评价单元，采用基于地质分析的主观概率法；对于没有油气发现或资料掌握程度低的评价单元，采用体积类比法。最后采用蒙特卡罗模拟法将不同评价方法和不同评价单元的评价结果进行加和计算。评价的结果采用不确定性的表达方式，置信程度由高到低分别采用 95%、50%、5% 和均值（mean）表示（图 1）。

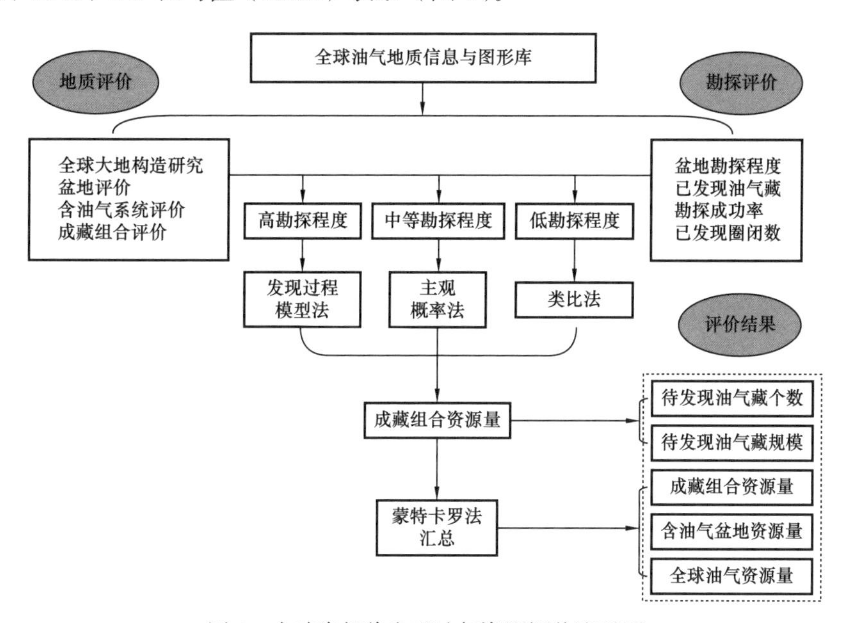

图 1　全球常规待发现油气资源评价流程图

1.2 已知油气田储量增长评价方法

储量增长是指已发现油气田在评价、开发和开采的整个生命周期中可采储量的增加，是未来数十年新增油气储量的重要来源之一。导致已发现油气田的估算储量随时间变化的原因很多，包括开采技术的进步、在油气田内发现新油气藏、老油气藏扩边以及储量计算参数修正等，油气田的储量规模在一段时间内一般都呈现正增长。最早提出已知油气田储量增长的是美国地质调查局（USGS），其采用北美的储量增长参数对全球已知油气田的储量增长进行了评价[14]。实际上，储量增长的潜力在很大程度上取决于储量的评价体系。据此，我们从目前已有的油气田出发，应用改进的阿灵顿方法[15]，根据评价区域不同储量分类体系的差异，建立了北美型增长函数、欧洲型增长函数、前苏联型增长函数、澳洲型增长函数4类不同的储量增长模型对未来全球油气储量增长进行预测，得到的预测结果与实际增长量将会更加接近（图2）。

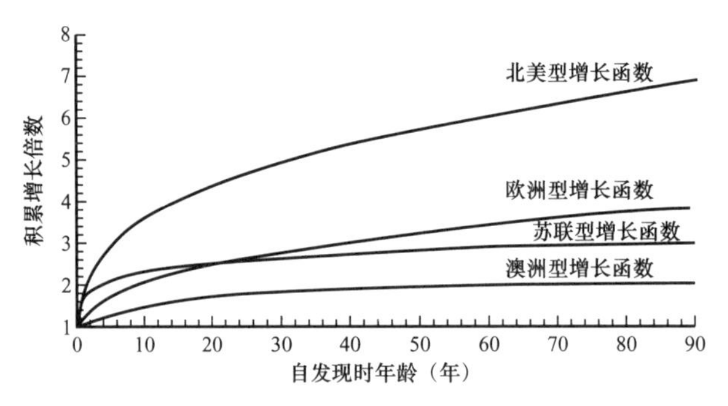

图2　4类不同储量管理体系的储量增长函数图

1.3　非常规油气资源评价方法

本次非常规油气资源评价主要评价地质资源量与技术可采资源量。评价方法以体积法与类比法为主，其他方法为辅；资源评价单元与相应评价方法根据资源丰度、资源勘探程度和评价资料的获取难度，将资源评价单元划分为两个级别：重点评价盆地或地区主要应用体积法计算评价单元的资源量；一般评价盆地或地区应用类比法，通过与地质条件相似的重点评价区或高勘探程度区类比，预测评价单元的资源量（图3）。

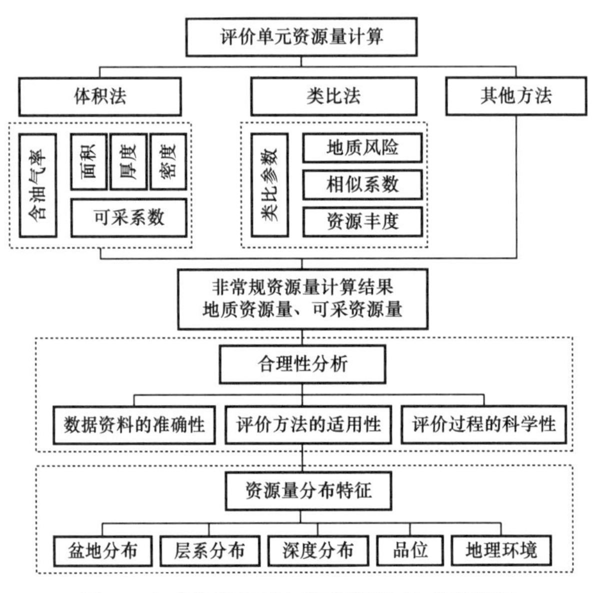

图3　全球非常规油气资源评价技术流程图

2 全球常规油气资源分布

全球常规油气资源量由已采出量、剩余探明储量、已知油气田储量增长量和待发现资源量4部分构成。已采出量和剩余可采储量基于美国《油气杂志》[16]，待发现资源量及已知油气田储量增长量来自本次自主评价的结果，本次评价及统计结果均不含中国。

全球常规油气资源总量为 6.44×10^{12}bbl 油当量，分布极不均衡，主要分布于中东地区，该地区是全球常规油气剩余探明储量、油气累计产量、油气储量增长量、待发现油气资源量最大的地区，其油气总资源量占全球35.85%，其次是北美、南美、非洲地区，其他5大地区资源量所占比例较小。

2.1 常规石油资源量

全球常规石油总资源量为 3.66×10^{12}bbl，主要分布于中东地区，该地区是全球石油剩余探明储量、石油累计产量、石油储量增长量、待发现石油资源量最大的地区，其常规石油资源量为 14427.83×10^{8}bbl，占全球资源量39.98%，其次是北美、南美、非洲地区，其比例分别为17.63%、12.95%、10.50%，其他五个大区资源量所占比例较小（表1，图4）。

表1 全球各地区常规石油资源总量表（不含中国）

地区	2008年剩余可采储量（10^{8}bbl）	截至2008年年底累计产量（10^{8}bbl）	待发现石油资源量（10^{8}bbl）	2008—2030年石油储量增长量（10^{8}bbl）	常规石油总资源量（10^{8}bbl）
中东	7460	2960	2418	1590	14428
北美	2099	2188	1225	934	6447
南美	1277	800	1722	988	4737
非洲	1171	1040	864	767	3842
俄罗斯	600	755	1340	192	2887
欧洲	213	1319	412	202	2147
亚太	120	493	215	219	1046
中亚	312	120	360	67	859
南亚	60	24	64	35	182
合计	13262	9700	8620	4993	36574

注：累计产量为1965—2008年的累计产量，1965年前全球石油总产量约为 110×10^{8}bbl（15×10^{8}t）。

从常规石油资源量的构成比例来看，全球剩余可采储量为 1.33×10^{12}bbl，是常规油气资源的主要部分，其比例为36.26%，其次是截至2008年年底累计产量和待发现资源量，分别占26.52%和23.57%，同时评价结果显示储量增长对石油资源量贡献比较大，达到13.56%（图5、图6）。

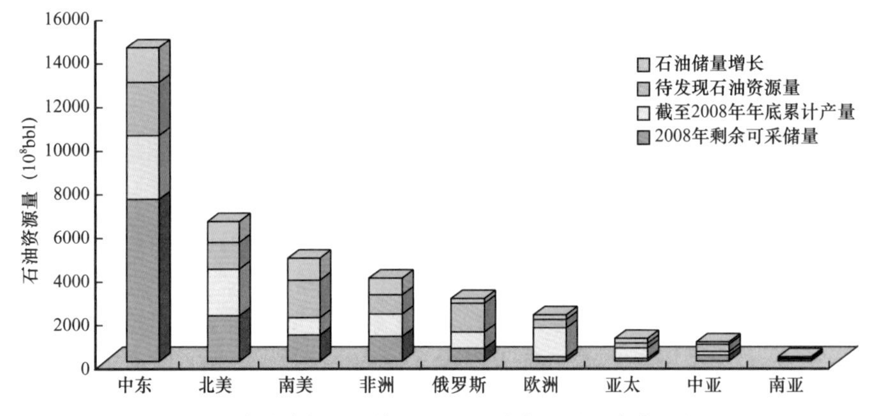

图4　全球常规石油资源量地区分布图（不含中国）

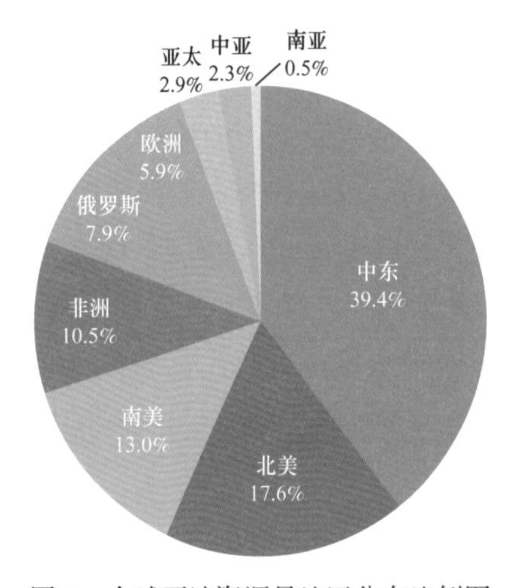

图5　全球石油资源量地区分布比例图

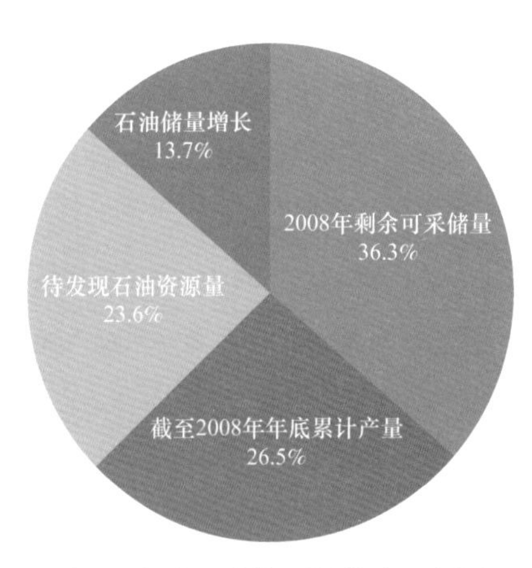

图6　全球石油资源量构成比例图

2.2　天然气常规资源量

全球常规天然气总资源量为 $16109.91\times10^{12}ft^3$，主要分布于中东和俄罗斯地区（包括北极地区），中东地区是天然气剩余探明储量和天然气储量增长量最大的地区，其常规天然气资源量为 $4844.49\times10^{12}ft^3$，分别占全球总资源量 30.07%，俄罗斯地区天然气资源量为 $4097.76\times10^{12}ft^3$，比例为 25.44%，其次是北美，其比例为 13.39%，其他六大地区所占比例相对较小。待发现天然气资源量最大的地区是俄罗斯，而北美地区的天然气累计产量占全球比例最大（表2，图7）

表2　全球常规天然气资源总量表（不含中国）

地区	2008 年剩余可采储量（Tcf）	截至 2008 年年底累计产量（Tcf）	待发现天然气资源量（Tcf）	2008—2030 年天然气储量增长量（Tcf）	常规天然气总资源量（Tcf）
中东	2592	178	1137	938	4844
俄罗斯	1680	462	1726	231	4098

续表

地区	2008 年剩余可采储量（Tcf）	截至 2008 年年底累计产量（Tcf）	待发现天然气资源量（Tcf）	2008—2030 年天然气储量增长量（Tcf）	常规天然气总资源量（Tcf）
北美	309	937	498	414	2158
非洲	494	104	352	248	1198
欧洲	238	419	191	139	987
南美	267	92	244	313	914
亚太	266	138	155	285	845
中亚	244	103	294	74	715
南亚	84	50	169	47	350
合计	6174	2481	4765	2689	16110

从常规天然气资源量构成比例来看，全球剩余可采储量为 $6174.36\times10^{12}ft^3$，占总资源量的 38.33%，其次是待发现资源量，占 29.58%，天然气储量增长对资源量贡献比较大，为 16.69%（图 8、图 9）。

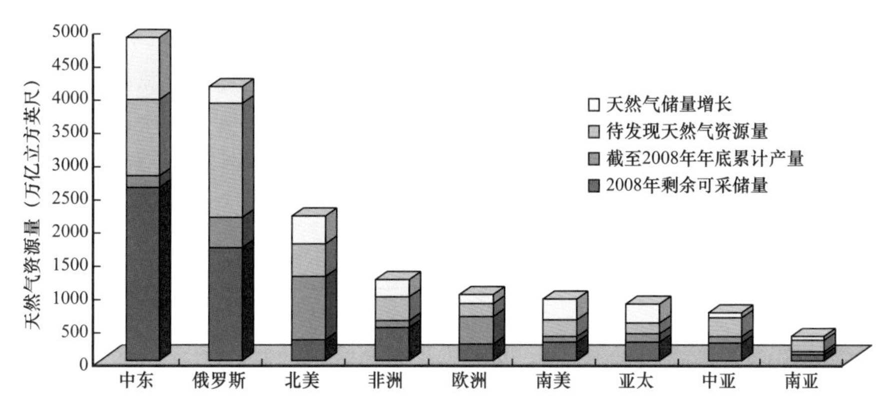

图 7 全球常规天然气资源量地区分布图（不含中国）

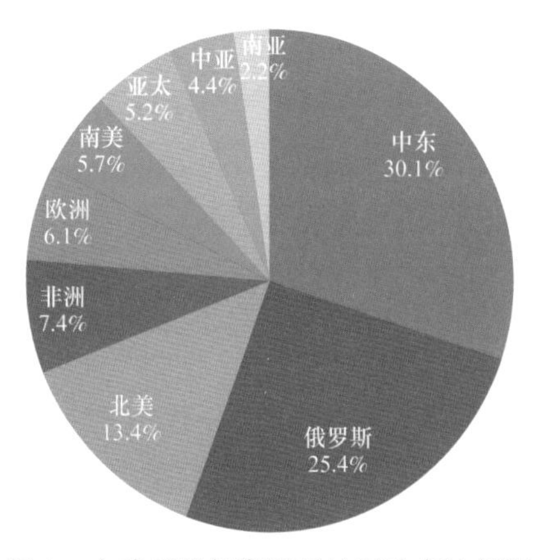

图 8 全球天然气资源量地区分布比例图

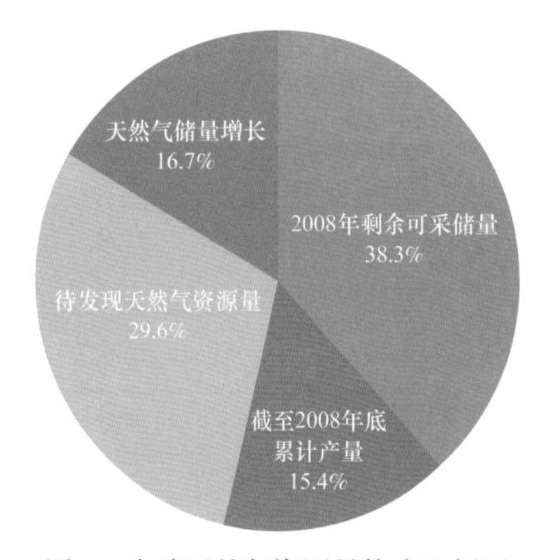

图 9 全球天然气资源量构成比例图

3 全球非常规油气资源分布与潜力

本次评价结果表明，全球非常规油气资源十分丰富，评价区非常规油地质资源量为 13.39×10^{12}bbl，可采资源量为 3.34×10^{12}bbl；非常规天然气地质资源量为 $23194\times10^{12}ft^3$，可采资源量为 $6315\times10^{12}ft^3$。全球非常规油气资源潜力巨大，但分布极不均衡，主要集中在北美、南美、苏联等地区，并且石油地质特征复杂，开发技术条件等方面的差别也比较大。

3.1 全球非常规石油资源分布特征

本次主要评价的油砂、重油、油页岩油 3 种资源可采资源总量为 3.34×10^{12}bbl，其中油砂为 7070×10^8bbl，占 21.2%；重油可采资源量为 7123×10^8bbl，占 21.3%；油页岩油可采资源量为 1.92×10^{12}bbl，占 57.5%（表 3，图 10）。全球非常规石油资源大区分布直方图表明（图 10），非常规石油的分布比较集中，主要分布在北美、南美和苏联，占非常规石油资源总量的 77.4%。油砂主要分布在北美和苏联，约占全球油砂总资源量的 96%，其中尤以加拿大的西加拿大盆地和俄罗斯的东西伯利亚盆地最为富集，约占全球油砂总资源量的 82%。重油主要集中在南美和北美，约占全球重油总资源量的 84%，其中尤以委内瑞拉的东委内瑞拉盆地和马拉开波盆地最为集中，约占全球重油总资源量的 63%。油页岩主要分布在北美、大洋洲和亚洲，约占全球油页岩资源量的 83%，其中以美国的皮申斯盆地、尤因他盆地、绿河盆地、澳大利亚的那古林地堑和约旦的西奈地台最为集中，占全球油页岩总资源量的 82%（图 11、图 12）。

表 3　全球非常规石油资源量表（不含中国）

地区	油砂		重油		油页岩油		合计	
	地质资源量（10^8bbl）	可采资源量（10^8bbl）	地质资源量（10^8bbl）	可采资源量（10^8bbl）	地质资源量（10^8bbl）	可采资源量（10^8bbl）	地质资源量（10^8bbl）	可采资源量（10^8bbl）
中东			2256	315	427	2675	2683	2990
北美	28578	2876	6506	831	15177	10319	50261	14025
南美	1987	395	29282	5336	857	583	32127	6314
非洲	534	32	935	133	1511	1043	2981	1208
俄罗斯	30339	3043	1574	224	2190	1511	34103	4778
欧洲	194	58	813	116	247	168	1254	343
亚太	52	10	574	82	4227	2875	4852	2967
中亚	4987	656	472	67	80	55	5539	778
南亚			126	18			126	18
合计	66672	7070	42538	7123	24716	19228	133926	33422

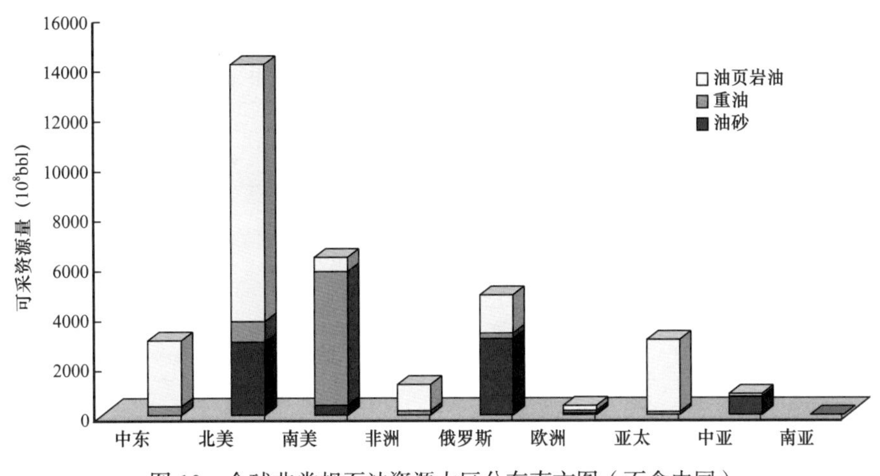

图 10　全球非常规石油资源大区分布直方图（不含中国）

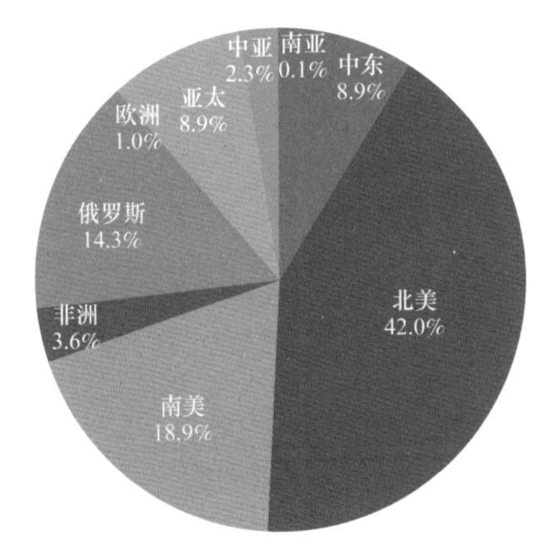

图 11　全球非常规油可采资源量地区分布图

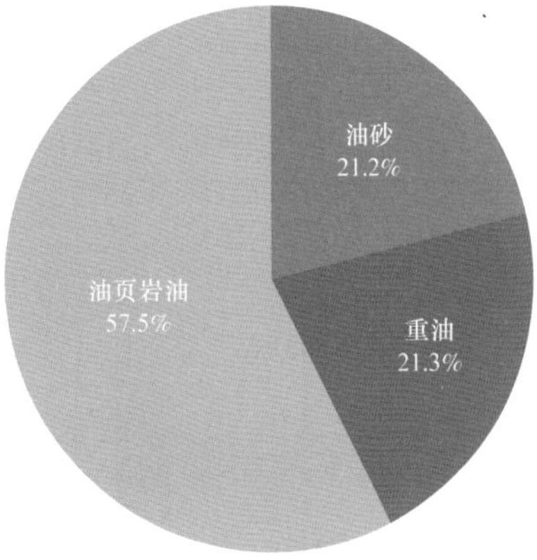

油砂
21.2%
油页岩油
57.5%
重油
21.3%

图 12　全球非常规油可采资源量不同类型构成图

3.2　全球非常规天然气资源分布特征

本次主要评价的页岩气、煤层气和致密气 3 种资源可采资源总量为 6315×10^{12}ft^3，其中页岩气可采资源为 3457×10^{12}ft^3，占 54.7%；煤层气可采资源量为 2332×10^{8}bbl，占 36.9%；致密气可采资源量为 526×10^{12}ft^3，占 8.3%（表 4、图 13）。全球非常规天然气资源大区分布直方图（图 13）表明，非常规天然气主要分布在北美、苏联和亚洲，占全球非常规气资源量的 85.9%。煤层气主要集中在苏联和北美地区，约占全球煤层气总资源量的 75%，其中俄罗斯的通古斯盆地、库兹涅茨克盆地和加拿大的西加拿大盆地为煤层气资源最丰富的盆地，约占全球煤层气总资源量的 55%；页岩气主要集中在北美、苏联和亚洲地区，约占全球页岩气总资源量的 83%，其中以北美的阿巴拉契亚盆地、福特沃斯盆地、西加拿大盆地、俄罗斯的东西伯利亚盆地、西西伯利亚盆地和伏尔加—乌拉尔盆地、中东的阿拉伯盆地为页岩气资源最丰富的盆地，约占全球页岩气总资源量的 63%。致密气主要集中在北美地区，约占全球致密气总资源量的 76%，其中美国的落基山盆地群和加拿大的西加拿大盆地致密气资源最丰富（图 14、图 15）。

表 4 全球非常规天然气资源量表（不含中国）

地区	页岩气		煤层气		致密气		合计	
	地质资源量（Tcf）	可采资源量（Tcf）	地质资源量（Tcf）	可采资源量（Tcf）	地质资源量（Tcf）	可采资源量（Tcf）	地质资源量（Tcf）	可采资源量（Tcf）
中东					6	2	6	2
北美	6185	1263	909	552	1051	399	8145	2215
南美	1126	225			80	30	1206	256
非洲	1204	233			18	7	1222	240
俄罗斯	4368	846	2309	1325	105	40	6782	2211
欧洲	692	138	189	65	67	25	948	229
亚太	3151	611	698	282	56	21	3906	915
中亚	770	139	22	14			792	153
南亚			188	94			188	94
合计	17496	3457	4315	2332	1384	526	23194	6315

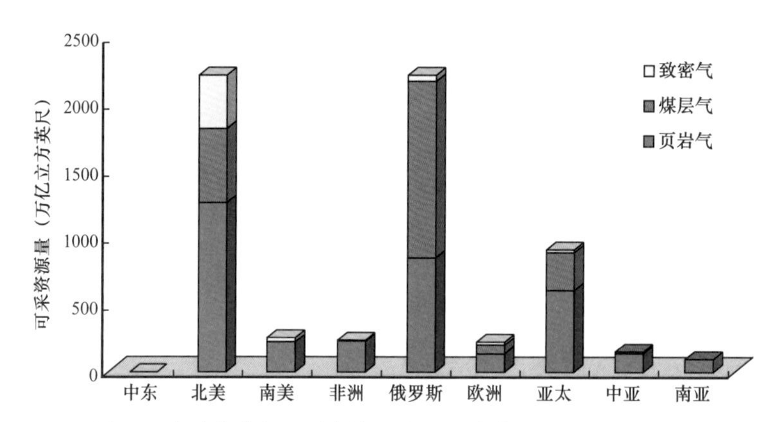

图 13 全球非常规天然气资源大区分布直方图（不含中国）

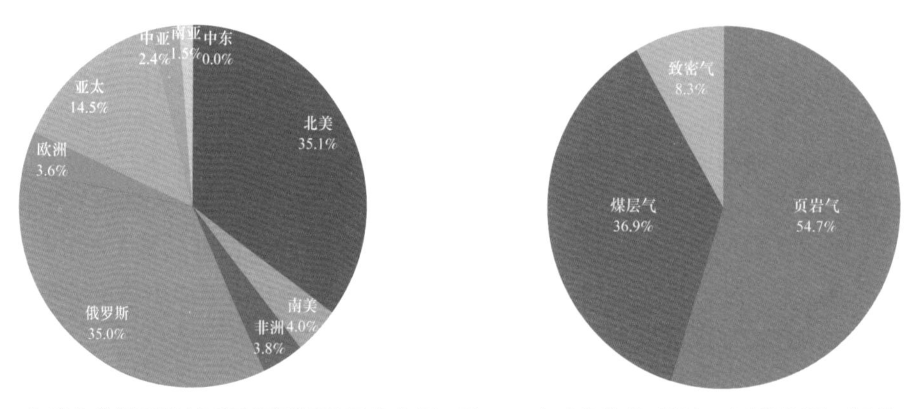

图 14 全球非常规天然气可采资源量地区分布图 图 15 全球非常规天然气可采资源量不同类型构成图

4 结论

（1）截至 2008 年年底，全球常规石油资源的采出程度为 26.52%，剩余常规石油可采储量为 1.32×10^{12}bbl，占资源总量的 36.26%；全球天然气的采出程度为 15.4%，剩余常规天然气可采储量为 $6174\times10^{12}ft^3$，占资源总量的 38.33%。全球可供利用的剩余油气资源仍很丰富。

（2）全球常规待发现石油资源量为 8620×10^{8}bbl，占资源总量的 23.57%；天然气待发现资源量为 $4765\times10^{12}ft^3$，占资源总量的 29.58%。未来油气勘探潜力仍然巨大。

（3）2008—2030 年，全球已知油田储量增长量为 4993×10^{8}bbl，占资源总量的 13.65%；天然气储量增长量为 $2689\times10^{12}ft^3$，占资源总量的 16.69%。未来应加强对已知油气田的开发与利用。

（4）全球非常规石油可采资源量为 3.34×10^{12}bbl，与常规石油资源的总量大致相当，是目前剩余石油可采储量的 2.5 倍；全球非常规天然气可采资源量为 $6315\times10^{12}ft^3$，与目前天然气剩余可采储量大致相当。非常规油气资源的潜力非常巨大，随着技术的不断提高，应加大对非常规油气资源的开发与利用。

总体而言，全球油气资源潜力仍然巨大，我们应该积极参与国际油气合作，分享油气资源。

参考文献

[1] 田春荣.2011 年中国石油和天然气进出口状况分析［J］. 国际石油经济，2012，20（3）：56-66.

[2] BP Company. BP Energy Outlook 2030［R/OL］.（2013-01-16）［2014-02-07］. http：//www.bp.com/liveassets/bp_internet/globalbp/STAGING/global_assets/downloads/O/2012_2030_energy_outlook_booklet.pdf.

[3] 赖斯. 油气评价方法与应用［M］. 北京：石油工业出版社，1992.

[4] 龙胜祥，王生朗，孙宜朴，等. 油气资源评价方法与实践［M］. 北京：地质出版社，2005.

[5] 武守诚. 油气资源评价导论：从“数字地球”到“数字油藏”［M］. 2 版. 北京：石油工业出版社，2005.

[6] 赵文智，胡素云，沈成喜，等. 油气资源评价方法研究新进展［J］. 石油学报，2005，26（增刊）：25-29.

[7] Meneley R A，Calverley A E. Resource assessment method-ologies：Current status and future direction［J］.AAPG Bulle-tin，2003，87（4）：535-540.

[8] Klett T R，Cautier DL，Ahlbrandt TS. An evaluation of the U.S.Geological SurveyWorld Petroleum Assessment 2000［J］. AAPG Bulletin，2005，89（8）：1033-1042.

[9] Lee P J. Statistical Methods for Estimating Petroleum Resources［M］. Oxford：Oxford University Press，2008：198-256.

[10] Charpentier R A，Klett T R. Guiding principles of USGS methodology for assessment of undiscovered conventional oil and gas resources［J］. Natural Resources Research，2005，14（3）：175-186.

[11] 童晓光，何登发 . 油气勘探的原理和方法［M］. 北京：石油工业出版社，2001.

[12] 童晓光 . 论成藏组合在勘探评价中的意义［J］. 西南石油大学学报，2009，31（6）：1-8.

[13] 童晓光，李浩武，肖坤叶，等 . 成藏组合快速分析技术在海外低勘探程度盆地的应用［J］. 石油学报，2009，30（3）：317-323.

[14] Klett T R. United States Geological Survey's reserve-growth models and their implementation［J］. Natural Resources Research，2005，14（3）：249-264.

[15] Verma M K. Modified Arrington Method for Calculating Reserve Growth：A New Model for United States Oil and Gas Fields［R/OL］. U.S.Geological Survey Bulletin 2172-D.（2005-12-02）［2014-02-07］. http：//pubs.usgs.gov/bul/b2172-d.

[16] OGJ. Worldwide look at reserves and production［J］. Oil and Gas Journal，2012，110（12）：28-31.

原载于:《地学前缘》, 2014 年 5 月第 21 卷第 3 期。

全球油气资源潜力与分布

童晓光[1,2]，张光亚[1]，王兆明[1]，温志新[1]，田作基[1]，王红军[1]，马锋[1]，吴义平[1]

（1. 中国石油勘探开发研究院；2. 中国石油国际勘探开发有限公司）

摘要：采用以成藏组合为单元的常规、非常规油气资源评价方法，对全球主要含油气盆地（不含中国）的常规油气资源和7种类型的非常规资源油气地质与资源潜力进行评价，首次获得了具有自主知识产权的资源评价数据。经评价计算，全球常规石油可采资源量为 5350.0×10^8t、凝析油可采资源量为 496.2×10^8t、天然气可采资源量为 $588.4\times10^{12}m^3$；其中剩余油气2P（证实储量＋概算储量）可采储量为 4212.6×10^8t，已知油气田可采储量增长量为 1531.7×10^8t，待发现油气可采资源量为 3065.5×10^8t。全球非常规石油可采资源量为 4209.4×10^8t、非常规天然气可采资源量为 $195.4\times10^{12}m^3$。评价结果表明，全球常规与非常规油气资源仍然丰富。

关键词：全球含油气盆地；资源评价；常规油气资源；储量增长；非常规油气资源

2017年中国石油对外依存度为67.4%、天然气对外依存度达39%[1]，英国石油公司（BP）预测2035年中国石油对外依存度为76%、天然气对外依存度将超过42%[2]。全球油气地质与资源潜力评价是开展国外油气合作业务的基础。国际大石油公司和研究机构已纷纷开展自主研究[3]，但大多作为核心信息，不对外公开。美国地质调查局（USGS）以含油气系统为核心，开展了美国本土和全球部分盆地的油气资源评价，并定期向公众发布[4]；国际能源署（IEA）每年定期公布能源展望[5]；BP公司每年定期更新全球油气储量和产量及消费现状[6]。这些数据是分析国际油气勘探潜力、油气供需和制定能源战略的基础。

自2008年以来，以国家科技重大专项及中国石油天然气股份有限公司重大科技专项为依托，创新形成了以成藏组合为单元的常规、非常规油气资源评价方法，全面完成了全球除中国以外的主要含油气盆地常规油气资源和7种类型的非常规资源油气地质与资源潜力评价，首次获得了具有自主知识产权的评价数据，为中国石油公司“走出去”和国家制定能源战略提供了重要的决策依据。

1 评价思路与评价方法

全球常规油气可采资源量由已采出量、剩余探明可采储量、已知油气田可采储量增长量和待发现可采资源量4部分构成。本文评价对于已采出量和剩余可采储量主要是通过IHS咨询公司的数据统计分析获得[7-8]；待发现可采资源量及已知油气田可采储量增长量主要是根据自主评价的结果。常规油气资源评价涵盖了中国以外全球425个盆地、678个成藏组合，基本包含了国外所有含油气盆地；非常规油气资源主要评价了致密油（包含页岩油）、重油、油砂、油页岩油、页岩气、致密气、煤层气 7 种类型，评价范围为中国以外的 363 个盆地、476 套层系。

1.1 待发现常规油气资源评价方法

待发现常规油气资源评价，以成藏组合为基本评价单元[9-11]，针对不同勘探程度及不同资料掌握程度，采用不同的评价方法，所有评价方法的参数选取均要以综合地质评价为基础。对于发现 6 个以上油气田的高勘探程度评价单元，采用发现过程法进行评价；对于中国石油天然气集团有限公司（CNPC）资产区采用圈闭加和法；对于发现 6 个以下油气田的中等勘探程度评价单元，采用基于地质分析的主观概率法；对于没有油气发现或资料掌握程度低的评价单元，采用体积类比法。最后采用蒙特卡洛模拟法将不同评价方法和不同评价单元的评价结果进行加和汇总。评价结果采用概率的表达方式，置信程度由高到低分别采用 95%、50%、5% 和均值（Mean）表示[10-12]。

1.2 已知油气田常规储量增长评价方法

已知油气田常规储量增长是指油气田自发现后在评价和开发的整个生命周期中，由于滚动探、技术进步、计算方法改变及政治经济等因素而新增加的常规可采储量。全球每年新增常规可采储量的 70% 来自于已知油气田储量增长[12-14]。由于单个油气田无法获得连续的不同年度的 2P 储量（证实储量 + 概算储量）数据，难以根据某一油田建立连续储量增长函数，因此采用分段累乘法求取不同油气田连续时间段 30 年间累计储量增长系数，建立油气田储量增长模型（图 1）。不同大区采用各自的储量增长模型预测已知油气田储量增长潜力[12]。这种以大区储量增长为样本建立的储量增长函数针对性更强，评价结果更加合理。而美国 USGS 仅采用北美 1 种模型预测全球储量增长潜力[15]，适用性及可信度相对较差。

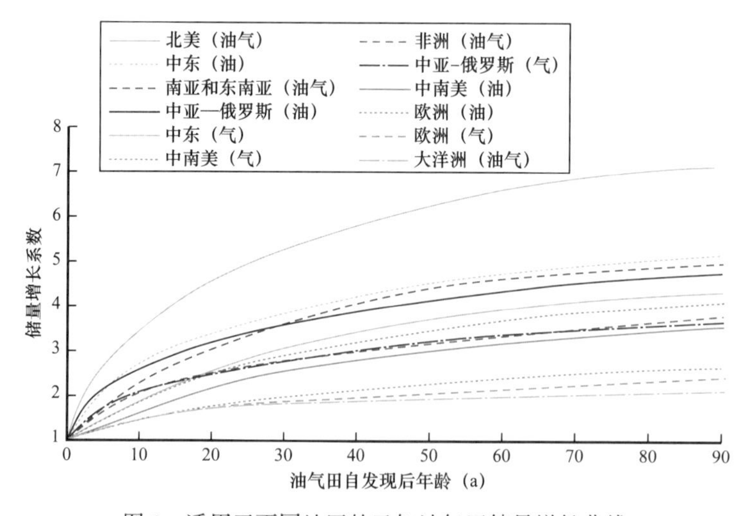

图 1 适用于不同地区的已知油气田储量增长曲线

1.3 非常规油气资源评价方法

针对全球非常规油气资源评价，依据盆地资料的详实程度、资源类型、勘探开发程度、评价需求和评价技术适用性等将盆地划分为一般评价盆地、详细评价盆地和重点评价盆地 3 个级别，分别采用参数概率法、GIS（地理信息系统）空间图形插值法、成因约束体积法和双曲指数递减法 4 种方法进行评价。一般评价盆地多为勘探开发程度较低、基础数据和基础图件缺乏的盆地，统一采用参数概率法进行评价；详细评价盆地为已有勘探开发活动、基础地质资料丰富但生产井产量数据缺乏的盆地；重点评价盆地为勘探活动和商业开发活跃、基础地质资料丰富、资源规模较大和生产井产量数据详实的盆地。对于重油、油砂、油页岩油、致密气和煤层气这些主要以储集层为核心的“储集层控型”资源富集的详细评价盆地和重点评价盆地，采用 GIS 空间图形插值法进行评价，重点评价的盆地还需要结合资源丰度、可采性及经济性等进行综合评价，优选出有利区块；对于致密油和页岩气这些主要以烃源岩为核心的“源控型”资源富集的详细评价盆地和重点评价盆地，则采用成因约束体积法评价；而对于勘探开发程度高、生产井产量等开发数据详实的重点盆地则利用基础地质参数成图厘定有效评价区，采用双曲指数递减法评价，最终计算出有利区块的最终采出量[16]。

2 全球常规油气资源潜力

截至 2015 年年底，全球累计产出石油 1280.6×10^8t，采出程度 23.9%；累计产出凝析油 42.8×10^8t，采出程度 8.6%；累计产出天然气 62.9×10^{12}m^3，采出程度 10.7%[7-8]。全球常规油气可采资源总量为 10727.9×10^8t 油当量，石油可采资源主要集中在中东、中亚—俄罗斯和中南美地区，为 3853.9×10^8t，占比 72.0%；凝析油主要集中在中东和北美地区，为 265.8×10^8t，占比 53.6%；天然气主要集中在中亚—俄罗斯和中东地区，为 354.4×10^{12}m^3，占比 60.2%。

全球常规石油可采资源量为 5350.0×10^8t、凝析油可采资源量为 496.2×10^8t、天然气可采资源量为 588.4×10^{12}m^3；油气累计产量为 1918.2×10^8t，采出程度为 17.9%；剩余油气 2P 可采储量为 4212.6×10^8t，占总量的 39.2%；已知油气田可采储量增长量为 1531.7×10^8t，占总量的 14.3%；油气待发现可采资源量为 3065.5×10^8t，占总量的 28.6%。

2.1 剩余 2P 可采储量

全球剩余油气 2P 可采储量为 4212.6×10^8t，其中石油为 2055.0×10^8t，占 48.8%；凝析油为 197.6×10^8t，占 4.7%；天然气为 236.9×10^{12}m^3，占 46.5%。主要分布于中东（占 45.3%），其次为中亚—俄罗斯（占 19.7%）和中南美洲地区（占 15.1%）。

2.1.1 国家分布

全球剩余油气 2P 可采储量集中在 82 个国家（数据不含中国），其中俄罗斯、沙特阿拉伯、伊朗、委内瑞拉分别占全球的 14.4%、12.4%、11.8% 和 11.5%。石油主要集中在沙特阿拉伯和委内瑞拉，分别占全球的 21.1% 和 20.7%；天然气主要集中在俄罗斯和伊朗，分别占全球的 23.0% 和 21.1%（图 2、表 1）。

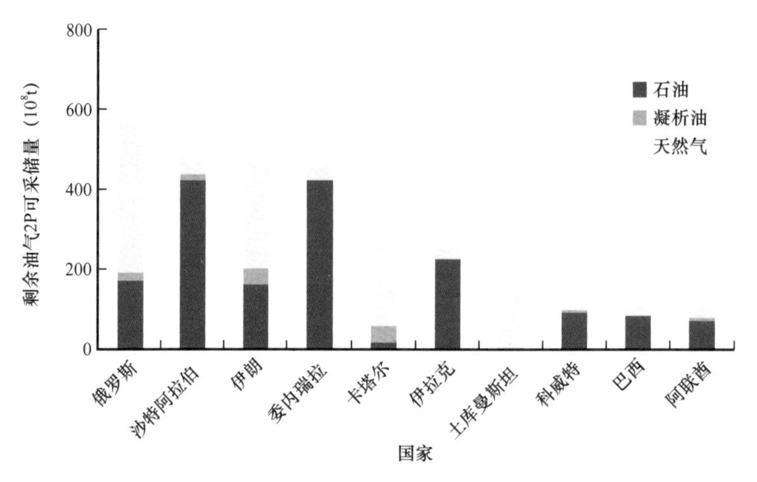

图 2　主要国家剩余油气 2P 可采储量柱状图

表 1　主要国家剩余油气 2P 可采储量统计表

国家	剩余油气 2P 可采储量（10^8t）	石油占比（%）	凝析油占比（%）	天然气占比（%）
俄罗斯	572.4	29.8	3.8	66.4
沙特阿拉伯	495.2	85.3	3.1	11.6
伊朗	470.0	33.9	9.0	57.1
委内瑞拉	456.8	90.8	0.9	8.3
卡塔尔	287.3	5.0	13.6	81.4
伊拉克	253.9	88.4	0.5	11.1
土库曼斯坦	136.5	2.0	1.1	96.9
科威特	111.3	83.3	5.1	11.6
巴西	107.3	78.9	3.1	18.0
阿联酋	105.6	66.9	6.6	26.5

俄罗斯剩余油气 2P 可采储量为 572.4×10^8t，其中石油占 29.8%、凝析油占 3.8%、天然气占 66.4%。沙特阿拉伯剩余油气 2P 可采储量为 495.2×10^8t，其中石油占 85.3%、凝析油占 3.1%、天然气占 11.6%。伊朗剩余油气 2P 可采储量为 470.0×10^8t，其中石油占 33.9%、凝析油占 9.0%、天然气占 57.1%。委内瑞拉剩余油气 2P 可采储量为 456.8×10^8t，其中石油占 90.8%、天然气占 8.3%。

2.1.2　盆地分布

全球剩余油气 2P 可采储量主要富集在 38 个盆地内（数据不含中国）。阿拉伯盆地、东委内瑞拉盆地和西西伯利亚盆地的剩余油气 2P 可采储量占全球剩余油气 2P 可采储量的 58.9%（图 3、表 2）。

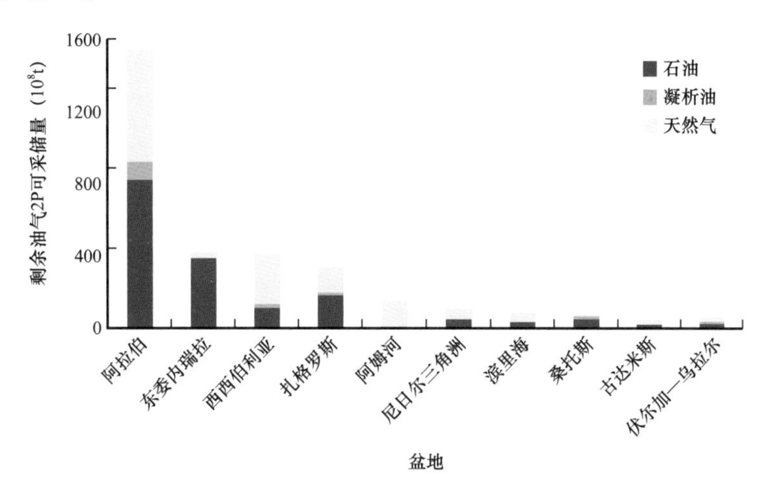

图 3　主要盆地剩余油气 2P 可采储量柱状图

表 2　主要盆地剩余油气 2P 可采储量统计表

盆地	剩余油气 2P 可采储量（10^8t）	石油占比（%）	凝析油占比（%）	天然气占比（%）
阿拉伯	1530.9	53.1	6.4	40.5
东委内瑞拉	412.6	92.9	0.8	6.3
西西伯利亚	403.3	28.1	3.1	68.8
扎格罗斯	334.9	52.9	3.8	43.3
阿姆河	148.6	0.7	1.7	97.6
尼日尔三角洲	96.3	45.9	5.9	48.2
滨里海	77.0	39.7	8.8	51.5
桑托斯	64.1	78.6	3.1	18.3
古达米斯	45.8	29.6	5.3	65.1
伏尔加—乌拉尔	37.9	72.5	2.4	25.1

阿拉伯盆地剩余油气 2P 可采储量为 1530.9×10^8t，其中石油占 53.1%、凝析油占 6.4%、天然气占 40.5%；东委内瑞拉盆地剩余油气 2P 可采储量为 412.6×10^8t，石油占 92.9%、凝析油占 0.8%、天然气占 6.3%；西西伯利亚盆地剩余油气 2P 可采储量为 403.3×10^8t，石油占 28.1%、凝析油占 3.1%、天然气占 68.8%。

2.1.3 海陆分布

全球陆地剩余油气 2P 可采储量为 2371.6×10^8t，其中石油为 1136.0×10^8t（占 47.9%）、凝析油为 116.2×10^8t（占 4.9%）、天然气为 132.3×$10^{12}$$m^3$（占 47.2%）。全球海域剩余油气 2P 可采储量为 1840.9×10^8t，其中石油为 854.2×10^8t（占 46.4%）、凝析油为 97.6×10^8t（占 5.3%）、天然气为 105.4×$10^{12}$$m^3$（占 48.3%）。陆地和海域剩余油气 2P 可采储量占比分别为 56.3% 和 43.7%（图 4）。

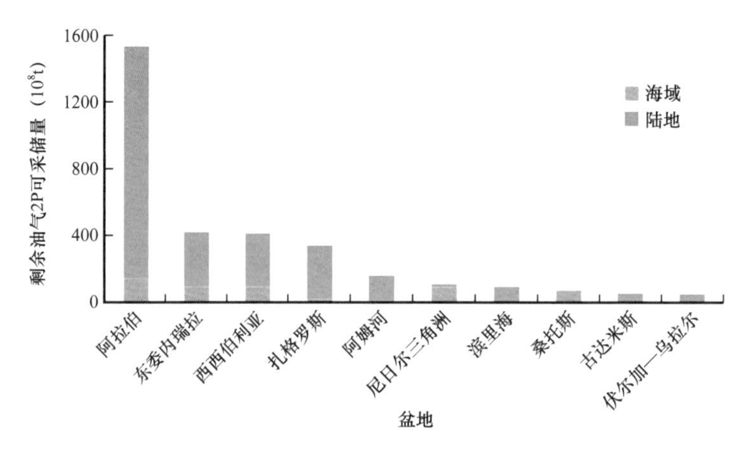

图 4　全球主要盆地剩余油气 2P 可采储量海陆分布柱状图

2.1.4 岩性分布

全球剩余 2P 油气可采储量主要分布在碎屑岩（占 52.1%）和碳酸盐岩（占 47.5%）储集层中，基岩及其他类型储集层中的剩余 2P 油气可采储量仅占 0.4%。

碎屑岩储集层中的剩余 2P 可采储量为 2194.7×10^8t，主要分布于东委内瑞拉、西西伯利亚、阿拉伯等 18 个盆地（图 5），其中石油占 52.0%、凝析油占 3.7%、天然气占 44.3%。

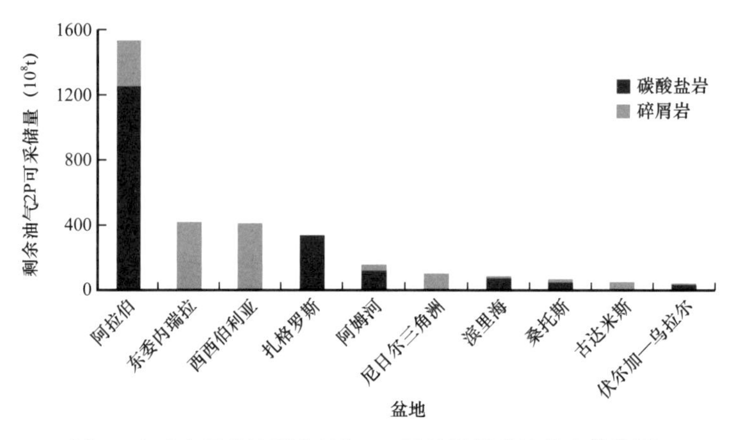

图 5　全球主要盆地剩余油气 2P 可采储量岩性分布柱状图

碳酸盐岩储集层中的剩余 2P 可采储量为 2000.9×10^8t，主要分布于阿拉伯、扎格罗斯等 12 个盆地（图 5），其中石油占 50.4%、凝析油占 5.2%、天然气占 44.4%。

2.2 已知油气田可采储量增长潜力

未来 30 年，全球已知油气田可采储量增长量为 1531.7×10^{8}t，其中石油为 708.7×10^{8}t（占 46.3%）、凝析油为 72.8×10^{8}t（占 4.8%）、天然气为 $90.5\times10^{12}m^{3}$（占 48.9%）。中东地区储量增长量最大，占全球总量的 33.7%；其次为中亚—俄罗斯和非洲，分别占全球总量的 22.7% 和 14.4%；亚太、北美、中亚、中南美等地区增长潜力相当；欧洲地区储量增长潜力最低。

2.2.1 国家分布

俄罗斯已知油气田可采储量增长潜力最大，占全球总量的 16.8%，石油储量增长量为 106.7×10^{8}t，天然气储量增长量比石油高 5.7%；伊朗和沙特阿拉伯油气可采储量增长潜力相当，各占全球总量的 10.0% 和 9.8%；卡塔尔以天然气储量增长为主，占全球总量的 6.2%；美国和委内瑞拉主要为石油储量增长，占比分别为 5.9% 和 5.2%（图 6、表 3）。

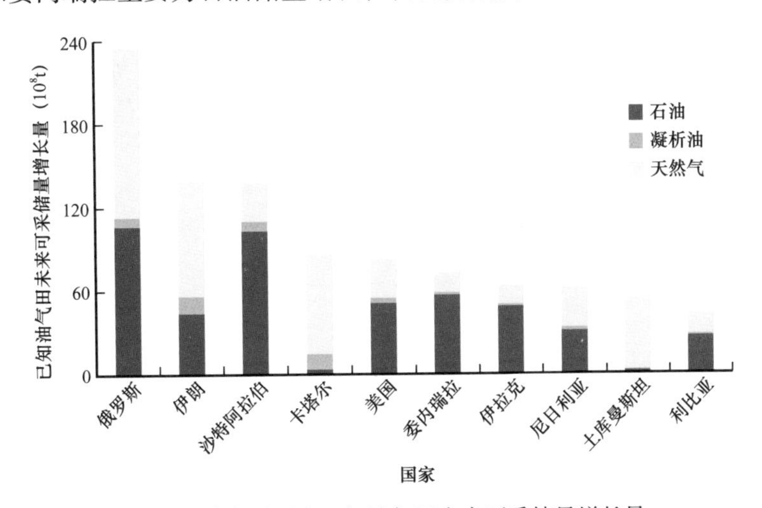

图 6 全球主要国家已知油气田未来可采储量增长量

表 3 全球主要国家已知油气田未来可采储量增长量统计表

国家	已知油气田未来可采储量增长量（10^{8}t）	石油占比（%）	凝析油占比（%）	天然气占比（%）
俄罗斯	234.0	45.6	3.1	51.3
伊朗	139.7	31.3	8.9	59.8
沙特阿拉伯	136.8	75.4	4.7	19.9
卡塔尔	86.1	4.5	13.4	82.1
美国	82.5	62.1	4.3	33.6
委内瑞拉	72.6	78.6	1.4	20.0
伊拉克	62.0	78.9	0.6	20.5

续表

国家	已知油气田未来可采储量增长量（10^8t）	石油占比（%）	凝析油占比（%）	天然气占比（%）
尼日利亚	61.7	50.7	3.5	45.8
土库曼斯坦	53.4	4.6	1.3	94.1
利比亚	41.6	68.3	2.1	29.6

俄罗斯已知油气田可采储量增长为 234.0×10^8t，其中石油占 45.6%、凝析油占 3.1%、天然气占 51.3%；伊朗为 139.7×10^8t，石油占 31.3%、凝析油占 8.9%、天然气占 59.8%；沙特阿拉伯为 136.8×10^8t，石油占 75.4%、凝析油占 4.7%、天然气占 19.9%。

2.2.2 盆地分布

全球油气田可采储量增长主要来自阿拉伯、西西伯利亚、扎格罗斯、阿姆河、鲁伍马、尼罗河三角洲、墨西哥湾、尼日尔三角洲、歇斯特和下刚果等 29 个盆地的已知油气田。阿拉伯盆地、西西伯利亚盆地和扎格罗斯盆地可采储量增长位居前三，3 个盆地可采储量增长占全球总量的 42.1%（图 7、表 4）。

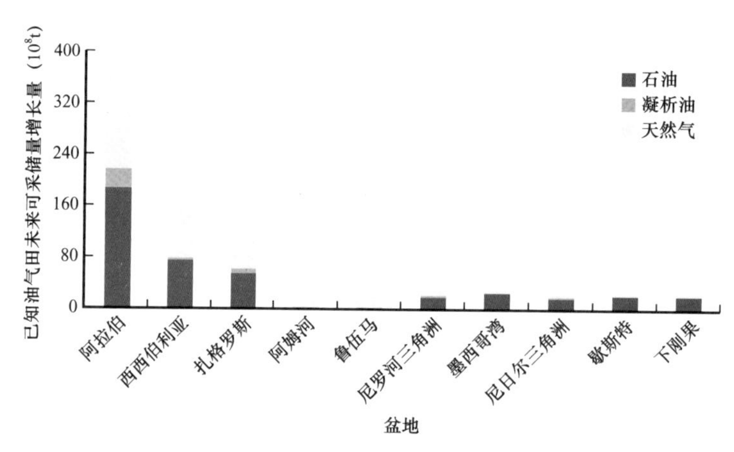

图 7 全球主要盆地已知油气田未来可采储量增长量

表 4 全球主要盆地已知油气田未来可采储量增长量统计表

盆地	已知油气田未来可采储量增长量（10^8t）	石油占比（%）	凝析油占比（%）	天然气占比（%）
阿拉伯	377.9	49.9	7.7	42.4
西西伯利亚	154.6	48.5	2.0	49.5
扎格罗斯	111.8	49.6	5.4	45.0
阿姆河	66.6	0.8	1.7	97.5
鲁伍马	34.5	0	1.4	98.6

续表

盆地	已知油气田未来可采储量增长量（10^8t）	石油占比（%）	凝析油占比（%）	天然气占比（%）
尼罗河三角洲	33.4	60.4	4.5	35.1
墨西哥湾	33.2	79.0	1.4	19.6
尼日尔三角洲	31.4	60.3	4.5	35.2
歇斯特	27.8	79.4	0.1	20.5
下刚果	26.3	84.7	0.6	14.7

阿拉伯盆地已知油气田可采储量增长为 377.9×10^8t，其中石油占 49.9%、凝析油占 7.7%、天然气占 42.4%；西西伯利亚盆地为 154.6×10^8t，其中石油占 48.5%、凝析油占 2.0%、天然气占 49.5%；扎格罗斯盆地为 111.8×10^8t，其中石油占 49.6%、凝析油占 5.4%、天然气占 45.0%。

2.2.3 海陆分布

全球陆地已知油气田可采储量增长为 909.9×10^8t，其中石油占 48.8%、凝析油占 4.9%、天然气占 46.3%；海域为 621.8×10^8t，其中石油占 45.8%、凝析油占 5.1%、天然气占 49.1%。陆地和海域可采储量增长分别占总量的 59.4% 和 40.6%，陆地仍是可采储量增长的主要来源（图 8）。

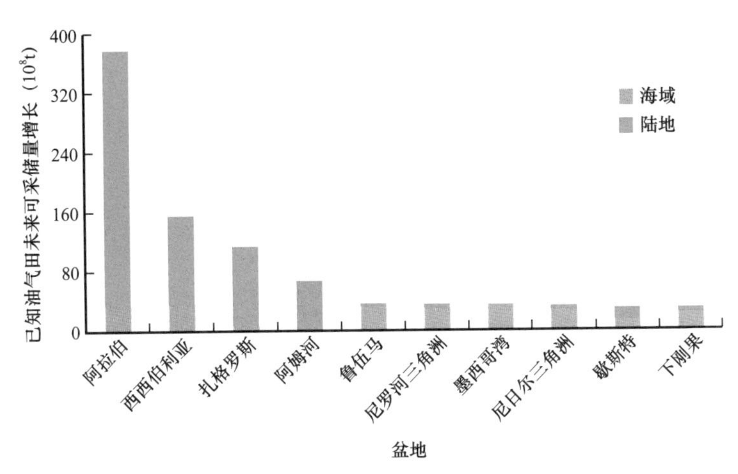

图 8　全球主要盆地已知油气田未来可采储量增长量海陆分布柱状图

2.2.4 岩性分布

全球已知油气田储量增长在碳酸盐岩和碎屑岩储集层中分布总体比较均衡，碎屑岩储集层占 53.1%、碳酸盐岩储集层占 46.6%、基岩及其他岩性储集层约占 0.3%（图 9）。

全球已知碎屑岩储集层储量增长量为 813.4×10^8t，其中石油占 53.1%、凝析油占 4.7%、天然气占 42.2%，主要分布于西西伯利亚、阿拉伯等 13 个盆地中。碳酸盐岩储集

层储量增长量为 713.8×10^8t，其中石油占 51.3%、凝析油占 6.1%、天然气占 42.6%，主要分布于阿拉伯、扎格罗斯、阿姆河等 10 个盆地中。

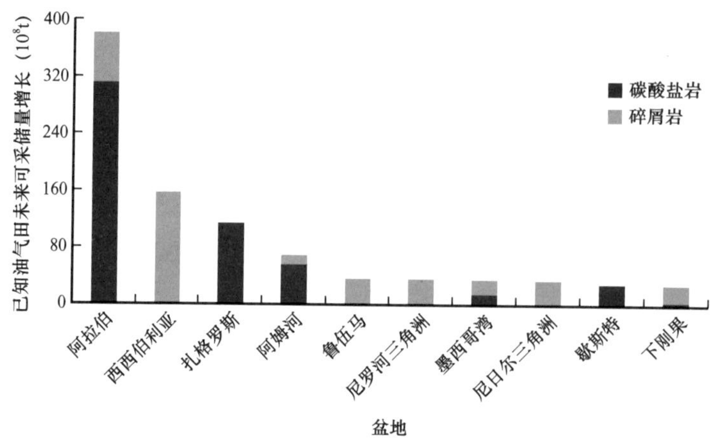

图 9　全球主要盆地已知油气田未来可采储量增长量岩性分布柱状图

2.3　待发现可采资源潜力与分布

全球待发现油气可采资源为 3065.5×10^8t，其中石油为 1302.2×10^8t（占 42.5%）、凝析油为 181.0×10^8t（占 5.9%）、天然气为 $191.1\times10^{12}m^3$（占 51.6%）。主要富集于中亚—俄罗斯地区（占全球总量的 26.6%），其次为中东地区和中南美洲地区（分别占全球总量的 21.7% 和 16.4%），亚太和欧洲所占比例较低。

2.3.1　国家分布

俄罗斯待发现可采资源潜力最大，为 551.0×10^8t，以天然气为主（占 68.7%），石油和凝析油分别占 27.9% 和 3.4%；委内瑞拉位居第 2，为 327.9×10^8t，以石油为主（占 82.2%），凝析油和天然气分别为 1.0% 和 16.8%；美国为 266.6×10^8t，其中石油占 37.4%、凝析油占 13.4%、天然气占 49.2%（图 10、表 5）。

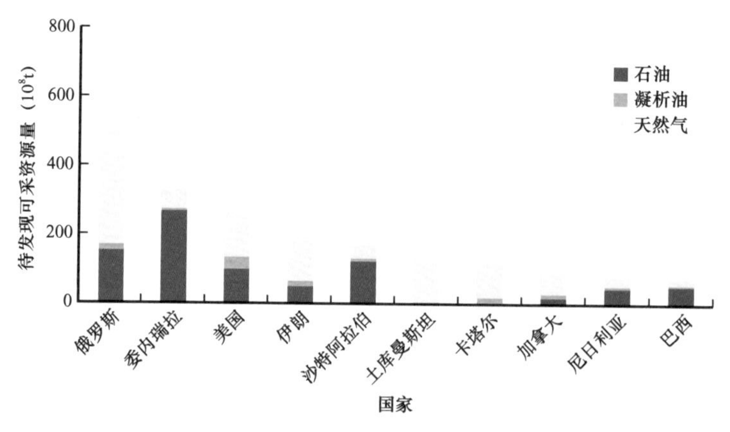

图 10　全球主要国家待发现油气可采资源柱状图

表 5　全球主要国家待发现油气可采资源统计表

国家	待发现油气可采资源量（10^8t）	石油占比（%）	凝析油占比（%）	天然气占比（%）
俄罗斯	551.0	27.9	3.4	68.7
委内瑞拉	327.9	82.2	1.0	16.8
美国	266.6	37.4	13.4	49.2
伊朗	184.2	28.4	8.5	63.1
沙特阿拉伯	169.1	72.8	4.7	22.5
土库曼斯坦	128.2	2.8	1.1	96.1
卡塔尔	117.3	3.9	12.4	83.7
加拿大	91.5	20.7	13.0	66.3
尼日利亚	84.4	56.7	7.2	36.1
巴西	78.0	70.9	2.8	26.3

2.3.2　盆地分布

全球待发现油气可采资源主要分布在阿拉伯、扎格罗斯、西西伯利亚、阿姆河、坎波斯、桑托斯、墨西哥湾、东西伯利亚、东巴伦支海和尼日尔三角洲等 71 个盆地中，其中阿拉伯、扎格罗斯、西西伯利亚盆地可采资源潜力位居前三，3 个盆地待发现可采资源量占全球总量的 29.4%（图 11、表 6）。

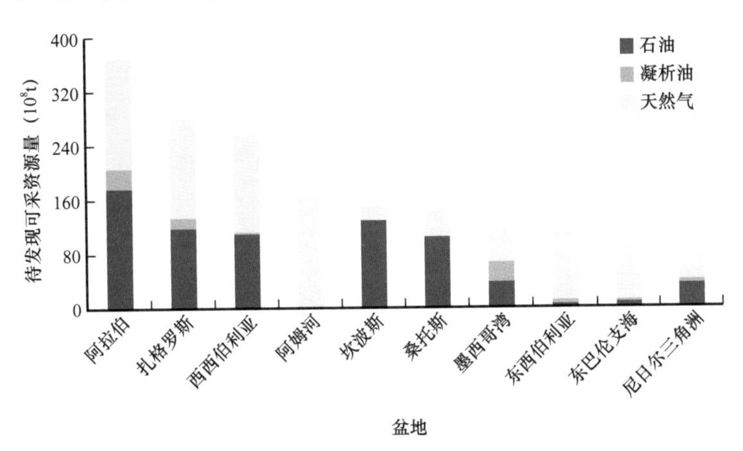

图 11　全球主要盆地待发现油气可采资源柱状图

阿拉伯盆地待发现油气可采资源为 368.9×10^8t，其中石油占 48.1%、凝析油占 7.8%、天然气占 44.1%；扎格罗斯盆地为 279.8×10^8t，其中石油占 42.5%、凝析油占 5.8%、天然气占 51.7%；西西伯利亚盆地为 252.1×10^8t，其中石油占 43.8%、凝析油占 1.1%、天然气占 55.1%。

表 6　全球主要盆地待发现油气资源统计表

盆地	待发现油气可采资源量（10^8t）	石油占比（%）	凝析油占比（%）	天然气占比（%）
阿拉伯	368.9	48.1	7.8	44.1
扎格罗斯	279.8	42.5	5.8	51.7
西西伯利亚	252.1	43.8	1.1	55.1
阿姆河	167.2	0.3	2.5	97.2
坎波斯	149.4	86.5	0	13.5
桑托斯	141.7	73.2	0.8	26.0
墨西哥湾	117.7	31.9	24.2	43.9
东西伯利亚	107.7	5.8	5.5	88.7
东巴伦支海	90.8	8.3	4.6	87.1
尼日尔三角洲	73.0	48.5	7.2	44.3

2.3.3　海陆分布

全球陆地待发现油气可采资源量为 1771.9×10^8t，其中石油占 47.8%、凝析油占 5.0%、天然气占 47.2%；海域为 1293.6×10^8t，其中石油占 45.6%、凝析油占 5.1%、天然气占 49.3%。陆地和海域分别占全球总量的 57.8% 和 42.2%（图 12），陆上常规油气资源勘探潜力依然巨大，海域也是未来重要的储量增长点。

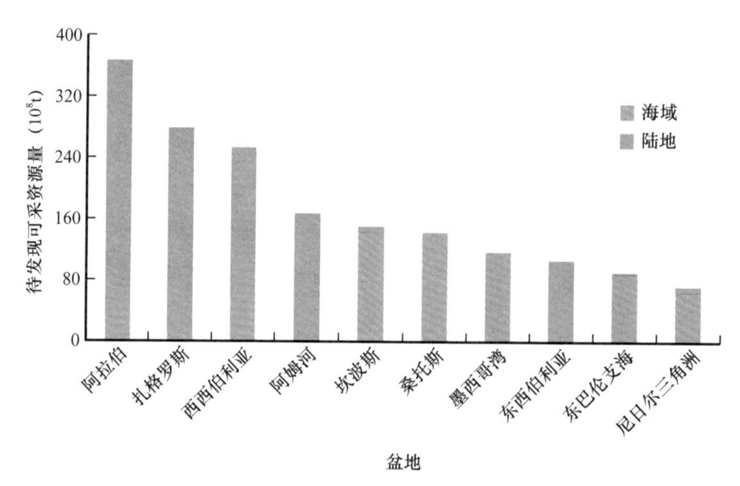

图 12　全球主要盆地待发现油气可采资源海陆分布柱状图

2.3.4　岩性分布

全球待发现油气资源在碎屑岩储集层的分布略大于碳酸盐岩储集层，分别占全球总量的 50.6% 和 49.4%。碳酸盐岩储集层待发现油气可采资源量为 1514.4×10^8t，其中石油占 49.2%、凝析油占 5.1%、天然气占 45.7%。碎屑岩储集层待发现油气可采资源量为 1551.1×10^8t，其中石油占 53.7%、凝析油占 5.7%、天然气占 40.6%（图 13）。

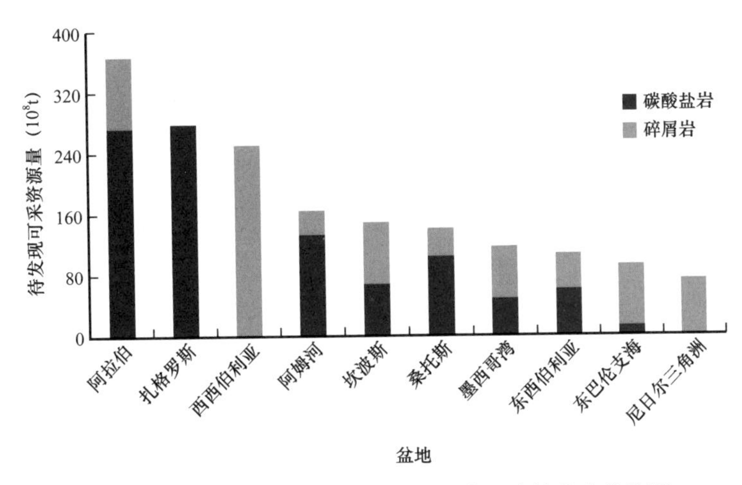

图 13　全球主要盆地待发现油气可采资源岩性分布柱状图

3　全球非常规油气资源潜力

全球非常规油气资源主要包括已经获得商业开发的重油、油砂、致密油、油页岩油、页岩气、煤层气和致密气 7 种类型。全球非常规油气可采资源总量为 5833.5×10^8t，其中非常规石油为 4209.4×10^8t（占 72.2%）、非常规天然气为 $195.4 \times 10^{12}m^3$（占 27.8%）。

全球非常规油气资源主要分布在 60 个国家的 363 个盆地中，盆地类型以前陆盆地、克拉通盆地和裂谷盆地为主。北美地区非常规油气资源最为富集，可采资源量达 1970.2×10^8t，占全球的 33.8%；其次为中亚—俄罗斯地区，非常规油气可采资源量达 1262.2×10^8t，占全球的 21.6%。

全球非常规石油中油页岩油的可采资源量最大，达 1979.3×10^8t，占 47.0%；重油次之，可采资源量为 1248.5×10^8t，占 29.7%；油砂可采资源量为 618.5×10^8t，占 14.7%；致密油可采资源量为 363.2×10^8t，占 8.6%。

全球非常规天然气中页岩气可采资源量最大，达 $150 \times 10^{12}m^3$，占 76.7%；其次为煤层气，可采资源量为 $38.2 \times 10^{12}m^3$，占 19.6%；致密气可采资源量为 $7.2 \times 10^{12}m^3$，占 3.7%。

3.1　非常规油气可采资源大区分布

3.1.1　非常规石油可采资源大区分布

全球 73.4% 的非常规石油可采资源富集在北美、中亚—俄罗斯和中南美洲。北美大区可采资源量为 1502.0×10^8t，占全球的 35.7%，以油页岩油、油砂和重油为主；中亚—俄罗斯可采资源总量为 960.9×10^8t，占全球的 22.8%，以油页岩油、油砂为主；中南美洲可采资源总量为 627.2×10^8t，占全球的 14.9%，以重油和油页岩油为主。

油页岩油可采资源主要分布在北美、中亚—俄罗斯和欧洲，重油主要分布在中南美洲、北美和中东，油砂主要分布在北美和中亚—俄罗斯，致密油主要分布在北美、中亚—俄罗斯和中南美洲（图 14、表 7）。

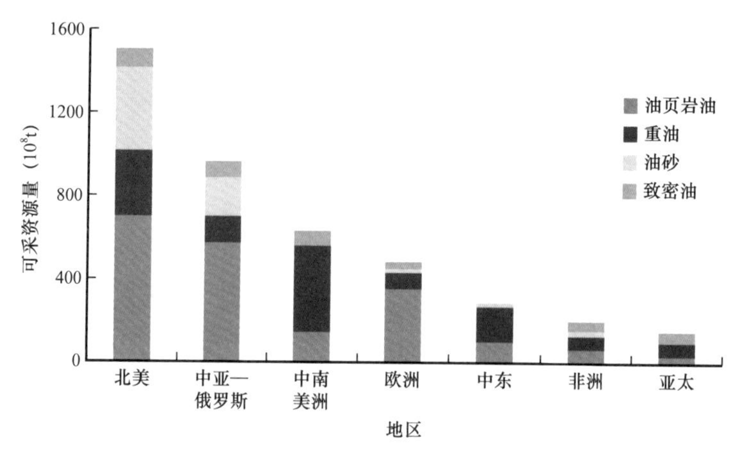

图 14　全球非常规石油可采资源量大区分布图

表 7　全球非常规石油可采资源量大区分布统计表

地区	非常规石油可采资源量（10^8t）	油页岩油占比（%）	重油占比（%）	油砂占比（%）	致密油占比（%）
北美	1502.0	46.5	21.2	26.3	6.0
中亚—俄罗斯	960.9	59.4	13.7	18.9	8.0
中南美洲	627.2	23.9	65.2	0	10.9
欧洲	479.5	73.8	17.2	3.7	5.3
中东	291.7	35.1	60.6	0	4.3
非洲	198.5	34.3	31.9	12.3	21.5
亚太	149.8	24.0	44.9	0	31.1
总计	4209.4	47.0	29.7	14.7	8.6

3.1.2　非常规天然气可采资源大区分布

全球 70.9% 的非常规天然气可采资源富集在北美、中亚—俄罗斯、亚太和中东等地区。北美地区的可采资源量为 $56.3\times10^{12}m^3$，占 28.8%，以页岩气和煤层气为主；中亚—俄罗斯可采资源量为 $36.3\times10^{12}m^3$，占 18.6%，以页岩气和煤层气为主；亚太地区可采资源量为 $24.5\times10^{12}m^3$，占 12.5%，以页岩气和煤层气为主；中东地区可采资源量为 $21.4\times10^{12}m^3$，占 11.0%，以页岩气为主。

全球非常规天然气资源的分布相对比较均衡，除了北美和中亚—俄罗斯 2 个大区富集了近一半的可采资源外，其他大区可采资源占比都在 9.6% 以上，其中页岩气在每个大区都有分布，可采资源规模都在 $16.0\times10^{12}m^3$ 以上；煤层气主要富集在北美、中亚—俄罗斯和亚太大区；致密气集中分布在北美地区，其他地区分布较少（图 15、表 8）。

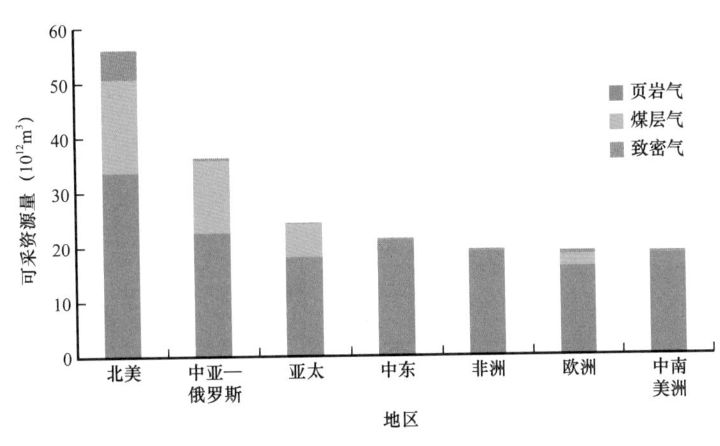

图 15　全球非常规天然气可采资源量大区分布图

表 8　全球非常规天然气可采资源量大区分布统计表

地区	非常规天然气可采资源量（$10^{12}m^3$）	页岩气占比（%）	煤层气占比（%）	致密气占比（%）
北美	56.3	60.1	30.2	9.7
中亚—俄罗斯	36.3	62.8	36.2	1.0
亚太	24.5	74.7	24.5	0.8
中东	21.4	99.0	0	1.0
非洲	19.2	99.5	0.3	0.2
欧洲	19.0	85.3	10.7	4.0
中南美洲	18.8	99.0	0.2	0.8

3.2　非常规油气可采资源国家和地区分布

3.2.1　非常规石油可采资源国家和地区分布

全球非常规石油分布在 55 个国家，超过 80% 的可采资源量富集在美国、俄罗斯、加拿大、委内瑞拉、沙特阿拉伯、巴西、乌克兰、法国和墨西哥等国家。美国非常规石油可采资源量为 952.5×10^8t，占全球总量的 22.6%，以油页岩油、重油和致密油为主；俄罗斯可采资源量为 859.2×10^8t，占全球总量的 20.4%，以油页岩油、油砂和重油为主；加拿大可采资源量为 405.4×10^8t，占全球总量的 9.6%，以油砂为主；委内瑞拉可采资源量为 307.3×10^8t，占全球总量的 7.3%，以重油为主。

油页岩油主要分布在美国、俄罗斯、乌克兰、巴西和法国，重油主要分布在委内瑞拉、美国、沙特阿拉伯和墨西哥，油砂主要分布在加拿大和俄罗斯，致密油主要分布在俄罗斯、美国和加拿大（图 16、表 9）。

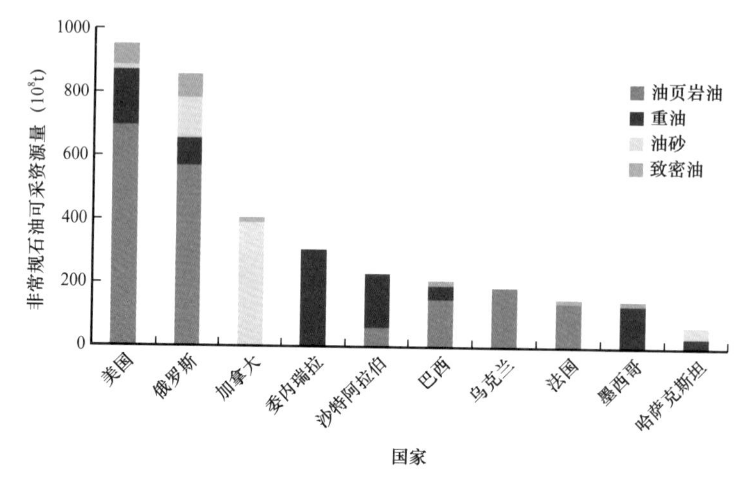

图 16　全球非常规石油可采资源主要国家分布图

表 9　全球非常规石油可采资源主要国家分布统计表

国家	非常规石油可采资源量（10^8t）	油页岩油占比（%）	重油占比（%）	油砂占比（%）	致密油占比（%）
美国	952.5	72.5	19.1	1.1	7.3
俄罗斯	859.2	66.4	10.3	14.4	8.9
加拿大	405.4	2.0	0	94.9	3.1
委内瑞拉	307.3	0	98.4	0	1.6
沙特阿拉伯	230.7	24.2	73.7	0	2.1
巴西	208.1	72.1	21.5	0	6.4
乌克兰	190.0	99.4	0	0	0.6
法国	151.4	92.2	0.2	0.1	7.5
墨西哥	144.1	92.2	0.2	0.1	7.5
哈萨克斯坦	66.3	92.2	0.2	0.1	7.5

3.2.2　非常规天然气可采资源国家和地区分布

全球非常规天然气分布在 38 个国家，超过 80% 的可采资源量富集在美国、俄罗斯、加拿大、澳大利亚、伊朗、沙特阿拉伯等 12 个国家。美国可采资源量为 $39.5\times10^{12}m^3$，占全球的 20.2%，页岩气、煤层气和致密气均较富集，以页岩气为主；俄罗斯可采资源量为 $28.5\times10^{12}m^3$，占全球的 14.6%，以页岩气和煤层气为主；加拿大可采资源量为 $16.2\times10^{12}m^3$，占全球的 8.3%，以煤层气和页岩气为主；澳大利亚可采资源量为

$14.5\times10^{12}m^3$，占全球的 7.4%，以页岩气和煤层气为主。

全球非常规天然气资源以页岩气和煤层气为主。页岩气主要分布在美国、俄罗斯、澳大利亚、伊朗等国家，煤层气主要分布在俄罗斯、加拿大、美国和澳大利亚，致密气主要分布在美国和加拿大（图 17、表 10）。

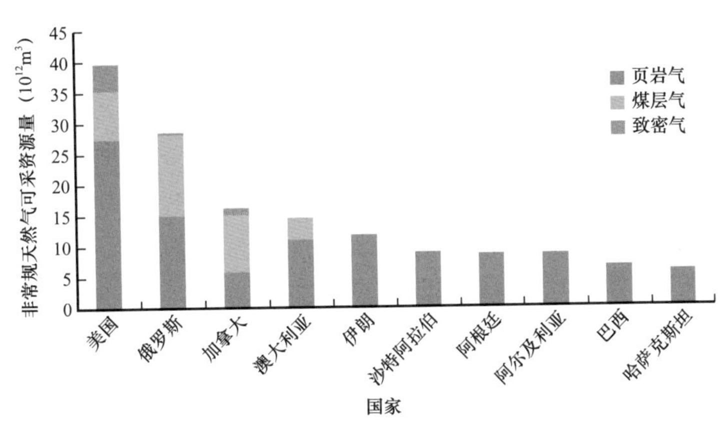

图 17 全球非常规天然气可采资源主要国家分布图

表 10 全球非常规天然气可采资源主要国家分布统计表

国家	非常规天然气可采资源量（$10^{12}m^3$）	页岩气占比（%）	煤层气占比（%）	致密气占比（%）
美国	39.5	69.2	19.6	11.3
俄罗斯	28.5	52.8	46.0	1.2
加拿大	16.2	36.3	57.5	6.2
澳大利亚	14.5	76.3	23.0	0.7
伊朗	11.9	100.0	0	0
沙特阿拉伯	9.0	97.6	0	2.4
阿根廷	8.6	99.1	0	0.9
阿尔及利亚	8.6	100.0	0	0
巴西	6.5	99.7	0.3	0
哈萨克斯坦	5.8	100.0	0	0

3.3 非常规油气可采资源盆地分布

3.3.1 非常规石油可采资源盆地分布

全球非常规石油主要分布在 134 个盆地中，81.5% 的可采资源分布在阿尔伯塔、西西伯利亚、伏尔加—乌拉尔、皮申思和东委内瑞拉等 26 个盆地。阿尔伯塔盆地可采资

源量为 405.0×10^8t，占全球的 9.6%，以油砂和致密油为主；西西伯利亚盆地可采资源量为 311.9×10^8t，占全球的 7.4%，以油页岩油和致密油为主；伏尔加—乌拉尔盆地可采资源量为 304.6×10^8t，占全球的 7.2%，以油页岩油和油砂为主；皮申思盆地可采资源量为 300.6×10^8t，占全球的 7.1%，以油页岩油为主；东委内瑞拉盆地可采资源量为 262.0×10^8t，占全球的 6.2%，以重油为主。

全球油页岩油可采资源主要分布在皮申思、伏尔加—乌拉尔、尤因塔和西西伯利亚等盆地，重油可采资源主要分布在东委内瑞拉、阿拉伯和西西伯利亚等盆地，油砂可采资源主要分布在阿尔伯塔、东西伯利亚和伏尔加—乌拉尔等盆地，致密油主要分布在西西伯利亚、阿尔伯塔、巴黎等盆地（图 18、表 11）。

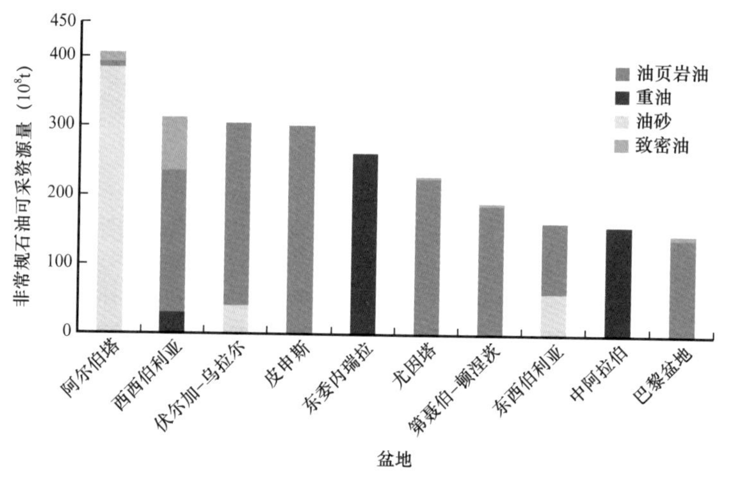

图 18　全球非常规石油可采资源主要盆地分布图

表 11　全球非常规石油可采资源主要盆地分布统计表

盆地	非常规石油可采资源量（10^8t）	油页岩油占比（%）	重油占比（%）	油砂占比（%）	致密油占比（%）
阿尔伯塔	405.0	2.0	0	94.9	3.1
西西伯利亚	311.9	65.6	10.2	0	24.2
伏尔加—乌拉尔	304.6	86.4	0	13.6	0
皮申斯	300.6	99.9	0	0	0.1
东委内瑞拉	262.0	0	99.5	0	0.5
尤因塔	228.3	98.9	0	1.1	0
第聂伯—顿涅茨	190.0	99.4	0	0	0.6
东西伯利亚	163.4	62.8	0	37.2	0
阿拉伯	156.8	0	100.0	0	0
巴黎盆地	145.3	96.1	0	0	3.9

3.3.2 非常规天然气可采资源盆地分布

全球非常规天然气可采资源分布在106个盆地内，80%的可采资源分布在阿尔伯塔、扎格罗斯、阿巴拉契亚、东西伯利亚、美国湾岸等26个盆地内。阿尔伯塔盆地可采资源量为$16.2\times10^{12}m^3$，占全球的8.3%，以煤层气、页岩气和致密气为主；扎格罗斯盆地可采资源量为$11.9\times10^{12}m^3$，占全球的6.1%，以页岩气为主；阿巴拉契亚盆地可采资源量为$11.5\times10^{12}m^3$，占全球的5.9%，以页岩气和致密气为主；东西伯利亚盆地可采资源量为$10.3\times10^{12}m^3$，占全球的5.3%，以页岩气和煤层气为主；美国湾岸盆地可采资源量为$9.8\times10^{12}m^3$，占全球的5.0%，以页岩气为主。

全球页岩气主要分布在扎格罗斯、美国湾岸、阿巴拉契亚、古达米斯等盆地，煤层气主要分布在阿尔伯塔、东西伯利亚和库兹涅茨克等盆地，致密气主要分布在阿尔伯塔和阿巴拉契亚等盆地（图19、表12）。

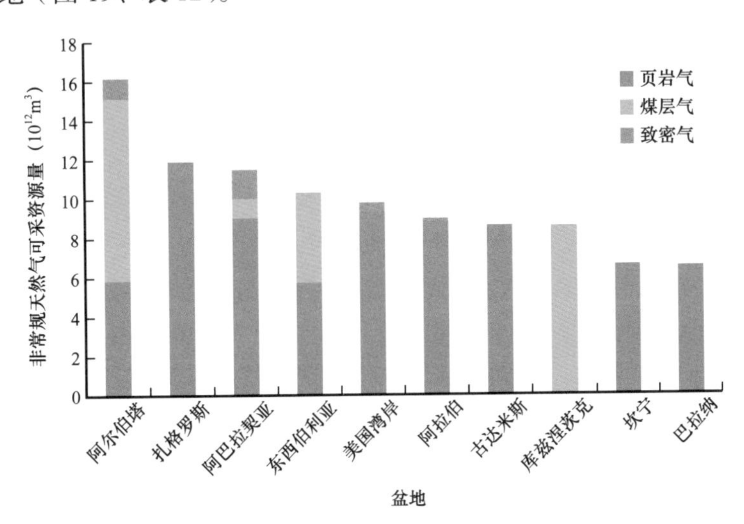

图19 全球非常规天然气可采资源主要国家分布图

表12 全球非常规天然气可采资源主要盆地分布统计表

盆地	非常规天然气可采资源量（$10^{12}m^3$）	页岩气占比（%）	煤层气占比（%）	致密气占比（%）
阿尔伯塔	16.2	36.3	57.5	6.2
扎格罗斯	11.9	100.0	0	0
阿巴拉契亚	11.5	78.5	8.1	13.4
东西伯利亚	10.3	55.2	44.8	0
美国湾岸	9.8	94.5	1.1	4.4
阿拉伯	8.9	98.0	0	2.0
古达米斯	8.6	100.0	0	0

续表

盆地	非常规天然气可采资源量（$10^{12}m^3$）	页岩气占比（%）	煤层气占比（%）	致密气占比（%）
库兹涅茨克	8.5	0	100.0	0
坎宁	6.5	100.0	0	0
巴拉纳	6.5	99.7	0.3	0

4 结论

采用以成藏组合为单元的常规、非常规油气资源评价方法体系，系统完成了中国以外425个盆地678个成藏组合的常规油气资源评价、363个盆地476套层系的非常规油气资源评价，非常规油气包括致密油、重油、油砂、油页岩油、页岩气、致密气、煤层气7种类型。首次获得了中国具有自主知识产权的评价数据，为中国油公司“走出去”和国家制定能源战略提供了重要的决策依据。

全球常规石油可采资源量为5350.0×10^8t、凝析油可采资源量为496.2×10^8t、天然气可采资源量为$588.4\times10^{12}m^3$；油气累计产量为1918.2×10^8t，采出程度为17.9%；剩余油气2P可采储量为4212.6×10^8t，占总量的39.2%，主要分布在俄罗斯、沙特阿拉伯、伊朗、委内瑞拉等国家；已知油气田可采储量增长量为1531.7×10^8t，占总量的14.3%，主要分布于中东、中亚—俄罗斯以及非洲等地区；待发现油气可采资源量为3065.5×10^8t，占总量的28.6%，主要分布于俄罗斯、委内瑞拉和美国等国家。

全球非常规油气可采资源总量为5833.5×10^8t，其中非常规石油可采资源量为4209.4×10^8t，占总量的72.2%，主要分布于美国、俄罗斯、加拿大、委内瑞拉等国家；非常规天然气可采资源量为$195.4\times10^{12}m^3$，占总量的27.8%，主要分布于美国、俄罗斯、加拿大和澳大利亚等国家。由于技术的进步，非常规油气资源已经成为常规油气资源的有效补充，特别是致密油气资源具有较好的经济性，正在引领着油气产业的一次革命。

从世界角度看，常规油气资源仍然丰富，非常规油气资源开发利用刚刚起步，合理有效利用国外油气资源是中国经济发展的必由之路，中国石油公司应积极“走出去”分享油气资源，保障国家能源安全。

参考文献

[1]中国石油经济技术研究院.2017年国内外油气行业发展报告[M].北京：石油工业出版社，2017.

[2]BP. BP energy outlook：2017 edition[EB/OL].(2017-12-20)[2018- 02-10]. https：//www.bp.com/en/global/corporate/energy-economics/ energy-outlook/energy-overview-the-base-case.html.

[3]AHLBRANDT T S，CHARPENTIER R R，KLETT T R，et al. Global resource estimates from total petroleum systems[M]. Tulsa，Oklahoma：American Association of Petroleum Geologists，2005.

[4]KLETT T R，GAUTIER D L，AHLBRANDT T S，et al. An evaluation of the U.S.Geological Survey

world petroleum assessment 2000［J］. AAPG Bulletin，2005，89（8）：1033–1042.
［5］IEA. World energy outlook 2017［EB/OL］.（2017–09–20）［2018–02–12］. http：//www.iea.org/weo2017/.
［6］BP. Statistical review of world energy［EB/OL］.（2017–09–20）［2018–02–10］. https：//www.bp.com/en/global/corporate/energy–economics/ statistical–review–of–world–energy.html.
［7］IHS Markit. IHS energy：EDIN［EB/OL］.（2011–01–01）［2017–12–31］. https：//ihsmarkit.com/index.html.
［8］IHS MARKIT. IHS energy：Vantage［EB/OL］.（2011–01–01）［2017–12–31］. https：//ihsmarkit.com/index.html.
［9］童晓光，张光亚，王兆明，等. 全球油气资源潜力与分布［J］. 地学前缘，2014，21（3）：1–9.
［10］童晓光，何登发. 油气勘探原理和方法［M］. 北京：石油工业出版社，2001.
［11］童晓光，李浩武，肖坤叶，等. 成藏组合快速分析技术在海外低勘探程度盆地的应用［J］. 石油学报，2009，30（3）：317–323.
［12］吴义平，田作基，童晓光，等. 基于储量增长模型和概率分析的大油气田储量增长评价方法及其在中东地区的应用［J］. 石油学报，2014，35（3）：469–479.
［13］余功铭，徐建山，童晓光，等. 全球已知油气田储量增长研究［J］. 地学前缘，2014，21（3）：195–200.
［14］边海光，田作基，吴义平，等. 中东地区已发现大油田储量增长特征及潜力［J］. 石油勘探与开发，2014，41（2）：244–247.
［15］KLETT T R. United States Geological Survey's reserve：Growth models and their implementation［J］. Natural Resources Research，2005，14（3）：249–264.
［16］王红军，马锋，童晓光，等. 全球非常规油气资源评价［J］. 石油勘探与开发，2016，43（6）：850–862.

原载于:《石油勘探与开发》，2018 年 8 月第 45 卷第 4 期。